依靠科技进步　实施科技兴安

国家安监部门召开 HAN 阻隔防爆技术演示会

2005年6月29日下午，国家安全生产监督管理部门在北京召开会议，推广应用HAN阻隔防爆技术。国家安全生产监督管理部门有关领导出席会议，并在会上发表致辞。

2002年，HAN阻隔防爆技术在江西南昌、广东汕头试点应用取得成功。此后，江西、山东、河南、广西、四川、云南、陕西等地积极推广应用HAN阻隔防爆技术，取得了较好效果。为规范和指导阻隔防爆技术的应用工作，国家安全生产监督管理部门又颁布了两项阻隔防爆技术标准。在会上，来自河南和解放军系统的代表介绍了他们推广应用HAN阻隔防爆技术的经验和成果。目前，这项技术已在广东、广西、陕西、江西、河南、北京、上海、云南等省（直辖市、自治区）实际应用，取得很好的效果。大家普遍反映，运用HAN阻隔防爆技术后，运油车的安全有了保证，加油站的安全也有了保证，消除了人们对加油站的恐惧心理。

2005年6月29日下午，国家安全生产监督管理部门在京召开HAN阻隔防爆技术演示会。图为演示会现场

2005年6月29日下午，国家安全生产监督管理部门在京召开会议，推广应用HAN阻隔防爆技术。图为会议现场

HAN阻隔防爆技术是我国具有自主知识产权、进入国际先进水平的安全技术，已经实现产业化，可以有效防止易燃易爆的气态和液态危险化学品在储运中因意外事故（静电、焊接、枪击、碰撞、错误操作等）引发的爆炸。2003年4月，国家科技部门将HAN阻隔防爆技术列入2003年国家重点科技推广项目。2004年12月30日国家安全生产监督管理部门将HAN阻隔防爆技术列为2005年安全生产重点科技推广项目。

各省、自治区、直辖市安全生产监督管理部门的负责同志和有关部门的同志出席了会议。

国家安监部门、建设部门、交通部门、质检部门联合发出通知

加快推广应用 HAN 阻隔防爆技术

安监部门批准公布两项安全生产行业标准

2005 年 4 月 13 日，国家安全生产监督管理部门发布了公告，颁布两项安全生产行业标准，即《汽车加油（气）站、轻质燃油和液化石油气汽车罐车用阻隔防爆储罐技术要求》(AQ 3001-2005)、《阻隔防爆橇装式汽车加油（气）装置技术要求》(AQ3002-2005)。这两项安全生产行业标准是国家安全生产监督管理部门成立以来较早颁布的安全生产行业标准。这两项标准是在总结 HAN 阻隔防爆技术多年试点应用、实际应用经验与成果的基础上起草和制定的，其目的是规范阻隔防爆技术在汽车加油（气）站、成品油运输车槽罐、橇装式加油装置上的应用工作。

2005 年 8 月 24 日，国家安监部门、建设部门、交通部门、国家质检部门等四部门联合下发《关于推广应用 HAN 阻隔防爆技术的通知》。

2005 年 9 月 12 日，国家安全生产监督管理部门根据四部委的通知精神，专门下发了“关于开展阻隔防爆技术标准宣贯活动的通知”。组织宣贯小组分别到各省区市对两个安全行业标准和 HAN 阻隔防爆技术进行宣贯。

HAN 阻隔防爆技术是一项预防易燃易爆气态、液态危险化学品储运容器和装置，因静电、明火、焊接、枪击、碰撞、错误操作等意外事故引发爆炸的具有自主知识产权的专有技术，从根本上解决了易燃易爆气态、液态危险化学品储运容器和装置的本质安全。

HAN 阻隔防爆技术是由上海华篷防爆科技有限公司开发研制成功的，对易燃易爆气态、液态化学品储运容器和装置有着不可替代的安全保护作用。

HAN 阻隔防爆技术应用情况可分为：HAN 阻隔防爆产品；HAN 阻隔防爆装置；HAN 阻隔防爆工程技术；HAN 安全防爆清洗技术。

HAN 技术安全防爆特点

- 保护易燃易爆气态、液态危险化学品储运容器和装置遇静电、明火、焊接、枪击、碰撞、错误操作等意外事故时不爆炸
- 抑制容器内油气挥发、节约燃料、降低火焰高度 30 倍左右，利于灭火，利于环保
- 防止浪涌，降低容器内液体晃动能量 40 倍，极大地降低了移动危化品容器因浪涌而造成的事故

2005 年 6 月 29 日下午，国家安全生产监督管理部门在京召开会议，推广应用 HAN 阻隔防爆技术。图为会议现场

枪击 HAN 阻隔防爆运油槽车，罐体没有发生爆炸

燃烧装有 HAN 阻隔防爆材料的液化石油气罐，罐体不发生爆炸

上海华篷防爆科技有限公司

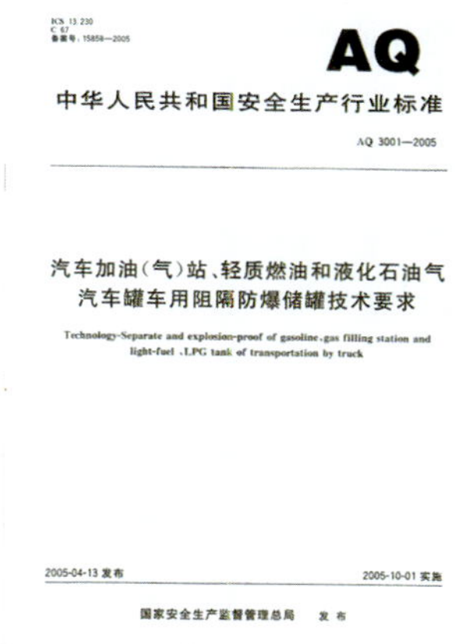
AQ

中华人民共和国安全生产行业标准

AQ 3001—2005

汽车加油(气)站、轻质燃油和液化石油气汽车罐车用阻隔防爆储罐技术要求

Technology-Separate and explosion-proof of gasoline, gas filling station and light-fuel, LPG tank of transportation by truck

2005-04-13 发布　　2005-10-01 实施

国家安全生产监督管理总局　发布

AQ

中华人民共和国安全生产行业标准

AQ 3002—2005

阻隔防爆橇装式汽车加油(气)装置技术要求

Technology-Separate and explosion-proof of auto gasoline, gas filling portable device

2005-04-13 发布　　2005-10-01 实施

国家安全生产监督管理总局　发布

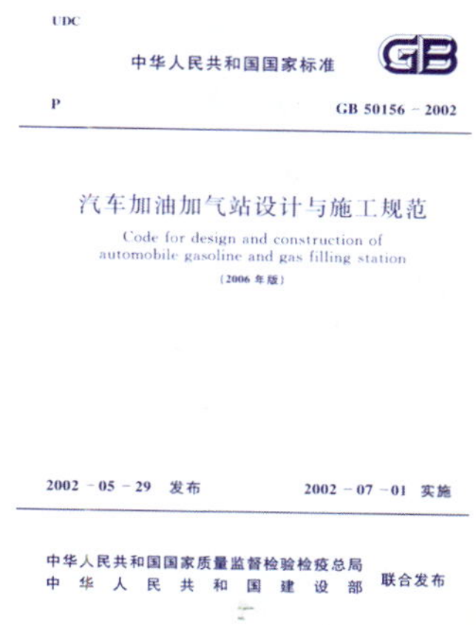
UDC

中华人民共和国国家标准　GB

P　　GB 50156－2002

汽车加油加气站设计与施工规范

Code for design and construction of automobile gasoline and gas filling station

(2006 年版)

2002－05－29　发布　　2002－07－01　实施

中华人民共和国国家质量监督检验检疫总局
中　华　人　民　共　和　国　建　设　部　联合发布

- 保护危化品容器内壁不腐蚀，避免地下储油（气）罐因泄漏而污染地下水资源，延长容器寿命
- 可防止危化品容器静电
- 可防止 BLEVE 现象
- 对储存的化学品无污染
- 有效降低油品的氧化速度
- 结构强度高，抗压缩
- HAN 阻隔防爆装置不影响容器的容积，仅占容器容积的 0.3%~0.8%
- 可对装有燃料的容器随时进行补焊
- 维护简便，可随时清洗，清洗时间短

HAN 技术应用领域

可广泛运用于航海、航空、陆运等气态、液态危险化学品储运容器和设施。

适用范围：汽车加油（气）站；运油（气）槽车；民用油（气）库（罐）；军用油库（罐）相关的易燃易爆气态、液态危险化学品，如：甲醇、乙醇、醋酸乙酯、二甲苯、甲酮苯、庚烷、辛烷、乙烯、丙酮等储运装置。

对 HAN 阻隔防爆运油槽车进行带火加油十分安全，运油车没有发生爆炸，油罐口火焰高度不超过 30 厘米，降低火焰高度 30 倍

对 HAN 阻隔防爆集装罐进行点火，火苗微弱，集装罐没有发生爆炸

中国华电集团公司党组书记、
总经理　贺恭

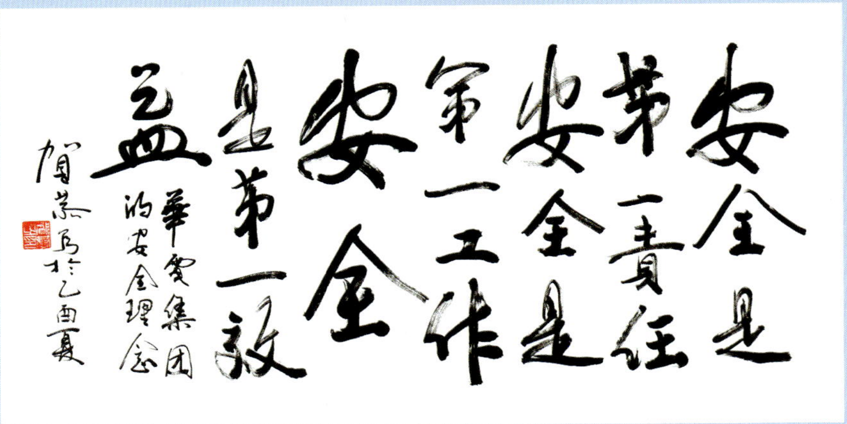

中国华电集团公司（简称“中国华电”）成立于 2002 年 12 月 29 日，注册资本 120 亿元，经批准，在原国家电力公司部分企事业单位基础上组建的国有企业，是国家授权投资的机构和国家控股公司的试点单位。

中国华电主要从事电源、煤炭及与电力相关产业的开发、投资、建设、经营和管理，组织电力（热力）生产和销售；从事新能源、科技开发，国内外工程建设、承包与监理，设备制造；从事国内外投资融资业务，自主开展外贸流通经营、国际合作等业务以及国家批准或允许的其他业务。到 2005 年底，总资产达到 1492 亿元，在役发电装机容量 3881.4 万千瓦，分布在全国 18 个省（市、区），其中火电占 82.4%，水电占 17.6%。拥有百万千瓦以上发电能力的发电厂 13 家，如控股业绩优良的华电国际电力股份有限公司、华电能源股份有限公司、国电南京自动化股份有限公司、贵州黔源电力股份公司等上市公司、控股装机容量 294.5 万千瓦的乌江水电开发有限责任公司。根据公司发展规划，2010 年公司装机容量将达到 8000 万千瓦。

安全是企业生存和发展的基础和保证。自公司成立以来，中国华电以科学发展观为统领，坚持以人为本，坚持“安全第一，预防为主，综合治理”的方针，坚持“安全是第一责任，安全是第一工作，安全是第一效益” 的安全理念，处理好“三个关系”（传统与创新的关系，一般和重点的关系，号召和落实的关系）、抓好“七个落实”（方针落实，认识落实，责任落实，制度落实，重点问题落实，“科技兴安”落实，长效机制落实），研究分析安全生产的新形势、新问题，采取新举措，积极推进安全生产管理创新和机制创新，不断完善安全生产责任体系、保证体系、监督体系、制度体系、评价体系，积极探索建立人、环境、设备、信息诸要素和谐统一的安全生产长效机制，在构建“本质安全型”企业工作中不断取得成效，确保了公司系统安全生产情况总体平稳，为华电集团的发展壮大提供了坚强的支撑和保障。

中国华电集团公司党组书记、总经理贺恭在华电国际邹县发电厂调研安全生产工作

中国华电集团公司党组书记、总经理贺恭在江苏华电扬州发电有限公司调研安全生产工作

编辑委员会成员

编 辑 部 成 员

（以姓氏笔画为序）

王国慧　王晓珍　王捷帆　田　园　孙士英　张晓学
杨乃莲　黄　勤

特约撰稿人名单

（以姓氏笔画为序）

丁建东	乃成龙	于　磊	马兆南	马全林	马守业
马秀涟	毛可万	毛德智	牛东农	牛金杰	王升玉
王文怀	王玉刚	王　军	王建正	王晓珍	王　谏
王　斌	王群力	邓江烽	付　翔	卢玉龙	古庆如
白学桂	白瑞理	白　磊	刘士义	刘小琳	刘松林
刘洪波	刘晓延	刘衢立	闫志常	毕湘薇	江克莹
吴向勇	吴　林	宋　国	汤军强	张付学	张永清
张生华	张　沉	张　强	张锡强	李文忠	李发祥
李永红	李国强	李洪良	李炳荣	李　铭	杜红岩
杨永耀	杨建军	杨　涛	陈彦林	陈春杰	周金忠
孟广华	宗有成	屈　玥	范锡发	郑若飞	郑晓辉
胡希臣	胡　明	荆大勤	费洪澄	贺耀荣	赵卫东
赵成林	赵　坤	赵晓宁	赵婷婷	钢巴特尔	容　静
徐克生	耿　凤	耿凤翔	聂咸俊	郭　力	郭玉波
郭奎建	郭铜修	郭喜林	钱宜伟	商　宜	康　斌
曹宗理	章云龙	章　焱	符布明	隋　静	黄爱兴
谢书胜	董书文	韩晓鹏	韩维力	戴　洁	瞿　敏

全国安全生产工作会 1 月 18 日至 19 日在北京召开

2005 年 3 月 30 日　国家安全生产监督管理总局召开专家座谈会

2005 年 5 月 18 日　全国煤矿安全督导工作座谈会在四川成都召开

2005 年 6 月 8 日　首届“安全.责任.文化.传播”论坛在北京举行

2005年6月12日　“安全生产万里行”出发仪式在广州市举行

2005年6月29日　“安全生产万里行”结束仪式在武汉市举行

2005 年 7 月 19 日　全国煤矿安全技术“会诊”工作总结会在京召开

2005 年 7 月 29 日　全国煤矿安全监察局长座谈会在秦皇岛市召开

北京思创—为危化装置安全运行保驾

危险化学品生产装置　安全生产监控系统Strong-PSP

北京思创结合目前危化品生产企业的实际现状，采用国内居于领先地位的实时数据库技术StrongDAS，历时十多年的研发，参照国家安监管理部门《安全标准化规范》和各省《安全生条例》的要求，推出了适合于危化品生产企业使用的安全生监控系统Strong-PSP，包括实时数据库平台、仪表电信号数据采集子系统、易燃/有毒气体监测子系统、危险场所/重要岗位的数字视频子系统、压缩机等大型转动设备的健康监测子系统。帮助危化企业解决安全监控、生产管理、生产指挥中的问题，并为省、地（市）、县各级安监部门实现对所辖区域的危化品生产装置进行实时监控。

安全监控：通过对主要安全工艺指标（比如气柜、氨罐等重大危险源以及合成塔、压缩机等关键设备）的自动采集以及危险场所及主要岗位的图像信号的自动采集和监控，提前发现事故，并把事故苗头消灭在萌芽状态，防止超温超压、避免爆炸、泄漏及人员中毒伤亡等事故，为生产装置的安全运行保驾护航；若万一发生事故，Strong-PSP就像飞机上的“黑匣子”一样，可帮助企业进行事故分析，寻找事故原因。

实现计算机化的生产管理，节能降耗，有效降低成本：通过计算机自动的班组考核、工艺指标的统计分析等，帮助企业实现由原来粗放式的生产管理向精细化生产管理的转变，降低生产成本，提高企业的生存和竞争能力。

实现网络化和信息化的生产指挥和生产调度：Strong-PSP通过采集各岗位DCS/PLC系统的数据和仪表信号数据，有效实现生产信息的集成。生产部门（如调度、生产厂长等）坐在办公室或家里，甚至出差在外地，均可对全厂的工艺指标进行实时浏览，为生产指挥提供现代化的工具，有效协调和指挥各岗位及各装置的生产，并有效监督操作工认真负责地在岗操作，是企业实现装置稳定运行的最佳手段。

优化操作工况：通过对相关联的工艺操作参数的对比和统计分析，找出生产运行中的规律，优化不同工况下的生产工艺指标。

实际应用表明，Strong-PSP每年平均可为生产企业带来300万元以上的综合效益,具体体现在：

◆避免爆炸、人员伤亡、中毒等安全事故
◆减少非计划性停车次数
◆稳定生产，减少蒸汽、电力等公用工程的损耗和原材料消耗
◆采用精细化的生产管理，降低生产成本
◆优化生产过程及生产工艺指标，提高产品产量和质量
◆增强企业核心竞争能力

Strong-PSP已在河北沧州大化TDI装置、内蒙古乌拉山化肥厂、山东瑞达化工、山东瑞星化工、河南金鼎化工、江苏大丰劲力化肥等企业成功合作，取得了良好的应用效果。

北京思创系统工程有限公司

地　址：北京市大屯路科学园南里风林绿洲F01-16A　邮　编：100101
电　话：(010)64836922/64836923转805/812/813
联系人：纳永良 ，13801208999　张国民 ，13121569995
网　址：www.strongdas.com　E-mail: strong_bj123@163.com

峰峰集团

董事长、党委书记　张文学

总经理　张汝海

2005年，我们以安全理念创新为先导，不断加大安全管理力度，安全生产取得了较好成绩。百万吨死亡率0.87，实现了年初制定的奋斗目标。荣获全国“安康杯”竞赛优胜企业称号，被评为邯郸市安全生产先进单位。主要工作特点：

一、树立和落实安全发展观，创新安全管理理念

牢固树立以人为本的安全发展观和“五个一切”安全新理念，确立“紧严细实全”的大安全观。按照安全发展观的要求，把安全生产纳入企业总体发展战略和“十一五”发展规划，明确奋斗目标、主要任务和工作措施，为促进安全生产与经济建设协调发展奠定了基础。

二、层层落实安全生产责任制，建立和完善安全责任体系

制定了安全质量事故、安全隐患和安全行政（经济）责任追究处罚规定以及业务保安工作指导意见等一系列规章制度，层层签订安全责任书，把安全责任落实到了每个环节、每个岗位、每个职工。对发生安全质量事故和发现重大事故隐患的，严格按规定进行责任追究。

三、认真贯彻落实《特别规定》和21号令，切实加强安全管理，突出重点，狠抓落实

根据《特别规定》和《认定办法》的要求，集团公司与各矿逐条对照，分层次进行了全方位、拉网式的隐患排查，定期上报，并且定人员、定时间、定责任落实整改，实现了排查与整改的闭合管理。建立了重大事故预警机制和紧急处置预案，杜绝了重大事故发生。

根据《关于煤矿负责人和生产经营管理人员下井带班的指导意见》，集团公司制定下发了实施意见，要求各级领导和生产经营管理人员在完成规定下井次数的同时，必须严格按规定下井带班，确保每个班次至少有1名负责人或生产经营管理人员在现场带班作业。各矿每月排出一张表，详细安排每天下井带班人员。每季度在《峰峰矿工报》上通报各单位领导班子成员下井跟班、带班情况。

公司办公大楼

将安全确认工作纳入正常的生产管理过程，作为必须的一道工序进行管理，并且给出安全确认的时间，各级管理人员检查工作时首先检查安全确认工作情况，实行班组确认、岗位确认和过程确认，随时消除生产过程中出现的不安全因素。

根据21号令的规定，去年6月份，国家煤矿安全专家“会诊”工作第五专家组对各矿进行了安全“会诊”，在13个方面发现隐患问题67条，提出改进建议59条。对此，集团公司领导高度重视，立即安排整改落实，各矿认真研究制定了整改意见，所有问题正在按计划组织落实。到目前为止，一些问题已经得到解决。

2月2日召开安全专项整治会议，下发了集团公司《关于开展安全生产专项整治工作的决定》(峰集【2005】92号)，成立领导机构，总经理任领导小组组长，按照业务分工的原则，成立13个安全专项整治专业组，分线落实业务保安责任。明确了责任领导、责任部门、安全专项整治工作责任和任务。通过各个专业组和各单位扎实有效的排查和整改，实现了生产过程中和作业场所危险源的受控管理。

四、加大安全投入，提高矿井综合抗灾能力

根据国家《关于调整煤炭生产安全费用使用管理与监督的通知》规定，对煤炭生产安全费用提取标准进行了调整。峰峰集团将提取标准由原来的吨煤8元调整为45元。2005年全年用于安全总投入40692万元，重点对矿井通风、瓦斯监测与抽放、防灭火、防治水、综合防尘、供配电、运输及提升等系统进行了改造。

五、实施科技兴安战略，提高矿井本质化安全管理水平

实施了煤矿安全智能巡检系统、皮带运输人防系统、斜巷人防系统、电机车门电闭锁等四个本质安全项目，提升了本质安全水平。集团公司所有生产矿井和地面生产单位都通过了职业安全健康管理体系认证。安全管理信息系统在各生产矿井及两个洗选厂正式运行，实现了信息资源共享及对安全隐患的实时监控。所有矿井的掘进工作面全部实现了双风机双电源，提升了安全保障能力。以强化现场管理为重点，积极开展了安全质量标准化和“精品工程”创建活动，13个生产矿实现了矿矿达标，其中10个矿井达到了安全质量标准化一级标准。采、掘工作面精品率分别达到57.5%和51.3%，机电、运输、通风专业的“精品示范区”范围得到了进一步的扩展，井下生产安全环境得到进一步改善，全面提升了矿井的管理水平和防灾抗灾能力。

公司领导班子

六、突出重点，全方位加强了安全监督检查

突出抓对贯彻落实安全法律法规、上级检查问题整改情况、安全薄弱时间、安全薄弱环节、超通风能力生产情况的监督检查，突出抓安全检查方法的进一步转变。初步建立起了五个方面的机制：①事故隐患、重大危险源排查管理机制；②严肃事故查处通报机制；③抓现场查管理机制；④安全信息控制机制；⑤抓安全薄弱环节的机制。

七、深入开展安全文化建设，加强安全基础管理，建立安全长效机制

进一步修订完善了39项安全责任制度，使安全管理工作更加规范。组织制定了《工种操作规程》和《煤矿职工安全手册》，修订完善了井上下16个专业270个工种岗位的操作规程；结合企业实际，各矿编制了各自的《煤矿职工安全手册》。强化职工安全培训教育，全年共培训职工13608人次，其中区队长514人，特种作业人员1090人；组织开展了“安康杯”竞赛活动和安全生产月活动；组织3000多名安全管理人员参加了安全法律法规考试；开展了多种形式的技术练兵活动，共有80多个工种1.8万多名职工参加，其中有3个工种参加了全国煤炭行业比赛；参加邯郸市“安康杯”知识竞赛获得第二名；救护大队参加省矿山救援技术比武竞赛荣获集体一等奖。

采煤机风水喷雾

综采工作面

相关人员使用智能巡检仪

安全文化长廊

中国神华神东煤炭分公司

2005 年，神东煤炭分公司努力践行“三个代表”重要思想，紧紧围绕“产量过亿吨，亿吨零死亡”的奋斗目标，坚持高唱“环境、责任、素质”安全生产三部曲，以加强队伍建设和质量标准化建设为基础，以安全生产“四大战役”为手段，狠抓各类专项整治，突出业务保安和现场管理，努力打造本质安全型企业，取得了安全生产的新成绩。全公司百万吨死亡率降低到 0.01 以下，为 0.0098。与 2004 年同比，在原煤净增 1665 万吨的情况下，事故总起数减少 21 起，事故率降低了 55.3%。特别是通过安全生产“四大战役”和“百日安全生产无事故”活动的广泛深入开展，公司取得了安全生产一周年和连续安全生产 567 天产煤 1.45 亿吨零死亡的历史好成绩，为我国煤炭工业的健康发展和安全生产事业做出了积极贡献。

创新理念，安全生产思想认识不断提高　按照集团公司关于打好安全生产“四大战役”的总体工作部署，公司下发了《关于贯彻神华集团公司安全工作会议精神，全面打好安全生产“四大战役”的决定》，对开展“四大战役”活动进行了认真安排。全公司广泛开展了安全思想、安全理念、安全目标宣传教育活动，进一步提高了广大员工对安全生产重要性的认识。广大员工把抓好安全生产作为体现“煤炭工业先进生产力代表”的实际行动；作为建设世界领先煤炭企业的重要标准；作为神东在煤炭行业体现示范和带动作用的重要成果；作为提升“神东煤、神东矿、神东人”企业文化形象的重要手段。理念的创新、认真的升华，为安全生产提供了思想保障。

完善制度，安全生产责任进一步落实　公司坚持从强化管理机制入手，按照“谁主管，谁负责”的原则，逐级落实安全生产责任制，层层签订安全责任状。新出台和重新修订了《安全生产问责制度》《安全管理处罚办法》《基建工程安全质量标准和文明施工考核办法》《加强外委工程安全管理的补充规定》《劳动保护管理办法及标准》和《步行入井安全检查制度》等 9 项安全生产管理制度。通过制度的健全和完善，进一步增强了各级领导和广大员工抓安全生产责任感和自觉性。公司建立了安全生产“两个一票否决”制度，并将“两个一票否决”和质量标准化达标目标全部纳入安全生产责任状考核。各单位普遍建立了安全与工资收入紧密挂钩的管理机制。安监局建立了各部门及基层安监处站安全管理业绩考核体系，推动了安监队伍整体素质的提高和安全管理责任的落实。补连塔、保德煤矿等单位对班组长推行了安全风险抵押制度，进一步增强了班组长的安全管理责任。

考核严格，安全质量标准化建设成效显著　公司始终把质量标准化建设作为安全管理的基础工作来抓。年初，公司确定了 2005 年全公司保持神华特级质量标准化公司水平的工作目标，深入广泛地开展了安全质量标准化活动。公司在乌兰木伦煤矿召开了安全质量标准化现场会，组织各矿矿长和有关单位领导到海渤湾、乌达矿业公司进行观摩学习。各单位以完善“一通三防”系统和提高采掘工程质量标准化为重点，积极开展了比、学、赶、超活动和精品工程创建活动。通过公司全年 4 次安全质量标准化大检查，各单位基本达到了规划标准要求，被神华集团公司命名为安全质量标准化公司。2005 年有关领导对神东公司的安全质量标准化工作和现代化建设给予了很高评价。

安全月活动一

重点突出，生产现场管理得到有效监控　公司对重点工程、重点部位和重点时期的安全生产进行了重点盯防。一是狠抓了康家滩矿综采面的瓦斯治理和两巷顶帮支护及连掘破碎带巷道支护。二是重点落实了综采工作面回撤安装和补连塔煤矿、大柳塔煤矿过富水区、乌兰木伦煤矿过断层带安全技术措施的贯彻落实。三是联合开展了安全专项整治活动。安监、生产、机电等管理部门坚持实施安全生产跟踪管理，加大了职能部门联合检查力度，坚持每月对各连采面、综采面循环进度、顶板支护、“一通三防”管理进行综合检查、评比，保证了业务保安措施在生产现场的贯彻落实。四是狠抓了节日期间的安全生产管理，基层干部坚持做到深入一线，跟班指挥，保证了元旦、春节、“五一”“十一”期间的安全生产。五是管理干部认真落实入井

安全月活动二

“六月安全活动月”安全咨询日活动一

“六月安全活动月”安全咨询日活动二

六月安全月文艺演出

制度和步行检查制度，对生产现场安全进行了有效监控。六是不断强化对外委施工队伍的安全管理。公司出台了《关于加强外委工程安全管理的补充规定》，对外委施工单位进行了清理整顿，对5个没有进行安全资质审查和没有签定施工协议的单位进行了停产整顿。

神东分公司副总经理兼安监局局长（右一）李宝山在井下检查指导工作

严查细管，事故隐患得到及时整改　对集团公司安全生产专项检查、安全生产现场会和集团总经理常务会会议纪要提出的15个问题和隐患按照“四定原则”，落实了整改时间、责任人和专项资金。公司召开了风电闭锁、皮带保护专题会议，对完善各矿风电闭锁、皮带保护装置进行了认真安排，并制定了具体落实措施。2005年9月份以来，公司认真贯彻落实了《国务院关于坚决关闭不具备安全生产条件和非法煤矿的紧急通知》和《关于预防煤矿生产安全事故的特别规定》精神，按照集团公司紧急通知要求，从17个方面开展了安全生产自查，对天隆公司三不拉煤矿、大海则煤矿进行了停产整顿。对存在的12个问题进行了专题研究，并按照“四定”原则制定了整改方案。公司不断加大安全监督监察力度，安全督查小分队每周安全检查覆盖率达到80%，每月达到100%。同时，积极组织开展中班和夜班检查工作。2005年，组织安全大检查和专项检查21次，动态检查达236次，累计罚款180多万元。查出各种隐患1535条，已整改1528条，整改率达99%，有效地防止了各类事故的发生。

现代化设备维修中心

投入加大，安全生产系统进一步完善　2005年，公司进一步加大了安技措专项资金的投入。全年下达专项资金4.62亿元，主要用于瓦斯监测、监控集控系统的建立;矿井通风设施及通风设备更新改造；井下无线通讯系统；辅助运输设备研制；矿井瓦斯抽放系统的完善；矿井防治水系统改造与完善；大巷喷浆加强支护；消防救护装备、高温浓烟训练馆的建立及各矿井救灾设施的完善等，进一步提高了矿井防灾抗灾能力。同时，公司修改完善了安技措资金的管理办法和项目申报、实施、考核、验收制度，保证了各项安技措工程的顺利实施。

安全演习

强化培训，员工安全技术素质不断提高　公司始终把提高员工安全素质作为预防事故的根本措施，采取多种形式，大力开展安全技能培训。安监局和培训中心共同配合，按照国家规定，对本单位和外委施工单位的2200多名特殊工种进行了培训。公司和各单位组织全体员工学习了新版《煤矿安全规程》，并进行了全员考试，进一步规范了员工现场作业行为。同时，对全公司综采、连采司机进行了技能升级培训。2005年，公司和基层单位累计举办各类培训班230期，培训人员1.3万人次。各单位积极组织开展了职工岗位练兵和技术比武活动，促进了员工安全技术素质的整体提高。

环境优美的生活小区

管理创新，NOSA管理体系全面推广　2005年，公司决定在所有生产矿井和地面主要生产单位全面推行NOSA五星管理体系。为推进此项工作的落实，公司于3月9日在补连塔煤矿召开了NOSA管理体系推进会。安监局组织NOSA宣讲团，到13单位进行了NOSA知识和体系运行巡回宣讲。榆家梁煤矿在各区队成立了安健环工作落实小组，以提高质量标准化为基础，全面加强了危险源和要害部位的检查与控制，危险源的控制率达到100%。维修中心在推行NOSA体系中，提出“四化”要求，即：安全生产管理精细化、完整化、科学化、人本化，为NOSA体系的顺利推进奠定了基础。同时，公司为简化工作程序，提高工作效率，开展了一体化、NOSA和质量标准化三个体系的整合工作，建立了“安健环质”综合管理体系。

活动多样，安全文化氛围浓厚　公司坚持把安全文化建设纳入到公司的发展战略之中，加大安全宣传教育力度，不断增强员工安全意识，努力营造“遵纪守法，关爱生命”的安全文化氛围。公司强化了党政工团齐抓共管安全工作制度，安全宣传教育做到月有安排，周有活动。广泛深入开展了“百日安全无事故”活动、“安康杯”竞赛活动、“向事故告别月”和“安全生产月”活动。为保证 安全生产“四大战役”奋斗目标的实现，公司党委在开展党员先进性教育的同时，开展了“3123党员安全工程”活动，使全体党员在安全生产工作中的模范带头得到充分发挥。上湾煤矿、哈拉沟煤矿、马家塔矿、锦界项目部等单位开展了“四大战役”倒计时、事故案例宣讲、家属协管安全座谈会、告别“三违”签名等群众性安全宣传教育活动，创造了浓厚的安全宣传氛围，广大员工安全意识和自保互保意识得到增强。通过多形式、多方位、多层面的安全宣传教育，使广大员工“遵章守法，关爱生命”的意识逐步形成，并应用这一理念指导着自己的行为，为安全生产奠定了牢固的思想基础。

神华黄骅港务

依靠科技进步

公司董事长、党委书记　郝忠

黄骅港是我国西煤东运大型通道的出海口。建有7个煤炭泊位，年设计吞吐能力6500万吨，是目前我国大型煤炭输出港，为保证全国火力发电厂正常运行做出了重要贡献，创下了多项全国建港史上的新纪录。

自2001年港口正式运营以来，神华黄骅港务公司认真贯彻落实党、国家一系列安全工作指示精神，以国家有关法律法规为准绳，坚持以人为本，认真落实科学发展观，始终坚持"安全第一、预防为主，综合治理"的方针，安全工作取得很大成就。连续五年实现了安全生产"五个无"目标。公司的安全形势稳定，生产运营始终保持良好态势。2002～2005年，连续4年荣获神华集团"安康杯"先进单位和"安全生产先进单位"称号；2003～2005年连续3年荣获全国"安康杯"竞赛优胜企业称号。2004～2005年连续2年荣获"河北省港航系统安全生产先进单位"称号。168人次分别获省市级"安全生产先进个人"称号。

精良的装备是确保安全生产的基础。在工

有限责任公司

打造本质安全水平

程建设过程，黄骅港务公司把安全理念贯穿整个建设过程始终，通过严把设计关、设备选型关、队伍招标关和施工管理关，确保建设一套精良装备。港口现有的翻车机、堆料机、取料机、装船机等大型设备，全部采用国际先进设计，并在设计的同时严把安全关，核心部件引进国际优良产品，设备自动化水平高，并且全部设有防漏电、防过载、防倾斜、防大风等安全保护装置，大大提高了设备可靠性，减少发生安全事故的可能性。港口设有完善的导助航设备，配有大马力拖轮，全部采取DGPS导航设备，确保船舶进出港安全。

质量标准化管理是安全生产的保障。几年来，黄骅港着力打造现代企业管理体系。安全质量标准化建设有了质的提升。顺利通过了集团特级单位验收。同时，积极开展质量、环境以及职业健康三体系贯标认证工作，努力与国际先进管理体系相接轨。把贯标认证与安全质

安全培训

量标准化工作有机整合，按照要求，逐项开展，确保了三体系认证的顺利通过，使企业管理水平提升到了一个新的高度。着力加强财务管理，首次完整推行了全面的预算管理和成本控制。生产各个环节全部被纳入了动态监测范畴。加大安全投入，不断完善安全设施。深入开展“安康杯”竞赛等群众性安全活动，不断强化广大职工的安全意识。建立各种安全预案，定期组

港口大门全景

煤码头装船机作业

神华黄骅港务

依靠科技进步

杂货码头门机作业

织大规模的抢险救灾演习，提高队伍处理紧急事件的能力。大力改善职工生活和工作环境，保障职工每天都能以充沛的体能和良好的精神状态投入工作。

信息化管理手段使黄骅港的安全生产如虎添翼。黄骅港信息化管理水平位居全国同行业前列，是全国港口行业的标杆企业。在设备管理中实施EAM系统，通过设备全寿命跟踪管理，在使用期内对设备状况实时监控，做到及时保养、维修、确保设备安全性。在生产过程中实施的中央控制系统，能够对运行中的设备实时检测。故障点能够及时报警并自动启动安全停机程序。

培养智能化的员工队伍是抓好安全生产的坚固基石。公司实行严格的三级培训制度，采用集训班、电脑网络等形式。着力加强安全意识、技能培训，确保每个职工上岗前达到安全意识、安全技能双过关。在工作中，公司还大力开展拜师学技、岗位比武等活动，不断提高职工各项技能，增强安全防范的本领。组织职工进行技术创新，4年多来取得各类技术改造、革新成果200多项。

黄骅港翻车机作业

煤码头大型机械作业

有限责任公司

打造本质安全水平

公司董事长、党委书记简介

郝忠，男，汉族，1951年12月生，山西怀仁人，1973年10月加入中国共产党；1968年8月参加工作，中央党校行政管理专业毕业，大学本科学历，教授级高级工程师，全国劳动模范。

1968.08–1971.03	大同矿务局采煤工
1971.03–1982.07	大同矿务局采煤区干部
1982.07–1993.12	大同矿务局副矿长、矿长
1993.12–1994.12	国家煤炭工业部门生产司副司长
1994.12–1995.12	大同矿务局副局长
1995.12–1997.12	汾西矿务局局长
1997.12–2001.02	潞安矿务局局长
2001.02–2004.02	神华集团公司总调度室主任
2004.02–2004.07	神华黄骅港务公司董事长、临时党委书记
2004.07 –至今	神华黄骅港务公司董事长、党委书记

以人为本
安全第一

消防演习

安康杯签字

设备检修

黄骅港取料机作业

黄骅港拖轮作业

山西阳泉煤业（集

相关领导视察阳煤集团安全生产工作

企业领导人深入井下解决安全生产问题

公司领导深入现场做扎实的安全思想工作

阳泉煤业（集团）有限责任公司，由始建于1950年的阳泉矿务局改制而成，是国家确认的国有特大型煤炭企业，国家无烟煤生产基地，长期位居中国企业500强之列。

建企56年来，阳煤集团始终认真贯彻执行“安全第一，预防为主，综合治理”的安全生产方针，认真落实企业安全生产的主体责任，强力推进本质安全型企业的建设，在严细管理，保证安全投入，不断改善矿井装备水平，强化瓦斯治理方面不懈努力的同时，坚持以人为本，在安全管理上勇于创新，提出了大众传媒、文艺宣传、家属联保、高潮日活动、“二五”活动、“三违”帮教、“四无四保考核”、身心调适、群监网活动、青监岗活动、典型教育、案例教育的“安全宣传教育12法”，在全煤系统产生强烈反响。2005年在集团公司主要领导的倡导下，创造性地提出了个人安全技能账户管理，实行安全质量结构工资，将员工30%的工资与质量标准化、自主保安和技能训练情况挂钩考核，其中20%的自主保安和技能训练工资注入个人安全技能账户，逐月考核，逐月公示，年终兑现，形成了对员工安全行为的长效约束，有效地传递了安全压力。通过一年多的运作，使员工安全意识和技能素质有了大幅提升，因违章导致的各类安全事故较上年下降了28.3%，2005年全公司百万吨死亡率实现了0.09的历史较好水平。

“中国鲁尔，幸福家园”是阳煤人的共同愿景。

充分发挥青监岗、群监网、家属联保安全监督保证作用

团）有限责任公司

推行个人安全技能账户　筑牢本质安全企业基础

近几年，阳煤集团紧密结合企业工作实际和安全管理现状，全面贯彻安全第一方针，全力打造安全文化。坚持人本管理理念，努力构筑本质安全型企业。强力推进安全管理向现场、向岗位、向管理流程、向员工素质提高的4个延伸，特别是从2005年开始创新了个人安全技能账户管理并强力推行，已经取得明显成效。

一、推行个人安全技能账户管理的指导思想：

二、个人安全技能账户的操作和考核办法：

1. 井下员工个人安全技能账户考核；
2. 专职安监人员个人安全账户考核；
3. 矿处级领导安全账户考核；
4. 井区、队级管理人员个人安全技能账户考核；
5. 地面生产经营单位员工个人安全技能账户考核；

三、推行个人安全技能账户要和其他各项管理有机结合，融为一体，做到互为渗透，促进整体管理水平和工作质量的提升，不能就事论事单打一。

以上是推行个人安全技能账户的做法，作为安全生产管理的创新机制，不可能一蹴而就，阳煤集团将不断总结经验，不断解决存在的问题，在继续加大安全投入，研究破解技术难题的同时，切实加强安全管理，筑牢本质安全型企业基础，促进企业健康快速发展。

用安全宣传教育12法 提高员工安全意识和操作素质

安全生产促进了企业产业链的进程

创新安全管理，推行个人安全技能账户考核

负压过滤式呼吸器

全面罩式呼吸器

用来防范工业和农业生产中的可吸入危险物质，适合在条件苛刻的重度污染环境中使用，如石棉清除、核电站等。

Promask全面罩符合欧洲标准EN136 3级；过滤罐符合EN143

正压过滤式呼吸器

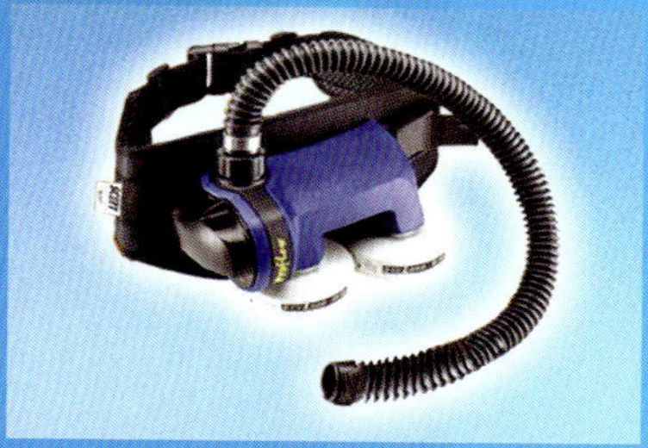

下一代电动送风呼吸器

Proflow SC是下一代电动送风呼吸器的代表，高智能、长寿命、多用途、舒适易用、低终生成本。

符合欧洲标准EN12941/12942。

头部防护产品

安全帽

Protector品牌的HC660VRH系列安全帽，安全、质轻、舒适、多用途。聚碳酸酯(PC)帽壳、6点式可调节衬带、顶部通风孔、25/30mm耳罩、面屏通用插槽。

符合澳洲标准AS/NZS1801。

面部防护产品

面屏及支架

面屏及支架—Protector品牌。面屏有聚碳酸酯（PC）型和不锈钢丝网型。面屏支架有适配安全帽式和头戴式。

符合澳洲标准AS/NZS1337。

眼部防护产品

安全眼镜

Protector品牌，外观时尚、多型号、多[illegible]，镜片防雾、防紫外线、耐刻划、镜腿可[illegible]

[illegible]AS/NZS1337。

耳部防护产品

耳罩

多种 Protector品牌的耳罩可供，包括尤适用于机场地勤人员的航空耳罩。

符合澳洲标准AS/NZS1270。

泰科呼吸保护集团—上海依格

Tyco Breathing System-Shanghai Eagle

公司地址：上海浦东银城中路200号中银大厦1112~1119室

电话：（86）21-3878-9588（总机）

传真：（86）21-5840-0903

销售热线：（86）21-5840-1028　5840-1029

http:// www.eagle-sh.com　邮编：200120

各地办事处

华东工业领域：021-58409180　13501716849　汤士俊

北京办事处：010-63859124　13601072681　张长生

大连办事处：0411-82781608　13804111949　仲　祥

新疆办事处：0991-3768687　13565893383　徐　钢

西安办事处：029-86743622　13700226163　樊安良

徐州办事处：021-58401029　13701830391　赵芬喜

成都办事处：028-87629011　13708084945　白　进

广州办事处：020-89000709　13926024418　钟　华

中国大地财产保险股份有限公司

China Continent Property & Casualty Insurance Company Ltd.

中国大地财产保险股份有限公司渊源于1949年10月成立的原中国人民保险公司，由中国再保险（集团）公司以投资人和主发起人的身份控股设立的全国性财产保险公司。公司成立于2003年10月20日，注册资本金10亿元人民币，总部设在上海。

公司坚持“诚信为先、稳健经营、价值至上、服务社会”的经营理念和“立足大地、携手创业、共享未来”的企业精神，遵循“技术领先、低成本扩张、总成本领先”的经营策略和“专业化定位、综合化经营、扁平化管理、差异化发展”的经营指导思想，积极开拓保险服务领域，充分发挥保险的经济补偿、资金融通和社会管理等职能作用，为中国保险市场的繁荣稳定和国家经济建设、社会发展作出了贡献，赢得了良好的经营业绩和社会口碑。到目前，公司已开设30家分公司，基本完成了全国性的市场战略布局。

公司的经营范围是：财产保险业务，包括财产损失保险、责任保险、信用保险等；经中国保监会核定的短期健康保险业务和人身意外伤害保险业务；上述保险业务的再保险业务；国家法律、法规允许的资金运用业务；经中国保监会和国家有关部门批准的其他业务。

中国大地保险拥有一批专业的管理人才队伍。总公司具有博士学位、博士后经历的管理人员占总人数10%以上，研究生以上学历者占45%以上。

中国大地保险时刻不忘肩负的社会责任，用社会给予的关怀积极回馈社会，努力以先进的理念、科学的管理、领先的技术和优质的服务塑造良好的品牌形象，努力把公司建成国内优质的财产保险公司，建成中国保险业的百年老店。

积极参与“安保互动”项目试点

充分发挥保险的社会管理职能

——中国大地保险尝试高危行业责任险

近年来，社会经济快速发展，但安全生产形势依然严峻，由于思想认识、法制环境等方面的原因，在安全生产方面的商业责任保险却一直未能得到有效的推进，安全事故风险要么政府“兜底”，要么经营者自担，高危行业工人的利益无法得到充分保障。为了探索用商业保险运作方式解决高危行业安全生产事故风险的途径，2005年开展了以“关爱生命，关注安全”为主题的“安保互动”试点工作，出台了高危行业的责任保险，在安全生产领域引入商业保险即“安保互动”的运作模式，并确定了“政府推动、市场运作、依法合规、保本微利、整合资源、防补结合”的原则。2005年9月，公司被确定为重庆市“安保互动”高危行业试点保险承保单位。

一、提高认识，明确职责

推行高危行业的责任保险是保险参与社会管理职能的重要途径，充分利用商业保险，为安全生产管理配套服务，可以转嫁企业风险，为政府、企业分忧解难，保障群众合法利益，也是企业依法经营、政府依法行政的有效途径。

在与政府、高危行业的接触中，我公司充分认识到当前推行高危行业责任保险的重要性、特殊性，增强了做好 “安保互动”试点工作的紧迫感和责任感。为了加强对这项工作的组织领导，我公司成立了试点工作领导和服务小组，并主动承担了重庆市涪陵区、永川市两个区、市的试点任务，认真开展前期试点论证、方案制定、费率测算工作。

二、因地制宜，制定方案

根据《重庆市高危行业安保互动实施方案》，我重庆分公司在对试点地区高危行业进行数据调查的基础上，于2005年9月制定了《“安保互动”试点工作实施方案》，方案明确了试点范围、试点目标和实施步骤。

为了全面建立高危行业保险保障体系，提高保障水平，减少政府对安全事故的投入，我司主动把涪陵区、永川市的煤矿、非煤矿山、建筑施工、危化品、民爆、烟花爆竹、水陆客运等行业的责任险纳入自己的试点范围，并因地制宜确定了四个实施步骤，即调查摸底阶段、制定承保方案和宣传阶段、组织实施阶段和总结推广阶段。《方案》中，我公司本着以人为本、维护从业人员生命权益的原则，确定高危行业每个从业人员责任保险及其他保险的合计保额一般不低于20万元，水陆客运、危险化学品运输企业也按照国家新出台的赔付标准保全保足，公众聚集场所则按照防火等级、场所结构、面积、常聚人员等确定了最低保险金额，并力争提高投保覆盖面，确保“安保互动”工作能够有效化解安全事故造成的风险。

三、落实举措，稳步推进

高危行业“安保互动”试点工作是一项全新的工作，要做好确实不容易。中国大地保险重庆分公司紧紧依靠重庆市安监局支持，开展大量市场调研，分析掌握了大量数据。在此基础上，设计开发了《中国大地财产保险股份有限公司高危行业雇主责任保险条款》，提出了统一保险费率和统一运作模式，取得了重庆市“安保互动”推动领导小组的认同和支持。市“安保互动”推动领导小组的领导说，大地保险公司工作有特色、有干劲，设计的产品填补了高危行业责任保险产品方面的空白，要加快实施步伐，扎实的基础工作，使“安保互动”试点工作得以正常、顺利和健康运行，发挥了公司在“安保互动”推动过程中的主导作用。

试点期间，公司在涪陵区和永川市非煤矿山高危企业雇主责任险承保方面取得了较大的突破。其中涪陵区承保高危企业共计57户，雇员人数709人，保险金额达8613万元；永川市承保高危企业共计113户，雇员人数1109人，保险金额达13440万元，初步达成了试点工作阶段性目标。试点的成功带动了该地区危险货物承运人责任险和客运承运人责任险的业务发展，将“安保互动”工作向纵深推进，为保险业发挥社会管理职能进行了有益尝试。

四、继往开来，深入发展

“安保互动”模式是推动安全生产与商业保险良性互动的有效方式。推动“安保互动”，参与社会管理，必须坚定不移地坚持“政府推动、市场运作、依法合规、保本微利、整合资源、防补结合”的原则。

1. 政府推动引导，各部门配合协调是“安保互动”推动的重要保障。加大政府管控力度，逐步将高危行业责任保险作为政策性商业保险方式进行运作，并尽快出台责任保险强制推行的有关措施，并减免给予高危行业责任保险的税收优惠政策，以调动各方面积极性。建立“安全保险基金”，出台“安全保险基金”管理办法，由政府集中，反哺于责任保险的推动、防灾减损、巨灾补贴和安全生产管理等方面。增加防灾力量，变大量事后兜底为事前的参保及防灾。

2. 坚持保本微利，资源整合，防补结合原则，是确保“安保互动”试点成功的重要前提。政府应将安全生产纳入公共风险管理范畴，积极整合资源，加大对高危行业安全生产事故的防灾防损投入和补偿的配套管理，以防补结合来降低高危行业整体风险成本。坚持“保本微利”原则，保护保险公司正当利益和积极性，积极推进统保、共保、再保险等方式，科学分散、转嫁风险，确保高危行业责任保险健康发展，实现多赢。

3. 依法合规，规范操作，是推动安保互动工作顺利推动的关键。要规范高危行业责任保险行为，统一办法标准，杜绝随意性和恶性竞争行为，促进保险公司稳健经营。

地　址：上海市浦东南路855号世界广场36楼
邮　编：200120
电　话：021-58369588
网　址：www.ccic-net.com.cn

中国国际航空

总裁　马须伦

中国国际航空股份有限公司简称"国航"，英文名称为"Air China Limited"，简称"Air China"，其前身中国国际航空公司成立于1988年。根据国家批准通过的《民航体制改革方案》，2002年10月，中国国际航空公司联合中国航空总公司和中国西南航空公司，成立了中国航空集团公司，并以联合三方的航空运输资源为基础，组建新的中国国际航空公司。2004年9月30日，经国家国有资产监督管理部门批准，作为中国航空集团控股的航空运输主业公司，中国国际航空股份有限公司（以下简称国航）在北京正式成立，员工23000人，注册资本为人民币65亿元、实收资本94.33亿元。2004年12月15日，中国国际航空股份有限公司在香港（股票代码0753）和伦敦（交易代码AIRC）成功上市。2006年8月18日，在上海A股市场上市（股票代码601111）。

国航的企业标识由一只艺术化的凤凰和领导人书写的"中国国际航空公司"以及英文"AIR CHINA"构成。凤凰是中华民族古代传说中的神鸟，也是中华民族自古以来所崇拜的吉祥鸟。据《山海经》中记述：凤凰出于东方君子国，飞跃巍峨的昆仑山，翱翔于四海之外，飞到哪里就给哪里带来吉祥和安宁。国航标志是凤凰，同时又是英文"VIP"的艺术变形，颜色为中国传统的大红，具有吉祥、圆满、祥和、幸福的寓意，寄寓着国航人服务社会的真挚情怀和对安全事业的永恒追求。国航2005年底新推出的企业文化以服务为主线，全面阐述了国航新时期的价值观。国航愿景和定位是"具有国际知名度的航空公司"，为达到此目标，国航将在近年内实现"主流旅客认可、中国具价值、中国盈利能力强、具世界竞争力"的四大战略目标；企业精神强调"爱心服务世界、创新导航未来"，企业使命是"满足顾客需求，创造共有价值"；企业价值观是"服务至高境界、公众普遍认同"；服务理念是"放心、顺心、舒心、动心"。国航的企业文化表达了向世界传播爱心、追求卓越服务品质的理念。

国航是中国独有载国旗飞行的航空公司，具有品牌价值（世界品牌实验室2006年评测为188.96亿元），在航空客运、货运及相关服务诸方面，均处于国内同行先列。众所周知，国航承担着中国国家领导人出国访问的专机任务，也承担许多外国元首和政府首脑在国内的专包机任务，这是国航独有的国家载旗航的地位。国航总部设在北京，辖

股份有限公司

有西南、浙江、重庆、内蒙古、天津、贵州、西藏分公司和上海基地、华南基地，以及工程技术分公司、公务机分公司，控股北京飞机维修工程有限公司（Ameco）、中国国际货运航空有限公司、北京航空食品公司。国航还参股深圳航空公司等企业，是山东航空集团有限公司的大股东。同时，国航又参股香港上市企业——中航兴业公司，是港龙航空公司的大股东，控股澳门航空有限公司。截至2005年12月底，国航拥有以波音和空中巴士系列为主的各型飞机176架，通航22个国家和地区，其中国际城市36个、国内城市70个，每周定期航班4160班。

国航具有很强的国内国际联程运输能力和销售网络。在国内，国航在继续经营北京枢纽的同时，近几年又着力强化成都为中心的西南、上海为中心的华东、广州为中心的华南等区域枢纽。同时，为加强国际联运能力，国航十分重视与外航的协作，与汉莎航空、奥地利航空、北欧航空、芬兰航空、土耳其航空、美国联合航空、全日本航空、港龙航空、澳门航空、山东航空及上海航空等11家国内外航空公司订立了代码共享协议，代码共享航班每周约为1210班。2006年国航加入了世界上知名的航空联盟—星空联盟，进一步扩展了国航的国际运输能力。国航所具有的丰富的国内航线、国际航线以及与国内外各航空公司的代码共享合作，形成了国内支撑国际、国际辐射国内、均衡而广泛的航线网络布局，可以为中外旅客提供方便的直飞及转机服务。

国航拥有广泛的高品质客户群体。搭乘本公司航班的71%的客人为公务、商务旅客，国航已经成为众多中国政府机构及公司商务客户选择的航空公司。国航的常旅客俱乐部有活跃的会员，到2005年底已发展常旅客会员301万

运行控制中心

运行调度室

中国国际航空

人。2004年8月，国航成为2008年北京奥运会正式签约的航空客运合作伙伴。为满足高端客户需求，国航先后投巨资对B747－400全客、B747－400COMB1和空客A340－300等15架宽体远程飞机头等舱、公务舱座椅等硬件和软件服务设施陆续进行改造，改造后的新头等舱、公务舱包厢式、可放平的座椅以及娱乐服务，获得广大追求高品质服务的公务、商务人士的喜爱。

国航拥有一支业务技术精湛、作风严谨、服务良好的飞行员和乘务员队伍。在2600多名飞行员中，安全飞行20000小时以上的功勋飞行员131人，安全飞行16000小时以上获金质奖章的飞行员542人，国航飞行总队获得了“国际民航组织荣誉奖章”、“全国安全生产先进集体”、“安全飞行标兵单位”等诸多荣誉；2005年国航荣获国家民航管理部门颁发的航空安全奖“金鹏杯”；国航一直以很好的安全记录著称。从事客舱服务的3200名空中乘务员，包括服务于本公司的日本籍、韩国籍、德国籍乘务员，多数拥有大学专科以上学历，具有良好的职业素质和敬业精神，是旅客在蓝天上最好的朋友。她们持续推进让旅客“放心、顺心、舒心、动心”的“四心服务”工程，服务品质一直受到广大旅客的赞赏。

国航管理水平明显提升，品牌价值进一步扩大。国航积极落实“主流旅客认可、中国具价值、中国盈利能力强、具有世界竞争力”四大战略，走有选择的主导市场的内涵式发展道路，推进组织转型、企业文化两项工程，使国航的管理水平上了新台阶，2004年以来盈利水平连续三年在中国民航业名列前茅，国航的品牌价值进一步凸现。2004、2005年连续两年在“旅客话民航”活动中获得承运1500万人次以上旅客航空公司“用户满意优质奖”；2006年6月，国航被世界品牌实验室评为中国500个最具价值品牌第32名，品牌价值为188.96亿元，位列国内航空服务业之首，是国内29个具有“世界影响力”品牌中的运输服务企业；美国著名评级机构标准普尔评出的中国上市公司百强中，国航位列第十六位；国航品牌被英国《金融时报》和美国麦肯锡管理咨询公司联合评定为中国十大国际品牌之一；2005年9月，国航荣获“中国受公众喜爱的十大民族品牌”奖；12月19日，国航荣获世界品牌实验室2005

飞行准备

模拟机教学

飞行

股份有限公司

中国品牌年度大奖评选活动评选的“中国品牌年度大奖NO.1”。2006年10月9日荣获第14届世界生产力大会评定的“2006世界市场中国十大年度品牌”第5位。品牌影响力的急速提升，反映了国航企业管理水平的提高和综合实力的进一步增强。

国航将秉承“安全第一，旅客至上，诚信为本”的经营理念，以“满足顾客需求，创造共有价值”为使命，追求“服务至高境界，公众普遍认同”的企业价值观，竭诚为顾客提供“放心、顺心、舒心、动心”服务，向着“主流旅客认可、中国具价值、中国盈利能力强、具有世界竞争力”的航空公司的目标不断迈进，到2010年实现盈利能力保持中国前列、经营规模跻身世界15强、跨入欧亚大航空公司行列的目标。

国航的安全文化：

国航的重组和上市，对全面创新企业文化提出了紧迫的要求。国航于2005年3月完成并审定批准推行全新的企业文化VI、BI、MI三大系统。2005年12月9日国航正式宣布启用国航新的企业文化系统。新的企业文化将对国航的改革发展提供思想动力、行为动力和形象动力，对国航打造品牌、统一形象、规范员工行为起到重要作用。在国航的企业文化中，其主要条目反映了国航新的安全文化内容。

国航经营理念：

安全第一

顾客至上

诚信为本

机务维修发动机

国际机队

经营理念是公司从事经营活动的指导思想，是经营者遵从的基本经营哲学。

■ 安全是航空公司最基本的服务。保障旅客的生命财产安全，是我们最基本的任务，也是国航生存和发展的基础。“安全第一”，在国航生产经营中占有首要地位。

■ 顾客至上是国航经营理念的核心。服务对象是我们一切生产经营活动所依赖的根本，也是我们获得利益的衣食父母。关注顾客就是关注市场，赢得顾客就赢得了市场。国航经营管理活动的全部，就是为顾客提供高品质的服务。我们必须树立“顾客至上”的经营理念，把满足顾客日益增长的需求作为我们的根本任务。

■ 诚信是国航经营的道德基准。无诚则无信，无信则不立。诚信是国航人在一切经营活动中坚决遵守的商业

中国国际航空

道德。诚信也许会使我们受到一时一事的损失，但它会带来长久的丰厚回报。国航经营需要诚信，发展需要诚信，顾客需要诚信，市场需要诚信，社会需要诚信。国航作为一家服务全世界的载旗航空公司，诚信是我们的基本要求，要把诚实守信作为恪守不渝的经营理念，让诚信成为国航品牌的重要内容。

国航安全理念：

预防为主

完善系统

夯实基础

科学严谨

安全理念是国航用以指导安全工作的方针。

■ “安全”是国航的生命。航空业的特性要求我们高度重视和强调安全的重要性。安全是我们为顾客提供的最基本的服务，安全为生产经营提供基础，失去安全将丧失一切。我们对顾客对员工生命安全的责任重于泰山，任何忽视安全的行为都是犯罪。

■ 我们的安全方针是：以训练为基础，以监察为保证，以信息化为手段，变事后处理为事前管理，变经验管理为科学管理，建立和完善安全工作的长效机制，确保飞行安全、空防安全和航空地面安全。

■ 预防为主：安全工作必须建立在科学管理、积极预防和有效控制的基础之上，安全管理的“关口”必须前移。十次有九次事故都是违规违章的教训告诫我们：我们的一切工作程序、操作处置、信息传递等，都要建立在“严守规章”基础上。我们相信，遵循预防、控制、发现和解决问题在先的理念和有效措施，可以使安全工作获得最佳效益和效率。

■ 完善系统：安全保障必须引入系统管理观念。我们要高度重视飞行管理系统、机务维修系统、运行控制系统、安全监察等系统的建设。这些系统的建设搞好了，就能形成有效的安全机制，国航整个系统的安全就有了保证。

■ 夯实基础：国航的安全工作基础是飞行队伍建设、维修队伍建设、运行控制队伍的建设和规章制度的建设。四项基础建设都有各自的系统化要求，四项基础建设基础打牢了，国航的安全工作才能有基本的保证。

■ 科学严谨：安全工作必须与时俱进，依靠现代科学的管理思想、手段和设施加以保证。因此，在继承传统安全经验的基础上，要讲究科学的态度、科学的方法、科学的手段。要培养严格的作风，认真的态度，以严谨的科学工作方法和工作作风确保安全目标的实现。

机务

股份有限公司

国航发展策略：发挥优势 品牌制胜

■ 发展策略是公司用以指导企业发展的基本谋略。

■ 发挥优势：发展的核心是培育核心竞争力，提高竞争力的核心是建立并提升竞争优势。国航必须打造比对手更强的竞争优势。

■ 国航将继续坚持和发挥枢纽网络优势。国内要巩固北京、上海、成都、广深四角菱形的枢纽布局，与欧洲、北美、日韩为重点的国际航线网络互为支持，依靠广泛、高效的网络优势提升竞争力，在国内国际两个市场上提高竞争力。

■ 要继续发挥品牌优势。作为有着悠久历史和载国旗的国航，多年来在安全、服务上居于本行业中先进行列，具有很高的品牌价值。要继续加强打造品牌的工作力度，在服务工作上不断创新，满足顾客需求，保持国航品牌对旅客的吸引力和旅客的忠诚度。

货物装载

■ 要发挥成本优势。严格控制成本是任何企业成功的要诀，国航通过多种财务手段在控制成本上取得了成果。要继续强化财务手段和倡导节约型企业的观念，把成本控制在较低，把盈利保持在较好水平。

■ 要发挥内涵发展优势。要正确处理规模与效益之间的关系，不与对手简单的拼航线、机队规模，而是依靠实施有效的管理，极大地提高资源的效率，通过对重点市场、含金量高的市场有效占有，获得最大的盈利。

■ 国航要在发展中不断与竞争对手进行比较，发挥自己独特的优势，不断创造新的优势，与对手形成差别优势，为提高核心竞争能力提供不竭的动力。

■ 品牌制胜：品牌是国航的重要竞争力，也是国航区别于其它航空公司的特色。国航的品牌价值在于安全、服务以及载旗航地位及其综合实力。一个被世人承认的品牌具有极大的市场感召力。"服务"是载体，是产品；"品牌"是旗帜，是影响力。国航已经是一个国内著名的航空品牌，但我们离世界知名品牌还有很大的差距。打造了一个为中外顾客承认的品牌，我们的快速良性发展就会水到渠成。

■ 打造品牌，需要付出长期的努力。品牌是企业在几十年的辛勤工作中积累起来的，但是一件引起舆论关注的事件，就可能使品牌受到损失。因此，公司每一个部门、每一位员工都负有打造品牌的责任。我们要精心做好每一件工作，尽可能满足顾客的需求。我们还要积极的宣传和推广国航品牌，使国航品牌走向世界。

安全生产　和谐发展

兖矿集团

董事局主席、党委书记　耿加怀

董事局副主席、总经理　王信

兖矿集团是以煤炭生产为主，煤化工、煤电铝、矿井基建、机械加工、外经外贸等多业并举的大型企业集团，是华东地区大型的煤炭生产、出口企业，全国 100 家现代企业制度和 120 家企业集团试点企业之一。主要经济技术指标连续多年保持同行业领先水平。在 2003 年全国 500 强大企业中排名第 121 位，在全国纳税百强排名 57 位。企业总资产 372.84 亿元，在册职工 98 933 人。

安全工作新思路

集团公司根据国家法律法规、企业历史经验总结和公司安全形势，提出了“十个必须、十个坚持”的安全工作整体思路：

1. 必须牢固树立安全责任重于泰山的思想，坚持安全第一、生产第二，不安全不生产。

2. 必须牢固树立安全超前预防的思想，坚持“有疑必探，先探后掘，先抽后采，监测监控，以风定产”的“二十字方针”。

3. 必须牢固树立重装备、自动化、高可靠性的思想，坚持管理、装备、培训并重，重在管理，强化培训，形成多管齐下抓安全的格局。

4. 必须大搞矿井质量标准化建设，坚持强化区队、班组管理，提高基层执行力、战斗力。

5. 必须牢固树立全面精细化、准军事化管理的思想，坚持全方位、全过程、标准化、程序化、规范化管理。

6. 必须牢固树立“谁分管、谁负责、谁落实”的思想，坚持把安全领导分工责任制、业务保安责任制和岗位安全责任制落到实处。

7. 必须牢固树立安全无小事、小问题是隐患、隐患就是事故的思想，坚持做到安全生产“四不放过”。

8. 必须牢固树立“关爱生命，关注安全”是“天字号”大事的思想，坚持党政工团齐抓共管。

9. 必须牢固树立安全教育经常化的思想，坚持班班、天天、月月、年年抓安全教育不放松。

10. 必须树立从严治矿、依法治矿的思想，坚持以“三铁”精神抓安全，严制度、严管理、严考核、严奖惩。

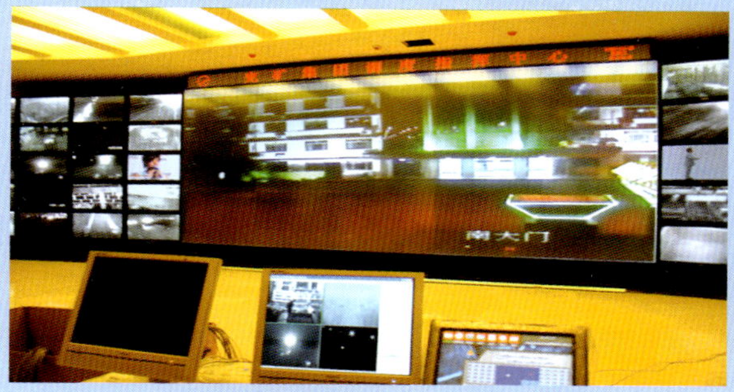

现代化的中控室

高效综放工作面

科技兴安新突破

兖矿建有国家技术中心、水煤浆气化及煤化工国家工程中心和博士后工作站，形成了以企业为主体的技术创新体系。拥有厚煤层综放开采技术、煤炭间接液化技术、低压羰基醋酸合成技术等多项自主知识产权和核心技术，是世界上同时拥有水煤浆气化和粉煤气化技术的企业。投入大量资金，更新采掘等关键装备，保持安全装备领先水平。每年安全投入 3 亿元左右，完成大量安全技措工程，提高矿井防灾抗灾能力。建成国家矿山救援中心。全集团公司联网、全新操作平台的安全监测监控系统和“年产 800 万吨高效集约化综放工作面”攻关项目正在积极组织实施。

安全文化新亮点

启动“3+6”安全文化建设，实施“三为六预”。“三为”即坚持以人为本、安全为天、预防为主，为职工创造安全、健康、舒适、高效、和谐的工作生活环境。“六预”即构筑“预教、预测、预想、预报、预警、预防”递进式、立体化事故隐患预防体系，实现安全管理超前主动。开展全员强制性安全培训试点工作，深化全员教育军训成果，使安全素质教育与组织纪律教育、思想道德教育、团队精神教育和爱岗敬业教育紧密结合。

可持续发展新里程

充分发挥兖矿比较优势，以煤炭产业为依托，拉长产业链，提高附加值，形成了以煤炭生产为主，煤化工、煤电铝、矿井基建、机械加工、外经外贸等多产业综合发展的格局。

“十一五”规划前景喜人

兖矿集团“十一五”规划目标为“142613”：

1—煤炭产能 1 亿吨 / 年以上，丙稀产能 100 万吨 / 年；

4—甲醇产能 400 万吨 / 年，焦炭产能 400 万吨 / 年，醋酸产能 40 万吨 / 年，电解铝及系列产品产能 40 万吨 / 年；

2—煤炭液化油品产能 200 万吨 / 年，化肥产能 200 万吨 / 年；

26—规划期内总投资 600 亿元，实现年销售收入 600 亿元；

13—实现利税 130 亿元。

即将投产的的国泰化工

上海阿兰维斯特电器有限公司

SHANGHAI ALLENWEST ELECTRIC LTD.

地址：上海市松江区泗泾镇新南村789号　电话：021－57615811　传真：021－57615711　E－mail:shallanwest@163.com

上海阿兰维斯特电器有限公司是由上海李氏电器有限公司和英国阿兰维斯特电器有限公司共同投资成立的合资经营公司。公司总投资600万元，注册资本50万美元。

上海李氏电器有限公司是一个生产防爆电器产品的专业化工厂，已开发生产了微型X光无损探伤仪、各种陶瓷金属X光发射管、隔爆型真空磁力起动器、矿用防爆软起动控制器、隔爆型软起动和磁力起动组合开关、煤矿用智能型综合保护器、矿用便携式瓦斯报警器、矿用负荷中心等多种矿用设备，产品广泛应用于国内兖州、淮北、平顶山、徐州等煤矿。该公司2003年全资收购了专业生产真空开关管的杭州市新安江电子管厂，使生产涵盖面进一步延伸，增强了在市场上的竞争能力。

英国阿兰维斯特电器有限公司在国际上是煤矿、石油化工电器行业内的知名企业。

上海阿兰维斯特电器有限公司采用英国阿兰维斯特电器有限公司在煤矿、石油化工电器方面的先进技术，依托中国煤炭国际技术咨询开发公司在煤矿电器方面的丰富的信息资源，发挥上海李氏电器有限公司灵活的经营管理机制和制造技术力量，开发和生产适合中国国情的新一代防爆电器产品。

合营公司已生产出国内急需的两种先进产品：KBFZ1.1/8　1140V800A矿用负荷中心和KBFZ3.3/8　3300V800A矿用负荷中心，采用全部汉化的人性化控制界面和智能化控制系统，带有故障诊断功能，高智能化、高可靠性、高安全性和简便易懂的操控性能有机融合在一起，是适用于优质、高产工作面的理想自动化控制设备。

上海阿兰维斯特电器有限公司将本着**全心全意为中国的煤矿服务、为中国的煤炭事业尽力**的宗旨，不断开发、生产出更优异的产品，回报新老客户的支持和关爱。

1、品种齐全的各种矿用带载或不带载隔离换向开关

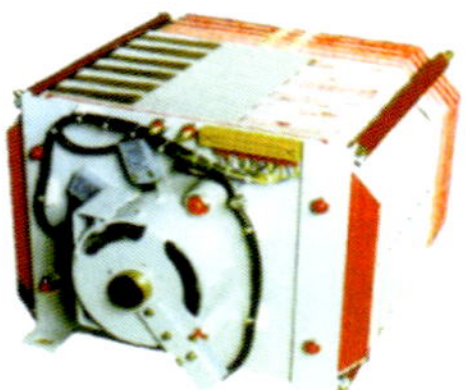
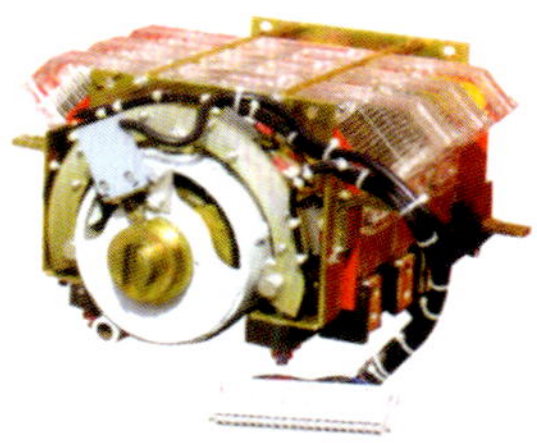
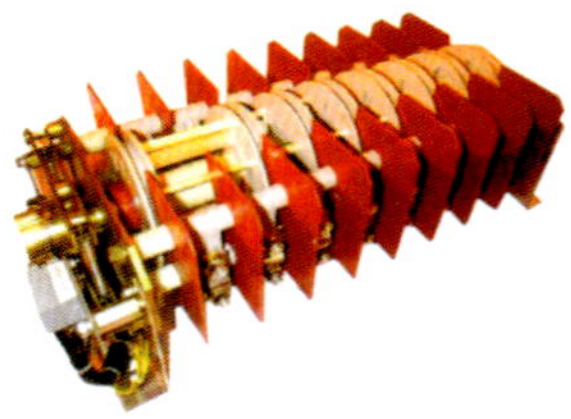

1.1　SHB77/400A/3300V带载隔离换向开关
　　具有：正向、断开、试验、反向四位置。

1.2　SHA76/400A/1140V带载隔离换向开关
　　具有：正向、断开、试验、反向四位置。

1.3　SHC79系列不带载隔离换向开关，额定电压高达3600V
　　具有：正向、断开二位置；
　　正向、断开、反向三位置；
　　正向、断开、试验、反向四位图
　　额定电流从400A～730A可有多种选择。

1.4　SHBF200/400A/3300V带载隔离换向开关
　　具有：正向、断开、反向三位置。
　　可替代B&F公司进口产品。

地址：上海市松江区泗泾镇新南村789号
电话：021－5761581
传真：021－5761571
E－mail:shallanwest@163.com

2、三相真空接触器技术参数

接触器参数	SHCMV15	SHCMV30	SHCMV40	SHCHV40
工作电压	1.2kV	1.2kV	1.2kV	3.6kV
热额定值（AC4 应用目录）	150A	300A	400A	400A
最大开关频率	1200 每小时			
最大电机负载	225kW	450kW	600kW	1350kW
最大变压器负载 （最大涌入电流 10kA）	250kW	500kVA	660kW	1500kVA
最大电容器负载 （最大涌入电流 10kA）	250kVAR	400kVAR	530kVAR	1300kVAR
短时热额定值－1 秒	4kA	6kA		
电频率测试电压－1 分钟	3.5kV	3.5kV	3.5kV	10kV
脉冲承受水平－IEC60	14kV	14kV	14kV	45kV
最大分断能力：－ 兆伏安 额定对称电流	12MVA 6kA	12MVA 6kA	12MVA 6kA	37MVA 6kA
线圈通电后的闭合时间	90－100ms			100－120ms
线圈断电后的开启时间	18－22ms			
闭合线圈－对 110V 闭合 交流电进行整合保持	250W 12W	340W 55WW	340W 55W	220W 85W
最大 H.R.C 保险 （最高峰值为 39kA）	－	－	－	450A
接触器重量	4kg	10kg	10kg	12.5kg
机械寿命	5X10⁴			
电气寿命	1X10⁴			
辅助触点额定值：－热额定值 开关值－550V 交流电 －240V 直流电－敏感式 －110V 直流电－感应式	10A 6A 1A 0.3A			

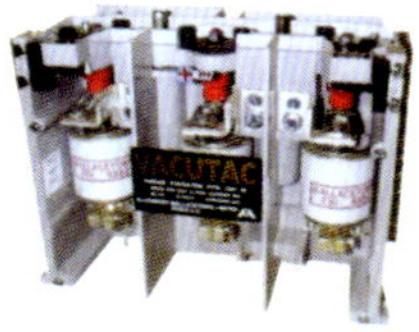

SHCHV　40 型 400A－3600V
SHCMV　15 型 150A－1140V

SHCMV　30 型 300A－1140V
SHCMV　40 型 400A－1140V

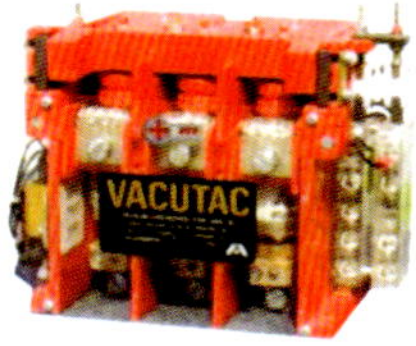

4 、其他配套的零部件

4.1 高可靠性的各类真空管
3300V/400A 真空开关管
1140V/400A 真空开关管
6000V/350A 真空开关管

4.2 高可靠性、强互换性、易维护性的 KBFZ 系列功率执行模块和其他相关产品

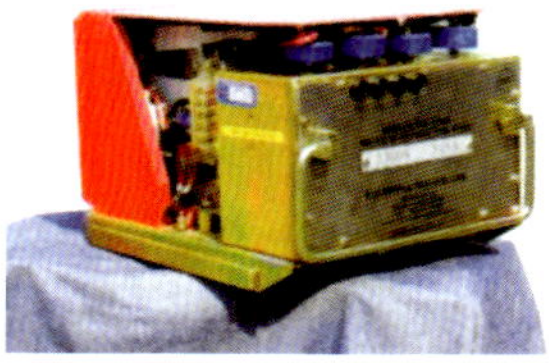

3、KBFZ 系列矿用负荷中心

KBFZ3.3/8和KBFZ1.1/8矿用负荷中心是针对中国煤炭工业的生产现状研发的人机交互式集中控制系统、采用英国生产的高质量的带载隔离换向开关和真空接触器，以及带有高压绝缘性能预检功能的新一代的八组合负荷控制中心。

KBFZ3.3/8和KBFZ1.1/8系列负荷中心适用于煤矿井下和其它周围介质中含有甲烷与煤尘混合物的爆炸性气体环境中，使用在交流 50Hz–60Hz，三相电压 3300V 或 1140/660V，总电流 800A 及以下的控制线路中。

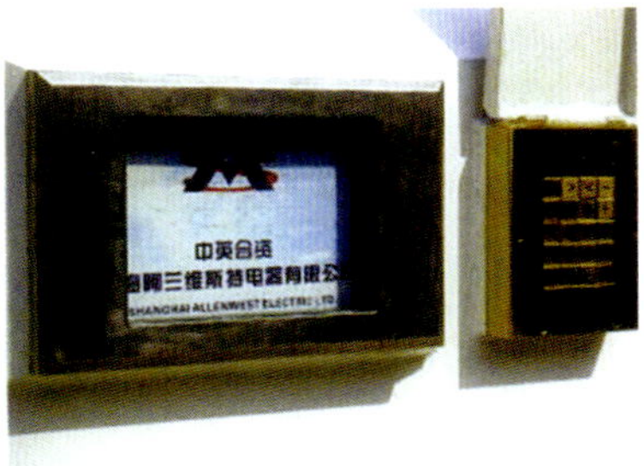

KBFZ 系列负荷中心的主要组成部分：两个加载主隔离换向开关（均能闭锁）、一台带有 10.5 英寸的彩色 TFT 显示屏的工业控制电脑、8 个主功率驱动模块、8 套带双速控制功能的智能控制器，HIVIT 高压绝缘性能预检器以及总控制系统和双路控制电源等，每套主功能驱动要模块中均设置了闭锁功能块（LOCKOUT REACTOR），远程控制端设置了可供选择的远程智能二级管（PEMOTE INTELLIGENT DIODE），该负荷中心具有执行工况显示、故障自诊断和记录功能等，具有技术先进、操作简便的优点。

该负荷中心能为井下驱动装置提供一种简单、高效的控制。一台 KBFZ 系列负荷中心能控制 8 个驱动装置，总负荷量达 800A，每一驱动装置都具备完善的各种保护，用户可根据驱动装置的需要进行选择。

北京化工大学化工安全教育部工程中心

北京华泰恒达安全科技有限公司

高金吉 院士

中国工程院 院士

北京化工大学化工安全教育部工程中心 主任

北京化工大学机电工程学院教授、博导

北京华泰恒达安全科技有限公司 董事长

北京华泰恒达安全科技有限公司是从事石油化工安全工程的专业化公司，主营业务为石油化工领域的安全评价（包括安全预评价、安全验收评价和安全现状评价）和安全检测工程，同时经营国内外先进的安全检测监测仪器和系统。北京华泰恒达安全科技有限公司依托北京化工大学化工安全教育部工程中心建立，是中心的对外窗口和研究成果转化平台。该中心是专门从事安全科研的学术团队组成的科研机构，设有国家安全生产监督管理部门下属的与化工相关的两个安全工程基础研究实验室和其他一些如北化大－美国RTD嵌入系统实验室以及与美国物理声学公司（PAC）合作的无损检测联合实验室等专业实验室。北京华泰恒达安全科技有限公司现有专业安全评价人员16名，具有多年石化企业工程经验的安全技术专家40余人。拥有自主研发的连续过程和间歇过程计算机辅助HAZOP软件，擅长在役设备的现场检验，包括声发射检测，埋地管道综合检测评价、腐蚀监测、泄漏检测和石化装置数字化网络监控系统等。公司同时具有实施RBI（基于风险的检验）和RCM（以可靠性为中心的维修）项目的能力，对石化装置的腐蚀控制有多项专有技术。

公司主要业务：

1. 拥有自主研发的连续过程和间歇过程计算机辅助HAZOP软件；
2. 与中国安全生产科学研究院安评中心共同进行科技攻关和安评业务；
3. 与中国特种设备检测研究中心合作，共同承担科学研究和管道检测业务；
4. 与合肥通用机械研究院、法国国际检验局（Bureau Veritas，简称BV）共同组成联合体，在RBI技术服务领域开展合作；
5. 与美国物理声学公司（PAC）建立联合实验室，共同推出享誉世界无损检测领域的专业检测技术服务；
6. 与Intercorr公司合作，共同开展在线腐蚀监测业务。

安全理念：自愈调控，本质安全。

发展规划：在高金吉院士的领导下，全体员工共同努力，使公司发展更上一层楼，在流程工业安全工程建设中发挥越来越重要的作用。

对石油石化装置进行安全评价和RBI项目

阀门泄漏检测技术

气体泄漏检测技术

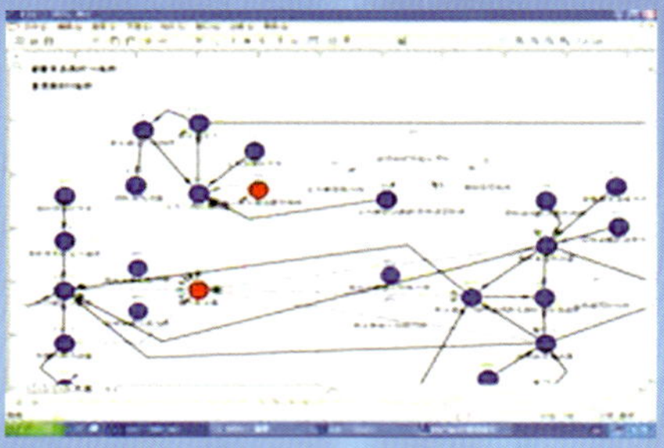

SDG—HAZOP分析技术

声发射罐底检测技术-TankPAC

管道检测技术服务

中国海运集团

中海集团总裁　李克麟

中国海运集团（简称中海集团）1997年7月1日在上海成立，是中央直接管理的国有骨干企业，是一家跨地区、跨行业、跨所有制和跨国经营的大型航运企业。2004年，中海集团被国家有关部门评为国有企业改革发展典型单位。

中海集团以中国海运（集团）总公司为核心企业，现有总资产676亿元。麾下由集装箱运输、油运、货运、客运、特种货运输等五大专业船公司组成的主营船队，拥有各类船舶440多艘，近1500万载重吨，集装箱载箱位35万TEU，年货运量超过3亿吨。并拥有船舶管理、综合物流、码头经营、金融投资、工程劳务、供应贸易、信息技术等陆岸多元产业及270余家境外企业、办事处和代理网点。

由中国海运（集团）总公司控股的中海集装箱运输股份有限公司（2866）、中海发展股份有限公司（1138）在香港上市，中海发展股份有限公司（600026）、中海（海南）海盛船务股份有限公司（600896）在上海上市。

中海集团党政领导班子高度重视安全生产工作，坚决贯彻"安全第一、预防为主"的方针，在集团及所属各单位都设置了健全的安全管理机构，配备了高素质的安全管理干部，建立了"横向到边、竖向到底"的安全管理网络。

中海集团着力建设并不断完善安全生产长效管理机制，8家专业船舶公司已按照《国际安全管理规则(ISM)》建立了安全管理体系（SMS），有效运行了10年，在集团的陆岸企业中，积极推进职业健康安全管理体系（OHSMS），已有近10家企业实施OHSMS。

集团每年与各专业公司、各专业公司与下属单位都签订安全生产责任书、各基层单位与一线员工都签订安全生产承诺书，落实各级安全生产责任制，建立了安全生产责任制体系。

中海集团重视并加强对重点事故源的监控和管理，强化各级安全检查和现场监管，加强重大事故隐患的排查治理工作，严格事故处理和责任追究制度。

中海集团高度重视安全投入，"十五"期间，共处置老旧船舶58艘，老旧油轮加装惰性气体系统10艘，新建船舶74艘，购置船舶13艘，集团船队迅速实现了大型化、现代化和远程化，极大提高了船舶的本质安全度。

中海集团高度重视培育企业安全文化，以人为本，严管善待，重视员工的安全教育培训，着力提高员工综合素质，船舶事故逐年下降，已连续4年保持在较低水平，实现了安全生产形势的总体平稳。

保安全 保平安 保和谐
华泰保险
雇主责任险——为经营者分担风险
人身意外险——为劳动者提供保障
企业财产险——为所有者遮挡风雨
客服专线：95509
安达集团 合作联盟
ACE Group Strategic Partner
华泰财产保险股份有限公司
地址：北京市西城区金融大街35号国际企业大厦A座18层 邮编：100032 电话：010-66218833 传真：010-88091750 网址：www.ehuatai.com

晋城煤业集团 成庄矿

矿长 李国彪

党委书记 刘成林

山西晋城煤业集团成庄矿是国家“七五”重点建设项目，矿井年设计生产能力为 400 万吨。1989 年 12 月 20 日开工建设，1997 年 9 月 19 日投产，2000 年达到设计生产能力，经过不断升级技术改造，目前，矿井年核定生产能力 800 万吨，与矿井配套的洗煤厂和铁路装车站也通过改造达到 800 万吨的入洗和外运要求。

成庄矿位于山西省晋城市泽州县境内，地理位置优越，交通便利。矿井占地面积 2240 余亩，包括三井三区，布局合理。井田面积 74.334 平方公里，煤质优良，储量丰富，并伴有良好开发利用前景的煤层气资源。全矿现有职工 5000 余人。

成庄矿党政领导历来十分重视安全生产工作。多年来，成庄矿坚持以通风、瓦斯、顶板、辅助运输和机电为重点，突出瓦斯治理，强化现场管理，狠抓安全生产责任制、安全质量标准化、职工队伍和安全文化建设等基础工作，安全生产取得长足进展。

2005 年，成庄矿大胆创新安全管理，积极创建和推行安全信誉机制，取得显著效果，矿井安全保障能力进一步增强，安全生产工作驶入持续健康发展的轨道。

JINCHENG MEIYEJITUAN
CHENGZHUANGKUANG

安全信誉形象卡通

赛福

1

2

3

4

5

6

❶ 创新安全管理形式，不断提升安全管理水平，成庄矿创造性地推行了安全信誉机制

❷ 开展各项安全活动，提高员工安全意识

❸ 高瞻远瞩创事业，求真务实谋发展。矿领导经常深入井下现场检查指导安全生产

❹ 先进的瓦斯监测监控系统

❺ 高标准的安全培训、教育和调度指挥大厅

❻ 景色别致的员工生活环境

晋城煤业集团长平煤业有限责任公司

JINCHENGMEIYEJITUANCHANGPINGMEIYEYOUXIANZERENGONGSI

董事长、总经理　都新建

党委书记　李全保

山西长平煤业有限责任公司，位于太行山南麓山西晋城市。是国家大型企业山西晋城煤业集团的控股子公司。现原煤生产能力为 350 万吨／年，下辖王台、长平两大生产矿井，从业人员 5858 名。其煤炭产品具有低灰、低硫、热稳定性好、固定碳含量高、灰熔点高、产气率高特点，广泛用于化工造气、冶金喷吹、烧结、建材、发电等行业，先后获得“现代化矿井”、“特级质量标准化矿井”、“煤炭工业一级企业”、“山西省十大科技富民企业”、“山西省文明单位”等荣誉称号。

长平公司牢固树立以人为本的科学发展观，秉承“老矿闯新路，拼搏铸辉煌”的企业精神，坚持“诚信、团结、创新、自强”的企业理念，实施“坚持以煤为主，发展多元经济，优化资源配置，拓展生存空间”的发展战略，大力推进“管理强企”和“文化兴企”工程，构建“全面科学、高效、和谐”的新型矿山，实现了企业的可持续发展。截至 2006 年 5 月 31 日，长平公司顺利实现安全生产十周年，创出了晋城煤业集团乃至全煤行业大型企业安全生产先进水平。目前，经过长平矿井扩建及非煤产业重组改制，长平公司已发展成为集煤炭生产、洗选加工、煤炭运销及机电安装、机械加工、生态农业、旅游服务等于一体的大型综合性现代化企业。

地址：山西省晋城市北石店　邮编：048006　电话：0356（3622260）传真：0356（3622260）

晋城煤业集团长平煤业有限责任公司

JINCHENGMEIYEJITUANCHANGPINGMEIYEYOUXIANZERENGONGSI

安全十周年晚会现场

1

2

3

与时俱进 倡导安全文化

求真务实 打造安全品牌

加强安全文化建设，凸显安全文化理念，打造和谐矿山，是长平公司不懈的追求。公司坚持实施“文化再造”工程，精心呵护安全品牌，确立了“以正确的理念引导人，以公正的制度规范人，以典型的案例警示人，以先进的文化塑造人”的文化纲领，形成了独具特色的安全文化效应，营造出了关注安全，关爱生命的良好安全氛围。

❶ 综采放顶煤工作面
❷ 综掘工作面
❸ 矿井调度监控系统
❹ 安全小分队井下检查
❺ 发放《安全生产手册》
❻ 双因素管理考核公开栏

5

4

6

北京福都自然灾害

一项可以预测矿难的发明专利技术在中国问世

这是一个利国利民且公益性强的项目；

这是一项中国人发明的技术！

董事长　赵根亮

一项新技术的出现会带来一次飞跃，一项新技术的出现会挽救无数条生命，甚至一项新技术的出现会给社会带来一次革命性的变化。这样的实事在近两个世纪，特别是在科学技术飞速发展的今天，已被越来越多的人所看到，新技术的发现和使用也被越来越多的人所看重。

一个时期以来，我国煤矿事故频发，特别是特大和大事故的不断发生，引起了政府和国家领导的高度重视，也牵动着全国人民的心。但是，要解决煤矿安全现状，首先要解决的是能否科学地认识煤矿事故（特别是瓦斯事故）的成因问题，而后是制定科学的综合治理战略方案，再者就是大胆引进和使用最新的科研成果和技术，对安全生产现状有所突破。

我们在长期观测和探索重大自然灾害前兆现象的过程中，发现矿难与地质活动之间的关系。我们采用了地球物理方法、卫星遥感技术和天体力学等技术手段。这些方法可在较大时、空、强范围观测某一矿区的地质构造活动、力学扰动、地球放气、空间受力和地球物理量等异常现象的变化规律，从中提取与矿难有关的前兆信息和发生规律，从而预知某矿区是否存在矿难隐患，以达到预测矿难的目的。

截止到2006年6月30日，我们采用有别于煤矿行业传统技术手段的“瓦斯突出短临预警方法”对全国煤炭产区进行跟踪观测。结果，预测与实际矿难对应228次，对应率超过60%，涉及矿难人数达3748人。其中包括2004年“10·20郑州大平矿难”（148人遇难）、2005年“2·14阜新矿难”（214人遇难）、“5·19承德矿难”（50人遇难）、“11·27黑龙江七台河矿难”（171人遇难）、“12·7唐山矿难”（108人遇难）；2006年“2·1晋城寺河矿难”(23人遇难)、“6·28阜新矿难”（32人遇难）和“8·17江西丰城矿难”（5人遇难）。我们大量的科学预测实践和统计结果证明，煤（岩）与瓦斯突出是有前兆的，这个前兆是有规律的，是可以捕捉到的，因此，瓦斯突出（矿难）是可以预测的。

我们自主研发的“煤（岩）与瓦斯突出短期和临发预测技术”属自主原创型的新技术，适用于全球范围的煤矿及其他矿业，具有国际领先水平，已申请中国发明专利（专利名称：瓦斯突出短临预警方法，专利申请号：200510066552.3专利权人和专利发明人：赵根亮、宋期）。这项技术已得到联合国减灾委员会委员、联合国IGOS减灾机构地质灾害部主席盖德林（J.V.GENDEREN）教授的认可和关注。

预测技术应用有限公司

赵根亮董事长与联合国官员合影

为了使预测技术得到社会的认同，我们在每次针对某矿区提出瓦斯突出预测意见之后，都以内部检验的方式，事先通过互联网电子信箱发给有关单位负责人和专家备案见证。

我们通过对228次矿难预测对应的预测实践，总结出导致矿难发生有三个因素：人为因素、设备因素和自然灾害因素（因地质活动异常而导致事故突发——可视为不可抗力）。

目前，我们这项技术可提供的预测服务数据为：

1. 预测灾害发生预警期（根据异常前兆给出该区域灾害发生时间段，一般为20天）；
2. 危险日（即在预警期内给出1个以上危险日期）；
3. 灾害发生概率；
4. 灾害发生强度概率；
5. 预测灾害发生中心区域；

今后，为了实现给煤矿企业提供更精、准的数据服务，我们提出了“预测（主动）+监测（被动）→（实现）相对精确预测”的技术提升思路。技术提升的意义是把我们的预测技术和煤矿企业现有的监测系统（或建立专用观测站）结合起来，就可以大大提高对定点煤矿的预测精准度。这不单对煤矿发生的煤（岩）与瓦斯突出有防范意义，而且对矿产企业多种灾害的发生机理的研究可提供有益的帮助。

如果我们的这一技术得以应用，可以让煤矿企业在矿难发生前得到预警，煤矿企业采取合理的防范措施，就可能有效减少矿工伤亡和煤矿的经济损失。也可以给政府及政府减灾职能机构、财产及人寿保险和再保险公司、煤矿和其他矿产企业提供预测技术数据服务。这就为决策者和管理者的宏观调控与决策提供了技术支持，也为客观的判定事故责任提供了技术支持。

我们以公司模式来运作自主研发的自然灾害预测技术，目的是尽快的使这项技术得以应用。这是一项中国人自己发明的技术，能为提高全民族的防灾意识，为国家的减灾事业做出贡献是我们的追求和夙愿。让我们共同努力，为实现国家“十一五”规划的总体部署，为完成煤矿安全生产“十一五”规划的目标，实现煤矿的安全生产做出贡献吧！

联系方式：

地　址：北京市东城区东四十条100号（平安府宾馆二层）　　邮　编：100007

电　话：010-64043043、64043827、64044957（办）　　邮　箱：fudu@fudu.org

集团公司董事长、党委书记　刘随生

集团公司副董事长、总经理　吴永平

大同煤矿集团有限责任公司是我国煤炭行业的特大型企业之一。前身是成立于1949年8月30日的大同矿务局，之后经多次改革，最终于2005年12月11日实施债转股，成为七家股东持股的公司，建立了新的产权结构和法人治理机构。形成了地跨大同、朔州、忻州三市39个县、区，拥有47对矿井，总资产405亿元，20万员工，70万员工家属，年产运能力近亿吨的大型煤炭企业集团。企业成立56年来，累计为国家贡献优质煤炭14亿吨，上缴国家税费近193亿元。注册生产的“大优”、“大友”等九个品牌煤炭系列产品，被授予“质量信得过产品”和“免检产品”。曾获国家企业管理最高奖“金马奖”、“中国煤炭采选大王”、全国“五一”劳动奖状等多项荣誉。2005年中国企业500强排名140位。

董事长刘随生与总经理吴永平签定安全责任书

建设企业安全文化，营造安全生产氛围

公司把安全生产作为构建和谐社会的重要内容，把“以人为本，安全发展，做强同煤，造福员工”作为安全工作的出发点和落脚点，形成了“安全第一、

生产第二”的安全地位观、“带着感情抓安全，岗位责任重泰山”的安全责任观、“安全第一，超前预防，贯彻全程，关键落实”的安全管理观、“六化一落实”的安全方法观、“三不伤害”的安全自保互保观、“安全是最大效益”的安全效益观、“细节决定成败，安全没有小事”的安全行为观和“生命高于一切、安全重于一切”的核心安全价值观。2005年，以老白洞矿“五·九”事故为背景，建起了安全教育馆，成为全国煤炭系统的安全教育基地。大力开展了以亲情教育为主线的人性化安全文化活动，推行了班前安全宣誓活动，营造了“关爱生命，关注安全”的安全生产氛围。

健全安全管理机构，落实安全生产责任

建立了责任明确的各级安全管理机构，安全管理人员配备齐全。向各矿派驻安全监察机构，驻矿安监员达到104 人，加强了对安全工作的监督和井下现场安全管理。实行领导干部人员下井带班作业制度，强化领导班子的安全责任落实，实行了领导班子安全工作考评，从思想认识、作风建设、组织领导、工作决策等方面加强了安全工作。

加强安全制度建设，规范安全生产管理

每年开展安全制度回头看活动，根据国家《安全生产法》等有关安全生产的法律法规和企业安全生产发展形势，2005年全面修订完善了集团公司安全生产管理制度和安全生产责任制，涉及井上、井下所有单位和机关部门，覆盖生产和生活的方方面面，消除了安全管理盲区。

创新安全管理方法，推进安全生产健康发展

公司实施“井下班组群防群治，党政工团齐抓共管，筑牢安全防线”的安全管理，构建“人人都是安全员”的管理模式，并

每月召开安全工作例会
研究部署安全工作

具有国内先进水平的安全监测监控系统

召开安全质量标准化工作大会

人人都是通风员
领导干部带头学习通风知识

人人都是安全员
党政工团齐抓共管

推行“六化一落实”工作法
开展军事化培训

进一步推行了井下员工“人人都是通风员”，要求人人都来抓通风，把住通风工作的各个环节，实现安全生产。公司制定了“人人都是通风员”岗位标准和考核办法，开展了多种形式的理念研讨，为员工发放了《通风员应知应会手册》，举办了培训，开展了班组安全隐患排查，形成了人人关注通风，人人都抓通风的氛围。

实施“科技兴安”，提高本质安全水平

几年来，公司共完成技术创新项目1000余项，有200多项技术创新成果在国内同行业中成绩突出，有103项科技成果获省部以上科学技术进步奖，获得拥有自主知识产权的专利76项，企业科技贡献率达到40%。不断提高生产装备科技水平，为安全生产奠定物质基础，所有矿井全部安装了安全监测监控系统，16个矿实现了全省联网；部分矿井采煤机械化程度达到99.85%，高于全国大型煤炭企业平均水平15个百分点；综掘机械化程度达到56.7%，高于国有重点煤矿平均水平35个百分点。投入1亿多元装备的大采高工作面，日产水平稳定在1万吨，平均工效123吨，达到国际先进水平；投资1亿多元引进的薄煤层刨煤机实现了全自动、智能化无人操作，最高日产6000吨以上，达到国内先进水平。在2005年第六届全国煤炭工业科学技术大会上，公司获科技创新先进企业奖。

坚持全员培训，提高员工队伍素质

集团公司建立了以安全技术培训中心为核心，以大同煤炭高级技工学校、北岳职业技术学院为基地，以各二级单位培训部门为基本培训单位的安全培训网络。坚持以素质、能力为核心，以岗位培训为重点，对井下员工进行每年不少于7天的安全技术脱产培训。培训中注重效果，做到培训一个合格一个，不经培训的职工不准下井上岗。规范班前各项安全活动，加强班前安全教育

培训，实施了班前安全考试制度，达不到满分者不准下井。与日本、澳大利亚联合开展了煤矿安全技术培训班，增进了国际安全技术合作交流。

班前安全宣誓　牢记安全第一

夯实安全基础，加强安全生产全程控制

2005年通过了国家安全质量标准化矿业公司核准验收，13座矿井被命名为国标一级矿井，有10个矿被评为全国煤炭工业“行业级高产高效矿井”。建立实施了矿井安全生产管理体系，从安全管理控制、作业现场控制、人员行为控制三要素，对矿长直到每位员工进行考核，进一步加强了安全生产全过程控制，推进了全员、全方位、全过程的安全生产管理。

营造安全生产氛围
举办安全生产月活动

加大安全投入，提升矿井防灾抗灾能力

公司始终坚持“安全工作该花的钱一分不能少”，为安全生产提供充足的资金保障，安全费用提取标准从2000年的吨煤1元提高到2005年的吨煤15元，2005年共投入安全资金5.76亿元，完成了以通风系统改造、防灭火工程、监测系统改造、探放水工程为重点的116个项目，解决了系统不合理、设施欠缺、装备落后、保护短缺等30项重大安全隐患，使井下安全基础条件显著改善，安全装备科技水平不断提高，矿井防灾抗灾能力得到加强。按照小矿变中矿，中矿变大矿的思路，投资对参组矿进行技术改造，经过技术改造的矿井，提高了集约化生产水平，淘汰了落后的生产工艺和方法，改善了采掘现场的安全生产条件，从根本上改变了生产力水平低，安全状况差的面貌，提高了安全系数。

安全工作只有起点，没有终点。公司将以更强烈的历史责任感和现实紧迫感，全力推进安全生产工作稳定、健康发展，为打造本质安全型企业、推进全国安全生产形势的根本好转、构建和谐社会做出应有的贡献。

安全万人签名
营造关爱生命氛围

中国铝业贵州分公司

总经理　常顺清

中国铝业贵州分公司是遵循国家关于股份制改造的重大决策，按照中国铝业公司总部重组改制部署，集中原贵州铝厂的优良资产，于2002年2月成立的大型铝联合企业，是境外上市公司中国铝业股份有限公司在贵州的分支机构。

分公司位于贵州省贵阳市白云区境内，现有员工15000多人，各类专业技术人员2400多人，其中具有中、高级技术职称人员1100多人。其主要产品有：华光牌铝锭、洁云牌氧化铝、乌玉牌碳素制品、闪光牌精铝和多种高附加值产品。

分公司领导组织
应急救援预案演练

分公司质量管理体系、职业健康安全管理体系和环境管理体系通过中国质量认证中心的认证审核，是国家一级计量企业、无泄漏工厂和中国铝业股份有限公司的铝电解、阴极碳素制品试验基地。1996年率先在同行业中开展安全标准化的创建工作，从班组、车间到分厂夯实了安全生产基础，实现了“管理标准化”、“现场标准化”、“操作标准化”，并于2003年3月通过了中铝总部专家组评审，获得了“安全生产标准化工厂”称号。

公司自成立以来，立足当前，放眼长远，提出了“发展壮企、人才强企、科技兴企、管理固企”的企业战略，制定了“一年打基础，二年上台阶，三年迈大步，四年大发展，五年见成效”的发展构想，构建了具有公司特色的企业文化。

长期以来，分公司始终坚持“安全第一，预防为主”的方针，切实落实安全生产责任制，完善安全生产管理体制，大力建设安全文化，为安全发展打下了坚实基础。

安全工作会议

首先，切实落实各级人员安全生产责任。

抓好安全工作，就是行政第一把手要对安全负第一责任，各行政副职分别负责各自主管业务的安全工作，党政工团齐抓共管，各职能部门密切配合，各负其责。因此，分公司主要从三个方面入手，强化落实安全生产责任制，使安全生产责任得到较好落实和履行。

1. 根据《贵州分公司HSE管理手册》，明确了各级行政第一领导为安全环保第一责任人，并在此基础上落实各部门和全员的安全责任。

2. 坚持层层签订“安全环保目标责任书”，落实各级、各职能部门第一责任人的安全环保责任。每年年初，主管安全的副总经理代表总经理与二级单位、部（处）室第一责任人、二级单位厂长与车间（科室）、车间与班组层层签订“安全环保目标责任书”，明确了目标和职责。同时，全体员工签订《安全承诺卡》。

3. 按照包保责任制的原则，分厂、车间两级领导划分安全生产责任区（每个分厂领导包几个责任车间，每个车间领导包几个责任班组），切实抓好安全工作职责到位、责任到位、工作到位，结合安全生产标准化建设的要求，认真抓好各项安全生产工作的开展。

其次，完善管理机制，提升管理平台。

分公司在“安全生产标准化”的基础上建立了健康安全环境管理体系，2003年11月，在同行业中较早开始启动职业安全健康管理体系和环境管理体系的建设。2004年2月，职业安全健康管理体系和环境管理体系文件正式发布，体系开始运行，12月获得了职业健康安全管理体系和环境管理体系认证证书。审核机构给予了分公司较高的评价，认为：分公司建立管理体系具有较好的适宜性、充分性、有效性，通过体系运行，能实现其制定的年度目标并能达到管理方针的要求，取得了明显绩效，重大危险源、重要环境因素得到了有效的控制，具备实现其制定的方针、目标和持续改进的能力。

检修设备

精心操作

电解净化系统

四期电解铝

分公司厂区

第三、加强教育、培训，不断提高员工意识

分公司通过培训班、安全知识竞赛、黑板报、电视、网络等多种形式，加强对员工的教育、培训，使广大员工了解安全生产形势、政策法规，熟知和控制本岗位的危险源点，特别是充分利用“安全月”及2006年“全国安全生产万里行西南行”活动为契机，开展了“六个一”活动，“安全生产月”宣传、咨询日等系列活动，制作了《安全在我心中》安全警示教育片，在贵铝电视台放映，对提高广大员工和社区居民的安全意识和安全技能起到了积极的促进作用。

学习新技术

同时分公司总结了多年安全生产的经验和教训，提出了适合分公司安全生产特点的“三四五”安全管理模式，即：“三个到位”“四方汇签”“五个确认”，收到了很好的成效。“三个到位”：即安全意识到位，劳保用品穿戴到位，安全防范措施落实到位。其中，安全意识到位是安全生产工作的基础和根本，劳保用品穿戴到位和安全措施落实到位是安全意识到位进一步的具体体现；“四方汇签”就是对所有施工、检修项目在开工前，由外委工程项目所在单位负责人、施工单位负责人、项目主管科室专项负责人、安全环保科有关负责人到现场分别检查落实各自负责的安全措施是否到位，认定到位后签字，方可开工。这是一条检查落实安全措施是否落实到位的有效途径，也是安全责任集中落实的具体体现；“五个确认”即岗位确认、操作确认、行走确认、开停机确认、联系呼应确认。“三四五”安全管理模式还获得了第七届贵州省企业管理现代化创新成果一等奖。

设备巡检

第四、加大现场事故隐患查找及整改，严格考核

分公司在深化安全生产标准化及创建“无伤害班组”工作的同时，不断强化班组和生产现场、检修现场、施工现场的安全管理，按“提高标准、提高要求、提高绩效水平”的三提高原则，开展工作。

氧化铝厂区

1、分公司是从原贵州铝厂分离出来的，许多设施、设备始建于1958年，设备老化、安全设施不符合规范等安全问题日益突出，因此分公司不断加大了安全的投入，近两年就投入6000多万元用于安全隐患整改。

2、加强日常检查、专项检查和隐患整改，遏制事故苗头。对发生的各类事故坚持“四不放过”原则，不仅追究事故直接责任人的责任，同时还追究有关负责人的领导责任。对在分公司范围内重复发生的事故、隐患、“三违”现象等加重考核。

应急预案演练

3、为了进一步加强对现场的安全环保管理，科学、全面地反映现场的安全生产情况，消除隐患，在分厂之间进行了安全环保交叉检查，避免了专业和生产工艺不同给检查带来的局限，通过交叉检查使各单位能够互相学习，取长补短，共同进步，共同提高。

4、针对安全隐患，及时下达事故隐患整改通知书，同时对重大危险源进行重点监控，不仅对现场硬件设施安全状况、用电安全、岗位人员安全素质、安全管理制度、操作规程执行情况定期进行检查，同时对应急救援预案的有效性进行验证，。

总之，我们通过加强健康安全环境管理体系的运行，强化了安全管理，完善了安全生产的自我约束、自我纠正机制，达到保护员工安全与健康的目的。较好的完成了每年与政府签订的安全生产目标责任书，2005年分公司千人负伤率仅为0.32。

按照党的十六届五中全会和全国安全生产工作会议提出的以科学发展观统领全局，坚持“安全第一、预防为主、综合治理”的方针，突出“安全发展”这条主线的要求，目前我们在不断加大产业技术升级力度，调整产品结构，全面实施清洁生产，提高市场竞争力的同时，加大安全投入，抓好新、改、扩建工程安全“三同时”，以建立安全生产长效机制为核心，牢固树立安全工作责任主体意识，持续改进安全绩效，真正实现“安全发展，国泰民安”。

以人为本　安全发展
建设具有国际

办公大楼外景

山西焦煤集团有限责任公司2001年10月挂牌成立，是我国目前规模较大、煤种较全、煤质优良的大型炼焦煤生产企业，是国家规划的全国13个大型煤炭基地之一。截至2005年底，企业资产总额439亿元，职工15万人。现有28个生产矿井和23座洗煤厂，主要开采西山、霍西、河东、沁水四大煤田的煤炭资源，煤炭资源地质储量224.6亿吨，现有焦煤、肥煤、1/3焦煤、瘦煤、气肥煤、贫煤等多个品质的煤种。优质强粘煤产品硫份低、粘结性强、发热值稳定，是大型焦炉用煤的理想原料。焦煤产品在国内主体市场占有率达到20%，强粘煤的市场占有率达到30%以上。2005年原煤生产核定总能力为6584万吨/年，洗煤总能力为5460万吨/年，炼焦精煤生产能力位居全国同行前列。“十五”期间，山西焦煤集团累计生产原煤23424.9万吨，累计生产炼焦精煤9259万吨。2005年原煤产量达到6081万吨，实现销售收入248.5亿元，实现税费34亿元，实现利润12.4亿元，在岗职工人均年工资收入达到25543元。十五期间，先后获得了国家工会部门、国家安全生产监督管理部门授予的全国“安康杯”竞赛优胜企业称号，获得国家劳动和社会保障部门颁发的“国家技能人才培育突出贡献奖”，被中国煤炭工业协会评为“全国煤炭工业优秀企业”“全国煤炭系统职工素质工程示范基地”，获得“全国五一劳动奖状”等荣誉。

安全生产是煤炭大集团科学发展的基本要求，也是构建和谐社会的重要内容。山西焦煤集团成立5年来，认真贯彻落实党和国家、国家安全监管总部门和省、市关于安全生产工作的一系列指示精神，始终坚持以“以人为本、科学发展”的思想统领安全工作全局，牢固树立安全发展的新理念，坚持“安全第一、预防为主”的方针和“管理、装备、培训”并重的原则，从提高安全管理的质量和效益出发，从严从实开展安全管理工作，安全生产保持了持续稳定健康的发展态势，煤炭生产百万吨死亡率连续控制在0.15以下。主要做法是：

一、以人为本，全面提高职工的安全生产意识

山西焦煤坚持把安全生产作为职工最重要、最根本的利益来抓。一是强化安全宣传教育，始终从践行“三个代表”重要思想的高度，在全体干部职工中认真地宣传贯彻并严格执行《安全生产法》。通过组织知识竞赛、安全签名、安全演讲、安全征文、安全文艺汇演等宣传教育活动，全面落实以人为本的安全发展观，全员安全意识、安全技能、安全文

竞争力的煤炭大集团

——山西焦煤集团有限责任公司

化素质有了很大的提高。二是坚持抓好安全技术培训工作，特别是强化了特种作业人员、转岗人员的培训和考核发证工作，持证上岗率达到100%，2005年安全培训人数累计达到10万人以上。三是推行职工技术比武竞赛活动，五年内举办了四届职工技能大赛，子公司西山煤电集团公司成功承办了“西山煤电”杯全国煤炭行业技能大赛，这些大型的比武竞赛，有力地激发了广大干部职工学技术、专业务的热情，有力地推动了职工安全素质工程建设，涌现了一大批技术操作能手和岗位尖子人才。

综采工作面

二、以法治矿，全面加强安全生产管理

山西焦煤以《安全生产法》等法律、法规作为抓好煤矿安全生产的基本依据，健全完善了各级安全生产责任制。集团公司与子分公司，子分公司与各生产矿井、地面生产单位都逐级签订了安全目标责任书。通过分解安全指标，把安全责任和压力传递到各级管理人员和每个员工，提出了“职务就是责任，责任重于泰山”的要求，以“责任法人”制度落实各级领导及管理人员、技术人员和每个员工的岗位安全责任和业务职能部门的业务保安责任，把责任落实到了生产的全过程。各级安监部门定期将各项安全指标完成情况纳入干部安全绩效考核范畴，对因责任不落实而发生事故或出现重大危险源情况，实行安全一票否决制，严肃追究责任，形成了党政工团齐抓共管的安全生产管理体制。建立健全了安全监督监察工作体系，从集团公司到子分公司、生产矿井，注重并加强了安全监察机构和人员的力量，配足配强了安监人员和瓦检人员，强化了监督检查手段，目前山西焦煤井下每7人中就有1名专职的通风、安监人员。健全完善了安全绩效考核和奖惩体系，实行了安全风险抵押制度、安全绩效考核制度和安全质量标准化检查评比制度，安全生产直接与单位效益和个人收入挂钩。建立健全了

复合顶板下薄煤层自动开采技术

强基固本　多措并举　实现连续安全生产13年

山东里能里彦矿业有限公司

先进的生产监控系统

山东里能里彦矿业有限公司位于孟子故里——山东省邹城市，是以生产优质动力煤为主的煤矿。矿井核定生产能力80万吨/年，服务年限51年。近几年来，公司以“三个代表”的重要思想和科学的发展观为指导，牢固树立“安全为天，责任重于泰山”的安全生产意识，克服施工队伍新、技术力量薄弱和地质条件复杂等不利因素，切实加强安全生产工作，有效地杜绝了死亡和二级以上非人身伤亡等重大安全事故，实现了建矿以来第13个安全生产年，是济宁地区安全生产周期较长的单位。持续良好的安全生产局面，有力地促进了公司经济发展，仅2006年1~7月份，公司累计生产原煤42.6万吨，实现收入16550万元、利税8302万元、利润6390万元。公司先后评为山东省文明单位、山东省煤炭系统安全生产先进矿井、山东省安全质量标准化一级矿井、煤矿安全程度评估A级矿井等多种荣誉，并荣记集体二等功4次、三等功1次。该公司在安全生产方面的具体做法是：

一、加强组织领导，狠抓责任落实，形成齐抓共管的良好局面

(1) 突出安全首要地位，切实加强组织领导；

(2) 强化安全责任落实，形成齐抓共管格局。

二、严格执行制度，狠抓制度落实，安全生产措施落到实处

(1) 严格落实调度管理制度，确保安排部署到位；

(2) 严格落实施工现场管理，确保制度落实到位；

(3) 严格落实考核评比制度，确保考核督促到位。

三、坚持科技保安，加大资金投入，安全技措水平迅速提高

(1) 表彰科技先进，推动科技进步；

(2) 改善监控系统，实现声光报警；

(3) 改造变电所，增强安全供电能力；

(4) 购买先进采掘设备，改进采掘工艺。

四、突出工作重点，狠抓“一通三防”和防治水工作，严防重大恶性事故

(1) 加强矿井通风管理；

(2) 构建完善的防尘系统；

(3) 建立综合防灭火措施；

(4) 完善矿井防治水措施。

五、坚持以人为本，狠抓教育培训，全员保安意识和技能增强

(1) 加强安全文化建设，增强安全生产意识；

(2) 强化安全法制教育，增强依法生产意识；

(3) 搞好安全技能培训，增强安全生产技能。

环境优美的生产厂区一角

主井外貌

安全文化长廊

峰峰集团有限公司梧桐庄矿

矿领导班子共商安全生产大计

梧桐庄矿地处河北省磁县境内，是峰峰集团有限公司一座大型现代化新型矿井，具有储量大、煤种好等先天优势。矿井于2003年10月正式投产，年设计生产能力为120万吨，服务年限80年。

建矿以来，该矿始终按照矿井的发展要求，紧紧围绕2008年实现年产210万吨目标，以创建“平安、和谐、文明、富有”新梧桐为己任，在集团公司内部率先引入并首先通过了职业健康安全管理体系认证，建成了安全网络化信息管理系统，形成了一整套系统化、程序化、标准化、快捷、高效的安全管理体系。针对管理层创造性提出了“三现”、“三事”管理，切实增强了管理人员深入现场，抓好超前管理和过程控制的积极性；针对班组工作实际，创新执行了安全确认制度，减少和消除了生产现场的安全隐患，促进了本质化安全的实现；针对全矿员工行为实际，推行了准军事化管理，并通过与安全确认制度相结合，不断培养和树立员工的自律意识和规范意识，巩固了矿井本质化安全基础。树立“环境改造人”的理念，全力创建和谐矿山，营造安全环境，组织建成了以矿领导的安全寄语、员工的自我安全提示以及员工全家福为核心内容的“亲情化”井上安全文化走廊和井下文化型候车硐室，逐步形成了从员工宿舍到采煤工作面，从井上行走到现场操作立体化、网络化安全文化网络。组织开展了安全精细化管理，完善各类标识，细化各项程序，严格监督考核，配合走动式管理、准时化检查、领导和职能科室管理人员跟班、带班制度等，深入落实各级领导安全生产责任制和岗位安全责任制，切实提高了安全管理效力。突出“防治水”工作重点，建立健全了矿井水文地质动态监测、预报通讯系统；综合运用国内外先进防治水技术，全方位开展水害综合治理，确保了梧桐庄矿在大水条件下的安全生产。2003年，“工作面底板综合防治水技术研究”荣获全国煤炭行业“十大”科技成果奖。为确保矿井安全，投资建成了潜水泵排水系统和华北地区较大型的地面注浆站系统，切实提高了矿井防灾抗灾能力，促进了矿井的本质化安全。按照“上级是教练”的原则，强化员工教育培训，建立健全了“四个一”安全培训机制，结合技术比武、技术练兵、日常安全教育培训等活动，不断提高了员工安全素养，促进了企业各项工作的健康发展。2003年矿井实现了当年投产、当年达产目标；2005年矿井完成产量171余万吨，在产量、安全、效益、效率等各方面均创出了历史同期好水平，实现了矿井的第一次跨越式发展；安全形势持续保持了较好态势，全矿杜绝了水、火、瓦斯、煤尘、顶板等重大灾害事故；杜绝了工亡和重伤事故以及二级以上非伤亡事故，实现了自建矿以来至2006年3月15日，连续安全生产1782天，产煤560余万吨，创出了集团公司的安全好水平。矿井面貌焕然一新，井上环境整洁美观，井下现场规范有序，员工精神振奋，热情高涨。企业先后被授予“省园林式企业”、“煤炭工业双十佳矿井”、“行业级高产高效矿井”和“全国绿化十佳模范单位”等荣誉称号。

大功率电牵引采煤工作面

井下变电硐室

井底安全文化走廊

岗位安全文化

矿嫂与员工谈心话安全

河北省磁县

矿长　王俊杰

2005年以来磁县申家庄煤矿，认真学习、宣传、贯彻、落实党和国家关于搞好煤矿安全生产、杜绝煤矿各类事故发生的重要指示精神，在生产中坚决做到按章行事、正规操作、狠抓管理、严格标准、超前防范、关口前移，加大治理整顿力度，基本实现了安全生产。2005年全年共采原煤86.98万吨，掘进进尺3893米，洗精煤65.40万吨，发电9908.1万度。轻伤同比下降46%，未出现重伤事故，杜绝了重大事故，实现了后半年事故为零的奋斗目标。由于安全工作抓得紧、抓得牢，落实到位，2005年该矿实现工业总产值47135.1万元，实现利润24067.1万元；上交税金16695.3万元，实现利税总额29930.3万元。开创了建矿以来的最好效益。多年来，磁县申家庄煤矿在安全工作上做了以下几个方面的工作：

一、认真组织学习党和国家有关安全文件，提高对安全工作重要性的再认识

长期以来，该矿始终坚持把安全工作放在首位，把党和国家以及省、市、县一系列有关安全文件当做头等大事去学习，去认真抓。特别是《关于预防煤矿生产安全事故的特别规定》和《关于促进煤矿工业健康发展的若干意见》等有关规定公布后，矿领导立即将文件印发到基层单位，充分利用班前班后，集中学习，召开中层专题学习15次，班组长学习18次，进行多层次、不同形式的广泛学习，使全矿职工进一步提高了认识。为使安全工作更广泛地深入人心，申家庄煤矿编制有关安全挂图标语60多板块，并安装了4个大型LED电子彩色荧屏，设立了一条240米长的安全文化长廊，制作了有关水、火、瓦斯、顶板、机电灾害预防牌板112块。购买安全书籍1000余册，职工安全手册1200余册。

通过学习，使每个干部职工深知《特别规定》的执法力度大，规章标准高，要求更严格，责任更明确，由过去的忽视安全、不重视安全、要你安全，变为现在的我要安全、事事讲安全、一切为了安全，一切优先安全，一切服务于安全，一切有利于安全，一切保证安全，形成了从未有过的说安全、讲安全、抓安全，落实安全的大好局面。邯郸市煤炭管理部门在申家庄煤矿召开了4个县市区和13个国有煤矿领导参加的现场学习交流会，2005年12月中央电视台又在申家庄煤矿举办了安全竞赛之星活动。

申家庄煤矿

矿领导班子研究安全生产工作

二、制定修改完善各种安全生产责任制

2005年以来，该矿以红头文件形式制定出台了安全文件10多件，对有关安全生产责任制、安全办公会、隐患排查、安全检查、一通三防、机电设备、提升运输、责任管理等重新修改、整理、完善、打印成册。其中安全管理100多项，安全生产责任制200多项，操作规程77项，共计4000多条。如磁申煤字[2005]9号、17号文件，在指导思想、考核标准、风险抵押、经济处罚、责任追究等方面，与以前相比，金额高，处罚严，力度大。特别规定出台了几个附件后，我矿又认真研究制定了磁申煤字[2005]32号文件"关于对煤矿领导干部和生产管理人员下井带班有关规定"的通知，规定副总工程师以上矿级领导每月入井带班至少要在1～2次以上，生产管理人员每月入井带班3～5次以上，并对带班人员入井前登记、升坑后填写记录，存在问题处理。责任落实等都作了明文规定，将有关检查程序、措施办法、监督责任再次进行了明确，做到司其职、负其责，提高了全矿干部职工搞好安全生产的主动性和能动性，为安全生产奠定了坚实基础。

三、加大一通三防的治理整顿和责任落实

根据国家安监部门提出的"监测监控，先抽后采，以风定产"的12字方针，申家庄煤矿始终把搞好一通三防工作作为安全工作的重中之重。2005年出台的1号、6号、9号、10号、17号文件及灾害预防处理计划和紧急预案均把通风、防瓦斯、防煤尘、防火等管理放在了重要位置，特别是磁申煤字[2005]10号文件专门下达了关于强化瓦斯治

河北省磁县

理的有关规定。一是成立了以矿长为组长的15人治理小组，分工明确，齐抓共管；二是严格管理，制定措施，狠抓责任落实，从矿长到总工程师、副矿长及每个科室、队，均详细制定了责任职责；三是从通风系统、通风设施到局部通风机管理、瓦斯管理、放炮管理、一炮三检、三专二闭锁、瓦斯监测系统、佩戴便携仪、巷道贯通及排放瓦斯，杜绝火源等方面制定了23条具体规定；四是严格责任追究，若因工作不负责任、工作失职造成通风瓦斯事故，根据情节轻重、性质严重程度，给予重处，直至开除。并依据有关法律规定追究法律责任。通过措施预防、岗位管理、责任追究、堵塞漏洞，做到了防患于未然，多年来避免了通风瓦斯事故的发生。

四、强化现场安全管理工作，发现问题及时处理

为避免各类事故发生，该矿首先从井下现场源头抓起，强化检查。一是要求每个作业人员，特别是特殊工种和重要岗位人员，严格交接班制度，不迟下、不早上，做到班，手交手，交不清不能走。二是每个作业头、面、各场所，必须按照煤矿规程、操作规程、安全技术措施严格施工，严格检查，严格验收，严格整改，不符合要求推倒重来。三是不准有微风、无风和瓦斯超限作业行为，若有异常立即断电、撤人，迅速处理。四是矿每月逢五、逢十进行安全和一通三防大检查，各单位一把手必须参加，无故不参加追究责任。如查出较大问题，必须立即停止工作，现场处理，做到检查、问题、事项、时间、责任落实五到位，并对有关责任人处至少300元罚款，如检查人员因检查不细、在24小时之内发生事故，要追究责任者的责任，绝不迁就。2005年全矿共进行安全检查88次，查

矿生产区一角

处问题441条，全部落实，解决到位。2005年以来，相关部门到该矿检查12次，提出安全隐患109条，已全部解决。上级部门的各级检查促进了煤矿的治理整顿工作。由于执法严格、落实到位，避免了较大事故的发生，确保了安全生产的良性循环。

五、合理采掘布局，严禁超能力生产

近几年来，由于加大安全治理，技术改造，申家庄煤矿就已形成了一矿一井一面的生产格局。申家庄煤矿始终把安全工作放在首位，开拓、准备、回采、三量布局合理，一个采区最多布置两个回采面，而只准一个回采面生产，以采掘衔接不失调为原则，并考虑到采面与采面位置条件关系；一个采区最多安排3个掘进头，一般是一个岩巷、一个煤巷、一个整修，这样既符合上级有关部门446号特别规定，也有利于集中生产，同时避免了分散生产，用人多，不利于安全管理的弊端。

根据446号《特别规定》对超能力生产做出的明确规

申家庄煤矿

洗煤厂精煤仓

定以及依据冀煤安办[2005]46号批复，该矿生产能力为87万吨/年，2005年申家庄煤矿全年共产原煤86万多吨，做到了不超能力生产。

六、搞好安全培训，提高自主保安意识

申家庄煤矿认真贯彻落实煤矿生产《特别规定》的精神，到目前为止，该矿对1500多名人员分7期按照培训大纲进行了培训、考试、发证；特殊工种分27期对36个工种945人进行了培训；对16名主提升司机有效期满又进行了复训。经培训做到持证上岗，大大强化了自主保安的意识，这样既保障了自己的安全，也不会伤害他人，同时也不被别人所伤害，大大提高了安全系数率。

七、加大安全投入，提高矿井防灾抗灾能力

多年来，煤矿在一通三防、瓦斯监控、采掘支护、设备替换，更新MA樗产品等方面投入了1300多万元资金。（1）彻底更新了高度摸拟盘，购置了价值140多万元的监控监视现代化设备，安装了14台监控彩色电视（60寸的2台，29寸的12台），实现了情况清、指挥灵、信息快、安全状况好。（2）在一通三防方面，整修总进回风巷2000多米，由原来的7平方米扩大到12平方米，增大了通风断面，降低了风阻；安装防尘管路3600米，由原来使用的2寸防尘管改为6寸防尘管路，并实现了综合防尘，既减少了职业病，又降低了粉尘；新增购瓦斯便携仪30多台，自救器700多台，测尘仪1台，局部通风机7台。（3）安装LED电子彩色荧屏4块，投入80多万元。（4）为提高矿井总通风能力，近期决定把使用的两台20号轴流风机更换为两台22号对旋风机，投入198万元。（5）更换原KB设备为MA新产品279台件，投入500余万元，所有大型设备均经国家认定的权威机构进行了监测、评估，投入200多万元。这些投入夯实了安全基础，大大提高了矿井的防抗灾能力。

八、严格责任追究

申家庄煤矿吸取诸多血的事故教训，举一反三，认真反思，强化管理，狠抓落实，严格责任追究，杜绝各类事故发生，确保到年底实现安全生产，为2006年划一个圆满的句号，为各级领导交一个满意的答卷，同时为新的一年奠定一个良好的安全基础。

兖矿国泰化工有限公司

构建现代化安全管理平台　打造本质安全型企业

董事长、总经理 丁辉

党委书记 刘新

有关领导视察国泰公司

有关领导来国泰公司观看醋酸产品

兖矿国泰化工有限公司（简称国泰公司）是兖矿集团与美国国泰煤化控股有限公司合资建设的大型高科技煤化工企业，由年产20万吨醋酸和日处理1000吨煤新型气化炉及配套工程两项目组成。两项目总投资27亿元人民币，设计生产能力为年产20万吨醋酸、24万吨甲醇、联产8万千瓦发电。

两项目是煤炭深加工新型多联产化工项目，科技含量高，工艺技术先进，高新材料应用广泛，综合环保性能优良，可持续发展能力强劲，代表着世界新型煤化工的发展方向。项目中包含的“煤气化发电与甲醇联产系统关键技术的研发与示范”和“新型水煤浆气化技术”被科技部列为国家“863”课题，另有多项我国自主开发的专利技术被应用于工业化装置。它的建成将有力地推动我国自主煤化工技术的发展，加快枣庄市城市经济转型的步伐和促进兖矿产业结构的调整。两项目于2003年6月28日正式开工建设，2005年6月、10月相继建成投产。2005年6月24日，山东省有关领导率领参加全省科学发展现场会的全体与会人员来公司参观，对国泰公司的建设成就给予了高度评价。2005年10月17日，国家有关领导来公司视察时，欣然题词“坚持科学发展，创造煤化辉煌”，充分肯定了国泰公司的建设成就。

国泰公司在加强企业自身建设的同时，正按照中央、省、市、集团公司的要求，坚持以科学发展观为指导，放眼未来，制定了可持续发展性战略，投产后立即扩大产品规模，并加大发展煤气化下游产品的力度，继续拉长新型煤化工产业链，力求将企业做大做强。在“十一五”期间，将重点建设20万吨醋酸扩产改造项目、新建30万吨醋酸项目、10万吨醋酸乙酯项目和60万吨甲醇项目，以上四大项目已经开始实施。预计到2010年，公司将成为年产值近200亿元、利润约38亿元的特大型煤化工企业。

2005年，国泰公司进入全面安装、试车和生产阶段。在严峻、复杂的安全形势面前,公司以树立和落实科学发展观、坚持“以人为本”、认真落实“安全第一，预防为主”为指针，认真贯彻落实集团公司和煤化分公司及各级地方政府一系列安全工作指示精神，把安全工作摆到“高于一切、重于一切、先于一切”的位置，把安全工作当做“天”字号大事来抓，确保了国泰公司全年安全大目标的实现。

知不足而奋起，国泰公司将进一步贯彻落实国家对安全生产工作的一系列指示和部署，以科学发展观为统领，坚持以人为本，坚持“安全第一，预防为主，综合治理”的方针，坚持“效益为中心，安全是前提”的企业安全理念，以高度的责任感、使命感和紧迫感，不断强化安全生产工作，全面落实各级安全责任制，大力推进安全生产管理创新和技术创新，积极构建安全生产长效机制，结合公司实际不断提升基础安全管理水平，强化安全生产管理，把安全生产管理工作落到实处，打造本质型安全生产企业。

厂区绿化

国泰公司醋酸界区夜景

厂区一角

淮北矿业集团公司

2005年安全生产工作概况

一、安全生产情况

淮北矿业集团公司共有16对矿井，其中生产矿井14对、破产矿井2对。2005年，集团公司按照全国、全省安全工作会议和《特别规定》精神的要求，坚持安全为了生产、生产必须安全的原则，强管理、严责任、打基础、重落实，全年生产原煤2280万吨，共发生死亡事故10起，死亡16人，杜绝了特大事故，全公司百万吨死亡率为0.70，实现了年均提出的控制在0.8以下的奋斗目标，有9对矿井实现了安全生产。

二、采取的安全生产措施

1. 认真贯彻《特别规定》精神，强化安全生产责任落实

进一步完善了各级领导干部下井带班、重大隐患排查治理报告等安全生产管理制度，推行了重大安全技术问题申报制度，下发了集团公司各级领导干部下井带班的规定，举办了不同层次的《特别规定》培训班，分级进行培训和考核，发放《职工安全手册》6.7万册，做到一线职工人手一册。组织各矿主要负责人、安全生产管理人员、特殊工种人员安全培训和复训，全年培训和复训人员9235人次。16对矿井均申领了安全生产许可证。

2. 加强“双基”工作，筑牢安全生产根基

把“安全生产无隐患，工程质量达标准”作为安全质量标准化建设的立足点，将安全效果、安全质量标准化建设与职工收入挂钩考核。注重安全质量标准化动态和过程达标。全年6对矿井达一级。4对矿井达二级，建成了3对“示范矿井”。以开展安全管理“示范科区”创建为主线，加强基层安全工作。按照科区“无事故、无‘三违’、职工行为规范、安全管理科学”的目标，建成了38个安全管理“示范科区”。

3. 以瓦斯综合治理为中心，强化“一通三防”管理

认真贯彻落实“先抽后采、监测监控、以风定产”十二字方针，做到应抽必抽。全公司有13对矿井进行了瓦斯抽排，抽排采煤工作面49个，掘进工作面24个，全年抽排瓦斯达到8062万立方米。集中开展了“瓦斯专项治理季”活动，瓦斯超限和无计划停掉电得到有效控制。加强防突管理，全年防突与抽采打钻进尺50万立方米，突出煤层石门安全揭煤18处，消除了煤与瓦斯突出事故。加强防尘综合治理，各矿采煤工作面全部推行煤壁浅孔动压注水，完善各运煤运载点喷雾灭尘，皮带机、链板机司机随身携带抹布、铲子、扫帚“三大件”及时清理粉尘，有效地治理了粉尘。

4. 加强技术支撑体系建设，走科技兴安之路

投入资金2.99亿元进行设备更新改造，大力发展采煤机械化，采煤机械化程度达65%以上，煤锚进尺达10万米以上。朔里、朱庄、朱仙庄、祁南、桃园等机械化程度较高的矿井消除了顶板事故。注重科技成果转化，积极推广高位巷瓦斯抽放、过高位钻场防瓦斯超限、斜巷行人助行器、防片帮安全网等46项安全生产实用措施，解决了安全生产中存在的一些难题。修订下发了《采掘生产技术管理规定》、《放顶煤开采技术管理暂行规定》、锚杆支护管理规定、工程设计管理规定、采掘作业规程大纲及其实施细则等，规范了安全生产技术管理。

5. 开展全方位、多层次安全监督检查，强化事故责任追究

组织开展安全大检查、动态抽查、达标检查、职工代表安全视察、青工安全大行动、文化检查、机关联系点安全夜查等，做到月月有重点，全方位、多层次，齐抓共管。组织开展了“强管理、严责任、堵漏洞、保安全”、“反‘三违’保安全”、防治水和斜巷运输专项整治等阶段性活动。同时，在元旦、春节、五一、十一期间，公司领导集体上岗检查指导安全工作。严肃事故责任追究。全年处理和处罚事故责任人员61名，其中科区级干部29人，矿处级干部10人。

6. 加大安全投入，整治重大安全隐患

全年投入安全资金11.5亿元，整治重大安全隐患103项；新掘专用回风巷13060多米，扩修采区及矿井回风巷18200多米，更新8个矿的风井风机，敷设更换高压电缆106152米，更换重轨30168米、强力皮带11650米、采区多油高爆开关和油浸变在坟器271台。投入2.08亿元对桃园、童亭、石台三对矿井进行了瓦斯升级改造。

7. 培育安全理念，推进安全文化建设

注重在矿区倡导和培育先进的安全理念，有不少矿提炼出一些符合单位实际的安全理念，对提高职工安全意识、规范职工安全行为以及安全工作的导向都发挥着积极的作用。矿区普遍推行了安全管理周循环法、班评估、安全确认等安全科学管理方法，推动了矿区安全管理的科学化、制度化、规范化。

充分利用安全文化建设18种载体，广泛开展了各种形式的安全宣传教育、青安岗、群监网、妇女协安、党员身边无事故、“四无四保”等活动，以及优秀班队长、群监员、青岗网员、安全明星评比；工会、团委、组织、纪委、宣传等党群及机关其他部门围绕集团公司安全工作充分发挥各自的优势，营造了人人关心、支持和理解安全生产的浓厚氛围。

陕西集华柴家沟

董事长　李富玉

总经理　彭超

陕西集华柴家沟矿业有限公司是原国家计划部门煤代油办公室投资建设的国有控股企业，隶属国华能源投资有限公司。公司位于陕西省宜君县太安镇，矿井是龙玉煤田的一部分，井田面积4.29平方公里，原设计生产能力30万吨。2004年按照煤炭行业管理要求，投入6000多万元对采煤工艺、安全系统进行全面技术改造，使年生产能力提高到90万吨，目前生产、安全设施已达到国内同行先进水平。

矿业公司现有职工627人，国有固定资产原值1.8亿元，经营性固定资产原值1.8亿元，流动资产总值2925万元，年实现销售收入近2亿元。矿业公司2002年被列为国有重点煤矿铁路运输管理单位。产品远销江苏、安徽、浙江、江西、湖北等省市，多年来以优良的煤质、周到的服务，赢得了广大用户的信赖和支持。

调度指挥中心

陕西集华柴家沟矿业有限公司自2000年7月正式投入生产以来，在上级公司的正确领导下，坚持以“安全为天，以人为本”的管理理念。一年一个新台阶，连年被当地评为“为县财政做出突出贡献的先进单位”；2003年被铜川市评为“诚信纳税先进企业”，被陕西省安全生产部门评为“安全生产先进单位”；2003年、2004年、2005年分别被中国能源化学工会全国委员会、中国煤炭工业协会中小煤矿委员会评为“全国中小煤矿企业先进单位”；2005年被中国煤炭工业协会评为行业级煤炭工业高产高效矿井，同时被陕西省诚信企业办公室评为“诚信经营示范先进单位”。

综采工作面

陕西集华柴家沟矿业有限公司正以党的十六大和十六届五中、六中全会精神为指导，以管理创新为动力，以安全生产为天职，以全新的姿态，信心百倍，与时俱进，以顽强拼搏的精神，努力开创柴家沟矿业公司辉煌的明天！

矿业有限公司

矿区全景

公司领导介绍

李富玉，1955年10月10日出生，辽宁人，中共党员，毕业于阜新矿业学院煤田地质与勘探专业，硕士学位。先后在原国家煤炭工业管理部门、中国地方煤矿总公司工作，现任北京集华兴业煤炭公司总经理、陕西集华柴家沟矿业有限公司董事长。

彭超，1951年9月30日出生，陕西铜川人，中共党员，毕业于中央党校企业管理专业，大学学历。先后在陕西煤炭建设公司第四工程处、陕西煤炭建设公司运销处工作任副处长、处长，现任陕西集华柴家沟矿业有限公司总经理。

地址：陕西省宜君县太安镇　　邮编：727200　　电话／传真：0919—5888437　5888247

宁波港集团有限公司

总裁 李令红

宁波港是中国古老的港口之一，早在7000多年前，宁波的先民就创造了河姆渡文化，形成了人类早期的港口雏形。公元752年，日本孝谦朝3艘遣唐使船驶抵宁波口岸，从此宁波港就有了1200年对外开放的历史。

宁波港目前由北仑港区、镇海港区、大榭港区、穿山港区和宁波老港区组成，是一个集内河港、河口港和海港于一体的多功能、综合性的现代化深水大港。目前，宁波港拥有生产性泊位191座，其中万吨级以上深水泊位39座，5万吨级至25万吨级的特大型深水泊位25座。

宁波港集团有限公司作为宁波港公共码头的经营主体，着力构建和谐企业，内聚人心，外塑形象，营造了和谐向上、开拓创新、奋发进取的企业氛围，打造了一支“爱岗敬业、顽强拼搏、追求卓越”的职工队伍。

违章就是事故、安全产生效益是宁波港集团的安全理念，安全不仅关乎职工的个人平安和家庭幸福，也是企业促生产、保稳定、创效益的前提，确保安全是企业生产经营活动的基本条件。一直以来宁波港集团都把安全看作企业的头等大事，严格执行《安全生产法》和国家其他相关法律法规的有关规定，合理安排企业生产建设，确保职工生命和国家财产安全。

宁波港集团的核心价值观是以人为本、科学发展，其中最重要的是关心职工、爱护职工，并把职工的积极性、主动性和创造性视作企业发展的根本和源泉。坚持以人为本，全面、协调、可持续的科学发展，体现了宁波港集团尊重人才发展和职工安全的理念，也是宁波港企业文化建设的精髓。

株洲洗煤集团有限公司

株洲洗煤集团有限公司是由原株洲洗煤厂改制而组建的国有控股企业，系以洗选加工煤炭产业为主，机械配件制造为辅的能源骨干企业。公司位于湖南省株洲市的市区，东临京广、浙赣、湘黔三大铁路干线，西依湘江十里长堤，交通运输十分便利。在50多年的工业生产建设中为国家的经济建设作出了较大的贡献。曾荣获国家二级企业、国家质量管理奖和国家节能先进企业等称号。

公司着力于煤炭深度加工和能源新产品的开发。除了传统的冶炼精煤，还开发了水煤浆、低硫高品质的型煤、洁净动力煤等环保产品。作为世界银行贷款的湖南城市发展项目子项目之一的150万吨洁净动力煤工程也正在建设之中。2000年公司通过了ISO9002国际质量体系认证；作为清洁能源加工基地，“株洗集团”将最大限度地满足不同行业、不同用户的需求。

公司以科学发展观统领全局，坚持“以人为本、安全第一、预防为主、综合治理”的安全方针，紧紧围绕突出“加强宣传抓培训，促进安全保生产”的主体思路，从而保证了集团公司安全生产责任制的全面落实。同时根据企业实际，加强安全日常管理和工会监督，开展形式多样、内容丰富的各类活动，既突出了主题，又抓出了实效。使企业员工的安全生产自保意识明显增强，劳动作业条件明显改善，安全生产跃上了一个新台阶，取得了连续29年零8个月无死亡事故、近十二年无重伤事故，轻伤率低于0.65‰的良好成绩，促进了企业的健康发展。

株洲洗煤集团有限公司将本着“务实、开拓、诚实、信用”的企业精神，全力推进体制创新、科技创新、管理创新，与时俱进，伴随着全面建设小康社会的步伐，创造更加美好的明天。

党委书记兼董事长、总经理
刘峻琳

领导视察

振奋精神　脚踏实地

为建设资源节约环境友好型企业而努力

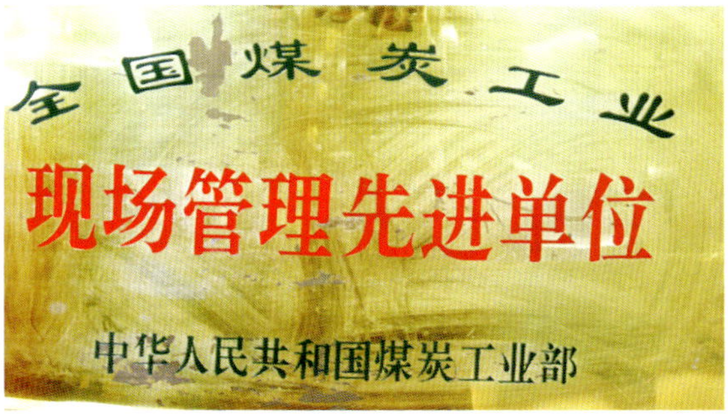

公司地址：湖南株洲市杉塘路11号　　邮编：412005
电话：0733—8350018　　传真：0733—2321339
网址：www.zxjjm.com　　邮箱：zhximail@sina.com

创新管理 稳健发展

矿长 崔建军

矿党委书记 杨艮福

团结奋进的领导班子

矿机关大楼

阳泉煤业（集团）有限责任公司三矿，位于阳泉市以西七公里处，始建于1950年5月，此前已有800多年的开采历史，是一个多井口组成的国有大型煤矿，主要开采3号、15号煤层，以生产含碳量较高的优质无烟煤著称，主要产品中的十五、十六级末煤自1984年以来连续被评为省优产品，并远销日本、韩国、巴西等国，深受用户欢迎。

在三矿的广大员工中，有闻名全国煤炭系统的“十面红旗”之一的裕公井硬骨头采煤二队，有十五次突破百万吨产量的竖井综采五队，有荣获全国“五一”劳动奖章、退休不离岗、义务奉献十余年的“节油大王”——张跃恒，有荣获2001年度山西省“十大能工巧匠”、2002年度全国“五一” 劳动奖章和山西省“技术创新能手”的“矿山鲁班”薛国仁，有在全国煤炭行业矿灯管理工技术大赛中获得冠亚军的新时代优秀职工张会芳、王红芬和全国煤炭行业五大工种职业技能大赛夺得第四名、荣获“全国煤炭行业优秀技术能手”称号的青年工人技师蔡廷军，

以强取胜　续写辉煌

——奋进中崛起的阳煤集团三矿

有阳泉市"十大杰出青年"申立刚等一大批英雄集体和模范人物。建矿55年来，全矿累计生产煤炭1.5954亿吨，为国家经济建设和繁荣发展做出了积极的贡献。

2003年以来，在党委书记杨艮福、矿长崔建军的率领下，新的领导班子紧紧围绕三矿如何进行可持续发展这个中心，积极探索在资源枯竭的情况下如何进行资源的扩张、能量的扩充。经过两年多的创新经营，三矿的储量增加了4000多万吨，企业寿命延长了15～20年。

按照科学发展观要求，三矿通过实施管理创新、技术创新和制度创新，以项目管理为依托，改革产权制度，再造经营和管理流程，实现了组织结构扁平化、管理形式专业化、投资方式多元化、经营模式市场化，形成了一种适应市场经济的管理模式。

新的领导班子一方面抓企业文化管理，另一方面从企业的机制和体制上最大限度地挖掘企业人力、物力、财力的潜力。2004年3月开始，他们锐意创新，把国有企业的三级管理改为二级管理，把现有的队组改为项目部，从而减少了管理层，降低了管理成本，使管理更有效，更快捷，真正实现了职工的当家作主，同时引进民营企业管理机制，实施专业化管理，实行内部规范的市场运作体系，最大限度地挖掘了各种因素的潜力。

面对资源枯竭、矿井衰老、历史欠账较大的现实，三矿党政领导坚持以提高经济效益为中心，依靠科技进步，全矿机械化程度明显提高。以信息技术提升矿井管理水平，生产指挥系统实现了视频监控，经营管理等各个层面实现了计算机联网、资源共享、网络化运行。经过不断的技术创新和技术改造，矿井防灾抗灾能力进一步增强。特别是1987年国家科技部门、经贸部门开展"讲理想、比贡献"活动以来，三矿已连续开展了19届"讲、比"竞赛活动，完成科技成果1287项，创经济价值达1.89亿元以上，有1487人（次）受到了表彰奖励，有101项科技成果获

公司领导井下检查工作（一）

公司领导井下检查工作（二）

现代化的综采工作面

创新管理 稳健发展

先进性教育

运用信息技术指挥安全生产

得集团公司以上奖励。2002 年分别被山西省、阳泉市评为“讲理想、比贡献”竞赛活动先进集体，2004 年被阳泉市评为科普工作先进集体。

按照“煤与非煤并重、做大与做优并举”的发展战略，在发展煤炭主业的基础上，三矿积极发展非煤产业。目前，多种经营三产已发展成为煤炭生产、机械制造、建筑建材、机电安装、汽车运输、服装加工、商饮服务等门类齐全、实力雄厚的多种经营实体，从业人员达 2761 人，年生产经营总额超亿元，已成为衰老矿井新的经济增长点。

三矿大力开展“学习型”组织创建活动，引深 REM 精细管理，完善 4E 标准和干部走动式管理巡查制度，实现了企业文化向井下延伸、向岗位的渗透，全矿的整体管理水平明显提升。在建设物质文明的同时，三矿党政领导积极致力于职工生活条件、工作环境等福利事业的改善，并有效提升了全矿的文明程度，员工人人鼓足了干劲，全矿上下处处呈现出人心思上、欣欣向荣的喜人态势，各项工作都呈现出了持续向前发展的大好局面，为企业实现可持续发展奠定了良好的基础。

2001 年山西省授予“工业企业卫生先进单位”；2002 年被阳泉市评为“安全生产先进企业”，同年被山西省省管国有企业精

职工技能大赛

升旗仪式

员

以强取胜 续写辉煌

—奋进中崛起的阳煤集团三矿

神文明建设指导委员会评为“文明单位”，阳泉市劳动竞赛委员会对三矿荣记集体一等功，阳泉市授予“先进基层党组织”；2004年获得“安康杯”先进集体称号；2005年荣获“山西省五一劳动奖状”，中国煤炭工业协会授予“全国煤炭工业双十佳煤矿”和“全国煤炭工业特级高产高效矿井”，山西省授予全省“十佳基层党组织标兵”，山西省安全生产监督管理部门授予“煤矿安全质量标准化国标一级矿井”，并且被集团公司评为“先进单位”和“先进党委”。

今天，历经半个多世纪的三矿已焕发出勃勃生机；明天，三矿将以不断创新、勇攀高峰之势铸就新的辉煌。

花园式的工业厂区

单位法定代理人：崔建军

通讯地址：山西省阳泉市矿区矿山路33号

邮　编：045008

电　话：(0353) 7061391　7061221

传　真：(0353) 7061722

撰稿人：王建政

矸山绿化

三矿全景

陕西省旬邑县旬东煤业有限责任公司

董事长　李连祥

总经理　冀荣晓

35kV变电站主配电室

长安煤矿综采面液压支架

陕西省旬邑县旬东煤业有限责任公司位于旬邑县城关镇东北部台家山境内，下属有台家山煤矿、长安煤矿。这里交通便利，距正在建设中的凤永高速公路出入口29公里，距筹备建设中的运煤铁路专用线道口60公里，毗邻312、211国道，有水泥公路直通矿区。目前，公司已分期完成投资3.2亿元，固定资产2.4亿元，公司在职员工1200人。3年来，在旬邑县有关部门和河北中达集团公司的正确领导和大力支持下，董事长李连祥同志和总经理冀荣晓同志带领职工坚持走科技兴矿之路，实现了采掘机械化、煤炭运输胶带化、生产经营过程全程监控化、调度通讯电子化、信息传递网络化和企业管理科学规范化。

安全理念：

以人为本、以德治企、以质量标准化为武器、以人文化管理为主线、关爱生命、关注安全

安全文化建设成果：

1. 加强观念文化建设。建立安全文化体系；利用广播、电视、网络等现代化宣传工具，广泛深入地营造强大的舆论声势和氛围；精心组织青年骨干人员开展有关政策法规的宣传活动；精选典型案例，编成宣传手册发送到每位职工手中；建起安全文化长廊，在各矿副井口滚动播放安全信息、安全警句、安全科教片等；党政工团齐抓共管，定期开展安全活动。

2.加强行为文化建设。采取以会代训、半脱产培训等学习形式，利用班前班后、安全活动、技术学习等时间进行职工的安全技能和安全知识的培训。

3.加强制度文化建设。实行安全风险抵押金制、安全检查拉网制、安全隐患排查制、安全信息公示制、领导干部跟班制、工程质量挂牌制、管理干部考核制。

4.加强物态文化建设。不断加大科技投入力度，推广应用新技术、新工艺、新产品，累计资金8000余万元。

发展规划：

计划利用5年时间在咸阳市再投资12亿元。加大技改力度，扩大生产规模，于2008年底力争达到300万吨生产规模；建设一个入洗能力300万吨/年国内先进的重介质洗煤厂；投资2500万元建一个中型机械制造厂。

参与社会公益事业：

据不完全统计，2003年～2005年，为旬邑县小城镇建设无私捐助5万元；为县幼儿园建设捐助15万元，个人捐助6万元；为县农村道路改造捐助19万元、个人捐助5万元。2006年，为农村道路捐资19万元，个人捐资5万元；为一名交不起学费面临失学的大学生捐助7000元，圆了他的大学梦；对4个乡村捐资30余万元支持新农村建设；对旬东矿区投资800余万元，帮助修路17公里。

重庆市南川宏能

董事长、总经理　张晓华

张晓华，男，37岁，大学本科，采矿工程师，注册安全工程师。曾担任原涪陵地区半溪煤矿生技科科长，天源贸易有限责任公司总工程师，宏能煤业有限责任公司安全生产副总经理，于2005年12月任重庆市南川宏能煤业有限责任公司总经理，2006年5月任重庆市南川宏能煤业有限责任公司董事长、法人代表。

重庆市南川宏能煤业有限责任公司位于南川市，是成都地奥集团能源公司下属企业之一，也是南川市较大的煤炭生产企业。公司自2004年4月29日成立以来，不断加大安全投入，仅2005年就先后投入600多万元进行了矿井西翼通风系统隐患整改，投入200多万元新安装了井下+150米水平主排水设备，投入400多万元修建了污水处理场，投入30多万元完善了矿井瓦斯监控系统。同年荣获安全程度评估B级矿井称号，杜绝了死亡和重伤事故，被评为南川市煤矿安全生产先进单位。2005年，在因办理证照停产近4个月的情况下，仍然生产原煤17.7万吨，实现销售收入3900万元，上缴税费838万元，被评为南川市“十强”工业企业。

2005年，宏能公司经过全体干部员工的共同努力，取得了安全与生产双丰收。

一、建立健全了安全管理机构

配备了总经理、总工程师、安全副矿长、生产副矿长，采、掘、通副总工程师，机电副总工程师，设置了安监部、生技部、调度室、机电部四个职能部门和采煤队、掘进队、机电队、运输队、通风队、防突队六个基层单位，为安全生产提供强有力的组织保障。公司成立了安全生产委员会，各部室队成立了安全生产领导小组，形成了横向到边、纵向到底的安全管理网络；同时根据矿井生产作业的专业性特点，成立了一通三防瓦斯治理领导小组、防治煤与瓦斯突出领导小组、顶板管理领导小组、技术管理领导小组、雨季三防管理领导小组、安全文化建设领导小组等十几个专业领导小组，专门解决工作中的专业技术问题。

二、建立健全了各项规章制度和考核办法

公司根据“谁主管，谁负责”和“有岗必有责”的原则，完善了安全生产责任制、交接班制度、跟值班制度、企业负责人和安全生产管理人员下井带班制度、安全生产汇报制度，安全例会制度、安全奖惩条例、安全罚款返奖制度、安全监督检查制度、重大安全生产隐患认定办法、矿井主要灾害预防管理制度，安全生产隐患排查、治理和报告制度，重大危险源辨识、评估、监控措施及应急管理制度，应急救援制度和预案、安全风险抵押金制度等，还制定了158个岗位工作标准、83个岗位技术工种操作规程、120多个作业规程和安全技术措施等。

三、不遗余力的加大安全投入

公司每年按每吨10元提取生产安全费用，每吨15元提取瓦斯治理专项资金，坚持专款专用，主要用于预防工

煤业有限责任公司

伤、职业病防治、员工安全宣传教育培训、各项安全生产活动，设备设施更新、改造等，2005年，公司在安全上的投入已超过850万元。另外还投入资金建立了四级安全培训机构，配备了培训管理人员和培训教师，建设了专用教学室，配齐了教学宣传用具和教材，制定了10项教育培训管理制度。一年来，共培训了4130人次，向上级安培中心送培了200多人次。

四、加强了安全文化建设

公司领导认真总结和提炼了以“六个坚持”为核心的安全生产管理理念：一是坚持“安全第一，预防为主，综合治理”的安全生产方针；二是坚持“以人为本，安全发展”的科学发展观；三是坚持“管理、装备、培训”并重的安全管理原则；四是坚持“务实、创新、诚信、奉献”的地奥理念导向；五是坚持“安全第一，质量第二，生产第三”的安全工作思路；六是坚持“严、细、实、新”的工作作风，并充分利用宏能报、电视、墙报、标语、图片、安全警示标志等宣传媒体和宣传阵地，创造和利用一切机会向员工宣传“六个坚持”及“安全就是幸福”的安全理念，营造了浓厚的安全文化氛围。公司还专门组织编印了《员工安全手册》、《事故案例汇编》、《煤矿安全生产知识》，免费下发给广大员工学习，以增强员工的安全意识，提高员工的安全文化素质。

五、提高员工福利待遇

公司在制定工资标准时，在针对岗位的不同特点的同时，工资标准明显向一线员工倾斜，并对那些在生产一线为原半溪煤矿出过力，流过汗的年纪大、身体弱的老员工退居二线工作，让他们老有所依。专门成立物管办公室，改造员工住宿条件，美化员工生活环境。公司工会在元旦“三八”、“五一”、国庆等节日积极开展各种寓教于乐的节日活动，员工生日登报祝福并送贺礼，员工生病看望，凡员工家有喜事、忧事、难事时都无处不有公司的祝福和关怀，让员工深刻感悟到公司这个大家庭的温暖。

2005年，公司取得了初步成果，杜绝了重伤和死亡事故，实现了安全目标。

2006年，公司将继续贯彻“务实、创新、诚信、奉献”的精神，遵循“严管理、保安全、达产能、降成本、增效益”的工作方针，脚踏实地，扎实工作，努力实现零伤亡及全年生产原煤28万吨的目标。

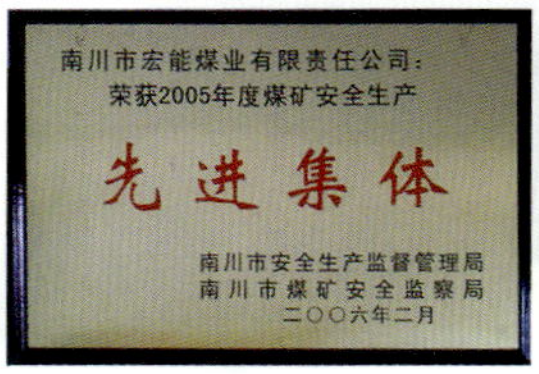

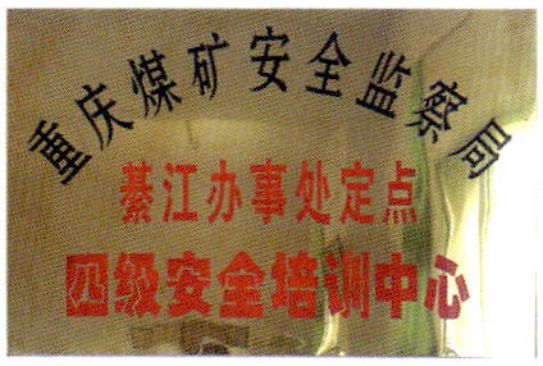

沈阳煤业（集团）有限责任公司林盛煤矿

矿长　陶明印

党委书记　陈凤岐

林盛煤矿隶属于沈阳煤业（集团）有限责任公司，位于沈阳市苏家屯区林盛堡镇，是沈煤集团主干生产矿井之一。矿井始建于1970年，1981年12月25日正式建成投产，年设计生产能力90万吨，现核定生产能力为120万吨，并配套建有一座年入洗能力为150万吨的选煤厂。

林盛煤矿由于先天开采条件不足，并受水、火、煤尘、瓦斯和顶板五大自然灾害以及煤层走向急倾斜等因素的限制，机械化程度较低，采煤方法为传统的炮采炮掘，采煤方式为长壁后退式采煤。林盛煤矿面对井下点多线长的实际问题，多年来在集团公司的正确领导下，始终把安全工作作为压倒一切的中心工作来抓。全力贯彻“安全第一，预防为主，综合治理”的十二字生产方针，突出“一通三防”重点，加强设备投入，提高矿井防灾、抗灾能力；狠抓从业人员的培训质量，建立健全了四级培训机制和特殊工种岗位全部持证上岗制度；强化岗位责任落实，推行了干部24小时跟班上岗和“两员两长”现场交接班的管理规定；加强生产过程监控，实行了安全监察员积分管理和升降级管理办法。深入开展“三基”建设，强化精品意识，打造亮点工程，质量标准化实现动态达标。

多年来，林盛煤矿为延长矿井服务年限和增强矿井发展后劲，把落实科学发展观贯穿于生产的全过程。创新企业管理方法，把生产经营精细化管理、安全生产精细化管理、安全绩效考核管理办法和“DMDC”（明细管理 双向控制）管理法成功导入企业发展之中；创新技术运用，积极探索新时期煤矿生产的新工艺、新方法，推行煤壁注水、双风机双专电源和老区复采工艺等技术的应用，使林盛煤矿驶入了科技兴矿、安全发展的快车道。

抓好安全工作，必须坚持党政工团齐抓共管。林盛煤矿党政更是深谙其中的道理，多年来把安全文化系统推进作为企业文化建设的重中之重，在“超越创新”企业核心理念和“永无止境的努力，事故为零的追求”的安全理念引领下，深入开展“三化”安全思想教育，实现安全管理的刚柔并济；丰富班前教育内涵，建设井下万米安全长廊和职工安全展室，使安全思想教育入班组、到岗位。多年来在中煤政研会以及集团公司的指导帮助下，林盛煤矿经过不断的实践和探索，逐渐形成了覆盖全员、全过程的安全管理操作体系。

多元化的安全教育模式，全方位的安全管理方法，促进了林盛煤矿各项工作的长足发展。矿井先后被评为全国文明煤矿、全国安全思想宣传教育先进单位、全国煤炭工业企业文化示范矿、全国企业文化优秀单位、辽宁省文明单位、辽宁省先进党委、辽宁省先进煤矿等光荣称号。

奋进中的林盛煤矿

矿工业广场一角

靖远煤业有限责任公司

靖远煤业有限责任公司前身系靖远矿务局，2001年整体改制建立。2006年3月30日，公司相对控股的甘肃靖远煤电股份有限公司股票上市交易。矿区位于甘肃省白银市境内，总面积102平方公里。主导产品“晶虹煤”，具有低硫、低磷、低灰、高发热量“三低一高”优点，现生产能力800万吨/年以上。公司连续被评为全国煤炭工业优秀企业、全国厂务公开先进单位、全国绿化先进单位、甘肃省优秀企业、省文明单位、质量效益型企业、守合同重信用企业和思想政治工作先进单位等。

近年来，坚持落实安全发展观，大力实施“科技兴煤”战略，加大安全技措工程建设力度，改善装备条件，优化生产布局，全面建成双突矿井、松软煤层、坚硬煤层和急倾斜特厚易燃煤层等不同条件下的综采放顶煤生产体系。始终坚持安全第一、预防为主、综合治理方针，以构建本质安全型矿井为载体，突出“一通三防”与安全质量标准化工作重点，坚持管理、装备、培训并重原则，强化各级领导安全生产责任制，将安全生产宣传教育与安全专项整治、提升职工综合素质、推进依法治企结合起来，全面夯实安全基础，创造了具有靖煤特色的安全文化和管理模式，企业百万吨死亡率持续保持在0.04以下，促进了安全与生产、质量与效益的协调统一，公司正在向千万吨级企业迈进。

相关领导与董事长罗福乾敲响开市宝钟

综采放顶煤工作面

瓦斯治理项目—瓦斯发电站

JING YUAN

美丽的矿山夜景

信息化管理调度系统

JINGYUAN

湖南省白沙煤

集团公司总部办公大楼

湖南省白沙煤电集团有限责任公司是经湖南省批准，按照公司法在原白沙矿务局基础上组建的国有独资公司，是湖南省授权经营的企业。公司的前身湖南省白沙矿务局，始建于1973年9月。地跨衡阳、郴州两市，与广东、广西两省区毗邻，京广线、107 国道和京珠高速公路贯穿矿区。公司总部设在湖南省耒阳市。资产总值11亿元，年产值近5亿元，在职职工22600人，矿区总人口约8万人。公司坚持以煤为本、多业并举、综合发展的方针，充分发挥资源和交通区位优势，大力发展煤炭生产，兴建和开发非煤产业，使企业由单一的煤炭生产，发展成为以煤炭、电力、建材、冶金、铁路运输、建筑安装、基础工程为支柱产业和享有自营产品进出口权的综合性企业。1992年被国家确定为国家大二型企业；1997年经国家批准，列入全国512家重点国有企业；1998年列为全国稽察的300户重点国有企业；2000年经国家批准，列入全国400户债转股企业。

公司总资产110740万元，其中固定资产67888万元，固定资产净值66803万元，所有者权益36297万元。1999年5月19日正式与信达、华融资产管理公司签订了债转股协议，并获得国家经贸部门审核通过，企业债转股金额3.65亿元，资产负债率由64%降为31%。

地址：湖南省耒阳市白沙路1号

邮编：421800

电子邮箱：WebMaster@chinabaisha.com

公司在册职工22600人，其中原煤生产人员12000人，非煤生产人员4500人，后勤服务人员6100人。各类专业技术人员3304人，其中高级技术人员159人，中级技术人员764人。

湖南主要煤炭生产基地，矿区总面积2040平方公里，含煤面积1100平方公里，保有储量4.46亿吨，矿井总设计能力为372万吨/年，1997年核定生产能力195万吨/年，现实际生产能力180万吨/年左右。生产的煤炭属低硫、低灰、高发热量的优质无烟煤，含硫量为0.3%～0.6%，灰分为10%～20%，发热量为5500～7000大卡/千克，适用于电力、冶金、化工、民用；主要销往湖南、广东、广西、湖北、江西、浙江等省区，享有盛誉，是质量信得过单位。全国市场占有率为1%，全省市场占有率为6.8%，并跻身国际市场。

电　力：两个劣质煤坑口电厂装机总容量4.6兆瓦，是国家支持的综合利用项目，年发电能力3.2亿千瓦时。

建　材：年产20万吨的特种水泥厂，是以锌、锰矿渣和煤矸石为主要原料生产出来的早凝、快干、后期强度大的“方宇”牌425号水泥，是国家支持的综合利用项目。年产煤矸砖4000万块。

冶　金：年产1号锌锭0.5万吨，浓硫酸1万吨，畅销省内外。

铁路运输：自营铁路与京广线相接，全长73公里，技术装备达省内地方铁路先进水平。年运货量为230万吨。

建筑安装、基础工程：集全公司勘探、建筑、安装、矿建、基础、设计之优势，采用全新机制，重组建工（集团）有限责任公司，能承接地质勘探、桥梁、遂道、河床、海滩大型基础和建筑物设计、施工一体化的二级资质现代化施工队伍。

湖南白沙集团公司的领导深深意识到没有先进的企业精神，就会有落后的企业精神。因此，在企业文化建设中，白沙集团致力于并最终形成了符合企业发展方向的企业精神——吃苦耐劳、无私奉献、坚持科学、拼搏进取。

白沙集团的质量理念是：质量就是企业的命根子。因为深知，质量管理如同医生看病，治标不能忘本。因此，在质量管理过程中，白沙集团既重视过程控制又重视结果控制。

纵观诸多事故可以发现，导致事故的原因多是：违章指挥、违章作业、漠视生命以及追求一时利益等。针对这种情况，白沙集团时刻遵循“以人为本、关爱生命”的安全理念，使白沙人的心中都充满着爱，爱自己，爱亲人，爱职工。关注安全，关爱生命，确保白沙集团矿山的每一个家庭都能平安幸福！

沈阳东大安全工程研究中心

中心主任　陈宝智教授

中心领导

沈阳东大安全工程研究中心是集产、学、研为一体的安全工程中介机构；隶属于东北大学资源与土木工程学院；依托于安全工程专业和安全技术及工程学科。

东北大学安全工程教学与研究的历史可以追溯到50年前：1952年成立了矿山通风安全教研室，1953年招收了新中国第一批矿山通风安全研究生。国内著名安全工程专家关绍宗、隋鹏程、王英敏教授等曾作为学术带头人在此工作。东北大学是国内较早创建安全工程专业的学校之一，是国内较早的安全技术及工程硕士、博士授权点之一，并设有博士后流动站。

本中心具有雄厚的人力资源，现有成员28人，其中教授8人、博士生导师4人，副教授和高级工程师10人，具有高级技术职称者占64%。完成国际合作、国家科技攻关、自然科学基金、省部级的重点科技攻关项目，以及企业委托科研项目90余项，获省、部科技进步奖等科技奖励23项。获得国家、省、部优秀教学成果奖和优秀教材奖多项。发表学术论文300余篇，出版学术著作及教材26部。

在学术方面，中心主任陈宝智教授紧密跟踪国内外安全工程发展动向，结合中国企业安全生产实际，创立了事故致因理论体系，提出了两类危险源等理论，为国内安全学术领域知名学者。此外，本中心在国内较早开展安全评价的研究单位之一，在20多年的工作和研究中积累了丰富的实践经验，为数十家企业的各级领导和管理者、安全工程技术与管理人员进行安全生产培训，并编写了可以满足各类安全生产培训要求的讲义、教材。

在科研方面，本中心拥有完善的基础设施和良好的工作条件。中心现有安全技术、事故仿真、人机工程、粉尘爆炸、除尘技术、空气动力学、化学品检测、微生物技术、滤料检测等实验室。实验室面积约1200平方米，实验仪器设备齐全，性能先进。

学术研讨会

山东枣庄矿业集团井亭煤矿

精诚团结、开拓进取的领导班子

矿长　祁方坤

党委书记　胡开瑞

山东枣庄矿业集团井亭煤矿建于1970年，1976年建成投产以来，为国家的经济建设及枣庄地区的经济发展做出了应有的贡献。2005年实现安全产煤40万吨，截至目前，矿井已实现连续安全生产1900多天，创历史水平。企业文化建设成绩斐然，矿井规范化创建初见规模。近年来，井亭煤矿先后荣获山东省文明单位、枣庄市文明单位、枣庄市信访工作先进单位、枣庄市普法先进集体、枣庄市政研会"优秀政研会"、枣庄矿业集团公司"文明单位"、枣庄矿业集团公司党委"先进基层党委"等荣誉称号。

夯实安全工作基础　构建安全长效机制

井亭矿建立健全了责任追究体系和责任双向考核体系，全矿从井上到井下，从矿领导到每个员工都实现了职责明确、标准清晰、岗岗有责、处处有规，促进了干部按制度严格管理、员工按规范标准上岗；围绕实现"过程不出错、流程不失控"的目标，对全矿各级领导干部分区域、划时段明确标准和职责范围，制定考核办法，积极推行了走动式管理考核。

在现场安全生产管理中，创新使用"三镜"工作方式，即排查现场隐患时用"显微镜"；在抓好重大隐患排查治理的同时，决不放过任何细小的事故苗头；事故分析处理时用"放大镜"；对影响安全生产的所有事故都进行放大升级处理，以严厉的处罚力度，有效控制各类事故的发生；制定安全规划时用"望远镜"；做到部署超前、防范超前，实现安全生产的长治久安。同时，为了调动安监人员的积极性，在内部实行了末位淘汰制，每月按照政治素质、工作能力、工作作风、工作绩效4个方面进行一次量化考核。凡是在考核末位的，均有分管领导对其进行谈话，若工作无起色，连续两次在末位，则调离工作岗位，这样为促进矿井持续稳定健康发展创造了前提条件。

建塑强势安全文化　塑造本质安全型人

在井亭矿行走，充满浓浓亲情的"安全是我们每个人的生命线"的安全理念随处可见，道出了每个井矿人内心深处的真切之语。

井亭矿以泰山般的责任感对安全高起点规划，精细化落实，教育职工牢记"珍爱生命、自主保安"、"安全第一、安全为天"的理念，做到在生产中先安全后生产，不安全不生产，确保实现安全生产。经常开展内容丰富、形式多样并不断创新的安全宣教活动，每季组织大型安全宣教集中活动，适时举办以安全为主题的青工演讲大赛，充分发挥安全宣教在安全生产中的灵魂和生命线作用。充实完善了安全宣教"五个一"工程，即以采掘工作面为主的一条线，从井口到井下运输大巷为主的一条龙，以地面工业广场、安全文化长廊为主的一条街，以各基层区队会议室、学习室为主的一园地，以广播、板报、橱窗为主的一阵地，全方位、立体式的安全宣教在全矿做到了不留缝隙、不留断层，时时处处说安全、见安全，在潜移默化中强化职工安全观念，提高了安全意识。矿上编制了《企业文化手册》、《企业文化员工手册》、《井亭煤矿员工个人安全理念手册》和《安全知识100问》，充分利用专栏、黑板报、广播等大众传媒优势，把企业理念、职工个人理念宣传到每一个员工之中，牢记个人安全理念，在班前会上职工温习自己的安全理念，班中实践安全理念，在工作过程中时刻想着安全理念，警醒自己注意安全，确保做到"三不伤害"，班后对照自己的安全理念检查自己在工作中是否履行了自己的安全理念，使安全理念渗透融汇为全体员工的共同价值。

开滦钱家营

公司经理　霍忠锋

党委书记　汤守会

钱家营矿业分公司是国家“七五”重点建设项目之一，1978年开工建设，1988年12月建成投产，设计年生产原煤400万吨，并有一座工艺、设备先进，自动化水平高的选煤厂，是我国自行设计与施工建设的一座特大型现代化矿井，现有员工6395人，固定资产10.89亿元。

自动化综采工作面

公司井田总面积81平方公里，有6个可采煤层，其中5、7、9、12煤层为主采煤层，可采煤量6.38亿吨。矿井采用竖井、阶段石门、集中大巷开拓方式，综合机械化采煤，采掘机械化程度高达百分之百。

调度室

投产以来，钱矿公司以建设高产高效矿井为主线，大力实施科技兴矿战略，投资6亿多元先后完成了主井自动化改造、电液控自移支架等新型设备，实施了岩巷中深中孔光爆、煤巷全锚网支护、皮带集控等21项新工艺、新技术，实现了信息自动化和矿井综合自动化，建成了数字化矿井，基本形成了生产系统现代化、关键部位自动化、安全监测网络化的格局，使矿井产量、劳动效率和经济效益同步大幅度提升。1998年建成了行业级“双高”矿井，2000年建成行业特级“双高”矿井。随着企业发展，钱矿公司先后荣获现代化矿井、特级质量标准化矿井、省标兵企业、

矿业分公司

煤炭企业现场管理先进单位、省重合同守信用单位、省园林式单位和全国文明煤矿、全国“双十佳”煤矿等称号，获得国家、省市以上科技成果多项，全国 QC 一等奖 2 项。

2000 年以来，公司把塑造企业文化作为展现企业实力、增强竞争力和凝聚力的核心工程来抓，全面开展了形象建设工程、员工提素质工程和文化理念工程，深入落实“管理规范化、作业标准化、生产秩序化”的“三化”理念，使企业信誉、市场形象和安全生产和安全质量标准化工作有了质的飞跃。员工收入、生活水平和精神文明素质同步提升，树立了良好的国企新形象。

矿区风景

新世纪创造新辉煌，钱矿人正以全新的理念与时俱进，争创一流，精心描绘企业发展的宏伟蓝图，为建成全国一流的现代化示范型高产高效矿井而努力奋斗。

生活区一角

选煤厂全景

淄博恒和塑胶有限公司

淄博恒和塑胶有限公司成立于2002年6月，是专业从事煤矿井下用管材专用料、煤矿井下用环向钢丝增强聚乙烯复合管道系统的研发、生产、销售的民营高新技术企业。

公司注册资金800万元，现有固定资产2 700万元，人员120人，高级职称技术人员16名，其中高分子材料力学博士1名，化学工程硕士1名。

现有设备：双螺杆造粒机组4台，煤矿井下用钢丝增强聚乙烯复合管道系统生产线3套，完整的煤矿井下用管道系统的检验设备。

主要产品有：煤矿井下用瓦斯管专用料6 000吨，其他管材专用料6 000吨。

煤矿井下用钢丝增强聚乙烯抗静电、阻燃三层复合（PE100）供、排水管、正压风、瓦斯抽放管10 000吨。规格：φ50~φ630；压力等级：1.0MPa、1.25MPa、1.6MPa、2.0MPa。

煤矿井下用瓦斯管专用料WSG6535A，2005年1月份通过山东省塑料制品研究所性能检测。

煤矿井下用钢丝增强聚乙烯三层复合给、排水管和正压风管、抽放瓦斯管，抗静电、阻燃、耐磨损、耐腐蚀、重量轻、易安装，安全性能可靠，产品2005年11月30日通过煤安标办的评审验收，2005年12月16日取得煤矿矿用产品安全标志证书。

2005年9月3日，煤矿井下用钢丝增强聚乙烯复合管材、管件申请专利产品保护并获得国家相关管理部门批准。

本公司是中国工程塑料工业协会理事单位、山东省塑料管道标准制定委员会委员单位、中国塑料管道专业委员会会员单位。

公司的质量方针：关注每一根矿管质量，关爱每一位矿工生命。

淄博恒和塑胶有限公司研发生产的煤矿井下用钢骨架聚乙烯三层复合管材，是我公司获得新专利的产品，是对管材和管材连接件分别申请的两项专利，简称SPE。

独特的三层结构：内层与外层是抗静电、阻燃、耐腐蚀、耐磨的聚乙烯管（本公司自主生产的煤矿瓦斯管专用料—WSG6535A）；中间层是增强层，材料是由高强度钢丝、环向缠绕，增强抗内压抗轴向负载。

神华金烽煤炭公司——唐公沟矿

唐公沟矿始建于1984年，前身是达拉特旗地方国营煤矿。1998年10月达旗煤管局将唐公沟矿移交包头矿务局承包生产经营，1997年被万利公司兼并，企业性质由地方国有变为国有重点煤矿。2005年10月金烽公司接管。

唐公沟矿坐落于鄂尔多斯市东胜区北部万利勘测区的罕台川东山，添漫梁西一带，行政区划属于鄂尔多斯市达拉特旗耳字壕境内。井田面积原有3.65平方公里，现扩增为6.97平方公里，原设计生产能力21万吨／年，经技术改造一期工程后达150万吨／年，矿井可采储量为5931万吨，煤层地质储量11115万吨，服务年限预计30.4年。

唐公沟矿现有员工424人，有中高级专人技术职称21人，矿班子成员9人，大中专人员占全矿员工的5%，配套机构基本完善。

安全理念：

唐公沟矿牢固树立“煤矿能够做到不死人”、“煤矿生产时做到瓦斯不超限，超限就是事故”两个安全理念，本着“安全发展、平安煤矿、安全第一、以人为本、关爱生命”的指导思想，以安全无事故的长久性和长效性为总体奋斗目标，将两个安全理念始终贯穿于全矿安全、生产、技改的全过程。杜绝漏洞，实现系统无缺陷、设备无故障作业无违章的安全型企业。以创建本质安全型的矿井为目标，提高生产效率，实现可持续生产，尽最大努力做到煤矿不死人，瓦斯不超限的安全理念。

安全文化建设成果：

首先建立健全了安全组织机构，成立驻矿安监处，充实了安检队伍，强化区队班组建设，做好“两会”即班前会和调度会安全通报工作，着重对安全隐患抓整改落实，加大安全奖惩力度。全员实行岗位培训，持证上岗，持证入井，加强职工自我保安防范意识，大张旗鼓地宣传并采取多种形式学习安全知识，激励员工通过“安康杯”、“六五四”等竞赛活动，提高全员防范意识，向职工适时传达各地煤炭系统发生的重特大安全事故通报，进行事故案例分析，达到学习宣传的目的，提高了思想保证，加大了舆论支持。

在生产工作中，始终做到先安全、后技改，先安全、后生产，至今安全生产1321天，实现了安全、生产双丰收。

发展规划：

唐公沟矿按照集团公司矿井技改目标，以实现生产规模化、技术装备现代化、队伍专业化、管理信息化、监控自动化，本质安全型矿井为目标，以创建“五型”企业为根本，提高生产率，实现可持续生产，提高资源回采率，保护生态环境，优化装备配置，提高设备利用率，达到矿井高产高效的目标，实行可持续增长，全面布置好工作面的接续工作。全面提高员工管理人员素质，合理使用人才，促进生产的发展。

社会公益事业将要取得的实效：

按照技改投产后，生产能力顺利达到150万吨，管理上了新台阶。吨煤成本降至指定标准，采煤工艺和现代化装备得到提升。随着技改二期工程的顺利投产，利润可望达到新势态，唐公沟矿的整体面貌将发生巨大变化，彻底改观，员工工资逐步增长、职工福利、待遇逐渐达到同类企业最高标准，职工群众生活大幅度提高，职工安居乐业、环境整洁、居住舒适、形象优美、布置合理、企业向健康的方向发展。

宜昌柳树沟矿业有限公司

有关领导来公司考察

有关领导与公司董事长兼总经理张邦甫亲切交谈

公司安全监控中心

宜昌柳树沟矿业有限公司位于亚洲三大磷矿基地之一的湖北省宜昌市，是“宜昌磷矿”规模重点矿山企业。公司现有员工500多人，其中专业技术人员161人。拥有先进的矿山设备300余台（套）和相应配套的安全、生产、技术等装备设施。下辖3个磷矿生产基地，年设计生产能力50万吨。2005年，完成企业产值1.1亿元，实现营业收入0.85亿元，利税0.53亿元。

公司开办以来，始终坚持依法办矿、正规设计、科学开采、规范管理、安全生产、保护环境、提高效益的办矿宗旨；坚持在开发中保护、在保护中开发、开发与节约并举、把节约放在首位的原则；坚持“安全第一、预防为主、综合治理”的方针；奉行以人为本、安全发展的理念；坚持“预防为主、防治结合”的环保方针。先后获得“全国化工矿业先进单位”、“全国矿产资源合理开发利用先进矿山企业”、全国“金属非金属矿山安全标准化一级企业”、“湖北省安全生产先进单位”等荣誉称号。实现了运行质量、经济、社会效益的同步增长和可持续发展的目标。

依法办矿，规范开采。要实现规范开采，管好资源是基础，保护、节约资源是重点。不管任何时候不能只顾眼前利益，以牺牲资源为代价获取微薄的利益。公司所属矿山严格按照设计规划和要求规范建设、规范开采、规范管理、建立机制。做到建设标准化、工程优质化、开采规范化和管理正规化。立足长远，利用资源，坚持全层开采、贫富兼采，有效遏制采富弃贫、浪费资源的现象。按照设计和技术要求确保“三率”标准，为达到和延长服务年限提供可靠的资源保障。

安全生产，常抓不懈。在安全生产工作中，公司始终把安全管理放在首位，积极开展以人为本的安全管理工作。深化整治，强化措施，规范行为。建立健全安全生产领导机构和配置管理人员，实行目标考核责任制，明确责任，分工负责，形成了横边纵底的安全管理网络。从建立健全规章制度入手，全面落实安全生产法律法规和规章制度。按照“三级”安全教育的规定进行岗位培训，受教育面达到100%，特岗人员持证上岗率达到100%。不断加大安全生产投入，先后投巨资对矿山生产、安全、运输、供电、技术等系统进行更新改造。运用矿井自动化监测系统对矿山实行地面及矿井自动化监测，管理到位，措施得力，责任落实。公司安全生产管理各项指标达到了国家非煤矿山企业的标准。

保护环境，协调发展。环境保护是经济可持续发展和构建和谐社会的重要因素。公司历来十分重视环保工作，不断加大投资，先后兴建了尾矿库、井下污水处理沉淀等设备设施，实现了工业“三废”零排放，环境改善，环保达标。兴建河坎和挡土墙2900米；对矿区内将来可能诱发地质灾害的25户农户提前整体搬迁，搬迁后可多回收利用资源100多万吨；为矿区32户农户129人解决了饮水问题，努力创建环保型矿山和和谐型企业。

回报社会，企地共赢。公司在注重企业发展的同时，举全力反哺于农。先后协助地方政府修通和改善了乡村公路。为贫困村调整农业产业结构，发展魔芋基地500亩，扶持养羊大户7户。通过扶贫帮困，全村人平均纯收入每年以200元的速度递增。为建设新农村，公司为贫困村117户村民改善了居住环境。支持发展山区教育事业，救助特困生。吸纳贫困村务工人员200多人，年均增加农民收入300万元。当地农民生活有出路，就业有门路，收入有来源，人民得安康。

公司在近20年的建设和发展中，得到各级领导和相关部门的高度重视和大力支持。经过不断发展，已成为开采科学、管理规范、效益显著的磷化工业企业。享有“乡镇矿山典范”的盛誉。公司将立足矿山、优化结构，走采选、矿化结合的磷化工业之路，提高产品附加值，实现新型工业化的目标。

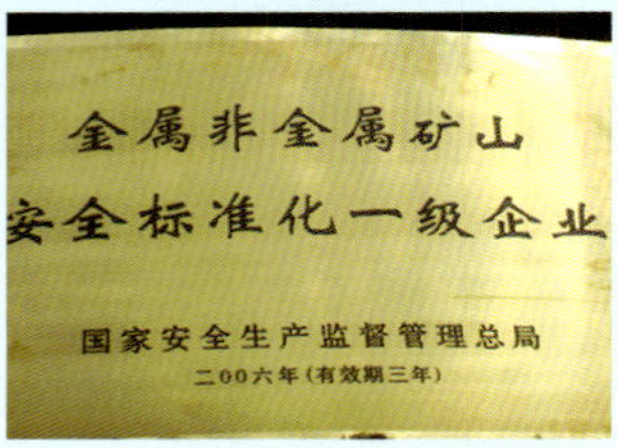

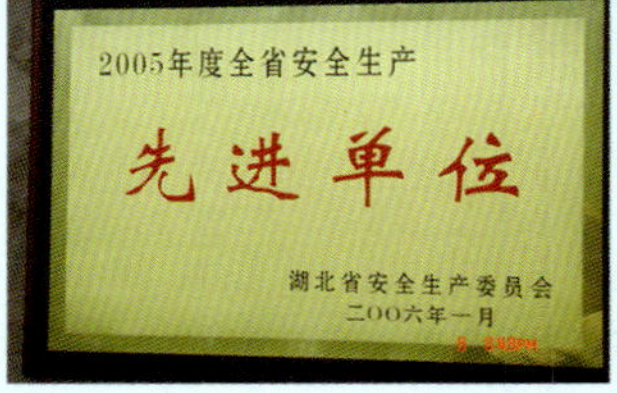

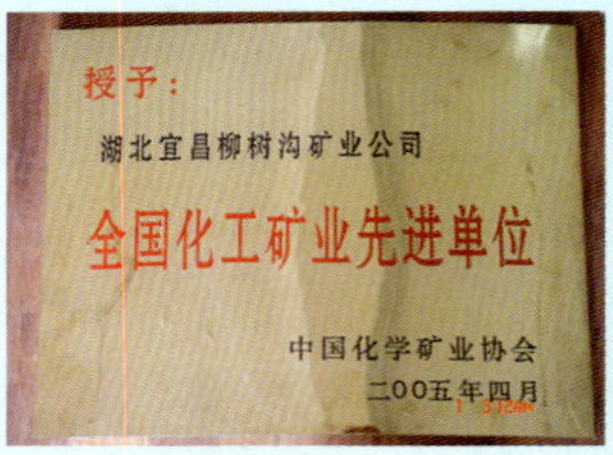

武汉钢铁集团矿业有限责任公司
金山店铁矿

团结奋进的领导班子

武汉钢铁集团矿业有限责任公司金山店铁矿始建于1958年，属国有特大型地下开采黑色金属矿山，位于湖北省大冶市境内，占地436万平方米。所开采矿床属于接触交代(矽卡岩)型矿床，采用无底柱分段崩落采矿法。现有从业人员2618人，设计原矿生产能力300万吨/年，优质铁精矿120万吨/年。

金山店铁矿坚持以人为本科学发展观，遵守《安全生产法》规定，积极倡导安全文明生产、清洁生产，长期坚持反“三违”不放松，始终把安全管理工作放在生产经营的首位，以创新为手段构建安全管理长效机制，“责任上移，重心下移，关口前移”安全管理落到实处，形成“谁主管谁负责”、“一级管一级”和“反向追溯”三条线安全管理体系。

在安全质量标准化管理方面，该矿认真开展创建工作，健全了安全质量标准化工作领导机构，完善了工作机制，按照“安全第一，预防为主，综合治理”的安全生产方针，强化安全管理“双基”工作，层层落实安全生产责任制，积极推进安全管理工作的科学化、制度化、规范化，建立健全自我约束、持续改进的安全生产长效机制，不断提高企业本质化安全管理水平。

该矿安全管理机构和安全管理网络健全，各项安全生产管理规章制度健全。几年来，按照自下而上、再自上而下的程序，重新修编了三规三制，新工艺、新设备、新材料投入使用前，制定三规三制，并多次组织了全员安全规程和安全生产知识考试，安全管理制度进一步得到完善，安全管理逐步驶入规范化、制度化的轨道。同时，定期开展各类安全生产检查和专项检查工作，及时发现并整改作业现场各类隐患，健全完善各类登记台账，重点抓好尾矿库等危险源分级控制管理，使危险源点始终受控运行。

该矿加强班组安全生产的主体地位，安全双基工作取得了长足的进步。认真贯彻关口前移、重心下移的方针，始终不遗余力抓班组、抓基础，并按照安全标准化的要求，制定了班组达标升级标准和班组达标升级实施方案，通过班组自查、车间申报、矿级检查验收的三级管理形式，对班组进行评审定级。特别是成立矿安全督查组这一专门机构，24小时对生产作业现场进行巡回检查，全过程抓班组基础建设，以班组达标升级为载体，全面加强和规范班组安全管理，水平不断提高，形成了具有鲜明特色的班组安全管理、班组基础建设的新机制。

该矿注重科技兴安，积极改进技术装备性能和水平，本质化安全水平不断提升。一方面，通过开展设备管理整顿，加强设备点检，开展设备运行攻关，设备安全性能持续得到改善；另一方面结合采选扩改，引进了铲运机、内燃机等新装备，以及先后实施提升卷扬、井下通风、选厂工艺设备自动化控制改造和供电系统改造，逐步改善了技术装备水平，硬件设施的本质化安全水平取得长足的进步。

该矿严格执行安全生产一票否决制，管理人员履职履责意识明显增强。该矿逐步完善安全生产奖惩兑现制度，实行全员风险兑现抵押，加强过程考核与结果考核相结合；制定《安全生产责任反向追溯管理办法》，从严从重从快追溯科干、管理人员，从而使全矿管理人员的安全管理作风发生了明显的转变，安全生产责任制得了较好的落实，为矿扭转安全管理局面发挥了重要的作用。

金山店铁矿倾力建设安全文化，形成了独树一帜并受到上级公司高度肯定的安全文化，成为矿创建先进企业文化的先行者，对企业文化建设产生了强大的促进和推动作用。通过努力构建矿山安全生产长效机制，努力构建和谐矿山，金山店铁矿在安全生产工作方面取得了一定成绩，并多次受到上级有关部门的表彰和奖励，2005年被评为第二届全国冶金矿山“十佳厂矿”，2006年8月，经国家安全生产监督管理部门评审，荣获安全质量标准化管理一级企业。

五粮液集团有限公司

五粮液集团有限公司位于“万里长江第一城”——中国西南腹地的四川省宜宾市北面的岷江之滨。其前身是由20世纪50年代初几家古传酿酒作坊联合组建而成的“中国专卖公司四川省宜宾酒厂”；1959年正式命名为“宜宾五粮液酒厂”；1998年改制为“五粮液集团有限公司”。

五粮液集团有限公司下属有17个全资或控股子公司，以五粮液及其系列酒的生产、销售为主，同时生产经营精密塑胶制品、大中小高精尖注射和冲压模具现代制造产业，以及生物工程为发展产业，药业工业、印刷业、电子器件产业、物流运输和相关服务业。其成名产品“五粮液酒”是浓香型白酒的杰出代表，铸造有“八十年金牌不倒”的辉煌业绩。

五粮液集团有限公司是特级防火单位，以防火为中心，以防设备事故、防人身伤亡事故为重点的安全生产是公司常抓不懈的一项基础工作。公司领导高度重视安全生产，将管生产必须先管好安全作为各级领导的一项工作准则，以保障员工的生命权和健康权为出发点和根本点，紧紧围绕公司“安全第一、预防为先、万无一失”的安全生产方针，以人为本实施“预防性教育”、“预防性制度”、“预防性硬件”、24小时动态管理和“严、实、狠”管理。

2004年，公司建立职业健康安全管理体系，并于2005年元月通过国家职业健康安全管理体系的认证，公司的安全生产管理更上新台阶，继续保持了死亡为零、重大伤亡事故为零、重大火灾事故为零、重大厂内交通事故为零、重大设备事故为零、重大经济损失事故为零、职业病为零、职工千人轻伤数在数控范围且逐年下降的良好局面。

公司总裁主持安全生产工作会

公司总裁与“安全生产万里行”总指挥长互赠纪念品

2005年安全生产表彰工作会

安全文化周活动现场

公司吉祥物在第五个全国安全生产月推出员工自创安全漫画展

公司东大门

北京科技大学

院长　金龙哲

安全技术及工程是北京科技大学较早建立的学科之一，1993年批准为硕士点，1998年批准为博士点，2002年被确定为北京市重点学科。近几年来，该学科团结协作，创新进取，科研和教学工作成绩显著，青年教师、骨干教师的学历、职称分布合理，学术思想活跃，涌现出一批年轻的学术带头人。目前，在承担教学和科研任务的教师中，有教授职称10名（其中博士生导师5人），副教授职称12人。另外，还聘请了5名国内著名的专家、学者为兼职教授，形成了一支以非煤矿山安全工程为主、研究领域较广泛的学术梯队。

自1993年该学科点成立硕士点以来，装备的实验设备价值1300多万元，包括便携式多成分气体分析仪、全自动高速实时激光喷雾粒度分析仪、双脉冲激光全息干涉仪及附设、红外光谱仪、扫描电子显微镜及附设、静电除尘器、袋式除尘器、旋风除尘器及水浴除尘器等设备及其在线测试系统等贵重仪表。国内外图书资料10多万册，订有中外文期刊近百种。与本学科点直接相关的国家重点实验室、研究中心有“金属矿山高效开采与安全”教育部重点实验室和“地下工程安全研究中心”。该学科承担了国家和省部级科研项目19项，地方政府和企业事业单位委托科研项目150多项，总研究经费达4000多万元，取得了一批高水平的科研成果：获国家科技进步二等奖2项、三等奖2项，国家经贸委科技进步一等奖1项、二等奖3项、三等奖2项，国家安全生产监督管理部门科技进步一等奖2项、二等奖3项，其他省部级科技进步奖9项，发明专利10项，发表学术论文400多篇，出版教材和专著20余部。

电镜实验室

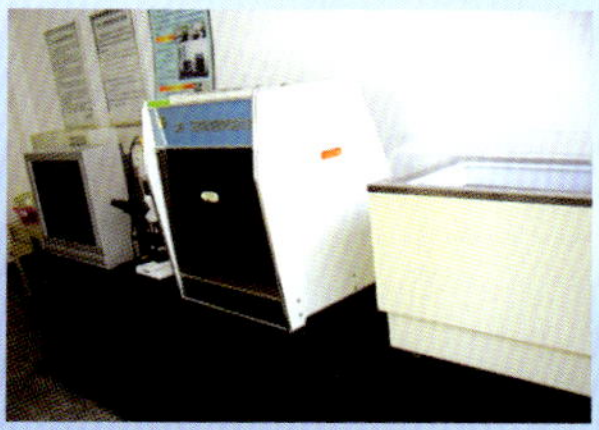

电镜

该学科经过几十年的发展和建设，在以下几个方面形成了各有特色而又相互联系的研究方向：

(1)安全系统理论与工程研究方向。在安全系统理论研究、企业安全状态评价和控制技术、安全信息软件开发等方面形成了鲜明的特色和优势。

(2)安全人机工程与环境灾害技术研究方向。在人工智能的原理和应用、设备故障诊断、监测仪器，水、气、固污染治理，以及火灾控制技术等方面具有鲜明特色和国内一流水平，其中多项技术得到广泛应用。

(3)职业安全卫生工程研究方向。在粉尘和有害有毒气体控制技术、噪声防治、除尘设备研制等研究方面取得创造性成果，在国内同行业中形成独特的优势。

(4)矿山动力灾害与安全防护方向。研究矿山开采过程中的滑坡、瓦斯煤尘爆炸、火灾、水灾、冒顶等灾害的发生机理与检测、预测方法，提出了一些有创新性的矿山动力灾害理论，对矿山动力灾害的安全防护技术进行了系统、深入的研究，开发了一套实用性强、经济合理、高效的矿山灾害安全防护技术。

有害气体检验室

该学科提出的目标是“创造出舒适、美好的人居环境和安全、卫生的工作条件，努力实践可持续发展战略”。“十一五”期间，该学科点将继续巩固和扩大在科学研究和人才培养方面形成的特色和优势，按照国际一流的标准有针对性地重点加强队伍建设和条件建设。该学科拟在原有学科方向的基础上，逐步建设消防工程、安全经济学管理、安全风险投资与评价等学科方向，进一步完善该学科点的研究与教学领域。招收安全工程专业本科生，培养更多的安全专门人才，通过5～10年左右的时间，将该学科点建设成为国内领先、国际知名的高水平学科。

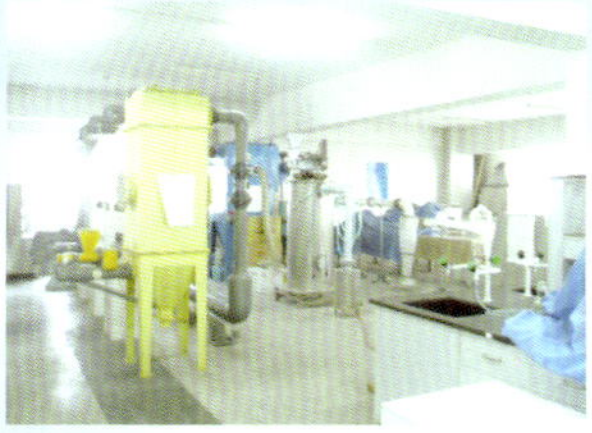

粉尘控制实验室

近年来获得的主要科研奖有：“深部开采动力灾害预测及其危害性评价与防治”2004年国家科技进步二等奖；“公路工程灾害预防与治理综合技术研究及公程应用”2004年国家科技进步二等奖；“潞安煤用于高炉喷吹技术开发与应用”2004年煤炭协会特等奖；“抚顺市矿震时间、空间、强度预测及其危害性评价与防治”2003年安全生产监督管理部门科技进步一等奖；“岩石工程特大塌方预防与治理综合技术研究及工程应用”2003年安全生产监督管理部门科技进步一等奖；“应用渗透棒提高注水综合效果的研究与应用　”2004年安全生产监督管理部门科技进步二等奖。

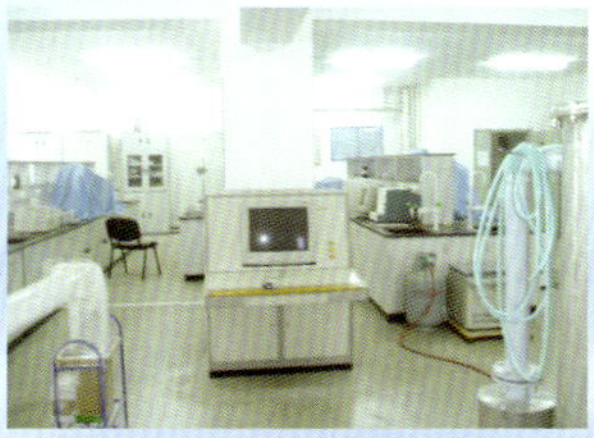

人机工程实验室

近年来出版的教材和专著有：《安全科学原理》，2004年化学工业出版社出版，金龙哲；《安全科学技术》，2004年化学工业出版社出版，金龙哲；《国家安监总局推荐的全国性教材：金属非金属矿山安全培训教材（上、下册）》，2005年煤炭工业出版社出版，金龙哲；《国家安全监察人员培训教材：矿尘防治》，2003年中国矿业大学出版社出版，金龙哲；《培训教材:职工安全知识读本》，2004年中国社会科学出版社出版，蒋仲安；《安全生产监察教程》，2006年煤炭工业出版社出版，谢振华。

学生实验操作台

依托安全　谋求发展

——开拓奋进的陕煤集团中能煤田有限公司

董事长兼总经理　郑建民

陕西煤业集团中能煤田有限公司是2003年成立的新型煤炭企业，2005年7月由原民营企业改制为国有控股公司，现有员工559人，管理人员152人，其中具有中高级职称管理人员34人，经营范围涵盖原煤开采、销售、铁路运输及煤炭深加工等项目。

公司地处陕北能源重化工基地，距210国道6公里，在当地具有现代化花园式矿区美称，公司现拥有85平方公里的矿业权。下辖榆阳煤矿年生产能力为120万吨。井田煤层地质构造简单，顶板稳定，煤质为低灰、低硫、低磷，高发热量。

花园式煤矿

煤矿安全知识竞赛

安全管理体系

1．机构设置与队伍素质

公司实行两级管理。设有主管安全工作的副总经理，下设有安全监察部；矿上设有主管安全的副矿长，下设有安全检查部以及安全信息站，共有10名技术员以上人员从事专职安全工作，其中中级职称以上的就有6名。

2．各项安全管理制度健全

公司在严格遵守国家有关安全生产的法律法规、规章，规程、标准和技术规范基础上，制定各项安全生产责任制以及一系列安全管理制度，并严格贯彻执行。

2005年主要工作措施

公司各级领导高度重视安全工作，竭尽全力，努力将“安全第一，预防为主”的方针贯彻落实到生产的各个环节。

1．年初制定下发了《关于进一步加强2005年安全工作的决定》，以及《安全管理奖惩实施办法》《安全质量标准化管理办法》等相关配套制度，并严格贯彻执行。

2．5月份，面对矿职工流动频繁，安全状况堪忧的情况，公司下发了《煤矿安全生产九条禁令》，内容都是煤矿井下严禁的严重违章行为，对于违犯《九条禁令》的人员给予严肃处理，情节严重的坚决予以除名。

3．9月份，认真贯彻学习两个关于煤矿安全生产的重要文件，对照《特别规定》中提出的关于煤矿安全生产的15条重大隐患，进行了全矿井大检查，对查出的问题采取措施，彻底整改。

4．公司对安全生产责任制及有关安全生产制度进行了全面的修订，并严格贯彻落实，进一步划分责任，明确职责。

5．实行区队领导干部下井安全信息汇报制和重大隐患举报制，充分发挥安全信息和职工监督在安全工作中的作用，实行重奖重罚、奖优罚劣等办法。

6．细化《安全教育和培训制度》，严格按年度培训计划逐项进行落实，坚持强制培训、岗位培训、经常培训、考试发证以及大量内容丰富、寓教于乐的安全活动等多种方式，极大地提高了广大职工的安全意识和操作技能。

公司经过采取以上措施，2005年安全工作平稳有序，为生产经营工作的顺利进行奠定了良好的基础，确保了企业健康持续稳定和谐发展。

公司办公大楼

北京京煤集团有限责任公司

董事长 倪文驹

北京京煤集团有限责任公司（以下简称京煤集团公司）是集资产经营和生产经营为一体的国有资产授权经营的企业集团公司，是以煤炭和新型能源为主业、以房地产和城市服务业为支撑、以其他多种经营为基础的多业并举、综合配套发展的产业群体，为2005年中国500强企业之一。

京煤集团公司及权属生产矿井于2004年12月均取得了安全生产许可证。

董事长倪文驹井下检查工作

京煤集团公司拥有完备的安全生产系统、先进的质量检测技术和完善的储装运系统，是优质无烟煤生产和无烟煤出口的企业。

京煤集团公司坚持以科学发展观为统领，坚持安全工作综合治理。不断更新设备、设施，提高装备水平；建立持续改进的安全管理系统，强化制度的执行力；实施科技创安、校企联合，不断探索复杂地质条件下的采煤方法，基本形成了安全的采煤方法体系；坚持全员分层分类逐级安全培训制度，提高各级安全管理能力和员工操作技能及安全意识。

调度指挥中心

各级管理人员和全体员工始终站在生存与发展的高度来认识理解和对待安全生产工作，牢固树立“以人为本,安全第一”的安全观，坚定“安全可控、事在人为”的安全管理理念，坚持“安全第一，生产第二”的安全管理原则，一心一意抓安全、扎扎实实打基础。积极、系统、有步骤地推进安全生产质量标准化建设，加大管理力度和安全投入，集中精力、集中力量，以抓制度落实、责任落实、强化执行力为重点，通过贯彻“严细实勤，精进高效”的企业作风逐步推进各项管理工作，全面提升安全管理水平。

多年来，我们不懈努力，致力于不断改善安全生产环境，将公司创建成为本质安全型企业。

北京京煤集团有限责任公司
地　址：北京市门头沟区新桥南大街2号
邮　编：102300
电　话：010—69842461
E-mail: jmg@beijingcoal.com

北京昊华能源股份有限公司
地　址：北京市门头沟区新桥南大街2号
邮　编：102300
电　话：010—69839418
E-mail: hhny@bjhhny.com

nosa ASIA 诺诚企业顾问

作为可选的国际合作伙伴，为

NOSA五星安健环综合风险管理体系概述

历史渊远　全球推行　安健环质　风险掌控

系统先进　操作性强　机制完善　目标清楚

2006年9月诺诚企业咨询公司专家来上湾矿进行NOSA基准审核

诺诚企业顾问（深圳）有限公司（以下简称“NOSA”）1951年成立于南非的比勒陀利亚，早期是由南非雇主组织、工业代表和全国赔偿委员会组成的非牟利性机构。NOSA安全、健康、环保（安健环）的管理系统，在许多行业都处于国际领导地位，尤其在电力、矿务、医疗等行业。我们提供审核、培训及顾问服务，为客户定制实用的方案，向客户诠释国际水平的服务。

时至今天，NOSA已把他们在南非的成功带至全世界，包括中国。为配合各行各业对NOSA的产品和服务需求的增加，现在公司已把所有的业务和运作程序商业化。

NOSA的数千家客户遍布全球，但不管什么语言、什么地方，NOSA只有一个目的:为顾客提供完善的安全、健康与环保综合管理服务体系。

体系介绍

当前的NOSA体系是建立在国际上先进的安健环管理经验的基础上，整合了国内外多年的具体实践和经验，是进一步深化制度建设和文化建设，强化内外监督，强调操作性和有效性，进行自主性安健环质量管理的综合体系，是注重学习、借鉴和继承历史经验基础上的自主创新。NOSA体系通过多年在国内的成功推行，已成为国内公认及倡导应用的、行之有效的安健环国际标准管理体系。

NOSA强化风险意识，可操作性强，并注重细节，强调基层员工的参与以及实质管理水平的提升，为企业在基建、投产、运营等阶段管理水平的提升提供了有效的保障体系。

效益的更大化是企业永恒的主题，NOSA体系把安全、健康和环保管理系统合成一体，通过优化现有的软硬件资源和管理体系，避免了各个系统单项实施时企业额外的负担，从而为企业节省了运

中钢集团武汉安全环保研究院

院长　徐国平

中钢集团武汉安全环保研究院创建于1959年，是我国安全环保领域的综合性研究院所之一。建院以来共取得科研成果460余项，其中243项分别获国家发明奖、科技进步奖及部省级科技进步奖，获得专利授权61项，被湖北省科技厅评定为“高新技术企业”。我院具有甲级设计、甲级工程总承包、甲级工程咨询、劳动安全卫生预评价（A级）、爆破与拆除工程专业承包壹级、无损检测工程专业承包贰级、职业安全健康管理体系认证及国家一级安全培训机构等资质。

2005年我院在研国家重点科研项目共十项。包括智能缆式感温火灾报警系统、高品质导爆管及配套智能工艺设备研制、新型工业安全雷管及其产业化研究、自吸过滤式呼吸器质量检测系统改造升级技术开发、大型企业重大事故应急救援系统开发研究、NPED 在国防工业中的应用、安全型逆变直流电焊机等安全科研项目。有三项科研成果获奖，其中“工伤保险相关技术研究”获得国家安全生产科技成果二等奖。申报专利 4 项（其中发明专利 2 项），新获国家专利授权 2 项。在各种刊物、国际国内会议上公开发表论文 35 篇。

我院研制的“安全逆变直流电焊机”通过了国家 3C 认证，为实现规模化生产奠定了基础。

2005 年我院为国家安全生产监督管理部门做了大量的技术性工作：参加了邢台石膏矿重大坍塌事故和首钢发生煤气泄漏重大事故的应急救援和事故调查鉴定；参加了国家“十一五”安全生产科技发展规划的编写工作；参与了“十一五”国家安全生产科技攻关计划项目论证；“十一五”国家安全生产规划和“十一五”国家公共安全科技发展战略报告的编写工作。受上级委托，组织冶金行业安全技术专家进行了国内小高炉安全现状调查工作；组织制定了 AQ2001、2002、2003—2004《炼铁安全规程》、《炼钢安全规程》、《轧钢安全规程》及国标 GB6222—2005《工业企业煤气安全规程》，均已颁布实施并由我院负责开展宣贯工作。我院还完成了《个体防护装备 鞋的测试方法》等 4 项国家标准的制定工作，现已上报总局待批准发布。

2005 年有关管理部门批准在我院组建“国家矿山救援武汉研究中心”。该中心的组建，为我院更好地服务于国家安全生产，服务于国家矿山应急救援体系搭建了平台。我院还申报成立了“武汉安全工程技术中心”。

2005 年我院组织召开了“中国钢铁年会安全分会”、“全国大钢安全生产统计会”、“安全协作会年会”等会议，组织了全国大钢安全协作会安全互检活动，完成了 2004 年度事故统计工作汇总汇编工作。由全国大钢安全协作会牵头，召开了全国冶金安全生产技术座谈会。我院派出 4 名科技管理人员赴日本参加职业安全健康研修班学习；接待了台湾职业安全卫生协会代表团来院访问；参加了第十三届海峡两岸四地职业安全健康研讨会。成立了湖北省金属学会安全环保学术委员会。

我院制定并颁布了《中钢集团武汉安全环保研究院安全生产规章制度》和《中钢集团武汉安全环保研究院突发公共事件应急预案》，组建了我院“突发公共事件应急救援指挥中心”，开展了安全生产大检查和“安全生产知识竞赛”等活动，提高了我院安全生产工作的管理水平和职工的安全意识。

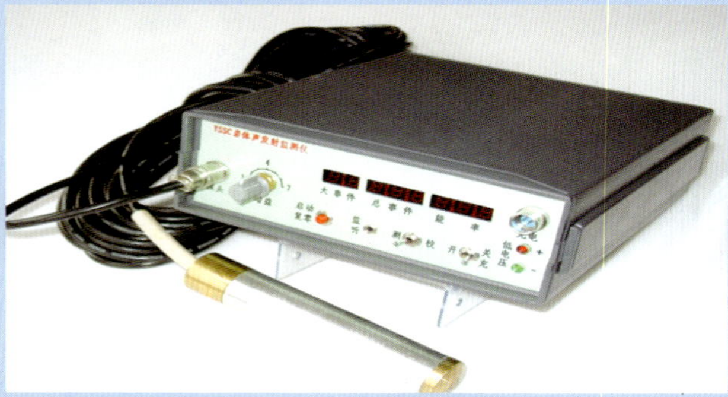

YSSC岩体声发射监测仪

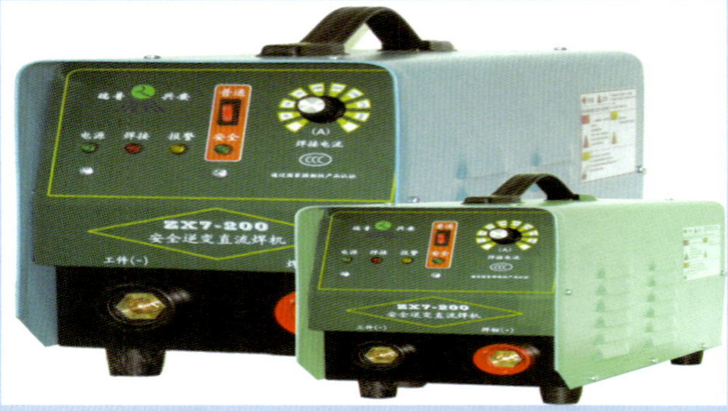

兴安牌ZX7系列安全逆变直流弧焊机

地　址：中国武汉市青山区建设一路　　邮　编：430081

电　话：027-86545562　　传　真：027-86545567

http：//www.sepri.com　　E-mail：zf@sepri.com

重庆市消防培训基地

重庆市消防培训基地位于重庆市北部新区人和汪家桥新村119号，交通方便。基地始建于1998年，1999年12月投入使用，建筑面积为18725平方米，由教学综合楼、体育场、消防教育馆、训练塔、模拟训练场、招待所等构成。图书资料达4万余册，拥有用于教学和实验的模拟化工装置、烟热训练装置等设施设备，目前的教学仪器设备总值已约800万元。根据基地现有设施及条件，能够满足一次性培训500人以上的要求。

中心主任　傅平生

2005年，基地共承办各类培训班14个，培训人员1200余人次。消防安全教育室开放以来，前来参观人数络绎不绝，已达20万余人次。2006年培训基地将以社会消防安全培训为主，开展培训工作，预计2006年全年可培训5万余人。

培训基地2002年被命名为“重庆市全民消防教育基地”，2003年被国家安全生产管理监督部门授予“国家一级安全培训机构”，2004年被命名为“全国消防科普教育基地”,2005年被授予“全国青少年自我保护教育基地”。

郑州大学化工学院安全工程系

院长　魏新利

安全工程专业学生在实习基地

郑州大学化工学院坚持以学科建设为龙头，以素质教育为中心，本科生教育与研究生教育并重，努力走产、学、研一体化的办学道路。50年来为国家培养了近万名工程技术人才。

化工学院根据国民经济建设发展需要，在原化学工程与工艺、过程装备与控制工程等传统优势专业的基础上，于2003年整合组建了安全工程系。现有在编教师20人，其中具有高级职称15人，具有博士学位9人，分别来自全国各重点高校，是一支学历与学缘结构合理、实践经验丰富的师资队伍。安全工程专业于2003年开始招收本科生，2006年开始招收硕士研究生。目前在校本科生、研究生共250人。校安全工程专业目前主要有过程系统安全、过程装备安全两个研究方向，已经形成了自己的优势与特色。

安全工程专业坚持“厚基础、宽专业、强能力、高素质”的培养宗旨，设置有通识教育课、学科基础课和专业方向课三大平台课程体系。专业主干课程有：安全学原理、安全系统工程学、化工厂系统安全工程、安全人机工程学、安全评价、安全经济学、安全设备工程学、安全监控及测试技术等。

化工学院拥有“国家化工安全工程技术研究中心”、“河南省化工安全科学与工程研究中心”等研究机构。承担有“基于SDG技术的HAZOP安全评价方法研究”、“基于模糊神经网络的石油化工企业安全评价研究”、“中小型化工生产企业技术支撑体系研究”等国家、省重点科研项目。

安全工程学科“十一五”期间将以一流大学的标准重点加强队伍建设，在原有优势学科的基础上，逐步形成具有鲜明特色的系统安全工程、人机安全工程和材料安全工程等学科方向，培养更多的安全工程专门人才，服务于祖国和人民。

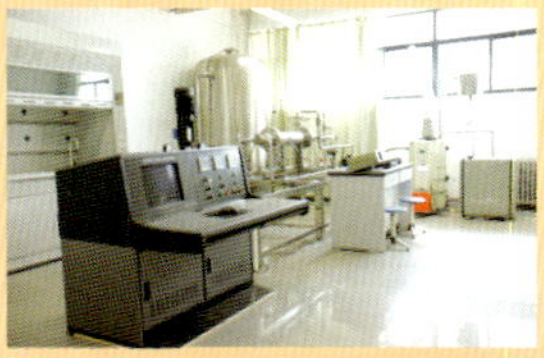

编辑说明

《中国安全生产年鉴》（2005）是由国家安全生产监督管理总局组织各省、自治区、直辖市安全生产监管机构和国务院有关部门编写的。它全面反映了2005年全国安全生产工作的情况，是一本资料性工具书。

本年鉴共分十二部分，即党和国家领导关于安全生产工作的讲话，国家安全生产监督管理总局（国家煤矿安全监察局）领导关于安全生产工作的讲话，综述，有关领域的安全生产工作，行业安全生产工作，各省、自治区、直辖市及计划单列市安全生产工作，安全生产宣传与培训工作，安全科学技术与信息研究工作，重大事故案例选编，全国事故统计资料，重要法规和文件，安全生产大事记。

有关事故及职业病统计资料部分，以国家安全生产监督管理总局和国家有关部门发布的数据为准。

抓住机遇　迎接挑战

（代序言）

安全生产工作目前正处在一个重要的发展阶段，既有着难得的历史机遇，也面临着前所未有的挑战。

党的十六届五中全会以来，党中央、国务院采取一系列重大举措加强安全生产工作。《中共中央关于制定国民经济和社会发展第十一个五年计划的建议》确立了“安全发展”的指导原则，完善和发展了“安全第一、预防为主、综合治理”的方针。2006年3月27日，胡锦涛总书记主持中央政治局第30次集体学习会，听取安全生产专题报告并发表重要讲话，全面系统、科学精辟地阐述了安全生产的重要意义、指导原则、基本方针和政策措施等重大理论和实践问题。温家宝总理在国务院2006年初召开的全国安全生产工作会议上，部署了当前必须抓好的10项重点工作；在十届人大四次会议的《政府工作报告》中，强调了7个方面的标本兼治、重在治本任务。国务院116次常务会议针对安全生产领域存在的历史性、深层次问题，确定了12项治本之策，相继出台了一系列有利于加强安全生产的经济政策。十届人大四次会议通过国民经济和社会发展第十一个五年规划纲要，把安全生产列为专节，提出了“十一五”期间亿元GDP生产安全事故死亡率减少35%、工矿商贸企业十万从业人员生产安全事故死亡率减少25%两大目标，并与道路交通万车死亡率、百万吨煤炭死亡率，共同纳入国家统计指标体系。最近，国务院又调整和加强了煤炭行业管理，将与安全生产密切相关的几项煤炭行业管理职能赋予国家安监总局及国家煤监局；国务院办公厅下发了全国第一个专项规划——《安全生产“十一五”规划》，明确了安全生产中长期目标、主要任务、保障措施和重点工程。

与此同时，全党、全社会对安全生产的重视程度空前提高。以人为本首先要以人的生命为本，科学发展首先要安全发展，和谐社会首先要关爱生命，正在成为社会各界的广泛共识和自觉行为。各地区和各类生产经营单位采取措施强化企业责任和政府监管“两个主体”，落实政府行政首长和企业法定代表人“两个负责制”；各部门加强配合协作，联合执法，齐抓共管；广大人民群众、各类媒体积极参与和监督安全生产工作。所有这些，都为加强安全生产，尽快实现我国安全生产状况的进一步稳定好转，提供了强大的精神动力、可靠的政策保障和极为有利的社会舆论环境。

在看到机遇的同时，更要看到面临的严峻挑战，认清安全生产工作的长期性、艰巨性和复杂性。西方国家工业化过程中普遍经历了生产安全事故的“易发期”。建国50多年来，事故死亡人数指数（当年事故死亡人数与上年之比）波动幅度与GDP增长率变化曲线之间，呈现大致相同的趋向。经济的高速增长给安全生产带来了压力和挑战。近年来，我国进入工业化加速发展阶段，但传统的粗放型经济增长方式尚未根本转变，能源原材料消耗居高不下，煤电油运持续紧张，企业扩大生产规模的冲动强烈，工厂矿山超能力、超强度、超定员生产，交通运输超载、超限、超负荷运行现象比较普遍，事故隐患和安全风险增加。加上现阶段企业和公共安全基础仍然比较薄弱；安全生产法治秩序还不够健全，非法违法生产问题尚未真正得到解决；安全文化建设和教育培训相对滞后，全社会的安全意识和从业人员的安全技能还存在着一定的差距；权钱交易、官商勾结等腐败现象，还在影响制约着党和国家安全生产方针政策的贯彻落实。要彻底解决这些问题，实现全国安全生产状况的根本性好转，尚需付出长期艰苦的努力。

展望“十一五”时期的安全生产工作，我们深感任重道远、压力很大。当前以及今后一个较长的阶段里，我国安全生产形势特征，都将表现为总体稳定、趋于好转的发展态势与依然严峻的现状并存。我们必须做好迎接挑战、战胜困难的思想准备。任何时候都要慎言成绩，多看问题和差距，不可轻言好转。在安全生产工作取得一定进展的情况下，尤其要头脑清醒，看到潜伏的危机，始终保持高度警觉和旺盛的精神状态，加倍努力做好工作。

做好“十一五”安全生产工作，必须深入学习贯彻中央领导关于安全生产的重要讲话，提高认识、把握规律、理清思路、指导工作。深刻领会“安全发展”的指导原则，并把这一科学理念纳入社会主义现代化建设的总体战略，把安全生产纳入行业和地方“十一五”发展规划；自觉坚持“安全第一、预防为主、综合治理”的方针，深入开展煤矿安全两个攻坚战，深化重点行业领域安全专项整治，做到标本兼治、重在治本、治理隐患、防范事故；落实以“两个主体”和“两个负责制”为内容的安全工作基本责任制度，把安全生产纳入政绩、业绩考核；实施依法治安、重点治乱的安全法制建设方略，建立健全联合执法机制；建立群众监督、舆论监督和社会监督在内的安全生产监督参与机制，依靠人民群众做好安全生产工作。

迎接安全生产工作的新挑战，关键是要搞好安全监管监察队伍的自身建设。要切实加强思想政治建设，认真学习《江泽民文选》，增强践行“三个代表”重要思想、履行安全监管监察职责的政治责任感，时刻把人民的生命财产安全挂在心上；加强作风建设，强化忧患、实干、执行、自律“四个意识”，养成勤勉敬业、求真务实、雷厉风行、廉洁奉献“四种作风”；改进思想方法和工作方法，学会抓重点、抓细节、抓倾向性和苗头性问题，抓配合协调和联合执法，提高安全监管监察执法能力，把安全生产工作扎实有效地向前推进。

李毅中

2006 年 9 月 6 日

目　　录

第四部分　有关领域的安全生产工作

第五部分　行业安全生产工作

第六部分　各省、自治区、直辖市及计划单列市安全生产工作

第七部分　安全生产宣传与培训工作

第八部分　安全科学技术与信息研究工作

第九部分　重大事故案例选编

第十部分　全国事故统计资料

第十一部分　重要法规和文件

第十二部分　安全生产大事记

第一部分

党和国家领导关于安全生产工作的讲话

黄菊副总理在全国安全生产电视电话会议上的讲话（摘要）

（2005 年 2 月 2 日）

这次全国安全生产电视电话会议的主要任务是：贯彻落实中央经济工作会议精神，总结 2004 年全国安全生产工作，分析形势，安排部署 2005 年及春节、“两会”期间安全生产工作。

刚才，显政同志通报了 2004 年全国安全生产情况及安全生产控制指标完成情况。辽宁省、内蒙古自治区、安徽省和上海市分别介绍了他们开展安全生产工作的经验，请各地区、各部门结合实际，认真学习借鉴。

下面，我讲四点意见。

一、安全生产形势总体稳定、趋于好转，但要清醒地认识存在的问题

2004 年，党中央、国务院采取了一系列重大举措加强安全生产工作。胡锦涛总书记、温家宝总理多次对安全生产工作作出重要批示和指示，强调以对人民高度负责的精神，把安全生产的各项措施落到实处，并对落实安全责任、强化安全监管、加强安全专项整治等工作提出明确要求。2004 年的中央经济工作会议再次强调：要认真抓好安全生产，加大工作力度，坚决防止重大安全事故，保护人民群众的生命财产安全；并要求从机制和投入等方面研究采取综合防范措施，从根本上改善企业安全状况。为加强安全生产工作，国务院召开了全国安全生产工作会议，发布了《国务院关于进一步加强安全生产工作的决定》（国发〔2004〕2 号，以下简称《决定》)，公布了《安全生产许可证条例》等，下发了一系列加强安全生产工作的通知。国务院安委会先后召开三次全国安全生产电视电话会议，组织开展了全国安全生产大检查和危险化学品安全专项督察等。

各地区、各部门、各单位认真贯彻党中央、国务院的部署及全国安全生产工作会议精神，加强领导，狠抓了安全生产工作的落实。一是逐级分解落实安全生产控制指标，层层签订责任状，加大了对安全生产的量化考核力度。二是认真落实《安全生产许可证条例》，对矿山企业、建筑施工企业和危险化学品、烟花爆竹、民用爆破器材生产企业实行了安全生产许可证制度，严格这些行业的市场准入，强化了安全生产的源头管理。三是深化安全生产专项整治，加强对整治工作的领导，加大整治力度，多次开展安全生产大检查，消除了一大批安全隐患，并组织力量对重大危险源实行监控。四是许多地区和单位加大了对安全生产的投入，积极开展安全技术改造，努力弥补安全欠账，大力推动安全生产科技进步。五是加强了安全生产的基层和基础工作，广泛开展安全质量标准化活动。六是进一步加强安全生产法制建设，制定修订了一系列有关法规、规章和行业标准，有力地规范了安全生产管理。七是制订和完善了各类生产安全事故应急预案，加快安全生产应急救援体系建设，加强培训和演练，生产安全事故防范和处置能力进一步提高。八是不断完善安全生产监管体系，各地区、各部门普遍设立了安全监管机构，充实了监管人员，进一步理顺了煤矿安全监察体制及中央企业安全生产监管职责，加强了对非公有制企业安全监督管理；加大对事故的责任追究力度，严肃查处各类事故，增强了各级干部和从业人员的责任意识和安全意识。

经过各地区、各部门、各单位的共同努力，在国民经济平稳较快发展、全国煤电油运供求关系持续紧张、安全生产难度进一步加大的情况下，全国安全生产保持了总体稳定、趋于好转的发展态势。与2003年相比，事故起数、死亡人数分别下降16.2%和0.2%；工矿商贸企业事故总数和死亡人数同比分别下降5.9%和4.8%。多数省区和行业的安全状况比较稳定，煤矿在产量增加2.5亿吨的基础上，实现了事故起数、死亡人数、特大事故起数和百万吨死亡率“四个下降”，百万吨死亡率下降到3.08，创造了历史最好水平。这些成绩的取得，是党中央、国务院对安全生产工作高度重视的结果；是各地区、各部门、各单位全面落实安全生产责任制，扎实工作的结果；也是全体从事安全生产工作的同志们辛勤劳动的结果。大家为了维护人民群众的生命财产安全、为了经济繁荣和社会稳定，在安全生产工作岗位上，不辞辛苦，甘于奉献，付出了艰苦的努力。在此，我代表国务院，向大家表示衷心的感谢，并通过你们向全国安全生产战线的全体同志及家属表示亲切的慰问！

在看到成绩的同时，我们也清醒地看到，当前全国安全生产形势依然严峻，不容乐观。一是事故总量和总的死亡人数仍然很多，尽管近两年事故上升的势头得到控制，但总的死亡人数仍高达13万多人，事故伤残约70万人。二是重特大事故仍没有得到有效的遏制。一次死亡30人以上的特别重大事故时有发生，死亡人数比去年上升了3.6%。还发生了两起死亡百人以上的特别重大事故，造成了严重影响。三是一些行业、领域和地区安全状况比较严峻，煤矿、道路交通、烟花爆竹、危险化学品等行业和领域伤亡事故多发状况尚未根本扭转，一些深层次问题尚未得到根本解决。四是事故隐患在一些地方和企业还大量存在，如果监控、整改不力，随时可能发生事故甚至重特大事故。这些问题，我们要在今后的工作中认真地研究解决，确保全国安全生产形势的总体稳定。

二、进一步坚定抓好安全生产工作的信心，全面落实安全生产责任

随着国民经济平稳较快发展，社会生产活动和经济总量迅速增加，部分地区和行业的安全技术培训等工作相对滞后，往往导致安全事故多发，特别是在当前煤电油运供求矛盾比较突出的情况下，安全生产的难度和压力进一步加大。对此，我们要正确认识，科学对待，既要充分肯定当前安全生产形势的总体稳定，进一步增强做好安全生产工作的信心；又要清醒地认识到安全生产的严峻性，进一步增强做好安全生产工作的紧迫感、责任感和使命感。

一方面，要学习借鉴发达国家在安全生产法制建设、矿山安全监察管理、职业安全健康评价、预防性工伤保险等方面的许多成熟经验，结合国情兼收并蓄，不走或少走弯路，使我们的安全生产工作在短时间内有一个较大的提高。

另一方面，要充分发挥自身优势，进一步做好各项安全生产工作。我们有党中央、国务院的高度重视和坚强领导，有地方各级党委、政府和人民军队、武警部队的大力支持，有遍布城乡的基层政府和工会、共青团等群众性组织，这些，为加强安全生产工作提供了强有力的政治保证和组织保证，这是我们搞好安全生产工作最大的优势。只要我们善于发挥优势，措施得力，扎扎实实抓工作，就一定能够尽快实现我国安全生产状况的稳定好转。

各地区、各部门特别是各级领导同志一定要按照党的十六届四中全会《决定》的要求，全面贯彻中央经济工作会议精神，从加强党的执政能力建设的高度，正确认识、科学把握安全生产的规律特点，增强领导和驾驭安全生产的能力，增强搞好安全生产工作的信心，通过建立和完善责任体系，全面落实安全生产责任。

第一，树立和落实科学发展观，强化安全责任意识。树立和落实科学发展观，体现在安全生产工作中，就是要始终坚持“以人为本、安全第一”，把经济和社会发展建立在对劳动者生命安全的切实保障和职业安全健康水平不断提高的基础上，努力推动安全生产科技进步，切实加强和改进安全生产工作，实现安全生产与经济社会的同步协调发展。各地区、各部门特别是各级领导干部要以科学发展观统领全局，以对党对人民高度负责的精神，正确处理好安全与发展、安全与效益的关系，进一步强化“保一方平安”的安全生产责任意识，切实抓好安全生产工作。

第二，落实安全生产控制指标，加强对安全生产责任的量化考核。一年来的实践证明，通过建立和实施安全生产控制指标体系，量化了安全生产责任，强化了各级干部的安全意识。今后，要把这项工作更加深入地推进下去。通过安全生产控制指标体系的建立和落实，进一步强化各地区的安全生产责任，特别是强化和落实地方各级人民政府的安全生产责任。地方各级人民政府要把落实安全生产控制指标作为一项重要的工作，建立健全领导干部安全生产责任制，形成一级抓一级，逐级负责，层层落实的良好局面。

第三，建立齐抓共管的安全生产工作格局，形成严密的安全生产责任体系。《决定》提出，要努力构建“政府统一领导、部门依法监管、企业全面负责、群众监督参与、社会广泛支持”的安全生产工作格局。这一格局涵盖了以下五个层面的工作：一是中央政府层面。主要负责制定安全生产方针政策、法律法规、标准和安全准入条件，对全国性的安全生产重大问题进行决策，并通过规划布局、结构调整，强化宏观调控，督促地方和企业建立安全生产长效机制。二是地方各级政府层面。地方政府主要贯彻落实党和国家关于安全生产工作的方针政策和法律法规，从体制、机制、投入等方面加强对安全生产工作的领导，落实安全生产责任制，把安全生产纳入地方经济发展规划和指标考核体系。三是各有关部门层面。政府各有关部门要在各自的职责范围内，本着管生产同时管安全的原则，对有关行业和领域的安全生产工作依法实施监督管理，督促和指导生产经营单位不断强化安全基础。各级安全生产监管、监察部门要认真履行职责，依法加大行政执法力度，对违反安全法律行为实施行政处罚。四是生产经营单位层面。各生产经营单位要建立健全安全生产责任制和各项规章制度，依法保障必需的安全投入，加强安全生产管理，扎实做好安全基础工作。五是社会层面。全社会应大力营造“关爱生命、关注安全”的舆论氛围，形成舆论监督、群众监督机制。重视发挥社会中介组织的作用，为安全生产提供技术支持和服务。这五个层面是紧密联系、相互促进、相辅相成的有机整体，构成了安全生产工作的责任体系，必须统筹协调，形成合力，总体推进。

第四，依法严肃查处各类事故，加大安全生产责任追究力度。严格的责任追究是确保责任制落实的有力手段。对严重忽视安全生产的企业和个人，要依法加大行政执法和经济处罚的力度；触犯法律的，依法追究法律责任。不仅要追究事故直接责任人的责任，同时要追究有关负责人的领导责任。通过责任追究，强化各级干部和从业人员的安全生产责任。

三、突出重点，狠抓落实，全面做好2005年安全生产工作

2005年安全生产工作的总体要求是：以“三个代表”重要思想为指导，以科学发展观统领全局，全面贯彻落实《决定》，落实责任，完善体制，深化整治，夯实基础，完善控制指标体系，加强安全生产源头管理，不断开创安全生产工作新局面。

2005年安全生产工作主要目标是，工矿商贸企业事故死亡人数力争比2004年下降2%，其中煤矿企业下降3%；道路交通事故死亡人数上升幅度比2004年降低1.3个百分点；坚决遏制特大事故的发生，全国特大事故起数比2004年下降5%。

为实现上述目标，要重点抓好以下六项工作：

（一）强化安全管理，着力加强基层和基础工作

搞好安全生产工作的关键靠基层、靠企业。必须做到安全生产工作重心下移，始终把工作的立足点放在基层、放在企业。一是指导和督促广大企业全面贯彻安全生产法律法规，依法建立健全安全生产责任制，逐步建立自我约束、不断完善的安全生产长效机制。二是切实加强对企业的安全管理，建立严密、完整、有序的安全管理体系和规章制度，使安全生产工作日常化、规范化、标准化。三是督促企业加强安全设施建设，及时淘汰危及安全的落后技术、工艺和装备，引导企业广泛应用现代科技特别是信息化手段，提高安全装备水平，改善企业

安全生产条件。四是继续推广煤矿开展安全质量标准化建设的经验，制定颁布各行业的安全质量标准，规范安全生产行为，推动企业安全质量管理水平的提高。各地区、各行业要抓好典型，树立安全质量标准化的样板工厂、样板矿井、样板站段等，使广大企业学有榜样，赶有目标。五是加快安全生产应急救援体系建设，大力提高安全生产应急处置能力。各地区、各部门、各单位要抓紧建立健全应对各类突发事件的机制，按照“居安思危、有备无患”的原则，制订和完善应急预案，积极预防和有效化解生产经营过程中出现的事故和隐患，做到对事故的发生有预测、有预警、有预案，增强对事故的防范和处置能力。

（二）继续开展安全专项整治，消除事故隐患

几年来安全生产专项整治的实践证明，在事故多发的重点行业和领域，深入开展安全专项整治，对加强安全管理、强化安全基础、遏制事故的发生具有重要作用，使生产经营秩序和安全生产条件有所改善。2005 年，仍然要把安全生产专项整治作为安全生产工作的一项重要内容进行部署，继续深入持久地抓下去。要把安全专项整治的重点放在煤矿和非煤矿山、道路交通、水上交通、危险化学品、烟花爆竹、消防火灾、石油天然气管线等行业和领域。各地区、各有关部门要加强对专项整治工作的领导和协调，制订整治计划，落实整治责任，在人力、物力、财力等方面对专项整治工作给予必要的支持。要把安全生产专项整治工作与日常监督管理结合起来，通过深化专项整治，建立健全安全生产的长效机制，消除事故隐患，促进安全生产重点行业和领域安全管理水平的提高。

（三）进一步加大安全投入，改善安全生产条件

持续、稳定的安全投入是实现安全生产长治久安的重要保障。各地区、各部门、各单位要针对当前安全生产基础比较薄弱的问题，下决心加大安全投入，加快技术设备更新改造，依靠科技和装备，努力提高安全保障水平。各生产经营企业是安全投入的责任主体，要自觉加大安全投入，努力弥补安全欠账。凡安全条件不达标的企业，必须通过多种方式，积极筹措安全投入资金，限期达标。安全设施投资要纳入建设项目概算，新建、改建、扩建项目的安全设施必须与主体工程同时设计、同时施工、同时投入生产和使用。地方各级人民政府要加大对企业安全生产技术改造的支持力度，对国家安排的安全生产专项资金，要安排配套资金予以保障。各有关部门要加强对安全投入的政策扶持，认真落实《决定》关于建立企业提取安全费用制度、安全生产风险抵押金制度以及加大生产经营单位对伤亡事故的经济赔偿等政策措施的要求，抓紧研究制订配套措施，为企业持续稳定的安全投入创造良好的政策环境。

（四）健全安全监管体系，加大监管监察执法力度

完善的安全生产监管体系，素质精良、执法严格的安全监管队伍是保证安全生产的重要力量。地方各级人民政府要按照《决定》的要求，尽快建立健全安全生产监管机构，充实必要的监管人员，增强安全监管工作的权威性。各级安全监管监察人员要进一步转变作风，深入生产一线，加强对生产经营单位安全工作的检查指导。同时，不断提高自身素质，转变工作作风，增强执法意识，切实做到严格执法、公正执法、文明执法。

（五）推动科技进步，提高安全生产的科技含量

做好安全生产工作，必须充分发挥科学技术的重要作用。要加强安全科技的基础研究和应用研究，针对重点行业和领域亟待解决的共性、关键性技术难题，组织开展安全科研攻关，对煤与瓦斯突出预测预报、奥灰水患治理、城市重大危险源风险评估和监控等重大科研项目，要尽快取得突破。要发布全国严重危及安全的技术、工艺、设备淘汰目录，引导企业积极采用先进安全适用的技术装备。

（六）加强宣传教育，营造浓厚的安全生产氛围

要把安全生产宣传教育作为宣传思想工作和精神文明建设的重要内容，抓实抓好。坚持正确的舆论导向，运用报纸、电视、广播、网络等多种媒体，大力宣传党和国家安全生产方针政策、法律法规和重大举措，宣传先进典型和经验；对严重忽视安全生产、导致重特大事故发生的典型事例要予以曝光。要加强对群众的安全教育，不断增强群众依法自我安全保护的意识和对事故的防范能力，营造一个人人关心安全、人人自觉保安全的浓厚安全生

产氛围。

四、抓好春节和“两会”期间的安全生产工作，让人民群众过一个欢乐、安全、祥和的节日

一年一度的新春佳节即将来临，这期间也是安全生产工作的重要时期。各地区、各部门要在全面加强安全生产工作的基础上，以确保春节和“两会”期间的安全生产为重点，狠抓安全生产措施的落实，确保节日期间安全生产，确保“两会”顺利召开。

（一）进一步加强对安全生产工作的领导

各地区、各部门、各单位的负责同志特别是主要负责同志要把保证安全生产摆在突出位置，亲自安排部署并抓好督促检查。要组织力量对安全重点部位进行全面的检查，对薄弱环节研究制定安全防范措施和应急预案，加强对重大危险源的监控。要加强节日和“两会”期间值班工作，重要的部门和单位要安排领导带班，一旦遇到险情或事故，及时组织力量进行抢险。各级安全生产监管部门和煤矿安全监察机构，以及负有安全监管职责的部门要深入生产一线，切实履行安全监管职责，及时发现和消除事故隐患，严肃查处各类违法违规行为。

（二）加强对烟花爆竹等易燃易爆危险品的管理

这一段时期，是烟花爆竹等易燃易爆危险品事故的易发期。各地区、各部门特别是各烟花爆竹、危险化学品生产经营储存运输企业要认真落实国务院安委会《关于加强烟花爆竹安全生产工作的通知》（安委字〔2004〕4号）和《国务院办公厅关于加强危险化学品安全管理工作的紧急通知》（国办发明电〔2004〕19号）精神，下大力量研究制定安全防范措施，严防事故的发生。

（三）确保运输安全

春运即将开始，各地区、各有关部门和单位要把春运的各项准备工作精心组织好，确保公路、铁路、水路、航空运输的安全畅通，确保广大人民群众出行安全。要搞好对各种运输工具的安全检查，严厉查处车辆、船舶、飞机带安全隐患运行、超载运营以及农用车载客和疲劳驾驶等，严防易燃、易爆、剧毒等危险品进站上车、上船、上飞机。

（四）切实加强对人员密集场所的安全防范

要组织力量对公园、旅游景点等人员密集场所的安全设备认真进行检查，存在重大安全隐患的必须立即停业整顿。认真落实消防安全责任制，加强消防安全检查，全面消除安全隐患。人员密集的公共场所要安排足够的力量，维持好公共秩序，确保安全。举办群众性活动，必须做到谁主办，谁负责安全，并制订严密的防范措施和应急预案，确保万无一失。

年初这段时间工作千头万绪，无论任务再重，事情再多，安全生产工作时刻不能放松。各地区、各部门、各单位要从讲政治、促发展、保稳定的高度，更加积极负责、扎实认真地做好安全生产工作，把各项安全措施落到实处，为我国经济和社会发展创造安全稳定的环境。

李铁映副委员长在第十届全国人民代表大会常务委员会第十七次会议上关于检查《中华人民共和国安全生产法》实施情况的报告

（2005年8月25日）

根据全国人大常委会执法检查计划，常委会组成执法检查组，从4月中旬开始，对《中华人民共和国安全生产法》（以下简称安全生产法）的贯彻实施情况进行了检查，结合检查了《中华人民共和国矿山安全法》（以下简称矿山安全法）的实施情况。

检查组首先听取了国家安全监管总局、发展改革委、劳动保障部和高法院、高检院及全国总工会等单位的汇报，召开了有关部门、专家、企业和职工参加的专题座谈会，然后分成5个小组，分别由司马义·艾买提、成思危、许嘉璐、韩启德副委员长和我带队，赴贵州、山东、河北、黑龙江、河南、安徽、山西、陕西、辽宁、内蒙古等10个省、自治区进行了检查。同时，委托北京、吉林、江苏、江西、湖南、重庆、四川、云南、甘肃、宁夏、新疆等11个省、自治区、直辖市人大常委会检查了本地区安全生产法贯彻实施的情况。

在地方，检查组听取了人大、政府和有关部门的汇报，召开了60多次座谈会，实地考察了70多家企业，下井检查了30多处煤矿，发放回收了1000多份调查问卷，举办了5场普法报告会，慰问走访了部分困难矿工家庭，听取了各方面的意见。国务院及其有关部门积极配合这次执法检查，对检查中发现的一些紧迫问题，及时采取措施进行整改。

现将检查情况报告如下，请予审议。

一、情况

安全生产法是规范安全生产、保障人民生命安全的重要法律。这部法律的调整范围涉及煤矿、非煤矿山、交通、建筑、危险化学品等方面。法律规定的安全生产监督管理、生产经营单位安全保障、从业人员权利义务等基本制度，是多年实践经验教训的总结，是“血铸的条文”。它的颁布实施，标志着我国的安全生产开始走上法制化轨道。

安全生产法自2002年11月1日实施以来，国务院及其有关部门、高法院、高检院和各地做了大量工作。

——开展了宣传教育。有关部门和各地采取多种形式，加强对安全生产法律法规和安全生产知识的宣传教育，并通过每年的“安全生产月”、“安全生产万里行”等活动，普及法律知识，增强各级政府、企业、职工和全社会的安全生产意识。

——完善了配套法规。国务院先后制定了《安全生产许可证条例》等6件行政法规和《关于进一步加强安全生产工作的决定》等10多个规范性文件；国务院有关部门制定了100多件部门规章；各地人大和政府制定了大量地方性法规和政府规章，细化了安全生产法的规定。安全生产法律体系初步形成。

——加强了机构建设。今年2月，国务院将安全监管局升格为安全监管总局，全国31个省（区、市）和新疆生产建设兵团、94%的地市和82%的县都设立了安全生产监管机构，安全生产执法人员近3万人，进一步充实了监管力量。

——强化了安全生产责任制。2004年，国务院安委会开始向各省（区、市）下达年度安全生产控制指标，各省（区、市）层层分解，落实到市、县、乡，加强了安全生产监管。多数企业依法建立了安全生产责任制，设置了安全管理机构，配备了专、兼职管理人员。

——加大了事故查处力度。2000年以来，国务院调查处理了64起特别重大事故，有1316人因事故责任被处理，其中，移送司法机关350人，党纪政纪处理908人，涉及省部级干部9人，地厅级干部109人。各地也对生产安全事故的责任人进行了严肃查处。

——实施了专项整治行动。几年来，共关闭非法和不符合安全生产条件的煤矿近6万处、非煤矿山5万处、危险化学品从业单位2万家、烟花爆竹厂点4万个。在此基础上，推动了安全质量标准化和高危行业的安全许可管理工作。

——形成了一些好的经验和做法。例如，安全监管总局在总结各地经验教训的基础上，提出瓦斯治理“先抽后采、监测监控、以风定产”的十二字方针。山东省建立安全监管、煤矿监察、国土资源、工商、公安等部门联合执法机制，关闭非法煤矿和3万吨以下矿井。内蒙古平庄煤业集团六家煤矿强化安全培训，教育职工都要做到不伤人、不自伤、不被伤。鞍钢集团通过“安全点检卡”等制度，把安全工作落实到班组、职工和每一个环节。还有一些企业实行“安全专盯”、“职工六项权力”等做法，提高管理水平，努力使安全生产法贯彻到时时、事事、人人。

从检查情况看，安全生产法的实施效果总体上是好的；国务院及其有关部门高度重视安全生产法的贯彻实施，采取了一系列有力措施，初见成效。从2003年开始，全国各类生产安全事故起数和死亡人数持续上升的势头有所控制。据安全监管总局统计，2003年事故起数比2002年减少11万多起，死亡人数减少2625人，分别下降10.5%和1.9%；2004年事故起数比2003年减少15万多起，死亡人数减少318人，分别下降15.7%和0.2%。今年1月1日至8月21日，事故起数同比减少6.2万起，死亡人数减少6679人，分别下降11.7%和8.3%。

但是，安全生产形势依然十分严峻。2004年，全国发生各类生产安全事故80.4万起，死亡136755人。按事故死亡人数排序：道路交通107077人，占78%；铁路路外7992人，占5.8%；煤矿6027人，占4.4%；建筑业2789人，占2.03%；非煤矿山2699人，占2%；火灾2557人，占1.9%；农业机械1431人，占1%；危险化学品和烟花爆竹613人，占0.44%；渔业船舶570人，占0.4%。全国平均每天发生7起一次死亡3人以上的重大事故，每3天发生一起一次死亡10人以上的特大事故，每个月发生一起一次死亡30人以上的特别重大事故。每年因事故造成70多万人伤残，给近百万个家庭带来不幸，经济损失达2500亿元。另外，每年约70万人患各种职业病，受职业危害的职工在2500万人以上。

近年来，煤矿重特大事故接连发生，给人民的生命财产造成了巨大损失，引起了广大群众和人大代表的密切关注，迫切希望采取更加有力的措施加以解决。这次执法检查重点检查了煤矿安全。从检查情况看，问题相当突出。

（一）特大事故频繁发生

2003年煤矿发生特大事故51起，死亡1061人；2004年发生特大事故42起，死亡1008人。今年1月1日至8月21日，发生特大事故33起，死亡951人，比去年同期上升43.5%和134.2%。事故涉及17个省（区、市），其中山西6起，贵州4起，河南、重庆各3起。特别是今年2月14日，辽宁阜新孙家湾煤矿瓦斯爆炸，死亡214人，是新中国成立以来的第二大矿难。就在这次执法检查期间，5月19日，河北承德暖儿河煤矿瓦斯爆炸，死亡50人；7月2日，山西宁武贾家堡煤矿瓦斯爆炸，死亡36人；7月11日，新疆阜康神龙煤矿瓦斯爆炸，死亡83人；8月7日，广东梅州大兴煤矿透水，涉难123人。

（二）瓦斯爆炸事故居高不下

据安全监管总局统计，新中国成立以来，全国煤矿共发生19起一次死亡百人以上的矿难，死亡3162人。其中，15起是瓦斯爆炸事故，死亡2140人，事故起数和死亡人数分别占79%和68%。2002年至2005年8月21日，全国煤矿发生29起特别重大事故，死亡1743人。其中，瓦斯爆炸事故24起，死亡1578人，事故起数和死亡人数分别占83%和91%。瓦斯爆炸已经成为我国煤矿安全的“第一杀手”。

（三）小煤矿成为事故多发的重灾区

据安全监管总局统计，2004年底全国有小煤矿23388处，占煤矿总数的90%以上，平均每处年产量不足3万吨。小煤矿煤炭产量约占全国总产量的三分之一，死亡人数却占到了三分之二以上。4月中旬以来，全国23起特大事故，都发生在小煤矿。小煤矿存在的问题：一是规模小，投入能力不足，大多数设施简陋，开采方式落后，不具备安全生产条件，存在巨大的安全隐患。二是开采秩序混乱，超层越界、私挖乱采现象严重。不少小煤矿分布在大矿周围，形成“蚯蚓洞”，蚕食破坏大矿煤柱，甚至打通邻矿巷道，造成并发事故。三是小煤矿资源回采率平均不到15%，严重浪费资源。有的采空后不封堵，造成煤层自燃，殃及整片煤田。有的地方小煤矿遍地开花，地表千疮百孔，废弃物到处堆放，环境污染，生态恶化，令人触目惊心。四是不少矿主根本不懂法，不守法，甚至无视法律，公然抗拒执法，撕毁封条，违法生产，草菅人命，“采带血的煤，赚带血的钱”。据煤矿安监局统计，今年7月以来，全国煤矿发生的51起重、特大事故中，有31起发生在已被责令关闭或停产整顿、但仍然违法生产的小煤矿。

（四）安全生产基础薄弱

安全生产法明确规定，不具备安全生产条件的，不得从事生产经营活动。但从检查情况看，这些规定没有得到全面落实。一是安全投入不足，保障能力薄弱。安全监管总局测算，国有煤矿的安全投入欠账达505亿元，生产设备超期服役的约占三分之一。非国有煤矿投入不足的情况更为严重。据煤矿安监局调查，2004年全国生产的19.6亿吨煤中，7.6亿吨缺乏安全保障能力，其中2亿吨根本不具备安全生产条件。二是专业技术人员严重短缺。多数煤矿缺少采矿、机电、地质、测量、通风等方面的专业技术人员，新的招不进来，现有的也大量流失。中国煤炭教育协会反映，中国矿业大学等9所原煤炭院校，1999－2002年只培养了1454名地矿类专业毕业生，每年到煤矿工作的不足100人。黑龙江鸡西矿务局10年中只进来1名采矿专业大学生，却走了900多名技术人员。三是企业安全生产责任制不落实。一些煤矿安全制度不健全，培训不到位，措施不落实，现场管理混乱。还有一些煤矿改制时，“一卖了之”或“以包代管”，生产安全无人负责。

（五）执法不力

安全生产法明确规定了各级政府及有关部门的监管职责。检查中发现，监管部门存在“气不壮、不适应”的问题，执法不严，不能有效制止违法行为。一是资源管理混乱。一些地方资源管理部门对煤炭开采布局不合理、标准不科学、审批不严格，对无证开采、超层越界等违法行为制止不力。山西朔州细水煤矿长期与邻矿相互越界开采，造成巷道贯通，破坏通风系统，最终引发了一次死亡72人的特别重大事故，而有关部门没有及时发现、及时制止。二是安全监管不到位。很多事故不是事先没有发现隐患，而是没有严格执法，一追到底。辽宁阜新孙家湾矿出事前，当地煤矿安监分局进行了17次检查，对发现的重大安全隐患，没有跟踪督促煤矿整改，未能阻止矿难发生。三是惩处力度不够。一些地方反映，有的事故结案迟缓，责任追究不严，该追究刑事责任的没有追究，以罚代刑，起不到惩戒作用。四是执法犯法和腐败行为时有发生。从已查处的案件看，几乎每一起特别重大事故的背后都存在着腐败行为。有的领导干部和执法人员与矿主搞权钱交易，充当非法矿主的保护伞；有的甚至直接参与办矿，牟取非法利益。黑龙江七台河市桃山区发生一起死亡18人的特大事故，矿主竟然是该区安全监管局副局长。

二、原因

检查组认为，造成上述问题的主要原因是：

（一）安全生产工作不适应新时期的要求

世界许多国家在工业化过程中，都出现了一个生产安全事故的高发期。随着我国工业化、城镇化和经济结构调整加快，安全生产工作面临着新的形势、新的问题和新的挑战。一是我国经济持续快速发展，能源需求量与日俱增，而粗放的经济增长方式和高能耗的产业结构，加剧了煤炭供需紧张。2004年，我国GDP只占世界的4%，却消耗了世界31%的煤炭。煤炭产量4年来翻了近一番，仍不能满足需要。在这种形势下，煤矿普遍超能力开采，给安全生产带来很大压力。对此我们估计不足，缺乏有效应对。二是乡镇、民营等非国有煤矿大量增加，煤矿企业所有制结构发生重大变化。非国有煤矿多数仍采用落后的采煤方法，普遍用人多、劳动生产率低，事故发生率和死亡率较高。对这些为数众多、技术力量薄弱的非国有煤矿，缺乏必要的规范和生产技术指导。三是农村劳动力大量进入煤炭行业，煤矿从业人员构成发生很大变化。煤矿井下一线工人绝大多数是农民工，他们文化程度低，流动性大，政府有关部门和企业的用工管理和培训工作没有跟上，许多人未经培训就进入高危环境作业。面对上述新情况、新问题，我们在法律法规、监管体制和监管手段等方面还很不适应。

（二）行业管理弱化，安全监管体制不顺

煤炭行业作为基础产业，涉及资源勘探、开发规划、技术标准、设计规范、科研攻关、人才培养等多个方面。同时，由于我国煤炭资源赋存条件和开采条件比较差，井工矿占95%，高瓦斯和瓦斯突出矿井占51%，煤炭行业属高危行业，更需要加强行业管理。地方和企业普遍反映，近年来煤炭行业管理弱化：一是行业规划和发展政策不适应经济发展的需要。煤炭储量精查和新矿基建投入不足，对现有煤矿的技术改造和安全投入也没有跟上。二是原有的煤矿安全生产标准、技术规程、设计规范，已不适应煤矿安全生产的需要，但没有得到及时修订。三是煤矿安全基础研究薄弱，对预防和治理瓦斯突出等灾害缺少有效的技术支持。

地方和企业还反映，煤矿安全监管体制不顺，机制不完善，适应社会主义市场经济要求的安全监管体制和长效机制尚未形成。一是国家监察、地方监管的体制在实际工作中，存在着职能交叉、权责不明、多头执法的问题。二是煤矿安全生产涉及国土资源、行业管理、煤矿监察、安全监管、工商、公安等多个部门，涉及采矿许可证、煤炭生产许可证、安全生产许可证、矿长资格证、工商营业执照等多个证照，这些部门在证照管理和监督执法等方面统筹协调不够，联合执法机制没有形成。三是经济管理与安全监管缺乏协调机制。有的地方管安全的要求停产整顿，管经济的要求保证产量，部门之间互不通气，造成经济管理和安全监管脱节。四是安全监管力量不足，监管部门忙于事故处理和突击检查，对吸取事故教训、加强事前防范、防止同类事故反复发生，缺乏有力措施。

（三）对安全生产重要性的认识不到位

目前全社会安全生产的法制意识不强，不安全生产不认为是违法，不依法监管不认为是违法，对违法者惩处不力也不认为是违法。长期以来，安全生产在经济社会发展中的重要地位没有得到应有的重视，安全生产还没有纳入国民经济和社会发展规划。实际工作中，“安全第一，预防为主”的观念淡薄。一些地方领导只重生产，轻视安全，把安全生产工作停留在口头上、会议上、文件上，贯彻实施安全生产法严格不起来、落实不下去。一些企业负责人没有把维护职工生命安全放在第一位，受利益驱动突击蛮干，强迫职工超强度劳动，甚至进行奴役性生产。不少职工也缺乏安全生产知识和自我保护意识，不能运用法律手段保障自己的合法权益。

三、建议

检查组认为，要实现安全生产形势的根本好转，必须依法规范安全生产工作，着力解决突出的矛盾和问题。为此，提出以下建议。

（一）严格贯彻落实安全生产法

安全生产是一切生产经营活动的基本前提，安全才能生产，生产必须安全。国务院和各地要进一步加强安全生产法的宣传教育，提高全社会的安全生产法制意识。

要依法加强安全生产监管工作。一是完善适应社会主义市场经济要求的安全监管体制，强化政府职责，建立高效协调的联合执法机制。二是整顿和加强执法队伍，充实监管力量，提高执法能力，建立健全录用考核和执法过错追究制度，对失职、渎职的要及时清理出执法队伍。三是建立安全监管的长效机制，监管要从事故查处为主转向预防和控制为主，严格执行安全生产许可制度，加强日常监管和源头管理。四是加强廉政建设，严肃查处安全生产领域的腐败行为。各级法院、检察院要严格依法履行职责，惩处安全生产违法犯罪分子，提高办案效率。

要切实维护职工合法权益。一是充分发挥工会在促进安全生产方面的作用，保障工会依法组织职工参与企业安全生产工作的民主管理和民主监督。二是煤矿企业招用职工必须依法签订劳动合同，强化安全生产和岗位技能培训，提高职工素质和待遇，减轻劳动强度，配备劳动防护用品。三是加快落实工伤保险条例，2006 年底前在全国煤炭等高危行业普遍实施工伤保险制度。

（二）坚决遏制瓦斯爆炸事故频发的势头

一些煤矿的经验表明，在现有技术条件下，通过加强现场管理，落实安全生产责任制，瓦斯爆炸事故是可以预防、可以避免的。控制瓦斯爆炸事故，要标本兼治。一方面要增加投入，不断采用新技术控制风险，另一方面要严格执行安全生产责任制和生产操作规程。建议国务院及其有关部门采取更加有力的措施，督促各地对高瓦斯和瓦斯突出矿井加强监察、监管，力争用两年左右的时间，使重特大瓦斯爆炸事故有较大幅度的下降。同时，结合煤炭大型基地建设，制定高瓦斯井田“先抽后采”的方案，建成一批示范煤矿，并加以推广。

（三）从根本上解决小煤矿问题

建议国务院抓住当前有利时机，对小煤矿进行全面整治，争取用三年左右的时间，解决小煤矿问题。一是提高准入门槛，严把入口关。要重新制定新办煤矿的规模标准，在新标准出台之前，各地一律不得批准新建小煤矿。二是对现有小煤矿，凡不符合安全生产条件的要坚决停产整顿，整顿不合格的要坚决关闭；对符合条件的，也要通过整合资源、技术改造、建立完善的安全生产制度，提高开采规模和技术装备水平。三是严厉打击非法办矿、违法生产行为，对停产整顿期间明停暗开的要予以严惩，坚决制止变相新开小煤矿和前面关、后面开。

（四）加快煤炭行业的改革和发展

一是建议国务院尽快研究适应新时期的煤炭行业管理体制问题。二是建设大基地和组建大集团，走集约化、规模化的产业发展道路。深化国有重点煤矿改革，制定专门政策，分流大型国有老矿富余人员，妥善安置离退休人员，剥离企业办社会职能，中央和地方财政都要给予支持。三是将煤矿安全基础理论研究和科技攻关纳入国家中长期科技发展规划。抓紧修订煤矿安全生产标准、技术规程和设计规范。加强人才培养和职业教育。四是严格资源管理，统一规划资源勘探和开发，形成科学、合理、有序的资源开发格局。坚决整治严重破坏资源、污染环境的煤矿。尽快实施煤炭资源税费以资源储量为基数计征的办法。五是加大资金扶持力度，完善安全投入机制，抓紧落实对国有重点煤矿的税收优惠政策，尽快解决国有煤矿的安全投入欠账。同时，督促企业依法足额提取安全费用，并确保用于安全生产。

（五）全面推进安全生产工作

国务院提出，到2010年，初步形成规范完善的安全生产法治秩序，安全生产状况明显好转，重特大事故得到有效遏制，各类生产安全事故和死亡人数有较大幅度的下降。建议将这些目标纳入国民经济和社会发展第十一个五年规划。有关部门要根据规划制定分阶段目标，抓好落实。

安全生产涉及面很广，检查组在重点检查煤矿安全的同时，也检查了交通和危险化学品等方面的安全生产工作。交通事故死亡人数占到了事故总死亡人数的90%以上，安全工作亟待加强。要继续深化交通领域的安全整治，采取更加有力的措施预防和减少交通事故，大幅度减少死亡人数。危险化学品方面的事故近年来有所上升，社会危害大，损失严重。要强化危险化学品的安全监管，健全生产、储存、运输、经营、使用、废弃物处理等环节的安全责任制，严格资质管理，切实防范危险化学品泄漏、爆炸等重大事故。

检查中，一些地方和部门还对安全生产法、矿山安全法提出了修改建议。安全生产法实施只有两年多时间，当前的主要问题是贯彻实施不到位，法律修改可以过一段时间再研究。矿山安全法已经实施12年，有的规定不再适应当前形势，建议全国人大常委会修订矿山安全法。同时，建议国务院根据安全生产法，尽快修改完善事故调查处理办法。

委员长、各位副委员长、秘书长、各位委员：

安全生产关系广大人民群众的切身利益，关系改革发展稳定的大局，关系党和国家的形象，是一项政治性很强的重要工作。落实科学发展观首先要实现安全发展，以人为本首先要以人的生命为本，构建和谐社会首先要构建安全社会。我们一定要认真履行职责，坚持有法必依、执法必严、违法必究，推进安全生产各项法律制度的全面贯彻落实，让隐患得到消除、事故得到控制、安全得到保障，为建设一个更加安全、幸福、美好的和谐社会而共同努力。

华建敏国务委员在听取危险化学品安全管理情况汇报时的讲话（摘要）

（2005年7月11日）

党中央、国务院对危险化学品安全问题高度重视，胡锦涛总书记、温家宝总理、黄菊副总理多次作出重要批示，要求充分认识做好危险化学品安全工作的重要性，深刻汲取事故教训，切实加强和改进安全监管，严密防范事故的发生。各地区、各部门认真贯彻党中央、国务院的部署，组织开展了危险化学品安全专项整治和督查，研究制订了加强危险化学品运输安全管理的措施，指导和督促危险化学品从业单位落实各项安全控制措施，加强对相关人员安全培训考核，危险化学品安全管理工作取得了一定成效。全国危险化学品事故起数和死亡人数在去年比前年下降27.4%和32%的基础上，今年1～6月，又比去年同期分别下降2.8%和30.3%。各级政府及有关部门、生产企业，特别是从事危险化学品安全管理工作的同志们为此做了大量工作，付出了艰苦努力。但是，也要清醒地看到，目前危险化学品事故多发的势头仍未得到根本遏制，引发危险化学品事故的隐患仍然很多，安全管理工作亟待加强亟待落实。

一是危险化学品事故仍然多发且影响很大。

二是事故隐患仍然较多。据国务院安委会办公室近期对10个省（区、市）危险化学品安全管理专项督查发现，危险化学品从业单位存在大量的安全隐患。主要是：一些国有老化工企业由于资金紧张，技术改造跟不上，安全投入不足，设备陈旧老化；安全防护距离不足等问题比较突出；相当一部分中小危险化学品从业单位，安全管理松弛，违章指挥、违章作业情况比较严重，有的甚至不具备安全资质，非法生产经营。

三是安全监管力量相对薄弱。危险化学品安全管理包括生产、经营、储存、运输、使用、废弃处置等多个环节。每个环节都要求必须严格监管，不可稍有懈怠放纵。危险化学品安全监管责任分散在多个部门，在结合部的管理上容易出现脱节乃至管理空白。尤其需要关注的是，多数市、县级安全监管部门没有专门的危险化学品监管机构或专职监管人员，对一些中小化工企业的安全监管处于粗放状态。这种情况必须尽快纠正。

四是应急处置能力亟待提高。一些地方政府对危险化学品事故应急救援体系包括救援队伍建设缺乏统一规划，应急预案针对性不强，操作性较差，有的甚至没有预案；不少地方和企业对危险化学品事故处置也缺乏定期演练，消防、医疗救护存在力量不足、培训不够等问题。这对于及时有效地处置危险化学品事故是很大的制约。

以上情况说明，我国危险化学品安全生产基础仍然相对薄弱，影响危险化学品安全管理的一些突出问题还没有从根本上得到解决，危险化学品安全管理的体制、机制、法制等还有待于进一步完善。各地区、各有关部门一定要站在实践“三个代表”重要思想、落实科学发展观、构建社会主义和谐社会的高度，以对党和人民高度负责的精神，增强工作的紧迫感和责任感，积极采取有力措施，切实把危险化学品安全管理工作抓紧抓好。

当前，危险化学品安全管理工作总的要求是，坚持“安全第一、预防为主”的方针，认真贯彻落实《危险化学品安全管理条例》和相关法律法规，严格依法办事。以防范液氯、液氨、石油液化气等泄漏事故和加强危险化学品运输安全监管为重点，进一步强化地方监管和行业管理职责，落实企业责任，认真实行安全许可，严格市场准入，加大安全投入，狠抓隐患治理，逐步建立长效机制，推动危险化学品安全状况的稳步好转。

一、明确责任，加强协调配合，努力形成紧密的危险化学品安全保证体系

危险化学品安全工作涉及生产、经营、储存、运输、使用、废弃处置等多个环节，按照有关规定，每个环节由不同的部门履行监管职责，哪一个环节出现问题，都会造成严重后果。这就要求各有关部门必须密切配合，分工负责，环环紧扣，确保形成紧密的危险化学品安全保证体系。在生产经营环节，安全监管部门要抓好危险化学品安全生产许可证的颁发工作，加强检查监督，严禁无证企业、单位、个人从事危险化学品的生产经营活动；在运输环节，公安、交通、铁道、民航等部门要各负其责，进一步加强监管，对超限超载、无资质运输、审批手续不全的，严格把住承运关，严密防范将危险化学品作为普遍货物托运的行为，防止运输工具和容器不符合标准造成事故；在废弃处置环节，卫生、环保等有关部门要加强监督检查和指导。工商部门在办理营业执照时要严格审核有关安全手续，并对危险化学品市场经营活动严格监督管理。行业管理部门在管生产经营的同时，要抓好安全生产的管理工作。总之，各地区、各有关部门还要配备足够的监管力量，做到措施到位、信息互通、资源共享、执法互补，形成危险化学品安全监管的合力。

二、突出重点，抓好危险化学品安全专项整治

近几年来，危险化学品一直是安全专项整治的重点，特别是去年我们先后召开了全国安全生产电视电话会议、危险化学品安全专题会议，开展了危险化学品专项督查，有力地促进了危险化学品安全管理工作。下一步，我们要在继续深入开展“五整顿、两关闭”的同时，从危险化学品、管理环节、生产企业等层面突出抓好以下几个方面的专项整治。一是在产业上，重点抓好液氯、液氨、石油液化气、剧毒溶剂的安全整治。这类化学品易燃、易爆、剧毒或具有强腐蚀性，由于应用广泛，产量高，运输量大，管理稍有不慎，很容易造成泄漏、中毒、火灾、爆炸。二是在环节上，重点抓好运输过程中的安全整治。道路交通事故引起的泄漏、爆炸事故一直是危险化学品事故多发的环节。三是在企业类型上，突出抓好国有老化工企业和小化工厂的安全整治。这两类企业安全隐患比较多，事故时有发生。对危险化学品安全专项整治工作，安全监管总局要会同有关部门研究制订整治方案和措施，并作出部署；地方人民政府具体负责组织实施，督促危险化学品从业单位彻底查清存在的隐患和问题，并制订整改措施，特别是对国务院安委会办公室在危险化学品专项督查中已经发现的问题，要抓好整改，采取挂牌公示、限期完成、指定部门、专人督办等方式，加强跟踪检查，建立责任制，确保每一条隐患的整改工作都责任到人，落实到位。在专项整治工作中，各地区和危险化学品从业单位，首先要加强自查，对查出的隐患，要按照企业为主、部门监督的原则做好整改工作。

三、加大投入，加快企业技术改造和搬迁进度

一是加强政策引导，加大安全投入，尽快弥补安全欠账，对存在隐患的设施设备，要限期进行整改，消除安全隐患，提升安全保障能力。同时，要积极推进技术改造，采用先进安全可靠的技术装备，不断改进工艺技术，淘汰陈旧老化、危及安全的设施设备和工艺。

二是采取综合措施解决安全防护距离不足问题。《危险化学品安全管理条例》规定，对在规定限期内整改后安全防护距离仍不符合规定的危险化学品生产装置和储存设施，要转产、停产、关闭、搬迁。但由于受种种因素的制约，很多危险化学品生产企业的搬迁改造进展仍然比较缓慢。下一步，要督促地方政府把这项工作摆上重要议程，采取有力措施抓紧解决；暂时不能全部解决的，要制订分阶段、分步骤解决的计划，积极实施。有关部门要加快研究制订配套政策，调动地方政府和企业的积极性，在信贷、土地使用等方面，对搬迁企业予以一定的照顾和扶持，使这一严重影响危险化学品安全的问题尽早得以彻底解决。

三是加大危险化学品从业单位整合力度。对符合破产条件的危险化学品企业，要依法进行破产，对经营困难的企业积极研究引入战略投资者，实行兼并重组、转产；对不具备安全生产条件、污染严重、安全隐患突出的小企业依法予以关闭。

四、完善应急预案，提高重特大危险化学品事故的应急处置能力

危险化学品事故应急处置的专业性、技术性要求高，普通群众往往缺乏相关自救互救知识，建立完善的应急处置预案更加重要和迫切。各地区、各从业单位要从组织领导、指挥协调、事故预警、应急处置、人员物资准备等，制订完善的危险化学品事故应急处置预案，并经常组织开展演练，提高相关人员应对事故的能力。要依托大企业，尽快建立专业的危险化学品应急救援机构和队伍，增强应对危险化学品泄漏、爆炸等事故的能力；条件有限的地方，可以由地方政府明确相关机构，通过专业培训，配备必要的器材，建立危险化学品事故应急救援队伍。同时，要加强对重大危险源的监测监控，提高预警能力，防患未然。

第二部分 国家安全生产监督管理总局（国家煤矿安全监察局）领导关于安全生产工作的讲话

国家安全生产监督管理总局局长李毅中在国家安全生产监督管理总局干部大会上的讲话

（2005 年 2 月 28 日）

刚才中组部负责同志宣布了中央决定并提出了要求，国务委员兼国务院秘书长华建敏同志做了重要讲话，我完全拥护、坚决服从、努力贯彻。

近一个时期以来，重大安全事故多发，造成重大损失和严重社会影响，党中央、国务院高度重视，胡锦涛总书记、温家宝总理、黄菊副总理和华建敏国务委员多次作出重要批示。安全生产事关国家和人民利益，事关社会安定和谐，事关“以人为本”“执政为民”的执政理念，事关党的执政能力建设。由于经济的迅速发展、改革的不断深化、职工队伍的变化、历史遗留问题的凸现以及体制机制等深层次原因，搞好安全生产难度很大，安全生产形势严峻。党中央、国务院决定调我到国家安全生产监督管理总局工作，是对我的重托和信任。工作变动很突然，但临危受命，我深感责任重大。作为一名党员领导干部，我应该为党为国分忧，承担起更具挑战性、更具探索性、更具风险性的工作职责，努力工作，不辜负党和人民的期望。

安全生产是企业管理综合水平的反映，安全监管是政府履行经济管理、社会管理职能的重要任务，是实现社会安定和谐系统工程的组成部分。多年来，党中央、国务院十分重视安全生产工作，重视保护国家和人民的生命财产。安监局的同志们常年如一日，守卫在安全生产监管的第一线，作出了艰苦的努力和巨大的贡献，应予充分肯定。以显政为首的领导班子是团结的、有高度事业心的班子，是奋力拼搏、忠于职守的班子，是深入实际、吃苦耐劳的班子。显政同志带领大家作出的成绩与贡献是我们今后工作的基础，更是我学习的榜样。党中央、国务院决定国家安全生产监督管理局升格为总局，并对加强煤矿安全生产作出了一系列重大决定，提高了安全生产监督管理的权威性，这是加强安全生产的重大措施。刚才建敏同志的重要讲话对安全生产工作提出了具体明确的要求，我们要深刻领会、坚决贯彻。目前总局正处于改建时期，一定要做好当前安全生产监督管理工作，特别是要保证“两会”期间的社会安定。为此，我提四点要求：

一是当前和今年的安全监管工作，显政同志和原领导班子已经作出了安排，要继续执行。特别是几起重大煤矿安全事故后，国务院和安委会、安监局制定的重大措施要逐条落实，确保工作的连续稳定，坚决遏制重大事故的发生。

二是要按照国务院 2 月 23 日常务会议的决定，进一步强化“国家监察、地方监管、企业负责”的煤矿安全生产格局。落实地方政府安全生产监督管理职责，督促煤矿企业落实安全生产责任制，督促落实煤矿安全生产投入和技术改造，督促、组织和配合有关部门加快落实有关瓦斯治理的7项措施。继续搞好煤矿安全检查。

三是进一步修改完善和组织实施总局的“三定”方案。根据国务院领导同志的要求，建立全国安全生产监管体制的大格局，站在全局的高度审视保障安全生产的体制机制，找准总局的定位，科学界定总局、煤监局和地方安监机构以及行业主管部门的职责，完善总局的机构、岗位设置，深化内部改革，提高工作效率。

四是按照原方案有序推进总局保持共产党员先进性教育活动。第一阶段的学习培训正在紧张有序进行，要在中央督导组的指导下，继续扎实推进。要把先进性教育活动与保障安全生产形势稳定结合起来，与落实国务院确定的总局的职责结合起来，与加强总局班子和党员干部队伍建设结合起来，切实做到“两不误，两促进”。

我过去长期在企业工作，应该说对安全生产不算陌生，但对煤炭等行业并不很了解，我一定深入实际调查研究，向大家学习，尽快熟悉情况。这几天，我学习了国务院《关于进一步加强安全生产工作的决定》和党中央、国务院领导同志的讲话，学习华建敏同志2月25日代表国务院向人大常委会所做的关于安全生产情况的报告，听了刚才建敏同志的重要讲话，受到深刻教育，初步作了些思考，感到加强安全生产要重视五个要素：

一是安全文化，即安全意识。要加强宣传教育工作，普及安全常识，强化全社会的安全意识，强化公民的自我保护意识。领导干部要按照“三个代表”重要思想要求，树立“以人为本”的执政理念，真正树立和落实科学发展观，时刻把人民生命财产安全放在首位。要切实落实“安全第一、预防为主”的安全生产方针。行业和企业要确立具有自己特色的安全生产管理原则，落实各种事故预案。加强职工安全培训，确立不伤害自己、不伤害别人、不被别人伤害的安全生产观念。安全是企业和社会永恒的主题，永远是企业管理的薄弱环节，真正做到警钟长鸣，居安思危，言危思进，常抓不懈。

二是安全法规。《安全生产法》已经于2002年颁布实施，要广为宣传，深入人心。要健全贯彻落实《安全生产法》的配套法规和标准，行业、企业要结合实际建立和完善安全生产规章制度，要将那些被实践证明切实可行的措施和办法上升为制度和法规。逐步建立健全全社会的安全生产法律法规体系，用法律法规来规范政府、企业、职工和公民的行为，真正做到有章可循、有章必循、违章必纠，体现安全监管的严肃性和权威性，使“安全第一”的思想观念真正落实到日常生产生活中。

三是安全责任。责任心是安全生产的灵魂。企业是安全管理的责任主体，法人代表、企业“一把手”是安全生产的第一责任人。第一责任人要切实负起职责，要制定和完善企业安全生产方针和制度，层层落实安全生产责任制，治理安全生产重大隐患，保障发展规划和新项目的安全“三同时”。各级政府是安全生产的监督主体，要切实落实地方政府、行业主管部门及出资人机构的监管责任。要科学界定总局安全生产监管职能，依法履行监管职责。要建立严格而科学合理的安全生产问责制，严格执行安全生产责任追究制度，深刻吸取事故教训。

四是安全科技。安全是企业管理、科技进步的综合反映，安全需要科技的支撑，实现科技兴安。企业要采用先进实用的生产技术，组织安全生产技术研究开发，国家要积极组织重大安全技术攻关，如煤与瓦斯突出、华北奥灰水患、静电危害、高压油气井喷等重大安全技术，研究制定行业安全技术标准、规范。积极开展国际安全技术交流，努力提高我国安全生产技术水平。

五是安全投入。安全需要投入，安全要付出成本，设备老化、安全设施缺失是安全的心腹之患，隐患不除，永无宁日。要解决历史欠账，消除不安全隐患，需要解决资金渠道。企业是安全投资主体，要按规定从成本中列支安全生产专项资金，加强财务审计，确保专款专用。国家和地方要支持困难企业的安全设备和技术改造，困难行业和企业要有治理安全隐患的政策措施，并严格依法执行。

安全生产是一个系统工程，要将安全寓于生产、管理和科技进步之中，要注意克服体制机制的弊端，注重源头治理，实现本质安全。要结合中国国情研究解决安全生产问题，中国是一个发展中的大国，是一个正在工业化的国家。现在有些安全事故的发生与行业管理薄弱有关，与增长方式落后有关。作为安全生产监管部门，必须尽心尽责努力实现安全监管工作到位，同时要研究安全生产的深层次问题，提出意见和建议。

安全生产形势严峻，安全生产任务艰巨，安全生产监管任重道远。安全生产需要全社会的关心、理解和支持。我愿与大家一起，在党中央、国务院的正确领导下，紧密团结在以胡锦涛同志为总书记的党中央周围，为党和国家分忧、为人民分忧，恪尽职守，殚精竭虑，积极承担起极具挑战性、探索性和风险性的工作，在现有工作的基础上，积极探索，勇于实践，真抓实干，努力实现全国安全生产形势好转，为开创职工安全健康、人民安居乐业、社会安定和谐的新局面努力奋斗。

国家安全生产监督管理总局局长李毅中在全国煤矿瓦斯防治工作现场会上的讲话

（2005 年 4 月 26 日）

这次全国煤矿瓦斯防治工作现场会，是在煤矿安全形势严峻，国内外高度关注，全国煤矿贯彻国务院 81 次常务会议决定开展瓦斯治理的情况下召开的。黄菊副总理莅临会议并作了重要讲话，明确了煤矿安全工作的方向和现阶段的重点任务。淮南矿业集团公司等先进单位的经验，使大家受到启发，增强了治理瓦斯灾害、做好煤矿安全工作的信心。有关部门的领导同志强调了煤矿瓦斯治理工作应当突出抓好的一些环节。会议开得很好，很及时，对于遏制煤矿重特大瓦斯事故多发势头，加快实现煤矿安全状况的稳定好转，将起到重要的促进作用。

一、认真学习、深刻领会黄菊副总理重要讲话精神，增强抓好煤矿瓦斯治理工作的责任感、危机感和紧迫感

黄菊副总理 25 日上午的重要讲话，从构建社会主义和谐社会的战略高度，深刻阐述了煤矿安全生产和瓦斯治理工作的重要性，再次明确了国家、地方政府和企业在煤矿安全工作上的责任，强调要采取有效措施，打一场煤矿瓦斯治理的攻坚战，坚决遏制重特大瓦斯事故多发势头。黄菊副总理的重要讲话，有着很强的现实针对性和长远指导作用。我们一定要认真学习，深刻领会，坚决贯彻执行。

近年来，在党和政府的领导下，依靠各地政府、各相关部门和广大煤矿企业的共同努力，我国的煤矿安全工作总体上不断得到加强。多数产煤地区和煤矿企业的安全状况比较稳定。一些单位和地方如淮南矿业集团公司、神华集团公司、河南平顶山市等，在煤矿安全工作和防范瓦斯事故方面取得了好的成效，创造了新鲜经验。

虽然煤矿安全工作取得了一定的成绩，但由于种种原因，制约我国煤矿安全的最突出问题——重特大瓦斯事故多发问题，尚没有得到解决。煤矿安全形势仍然严峻。

受地质赋存、井工开采条件等因素的影响，我国煤矿瓦斯灾害比较严重，约半数的矿井为高瓦斯、高突矿井。新中国成立以来煤矿发生的 19 起一次死亡百人以上事故，其中 18 起为瓦斯事故。去年十月份以来，相继发生了 3 起一次死亡百人以上瓦斯爆炸事故。尤其辽宁阜新矿业集团海州立井“2 · 14”瓦斯爆炸事故，是自 1960 年大同老白洞“5 · 8”事故之后，45 年来死亡人数最多、最惨烈的一次矿难，损失巨大，社会影响恶劣。海州立井事故之后，在国内外舆论高度关注，国家三令五申，各级政府加大安全监管力度的情况下，全国煤矿又相继发生了多起特大瓦斯事故。一季度全国煤矿事故死亡 1257 人，同比上升 9.4%。其中发生一次死亡 10 人以上特大事故 8 起，同比上升 33%，死亡 402 人，同比增加 276 人。

最近一个时期煤矿瓦斯事故多发的现实再次表明：瓦斯始终是我国煤矿安全的最大威胁。瓦斯不治，矿无宁日，煤矿工人的生命安全就得不到保障。煤矿安全搞不好，全国安全生产状况就难以稳定好转，甚至干扰改革发展和稳定大局，影响构建社会主义和谐社会和全面建设小康社会的历史进程。

今年煤矿安全工作开局不利，形势严峻。煤矿安全工作的压力很大。国民经济的持续快速发展和高耗能、低效率的经济增长方式，造成煤炭消费需求的大量增加。今年一季度全国煤炭产量增长9.1%，电力增长13%，尚有26个省拉闸限电，煤炭产量仍供不应求。而煤矿安全生产的基础仍然非常薄弱，仅国有煤矿安全欠账就高达500多亿元。据统计，在2004年全国19.56亿吨煤炭产量中，约有7.5亿吨安全生产保障条件不足。在市场需求和经济利益刺激下，一些煤矿超能力生产，超强度开采，不顾安全条件强行生产。一方面，是企业强烈的超产冲动，近乎失控的超产幅度；另一方面，是大量的安全欠账，脆弱的安全基础。二者对立的结果必然导致事故、甚至特大恶性事故的发生。煤矿等领域重特大事故多发，深层次原因正在于此。

当前以及今后几年，我国煤矿安全生产面临着严峻的挑战。通过狠抓瓦斯治理，加强和改善煤矿安全基础工作，在国民经济持续快速发展的同时，坚决遏制煤矿重特大瓦斯事故的多发势头，实现煤矿安全状况的稳定好转，是广大煤矿企业、产煤地区各级政府、安全监管监察机构和各相关部门共同的使命，是我们各级领导干部义不容辞的职责。

二、超常规抓工作，把国务院确定的瓦斯治理各项措施落到实处

党中央、国务院一向高度重视煤矿安全工作。2月23日，家宝总理主持召开国务院常务会议，专题研究煤矿安全生产问题，决定在煤矿瓦斯治理方面采取七项措施，并就建立地方政府领导干部联系重点煤矿安全工作制度、煤矿干部下井带班，以及建立国家、地方和企业共同增加安全投入的机制等，提出了明确的要求。在经济社会宏观管理任务繁重，工作千头万绪的情况下，总理亲自主持召开国务院常务会议研究一个行业的安全生产问题，并且这样具体、这样细致，是不同寻常的。既说明了煤矿安全形势的严峻性，同时也向国内外宣示了中国政府根治煤矿瓦斯灾害、坚决维护广大矿工生命安全的坚定意志。

国务院第81次常务会议关于煤矿安全工作的各项举措，渗透着“三个代表”重要思想，体现着“以人为本”的执政理念，符合国情和当前煤矿安全领域的实际，具有很强的针对性和可操作性。特别是瓦斯治理“七项措施”，体现了预防为主、标本兼治的方针，包含了管理和技术两个层面的内容，是解决我国煤矿瓦斯灾害问题的有效方法和根本途径。贯彻国务院关于煤矿瓦斯治理的“七项措施”，一是要有一个坚决的态度。对国务院的决策，必须坚定不移贯彻到底。这是一个原则问题，也是检验一个领导班子、一个党员干部党性觉悟高低的重要标准。二是要有只争朝夕的精神。瓦斯危害一日不除，煤矿工人就一日没有安全保障。治理煤矿瓦斯如同拯救生命，刻不容缓。不能按部就班、四平八稳，必须夜以继日，以超常规的精神、超常规的节奏狠抓落实。三是要真抓实干，逐项逐条抓好落实。国家煤矿安全监察局已经列出统筹图，明确关键点和要求，责任单位和责任人，务求在最可能短的时间内，把“七项措施”落实到煤矿。

“七项措施”中瓦斯治理科研攻关和推进煤层气综合开发利用两项，发改委、科技部已经作出安排，并在抓紧组织实施。这里，简要讲一下其他五项措施的贯彻落实问题。

（一）向45户重点煤矿派督导组

目前各省区派驻重点企业的瓦斯督导组都已经组建并进入煤矿。地方政府对这项工作是重视的，督导工作也是认真负责的。但也有个别地方存在着敷衍现象，抽调了一些不懂安全、不了解煤矿的人员下去，督导工作不到位，不能发挥作用。希望按照国办6号明电的要求，选派得力人员，建立督导工作责任制，严格考核奖惩。同时要向停产整顿煤矿派出监督员。国家安全监管总局调度中心下一步要加强跟踪调度和监督检查，及时通报。

（二）组织专家对瓦斯灾害严重的重点煤矿进行安全技术“会诊”

我们已从煤炭科研设计单位、高等院校、社团机构和煤炭企业抽调84名专家，组成11个组，从4月20日开始，对45户重点煤矿逐个进行安全技术“会诊”。这次“会诊”要与第二批煤矿安全技改项目、国家科研攻关项目的调研结合起来。专家组要深入煤矿、认真负责，依靠煤矿、取得支持，找准问题、落实措施。希望各地政府和煤矿企业要支持配合专家组的工作，按照专家“会诊”提出的意见建议，搞好隐患治理和安全技术改造工作。

（三）贯彻“以风定产”的规定，防治煤矿超能力生产

国家发改委、安监总局和煤监局联合制定的

《煤矿通风能力核定办法》即将下发。煤矿企业要按照这个《办法》，本着实事求是的原则，尽快对所属矿井的通风能力进行核定。省属煤矿以及地方、乡镇煤矿，要报省行业主管部门核准；中央煤炭企业报国家发改委核准。煤矿要按照核准的能力定员、定岗、定编，合理配置井下作业人员。在核定、核准期间，煤矿不得超过原定生产能力。核准之后，再发生超核定能力生产现象，要作为未遂事故追究责任。

（四）有瓦斯动力现象的矿井一律按突出矿井管理，并进行安全技术改造

年初公布的44处曾经发生过瓦斯动力现象的矿井，目前尚有17处没有组织鉴定。对这17处矿井，国家煤矿安全监察局已经下达了停产整顿指令，并通过新闻发布会予以公布，各地政府要监督执行。已经鉴定为突出矿井的单位，要抓紧拿出安全技术改造方案，争取列入在国家扶持重点煤矿安全技术改造项目。但解决国有煤矿的安全欠账，主要还是靠企业自己的力量。最近，财政部、发改委、安监总局和煤监局又联合下发了《关于调整煤矿安全费用提取标准的通知》，决定提高提取标准，45户重点煤矿企业的高瓦斯、高突矿井可以按吨煤不低于15元来提取。所有煤矿包括民营煤矿，都必须按规定足额提取并做到专款专用，同时还按规定提足折旧和维简费。

（五）推广数字化瓦斯远程监控系统

所有高瓦斯矿井、煤与瓦斯突出矿井，都要抓紧建立健全数字化瓦斯远程监控系统。已建立的要加强维护维修，确保完好和正常使用。今年，国有重点煤矿要实现矿务局（集团公司）内部联网；地方国有煤矿、乡镇煤矿要实现县（区）范围内的联网。六月份，国家安全生产监管总局和煤矿安全监察局将召开一次现场会，加大推广力度。

三、学习推广淮南矿业集团公司等单位的经验，强化企业责任主体

企业是安全生产的责任主体。一个时期来，淮南矿业集团公司等单位认真贯彻“安全第一、预防为主”的方针，把党和政府关于加强安全生产的要求，与本单位、本地区的实际密切结合起来，创造性地抓好瓦斯治理和安全防范工作，提高了煤矿抵御重特大瓦斯事故的能力，逐步改善了企业安全面貌。

先进单位的经验概括起来，主要是以下五个方面：

（一）浓厚的安全文化氛围和强烈的防范瓦斯事故意识

淮南曾经是瓦斯灾害的重灾区，历史上多次发生重特大瓦斯爆炸事故。集团公司从经营管理层到工人群众，曾为此付出了代价，人人有切肤之痛。他们接受教训，把治理瓦斯、防范重特大瓦斯作为企业头等大事来抓。经过持续不懈的努力，企业瓦斯治理的科学理念、战略方针、规章制度、管理办法、技术措施等深入人心，成为经营管理人员和广大职工的自觉行动。矿区所到之处，无论井上井下，处处可以感受到对瓦斯事故的高度警觉。正是这种浓厚的安全文化氛围，为防范瓦斯事故建立了比较稳固的思想防线、群众防线。

（二）健全完善的安全规范

淮南矿业集团公司自觉遵守煤矿安全法律、法规、规程和标准，贯彻执行国家关于煤炭开采、瓦斯抽放等方面的技术政策，从矿区实际出发，确立了“可保尽保、应抽尽抽”，“先抽后采、煤气共采”的瓦斯治理战略，制定出台了《瓦斯治理做法五十条》、《瓦斯治理技术五十项》以及“一通三防”各项制度，形成了比较完善的技术规范、管理体系和行为标准，把瓦斯治理工作逐步纳入制度化、规范化的轨道。

（三）严格的安全责任

责任是安全生产的灵魂。这次会上交流经验的单位，包括淮南、神华、开滦、铁法、平顶山、鹤壁等煤矿企业，一个共同的特点，就是牢固树立了煤矿安全“责任重于泰山”的思想观念，企业法人代表切实负起了第一责任人的责任。并在企业内部建立了严密的安全生产责任制体系和考核奖惩制度，落实到每个层级、每个岗位和每个职工，保证了瓦斯治理和安全生产各项任务的完成。所有煤矿企业都要认真学习他们的经验。

（四）先进的安全技术和科学的安全管理手段

安全是企业管理、科技进步的综合反映。安全寓于科技进步、科学管理之中。在目前一方面煤炭供应紧张、一方面煤矿安全基础薄弱的矛盾处境中，只有贯彻实施“科技兴安”战略，依靠科技进步，改革落后的生产方式和管理方法，完善技术标准和规程规范，推广普及先进适用的技术和科学

管理方法，组织重大安全科技攻关，才能提升煤矿安全生产保障程度，维系正常生产。

“先抽后采、监测监控、以风定产”十二字方针，是瓦斯防治实践的总结，是对客观规律的认识。煤矿企业要强化以总工程师（技术负责人）为首的技术管理体系，保证把这个方针真正落到实处。目前在瓦斯事故的形成、矿井突发动力的灾害机理、开采过程中的瓦斯抽放利用等方面，还需要深入攻关。在科技部的大力支持下，相关科研项目已取得了进展，今后要进一步加大攻关力度，力争早日取得成功。

（五）足够的安全投入

安全需要投入，安全要有成本。淮南矿业集团公司最近三年投入约40亿元用于安全生产。2004年设立了瓦斯治理专项资金，按吨煤10元的标准提取，主要用于“一通三防”工程、瓦斯治理科研攻关和购置瓦斯防治设备仪器。神华集团神东公司近年来平均每年投入约3亿元，用于瓦斯治理和矿井安全技术改造，有效地保障了安全生产。

目前一些煤矿瓦斯抽放和监测监控系统不健全，设备陈旧，既有历史的原因，也有认识不足、重视不够的原因。据调查了解，目前煤矿企业是具有投入能力的。至于一些煤矿井下至今还在使用五六十年代甚至日伪时期的设备，更是亟待更新。一些煤矿不能正确处理安全与生产、眼前利益和长远利益的关系，为追逐利润，不愿意加大投入，不治理事故隐患，这是很危险的，必须坚决扭转。各地政府要采取措施，督促煤矿企业利用当前经济效益较好的时机，加大安全投入，提高煤矿本质安全水平。

先进单位的经验表明，只要认真履行企业责任主体的职责，安全要素到位，防范工作到家，政府监管监察得力，就能够有效遏制煤矿瓦斯事故，掌握煤矿安全生产的主动权。希望广大煤矿企业一定要认真学习先进经验，从安全文化（也即安全意识）、安全法制、安全责任、安全科技、安全投入等要素入手，努力建立瓦斯防治的长效机制，实现煤矿安全的长治久安。

四、加大安全监管监察执法力度，全力推动煤矿瓦斯治理和煤矿安全工作

政府是煤矿安全生产的监管主体。政府监管主体既包含了国家安全生产监管监察部门，也包括了各级地方政府、行业主管部门和国有资产管理机构。国家安全监管总局作为国务院履行安全生产监督管理的职能部门，主要是对全国安全工作实施综合性监管和监察，督促地方政府、行业主管部门、出资人机构落实安全煤矿监管责任。此外，安全监管总局还承担着煤矿安全监察执法、监管无主管部门行业以及中央煤矿企业的安全生产工作。

根据国务院确定的“国家监察、地方监管、企业负责”的煤矿安全工作格局和黄菊副总理的重要讲话精神，各级安全监管部门要在地方政府的统一领导下，切实加强对煤矿安全工作的监督管理。按照分级属地管理的原则，地方政府必须对管辖范围内各类所有制、不同规模的煤矿的安全生产负责监管。哪一级政府管理的煤矿，哪级政府及其安全监管部门必须依法履行安全监管职责。地方安全监管部门要加强日常性监督检查，指导督促煤矿企业做好安全工作。要敢于碰硬，与地矿、公安、工商等部门以及煤矿安全监察机构密切配合，联合执法，现场办公，解决好非法开采、违法违规生产的“钉子户”、老大难问题。

各级煤矿安全监察机构要围绕着瓦斯治理和防范瓦斯事故，加大监察执法力度：

（一）加强对国务院确定的煤矿瓦斯治理各项措施贯彻落实情况的监督监察

对贯彻不力的，要站在国家监察的角度，予以批评督促。对不能及时整改重大隐患，或者寻找借口拖延整改、拒绝整改的，要向地方政府通报，提请地方政府及其有关部门采取措施；并根据煤矿违法违规事实，依法采取必要的监察执法措施。

（二）监察督促各地落实“五整顿、四关闭”

最近，黄菊副总理针对一些地方小煤矿乱采滥挖、违法违规生产现象，作出重要批示说：“不符合条件的小煤矿仍要坚决关停整顿”。为此，重申在全国煤矿瓦斯治理电视电话会议上的要求。“五整顿”即：凡超通风能力生产的矿井、没有按规定建立瓦斯抽放系统的高瓦斯矿井、有瓦斯动力现象而没有采取防突措施的矿井、未经“三同时”审查验收的在建改扩建矿井、在规定期限内没有提出安全生产许可申请的矿井，要立即停产整顿。煤矿安全检查机构要下达停产整顿指令，并向地方政府及其煤矿安全监管部门通报。“四关闭”即：凡无证非法矿井、“死灰复燃”矿井、经整顿仍然达不到安全生产标准的矿井、拒不停产或者停而不整的矿井，地方政府要立即予以关闭。煤矿安全监察机构要加强监督监察，发现该关不关的小煤矿，要提出建议，追究所在地县、乡政府的责任。对无视国法，无视政府监管，无视矿工生命安全，违法违规、私采滥挖造成事故的不法矿主，要支持、督促地方政府依法严厉惩处。

（三）认真查处煤矿重特大事故以及未遂事故

要查清引发事故的直接原因，以接受教训，改进瓦斯防治技术和管理。要查清责任，依法严肃追究有关人员的责任。要注意发现和揭露非法办矿、违法违规生产，以及煤矿事故背后隐藏的不正之风和腐败现象，建议地方党委、政府及其纪检、检察机构严厉惩治那些官商勾结、权钱交易、失职渎职的公职人员。

（四）加强调查研究，及时发现问题和解决问题

各地煤矿的情况不同，在瓦斯治理中都积累了一些经验，也存在着不少难题。要深入煤矿调查研究，抓好瓦斯治理和煤矿安全工作中的共性问题和薄弱环节，研究提出对策措施，为煤矿安全生产创造有利的法制环境和政策环境。希望各级煤矿安全监察、安全监管机构认真做好这方面工作。

煤矿瓦斯治理和煤矿安全生产是一项非常艰巨任务，是一项涉及广泛的系统工程，需要各方面、各级政府的密切配合。希望进一步加强沟通协调。请各地区、各单位把煤矿瓦斯治理工作进展情况，以及好的做法和经验，随时向国家安监总局、煤监局和相关部门作出通报和报告。以便我们掌握工作进度，及时协调解决工作中的问题，推动工作的顺利进行。

瓦斯治理和煤矿安全工作事关人民群众的根本利益，事关改革发展和稳定大局，事关构建社会主义和谐社会和全面建设小康社会的战略目标。我们要进一步强化责任意识，按照国务院81次常务会议和黄菊副总理重要讲话的要求，加强和改进国家监察执法，落实地方安全监管责任，强化煤矿企业责任主体，调动起方方面面的积极因素，团结一致，协作配合，尽心尽责、扎扎实实抓好工作，努力根治煤矿瓦斯隐患，遏制瓦斯事故多发的势头，促进煤矿安全和全国安全生产形势的逐步好转！

国家安全生产监督管理总局局长李毅中在国家安全生产监督管理总局党组理论学习中心组（扩大）学习培训班和安全生产工作座谈会上的讲话

（2005年7月25日）

这次学习培训和座谈会的主要任务是，认真学习关于科学发展观和社会主义和谐社会的科学理论，传达贯彻国务院领导同志关于安全生产工作的重要指示，按照全国人大常委会《安全生产法》执法检查提出的要求，紧密联系当前实际，针对突出问题，深入进行研讨，提高认识，统一思想，增强信心，进一步加强自身建设，推动职能、工作方式和工作作风“三个转变”，促进安全生产状况的稳定好转。

一、安全生产是落实科学发展观、构建社会主义和谐社会的必然要求

科学发展观和构建社会主义和谐社会，是以胡锦涛同志为总书记的党中央在理论上的重大创新，体现了“三个代表”重要思想，包含着加强党的执政能力建设的深刻内涵，反映了全面建设小康社会的客观要求，为全党和全国各项工作提供了必须遵循的指针。

（一）科学发展观为加强安全生产工作提供了坚实的思想基础和强大的精神动力

科学发展观的提出，标志着我们党对市场经济

条件下经济社会发展规律认识的深化，是解放思想、实事求是、与时俱进和理论创新的成果，是马克思主义发展理论和党的执政理念的一次飞跃。学习科学发展观，进一步认识到安全生产工作的重要性。

“以人为本”是科学发展观的本质——“以人为本”就是要把人民的利益放在首位，促进人的全面发展，充分发挥人力资源优势。保障生命安全是人最基本的需求。从这个意义上说，“以人为本”就是以人的生命为本，把事关人的生命和健康的安全生产工作摆在重要位置上。

全面协调和可持续发展是科学发展观的基本内容——发展是硬道理。发展应当注重质量和效益，应当建立在资源和环境能够承载的基础上。经济增长方式应当转移到依靠科技进步和提高劳动者素质的轨道上来。搞好安全生产，保护劳动者的生命安全和人力资源的可持续性，是推动经济增长方式由粗放型向集约型转变，走新型工业化道路，实现安全发展、节约发展、清洁发展和可持续发展的重要方面。

统筹兼顾是主要任务——统筹城乡发展、区域发展、经济社会发展、人与自然和谐发展、国内发展和对外开放。实现“五个统筹”，必须解决重特大事故多发问题，实现人与自然和谐相处，使安全生产与经济发展和社会进步相适应。安全生产应当纳入经济社会发展总体规划，建立国际通行的安全生产指标考核体系。

实现和保持国民经济的平稳较快发展是目的——树立和贯彻科学发展观，是为了实现国民经济持续、稳定、健康、协调发展。“第一要务”需要安全第一，需要不断提高安全生产保障能力，创建本质安全型企业，夯实经济发展的基础，促进发展质量和效益的提高。

对照科学发展观，综合安全生产状况，目前存在的突出问题：一是经济增长方式落后。高投入，高消耗，高排放、高污染，低效率，低回报的状况没有根本改变，市场准入门槛低，低水平建设重复，安全生产受到严重挑战。二是人力资源得不到应有的珍视。一些地方忽视安全，漠视劳动者的生命和健康。一些非法业主损害职工合法权益，甚至牺牲从业人员的生命和健康追逐利润，造成伤亡事故多发。三是生产力发展水平低。技术装备落后，从业人员素质不高，安全生产基础脆弱。所有这些，都不符合科学发展观的要求。而这些问题的解决，除了要在宏观管理、结构调整等方面采取措施之外，也有赖于安全生产工作的进一步加强，有赖于安全监管监察系统的持续努力。

（二）构建社会主义和谐社会的重大任务，对安全生产工作提出了新要求

构建社会主义和谐社会，是我们党从全面建设小康社会、开创中国特色社会主义事业新局面的全局出发提出的一项战略任务，体现了物质文明、政治文明、精神文明和社会进步的有机结合，反映了广大人民群众的根本利益和共同愿望。构建和谐社会既是中国共产党人的治国理想，也是治国方略和机制；既是长期奋斗目标，也是一个逐步实现的过程，是目标和过程的统一。

安全生产是构建社会主义和谐社会的应有之义和重要内容。构建和谐社会的六个基本特征，都与安全生产有着密切的内在的联系，同时也对安全生产工作提出了新的更高的要求。

民主法治——即社会主义民主得到充分发挥，依法治国方略得到贯彻落实。一方面，安全生产需要自觉坚持党的群众路线，组织职工群众参与企业安全管理和安全监督；另一方面，要加强安全生产法制建设，建立规范的安全生产法治秩序，实现“依法治安”。

公平正义——即各方面利益都能够得到妥善协调，社会公平和正义得到切实维护。目前一些地方存在的非法业主发财、劳动者遭殃现象，是最大的不公平，是对社会正义的蔑视和践踏。按照构建和谐社会的要求，必须加大安全监管监察力度，依法对肇事业主严厉处罚，提高对事故伤亡人员的经济赔偿，切实保障公民的生存权利和劳动者的安全权益，维护社会公平正义。

诚信友爱——即互帮互助，诚实守信，友爱融洽。诚信是社会的共同守则，是公民的道德规范。在安全生产上，政府诚信，就是要自觉坚持“以人为本”的施政理念，把安全生产纳入经济社会发展的总体布局；监管部门诚信，就是要依法履行监管职责，严格执法，说到做到；企业诚信，就是要自觉遵守安全法律法规，向员工提供能够确保安全的作业环境和劳动防护条件；从业人员诚信，就是要恪守职责，自觉服从管理，遵章守纪。“关爱生命、关注安全”，是社会友爱的基本要求。用“诚信友爱”建立起安全生产的道德防线。

充满活力——即人的积极性充分调动，社会成员的创造得到尊重和发挥。社会是由家庭、企业、法人单位、社区等基本细胞所构成，安全生产是这些细胞保持活力的基本前提和必要条件。如果人的生命健康没有保障，工作和生活中事故隐患四伏，人人为自身安全而忧虑，就会严重挫伤人的生活热情，损害人的积极性。没有安全生产就没有活力可言。安全生产工作自身的活力，即人们搞好安全生产的积极性和安全工作创新精神，也是社会活力的组成部分，同样应该得到调动和发挥。

安定有序——即人民安居乐业，社会安定团结。安全生产具有“牵一发而动全身”的作用。事故往往造成人员的伤亡、家庭的不幸、单位的创伤、社会的震荡。事故多发必然会影响社会稳定乃至国家政权形象。要实现社会安定，必须坚决遏制重特大事故的发生。

人与自然和谐相处——即做到生产发展、生命安全、生态良好、生活幸福。适应自然规律，利用自然资源，保护自然环境，得到大自然的慷慨回报。如果掠夺自然、抗拒自然、破坏自然，必然受到自然的惩罚，甚至让人付出生命代价。瓦斯是大自然赋予人类的财富，何以变成煤矿安全的第一杀手？频频发生的生产安全事故，就是大自然及其所固有的规律对人类逆行的惩罚。只有正确认识客观规律，顺应客观规律的要求，才能掌握安全生产的主动权。

（三）与科学发展观、构建和谐社会的要求相比，安全生产工作还存在较大差距

党的十六大以来，党中央、国务院从法制、体制、机制和投入等方面采取一系列措施，使安全生产工作不断得到加强，安全生产状况总体上得到改善。全社会安全意识不断增强，安全生产法律体系初步形成，企业安全生产责任主体逐步落实，政府安全监管体系基本建立，各项安全生产专项整治取得了阶段成效。对成绩应予充分肯定。同时也要看到存在的差距和问题：

一是事故总量过高。2004 年全国发生各类事故 80.36 万起，死亡 13.67 万人，大约每亿元 GDP 死亡 1 人，每万人中有 1 人在事故中丧生，伤残约 70 万人。加上职业病危害，每年大约近百万个家庭遭受不幸。

二是重特大事故呈多发、频发势头。2004 年全国发生一次死亡 10 人以上特大事故 129 起，其中 30 人以上特别重大事故 14 起。去年四季度以来，情况变得趋于严重。从 2004 年 10 月 1 日到 2005 年 7 月 20 日，294 天里全国共发生一次死亡 10 人以上事故 103 起，30 人以上事故 16 起，百人以上事故 3 起。这些事故给人民群众生命财产造成惨重损失，影响了构建和谐社会的历史进程。

三是作业场所职业危害严重，也是当前的一个突出问题。据不完全统计，全国约有上亿劳动者从业环境存在职业危害。截至 2004 年底，尘肺病累计报告病例 58 万例，现有尘肺病患者 44 万人、疑似患者 60 万人。要在遏制重特大事故多发、减少伤亡的基础上，创造条件，大力加强职业安全卫生工作，切实改善作业环境。

以上这些都表明，现阶段的安全生产与科学发展观和构建社会主义和谐社会的要求，还有很大的差距、较多的不适应之处。“以人为本”首先是要以人的生命为本，科学发展观首先要安全发展，和谐社会首先要关爱生命。我们要认清肩负的职责，坚持用科学发展观统揽安全生产工作全局，服从服务于构建社会主义和谐社会的重大任务，增强抓好安全监管监察工作的自觉性。

二、把握工业化进程中安全生产的规律，推动安全生产“五要素”落实到位

提出和解决这个问题，有助于认清安全生产工作的发展规律和发展前景，解决少数同志存在的信心不足、无所作为和缺乏开拓创新精神等问题。

（一）现阶段我国安全生产挑战与机遇并存

最近，有关科研机构依据世界银行关于经济发展水平的划分标准，选择四类、27 个国家为样本，进行了较为全面系统的研究。通过研究发现安全生产状况与经济社会发展水平之间，呈现非对称抛物线函数关系：在农业经济为主时期和工业化初期，生产伤亡事故较少；随着工业化进程的加快，事故也呈快速上升趋势；进入工业化后期阶段，事故开始大幅度下降，安全状况明显好转。美国、德国等工业化国家的安全生产，大致上都经历了这样一个周期。

安全生产周期研究表明，GDP 人均 1000 ~ 3000 美元这个区间，是生产安全事故的“易发期”。一方面，经济持续快速发展，经济增长方式没有根本转变，能源原材料需求大幅度上升，工业产品的产量和交通运输的规模急剧扩大；另一方

面，科学技术和生产力发展水平仍然较低，安全生产基础仍然比较薄弱；农村、农业人口向城市和工业转移，而企业和政府的培训教育又相对滞后；加之安全法治不健全、企业安全生产责任主体不到位，政府安全监管机制不完善等多方面原因，可能导致伤亡事故的发生。

但“易发”并不必然等于“高发”、“多发”和“频发”。工业化进程中影响安全生产的因素固然较多，但是这些因素通过努力都是可以控制和解决的。1998 年以来，随着经济发展速度的加快，事故总量逐年上升，2002 年事故死亡达到 139393 人。经过努力，2003 年事故总量有所下降，比上年少死亡 2625 人。2004 年又比 2003 年少死亡 315 人。而 10 人以上特大和 30 人以上特别重大事故的多发，则从 2004 下半年开始出现。目前我们正处在这样一个关键时刻，无论从科学发展观和构建和谐社会的要求看，还是社会承受能力看，都不允许重特大事故多发的现状再继续下去了。

与西方国家相比，我们不仅有后发优势，可以学习借鉴国外安全生产先进技术和成熟经验；同时还具有特殊的制度优势、政治优势。只要我们坚持和依靠党的领导，充分调动广大人民群众的积极性，思路对头，真抓实干，就可能遏制住重特大事故多发势头，缩短西方国家普遍经历的安全周期。用几年、十几年的时间，走过西方国家几十年走过的路，尽快实现我国安全生产状况的稳定和好转。对此，应当树立起信心。

（二）正确认识国情和安全生产领域的实际情况，全力推动安全生产“五要素”到位

我国是一个大国，安全生产摊子大、任务重。全国有 2.6 万处煤矿，10.2 万处非煤矿山，世界上哪个国家也没有这么多。全国汽车 2830 万辆，加上摩托车、农用车辆，机动车保有量 1.1 亿辆。全国加油站 7 万多座，铁路与公路交叉道口 1.44 万处，每天民航起落飞机 1 万多架次，内河和海上漂泊行驶大小船只 150 多万艘。安全生产不仅要做到万无一失，而且要做到几万无一失。

同时我国又是一个正在工业化的国家，生产力发展水平较低，安全生产基础薄弱，与先进国家相比差距很大。为数不少的企业技术落后，设备简陋，管理混乱，安全保障能力低下。一批国有厂矿历史包袱重，安全生产欠账多，设备陈旧老化，企业管理滑坡。仅国有煤矿安全欠账就高达 505 亿元。目前我国煤炭产量约占全球的 33%，煤矿事故死亡人数约占 79%。2004 年煤炭生产百万吨死亡率 3.08，万车死亡率 9.2，不仅远远落后于先进工业化国家，且与一些发展中国家相比，也有较大的差距。国内安全状况的差别很大，如神华集团 2004 年百万吨死亡率 0.046，接近美国的水平。

面对国情和安全生产的现实状况，安全生产工作究竟应该怎么抓，这是大家都在深入思考的问题。毋庸讳言，导致我国安全生产现状的深层次原因，如经济增长方式落后、产业结构不合理、工业行业管理薄弱、农村劳动力转移等，并非安全监管监察部门可以解决，我们可以积极建议、全力配合。作为安全监管监察人员，我们能够发挥作用的地方，在于安全生产领域自身，在于推动构成安全生产的各项要素落实到位。

中央决定我到安监总局任职之后，我就在思考安全生产工作的共同性、普遍性问题。安全生产涉及企业、政府及其安全监管部门、社会等各个方面，需要概括提炼出表述比较准确、涵盖比较广泛、具有某种普遍意义的安全工作理念，使各方面的工作都能够有所遵循，有共同努力的方向。这就是安全生产“五要素”。

一是安全文化，也即安全意识。安全是社会和企业永恒的主题。要真正做到警钟长鸣，居安思危，言危思进，常抓不懈，必须通过加强安全文化建设，强化全社会的安全意识。领导干部要按照“三个代表”重要思想要求，树立“以人为本”的执政理念，贯彻科学发展观，把人民生命财产安全放在首位，落实“安全第一、预防为主”的方针。行业和企业要确立具有自己特色的安全生产管理原则，落实各种事故防范预案。要加强安全培训，提高从业人员素质，增强职工和公民的自我保护意识，了解和掌握安全常识，做到不伤害自己，不伤害别人，不被别人所伤害。

二是安全法制。要坚持“依法治安”，用法律来规范政府、企业、职工和公民的安全行为。《安全生产法》要广为宣传，深入人心。要健全《安全生产法》的配套法律、法规、规章和安全标准。行业、企业要结合实际建立和完善安全生产规章制度。将那些被实践证明切实可行的措施办法上升为制度和法规，使安全生产各方面工作都有法可依，

有章可循，建立安全生产法治秩序。

三是安全责任。责任是安全生产的灵魂。安全生产工作必须明确责任，落实责任。企业是安全生产的责任主体，企业法定代表人、“一把手”是安全生产的第一责任人。各级政府是安全生产的监督管理主体，要切实落实地方政府、行业主管部门及出资人机构的监管责任，科学界定国家和地方各级政府安全生产综合监管部门的职责职能。建立严格的安全生产问责制，厉行安全责任追究。

四是安全科技。安全是企业管理、科技进步的综合反映。安全需要科技的支撑，需要实施“科技兴安”战略。企业要加快科技创新步伐，淘汰危及安全的落后工艺和设备，采用安全性能可靠、先进实用的新技术、新工艺、新设备和新材料。国家要制定安全生产科技发展规划，加快安全学科建设，针对工业领域共性、关键性安全技术难题，组织开展重大科技攻关。制定、修订行业安全技术标准规程，提高技术水准。加强国际合作和交流，提高我国安全科技和管理水平。

五是安全投入。安全生产需要投入，需要付出成本。设备老化、安全设施缺失是安全的心腹之患。隐患不除，永无宁日。要建立企业、地方、国家多渠道的安全投入机制，偿还历史欠账，加快技术改造，消除不安全隐患。企业是安全投资主体，要按规定从成本中列支安全生产专项资金，加强企业内部财务审计和政府专项检查，确保专款专用。国家和地方要制定源头治本的经济政策，支持企业进行设备更新和技术改造。

三、安全生产综合监管的职能定位问题

提出这个问题，是由于国家安全生产综合监管机构升格之后，面临着一些新情况和新问题。国务院领导同志指出，机构升格是提高政府安全生产综合监管权威性的重大举措，要求我们站在全局的位置上，审视全国安全生产工作的大格局，找准自己的定位。这个问题的解决，有助于我们认清国家和地方各级安全生产综合监管部门所处的方位，以及所承担的责任，从而推动职能、工作方式和工作作风的转变，更好地履行党和国家赋予我们的职责。

（一）正确把握安全生产的责任主体和监管主体的职责

企业是独立承担民事责任的法人实体，是安全生产的责任主体。安全与生产具有“一体化”特征，生产必须安全，安全才能生产。企业要保证生产活动的正常进行，就必须抓好安全生产。企业法定代表人是本单位安全生产的第一责任者，按照《安全生产法》的规定，要做好六件事情。一是要在“安全第一、预防为主”方针指导下，确立具有本单位特色的安全生产方针、原则，明晰企业安全生产工作思路。二是要建立企业安全生产责任体系，层层落实责任制。三是要健全完善安全生产规章制度。规章制度是法律法规的延伸，要通过建章立制、遵章守纪，把企业安全工作纳入法制化、制度化的轨道。四是对重大隐患要胸中有数，加大投入进行治理。五是要严格执行企业新建和改扩建项目安全生产“三同时”制度，防止发生新的欠账。企业发展规划要有安全篇，做到同步规划、同步实施、同步实现。六是要掌握应急预案，一旦发生重大事故，第一责任者要在第一时间赶到现场组织抢险救灾。把握好企业责任主体，有助于我们自觉坚持政企分开的原则，注意防止以政府监管代替企业内部安全管理。

政府是安全生产的监管主体。对安全生产实施监督管理，是政府履行市场监管、社会管理职能的重要内容。政府安全监管主体又可以分为地方政府及其安全监管部门、行业主管部门、国有资产管理部门、国务院安全生产综合监管部门。在政府安全监管主体的把握上，要坚持“分级负责、属地管理”原则，上级政府及其监管机构不能代替下级政府和机构。坚持行业管理原则，综合监管部门不能代替行业管理部门，而应当履行监督职责。

顺便说一说中介机构的问题。目前，经国家安全监管部门批准的安全评价机构470家，地方认定的临时评价机构超过2000家，从业人员超过5万人。全国有注册安全工程师约1.1万人。上海、深圳等地还出现了安全工程师服务机构。中介机构为企业安全工作和政府安全监管提供双重服务，大力发育安全生产中介机构，是市场经济条件下做好安全生产工作的需要。要进一步加大政事分开力度，把评估评价、监测检验、科学研究、宣传教育、信息咨询等的服务工作，交由中介机构来做。政府部门对中介机构的资质和行为进行监管，对违法违规、弄虚作假，失信于政府和企业的中介机构，要予以惩罚直至取消其资质。

（二）要进一步明确国家和地方安全生产综合

监管部门的职能

根据《安全生产法》和国务院办公厅批转的“三定”方案，国家安全生产监管总局是国务院履行安全生产监督管理的直属机构，主要是对全国安全生产工作实施综合性监管，督促地方政府、行业主管部门和出资人机构落实安全生产监管责任。此外还承担着监察煤矿安全、监管无主管部门行业及其相关中央企业的安全生产工作。

地方安全监管机构的职能定位，也要本着这个精神。地方各级安全监管机构是同级政府安全生产工作综合监督管理的职能部门。主要是研究地方性安全生产法规规章，协调、指导和督促政府相关部门，本行政区域范围不同规模、各类所有制企业的安全生产工作。

一个时期来在安全生产综合监管的职能定位上，存在着两种倾向：一种是没有抓住本职职责，揽得过宽。管了一些不该管、管不了、也管不好的事情，发挥地方政府、行业部门、下级监管机构和企业等方面的积极性不够。另一种是自我弱化。表现为工作自信心不足，该负责的不敢大胆负责。一些同志腰杆不硬，说话底气不足，抓工作缺乏力度。综合监管权威性不够，效率效能有待提高。这两种情况都是对职能定位认识不清的表现，都需要加以纠正。

（三）进一步完善安全生产工作的基本格局

国务院《决定》提出的“政府统一领导、部门依法监管、企业全面负责、群众参与监督、社会广泛支持”的“五句话”格局，对于调动各方面积极性、形成统一协调有效的工作局面，是重要的指导原则。随着形势的发展，特别是随着机构变化和国家安全生产综合监管职能的强化，以及社会监督、舆论监督氛围的形成，有必要进一步加深理解，不断丰富和完善其内涵。有关企业责任主体我前面已经讲了，这里主要讲一讲“政府”“部门”、“群众”和“社会”的问题。

要正确理解“政府统一领导”。“政府”从层次上讲有中央政府和省、市、县、乡四级地方政府。从国家来讲，主要是研究制定安全生产方针政策和法律法规，实施国家监督监察和宏观指导。地方各级政府对安全生产工作的领导，主要是依法制定地方性安全生产法规规章，统一领导各行业、领域的安全生产综合监管工作，指导监督辖区内各类企业贯彻国家安全生产方针政策和法律法规。各级政府直属的安全监管机构，代表政府行驶综合监管职能。上级政府安全监管部门有权对下级政府及其安全监管部门进行监督，指导督促其做好日常性安全监管工作。

要正确履行“部门依法监管”的职责职能。这个问题在前面已讲到。作为政府监管安全主体的各有关部门，其职能是有区别的：有综合性质的监管，有专业性质的监管，还有从国有资产管理角度出发而实施的安全监管。综合监管部门有权对同级其他监管部门的工作进行监督。

职工群众是安全生产的实践者。全心全意依靠工人阶级是我们党的一条基本方针，也是做好安全生产工作的基本方法和重要途径。要重视发挥职工群众的参与和监督作用，支持各级工会组织参与安全生产决策，监督企业和地方政府各级领导的安全行为。维护职工合法权益首先是维护其生命权，要支持工会在各种所有制企业开展安全“维权”工作。

搞好安全生产工作需要全社会的共同支持，尤其需要舆论监督。在信息化现代社会，社会管理公开透明，社会公众关注安全，是社会文明进步的表现。社会舆论监督具有双重作用：一方面通过曝光、鞭挞安全生产领域的违法违规现象，通过揭露矛盾、反映问题，可以使我们看到差距，促使我们改进监管监察工作；另一方面，通过宣传党和政府为安全生产做出的努力和取得的成效，宣传企业安全生产经验和典型，可以为安全生产创造有利的社会氛围。我们要自觉接受社会监督，善于借助公众对安全生产的关注和全社会的广泛支持，变压力为动力，推动我们的工作。

（四）继续完善安全监管监察体制

目前全国31个省区市和新疆生产建设兵团都建立了安全监管机构。建立专门机构的地市305个，占92%；县2433个，占85%。同时，“国家监察、地方监管、企业负责”的煤矿安全责任体系也已基本确立。26个主要产煤省区煤矿安全监管职责的设置，大致可分为以下四种情况：一是由煤炭行业管理部门负责的，目前有辽宁、吉林、山东、河南、湖南、云南、陕西、新疆8个省区。二是由经委、发改委等内设机构负责的，目前有内蒙古、黑龙江、安徽、重庆4个省市。三是由安全监管局负责的，目前有河北、山西、四川、贵州和福建、湖北、广东、广西、青海9个省区。四是甘肃省，单独成立煤矿安全监督管理局。此外，截至目前，尚有北京、江苏、江西、宁夏4个省区市尚未明确。

下一步，建议县级以上地方政府都要依法建立健全能够独立履行《安全生产法》执法主体责任的安全监管机构。抓紧组建青海、湖北、广东、广西和福建煤矿安全监察局，增设的煤矿安全监察分局在中编办批准之后也要尽快建立，完善“国家监察”工作体系。目前实行安全监管与煤矿安全监察合署办公的省份应当按照国办发［2004］79号文件要求予以改进完善，未明确本省煤矿安全监管职能部门的省市要尽快明确，理顺地方监管与国家监察的关系，落实“地方监管”责任。一些地方建立了事业编制的安全监管执法大队，这种积极探索的有效方式应予肯定和支持。

四、坚持“依法治安”，切实解决执法不严问题

从5月9日至6月15日，全国人大常委会组织开展了《安全生产法》执法检查。由五位副委员长带队，重点检查了10个省区，同时委托11个省区的人大常委会对本省区进行了检查。总局党组成员全程陪同，深受教育启发。检查组在肯定成绩的同时，也指出了煤矿安全的突出问题和所关注七个方面的深层次问题。就执法工作来看，突出表现为安全监管执法权威不够，政府部门联合执法机制尚未形成；一些监管监察人员法律素质不高，法治观念和执法意识不强，执法工作中存在着“理不直、气不壮、腰不硬、刀不快”状况。

最近，黄菊副总理、华建敏国务委员专门听取了总局的汇报，就如何加强执法工作作出了指示。刚才显政同志已经作了传达。我们要认真学习、深刻领会国务院领导的指示精神，以全国人大组织开展的执法检查为契机，从以下几个方面着手，加强和改进监管监察执法工作。

（一）充分认识安全生产法制建设的重要性，坚决贯彻“依法治安”方针

贯彻“依法治国”方略，实行“依法治安”，建立安全生产法治秩序。安全生产工作千头万绪，最重要的就是要抓安全法制建设，用法律来约束规范各级政府、企业、从业人员和全社会的安全行为。

经过近年来的努力，具有中国特色的安全生产法律体系基本形成。目前我们有一部主体法即《安全生产法》；有《煤炭法》、《矿山安全法》、《海上交通安全法》、《道路交通安全法》、《消防法》等十余部专门法律；有《国务院关于特大安全事故行政责任追究的规定》、《危险化学品安全管理条例》、《安全生产许可证条例》、《煤矿安全监察条例》等50多个行政法规，有上百个部门规章。此外，各省区也都制定出台了一批地方性法规和规章。目前在安全生产法制建设上，一方面要继续加快《安全生产法》配套立法进度，健全完善法律法规体系，使各方面工作都有法可依，有章可循；另一方面也是最重要的，就是要加大安全生产执法力度，切实做到有法必依、执法必严、违法必究，维护法律的尊严，维护政府的权威。

（二）切实掌握《安全生产法》所确立的基本法律制度

通过对《安全生产法》学习理解，我感到这部法律建立了7个方面的基本法律制度：一是企业安全生产责任主体和企业安全生产第一责任者制度。二是企业安全保障制度。安全生产是市场准入的必备条件，对企业安全工作机构、人员安全资质、职工安全培训、执行技术规程和标准规范、工艺设备的安全管理等做出了规定。三是从业人员的权利义务制度。规定职工有工伤保险的权利、事故赔偿的权利，有安全生产的知情权、批评权、检举权，以及在不安全条件下工作的拒绝权等，同时要履行遵章守法、提高自身安全技能等义务。四是政府安全监管制度。规定了地方政府、行业主管部门、国家安全生产综合监管部门的职责范围。五是社会监督制度。规定安全生产工作必须接受社会各个方面，包括工会等群众组织、新闻媒体的监督。六是中介机构服务制度，规定了中介机构的职责、资质和义务。七是事故应急救援和调查处理制度。做出了行政处罚的规定，如停业整顿、关闭，行政处分和经济处罚，直至追究刑事责任。处理结果要向社会公开等。作为安全生产执法人员，对《安全生产法》所构建的这些基本法律制度，一定要熟练掌握。以其昏昏者不能使人昭昭，不懂安全生产法的人是搞不好安全执法的。

（三）树立“不作为就是违法”、“不严格执法就是违法”的思想观念

《安全生产法》是对安全生产实践的总结，是血的教训所铸成。然而“徒法不足以自行”，安全生产各项法律法规，必须经过监管监察机构的执法活动，才能够得到贯彻执行。执法机构不执法，或者执法不严，就是违法犯法，法律就会成为一纸空文。由于违法主体是政府安全监管执法部门，这种违法行为对国家法律所造成的危害程度，又远远大于一般的和个案的违法现象。以安全生产许可制度为例，《安全生产法》第十六条规定生产经营单位必须具备法律法规规定的安全生产条件，否则不得从事生产经营活动。2004 年 1 月 13 日公布生效的《安全生产许可证条例》规定，现有企业必须在《条例》生效一年之内补办安全生产许可证。尽管我们做了很多工作，但目前的进度并不尽意，说到底还是执法不严。再如对非法开采，破坏资源，不具备安全生产条件的煤矿下达停产整顿指令，但矿主不执行，屡查屡犯，甚至发生事故，这也说明执法乏力。如果执法人员自己的腰杆不硬，放宽不从严，就在客观上袒护和助长了违法现象。

（四）提高执法的实效性，建立联合执法机制

重特大事故屡禁不止，暴露出执法不严、执法实效差的问题。一些煤矿事故、消防火灾事故发生之前，监管监察机构曾经针对存在的隐患和问题，一而再、再而三地下达停产、停业整顿通知书，然而没有得到执行，最后酿成大祸。这样的案例多了，社会就会对我们的执法工作产生质疑。下一步，要严格执行五部委联合下发的《关于严厉打击煤矿违法生产活动的通知》规定。对确定停产整顿煤矿，要暂扣所有证照，强制其停止生产经营活动。整顿结束后，由地方政府煤矿安全监管部门牵头进行联合验收，合格后方可恢复生产。经整顿仍不具备安全生产条件的，要依法予以关闭，吊销其所有证照，停电断电，摧毁矿井设施，填平场地，彻底关闭。对那些无视国家法律，无视政府监管，无视工人生命安全，以及抗拒执法的不法业主，要依法严惩。7 月 2 日山西忻州宁武县贾家堡煤矿特别重大瓦斯爆炸事故，矿主藏尸匿迹，瞒报事故，欺骗政府和社会，性质极其恶劣，必须绳之以法，以维护人民的利益、法律的尊严、政府的权威。要提高事故查处效率，及时结案，及时做出处理决定，移交司法机关处理的要抓紧判决。事故处理结果要向社会公布。要在实践中探索完善联合执法机制，逐步推广到危化品、非煤矿山、道路交通运输等行业和领域。

五、加强自身建设，突出解决工作不实问题

加强安全监管监察队伍的自身建设，是安全生产工作事业发展的需要。针对目前存在的问题，总局党组将修改下发《关于进一步加强安全监管监察队伍建设的意见》，从思想建设和党风廉政建设、业务建设、作风建设，以及干部培训教育等方面提出要求。

（一）加强思想政治建设和党风廉政建设

巩固发展保持共产党员先进性教育的成果，牢固树立执法为民的宗旨意识。要坚持公正执法、严格执法、廉洁执法，维护良好的队伍形象。任何以权谋私行为，都是对监管监察神圣职责的亵渎，也是党纪国法所不允许的。今年 3 月 14 日发生特大瓦斯爆炸事故的黑龙江省七台河新富煤矿，矿主彭国财竟是七台河市桃山区安全监管局副局长，官商不分。这样的事情虽然发生在个别人身上，但影响极坏，损害了监管监察队伍的形象。必须严厉查处事故背后的失职渎职和腐败行为。党组重申安全生产执法“九条纪律”和机关干部下基层“五个一律不准”。需要特别强调的是：所有监管监察干部，都不得参与办厂办矿，不能同时具有官和商、监管和被监管双重身份；不得为个人和小团体的利益，违规向监管对象和下级机构索取好处或进行推销、摊派；不得接受中介机构以监管服务、支持工作、参与活动等名义提供的不正当报酬。总局和各省局两级机关要严格内部管理，做到“从严治内”。各级领导干部要带头贯彻中央《建立健全教育、制度、监督并重的惩治和预防腐败体系实施纲要》，执行廉洁从政的各项规定，做出表率，避免和纠正队伍中的不正之风。

（二）加强业务建设，改善监管监察队伍素质

所有监管监察人员，都应当熟练掌握安全生产各项法律规定以及执法程序，掌握重点行业和领域安全生产基础知识，成为安全监管的行家里手，逐步实现“专家监管”。加强国家和省区培训基地、培训教材、教师队伍“三项建设”紧密结合执法工作的实际需要，编制和修订培训教材，把干部培训工作纳入制度化、规范化的轨道。省区安监局和省级煤矿安全监察机构也要制定计划，利用脱产轮训、岗位练兵等多种形式，提高监管监察队伍的业务素质。改革人事制度，引入竞争机制。贯彻中央

《深化干部人事制度改革纲要》精神，建立干部公开招聘、竞争上岗、轮岗交流、挂职锻炼等制度，改善干部队伍结构，增强干部队伍活力。完善干部选拔任用和监督管理机制，推动干部人事工作的科学化、民主化和制度化。

（三）加强作风建设，解决工作不实问题

这一点需要展开讲一讲。工作不实是安全生产工作的一个“痼疾”。“严格不起来、落实不下去”讲了几年，如今仍然是最突出的问题之一。安全生产工作是实实在在的事情，最讲实事求是、抓真实干，来不得半点的虚假。工作不实的问题不解决，监管不扎实，执法不严格，责任不落实，措施不到位，遏制重特大事故多发势头、安全生产状况稳定好转就不可能实现。

工作不实的几种具体表现：

第一种，不结合实际，抓工作缺乏针对性。一些同志习惯照本宣科，不同级别、不同行业、不同地方和单位同念一本经，讲一样的话，提一样的要求，甚至连制定的安全生产责任制、事故应急预案都大同小异。对策措施如同“包治百病”的药方，宽泛空洞，了无新意，起不到什么作用。这样的例子并不少见。

第二种，作风漂浮，敷衍了事。没有把工作的立足点放在厂矿，放在县乡。安全工作的各项部署和安排从大机关到小机关，会上讲了，文件发了，也就心安理得了，没有把功夫下到基层，上面热下面冷。《国务院关于进一步加强安全生产工作的决定》下发这么长时间了，检查中发现有的企业根本不知道有这个文件。

第三种，工作不闭合，有头无尾或者虎头蛇尾。一项工作安排下去之后，不注意信息反馈，不关注实际进度，不实行跟踪检查，也不针对工作进程中出现的问题研究提出新的对策措施。如煤矿瓦斯治理十二字方针、煤矿瓦斯数字化集中监控系统，都非常好，也讲了多年，一些地方和单位就是落实不了，原因之一就在于缺乏强有力的督促检查。

第四种，办事拖沓，节奏缓慢。一些同志习惯了按部就班、四平八稳，缺乏紧迫感，缺乏说办就办、雷厉风行的作风。今天的事推到明天，本周的事推到下周。一些工作的安排部署，很长时间才能拿出方案，传达布置到基层已时过境迁，不了了之。

工作不实既是一个工作作风问题，更是一个思想作风问题，是官僚主义、形式主义的表现。究其根源，是安全生产事业心、责任心问题，是社会不良风气对安全监管监察系统的影响和表现。要视其为安全生产工作领域的重大隐患，坚决予以根治。

解决工作不实的问题，要从以下四个方面着手：

一是树立责任心。目前安全形势严峻，中央领导为之忧虑，全国人民都在看着我们。安全监管监察系统各级领导同志都应当自警自省，每天都要扪心自问：我尽到职责了吗？我的工作还有哪些不力、不实的地方，还需要在哪些方面做出改进。要激励自己不忘党和人民的重托，夙兴夜寐，加倍努力，用实际行动为党分忧，为国分忧。

二是强化责任制。要认真贯彻落实国务院办公厅最近下发的《关于推行行政执法责任制的若干意见》（国办发［2005］37号），从依法界定执法职责、建立健全考核机制等环节入手，建立监管监察执法工作责任制。要在落实责任上狠下功夫，紧紧扭住那些对于安全工作全局具有决定性作用的重大问题、关键问题不放，以超常规精神，一抓到底，务必取得进展、见到实效。当前，煤矿安全就是要突出抓好瓦斯治理，坚决防范瓦斯爆炸事故；危化品要突出抓好液氯、石油液化气、液氨、剧毒溶剂等的泄露和道路运输安全监管；非煤矿山就是要抓非法无证开采等。各领域、各地区和各单位都要明确自己的工作重点，象煤矿抓瓦斯防治那样，列出重点工作统筹图，明确关键点和要求，把责任落实到单位，落实到人头。

三是抓作风养成。大力倡导和发扬求真务实的作风。各级监管监察机构的主要负责同志一定要深入基层，深入厂矿，深入安全监管监察工作第一线，对管辖范围内安全生产工作的基本情况，如企业数量和安全分类、重大危险源分布监控、重大隐患的整改等情况，都要胸中有数。领导干部心里要装着一个数据库，什么时候都清清楚楚，准确无误。

四是加强监督检查，厉行考核奖惩。把安全生产的实际效果，作为检验监管监察工作是否富有成效的标准。定期公布各省区安全生产工作进展情况，接受社会监督。总局人事司要定期公布监管监察干部下基层、下现场情况。探索和建立安全监管监察工作绩效考核奖惩制度，形成奖勤罚懒、奖优罚劣机制。对工作不实、长期被动的单位及其主要负责人，要予以批评帮助。经批评帮助无效的，要做出组织处理或建议地方政府调整。

六、抓紧下半年工作，再接再厉，推动安全生产状况的稳定好转

在大家的共同努力下，上半年工作取得了新的进展。国务院第81次常务会议之后，在过去工作的基础上，各地政府、各级监管监察机构加大力度，推动了煤矿瓦斯治理和各方面工作的落实。根据统计数，上半年全国发生各类事故377501起、死亡58704人，与去年同期相比分别下降11.8%和8.3%。煤矿百万吨死亡率为2.892，同比减少0.278。大部分行业、领域和省区安全状况比较稳定。成绩确实来之不易，是在党中央、国务院的正确领导下，各级政府、广大企业和社会各界共同努力的结果，同时也是全国监管监察系统全体同志的忘我工作、辛勤劳动的结果。大家在安全工作的第一线，责任大，压力大，难度大，要求高，夜以继日，工作艰辛，付出了心血，做出了成效。在长期的安全监管监察工作中，全系统广大共产党员发挥了先进性，涌现出了众多的先进人物和先进事迹。在此，我代表总局党组，向大家表示衷心的感谢！

在肯定成绩的同时，必须清醒地看到：重特大事故多发的势头尚未得到遏制，安全生产形势仍然严峻。上半年10人以上特大死亡1319人，同比增加164人，上升14.2%。高危行业特别是煤矿的安全生产基础仍然相当脆弱，上半年全国煤矿事故死亡人数同比上升，发生一次死亡10人以上特大事故24起，死亡704人，分别上升33.3%和114.6%。危化品、消防火灾、道路交通等行业和领域事故多发。进入七月份以来，事故多发。经济持续快速发展和粗放型经济增长方式，对安全生产提出了挑战。

今年是中央提出构建社会主义和谐社会的第一年，也国家安全监管机构升格后的第一年。今年的工作能否取得好的效果，关系到和谐社会战略任务的实施，关系到安全生产“十一五”规划和长远目标的确定，关系本届政府任期内安全生产目标的实现，关系到国家安全生产综合监管的权威和效率。希望大家进一步振奋精神，再接再厉，更加积极负责地做好下半年的工作。

关于下半年的工作，这里简要地提一提：

一是完善监管监察体制，推动职能、工作方式和工作作风“三个转变”。抓好省以下特别是市县两级安全监管机构建设，完善监管监察体系。继续落实总局和煤监局“三定”方案，促进到位。抓紧与国务院各相关部门建立监督协调工作机制，提高监管效率。抓紧组建国家安全生产应急救援指挥中心，按照“分级属地”原则，推进全国应急救援体系建设。

二是继续抓好煤矿瓦斯治理这个重中之重，遏制重特大瓦斯事故多发势头。深入贯彻国务院第81次常务会议精神，全面落实瓦斯治理“七项措施”。做好专家技术“会诊”总结和后续工作，争取今年30亿元的扶持资金全部到位，带动煤矿安全技术改造。搞好矿井通风能力核定的监督检查，防止走过场和超能力生产合法化。推广煤矿瓦斯数字化远程监控系统，确保年底之前实现矿务局（集团公司）和县（区）范围内的联网。加强对煤矿经营管理人员下井带班情况的监督监察。

三是贯彻全国人大常委会执法检查的要求，健全安全生产法规规章，加大宣传贯彻力度。抓紧制定一批急需的部门规章。做好《事故调查处理条例》草案的修改和协调工作，争取尽快出台，加快加大特别重大事故查处的力度和进度。加快安全生产标准制定修订工作。继续开展宣教活动，增强全社会安全意识和安全生产法治观念。

四是加快实施安全许可制度，开展重点专项整治。坚持分级负责和分类指导，在保证质量的前提下，加快审查颁证工作进度。各省区安全生产监管部门要继续采取切实可行的办法，力争在设定时间内，符合安全要求的煤矿、非煤矿山、危化品、烟花爆竹生产企业都能申报颁证。指导督促相关部门抓好建筑施工和民爆器材企业的安全许可工作。有重点地抓好煤矿、危化品道路运输、非煤矿山等专项整治，实施部门联合执法，关停不具备安全条件、无证非法小矿小厂。

五是抓好安全生产规划工作。认真学习贯彻党中央、国务院的指示精神，争取把安全生产规划的有关内容纳入国民经济和社会发展“十一五”规划，推动安全生产与经济社会的协调发展。各省区、各直属单位都要据此制定本省区、本单位的“十一五”发展规划。抓好规划的分解落实和千起准备工作。按照分工抓好《国务院关于促进煤炭工业健康发展的若干意见》有关工作的贯彻落实。

六是总结推广安全生产工作先进经验。如阜新煤矿井下“安全专盯”，大同煤矿井下党政工团小组长齐抓共管，兖州煤矿职工群众安全生产“六项权力”，平顶山石龙区对小煤矿实行“三委派”（技术矿长、安全矿长、监管员），山东建立“三级三线”小煤矿安全监管网络，黑龙江省采取“三结合”定向培养煤矿专业大学生，鸡西煤矿全员安全培训等，实践证明都很有效，要认真总结推广。非煤矿山、危化品等行业和领域也都要抓一批确有成效的先进典型，推动面上工作。

七是对保持共产党员先进性教育活动中和人大执法检查中查出的问题进行整改，进一步加两级监管监察机关的思想政治建设、业务建设和作风建设，巩固先进性教育成果，提高贯彻执行党和国家安全生产方针政策、法律法规的水平，提高履行职能职责的能力。

安全生产工作正处在一个重要的历史发展阶段。要使我们的思想和工作适应形势任务的需要，必须进一步解放思想、实事求是、开拓创新、与时俱进。各级领导干部要增强创新意识，提高创新能力，特别是在寻求治本之策、建立长效机制上，在完善安全生产经济政策、强化政策导向作用上，在综合运用法律手段、经济手段和行政手段上，在工作落实上等方面，提出新思路和新举措。依靠我们的扎实努力，促进安全生产形势的逐步好转！

国家安全生产监督管理总局局长李毅中关于学习贯彻国务院两个重要文件打好煤矿瓦斯治理和整顿关闭两个攻坚战的讲话

（2005 年 9 月 5 日）

这次视频会议的主要内容是，认真贯彻落实全国人大常委会安全生产法执法检查的要求，深刻领会、坚决贯彻国务院领导同志的重要指示和国务院最近制定下发的两个重要文件精神，提高认识，统一思想，明确责任，强化执法，做实工作，坚决打好瓦斯治理和整顿关闭两个攻坚战，切实抓好九月份以及今年后四个月的煤矿安全和其他各项工作。

一、全国人大常委会执法检查的结果

8 月 28 日，十届全国人大常委会第十七次会议审议了李铁映副委员长所作的“全国人大常委会执法检查组关于检查《中华人民共和国安全生产法》实施情况的报告”。人大常委会组织的这次执法检查，情况查得细，问题看得准，目标要求高，是对安全生产工作的有力监督和巨大支持。

检查组总的认为，《安全生产法》颁布实施两年多来，国务院及有关部门和地方政府很重视，做了大量工作。一是开展了宣传教育，增强了全社会的安全生产意识；二是完善了配套法规，安全生产法律体系初步形成；三是加强了机构建设，全国安全生产监管体系逐步完善；四是强化了安全生产责任制，建立了全国安全生产控制指标体系；五是加大了事故查处力度，责任者受到处理；六是安全生产专项整治取得了成效；七是在实践中形成了一些好的经验和做法。

总体上看，《安全生产法》的实施效果是好的。从 2003 年开始，全国各类事故起数和死亡人数持续上升的势头有所控制。但是，全国安全生产形势依然十分严峻。一是特大事故频繁发生。特别是去年四季度以来连续发生 4 起一次死亡百人以上的矿难。就在检查期间，5 月 19 日河北省承德市暖儿河煤矿瓦斯爆炸，死亡 50 人；7 月 2 日山西宁武贾家堡煤矿瓦斯爆炸，死亡 36 人；7 月 11 日新疆阜康神龙煤矿瓦斯爆炸，死亡 83 人；8 月 7 日广东梅州兴宁市大兴煤矿发生透水，123 人遇难。二是瓦斯爆炸事故居高不下。从2002年以来，全国煤矿发生的29起一次死亡30人以上特别重大事故中，瓦斯爆炸事故占83%，成为煤矿安全的“第一杀手”。三是小煤矿成为事故多发的重灾区。小煤矿产量约占全国的1/3，死亡人数却占到2/3以上。小煤矿资源回采率不到15%，而且超层越界、私挖滥采，无视法律、无视监管、抗拒执法现象严重。四是安全生产基础薄弱。企业安全生产主体责任不落实，管理混乱。技术人员严重短缺。国有煤矿安全欠账505亿元，生产设备超期服役的约占1/3。2004年全国生产19.5亿吨煤，其中7.5亿吨缺乏安全保障能力。五是执法不力。对违犯安全生产法律法规的行为，惩处力度不够。安监系统、地方政府及其有关部门在安全监管和资源管理上，执法不到位，存在“气不壮、不适应”的问题。权钱交易等腐败现象，成为违法矿主的保护伞。

造成以上问题的主要原因：第一，安全生产工作不适应新时期的要求。特别对经济转型和工业化时期安全生产面临的新情况、新问题、新挑战，估计不足，在转变经济增长方式、加强对非公有制企业安全监管和农民工的培训上，法律法规、监管体制和手段还很不适应。第二，煤炭行业管理弱化，安全监管体制不完善。行业规划和发展政策不适应，投入不足。煤矿安全标准、技术规程、设计规范等长期没有修订，煤矿安全基础研究缺乏统一协调。国家监察、地方监管尚未理顺，没有形成联合执法的机制。第三，对安全生产重要性的认识不到位。全社会的安全生产法制意识不强，不安全生产不认为是违法，不依法监管不认为是违法，对违法者惩处不力也不认为是违法。一些地方和企业把安全工作停留在口头上、会议上、文件上，严格不起来，落实不下去。一些职工缺乏自我保护意识。

在此基础上，检查组提出了严格贯彻落实安全生产法、坚决遏制瓦斯爆炸事故频发的势头、从根本上解决小煤矿问题、加快煤炭行业的改革和发展、全面推进安全生产工作五个方面的建议。提出了煤矿安全工作的两大目标：力争用两年左右的时间，使重特大瓦斯爆炸事故有较大幅度的下降；争取用三年左右的时间，解决小煤矿问题。

8月31日，国务院召开第104次常务会议，听取了安全监管总局有关情况的汇报，研究落实全国人大常委会安全生产执法检查意见的整改措施，审议并原则通过《国务院关于预防煤矿生产安全事故的特别规定（草案）》。家宝总理指出：全国人大常委会对《安全生产法》实施情况进行执法检查，是对安全生产的高度重视和对政府工作的监督和支持，国务院有关部门和地方政府对人大常委会执法检查报告中提出的意见要认真落实，采取更加严格的制度和措施，加大整改工作力度，切实做好安全生产工作。

二、目前煤矿安全工作出现的新问题

今年以来，我们认真贯彻党中央、国务院关于加强煤矿安全工作的指示精神，加大安全监管、监察工作力度，在狠抓瓦斯治理的同时，对非法和不具备安全生产的煤矿实行了“五整顿、四关闭”。但在实施过程中，遇到了较大的困难和阻力。一些煤矿该关不关，该停不停，或者明停暗开，日停夜开，假整顿真生产，假关闭真开采，导致事故频繁发生。7、8两个月，全国煤矿事故死亡1062人，同比上升9.7%。两个月煤矿共发生67起重特大事故，其中39起发生在已责令关闭或停产整顿、但仍然违法生产的煤矿，约占60%。由于停产整顿和关闭工作不落实，逾期没有提出安全生产许可申请的5290处小煤矿，经审查不具备颁证条件、退回申请要求停产整顿的2000多处小煤矿，以及各地政府明令停产整顿或关闭的小煤矿，没有得到有效治理，不少已成为滋生事故、吞噬矿工生命的陷阱，对全国煤矿安全生产构成严重威胁。这部分煤矿的问题不解决，重特大事故就难以有效遏制，煤矿安全形势就有可能进一步恶化，实现煤矿安全状况的稳定好转就可能落空。

不具备安全生产条件的煤矿和非法煤矿停不了、关不死，究其原因，主要是以下四条：

一是企业自身的问题。一些煤矿忽视安全，管理混乱，受煤炭市场高需求、高价位的刺激盲目高产超产。一些非法矿主无视国家法律，无视政府监管，无视矿工生命，唯利是图，利令智昏，不讲安全，不要安全，超能力、超强度、超定员开采，非法开采。

二是政府监管方面的问题。一个时期来各地政府及其安全监管部门、各级煤矿安全监察机构尽管做了很多工作，但确实存在着执法不严、工作不实以及“理不直、气不壮、腰不硬、刀不快”的情况。停产整顿指令下了，封条也贴了，但缺乏强有力的制裁手段和后续措施，没能有效制止非法开采和违法违规生产。

三是官煤勾结、权钱交易和腐败问题。事实表明，官煤勾结绝非个别现象。一些国家机关工作人员、国有企业负责人或接受贿赂，或直接参与办矿，公开或暗中包庇袒护非法矿主。在政策已经明确、法律严格禁止、社会舆论共同谴责的高压环境下，一些非法和不具备安全生产条件的煤矿仍然能够生存，原因之一就是背后有“保护伞”。

四是现行法律规定的问题。《矿山安全法》、《煤炭法》、《安全生产法》和《煤矿安全监察条例》的相关规定，包括《刑法》的一些内容，有的已经不能适应形势的发展变化；有的则显得失之以宽，失之以软，不足以震慑违法犯罪。迫切需要从实际情况出发，完善安全生产法制，做出更有力度、更加行之有效的法律规定。

针对煤矿安全工作出现的新情况、新问题，国务院审时度势，及时采取措施。8 月 22 日，国务院办公厅下发了《关于坚决整顿关闭不具备安全生产条件和非法煤矿的紧急通知》。9 月 3 日，温家宝总理签署第 446 号国务院令，颁布了《国务院关于预防煤矿生产安全事故的特别规定》。

短短半个月里，国务院相继制定出台了两个关于煤矿安全的重要文件，充分体现了党和政府对煤矿安全问题的重视和遏制煤矿重特大事故、扭转煤矿安全状况的决心，体现了“以人为本”的施政理念，反映了人民群众的迫切愿望和落实科学发展观、构建社会主义和谐社会的现实需要。

三、国务院两个重要文件的基本精神

《紧急通知》和《特别规定》，总结吸取了煤矿安全工作实践经验和一系列事故教训，为下一步的煤矿安全工作提供了充分的政策依据和强有力的法律武器。我们一定要认真学习，深刻理解，切实掌握其核心内容、立法精神和主要特点等，为贯彻落实两个重要文件奠定思想基础。

（一）《紧急通知》的主要内容

国务院的这个规范性文件，阐明了国家关于煤矿整顿关闭工作的主要政策，规定了地方政府、政府相关部门和煤矿企业在整顿关闭工作上的责任，回答解决了整顿关闭中 4 个关键性问题：

一是哪些煤矿应该停产整顿，以及如何进行整顿。在明确停产整顿对象的同时，规定所有不合格煤矿只能给予一次机会，整顿的最后期限不得超过今年年底。这就摆脱了以往从整改到申请，然后再整改、再申请这样一个无休止的怪圈。规定了停产整顿的具体要求也即“四查”（查证照、查隐患、查安全管理、查劳动组织），有助于把整顿落到实处。

二是哪些煤矿必须依法关闭取缔，如何关闭取缔，关闭取缔要达到什么样的标准。通过国务院规范性文件，明确了“四关闭”政策。规定凡由地方政府决定关闭取缔的矿井，相关部门要吊销所有证照，地方政府要发布公告，停止供电和火工品，拆除设施，毁闭井筒，填平场地，遣散人员，杜绝死灰复燃的可能。

三是对地方政府统一负责、政府部门联合执法做出了部署。明确停产整顿和关闭工作由省级人民政府统一负责，要求制定工作方案，把责任层层落实到市（地）、县、乡。要求各地认真贯彻落实国家安全生产监管总局等五部门共同下发的《通知》精神，开展联合执法，这是从现行体制出发采取的一条重要措施，有助于各部门优势互补和政府行政资源的综合运用，形成齐抓共管的合力。《紧急通知》强调了煤矿企业的安全主体责任、各级煤矿安全监管部门和监察机构的责任。

四是要求认真查处安全生产和事故背后的腐败问题。规定凡投资入股煤矿的国家机关工作人员、国有企业负责人，必须在一个月内撤出投资，逾期不撤的一经查出，一律就地免职，并依照有关规定严肃处理。中纪委、监察部、国资委和安监总局联合发布了《关于清理纠正国家机关工作人员和国有企业负责人投资入股煤矿问题的通知》，具体明确了清理纠正的范围、办法和要求，强调接受社会和舆论的监督。

（二）《特别规定》的立法精神和核心内容

《特别规定》这部行政法规，是在家宝总理的关心和指导下起草制定的。广东梅州“8·7”透水事故后，国务院 101 次常务会议强调“要采取更加有力的措施加强安全生产工作，安全措施不落实、有令不行、有禁不止的要追究责任，严肃处理”，并提出要尽快研究制定一个预防煤矿事故责任追究的特别规定。

我们要认真学习、深刻领会国务院领导的重要指示，正确把握《特别规定》的立法精神。在目前煤矿重特大事故多发、煤矿安全形势严峻的情况下，国务院制定颁布这样一部行政法规，就是贯彻“安全第一、预防为主”的方针，通过实行更加严格的制度和更加严厉的措施，排除煤矿事故隐患，落实安全责任，把事故预防纳入法制化的轨道，切实保证煤矿生产安全和职工生命安全。其内容概要地讲：

一是构建了预防煤矿生产安全事故的责任体系。本着“国家监察、地方监管、企业负责”的要求，对各方责任做出了明确界定。明确煤矿企业是预防事故的责任主体，企业负责人（包括一些煤矿企业的实际控制人）对预防事故负主要责任。规定国务院各部门和地方政府要建立并落实预防煤矿事故的责任制，监督检查煤矿预防事故的情况，及时解决煤矿安全工作中的问题。同时明确了安全生产监管部门、煤矿安全监察机构的监督检查和查处职责。特别强调的是，对每一项预防事故的工作，在提出要求的同时，都严密设置了违法违规应受到的经济处罚和行政处罚，构成犯罪的依法追究刑事责任。

二是明确了煤矿事故预防工作的程序和步骤。首先是排除隐患。列举了危及煤矿安全的15种隐患和行为，凡存在这些隐患和行为的煤矿，必须立即停止生产，排除隐患。其次是停产整顿。对存在隐患而不排查、不报告、不整改的，地方政府安全监管部门或煤矿安全监察机构要下达停产整顿指令，提出停产整顿的内容、时间等具体要求，整顿结束后要在煤矿提出申请60天内验收完毕。接下来是关闭。对拒不停产整顿的煤矿和停产整顿逾期不合格煤矿，要依法予以关闭，地方政府要在接到安全监管部门、煤矿安全监察机构提请关闭的文件7天之内做出决定，由政府主要负责人签字存档，关闭煤矿由地方政府负责组织实施。同时《特别规定》还对“非法煤矿”做出了确切的定义，没有依法取得各种必需的证照或证照不全、擅自从事生产的为非法煤矿，是关闭取缔的对象。上述三个步骤联系紧密，环环相扣，形成闭合。

三是提出了预防煤矿事故的一系列制度保障。包括对重大隐患实行客观、公正、科学的专家论证；煤矿企业对井下作业人员进行安全培训，地方政府煤矿安监部门、煤矿安全监察机构分别加强监督检查；煤矿负责人和其他经营管理人员轮流带班下井；依法查处腐败行为，严禁公务人员投资入股办矿；加强对煤矿安全的监督，维护全社会和广大职工的知情权、参与权和举报监督权等。

（三）两个文件的鲜明特点

一是体现了预防为主的方针。两个文件立足于煤矿事故的防范，所提出的各项要求、做出的各项规定，包括对事故责任的追究和惩罚，都体现了关口前移，防患于未然，消除事故隐患，铲除事故温床，保障煤矿安全生产。

二是体现了责权一致的原则。在赋予煤矿企业、地方政府和相关部门职权的同时，也明确了必须承担的责任，对不履行责任的行为做出了相应的处罚规定。煤矿企业负责人、各级地方政府、特别是安全监管部门和煤矿安全监察机构的同志，对相关要求和规定一定要认真掌握，严肃对待，自省、自警、自勉，既要依法监督和查处别人，也要谨防自己踩线逾规，防止触犯煤矿安全生产各项政纪法律。

三是体现了“依法治安”方略和执法从严的要求。文件要求严格，惩处措施严厉，既符合《安全生产法》和相关法律的精神，其严格、严厉程度又是以往所没有的，反映了国务院坚决维护广大矿工生命安全，维护法律尊严和政府权威的坚定意志，体现了治理煤矿安全生产中的非法、违法和违规行为须用“重典”的法治思想。通过立法，划定红线在先，有话在先。对触犯煤矿事故预防法律红线的，一定依法办事，严惩不怠，“莫谓言之不预”。

四是体现出很强针对性和可操作性。所有的要求和规定，都针对当前煤矿安全生产的薄弱环节和突出问题，吸纳了各地实践中的新鲜经验和有效做法，把预防煤矿事故的各个环节程序化、制度化和规范化；对每个环节上的违规行为作出的处罚规定，有量化标准，便于操作。如停产整顿煤矿擅自生产的，安全监管部门和煤矿安全监察机构要在提请地方政府依法关闭的同时，没收违法所得，并处以非法所得1－5倍的罚款。

总之，《紧急通知》和《特别规定》的制定和出台，非常必要，非常及时，为整改治理煤矿事故隐患，监督实施停产整顿和关闭取缔，防范煤矿重特大事故，提供了强有力的政策支持和法律保障。

在党组学习讨论会上，大家认为：国务院的两个重要文件，是治理“工作不实、执法不严”痼疾的两剂良药，是强化煤矿安全监管监察执法的两把利剑。学习好、贯彻落实好这两个文件，按照国务院的要求，坚定信心、坚定不移抓下去，全国人大常委会提出的煤矿安全两大目标，国务院《决定》提出的全国安全生产奋斗目标，一定能够实现。

四、贯彻落实两个文件，打好两个攻坚战

九月份和今年后四个月的工作，要以贯彻落实国务院两个重要文件为主线，以煤矿安全为重点，突出瓦斯治理和整顿关闭这个重中之重，集中精力打好两场攻坚战。目前在煤矿安全工作方面，党和国家的要求已经很明确，主要政策和法律法规已经具备，关键是贯彻落实。如果不去贯彻落实，而是“束之高阁”，连声叫好而迟迟没有行动，再好的政策和法律法规也是没有意义、没有作用的。各级领导同志要从政治和大局高度，增强贯彻落实的自觉性，在抓落实上狠下功夫。

（一）认真学习宣传，形成强大的舆论声势

总局将尽快起草下发“关于学习贯彻国务院《特别规定》和有关文件的通知”，做出安排部署。一是要认真抓好系统内部的传达学习，各单位要立即召开领导班子会、全体干部会，组织大家认真学习讨论，吃透精神，切实掌握。要把《特别规定》、《紧急通知》、四部委《通知》和全国人大常委会的执法检查报告等文件，印发到全系统。总局、煤监局和省局领导班子成员要先学一步，带头搞好宣讲。二是要迅速传达贯彻到县乡和煤矿，通过发文系统、网络系统、召开会议、送文上门、到矿区宣讲张贴、制作发放矿工安全手册等途径和方法，把文件精神传达到所有产煤县乡和所有煤矿，使县乡干部、煤矿负责人和从业人员都知道。三是面向全社会广泛宣传，运用电视、广播、互联网、报纸、刊物等各种媒体，以及召开座谈会、举办专题专栏节目、现场采访、跟踪报道、社论网评等各种方式，在全社会掀起宣传热潮。

（二）抓紧制定配套规章制度

总局和煤监局要围绕《紧急通知》和《特别规定》已经做出原则规定、尚待进一步具体化和细化的问题，制定出台一批部门规章和规范性文件。一是“煤矿重大安全生产隐患和行为的认定标准”，详细阐释《特别规定》列举的15条问题。二是“煤矿停产整顿有关问题的具体规定”，对停产整顿的程序、内容、停产整顿期间的安全技术保障措施、整顿验收办法、标准等，提出具体要求。三是“煤矿关闭取缔有关问题的具体规定”，进一步明确关闭对象、矿井关闭工作程序、关闭的标准和检查验收办法等。四是进一步界定企业、地方政府及其安全监管部门、煤矿安全监管机构在职工培训工作上的责任，建立健全监督检查制度。五是煤矿负责人和生产经营管理人员下井带班的具体要求。六是“煤矿安全生产事故隐患举报奖励细则”，对举报电话和电子信箱的设置、举报案件的核查以及奖励办法等，做出具体规定。

根据特别规定第二十七条，省区市政府可以制定具体实施办法。各省区市安全监管部门和煤监机构要积极提出意见和建议，也可以从实际出发，就两个文件所涉及的相关事项制定具体办法。

（三）认真排除处理重大隐患

要部署、督促煤矿对照《特别规定》所列举的15条，进行安全隐患的清理排查。存在隐患和问题的，责令限期整改；逾期未整改的，要下达停产整顿指令，并按照规定向当地政府报告。对拒绝停产整顿的，要启动矿井关闭程序，提请地方政府做出决定。最近8部门联合对9个省进行了检查，检查中发现的重大隐患和问题，要抓紧下达整改通知，督促有关地方政府和有关单位落实整改措施。在北戴河座谈会上，我们讲到了全国煤矿两处特别重大隐患，一处是广东四望嶂矿区也即梅州兴化煤矿这个地方的水患问题，另一处是抚顺老虎台矿的地质灾害。前者不幸已经发生了事故，一定要深刻吸取教训。

（四）检查督促7000多个煤矿落实停产整顿措施

首批停产整顿的1324个、第二批4809个矿井名单，已经在《人民日报》、《安全生产报》和《中国煤炭报》上公布。地方政府要派出人员，对停产整顿煤矿实施全过程、全天候监督，保证停实、整顿到位。各省区要拿出后四个月的停产整顿、分批实施的方案，并在地方主要报纸上发布公告。首批停产整顿煤矿到期后，要及时组织验收，验收不合格的要依法予以关闭。总局和煤监局要逐月督促检查。

（五）推动地方政府建立联合执法机制

九月份，总局和煤监局机关要分别深入重点省区，督促指导地方政府组织开展煤矿安全联合执法。十月或十一月，要以国务院安委会的名义，组织开展一次全国范围的专项检查。在联合执法的问题上，首先是我们自己的态度要积极，工作要主动，地方政府需要安全监管部门和监察机构牵头，就要责无旁贷地牵起头来，一切都要以煤矿安全工作的大局为重，不要推诿，不要拖延，不能贻误战机。

（六）继续落实煤矿瓦斯治理各项措施

已经安排的各项工作，包括地方政府对重点煤矿进行安全督导、推广煤矿瓦斯数字化远程监控系统、对矿井通风和安全生产能力进行核定、专家技术"会诊"后续整改工作和煤矿技术改造、煤矿经营管理人员下井带班、聘请和发挥群众安全监督员的作用等，都要继续抓好落实。特别是国有重点煤矿安全技术改造，要对国家扶持的30亿元用于隐患治理的使用情况进行跟踪，掌握用于治理隐患的实际情况。要根据瓦斯治理工作的进展情况，以及工作中出现的新情况、新问题，及时研究提出新办法、新措施，把瓦斯治理攻坚战逐步推向深入。

五、落实全国人大执法检查的要求，做好内部整改和外部协调工作

按照有关规定，全国人大常委会审议通过执法检查报告3个月后，安全监管总局将向人大常委会专门委员会做出整改情况的汇报；6个月后，国务院要向人大常委会做出整改报告。

下一步，在内部整改方面，要在前一段边查边改的基础上，主要抓好5件事情：一是要进一步转变职能，帮助地方政府健全完善安全监管体制，加快建立广东、广西、福建等省区煤监局，组建国家安全生产应急救援指挥中心。二是在保证质量的前提下，以煤矿为重点，搞好安全生产许可证的审核发放和管理，搞好非煤矿山、危险化学品、烟花爆竹企业许可证申报和审核发放，指导督促建筑施工、民爆器材行业管理部门认真实施安全行政许可制度。三是抓紧重特大事故的查处，由总局、煤监局负责的17起特别重大、特大事故，要提高查处效率，尽快结案，向社会公布。由省区和相关部门查处的事故，要及时向煤监局报批，向总局报备。四是认真履行安全监管部门、煤矿安全监察机构在职工安全培训方面的职责，抓好特殊工种的培训考核发证和注册安全工程师的考试工作。五是要提高执法队伍素质，认真贯彻党组《关于加强安全生产监管监察队伍建设的指导意见》，严格执行九条纪律，加强思想政治建设、业务建设和作风建设。

在外部工作上，要加强与相关部门的配合协调，推进国务院同意的相关工作的进程。一是修订完善"十一五"安全生产规划，争取发改委的支持，把安全生产一些重要指标如亿元GDP事故死亡率、十万工矿从业人员事故死亡率等，纳入国家和地方"十一五"规划及其指标体系。争取国家明年再安排30亿元国债资金，扶持国有煤矿治理隐患。各省区监管、监察机构也要做好地方政府的工作。二是争取科技部的支持，把安全生产基础研究、关键技术研究纳入国家中长期科技发展规划，煤矿瓦斯治理等重点科研项目要进入国家重大基础研究（973）、国家科技攻关和国家高新技术发展（863）计划。三是配合中编办，对完善安全监管体制进行深入调查研究，在广泛征求地方政府和各方面意见的基础上，提出具体指导意见。四是配合国务院法制办，继续推动安全生产相关法律法规包括《矿山安全法》、《煤炭法》、《煤矿安全监察条例》等的修改修订，出台《事故报告和调查处理条例》，建议修改《刑法》131－139条或做出司法解释。五是联合财政部，尽快制定出台《煤矿安全风险抵押金管理办法》，促进有关部委以资源储量为基数计征的煤炭资源税、增值税转型、分离国有煤矿企业"办社会"职能等经济政策的出台。六是争取教育部、发改委、财政部的支持，恢复矿山专业、落实奖学金、定向培养和矿山职业培训等政策。七是协助纪检、监察部门和国资部门，查处事故背后的腐败问题，落实中纪委等四部门的联合《通知》，清理纠正国家机关工作人员和国有企业负责人违反规定投资入股煤矿的问题。上述各项工作，都是建立安全生产长效机制、实现长治久安的需要，都与安全监管监察系统有着密切关系，我们一定要密切配合相关部门，积极做好有关工作，全力推动。

六、对下一步工作的几点要求

（一）把思想统一到国务院文件和党组的部署上来

要提高认识，端正态度，强化责任，振奋精神。面对严格的安全监管监察责任、严厉的责任追究制度和日益繁重的安全生产工作任务，一些同志有想法、有压力，是可以理解的，但是不能有令不行，有禁不止。对国务院的决策和部署，任何怀疑、犹豫、消极应付、推诿扯皮甚至埋怨抵触等情绪和行为，都是不正确的，也是党的纪律和行政纪律所不允许的。监管监察系统的所有同志特别是各级领导干部，一定要正确认识党和国家关于安全生产一系列重大举措尤其是《特别规定》、《紧急通知》的重要意义，认清肩负的神圣职责和历史使命，坚定信心、坚定不移地贯彻落实。

（二）紧紧依靠地方政府，调动各部门积极性，形成联合执法、齐抓共管的强大合力

地方党委、政府的决心意志和统一领导，是搞好煤矿安全工作的关键。国土资源、发展改革、煤炭行业管理、工商管理等和公检法、纪检监察等部门的参与配合，是开展煤矿安全执法的必要条件。省区安全监管部门和煤矿安全监察机构要把国务院文件和这次会议精神，以及下一步工作打算，向地方党委和政府汇报，建议政府领导同志出面做出安排部署。要主动与相关部门通气，征求他们的意见建议，共同做好执法工作。

（三）坚持依法行政，把工作抓实、抓细

所有的执法行为，都要有法律依据，都要按法律规定和法律程序办事。做好政策宣示和疏导工作，取得全社会的支持。引导矿主遵守国家法律法规，依法表达诉求，不激化矛盾，防止被境内外一些别有用心的人利用。加强调查研究，及时发现新情况，解决新问题。学习借鉴广东的做法，研究制定在整顿关闭中解决新问题的有关政策措施，维护从业人员的合法权益。

（四）从严治内，提高执法能力和水平

在对最近发生的一些煤矿事故的查处过程中，发现监管监察队伍中确实存在着一些失职渎职、以权谋私现象。要一查到底，严肃处理，引以为戒。要及时清理、查处监管监察队伍中可能存在的参与办矿问题和其他腐败问题。要把后四个月的工作与先进性教育整改提高、“回头看”紧密结合起来，努力解决执法不严、工作不实的问题，巩固发展先进性教育的成果。要增强执法为民的宗旨意识，自觉做到严格执法、公正执法和廉洁执法，发扬开拓创新、求真务实精神，把工作做实做深做细，增强实效性。

在做好上述工作的同时，九月份还要继续开展危化品道路运输安全整治，组织力量对重点地区烟花爆竹安全监管情况进行督察；召开安委会联络员会议，对相关行业和领域的安全工作进行督促；做好重大危险源的申报登记和监督管理工作，排查整改交通运输、旅游景点、人员密集场所的安全隐患，确保国庆节“黄金周”的安全。

目前的时机很好，政策环境、社会和舆论环境都有利于加强安全生产工作。希望大家继续保持旺盛的精神状态，认真贯彻党中央、国务院和全国人大常委会的指示精神，按照这次会议的安排部署，进一步增强信心，转变作风，贯彻落实好两个文件，打好两个攻坚战，实现安全生产两个阶段性目标，推动煤矿和全国安全状况的逐步好转，为落实科学发展观和构建和谐社会，做出应有的贡献！

国家安全生产监督管理总局局长李毅中在国务院安全生产委员会全体会议上的工作汇报（摘要）

（2005 年 12 月 15 日）

一、2005 年安全生产工作进展情况

党中央、国务院高度重视安全生产工作。今年以来，党和国家领导同志对安全生产工作的重要批示多达 170 件、285 条。党的十六届五中全会提出了安全发展的指导原则，系统地阐述了安全生产工作的目标任务和政策措施。锦涛总书记、家宝总理

在五中全会、中央经济工作会议等多种场合，深刻阐述了安全生产对于落实科学发展观、构建社会主义和谐社会的重要意义。黄菊副总理多次提出要求，并深入实际调查研究。永康、建敏国务委员亲自动手抓。国务院召开4次常务会议、8次专题会议研究安全生产问题。出台了《国务院关于预防煤矿生产安全事故的特别规定》和《国务院办公厅关于坚决整顿关闭不具备安全生产条件和非法煤矿的紧急通知》等重要文件；安排30亿元国债资金支持国有重点煤矿治理隐患。全国人大常委会组织开展了安全生产法执法检查。中纪委、监察部牵头，对国家机关工作人员和国有企业负责人入股办矿问题进行了清理纠正。所有这些，都有力地推动了安全生产工作。

依靠各部门、各地政府的共同努力，2005年在国民经济持续快速发展、“煤电油运”仍然绷得很紧的情况下，安全生产总体上保持了较好的发展态势。事故总量下降。截至12月11日，全国共发生各类事故677379起，死亡116027人（调度快报统计数字，下同），分别下降9.7%和7.7%。预计全年事故死亡可控制在12.8万人以内。绝大多数行业领域和省（区、市）安全状况相对稳定。1～11月份事故死亡人数与去年同期相比，道路交通下降7.6%，火灾事故下降9.3%，水上交通事故下降9.3%，铁路事故下降9.1%，民航事故下降95.1%。建筑施工、电力、石油石化、军工，以及特种设备、农机、旅游等方面的安全工作也都取得了成效。全国32个省级统计单位中，有30个单位事故死亡人数在控制指标以内。

安委会各成员单位密切配合，突出抓了以下八个方面的工作。

（一）落实国务院第81次常务会议确定的各项措施，强力推进煤矿瓦斯治理

安监总局、发改委、科技部等部门密切配合，召开了电视电话会、现场会，共同组织开展多次检查督查。各主要产煤省区都成立了瓦斯整治工作领导小组，向45户重点监控煤矿企业派出了督导组。组织了近百名专家对瓦斯灾害严重的国有煤矿进行了安全技术“会诊”，分批提出了安全技改项目建议。全国已核定通风能力煤矿15712处，占78.6%。煤与瓦斯突出矿井、高瓦斯已全部装备监测监控系统。67户有高瓦斯、煤与瓦斯突出矿井的国有重点煤矿已联网60户，联网率89.6%；95个有高瓦斯、煤与瓦斯突出矿井的重点产煤县已联网37个，联网率38.9%。煤层气综合开发利用、科研攻关等工作也取得了进展。

（二）贯彻国务院两个重要文件，组织开展两个攻坚战，厉行整顿关闭

国务院《特别规定》和国办《紧急通知》下发后，我们提出今年后四个月以贯彻两个重要文件为主线，集中精力打好瓦斯治理和整顿关闭两场攻坚战。会同发改委、财政部等部门制定了五个配套办法。在《人民日报》公布了4批、8648处停产整顿矿井名单。到11月底，累计停产整顿矿井12990处（含地方政府要求停产整顿的4300多处矿井），已验收6145处，其中合格4935处，不合格1210处、约占20%。已实施关闭2234处（含整顿无望、无需验收矿井）。预计全年关闭煤矿4000处以上。

（三）深化各个重点行业和领域的安全整治

公安部、交通部会同安监总局，部署和开展了道路交通“五整顿、三加强”，治理车辆超载超限，预防群死群伤道路交通事故、排查治理公路危险路段、创建平安畅通县区等工作。交通部会同有关部门继续深入开展水上交通安全专项整治，对广东等七省区低质量船舶的生产制造、航运情况进行了督查。公安部、建设部、商务部、安监总局、工商总局等联合部署开展了商场市场消防安全专项治理，各级政府挂牌督办的3549处重大火灾隐患目前已完成整改2242处。建设部、安监总局联合对北京、四川等八省市建筑安全进行了重点检查。

（四）认真实施安全许可制度，加强源头管理

截止到11月30日，高危行业各类企业申请、发证情况分别为：①煤矿企业应持证单位25384户，提出申请23312户、申报率91.8%，已发证14861户、颁证率58.5%（国有煤矿申报率、颁证率均为100%）；②非煤矿山企业应持证单位100445户，提出申请76582户，申报率76.2%，已发证29848户，颁证率29.7%；③危化品生产企业应持证单位23836户，提出申请16296户，申报率68.4%，已发证8316户，颁证率34.9%；④烟花爆竹生产企业应持证单位8304户，提出申请7346户，申报率88.5%，已发证2566户，颁证率30.9%；⑤建筑施工企业应持证单位92237户，提

出申请 72096 户，申报率 78.2%，已发证 67314 户，颁证率 73%；⑥民爆器材生产企业应持证单位 396 户，提出申请 382 户，申报率 96%，已发证 377 户，颁证率 95.2%。

（五）落实全国人大常委会《安全生产法》执法检查的要求，从执法入手加强安全生产法制建设

5 月 9 日至 6 月 15 日，全国人大由五位副委员长带队，以煤矿安全为重点，对山西等 10 省区进行了执法检查，同时委托其他 11 个省区的人大常委会对本省区进行检查。按照国务院安委会的要求，我们全程参加，并认真落实整改。安监总局会同发改委、国土资源部、工商总局等联合下发了《关于严厉打击煤矿违法生产活动的通知》，9 月组织督查组对各地联合执法情况进行了检查。加快安全生产配套立法步伐，法制办牵头制定出台了《特别规定》，安监总局出台了烟花爆竹事故应急救援、劳动防护用品监督管理办法等 20 多项部门规章。

（六）加大安全生产宣传教育力度

以“遵章守法、关爱生命”为主题，会同中宣部、广电部、全总、团中央，组织开展了全国第四个“安全生产月”活动，举办了安全咨询日、安全生产“万里行”、安全文化下基层、安全法制建设高层论坛、“安康杯”知识竞赛暨首批煤矿安全群众监督员特聘仪式、首届全国安全生产展览和中国企业安全生产高层论坛等系列活动。在国务院新闻办、监察部的支持下，召开了 3 次新闻发布会，向社会公布安全生产工作重大举措、特别重大事故查处结果和“清纠”工作进展情况等。

（七）开展“清纠”工作，认真查处事故

中纪委、监察部、安监总局、国资委联合发出《通知》，对国家机关工作人员和国有企业负责人投资入股煤矿问题进行了清理。截至 10 月 20 日，全国报告登记 4578 人，其中国家机关工作人员 3002 人、国有企业负责人 1576 人，登记入股金额 6.53 亿元，已撤资 4.73 亿元。对一些官煤勾结典型案例进行了曝光和严肃处理。对一个时期来发生的特别重大事故，以国务院安委会或安委会办公室的名义进行了通报，按照“四不放过”的原则对特大事故进行了查处。

（八）完善体制，加强监管监察队伍自身建设

中编办会同安监总局，就完善安全监管和煤矿安全监察体制进行了调研，增设了青海、湖北、广东、广西、福建 5 个省级煤矿安全监察局，一些省区加强了安全监管力量。总局升格后，遵照国务院领导的指示，重新审视全国安全生产工作的大格局，明晰国家监管监察机构的职能定位。结合开展保持共产党员先进性教育，认真查找差距，推动职能、工作方式和工作作风“三个转变”。以全国人大《安全生产法》执法检查为契机，从解决“工作不实、执法不严”问题入手，加强内部教育管理，提高监管监察队伍的业务素质和履职能力。

在 2005 年以及长期以来的安全生产工作中，安委会各成员单位以推动安全生产状况好转为己任，认真履行职责，分工负责，配合协作，做了大量的富有成效的工作。

尽管我们付出了很大努力，2005 年的工作也取得了一定成绩，但是与党中央、国务院的要求和全国人民的愿望相比仍存在较大差距，安全生产形势依然十分严峻。

一是重特大事故尚未得到有效遏制。1 ~ 11 月，全国发生一次死亡 10 人以上特大事故 116 起，死亡 2582 人，同比虽然减少 3 起，但死亡人数增加 210 人。其中煤矿 53 起，死亡 1544 人，同比增加 17 起、640 人，分别上升 47.2% 和 70.8%。先后发生 4 起涉难百人以上的煤矿事故（辽宁阜新孙家湾煤矿“2·14”瓦斯爆炸事故，死亡 214 人；广东梅州大兴煤矿“8·7”水灾事故，死亡 121 人；黑龙江七台河东风煤矿“11·27”煤尘爆炸事故，死亡 171 人；河北唐山刘官屯煤矿“12·7”瓦斯爆炸事故，死亡和失踪 108 人），损失惨重，负面影响很大。

二是煤矿等重点行业和领域的问题仍然相当严重。整顿关闭攻坚战的深入，暴露出一些新情况、新问题。一些煤矿企业贯彻执行安全生产方针政策、法律法规不认真、不负责。少数国有大矿管理滑坡，“三违”现象严重，企业负责人责任意识淡漠，思想麻痹；为数众多的小煤矿管理混乱，安全隐患大量存在，一些不法矿主利欲熏心、漠视生命、违法违规。一些地方对整顿关闭不具备安全生产条件和非法煤矿态度不坚决，工作不得力。本应关闭的煤矿，有的借“资源整合”为名继续非法生产；有的假借技改、基建和改扩建为名，逃避整顿关闭；甚至上有政策下有对策，搞形式走过场。

一些安全监管监察执法机构、行业管理部门工作不落实，不到位，执法不严，对非法违法行为有的尽管查了、罚了，但没有跟踪落实；有的没有发现、没有惩处或惩处不力。对瓦斯治理和整顿关闭的政策措施，有的贯彻力度不够，甚至走了过场。

非煤矿山、危化品、道路和水上交通、烟花爆竹、建筑施工等行业和领域重特大事故时有发生。河北邢台石膏矿特别重大坍塌事故、山西长治特大交通事故、中石油吉化双苯厂爆炸事故和污染事件，造成恶劣影响。渔业船舶事故总量上升。

三是影响安全生产的一些深层次矛盾和问题仍然存在。造成我国当前安全生产形势依然严峻的原因是多方面的。除了一些地方和单位重视程度不够，政府安全监管和企业责任主体不到位，安全执法不严，防范措施不力，企业管理混乱，非法违法生产和违规违章现象比较严重之外，还存在着一些深层次的问题。主要是粗放型经济增长方式尚未从根本上改变；行业管理相对弱化，政府安全生产监管体制不健全；安全投入不足，欠账较多，企业和公共安全基础比较薄弱；农村劳动力大量转移，安全技术培训教育相对滞后；以及违法违纪、官商勾结、腐败现象等，都对安全生产提出了严重挑战。

二、2006年工作初步思路

2006年是国民经济和社会发展“十一五”规划的开局起步年，也是实现全国人大常委会提出的煤矿安全两个阶段性目标、国务院《关于进一步加强安全生产工作的决定》提出的安全生产三个分期目标特别是本届政府任期内目标的攻坚年，是安全生产工作巩固成果、深入治理整顿年。

（一）做好2006年安全生产工作的有利因素

一是“安全发展”方针原则的确立，为加强安全生产提供了强大精神动力和有利舆论氛围。十六届五中全会从经济社会发展的全局出发，把安全问题摆在与资源、环境同等重要的战略位置上，确立了安全发展的方针原则，强调“要坚持节约发展、清洁发展、安全发展，实现可持续发展”。加强安全生产，实现安全生产状况的进一步好转，已经成为党和国家的一项基本政策，纳入国民经济和社会发展“十一五”规划。以人为本首先要以人的生命为本，科学发展首先要安全发展，和谐社会首先要关爱生命，正在成为全党、全社会的共识。

二是十六届五中全会和中央经济工作会议不仅提出了安全生产工作的新要求，同时也提出了解决影响安全生产深层次问题的一系列政策措施。结构调整的加快，经济增长方式的转变，宏观调控力度的加大，行业管理的加强，一些治本之策的陆续制定实施，势必缓解煤电油运持续紧张趋势，遏制一些企业盲目超产冲动，促使地方和企业提高经济运行质量，加强和改进安全生产。反腐败斗争的持续深入，也为进一步解决官商不分、权钱交易问题创造了条件。

三是两个攻坚战的深入开展和其他行业领域重点整治的启动，将有力推动安全生产工作。通过贯彻落实瓦斯治理七项措施，煤矿防范瓦斯事故能力有所增强；通过初步整顿关闭，4000多个不具备安全条件的小煤矿将退出市场，一批不安全矿井得到整治，消灭了一批滋生事故、吞噬生命的危险源。非煤矿山、危化品、烟花爆竹、道路和水上交通、消防、建筑等方面专项整治活动的深入开展，将有助于消除非法违法现象，建立正常的安全生产秩序。

四是联合执法的工作格局基本形成，监管监察队伍精神面貌较好。政府统一组织领导，综合监管部门协调，政府相关部门参与，党群部门和立法、司法机关等共同支持配合的工作局面和联合执法机制，在中央和地方正在逐步形成。整个监管监察队伍包括各部门的同志，都能够任劳任怨、扎扎实实抓工作。我们有决心、有信心扭转事故多发局面，实现安全生产状况的稳定好转。

（二）要突出抓好的八项重点工作

根据十六届五中全会和中央经济工作会议精神，结合当前实际，2006年安全生产工作的指导思想和总体思路是：认真学习贯彻十六届五中全会和中央经济工作会议精神，以科学发展观统领全局，坚持安全发展；强化全社会安全意识，强化企业主体责任，强化政府监管，严格管理，严格安全执法；坚决遏制重特大事故多发势头，推动煤矿和全国安全生产状况的稳定好转；为实现国务院《决定》提出的安全生产近期目标、全国人大常委会提出的煤矿安全两个阶段性目标奠定坚实基础。

一是唱响“安全发展”主旋律，强化全社会安全意识。加大安全生产宣传教育力度，使“安全发展”思想观念深入人心。大力推动安全文化、安全法制、安全责任、安全科技、安全投入“五要素”落实到位；以“安全发展、国泰民安”为主题，组织开展全国第五个“安全生产月”活动。

二是制定安全生产规划，明确工作目标。依据十六届五中全会、国务院《决定》和全国人大常委会执法检查提出的目标，制定全国和各地、各行业“十一五”安全生产规划，列入专项规划。把亿元GDP事故死亡率、工矿商贸企业从业人员十万人事故死亡率纳入国家“十一五”规划经济和社会人文指标，把煤炭生产百万吨死亡率、道路交通万车死亡率纳入国家和地方统计指标体系。

三是深入开展煤矿瓦斯治理和整顿关闭两个攻坚战，把煤矿事故预防工作抓实。把煤矿关闭任务落到实处，关实关死，严防死灰复燃；建立煤矿整顿关闭部际协调会议制度，安监总局牵头，发改委、国土资源部、工商总局等部门配合，及时研究解决整顿关闭工作中出现的新情况、新问题，适时指导开展煤矿资源整合工作；继续使用国债资金，带动企业投入，治理煤矿隐患；建立完善煤矿各种证照年审制度。

继续抓好煤矿瓦斯治理，加强对国有大矿的安全监管，坚持和完善地方政府重点煤矿安全督导制度；督促煤矿用好瓦斯监测监控设施设备和联网系统；贯彻“先抽后采”，推动煤矿瓦斯抽放和综合利用示范工作；做好煤矿通风和安全生产能力核定及其后续工作；抓好煤尘防治，认真治理煤矿水患。

四是开展联合执法，深化各重点行业和领域的安全整治。在危化品和烟花爆竹、非煤矿山、道路交通、水上交通、建筑施工等行业和领域实施联合执法，充分发挥政府部门和公检法、纪检监察等部门的综合优势，依法严厉打击无视法律、无视监管、无视生命安全的违法犯罪行为。各重点行业和领域都要针对突出矛盾和关键问题，集中开展一两项专项整治活动。

五是强化企业安全主体责任，建设本质型安全企业。加强对企业安全生产“第一责任人”履职情况的监督，督促各类企业落实责任、严格管理；改进国有大企业的安全基础工作，对煤矿、危化品、非煤矿山等国有企业安全管理提出指导性意见；继续学习推广广东经验，建立完善非公有制小企业安全监管机制。指导各类企业广泛开展安全生产标准化活动和风险源普查活动。

六是加强安全生产法制建设，加大执法力度。配合全国人和高院、高检等，做好相关法律的修订和司法解释等工作。抓紧相关法规的起草制定。各部门要继续做好部门规章和安全行业安全标准的制定修订工作。充分运用经济、行政、法律等各种手段，提高执法权威和执法效率。以清理纠正投资入股煤矿问题为切入点，推进安全生产领域反腐败工作。提高事故查处效率，及时结案，向社会公布。

七是研究完善安全生产政策，寻求治本之策。各部门按职责分工，密切配合，加快资源税、煤炭成本、价格、安全费用提取等经济政策的研究制定工作。

八是健全完善安全生产监管体制，加强安全监管、监察队伍自身建设。指导督促地方政府依法建立健全安全监管机构。理顺煤矿安全国家监察与地方监管、综合监管和行业监管的关系。加快安全生产应急救援体系建设，完善事故预警机制。进一步提高安全监管监察队伍素质和执法能力，逐步实现“专家监管”。加强党风廉政建设和内部监督，从严自律，做到严格执法、公正执法、廉洁执法。

三、当前遏制煤矿事故的七项措施，以及要组织开展的七个方面的专项督察

（一）遏制煤矿事故的七项措施

当前煤矿重特大事故多发，煤矿安全形势严峻。针对存在的问题，必须采取更加有力、更加严格的对策措施。在12月12日召开的全国安全生产视频会议上，我们已部署采取以下七项措施。

一是加大煤矿隐患排查、整改力度，及时消除事故隐患。所有煤矿企业包括国有重点煤矿，都必须按照国务院《特别规定》的要求，认真、全面、彻底排查安全隐患。存在重大隐患的要坚决停产整顿。严格执行企业负责人和经营管理人员下井带班制度，加强技术、设备、工艺和现场管理，严惩“三违”。按照《特别规定》的要求，地方人民政府和安监、煤监机构对辖区内煤矿重大隐患要登记建档，指定专人跟踪督查，督促企业认真整改。

二是加大对停产整顿矿井的监管力度，确保停产整顿到位。对已公布的停产整顿矿井，应由县级以上地方人民政府派出监督人员盯守，组织巡回检查或实行分片包干，监督煤矿整改。发现停而不整、假整顿真生产等非法行为的，立即予以关闭，并依法进行处罚。所有停产整顿矿井，必须在

2005年12月31日之前完成整改，逾期未完成整改或验收不合格的要依法关闭；验收合格的煤矿，要制定恢复生产的安全保障措施并取得所有证照后方可恢复生产。

三是坚决关闭经整顿仍不具备安全生产条件的煤矿。把国务院安委会办公室确定的2005年关井数量，落实到市（地）、县、乡镇和煤矿，确保12月31日之前关闭到位。加强监督检查，坚决防止关闭之前非法突击生产。关闭名单要向社会公告，接受监督。公布举报电话，落实奖励制度。继续坚决打击、取缔非法小矿点。

四是规范煤矿资源整合，严厉打击非法开采活动。各地对纳入资源整合的不具备安全生产条件和非法矿井，必须先关闭，吊销所有证照，停供电、停供火工品，然后再进行整合。矿井整合只能有一个法人主体，统一布局、统一规划；必须依法取得采矿许可证，并按照建设项目要求履行相关核准审批手续后方可施工。安监机构要加强与国土资源管理部门的配合，严厉打击无证开采、超层越界、以采代探等非法生产活动。

五是严格煤矿建设项目管理，制止非法生产。对国家重点建设项目要加强安全监管。建议各地对其他的基建、改扩建和技改矿井，要立即暂停施工，由地方人民政府组织复核。凡是建设项目未经核准（审批）、未履行“三同时”审批手续、擅自施工或不具备安全施工条件的，以及非法采煤的，要坚决整顿或关闭。对不具备安全生产条件的小煤矿借改建、扩建和技术改造之名逃避整顿、继续生产的，要立即依法关闭。建议各地一律暂停核准审批新的技术改造和改扩建项目。

六是继续抓好瓦斯集中整治，严防超能力、超强度、超定员突击生产。高瓦斯、煤与瓦斯突出矿井凡未按规定装备监测监控系统的，以及年底之前没有实现集团公司（矿务局）或县域范围内联网的，应立即停止生产。发现超能力、超强度、超定员生产的，立即责令停产整顿并追究责任。凡开采有煤尘爆炸危险、自然发火严重、受水害威胁，未采取有效防范措施的矿井，立即停产整顿。采掘失调、接续紧张的矿井，由省级煤炭行业管理部门限定产量、限期完成采掘关系调整。

七是落实煤矿安全生产责任，严格责任追究。要求各地认真吸取最近发生的几起特大事故教训，举一反三，切实加强对安全工作的领导，把煤矿安全责任落实到地方各级政府、各有关部门和煤矿企业，严格考核。要求各级安全监管监察机构严格履行职责，加大执法力度。建立完善地方政府统一领导、政府相关部门和公检法、纪检监察等共同参与的联合执法机制，依法打击非法生产行为，查处失职渎职、违法违纪和腐败现象。

（二）要组织开展的七个方面的专项督察

为确保岁末年初煤矿和全国安全形势的基本稳定，经与相关部门商定，部署开展以下七项督察。

一是以国务院安委会名义，分别对山西、河北、内蒙古、辽宁、河南、江西、贵州、陕西8个产煤重点省区进行煤矿安全专项督察，时间安排在12月底。以煤矿安全为重点，以瓦斯治理和整顿关闭为重中之重，主要查组织领导，查部门监管，查隐患整改，查薄弱环节。

二是吸取中石油吉化双苯厂“11·13”爆炸及重大污染事件的教训，以查“三违”、查隐患为重点，组织开展危化品生产企业安全检查。加强对沿江、沿河化工企业的安全监管，落实防事故、防污染的措施和预案。已召集中央管理的18家大型化工企业做了研究部署，进一步抓好督查落实。

三是开展非煤矿山安全督查工作。加强源头管理，以严格执行非煤矿山安全生产许可证制度为切入点，制定方案，开展“治乱”工作。年底之前没有提出安全生产许可申请的企业，一律依法关闭。突出重点地区、重点矿种，国土资源部牵头开展规范矿山开采秩序专项治理督查工作。

四是公安、安监、工商和质检部门一起，以北京及其周边地区为重点进行烟花爆竹安全督查，打击取缔烟花爆竹非法生产活动。落实烟花爆竹生产、储运、销售等环节安全措施，严禁超能力、超药量、超定员违规生产和超量储存、运输，严防不合格产品进入市场。相关部门共同发出严禁携带烟花爆竹等危险品乘坐公共交通工具的通告。严格执行烟花爆竹安全生产许可制度，对2005年12月底之前未提出领证申请的烟花爆竹生产单位，要坚决予以关闭。

五是由公安部牵头，有关部门参加，对道路交通安全工作进行督查，重点打击非法载客，超载超限，加强运营企业安全监管。教育部、公安部牵头，对学校安全进行督促检查。

六是国资委、安监总局联合，以能源（煤炭、石油、石化、电力）、国防工业、冶金、有色、民航、海运、建筑施工等行业的中央企业为重点，部署国有企业开展冬季安全隐患排查活动。中央企业及其他国有企业所属的子公司、分公司存在重大安全隐患的，也要停产整顿。

七是民航总局牵头，对机场和航空客运安全进行专项督查，减少事故征候，保证安全飞行。

四、加快解决影响制约安全生产的深层次问题

全国人大常委会在《安全生产法》执法检查中，分析和指出了当前影响我国安全生产特别是煤矿安全的一些深层次问题，要求调整完善产业、资源、教育等方面的政策，从根本上解决问题。国务院领导多次强调，要从法制、体制、机制和经济政策着眼，建立长效机制。国务院第 81 次、第 104 次常务会议和一系列文件，也就尽快解决与安全生产相关的问题提出了要求。各部门为此做了大量工作。但进展不平衡，某些方面的工作尚存在差距，源头治本、政策治本的任务十分繁重。

一是制定安全发展规划。按照五中全会《建议》的要求，把安全生产纳入国家“十一五”纲要，列为专项，进入经济和社会人文指标体系，推动安全生产与经济社会的同步协调发展。这是最重要的治本之策。发改委对安全工作一向很支持，希望进一步加大规划纲要中安全生产工作的分量，做到有指标、有项目、有投资、有支撑体系，落实安全发展。

二是加强行业管理。以煤炭为例，要落实《国务院关于保障煤炭工业健康发展的若干意见》，推动煤炭工业转变经济增长方式。抓紧调整完善煤炭产业政策，改进加强煤炭资源管理，制定新的矿井标准，关闭和限制规模小、资源回收率低、技术落后、安全没有保证的煤矿和建设项目；修订行业标准和规程，完善煤炭行业技术政策；加快大型煤炭集团和大基地建设，进行资源重组和结构调整；强化煤炭企业基础管理，实现强基固本。其他一些方面的行业管理，也要解决类似问题。

三是增加安全投入。继续扶持国有重点煤矿进行安全技术改造。从 2005 年开始，力争 3 年国家扶持 90 亿元，带动 500 亿元的资金规模，补还重点煤矿安全欠账，治理瓦斯、煤尘、水灾等重大隐患。建议发改委、安监局和煤监局联合，对 2005 年国家扶持资金的使用情况进行专项检查，发现用于扩大生产规模和挪作他用的，要予以追究和纠正，并取消今后年度扶持资格。

四是推动科技进步。科技部对安全科技工作很重视。下一步要继续把煤矿和工业领域安全生产、公共安全科技攻关和科研基础设施建设等重大项目，纳入“十一五”国家科技发展规划和国家重大基础研究、国家科技攻关和高新技术发展计划。落实煤矿等高危行业安全生产重大科技攻关的项目、资金、进度，推进“产学研”相结合，有效组织安全科技攻关。加快科研成果的转化应用，抓好科技示范工程，大力推广应用安全性能可靠、先进适用的新技术、新工艺、新设备和新材料。

五是研究出台经济政策。加快制定出台一系列经济政策，强化经济政策的导向作用。包括以储量计征煤炭资源税费政策；提高煤炭资源、环保、安全、科技和劳动保险成本，合理煤炭成本的政策；与市场经济相适应的煤炭价格政策；分离国有煤矿企业分办社会职能，减轻历史负担政策；建立煤矿安全风险抵押金制度，煤矿以外其他高危行业从成本中列支安全费用的政策；以及改革工伤保险等政策。所有这些，对解决煤矿事故多发问题，都有着釜底抽薪的作用。请相关部门按照职责范围，加大相关政策的研究力度，尽快出台和实施。

六是落实教育培训政策措施。人大常委会执法检查报告提出要发展煤炭教育，加强煤矿职工安全技术培训。关于定向委培院校、安全职业教育、扶持发展的专业点、奖学金发放办法等，都要请相关部门尽快确定实施。请农业部把煤矿等安全培训，纳入劳动力转移的就业培训规划。

七是加快立法工作。目前呼吁比较强烈的，一个是《事故报告和调查处理条例》，已经连续几年列为重点立法项目，目前主要是有关部门在个别问题上认识不尽一致。希望大家予以支持，使这部法规年内能够出台，使事故调查处理工作有所遵循。再一个是《烟花爆竹安全监管条例》，北京市“禁改限”后第一个春节即将来临，各大中城市也将纷纷开禁，烟花爆竹生产经销蜂拥而上，监管任务十分艰巨。迫切需要有一部法规来规范。《刑法》有关条文的司法解释，以及《矿山安全法》、《煤炭法》的修改等，也请相关部门积极推动。

八是坚持和完善安全生产控制指标体系。这是落实科学发展观，树立正确的政绩观，实现安全发展的有力措施。控制指标的实质在于控制、减少伤亡事故，不能错误地理解为“下达死亡指标”。从我国这两年的情况看，也是有作用的，有助于强化各级政府和各级干部的责任意识，减少事故，减少伤亡。2006年的控制指标经这次会议讨论通过后，建议以国务院安委会的名义尽快下达。

九是强化企业主体责任。通过依法约束、监督检查和正面引导，促使企业履行安全生产责任。安全生产要依靠企业的自觉性，但不能放弃引导和监管。这方面的工作不仅安全综合监管部门要抓，企业主管部门、行业管理和国有资产监管部门都要抓。还要引导协会等中介机构面向企业，深入实际，做好服务，同时加强对中介机构的监管。

十是严肃查处事故、惩治腐败。安监总局将继续与监察部、公安部、全总等部门密切合作，依法做好事故查处工作。治理煤矿事故重特大事故多发的状况要用重典。安监总局将与中纪委、监察部联合制定《严肃查处安全生产领域违法违纪行为的规定》，把防范治理失职渎职、官商勾结等腐败现象纳入正常工作，列为事故查处必须追查的内容。不仅要查事故的性质、原因和责任，还要查处事故背后的腐败问题，惩治失职渎职、违法违纪行为。

十一是倡导安全文化，依靠社会监督。继续发挥新闻宣传部门、主流媒体的作用，使“安全发展”深入人心，宣传安全生产的方针政策，宣传安全法制，普及安全知识，提高全社会的安全意识。引导各类媒体把握正确的舆论导向，动员全社会更加高度关注、广泛参与、积极监督安全生产工作，鼓励人民群众举报违法、违纪、违规现象。

十二是完善体制机制，加强队伍建设。完善政府负责、部门联合执法机制。在中编办和省区政府的支持下，加强和规范地方安全监管机构建设，建立安全生产执法队伍。加强安全监管队伍自身建设，提高政治、业务素质和执法能力。望继续给予人力、财力支持。各部门内设的安全生产工作机构，也请各部门的负责同志多关心、多支持。

以上各项治本之策，都有助于安全生产深层次问题的解决，建议国务院以及相关部门予以重视，及时作出决策。

最后，建议元月上旬以国务院的名义召开全国安全生产工作会议，对年度工作进行总结部署。届时请国务院领导作重要讲话，也请各部门负责同志莅临指导。

国家安全生产监督管理局(国家煤矿安全监察局)局长王显政在全国安全生产工作会议上的讲话(摘要)

(2005年1月18日)

昨天下午，国务院召开了全国安全生产电视电话会议，黄菊副总理发表重要讲话，充分肯定了安全生产工作取得的成绩，指出了存在的问题，深刻阐述了安全生产的重要性，并对当前和2005年工作提出了明确要求。今天，我们召开全国安全生产工作会议，主要议题是：贯彻落实党中央、国务院的重要指示和黄菊副总理的重要讲话精神，总结工作，分析形势，部署任务，进一步统一思想，坚定信心，真抓实干，把安全生产工作推向一个新的发展阶段。

党中央、国务院高度重视安全生产工作。2005年第一天，家宝总理代表党中央、国务院，专程到陕西铜川矿务局看望“11·28”矿难职工家属，悼念遇难的矿工。在当天晚上召开的有地方领导、矿区负责人和专家参加的座谈会上，家宝总理发表了重要讲话。在探望、悼念和井下视察等过程中，也就安全生产工作作出了一系列重要指示。

家宝总理的这次视察及其重要讲话，充分体现了党中央、国务院对安全工作的高度重视，贯穿着“三个代表”的重要思想，渗透着“以人为本”的施政理念，展现了人民总理爱人民的亲民作风，在铜川矿区以及国内外都产生了巨大的反响。家宝总理关于安全生产和煤炭工业改革发展的一系列重要指示，高屋建瓴，语重心长，有着很强的现实针对性和长远指导意义。我们一定要深刻领会，认真贯彻落实，以此为强大动力，推动煤矿安全和全国安全生产工作。

下面，我代表国家局党组，讲四个方面的意见。

一、2004年全国安全生产继续保持了相对稳定、趋于好转的发展态势

刚刚过去的2004年，是安全生产工作得到切实加强的一年。党的十六届四中全会作出的《关于加强党的执政能力建设的决定》，把安全生产摆在了与人口、资源、环保等基本国策同等重要的位置上。中央经济工作会议强调要完善安全监管体制和机制，采取综合措施加强安全生产工作。国务院作出了《关于进一步加强安全生产工作的决定》，颁布了《安全生产许可证条例》。国办就加强中央企业安全监管和完善煤矿安全监察体制等问题，先后下发了通知。国务院安委会首次向各省区下达了年度安全生产控制指标，先后召开了三次全国安全生产电视电话会，组织开展了两次全国范围的安全大检查和一次危化品安全专项督察，促使各地、各单位抓好落实。

2004年中央领导同志关于安全生产工作的重要批示，多达198件、次。锦涛总书记对安全生产工作极为关注，从坚持以人为本的科学发展观的高度，多次强调安全生产的重要性，为安全工作指明了方向。家宝总理密切关注安全生产工作的进展情况，围绕着体制、机制、投入和事故抢险救灾、善后处理等，相继作出一系列重要指示。黄菊副总理先后5次发表重要讲话，概括提出了安全工作应当遵循的六条原则和具有战略意义的“五个转变”，对全国安全生产大检查、危化品安全监管、专项整治等工作，作出安排部署。永康、建敏等国务院领导同志多次深入基层调查研究，抓关键环节，组织指导抢险救灾。所有这些，都使我们受到鼓舞和鞭策，都有力地促进了全国安全生产工作。

各地政府、各部门和各单位以贯彻国务院《决定》为主线，进一步加强领导，在深化专项整治、落实防范措施、建立长效机制等方面，做了大量的富有成效的工作。总体上看，2004年全国安全生产继续保持了相对稳定、趋于好转的发展态势。

——事故总量稳中有降。在国民经济持续快速发展、煤电油运全面紧张、各类企业开足马力生产的情况下，全国事故起数比上年减少155545起，下降16.2%；死亡人数减少315人，下降0.2%。

——工矿商贸企业安全状况趋于好转。全年工矿商贸事故14702起，死亡16497人，比上年减少924起，少死亡829人，分别下降5.9%和4.8%。特别是煤矿，实现了事故起数、死亡人数、10人以上事故和百万吨死亡率“四个下降”。与2003年相比，全国煤炭增产2.5亿吨，事故减少504起，下降12.2%；死亡人数减少407人，下降6.3%；10人以上事故减少9起，下降20.5%；百万吨死亡率3.081，减少0.624，下降19%。国有重点煤矿百万吨死亡率0.93，首次降到了1以下。与建立国家煤矿安全监察制度的2000年相比，2004年全国原煤产量翻一番，百万吨死亡率降一半。危险化学品、非煤矿山事故死亡人数也有一定幅度的下降。

——相关行业和领域的安全工作取得成效。铁路、水上交通、渔业船舶、农机、建筑、民爆器材，以及军工、电力、特种设备等行业和领域，事故都有所下降。在道路和车辆大幅度增加的情况下，道路交通安全形势基本稳定。

——多数省区安全状况比较稳定。全国32个统计单位（省、区、市和新疆生产建设兵团）中，23个单位工矿商贸事故死亡人数在年度控制指标以内；23个单位煤矿事故死亡人数在年度控制指标以内。特别是广东、山东等GDP人均约2000美元的经济大省，实现了在经济快速增长的同时事故下降。这些经济大省事故“回头”、总量下降，既表明了工业化进程中的安全生产是有周期的；同时也表明，经过努力这个周期是可以缩短的。

2004年成绩的取得，是在党中央、国务院的正确领导下，各地区、各部门和各单位共同努力的结果，同时也与安全监管、监察系统广大干部职工的勤奋工作分不开的。为此，我谨代表国家局党组，向长期以来重视安全生产、关心支持安全监管监察工作的各有关部委、各级人民政府和各重点企业，表示衷心的感谢；并向全国安全监管、监察系统的同志们，表示诚挚的慰问！

回顾2004年的工作，我们感到有以下五个主要特点：

（一）在推动安全生产工作创新和转变上做出了新探索

把黄菊副总理提出的“五个转变”和国务院《决定》提出的“五项创新”贯穿到全年工作当中，积极探索加强安全生产的新方法、新途径。以下几个方面的工作，都是以往没有做过的。

一是建立和实施安全生产许可制度，严把高危行业安全生产市场准入关。煤矿、非煤矿山、危险化学品、建筑施工、烟花爆竹、民爆器材生产企业的安全评价、安全条件认证和审核颁证工作全面铺开。源头管理有了手段，开始见到效果。

二是建立了安全生产控制指标体系。通过对安全控制指标层层分解，实行量化考核，强化了各级干部责任意识，推动了安全生产与经济建设的同步发展。

三是总结推广了广东非公有制企业安全工作“有人管、有办法管、管得住、管得好”的经验。在广东佛山召开了非公有制企业安全监管现场会。在非公有制经济发展较快的上海、江苏、浙江等省市组织开展了试点。

四是探索建立中央企业安全工作制度规范。召开了中央企业安全生产工作会议，明晰了“企业负责、属地管理、国家监督”的中央企业安全工作路数。

五是研究出台了一系列安全生产经济政策。国务院《决定》明确了三项经济政策。财政部、国家发改委与国家煤矿安全监察局联合下发了关于煤矿安全费用提取和使用管理办法的通知。各地以国家政策为依据，制定出台了140多项地方性经济政策。安徽、湖南安全监管局会同财政、税务部门，制定了《安全生产技措费用使用管理暂行办法》、《企业安全费用提取和管理办法》、《安全生产风险抵押金暂行办法》、《安全事故隐患整治技改贴息资金管理办法》等。河南等八个省市出台了运用工伤保险机制促进事故预防和安全生产的政策规定。

六是应急救援工作开始起步。在全国应急体系和应急预案的总体框架内，完成了生产安全应急救援体系的调研论证、体系规划、预案编制等基础性工作。成功组织了郑煤集团超化煤矿水灾、重庆天原化工厂泄漏、“辽海轮”大连海域火灾等矿难、海难和突发事故的抢险救援工作。广州、郑州、南京等依托城市现有预警资源，建立了安全生产应急救援机制。

（二）致力于建立长效机制，“双基”工作得到加强

一是在各类企业广泛开展安全质量标准化活动。国家局下发了指导意见，分别召开了煤矿、非煤矿山、电力等安全质量标准化现场会或座谈会。目前已有四分之一的重点煤矿提出了达标核准申请。甘肃省举办了7期煤矿安全质量标准化培训班，培训了500多名煤矿矿长和技术负责人；天津、湖北、辽宁、新疆等省区市选择了建筑、机械、冶金、非煤矿山、危险化学品等企业进行了试点。神华集团公司、中铝河南公司、东风汽车有限公司、北京国华三河发电公司等中央企业，从建立体系、完善标准、严格考核等基础环节入手，推动企业质量上台阶、安全创水平。

二是加大安全投入，推动安全生产科技进步。在继续用好国债扶持资金的同时，河南省属煤矿筹措资金3.66亿元，进行安全技术改造；山西省投入5亿元，黑龙江省投入3.6亿元，对各类煤矿进行信息化系统建设，运用计算机网络对煤矿瓦斯、通风实行全方位远程监控。全国申报第二届安全科技成果奖351项，比上年增长39%。国家局组织实施了安徽淮南煤矿瓦斯综合治理、山西晋城小煤矿安全监测网络技术、中石化北京石油分公司运输车辆安全监测等安全科技示范工程。危化品HAN隔阻防爆、BF快速堵漏等新技术等，开始在各地推广应用。

三是加大安全培训工作力度。与中组部、国资委和国家行政学院配合，分别举办了地方领导干部、中央管理企业和国有重点煤炭企业主要负责人安全培训班，全年培训市、县两级领导干部237人，企业负责人126人。总结推广了鸡西煤矿安全培训与干部考核、职工工资挂钩，创新安全培训机制的经验，推动了企业安全培训工作。

（三）安全生产法制、体制和队伍“三项建设”，以及支撑体系建设有了新进展

一是安全生产法制建设进一步加强。出台了1部法规、15个部门规章、5个安全行业标准和70

多个规范性文件。北京、天津、广东、山东、河南、湖南等省市出台了《安全生产条例》、《安全生产监督管理规定》、《危险化学品安全管理条例》等地方性法规规章。加大行政执法工作力度。据不完全统计，全国各级安全监管机构检查执法约130万次，发现重大隐患问题80多万条，查处各类安全生产事故1.3万多起；煤矿安全现场监察6.32万矿次，查处事故隐患34.46万条，责令关闭矿井169处。国家局接到群众关于重大隐患和事故举报3752件次，查实瞒报重特大事故4起。对一个时期来发生的重特大事故，都依法进行了查处，严肃追究了有关人员的责任。

二是煤矿安全监察体制逐步完善。《国务院办公厅关于完善煤矿安全监察体制的意见》确立了“国家监察、地方监管、企业负责”的煤矿安全工作格局，理顺了煤矿安全领域有关方面的关系；批准在5个省区和一些重点产煤地区增设煤矿安全监察机构。将煤矿安全监察办事处更名为监察分局，提高了执法权威。继续深入开展“创先争优”活动，煤矿监察队伍素质有了新的提高。

三是安全监管体系建设取得新进展。所有省区市都建立了安全监管机构，其中政府直属机构21个，正厅级机构19个。市、县两级机构设立的比例从2003年底的77.7%和67.4%，分别提高到2004年底的90.7%和76.4%。全国目前共有安全监管人员2.5万人，其中省级机构平均41人，市级机构平均16人，县级机构平均6人。

四是技术装备、信息体系建设步伐加快。筹备组建了中国安全生产科学研究院、化学品登记中心，在一些科研教学单位加挂了安全科研教育机构牌子；全国8万多人报考注册安全工程师，约2000人获得资格认证，安全评价工作在规范中发展；实现了省级监管、监察机构计算机联网和远程调度指挥，安全生产信息系统“三网一库”建设开始起步。安全生产信息系统已经被国家有关部门批准立项。

（四）安全生产专项整治不断深入

煤矿安全整治继续以关闭整顿小煤矿和“一通三防”为重点。结合煤矿安全程度评估，2004年又关闭一批证照不全和不具备安全条件的小煤矿。小煤矿数量从2000年底的41513处，减到目前的24487处。其中7831处小煤矿装备了“一通三防”监测监控系统。

非煤矿山安全整治以关闭取缔非法和不具备安全生产基本条件的小矿山为重点。全年关闭小矿山11670座，累计已关闭49302座。

危险化学品安全整治以“两关闭、五整顿”为重点。2004年5月份以来共关闭证照不全或隐患严重的从业单位1.9万户，整改重大隐患约4.5万条。烟花爆竹安全整治以取缔不符合安全条件的企业和家庭作坊为重点，全国烟花爆竹生产单位由2000年底的1.7万户减少到目前的7000户。

道路交通安全整治以“五整顿、三加强”和治理超载为重点，撤销违规机动车420种，强制报废机动车110万辆，查处超载超限车辆329万辆，道路交通安全秩序进一步好转。

水上交通安全整治突出抓好“长三角”水域运输超载问题，对超载船舶实施卸载38800艘次；对沿海近万艘小型船舶进行了全面检查，查出缺陷5万多条，初步遏制了沿海小型船舶事故多发的势头。

人员密集场所消防安全整治以商场超市、娱乐场所、学校、古建筑和易燃易爆单位为重点，先后组织了两次全国范围的安全检查和集中治理，受检单位约52.7万个，督促整改火灾隐患27.9万处。

为推动整治工作，国家局会同有关部门，针对煤矿、水上交通、建筑施工、危化品等领域的安全问题，先后组织开展了11次重点检查和专项督察。各地也组织开展了一系列的重点检查和督察。

（五）安全文化建设成效明显，“关爱生命、关注安全”的社会舆论氛围初步形成

在中宣部、广电总局、全总、团中央等部门的支持配合下，第三次全国“安全生产月”和“安全生产万里行”活动既有声势，又有实效。组织开展了“百城百万人安全生产签名”活动。在中央电视台开播了安全常识栏目。召开了全国安全生产宣传教育工作会议，总结推广了上海、青岛安全社区建设，山西阳泉开展群众性安全文化活动等经验。成功举办了第二届中国国际安全生产论坛暨职业安全健康国际展览会，安全生产领域国际合作和交流进一步扩大。

在2004年的工作中，各地、各部门和各单位把党中央、国务院的指示精神和国家局的部署与各自实际结合起来，勇于实践，大胆探索，创造了一

些很好的做法和经验。山东省全面推行安全生产“一岗双责”。内蒙古自治区、广西壮族自治区实行安全生产“一票否决”，形成各级政府一把手抓安全、一级对一级负责的工作局面。吉林省建立了安全生产目标奖惩制度。贵州省逐级分解落实安全生产控制指标，做到领导责任、部门监管责任、企业主体责任和责任追究“四个到位”。广东省突出非公有制企业安全监管这个重点，总体推动全省安全生产工作，全年事故起数和死亡人数，同比分别下降0.6%和3.7%。湖南省以实施安全生产许可制度为契机，提出巩固A类、提高B类、整顿C类、淘汰D类的源头管理工作思路。四川省深入开展安全生产示范乡镇建设活动。福建省开展创建安全生产合格乡镇活动，目前全省试点乡镇（街道）已达422个，占全省乡镇（街道）数的38.2%。安徽煤矿安全监察局转变监察方式，加强对企业决策层、管理层、技术层的监察，主动介入省内四大煤矿年度生产准备计划的审查，做到了关口前移。北京、辽宁、河北等省市较好地解决了监管机构权威不足问题，为开展安全工作提供了组织机构保障。云南省加大对安全监管机构的经费投入，向42个重点县的安全监管机构划拨资金690万元，完善办公和执法条件。扬州会议之后，中央企业各单位特别是中石油、中石化、神华集团公司、中国远洋运输（集团）公司、中国材料工业科工集团公司、华侨城集团公司等，从组织领导、发展规划、机构力量等方面着手，加强和改进企业安全管理。所有这些，都应该充分肯定和大力推广。

总结回顾2004年以及一个时期来的工作实践，我们感到以下几点是需要认真总结和长期坚持的。

第一，必须坚定不移地贯彻党中央、国务院的指示精神，按照中央领导同志和《国务院关于进一步加强安全生产工作的决定》已经明确的路子，坚定不移地走下去。

第二，必须发扬实事求是、开拓创新精神，紧密结合国情和安全工作的实际情况，勇于探索和实践，不断推动安全生产工作的创新和发展。

第三，必须紧紧盯住企业这个责任主体，坚持内部管理与外部监管并重，促使企业建立自我约束、持续改进的安全生产长效机制。

第四，必须突出重点，狠抓关键。全国安全工作要突出煤矿这个重点，煤矿安全要狠抓瓦斯防治这个关键；各类企业要突出小企业这个重点，小企业要狠抓安全生产市场准入这个关键。

第五，必须建立健全安全监管、监察体系，建设一支懂安全、会执法的监管、监察队伍。

二、正确认识形势，进一步坚定信心，明晰工作思路

（一）2004年安全生产的突出特征

表现为好的发展趋势与依然严峻的现状并存。概括起来就是：总体稳定、趋于好转，形势严峻、任重道远。

一方面，从总体上看，2004年我国安全生产状况确实呈现出相对稳定、趋于好转的发展态势。大家都知道，20世纪90年代之后，随着我国工业化进程的加快和社会生产规模的急剧扩大，第一产业劳动力大量向第二、第三产业转移，加上安全技术培训相对滞后、基础薄弱等因素，导致伤亡事故多发。1999~2002年的4年间，全国事故死亡总人数年均上升约万人。经过多方努力，2003年我们初步遏制了事故总量连年上升的势头。2004年，在各类生产经营活动大幅度增加，国民经济持续高速增长的情况下，全国安全生产继续保持了相对稳定、趋于好转的发展态势。这个成绩是非常难得的。

另一方面，从某些行业和局部来看，安全生产形势仍然相当严峻，重特大事故时有发生。特别是去年10月中旬以来，相继发生了河南省郑煤集团大平矿“10·20”煤与瓦斯突出引发的特别重大瓦斯爆炸事故，东航“11·21”空难和陕西省铜川矿务局陈家山矿“11·28”特别重大瓦斯爆炸事故，损失惨重，国内外影响很大。全国事故总量仍然很大，2004年事故死亡仍然高达13.6万人，伤残约70万人，事故造成的直接经济损失预计2500亿元。此外，职业安全健康形势严峻，全年大约新增加尘肺病患者7万人，机器伤人、急性和慢性中毒等现象相当严重。安全生产工作任重道远，我们肩负的担子很重。

（二）现阶段我国安全生产的规律特点

我国正处在社会主义初级阶段。初级阶段的社会主要矛盾以及各种现实因素，都不可避免地对安全生产工作产生影响和制约。

从生产力发展水平看，目前我国的生产力发展不平衡，总体发展水平还比较低，技术装备和管理手段还比较落后，安全保障能力较差。工业化初期之后经济快速发展，安全生产工作的难度增加。

从社会环境看，全社会安全意识和安全生产法制观念仍然比较淡薄，从业人员的安全技术和文化素质仍然较低。

从政府安全监管体制、机制看，目前尚有待于进一步健全完善。影响安全生产工作顺利进行的一些体制性、结构性矛盾仍然存在。

从安全监管工作自身看，也还存在着较多的不适应。思想观念不能适应形势任务的需要，思路不够开阔。方法手段比较单一，仍然主要依靠行政手段和强制执法。工作前瞻性不够，大量精力用在突击检查、集中整治、抢险救灾和事后查处上，源头管理、过程控制两个关键环节仍然比较薄弱。重点监管和监察工作尚不到位。安全生产工作“五个转变”的任务非常艰巨。

现阶段安全生产工作的规律特点主要表现为：

一是安全生产基础条件与人民群众安全需求之间的不适应性。随着“以人为本”理念广泛深入人心，“关爱生命、关注安全”的舆论氛围越来越浓厚。但客观地看，安全生产基础条件尚未从根本上得到改变。相当脆弱的安全保障能力与人民群众日益增长的安全需要之间，依然严峻的安全状况与全社会对安全工作越来越高的期望值之间，形成强烈反差，安全生产工作面临的压力越来越大。这种不适应，也可以看做是安全生产经济基础与上层建筑的不对称。应该说，安全生产思想认识、安全意识、法律制度、舆论氛围等问题，经过一个时期的努力是可以解决的。特别是舆论氛围问题，通过对重特大事故的跟踪报道、集中开展几次大规模宣传活动，就可以引起全社会对安全生产的高度关注。而解决基础薄弱问题，则要艰难得多，必须付出长期艰苦的努力。

二是安全状况的差异性。不仅不同行业、不同地区和不同单位的安全状况存在差异，而且同一行业、同一地区、同一单位内部也存在很大的不同，先进与后进反差很大。以煤矿为例，2004 年神华集团神东公司百万吨死亡率 0.01，河南平顶山市石龙区煤矿事故死亡为零，达到了世界先进水平。而一些地方和单位百万吨死亡率则高达 10 以上，与国际、国内先进水平差距很大。

三是安全工作进展的不平衡性。安全生产总体工作以及某项具体工作，在各地的进展情况不一。如煤矿安全专项整治，江苏省所有小矿已完成兼并重组、实现正规开采和规模生产；黑龙江、山东省的小煤矿目前已经进入建设标准化矿井的阶段；而一些地方非法开采、非法生产、已关闭取缔小矿小厂死灰复燃现象，至今仍然比较严重。2004 年非法无证小矿共发生 10 人以上事故 5 起，死亡 108 人，分别占乡镇煤矿同类事故的 16.7% 和 20.7%。

四是安全形势的不稳定性及其反复性。由于基础仍然很脆弱，全国以及一些行业和地方的工作虽然取得了较好成绩，但并不巩固，可能出现反复。某个时段和某些局部，甚至会出现倒退。2004 年出现的四次事故高峰期，也说明了这一点。一季度公众聚集场所活动频繁，消防火灾、踩踏事故多发；4 月下旬和 5 月份气候变暖，化学品泄漏、燃烧爆炸事故频频发生；9 月底、10 月初雨水较多，水上交通和道路交通事故多发；入冬之后能源供应趋紧，矿山事故特别是煤矿瓦斯事故较多。一些地方和单位安全工作一向抓得很紧，但是在防范事故上仍然没有更多的把握，甚至也发生了重特大事故。安全生产的这种不稳定性和反复性，是事物发展过程中的正常现象。先进单位发生了事故，不能否定其安全生产全部工作；某些时段和局部安全状况反复，改变不了全国安全生产工作不断加强的总体发展趋势。

（三）安全生产工作应当遵循的基本思路

以上分析表明，社会主义初级阶段的安全生产工作，是一项长期艰巨的任务。我们要认真学习、深刻领会中央领导同志的一系列重要指示精神，按照党的十六届四中全会《决定》的要求，进一步提高领导、驾驭安全工作的能力。要认清我国安全生产工作的发展方向和总体趋势，始终保持坚定的信心和旺盛的进取精神。

根据社会主义初级阶段安全生产工作的规律特点，当前和今后一个时期安全工作的基本思路应当是：“预防为主、标本兼治、强化主体、综合治理”。

“预防为主”，就是要把预防事故作为安全生产工作的主体任务，把主要精力放在落实防范措施上，把工作做在事故发生之前。

“标本兼治”，就是从国情和现阶段我国安全生产的实际出发，一方面要立足当前，通过强化各级领导责任制，强制性行政执法，开展专项整治，经常组织开展安全大检查和专项督察等现实措施，遏制事故多发势头，实现治标；另一方面要着眼长远，通过加强“双基”工作，增加安全投入，推动科技进步等举措，逐步改善基础条件，建立长效机制，实现治本。

“强化主体”，就是要全面加强安全生产工作的三大主体（即企业责任主体、政府监管执法主体和社会中介服务主体），特别是企业责任主体。

“综合治理”，就是要从体制、机制、投入等多方面采取措施，综合运用法律、经济、行政、教育等各种手段，多管齐下；就是要坚持“政府统一领导、部门依法监管、企业全面负责、全社会广泛支持”的安全生产工作格局，形成齐抓共管的工作局面。

三、以科学发展观统领全局，切实抓好2005年各项重点工作

2005年是国民经济继续保持平稳较快发展的关键一年，也是安全生产工作迎接新挑战、开创新局面的重要一年。党中央、国务院的一系列重要指示，特别是家宝总理视察陕西铜川时作出的重要指示，为安全生产工作指明了方向，提供了强大的精神动力。与此同时，科学发展观和“以人为本”思想的广泛深入人心，全党、全社会对安全生产的高度重视和深切关注，也为进一步加强安全生产工作提供了有力的保证和有利的舆论氛围。

在看到有利因素的同时，也要看到国民经济的持续快速增长，能源和原材料市场供需两旺，各类企业增产超产的趋势增强，也增加了安全生产工作的难度。完善社会主义市场经济体制时期存在的一些结构性、体制性矛盾，以及安全生产领域存在的基础薄弱等问题，可能会更加突出。对此，应当有足够的认识，做好迎接挑战、战胜困难的思想准备。

根据中央经济工作会议、国务院安委会第三次全体会议和黄菊副总理在全国安全生产电视电话会议上的重要讲话精神，2005年安全生产工作总的指导思想是：以“三个代表”重要思想为指导，以科学发展观统领全局，树立安全发展的思想观念，继续以贯彻落实国务院《决定》为主线，健全控制指标体系，加大监管监察执法力度，强化主体，夯实基础，深化整治，完善体制，持之以恒地抓好“三项建设”，推动“五项创新”和“五个转变”，开创安全生产工作的新局面。

2005年工作目标是：力争工矿商贸企业事故死亡人数比2004年下降2%。其中煤矿事故下降3%，消灭百人以上事故。道路交通事故死亡人数上升幅度比2004年降低1.3个百分点。全国特大事故起数比2004年下降5%。

2005年工作要做到“四个着力”：

——着力落实安全生产责任制，完善安全生产控制指标体系，加强监督检查和进度考核，督促各级领导履行职责，推动安全生产与经济建设的同步发展。

——着力加强基层和基础工作，紧紧盯住企业这个责任主体，加大监督检查力度，指导督促企业全面加强安全质量管理，建立长效机制。

——着力推动科技进步，全面加强安全科技基础研究、应用研究和新技术推广工作，加大宣教培训力度，把安全状况的稳定好转建立在依靠科技进步和提高从业人员安全技术素质的可靠基础上。

——着力体制、机制创新，尽快健全完善依法行政、高效运作的安全监管体制和煤矿安全监察体制。

突出抓好以下七项重点工作：

（一）落实以人为本的科学发展观，坚持和完善控制指标体系

家宝总理指出：在煤矿生产中要贯彻以人为本的科学发展观；要把保证劳动者的安全，作为政府的一项职责和任务。贯彻家宝总理的指示，就是要高度重视人的生命价值，自觉坚持“安全第一”的方针；就是要把安全生产纳入经济社会发展的总体布局，做到统一规划，同时部署、同步推进，把发展建立在安全状况不断改善的基础上；就是要着眼长远，立足当前，从突出问题和薄弱环节抓起，致力于建立安全生产长效机制。

建立和实施安全生产控制指标体系，对地方政府安全工作绩效进行量化考核，是落实以人为本的科学发展观的有效途径。一年来的实践证明，有没有指标体系，控制与不控制，效果大不一样。根据国务院安委会第三次全体会议精神，今年要扩大治标体系的覆盖面，以全面系统地反映全国和各地安全工作进展情况。在认真调查研究、充分听取各方

面意见的基础上，本着统筹兼顾、适度控制、反映行业特点和体现地区差异的原则，我们提出了2005年控制指标建议，并在这次会议上发给大家。希望大家一是要有一个积极主动的态度，把任务接受下来、领回去；二是要一个贯彻落实的方案，要及时向地方政府领导同志汇报，层层分解，逐级签订责任状，把责任落实到各部门和各个基层单位；三是要有一套切实可行的措施，特别是在考核奖惩上，要有严格过硬的办法措施。2004年是实施控制指标的第一年，一定要奖惩兑现，维护指标的严肃性，建立激励约束机制，形成良性循环。

（二）加大监管监察执法力度，督促落实企业责任主体

突出抓好以下几个环节：

一是通过监督执法，督促企业落实法定代表人安全生产第一责任者的责任，明确分管领导、技术领导和值班领导责任，建立科学严密的责任制体系。把安全生产纳入企业中长期发展规划，按计划有步骤地组织实施。健全完善各项规章制度，加强内部安全管理，把安全生产各项工作落实到车间、班组和岗位。

二是认真实施安全生产许可制度，在严格标准、确保质量的前提下，加快安全评价和审查发证工作进度。通过实施安全许可制度，督促企业增加安全投入，完善安全条件，提高本质安全水平。

三是严格实行“三同时”制度，把住建设项目的设计审查、竣工验收关。企业资产增量部分不允许出现新的安全欠账，存量部分的安全欠账要制定补还计划，加快补还。

四是认真实行安全生产三项经济政策。所有煤矿企业必须按照财政部、发改委和国家局联合发文的规定，提足提够安全费用。在国家关于其他高危行业的安全费用提取，以及安全风险抵押、提高事故赔偿标准等具体规定出台之前，各地应学习借鉴湖南、安徽等省区的经验，在国务院《决定》已经明确的政策原则下，制定出台地方性法规规定。同时，要大力推动工伤社会保险与事故预防的结合，推动雇主责任险等商业保险进入安全生产工作领域。

五是广泛深入开展安全质量标准化活动，督促各类企业建立全员、全过程的安全质量管理体系。这是一项重要的基础工作，各地、各单位一定要高度重视，从实际出发，有针对性地采取措施，予以推动。

六是抓好两头。一方面，要贯彻落实国务院即将下发的关于鼓励、支持、引导非公有制经济发展的意见，按照佛山现场会已经作出的部署，切实加强对非公有制企业的安全监管，将试点省市由目前的12个扩大到22个，典型引路，由点到面，推动小企业的安全生产工作；另一方面，继续深入贯彻扬州会议精神，进一步加强中央企业的安全生产工作，发挥中央企业“国家队”示范表率作用。

（三）突出煤矿这个重中之重，狠抓瓦斯防治和煤矿安全条件的改善

在全国安全生产工作总体布局中，煤矿安全始终是重中之重。我国煤矿的安全形势，总体上是逐年好转的，但与党中央、国务院的要求和全国人民的期望之间，与国外先进水平相比，差距仍然较大。去年11月我们召开了煤矿安全工作座谈会，明确了煤矿安全工作的三个阶段目标，提出要把煤炭工业逐步建设成为一个安全的行业。下一步，要按照家宝总理的重要指示，结合煤矿安全工作座谈会所作出的安排部署，着重抓好以下工作：

一是严格执行“先抽后采、监测监控、以风定产”十二字方针。认真落实国家局最近颁发的关于瓦斯治理的两个规定。安全状况不达标的矿井一律停产整顿；重新核定矿井的安全生产能力，凡超能力生产的矿井，都要把产量限制在许可范围内；高瓦斯、高突矿井没有建立抽放和监测系统，没有落实“四位一体”综合防突措施的，要停产整顿、限期整改；历史上有过瓦斯动力现象的矿井，要严格按照突出矿井的安全标准进行整改；在煤矿安全程度评估中定为D类的矿井，以及不具备安全生产许可证发证条件的矿井，要全部停产整顿，经整顿仍然不合格的要予以关闭。

二是大力推动煤矿瓦斯综合开发利用，以用促抽，以抽放利用促进煤矿安全。明确规定矿井瓦斯抽放的标准比例，强制性执行。把重点矿区煤层气开发纳入国家规划，在政策上予以扶持。

三是通过多种渠道解决煤矿安全欠账问题，从根本上改善煤矿安全条件。在调查研究、摸底测算的基础上，我们提出了一个加大国家资金扶持的初步意见。在得到国务院领导同志同意后，我们将抓紧与相关部门沟通协商，尽最大努力办好这件

事情。

四是进一步加强小煤矿的安全工作。国务院领导同志多次指出，小煤矿安全责任在地方，关键在县乡。要指导督促县乡政府健全煤矿安全生产责任制，促使县乡政府监管到位，改善小煤矿的安全状况。

（四）针对重点行业、重点领域的问题，深入开展安全生产专项整治

主要是以下七个方面：

一是对煤矿瓦斯灾害进行集中治理。大幅度降低煤矿瓦斯事故。

二是对危化品、烟花爆竹企业安全准入进行集中治理。在继续搞好“两关闭、五整顿”的基础上，着手建立危化品运输安全监管系统。按照严格条件、规范经营、总量控制、适度发展的原则，提高烟花爆竹行业安全生产水平。

三是对非法和不具备安全生产条件的小矿山进行集中治理。2004 年安全评估中达不到安全条件的小矿山要全部停产整顿，经整顿仍然不合格的一律关闭。

四是对作业场所职业危害进行集中治理。要以矿山企业尘肺病、制造加工业机器伤人和慢性职业中毒为重点，与相关部门配合，在全国范围组织开展专项检查和集中治理活动。

五是道路交通在继续抓好“五整顿、三加强”基础上，对事故多发的危险路段和驾驶员队伍、路面行车秩序进行集中治理。

六是继续抓好对“四客一危”船舶、沿海小型船舶、农业、渔业和游览船舶、内河水上运输秩序的安全整治。

七是对人员密集场所火灾隐患进行集中治理，推动火灾隐患排查整治工作，落实消防安全责任制。

（五）加快实施“科技兴安”战略，推进安全生产科技进步

科学技术是第一生产力，也是推动安全生产的强大动力。最近发生的一些事故，暴露出安全科学技术领域的一些薄弱环节。2005 年要进一步加大安全生产科学技术工作的力度。

一是加强安全基础研究。力争将安全生产重点科研发展方向列入国家“十一五”科技发展计划，围绕安全领域重大课题，特别是煤与瓦斯突出的机理和预测预报、华北地区奥灰水患、城市重大危险源风险评估和监控等，组织开展科研攻关。

二是加大安全生产科研成果推广应用工作力度。新制造出厂的客运车辆必须装置行车记录仪，现有客运车辆要尽快全部安装。煤矿瓦斯通风监控系统要确保正常运转，高瓦斯小煤矿要全部安装。在危化品运输槽罐车和安全防护距离达不到标准的油气站，全面推广 HAN 隔阻防爆技术。

三是制定发布全国第一批严重危及安全的技术、工艺、设备淘汰目录，依法强制淘汰落后。

四是推广危险源辨识、企业安全质量管理体系等科学先进的管理方法，建立重大危险源登记监控制度，依靠科学管理防范重特大事故。进一步扩大安全生产领域的国际合作和交流，学习借鉴国外先进技术和先进管理经验。

五是推动安全生产技术支撑体系建设。中国安全生产科学研究院已经由中编办批复，这次会议上将举行揭牌仪式。希望新成立的安科院，要尽快健全职能，完善机制，发挥好安全生产科学技术的领军作用。同时，我们还要组建国家安全生产技术委员会和中国安全生产协会，加快建立技术支撑体系。

（六）加强安全文化建设，努力提高全民的安全文化素质

把安全文化纳入精神文明建设的重要内容，摆在更重要的位置上，拿出更大精力来抓。

一是要充分利用各种媒体，大力宣传党和国家安全生产方针政策、法律法规和安全知识；宣传安全生产工作的进展情况以及重特大事故的查处情况；宣传安全生产工作中的先进经验和典型事例，保持正确的舆论导向。

二是加强阵地建设，办好安全生产类报刊。采用政府引导、市场运作的方法，鼓励相关团体机构参与安全生产宣传教育、安全知识普及等活动，创造更多更好的安全文化产品，繁荣发展安全文化事业。

三是搞好第四次全国“安全生产月”和“安全生产万里行”活动，扩大声势，增进实效。与相关部门配合，深入开展“安康杯”活动。继续抓好典型，推动城市安全社区建设。

四是加强安全培训，提高员工队伍素质。企业主要负责人和特殊工种人员，必须先培训后上岗。

目前一些企业特别是小企业，忽视安全培训。一些小煤矿从业人员不培训就下井，违章现象普遍，严重威胁安全生产。下一步要大力推广鸡西经验，健全完善安全培训工作机制。把企业安全培训情况作为安全监管和监察执法的一个重点来抓，对严重忽视安全培训或者在培训工作上弄虚作假的，要严肃查处。

（七）进一步健全完善体制，加强监管、监察机构和队伍建设

一是本着规范设置、提高权威、理顺关系、强化职能的思路，推动地方各级建立健全安全生产监管机构。县级以上政府要尽快建立健全能够独立履行《安全生产法》执法主体职责的监管机构。高危行业所有国有企业，必须依法建立安全工作机构，并配备一名行政副职主管安全工作。

二是认真落实国办《关于完善煤矿安全监察体制的意见》。按照“国家监察、地方监管、企业负责”的要求，促使地方政府监管职责到位。通过实施重点监察、专项监察和定期监察，提升国家监察的水平。

三是加快推进安全生产应急救援体系建设。组建国家生产安全应急救援指挥中心，逐步建立信息畅通、反应快捷的应急救援工作机制。

四是加强安全生产社团组织、中介机构建设。继续扶持发展各个安全生产科研、教学、咨询、评价、认证等机构和团体，为安全生产提供强有力的支撑和保障。

五是结合开展保持党员先进性教育，进一步加强国家局机关、直属单位和全国安全监管、监察队伍的自身建设。认真贯彻中纪委五次全会精神，推行监察干部异地交流和岗位轮换，加强党风廉政建设。努力培养一支适应市场经济发展要求的“政治坚定、业务精通、作风过硬”的执法队伍。

四、加强监督检查，确保春节、“两会”期间全国安全生产形势的基本稳定

目前正值年初岁尾，是安全生产的关键时期。为了使今年的工作有一个好的开端，各地区、各部门和各单位一定要按照黄菊副总理在电视电话会议上的要求，切实做好安全防范工作。

（一）认真组织开展安全生产大检查

在中央经济工作会议上，家宝总理要求在年底年初，组织开展一次全国范围的安全生产大检查。这次大检查，主要是查各地政府、相关行业安全责任制落实情况、各类企业责任主体履行情况，以及深化专项整治方面的情况，指导督促各地、各单位做好年初岁尾的安全工作，确保全国人民过一个欢乐、祥和、安全的节日。

国务院安委会组织了8个组，分别由相关部门的负责同志带队，从1月10～15日，对广东、云南、湖北、江苏、江西五省和铁路、民航、中央企业三个系统，进行了重点检查。其他各省区和有关行业、领域，由省区人民政府和有关部门组织自查。

各地、各单位对这次大检查要高度重视，紧密结合本地区、本单位实际，明确检查的重点，制定检查工作方案，认真组织实施。一是要把检查和整改结合起来，及时发现事故隐患，解决实际问题，落实安全防范措施，坚决防止形式主义和“走过场”。二是把检查和责任制、责任追究结合起来，坚决克服“严不起来、落实不下去”的情况。三是把检查与总结部署年度工作结合起来，通过检查，总结经验教训，找到薄弱环节，进一步明晰本地区、本单位2005年安全工作的思路对策。

（二）加强对重大危险源和重大隐患的监控整改，坚决防止重特大事故

春节、“两会”之前，各地区、各单位都要组织力量，对重大危险源和重大隐患进行一次全面彻底的排查，做到胸中有数。所有的重大危险源和重大隐患，都要建档登记，建立监控、整改责任制，把责任落实到人。各级安全监管部门和监察机构要实施跟踪监督，随时掌握监控、整改情况。国家局将加快制定《重大危险源监督管理规定》，修订重大危险源辨识标准。在做好试点的基础上，尽快开展重大危险源的普查登记。

节日前后是交通运输事故、公众聚集场所群死群伤事故和消防火灾事故的高发期。要切实加强对各类运输工具的安全监测、检修和检查，保证公路、铁路、水路和航空运输的安全。集会活动要深刻吸取以往的事故教训，坚持“谁主办、谁负责安全”的原则，地方政府分管安全的负责同志和安全监管部门、相关部门的同志，一定要过细做工作，把工作做到现场，充分考虑到各种影响安全的因素，制定切实可行的保安方案。同时，要加强对烟花爆竹、民用爆破器材和危险化学品的安全监管，严防发生意外事故。

加强安全生产应急救援工作。要建立预警机制和应急救援预案，安排好节日值班，做好应对、处置各类突发事件的充分准备。中央企业的安全预案要与地方接轨。一旦发生事故，要按规定及时报告，并迅速启动应急救援预案，把事故损失程度降到最低。

（三）转变作风狠抓落实

通过这次会议，2005年全国安全生产工作的目标任务、工作重点和具体要求已经明确，关键是抓落实。各级安全监管部门、监察机构的同志要增强责任意识，履行好国家赋予的职责；增强服务意识，坚持关口前移、重心下移，把监管工作做到位，把监察工作做实；增强依法行政意识，认真贯彻国务院依法行政纲要，做到严格执法、公正执法和文明执法；增强协调意识，紧紧依靠地方各级党委和政府，调动各方面的积极性齐抓共管，同心协力做好工作。各级领导同志要进一步转变作风，深入基层，深入实际，深入安全生产工作第一线，发现新情况，研究解决新问题，推动安全生产工作的不断创新和发展。

安全生产事关改革发展和稳定大局，事关党的执政能力。我们要在以胡锦涛同志为总书记的党中央领导下，用科学发展观统领全局，进一步振奋精神，坚定信心，求真务实，真抓实干，不断开创新局面，为国民经济的持续平稳较快发展，作出新的更大的贡献！

国家安全生产监督管理局（国家煤矿安全监察局）副局长赵铁锤在全国安全工作会议上的总结讲话（摘要）

（2005年1月19日）

刚才，国家局表彰了获得国家安全生产科技成果奖的有关单位及个人；中国石油化工集团公司、神华集团公司、山东省安全生产监管局、湖南省安全生产监管局、贵州煤矿安全监察局5个单位的负责同志作了大会发言，表示要认真贯彻落实这次会议精神，把党中央、国务院的指示精神和国家局的安排部署，与本地区、本单位的实际紧密结合起来，采取切实有效的措施，把安全生产工作抓上去。总之，会议开得很好，达到了预期目的。

一是振奋了精神，鼓舞了干劲。大家共同感到，听了显政同志传达温家宝总理视察陕西铜川矿务局的讲话精神，心情很激动，体会特别深刻。泱泱大国的总理，统揽各方，日理万机，新年第一天就到煤矿悼念遇难矿工，慰问职工和家属，足见安全生产特别是煤矿安全问题的重要性，足见安全生产工作在改革发展和稳定这一全党全国工作大局中的突出位置。温总理的讲话高屋建瓴，语重心长，精辟地阐述了安全生产与坚持以人为本的科学发展观的关系，使矿区职工群众深切感受到了党和政府的温暖，也使安全生产工作战线的同志受到极大的鼓舞和鞭策。黄菊副总理在电视电话会议上的重要讲话，充分肯定了一个时期来安全生产工作取得的成绩，对今后工作提出了明确要求，使大家进一步明确了努力方向，振奋了精神。

二是总结了经验，交流了体会。大家共同认为，在党中央、国务院领导下，2004年安全生产工作有创新，有特点，有成效。确实像国务院领导同志评价的那样，整个工作有章有法，有声有色。安全监管部门的同志说：回过头来看，2004年我们抓的工作，包括建立控制指标体系、实施安全许可制度，以及烟花爆竹安全、中央企业安全监管、作业场所职业危害监督检查等，很多工作都体现了创新精神，与以往相比，力度更大，针对性更强，办法措施更有实效。大家感到，显政同志概括的五条体会和经验，特别是要开拓创新、大胆实践和探索这一条，非常中肯，切中安全生产工作的实际，应当自觉遵循和长期坚持下去。会上交流的先进经验，都很有说服力，值得学习借鉴。在分组讨论中，大家相互交流、相互学习、取长补短。不少同志表示，一定要认真学习兄弟单位的好经验和好做法，把本地区、本单位的安全生产工作抓上去。

三是掌握了规律特点，明晰了安全工作的基本思路。大家在讨论中说，显政同志把安全生产纳入社会主义初级阶段的历史大背景中来考虑，从理论和实践相结合的高度，阐述了现阶段安全生产的规律特点，概括出了安全生产经济基础和上层建筑的不对称性、安全状况的差异性、安全工作进展的不平衡性，以及安全形势的不稳定性和反复性，正确地回答了为什么在稳定好转的同时形势依然严峻，为什么在不断加强的同时仍然发生重特大事故，为什么先进单位仍然会发生事故等一系列现实问题。在深刻剖析的基础上，针对现阶段安全生产的规律特点，提出了安全工作“预防为主、标本兼治、强化主体、综合治理”十六字方略。一些中央企业的同志说，原来没有参加过这样的会议，这次听了显政同志的报告，感到思路上豁然开朗，认识问题有了新高度，对下一步工作如何抓，心里更有数了。

四是明确了2005年的工作任务。根据中央经济工作会议、国务院安委会第三次全体会议和黄菊副总理重要讲话精神，显政同志代表国家局党组，对今年的安全工作做出了总体部署，提出了“三个下降”的工作目标、“四个着力点”和“七项重点工作”。大家一致认为，显政同志提出的指导思想和任务非常明确，措施具体，所定几项重要目标，经过努力是完全可以实现的。讨论中许多同志表示，一定要以国务院安全生产电视电话会和这次工作会议为动力，着眼长远，立足当前，扎扎实实抓好2005年安全生产工作。

分组讨论中，大家还对国家局和全国的安全生产工作提出了不少宝贵意见和建议。国家局党组将认真研究借鉴，进一步加强和改进我们的工作。

下面，结合会议代表讨论的情况，我就如何贯彻落实这次会议精神，讲三点意见：

一、把思想统一到这次会议精神上来

全国安全生产电视电话会和这次工作会议，在全面总结2004年工作的基础上，对今年及今后一个时期的工作进行了全面部署。会议的内容丰富，特别是黄菊副总理的重要讲话和显政同志的报告，有不少新思想、新观点和新要求，同志们要认真学习、加深理解，在以下几个问题上，把思想认识统一到会议精神上来。

（一）统一对安全生产工作领域落实科学发展观重要意义的认识

以人为本的科学发展观，为进一步加强安全生产工作提供了思想基础和精神动力。温家宝总理在视察陕西铜川矿务局的重要讲话中，强调煤炭生产要落实科学发展观。显政同志在报告中，对如何落实科学发展观进行了阐述。贯彻这次会议精神，最重要的一条就是要用科学发展观来统一思想，围绕着如何用科学发展观指导安全生产工作，进行认真思考和深入研究，在思想上达成共识。

（二）统一对安全生产形势任务的认识

要科学判断和全面把握我国将长期处于社会主义初级阶段的基本国情。一方面要看到，安全生产形势相对稳定、趋于好转；党中央、国务院的一系列重要指示，为安全生产工作指明了方向；全党、全社会对安全生产的高度重视和深切关注，也为进一步加强安全生产工作提供了有力的保证。另一方面更要看到，目前安全生产形势依然严峻，安全生产工作任重道远。国民经济的持续快速增长，能源和原材料市场供需两旺，个别企业增产超产的趋势增强；一些企业安全欠账较多、设备设施简陋；个别地区安全生产责任不落实，安全生产管理摆不到应有的位置；加上我国生产力水平还比较低，安全生产基础薄弱等，这些因素，都加大了我国安全生产工作的难度。必须充分认识安全生产工作的长期性和艰巨性，做到警钟长鸣，常抓不懈。

（三）统一对安全生产工作“十六字”方略的认识

安全工作“预防为主、标本兼治、强化主体、综合治理”十六字方略，是我们在总结一个时期以来安全工作实践，深刻剖析现阶段安全生产的规律特点基础上提出来的。既有认识论，更多的是方法论。“预防为主”主要是从工作方针上讲的，要贯彻“安全第一，预防为主”的方针，着眼于事前防范，把工作做在前头。“标本兼治”主要是从方法步骤上讲的，既要立足当前，通过强化执法、深化整治、组织大检查和专项督察、严肃查处事故等现实措施，遏制事故多发的势头；同时又要着眼于建立长效机制，完善监管体系、推进法制建设、加强基础工作、开展安全文化建设，逐步实现安全生产状况的稳定好转。“强化主体”主要是从企业基础工作上讲的，通过增加安全投入，深入开展安全质量标准化活动，夯实安全生产工作的基础。“综合治理”主要是从工作手段和格局上讲的，从工作手段上，要发挥法律手段、行政手段、经济手段、教育手段的综合效应，多管齐下；从组织领导上，要按照“政府统一领导，部门依法监管，企业全面负责，群众参与监督，全社会广泛支持”的要求，形成齐抓共管的工作局面。

（四）统一对深化安全监管体制改革重要性的认识

经过这些年的努力，我国安全监管体制已经基本形成，监管队伍初步建立，但是与加强安全生产的实际需要相比，在机构设置、人员力量、执法权威等方面，仍然存在着一些不适应。根据中央经济工作会议和家宝总理在陕西铜川矿务局视察时的重要指示精神，下一步要继续深化安全体制改革，尽快形成与市场经济相适应的、统一高效的安全监管工作体系。我们要抓住目前的有利时机，主动做好各方面的工作，推动地方各级政府安全监管机构建设，提高各级监管机构的权威性。

二、狠抓会议精神的贯彻落实

要抓住以下几个关键环节，把会议精神落到实处。

（一）落实安全生产控制指标，强化责任制

在这次会议上，我们下达了2005年的安全生产控制建议指标。这个指标体系增加了5个单项，扩大了覆盖面，可以更好地反映各地安全工作进展情况。会议之后，一是要立即把国务院安委会下达的指标，向省区市政府做出汇报；二是要及时召开会议，层层分解，把责任落实到各部门、各基层单位；三是要研究制定配套政策，特别是在奖惩上，要有过硬的、切实可行的办法措施；四是加强过程控制，对各地区、各单位完成情况跟踪监督，加强进度检查，确保季度和年度控制指标的实现。

（二）落实企业责任主体，进一步加强和改进企业安全工作

企业是市场经济的主体，也是安全生产的责任主体。安全生产的各项工作最终都是要落实到企业。中央企业有关单位和部分重点煤炭企业的负责同志参加了这次会议，听取了黄菊副总理的讲话和显政同志的报告。希望大家要以这次会议精神为动力，从组织领导、发展规划、资金投入、工作机构、规章制度、基础管理等各个方面采取措施，把企业的安全工作提高到一个新水平。要进一步建立健全企业安全生产责任制。企业法定代表人要履行好第一责任人的责任，尤其要保证安全生产进入企业改革发展中长期规划和年度计划，保证安全投入；分管领导要对职责范围内的安全工作负责；技术领导即总工程师，要对安全生产技术政策、技术措施负责；值班领导要对值班期间的安全生产负责。党群工作部门要做好宣传思想工作和群众工作，做到分工负责、配合协作，同心协力抓好企业安全生产工作。

（三）落实安全许可制度，加强源头管理

《安全生产许可证条例》颁布实施以来，国家局相继颁布实施了四个局长令，对煤矿、非煤矿山、烟花爆竹等行业和领域的颁证工作做出了规定。经过前段的努力，重点煤炭企业，非煤矿山企业等方面的颁证工作取得了很大进展。下一步要在严格标准、确保质量的前提下，加快颁证进度。鉴于发证工作进展现状，国家局最近已就适当延长安全生产许可证办理期限问题，与国家有关部门沟通协商，打算作出一个补充规定。在新的规定出台之前，要继续抓紧审核办理。在原规定期限内没有申请评审的企业，要坚决停下来。要把贯彻实施安全生产许可制度、企业安全评价、日常性安全监管结合起来，通过安全条件审核和许可证发放，淘汰不具备安全生产条件的企业，建立市场退出机制。

（四）落实安全生产专项整治，巩固和发展整治成果

对事故多发、人民群众普遍关注的行业和领域集中开展安全生产专项整治，是党中央、国务院的决策，是规范整顿市场经济秩序的重要内容。要坚定信心，持续不懈地抓下去。针对当前安全生产方面的突出问题，显政同志在报告中提出要开展七项集中治理活动。这七项治理，是2005年整治工作的重点内容，是把安全生产专项整治推向深入的重

要举措。各地区、各部门和各单位要按照这次会议的部署，对七项治理逐条研究，逐项拿出办法。特别是煤矿，一定要围绕着瓦斯治理，拿出切实可行的对策措施。安全监管部门要加强对整治工作的综合协调，在认真听取各方面意见建议的基础上，制定2005年深化专项整治的工作方案，督促各部门、各单位抓好落实。

（五）落实“科技兴安”战略，推动安全生产科技进步

科学技术是推动安全生产工作的巨大动力。建立安全生产长效机制，必须依靠科技进步，实现安全科技基础研究、科研成果推广应用和安全管理水平的同步提高。各地区、各单位要以这次受到表彰的先进集体和先进个人为榜样，围绕安全生产领域的重大课题和关键技术难题，组织开展科研攻关。对这次会议部署的瓦斯综合开发利用、运输车辆安装检测仪、危化品隔阻防爆技术等科技示范工程，各地区、各单位都要选择试点，由点到面逐步推广，力争2005年在“科技兴安”上有一个较大突破。

（六）落实“五句话”工作格局，形成齐抓共管的工作局面

“政府统一领导、部门依法监管、企业全面负责、群众参与监督、全社会广泛支持”的“五句话”工作格局，是这些年实践经验的高度概括，必须认真贯彻，长期坚持下去。要在地方党委、政府的统一领导下，把各方面的积极性充分调动起来，形成齐抓共管的强大合力。各级安全生产监管部门要继续与同级工会、共青团组织等密切配合，搞好“安康杯”竞赛、“青年安全监督岗”，以及“反违章、反事故”、“冬春百日安全”等群众性安全活动。充分发挥各类宣传媒介的作用，筹备好今年的“安全生产月”和“安全生产万里行”活动，进一步扩大声势，增进实效。

三、转变作风，真抓实干，切实做好春节和“两会”期间的安全生产工作

中华民族传统的新春佳节即将到来，节后又是“两会”召开，做好这一时期的安全生产工作，具有十分重要的现实意义。黄菊副总理和显政同志已经就此提出了明确要求，希望大家一定要认真贯彻落实。下面，我再强调三点：

（一）转变作风，加强现场管理

安全生产工作是一门科学，必须讲求实事求是，讲求严细作风。一个时期来发生的事故表明，作风不扎实、现场管理松弛、违章现象严重，是安全生产的最大隐患。年初岁尾这段时间，各级领导干部特别是企业的负责同志，一定要深入基层、深入实际、深入现场、深入安全生产工作的第一线，把安全生产工作抓实抓细。对重大危险源和重大隐患要胸中有数。要切实掌握节日期间安全生产工作的动态，及时发现和解决带有苗头性和倾向性的问题，把事故消灭在萌芽状态。

（二）加强队伍建设，改进监管监察方法

要认真贯彻党的十六届四中全会《决定》，从提高党的执政能力的高度，进一步加强安全监管监察队伍的思想作风建设。监管监察系统的同志一定要强化责任意识，履行好党和国家赋予我们的职责。要自觉坚持“预防为主”的监管监察工作方针，把防范事故作为监管部门、监察机构的主体性工作，关口前移、重心下移，在指导督促企业改进安全工作、做好事故预防上狠下功夫。要进一步改进工作方法，在综合监管工作中，要坚持分类指导的方法，对那些基础条件较差、伤亡事故多发的单位，实施重点监管，加大监督检查的力度，增强监管工作的针对性和时效性。在煤矿安全日常性监管工作移交地方政府之后，各级煤矿安全监察机构要自我加压，强化监察执法，切实做好重点监察、专项监察和定期监察，提高国家煤矿安全监察工作的水平。地方政府及其煤矿安全监管部门，要认真贯彻国办第79号文件精神，建立完善煤矿安全日常监督管理工作程序和执法文书，把监管责任落到实处。

（三）加强调度值班，提高应对重特大事故的能力

年初岁尾是各类事故的多发期，是安全生产工作的关键时期。各级政府及其安全监管部门、煤矿安全监察机构，一定要健全完善调度值班制度，做好统计信息和事故上报等工作。要建立健全事故应急预案，做好应对各种重特大事故的思想准备、组织准备和工作准备。要进一步加快安全生产应急救援体系建设，建立反应灵敏、行动迅速、救援有效的应急救援队伍。通过扎实有效的工作，确保全国人民过一个欢乐、祥和、安全的新春佳节，确保今年的工作有一个好的开端。

安全生产工作事关改革发展和稳定大局，任重

而道远。我们要以对党对人民高度负责的态度，认真学习贯彻会议精神，把思想统一到党中央、国务院的指示精神上来，统一到国家局党组的具体部署上来，以创新的精神，聚精会神地抓好各项工作，不断开创新局面，为国民经济的持续健康发展，作出应有的贡献！

国家安全生产监督管理总局副局长王德学在《安全生产法》实施三周年座谈会上的讲话

（2005 年 10 月 28 日）

《中华人民共和国安全生产法》的实施，是我国安全生产法制建设史上的一件大事。这部调整安全生产领域各类关系、规范各方面行为的基础法律，体现了“以人为本”的施政理念和依法治国的基本方略，反映了党和国家坚决维护最广大人民群众根本利益、保障劳动者生命安全和身体健康的坚定意志，为加强安全生产工作提供了强有力的法律保障。《安全生产法》的颁布和施行，标志着我国的安全生产工作在向法制化的轨道上迈出了新的更大的一步。

《安全生产法》实施三年来，国务院及其相关部门、各级地方人大和政府加快了配套立法步伐。国务院先后制定了《安全生产许可证条例》等 6 件行政法规和《关于进一步加强安全生产工作的决定》等 10 多个规范性文件；相关部门制定出台了 100 多件部门规章；各级地方人大和政府制定了一大批地方性法规和规章，初步形成了以《安全生产法》为主体、以相关法规、规章和标准为辅助的安全生产法律体系。与此同时，强化了安全生产行政执法工作。各级政府及其相关部门认真履行安全监管责任，加强监督检查，深入开展安全生产专项整治，依法查处各类事故，严肃追究事故责任人；通过“安全生产月”、“安全生产万里行”等多种形式，加大《安全生产法》宣传贯彻力度，使广大职工和全体社会成员安全意识、安全生产法制观念得到增强，企业依法履行安全生产主体责任、做好安全生产工作的自觉性不断提高。

全国人大对安全生产工作非常重视。今年 5 月中旬到 6 月下旬，全国人大常委会组成 5 个组，分别由五位副委员长带队，对辽宁等 10 省区进行了《安全生产法》执法检查。同时委托 11 个省区人大常委会对本地区进行了检查。这次执法检查，规格高、规模大、要求严、很务实，情况查得细，问题看得准，建议有力度，有力地促进了执法工作的更好开展，推动了《安全生产法》的贯彻实施。

在各方面的共同努力下，《安全生产法》的贯彻实施取得了明显成效，“遵章守法、关爱生命”的安全生产法制环境和舆论氛围正在形成，安全生产工作不断得到加强和改进。从 2003 年开始，全国事故总量连年上升的势头得到控制。2004 年事故起数和死亡人数比上年分别下降 15.7% 和 0.2%。今年前三个季度，又比去年同期分别下降 10.2% 和 8.9%。在国民经济持续快速发展的情况下，多数行业、领域和省区安全生产状况比较平稳。借此机会，我代表国家安全生产监管总局，向全国人大法律委员会和人大常委会法工委、财经委，向国务院法制办等部门，以及所有关心、支持安全生产法制建设和安全生产工作的社会各方面、各界人士，表示衷心的感谢！

虽然《安全生产法》的贯彻实施和安全生产工作取得了一定成绩，但是与党中央、国务院和全国人大常委会的要求，与广大人民群众的愿望相比，仍然存在较大的差距。突出表现在以下四个方面：

一是全社会安全生产法制观念尚未牢固树立起来。安全生产法律法规的宣传教育力度不够，法律普及程度还比较低。不少从业人员缺乏起码的安全法律知识，不能自觉遵法守法和依法维护自身的安全健康权益。社会公众对安全生产的认知，多数停留在对重特大事故的关注上，而对国家安全生产法律法规知道很少，自律意识淡漠，违规和违章现象相当普遍。相当多的生产事故、交通事故都是由于当事人违规违章所造成。一些非法业主甚至无视国家法律，无视政府监管，无视社会监督，无视工人生命，为了获取经济利益，竟然以身试法。

二是企业主体责任不到位，安全生产基础仍然薄弱。企业的安全生产责任主体地位，是法律赋予的。《安全生产法》确立了7个方面的基本制度，第一项就是企业安全生产责任制度，明确规定所有生产经营单位都必须确保安全生产，企业法定代表人要履行本单位安全生产“第一责任人”的责任。我们的不少企业特别大型企业，能够认真执行这些法律规定，依法加强安全工作。将在今天座谈会上发言的兖矿集团，以及神华集团、中远集团、大庆和胜利石油管理局、镇海炼化公司、宝钢、一汽等单位，对安全生产都很重视，也在实践中创造了经验。这是主流，应当予以充分肯定。但是从全国情况看，企业主体责任落实不到位、有法不依的情况仍然相当严重。相当多的企业安全投入不足，防灾抗灾能力很差，安全管理滑坡。为数不少的个体私营企业特别是小煤矿，内部管理混乱，安全保障能力低下。7月13日以来，安全监管总局相继公布了4批、8000多处停产整顿煤矿名单。这些煤矿有的是没有在规定期限内提出安全生产许可证领证申请，有的是经审查不具备颁证条件而退回申请要求整改。这8000多处煤矿，如果得不到切实有效的整改，将成为滋生事故、吞噬生命的陷井。为此，我们组织开展了煤矿瓦斯治理和整顿关闭两个攻坚战。年底之前经停产整顿仍然达不到标准的煤矿，坚决依法关闭，不留后患。

三是政府部门安全监管不扎实、执法不严格，腐败等问题还在影响着《安全生产法》的贯彻实施。政府是安全生产的监管主体。落实《安全生产法》，搞好安全生产工作，需要各级政府强有力的监督管理，必须坚持两个主体并举并重，同时改进，同步强化。近年来，地方各级政府在加强安全监管方面付出了很大努力，也见到了一些成效，但工作进展不平衡。一些地、县至今尚未建立健全安全监管机构，《安全生产法》执法主体不明确，执法力量不足。有些地方政府及其相关部门，在资源管理、项目审核、办矿审批、企业注册登记、火工用品管理、安全生产行政许可、事故查处和责任追究等环节上，监督管理不到位，问题很多，差距很大；在制止和查处安全生产领域的违法违规行为上，存在着“气不壮、不适应”的问题，对违法违规企业，该停的停不了，该关的关不住，该追究的责任没有认真追究，大事化小，小事化了，重罪轻罚或者以罚代刑，起不到惩前毖后、警示教育作用。尤其是执法犯法和腐败行为时有发生。中纪委、监察部、国资委和安监总局联合组织开展的清理纠正国家机关工作人员、国有企业负责人入股煤矿问题的工作，目前已告一段落。从各地汇总和反映的情况看，以往这方面的问题确实很严重，一些地方党政机关干部和执法人员参与办矿，同时具有监管和被监管两种角色。一些煤矿的非法违法行为能够长期存在而受不到法律的制裁，主要原因也在于此。清理纠正工作目前只是初步的，我们要在目前工作的基础上，研究提出对策措施，继续深挖深查，彻底治理官商勾结、官煤勾结问题和安全生产领域内其他腐败行为，为国家法律的顺利实施扫清腐败障碍。

四是煤矿等行业和领域重特大事故多发，事故总量仍然过大，法律实施的效率效果有待进一步提高。今年前三个季度，在事故总量下降的同时，全国发生一次死亡10人以上的特大事故87起，死亡1937人，与去年同期相比减少6起，增加363人。其中煤矿40起，死亡1159人，同比增加14起、722人，分别上升53.8%、165.2%。2004年10月份以来，发生了4起一次死亡百人以上煤矿事故。2004年全国发生各类事故80.36万起，死亡13.67万人，大约每亿元国内生产总值死亡1人，每万人中有1人在事故中丧生；伤残70余万人，加上职业病危害，每年大约近百万个家庭遭受不幸；因事故造成的经济损失约2500亿元，约占国内生产总值的2%。这种状况如不能尽快扭转，势必影响国民经济的持续健康发展，甚至干扰迟滞全面建设小康社会和构建社会主义和谐社会的历史进程。总之，目前我国的安全生产形势依然严峻，安全生产工作面临的任务还很艰巨，安全生产法制建设任重道远。要使《安全生产法》得到切实认真的贯彻实施，把安全生产真正纳入健全的法制化轨道，尚需付出长期艰苦的努力。

下面，就深入贯彻落实《安全生产法》，加强安全生产法制建设，简要谈一些想法。

一、坚持“依法治安”，为推动安全发展创造良好的法治环境

依法治国是党的基本方略。这一方略体现在安全生产领域，就是要坚持“依法治安”，致力于建立良好的安全生产法治秩序，真正把安全生产纳入法律化、制度化的轨道。

安全发展是党的十六届五中全会明确提出的新要求，是一个新的重大战略思想，是可持续发展战略的重要组成部分，是对科学发展观这一重大理论命题内涵的丰富和发展。《中共中央关于制定国民经济和社会发展第十一个五年规划的建议》强调指出，要切实走新型工业化道路，坚持节约发展、清洁发展、安全发展，实现可持续发展。这个表述，系统地反映了党和国家关于资源、环境、安全等方面的基本政策。特别是安全发展，体现了“三个代表”重要思想和科学发展观“以人为本”的本质特征，反映了最广大人民群众的迫切愿望，是经济社会可持续发展的前提和保障，是全面建设小康社会、构建社会主义和谐社会必然要求。所谓“安全发展”，是指经济发展和社会进步必须以安全为前提和保障，把国民经济和区域经济、各个行业、各类企业的发展，建立在安全保障能力不断增强、劳动者生命安全和身体健康得到切实保证的基础上，使安全生产与经济社会发展水平相适应。广义的安全发展也包括了防灾减灾、卫生防疫、食品药品安全、社会安全、经济安全等等。加强安全生产，保障人民群众的生命财产安全，始终是安全发展的核心内容和基本任务。坚持安全发展，加快推动安全生产状况的稳定好转，要做的事情很多，其中一项基础性、关键性、根本性的工作，就是要实施“依法治安”，切实加强安全生产法制建设。

影响我国安全生产的一些深层次问题，如粗放型经济增长方式没有根本改变，一些行业管理弱化，安全监管体制不健全，安全投入不足、企业和公共安全基础设施比较薄弱，农村劳动力大量转移而培训教育滞后，官商勾结、腐败现象等。以及一些浅层次、现实性问题，如一些地方部门和单位对安全生产重视不够，管理松懈，监管不力，执法不严，责任不落实，措施不得力等，都与安全生产法制建设有着密切的联系。除了个别环节和各个问题目前确实没有明确的法律规范之外，绝大多数的问题都是有法不依、执法不严所造成。因此，安全生产工作千头万绪，必须从加强法制入手。

第一，要加大宣传教育和普法力度。要面向基层、面向企业、面向社会，通过各种途径手段，采取多种方式，加强对安全生产法律法规的宣传贯彻、学习教育和培训工作，使《安全生产法》及有关安全生产的法律法规更加深入人心，强化全社会安全意识和安全生产法制观念，营造浓厚的法制氛围，从而使社会各方面都能自觉地用法律来规范从业人员、企业、政府和全社会的安全行为。

第二，公民要懂法、守法。每个公民特别是企业从业人员都要认真学法、知法、懂法，提高法律意识和法律素质，积极自觉地遵章守法，并要拿起法律武器，维护自身的生命健康权益。

第三，企业要有法必依。各类企业都必须自觉执行《安全生产法》关于生产经营单位安全保障的各项法律规定，落实法定代表人安全生产“第一责任者”的责任，确立具有本单位特色的安全生产方针、原则，建立健全安全生产责任体系和各项规章制度，加强安全管理，保证安全投入，推进技术进步，依法做好安全生产工作，把“安全第一、预防为主”的方针落到实处。

第四，政府要执法必严。各级政府及有关部门应树立“不作为是违法”、“不严格执法也是违法”的思想观念。《安全生产法》是安全生产实践的总结，是血的教训所铸成。法律必须通过政府的执法活动，才能够得到贯彻执行，否则就会成为一纸空文。最近国务院出台的《关于预防煤矿生产安全事故的特别规定》，对违法违规和失职渎职行为作出了严厉的处罚规定，有助于解决煤矿安全领域存在的执法不严问题。我们一定要坚持从严执法，公正执法，依法行政，以维护法律的尊严和政府的权威。

第五，全社会都要“遵章守法、关爱生命”。安全是公民的权力，遵法守法是公民的义务。社会全体成员的安全健康权益都应该得到维护和保障，同时每个公民尤其是从业人员也都应当自觉遵守国家安全生产法律法规，与非法违法、不关爱劳动者生命安全与健康的现象和行为作斗争。要充分发挥工会等组织的作用，维护好职工群众安全权益；要认真实行安全生产举报奖励制度，发动群众举报安全生产各类问题；要及时公布重特大事故的查处结果，维护人民群众的安全生产知情权、参与权和监督权。与此同时，要继续探索实践加强舆论监督的有效途径，发挥新闻媒体的监督作用，保持正确的舆论导向。通过努力，形成全社会遵法守法、关注安全、关爱生命，依法加强安全生产的更加加浓厚的舆论氛围。

二、建立完善联合执法机制，加大执法力度

安全生产联合执法是一项创新。今年7月，为了有效制止煤矿非法违法生产活动，国家发改委、财政部、国土资源部、国家工商总局、国家安全监管总局和国家煤监局联合发出通知，部署开展联合执法活动。通知要求，凡停产整顿煤矿，相关发证机关要暂扣采矿许可证、生产许可证、矿长资格证、营业执照、安全生产许可证等所有证照，公安部门停止供应火工品；凡关闭煤矿，各有关部门要吊销上述有关证照，电力部门要停止供电，有关地方政府要发布关闭矿井公告，并采取摧毁井筒、填平场地等有力措施。8月下旬，李铁映副委员长在代表全国人大常委会所做的安全生产法执法检查报告中，强调要“建立高效协调的联合执法机制”。9月份，《国务院办公厅关于坚决整顿关闭不具备安全生产条件和非法煤矿的紧急通知》和国务院《特别规定》，又对联合执法提出了明确要求，使安全生产联合执法工作进一步规范化、制度化。

几个月来的实践表明，在安全生产工作中实行政府部门联合执法，符合国情和政府行政资源配置实际，有利于在各级政府的统一领导下，充分发挥政府各部门的综合优势，形成强大合力；有利于提高安全生产执法效率效果，切实解决执法不严、违法违规行为屡查屡犯等问题，对违法犯罪人员形成威慑；有利于尽快查处和追究事故责任，维护国家法律的尊严和政府的权威。从党风廉政建设的角度看，各部门联合执法，也有利于形成监督制衡机制，防范和减少审批、监管、处罚和行政执法过程中的不正之风和腐败现象。

总之，联合执法的路子是正确的、行之有效的，我们一定要坚定不移地走下去，并要在实践中不断探索和完善联合执法机制。根据全国人大常委会安全生产法执法检查的要求和国务院两个重要文件精神，下一步在联合执法上：

一是逐步拓展联合执法的领域。不仅煤矿要搞，危险化学品、道路交通、非煤矿山和烟花爆竹等领域也要搞。在危化品道路运输安全方面，安监总局和交通部、公安部联合开展了集中整治，近来运输泄露事故有所减少。北京市烟花爆竹燃放“禁改限”后，我们将加强与公安、消防、质检、交通、城建、卫生等部门的配合协作，通过联合执法，切实加强烟花爆竹生产、储运、销售、燃放等环节的安全监管。

二是扩大联合执法的参与面。不仅政府经济管理相关职能部门要参加，还要请公检法和纪检监察机关、群团组织等参加，最大可能地扩大安全生产执法的参与面，提高执法的权威性。对此我们的体会很深：假如没有中纪委和监察部的大力支持，这次清理纠正工作就难以取得实质性进展，惩治安全生产领域的失职渎职、官商勾结、权钱交易等腐败现象就不会有这样大的力度；假如没有公安部牵头，动用警力，采取刑事侦察手段，山西宁武县贾家堡煤矿死亡36人的“7·2”特别重大事故瞒报一案，就难以迅速查实结案。安全监管和执法工作，同时还需要中宣部、广电部、全总、共青团中央等部门的大力支持和配合。我们要把这一行之有效的办法长期下去。

三是建立制度，完善程序，形成工作机制。要继续以提高执法效率效果为目标，紧密结合实际，建立健全部门联合执法工作制度，明确各部门的职责范围、执法流程、执法标准和监督检查办法，搞好各部门、各环节的协调、配合和衔接，形成有效的联合执法机制。联合执法的程序一旦被启动，就要按照规矩进行运作，就要真正解决问题。要防止部门之间推诿扯皮导致系统“空转”，防止因为执法主体较多出现紊乱。

四是要加强执法工作的监督检查与考核。对各级开展联合执法的情况，上级政府及相关部门要经常进行检查与考核，及时总结经验，纠正问题，推动工作的更好开展。

五是加强安全监管监察执法队伍自身建设。以解决“执法不严、工作不实”问题为突破口，加强监管监察队伍思想作风建设和业务建设，继续推动工作职能、工作方式和工作作风“三个转变”，提高履职能力。加强党风廉政建设，做到严格执法、公正执法、廉洁执法，维护队伍的良好形象。

三、加快《安全生产法》配套立法步伐，尽

快形成健全完善的安全生产法律法规体系

五中全会《建议》指出：贯彻依法治国的基本方略，全面推进法制建设，形成中国特色社会主义法律体系，完善市场主体、市场交易、市场监管、社会管理、可持续发展等方面的法律。安全生产是市场监管和社会管理的重要内容，同时也涉及到市场主体、可持续发展等方面。贯彻五中全会《建议》精神，应当进一步加强安全生产法制建设，加快配套立法和相关法律法规的修订工作。

全国人大常委会执法检查报告提出要修订《矿山安全法》。在相关部门的支持配合下，《矿山安全法》和《煤炭法》修订调研工作已启动。此外，《刑法》有关安全生产的处罚条款已经不能适应需要，建议一并列入2006年度全国人大立法计划。

国务院法制办正在抓紧对《事故报告和调查处理条例》草案进行修改。各省区以及基层的同志对这部法规的出台要求强烈，普遍希望年内能够出台，以使事故调查处理工作能够有所遵循。《煤矿安全监察条例》、《危险化学品安全监管条例》尽管出台时间不长，但由于近年来政府监管主体、监管内容和外部环境变化较大，一些条款亟待修订完善，希望也能够列入2006年国务院立法计划。

与此同时，我们也要从实际需要出发，在《安全生产法》的立法精神和法律原则指导下，继续抓好部门规章、安全标准的制定工作；继续推动地方安全生产立法，鼓励出台更多、更加切实有效的地方性法规规章。经过努力，使安全生产各方面工作都有法可依，有章可循，把安全生产纳入健全的法治化轨道。

国家安全生产监督管理总局副局长孙华山在全国非煤矿山及相关行业安全监管工作座谈会上的讲话（摘要）

（2005年9月29日）

这次全国非煤矿山及相关行业安全生产监督管理工作座谈会的主要任务是：以科学发展观为指导，按照构建社会主义和谐社会的要求，深入贯彻落实《安全生产法》、《国务院关于进一步加强安全生产工作的决定》和总局党组近期的工作部署，总结交流近几年来全国非煤矿山及相关行业安全监管工作，特别是安全专项整治、安全许可及安全标准化建设等工作经验，研究部署下一步工作，做到统一思想、理清思路、增强信心，认真落实安全生产“五要素”，提升非煤矿山及相关行业安全监管水平和企业安全管理水平，促进安全生产状况的稳定好转。

下面，我讲三个问题。

一、近几年工作回顾

自2001年国家安全监管局成立后，全国各级安全监管部门，克服了人员严重不足、机构不健全、基础资料缺乏、行业管理弱化等困难，创造性地开展了工作。从完善法规到制定标准，从摸清情况到安全评估，从单项督查到专项整治，从现场检查到事故处理，从源头治理到安全许可，经过几年的努力，基本形成了全国非煤矿山及相关行业安全监管格局，取得了一定成绩。突出表现为：

（一）非煤矿山安全专项整治不断深化

各地对专项整治工作高度重视，全国31个省（区、市）都成立了以安全监管、公安、监察、国土、工商、环保等部门组成的非煤矿山安全整治领导机构，其中有18个省由主管副省长挂帅。2001年下半年以来，全国共取缔、关闭非法或不具备基本安全生产条件的非煤矿山近6万个，并配合有关部门开展了石油天然气管道占压清理工作的专项行动，矿业秩序趋于好转。特别是今年以来，我们以矿业秩序混乱、破坏资源、污染环境和事故多发的部分地区为重点，联合相关部门，采取抽查、异地督察等多种方式，重点对14个省（区）的金属非金属矿山进行了专项督察。针对石油天然气生产企业的特点，我们还对西南油气田地区开展了防井喷和防硫化氢专项督察，共检查11个基层生产单位、12口井。

各地采取措施推进专项整治工作。陕西省重点整治关闭五千立方米以下的小采石场、小矿山，力争在2004年矿山总数的基础上，今年再关闭5%、非煤矿山死亡人数同比下降2%；四川省针对甘洛地区矿业开发秩序长期混乱，无证开采、非法承包、越权越界等违法开采行为导致事故多发的状况，安全监管部门与国土资源、公安等部门共同协作，联合执法，对该地区进行集中整治，划分区块、明确矿界、公开竞买，解决了争抢资源造成安全隐患的问题，安全生产形势开始好转；浙江省根据本省经济技术发展水平，在前几年大力推广中深孔爆破开采技术的基础上，从安全准入条件、技术培训、建立社会化服务体系和加强执法监督等方面采取综合措施，使露天矿山的事故得到有效控制。

（二）初步建立安全生产市场准入制度

截至今年8月底，全国共有非煤矿山10.1万座。其中75%左右是小型采石场和砖瓦粘土矿，这些企业规模小、装备落后、技术含量低，安全保障程度较差，给安全监管工作带来严重挑战。《安全生产许可证条例》的颁布，为我们依法实施安全监管提供了重要手段，认真贯彻这个条例，严格非煤矿山安全生产市场准入，是搞好非煤矿山安全生产的一项治本之策，也是我们集中精力抓的一项重要工作。

去年以来，总局组织各地安全监管部门进行了多次座谈、研讨，制定了许可证的实施办法和相关法律文书，开发了许可证信息管理系统，各地也结合实际制定了实施方案，帮助企业主动整改，采取不同措施积极推进许可制度的稳步实施。新疆维吾尔自治区加大宣传力度，督促非煤矿山加强投入、规范管理、改善安全生产条件，切实推进许可制度的实施，全区2255个非煤矿山当中70%以上的单位依法领取了许可证；山西、四川等省经过调查研究，针对本省采水、取砂、井盐等危险性较小的非煤矿山企业专门制定了安全生产条件，帮助企业建章立制，满足许可证发证条件。截至今年8月底，全国共受理非煤矿山安全许可证申报60549件，依法审核颁发非煤矿山安全生产许可证19706张。

依法加强了非煤矿山建设项目安全设施“三同时”监管工作。国家局出台了部门规章（18号令），完善了非煤矿山新建、改建和扩建项目安全设施设计审查与竣工验收工作程序，并将“三同时”工作与安全许可制度结合起来，相互促进。各地也相继出台了相关规定和措施。特别是在对小型露天采石场的安全监管，以及《安全生产法》颁布后投产的新建企业贯彻实施“三同时”制度方面，各地结合本地实际进行了有益的探索，取得了较好的效果。

（三）安全法制建设得到逐步加强

认真做好非煤矿山及相关行业安全生产法规、标准的制定工作，陆续出台了有关建设项目“三同时”、小型露天采石场、许可证实施办法等部门规章，以及地质勘探、矿山排土场、炼钢、炼铁、轧钢5个安全生产行业标准。《金属非金属矿山安全规程》经过修订，即将报送国家标准化委员会，争取在年内以国家标准发布。目前，总局与英国、南非有关单位合作，正在制定《石油天然气开采安全规程》和《金属非金属矿山安全标准化规范》，待条件成熟后也将分别以国家标准和行业标准形式颁布实施。

各地也根据实际工作需要，配合专项整治和安全生产许可工作，制定了一批地方性法规和规章。如河北省人大颁布的《河北省安全生产条例》，结合实际对有关法律法规作出补充、完善，从制度上保障了从业人员的权利，明确了生产经营单位的责任，强化了政府安全监管职能。江西省政府颁布了《江西省非煤矿山安全生产许可证办法》，明确规定了各级安全监管部门、非煤矿山企业和社会中介机构在安全生产许可工作中的权利和义务。

（四）安全标准化工作稳步推进

去年，总局在河南郑州召开了全国非煤矿山及相关行业安全标准化工作现场会。各地对这项工作非常重视，制定标准，树立典型，推广经验，提升企业安全管理水平。中国石油天然气集团公司在所属各专业公司和地区子公司大力推行HSE管理体系，并聘请国外著名咨询认证机构对体系运行情况进行审核，进一步改善了企业安全基础工作；中国铝业公司重点对新加盟的企业严格按照公司制定的安全标准进行管理，目前公司 QSHE 体系正在进行内审，标准化建设将更上一个台阶。

今年，总局统一制定并下发了《金属非金属矿山安全质量标准化考评办法及标准》（试行），指导全国标准化建设工作，大部分省（区、市）都制定了具体工作计划，有的地区还进行了试点，以点带面，全面推动。为了借鉴国际上先进的安全管理理念并与我国实际相结合，总局正在与南非有关单位合作制定《金属非金属矿山安全标准化规范》，以全面推进非煤矿山安全标准化建设。

（五）海洋石油安全监管体制逐步完善

根据中编办〔2003〕15 号文件，国家局自 2003 年底成立海洋石油作业安全办公室，与监管一司一个机构两块牌子。“海油安办”自成立以来，在三大石油公司的大力支持下，相继成立了 3 个分部，8 个监督处，配备专兼职人员 89 名，其中 70 人已经完成执法培训，剩余人员将在 10 月参加执法培训；本着垂直管理、分工负责的原则，进一步明确了海油安办及各分部的职责；陆续制订、发布了有关方面的规范性文件或内部工作程序；完成了《海洋石油安全生产规定》（送审稿）修订工作，发放海洋石油安全生产许可证 104 个。各分部组织了大量的现场监督检查工作，海洋石油安全监管工作正日益规范和不断深化。

2004 年总局有关部门职能调整后，我们加强对相关行业的安全监管工作。清理、完善相关法规和标准，积极开展与国际劳工组织等机构的合作，推行多种形式的安全标准化和管理体系建设。特别是今年以来，我们以小高炉为重点，对 3 个重点省的 24 家钢铁企业的 52 座高炉进行了专项督察，共查出各类问题 476 项，促进了钢铁企业安全管理工作。

2005 年上半年，全国金属非金属矿山即全面完成了第一轮安全评估，纳入评估的矿山共计 97894 座。其中 A 类 11930 座，占总数的 12%；B 类 52292 座，占 53%；C 类 21334 座，占 22%；D 类 12338 座，占 12%。截至目前，全国已建立了 8 个非煤矿山及相关行业安全技术支撑中心，为非煤矿山及相关行业的安全法规建设和监管工作的开展提供了技术支持。各地也根据企业实际和监管工作需要，总结、完善和推广了一批先进适用技术。几年来，总局组织开展了非煤矿山特别重大事故的调查处理工作，共处理事故责任人员 286 名，其中省部级干部 3 人。通过严肃处理事故，打击了安全生产违法行为，维护了群众的利益，促进了安全生产。

总结和回顾近几年来的非煤矿山及相关行业安全生产监管工作，我们主要有以下体会：

一是加强安全生产法制建设，是做好非煤矿山及相关行业安全生产工作的重要保障。健全法规制度是依法行政的基础，是实现“依法治安”方针、规范安全生产监管工作的首要条件。安全生产工作千头万绪，当前最重要的就是要抓安全法制建设，用法律来约束人的安全行为。在制定和完善安全法规的同时，还必须坚持严格执法，树立“不作为就是违法，不严格执法也是违法”的思想。做到有法必依、执法必严、违法必究，严厉惩处那些安全生产违法行为，才能把非煤矿山及相关行业的生产和经营管理全过程纳入法制轨道。

二是坚持安全生产许可证和“三同时”制度，是从源头上防范和减少事故的重要举措。通过建立和实施这两项制度，在逐步解决现有生产经营单位历史遗留问题的同时，严把市场准入关，坚决杜绝非法和不具备基本安全生产条件的生产经营单位进入市场，提高企业防范事故和抵御灾害的能力，有助于从根本上扭转我国非煤矿山安全生产被动局面。

三是安全专项整治工作是当前形势下不可缺少的一种工作方式。近几年来安全专项整治工作的成绩是有目共睹的。在各级政府的统一领导下，通过建立相关部门联合执法的协调机制，形成了各负其责、齐抓共管的工作格局。由于非煤矿山生产集约化程度低，小矿多，分布广，安全生产工作基础薄弱，事故多发的局面尚未得到根本的改变，为此，安全专项整治工作还要继续深化。

四是安全标准化工作是非煤矿山及相关行业安全生产的基础性工作。安全标准化建设是新形势下企业加强安全生产管理的一项重要内容，也是实现非煤矿山及相关行业安全生产状况根本好转的重要措施，是落实企业安全生产主体责任的有效途径。为此，要进一步总结经验，扩大成果，不断提升企业安全管理水平。

以上成绩来之不易，是在各级政府的正确领导下，各部门大力支持和帮助，各单位依法落实主体责任，各相关中介组织密切配合，新闻媒体广泛关注与监督下取得的。多年来，包括大家在内的广大非煤矿山和相关行业安全战线上的同志们，为改善非煤矿山的安全生产状况，建立长效监管机制，认真履行职责，深入矿山和企业，做了大量卓有成效的工作，付出了辛勤的劳动，作出了重要贡献。借此机会，我代表国家总局向同志们表示衷心的感谢！

二、认清形势，明确今后一个时期的工作目标和主要任务

当前我国正处在经济转轨时期，经济增长方式还没有转变到依靠科技进步、依靠人的素质提高上来，高投入、高耗能、高污染、低效率十分严重。据统计，我国用了全世界40%的煤炭，29%的钢材，8%的石油，45%的水泥，创造了全世界4%的GDP，造成了煤电油运紧张，能源、原材料市场持续供不应求，矿山企业超能力生产时有发生。因此，全国非煤矿山及相关行业在安全生产形势总体稳定、趋于好转的情况下，仍然十分严峻，重大、特大事故没有得到有效遏制，每年死亡人数在3800人左右。2004年，全国非煤矿山共发生伤亡事故2248起、死亡2699人，比2003年分别下降了1.7%和6.7%；但重大事故发生了85起、死亡300人，分别上升了25%和16.3%。2001～2004年，非煤矿山每年都发生一起特别重大事故，广西南丹的“7·17”特大透水事故、山西繁峙的“6·22”特大爆炸事故、重庆开县的“12·23”特大井喷事故、河北沙河的“11·20”特大火灾事故，给人民群众生命财产造成严重损失，国内外影响恶劣。

今年1～7月，全国非煤矿山企业共发生伤亡事故1035起、死亡1238人，同比虽然分别下降了23.8%和20.5%，但事故总量仍然过大，居工矿商贸事故的第三位。这一阶段伤亡事故的主要特点：一是事故总量同比明显下降，大部分地区安全生产状况较为稳定，但也有一些省的事故有所上升，如贵州、海南、广西、湖北4省区。二是非金属矿采选业事故起数、死亡人数同比有所下降，但事故总量仍然很大。1～7月，非金属矿山事故起数、死亡人数占全国非煤矿山事故起数、死亡人数的57.3%和56.1%。三是石油行业伤亡事故上升幅度较大，1～7月份共发生事故23起、死亡28人，同比分别上升130.0%和115.4%。

目前，非煤矿山及相关行业安全生产工作中存在的突出问题主要包括：

一是安全专项整治力度出现弱化趋势。一些同志有“厌战”情绪，表现为满足于现状，整治力度有逐年下降、逐级下降的趋势，有些地方部门之间责任还不够明确，协作配合与联合执法机制没有形成，有些地区出现了较严重的反弹和死灰复燃现象。还有一些地方没有把安全专项整治同安全许可制度的实施，以及与整顿规范市场经济秩序、整顿矿产资源管理秩序、推动企业安全管理工作有机地结合起来，整治的效果不佳。

二是没有严格实施安全生产许可制度。对安全许可证审核颁发工作的紧迫性认识不足，宣传贯彻力度不够，企业申报积极性不高；安全监管部门对安全许可制度的实施存在畏难情绪，缺乏积极探索的精神。一些地方对与安全许可制度相关的政策规定缺乏学习和研究，对安全许可工作中出现的新情况、新问题缺乏调查研究，未能结合实际情况积极提出具有针对性的解决措施；对许可制度的核心思想把握不够，审核程序与安全评价的关系尚需进一步理顺。

三是尚未牢固树立起“依法治安”的思想。“落实不下去，严格不起来”，仍然是当前安全工作的突出问题。有些地区对上级的要求和工作部署只停留在会议和文件上，执法不严，效率不高；有的虽然开展了安全检查，但流于形式，不能发现问题，或者发现了事故隐患，也没有严格执法，一追到底，导致发生伤亡事故。安全监管部门在不同程度上存在着“理不直、气不壮、腰不硬、刀不快”的问题，不能有效监管，及时制止违法行为。有的事故结案迟缓，责任追究不到位，以罚代刑，以罚代管，不能起到应有的惩戒作用。

四是安全监管机构和体系建设不适应工作需要。安全监管机构，特别是基层负责非煤矿山及相关行业监管职责的人员普遍不足，加上我们监管的对象涉及多领域，既包括金属矿山和非金属矿山，还包括石油天然气开采，以及石油、冶金、有色、建材等多个行业，而有些地方至今尚未健全安全监管机构，难以完成繁重的监管工作任务。安全监管部门中具备非煤矿山及相关行业专业知识的监管人员缺乏，培训工作尚不到位。

五是相关行业安全监管工作尚存在差距。政府机构改革后，行业管理弱化，安全管理滑坡。受投资主体的多元化和原材料市场需求旺盛的影响，相关行业安全生产和经济效益的矛盾没有得到很好的处理。由于安全监管力量不足等原因，不少地方尚未将这些行业的安全生产纳入日常监管范围，更没有列为安全监管的重点。例如，对冶金行业安全监管的重视不够，在一段时间曾连续发生数起重大、特大事故，造成较坏影响。对非公有制企业的安全监管方面，工作机制尚没有建立起来，对部分非公有制小企业甚至存在监管缺失的问题。

针对上述问题，我们要提高对安全生产工作长期性、艰巨性和复杂性的认识，要制定长远目标和规划，切实做好今后一个时期的非煤矿山及相关行业的安全生产工作。

指导思想是：以邓小平理论和“三个代表”重要思想为指导，坚持“以人为本”的科学发展观，适应构建社会主义和谐社会的需要，贯彻“安全第一、预防为主”方针，遏制重大、特大事故的发生，倡导安全文化，健全安全法制，落实安全责任，依靠科技进步，增加安全投入，努力提高本质安全水平。

工作目标是：按照总局“十一五”规划目标，到2010年，基本形成较为完善的非煤矿山及相关行业安全生产法规体系、技术支撑体系、信息体系、培训体系、宣传教育体系和应急救援体系，全国非煤矿山死亡人数比2004年下降10%，相关行业10万人死亡率下降到9以下，一次死亡10人以上特大事故起数比2004年下降20%，全国非煤矿山及相关行业安全生产状况明显好转。

非煤矿山及相关行业安全监管工作，要以安全生产许可制度的实施为契机，以规范行政执法为重点，创新监管手段，强化市场准入，推动职能、工作方式和工作作风“三个转变”，促进企业加强自我管理、树立依法经营的意识，提升非煤矿山及相关行业安全生产水平。主要任务包括：

安全许可证颁发和管理。2005年底前要完成现有非煤矿山企业的安全生产许可证申报工作；自2006年起，非煤矿山企业将严格实行持证生产，凡没有申请安全生产许可证的矿山企业将一律依法停产、关闭。各地要组织开展安全许可证专项督察活动，全面清理违法生产的矿山企业，加强对取证矿山企业的日常监管，实行动态管理，一经发现不具备安全生产条件的矿山企业，一律吊销其安全生产许可证。

安全专项整治。坚持“依法整治、标本兼治、突出重点”的原则，防止反复，提高整治效果；加强部门合作，实行联合执法，依法取缔非法矿山、关闭不具备基本安全生产条件的非煤矿山；强化企业的责任主体，落实企业“一把手”安全责任，提高企业安全技术和装备水平，提高从业人员的安全素质；增强事故防范能力，消除和监控重大事故隐患；通过联合、重组、股份制改造等多种形式，推动非煤矿山走规模化、集约化、规范化生产的道路，争取在三年内非煤矿山数量减少15%。

安全法制建设。建立非煤矿山及相关行业的法律法规体系，制订中长期立法计划。进一步健全和完善非煤矿山及相关行业法规、标准，特别要加快对相关行业的安全监管工作制定相应的部门规章，以及修订这些行业的安全标准；加强对相关法规、标准的宣传贯彻工作，使所有安全监管人员和生产经营单位的管理者及从业人员知法、懂法、用法；加大安全执法的力度，对非煤矿山企业及相关行业的违法行为给予行政处罚，严厉打击无证非法生产的现象，实现依法生产经营。

安全标准化工作。全面推行安全标准化工作，提高非煤矿山企业及相关行业本质安全水平。争取通过2~3年的努力，构建全国非煤矿山及相关行业标准化体系；2007年，要使80%的大中型企业、50%的非煤矿山及相关行业的小企业达到国家规定的安全标准；2008年，100%的大中型企业达标；2010年，100%的小企业达标。中央企业要坚持高标准、严要求，在完成以上目标的基础上，率先达到国家规定的安全标准。

安全科技工作。充分发挥总局已建立的8个非煤矿山及相关行业安全技术中心的作用，结合非煤矿山及相关行业安全生产“十一五”规划，开展矿山重大灾害机理及预防技术、矿山重大危险源监控关键技术等研究，构筑非煤矿山及相关行业安全生产技术支撑体系，为实现2020年我国安全生产状况根本性好转提供技术支持和保障。

三、统一思想，切实抓好非煤矿山及相关行业

安全监管工作

党的"十六"大提出"高度重视安全生产，保护国家财产和人民生命的安全"，十六届四中全会《关于加强党的执政能力建设的决定》中将安全生产摆在了与人口、资源、环境等基本国策同等重要的位置来要求。全国人大常委会组织开展了《安全生产法》执法情况的检查。国务院81次常务会、104次常务会专题研究安全生产问题，并出台了《国务院关于预防煤矿生产安全事故的特别规定》。所有这些都表明了，党和国家对安全生产工作的高度重视，对安全生产提出了新要求。

（一）从科学发展观和构建和谐社会高度，充分认识非煤矿山及相关行业安全生产工作的重要性

以胡锦涛同志为总书记的新一届党中央，提出了全面、协调、可持续的科学发展观，提出了要构建社会主义和谐社会，这两项重大理论建树其本质都是以人为本，都与安全生产密切相关。因此，在完善社会主义市场经济、加快小康社会建设步伐的新的历史条件下，安全生产工作的重要性可以概括为以下六个方面：

第一，安全生产是落实以人为本的科学发展观的重要实践。以人为本首先要以人的生命健康为本，人的第一需求是生存的需求，是人生命的需求。经济的发展应该建立在人力资源充分发挥的基础上。

第二，安全生产是构建和谐社会的有力保障。社会是由家庭、企业、法人单位、社区等基本细胞构成的，对企业来说，如果没有安全生产，一切都无从谈起。

第三，安全生产是全面建设小康社会、统筹经济社会全面发展的重要内容。小康社会首先是人民群众生命安全得到保障的社会，人的第一需求是生存的需求，是生命的需求，只有不断改善劳动者安全状况，提高全社会的安全水平，人民群众的生命安全得到高度重视，安全和健康权益得到切实的保障，才能实现真正意义上的小康社会。

第四，安全生产是实施可持续发展战略的组成部分。人力资源的可持续性，是可持续发展的决定性因素。只有加强安全生产工作，使劳动者生命安全和身体健康得到切实的保护，才能保持经济社会发展的潜力和后劲，使可持续发展战略得到认真的贯彻实施。

第五，安全生产是政府履行市场监管和社会管理职能的基本任务。政府的管理职能，可以概括为十六个字，即经济调节、市场监管、社会管理、公共服务。对安全生产实施监督管理，是市场监管和社会管理题中应有之义，是国家和各级政府的基本职能，是各级干部的职责所在。

第六，安全生产是企业生存发展的基本要求。企业的生存发展，必须以安全生产为前提，事故多发，生产不稳定，职工不安定，就不会创造好的经济效益。以矿山企业为例，近年来凡是发生了一次死亡3人以上重大事故的小煤矿和小矿山，由于直接和间接经济损失很大，加上民事赔偿和刑事责任追究等因素，能够继续维持下去的，可以说非常少。

我国是矿业大国，有非煤矿山10万多座，从业人员1000万人，搞好非煤矿山安全生产对于促进全国安全工作具有重要意义，是坚持以人为本，落实科学发展观的重要体现。因此，大家一定要树立大局意识，增强做好非煤矿山安全监管工作的紧迫感、危机感和责任感。

（二）贯彻"依法治安"方略，下决心解决执法不严问题

安全生产必须加强安全生产法制建设，通过法治建立规范的安全生产秩序，实现"依法治安"，同时，各级安全监管部门必须严格依法实施安全监管，增强从严执法的意识。要以全国人大常委会开展的安全生产法执法检查为契机，推进安全生产法制建设和非煤矿山安全执法工作。

一是重视法律法规体系的构建。要建立完善的安全法规标准体系，对现有法律法规和标准进行研究，分析存在的问题，理顺各相关法律法规和标准之间的关系。对那些已经过时了的、不适应当前形势需要的法规和标准，要进行修订，或者提出废止意见。要提高立法工作的计划性和工作质量。由于这些年行业管理弱化，目前不少行业技术标准、设计规范仍然执行七八年前的规定，有必要组织有关单位在清理的基础上提出涉及安全技术标准的修订计划，以满足"依法治安"的实际需要。

二是加强法律法规和标准的宣传贯彻。各级安全监管部门都有责任积极开展《安全生产法》、《安全生产许可证条例》等法律法规和《非煤矿矿山企业安全生产许可证实施办法》、《小型露天采

石场安全生产暂行规定》等规章，以及《炼铁安全规程》、《地质勘探安全规程》等标准的宣传贯彻工作。各类企业有义务组织所有从业人员认真学习相关安全生产法律法规和标准。这是实现安全生产的一个重要前提。法律法规和标准制定颁发后，如果大家不清楚、不熟悉，也就谈不上贯彻执行，法律法规和标准就发挥不了应有的作用。对此，我们是有教训的。如1996年颁布的《金属非金属地下矿山安全规程》等国家标准，就因宣传贯彻不到位，很多企业未执行；再如，去年以来总局颁布的一些规章和标准，有不少基层安全监管部门的同志和企业不清楚。所以，我们必须重视这项工作，要将做好宣传贯彻工作作为履行职责的一件重要工作来完成。

三是严厉惩处安全生产违法行为。从严执法是安全生产法制建设的重要环节，安全监管部门要解决执法不严和执法时效差的问题，对于有些企业虽然收到了整改或停产通知书但拒不执行的情况，安全监管部门要在地方政府的统一领导下，联合相关部门协同执法，同时也可以提请法院依法判决强制执行，严厉惩处安全生产违法行为，以维护安全执法的权威性和严肃性。要进一步强化安全生产法制意识，树立起不安全生产、不依法监管、对违法者惩处不力都是违法行为的观念。

（三）抓住源头管理，把好安全生产市场准入关

安全生产许可制度的建立和实施是当前安全监管工作的重中之重，各地要高度重视并制定相应措施积极稳步推进。安全生产许可制度作为一项新的工作，在实施过程中出现了一些问题和困难，我们应当正确对待。能否做好这项工作也是考验安全监管部门行政执法能力的一个重要标志，我们要克服困难，坚定做好安全许可工作的信心。对于出现的一些问题，总局也在进行研究。各地不要等待观望，要创造性地开展工作，积极研究出现的问题，并结合实际在合法的基础上提出解决措施；要主动深入基层、深入企业，帮助企业发现问题、解决问题，不断提高企业的安全生产水平。

从目前全国非煤矿山企业安全许可证的颁发情况看，进度仍然比较缓慢。截至8月31日，全国非煤矿山安全许可证颁发数占全国非煤矿山总数的19.55%，全国非煤矿山企业申报数占总数的59.91%。为严格执法，总局将在明年年初开始，组织专项督察活动。对现有非煤矿山企业，凡是在今年年底前不申报安全许可证的，一律依法关闭；已经申报的企业但在规定限期内整改未能达到发证条件的，也要依法关闭。

目前，非煤矿山建设项目安全设施设计审查与竣工验收的配套法规已基本健全，各地安全监管部门要根据有关规定将“三同时”工作与许可证审核条件有机结合起来，通过安全生产许可审查，把“三同时”工作抓实抓好。开展“三同时”的工作，《安全生产法》中有明确规定，我们必须严格执法，不能手软。同时，对相关行业的建设项目安全设施的“三同时”工作也要加强监管，发现问题及时查处。

此外，在安全监管和行政许可工作中，要充分发挥社会中介机构的作用，加强对中介机构的监管，规范中介机构行为，保证行政许可工作、“三同时”工作的公平、公正。各地要对本行政区域内的非煤矿山评价机构的基本情况做到心中有数，有的放矢的开展监督工作。

（四）继续深化整治，规范非煤矿山开采秩序

非煤矿山安全生产专项整治是全国整顿和规范市场经济秩序的一个重要方面。近几年来，随着基础工业的发展，资源矛盾日益突出，矿山盗采和非法开采活动有所抬头，专项整治难度进一步加剧。为此，必须明确非煤矿山企业是安全生产工作的主体，要切实落实企业主体责任，大力加强基层和基础工作，促使企业建立健全并落实各项规章制度和安全生产责任制，引导企业真正将安全生产放在第一的位置上，督促企业经营管理者依法办矿、依法开采，自觉遵纪守法，规范安全生产行为。

下一步，非煤矿山专项整治工作，要继续突出重点矿区的治理，以防止重特大事故的发生；加强不具备安全生产条件的小矿山的整顿，促其整改达标，以减少事故总量；对经整顿仍不达标的要予以关闭；对非法开采和死灰复燃的小矿山，要坚决关闭取缔，依法没收矿产品并处以重罚。在专项整治中，要结合安全标准化工作，促进企业加大投入，治理事故隐患，改善安全生产条件，提升安全生产水平。

最近，国务院下发了《关于全面整顿和规范矿产资源开发秩序的通知》，要求国土资源部、发展改

革委、公安部、工商总局和安全监管总局等9个部门联合开展全面整顿和规范矿产资源开发秩序的工作，通过严厉打击无证勘察和开采、查处越界开采、坚决关闭不具备安全生产条件的矿山企业等手段，推动我国矿业走出一条新路子。总局将根据职责分工，结合非煤矿山安全专项整治，对这项工作做出部署；各地也要根据本地实际，针对安全生产问题突出的地区和矿种，在地方政府的统一领导下，配合相关部门提出具体意见，认真做好这项工作。

（五）加强自身建设，提高监管队伍素质

加强监管队伍建设，提高监管人员素质，是安全监管事业发展的需要，也是现阶段做好安全生产工作的重要保障。保证公正执法、严格执法、廉洁执法，维护良好的监管队伍形象，是执法为民的根本要求；掌握非煤矿山及相关行业安全生产基础知识，是做好安全监管工作的必备条件和素质。各级安全监管部门要按照总局党组下发的《关于进一步加强安全监管和煤矿安全监察队伍建设的若干意见》的要求，严格遵守总局制定的“九条纪律”，加强作风建设，改进工作方式和工作作风，深入基层调查研究，树立责任心，强化责任制。

要做到依法监管，就必须努力学习党和国家有关安全生产的方针政策、安全生产法律法规和执法程序及要求，牢固树立依法行政的观念。只有熟悉掌握了相关法律法规的要求和执法的程序，才能运用好法律武器实施监管，用法律规范企业管理者、从业人员和安全监管人员的行为。在行政许可工作中，要严格按照法律程序办事，严格许可证发证条件的审核并依法履行相关程序，严格建设项目设计审查与竣工验收程序。发现不具备安全生产条件的企业，要依法吊销其安全许可证，需要关闭的应提请地方人民政府予以关闭。

要加强对安全监管人员的培训教育工作，要为监管人员创造培训、学习的机会和条件，使他们拥有合理的知识结构，熟悉和了解企业的基本情况及生产工艺，从而具有综合协调能力、行政执法能力，使安全监管工作事半而功倍。这一点在当前安全监管工作面临人手少、任务重的状况下，显得尤为重要和必要。

（六）围绕工作重点，统筹安排好各项监管工作

这些年来，我们在完成日常安全监管工作的同时，陆续开展了专项整治、安全标准化、安全许可、“三同时”等项工作，不少同志对此存在一些想法和意见，我们要正确对待和处理。总的来看，上述各项工作都是从不同的方面来抓好安全生产的重点和基础工作，其最终目的都是防止和减少生产安全事故，确保人民群众生命和财产安全，促进经济发展。为此，有必要将这些工作进行通盘考虑，摆正它们之间的关系，使它们形成一个有机整体，发挥各自作用并互为补充。

一是紧紧抓住安全许可这条工作主线。许可制度是提高准入门槛的一项重要措施，是从源头上防止生产安全事故，进一步加强安全监管工作一个有效手段，特别是许可制度以行政法规的形式对企业的整个安全生产工作进行控制，其作用、法律效力和力度都是其他工作所不及的。因此，在当前这一时期，我们将许可工作摆在极为重要的位置，将其定位于监管工作的主线是十分必要的。

二是将安全专项整治、安全标准化与许可工作结合起来。安全许可制度的实施可以促使企业符合安全生产条件；而专项整治则是通过整治的方式对企业进行集中整顿和提高，淘汰并依法关闭不符合基本安全生产条件的矿山。由于取证企业的安全生产条件是动态变化的，关闭的非法企业也有死灰复燃的问题，这些都可以通过专项整治加以解决。所以，专项整治与许可制度是相辅相成的关系，专项整治促进了许可制度的实施，而许可工作又为专项整治确定了工作目标和方向。

安全标准化是基础性工作，是建立安全生产长效机制的有效方法。安全标准化的核心就是要求企业的安全生产必须符合法律法规的规定，要达到并保持许可制度所规定的条件，使企业始终处于安全运行状态。为此，要将安全标准化工作与实施许可制度结合起来，通过执行安全生产标准和规范，严把安全生产市场准入关，确保取证企业按照安全标准化的要求进行安全生产。

三是把“三同时”工作作为安全许可工作的基础。建设项目安全设施的“三同时”工作，也是从源头进行管理和控制的一项重要措施，由于“三同时”的规定在许可制度中是作为申办许可证的一个先决条件，未实施“三同时”的工程项目就不符合申办许可证的要求，就不能取得合法身份投入生产。所以，“三同时”工作是实施安全许可

制度的基础。

四是做好日常监管工作，保障安全许可工作的效果。根据《非煤矿矿山企业安全生产许可证实施办法》的规定，对取得安全生产许可证的企业，安全监管部门要负责日常监督检查。据此，取证企业是否一直保持符合安全生产条件，从安全监管部门的角度来说，要靠我们大量的日常监管工作来判断，所以说日常监管工作将承担保障许可工作效果的作用。

五是通过联合执法，增强安全许可和专项整治等项工作的时效性。鉴于安全许可和专项整治等项工作涉及其他部门，如果孤军作战，不仅效率低，而且有时甚至难以操作。为此，充分发挥各相关部门的优势，联合起来协同作战，将会达到事半功倍的效果。我们要与有关部门，如国土资源、公安、工商、电力等部门在吊销证照、停供火工品及电力等方面进行通力合作，形成合力，在政府的统一领导下，搞好联合执法，以增强我们的工作力度。

此外，我们应当注意加强冶金、有色、建材、地质勘探等行业的安全监管工作。虽然这些行业的生产安全事故要比矿山企业少、危险性相对较低，但近几年来，随着行业管理力量的削弱和投资主体的多元化，特别是近期在原材料市场需求旺盛的刺激下，一些新建项目仓促上马，现有企业擅自超能力生产，导致安全生产问题突显。为此，各级安全监管部门要将这些行业的安全工作纳入议事日程，推动他们积极开展安全标准化工作，并依法监督检查这些企业建设项目安全设施的“三同时”工作，促使这些企业依法生产经营，防止生产安全事故的发生，增强其市场竞争力。

我国正处在经济快速发展时期，安全生产形势严峻，安全监管工作任重道远。我们要认清形势，统一思想，迎接挑战，抓住实施安全生产许可制度的有利条件，以创新的工作思路和扎实的工作作风，推动全国非煤矿山及相关行业安全生产状况的好转，为构建社会主义和谐社会作出贡献！

国家安全生产监督管理局（国家煤矿安全监察局）副局长梁嘉琨在国务院新闻办新闻发布会上的讲话

（2005 年 1 月 17 日）

首先，我代表国家安全生产监督管理局感谢各位过去一年来对安全生产工作的关注和支持。下面，我简要介绍去年全国安全生产情况及今年的重点工作。

一、2004 年全国安全生产的基本情况

2004 年全国安全生产继续保持了总体稳定、趋于好转的发展态势。事故总量稳中有降，工矿商贸企业安全状况趋于好转，相关行业和领域的安全工作取得成效，多数省区安全状况比较稳定。

全国共发生各类事故 803571 起，死亡 136755 人，同比减少 155545 起、少死亡 315 人，分别下降 16.22% 和 0.23%。

一次死亡 3～9 人重大事故 2721 起，死亡 10180 人，同比增加 72 起、少死亡 493 人，分别上升 2.72% 和减少 4.62%。

一次死亡 10～29 人特大事故 115 起，死亡 1670 人，同比少死亡 66 人，下降 3.8%。

一次死亡 30 人以上特别重大事故 14 起，死亡 860 人，同比少死亡 30 人，下降 3.61%。

（1）工矿商贸合计各类事故 14702 起，死亡 16497 人，同比减少 924 起、少死亡 829 人，分别下降 5.91% 和 4.78%。其中：

煤矿死亡事故 3639 起，死亡 6027 人，同比减少 504 起、少死亡 407 人，分别下降 12.17%

和6.33%。

金属与非金属矿伤亡事故2248起，死亡2699人，同比减少38起、少死亡195人，分别下降1.66%和6.74%。

建筑业伤亡事故2582起，死亡2789人，同比减少39起、多死亡16人，分别下降1.49%和上升0.58%。

危险化学品伤亡事故193起，死亡291人，同比减少73起、少死亡137人，分别下降27.44%和32.01%。

烟花爆竹伤亡事故138起，死亡322人，同比增加23起、多死亡67人，分别上升20%和26.27%。

工商贸其他伤亡事故5902起，死亡4369人，同比减少293起、少死亡173人，分别下降4.73%和3.81%。

（2）消防火灾事故252701起，死亡2557人，同比减少2110起、多死亡60人，分别减少0.83%和上升2.4%。

（3）道路交通事故517889起，死亡107077人，同比减少149618起、多死亡1875人，分别减少22.41%和上升1.78%。

（4）水上交通事故562起，死亡和失踪489人，同比减少72起、少死亡9人，分别下降11.36%和1.81%。

（5）铁路运输事故11921起，死亡7992人，同比减少719起、少死亡538人，分别下降5.69%和6.31%。

（6）民航飞行事故4起，死亡61人，同比增加3起、多死亡61人。

（7）农业机械伤亡事故5047起，死亡1431人，同比减少2165起、少死亡881人，分别下降30.02%和38.11%。

（8）渔业船舶伤亡事故682起，死亡570人，同比增加85起、多死亡35人，分别上升14.24%和6.54%。

（9）其他伤亡事故63起，死亡81人，同比减少25起、少死亡89人，分别下降28.41%和52.35%。

去年安全生产工作主要在以下几个方面取得了进展：第一，在推动安全生产工作创新和转变上做出了新探索。建立和实施了安全生产许可制度，强化源头管理；建立了安全生产控制指标体系，强化了各级政府的安全生产责任制；研究出台了一些安全生产经济政策；应急救援工作顺利起步。第二，致力于建立长效机制，基层和基础工作得到加强。在各类企业广泛开展安全质量标准化活动；加大安全投入，推动安全生产科技进步；加大安全培训工作力度。总结推广了广东省非公有制企业安全工作“有人管、有办法管、管得住、管得好”的经验；探索建立了中央管理的企业安全工作规范。第三，安全生产法制、体制和队伍“三项建设”，以及支撑体系建设有了新进展。中国安全生产科学研究院将要挂牌。第四，安全生产专项整治不断深入。第五，安全文化建设成效明显，“关爱生命、关注安全”的社会舆论氛围初步形成。

但是，全国安全生产的形势依然严峻，重特大事故仍未得到有效遏制。特别是去年四季度以来，接连发生多起特别重大的恶性事故，在国内外造成严重影响。对这些事故，我们正在抓紧调查处理。

二、2005年安全生产工作重点

2005年的工作目标是：力争工矿商贸企业事故死亡人数比2004年下降2%，其中煤矿企业下降3%。煤矿企业消灭百人以上事故。道路交通事故死亡人数上升幅度比2004年降低1.5个百分点。全国特大事故起数，比2004年下降5%。

要重点抓好以下七项工作：

第一，从坚持科学发展观和加强执政能力建设的高度，强化各级安全生产责任制。加强宣传教育，牢固确立以人为本、安全第一的思想观念；坚持和完善全国安全生产控制指标体系，层层分解，加强考核；落实中央关于党政领导干部辞职的暂行规定，建立健全各级安全生产问责制；进一步明确小煤矿安全责任在县乡，健全县乡安全生产责任制。

第二，强化基层、基础“双基”工作，落实企业责任主体。落实企业法人安全生产第一责任者的责任，健全以岗位责任制为核心的各项规章制度，搞好安全技术培训；加快实施安全生产许可制度，严格市场准入标准；督促企业增加安全投入，加强内部管理，提高本质安全水平；严格实行“三同时”制度，把住建设项目的设计审查、竣工验收关；广泛深入开展安全质量标准化活动，督促各类企业建立全员、全过程的安全质量管理体系。

第三，狠抓煤矿瓦斯防治和安全条件的改善。全面贯彻“先抽后采、以风定产、监测监控”十二字方针，安全状况不达标的矿井要一律停产整顿；重新核定矿井的安全生产能力，严禁超能力生产；高瓦斯、高突矿井没有建立瓦斯抽放和监测系统，没有落实综合防突措施的，要停产整顿、限期整改；历史上有过瓦斯动力现象的矿井，要严格按照瓦斯突出矿井的安全标准进行整改；不具备安全生产许可证发证条件的矿井，要停产整顿，经整顿仍然不合格的要予以关闭；推动煤层气的综合开发利用，把重点矿区煤层气开发纳入国家规划，在政策上予以扶持；通过多种渠道解决煤矿安全欠账问题，从根本上改善煤矿安全条件。

第四，突出重点，把专项整治引向深入。继续深入开展安全生产专项整治，针对重点行业、重点领域的突出问题，集中对八个方面重点进行治理：①煤矿瓦斯灾害；②危化品、烟花爆竹企业的安全准入；③非法和不具备安全生产条件的小矿山；④作业场所职业危害；⑤危险路段和路面行车秩序；⑥“四客一危”重点船舶（客渡船、客滚船、旅游客船、高速客船及危险品运输船）和“四区一线”重点水域（渤海湾、琼州海峡、舟山水域、西南山区河流及长江干线）；⑦人员密集场所火灾隐患；⑧石油、天然气企业运输管线地面占压问题。

第五，实施“科技兴安”战略，加快推进安全生产科技进步。加大基础理论研究和安全生产科研成果推广应用工作力度；推行重大危险源辨识、企业安全质量管理体系等科学先进的管理方法；建立重大危险源登记监控制度；继续推动安全生产技术支撑体系建设。

第六，加强安全文化建设，努力提高全民的安全文化素质。利用多种媒介、多种形式开展全民性的安全科普知识宣传；搞好第四个全国“安全生产月”和“安全生产万里行”活动；继续大力推动“安全社区”建设活动；开展多种类型的安全培训，提高从业人员的安全素质。

第七，进一步完善安全生产监管和煤矿安全监察体系。高危行业所有国有企业必须依法建立安全工作机构。按照“国家监察、地方监管、企业负责”的要求，完善煤矿安全监察体制，促使地方政府监管职责到位；加快推进安全生产应急救援体系建设，组建国家生产安全应急救援指挥中心，逐步建立信息畅通、反应快捷的应急救援工作机制。

国家安全监督管理总局党组成员赵岸青在全国安全监管和煤矿安全监察系统党风廉政建设工作会议上的讲话（摘要）

（2005 年 4 月 29 日）

这次会议是总局党组决定召开的。主要任务是：以邓小平理论和“三个代表”重要思想为指导，认真学习贯彻中央纪委五次全会和国务院第三次廉政工作会议精神，回顾总结 2004 年全国安全生产监管监察系统反腐倡廉工作，安排部署 2005 年党风廉政建设和反腐败工作的主要任务，统一思想，坚定信心，抓好落实，开拓工作新局面。毅中局长在会上作了重要讲话，从贯彻中央《建立健全教育、制度、监督并重的惩治和预防腐败体系实施纲要》的高度，结合我们行政执法机关的实际，对加强反腐倡廉工作，推进公正执法、严格执法、廉洁执法提出了明确要求，我们要认真学习领会，并结合实际抓好贯彻落实。

一、2004 年全国安全生产监管监察系统反腐倡廉工作取得新的进展

在过去的一年里，全国安全生产监管监察系统

各级党政组织高度重视党风廉政建设和反腐败工作，党风廉政建设和反腐败工作取得了新的进展。

1. 积极开展专项清理，领导干部廉洁从政的自觉性进一步提高

根据中央纪委的要求和国家局党组部署，全系统认真开展了四项专项清理：一是对执行廉洁自律有关规定的情况进行了专项清理；二是对党员领导干部在企业兼职的情况进行了专项清理；三是对执行财务制度和财经纪律的情况进行了专项清理；四是对会风问题进行了专项清理。在中央纪委、中央组织部发出对党政领导干部在企业兼职进行清理的通知后，国家局党组立即在全系统组织了清理工作，不仅对领导干部在企业兼职的情况进行了清理，还结合本系统的实际，集中清理了领导干部在安全评价机构兼职的问题。从各项专项清理开展的情况看，多数单位有布置、有措施、有检查，效果是比较好的。

通过开展专项清理，既发现和解决了一些存在的问题，又增强了党员干部特别是各级领导干部的廉洁从政意识，涌现出了不少严于律己的好人好事。据不完全统计，去年全国煤监系统监察人员上交礼金 28.35 万元，拒收礼金 232 万余元。

2. 注重教育和制度建设，基础性工作得到加强

各单位坚持关口前移，在深化反腐倡廉教育，加强制度建设，解决实际问题上下了功夫。在加强教育方面，呈现出三个特点：一是各级党组（党委）中心组学习抓得比较紧，发挥了带头作用。国家局党组理论学习中心组坚持定期学习，并举办了两期处级以上党员干部培训班，集中学习党内“四个条例”和科学发展观，培训干部 200 余名。各单位中心组也较好地坚持了集中学习制度。山东局党组中心学习组紧密联系煤矿安全监察工作实际，用科学发展观指导制定安全执法监察措施，促进了煤矿安全生产，全省煤矿百万吨死亡率降到 0.33，达到国内先进水平。二是采取多种形式开展普遍教育，进一步形成了党风廉政教育的氛围。各单位广泛开展了学习牛玉儒活动，并结合学习身边的英模人物，大力弘扬正气。在开展正面典型教育的同时，开展了案例警示教育。国家局党组和各单位都组织党员干部观看了王怀忠、李真等典型案例片，教育和引导党员干部从中汲取教训。一些省局和办事处通过开展专题交流、巡回演讲、组织参观、知识测试等形式，深化了教育效果。三是在抓好普遍教育的同时，开展了个别谈话教育。各级党政组织采取廉政谈话、诫勉谈话等方式，对党员干部进行个别教育。国家局党组负责同志和驻局纪检组负责同志先后同机关和所属单位 20 多名司局级干部进行了谈话，对有的同志进行了诫勉谈话。实践证明，进行个别谈话教育的效果普遍比较好。

在制度建设方面，一是抓了制度的进一步建立和完善。譬如，安徽局、吉林局等单位从实际出发，建立完善了有关廉政建设的具体规定，逐步形成了融约束、规范、考评为一体的配套制度。二是结合安全生产执法实际，在制度建设中突出了对执法“自由裁量权”的规范。山西局制定了《煤矿安全监察行政处罚统一裁量指导意见》、《煤矿安全监察常见违法行为处罚统一裁量参考标准》。这个做法，在煤监系统产生了良好的反响。新疆局、四川局、贵州局等十几个单位也在这些方面建章立制，对规范煤矿安全监察执法行为起到了有效作用。三是注重制度创新，增强了实效性。譬如，山东济宁办事处认真实行主管监察员制度，将辖区煤矿安全监察任务划分到每一个监察员，在赋予他们监察职责的同时，也提出了廉政方面的具体要求，使每个监察员不仅提高了执法的责任意识，增强了执法效果，也提高了廉洁自律意识，增强了廉洁执法的自觉性。他们的工作在矿区反映很好。

3. 突出重点，源头治本工作有所推进

各级党政组织和纪检监察部门以加强对人、财、物等重点部位的监督和对领导干部权力运行的监督为重点，源头治本工作取得了新的进展。

为规范和加强对人、财、物的管理，有关单位和部门做了大量工作，监督工作进一步展开。在干部人事工作方面，国家局党组先后制定了《领导干部任职试用期实施办法》、《领导干部竞争上岗实施办法》等制度，促进了干部人事制度改革的深化。有关部门对各省局贯彻执行《党政领导干部选拔任用条例》的情况加强了监督，对有的单位进行了重点检查。在党政领导干部选拔任用工作中，各单位较好地落实了公开选拔、民主推荐、民主测评、任前公示等制度。一些省局实行了干部竞争上岗制度，初步形成了新的用人机制。为加强对选拔任用干部工作的监督，多数单位采取了相应措

施。陕西煤监局党组在选拔任用干部工作中，实行上会研究前先由纪检监察部门填写《廉政情况鉴定表》制度，对廉政方面有问题不适于作为提拔人选的干部实行“一票否决”。这一制度他们已经坚持了8年，收到了比较好的效果。在财务管理和资金监控方面，国家局制定了《安全生产监管监察专项经费管理暂行办法》等规章制度，加强了预算资金管理。认真执行行政罚款“收支两条线”规定，规范了行政性收费和罚款的资金管理。积极开展领导干部离任经济责任审计和财务收支审计工作。许多省局都加强了对所属单位执行财务制度情况的检查，发现问题及时采取措施加以解决。譬如，云南煤监局通过开展检查，针对个别单位存在的财务管理不严格，加班填报有漏洞等问题，制定了相关措施，防范违纪问题的发生。

对领导干部尤其是主要领导干部的监督有所加强。一是认真开展了巡视检查工作。局党组去年组织巡视组先后对四川、山东两个省煤监局领导班子及其成员廉政勤政情况进行了巡视检查，收到了较好的效果。二是述职述廉工作进一步规范化。国家局党组听取了部分省局和直属事业单位主要领导的述职述廉，听取了省级煤矿安全监察局纪检组长的述职述廉，并对述职述廉的局级干部逐一进行了评议，提出要求。各省局和机关司（室）、直属事业单位领导班子成员都结合年终考核，进行了述职述廉，并把个人述职述廉与上级领导谈话、群众民主评议结合起来，较好地发挥了监督约束作用。三是加强了对所属单位民主生活会的检查。多数单位能够把握好会前广泛征求意见、会上开展批评与自我批评、会后抓好问题整改三个重要环节，认真开好民主生活会。一些单位把解决民主集中制问题作为生活会的重要内容，领导班子成员尤其是主要领导提高了执行民主集中制的自觉性。根据国家局党组要求，人事司、机关党委、驻局纪检组监察局等有关部门对34个单位领导班子召开民主生活会的情况进行了督促检查。从检查的情况看，各单位民主生活会质量有所提高。

4. 认真受理群众信访举报，查办案件工作有新的进展

去年，驻局纪检组监察局共受理群众信访举报163件。根据中央纪委监察部和国家局党组的要求，按照分级管理的原则，采取自办初核和转办要结果的方式，对38件信访件进行了核查，其中驻局纪检组监察局核查22件。多数省局和一些事业单位纪检监察部门也对群众信访举报件进行了核查。该立案的进行了立案，该批评教育的进行了批评教育，该澄清问题的予以澄清。既对严重违纪问题进行了查处，又保护了干部。

5. 坚持抓过程、重实效，落实党风廉政建设责任制形成合力

各级党政组织抓党风廉政建设的自觉性有了新的提高，党组（党委）统一领导，党政齐抓共管，纪检监察组织协调，业务部门各负其责，群众支持和参与的反腐倡廉领导体制和工作机制进一步加强，反腐倡廉合力进一步形成。

一是多数单位党政领导对党风廉政建设高度重视，工作更加自觉。按照国家局党组关于落实党风廉政建设责任制要“抓过程、重实效”的要求，不仅重视年初工作部署和任务的分解落实，而且重视对日常工作进展情况的检查和督促，使这项工作常抓不懈，逐步引向不断深入。

二是分解责任“横向临边”。在分解反腐倡廉工作任务中，国家局及各省局党组不仅注重发挥综合部门的作用，而且也发挥了业务部门的作用。多数职能部门自觉坚持“一岗双责”，结合本职工作抓党风廉政建设。在实际工作中，注意抓党风廉政建设责任制落实的各个环节，把党风廉政建设的要求融入安全执法和各项业务工作之中。

三是落实任务“纵向到底”。国家局党组将有关反腐倡廉的工作分解到各业务司室，并明确要结合业务工作，把所分担的廉政建设任务延伸到全系统。多数省局党组与所属办事处签订了《党风廉政建设责任状》，层层抓落实。各办事处把党风廉政建设与安全执法紧密结合起来，达到了“双结合”、“双推进”。内蒙古包头办事处负责同志与监察人员签订安全监察执法和党风廉政建设《双责任书》，实行“双责任制”，将“两手抓”有机结合起来，促进了煤矿安全状况明显好转，2004年该办事处辖区内煤矿百万吨死亡率降到0.13。

6. 重视解决苗头性倾向性问题，安全执法队伍建设保持良好的发展势头

去年，各单位按照国家局党组提出的机关作风建设要“四个进一步”、办事处队伍建设要“三加强”的要求，认真抓了落实。

各单位在办事处队伍建设中，围绕国家局党组关于要增强凝聚力，增强创新意识，增强带队伍的本领，增强根据实际情况独立分析和解决问题能力的要求，加强了领导班子建设。为了加强安全监察执法，为办事处领导开展执法工作创造良好环境，一些省局近年来对所属办事处领导干部进行了调整、充实和交流。譬如黑龙江局党组，对所属办事处主任全部实行了异地交流。这些同志在新的领导岗位上放手工作，严格执法，工作有了新的起色。去年四个办事处在安全监察执法中共罚款 1023 万元，比上年执法力度明显加大，效果很好。

去年抓队伍建设有一个明显特点，就是各级党政组织和纪检监察部门始终保持清醒的头脑，根据队伍初创阶段已经过去，少数同志渐渐出现了松劲情绪、厌战情绪的实际情况，注意发现和解决苗头性、倾向性问题。驻国家局纪检组监察局按照党组要求，在全国 20 个省（区、市）开展了“煤矿安全监察队伍廉政建设情况问卷调查”。通过问卷反馈回来的信息表明，我们这支队伍得到了地方和煤矿企业普遍好评。但也反映出了一些苗头性问题。驻局纪检组监察局根据问卷反馈的情况，进行了分析研究，及时向党组写出了专题报告，得到了党组领导的高度重视。一些省局也通过多种渠道，对执法队伍的廉政情况进行了调查、分析，并对“症”下“药”，采取了相应措施。譬如，湖南局针对暴露出的苗头性问题，集中开展了纪律整顿，并颁布了“七条禁令”，有力地推进了队伍廉政建设。河北局针对某办事处个别监察人员收受小窑主现金的问题，不仅严肃查处了当事人，还引以为鉴，建制堵漏，规范了安全监察人员的执法行为。

这里，我还要说一下安全监管系统纪检监察队伍建设问题。在去年初召开的江西会议上，推广了江西省安全生产监管局专门设立纪检组，配备纪检组长、副组长和专职纪检监察干部，而且在各地（市）、县安全监管部门配备专兼职纪检监察干部的做法。一年来，一些省局加强了这方面的工作。山东、黑龙江、湖北等省安全生产监管局按照省委、省纪委的部署的有关要求，配备了专职纪检监察干部，工作有了新的进展。需要说明的一点是，由于多数省（区、市）安全生产监管部门纪检监察机构尚未建立，报送开展反腐倡廉工作的情况不多，加之我们调查研究也不够，所以安全监管方面的工作总结内容不多。相信随着省级安全生产监管机构的加强，纪检监察机构也将逐步设立，安全监管系统纪检监察工作将出现新的局面。

在回顾去年反腐倡廉工作取得成绩的同时，我们还要看到工作中存在的差距和不足。主要有：一是党风廉政建设责任制在少数单位落实得不够好，有的领导干部对党风廉政建设重视不够，抓得不力。二是有的单位执行民主集中制原则还存在一些问题，对领导干部权力运行的监督还存在薄弱环节。三是有的领导干部执行廉洁自律规定不够严格，存在不廉洁行为。少数安全监察人员存在遵守执法纪律不严的问题。有的公务员在履行职务中搞有偿服务，收取监察对象的费用。四是一些办事处在监察业务用房建设中存在超面积征地、超规模建设等问题。由于建设资金缺口比较大，有的办事处违规向监察对象单位集资摊派。五是一些单位把握执法“自由裁量权”不规范，存有执法随意性。六是有的单位在财务管理上存有漏洞，有的环节出现了问题。对于这些问题，我们要高度重视，采取有力措施，认真加以解决。

二、以改革统揽反腐倡廉工作，认真落实 2005 年各项任务

根据中央纪委第五次全会和国务院第三次廉政工作会议部署，结合我们的实际，2005 年党风廉政建设和反腐败工作的主要任务和总体要求是：以邓小平理论和“三个代表”重要思想为指导，深入学习贯彻党的十六大和十六届三中、四中全会精神，树立和落实科学发展观，以贯彻落实中央《建立健全教育、制度、监督并重的惩治和预防腐败体系实施纲要》为主线，以加强安全监管监察队伍廉政建设为切入点，坚持标本兼治、综合治理、惩防并举、注重预防的方针，进一步加大预防工作力度，狠抓反腐倡廉各项任务的落实，促进公正执法、严格执法、廉洁执法，为建立健全安全生产长效机制，开创安全生产工作新局面提供政治保证。主要抓好以下几项工作：

1. 认真贯彻落实中央《建立健全教育、制度、监督并重的惩治和预防腐败体系实施纲要》，加大源头治本工作力度

中共中央颁布的《建立健全教育、制度、监督并重的惩治和预防腐败体系实施纲要》，是当前和今后一个时期开展党风廉政建设和反腐败工作的

指导性文件，坚持标本兼治、综合治理、惩防并举、注重预防的“十六字”方针，加大从源头上预防和治理腐败的力度，是党中央从加强党的执政能力建设、巩固党的执政地位的高度出发，在总结历史经验、科学判断形势的基础上作出的重大战略决策。这是我们党对执政规律和反腐倡廉工作规律认识的进一步深化，是从源头上防治腐败的根本举措。我们一定要充分认识贯彻《实施纲要》的重要意义，全面把握《实施纲要》的要求，增强落实《实施纲要》的自觉性。

各单位首先要认真学习、深刻理解《实施纲要》的基本精神，掌握《实施纲要》的主要内容，并加大宣传力度，做到学以致用，推动工作。二要结合实际，制定贯彻落实的具体办法。要根据《实施纲要》的精神和总局党组《实施意见》的有关要求，拿出各自的实施细则，将《实施纲要》的原则转化为切实可行的实际措施。既要有长远规划，又要确定近期目标，使制定的办法和措施具有针对性和可操作性。三要加强监督检查，确保取得实效。贯彻落实《实施纲要》，关键在于抓落实。各单位要建立督查、评估、考核、奖惩等工作机制，为落实《实施纲要》提供有效的制度保障。纪检监察部门要认真履行职责，协助党组织抓好督促检查，扎扎实实地推进《实施纲要》的贯彻落实。

2. 坚决执行和维护党的纪律，进一步促进领导干部廉洁从政

根据中央纪委第五次全会要求，各级党政组织和党员干部要继续严格遵守“四大纪律八项要求”，坚持四项基本原则，坚持党的基本理论、基本路线、基本纲领、基本经验，维护党的团结统一，维护以胡锦涛同志为总书记的党中央的权威。要按照中央部署和总局党组的要求，严格执行领导干部廉洁从政各项规定，在严肃执纪的同时加大组织处理力度，切实解决党风廉政方面存在的突出问题。特别是对顶风违纪有以下行为的领导干部，必须严肃处理：①违反规定收送现金、有价证券和支付凭证的，按照组织程序一律先免职，再依据规定处理；②“跑官要官”的，要批评教育，不能提拔重用，在重要岗位上的要予以调整，已得到提拔的要坚决撤下来；对“跑官要官”制止不力，造成用人严重失察失误的，要严肃追究责任；③放任、纵容配偶、子女及其配偶和身边工作人员利用领导干部职权和职务影响经商办企业或从事中介活动谋取非法利益的，要辞去现任职务或者由组织责令辞职，并按照规定给予纪律处分；④利用婚丧嫁娶等事宜收钱敛财的，要严肃查处；⑤参加赌博的，应予以免职，再依据规定处理；到国（境）外赌博的，要从严惩处。

总局党组结合我们作为安全生产执法机关的实际，对安全执法人员再强调两点：①不准以任何理由收取安全评价机构提供的钱物；②不准以任何理由向监察对象集资、摊派或索要钱物。

对中央纪委的规定、总局党组强调的纪律要求，全体安全监管监察人员都要严肃认真地贯彻执行，各事业单位处级以上干部和有关人员除上级另有规定的外也要参照执行。对这些规定的贯彻执行情况，纪检监察部门要会同有关部门加强监督检查。凡是违反规定的，要严肃处理。

3. 以开展共产党员先进性教育为契机，加强思想道德教育和廉政教育

当前，保持共产党员先进性教育正在向纵深发展。多数单位在前段认真组织学习、深入查找问题的基础上，正在制定措施，整改提高。我在这里强调三个问题：一要坚持不懈地抓好理想信念教育。坚定的理想信念是一个人的灵魂，是立身之本。通过开展先进性教育，要引导广大党员干部特别是领导干部牢固树立马克思主义的世界观、人生观、价值观，坚持正确的权力观、地位观、利益观，牢记立党为公、执政为民的执政理念，掌好用好手中的权力。二要抓住时机，深入开展廉政教育。这次保持共产党员先进性教育活动，也是开展廉政教育的好时机。各级党政组织和纪检监察部门要坚持把廉政教育作为重要内容，融入教育活动的全过程，不断增强领导干部的廉政意识和法纪观念，提高广大党员干部廉洁从政、廉洁执法的自觉性。三要善始善终地抓好先进性教育活动，每一个阶段都不能放松。尤其在制定整改措施、巩固提高阶段，要拿出加强廉政教育的具体措施，并认真抓好落实。根据中央纪委要求，各级纪检部门要会同有关部门加强对教育活动的监督检查，对经教育不改、不符合党员条件的或违纪的党员，要按照有关规定进行处理。

要以学习贯彻总局党组新颁布的执法人员

"九条纪律"为重点，增强廉政教育的针对性和实际效果。廉政教育是执法部门必须坚持不懈抓好的一个突出问题。学习贯彻好执法人员"九条纪律"，是今年廉政教育的一项重点工作。在这里，我把"九条纪律"的内容强调一下：①不准以任何理由违反规定收送现金、有价证券、支付凭证和礼品。严禁借婚丧嫁娶等事宜收钱敛财；②不准参加可能影响公正执行公务的宴请及由监察对象支付费用的娱乐、健身、旅游等活动。严禁参加任何形式的赌博；③不准以任何形式从事安全生产评价及其他中介活动，或收取中介机构提供的钱物；④不准以任何理由向监察对象集资、摊派、拉赞助、推销产品、索要钱物或利用职务之便为亲友谋取私利；⑤不准到被监察单位报销应由本单位或个人支付的费用；⑥不准滥施行政处罚和擅自改变行政处罚；⑦不准违反"收支两条线"规定，私自处理、留置罚没财产；⑧不准徇私枉法，包庇、纵容违法单位和个人或对监察对象故意刁难和打击报复；⑨不准在煤矿及其他企业入股"分红"或提供有偿技术咨询服务。这"九条纪律"是总局党组在深入调查研究、广泛征求各省局和总局机关有关司局意见的基础上修订而成的。这"九条纪律"融入了几年来中央关于廉洁从政的有关要求，总结了几年来的执法实践，分析了我们队伍中出现的一些苗头性、倾向性问题。另外，也补充了过去没有涵盖的内容，使之更趋完善，更具约束力。

新颁布的"九条纪律"和"老九条"比，主要进行了如下修改：一是突出了重点内容。譬如，把原来第二条不准收受礼品、礼金、有价证券，调整为第一条，表述为：不准以任何理由违反规定收送现金、有价证券、支付凭证和礼品。既不允许收，也不允许送。不准以任何理由收受现金，包括公务员在履行职务过程中直接或变相的有偿服务。二是增加了6个方面的内容。主要有：严禁参加任何形式的赌博；严禁借婚丧嫁娶等事宜收钱敛财；不准收取中介机构提供的钱物；不准在煤矿及其他企业入股"分红"或提供有偿技术咨询服务；不准违规参加由监察对象支付费用的健身、旅游活动；不准以任何理由向监察对象集资、摊派、拉赞助、推销产品等。三是有的内容进行了合并。譬如，将原来的八、九两条合并为现在的第八条。四是在一些表述上力求更严密、更确切。譬如，原来说不允许参加用"公款支付"的什么活动，这次改为"监察对象支付费用的"什么活动，因为个体小矿主的钱不是公款；原来规定不准到被监察单位报销应由"个人支付的费用"，这次加上"本单位"支付的费用也不准到下边报销。五是有的内容作了删改。譬如，原来要求不准私自占用企业和其他单位的电脑、移动电话、办公设备等，是根据当时办事处刚组建的情况，作为突出问题提出来的，列举式的表述也容易漏项，这次就概括地表述为不准向监察对象"索要钱物"，各种物品都包括了。对此，大家在学习贯彻中要逐项深刻理解。要熟记"九条纪律"的内容，领会"九条纪律"的要求。在此基础上，各省级煤矿安全监察局和监察分局都要结合实际，制定贯彻"九条纪律"的具体措施，把"九条纪律"的要求落实到每个执法人员的自觉行动之中。"九条纪律"不仅适用于煤矿安全监察人员，安全生产监管人员和事业单位副处级以上干部也要参照执行。总局党组将在适当时候对"九条纪律"执行情况组织检查，并将检查情况在一定范围内进行通报。

在开展教育中，要拓宽渠道，创新形式，搞活载体，注重效果。要注重研究反腐倡廉教育的规律，使教育内容贴紧党员干部的思想和工作实际，使教育融入安全监察执法的各项工作之中。各单位既要加强灌输教育，又要善于引导广大党员干部进行自我教育；既要善于运用传统的教育手段，又要善于运用信息技术等现代化手段，加强网络宣传教育，开设反腐倡廉网页、专栏；既要加强榜样示范教育，充分发挥先进典型的引导作用，又要搞好案例警示教育，发挥查办案件的治本功能。各单位每年都要开展一两个专题教育活动，使教育常抓不懈、不断深化。

4. 进一步加强制度建设，把监督融于严格执行各项制度之中

要按照中央颁布的《建立健全教育、制度、监督并重的惩治和预防腐败体系实施纲要》的要求，坚持以改革统揽全局，不断探索从根本上防治腐败的新思路、新方法，逐步建立完善反腐倡廉机制。为此，今年要着重抓好以下几个方面的工作：

——要从完善监督制度入手，切实加强对领导干部特别是各级领导班子主要负责人的监督。要认真监督检查党的路线方针政策和决议决定的执行情

况，监督民主集中制及领导班子议事规则的落实情况。监督领导干部个人重大事项报告、述职述廉、民主评议、谈话诫勉等制度的执行情况。领导干部重大事项报告制度在一些单位多年来没有认真执行，今年这项工作要着力加强。要把领导干部配偶、子女及其配偶从业情况和领导干部及其家庭成员的婚丧嫁娶等事宜作为个人重大事项报告的重要内容，加强日常监督和管理。要在认真总结前几年开展巡视工作的基础上，进一步规范这项工作，运用好巡视检查的成果。要通过认真执行各项监督制度，切实加大对领导干部权力运行的监督力度，提高领导干部廉洁从政的自觉性。

——要坚持正确的用人导向，深化干部人事制度改革。继续贯彻执行中央印发的一系列法规性文件和有关改革制度。以建立健全干部选拔任用和管理监督机制为重点，以科学化、民主化、制度化为目标，逐步建立起配套的干部人事制度。进一步推行干部竞争上岗制度。继续落实民主推荐、民主测评和民主评议以及干部考察预告、任前公示、任职试用期等制度，扩大干部人事工作的民主，保障党员和群众对干部选拔任用的知情权、参与权、选择权和监督权。抓紧出台《总局机关干部管理办法》和《煤矿安全监察机构领导干部交流轮岗办法》。加强对后备干部的培养锻炼，完善后备干部动态管理机制。同时，积极推进事业单位干部制度改革。根据中央纪委有关规定，各级纪检监察部门要配合人事部门加强对《党政领导干部选拔任用工作条例》执行情况的监督检查。对干部推荐、提名、公开选拔、竞争上岗、考察考核、讨论决定等重要环节，实施全过程监督，坚决预防和治理选人用人上的不正之风，严肃查处“跑官要官”及其他违反组织人事纪律的行为。

——要深化财务管理制度改革，严格执行财务制度和财经纪律。针对当前财务管理上存在的薄弱环节，进一步健全制度和措施，加强对资金的管理和监控。继续深化部门预算改革，建立完整的煤矿安全监察系统三级财务预算体系和财务管理制度，有效防止财政资金运用过程中的违纪违规行为。凡是有经费往来的环节，都要建立相应的监督约束机制。要加强对安全监管监察罚款的检查指导，全面落实“收支两条线”规定，继续开展对银行账户的清理检查。要继续加强对会议费、课题费、出书费等“三费”的管理，严格制度，加强监督检查。对于违反规定设立“小金库”的，要严肃查处，有效切断公款送礼和发生其他腐败行为的资金来源。继续做好领导干部任期经济责任审计和财务收支审计工作。

——要健全公开办事制度，大力推进政务公开。要把政务公开作为提高政府效能、防止腐败的有效措施。按照中央有关要求，规范公开内容和形式，完善公开工作机制，健全公开监督保障措施，提高公开的针对性和实效性。要从群众普遍关注和涉及群众切身利益的问题入手，从容易出现腐败问题的薄弱环节入手，不断完善制度和措施，增加办事“透明度”。要进一步健全政府采购和工程建设项目招标投标制度，严格规范采购行为，加强对监察分局基地建设和其他在建项目的管理，解决存在的突出问题。认真贯彻实施《行政许可法》，深化行政审批制度改革，进一步清理和规范行政审批事项，完善审批方式，加强后续监督，防止审核项目中的不正之风。

——要加强对安全中介机构的管理。各级组织要制定加强安全中介机构管理的规定，完善相关制度，落实有关人员的责任。要认真解决已经出现的苗头性问题或违规违纪问题。在这项工作中，各有关单位要做到“三个明确”：一要明确分管领导和职能部门；二要明确管理制度；三要明确监督检查和责任追究办法。通过健全制度，落实责任，加强对安全中介机构的有效管理，防范违规违纪问题的发生。

5. 高度重视群众信访举报，严肃查处违纪违法案件

各级党政组织和纪检监察部门都要重视并做好信访举报工作，以此作为倾听群众呼声，接受群众监督的重要渠道。认真处理群众来信来访，要特别重视和妥善处理信访举报所反映的突出问题。既要注意从群众信访举报中发现案件线索，又要注意鉴别分析，支持和保护党员干部履行职责敢抓敢管的积极性。

根据中央纪委要求和总局的实际，今年的办案工作要以查处发生在领导机关和领导干部中滥用权力、谋取私利的违纪违法案件为重点，保持反腐败工作的力度。要严肃查处违反政治纪律的案件；利用执法权、审批权、人事权违纪违法的案件；贪

污、受贿、行贿、挪用公款等违纪违法案件；执法监察和事故调查处理中贪赃枉法、徇私舞弊的案件；为非法办矿、办厂充当“保护伞”的案件；建设工程招标投标、物资采购等领域和环节发生的案件；失职渎职案件和严重腐化堕落等案件。

查办案件是一项错综复杂的工作，必须加强对办案工作的领导。各级党政领导都要重视和支持纪检监察部门查办案件工作，为办案提供有利的条件。各直属单位纪检监察部门都要加强自办案件工作。对瞒案不报、压案不办甚至干扰办案的，一定要严肃追究有关人员的责任。

6. 强化领导责任，深入贯彻落实党风廉政建设责任制

党风廉政建设责任制是深入推进反腐倡廉工作的重要制度保障。各级党政组织和领导干部要进一步提高对实行党风廉政建设责任制重要意义的认识，把反腐倡廉工作纳入本单位总体工作之中，统一部署，统一实施，切实抓紧抓好。关于这项工作，毅中局长在讲话中作了重要部署。各单位要高度重视，层层建立责任体系，认真抓好落实。贯彻党风廉政建设责任制，关键要看是不是抓实了，是不是管用了。这是一项“一把手”工程。只有“一把手”真正重视了，亲自抓了，班子成员真正结合业务工作具体承担起责任了，各业务部门结合本职工作当作分内任务认真落实了，这项工作才能达到预期目的，才不至于流于形式。

实行党风廉政建设责任制，要抓住责任分解、责任考核和责任追究“三个环节”。今年的党风廉政建设和反腐败工作任务，要按照责任制的要求，认真抓好分解细化，明确责任分工、任务目标、工作要求、完成时限，进一步健全相关制度，落实具体措施。各单位都要建立健全党风廉政建设工作检查督促和奖惩机制，进一步在抓过程、重实效上下功夫。要建立健全责任分解情况报告和责任考核结果运用制度。要加大责任追究力度，维护责任制的严肃性。凡工作不落实或对违纪违法问题查处不力的领导干部，要严肃追究其责任；凡本单位人员出现违纪问题受到纪律追究的，该单位本年度一律不得评为先进，承担该“责任区”的领导要受到追究。

7. 继续坚持高标准严要求，建设一流的安全监察执法队伍

对于执法机关来说，队伍建设是一项长期艰巨的任务；而队伍廉政建设始终是一项重要的基础性工作。“公生明，廉生威”。公正廉洁才有好形象。我们必须进一步增强忧患意识，毫不放松地抓好安全监察队伍建设。

按照国务院第三次廉政工作会议的要求，机关自身建设要以政风建设为重点。切实改变工作作风，精简会议、文件，改进会风、文风。提倡开短会，开解决问题的会，讲有实际内容的话，提高行政效率，节约行政成本。总局作为国务院直属机构，机关及所属系统都要按照国务院领导的要求，大力加强政风建设，促进机关廉洁、勤政、务实、高效。

根据总局的实际情况，今年的机关作风建设，要在原有的基础上有更高的标准、更严的要求。在总局机关传达贯彻中央纪委五次全会和国务院第三次廉政工作会议精神的干部会议上，毅中局长代表总局党组对机关作风建设提出了严格要求。他明确指出，要大力倡导和培育“求真务实、任劳任怨、认真严格、公正廉洁”的机关作风和精神，不辜负党和人民的期望。机关人员要做“三个表率”：一是在公正执法、严格执法、廉洁执法上做表率。坚决排除人情干扰，经得住各种诱惑和考验，做到六亲不认，在执法中坚持“一把尺子量到底”。二是在工作作风上做表率。作风要更深入一些，工作要更扎实一些，情况摸得更准一些，解决问题更实在一些，进一步提高办事效率、工作质量和执法水平，争创一流的工作成绩。三是在廉洁从政上做表率。带头遵守好“九条纪律”和“五个一律”的规定，令从我行，禁从我止。各省局机关要根据这一要求，结合实际情况，制定具体措施，使机关作风建设出现新的面貌。

各煤矿安全监察分局的队伍建设，要做到“三加强”、“三提高”，促进“三个执法”：一是加强班子建设，提高领导班子的凝聚力、战斗力和创造力。要把领导干部交流作为硬性措施，原则上凡是办事处开始组建就在那里担任主要领导工作的，都要进行交流。同时，对不适应工作需要的领导干部要及时进行调整。二是加强执法能力建设，提高队伍的整体业务素质，培育一支专家型的煤矿安全监察执法队伍。三是加强廉政建设，要以贯彻执行执法人员“九条纪律”为重点，提高监察人

员廉洁自律的自觉性。要从健全制度入手，严格执法检查考核，进一步规范和制约执法行为。通过"三加强"、"三提高"，达到促进"三个执法"的要求，即公正执法、严格执法、廉洁执法。关于实行行政执法责任制，坚持公正、严格、廉洁执法的问题，毅中局长在讲话中作了深刻的阐述，提出了严格的要求。各单位要把这"三个执法"作为今年的一项重点工作，认真抓好落实并取得明显成效。

8. 坚定不移地树立为安全执法这一中心服务的指导思想，为实现安全生产形势稳定好转积极作出贡献

安全生产事关国家和人民利益，事关"以人为本"、"执政为民"执政理念的实现，事关党的执政能力建设，我们的使命光荣而神圣。希望大家要立足本职岗位，围绕中心履行职能，扎扎实实地开展各项工作。

毅中局长来总局工作后提出加强安全生产工作要重视"五个要素"，即安全文化、安全法规、安全责任、安全科技、安全投入。我们一定要进一步增强政治意识、责任意识和大局意识，尽心尽力地做好自己的工作，推动安全生产"五个要素"的落实。一要加强安全文化建设，强化全民安全意识，提高全民安全素质；二要健全安全法制，依法规范全社会的安全行为；三要强化安全责任，建立严格的安全生产责任制和问责制；四要推进安全科技进步，实施"科技兴安"战略，解决安全生产的重大科技问题；五要加大安全投入，建立国家、地方和企业共同投入的机制。2005 年的煤矿安全生产工作，要深入贯彻 2 月 23 日国务院召开的第 81 次常务会议精神，继续以贯彻落实国务院《关于进一步加强安全生产工作的决定》为主线，加大监管监察执法力度。通过加强立法、执法监察，强化责任落实，寻求安全生产的治本之策。

今年要开展两个方面的专项监督检查：一是通过对近几年来安全监察执法情况的回顾，进行专项检查，看是否做到了公正执法、严格执法、廉洁执法，这方面工作还存在哪些差距，如何加以解决；二是对近几年来事故调查处理的落实情况进行专项检查，看是否处理到位、落实到位，有关受处分人员的材料是否已归档，这方面工作今后如何规范。各省级煤矿安全监察局要与地方监察机关一起共同做好这项工作，并将工作的进展情况和取得的效果报总局党组，同时抄报驻总局纪检组监察局。

党中央、国务院决定把国家安全生产监督管理局升格为总局，同时专设由总局管理的国家煤矿安全监察局，提高监察的权威性，强化煤矿安全监察执法。这是党和国家为加强安全生产工作，促进社会稳定和谐发展而采取的重大举措。我们肩负着党和人民的希望，责任更加重大，任务更加艰巨。我们一定要坚定信心，扎实工作，不断取得反腐倡廉工作的新成效，为开创全国安全生产工作新局面作出积极贡献。

第三部分

综　　述

2005年全国安全生产工作综述

安全生产关系人民群众生命财产安全，关系改革开放、经济发展和社会稳定的大局。党中央、国务院一直高度重视安全生产工作。2005年，党的十六届五中全会和中央经济工作会议，对做好安全生产工作提出了明确要求。国务院多次召开会议研究安全生产工作，针对存在的突出问题，采取了一系列政策措施。在党中央、国务院的正确领导下，各地区、各部门、各单位共同努力，安全监管、监察系统广大干部职工勤奋工作，安全生产工作取得了一定的成绩，全国安全生产继续保持了相对稳定、趋于好转的发展态势。但是，事故总量仍然很大，煤矿等行业重特大事故频繁发生，全国安全生产形势依然严峻。

一、全国安全生产总体状况

2005年是全国安全生产不平凡的一年。党中央、国务院决定将国家安全监督管理局升格为总局，党的十六届五中全会确立了"安全发展"的指导原则，提出了"十一五"时期安全生产的奋斗目标、主要任务和政策措施。胡锦涛总书记、温家宝总理、黄菊副总理等中央领导同志多次就加强安全生产工作作出重要指示。2005年国务院先后召开了6次常务会议研究安全生产工作，出台了《国务院关于预防煤矿生产安全事故的特别规定》和《国务院办公厅关于坚决整顿关闭不具备安全生产条件和非法煤矿的紧急通知》等重要文件；安排30亿元国债资金支持国有重点煤矿治理隐患。全国人大常委会组织开展了以煤矿安全为重点的安全生产法执法检查。由中纪委、监察部牵头，对国家机关工作人员和国有企业负责人入股煤矿问题进行了清理纠正。所有这些，都有力地推动了安全生产工作。

在党中央、国务院的正确领导下，在各地区、各部门和各单位的共同努力下，2005年全国安全生产保持了总体稳定、趋于好转的发展态势。

1. 事故总量有一定幅度下降

全国共发生各类伤亡事故717938起，死亡127089人，与2004年相比减少85635起、9666人，分别下降10.7%和7.1%。

2. 工矿商贸企业安全生产取得一定成绩

工矿商贸企业共发生事故13142起、死亡15868人，分别下降10.6%和3.8%。其中，煤矿事故3306起，下降9.2%，死亡5938人，减少1.5%，煤炭生产百万吨死亡率2.811，下降0.27；金属与非金属矿山事故起数和死亡人数分别下降14.2%和13.2%；危险化学品事故起数和死亡人数分别下降26.4%和21.3%；烟花爆竹事故起数和死亡人数分别下降8.7%和31.1%；建筑业事故起数和死亡人数分别下降11.4%和6.5%，均有较大幅度下降。

3. 交通运输等行业和领域安全工作成效明显

除渔业船舶外，道路交通、水上交通、铁路交通和民航等事故都有较大幅度下降。其中道路交通事故减少67635起、8339人，下降13.1%和7.8%，分别占全国减少量的79%和86%。火灾事故起数和死亡人数分别下降6.6%和2.4%。特种设备、农机、旅游等方面的安全工作也都取得了较好成绩。

4. 多数地区安全生产状况相对稳定

全国32个统计单位（省、区、市和新疆兵团）中，有26个单位事故起数和死亡人数同比下降，占总体的81.3%；有8个单位特大事故起数和死亡人数同比下降，占总体的25.0%，天津、安徽、宁夏和新疆兵团4个单位未发生一次死亡10人以上特大事故。其中：工矿商贸企业中有17个单位事故起数和死亡人数同比下降，占总体的53.1%；北京、天津、上海、江苏、浙江、安徽、山东、湖北、广西、海南、西藏、甘肃、青海、宁夏和新疆生产建设兵团15个单位未发生一次死亡10人以上特大事故。

5. 全国安全生产控制指标落实情况

全国安全生产控制指标落实情况总体较好，各类事故死亡人数较控制指标下降了7.1%。全国除煤矿、渔业船舶和农业机械外，大部分行业和领域死亡人数均在控制指标以内。全国32个统计单位（省、区、市和新疆兵团）中，有30个单位各类事故死亡人数在控制指标以内，占93.8%。其中：工矿商贸企业事故死亡人数有20个单位在控制指标以内，占62.5%；道路交通事故死亡人数有30个单位在控制指标以内，占96.8%；火灾事故死亡人数有11个单位在控制指标以内，占35.5%；铁路交通事故死亡人数有21个单位在控制指标以内，占70.0%。

回顾2005年的安全生产工作，尽管付出了很大努力，做了很多工作，也取得了一定的成效，但是，煤矿等行业重特大事故频繁发生，特别是全国发生了4起一次死亡百人以上的煤矿事故，发生了化工厂爆炸和多起重大交通事故，造成重大人员伤亡、财产损失和环境污染，给人民群众生命财产造成了严重损失。2005年发生一次死亡10人以上特大事故134起，同比增加3起；死亡3049人，同比增加17%。其中煤矿58起、1739人，分别上升34.9%和66.6%。先后发生了4起涉难百人以上的煤矿事故，即辽宁阜新孙家湾煤矿"2·14"瓦斯爆炸事故、广东梅州大兴煤矿"8·7"水灾事故、黑龙江七台河东风煤矿"11·27"煤尘爆炸事故、河北唐山刘官屯煤矿"12·7"瓦斯爆炸事故。2005年11月后，非煤矿山、危险化学品、道路交通、消防等行业和领域也相继发生了一些特大事故，如河北邢台石膏矿"11·6"坍塌事故、中石油吉化双苯厂"11·13"爆炸事故和污染事件、山西长治祸及学生教师的"11·14"交通事故、吉林辽源中心医院"12·15"火灾事故、四川都江堰董家山公路隧道施工"12·22"瓦斯爆炸事故等。由于重特大事故未得到有效遏制，安全生产形势依然严峻。

二、安全生产主要工作

在党中央、国务院的正确领导下，2005年，各地区、各部门、各单位共同努力，认真落实科学发展观，把安全生产摆在重要位置，加强领导，落实责任，在煤矿安全两个攻坚战、重点行业和领域安全专项整治、隐患排查整改、抢险救灾和事故查处，以及清理纠正入股煤矿、制定"十一五"安全规划等方面，做了大量艰苦细致的工作。重点抓了以下八个方面的工作：

1. 落实国务院第81次常务会议确定的各项措施，强力推进煤矿瓦斯治理

各主要产煤省区都成立了瓦斯整治工作领导小组，向45户重点煤矿企业派出了督导组。四川等省区还把地方国有和乡镇重点煤矿纳入督导范围。河南省多数产煤市县实行了领导包矿、特派员驻矿制度。发展改革委、科技部和安全监管总局、煤矿安监局等部门在安徽淮南联合召开了瓦斯治理现场会，组织近百名专家对瓦斯灾害严重的国有煤矿进行安全技术"会诊"，提出了安全技改项目建议。80%的煤矿完成了通风能力核定，江苏、甘肃、浙江、辽宁、江西、湖北等省已全部完成核定。全国煤与瓦斯突出、高瓦斯矿井全部装备监测监控系统，67户瓦斯灾害严重的国有重点煤矿已有66户实现内部联网，95个重点产煤县已有69个实现县域联网。山西省各类煤矿分别实现了省市县矿四级联网。煤矿瓦斯治理科研攻关、煤层气开发利用等也取得了进展。

2. 整顿关闭不具备安全生产条件和非法煤矿，采取断然措施遏制重特大事故发生

《国务院关于预防煤矿生产安全事故的特别规定》和《国务院办公厅关于坚决整顿关闭不具备安全生产条件和非法煤矿的紧急通知》下发后，在全国范围组织开展了煤矿瓦斯治理和整顿关闭两

个攻坚战。国务院办公厅转发了煤矿负责人和经营管理人员下井带班的意见，安全监管总局会同有关部门制定了若干配套办法。各地政府认真贯彻，加大整顿关闭力度。河南省吸取事故教训，规范煤矿资源整合。山西省严格办矿标准，煤矿数量压减30%，已关闭1035处。全国累计停产整顿矿井12990处，公告关闭经整顿仍达不到安全条件的矿井5243处。全国还取缔非法采煤窝点10669个次。

针对整顿关闭中存在的问题以及煤矿重特大事故多发的情况，从12月中旬开始，采取了七项断然措施。要求各地加大排查整改力度，消除事故隐患；加强对停产整顿矿井的监管，确保停产整顿到位；坚决关闭经整顿仍不具备安全生产条件的煤矿，确保实现关闭目标；规范资源整合，严禁以“整合”为名拖延关闭或在整合期间违法开采；严格建设项目管理，严防不具备安全生产条件的煤矿借技术改造和改扩建之名逃避整顿；继续抓好瓦斯治理，严防超能力、超强度、超定员生产；落实煤矿安全生产责任，严格责任追究。七项措施得到了各地的支持，河南、河北、新疆、内蒙古、黑龙江、广东等省区，把相关工作任务分解下达到有关部门和市、县、乡镇政府，严格督促落实，超额完成了预定的矿井关闭任务。

3. 深化各重点行业和领域的安全整治，组织开展专项督查

公安、交通、建设、铁道、民航、国防科工、教育、国土资源、国有资产监管以及全总、安全监管等部门密切配合，开展了重点行业的安全专项整治：治理车辆超载超限、预防群死群伤道路交通事故，排查治理公路危险路段、创建平安畅通县区；深化水上交通安全专项整治，对广东等七省区低质量船舶进行了督查；开展了商场、市场消防安全专项治理；加强建筑施工企业安全监管，重点检查了北京、四川等8省市建筑安全工作；开展了铁路公路交叉道口安全治理等。从12月中旬开始，在各地政府的支持配合下，有关部门联合组织了煤矿、非煤矿山、危险化学品、烟花爆竹、道路交通和消防、航空客运安全、中央企业隐患排查、学校安全等8个方面的专项督查，收到了一定成效。

4. 落实全国人大常委会执法检查要求，加强安全生产法制建设

去年5月9日至6月15日，全国人大常委会由五位副委员长带队，分别对山西等10个产煤省区进行了安全生产法执法检查，同时委托其他11个省区的人大常委会对本省区进行检查。各地区、各部门高度重视执法检查意见，下决心解决“执法不严、工作不实”问题。安全监管总局等五部委联合下发了《关于严厉打击煤矿违法生产活动的通知》，并组织了检查。多数省区建立了联合执法机制。抓好安全生产法配套立法工作，国务院制定了《特别规定》；相关部门出台了多项部门规章；已有12个省（区、市）出台了安全生产条例，一些地方还制定了贯彻实施《特别规定》的细则。认真查处事故。对全年发生的12起特别重大煤矿事故，已调查结案6起，依法对责任人进行了刑事、行政和党纪、政纪处理，并向社会公布了查处结果。

5. 对国家机关工作人员等“投资入股煤矿”问题进行了清理纠正

中纪委、监察部会同国资委、安全监管总局联合发出了《关于清理纠正国家机关工作人员和国有企业负责人投资入股煤矿问题的通知》。各省（区、市）高度重视，列为党委、政府重要工作，建立机构，制定细则，摸底排查，鼓励群众举报。有关部门和各地认真开展督查，出台了有关政策规定。截止2005年底，全国共报告登记4878人，其中国家机关工作人员3621人，登记入股金额7.37亿元，年底已撤资5.62亿元。各地高度重视核实、处理等后续工作，查处了一批典型案件，对未按规定申报登记、撤资以及弄虚作假的人员进行了严肃处理。

6. 认真实施安全许可制度，加强源头管理

截止到12月31日，高危行业各类企业申请、发证情况：①煤矿应持证单位24981个，申请23329个，申报率93.4%，已发证17111个，颁证率68.5%；②非煤矿山应持证单位115662个，申请107735个，申报率93.2%，已发证40220个，颁证率34.8%；③危险化学品生产应持证单位22737个，申请20211个，申报率88.9%，已发证10146个，颁证率44.6%；④烟花爆竹生产应持证单位7086个，申请6731个，申报率94.7%，已发证3198个，颁证率45.1%；⑤建筑施工应持证单位92237个，申请72096个，申报率78.2%，已发证67314个，颁证率73%；⑥民爆器材应持证单

位396个，申请380个，申报率96%，已发证377个，颁证率95.2%。按照规定，凡2005年12月31日之前没有提出安全生产许可申请的上述各类企业，由当地政府负责实施关闭或取消资质。

7. 加大宣传教育力度，强化社会监督

以“遵章守法、关爱生命”为主题，组织开展了全国第四个安全生产月活动，以及安全生产咨询日、“安全生产万里行”、安全文化到基层、安全法制建设论坛、“安康杯”知识竞赛、特聘煤矿安全群众监督员、“生命之歌”安全歌曲竞赛传唱等活动。举办了首届全国安全生产展览会、企业安全生产论坛、安全文化建设论坛等。及时召开新闻发布会，向社会公布安全生产工作重大举措、特别重大事故查处结果和“清纠”工作进展情况。

8. 完善监管监察体制，加强队伍建设

增设了湖北、广东、广西、青海、福建5个省级煤矿安全监察局。甘肃、辽宁、河南、内蒙古等省区健全了煤矿安全监管和行业管理机构。北京、浙江、云南、湖北等省市进一步加强了安全监管力量。山东、山西、广东等省市建立了省市县三级安全生产执法队伍。各级安全监管监察机构和行业管理部门认真履行职责，加快推进职能、工作方式、工作作风“三个转变”和政企、政事、政资、政府与中介“四个分开”，加强内部教育和管理，业务素质和履职能力得到提高。

三、存在的主要问题

一是安全生产措施不落实。不少措施只是停留在会议、文件和口头上，没有得到认真执行。一些行业和领域重特大事故连续发生，暴露出部分企业贯彻执行安全生产方针政策、法律法规不认真、不负责等严重问题。

二是企业安全生产责任不到位。少数国有企业负责人责任意识淡漠，思想麻痹，基础工作薄弱，管理混乱，违规作业、违章指挥、违反劳动纪律的现象不断发生。

三是企业安全投入不足，历史欠账较多，生产安全设施设备落后。

四是有些企业无视法律法规，为了追求利润，不顾职工生命安全，违法违规生产。为数不少的小煤矿管理混乱，安全隐患大量存在，有的非法矿主利欲熏心，漠视生命，严重违法违规生产。

五是不少职工缺少安全生产的培训，自我保护的意识和能力差。

六是煤炭需求过旺，生产和运输绷得过紧，超能力开采，超负荷运输，加大了安全生产压力。

七是安全执法和监督不到位，一些地方安全监管职责不清、监管不力，安全监察缺乏权威性和有效性。安全法律法规不健全，执法不严，查处不力。一些安全监管监察和行业管理部门工作不落实、责任不到位，对非法违法行为有的没有发现，或者发现了但惩处不力；对落实瓦斯治理和整顿关闭等政策措施，工作不扎实，甚至流于形式。

八是一些地方领导干部和工作人员严重失职渎职，甚至徇私舞弊，纵容和庇护非法生产行为。一些地方对整顿关闭不具备安全生产条件和非法煤矿态度不坚决，工作不得力。本应关闭的煤矿有的借“资源整合”之名继续生产；有的借技改、基建和改扩建逃避整顿关闭；有的敷衍了事，走过场。

另外，一些深层次矛盾和问题仍然存在。主要是粗放型经济增长方式尚未从根本上改变；一些行业管理相对弱化，安全监管体制不健全；安全投入不足，欠账较多，企业和公共安全基础比较薄弱；农村劳动力大量转移，安全技术培训教育相对滞后；以及违法违纪、官商勾结、腐败现象等，都在影响和制约着安全生产状况的稳定好转。同时，我国正处在工业化加速发展时期，经济规模急剧扩大，能源、原材料需求大幅度增加，工业生产和交通运输满负荷甚至超负荷运行，加重了安全生产的压力。对这些问题，必须采取有力措施，认真加以解决。

第四部分

有关领域的安全生产工作

全国消防安全工作概述

公安部消防局

2005年，全国公安消防部队紧紧围绕全面建设小康社会的总目标，牢牢把握维护重要战略机遇期社会稳定的总要求，以科学发展观为指导，以深入贯彻落实《中共中央关于加强和改进公安工作的决定》和第二十次全国公安会议精神为主线，全面推进消防“161工程”建设，着力提高“四个能力”，大力提升消防工作社会化水平、社会防控火灾能力和队伍正规化建设水平，有效预防和遏制了重特大尤其是群死群伤火灾，为保障公共安全、维护社会稳定、促进经济社会快速发展作出了积极贡献。2005年全国火灾形势稳中有降，据统计，全国共发生火灾235941起，死亡2500人，受伤2508人，直接财产损失13.7亿元。与2004年相比，起数、死人数、伤人数和直接财产损失分别下降6.7%、2.5%、15.5%和18.4%。其中，重特大火灾283起，死505人，伤284人，直接财产损失1.9亿元，同比下降1.7%、4%、8.4%和52.7%。

一、持续不断开展消防安全专项整治，全力排查整治火灾隐患，进一步消除了致灾因素

各级公安消防部门在加强经常性的消防监督管理的同时，集中时间，全警动员，全力以赴，持续开展了6次较大规模的整治火灾隐患攻坚战役。一是“两节”、“两会”消防保卫；二是春季防火；三是人员密集场所、古建筑、学校、易燃易爆化学危险场所消防安全专项整治；四是商场、市场消防安全专项整治；五是打击假冒伪劣消防产品专项整治；六是在全国范围内开展整治政府挂牌督办重大火灾隐患。各地加大了消防监督执法力度，共检查单位54万余家，发现火灾隐患61.7万处，整改54.4万处；加大对违反消防安全管理行为和火灾隐患的查处力度，消防行政处罚立案111678起，对58209个单位和个人实施警告，罚款2.9364亿元，行政拘留1994人，责令停产停业、停止使用7606家，取缔1362家，改变使用性质799家。政府挂牌督办的3559处重大火灾隐患，已整改3517处，尚未整改的42处已全部停产停业或停止使用。在消防产品专项整治中，各地公安消防、质监、工商部门联合行动，检查单位2万余家、产品64.4万件（套），查处消防产品违法案件1388起，罚款1100余万元，打掉集中生产假冒消防产品窝点30处，查封扣押9万余件（套），销毁6.8万件（套），更换7.5万余件（套），消除因产品质量问题带来的火灾隐患1万余处。由于持续实施多项以排查火灾隐患为重点的专项整治，火灾形势始终保持稳定。同时，各级公安消防部门精心组织，周密部署，强化措施，狠抓落实，确保了党的十六届五中全会、全国十运会、西藏和新疆维吾尔自治区、大庆等重要会议、重大活动及重大节日期间消防安全万无一失。

二、积极推动落实消防安全责任制，进一步提升了消防工作社会化水平

为有效预防和遏制火灾，在加强专门工作的同时，积极推动政府、部门、单位和公民落实消防安全主体责任，逐步形成了“政府统一领导，部门依法监督，单位全面落实，公众积极参与”的格局。一是各级党委、政府对消防工作的重视程度空前。地方各级党委、政府普遍把消防工作纳入经济社会发展总体规划，层层落实消防安全责任制，加强督促检查，推动落实消防安全措施。去年，31个省市区政府普遍召开了消防工作会议，有9个省市召开省市委书记办公会或省市委常委会，19个省市区召开政府常务会议或省长（市长、主席）办公会议专题研究解决消防工作的重大问题，22个省市区政府下发了加强消防工作的文件。省、市、县三级政府普遍派出了由政府领导带队的消防安全专项督察组、检查组，对政府落实消防安全责任制情况进行考评验收，对重大活动场所消防安全责任制落实情况进行检查，协调解决重特大火灾隐患。二是消防工作法制建设得到进一步加强。组织专门力量完成了《消防法》修订草案。修订完成了建设工程消防监督审核管理、火灾调查、城镇消防规划建设管理规定和集贸市场消防安全管理办法；制定了消防产品监督管理规定；颁布或制修订了人员密集场所消防安全管理、重大火灾隐患判定方法等39项国家和行业标准、消防技术规范。三是农村和城市社区消防工作进一步加强。落实公安部等部委关于加强农村和城市社区消防工作的意见，大力推动乡镇政府和街道办事处、社区居委会、村民委员会落实消防工作责任，农村和社区消防工作得到了加强，火灾事故多发的势头得到了遏制。四是消防经费保障机制进一步建立和完善。着力推动落实公安部、财政部《武警消防部队消防业务费管理暂行办法》，地方政府普遍把消防业务经费纳入地方财政预算，进一步加大了对消防的投入。同时，加强经费预决算管理，加大财务检查力度和审计监督，严格财务管理和资金使用，确保了经费最大使用效益。五是消防宣传教育培训工作取得了良好的社会效果。中央、地方等主流媒体以及互联网门户网站都开办了消防专栏，加大了消防法规常识和执法为民、抢险救援等先进事迹的宣传力度。特别是“119消防日”期间，积极策划，在中央电视台播出了“全民电视消防演习”和“中国骄傲‘119’特别节目”两个大型专题节目，中央人民广播电台制作了“消防日里话消防”直播节目，人民日报推出了消防专版，消防宣传的社会影响在近年来是最大的。及时下发了消防宣传“四进”检查考评标准，广泛开展了消防安全进社区、进学校、进企业、进农村的“四进”活动，与教育部联合召开学校消防安全教育工作会议，推进了消防安全教育进校园、进课堂、进教材的进程。全国共有2800个消防站定期向社会开放，上千万的学生、居民、职工群众接受了消防常识教育；广泛开展了消防安全培训，共举办单位法定代表人、消防安全责任人以及易燃易爆等特殊工种人员培训班2万多期，培训210多万人次，为做好企事业单位的消防工作发挥了积极作用。

三、积极推动落实城镇消防规划，大力发展地方消防力量，进一步提升了社会防控火灾能力

一是推动开展达标活动，城镇消防规划和公共消防设施、消防装备建设快速发展。制修订了《城市消防站建设标准》、《消防特勤队（站）装备配备要求》和《消防员个人防护装备配备要求》，全国县级城市消防规划制定率达到79.9%，地级以上城市制定率达到80.8%，新建消防站83个、新增消火栓2.9万多个，公安消防部队新购置消防车642辆、器材装备3.2万套（件）。会同国家发改委和财政部对二期特勤队建设进行检查验收，推动了特勤装备建设的发展，各省、市共投入配套经费15.77亿元，购置各类特种消防车辆691辆、特勤器材12万余件（套）。二是创新消防力量增长方式，地方消防力量发展迅速。在山东召开了加强地方消防力量建设座谈会，总结推广山东、江苏等地经验，指导各地推动政府加强地方多种形式消防队伍建设，全国各地已组建地方政府专职消防队伍2000多个、3.2万人，配备消防车1.2万多辆，山东、江苏、浙江、广东、陕西、河南等省基本上消灭了县城消防力量的空白点。采取撤并整合、优化重组等措施，扶持和巩固企业专职消防队伍。据统计，目前全国共有企业单位专职消防队3200多个、7万人，比2002年增加300多个、1万人。三是深化执勤训练改革，部队灭火救援实战能力明显提升。召开试点工作座谈会和经验交流会，全面推进《公安消防部队灭火救援业务训练大纲》的贯彻落实；举办抢险救援、消防通信、灭火抢险救援、专职消防队伍灭火救援组织与指挥等研讨班，强化灭火救援业务训练和培训。开展了重大危险源的火灾风险、危害调查、评估试点工作，制定综合评估标准，建立专家评估机制，加强实战实地演练，消防部队处置重特大灾害事故的能力进一步提升。2005年，全国公安消防部队共接警出动44.5万起，其中火灾扑救23.9万起，抢险救援、救助15.6万起，抢救人员11.5万人，抢救和保护财产价值350.2亿元。特别是在处置特大火灾、爆炸、化学危险品泄漏、建筑物坍塌等急难险重任务中，广大消防官兵恪尽职守，赴汤蹈火，舍生忘死，出色完成了任务，赢得了各级党委、政府和人民群众的高度赞誉。四是加快消防科研成果的转化应用，防控火灾的科技水平进一步提高。编制了“十一五”消防科学技术发展规划。有8个项目获公安部科学技术二、三等奖。积极推广“城市火灾与重大化学灾害事故防范与控制技术的研究”等成果的转化应用。积极推进消防信息化建设，全面启动消防安全重点单位信息系统，在全国消防部队建立办公自动化系统。在大城市开展建筑消防设施及火灾远程监控系统试点，对重点单位实行动态监控，提升了单位消防安全管理水平。

四、狠抓班子和队伍建设，全力提升队伍正规化建设水平

一是坚持政治建警，狠抓各级领导班子建设。深入开展保持共产党员先进性教育活动，尤其是认真总结、深入学习了任长霞同志在消防工作中坚持严格执法、热情服务、政治建警和从严治警的经验和精神，推进了思想、组织、作风建设，各级党组织的战斗堡垒作用、党员的先锋模范作用进一步发挥。组织公安消防部队英模事迹报告团，在公安部机关和15个省市作了“人民消防为人民，我为党旗添光彩”主题巡回报告，进一步树立了消防部队的良好形象。杜绝了队伍内部涉及腐败的严重案件，党风廉政建设和反腐败工作取得了新的成效。二是坚持从严治警，狠抓部队管理工作。以治理“三松”（管理松懈、作风松散、纪律松弛）为重点，深入开展了纪律作风教育整顿，强化了经常性管理工作，狠抓条令条例和“五条禁令”的贯彻落实。圆满完成了消防部队武器弹药移交和销毁工作，解决了多年来影响部队安全和牵扯部队精力的重大问题。制定实施安全管理、预防犯罪工作规定和事故案件报告制度，部队执勤、训练、工作和生活秩序进一步正规。三是坚持素质强警，狠抓大练兵活动。制定实施了关于全面推进消防部队大练兵的意见、干部3年教育培训规划及干部培训工作暂行规定；制修订了士官编制标准和培训大纲，完成了消防部队“三个必训”统编教材的编写。全年共举办师团职干部培训班41期，培训3400多人次。组织了消防监督检查、建审、火因调查和灭火救援岗位资格考试。四是坚持重心下移、保障下倾、警力下沉，基层实力、活力和效率明显增强。全面落实消防部队大、中队正规化建设《标准》，深入开展达标和“双争”活动。先后投入5.6亿元用于基层基础设施建设，补贴199个消防大、中队危旧营房改造；补贴中部十省市购置正压式空气呼吸器1.6万具、消防员灭火防护服2.7万套、呼救器2万台；为贫困大队配发行政用车300辆。采取清理机关超占基层警力、实行社会化保障等措施，下沉警力8259人，增强了基层实力。全国有2634个中队和2882个大队（消防科）达到基层建设标准，占总数的95%。五是深入推进开门接访，有效维护了人民群众的合法利益。制定实施集中处理群众信访问题工作的实施意见和信访工作规定，全国消防部队共接待群众信访问题3823件，办结率89.8%，停访息诉率87.8%，17个总队的停访息诉率超过90%，其中6个总队的停访息诉率达到100%，召开了群众信访问题典型案例分析会，围绕近年来群众信访集中的问题和典型案例，深入剖析了消防执法方面存在的突出问题和薄弱环节，认真查找了问题根源和症结，研究制定了具体整改措施。

五、切实转变工作作风，强化措施，狠抓落实

一是坚持高效务实，狠抓机关建设。制定并严格执行机关干部下基层工作“三深入一推广”和“五不准”制度。公安部消防局先后深入到345个基层大、中队，召开座谈会108次，帮助解决了156件涉及基层官兵执勤、训练和生活等方面的具体困难。启动机关办公自动化系统。实行网上考勤、办公、审批，规范了机关工作程序，提高了工作效率。试行机关干部绩效考核制度。按季度对机关处、室及干部的工作数量、质量和效能进行量化考核评价，并作为评功评奖、晋职调级和提拔使用的重要依据，有力地调动了机关干部工作的主动性、积极性，机关呈现出积极进取、运转高效、协调有序的良好精神面貌。二是坚持跟踪问效，狠抓督察督办。为切实解决基层工作不落实、工作措施不到位的问题，加强了督察督办工作。积极参加公安部的专项督察。共抽调36名军、师职干部参加了公安部预防重大治安灾害事故、保障公共安全专项督察工作。消防部队内部组织开展了以严格队伍管理、严格执法和整治火灾隐患为重点的督察活动，10个督察组的30名同志，历时三个月，行程24万多公里，深入30个省市区，410个市（地、州、盟），960个县（区、旗）和80个乡镇进行督察，检查了1653个基层单位，及时发现、督促整改消除了一大批突出问题。据统计，共督促整改消防监督执法问题643件、队伍管理问题1117件；督促整改隐患1223处。严格落实通报报告制度，对中央领导和公安部领导批示逐件督办，做到事事有着落，件件有回音，有力地推动了工作落实。三是坚持强化责任，狠抓制度建设。为确保各级领导干部集中精力狠抓工作落实，从强化领导责任入手，制定实施了从严治警领导责任制和事故案件领导责任追究制。为推动消防执法到位，制定实施了执法责任倒查、过错责任追究制和重大火灾事故、亡人火灾逐起责任倒查制度。针对群众反映的消防安全工作问题，制定实施了消防监督执法“六个严禁”及处理办法，确保严格、公正、文明执法。

特种设备安全监察工作概述

国家质检总局特种设备局

2005年，是“十五”的最后一年。5年来，在党中央、国务院的领导下，在总局的高度重视下，特种设备法制建设取得突破性进展，工作机制进一步完善，安全把关能力和监管到位率大幅度提高，事故发生率连续5年平稳下降，安全监察工作进入改革创新力度最大、工作成效最明显的时期，特种设备安全监察工作的地位日益提高，对促进经济社会发展的作用日益突出。

2005年，特种设备安全监察工作继续在巩固中提高、在创新中发展，集中起来看，主要有以下5个特点。

一、落实监管措施，特种设备安全监察工作的有效性进一步提高

1. 特种设备动态监管体系建设取得重大进展

推进动态监管体系，主要是建设好安全监察组织网络和信息化网络。截止2005年底，全国质监部门已配备安全监察人员8286人，建立6.8万人的安全监察协管员队伍，安全监察组织网络初步形成。福建、山东、广东、河南、吉林、新疆、宁夏、西藏等27个省（区、市）初步建立特种设备安全监察数据库，并与国家数据库实现互联，信息化网络建设取得重大进展。

2. 专项整治工作取得新成效

一是气瓶普查整治成果进一步巩固。全国基本建立了气体充装单位对气瓶安全负责的新机制，各地克服困难，严格执法，气瓶产权转移率已达80%以上。总局及时与安全生产监管总局、环保总局联合开展危化品气瓶安全专项检查整治，仅浙江省去年一年就报废气瓶7320只。二是压力管道专项整治有效推进。截至2005年底，工业压力管道普查工作基本结束，检验治理工业管道5.1万公里；长输管道普查已有18个省开展，其中黑龙江、天津、山西、上海、浙江、江西、山东、河南、湖北、陕西、宁夏、新疆12个省（市）全部完成；公用管道普查共有140个城市开展，其中黑龙江、上海、浙江、江西、河南、陕西6个省（市）全部完成。三是电站锅炉压力容器安全监察状况得到有效改善。2005年与2004相比，全国电站锅炉数量由6758台上升至7819台，使用登记率由60.6%上升至85.5%，定期检验率由81%上升至90.8%。四是危化品承压罐车专项整治成效显著。通过专项整治，承压罐车定检率达100%。甘肃省局开展了承压罐车专项整治“回头看”活动，仅用一个月时间全部完成《使用登记证》和电子记录卡的换发工作。同时，针对2005年发生的典型事故，各地还开展了对尿素合成塔和水电工地起重机械的专项检查；北京市市局争取市政府支持，投入2.7亿元对850余部老旧电梯进行专项整治；天津市率先开展了废旧特种设备的整治，开展了拉网式检查。据不完全统计，全国共报废处理废旧设备15484台，停用597台。

3. 安全责任制进一步完善

各级政府进一步强化对特种设备安全监察工作的领导，陕西、福建等省政府办公厅发文将特种设备安全工作列为各级政府考核指标，四川省南充市政府建立了政府定期例会制度，研究、解决特种设备重大安全隐患。广东、河北等省局强化依法监管责任，坚持抓检验覆盖、抓基层执法，实行层级量化考核。江西、福建、陕西、河南、山东等省，层层签订责任状，强化企业主体的安全管理责任，落实质检部门一把手对安全监察工作负总责的职责，并开展了安全监察、检验工作量化目标考核和层级监督，提高了依法监管水平。

4. 应急反应机制进一步健全

经国务院批准，总局于2005年6月30日印发了《特种设备特大事故应急预案》，31个省（区、市）相继制定了特种设备事故省级预案，广东、山东、北京、湖南、甘肃等21个省（自治区、直辖市）组织开展了应急预案演练，安徽等省还积极开展应急救援体系建设的研究。宁波市局建立电梯“110”应急救援系统，去年一年救出被困群众211人，无一人伤亡。为加强事故信息报告和应急反应工作，总局在地方事故快报、年报的基础上，新增了典型事故快速通报、月报、季报、半年报和年度报五种方式。

二、坚持改革创新，特种设备安全监察工作机制进一步完善

1. 特种设备行政许可改革逐步深化

总局和31个省级局对特种设备生产企业和检验机构的行政许可均已建立审查、批准、监督三分离的工作机制。为加大改革和规范的力度，总局颁发了《特种设备行政许可鉴定评审监督与管理规则》，将工作重心逐步转移到对鉴定评审机构的监督管理上。总局会同各省级局重新确定鉴定评审机构，对外公布了首批27个鉴定评审机构。各级质检部门加大对获证企业的证后监管力度，组织对75家特种设备生产企业和检验检测机构进行了监督抽查，提出批评12家，撤销许可2家，并对鉴定评审机构涉及的有关问题进行了通报。

2. 安全技术规范制修订机制在创新中逐步规范

作为依法行政的基础，特种设备安全技术规范制修订工作继续坚持“开门立法”的创新。在立法规划、起草、审议等过程中，500多名专家直接参与制修订工作，总局安全技术委员会80余名委员提出1000多条修改意见。安全技术规范框架体系和模版的研究取得阶段性成果。

3. 安全监管方式的改革创新取得新成效

各地围绕提高效能、强化服务进行了积极的创新探索。在工作手段上，积极采用信息技术，依托“金质工程”，推进电子政务。总局完成了CQS二期建设开发和国家地理信息系统一期开发，山东、福建、上海、北京、河南、辽宁以及广州、深圳、武汉等省（市）局在特种设备动态监管、行政许可等方面开始实施电子政务。在工作机制上，各地进行了积极探索，山东省创建区域监管责任落实机制；湖北省会同多部门形成齐抓共管的工作机制；江苏省局实施“三方联手共保安全”的工作机制，先后在无锡、南通、徐州三市试点，取得成效。在工作的重点上，广东、山东、湖北、广西、贵州、海南、青海等省局在全面推进安全监察工作到位的基础上，探索建立了重点设备监控制度，确定了重点监控对象，完善了各项监控措施。

4. 特种设备检验技术机构联合重组的改革创新取得新进展

围绕检验机构做强、做优的目标，各地积极整合检验资源，推进联合重组。截至2005年底，特种设备综合性检验机构比2004年减少82家，5年来共减少534家。江苏省局大刀阔斧地推进联合重组，全省独立、分散的95家检验机构重组为一个省院、下设19个分院的技术机构。黑龙江省局在全省范围内实行县级检验机构整合为市级派出机构的改革。湖南省局以岳阳市为突破口，开展了质检系统与行业检验机构联合重组的试点。广东、河北等省加快检验基地建设，增强了检验能力。

5. 科技创新取得新成果，科技支撑作用日益

显著

总局积极探索科技管理体制的创新，在特种设备安全科技规划、科技投入、科研立项、科技攻关以及成果应用等科技管理机制的完善上取得新进展。特种设备安全的相关内容已纳入国家科技发展规划。总局拟订了“十一五”特种设备科技发展规划（草案），编制了2006年特种设备安全科技项目指南。中国特检中心等单位在国家科技攻关项目中取得一系列重大成果，其中《压力管道安全检测与评估关键技术研究》、《在役重要压力容器寿命预测与安全保障技术研究》荣获国家科技进步二等奖。特种设备安全评价体系构建工作积极推进，特种设备危险源评价及分级技术研究、特种设备安全监察模式研究、特种设备宏观安全状况评价研究、特种设备安全监察数据采集方式和分析方法研究4个专题研究取得阶段性成果。

三、完善法制建设，依法行政的基础进一步加强

1. 法规标准体系建设有效推进

为进一步适应依法行政的需要，总局启动了《特种设备安全监察条例》的修订工作，送审稿已经总局局务会议审议通过并报送国务院法制办。组织起草了《起重机械安全监察规定》、《游乐设施安全监察规定》、《电梯安全监察规定》3件规章的草案。根据安全技术规范的框架，共完成38个安全技术规范的起草工作，其中，已颁布10个，正在审议修改的11个，征求意见的17个。与特种设备相关的6个标准化技术委员会工作健康发展，共完成63个国家标准和行业标准的制修订工作。地方立法步伐加快，重庆、江西、陕西等省（市）特种设备地方立法已进入工作程序。

2. 行政执法工作明显加强

各地积极实施以安全监察机构为主导、以检验机构为支撑、以专职执法机构为补充、以法制机构为监督的综合执法机制，加大了特种设备安全执法的力度。江西省局探索建立了“五结合”的安全监察执法协调机制，取得良好效果。沈阳市局加大安全监察人力和经费的投入，强化现场安全监察。四川省南充市局以执法为监察开道，大力推动了隐患整治工作的进程。山东省烟台市局倡导和谐执法，实行“帮罚并举、先改后罚、改后从轻、不改从重”的执法指导思想，坚持“情节后果轻微不处罚、未经集体审理不决定、未向企业提出整改建议不告知、未接到企业整改报告不从轻、未收到企业反馈意见不结案”的“六不”原则，受到政府、社会和企业的广泛欢迎。各地还加大了使用环节查处力度，尤其是组织开展了节日和重大活动特种设备安全检查，整治、取缔了一大批安全隐患。

3. 法制宣传工作力度进一步加大

各级质检部门以及有关行业组织开展了形式多样的主题宣传活动。安徽、河南、辽宁、内蒙古等省（区）局积极开展有针对性的特种设备宣传教育活动，提高了公众安全意识。在“六一”前夕，总局向社会公布了全国客运索道、游乐设施安全监督抽查结果和“十佳安全运营索道”，曝光了一批存在安全隐患的使用单位。围绕举办特种设备安全国际论坛的契机，总局组织开展了全方位特种设备安全法制宣传，出版了安全监察宣传片，发行了《国（境）外特种设备安全管理丛书》，并通过《人民日报》、《中国日报》、中央电视台、中央人民广播电台和质检系统两报等新闻媒体，开展了信息数量大、涉及范围广的社会化法制宣传教育活动，极大地促进了全社会特种设备安全法制意识的增强。

四、强化队伍建设，依法监察、依法施检的能力进一步提高

1. 加大培训力度，严把上岗准入关

2005年总局组织培训地市主管局长64人、省级特种设备安全监察员30人。各地也加大了人员培训力度，黑龙江省对全省910名安全监察、检验人员集中培训，统一考试，对不合格人员实行一次补考、二次换岗；河南、辽宁省开展安全监察知识竞赛；吉林省局开展检验人员技术比武；浙江、山东、江苏、重庆、宁夏等省（市、区）局也相继开展了形式多样的人员培训工作，进一步增强了监察、检验人员的责任感，提高了法规业务水平。对安全监察和检验人员继续实行严格考核制度，目前，全国持证安全监察人员6514名，占全国安全监察人员总数的86.7%；持证检验人员21969人，占全国检验机构人员总数的95.2%。其中，高级检验师173人、检验师6586人。在特种设备检验和管理队伍中，涌现了一批不同学科、专业的检验和科研带头人，安全把关能力不断提高。

2. *认真开展保持共产党员先进性教育活动*

通过开展先进性教育活动，安全监察、检验战线广大党员思想认识有了新的提高，管理制度进一步完善，创新服务意识进一步增强，凝聚力、战斗力明显提高，涌现出了一批先进个人和先进单位。中国特检中心陈钢等3名在特种设备安全检验岗位工作的同志被评为全国先进工作者和全国劳模。山西省局由于特种设备安全各项工作突出，连续5年被省政府评为全省安全生产先进单位。南京市局争创全国最先进特种设备安全管理城市，连续3年被评为市政府安全生产先进单位。

五、加强对外交流与合作，特种设备安全监察的国际影响进一步扩大

1. *成功举办特种设备安全国际论坛*

在特种设备安全监察工作创建五十周年之际，我们成功地举办了国内外首次特种设备安全国际论坛。这次论坛规模大、规格高，中国、美国、欧盟、日本、韩国等18个国家和地区的675名代表参加，全国人大常委会成思危副委员长出席会议并作重要讲话，中央和国务院有关部门的领导同志参加了开幕式。总局领导对本次论坛高度重视，各部门积极配合，取得了良好效果。本次论坛主体突出，论文多、水平高，组织有序、反响强烈。论坛的成功举办，展示了我国特种设备安全监察工作的成果，扩大了中国特种设备安全监察的国际影响，加大了特种设备安全国际交流与合作的力度，增强了全社会关注特种设备安全的氛围，同时也使我们对世界先进的安全监管理念和经验有了更深的认识，必将对特种设备安全监察事业的发展产生积极而深远的影响。

2. *多方参与国际特种设备安全活动*

总局派代表参加了国际电梯年会、香港国际锅炉压力容器年会、ISO/TC11、ISO/TC96会议和国际缆索协会年会，组织对美国、加拿大、英国、西班牙、德国、日本、韩国等国考察并签订有关框架协议。中国特检中心首次依法开展境外锅炉设计文件鉴定，完成144套图纸审查，打开了工作局面。地方检验机构积极开拓海外检验市场，中国特检中心及河南等地检验机构对非洲、东南亚等地区输出检验技术劳务，承揽特种设备安装检验工程，取得一定成效。

2005年，通过全国质检部门的辛勤工作，特种设备安全状况总体保持了稳中有降的平稳态势。全国共发生特种设备事故273起，死亡254人，受伤292人，与2004年同期相比，事故总起数下降7%，死亡人数下降15%，受伤人数下降31%。其中，死亡10~29人特大事故1起，同比持平；死亡3~9人重大事故17起，同比上升1起；死亡1~2人严重事故254起，同比减少14起；没有发生有重大影响的特别重大事故。

在肯定成绩的同时，我们也清醒地看到，特种设备安全监察工作还存在不少问题和薄弱环节。一是安全监管工作存在盲区和死角，重特大事故时有发生；二是法制基础尚不完善，依法行政的基础仍然薄弱；三是安全投入不足，历史欠账较多；四是安全监察工作体制和机制尚待进一步完善；五是安全监察队伍素质尚待提高，安全把关能力、科学监管能力和整体创新能力还不能完全适应工作需要。在今后的工作中，我们必须采取有效措施，对这些问题认真加以解决。

工会劳动保护工作

全国总工会劳动保护部

2005年，工会劳动保护工作坚持践行“三个代表”重要思想，围绕“组织起来，切实维权”的工作方针，以非公有制企业为重点，以“安康杯”竞赛活动为载体，突出劳动保护机制和制度建设，强化劳动保护基础工作，切实履行工会劳动保护监督检查职责，着力从整体上维护职工的安全健康合法权益。各级工会坚持立法参与，推动现有法律法规的贯彻落实。全国总工会先后参与了对

《精神卫生法》、《事故报告和调查处理条例》、《职业病防治工作五年规划》等法律、法规、规程的起草和修改工作，积极反映职工的意愿、要求；各级工会以全国人大开展《安全生产法》执法检查为契机，推动政府和企业落实法律条款，解决安全生产工作中存在的突出问题；配合政府有关部门开展以煤矿企业安全生产为主要内容的专项督察，促进事故隐患的治理；与国家安全生产监督管理总局、卫生部等部门联合开展“安全生产月”、“安全生产万里行”、“生命之歌”安全生产歌曲征集大赛、“职业病防治法宣传周”、“职业卫生示范企业评选”等活动，扩大工会维护职工安全健康权益的社会影响；加强对工会劳动保护维权机制的调查研究和工会参与职业病防治工作的研究，完善和充实新形势下工会参与改善企业劳动安全卫生工作的内容；加强工会劳动保护自身建设，制定并下发了《工会劳动保护责任制（试行）》，强化责任，规范工作。在事故多发的煤炭行业聘任安全群众监督员，加大职工对事故隐患的排查与监督力度；针对事故多发，职工安全健康权益受到威胁的情况，2005年底，全国总工会下发了“关于切实发挥工会群众监督作用，促进安全生产的通知”，要求各级工会动员、组织广大职工从本岗位做起，从自身做起，在安全生产工作中切实发挥群众监督作用；继续深入开展“安康杯”竞赛活动，努力提高广大职工的安全卫生知识水平和对各类危害的防范能力；注重总结、推广基层工会劳动保护工作的经验和方法，提高工会劳动保护工作的整体水平。

一、制定工会劳动保护工作责任制

为进一步明确各级工会劳动保护工作责任，规范和推动工会劳动保护工作，把工会维护职工的安全健康合法权益工作落到实处，按照《工会法》、《安全生产法》、《职业病防治法》等法律法规的要求，全国总工会在广泛征求各级工会意见的基础上，制定并下发了《工会劳动保护工作责任制（试行）》。“责任制”对工会劳动保护工作必须坚持的原则、总体要求以及地方工会主要负责人、劳动保护监督检查组织所承担的职责与义务做出了明确规定。“责任制”的发布，无论是在工会内部还是在社会上都产生了较强反响，许多省市工会结合当地实际，出台了相关措施，社会有关方面给予了高度关注，对推动工会履行劳动保护工作职责产生了积极作用。

二、特聘煤矿安全群众监督员

为发挥广大职工在煤矿安全生产中的“群众监督”作用，发动职工及时发现和消除各类事故隐患，遏制煤矿重、特大事故的发生，保障职工的生命安全与健康，中华全国总工会与国家煤矿安全监察局首次联合在全国煤炭系统特聘兼职煤矿安全群众监督员。6月7日下发了“关于印发《中华全国总工会国家煤矿安全监察局特聘煤矿安全群众监督员实施办法》的通知”，对各级工会和煤矿安全监察机构提出了明确要求，出台了《特聘煤矿安全群众监督员实施办法》。6月30日，在京召开了首批特聘煤矿安全群众监督员任命大会，国家安全生产监督管理总局局长李毅中、中华全国总工会副主席张俊九、纪检组长、书记处书记张鸣起等领导为来自西山焦煤集团、潞安矿业集团的首批200名特聘煤矿安全群众监督员的代表颁发了聘书，由此，特聘煤矿安全群众监督员工作全面启动。截到2005年底，北京、河北、山西等20个省（直辖市、自治区）的45403名职工成为特聘煤矿安全群众监督员。为加强对特聘群众监督员的指导和管理，10月中旬，全总劳动保护部对西山、潞安煤矿群众监督员试点工作情况进行了专题调研，并形成了《关于特聘煤矿安全群众监督员工作的调查报告》。“报告”反映了特聘煤矿安全群众监督员工作的进展，用大量实例列举了受聘群众监督员在煤矿企业安全生产工作中发挥的重要作用，同时也分析了这项工作中还存在的突出问题，提出了加强和改进工作的指导性意见。“报告”所反映的情况得到了国家安全生产监督管理总局的高度重视。

三、开展工会劳动保护维权机制调研

为总结和推广各级工会维护职工劳动安全卫生合法权益的经验，探索建立和完善新形势下工会劳动保护维权长效机制，按照《2005年中华全国总工会深化维权机制调研安排》的部署，全国总工会劳动保护部对省、市、县级工会和企业工会开展维护职工劳动安全卫生权益的工作情况进行专题调研。在对省、自治区、直辖市总工会调查问卷整理的基础上，实地走访了贵州、重庆、四川的5个地市、4个县区、2个乡镇（街道）及8个企业，召开了10次座谈会，与5级工会组织、15个不同经济类型企业就建立完善工会劳动保护维权机制问题进行了座

谈。通过调研，进一步掌握了各级工会劳动保护维权机制建立和运作的情况，分析了工会劳动保护工作在机制建设上存在的突出问题，提出了进一步完善工会劳动保护机制建设的思路，形成了《关于工会劳动保护维权机制问题的调研报告》。

四、开展安全生产监督检查活动

各级工会注重发挥广大职工对企业安全生产工作的监督作用。据统计，2005 年，工会参加各类安全生产检查 225.4 万次，基层以上工会提出事故隐患和职业危害整改意见 23.4 万条。各级工会积极参与、配合国务院关于整顿关闭不具备安全生产条件和非法煤矿的专项治理活动。尤其是《国务院关于预防煤矿生产安全事故的特别规定》和《国务院办公厅关于坚决整顿关闭不具备安全生产条件和非法煤矿的紧急通知》下发后，辽宁、山西等地出台具体措施，规定煤矿停产整顿恢复生产必须经工会签字同意。

按照《国务院安全生产委员会办公室关于组织打击煤矿违法生产联合执法检查的通知》的要求，8 月 25 ~ 30 日，全国总工会书记处书记张鸣起率执法检查组对重庆市打击煤矿非法开采和违法生产联合执法、“五整顿、四关闭”工作进展和煤矿企业安全费用提取使用等情况进行了检查，向国务院安委会办公室提交了检查报告。12 月 18 ~ 27 日，全国总工会书记处书记张鸣起率督察组对辽宁省进行了以煤矿企业为重点的安全生产督察。对辽宁省 2005 年安全生产工作情况、全省各级政府落实《国务院关于预防煤矿生产安全事故的规定》和《国务院办公厅关于坚决整顿关闭不具备安全生产条件和非法煤矿的紧急通知》情况进行全面检查，并就检查情况与省委、省政府交换了意见。

此外，全国总工会还与国家安全生产监督管理总局首次联合对劳动防护用品的生产、经营、配备、监督管理等环节进行了专项监督检查。

五、配合全国人大开展《安全生产法》执法检查

2005 年，全国人大常委会对安全生产法贯彻实施情况进行了检查。4 ~ 6 月，全国人大常委会分别由五位委员长带队，分 5 组对贵州、山东、河北、黑龙江、河南、安徽、山西、陕西、辽宁、内蒙古 10 个省、自治区进行检查。同时，委托北京等 11 个省、自治区、直辖市人大常委会对本地区安全生产法执法情况进行检查。从检查的情况看，《安全生产法》的贯彻实施，在推动完善配套法规、加强机构建设、强化安全生产责任、加大事故查处力度、实施专项整治行动等方面取得了明显成效，但安全生产工作不能适应新时期要求、行业管理弱化、安全监管体制不顺、对安全生产重要性认识不到位等原因导致事故未能有效遏制的问题依然突出。通过这次执法检查，提高了全社会对安全生产工作的关注程度，进一步强化了各级政府的安全生产监管责任，促进了工会“代表和维护职工安全健康合法权益”各项职责的履行。

全国总工会高度重视这次执法检查工作，全总书记处书记张鸣起担任全总配合全国人大《安全生产法》执法检查组组长。期间，下发了“全国总工会配合全国人大常委会开展《安全生产法》执法检查工作安排的通知”，对工会配合《安全生产法》执法检查进行部署；组织召开了部分专家学者、工会劳动保护干部、企业工会负责人专题研讨会，研究《安全生产法》贯彻实施中存在的突出问题和工会组织在履行法律赋予的职责过程中遇到的难点问题；以全总名义，给全国人大起草了《〈安全生产法〉贯彻实施中存在的主要问题》的报告；向全国人大常委会安全生产法执法检查组作了工会贯彻实施《安全生产法》的情况汇报；张鸣起同志还亲自率队参加了人大常委会对山西、陕西的《安全生产法》执法检查。为推动《安全生产法》实施过程中存在问题的解决，全国总工会劳动保护部与宣传教育部联合召开了配合全国人大执法检查新闻通气会，向媒体介绍近年来工会所做的相关工作、法律实施中存在的问题、工会拟采取的措施和对政府工作的建议；邀请部分省总工会领导和劳动保护干部撰写有关文章，在人民日报、工人日报等报刊和网站上发表。

六、继续深入开展全国“安康杯”竞赛活动

2005 年，“安康杯”竞赛活动以“全面树立以人为本思想，切实加强安全生产教育”为主题，把提高职工的安全生产知识和事故防范技能放到突出位置。提出了力争用 5 年的时间，实现全国各企事业中 8000 万名以上的职工接受基本的安全生产知识普及教育和每年至少使 2000 万名职工接受基本的安全生产知识培训的目标。3 月，全国“安康杯”竞赛组委会下发了“关于 2005 年度开展全国职工安全卫生消防知识普及教育活动的通知”，要求各地、各企事业单位结合本地、本企业的实际，组织职工开展形式多样的学习活动，并努力做到职工广泛参与与学习争先相结合，掌握安全卫生知识与生产实际相结合。在职工广泛参与学习和逐级开展知识比赛的基础上，全国总工会与国家安全生产监督管理总局、国家煤矿安全监察局、公安部共同举办了全国职工安全卫生消防知识电视大赛，在中央教育电视台播出。为吸引更多职工参与安全生产知识学习，6~11月，举办了全国职工安全卫生消防知识百题答题竞赛活动，全国有1000多万职工参加了活动，上百万职工通过试卷和答题卡参加了比赛。“安康杯”竞赛活动贴近企业安全生产实际，受到了企业和广大职工的欢迎。2005年参赛企业数和职工人数再创新高，分别达到15万家和6500万人。参赛企业的安全卫生条件得到不同程度改善，各类事故明显降低，涌现出一大批安全生产先进单位，全国总工会在连续5年以上获得全国“安康杯”竞赛优胜企业中，授予北京市燃气集团有限责任公司、天津第二市政公路工程有限公司、哈尔滨市热力公司、东北金城建设有限公司锦州分公司、中国长江航运（集团）总公司、中铁二局集团有限公司、神华集团神府东胜煤炭有限责任公司、神华包神铁路有限责任公司、内蒙古第一机械制造（集团）有限责任公司、大唐淮北发电厂、北京建工集团有限责任公司、山西焦煤集团西山煤矿总公司、中国石油集团东方地球物理公司13家单位全国五一劳动奖状。

七、举行“安康杯”全国职工安全卫生消防知识竞赛

由全国总工会、国家安全生产监督管理总局、国家煤矿安全监察局、公安部联合举办的“安康杯”全国职工安全卫生消防知识竞赛于11月26日至12月1日在北京举行。来自全国各省、自治区、直辖市的36个代表队和13家“安康杯”竞赛全国五一劳动奖状获得单位、173名选手参加了比赛。参赛队员都是在广泛开展安全卫生消防知识普及教育活动的基础上，经过逐级比赛选拔出的优秀职工代表。经过笔试初赛、计算机上答题复赛和电视决赛三个阶段的比赛，山东黄岛发电厂、辽宁省、山西焦煤集团西山煤矿总公司、上海市、天津城建集团二公司和中国民航北京飞机维修工程有限公司代表队在11月29日上午的电视决赛中分获团体比赛全国组第一至第六名；北京燃气集团、北京建工集团、山西潞安矿业集团公司、中国长江航运集团、神华包神铁路有限责任公司和安徽大唐淮北发电厂代表队在11月29日下午电视决赛中分别获得团体比赛全国五一劳动奖状组第一至第六名；天津城建集团二公司赵日忠、山西焦煤集团西山煤矿总公司姬建爱、山西焦煤集团西山煤矿总公司王清华、天津城建集团二公司刘婵、上海代表队张轶飞、上海代表队林鹍六位职工金榜题名。全国总工会书记处书记张秋俭、国家安全生产监督管理总局副局长王德学、公安部消防局副局长隋建立等领导同志到场观看了电视决赛，并分别为参赛代表队颁发了精神文明奖、优秀组织奖、突出贡献奖奖牌和证书，同时为获得团体比赛一、二等奖的代表队和个人比赛前六名的职工颁发了奖杯、奖品。12月31日和2006年1月2日，中央教育电视台对两场比赛进行了转播，“安康杯”竞赛组委会及时下发了通知，要求各地组织职工收看，取得了良好效果。全国总工会书记处书记、纪检组长张鸣起担任本次活动组委会主任；副主任由国家安全生产监督管理总局副局长王显政、国家煤矿安全监察局局长赵铁锤、公安部副部长刘金国担任。

八、举行全国“安康杯”竞赛表彰大会暨首批煤矿安全群众监督员特聘仪式

6月30日，由中华全国总工会、国家安全生产监督管理总局、国家煤矿安全监察局共同举办的全国“安康杯”竞赛表彰大会暨首批煤矿安全群众监督员特聘仪式在北京举行。国家安全生产监督管理总局局长李毅中，全国总工会副主席、书记处第一书记张俊九，国家煤矿安全监察局局长赵铁锤到会讲话，为“安康杯”竞赛五一劳动奖状获得单位、全国“安康杯”竞赛优胜企业代表及首批煤矿安全群众监督员代表颁发了奖牌、奖杯和聘书。会议由国家煤矿安全监察局局长赵铁锤主持，全国总工会书记处书记、纪检组长张鸣起宣读了表彰决定。会上，北京燃气集团有限责任公司工会主席王志军代表获奖单位宣读了《共举安康竞赛旗帜，续写安全生产新篇章》的倡议。山西潞安矿业集团公司王庄矿综采二队徐建华，代表首批煤矿安全群众监督员发言。共青团中央、卫生部、公安部、铁道部、交通部、建设部、农业部等全国“安康杯”竞赛组委会成员单位的有关负责同志，各省、自治区、直辖市“安康杯”竞赛活动组委会的负责同志，全国“安康杯”竞赛优胜企业代表和首批煤矿安全群众监督员代表共200多人参加了会议。

九、参加伤亡事故调查处理

据统计，2005年，各级工会参加职工伤亡事故的调查处理7.7万件，其中基层以上工会2.1万件。全总会先后派员参加了“2·14”辽宁阜新煤矿瓦斯爆炸等17起特大伤亡事故的调查处理。在事故查处中，坚持“四不放过”的原则，注重维护遇难职工家属和受伤职工的合法权益，协助做好伤亡事故的善后事宜，为维护事故发生地区的社会稳定作出了积极努力。

第五部分

行业安全生产工作

铁路运输安全工作

铁道部安全监察司

2005年，铁路运输安全工作经历了前所未有的严峻挑战。在铁道部党组的领导下，全路认真贯彻中央领导关于安全生产工作的重要指示，在铁路跨越式发展过程中，始终坚持“规范管理、强基达标”不动摇，积极探索新体制下加强安全基础建设的有效途径，强化安全检查监督，运输安全保持了相对稳定的局面。

一、适应新体制要求的安全管理体系初步形成

针对铁路局直管站段体制改革带来的新情况、新变化，铁路各单位紧紧围绕规范新体制下安全管理这条主线，积极探索实践，做了大量艰苦细致的工作。

1. 明确安全管理关系，界定了铁路局、站段两级安全管理职责

根据铁道部党组关于实施直管站段体制改革的总体部署，各铁路局认真落实改革方案，迅速撤销了铁路分局，合并调度机构，实行铁路局直接指挥行车，初步界定了铁路局、站段安全管理的基本职责。在年中召开的全路运输安全工作座谈会上，铁道部进一步明确了铁路局、路局专业部门和站段的安全管理职责，并及时下发了有关指导意见，各铁路局进一步界定了安全管理职责和铁路办事处的安全检查监督职责，基本构建了铁路局直接对站段实施安全管理的责任体系。

2. 调整机构，充实力量，构建对站段直接实施专业管理和安全检查监督的新格局

一是按照新体制下强化专业安全管理的要求调整了运输专业机构设置，18个铁路局规范设置了运输、客运、货运、机务、车辆、工务、电务7个专业处及其下属管理机构；撤销铁路分局后全路组建了40个铁路办事处，内设安监室，主要履行对站段体外安全检查监督的职责。二是结合撤销分局和撤并站段优化队伍结构，把原分局、站段中业务强、懂管理、工作经验丰富的人才充实到业务处、办事处安监室和站段管理岗位，铁路局专业管理人员总数比改革前增长3.8%，办事处50%的定编人员从事安全监察工作，专业管理力量和安全检查监督力量得到增强。

3. 实施生产力布局调整，为铁路局直接管理站段奠定了基础

实行直管站段体制改革以来，根据生产力发展的内在要求，按照铁道部的总体部署，各铁路局进一步加大对运输生产力布局调整的力度，一手抓新体制下安全管理关系的理顺，一手抓运输站段新一轮撤并，迅速组建撤并后的站段领导班子，调整站段内设机构，用较短的时间，在实施新体制和生产力布局调整双重改革叠加的形势下保证了站段工作局面的稳定。运输站段调整工作基本完成，运输生产站段已减少到864个，减幅高达40%，使铁路局管理站段的跨度更趋合理，更有利于铁路局集中

力量加强对站段的安全管理和控制。

4. 修订基本规章和安全管理制度，初步规范了安全管理

针对新体制带来的新变化、新要求，结合生产力布局调整，铁道部对586个专业规章制度和规范性文件进行了清理和修改，各铁路局也对原有的安全管理制度进行了清理、修订和完善，在规章制度、设备质量、职工培训、安全分析、安全责任追究和考核、激励等方面，建立了直管站段的基本管理制度，制定了强化专业安全管理和加强安全检查监督的制度和办法，新体制下的安全管理得到初步规范。

二、安全防范和解决突出问题的能力不断提高

1. 加大检查监督力度，及时发现和消除安全隐患

铁路各单位发挥直管站段的优势，强化安全检查监督，及时发现和解决安全问题。一是主要领导坚持添乘机车检查制度。各铁路局主要领导2005年共添乘机车检查842次，及时发现和解决了一些安全隐患。二是强化日常检查监督。对各级安全管理人员现场检查的次数和发现问题的数量明确了量化要求，实施直接管理站段体制改革，铁路局直接掌握了各类安全信息，增强了对安全生产薄弱环节控制的针对性和有效性。三是坚持开展安全大检查。3月18日直管站段体制改革以来，全路开展了5次安全大检查，集中解决了一批影响安全的设备质量、施工安全、现场作业等方面存在的突出问题。如针对客车转向架构架裂纹，更换了839辆CW—2型客车转向架，及时消除了重大安全隐患。

2. 深刻吸取事故教训，迅速整治影响安全的倾向性问题

为认真吸取"7·31"事故教训，全路在8月份开展了为期一个月的以查思想、查管理、查作风为主要内容的"三查"活动，有力地促进了干部职工安全第一思想认识的提高和干部作风的转变，对技术措施和管理办法宽于铁道部基本规章的及时予以纠正，对调度命令发布进行了规范，开展了围歼信号设备故障的专项整治，迅速采取措施，加强了机车监控装置管理，遏制了机车乘务员违章解锁破坏监控装置功能的行为，修改完善了《列车运行监控记录装置解锁键使用的规定》，严格规范了机车监控装置的使用管理。针对西安、济南局连续发生的两起机动车辆冲撞铁路桥涵导致液化气泄漏事故，在不到1个月的时间内，铁路对14574座桥涵全部安装了限界防护架；针对"8.20"郑州局列车冲突事故，铁道部立即组织系统试验和技术攻关，找准了安全隐患部位，对1263台SS4型机车撒砂装置全部进行了改造，解决了因机车撒砂导致信号显示升级影响安全的严重问题。

3. 深入开展专项整治，强化安全薄弱环节的有效控制

铁路各单位、各部门按照铁道部确定的8个专项整治项目，认真研究整治内容，制定整治方案和措施，部分整治项目在加强安全薄弱环节的控制上取得了较好成效。铁道部重新修订了《营业线施工及安全管理办法》，施工安全管理进一步规范，铁路各单位积极制定细化措施，加强施工全过程管理和监控，施工计划审批把关和现场监控管理的责任在新体制下得到调整和加强。有关单位根据铁道部的要求，细化了非正常情况下行车组织办法、重点线路和高坡地段的防溜措施，规范了30项97条调度命令发布格式。经严格审核取消了不符合危险品运输条件的109家托运人单位，停办了126个办理站和262条专用线。道口平改立步伐进一步加快，依法取缔了679个非法通道。

三、其他安全重点工作扎实推进

1. 贯彻落实《铁路运输安全保护条例》的工作全面展开

铁路组织在路内外开展了广泛深入的宣传活动，干部职工和社会公众依法保护铁路运输安全的意识不断增强，18个铁路局都加挂了铁路安全监督管理办公室牌子，铁道部制定了主要行车设备及产品行政许可的实施办法和安全监管办公室的管理规定，安全监管工作开始启动，行政许可工作已开始步入正轨，线路安全保护区的设置工作基本完成。建立了部、局、站段三级应急响应体系，应急预案进一步完善。为依法加强机车车辆生产制造质量验收把关，组建了6个区域机车车辆验收办事处，铁道部驻厂验收体制改革迈出重要步伐。

2. 六大干线提速安全标准线建设和第六次大面积提速各项准备工作进展顺利

铁路各有关单位积极发挥直管站段的优势，由铁路局直接组织实施，加大了方案、资金和工期"三落实"计划的推进力度，京哈、京沪、京广、

京九、浙赣、陇海六大干线提速安全标准线年内基本建成，设备基础的安全保障能力明显提升。胶济、郑徐、武九等线路改造、信号改造等基础工程进展良好，京沪线电化改造工程已全线开工，浙赣线电化改造工程进展较快，多项规章制度、技术标准、作业标准等重点课题的研究试验已经启动，动车组检修维护和司乘人员的培训工作按计划实施。

3. 铁路站车及沿线治安秩序整治工作取得成效

铁路公安机关会同有关部门集中开展了铁路沿线和“百站百车”专项清理整治行动，取缔非法废旧金属收购站、点4085个，有效遏制了非法拆盗、收购铁路器材的势头。严厉打击危及运输安全的违法犯罪活动，侦破拆盗铁路器材、盗割通信电缆等各类刑事案件2465起，查清摆放障碍、提拉车钩等治安案件1785起，危及行车安全的案件明显减少。

实施铁路局直管站段体制改革以来，铁路始终坚持把安全放在最核心、最重要、最突出的位置，从部党组到各级组织高度重视，全力以赴，以前所未有的力度抓安全，部党组书记、部长刘志军多次亲自组织研究规范新体制下的安全管理问题，从动员部署改革工作开始，先后8次召开全路电视电话会议，与铁路局主要领导对话，分析形势，剖析问题，对强化新体制下的安全管理提出要求。铁道部和铁路局机关派出工作组沉到基层一线，加强检查监督指导，围绕重点安全课题，深入开展调查研究，积极探索规范新体制下安全管理的有效途径。经过全路党政工团各级组织和广大干部职工的共同努力，实现了新旧体制的顺利交替、改革过渡期的平稳有序和运输安全的相对稳定，行车重大事故同比减少6件。

水上交通运输安全工作

交通部海事司

一、深化水上交通安全专项整治

一是深化“长三角”地区水上运输反超载整治工作。为巩固“长三角”地区水上“反超”整治成果，确保“反超”长效机制得到切实贯彻落实，交通部于3月底至4月初组织两个督查组对“长三角”地区水上运输反超载暨贯彻落实水上运输反超载长效管理机制工作进行了专项督查。督查结束后，交通部于4月5日在武汉召开了水上运输反超载协调会议，对水上运输反超载工作中遇到的相关问题进行协调并部署下一步的工作。

二是组织开展渡口渡船专项整治。为切实加强渡口渡船安全管理，提高渡口渡船安全管理水平，经国务院同意，交通部与安全监管总局决定联合开展渡口渡船安全管理专项整治。目前，专项整治工作已经全面开展。

三是组织开展低质量船舶专项治理。针对造船和船舶检验中存在的问题，交通部会同国防科工委、农业部和安全监管总局联合开展了低质量船舶专项治理。根据整治进展情况，四部委决定将整治活动延长到2006年底结束。

四是开展整治长江船员持假证任职统一执法行动。随着长江黄金水道的建设，航行长江船舶船员紧缺，一些不法分子持假证任职，严重影响长江重点水域的安全。交通部自4月16日至6月15日组织开展了长江整治船员持假证上船任职统一执法行动。行动期间，共检查三等及以上船舶共86853艘次，检查证书316932本，没收或发现假证2900本，有效遏制了内河船员持假证上船现象。

五是开展船载危险货物专项整治。根据《国务院办公厅关于深化安全生产专项整治工作的通知》要求，交通部开展了船载危险货物安全专项整治活动。第一季度重点对船载危险货物运输相关人员及包装危险货物运输船舶进行集中安全检查。仅在烟大客滚船航线上，就查堵载有危险货物的车辆80余辆次。第二季度重点开展船载危险货物集装箱安全专项整治工作。共检查载运危险货物船舶

11813 艘次，查出缺陷 14904 个；检查载运危险货物集装箱/罐柜 3119 个，查出缺陷 355 个：共查获瞒报谎报危险货物行为 216 起，纠正违章 10251 次。对于查出的缺陷，全部在开航前进行了纠正。第三季度重点开展船舶载运散装危险货物安全专项整治工作。共检查液货船 18869 艘次，纠正违章和缺陷 21733 项，并查处了 3 起外国籍散化船在我国领海非法排放洗舱水案件，查处 25 起液货船安全设备、作业安全和防污染措施不到位等违法行为。

二、加强水上人命搜救

2005 年，交通部继续加强水上应急反应能力建设，不断提高水上人命救助能力。

一是经国务院批准建立了国家海上搜救部际联席会议制度，初步形成国家海上搜救应急机制，加强了中国海上搜救中心应对处置突发事件的协调能力。

二是完善搜救应急预案，组建了搜救机构。按照国务院统一部署，完成并实施《国家海上搜救应急反应预案》，组织编制了《省级海上搜救中心应急预案编写指南》，为形成完善的预案管理体系奠定了基础。在国务院协调下，组建了“中国海上搜救中心”，东部沿海地区基本上都组建了省级搜救机构，搜救机制进一步完善。

三是坚持专群结合、军民结合的搜救力量组织原则，加大对专业救助设备的投入，初步建立了海陆空搜救网络，继续实施动态待命值班制度，救助快速反应能力和直升机救助基地、救助船舶之间的联动效应有了明显提高，关键时刻冲得上、救得下，成功组织了一系列重大海难和油污染处置行动。特别是在去年 12 月 6 日前后，由于受大风影响，渤海湾水域多艘船舶同时遇险，由于反应迅速，组织得力，遇险船舶均成功获救，取得了在同一海域同时救助多艘船舶的经验。

四是建立预防预警机制，“防台”工作取得成效。交通部建立了台风预防预警机构，对“防台”工作做到“早部署、早落实”。2005 年影响我国的台风数量多、强度高、影响范围广，但水上运输船舶实现了海上人员的零伤亡。

三、加强道路运输安全工作

一是坚持以人为本，实施驾驶员素质教育工程。组织制定了驾驶员素质教育大纲和安全行车知识普及教材；研究建立了教练员资格管理制度；初步推广了学时制和驾驶培训 IC 计时制；基本实现驾驶培训约考制度。

二是狠抓责任落实，强化道路运输企业安全生产主体地位。初步研究制定了行业安全生产规范化管理政策，督促道路运输企业落实各项安全管理制度，引导企业改善安全管理装备，加强对所属车辆和人员动态监管。

三是标本兼治，开展了危险货物运输安全综合治理工作。对不符合安全要求、存在重大隐患的运输企业，进行了限期整改。目前，各地已基本建立了以企业为主体、行业为支撑的道路危险货物运输应急救援体系，道路危险货物运输承运人责任险基本落实。颁布实施了新的《道路危险货物运输管理规定》，组织修订了《道路危险货物运输车辆标志》等国家、行业标准。

四是继续与七部委联合开展车辆超限超载治理工作。经过一年半的集中整治，车辆超限超载比例从 80% 下降到 10% 左右，交通安全事故和死亡人数降低，道路运输市场秩序好转，公路、桥梁基础设施得到有效保护。建成了覆盖全国的 2.7 万公里鲜活农产品运输“绿色通道”。

五是组织实施国省干线“安保工程”和危桥改造工程。2004 年以来，共投入资金 65.6 亿元，改造存在安全隐患的路段 6.1 万公里、21 万处，改造危桥 7665 座，国省干线公路安全行车水平明显提高。与中国气象局联合开通了公路交通气象信息服务。

四、加强交通工程施工安全监督管理工作

重点抓好建章立制工作，初步建立交通工程施工生产安全管理体系。加大培训力度，对从事监督管理的政府部门人员、现场监理人员进行了安全管理知识培训，使他们能尽快进入角色，开展工作。对施工单位、勘察单位、设计单位、建设单位、监理单位等安全责任落实情况进行了检查，督促所有在建项目提高安全生产管理水平，督促各相关方共同做好施工安全工作。

五、做好“春运”、“两会”和“五一”、“十一”等重要时段水上安全工作

组织开展了春运安全检查，对“两会”和“五一”、“十一”等重要时段水上安全工作作了专门部署，要求海事机构强化预控，加强对船舶的现场监督检查；要求港口行政管理部门加强对港口企业的监管；要求各救助站点保持足够的力量，加强动态待命值班，提高水上险情的应急处置能力；要求加强道路运输安全工作，特别是加强对客运站和驾驶员的管理。“十一”前，召开了全国电视电话会议，对交通安全工作进行了部署。通过努力，保持了“春运”、“两会”和“五一”、“十一”期间交通安全形势的稳定。

另外，针对今年严峻的防汛抗洪形势，交通部及时部署交通系统开展防汛抗洪工作，于2005年6月16日下发《关于做好2005年水路防汛工作的通知》（交水运发明电［2005］11号）紧急明传电报，就做好水路防汛工作进行了具体部署，提出了明确的工作要求。

六、加强对交通行业中央企业的安全监管

为贯彻落实国务院办公厅《关于加强中央企业安全生产工作的通知》（国办发［2004］52号）精神，交通部加强对交通行业中央企业的安全监管。经与国家安全生产监督管理总局沟通，明确了交通行业中央企业安全监管有关问题，对交通行业中央企业安全监管制定颁布了具体规定。目前，交通部正在研究交通行业中央企业安全工作考核评价指标体系，拟对交通行业中央企业安全工作实施指标考核管理。

七、探索建立水上交通安全长效管理机制

为彻底解决当前我国水上交通安全工作中存在的诸多问题，使我国水上交通安全工作尽快走上全面、协调、可持续发展的轨道，确保水上交通安全形势持续稳定。根据我国水上交通安全管理的实际状况和发展需要，交通部于今年年初下发了《关于印发建立水上交通安全长效管理机制指导意见的通知》（交海发［2005］137号），要求行业主管部门、航运企业等建立水上交通安全长效管理机制，为水上交通安全长治久安奠定基础。

八、组织开展“全国安全生产月”活动

4月25日，交通部下发通知要求交通行业开展“全国安全生产月”活动，并提出了交通行业在活动中应重点开展的几项工作。

九、加强季节性安全工作

继续抓好冬季、雾季、洪水期等季节性安全管理工作。特别是抓好汛期水上交通安全工作，严格防汛抗洪工作责任制、加强交通基础设施和交通秩序维护、有效安排防汛救灾物资和人员运输、严格执行防汛值班和重大事项请示报告制度等。

通过努力，全国水上交通安全形势保持了基本稳定。2005年共发生运输船舶水上交通事故532件，死亡479人，沉船306艘，直接经济损失49500万元，同比2004年分别下降5.3%、2.0%、7.3%，上升34.3%。

民航运输安全工作

民航总局航空安全办公室

2005年，民航全行业认真贯彻中央领导对安全生产的重要指示和国务院安全生产工作部署，全面落实《民航总局关于进一步加强航空安全工作的决定》，正确处理改革发展与安全的关系，努力做好各项工作。全年完成运输总周转量261.3（亿吨·公里）、旅客运输量1.383亿人次、货邮运输量306.7万吨，同比分别增加13.1%、14.1%和10.8%；飞行292万小时、171万架次，同比分别增加14.2%、10.5%。民航安全生产保持了相对平稳的态势，未发生运输飞行事故和空防安全事故。发生通用航空事故2起，飞行事故征候116起，飞行事故征候万时率0.40，比上年下降0.02；万架次率0.68，与上年持平，实现了航空运输安全年。

“十五”期间，民航运输飞行1044万小时，比“九五”期间增加了70%；每百万飞行小时重大事故率为0.29，比“九五”期间下降了55%，实现了《中国民用航空安全规划纲要》提出的“在2001~2005年期间每百万飞行小时重大事故率低于0.74”的目标，好于世界平均水平。

一、思路明确，以点带面

2005年初，民航总局明确提出了“坚持‘五严’要求，推行目标管理，开展专项整治，加强基础建设，狠抓工作落实”的安全工作思路。针对安全生产一些关键环节或重要部位存在的矛盾和隐患，部署10项专项整治，从解决突出问题着眼，以点带面，推动行业安全管理整体工作的开展。民航总局成立了由杨元元局长任组长的专项整治领导小组和10个专项整治组，制定了《安全生产专项整治总体方案》。局领导亲自负责重点专项整治任务，参与调研、督查、整改、验收各个阶段的工作。民航各地区管理局深入企事业单位进行具体指导，持续开展专项整治监督检查。民航各企事业单位根据总局专项整治工作方案的要求，结合本单位实际，细化了各专项整治的计划和措施，从立足于解决自身实际问题出发，自查自纠，边整边改。经过各方面的共同努力，专项整治取得了明显的阶段性成效。一是逐步理清了当前安全生产中存在的主要矛盾，排查出大小问题4800余个，并提出了解决措施和建议。二是逐步解决了一些突出问题。对“航空公司合并运行落实规章不到位”的整治，国航、南航、东航和海航在统一《运行规范》和《运行手册》的基础上，逐步推进航班、飞机、机组三大资源的统一调配，在统一的信息平台上基本做到飞行动态、气象和航行情报信息共享，增强了对分（子）公司运行控制的能力。对“高原和地形复杂机场起飞一发失效应急程序不全”的整治，目前规定的12个机场中有11个机场的一发失效程序已制定完成并批复使用。对“机场运行条件与使用许可证不相符”和“机场控制区秩序混乱”的整治，排查出的大部分问题已经得到整改或正在整改。对“飞行员、机务人员超时”的整治，超时现象基本得到控制。对空管系统确定的12个重点项目的整治，已基本完成。三是通过整治促进了基础性工作。对一些属于规章不完善的问题，正在逐步修订、规范。同时，民航总局先后下拨民航专项基金5亿元，用于全国127个机场I类安全专项整治项目的补贴。

二、把握态势，做好预警

民航总局高度关注国际民航及国内其他行业的安全生产形势，重视大环境对民航的影响，加强对各个时期、各个阶段民航安全形势的分析，准确把握安全态势，积极抓好前瞻性安全监管。

一是及时吸取国际民航及国内其他行业发生事故的教训。针对2005年国际运输飞行事故多，且多为低成本航空公司、老旧飞机、恶劣天气的特点，以及国内其他行业连续发生重特大事故的情况，民航总局及时向全行业通报，要求民航各企事业单位引以为戒，举一反三，采取有效措施，避免类似不安全事件的发生。并派出督察组，指导民航各地区管理局进行有针对性的安全检查。同时，成立老旧飞机专题研究小组，加强对老旧飞机引进、使用的研究。

二是提前部署重点时期的安全工作。针对春运、“五一”、“十一”黄金周等节假日生产任务重，以及“两会”期间重要飞行任务多的特点，及时做好安全工作部署，加大督察力度。针对冬季飞行特点，对北京、哈尔滨等8个国内机场和加拿大、德国5个机场进行调研，在此基础上提出保障冬季飞行安全的具体要求，举办了除冰、防冰研讨会及培训班，制定下发了《地面结冰条件下的运行》咨询通告和相关通知。

三是根据运输生产增长态势加强宏观控制。对北京、上海、广州、深圳、成都、昆明等繁忙机场的飞行容量进行评估，根据评估结果安排航班。严格控制首都机场日起降不超过1000架次、高峰小时不超过60架次。继续严格控制跨零点安排航班飞行。将航空公司的事故征候万时率、航班不正常率等指标与航班、加班的批复挂钩。加强对航空公司飞行、机务、航务等人力资源的评估，根据评估结果对航空公司购机计划进行调控。

三、强化监管，注重效能

针对民航体制改革后行业管理体制和运行模式变化的情况，民航总局加强对地区管理局、监管办安全监管工作的指导和督察。民航各地区管理局、监管办加大行政执法的力度，增强了行业的监管效能。全年共实施行政检查15968次，采取行政强制措施168件，行政罚款159万元。

一是强化持续监察。落实局方监察员参加企事业单位安全形势分析会制度，及时掌握安全工作动态，加大现场运行监察的力度。民航华东管理局组织对辖区内7家运输航空公司和上海机场的安全工作进行检查，总结了企业在安全生产上存在的共性问题，并提出解决办法和建议。

二是强化重点监察。根据航空公司重组后因体制变化出现的安全责任不到位、员工思想比较活跃、不安全事件增多的情况，组织专项督察组，分别对国航、东航的机务维修系统进行了全面深入的督查。加强货运安全监察，对国航货运、南航货运进行跨地区交叉检查。派出安全监察组进驻深航，协助指导深航加强股权置换过渡期的安全工作。加强对MD—82机型飞机日利用率情况的重点监察。完成了对奥凯、春秋、鹰联3家运输航空公司，广东通用、龙垦、渤海3家通用航空公司及29家外国航空公司的运行合格审定。对深圳、海口机场进行了航空保安审计。

三是按照“四不放过”原则，严肃查处不安全事件。针对个别航空公司在短期内接连发生几起人为原因严重事故征候的情况，民航总局领导亲赴该公司进行安全检查、讲评，民航中南管理局组织联合检查组，对该公司进行了重点检查整顿。针对“2·26”航班延误一事，民航西南管理局严肃处理了有关单位领导和相关人员。针对敦煌机场“5·25”无关人员非法侵入一事，民航西北管理局暂停了敦煌机场的夜航，并及时下发航空安全指令，要求航前加强对飞机起落架舱的检查。针对天航通用航空公司直升机违章从事广告飞行且迫降损坏一事，民航华北管理局立即停止该公司飞行，中止正在进行的运行合格审定，两年内不再受理该公司的申请。民航新疆管理局对辖区内不安全事件的发生原因进行深入细致的分析研究，抓好事故预防。

四、着眼长效，加强基础

重视解决人力资源、基础设施、管理水平“三个跟不上”以及可用空域资源紧缺的矛盾，大力加强基础建设，促进安全生产长效机制的建立。

一是继续加大立法的力度。制定、修订并发布实施了《大型飞机公共航空运输承运人运行合格审定规则》、《民用航空安全信息管理规定》、《民用机场使用许可规定》等14部安全管理规章，向国务院上报了《民用航空飞行安全奖惩条例》《民用机场管理条例》，制定下发了《中国民航飞行标准监察员管理办法》、《国家民用航空保安审计规则》等50多个标准和规范性管理文件。出台了《关于规范飞行人员流动管理，保证民航飞行队伍稳定的意见》。

二是继续加大培训的力度。加强对安全监察员的培训，与国际民航组织北亚地区办公室合办了3期安全管理体系培训班，与美国联邦航空局合办了3期运行规范、适航审定、机场运行监察员培训班，自办了监察员、危险品运输、危害防治及管制教员、检查员等各类培训班58期。各航空公司普遍重视飞行员的基础理论和模拟机培训、复训工作。国航在天津建立了培训基地，专门抽调两架B737飞机用于本场训练。

三是继续加大安全投入。投资1710万元建设了民航运行协调指挥系统，为掌握行业运行情况，协调解决行业运行过程中的矛盾和问题，维护行业系统性、整体性提供了平台。完成了安全技术分析与鉴定实验室的建设，使我国民航在飞行数据分析、失效分析以及模拟飞行仿真技术方面达到国际先进水平。基本完成了航空安全综合管理信息系统一期工程的建设，初步实现了民航总局、地区管理局和企事业单位之间安全信息的网上报告和发布。

四是进一步加强民航应急管理工作。建立了应急处置机制，初步形成以《国家突发公共事件总体应急预案》为统领，以处置飞行事故、劫机事件为主体，以民航各地区管理局、监管办以及航空公司、机场、空管等部门应急预案为支撑的民航安全应急处置体系。

五是努力改善空域环境。北京、上海、广州三大区域管制中心全面建成并投入运行，为实现大区管制提供了有利条件。雷达管制覆盖了16个区域管制区和17个进近（终端）管制区，实现了由线向面发展的历史性突破。基于所需导航性能的区域导航（RNP/RNAV）在拉萨试飞成功，为有效解决西部地区基础设施建设困难、投资需求大以及东部繁忙航路空中交通拥挤等问题提供了经验。首都机场双跑道独立运行的实施，提高了北京终端区的运行容量。

五、先进性教育和安全工作做到“两不误、两促进”

民航各单位以开展保持共产党员先进性教育活动为契机，把安全工作目标的完成情况，安全状况的改善情况，作为检验先进性教育活动的重要指标。通过开展先进性教育活动，进一步激发广大干部职工安全生产的积极性和创造性，营造了安全工作的良好氛围，推动了安全工作的深入开展。党员领导干部率先垂范，强化安全责任意识，积极采取措施，使一些涉及安全生产的突出问题得到了有效解决。各单位通过抓好安全工作，保持了相对平稳的安全形势，为先进性教育活动的顺利开展创造了良好的环境和条件。

此外，通过开展“安康杯”、“安全生产月”等多种形式的安全生产活动，增强了广大干部职工“遵章守法、关爱生命”的意识，促进了安全工作的开展。

水利安全生产工作

水利部人事劳动教育司

2005年，水利安全生产工作从落实科学发展观和建设和谐社会的高度，通过强化行业安全管理和监督检查，落实各级安全生产责任制，加强安全生产建章立制，加强安全生产宣传教育，水利安全生产形势继续保持平稳态势。全系统未发生特大伤亡事故（一次死亡10人以上），为水利行业的改革发展创造了良好的安全生产环境。

一、明确职责，强化行业安全监管

2005年初，在新修订的水利部机关“三定”方案中，进一步明确了有关司局的安全生产机构和安全生产职责。有的司局还提出了2006年本专业安全生产工作目标任务，确保2005年水利系统不发生特大伤亡事故，部直属单位不发生重大伤亡事故，安全生产事故死亡人数比2004年减少2%目标的实现。2005年12月16日，水利部矫勇副部长主持召开部安全生产领导小组全体会议，传达了国务院安全生产委员会第四次全体会议精神，总结了2005年水利安全生产工作，分析了安全生产形势和存在的主要问题，研究了2006年水利安全生产重点工作。2005年，一些部直属单位和地方水行政主管部门及时调整充实了安全生产领导小组或安委会，有的成立了安全生产专门机构。不少单位还开展安全生产目标管理考核，层层签订安全生产目标管理责任书。

二、加强安全生产建章立制，落实安全责任

水利部认真抓好安全生产责任制的落实和安全生产规章制度、技术标准建设。2005年颁布实施了《水利建设工程安全生产管理规定》（水利部令第26号），《水利工程建设重大质量安全事故应急预案》、《水利工程建设安全生产监督工作导则》等配套法规也正在编制中，制定、修订《水利水电建筑安装安全技术工作规程》、《水利水电起重机械安全规程》、《混凝土大坝安全监测技术规范》、《水利水电工程劳动安全与工业卫生设计规范》、《水工钢闸门和启闭机安全检测技术规程》、等技术标准。通过制度建设，逐步实现水利安全生产制度化、标准化管理。

三、加强领导，落实责任，认真做好安全度汛工作

2005年汛期，我国珠江、淮河和辽河流域以及福建闽江等江河发生了较大洪水和大洪水，国家防办坚持以人为本、科学防控、统筹兼顾，切实把各项措施落到实处，扎扎实实做好各项安全防汛抗旱和防台风工作，确保大江大河、大型和重点中型水库安全，确保大中城市和重要交通干线安全，最大限度地减少人员伤亡和财产损失。

2005年5月9日，国家防汛抗旱总指挥部召开了全国水库安全度汛电视电话会议，要求确保大型和重点中型水库不垮坝，确保人民群众生命安全。2005年7月14日又召开了水电站（水库）安全度汛通气会，要求认真吸取近两年湖北大龙潭及大峡电站施工围堰垮塌、湖北红岩电站和广西良佑电站坝体出险等事件的教训，切实落实防汛安全责任制，完善防洪预案，确保在建工程和除险加固水库安全度汛。国家防汛抗旱总指挥部办公室确定全国700多座防洪重点中型水库，建立水库安全监督机制和责任追究制度，采取各项有力措施，确保水库不垮坝。2005年5～6月，由部领导带队，分8个检查组赴7大流域的多个省份和重要城市、重点水利工程开展防汛安全大检查，检查各地防汛责任

制和各项防汛措施落实情况，指导防汛工作。2005年还按照《国家防汛抗旱应急预案》，根据珠江、闽江、淮河流域汛情的发展，启动二级、三级防汛应急响应，及时处理突发事件。

四、加大投入，抓好安全生产源头管理和基础工作

2005年，水利部把改善水利安全生产基础条件，建立长效机制，实现本质安全作为一项重点工作，具体如下。

（1）继续推进病险水库除险加固工作，做好水库安全管理。2005年共安排37亿元用于病险水库除险加固。其中，中央投资20亿元，安排了132座病险水库的除险加固建设。2005年7月份水利部下发了《关于开展全国病险水库除险加固第一批中央补助项目检查评估工作的通知》，对已实施的1346座病险水库除险加固项目进行全面检查、总结和评价，并且启动了第二批中央补助病险水库除险加固项目。

（2）加强水利建设工程安全监管，建立安全生产条件市场准入制度。为加强水利建设工程安全管理，2005年9月水利部在新疆召开了全国水利建设工程质量、安全与稽查工作会议。组织了在建工程安全度汛检查，认真抓好百色、尼尔基、皂市、西霞院和治淮工程等重点项目建设安全监管工作。2006年3月份，水利部建管司印发了《关于建立水利建设工程安全生产条件市场准入制度的通知》，明确在水利工程建设中建立安全生产条件市场准入制度，凡未取得安全生产许可证的施工企业不得参加水利工程的投标，从源头上防止和减少水利工程施工安全事故的发生。

（3）认真做好水利工程项目安全设施"三同时"工作。根据国务院安委会《关于做好2004年国家重点建设项目安全设施"三同时"工作的通知》精神，2005年积极推动国家重点建设水利项目安全设施"三同时"（安全设施与主体工程同时设计、同时施工、同时投入生产和使用）工作，尼尔基、紫坪铺水利枢纽开展了安全评价工作，百色水利枢纽工程将安全设施列入设计范围与主体工程同时施工，同步投入使用，为工程安全运行提供了保证。中水新华国际工程咨询公司等8个单位被国家安监总局批准具备水利水电行业建设项目安全预评价资质，丹江口职工大学取得了国家安全生产监督管理总局安全生产培训二级资质。

（4）继续开展"四无"水电站的清理和检查。水利部水电局2006年继续在全国范围内开展对"四无"（无立项、无设计、无验收、无管理）水电站的清理和检查，对清查出的3000多座"四无"水电站，在进行安全鉴定的基础上，通过责令拆除、限期整改、严格验收等措施，进一步加强水能资源管理和农村水电建设管理，落实责任，消除"四无"水电站安全隐患。

（5）拟定水利安全生产设备企业所得税优惠目录。根据财政部、国家税务总局和国家安监总局的部署，由水利部财经司牵头，成立了工作小组，在充分调研和论证的基础上，提出了水利安全生产设备企业所得税优惠目录，并报国家安全生产监督管理总局。

五、开展安全生产检查，推动行业安全生产工作

2006年水利部安全生产领导小组办公室先后发出《关于做好2005年元旦、春节期间水利安全生产工作的通知》和《关于加强"五一"节和汛期水利安全生产工作的通知》，水利部水电局发出《关于开展全国农村水电安全生产大检查的通知》，水利部水保司发出《关于做好黄河中游地区水土保持淤地坝防汛工作的通知》等，在水利系统部署开展安全生产专项检查。水利部机关服务局重点开展了防火和交通安全宣传和检查活动。通过安全检查发现和整改了一批事故隐患，确保了安全生产。

六、搞好安全生产宣传教育和培训，传播安全文化

2005年6月，在全国水利系统部署开展了以"遵章守法、关爱生命"为主题的"安全生产月"活动。利用多种宣传手段，广泛宣传安全生产。"安全生产月"期间还开展了"生命之歌"大家唱活动。水利部安全生产领导小组办公室会同中国水利文学艺术协会组织文艺小分队深入部分流域机构、水利工程建设单位和水管单位，演唱、教唱安全歌曲，向水利基层单位发送"生命之歌"歌曲专集500多套，营造了浓厚的安全文化氛围。水利部获得了国家安全生产监督管理总局颁发的"生命之歌"大家唱活动优秀组织奖。

2005年水利部加大了安全培训力度，举办水利施工、车辆交通、水库大坝安全监测和评价等培训班，培训各级安全管理人员2000多人，通过培训，提高了水利干部职工的安全素质。

农业安全生产工作

农业部人事劳资司

农业安全生产的特点是和农业的特点联系在一起的，由于行业多（包括种植业、畜牧兽医、饲料工业、渔业、农垦、乡镇企业和农业机械化7个行业），涉及面广，受自然因素影响大，从业人员素质不高，安全生产工作具有一定的特殊性。2005年，农业部坚持以实践“三个代表”重要思想为指导，牢固树立和落实科学发展观，认真贯彻党中央、国务院关于加强安全生产工作的一系列指示精神和工作部署，把安全生产工作作为事关农业和农村经济持续、健康发展的大事，作为农业生产的一项重要内容，始终坚持“安全第一、预防为主、综合治理”的方针，切实加强组织领导，着力构建长效机制，采取了一系列措施，保持了农业安全生产的平稳态势，促进了农业和农村经济的全面、快速发展。

一、部党组高度重视，不断加强农业安全生产工作的组织领导

2005年年初，及时调整了农业部安全生产委员会，由部党组副书记、常务副部长尹成杰任主任，张宝文副部长、朱秀岩总经济师以及办公厅、人事劳动司的主要负责人任副主任，各有关行业司局和部属单位分管安全工作的主要领导任委员。组织召开了全体会议，传达学习全国安全生产工作会议精神，总结工作，分析形势，明确2005年农业安全生产的工作思路和工作重点，为全年的工作打下了良好的基础。年中多次召开部常务会议和农业部安全生产委员会扩大会议，及时传达学习党中央、国务院关于安全生产的指示精神，认真贯彻执行安全生产方面的方针政策、法律法规和工作部署，研究部署各时期农业安全生产工作。

大力加强农业安全生产监管体系建设。进一步加大了农机监理、农产品质量安全、草原防火、渔业船舶检验、渔船渔港设施、渔业生产指挥调度等队伍建设，建立健全了比较完善的（从部到省、地、县、乡甚至到村）农机安全管理机构（现有2798个），形成了比较健全的组织体系和工作机制，按照发挥行业作用，加强协调指导，积极配合地方政府抓好安全生产的要求，为农业行业的安全生产工作提供了有力的组织保证。

二、认真贯彻落实党中央、国务院关于安全生产的指示精神，积极指导开展安全生产工作

2005年，农业部多次召开农业安全生产工作会议，制定具体工作措施，认真贯彻落实党中央、国务院领导同志关于安全生产工作的指示精神，以及国务院关于安全生产工作的常务会议、全国安全生产电视电话会议和全国安全生产工作会议精神，积极指导开展安全生产工作。在农业部2005年召开的全国性会议上，如全国农业工作会议、农业部海区渔业工作会议、春耕生产工作会以及草原防火工作座谈会上，都对安全生产工作进行了专门部署。

同时，农业部还针对不同季节农业生产的特点，先后下发了《关于进一步做好农业安全生产工作的通知》等6个文件，对农业安全生产工作进行全面部署，切实把党中央、国务院关于加强安全生产工作的精神落到实处。尤其是2005年11月份后，针对全国安全生产面临的严峻形势，还专门召开部常务会议，认真研究分析了农业安全生产形势，总结经验教训，明确今后的工作思路，对做好冬春季节农业安全生产工作及时作了部署。

三、全面落实安全生产责任，认真开展安全生产检查

为层层落实责任，切实做到职责清楚、任务明确、责任到人、工作到位，按照《国务院关于特大安全事故行政责任追究的规定》，逐级分解落实农业安全生产责任。强化了重点部位和领域的部门、单位领导负责制，进一步明确了各级农业部门和单位“一把手”为本部门、本单位安全生产的第一责任人，把各项安全责任分解细化，落实到每个职能部门、单位和个人。广东省农垦总局局长与各管理局和总局直属单位负责人签订《安全生产目标管理责任书》，并按照考核办法进行考核。山西省农机局与各地市农机部门签订了《2005 年农机安全生产目标责任书》，将责任制落到实处。浙江、福建两省各级政府和渔业部门逐级签订安全生产责任状，直至渔船船长，基本做到了“横向到边，纵向到底”；还制定了严格的渔船安全生产管理目标责任制考核办法，使安全管理工作规范化、制度化。山东省在全省农机系统实行农机安全生产责任制和责任追究制，市与县、县与乡、乡与村层层签订安全生产责任状，有些地方还与机手签订了安全生产责任书，增强机手的安全生产责任心。安徽省将农机安全生产任务逐级分解，层层落实，并将安全生产工作与目标责任考核结合起来，实行一票否决制。张家口市把防火责任纳入草原承包责任，规定谁使用草原谁负责防火，有效防止了草原火灾的发生。

加大监督检查和事故查处力度，全年共组织开展了 4 次大规模的全国农业安全生产大检查。一是 2005 年春节前夕，农业部专门发出通知，对春节前的农业安全生产大检查进行部署，并组成检查组对部系统的安全生产和安全保卫情况进行了认真检查。二是 2005 年 3 月上中旬，按照国务院安委办通知要求，结合先进性教育活动，组织 7 个安全生产专项督查组，由司局级领导带队，分赴山西、河南、海南、福建 4 省和黑龙江、广东、海南 3 个直属垦区，深入农业生产一线开展检查，督促落实安全措施，排查整改事故隐患。农机、渔业、农垦等行业系统也多次组织开展交叉检查和专项安全大检查。三是认真组织开展国庆节期间的安全生产大检查。节前，组成 10 个检查组，在全国开展了农机安全生产大检查。重点检查农机系统开展道路交通安全“五整顿、三加强”情况、农机安全生产措施落实情况，以及农机安全监理规范化管理工作情况。同时，加强与公安部门配合，坚决查处拖拉机违章超载、非法载客、疲劳驾驶操作等行为，确保农机安全生产。节日期间，渔船检验、进出港和海上巡航各环节各部门协调一致，严肃查处“三无渔船”和“三证不齐渔船”。四是 2006 年元旦前，组织开展部属单位安全生产大检查。此外，农业部还派人参加了国务院安全生产督察。

四、突出重点，加强监管，深入开展安全生产专项整治

2005 年，农业部重点开展了拖拉机驾驶培训整顿和低质量渔业船舶专项整治工作。

1. 开展了拖拉机驾驶培训专项整治

各级农业（农机）部门和公安、交通部门相互配合，按照《关于深入开展“五整顿”“三加强”活动全面推进道路交通事故预防工作意见》（公交管［2005］15 号）和《农业部拖拉机驾驶培训管理办法》（2005 年 41 号部长令，以下简称《办法》）的要求，对拖拉机驾驶员培训机构进行了全面清理和整顿。

一是制定出台了配套的规章制度。制定了《中华人民共和国拖拉机驾驶培训许可证》等 5 项规章制度，编印了拖拉机联合收割机教学计划、教学大纲和统编教材，并统一印制了中华人民共和国拖拉机驾驶培训许可证。各地农业（农机）部门也制定了相应的规章制度，确保了整治工作的顺利推进。

二是对拖拉机驾驶培训机构的资格条件、教学质量进行全面的检查、清理和整顿。基本完成了拖拉机驾驶培训机构的整顿和取证工作，并按照新的规定，对拖拉机教练员进行了考核。

三是进一步规范了拖拉机登记和拖拉机驾驶员考试发证工作。加强了培训和考试发证工作的配合和协调，严格把握准入关，使培训工作和安全监理工作相互配合、相互促进。组织实施了《拖拉机登记规定》（农业部第 43 号令）和《拖拉机登记工作规范》，启动了新的拖拉机牌证标准和全国统一的拖拉机登记软件，要求按照规定进行注册登记、发牌、发证及年度安全技术检验。

四是积极与公安、交通等部门协作，建立联合工作机制。采取联合执法等形式，加大了路检路查的力度，突出抓了农村县、乡道路的拖拉机安全管理，取得了较好的成效。在有条件的地方，建立和实行了农机、公安、交通工作信息资源相互抄告制度，从源头上治理了事故隐患。

2. 开展低质量渔业船舶专项整治

按照农业部、交通部、国防科工委和国家安监总局四部委关于开展低质量船舶专项整治的工作部署，将无有效检验证书和不符合安全航行作业条件的渔船作为治理重点，积极与有关部门配合，认真进行摸底排查，制定了详细的专项治理附加检验计划，有力地推动了低质量船舶整治工作的深入开展。同时，还按照全国低质量船舶专项治理活动领导小组工作部署，积极参加了对各地专项治理情况的督查，并带队对广西和广东两省专项治理活动的开展情况进行了督查。

五、积极开展安全生产培训和宣传教育

1. 认真组织策划，积极做好“首届全国安全生产及技术装备展览会”参展工作

农业部专门成立筹展工作机构，制定了详细方案，部领导对展示内容亲自把关。由于有关单位通力合作，保质保量完成了各项筹展任务。展览期间，农业部先后组织部安委会全体成员、部属单位安全保卫负责人、部分直属单位工作人员和部分省（区、市）农业行业负责安全生产工作的人员参观展览。《农民日报》、中央农业影视频道、《中国农机化导报》和农业信息网等多家媒体对展览情况进行了采访报道。此次参展，农业部突出“抓好安全生产、服务三农工作”主题，向全社会宣传农业安全生产工作，得到展览会组委会和各参展单位的充分肯定，获得“最佳组织奖”和“最佳设计奖”。

2. 加强宣传教育，积极组织开展了“安全生产月”活动

农业部安全生产委员会按照“2005 年全国安全生产月”活动通知要求，制定了详细方案，下发《农业部安全生产月活动安排意见》。农业部机关和部属在京单位也积极开展宣传活动，有的单位还利用局域网建立“安全生产月”视窗宣传平台，全国农业展览馆还利用办展优势专门制作了系列宣传版面。在农业各行业，尤其是农业部直属垦区，开展了安全知识竞赛、演讲、征文、展览、签名、绘画、文艺演出和应急救援与逃生演练等形式多样的安全生产月活动。通过上述活动，职工的安全生产法律意识和消防、交通等安全意识普遍增强。

3. 积极开展安全生产培训教育

农业部和各级农业主管部门充分利用中央电视台七频道、《农民日报》、《中国渔业报》、《中国农机化导报》、《中国农机监理》杂志以及“中国农业信息网”等媒体，广泛宣传安全生产。为加强涉外渔业安全生产管理，农业部启动了对全国 20 多万涉外渔业船员及相关管理人员的 3 年培训计划，还利用部分渔民渔船节日回港休息的时机，积极开展渔业安全生产宣传服务活动，最大限度公布突发事件应急预案信息，向渔民宣传预防、避险、避灾、自救、互救等常识；组织实施渔船遇险的海上求生、救助、消防、发警示信号实操演练。农机部门充分利用各种媒体大力宣传《道路交通安全法》、《拖拉机驾驶培训管理办法》等法律法规和规章制度，还组织农机监理人员深入乡村、农户，宣传安全法规，讲解农机安全常识，做到家喻户晓，营造良好的安全氛围。2005 年，农业部继续深入开展了“农机安全村”建设活动，目前已在全国建成近 6000 个农机安全示范村。

六、努力夯实基础，不断提高安全生产工作水平

2005 年，农业部进一步完善了农业安全生产事故报告制度，制定和完善了《农业部 2005 年秋冬季防控高致病性禽流感应急实施方案》等多个农业安全生产事故应急预案，开展了《草原防火条例》修订工作，组织编制了《全国草原防火基础设施“十一五”建设规划》，出台了《农业部拖拉机驾驶培训管理办法》等多项规章制度。切实加强农业安全生产的基础建设，不断加大安全生产投入，努力建立健全全国海洋渔业安全通信网，积极组织做好渔业海难事故的自救和互救工作。另外，农业部还组织编制了《全国草原防火基础设施“十一五”建设规划》，以切实提高草原防火能力。

积极开展农业安全生产课题研究工作，不断提高安全生产工作水平。2005 年，农业部组织渔业、农机、农垦安全生产和草原防火等方面的专家、学者和科研人员，积极研究探索农业行业安全生产监督管理的有效途径，进行了农业安全生产管理长效机制的课题研究。同时，还牵头组织有关科研单位和高校，完成了“草原火灾预警与风险评估系统研究”；并就建立草原火险气象等级预警系统问题，与中国气象局联合开展了草原火险气象等级预报研究。此外，还完成了农作物药害控制与安全生产等课题研究任务。

林业安全生产工作

国家林业局全国木材行业管理办公室

2005年是国家第10个五年计划的最后一年，按照党中央、国务院及安监部门的要求，林业系统广大干部职工用科学发展观统领林业安全工作全局，以邓小平理论和“三个代表”重要思想为指导，贯彻生态建设与产业发展和谐共进的林业发展战略，全面落实“安全第一，预防为主”的安全生产方针，建立健全安全生产各项规章制度，制定和执行劳动安全卫生标准和规范，严格安全生产管理，严肃劳动纪律，实行安全、文明生产，较好地实现了林业经济发展的预期目标，全国林业安全生产形势比较稳定。

一、事故统计

2005年林业系统职工因公死亡170人，重伤91人次，轻伤862人次，全年没有发生重特大事故。总的来看，林业职工因公伤亡事故呈下降趋势。据统计（不含森林火灾事故），“九五”期间林业职工因公死亡903人，重伤1230人次，轻伤12284人次。“十五”期间林业职工因公死亡670人，重伤563人次，轻伤5778人次。与“九五”期间相比，死亡人数、重伤人次和轻伤人次分别下降25%、54%和53%。

二、林业安全生产管理工作

1. 发挥行业管理职能，强化安全生产管理

国家林业局党组高度重视林业安全生产工作，就林业行业安全生产工作现状和存在的问题进行了认真研究，提出了变被动治理为主动预防的工作思路，完善和健全林业安全生产管理体系，突出重点，实行分类指导。根据国务院、国家安全生产监督管理总局的安排部署，结合林业生产实际，认真履行“企业负责，行业管理”的职责。制定了信息反馈、安全评估、持证上岗、安全生产督查、信息发布等一系列规范化制度。2005年“五一”、“十一”前，分别下发了《国家林业局关于切实做好“五一”黄金周期间安全生产工作的通知》、《国家林业局关于切实做好“十一”期间安全和社会稳定工作的通知》，对各地、各有关单位节假日期间的安全生产工作提出了明确的要求，节日期间整个林业行业没有发生重特大安全生产事故。

各级林业主管部门坚持做到思想认识到位、责任落实到位、防范措施到位、检查监督到位。各省（区、市）林业厅（局）和四大森工集团都专门成立了以一把手为组长的安全生产领导小组，建立了“主要领导负总责，分管领导协同抓，职能部门具体抓”的工作责任制，一级抓一级，层层落实安全生产责任制。坚持做到“六个不变”，即“安全第一”的思想不变，企业法人作为安全生产第一责任人的职责不变，行之有效的安全管理规章制度不变，强化安全生产工作的力度不变，安全生产一票否决的原则不变，充分调动职工的积极性参与安全生产管理的方式不变，切实把安全生产管理工作落到实处。

2. 重视预防，加强安全生产长效预警机制

为了加强安全生产的监管力度，落实建立安全生产长效机制的设想，安全生产的管理体制从5个层面着手，努力构建“政府统一领导、部门依法监管、企业全面负责、群众参与监督、社会广泛支持”的安全生产工作格局。这5个层面的安全生产管理机制，统筹协调，形成合力，总体推进，形成市场经济条件下安全生产工作的监督体系，使安全生产的监督管理更加规范。

建立工伤保险与事故预防相结合的机制，对易发事故、职业病危害严重的生产经营单位，督促落实工伤保险制度，扩大工伤保险覆盖面，进一步加强了对职工权益的保障。

3. 加强安全生产专项整治，树立全面、协调的安全科学发展观

在2004年开展“小煤矿专项整治”活动的基

础上，各级林业主管部门认真贯彻落实《国务院关于预防煤矿生产安全事故的特别规定》（国务院令第446号）和《国务院办公厅关于坚决整顿关闭不具备安全生产条件和非法煤矿的紧急通知》（国办发明电［2005］21号）精神，采取有力措施配合当地政府把防范各类矿山安全事故的措施落到实处。重点对森林旅游、交通、消防、公共聚集场所的安全条件加强检查，特别是对涉及人身安全的重点场所、重点部位和重点环节，组织精干力量，深查细排，全面查找漏洞和隐患。对查出的问题立即进行整改，对短期内难以解决的重大隐患，安排24小时严密监控。全面加强林区交通运输、森林旅游、油库以及危险化学品存放等重点部位和场所的安全生产监管工作，制订并落实应对事故的工作预案，加强对汽车、游船、缆车、索道等游客运载工具及带有危险性的登山、探险、漂流等旅游项目安全情况的全面检查，加强设备维护和管理，排除事故隐患，对达不到安全要求的游乐设施（项目）一律予以停止运营。组织各种体育、文化、娱乐活动的单位均加强了安全生产管理工作，提前制订了安全防范措施和应急预案。

三、安全生产宣传教育与培训工作

为进一步做好《安全生产法》的实施和宣传普及工作，营造全社会"关注安全、关爱生命"的氛围，根据中宣部、安监总局、广电总局、全国总工会、共青团中央5部门联合下发的《关于开展2005年"全国安全生产月"活动的通知》（安监总政法字［2005］4号）精神，国家林业局在"全国安全生产月"活动期间在林业行业内举办了以"遵章守法，关爱生命"为主题的2005年林业"安全生产月"活动。活动分"林业安全生产管理创新征文"和"林业安全生产知识竞赛"两项内容。各级林业主管部门高度重视，认真组织行业和系统内干部、职工积极参加活动，以提高全行业安全生产法律意识，进一步推动全国林业安全生产工作。活动结束后，对优秀参赛单位和优秀个人给予了表彰。

为深入贯彻落实《国务院关于进一步加强安全生产工作的决定》，提高林业行政管理部门安全生产监督管理人员的法律意识、安全知识和管理能力，于2005年11月初举办了"林业安全生产管理人员培训班"，培训内容包括伤亡事故调查处理和生产事故预防与控制、应急救援预案、林业安全生产形势、现代安全生产管理、安全评价、安全人机工程学、安全生产法规和森林防火安全知识和技能等，各省（区、市）林业厅（局）、各森工集团林业安全生产监督管理部门专（兼）职负责人参加了培训。

一年来，各级林业主管部门和企事业单位，以落实党中央、国务院的安全生产指示精神为中心，以消除事故隐患、遏制重特大事故发生、确保人民生命和国家财产安全为目的，结合林业工作实际，普遍开展了经常性的安全生产教育培训工作，通过各种形式的安全宣传教育活动，大力营造"人人讲安全，事事讲安全，时时讲安全"的良好氛围，牢固树立"安全第一，和谐发展"的思想，进一步增强人们对安全生产和安全生活重要性的认识和对事故的防范意识。

抓好安全生产培训是增强职工安全意识的基础工作，也是安全生产的基本保证。各地在林业生产淡季有计划、有组织、分批分期对从事生产的特种作业人员进行培训、复审及换（发）证工作，加强特种作业人员管理，使持证上岗率达100%。对新上岗工人，坚持开展制度化的三级安全生产教育。切实做到了"两提高"，即提高全员的安全意识，提高全员防范事故的能力。

四、林业安全生产法规和标准化体系建设

为了加强林业安全法规和标准化体系建设，促进林业生态建设和产业发展，林业行业从人身安全和环境安全出发，对原有的政策、法规、规定、标准、办法进行了修改补充与完善。2005年获得批准的有关林业安全方面的国家标准和行业标准有5项：《林业机械便携式油锯和割灌机易引起火险的排放标准》、《林业机械便携式割灌机和割草机安全要求》、《林业机械油锯安全要求和试验》、《林业机械割灌机、割草机、杆式修枝锯和类似机具的背负式动力装置安全要求和试验》、《林业机械背负式割灌机和割草机安全要求和试验》。这些林业安全标准的制订实施，对促进和实现林业安全生产标准化，提高生产效率，改善林业职工生产条件，奠定了坚实的技术基础。

此外，黑龙江、吉林、山西、青海等省厅、集团分别制定了《黑龙江省林业厅安全生产管理制度》、《中国吉林森林工业（集团）总公司安全生产管理办法》、《安全生产目标责任制考核验收办法》、《安全生产事前分析预警制度》、《违章考核积分制度》、《事故隐患责任追究考核细则》、《森林防火行政领导责任制度》、《森林火灾行政追究办法》等制度，对实现安全生产、提高劳动生产率和改善林业职工作业条件发挥了重要作用。

五、今后林业安全生产工作要点

以“三个代表”重要思想为指导，以科学发展观统领全局，坚持“安全第一，预防为主”的工作方针，全面贯彻落实《安全生产法》和国务院《关于进一步加强安全生产工作的决定》，突出“系统谋划，综合整治，群防群治”的工作思路，落实责任，完善体制，深化整治，夯实基础，健全控制指标体系，加大监管监察执法力度，加强安全生产源头管理，持之以恒地抓好“三项建设”（安全监管、监察体系和工作机制的建设，安全生产法制建设，队伍建设），推动“五项创新”（即安全生产思想观念的创新、安全生产监管体制和机制的创新、安全生产监管手段的创新、安全科技创新、安全文化的创新）和“五个转变”（安全生产工作从人治向法治转变，安全生产工作从被动防范向源头管理转变，安全生产工作从集中开展安全生产专项整治向规范化、经常化、制度化管理转变；安全生产工作从事后查处向强化基础转变，安全生产工作从以控制伤亡事故为主向全面做好职业安全健康工作转变），开创安全生产工作新局面，促进林业安全生产状况全面好转，为林业经济发展和社会进步创造稳定良好的环境。

建筑施工安全生产工作

建设部质量安全司

2005年，全国各级建设行政主管部门和建设系统广大干部职工认真贯彻落实党中央、国务院关于安全生产的一系列方针、政策，以科学发展观统领工作全局，紧紧围绕年初制定的安全生产工作目标，全面落实各级安全生产责任制，夯实基础，强化监管，全国建筑施工安全生产形势继续呈现总体稳定好转的趋势。

一、建筑施工事故基本情况

2005年，全国建筑业（包括铁道、交通、水利等专业工程）共发生事故2288起，死亡2607人，事故起数和死亡人数分别下降11.4%和6.5%。其中，房屋建筑和市政工程共发生建筑施工事故1015起，死亡1193人，与上年相比，事故起数下降了11.28%，死亡人数下降了9.89%。其中共发生建筑施工一次死亡3人以上重大事故43起，死亡170人（未发生一次死亡10人以上特大事故），与上年相比，事故起数上升了2.38%，死亡人数下降了2.86%。

全国有16个地区建筑施工事故死亡人数下降，下降幅度超过全国平均值（全国下降平均值为9.89%）的有13个地区。其中下降幅度超过30%的有5个地区：山西省下降50%，江西省下降41.38%，河南省下降43.55%，广西壮族自治区下降50%，海南省下降61.9%。

有的地区虽然事故起数下降但是死亡人数增加，如北京市事故起数下降了11.76%，死亡人数却增加了1.43%；天津市事故起数下降了37.5%，死亡人数却增加了5.88%。类似地区还有江苏和青海省。

2005年，有9个地区建筑施工事故起数和死亡人数都比上年同期上升，如吉林省事故起数上升12.5%，死亡人数上升5.88%；黑龙江省事故起数上升28.95%，死亡人数上升26.09%。类似地区还有辽宁省、安徽省、湖南省、四川省、云南省、陕西省和西藏自治区。

2005年，发生建筑施工事故死亡人数最多的10个地区分别是广东省（死亡84人）、浙江省（死亡78人）、江苏省（死亡77人）、上海市（死亡74人）、四川省（死亡72人）、北京市（死亡71人）、黑龙江省（死亡58人）、辽宁省（死亡

58人）、云南省（死亡54人）、河北省（死亡50人）。

2005年，全国共有19个地区发生了三级事故，其中发生1起三级事故的有7个地区：北京市、内蒙古自治区、湖北省、湖南省、贵州省、西藏自治区、陕西省；发生2起三级事故的有6个地区：天津市、河北省、安徽省、浙江省、山东省、甘肃省；发生3起三级事故的有2个地区：黑龙江省（共死亡9人）、河南省（共死亡10人）；发生4起三级事故的有3个地区：辽宁省（共死亡17人）、广东省（共死亡16人）、四川省（共死亡22人）；发生6起三级事故的有1个地区：江苏省（共死亡24人）。

二、基本工作情况

一是进一步完善了安全生产法规和技术标准。《建筑工程安全生产监督管理工作导则》的出台，规范了建设行政主管部门安全监督管理的内容和程序；《建筑工程安全防护、文明施工措施费用规定》的实施，为加大企业安全投入、改善安全条件提供了有力的保障；《关于开展建筑施工安全质量标准化工作的指导意见》的印发，正式拉开了建筑行业安全质量标准化活动的序幕。此外，《建筑拆除工程安全技术规范》、《建筑施工现场环境与卫生标准》、《建筑施工临时用电安全技术规范》等行业标准的发布，也填补了相关领域技术标准的空白。

二是进一步健全了建设工程安全监管责任体系。在强化各级建设行政主管部门监管责任方面，我部2005年初制定了“全国建筑施工事故死亡人数比2004年下降3%”的控制目标，各地紧紧围绕这个目标，全面落实安全责任制，加强了工作调度。为督促有关方面加大监管责任履行力度，我部黄卫副部长约谈了10个地区和城市建设行政主管部门的负责人，取得了较好效果。在理顺与有关部门监管职责方面，与国家安全监管总局联合下发了《关于加强建筑工程安全生产工作的紧急通知》，与国务院铁道、交通、水利等部门协商，初步确定了各部门的建设工程安全监管范围，并实现了将房屋建筑与市政工程在建筑业安全生产控制指标和事故统计口径中单列。

三是进一步加强了各项安全制度建设。严格实施了建筑施工企业安全生产许可制度，同时，强化了许可后的动态管理，要求各地对于发生重大事故的企业立即暂扣其安全生产许可证；强化了安全生产形势分析制度，发布了2005年上半年及第三季度全国建筑安全重大事故分析报告；进一步加强了事故预警提示制度，为确保汛期、春季、“两会”、国庆、“两节”及高温酷暑期间安全生产，制定印发了一系列警示文件。

四是进一步强化了各项安全管理手段措施。检查方面，分别在2005年6月、8月、10月开展了4省市两项安全许可专项检查、重点地区督查和8地区建筑施工安全层级督查，促进了地方加大安全工作措施力度；培训方面，举办了两期共达600余人次的全国建筑安全生产监督执法人员培训班，提高了监督执法人员的依法行政水平和业务素质；转发地方经验方面，转发了贵州省、辽宁省、湖北省、天津市和青岛市等地关于制度建设、重点监控、安全监理和标准化管理的先进经验，引导各地创新工作方法和手段。

三、主要工作体会

通过一段时间以来尤其是2005年以来的工作，各级建设行政主管部门意识到，要想真正把安全生产工作落到实处，就必须坚持“法”、“理”、“责”、“情”4个字。“法”就是安全生产必须在法制的轨道中运行，政府应当为参与建筑活动的各方责任主体提供规范的安全生产行为模式，并依法对安全生产违法行为予以制裁，企业应当认真遵守安全生产法律法规，使得自身行为符合国家意志的要求。“理”就是真理和规律，安全生产工作尤其建筑安全生产工作有其特定规律，必须认真研究、遵循和适应这种规律，在科学发展观和正确政绩观的引领下，坚持“安全第一、预防为主、综合治理”，坚持“以人为本”、“安全发展”，使得我们制定的政策制度符合客观规律，从而不断增强安全生产工作的科学性、预见性和主动性。“责”就是责任，责任是安全生产工作的灵魂。我们必须牢固树立责任意识，以对人民群众高度负责的精神，全面履行人民赋予我们的既要抓经济发展，也要抓安全生产的职责，建立清晰明确的安全生产主体责任和监管责任体系，推动安全生产工作取得实效。“情”就是感情，要“带着感情、带着责任抓安全生产工作”，广大建筑劳动者，尤其是工作在一线的农民工兄弟为城市建设作出了巨大的贡献，必须深怀对他们的真挚感情，想他们之所想、急他们之所急，全力做好各项安全生产工作，不断改善他们的作业和生活环境，保障他们的生命安全和职业健康。

电子信息产业安全生产工作

信息产业部经济运行司

2005年，我国电子信息产业经济运行状况良好，全年实现销售收入38411亿元，同比增长24.8%。其中，软件及系统集成收入3900亿元，同比增长40.3%；工业增加值9004亿元，同比增长28.2%；利税1742亿元，同比增长6.5%；进出口4887亿美元，同比增长25.8%。

2005年，我国电子信息产业深入贯彻落实党的十六大和十六届三中、四中全会及中央经济工作会议精神，以科学发展观统领全局，围绕建设电子强国目标，着力推进结构调整、自主创新和市场开拓，全行业经济运行保持平稳增长态势，规模继续扩大，效益逐步回升，产业综合实力和国际化程度进一步提高，为国民经济和社会发展作出了重要贡献。

为贯彻执行《中华人民共和国安全生产法》，切实加强电子信息产业安全生产管理，防止和减少生产安全事故，保障人民群众生命和财产安全，促进电子信息产业持续、健康发展，结合电子信息产业实际，组织制定完成了《电子信息产业安全生产管理规定》，并于2005年12月份正式出台。该规定包括总则、安全生产职责、安全生产措施与保障、生产安全事故的应急救援与调查处理、安全生产责任追究和附则，进一步完善了安全管理制度建设。

为做好2005年安全生产工作，1月份下发文件，提出了做好全年安全生产工作的具体要求。根据国务院办公厅《关于加强中央企业安全生产工作的通知》精神和部领导的有关批示，9月份、12月份先后两次组成安全生产检查组对有关电子信息产品制造业中央企业、在京直属单位安全生产工作进行了检查。通过检查，摸清了所属企业的安全生产情况。

一、主要工作

2005年全年没有发生重大、特大安全生产事故，为保证电子信息产业的健康、快速发展创造了良好的经济运行环境。

1. 企业领导高度重视，安全生产管理机构落实，安全管理规章制度健全

2005年，有关中央企业、电子信息产业企业领导高度重视安全生产工作，建立了安全生产管理机构，企业领导为安全生产第一责任人，落实了安全生产的组织保证体系。各单位安全管理规章、制度健全，彩虹集团、上海华虹、长城计算机集团开发科技、上海贝尔和信息产业部第5研究所等企业通过了OHSAS18000（18001）体系认证或建立了环境管理体系14000体系。华录松下有限公司推行0HSMS安全体系，建立了一套先进的安全管理方法，为安全生产奠定了良好的基础。彩虹集团、武汉邮电科学院、长城计算机集团所属企业、中国普天所属企业及信息产业部1所、5所、发展研究院等单位领导高度重视安全生产工作，提出了明确的安全生产工作目标、任务和具体考核办法，并将安全生产考核指标进行分解，签订安全生产考核责任书，进一步落实安全生产责任，安全生产取得了可喜的成绩。

2. 科学管理推动安全管理工作不断创新

科学管理推进企业安全工作的创新与深化，很多单位摸索了一套做好安全工作的好经验和科学做法。这些单位通过安全装置、管理手段的改进和创新等发挥了很好的安全防范的效果。上海华虹结合公司易燃易爆危险化学品种类多、用量大的特点，设置危化品专门管理机构实施管理，并在厂房内配置超高感应度监测器实施监测。华录松下有限公司从切实保护职工利益的角度出发，通过改造冲床隔

音间，创造了良好的工作环境，噪声从改造前的105dB降至70dB，公司整改记录齐全，档案中所附整改前后的彩色照片记录体现了图文并茂的特点。55所安全管理重点突出，各种应急预案切合实际。彩虹集团大力创造安全文化，提倡预防在先、全员参与、落实责任、分级管理、进彩虹厂做安全人等，提高职工安全意识，确保安全生产。电子29所借助技术优势对实验车辆实施GPS定位动态管理，确保国家财产和员工的生命安全。14所针对职工中私家车不断增加的现实，有效地对其实施专项管理，采取不同的形式对私家车驾驶员进行交通安全培训。

3. 加强安全管理人员和职工的素质培训，以丰富多彩的形式开展安全宣传，促进安全文化建设

中国长城集团所属的深圳开发科技有限公司、部直属单位电子第5研究所等单位定期组织安全教育和培训。上海华虹制定了一套完整的安全规章制度，并利用公司的内部网络系统及时上网发布。中电科技集团电子14所在完善各项安全管理制度及操作规程的基础上，编写了《安全手册》、《职业安全卫生文件汇编》等宣传资料，下发各部门及每一位员工；并结合本单位剧毒、易燃易爆危险化学品种类较多的特点，加大消防、防范硬件配置及管理，提高全员的消防及防范意识，专门编写了《治安消防知识手册》。南京普天发挥工会作用，有效地参与企业的安全管理，突出了“管理的先进性、全员的参与性、方法的科学性”的特点，真正体现了工会在企业安全管理中的有效监督、有效维权。

4. 加大安全专项资金投入，保障良好的生产环境

2005年，大部分单位结合企业装备的运行现状，加大了安全改造的专项投入。彩虹集团2006年投入1000多万元用于各类设备的安全改造和企业职工的安全卫生防护，保持了良好的生产运行环境。中电科技集团电子14所在年度经营中投入安全专项经费266万元，对存在的各项安全隐患实施整改。中电科技集团电子10所2005年投入98万元，用于员工的安全防护，确保了职工的安全和健康。信息产业部第5研究所近4年来投资87万元用于消防设施和门禁系统改造，确保环境安全。

5. 严格现场管理，创造洁净文明的工作秩序

各单位高度重视现场管理，在易发事故的危险部位都设置了醒目的安全警示标志，在不同的岗位发放必要的安全防护用品。各类消防设施、器材完好有效。特种作业人员全部通过了安全生产监督管理部门培训，考试合格，并持证上岗。特种设备管理上，特种设备都在检测的有效期内使用，同时具有维修保养资质单位的检测报告。上海贝尔结合企业的火灾风险较大的实际情况，投入一定经费，配置了世界先进消防设施，同时，成立了专业消防队，做到防患于未然。

二、存在的问题

1. 部分设施无安全防护装置或安全标识不够清晰

少数单位在车间过道安装的配电柜没有“无关人员，禁止操作”文字或图示的安全警示标志，有些配电柜安全警示标志不全；变电所绝缘防护用品没有具体检测标识，现场高温设施、有毒作业场所缺少相关警示标志；部分设备特别是老式冲床、台钻等本质安全程度较差，砂轮机没有按规范进行安装；有些作业现场噪音超标；变电所高压开关操作把手没有设置有效地防止误操作装置。

2. 消防设施、防护用具需要改进

个别单位的现场消防器械视线被阻挡，影响紧急状态下的使用，消防栓用水龙带不完好，消防栓铁门不易打开等。有些现场喷涂作业人员未按要求佩戴防护面具，喷涂设备防尘装置没有进行完全封闭；砂轮打磨工序使用的薄形砂轮片，没有具体的使用程度更换管理基准。

3. 台账资料不够完整

一些单位安全管理台账资料不健全，表现为无“三同时”台账、未建立厂内机动车辆及压力容器台账、隐患整改未“归零”、特种设备部分台账疏漏、安全检测后检测报告未存档、部分隐患整改无整改验收报告、公司主要安全生产会议缺少记录。

4. 安全培训不够，存在未持证上岗现象

个别单位有关领导未参加安全培训，存在未持证上岗现象。有的单位配电室值班人员不熟悉应急操作程序，叉车驾驶员作业时没有随身携带厂内机动车驾驶证，对新调入员工现场疏散培训未达到实际效果。

5. 特种设备监管需进一步加强

一些单位锅炉未安排年度安全监测，定期校验

不达标；锅炉房未建立出入人员登记制度。存在货梯无专人操作、高压气瓶没有安装减震圈及防护瓶帽、配电箱内母排裸露、易燃易爆化学品库内应急物品配置不全、烧氢炉设备使用各种气体的输送管道标识不明确等现象。

三、2006 年安全生产工作要点

为建立良好的产业经济运行环境，我司结合电子信息产业实际，拟定了 2006 年安全生产监管工作要点。

一是认真贯彻落实国家《安全生产法》、国务院办公厅《关于认真抓好今冬明春安全生产工作的通知》和《电子信息产业安全生产管理规定》，充分认识安全生产工作的重要性。

二是结合生产、科研实际，认真制定《电子信息产业安全生产管理规定》实施细则，明确各级岗位安全工作职责、拟定安全生产保证措施、细化事故处理程序和相关预案，将事故责任追究制度落实到位，从制度上保证安全生产工作的有序开展。

三是切实做好全年的各项安全生产工作。在总结 2005 年安全工作的基础上，进一步完善各项规章制度，做到工作严格管理、措施得力、落实到位。对不具备基本安全生产条件的生产工艺和装备要坚决淘汰，对检查中发现的问题安排整改，对事故易发部位、电力和动力设备、易燃易爆等危险品操作车间、运输设备和施工工地等场所重点管理，确保各种设备的良好运行。

四是认真开展安全生产检查工作。认真布置年度定期安全生产检查工作，在重要节日期间，各单位主管领导要亲自挂帅，对易燃易爆、危险化学品、锅炉、库房等重点场所要进行一次安全生产检查。检查中要以特种设备、关键设备、安全隐患部位、易燃易爆气体和化学品库等为重点，对发现的事故隐患立即制定整改措施，限期完成，为企业的发展创造安全的生产环境。

五是建立安全文明的生产秩序，努力创造良好的安全生产环境。要提高各级从业人员安全意识，坚决制止“三违”现象，狠抓安全管理，严格考核，使从业人员在思想认识上、工作作风上、素质上得到尽快提高，真正建立起安全文明的生产新秩序。

六是通过开展各种丰富多彩的安全教育活动提高广大职工安全素质。认真组织开展“安全生产活动月”活动，通过安全知识竞赛、征文、板报等广泛宣传各专业安全知识和创造安全环境对于生活、工作的重要意义。针对不同岗位的职工，安排短期教育和培训，不断提高职工的安全素质和操作技能。

七是建立安全生产定期报表制度和重大事故报告制度。加强统计分析工作，通过案例分析，查找问题，教育群众，以减少各类安全隐患和事故的发生。

八是召开行业主管部门和有关中央企业参加的安全生产工作座谈会，广泛听取企业的意见和建议，通过安全工作经验交流，不断提高企业安全生产管理工作水平。

国防科技工业安全生产工作

国防科工委安全生产监督管理局

2005 年，在党中央、国务院的正确领导和国家安全生产综合监管部门的指导下，国防科技工业系统坚持科学发展观，强化“以人为本”安全理念，贯彻“安全第一”的方针，不断强化法规、标准建设，完善责任制体系，加强安全监管，深入开展专项整治，安全生产基础工作得到加强，生产安全事故得到有效控制，安全生产形势保持基本稳定。

一、加强规章制度和标准建设，提升安全生产管理水平

全行业认真贯彻落实《安全生产法》和《国务院关于进一步加强安全生产工作的决定》的各

项要求，结合国防科技工业安全生产工作的实际，加强了安全生产法规制度体系和标准规范体系建设。一年来，相继制（修）订了管理规章和制度近40余项，规章制度建设取得实效；在国防科工委安全技术标准化委员会的统一指导下，军工行业共制定了24项安全技术标准和规范，民爆行业也制定了《民用爆破器材企业安全管理规程》等4项国家标准、2项行业标准，行业安全生产管理进一步制度化、规范化、科学化。

二、进一步强化了安全生产责任制的落实

在认真总结2004年的安全生产目标管理和绩效评价工作经验的基础之上，2005年国防科工委向各军工集团公司下达了更加严格的安全生产事故控制指标，并结合各集团公司安全生产管理，火工产品专项整治和安全生产月活动等工作情况，对其实施年终考核评价，有效地促进了全行业各项安全生产工作的开展。民爆行业也在强化企业责任主体地位、明确企业安全生产责任人、层层落实安全生产责任制等方面加大了工作力度，切实使安全生产责任制落到实处。

三、组织开展国防科技工业安全生产“十一五”规划及民爆行业“十一五”的编制工作，抓好安全生产顶层设计

国防科工委将安全生产作为一个专题纳入国防科技工业“十一五”规划体系之中，体现了对安全生产工作的高度重视。规划紧密围绕国防工业建设和国民经济建设的战略需求，以科学发展观为指导，从全局性、战略性和前瞻性的高度，明确了“十一五”期间国防科技工业安全生产工作的总体目标和实施步骤，确定了安全生产法规建设、安全生产科技发展、安全生产技术改造、安全生产管理体系和建立安全生产长效机制等重点工作，系统地提出了国防科技工业安全生产工作框架。目前已经完成了规划研究、规划思路和规划纲要等阶段的工作，规划草案的编制工作预计2006年1季度完成。

四、加强安全生产监督工作，开展安全生产专项整治

1. 在军工范围内组织开展火工产品专项整治

为确保高新工程和专项计划任务的安全顺利进行，国防科工委决定从2005年开始组织开展为期3年的火工产品安全生产专项整治工作，下发了专项整治方案。各有关军工集团公司按照国防科工委的部署，分别成立了专项整治领导机构，认真制定了本集团公司的整治方案。

在火工产品安全生产专项整治活动中，全行业组织了企业自查、专家巡查、隐患整改督查等工作。其中，国防科工委领导和集团公司领导带队检查达160多次，加大了监督检查力度。整治过程中，各有关单位针对发现的各种安全隐患和问题，实施了积极整改。国防科工委2005年分别向航天科工集团公司、航天科技集团公司和兵器工业集团公司先后下发重大隐患整改通知书8份，提出了明确的整改要求。相关集团公司、地方科工办和军工生产单位高度重视，紧密配合，相互协调，一方面积极采取措施加强管理，另一方面制定整改措施、明确整改单位、整改责任人和整改期限，认真实施整改。另外，国防科工委还针对专项整治中发现的深层次的安全隐患，积极与地方人民政府及铁路、交通等部门加强协调，解决了多项危险品运输中遇到的安全问题和迁建危险品生产设施过程中遇到的征地、移民等方面的问题。

通过火工产品安全生产专项整治工作的开展，全行业在安全管理方面积累了许多好的经验和做法。部分集团公司结合自身特点，开展了形式多样的安全主题活动，对培养员工安全意识、提高安全素质、规范安全管理起到了很好的推动作用。核工业、兵器工业、兵器装备等集团公司通过组织安全专家进行巡回检查、向重点企业委派安全督导员等，进一步强化了重点单位的安全监控，促进了行业安全管理水平的不断提高。

2. 继续深化民爆器材行业安全专项整治

针对2005年前4个月民爆器材行业安全生产事故有所上升的严峻形势，国防科工委提前召开了民爆器材行业安全生产工作会，研究分析事故发生的原因和特点，查找企业在技术、设备和管理上存在的问题，对民爆管理、科研、安评等单位和生产企业提出了加强和改进管理的9项要求，对企业技术改造和安全管理提出了9项安全技术措施，有效遏制了安全事故上升的趋势。

2005年民爆行业安全专项整治与安全生产许可证的管理工作相结合：一是严把安全评价关，安全评价初评结果为安全级的占企业总数45%；二是对安全评价过程中发现的问题坚决实施整改，彻底消除安全隐患，经整改后民爆行业已有380家生产企业获得了安全生产许可证，占现有生产企业的96%；三是严把发证关，凡是存在重大隐患的，坚决不予发证，并加强对已发证企业安全生产的监督工作；四是对17家未取得安全生产许可证的企业，一律不予安排2006年生产计划，并下发行政处罚决定书，限期整改。

3. 组织开展了枪支弹药企业专项整治工作

2005年8～12月，国防科工委、公安部联合组成的枪支弹药专项整治领导小组，组织开展了枪支弹药专项清理整治工作。这次专项清理整治工作共涉及20个省、2个集团公司、4个外贸公司，检查企业72户。通过此次专项整治工作，规范了企业的生产行为和外贸公司的销售行为，落实了管理责任，健全了监督检查制度，杜绝了枪支弹药非法流向社会。同时，建立了枪支弹药生产企业的行业主管部门与公安系统在行业管理与治安管理紧密结合的管理机制。

4. 会同相关部门联合开展了对低质量船舶的专项整治工作

针对全国低质量船舶事故多发和民用船舶管理当中存在的突出问题，交通部、国防科工委、农业部和国家质检总局联合发起全国低质量船舶专项治理活动。各地船舶行业管理部门认真贯彻4部委的通知要求和国防科工委领导的指示精神，与交通、船检、渔检和安监部门大力协同、形成合力，地方船舶行业管理部门克服困难、大胆实践，以打击非法违规造船为重点，全力推进船厂的治理工作，并取得初步成效。通过专项治理，已初步掌握了全国船舶生产企业的基本情况，非法违规造船得到了扼制。据初步统计，全国共有造船厂点约3000家，纳入专项治理范围造船厂点的有976家。截至2005年12月15日，各地共关停并转造船厂点186家，完成整改的船舶生产企业218家，正在整改的船舶生产企业572家。

5. 组织开展了铀矿开采冶炼秩序专项整治

为进一步强化和规范国家铀矿资源采冶管理秩序，加强环境保护，防范生产安全事故，保障我国核工业可持续发展，国防科工委、公安部、国土资源部、国家环保总局按照全国整顿和规范矿产资源开发秩序工作的统一部署，开展了铀矿开采冶炼秩序专项整治工作。目前各省、自治区有关部门已经组成了联合执法办公室，初步完成了对本地区的铀矿开采的排查摸底。下一步，国防科工委等4部门将联合开展现场检查工作。

五、加强了事故应急救援体系建设

按照国务院的统一部署，国防科工委2005年6月份编制完成了《国防科技工业重特大生产事故应急预案》，上报国务院备案，并下发指导全行业事故应急工作的开展。

民爆行业方面，国防科工委也着实加强了事故应急体系的建设，在充分征求地方民爆管理部门和民爆企业意见的基础上，编制并颁发了《民用爆破器材行业重特大生产安全事故应急预案》和国防科工委民用爆破器材重特大生产安全事故应急预案，对事故应急处理的相关情况作出了明确的规定，大大提升了民爆企业应对突发事件的能力。在制定应急预案的同时，国防科工委还组织有关单位预案进行了实际演练，对于增强企业对预案的熟悉程度、提高预案的针对性和实效性具有现实意义。

在全行业广大干部职工的共同努力下，2005年国防科技工业系统安全生产形势稳定。据统计，2005年国防科技工业共发生重伤以上生产安全事故56起，同比减少38起；重伤38人，同比减少39人；死亡37人，同比增加3人；伤亡总人数75人，同比下降32%。全年共发生重大事故3起，未发生特大事故，万人死亡率为0.29。民爆行业发生重大事故3起，共死亡15人；发生特大事故1起，死亡19人。

安全生产工作任重而道远，2006年国防科技工业系统将继续以“三个代表”重要思想为指导，坚持以人为本、全面协调、可持续发展的科学发展观和“安全第一、预防为主”方针，继续全面贯彻落实《安全生产法》和国务院有关文件精神，以强化企业安全生产主体责任和加强安全生产监督管理工作为重点，进一步完善安全生产监督管理规章制度，加大安全生产投入和隐患整改力度，强化安全生产“三同时”工作，积极推进安全生产科技进步，扎扎实实地抓好安全生产监管的基础工作，坚定不移地做好各项安全生产工作的落实，以求真务实的精神做好国防科技工业安全生产工作。

中国核工业安全生产工作

中国核工业集团公司安全环保质量部

2005年是"十五"计划的最后一年，中核集团公司的科研生产任务非常繁重，相应的安防环保监督与管理工作也十分繁忙。中核集团公司始终把安全生产工作摆在各级领导重要的议事日程，认真贯彻落实《安全生产法》等有关法律法规和《国务院关于进一步加强安全生产的决定》，牢固树立"以人为本"的安全理念，在安全生产管理工作中努力实践"科学的发展观"，通过落实安全责任，加强安全监督，开展安全评价，强化隐患整改，完善应急体系，提高应急响应能力等，全年安全生产形势基本平稳，确保了安全生产工作目标的全面实现，为集团公司科研生产的顺利进行创造了良好的环境。

一、强化安全监督，确保全年安全生产工作目标的全面实现

1. 安全生产工作要点

2005年初，根据集团公司的安全生产实际和国家有关部门的要求，围绕集团公司2005年安全生产工作总体思路，研究制定了集团公司2005年安全生产管理目标。

（1）杜绝核事故和严重的辐射事故。

（2）杜绝重特大安全生产事故。

（3）杜绝严重的环境污染事故。

（4）严格控制工伤死亡人数，各成员单位工伤死亡事故实行"零"目标管理。

（5）控制职业外照射人均有效剂量小于5mSv/a，集体有效剂量小于12人·Sv/a。

（6）控制核设施放射性流出物排放所致公众个人有效剂量小于0.25mSv/a. 严格控制尘毒危害。

（7）加快核设施退役和放射性废物治理进程，缓解放射性废物对环境的潜在危害，确保放射性废液的安全贮存。

（8）落实安全技术改造计划，提高本质安全水平。

为了落实全年的管理目标，提出了集团公司2005年安全生产工作要点和对策措施，包括健全安全生产控制指标体系，落实各级责任制；加大安全生产工作监督检查力度；认真落实安全生产许可制度；开展安全现状评价工作；强化安全培训，落实安全工作资质；完善应急预案，加强应急演练；认真开展安全质量标准化活动；加强安全文化建设。

2. 初步建立集团公司安全生产督察员队伍

鉴于集团公司安全生产工作涉及面广、单位分布散，经集团公司安全生产领导小组批准，成立了集团公司安全生产督察员队伍，聘任9名富有一线安全生产监督管理经验和知识的专业技术人员，初步在矿冶系统的4家单位和核燃料系统的4家单位开展安全督察试点。为了规范安全督查工作，专门制定了《集团公司安全督查管理规定》，明确了聘任条件、职责、权利和义务。自成立督查队伍两个多月来，集团公司对重点单位的安全监督有了一定的加强，安全信息渠道更加畅通，安全信息的收集更加及时。

3. 进一步健全安全生产管理规章制度

安全生产工作事关工作人员的身体健康与生命安全，必须建立、健全规章制度，要做到有法可依、有章可循。因此，根据国家新出台的相关法律法规，组织修订和制定了5项与安全相关的管理规定，包括修订《中核集团公司安全生产责任制度》，制定了《中核集团公司安全督查管理规定》、《中核集团公司安全培训管理规定》、《中核集团公司安全检查规定》、《中核集团企事业单位领导人安全生产考核办法》。

为便于各成员单位全面了解国家安全生产法律法规和规范标准的修订制定情况，汇总了核设施安全监督管理、建设项目环境保护、职业安全和职业

卫生等4个方面的法律法规和部门规章，以电子文档的形式发送各单位。这一举措有效地推动了各单位安全生产法律法规的执行，促进了基层单位安全生产规章制度的完善。

4. 落实责任，层层签订安全生产责任书

根据国防科工委下达的安全生产管理目标，研究制定了2005年度集团公司安全生产考核目标。在年初的集团公司工作会议上，集团公司领导与总部各主管部门的负责人签订了2005年安全生产责任书；各主管部门与联系单位签订安全生产责任书。通过责任分解，层层落实，把安全生产工作落实到每一个工作岗位，有效地增加全员的安全责任意识，把集团公司的安全生产工作融入全体员工的日常工作之中。

2005年，集团公司核安全继续保持良好记录，一般工业安全保持平稳，无重大工伤事故，共发生工伤死亡事故4起，死亡5人；重要核设施流出物排放远低于国家限值，未发生重大环境污染事故、重大辐射事故；职业照射2004年全系统的人均剂量0.88mSv/a，远远低于国家规定的个人剂量限值。

二、开展“安全生产日”和“安全生产月”等活动，安全文化素养提高

4月6日是集团公司“安全生产日”，集团公司召开了全系统2005年度安全生产工作电话会议，康日新总经理作了重要讲话，提出“安全无借口，赢在执行”的安全口号，要求大家严格监督管理，把各项安全生产规章制度落到实处。各成员单位在安全生产日，举办了多种形式的安全活动，开展安全检查，交流安全经验，反思各种事故的教训。特别是开展了丰富多彩的安全文化活动，请家属参观工作岗位，说贴心安全话，照合家欢，写安全寄语，把安全文化扩展到家庭，融安全于亲情之中。安全生产日活动的开展对减少“三违”现象起到了很好的作用。

2006年6月，根据国家的统一部署，集团公司在全系统组织了以“遵章守法、关爱生命”为主题的安全生产月活动。集团公司对本次活动及早进行了动员，精心组织，注重实效。集团公司和各单位都把安全生产月活动作为提高全员安全文化、强化安全生产基础的重要措施来抓，加大了对安全生产法制、安全生产知识的宣传力度。很多单位结合事故案例，认真进行剖析，达到了警示作用，提高了全员的安全意识，收到了比较好的效果。

开展安全生产检查是安全生产月中的一个重要内容。集团公司组织各单位开展了全面的安全生产检查工作，在各单位自查的基础上，由集团公司领导带队，对所属的核电、核燃料、科技、矿冶等系统的8个单位进行了抽查。

为夯实安全生产基础，集团公司继续组织开展了以安全生产岗位责任制、基础管理标准化、岗位操作标准化、现场管理标准化、岗位纪律标准化为内容的安全标准化班组活动。通过各成员单位认真组织、考核、评比，经各有关部门推荐，集团公司安全生产领导小组审定，在“4·6”安全生产电视电话会上，对中核韶关锦原铀业有限责任公司501工区8-2采场班等20个集团公司安全生产先进班组进行了表彰奖励。

三、隐患闭环管理，推动安全生产工作的持续改进

在安全生产月期间，组织了集团公司安全生产大检查。集团公司领导带队到重点单位进行检查和指导，总部各部门对联系单位进行了比较系统的安全检查。各单位根据集团公司的总体部署，认真组织了安全自查，基本做到横到边、纵到底、不留死角和盲区。2005年度的安全大检查特别强调了实行隐患闭环管理，即采取PDCA模式，对发现的安全隐患，要求基层单位制定整改计划、定措施、定责任人、定时限，最后由各主管部门对安全隐患的整改进行跟踪监督。在重大节日前，及时部署全系统的安全检查工作，预防突击任务或思想松懈导致工伤事故，为广大员工营造和谐、祥和的节日气氛。

各单位高度重视安全隐患的整改，发现问题，及时解决，持续改进，使许多事故消除在萌芽阶段。集团公司3年来未发生重大安全生产事故，与隐患闭环管理、持续改进制度的贯彻执行有内在的联系。

四、狠抓安全基础，全面开展安全现状评价

作为安全生产管理的一项基础性工作，全系统的安全现状评价工作日益显现出其重要性。

2006年开展了全系统的安全现状调查，进行风险评估，摸家底，建立隐患整治和安全技改项目库，加强危险源监控和安全隐患整治，实行隐患治理项目分级负责制，根据国家和企业资金情况，按轻重缓急，加快消除重大安全隐患的步伐，推动本质安全建设。

集团公司制定了安全现状自评价工作方案，提出了目标和具体的评价要求，印发了安全现状综合评价的技术指导性文件。当前，各单位评价工作正在按照集团公司的计划，完成组织动员阶段、危险和危害因素及隐患识别阶段和设施与系统的安全评价阶段，已经进入安全管理评价阶段，预计将于2006年7月完成全系统的评价与验收工作。

五、培育安全文化，广泛开展安防环保培训

由于国家不断出台新的与安全、环保、职业卫生相关的法律法规，另外近年来各单位安防环保管理人员变动比较大，重点组织了安全生产管理，建设项目“三同时”制度，核事故应急、个人剂量监测等方面的培训，共举办8期培训，累计培训学员约340人次。

通过培训，高危行业生产经营单位（如矿冶系统各单位）的主要负责人基本上做到了培训合格持证上岗，科技、核电、核燃料和地质等系统重点成员单位的主要负责人基本上做到了培训合格持证上岗。考虑到各单位主要负责人公务极其繁忙，在2006年将适当调整安全培训计划和培训方式，力争使所有单位的一把手做到安全生产持证上岗。

六、加强源头控制，深入开展建设项目“三同时”

国家核电发展政策，给集团公司迎来了空前的发展机遇，为确保本质安全型工程的建设，集团公司在建设项目的核安全、环境保护、职业安全、职业卫生等方面的“三同时”管理上，开展了大量工作，有力地促进了已建工程项目的顺利竣工验收和拟建工程项目的立项和设计的审批。注重发挥集团公司的技术优势，组织专家协助卫生部和国家安全生产监督管理总局，及时高效开展职业卫生和职业安全方面的审查工作，经过大量的协调和沟通工作，完成了秦山三期和秦山二期两个核电厂的环境、职业安全和职业卫生等3个专项的圆满验收，确保了总体竣工验收的如期完成。按照《安全生产许可条例》的要求，重点监督协调了矿冶系统各单位安全生产许可证的申报工作。通过安全生产许可证的申报，矿冶系统的13家铀矿山单位、7家危化品单位和1家建筑单位均认真对照标准要求进行了安全技术整改，补充办理了相关评价、审查、证件或执照。到2005年底，21家企业已经全部获得安全生产许可证或已经具备条件正在等待安全监督部门发证。

七、完善核燃料循环设施应急预案，提高应急响应能力

事故应急是安全纵深防御的最后一道防线，应急响应的有效性，直接影响到事故的后果。为此，2005年初以来在应急预案的编写培训和审查方面开展了大量工作。

考虑到核燃料循环设施单位只有近年来新建核设施的应急计划，缺少涵盖全部新老设施的全厂应急计划，通过中美核安全合作项目，与美国能源部的专家联合编写了核燃料循环设施的应急准备培训教材，于2005年3月中旬在北京与美国能源部举办了联合培训班，学员反映非常好，感到收获特别大。2005年8月在包头联合举办了核燃料循环设施全厂应急计划的研讨与审查会，各厂交流了全厂应急计划的编写经验，特邀国内核应急的专家，对各单位的应急计划进行“会诊”并提出具体的修改意见，针对国内目前尚无核燃料循环设施应急行动水平的技术导则，计划与美国能源部举办核燃料循环设施应急行动水平的培训和交流。

各核设施单位按照法规要求定期进行专项或综合的应急演习。

八、推动安全技术改造，提高生产科研设施的本质安全水平

由于军工生产时期遗留问题多，安全生产投入历史欠账较多，一些老单位、老设施安全生产基础薄弱。2006年通过国家支持和企业自筹资金，集团公司11个项目得到安全技术改造经费，其中6个项目已经完成，其他5个项目正在按计划进行。

编写了集团公司“十一五”安全生产规划草案，针对集团公司安全生产现状和今后发展的需要，提出了“十一五”期间集团公司安全生产的工作目标。提出了安全生产技术改造项目46条，其中包括：对老龄研究堆和核燃料循环设施进行安全技术改造、8个残矿回收点的综合安全技术改造、重点科研单位实验设施的通风与辐射监测等系统、在役核设施的放射性废物贮存与处理设施，实物保护与事故应急、基础设施改造、危险化学品生产贮存设施安全技改等8个领域。在核安全、辐射防护、环境安全、工业安全、职业卫生、应急准备、放射性运输安全、安全规章与标准研究等8个领域，开展22项重点安全科研项目。

中国核工业建设安全生产工作

中国核工业建设集团公司安全生产办公室

2005年，集团公司根据《安全生产法》和《国务院关于进一步加强安全生产工作的决定》、《国务院办公厅关于加强安全工作的紧急通知》等文件指示精神，在总结2004年安全生产工作的基础上，年初下发了《关于做好2005年安全生产工作的通知》，对安全生产工作作出了整体部署。各级领导在各项工作中始终坚持“以人为本，安全第一”，把企业经济效益和企业发展建立在对劳动者生命安全的切实保障和职业安全健康水平不断提高的基础上，继续推动安全生产科技进步，切实加强和改进安全生产工作，实现安全生产与企业发展的同步协调。并以此提出安全生产工作思路：一是指导和督促企业全面贯彻《安全生产法》和《国务院关于进一步加强安全生产工作的决定》，依法建立健全安全生产责任制，逐步建立自我约束、不断完善的安全生产长效机制；二是切实加强对企业的安全管理，建立严密、完整、有序的安全管理体系和规章制度，使安全生产工作日常化、规范化、标准化；三是督促企业加强安全设施建设，及时淘汰危及安全的落后技术、工艺和装备，引导企业广泛应用现代科技特别是信息化手段，提高安全装备水平，改善企业安全生产条件；四是坚持开展安全大检查活动，安排好2005年的“安全生产月”活动。

一、进一步完善安全生产管理体系

（1）为完善集团公司安全生产管理体制，进一步做好安全生产工作，2005年1月7日集团公司发文成立了安全生产办公室，2005年3月配备的工作人员陆续到位并积极开展工作，2005年3月17日调整集团公司安全生产委员会组成人员。

（2）结合集团公司实际情况，根据国家安全生产法律、法规要求，建立了《中国核工业建设集团公司安全生产责任制》，修订了《中国核工业建设集团公司安全生产管理规定》。

（3）为了加强集团公司在沪施工企业在建施工项目重大危险源工程的监控，促进现场安全生产管理，与上海办事处共同制定《中国核工业建设集团公司在沪施工项目重大危险源工程安全监控管理规定》。

（4）为了完善集团公司安全生产管理体系，加强与各单位信息沟通及工作协调，集团公司下发了《关于报送安全生产管理工作报告的通知》，建立了安全生产情况综述，安全管理机构设置及人员配置情况，安全生产教育和培训情况，特种作业人员持证上岗情况，安全事故原因分析及处理结果，重大事故危险源控制及应急预案的编制情况，开展安全检查活动情况，安全投入情况（预防费用和事故费用），文明施工及环境管理情况等内容的季报制度。

（5）根据国防科工委对“十一五”安全生产规划工作的部署和要求，我们组织下属公司编制了各单位的“安全生产十一五发展规划”共10余份。编制出《中国核工业建设集团公司安全生产十一五规划》。

二、安全监督管理工作

（1）2005年5月31日，集团公司安全生产委员会召开了包括所属企业安全生产主管领导参加的安全生产专题扩大会议。总经理、常务副总经理在会议上对安全生产工作作了重要讲话，要求各单位认真贯彻执行“安全第一，预防为主”的方针，狠抓责任制落实；要加强全员教育培训，提高管理水平和工作技能；各单位安全生产第一责任人用《安全生产法》指导企业的安全生产工作，保证安全生产的各项举措得到有效实施。

会议还通报了集团公司2005年上半年的安全生产形势，交流了经验，对典型案例进行了深入、细致的分析，对集团公司安全生产工作进行了全面、具体的部署。

（2）2005年6月份，安全生产办公室组织所属各单位在集团公司范围内开展了“安全生产月”活动。活动以强化“以人为本”的管理理念和贯彻落实《安全生产法》等一系列法律法规及国家安全生产管理部门的要求为目标，以“安全第一、预防为主”为原则，突出“遵章守法，关爱生命”的活动主题，统揽筹划、组织、宣传、学习、检查和整改等各个环节，使此次“安全生产月”活动有序、有效、稳步地全面展开。进行了集团公司、建设公司、项目部三级安全生产大检查，涉及数百个项目部，共查出安全生产隐患270余项，下达整改通知书近100份，对检查中发现的安全隐患已全部在限定时间内得到整改。

集团公司所属各企业以全国“安全生产活动月”、“安全生产万里行”活动为契机，加强领导、精心策划、认真组织，充分利用广播、报纸、板报、标语、知识竞赛等多种方式开展安全生产宣传教育活动，干部职工的安全意识获得了一次全面的普及和提高。

此次活动以部门文件下发《2005年“安全生产月”活动总结》。

（3）按照计划，2006年开展了两次安全生产大检查，加大对重点工程的检查力度。重点检查安全生产责任制及各项规章制度的建立和落实、安全生产应急预案的编制和落实、安全计划的编制与实施、安全生产措施方面的经费投入、现场安全管理和文明施工等情况。在检查中注意借鉴其他单位的经验。部分建设公司还展开多项安全专项检查工作，制定专项安全工作守则，实行领导专项负责，专人负责执行，及时发现和纠正现场的违章指挥和违章作业，对安全生产隐患做到了及时整改。同时，制定了有针对性的事故应急预案和救援措施，进行事故预案应急演练，也加大了安全生产资源投入，不断完善安全生产的硬件设施建设。

（4）根据季节特点、工程特点和节假日特点，及时下发或转发文件，督促加大安全管理的力度。下发了《关于加强汛期安全生产工作的通知》，对汛期安全生产工作提出了具体的要求。转发了国务院国有资产监督管理委员会《关于进一步加强中央企业境外投资企业和施工项目安全管理工作的通知》，要求为正在建设的巴基斯坦核电工程做好相应的工作。

下发了《关于做好“五一”、“十一”黄金周安全生产工作的通知》，要求各单位根据节日特点，进行一次有针对性的大检查。

针对元旦、春节和冬季施工的特点，下发了《关于认真抓好今冬明春安全生产工作的通知》，要求各单位进行一次全面的检查，检查冬季施工方案在实施过程中手续是否完备、安全保障措施是否落实等，坚决纠正违章作业和违章指挥，对存在的安全生产隐患要及时整改。从执行情况看，各单位都能认真贯彻落实相关要求，保证了各个特定时间段安全生产工作。

三、安全生产应急救援机构组成及预案的编制情况

随着国家对安全生产管理要求的进一步加强，集团公司领导从提高公司整体管理水平和树立企业形象的需要，结合我集团公司实际情况，成立了三级事故应急处理领导小组：集团公司核事故应急处理领导小组，重、特大事故应急处理领导小组及应急救援办公室（安全生产办公室）；建设公司分别成立了公司应急准备和响应领导小组；工程分公司和所属各项目部设置应急准备和响应领导小组。

根据《中华人民共和国放射性污染防治法》和《核电厂核事故应急管理条例》等有关法律、法规，结合集团公司实际情况，集团公司核事故应急处理领导小组组织总部相关各部门编制了适用于集团公司参与核电工程、核工程建设及运营的各有关单位的《中国核工业建设集团公司核与辐射事故应急预案》。

根据《安全生产法》和国家其他法律法规的有关生产安全事故应急救援的规定，针对建筑工程施工现场可能发生的造成一次死亡3人以上9人以下或直接经济损失30万元以上的重大事故、一次死亡10人以上或直接经济损失100万元以上的特大事故，集团公司编制了《中国核工业建设集团公司重、特大安全生产事故应急预案》。

所属各建设公司根据所涉及的产品项目及范围，结合公司现状、项目活动特点，从所需要的资源与能力是否配备齐全、外部资源能否在需要时及时到位、是否还有其他可以优先利用的资源等多方面考虑，均编制有应急准备和应急响应程序；建设公司总部应急行动预案；建设公司重大生产安全事故应急预案；防非典等紧急突发事件应急预案；公司处置突发重大社会安全应急预案。

各单位组织对所编制的应急预案进行不定期的演练，以提高应急指挥水平和救援能力；分公司、项目部对应急预案及响应的应急演练结果进行可行性和有效性评估，对员工执行程序和应急响应的意识和能力，提出纠正措施，进一步完善和改进应急预案。

根据国家安全生产监督管理总局的要求，2005年9月19日集团公司及所属企业总结了近年来应急救援的工作，形成了《中国核工业建设集团公司关于安全生产应急救援工作的汇报》，报国家安全生产监督管理总局应急办。

四、企业负责人经营业绩考核

根据集团公司2005年初与企业负责人签订经营业绩考核目标责任书。对发生重大事故的企业负责人作出了行政处分和罚款，并在集团内通报。

五、安全教育培训情况

为了及时了解掌握行业安全生产动态，熟悉相关法律、法规、条例规定等，我们组织各单位从事安全生产管理工作的相关人员参加国家安全监督总局、建设部举办的“全国建筑安全生产监督执法人员培训班”、“重大危险源监督管理制度和技术与安全生产事故处理机制责任追究高级培训班”、“企业安全文化建设与事故应急救援预案培训班”等，所有建设公司均参加了培训，培训人次达50余人。建设公司级培训达500人次。

六、安全投入

要求各建设公司按照其《安全投入管理办法》，根据生产需要，安排专项经费，对危险性大、容易造成事故的隐患或缺陷，实行超前安全投入，主动投入，对伤亡事故进行预防、预控。淘汰存在严重安全隐患落后的机械设备、防护用品、周转材料，各种个人防护用品要备齐。“四口、五临边”必须严加防护，各种机电设备的安全防护设施必须齐全、有效，做到万无一失。

七、存在的问题

（1）安全生产管理的覆盖面不完整。对于一些边远、小型项目中的安全生产管理相对疏松，安全管理流于表面的情况时有存在，致使安全隐患隐性增加。

（2）有些项目施工方案针对性不强，技术交底不详细。

（3）职工的安全意识还需进一步提高。由于行业特点，人员流动性较大，人员结构复杂，文化程度差异较大，安全意识参差不齐，在生产一线仍然存在违章作业、违章指挥等现象。

（4）个别单位对制定的各项应急救援制度执行不到位。

（5）个别项目安全管理人员存在专职不专现象，专职安全员的职责和权利不能得到充分保证。

（6）个别项目安全投入不到位，安全专款不能及时用于生产一线上。

中国航天科工集团公司安全生产工作

中国航天科工集团公司科研生产部

一、概况

2005年，集团公司的安全生产工作以中央领导关于加强安全生产工作一系列重要指示为指针，在国家安全生产主管部门指导下，始终坚持“安全第一，预防为主”的方针，认真贯彻落实《安全生产法》，坚持以科研生产经营和型号飞行试验为中心，强化各级人员安全生产责任制，全面实行安全生产目标管理，完善安全生产管理制度，狠抓作业现场安全管理，加大火化工作业定岗、定员、定量管理力度，深入开展企事业单位安全性评价，努力探索职业安全健康管理体系建设，广泛开展安全生产宣传教育培训，认真制定集团公司“十一五”安全生产专题规划，做好型号试验安全监督检查等一系列工作，全面完成了2005年安全生产任务。

据统计，2005全年只发生重伤以上生产安全事故1起，死亡临时工1人，伤亡总指标未超过全年安全生产控制指标。与2004年同期相比，事故起数减少5起，死亡人数减少1人，重伤人数减少4人。但是，由于全系统的高危作业人数较多，作业现场硬件条件较差，潜在重大隐患较突出，安全生产严峻的现状依然存在。

二、召开安全生产会议，总结布置工作

2005年，集团公司先后召开3次安全生产委员会会议、1次安全生产座谈会、2次全系统安全生产会议，及时传达贯彻落实党中央、国务院领导关于安全生产工作的指示精神以及国家主管部门对安全生产工作的要求。

2005年2月18日，集团公司召开了全系统第一次安全生产电视电话会议，会议总结了2004年安全生产工作，通报了2004年安全生产责任书完成情况；宣读了对20个企事业单位通过安全性评价等级的批复决定，表彰了10个集团公司安全生产先进单位；布置了2005年安全生产工作。

2005年12月13日，集团公司召开第十次安全生产委员会暨安全生产专题电视电话会议。殷兴良总经理，方向明、李跃副总经理，安委会成员，各院、基地、总公司（包括所属厂所）及集团公司直属企事业单位的主要负责人，主管安全生产工作领导，主管军品、民品、三产部门领导及技安处长近800余人参加会议。会议通报了内蒙古红岗机械厂发生“11·15”死亡事故情况；李跃副总经理宣读了《国务院办公厅关于认真抓好今冬明春安全生产工作的通知》文件；传达了2005年12月12日国防科工委安全生产会议精神；布置了近期安全生产工作。最后，殷兴良总经理做了讲话，要求集团公司全体员工认真落实会议精神，切实搞好2005年冬季、2006年春季安全生产工作。

三、落实安全生产责任，贯彻安全生产规章制度

2005年，集团公司总经理殷兴良与29个直接管理生产经营单位的负责人签订了2005年度《安全生产责任书》，明确了各单位死亡、重伤、尘毒作业点合格率、重大事故隐患项目整改、开展安全性评价工作、违章违纪行为控制、安全生产许可证认证和安全基础建设8项主要安全生产考核指标内容。各单位逐级签订《安全生产责任书》，将安全责任进一步分解，细化到车间、班组和个人。

2005年，对集团公司制定下发的《生产作业现场安全生产检查指导规范》、《员工预防“三违”行为积分奖惩办法》和《安全生产工作考核细则》等5项规章制度进行宣传并进行培训。

四、加强火化工产品安全生产专项整治和重大隐患整改落实

2005年，集团公司对火化工品研制生产单位分层次开展专项整治工作。重点对型号产品生产中存在的重大安全隐患积极进行了整改，为了控制生产作业现场人数，集团公司组织安全生产专家逐个现场审核了作业人数定编在10人（含10人）以上的46个易燃易爆作业场所，审查工作历时半年，在相关单位的积极配合下最终确定了30个定员10人以上（含10人）的危险化学品作业现场。

同时，集团公司积极组织落实国家安全生产监督管理总局，国防科工委以及集团公司下达的重大隐患整改工作。2005年，集团公司将13项重大安全生产隐患列入责任单位的《安全生产责任书》，作为年度考核项目限期整改。据统计，已完成整改9项。

五、加大安全生产监督检查力度

2005年，集团公司组织3次安全生产检查活动。

根据集团公司领导指示，组成4个安全生产检查组，对4个安全重点监管单位进行了安全生产抽查。这次重点检查火化工品研制生产作业现场和产品存储情况，共查出问题和隐患29个，到2005年6月底已全部整改。

从2005年6月1日至8月19日，集团公司从基层单位抽调了220人，组成59个检查组，对全系统79个企事业单位的安全生产状况进行检查，采取自查和互查相结合的方式。重点检查《安全生产法》及安全生产责任制的贯彻执行情况；安全生产规章和操作规程执行情况；纠察“三违”和作业现场安全文明生产情况；不安全隐患和问题整改情况及危险性作业（包括易燃易爆作业场所定岗定员）审批执行情况等。据统计，有44名厂（所）级领导带队参加检查，共查出问题和隐患253个，除河南车辆厂喷涂车间因改造工作量大，预计2006年6月完成整改外，其余都已完成整改。

为贯彻《国务院办公厅关于做好今冬明春安全生产工作的通知》，集团公司总部组成3个检查组，分别由承文、方向明、李跃3位副总经理带领总部有关部门，从2005年12月17日至2006年1月14日，对所属单位安全生产情况进行抽查，这次安全检查的重点是安全生产责任制落实情况，安全隐患整改完成情况及危险作业现场（包括易燃易爆作业场所定岗定员存储等）安全生产情况等。这次共抽查13个单位，查出问题和隐患73个，其中立即整改19个，其余正在进行整改。

六、广泛开展安全宣传教育培训

2005年，集团公司组织编写了领导干部安全生产培训教材和技安干部安全生产培训教材，举办了1期厂（所）级领导干部、2期技安干部安全培训班，223人参加培训学习，经考试合格，发了证书。此外，针对航天火化工品研制生产具有高危险性的特点，集团公司组织编印了《航天复合固体推进剂作业人员安全培训教材》，为集团公司2006年全系统实行火化工品作业人员上岗考核奠定了基础。

2005年6月份，按照国家有关部门的统一部署，集团公司组织全系统开展“安全生产月”活动，利用各种媒体，举办多种形式的安全宣传教育，宣传企业安全文化。集团公司收集了成立以来发生的12起典型生产事故案例，组织编辑了《航天科工集团科研生产安全事故录像选编》，下发全系统各单位组织观看。“安全生产月”期间，集团公司还成功举办了首届安全生产知识竞赛活动。

七、积极应用现代安全管理方法

2005年，集团公司先后从企事业单位抽调近80人次，组成11个安全性评价复评验收组，对11个企事业单位开展的安全性评价进行复评验收。在各有关单位高度重视和积极努力下，全部达到了优秀级水平。

为进一步巩固安全性评价成果，推进职业安全健康管理体系建设，2005年1月28日、4月17日，集团公司分别召开了职业安全健康管理体系建设座谈会和经验交流会。通过座谈讨论，与会代表交流了体系建设的经验和体会。职业安全健康管理体系建设在集团公司已取得一定成绩，到2005年底，已有20个单位通过了国家职业安全健康管理体系认证，还有9个单位已进入试运行。

2005年，集团公司在国家安全生产监督管理总局制定的《机械制造企业安全质量标准化考核评级办法》和《机械制造企业安全质量标准化考核评级标准》的基础上，结合航天《工厂安全评价》标准，制定了《航天科工集团安全质量标准化达标考核办法》和《航天科工集团安全质量标准化达标考核标准》，并组织了两次讨论。

八、严肃处理事故，深刻吸取教训

2005年11月15日，内蒙古红岗机械厂在对风力发电设备的立式塔筒进行打磨时，发生一起临时工死亡事故。事故发生后，集团公司党组非常重视，要求事故责任单位严格按照“四不放过”原则，认真开展事故调查和处理。集团公司李跃副总经理以及总部机关有关部门专题听取了事故处理情况的汇报。责任单位对事故做了认真调查和分析，并按照《集团公司生产安全事故行政责任追究办法》的规定，对此次事故负有责任的工厂主管民品公司的主要领导、设备主管部门的领导、化机公司主要领导及有关责任人进行了严肃处理。集团公司安全生产委员会对此次事故提出了4条处理意见，并在全系统安全生产电视电话会议上进行了通报。

九、认真制定集团公司“十一五”安全生产专题规划

“十一五”期间，集团公司安全生产总体目标是：一个控制，即杜绝重、特大事故的发生，控制死亡、重伤人数较“十五”期间有所下降；一个突破，即在安全科技发展领域中，实现零的突破，建立安全技术研究机构，开展安全技术研究项目攻关；二个重点，即在安全管理方面重点开展安全质量标准化活动，在基础建设方面通过安全技术改造，基本解决历史遗留的重大隐患问题；三个构建，即构建集团公司安全生产法规体系、安全技术标准体系和企业安全文化体系；三个达标，即在安全生产培训教育方面，实现全员安全教育率达到100%，厂所级以上领导安全教育率达到100%，固体推进剂作业人员安全教育率达到100%；四个完善，即完善集团公司安全生产监督管理组织体系、安全技术服务体系、事故应急救援体系以及安全生产信息体系建设。

中国航空工业第一集团公司安全生产工作

中国航空工业第一集团公司质量安全部

遵照党中央、国务院关于加强安全生产工作的方针政策，按照《安全生产法》等一系列法律法规文件要求，2005年中国航空工业第一集团公司在主要经济指标再创新高，各项任务全面完成，其他工作成效显著，“十五”计划圆满实现的同时，安全生产工作也取得了长足的进步。在国家安全生产监督管理总局、国防科工委、国资委等有关部门的领导和有力支持下，在集团公司党组高度重视和直接领导下，按照集团公司的总体部署和具体要求，经过全系统广大干部员工的共同努力、奋力拼搏，安全生产工作状况稳步提升，年度工作目标得以实现，生产安全事故控制指标得到有效控制并有较大幅度下降，发展态势良好，取得了一定的成绩。

一是工伤事故得到有效遏制。2005年全系统共发生2起生产安全事故，与2004年相比，事故起数同比下降83.3%（2004年12起）。其中死亡事故1起，死亡1人，同比下降50%（2004年2人）；重伤事故1起，伤1人，同比下降90.9%。这是集团公司成立6年以来，发生工伤事故最少的一年。

二是安全生产基础管理得到不断深入。集团公司自2001年推进以6S管理为核心的“一流环境”建设以来，极大地推进和规范了科研生产现场的安全生产工作，突出了“以人为本”的安全理念，基础管理得到加强，本质安全有所提高，工伤事故得到有效控制。至2005年底，41个单位通过了集团公司组织的合格验收，其中达标单位31家、铜牌8家、银牌2家。

三是安全生产管理体系和机制得到强化和完善。集团公司已构建“集团公司统一领导、各企事业单位全面负责、地区协作组积极配合、全体员工广泛参与”的管理体系和运行机制，通过制度建设，规范管理，专项整治，检查监控，培训教育，严格考核等方面工作的不断推进和深化，有力地加强和完善了集团公司的安全生产管理体系和机制。

2005年，我们重点做了以下几方面工作。

一、集团公司党组高度重视安全生产工作

集团公司党组针对2005年科研生产任务日趋繁重和安全生产工作实际，采取了一系列行之有效的举措，保障了安全生产工作的落实。2005年初，召开了安委会年度例会，明确了年度安全生产工作的指导思想和工作目标，部署了安全生产任务和工作重点。安委会主任刘高倬总经理就扎扎实实做好本年度的安全生产工作，作了重要指示。

2005年3月，集团公司组织召开了2005年度安全生产工作会。会议总结上年度的安全生产工作；分析安全生产形势和存在问题；针对各项科研生产任务日趋繁重和安全生产工作实际，制定和部署了当年的总体目标和安全生产工作并提出具体要求。会议还表彰年度集团公司的先进单位、先进集体、先进个人，各单位相互之间交流了经验；研讨了加强集团公司安全生产工作的具体措施和实施办法。会议着重传达党中央、国务院的一系列方针政策，学习和贯彻《安全生产法》、《国务院关于进一步加强安全生产工作的决定》（以下简称《决定》）等法律法规，要求各单位结合本单位特点和实际，认真贯彻落实。

2005年7月，集团公司组织有关企事业单位参加了首届全国安全生产及技术装备展览会。荣获大会颁发的优秀组织奖和设计奖两个奖项。

2005年11月30日，针对科研任务异常繁重、设备设施超负荷运转、人员长期疲劳等因素影响而发生的质量问题和安全生产险肇事故的不良势头，集团公司党组立即决定召开了全系统质量安全电视会议。会上通报了事故情况，重申了安全的极端重要性。刘高倬总经理做了重要指示，集团主管安全的副总经理布置了相关工作并提出要求。会后，集团公司领导和部门领导到事发现场听取汇报，调查和处理问题。各企事业单位认真落实了会议精神，全面开展了质量安全生产整顿工作，有力地遏制了不良势头。

二、制定集团公司的总体目标，切实做好安全生产管理工作

集团公司认真贯彻执行国务院办公厅、国防科工委、国资委等上级机关下发的关于加强安全生产工作的有关文件。凡上级机关下发的一系列文件，集团公司都及时转发各单位，并根据行业实际提出了具体的安排和要求，各单位也能根据自身特点认真加以贯彻实施。

集团公司针对各项科研生产任务日趋繁重和安全生产工作实际，提出了2005年集团公司安全生产工作总体目标：在科研生产任务日趋繁重的决战决胜阶段，保持安全生产总体稳定有升的势头，坚决杜绝重、特大生产安全事故的发生；事故起数和伤亡人数与2004年相比有所下降；安全生产管理人员和特种作业人员培训率和持证上岗率达到100%；生产安全事故结案率达到100%。

三、建立健全各项安全生产规章制度，落实各级领导安全生产责任制

集团公司重视安全生产规章制度建设工作。不断制定、修订、完善各项安全生产规章制度。2005年组织专家组研究、分析、梳理和讨论，初步确定了集团公司今后要不断制定、修订的《安全生产文件体系目录》，并制定了拟下发的《中国航空工业第一集团公司安全生产检查制度》，进一步完善《中国航空工业第一集团公司安全生产事故应急预案》。

各企事业单位建立和完善各项安全生产规章制度。进一步落实各级安全生产责任制，实行安全生产目标管理，逐步完善安全生产管理体系。

集团公司已基本构筑了“集团公司统一领导，企事业单位全面负责，地区协作组积极配合，全体员工广泛参与”的安全生产管理体系。在全系统形成了“横向到边，纵向到底”的安全生产管理网络。

四、制定安全生产“十一五”发展规划草案，初步形成安全生产发展纲要框架

根据国家安全生产发展规划纲要和国防科工委制定的国防科技工业安全生产“十一五”发展规划思路，按照集团公司“十一五”发展规划总体要求，结合集团公司的安全生产实际，在认真总结航空工业安全生产发展历程中的成功经验和惨痛教训的基础上，从主要需求分析、指导思想、总体目标、工作主要任务、保障措施等方面，按照“安全第一、预防为主”的基本方针，坚持以人为本，紧密围绕集团公司科研生产的发展目标，总体部署，通盘考虑，全面着手，组织全系统专家通过多次调研，形成集团公司安全生产“十一五”发展规划，并准备下发各单位贯彻执行。

五、狠抓现场安全生产管理，深入开展以6S管理为核心的“一流环境”建设，创造文明有序的科研生产环境

集团公司大力推行以科研生产现场管理为主的6S管理，使各单位都把安全生产工作的重心放在狠抓科研生产现场的安全管理上面，极大地提高了生产效率和生产现场的本质安全。

自2001年开始在全系统创新推行6S管理以来，目前包括集团公司总部在内已有41家单位通过验收，其中2家荣获银牌单位、8家晋升铜牌单位、31家单位通过达标验收。

通过几年来的6S管理和一流环境建设，使各企事业单位的厂容厂貌发生了根本性的变化，特别是各企事业单位的安全生产管理工作受益匪浅，科研生产现场的工作环境发生了根本性变化，大大提高了本质安全度。凡是通过6S管理和一流环境达标验收的单位，生产现场管理得井然有序，广大员工的精神面貌焕然一新，科研生产效率和产品质量大幅度提高，生产安全事故得到有效控制。

六、开展“安全生产月”及“百日安全无事故”活动，营造良好的安全科研生产氛围，逐步创建独具特色的集团公司安全生产文化

根据国家安全生产监督管理总局等五部委《关于开展2005年“全国安全生产月”活动的通知》（安监总政法字［2005］4号）和《国防科工委关于认真开展2005年全国安全生产月活动的通知》（科工安［2005］483号）的精神，集团公司组织全系统开展了以“遵章守法，关爱生命”为主题的2005年“安全生产月”活动。

按照党组的要求，集团公司统一部署，认真组织，提出了具体的实施意见。明确要求所属各单位要以邓小平理论和“三个代表”重要思想为指导，以实施《安全生产法》和贯彻落实全国安全生产工作会议精神为主线，以实施《决定》为重点，高度重视“全国安全生产月”活动，层层动员，精心组织，重点突出，务求实效。

各单位领导都非常重视2005年的“安全生产月”活动，亲自主持召开动员会，成立专门组织，制定计划，落实活动经费；采取拉横幅、贴标语、挂宣传画等媒体形式广泛宣传安全生产的基本常识；编制了《员工安全手册》、《安全启示录》等知识手册，教育广大干部职工懂安全，要安全，会安全，保安全；大张旗鼓地宣传安全生产工作中的好典型，好做法，营造了浓厚的企业安全文化；组织安全知识有奖答题竞赛、演讲比赛和黑板报、书法比赛，提高广大干部职工的自我保护意识和安全防范的能力。

通过“安全生产月”活动，狠抓了安全生产规章制度的落实，进一步了强化安全生产管理，普及安全生产知识，增强了广大员工安全意识和安全防范能力，从而推动全系统安全生产形势稳步健康的发展，确保科研生产的顺利进行。

2005年8月至11月，针对年底科研生产任务繁重、设备设施超负荷运转、人员疲劳等因素影响，确保科研安全生产顺利进行，集团公司在全系统组织开展了题为“落实责任，消除隐患，杜绝事故，确保安全”的“百日安全生产无事故”活动。下发了《关于开展2005年百日安全生产无事故活动的通知》（质字［2005］29号），部署了具体安排，提出了详细的要求。各单位结合实际情况积极响应，全面开展活动，取得了实效。

七、通过多种形式的安全生产大检查和专项整治，严格各级危险源（点）和危险作业场所的监控、管理，确保不发生人员伤亡事故

（1）集团公司十分重视安全生产检查工作，2005年年初就安排了安全生产检查计划，主管领导亲自率领总部人员，到东北、陕西、贵州、华东、四川、华北、中南等地区的主要单位深入现场安全检查，督促各单位加强安全生产工作。

集团公司组织专家赴沈阳、西安、中南、贵州、四川地区的41家单位进行了安全检查。特别是于2005年6月、11月对一四四厂、一航导弹院和一航航宇的火工品及重大危险源的管理进行了针对性的专项检查。对发现的问题，要求有关单位及时或限期整改，决不能有一丝麻痹思想。

集团公司组织7个地区协作组于2005年9月至11月在本地区范围内开展了全部单位的安全生产检查。

按照《国务院办公厅关于认真抓好今冬明春安全生产工作的通知》精神，以及国防科工委在军工集团开展安全生产大检查的要求，2005年12月，刘高倬总经理带队到沈阳的有关单位，许焕刚副总经理带队到北京、沈阳、吉林的有关单位，质量安全部的主管人员带领专家到北京，无锡、成都等单位开展安全生产大检查。尤其是在2005年6月、12月，原国防科工委张广钦副主任、胡亚枫副秘书长，先后两次派督察组到中国一航多个企事业单位和集团公司总部检查安全生产工作。

（2）针对2005年148厂再次发生的空压机及其管道设施发生爆炸事故的险情，考虑各单位科研生产任务日趋繁重等实际情况，集团公司于2005年4月至5月份组织开展了压力容器及其配套设施安全生产专项整治工作。

各单位认真落实中国一航《关于开展压力容器及其配套设施安全生产专项整治工作的紧急通知》精神，立即组织对有关部门开展压力容器及其配套设施安全生产专项整治工作。要求各单位对检查中发现的重大安全隐患，迅速上报集团公司，并采取有效措施，加大治理整改力度，落实整改资金，确保各种压力设备及其配套设施安全运行。

（3）根据国防科工委关于印发《承担高新工程专项计划的火工产品企事业单位安全生产专项整治工作方案》的通知（科工安［2005］264号）的要求，中国一航自2005年开始在全系统开展为期3年的安全生产专项整治工作。结合集团公司科研生产的实际和特点，制定了实施方案，确定了整治内容，明确了整治目标，落实了组织管理，安排了具体的实施计划。

（4）集团公司加大专项安全投入，治理事故隐患。148厂连续两年发生压力容器爆炸事故，集团公司先后2次投入500万用于148厂安全技术改造。各单位对安全生产检查中发现的安全隐患问题，非常重视，及时制定措施，加大资金投入，治理隐患整改。据不完全统计，“十五”期间，全系统用于治理隐患安全整改投入资金约为12000多万元。

（5）按照集团公司下发的《危险点控制管理办法》，各单位对危险点都能按照分级管理的要求，进行重点管理和监控。制定各级危险点管理制度和检查制度，各级危险点都设有明显的标志牌及安全负责人。主要领导都能够坚持对Ⅰ级危险点的定期检查制度；各岗位工作人员认真履行工作职责，并做好安全运行记录。在“安全生产月”期间，很多单位对危险作业、危险场所、危险设备、压力容器、易燃易爆场所、危险化学品进行安全生产专项检查，对检查出的事故隐患，立即整改到位。对于不能立即整改的，要采取有效措施进行重点监控。为了最大限度地减少施工过程中的不安全因素，对各建筑施工场所实行重点监控，加强巡回检查，及时纠正违章作业和违章指挥，防止发生重大生产安全事故。

八、坚持安全教育及培训工作，普及提高安全生产知识和技能

集团公司非常重视安全生产教育培训工作，每年制定培训计划和安排，举办全系统参加的安全生产知识培训班。

2005 年 5 月上旬，集团公司总部主管安全的部门领导和主管人员参加了国家安全生产监督管理总局举办的中央企业安全生产管理人员安全资格培训，经考试取得任职资格。

2005 年 7 月上旬，集团公司聘请中国安全生产科学研究院刘铁民教授对中国一航 21 名主要单位的行政一把手进行了安全生产专业培训教育。

2005 年 7 月下旬，举办了安全生产技术管理专业人员培训班。有 64 个企事业单位 94 名安全生产技术管理专业人员参加了培训班学习。

各单位都设立了安全教育机构，制定了培训教育制度，坚持对各类人员的安全培训教育，普及和提高安全生产知识和技能，深入持久地开展各种生动活泼的安全生产宣传教育工作。特殊工种做到了 100% 培训并持证上岗。

九、建立了生产安全事故应急救援体系，实施应急预案演练

按照国防科工委等上级有关部门下发的相关文件和指导性意见的要求，集团公司制定了《中国航空工业第一集团公司重、特大生产安全事故应急预案》，对各单位提出了制定生产安全事故的应急预案的要求。2005 年 4 月底，集团公司总部组织进行了防火演习演练。

各单位根据自身行业的特点和实际，分门别类制定了详细的安全生产应急预案，建立了生产安全事故应急救援体系，成立了事故应急救援组织机构，配备了必要的救援队伍和救援器材，并按照制定的预案进行了现场实际演练。

十、积极推进企业职业安全健康管理体系建设和认证工作，倡导科技兴安和集团安全文化

集团公司积极推进企事业单位建立职业安全健康管理体系。截至目前，一航黎明等 4 家已通过职业安全健康管理体系认证并有效运行。一航成飞等六、七家单位建立体系并投入试运行阶段，大多数单位已把该体系认证工作列入年度计划或提到议事日程上。此外，集团公司已将通过体系认证融入到 6S 管理的银牌验收标准之中。

根据集团公司的部署和计划，一航沈飞已开展了安全质量标准化试点，现已通过验收。2006 年，计划选取 2 ~ 3 家单位，进一步试点，在不断完善具有行业特点的基础上，形成中国一航可行的安全质量标准评价体系，在全系统推广实施。

集团公司紧密围绕科研生产的发展目标，力主各单位依靠科技进步，不断开发安全生产新技术，改进安全生产技术、工艺、装备水平，不断学习吸收国内外先进管理经验、方法和手段，推进安全生产技术创新和管理创新。

十一、落实安全生产责任，加大考核力度，建立奖罚制度，严肃事故调查处理

根据国防科工委下达的安全生产控制考核指标的精神，集团公司制定了年度安全生产控制指标。

集团公司严肃生产安全事故的调查和处理，及时在全系统通报发生的生产安全事故，并对事故单位的行政一把手进行了通报批评，在年底的业绩考核中进行处罚。

各单位普遍建立了安全生产奖励处罚制度，行使安全生产的一票否决权。大多数单位还设立了安全生产专项奖励基金，用于奖励安全生产的先进单位及个人。

各单位还加大对“三违”（违章指挥、违章作业、违反劳动纪律）行为的处罚力度，有效地控制了伤亡事故的发生。凡发生生产安全事故的单位都本着“四不放过”（没有找出事故原因不放过，本人和职工没有受到教育不放过，没有制定整改防范措施不放过，事故责任者没有受到处理不放过）的原则进行了及时处理和结案。

十二、集团公司十分重视安全生产信息工作

充分发挥各地区安全生产协作组和专业工作组的作用，建立了集团公司、地区协作组和各企事业单位三级安全生产信息简报制度。集团公司全面及时收集、汇总和掌握全系统的安全生产情况，详细反映本地区的安全生产状况，分析当期的安全生产形势，编制下发安全生产信息简报。

总之，经过全年不懈的努力和扎实的工作，集团公司的安全生产工作取得了显著的成绩，但仍然有很多方面需要加强和改进。我们将不断总结经验，坚决贯彻“安全第一，预防为主”的方针，深入落实安全生产责任制，研究、探索、实施安全生产的新思路、新模式和新方法，为集团公司的科研生产的顺利完成，创造一个良好的安全生产工作环境。

中国航空工业第二集团公司安全生产工作

中国航空工业第二集团公司经济运行部

2005年，中国航空工业第二集团公司（以下简称集团公司）在国家安全生产监督管理总局、国防科工委、国资委等有关部门的有力支持和集团公司党组的正确领导下，全面贯彻和落实科学发展观，牢固树立“安全第一，预防为主”的理念，积极开展各项活动，安全生产工作得到进一步加强，取得了实质性的成果。

一、总结经验，表彰先进，布置工作

2005年，根据国家安全生产监督管理总局、国防科工委安全生产工作要点，集团公司下发了《中国航空工业第二集团公司2005年安全生产工作要点》，明确了集团公司的总体工作思路，即从“讲政治、保型号、促发展、求稳定”出发，积极落实国家对安全生产工作的总体要求，坚持“安全第一，预防为主”的方针，着眼于建立安全生产的长效机制，以飞行安全、重点型号科研生产现场治理、重大事故隐患治理及重特大危险源的监控、重特大事故防范为重点，进一步健全和完善安全生产的责任制度和激励机制，有针对性地开展安全培训，规范安全检查，狠抓安全机构和安全生产责任制的落实，切实保障职工安全健康和集团公司科研生产的安全顺利进行。

2005年集团公司安全生产的工作目标是：推动各企事业单位建立以风险抵押金制度为重点的安全生产激励机制，促进企业安全管理的标准化和规范化；推动职业安全健康管理体系的建立；做到“三个杜绝，一个减少”（杜绝重、特大事故，杜绝各类等级飞行事故，杜绝重复性伤亡事故，减少飞行事故征候），使伤亡事故比2004年有所下降。

在此基础上，2005年3月3～5日，集团公司在湖北省武汉市召开了安全生产工作会议，对2004年集团公司的安全生产工作进行了总结，实事求是地分析了当前集团公司安全生产工作所存在的问题，提出了集团公司2005年安全生产的工作重点和相应措施。会议评选出哈航集团、125厂、542厂、174厂、531厂、3297厂、372厂、300厂、608所等单位为2004年度安全生产先进单位。

二、加强安全生产检查及专项治理

为落实国家及有关部门的各项要求，集团公司积极认真地组织开展了安全生产大检查、专项治理和“安全生产月”活动。2005年5～7月，集团公司对高新工程现场进行了重点检查，组织专门检查组赴黑龙江省、陕西省、江西省、河北省、湖南省等地的有关单位对重点型号现场进行检查评估。组织专家组赴河南省对相关企业进行了专项安全评估，确保了高新工程的安全顺利进行。期间，集团公司领导也亲自带队赴有关企业进行了抽查，发现并整改了一批隐患。

为配合国家安全生产大检查的要求，集团公司有针对性地对涉及火工产品的企事业单位进行了安全生产专项治理整顿的检查，督办了哈航集团2万余发过期弹药的销毁，对5712厂、5722厂过期弹药和弹药库整改问题向国防科工委作了专题报告，并获得了一定的支持。此外，还对320厂高新工程厂房进行了现场专项评估验收。同时对部分改制、分立破产企业的安全管理进行了重点关注，并就与安全生产相关的问题对企业提出了明确要求。

2005年8月9～10日，集团公司在黑龙江省哈尔滨市召开了“安全生产月”及安全大检查总结会议，会议全面总结了上半年安全生产工作及安全大检查、“安全生产月”活动情况；根据年度工作要点要求，讨论、修订了《中国航空工业第二集团公司“十一五”安全生产工作发展规划》、《中国航空工业第二集团公司安全生产专家考核、聘用、培训及管理暂行办法》、《中国航空工业第二集团公司安全专职管理人员上岗培训管理暂行规定》等文件及部分规章制度，布置了下半年安全生产工作重点。

三、做好安全生产“十一五”规划

2005年，集团公司对“十一五”期间的安全生产工作进行了全面科学的规划，明确了下一个5年内安全生产工作的重点，力争在“十一五”期间在安全管理水平、安全法制建设、安全科技发展、人才队伍建设、重大危险源识别监控体系、安全文化建设等方面有所突破，解决一些长期困扰企业发展的安全生产难题，推动集团公司安全生产向长治久安的方向发展。

四、积极推进职业健康安全管理体系的建设

至2005年底，集团公司下属哈航集团、372厂、608所和昌铃汽车股份公司4家企业通过了OHSMS及ISO 14000双体系认证，另有两家正进行OHSMS及ISO 14000双体系建设，其中320厂已经完成内审员培训，进入危险源及环境因素辨识阶段，中国航空勘察设计研究院已经进入体系文件编写阶段。

五、认真抓好安全教育及培训

2005年，集团公司有针对性地开展了4期安全生产培训班。2005年6月，在甘肃省兰州市242厂开展了一期职业安全健康管理体系培训班，参加人员为川甘地区企业安全主管领导及安全管理人员；2005年7月，集团公司在湖南省株洲市开展了一期608所新任中层干部安全生产职业资格培训班；2005年7月25～27日，在航空生产力促进中心举办了一期注册安全工程师考前辅导班；2005年10月24～30日，在航空生产力促进中心举办了一期安全评价师培训班。同时，为了提高企业建立职业安全健康管理体系的运行效率，集团公司专门召开了一次职业安全健康管理体系研讨会，由认证企业、体系咨询公司、认证机构来研究如何提高OHSMS及ISO 14000双体系在企业中的运行效率并取得实效，研讨会取得了较好的效果。

六、工伤事故情况

2005年集团公司共发生伤亡事故6起，伤亡6人，其中死亡事故1起，死亡1人，重伤事故5起，受伤5人，与2004年相比（2004年共发生重伤事故8起，重伤9人），事故起数有所下降，但发生1起死亡事故，并且发生3起手臂机械伤害事故，重复性事故有所抬头。

总而言之，集团公司2005年安全生产工作形势稳定，成绩良好，事故起数比2004年有所下降。但对安全生产工作一定要警钟长鸣、常抓不懈，我们要继续本着求真、务实、创新的精神扎扎实实将安全生产工作落到实处，全面落实各级安全生产责任制，切实提高企业本质安全水平，为集团公司各项军、民品任务的顺利完成保驾护航。

中国船舶工业集团公司

中国船舶工业集团公司经济运行部

2005年是中国船舶工业集团公司不平凡的一年，经济保持快速、持续发展。去年，造船完工吨位357万吨，比2003年增长64.5%，工业总产值完成258亿元，比2003年增长23.4%。今年造船

完工吨位500万吨，比去年增长40%，工业总产值完成318亿元，比去年增长23%。在经济快速发展的情况下，安全生产也保持了比较稳定的局面。其主要表现在：安全生产形势基本稳定，安全生产事故指标控制在上级部门下达的指标之内，整体安全生产管理水平有所提高。

一、认真贯彻落实安全工作指示、要求，积极落实全国安全生产电视电话会议精神

2005年1月15日，根据国务院安全生产委员会的统一部署，国务院安全生产检查组第四组由原国资委党组书记、副主任李毅中（现任国家安全生产监督管理总局局长）带队，对中国船舶工业集团公司及下属企业江南造船（集团）有限责任公司进行安全生产检查。国务院安全生产检查组对安全生产各项指示、召开安全生产视频会议、安全生产管理制度、安全生产责任制、安全生产教育培训、安全机构的健全、现场有关安全措施的投入、企业的消防队伍建设等方面给予了肯定。

为贯彻全国安全生产电视电话会议精神和国务院安全生产委员会、安全生产监督管理总局、国防科工委《关于认真做好元旦春节期间安全生产工作的通知》，集团公司以船经［2005］01号文下发了《关于认真做好春节期间安全生产工作的通知》，强调节前进行一次全面安全大检查，并要求春节长假后，各企事业单位和基建基地要进行一次全员安全教育，组织观看本集团制作的《血的教训》生产安全事故案例光盘，特别是春节返厂后的劳务工必须进行专门安全教育。

集团公司分别于2005年4月12日、7月18日、10月17日召开了安全生产工作视频会议，集团公司安委会主任、副主任、总经理助理等分别做了讲话，要求全面落实《国务院关于进一步加强安全生产工作的决定》，统一思想，总结经验教训，按照落实科学发展观和构建社会主义和谐社会的要求，创造一个和谐的造船环境，并在全系统内贯彻落实安全文化、安全法制、安全责任、安全科技、安全投入这5个要素，部署开展安全大检查，做到“横向到边、纵向到底”，逐步建立起集团公司安全生产长效机制。

2005年12月28～29日，集团公司在广州召开集团公司安全生产工作会议，会议总结了2005年安全生产工作情况，对在2005年安全生产工作中出现的难点进行了探讨，并研究和部署了2006年安全生产工作要点。

依据《国防科工委“十一五”的安全生产发展规划思路》和《中国船舶工业集团公司“十一五”发展规划（草案）》，制定了《中国船舶工业集团公司“十一五”安全生产规划（草案）》，对“十一五”期间集团公司安全生产工作的指导思想、原则、目标、规划思路、保障措施等提出规划纲要。

另外，集团公司在贯彻上级部门指示精神方面还转发和下发了有关文件并提出要求。

二、健全安全生产管理体制

在安全生产管理体制上，集团公司成立安全生产委员会，各地区公司也相应建立了安全生产委员会，明确了工作职责。

地区公司进一步健全了安全管理体制与职能。上海船舶工业公司成立了安全生产监察处，为了加强专项和区域安全生产监督管理网络，还分别成立了6个专业检查组（生产安全、环保工业卫生、防汛防台、消防危险化学品、特种设备、道路交通），并根据区域特点，成立苏皖地区安全检查组和崇明修船基地安全检查组。广州管理局按照《集团公司安全生产管理规定》的要求，健全了地区公司安全生产委员会的体制。九江船舶工业公司根据制定的《安全生产竞赛评比方案》及《安全生产工作考评表》对所属各单位进行评议，使各单位的安全生产责任得到了有效落实。

形成了党政工齐抓共管的机制。各级安委会包括党、政、工成员，齐抓共管，责任共担，在安全管理方面激活了另一半的管理力量。党、政一把手一起参加集团公司的安全生产会议。出了安全生产事故，党、政一把手责任一起追究。

建立起了阶段性安全评审机制，根据造船行业的特点，在船舶工程的不同阶段，事先对船舶的安全状态进行评审，及时发现、纠正和完善安全管理中的不足。目前我们正逐步扩大到建设工程项目的阶段性安全评审。

与社会力量相结合，形成安全生产管理的共建机制。借助消防部门、安全监督部门的力量，签订共建协议，请他们定期到企业检查、诊断安全生产管理状况，引进他们的专业知识与好的管理办法。同时，这些专业部门也可以进一步了解船舶行业的特点，更好地指导我们的安全生产管理工作。

三、落实安全生产责任制

为落实各级安全生产责任制，2005年1月份各企业完成安全生产责任制的签约工作，地区公司和企业、企业内各级层层签订安全生产责任制，并落实到班组和科室，明确安全生产管理责任，健全安全目标考核和监督机制。

在集团公司范围内建立了基层安全生产问责机制。安全生产的关键是落实安全生产责任制，基层企业作为安全生产的责任主体，在健全安全生产责任制的基础上，又建立了问责制，即发生了安全事故一定要追查责任，约见谈话，党政一把手在集团公司视频会上做检查。

集团公司为了强化安全生产责任制，下发了《关于2005年集团公司生产安全事故控制指标的通知》，对3个地区公司提出了事故控制指标要求。

四、建立和完善规章制度

集团公司组织制定了《安全生产管理规定》，作为集团公司安全生产的纲领性文件，构建了整个集团公司安全生产管理的基本框架，为各企事业单位（包括在建工程单位）建立和健全安全管理制度提供了依据，对各企事业单位安全管理有重大的指导意义。

围绕船舶行业的生产特点，还制定了《阶段性安全评审程序》、《消防及危险化学品标准化检查程序程序》、《道路交通安全标准化检查程序》、《防汛防台标准化检查程序》、《特种设备标准化检查程序》、《船舶生产安全标准化检查程序》、《环境保护、职业卫生标准化检查程序》7个标准化检查程序文件，为提高集团公司的安全管理水平打下了坚实基础，标志着中船集团的安全工作将由传统安全管理逐步向科学的、标准化的安全管理迈出了实质性的步伐。

五、安全宣传教育培训

安全教育培训主要分5个层次，即领导干部安全管理知识的培训、管理人员安全管理知识培训、安技人员培训、专业工种培训及全员的培训及定期复训。2005年我们组织了4次安全管理知识培训，共有195名各单位主要负责人和管理人员参加。举办了4批安全技术人员培训班，共有300人参加。在对全员培训时，让大家观看集团公司制作的《血的教训》光盘，并作为各企业日常安全基本知识教育的必修课。

2005年5月9～12日国家安全生产监督管理总局举办了中央企业主要负责人和安全生产管理人员安全资格培训班，集团公司安委会主任、经济运行部副主任均参加并经考试合格获得安全资格证书。

中国船舶工业安全生产培训中心于2005年5月底在武汉举办了一期“可燃性气体测试技术和涂装作业审批培训班”，包括船舶工业集团、船舶重工集团和地方船厂14个单位共112名涂装作业审批员和测爆员参加了培训，并全部取得资格证书。2005年10月17～21日在上海再次举办了由11个地区27个单位117名学员参加的“涂装作业审批和可燃性气体测试技术培训班”，115名学员取得涂装作业审批证书，103名学员取得可燃性气体测试技术证书。

六、开展安全监督检查，促进企业排查和消除安全生产事故隐患

集团公司、各地区公司和各企业开展了形式多样的检查。安全检查的特点是：纵向上实行专业检查，横向上实行分地区、分块企业内检查，时间上年初布置安全生产、每季召开视频会，根据不同生产阶段的特点，布置检查安全生产。有节假日前检查、特殊季节（汛期、台风、高温、防寒保暖）的检查，布置检查安全生产，地区每月召开安全生产会议；工厂每月、每周召开安全生产会议，班组每天召开班前会；有跨地区，有地区内厂际之间的对口检查。通过对口检查，推进相互交流、相互学习，寻找安全死角。春节、五一及国庆期间，集团公司领导分别对所属部分企业进行生产现场安全督查。

全国安全月活动期间，集团公司组织了4个检查组，地区单位间进行互查。通过检查，既达到了抓隐患、促整改的目的，同时也起到了互相学习、相互促进的作用。

针对“安全生产月”活动期间恰逢南方暴雨和高温季节，集团公司领导于2005年6月24日检查了九江地区企事业单位防范突发性自然灾害的工作准备情况。这次检查给九江地区各单位有效防范6月底的暴雨袭击奠定了基础，避免了重大损失。

2005年10月下旬，为了进一步加强对修船企业的安全管理，集团公司组织了有关专家成立指导组，制定了时间节点、督察要求和详细内容，对修船企业进行为期2个月的安全指导活动。

根据国防科工委关于贯彻执行国务院办公厅《关于认真抓好今冬明春安全生产工作的通知》意见，同时结合船舶行业的特点提出了具体要求和措施，集团公司开展了2005年年底和2006年春节前安全生产督查活动。

七、加强安全科技开发和投入

集团公司重视对安全生产管理的投入，每年拿出一定数量的安全管理费用，明确要求企业对安全设施、安全措施进行投入。如江南造船（集团）有限责任公司2005年共计投入安全费用1756万元，外高桥造船有限公司全年投入1045万元，广船国际投入500万元等。同时为完善高新产品应急救援体系的保障措施，由江南造船厂试点在建造的高新产品上安装消防防火应急救援装置，并逐步扩大到民用产品，起到良好的效果，现在几个主要船厂都进行了安装。

八、做好应急救援预案的完善和管理工作

根据国防科工委关于印发《国防科技工业重特大生产安全事故应急预案》的通知，并结合船舶工业的特点，集团公司及时开展了相关的准备和编制工作，对原先制定的《中国船舶工业集团公司重大生产安全事故应急响应预案》进行修改。同时结合各地区的自然灾害的特点，及时下发通知要求各企事业单位制定防范自然灾害应急预案和防范地震应急预案。

九、积极推进安全质量标准化建设

2005年骨干企业建造的高科产品，如“江南”建造高新工程，“沪东中华”建造LNG船，“外高桥”建造FPSO，对职业健康安全和环境管理（HSE）提出了很高的要求，促使这些企业的安全生产管理向着规范化的水平不断提升。在集团公司7家大中型修造船企业中，有5家通过了ISO14000管理体系认证，有6家通过OHSAS18000管理体系认证，同时集团公司在2004年就确立了推进安全质量标准化建设的目标。目前，在上海外高桥造船有限公司、江南造船（集团）有限责任公司作为集团公司的试点单位正在积极编制和完善安全质量标准化工作。

十、加强事故分析，采取积极应对措施

分析事故发生的时间，一季度和三季度是造船行业事故的高发期，尤其是三季度。造成事故的原因有多方面，除了人员自身的原因外，一季度是节假日高峰时段，人员容易放松，寒冷的季节使人活动不灵活，人员流动频繁（指外来劳务工）；三季度高温酷暑，人员容易疲乏，台风汛期容易造成设施损坏，造船节奏快。这些外来因素是造成事故的重要原因。

从事故发生的发生类型来看，主要是物体打击、高处坠落、车辆伤害、触电和起重伤害，这和我们船舶工业的工况性质有着密切的关系。分析事故原因，违章作业导致事故发生占绝大多数，因此加强安全教育培训和技术培训、提高人员素质、强化员工自主管理水平是今后的重点工作。

安全生产管理工作的指导思想，就是使安全生产的基础管理逐步实现实效化、规范化、程序化。我们将安全检查制度制成程序化文件，采用标准检查表，并规定了检查、整改、反馈、复查4个环节的循环，使每次检查中发现的问题均实现闭环，避免搞形式、走过场。

“十一五”是实现集团公司“五三一”目标的关键时期，也是在经济规模和总量扩大的同时推进管理体制和经营机制改革的关键阶段。客观形势和艰巨的任务要求我们必须树立高度的责任感、紧迫感和使命感，从发展的全局出发做好安全生产工作，为集团公司的发展创造和谐的生产环境。

中国船舶重工集团公司安全生产工作

中国船舶重工集团公司

2005年，集团公司继续认真贯彻落实党中央、国务院的工作部署，坚持“以人为本”的理念，落实“安全第一，预防为主”的方针，落实集团公司第六次工作会议的精神，强化主体责任，加强了基层和基础工作，安全生产状况总的形势比较平稳，保障了集团公司“第一番”战略目标的实现。

一、联系实际，强化安全责任，注重实效，安全生产出现新局面

（1）领导重视。集团公司总部及成员单位总经理、厂长办公会定期分析安全生产形势；认真贯彻落实国家对安全生产的各项要求；对安全生产工作提出要求；解决安全生产中的问题；领导带队进行安全生产工作检查、督查。安全生产工作做到了“五同时”。

（2）重点突出，责任落实。一是层层签订安全生产责任书（状）；二是对重点工程加强防范，确保高新工程、专项工程顺利推进；三是对重点部位加强督查、巡查；四是对重要阶段加强控制；五是对薄弱环节加强整治，组织开展了“五防二提高”和“四规范”专项整治工作。

（3）安全管理力度加大。进一步加大了宣传教育培训力度；加大了营造安全文化氛围的力度；加大了现场环境整治力度；加大了重大危险源的管理力度；加大了基础管理、基层工作的力度；加大了整改、检查、督查的力度。

二、认真贯彻落实党的十六届五中全会及《国务院办公厅关于进一步加强煤矿安全生产工作的紧急通知》（以下简称《紧急通知》）精神

集团公司领导对落实《紧急通知》精神极为重视，李长印总经理批示：“按照文件精神，加强对各成员单位的安全监管。”集团公司各成员单位充分认识党中央、国务院对安全生产工作有关要求的重要现实意义，建立、完善安全生产责任体系，认真落实各级人员安全生产责任；加强安全生产基础工作，深化制度体系建设；加大安全生产教育培训力度，提高员工安全素质；深入开展安全生产专项整治；加强安全生产管理组织建设；建立、健全事故应急预案。

三、开展重点领域企事业单位安全生产专项整治工作

（1）加强重点领域企事业单位安全生产专项整治工作组织和领导。集团公司领导对重点领域安全管理工作高度重视，已经把重点领域安全生产专项整治工作纳入日常安全生产管理工作中，在计划、组织、指挥、协调安全生产工作中，坚持“安全第一、预防为主”的方针，始终把确保完成生产、科研任务作为控制重点。成立了以李长印总经理为组长，董强副总经理、邵开文副总经理为副组长，王泰荣、徐子秋、刘郑国、刘悦、王良同志为成员的集团公司重点领域专项整治工作领导小组，组成了重点领域安全生产专项整治专业巡回检查组。

（2）集团公司组织专业人员巡查。2005年6月、9月和12月，集团公司组织了3次专业巡回检查，每次巡回检查分4组进行。全年共39人次检查了38个（次）单位。重点检查了安全生产责任制落实情况；各项安全生产规章制度、安全操作规程的执行情况；存在的重大问题和隐患；隐患整改落实情况和事故责任追究落实情况；事故应急救援预案制定及应急措施、器材设备落实情况和应急演练情况。

四、组织开展安全生产大检查、督查

全年共进行各类检查12次，其中，全系统大检查3次，复查1次，“五防二提高”、“四规范”验收检查2次，重点领域巡查3次，重点督查3次。

（1）集团公司领导带队对安全生产工作进行督查。为了做好国庆期间安全生产工作，检查集团公司成员单位节日期间安全生产措施落实情况，集团公司对重点单位安全生产工作进行督查。督查共分6个组进行，集团公司李长印总经理带队检查了渤船重工；董强副总经理带队检查了大连造船重工、大连新船重工。其余4个组分别对各船厂、危险化学品单位进行了督查。

（2）董强副总经理对重点领域安全生产专项整治工作进行督查。为了掌握重点领域安全生产专项整治工作情况，督促进一步做好重点领域安全生产专项整治工作，2005年9～12月，董强副总经理带领王泰荣副总工程师及军工部、生产经营部领导和专家，对重点领域进行了3次督查。

（3）精心组织全系统安全生产大检查。集团公司按照有关部委部署，研究布置安全大检查事宜。2005年1月、3月两次组织了全系统安全检查。2005年1月6日，王泰荣副总工程师带队同军工部、生产经营部领导对江、浙、沪研究所进行安全检查。2005年3月，又组织对以前安全检查提出的问题整改情况进行复查。

五、制定《中国船舶重工集团公司“十一五”安全生产规划（草案）》

“十一五”期间安全生产的指导思想是：以邓小平理论和“三个代表”重要思想为指导，认真贯彻落实十六届五中全会精神，坚持安全发展，走可持续发展的道路，坚持以人为本的理念和“安全第一、预防为主”的方针，增强保障广大员工的生命安全、保障军民品生产科研活动正常进行、保障国有资产保值增值的责任感、使命感，为实现集团公司“第二番”战略目标提供切实的安全保障，为向“第三番”战略目标迈进奠定更加坚实的基础。

基本方针是：推进安全生产“五要素”建设，强化主体责任，提高全员安全意识，着力于强化基层和基础工作，齐抓共管，综合治理，标本兼治，努力创建稳定、可靠的安全生产新局面。

目标是：安全生产体系运行更加有效，安全生产规章制度更趋完善，全员安全意识明显提高，安全保障能力不断增强，安全生产状况持续改善，员工生命安全和身体健康得到切实保证，综合治理取得新成效，进一步提升本质安全水平，初步建立安全生产长效机制，满足实现集团公司“三步走、翻三番”发展战略目标的安全保障的需要。杜绝重特大生产安全事故，事故总量较“十五”期间明显下降。

采取措施主要是：要加强领导，强化安全生产主体责任；安全生产规章制度系统化，强化制度执行力；安全技术标准化；强化安全生产管理力度；落实安全生产技术改造；科技兴安，大力推动安全科技的开发与运用；全面加强安全生产培训和宣传教育；完善预案，切实提高应急救援实战能力；完善制度，构建平台，保证安全信息渠道快捷畅通；积极推进安全文化建设，树立先进安全文化理念；创新观念，积极导入国内外先进的管理观念和技术；继续深化包括重点领域专项整治在内的重点、薄弱环节治理工作。

六、加强安全生产重点管理和控制工作

（1）做好春节、“两会”期间安全生产工作。各单位在春节、“两会”前召开安全生产专门会议，研究和部署“两会”期间安全生产工作，并加大力度解决当前安全生产工作中存在的突出问题；全面落实安全生产责任人的责任，层层落实安全生产责任制，对存在的安全生产薄弱环节采取了有效的防范措施。

各级管理人员认真履行自己的安全生产职责，加强了现场特别是高危作业场所的巡查；加强了对重点领域、易燃易爆品库、危险化学品、动力站房等重点（要害）部位和重大危险源的管理，加强了值勤、值班管理，做到了责任到人，布置了相应的应急处置力量。

（2）确保重要时期的安全。2005年国庆节前，按照“谁主管、谁负责”，“谁管辖的区域、谁负责”的原则，分兵把口，任务明确，责任到人，工作到位，认真查找了存在的薄弱环节和各种漏洞，做到超前防范。各成员单位主要负责人亲自组织安技、消防、保卫、设备等专业人员，深入一线，进行检查。突出重点，强化区域安全管理，在对重大危险源、危险品库、军工产品、动力站房以及保卫保密重点（要害）部位进行认真细致的危险因素排查的基础上，有针对性地采取人防、技防和监控措施。落实了值班和应急备勤工作，确保了节日平安。

（3）做好“四防”（防潮汛、防风、防雷、防暑）工作。进一步健全了“四防”工作组织体系，按照专业与业余、平时与应急相结合的原则，加强抢险队伍建设。充实了骨干力量，明确了组织形式、人员、岗位职责，并有针对性地实施抢险演练。制定和完善了抢险应急预案。加大了投入，特别是建立了完备的指挥和信息通讯系统，保证汛前产生防护效能。

渤船重工成立了安全用电专项检查组、综合安全检查组，制定安全检查计划，对用电设施、起重吊索具、电焊线、氧乙炔胶带等进行了18次安全大检查，查处各类事故隐患289项，已经全部落实整改完毕。

七、进一步落实安全生产责任

集团公司领导坚持利用参加不同会议的机会讲安全生产问题，做到了安全生产要经常讲、反复讲，逢会必讲，大家都讲。

层层落实安全生产责任。绝大多数地区公司与成员单位领导签订了安全生产责任书，成员单位领导与各部门、车间也签订安全生产责任书，将安全生产责任及安全考核指标层层分解，落实到单位，落实到岗位，落实到每一位员工，并与工资、奖金挂钩。

八、组织开展了本系统“安全生产月”和“全国安全生产月”活动

1. 本系统“安全生产月”活动

活动主题是“加强管理，落实责任，警钟长鸣，保障安全”。活动内容主要是深入学习和领会《国务院关于进一步加强安全生产工作的决定》精神，学习、理解《安全生产法》。“安全生产月”活动期间，正值“两会”召开，各成员单位主要负责人从讲政治、促发展、促稳定的高度，亲自对“安全生产月”活动认真组织和布置，有计划、有组织、有措施地加强“两会”期间安全工作。强化了易燃易爆作业、科研现场的管理，严格执行了安全生产规章制度、规程，坚决杜绝了违规作业。特别是易燃易爆物品、易燃易爆等危险作业、科研较多的单位，进一步加强了安全控制，杜绝了重大事故的发生。抓出了成效，达到了“以月促年”的目的。

大连新船重工加大安全文化建设，效果显著。“安全生产月”活动中，利用各种形式的宣传教育手段推动安全文化建设，制作安全警句100句，印制13000张中文和3500张英文“随心贴”，广泛张贴在工作现场、作业现场、水下船舶、休息间等各种有人活动的场所，形成安全宣传“海洋化”，营造了良好的安全文化氛围。

2. “全国安全生产月”活动

各级领导把开展好“全国安全生产月”活动摆在重要位置上精心安排，统一认识，加强领导，大造声势，统筹规划，注重实效，党政工团齐抓共管，充分利用广播、电视等宣传媒体，广泛宣传了安全生产规章制度和安全操作规程，普及了安全生产知识。努力使一线职工牢固掌握本岗位的安全生产规章制度和安全操作规程的内容，并通过组织安全生产知识竞赛、演讲、答卷、体育等形式多样、群众乐于接受的活动，寓教于乐。

各单位开展了“三个一”活动，即：查一起事故隐患，纠正一起违章，提一条安全生产合理化建议。广大员工对此项活动积极参与，在安全宣传教育的基础上，通过查隐患、纠违章、提建议，强化了职工安全文化和参与意识。

昆船二机公司举行了安全生产承诺签名活动，1000多名职工在二机公司总经理带领下，举行了隆重的签字仪式，庄重地承诺做好安全生产工作。

青岛北船重工认真抓安全规章制度建设，针对作业环境、设备甚至工艺的变动以及重点工程的特点，补充了81项安全操作规程，并做到了“规章制度上墙”。

九、加强安全生产宣传培训教育

1. 举办成员单位主要负责人安全生产管理培训班

集团公司于2005年9月在北京举办了成员单位主要负责人安全生产管理培训班。培训班请国家安全生产监督管理总局部门领导、国防科工委安全生产监管局领导及国内安全生产知名专家讲授了国家有关安全生产的方针政策、法律法规及有关行业的规章、规程、规范和标准；企业现代安全生产管理方法；重特大事故应急预案的编制与演练；安全生产“五要素”科学内涵及其关系；安全生产科学发展战略；企业安全文化等内容。集团公司所属地区公司、成员单位总经理、厂长、所长或副总经理、副厂长、副所长共83人参加了学习。

2. 办可燃性气体测试技术培训班

根据各单位需求和安全生产管理工作需要，中国船舶重工集团公司与船舶工业集团公司于2005年5月23日及2005年10月17日分别在武汉、上海联合举办了两期可燃气体测试技术和涂装作业审批培训班，集团公司系统各造、修船厂及钢结构生产单位，根据工作需要，安排尚未取得可燃气体测试资格和需复训人员，或涂装作业管理人员参加了培训。集团公司成员单位共84名同志参加了学习，考核全部合格，取得证书。

3. 举办危害辨识、风险评价和风险控制研讨班

2005年4月20日，集团公司在七二三所举办了危害辨识、风险评价和风险控制研讨班。各研究院所安全生产（科研）管理部门主管、管理人员或危害辨识工作人员参加了学习。研讨班请七二三所、武昌造船厂、重庆齿轮公司专业人员介绍了开展危害辨识、风险评价和风险控制工作的方法、步骤；作业活动分类的标准、识别危害和危害分类的方法、确定风险的程序、风险控制方法等实际操作的过程及效果。

十、开展“五防二提高”和“四规范”工作

集团公司于2005年4～6月底开展了防范起重伤害、高空坠落、物体打击、机械伤害和触电5类事故发生，提高员工安全意识和作业现场安全管理水平（简称“五防二提高”）工作。整治的范围主要是船厂，整治的重点是认真执行安全生产管理制度和操作规程。

2005年8～10月，在生产科研高峰时期，集团公司组织开展了规范涂装作业、立体交叉作业、热工作业和外包工程队安全管理薄弱环节的专项整治（简称“四规范”）工作。各单位依照安全生产法律法规、规章制度，自上而下全面规范每个过程、环节的安全管理。2005年11月，集团公司组织对“四规范”专项整治工作进行了验收。

十一、进一步做好重大危险源安全管理工作

集团公司进一步对重大危险源进行调查及对2004年各成员单位报告的重大危险源情况进行确认。各单位逐步实现对重大危险源的动态监控、有效监控；普遍制定了重大危险源安全管理制度，建立了重大危险源档案，进行登记、定期检测、评估、监控，并制定应急预案，告知职工在紧急情况下应当采取的应急措施。

十二、开展危害辨识、风险评价和风险控制工作

各单位确定一名领导，组织安装以及相关管理部门、车间（研究室）和专业技术人员，以安全生产责任制为主线，制定危害辨识、风险评价和风险控制的工作计划；按照安全生产责任制，逐步逐项地执行计划，全面辨识，科学评价，并按责任和时限监督检查计划执行情况，结合日常安全生产管理和检查，全员动员，认真细致地开展工作，常抓不懈。用科学规范的安全生产观加强对员工的教育，落实《安全生产法》所规定的从业人员知情权。对不可承受风险制定预防预控的整改计划，切实将风险降低到可承受范围内。

十三、进一步推进“5S”活动，加大现场环境整治力度

集团公司投入一定的人力、物力及精力，普遍开展了“5S”活动，把“5S”活动纳入本单位日常管理工作中，与建立企业文化结合起来，使安全生产工作从事后查处向强化基础转变，向安全质量标准化转变，创造整齐、清洁、卫生的作业环境。一些厂所作业现场、办公环境明显改善，有效地保护了员工的安全和健康。

（1）武昌造船厂推行“5S”（整理、整顿、清扫、清洁、素养）管理活动，成效显著。通过推行“5S”管理活动提高了生产效率，消除了作业场所（范围）、办公区域脏、乱、差现象，逐渐培养员工养成认真、规范的好习惯，创建文明、整洁的工作环境，提升了工厂的整体形象和竞争力。

（2）昆船公司为了开展好“6S”活动，成立了“昆船公司‘6S’推行委员会”；制定公司“6S”实施方案；召开了隆重的誓师动员大会；设置了11个“6S”样板区；开展了一系列“6S”宣传活动，利用电视、报纸、简报、通讯、黑板报、宣传橱窗等手段广为宣传；制定公司“6S”各阶段实施计划；制定“6S”检查考核标准；各单位之间开展交流、学习，开展检查、评比。

（3）大连造船重工首先在公司级管理方面，对公司的整个区域进行划分，使每个区域都有公司的文明生产主管人员；其次在各单位和部门，又对相应的责任区域进行划分，使每个区域、每台设备都有相应的负责人。经过全体员工的努力，多年脏、乱、差的三个船台如今整洁一新；吊道、码头和大坞区域的道路也全部打通；车间内场地也进行了重新整理整顿；船舶上也形成了日产日清和随产

随清的良好习惯。

十四、推进职业安全健康管理体系的建设

自集团公司系统内分层次、有步骤、有重点地推进《职业健康安全管理体系》以来，有条件的单位，特别是大船厂及外向型、骨干单位积极推进职业安全健康管理体系的建设工作，将自身管理体系、责任体系、组织体系的强有力支撑有机地融入全面管理之中，成员单位在开展建设工作中，应充分保证组织及机构的合理协调与分工；各类资源的有效投入；全员持续性的教育与培训；特别是有计划、有目的地选派专业骨干人员参加职业健康安全管理体系审核员培训，形成自身体系建设的技术骨干力量。至2005年底，已经有9家企业通过了认证，取得证书。

中国兵器工业集团公司安全生产工作

中国兵器工业集团公司质量安全部

集团公司党组高度重视安全生产工作，以“三个代表”重要思想为指导，坚持“以人为本，安全优先”的科学发展观，紧紧围绕集团公司的专项生产任务和改革脱困等中心工作，明晰安全工作目标，完善经营者岗位绩效工资的安全生产指标考核和安全生产责任制，加强重点企业、重点产品、重点部位、重点工序的安全督导，为全年重点工程和各项科研、生产和经营任务的完成提供了安全保障。截至2005年底，集团公司共发生重伤和死亡事故11起，因工死亡9人，因工重伤12人。与上年同期相比，事故起数下降45%，死亡人数下降18.2%，重伤人数下降40%。较好地完成了国防科工委下达的全部事故控制指标及要求。

一、加强对重点工程的安全监控，开展安全生产专项整治，有效地保障了重点工程科研生产任务全面完成

2005年初，根据重点工程的科研、生产任务和产品种类的特点，进行预先危险分析，确定845厂等8个厂为重点监控单位，123厂等8个厂为监控单位，组织专家对这16家企业的生产组织方案、应急预案、安全生产条件进行评审，帮助企业进一步完善安全生产方案，对不符合安全规范要求的工序和部位采取了从严从快整改和重点监控等安全措施。进一步加强三级危险点管理，1级危险点的厂级责任人每月必须对所负责的1级危险点至少检查1次，对1级危险点的安全管理和隐患整改负监督责任；1、2级危险点的车间级责任人每周必须对所负责的1、2级危险点至少检查1次，对1、2级危险点的安全管理和隐患整改负领导责任；危险点的岗位责任人每天必须对所负责的危险点至少检查1次，对危险点的安全管理和隐患整改负直接责任，从而大大加强了各级危险点的日常安全管理和隐患整改。成立巡回检查组，到重点监控单位进行巡查，发现问题，及时解决，使重点工程保持正常、有序和安全生产状态。

开展安全生产专项整治，进一步加强重点工程的安全管理。根据国防科工委对重点工程安全生产的要求，在全系统开展了安全生产专项治理整顿，由第二、三事业部派出督导组长期驻厂进行安全督导，并及时向事业部、集团公司反馈企业安全生产情况，以书面形式将发现的问题、具体整改建议、整改限期提交受检单位，跟踪整改情况，促进了重点工程科研、生产的安全管理工作。

二、加大突击安全检查工作力度，提高了对弹药、火炸药、引信、火工品等科研、生产单位监督检查的工作质量

为强化安全检查和安全生产专项治理整顿效果，2005年集团公司加大了对弹药、火炸药、引信、火工品等科研生产单位的突击检查力度。对342厂等4家单位进行了突击检查，并就有关专题进行专家会诊和安全技术咨询，很好地促进了企业安全隐患的整改，确保了新项目试车前的各项管理及技术措施安全可靠。

2005年，共组织4次全系统安全生产大检查，为提高检查的效率和准确率，对检查方式和文字报告进行规范。即检查前，根据检查重点和具体要求制定检查表；检查中，对检查发现的问题和隐患，由检查组的专家帮助企业制定整改措施，明确整改期限，同时，由专家组成员和受检工厂有关领导在检查表上签字。为强化隐患整改的跟踪落实，每次检查都对上次检查发现隐患的整改落实情况进行了跟踪查证，最后，检查组汇总上报统一格式的安全隐患报告。这一做法，使安全检查工作更加规范化，隐患备案及跟踪更加科学化。4 次大检查和突击检查共计检查了 129 个厂次，检查出 515 条隐患，目前已整改了 482 条隐患，整改率 93.6%，对一时不能整改的要求企业采取有效的监控管理措施并列入重大危险源，争取国家资金进行安全技术改造。

三、加强安全卫生“三同时”审查工作和重大危险源评估工作，提高建设项目的本质安全化程度

按照国家对建设项目安全卫生“三同时”的要求，坚持对建设项目可研报告阶段的安全性预评价进行评审，以及对建设项目竣工验收前进行安全性评审。全年共完成了 12 个项目安全预评价报告的专家评审，完成了 20 多个项目竣工验收前的安全性评审，保证了新、改、扩建项目顺利验收转入正常生产。

积极准备“十一五”安全技术改造项目的评估和上报工作，就 38 个重点单位所上报的 101 个重大危险源进行研究、讨论、梳理、备案，以便进一步组织专家评估，争取在“十一五”期间得到安全改造。

四、加强教育培训和安全专业队伍建设，开展“安全生产月”活动

按照国家注册安全工程师管理要求成立集团公司注册安全工程师管理机构，完成了通过认定或考试获得国家注册安全工程师资格 71 人的注册初审工作和国家初始注册，建立起集团公司第一支国家注册安全工程师队伍；调整并培训了集团公司第二届安全生产专家组专家 50 名、职业卫生专家 6 名、特聘专家 18 名、安全督导员 122 名和职业卫生监督员 66 名。对各成员单位的一把手进行安全培训，并举办了成员单位负责安全生产的副职领导和技安处长的安全生产资格培训班，有 542 人获得安全资格证书。

按照国家安全生产监督管理总局和全国总工会的部署，积极开展了以“遵章守纪，关爱生命”为主题的“安全生产月”活动。“安全月”活动中，全行业共播放了《中国安全生产政策法规谈》、《安全生产警示录》等安全专题片 60 多部，出板报、宣传画、事故案例警示挂图、展板等 1 万多幅，参加全国的安全知识答题竞赛答卷 5 万多份，提出安全合理化建议 7000 多条，撰写安全管理创新征文 300 多篇，使 23 万人接受了安全方面的教育。安全知识答题竞赛活动中有 23 个单位获得组织奖（占全国获奖单位 12%），有 2 人获得安全知识竞赛一等奖，3 人获得三等奖（占全国参赛获奖人数 10%）；3 人获得安全生产管理征文二等奖，3 人获得纪念奖（占全国获奖人数 8.8%）。为此，集团公司受到国家安全生产监督管理总局和全国总工会的表扬。

五、顺利完成“安全标准化建设”试点工作

根据国家开展企业安全质量标准化活动的要求，结合十几年来兵器行业开展安全性评价积累的经验，集团公司组织有关专家在原有的安全性评价标准基础上，制定了《兵器行业机械制造企业安全质量标准化考核评级标准》、《兵器行业弹箭企业安全质量标准化考评标准》、《兵器行业引信企业安全质量标准化考评标准》、《兵器行业火工品企业安全质量标准化考评标准》、《兵器行业火炸药企业安全质量标准化考评标准》；完成了 3 家单位安全质量标准化考评试点工作，为 2006 年在企业全面推行安全质量标准化考评工作，提供了标准和依据。

一年来，在国家安全生产监督管理总局、国防科工委等上级有关部门的指导和大力支持下，集团公司的安全生产工作取得了一定的成效，但也应该看到，工作中仍有不尽如人意的地方。2006 年，集团公司将按照已确定的安全生产工作目标和任务，认真总结经验，扎扎实实抓好各项工作的落实，逐步建立预防为主、自我约束、持续改进的安全生产长效机制，努力实现兵器工业安全生产状况的根本好转。

中国兵器装备集团公司安全生产工作

中国兵器装备集团公司经济运营部

2005年，在集团公司党组的正确领导下，贯彻落实2005年全国安全生产工作会议指示精神、集团公司第一次安委会会议要求。所属企事业单位的广大干部职工积极努力，按照集团公司安委会的部署，以“争创一流，敢为人先”为工作理念，以进一步健全、完善安全生产责任制为基础，以狠抓“反三违”为切入点，以企业安全生产专项整治为目标，用保持共产党员先进性教育活动的成果贯穿始终，并把确保广大职工生命健康和国家财产安全作为工作的原动力，全面落实安全生产责任制。在安全形势严峻的情况下，积极开展各项工作，取得了明显成效，集团公司圆满完成2005年的经营目标和各项工作任务，安全生产工作取得新突破。全年仅发生2起重伤事故，重伤3人，死亡事故为0，创立了兵器装备集团公司成立以来安全生产最好水平。

一、确立更高目标，竭尽全力抓好安全生产工作

2005年，集团公司的安全生产工作面临很大的压力。由于重点企业的军品生产任务比历年都要繁重，危险物品的超量生产和超量储存的问题很有可能出现，而且又有许多企业处于关闭破产的过程中，使安全生产的管理难度加大，发生事故的风险也明显增大。在这种比较严峻的形势下，集团公司党组站在讲政治的高度，贯彻落实“三个代表”重要思想，从切实维护广大职工生命安全的角度出发，在安委会会议上明确提出了“进一步提高认识、强化责任制、对重点企业重点监控治理”的工作方针。所定目标也非常明确：杜绝重特大事故、大幅度降低一般事故。并认真研究全年工作，细致分析所属企业的安全生产现状，制定有针对性的措施，逐级严格落实安全责任。同时，投入更多资源，调动各方面的积极性，竭尽全力，以实现安全生产目标。

二、深入开展重点企业的安全生产专项整治工作

根据国防科工委的部署和集团公司安委会的决定，针对重点企业2005年订货任务大增，安全生产条件不足，部分企业外部安全距离不够，科研任务和生产交叉，超量生产、超量储存的问题突出的具体情况，我们下大力气进行了重点企业的安全生产专项整治工作。

（1）深入企业调研，掌握实际情况。在2005年1季度，会同有关部门，深入重点企业进行了3次调研和座谈，对企业普遍存在的安全问题进行深入和全面的分析，向集团公司领导和安委会提交了《关于部分重点企业安全生产状况的报告》，提出了相应的意见和措施。集团公司领导立即作出了重要批示，要求增派安全监督力量，分兵把口，协助企业落实整改措施，对重大问题深入一线，切实解决。这一指示得到了迅速贯彻执行。

（2）制定符合实际的工作方案。按照国防科工委的有关要求，我们制定了《中国兵器装备集团公司重点企事业单位安全生产专项整治工作方案》，明确了专项整治工作的指导思想、工作目标、整治范围、重点内容、具体安排、组织机构和工作要求，并成立了专项整治专家巡察组。在整个工作过程中，我们尽力做到“横向到边、纵向到底”，不留死角。各有关企业也制定了自查整治方案，切实落实了责任，认真做好了自查工作，积极配合专家巡察组开展工作。制定下发了《专项整治工作实施计划》，进一步明确了专项整治各个阶段的工作内容、时间节点和责任主体。

（3）现场动员，积极推进。为认真贯彻集团公司领导有关重点企业安全工作的重要指示，我们在某一重点企业召开了专项整治工作启动暨动员会，有关企业主管领导、安全管理部门负责人、专家巡察组部分成员以及企业计划、生产等单位的负

责人参加了会议。会议要求企业积极贯彻落实国防科工委的要求和集团公司领导的指示精神，把专项整治工作落到企业安全工作的实处。在动员会上，对专项整治工作提出了具体要求：一是企业要认真做好自查工作，自查是否深入、全面、准确是搞好专项整治的关键；二是企业要落实人员、落实责任，要成立专门的机构，制定出工作计划和时间表，任务层层分解，责任落实到人；三是在专项整治过程中，要坚持严格执行国家有关标准和法规；四是对存在的问题要切实做到整改到位、措施可靠；五是在专项整治过程中，坚持时间服从质量；六是把完善易燃易爆危险点管理工作作为专项整治工作的重点。

（4）专家巡查，形成体系。为适应专项整治工作的需要，专门组成了4个专家巡察组，按照安全规范和标准进行检查，如实记录，并形成书面报告，通过3年的专项整治工作，争取培养和带动一批年轻的技术骨干，逐步形成集团公司安全生产工作专家队伍，为安全评价、安全管理等各项工作的发展提供人才基础。

（5）坚持“三查”，严格规范。在专项整治过程中，坚持企业自查、专家组巡查和集团公司督查三级检查紧密结合，严格依照兵器工业有关标准和规范，进行全面检查，摸清了影响安全生产的关键因素、存在的重大隐患和突出问题。每次巡查前，都制定了详细的工作计划，明确提出巡查的重点和工作要求。按照企业是安全生产责任主体的原则，借助专家巡察组的力量，对能够整改的，马上整改，对需要一段时间的，要求制定切实可行的整改计划和措施，逐步整改到位，确保专项整治工作不走过场。

按照工作计划的安排，集团公司专项整治办公室深入企业对第一轮企业自查和专家巡查情况进行了督查，并对其中的问题进行了研讨和指导。通过专项整治工作，保证了科学合理的生产组织，严格了安全生产纪律规范的执行，减少了“三违”现象，有力地促进了安全生产目标的实现。

（6）推行“四抓”，确保实效。为确保专项整治工作取得实效，我们积极推行“四抓”方针，促进相关企业安全生产工作的总体改进。

一抓源头，着手建立企业重大危险源档案，实行动态分级管理，有效监控重大事故隐患，实现“关口前移、重心下移”；对新建、改建和扩建火工项目中的安全与职业卫生条件严格按照国家和行业的标准、规范进行审查和把关，做到新建项目不留安全隐患。

二抓重点，对集团公司前几年重伤以上事故主要类别为机械伤害和火药爆炸，伤亡事故中违章操作高达73%，以及2005年军品任务量急速增长的情况，把加强弹药火工企业安全管理和反“三违”作为安全整治的重点，特别加强了有针对性的安全教育培训，坚持持证上岗，加大对违章现象的处罚力度。

三抓基础，从加强班组建设着手，加强基础和基层安全建设。要求重点企业进一步明确管理责任，落实管理机构，配备专职人员，切实加强危险品生产安全管理；坚持班前布置和班后总结，认真查找问题，不走形式。

四抓长效，坚持安全评价工作，全面掌握和监控军品生产的安全状况，并制定了未来几年的安全评价周期表，把周期性安全评价纳入对企业经营者任期目标考核内容；在弹药火工企业开展安全质量标准化工作，制定了工作标准，使军品生产企业安全工作逐步走向标准化管理轨道。

三、开展反“三违”和“党员身边无事故”活动

根据部分企业仍然存在比较普遍的“三违现象”，造成2004年死亡事故有所上升的情况，2005年把“反违章，降事故”也作为专项整治工作的重点。各所属单位加大了纠正“三违现象”的力度，加重了对“三违现象”的惩罚，认真制定和执行岗位安全操作规程，加强职工培训，切实提高干部职工遵章守纪的意识。通过扎扎实实的工作，2005年以来轻伤事故和未遂事故明显减少，重伤死亡事故明显下降。

我们还以企业开展保持共产党员先进性教育为契机，紧密结合企业安全生产实际，在企业中开展了“党员身边无‘三违’、无隐患、无事故”活动，把保证安全生产、保证职工群众的生命财产安全作为保持共产党员先进性的一个具体标准，充分发挥基层党支部的战斗堡垒作用和基层党员的先锋模范作用，带领和引导职工学安全、讲安全，做到身边的人无违章违纪，身边的人和物无隐患，保证身边的人无事故。

四、加强军品生产的安全管理，规范三级危险点管理制度

针对重点企业2005年满负荷或超能力进行生产的情况,我们要求这些企业根据实际能力认真研究生产方案,合理组织生产,不许突破安全规范要求而冒险组织生产。凡是生产方案不能保证安全的要及时进行调整,并提出“谁决定,谁负责”的要求。

2005年，我们重新印发了《易燃易爆危险点分级管理要求》（WJ2157—1993），要求各所属单位严格按照标准对危险品生产场所进行管理。明确检查责任分工，坚持巡回检查周期，做好检查并认真记录，落实隐患整改措施。

五、开展“安全生产月”活动，营造安全文化氛围

根据国家有关文件的要求和集团公司领导批示的活动方案，我们对2005年的“安全生产月”活动作出了周密布置，形成了每年一度的安全文化热潮，营造了“遵章守法，关爱生命”的安全文化氛围。

（1）做好所属企业的安全生产月活动。我们在《中国兵器报》上开辟了企业领导谈安全的专版，刊登了企业主要负责人或主管安全生产的领导撰写的安全生产工作经验和体会。《中国兵器报》先后在2005年6月的第一、二周开辟两次专版。《中国兵装集团安全简报》增发了安全生产月增刊，集中刊登了各所属单位的安全生产工作经验和好的做法。委托集团公司安全技术教育中心印制了一套《集团生产安全事故挂图》，在2005年6月的第一周分发给企业张贴，用身边的事故警示职工“遵章守法，关爱生命”。在成都市组织了安全知识抢答赛，得到企业热烈响应，共有37家企业派队参加，对普及安全知识、营造安全文化起到了积极的促进作用。

（2）做好机关总部的安全生产月活动。2005年6月第一天，在总部机关张挂安全生产月横幅，在机关宣传栏张贴宣传挂图和悬挂宣传彩旗，创造安全月的氛围。安全生产月期间，我们给总部每位职工送上一本《公共安全常识》，提高职工安全意识和规避风险能力；为集团公司领导和安委会成员提供了安全生产参考书；在机关组织一次“安全知识答卷”活动，总部机关在册员工全部积极参与。

（3）做好安全生产月活动的督查工作。按照国防科工委的要求，我们在安全月期间组织了3个督查组深入到部分企业中检查安全月活动情况。先后深入到火工企业和破产企业中进行检查。

六、健全集团公司安全生产管理制度

2005年，我们又制定印发了两项法规制度，即《集团公司关于进一步加强安全生产工作的决定》和《中国兵器装备集团公司安全生产管理办法（试行）》。明确了今后一段时期内，集团公司安全工作的指导思想和奋斗目标，明确了集团公司各部门和所属生产单位的安全职责，以及一系列有关安全管理问题。

七、建立集团公司重大危险源及重大事故隐患档案

根据国家标准和2005年的工作计划，我们制定下发了《集团公司重大危险源和重大事故隐患档案建档要求（试行）》，并对所属企业有关人员进行了培训，要求所有企业尤其是重点企业和危险化学品企业在进行彻底清查摸底的情况下，建立本企业的重大危险源和重大事故隐患档案。在此基础上汇总后，建立集团公司重大危险源和重大事故隐患档案，实行动态管理，从源头上控制事故和大幅度减少直至杜绝事故。

全国电力安全生产工作

电监会安全监督管理局

2005年是“十五”发展规划的最后一年，也是电力行业深化改革，加快发展的一年。2005年，电力行业认真贯彻落实党中央、国务院关于做好电力供应工作的一系列重要指示精神，以科学发展观为指导，齐心协力，扎实工作，取得了显著的成绩，保持了电力安全生产总体平稳的态势。

一、电力安全生产情况

1. 圆满完成了电力迎峰度夏任务，实现了安全供电

受国民经济持续快速发展的拉动，全国电力消费始终保持强劲增长的态势。2005 年，全国电力供需形势虽然较上年整体有所缓和，但受夏季高温、电煤供应不足等因素的影响，电力供应仍存在较大缺口，尤其是在华东、南方、华北等地区。党中央、国务院对电力迎峰度夏工作十分关注，2005 年 5 月 19 日，温家宝总理就做好电力迎峰度夏工作做出了批示，指出确保电力安全和有效供给，完善有序用电方案和应急预案，加强以节电和提高用电效率为核心的需求侧管理，是三个十分重要的环节。为了确保安全顺利实现电力迎峰度夏，必须加强和改善宏观调控，充分利用价格杠杆和经济手段。为了贯彻落实党中央、国务院关于迎峰度夏工作统一部署，电监会发出了做好 2005 年防汛和迎峰度夏期间电力安全生产工作的通知，并召开了全国电力安委会第三次（扩大）会议进行具体部署。

各电力企业按照要求，认真做好迎峰度夏各项准备工作，发电企业提前做好了设备检修和维护，及时排查整治各类隐患，完善应急预案和防洪度汛措施，以积极有效的工作，为迎峰度夏期间机组连续安全运行提供了有力保障，电网企业采取有效措施，加强调度管理，促进优化调度，加强需求侧管理，严格按照“先错峰、后避峰、再限电、最后拉电”的原则，有效减轻高峰负荷对电网安全的压力。同时，采取有效措施，加强跨区、跨省电力电量交易的力度，促进了资源优化配置。在大家的共同努力下，实现了安全供电，基本满足了经济和社会发展对电力的需求，2005 年全社会用电量达 24689 亿千瓦时，同比增长 13.45%。

2. 积极应对自然灾害的侵袭，基本保证了电力系统安全稳定运行

2005 年是我国自然灾害多发的一年，电力系统也受到了严峻考验。入夏用电高峰期间，华东电网连续遭受 5 次强台风正面袭击，其中“麦莎”的风办之大、破坏力之强和影响范围之广均为历史罕见，而“卡努”为新中国成立以来出现的最强台风，在抗击台风的过程中，华东电网公司和四省一市电力公司及时启动应急预警机制，各级主要领导深入一线指挥，应急抢修队伍顶风冒雨抢修受损的重要设备，调度系统启动事故处理程序，千方百计确保重要联络线安全运行，避免了由此而引发的大面积停电事故，保证了华东电网安全稳定运行。

2005 年 9 月 26 日凌晨，海南省遭受了近 30 年来最强烈的台风袭击，海南电网公司在南方电网公司的统一领导和海南省委省政府的支持下，沉着应对、反应快速，仅用 1 小时 25 分钟“黑启动”成功，恢复了重点单位、重点用户、重点部位的供电，保住了发电设备的安全，保住了主网架的安全，最大程度地减轻了自然灾害造成的损失。

3. 电力安全生产设备事故和一般电网事故同比大幅减少，电力设备健康水平得到提高

2005 年，面对电力供需形势依然偏紧，煤电油运矛盾突出，电煤供应质量下降，电力设备长期超负荷运行等不利情况，各电力企业，高度重视，周密布置，切实采取有效措施，加强设备管理，取得了良好的效果。2005 年全国电力生产没有发生特大设备事故。发生电网事故 74 次，同比减少 127 次；发生设备事故 427 次，同比减少 132 次。

二、电力安全生产工作

为了实现 2005 年初制定的电力安全生产目标，保证电力安全生产的持续稳定，各有关方面和各电力企业做了大量扎实有效的工作并取得明显成效。

1. 电力安全生产法制化建设进一步完善

2005 年电监会正式实施《电力生产事故调查暂行规定》、《水电站大坝运行安全管理规定》、《电力二次系统安全防护规定》三项规章。各电力企业认真学习，贯彻落实，并结合实际制定实施办法。一些单位在修订并颁发本企业事故调查规程的同时，还修订、制定了《安全生产工作奖惩规定》、《安全生产职责规范》、《电力安全工作规程》、《供电企业安全性评价标准》、《高压直流输电安全性评价标准》、《火力发电企业生产安全设施配置标准》等一系列规章、制度和规程，使电力安全生产进一步做到有章可循，有法可依。

2. 电力安全应急管理机制进一步健全

2005 年 5 月 24 日，国务院办公厅印发了《国家处置电网大面积停电事件应急预案》。《预案》的颁布，标志着国家电力安全应急机制的基本建立。为落实《预案》有关要求，电监会向各有关

单位转发了国务院关于印发《国家处置电网大面积停电事件应急预案》的函文，并召开全国电力安全生产委员会第三次（扩大）会议，对《预案》进行了宣传贯彻，并就贯彻落实工作提出了具体要求。随后，成立了以柴松岳主席为组长的国家处置电网大面积停电事故领导小组。

电力企业按照党中央、国务院的统一部署，根据全国应急管理工作会议精神和电监会的有关要求，结合实际，普遍制定了不同层次、不同类型的事故抢险、事故处理和电网恢复的应急预案。截至目前，国家电网公司、南方电网公司、华北、东北、华东、华中、西北电网公司、31 个省（区、市）电网（电力）公司都已制定了各自应对电网重、特大突发事件的应急预案及配套的专项预案。全国 310 多个地（市）供电（电业）公司及其各变电站等基层单位都制定了相应的应急方案。全国各主要发电企业也都分别制定了总体应急预案及《黑启动方案》、《保厂用电方案》、《水电厂垮坝事故应急预案》、《防汛应急预案》等专项预案。

国家电网公司、南方电网公司以及各主要发电公司的所属电力生产企业都相应成立应急处理工作机构，组织落实应急保证措施，建立并不断加强应急抢修（险）队伍的建设，并积极开展有针对性的反事故演习。以上这些都为快速应对电力突发事件打下了坚实的基础。

3. 水电站大坝安全监督和管理工作进一步加强

为了切实做好水电站大坝安全工作，电监会组织召开了全国水电站大坝安全工作会议，李鹏同志亲自到会看望与会代表，并做了重要的讲话。会议明确水电站大坝运行安全管理的目标、责任和工作体系，推动了水电站大坝注册和第三轮大坝定检等安全工作的开展。在各电力企业的积极配合下，截至目前，在电监会大坝中心注册的水电站大坝已达到 153 座，其中新注册和注册换证的大坝 55 座，2005 年共对 25 座水电站大坝开展了第三轮定检工作。同年，电监会还发布了《水电站大坝安全注册办法》和《水电站大坝安全定期检查办法》，完成了大坝安全信息管理系统试点单位的建设和试运行，为构建大坝安全监管法规体系和全面推动水电站大坝安全信息管理奠定了基础。

4. 电力建设施工安全生产的被动局面得到初步控制

针对 2005 年电力建设施工重特大人身伤亡事故多发的局面，及时召开了全国电力安全生产委员会第四次会议，专题研究电力基建安全工作。会上播放了 2005 年 1 ~ 8 月份发生的 9 起重特大事故案例片，触目惊心的事故现场使到会代表受到了强烈震撼。各电力企业按照会议部署和四部委联合下发的《关于切实加强电力建设工程质量安全监督管理的紧急通知》要求，采取多种措施，对在建项目进行了全面的检查和清理整顿。电监会及时将安全检查情况、存在问题及下一步工作的具体要求通报全行业。通过大家的努力，电力基建事故频发的局面有所控制。

5. 电力安全信息管理工作得到进一步重视

为了规范电力安全生产信息报送工作，电监会下发了《关于做好电力安全生产信息报送工作的通知》，对电力安全信息管理工作提出了具体要求。电监会系统各单位和各电力企业按照要求，及时、准确地报送本地区和本单位安全生产信息，为及时掌握全国电力安全生产情况，总结、摸索事故规律，制定反事故的措施提供了科学准确的依据。

6. 电力安全监管工作进一步到位

随着电监会及各派出机构的组建、成立，安全监管队伍不断充实，各项安全监管工作得到深入具体的开展。2005 年电监会及各派出机构树立监管就是服务的理念，加强与各电力企业的情况交流和信息沟通，加大电力安全生产工作的宣传和培训力度，不断提高企业加强安全生产工作的自觉性。针对电力生产中出现的问题，组织开展了迎峰度夏安全大检查和专项检查，对在建电力项目做了重点抽查，帮助企业查找问题制定措施，组织进行了重特大事故的调查。一些区域电监局成立了区域安全生产委员会和专家委员会，为加强网厂协调交流，共同促进网厂安全和谐发展构建了良好的保障体系。

三、2006 年电力安全管理工作思路

2006 年，是实施“十一五”规划的开局之年，也是在新的历史起点上推进全面建设小康社会进程的重要一年。党的十六届五中全会通过的《中共中央关于制定国民经济和社会发展第十一个五年规划的建议》，明确提出了未来五年我国经济社会发展的总体目标、指导方针和重大战略部署。根据党的十六届五中全会、中央经济工作会议精神和全国安全生产工作会议的各项部署，我们制定了2006年电力安全生产的主要目标是：维护电力系统安全稳定运行，建立健全电力应急机制，防止和杜绝人身伤亡、电网大面积停电、主设备严重损坏、电厂垮坝等重、特大事故以及对社会造成重大影响事故的发生。

2006年电力行业重点要做好以下几方面工作：

（1）进一步夯实电力安全生产管理的基础工作。

（2）加快建立和完善电力安全应急管理机制，提高应对突发事件的能力。

（3）进一步加强厂网协调与配合，共同维护电力系统安全。

（4）继续做好水电站大坝安全监督管理和信息化建设工作，保证大坝安全。

（5）进一步加强电力建设施工安全管理，努力减少人身伤亡事故的发生。

（6）继续加强信息报送工作，保障电力安全信息的准确和通畅。

中国石油天然气集团公司安全生产工作

中国石油天然气集团公司质量安全环保部

2005年，集团公司上下深入开展“安全生产基础年”活动，采取一系列措施强化安全环保管理，各项工作取得新进展，圆满完成了年度安全环保任务和控制指标。

一、夯实基础工作，安全环保管理水平稳步提升

各单位狠抓“三基”工作，不断强化全方位的安全环保管理，强化全员安全环保意识，强化全过程的安全环保控制。

1. 安全环保责任明显增强

各单位按照“谁主管，谁负责”原则，进一步修订完善各级领导、职能部门和岗位员工的安全环保责任制，明确责任和管理界面，把安全环保工作贯穿企业管理全过程。采取签订合同或责任状等形式，将安全环保指标纳入经营业绩考核，全面实行行政领导干部安全生产述职制度。2005年有2558名局处两级领导干部包保关键生产装置要害部位1265个，深入现场17900多次，查处问题8000多个。各单位还按照“四不放过”原则，认真追究事故单位有关责任者的责任，对发生各类生产安全事故的超标单位，否决安全生产达标企业资格，严肃处理了事故相关责任人员。

2. 安全监督组织日趋完善

各级安全管理机构力量普遍得到充实，局级安全部门新增安全管理人员151人，企业所属二级单位新增安全管理人员352人，三级重点生产经营单位新增安全管理人员543人。大部分企业都配备了安全总监、安全副总监，主要工程技术服务和工程建设单位按专业普遍组建了安全监督站，有11个企业建立了局级安全监督总站。据统计，基层单位安全监督站总数达到197个，专职安全监督人员达到2161人，兼职安全监督人员达到3363人。各工程技术服务企业认真研究各种监督方法，加强对重大工程、重要施工、关键工序的检查，进一步深化“钻井驻井监督、井下划片监督、物探和基建、炼化检维修实行项目监督”运作模式。吉林石油集团公司坚持以人为本抓安全，强化监督管理，做到认识、教育、管理、投入、监督“五到位”，有力地保证了安全生产。

3. 安全环保基础建设有新进展

2005年，集团公司制修订了《安全事故行政责任追究暂行规定》等9项制度。各单位修订规章制度7300多项，修订安全生产责任制7122项，基本形成了比较齐全的规章制度体系。同时，下大力气狠抓培训，进一步修订完善各种培训大纲，认真组织专项培训，收到很好效果。大庆局对钻井队长、司钻等重点岗位人员实行了调训制；长庆局开发了远程安全教育网络，建立了钻井、井下作业模拟实验基地。据统计，2005年共举办管理干部培训班959期，培训36800人；举办岗位员工培训班

2886期，培训164400人；举办班组长培训班1214期，培训27900人；三级安全教育31300人。按照“施工现场标准化、岗位操作标准化、基层管理标准化”要求，各单位认真开展安全标准化试点工作，大港局确定了“有现场就有标准、有岗位就有规程”的指导原则，出台了21个主要队种的“三标”标准；大连石化分公司在关键操作岗位实行“写实”和“确认”，全面修订完善岗位操作规程，规范了岗位员工安全操作行为。各单位还按照集团公司HSE（安全、健康、环境）企业标准要求，对“两书一表”重新评估、规范，完善HSE“两书一表”管理，进一步增强了“两书一表”的实效性。经统计，已有74家企业实施了HSE体系管理，447个单位进行了体系认证，股份公司对25家地区分公司管理体系进行了内部审核，未上市企业有6000多个基层站队实施了“两书一表”管理。

二、严肃查处违章，现场安全行为得到规范

各单位继续加大反违章工作力度，认真制修订反违章处罚规章制度，建立违章记分台账和处罚档案，在基层大力整治薄弱环节，深入整顿和规范生产施工作业现场安全操作行为，加大督查、抽查、巡查、互查的检查力度，着力解决影响安全生产的习惯性违章行为，初步形成了机关、基层、岗位三级反违章责任网络。部分单位颁布了“安全生产禁令”，与员工签订了反违章承诺书，建立了反违章责任制度和定期通报制度。各单位还充分利用宣传媒体，营造反违章的浓厚氛围。对近年来发生的重大生产事故和企业内外的典型事故汇编成事故案例读本，发放基层单位组织员工学习讨论，并以此为镜，认真查找身边的违章行为和事故苗头，收到很好效果。经统计，2005年查处各类违章事故1.2万起以上，共处理违章人员8636人，处罚金700多万元。

三、推行清洁生产，环境保护管理得到加强

各单位普遍加大对环境保护的考核力度，认真组织对重点污染源控制、放射源管理、生态保护等敏感问题进行自查整改。吉林石油集团与吉林油田分公司共同成立了水源保护领导小组，实行分级管理和驻场监督。经统计，各单位建立环境管理方案1710个，环境应急预案110多项，股份公司投资4180万元建设了污染源在线监测系统，39个污水排放口实现自动监测和数据传输。集团公司印发了《关于加快推进清洁生产的实施意见》和《石油天然气清洁生产手册》，与加拿大CIDA组织合作，举办了清洁生产培训班。股份公司组织了第二轮炼化装置清洁生产审核，完成审核装置176套，制定清洁生产方案2456个，削减COD排放量3881t。塔里木油田公司连续3年实现了“零事故、零伤害、零污染”目标。各单位还突出抓了污染控制和生态环境保护工作，创建绿色基层队277个，形成实用清洁生产技术286项。辽河局坚持技术创新，形成井下作业清洁生产技术19项，其中获得国家专利7项，并应用于生产活动，有效地解决了稠油井下作业带来的环境污染问题。各单位还积极组织实施环境管理方案，独山子石化公司实现化工装置万元产值COD排放量0.8kg，被国家命名为“环境友好企业”。经统计，共有116个单位通过ISO 14001环境管理体系认证，有效地推进了环境管理与国际接轨。

四、加强危险源监控和隐患治理，本质安全系数不断提高

各单位重新对重大危险源进行普查、辨识、评估，根据危险程度和可能造成的后果，进行了分级监控，基本建立健全重大危险源管理档案和台账，共辨识重大危险源997个，建立档案578个，编制应急预案656个。各单位认真排查事故隐患，积极立项整改，实行挂牌督查，进一步完善和落实事故隐患发现、报告、评估、监控制度，确保监控措施和隐患治理工作落实到位。经统计，2005年股份公司和未上市企业对1.6万项立项整改的事故隐患，共投入77.2亿元安全环保专项资金。股份公司另外投资1.9亿元更新消防车辆115台。集团公司加强应急管理，制定了《实施突发事件总体应急预案》和16个专项应急预案，股份公司完成事故应急预案修订稿，印发了《油气管道事故应急预案管理规定》。各单位进一步加强对应急工作的指导，不断完善事故应急预案，强化应急演练和对周边相关方应急知识的宣传教育，逐步提高了应对、处置各类突发事件的能力。经统计，各单位编制企业级应急预案500个，演练253次；编制二级单位和基层处置预案2.6万个，演练3万多次。

五、狠抓关键环节，安全生产专项整治取得较好效果

集团公司井控巡视制度得到有效落实，2005 年24 位井控巡视员对各类重点复杂井检查 947 井次，查出问题 1845 个。工程技术与市场部和股份公司勘探板块联合组织了井控互检和专项检查。各油气田企业及时修订和完善井控管理制度，加大对井控操作人员持证上岗培训，加强对不同工况的井控操作演练，实行井控安全一票否决制。各油田分公司进一步强化安全合同管理，严格队伍资质审查，加大现场监理力度，有效地减少了井喷事故的发生。

各单位始终把现场作为预防事故的重点，加强对高危施工作业、关键环节、重点工程、交叉作业施工现场的安全管理，认真执行“两书一表”，严格施工作业队伍资质准入，严格生产施工人员持证上岗和资格审查，严格按照标准规范和生产流程组织生产，制定安全施工方案，进行安全技术交底，狠反现场违章做法，各类事故明显下降。

集团公司重点开展了炼化装置“五整顿、两关闭”督查，组织了易燃易爆、剧毒化学品和炼化生产安全运行专项检查，股份公司组织了炼化动设备安全检查。各炼化企业组织了生产工艺、设备安全、平稳操作等专项安全检查，对 7632 套在役装置、22000 多台重点设备进行了安全评价，14000 多个单位取得了危险化学品经营许可证。

股份公司还积极配合国家各部委及地方政府开展油区生产治安秩序专项整治工作，重点检查了部级挂牌督办的 45 个涉油重点地区、37 家涉油厂点、58 处违章占压建筑物和 13 起涉油案件的清理整治和侦破情况，取得了初步效果。经统计，共清理油气管道违章占压 241 处，破获打孔盗油和盗窃油田设施案件 1813 起，进一步改善了油气管道运行安全状况。

各企业针对交通安全这一薄弱环节，加强了驾驶员职业道德教育和安全技能训练，严格执行车辆内部准驾制度，认真对道路运输各类风险进行分段识别，对特殊危险路段实行分片、分区管理；认真落实车辆“三检制”，积极采用和推广先进技术，对载人车辆和危险化学品运输车辆安装行车记录仪 7949 台，安装 GPS 定位系统车辆 3036 台。通过抓风险识别、抓关键环节、抓人车协调，基层车队交通安全管理水平进一步提高，交通事故大幅下降。

六、围绕安全环保中心任务，宣传教育活动火热开展

集团公司认真开展以“强三基、反三违、除隐患”为主题的“安全生产基础年”活动，针对阶段性活动主题，扎实推进，并充分利用“安全生产月”和“六五”世界环境日活动，营造声势，在《中国石油报》开辟“企业领导谈落实《决定》、反违章大家谈”等专栏，发表企业领导署名文章 12 篇、员工谈反违章文章 7 篇、环保宣传文章 65 篇。各单位认真组织开展系列活动，并适时报道各单位活动亮点。玉门油田举办了“生命之歌”安全文化广场晚会；大连石化分公司开展了“安全十个一”活动；大庆石化总厂举办了“安全送千万家”安全宣传暨万人签名活动。集团公司、股份公司加强了督查和指导，组织专题安全调研，树立样板，典型引路，召开集团公司安全文化建设经验交流会，钻井、炼化、检维修、海洋工程、管道等专业安全会议，使基层基础安全管理工作逐步加强。各单位针对吸取“12·23”事故和吉林石化分公司“11·13”爆炸事故沉痛教训，围绕“牢记事故教训，促进安全生产”活动主题，按照“六个一”要求，深入开展第二个“安全生产警示日”活动，岗位员工安全意识不断增强，“安全生产基础年”取得了较好效果。

中国石油化工集团公司安全生产工作

中国石化集团公司安全环保局

2005 年，石化集团公司认真学习贯彻党中央、国务院关于加强安全工作的指示精神，按照集团公司“保安全、保市场、保稳定、增效益”的工作方针，严格执行“完善制度、练好功夫、打好基础、落实问责”的安全工作总要求，始终把安全生产放在各项生产经营工作的首位。在原油、成品油价格倒挂，国内成品油需求旺盛，生产经营任务重、装置负荷高、运行周期长、安全压力增大的情况下，采取一系列强有力措施，狠抓各级安全环保责任制的落实，实现了安全生产总体平稳，各项安全指标均优于2005年初下达的考核指标，为全面完成各项生产经营改革任务奠定了坚实的基础。

一、继续抓好安全生产制度建设，层层落实安全生产责任制

石化集团公司高度重视安全生产规章制度建设。多年来形成了一整套行之有效的安全生产规章制度。2005年，根据国家安全生产法律、法规的要求，以及集团公司生产经营的实际情况，我们及时修订完善了有关安全生产规章制度。新制定下发了《安全生产重大事故行政责任追究规定》（试行）、《中国石化重特大事件应急预案》、《境外企业安全生产管理规定》、《井控安全管理规定》等9项规章制度。

为了真正将制度落实下去，总部于2005年1月16~17日召开了全系统安全工作会议。集团公司党组成员、股份公司总裁王天普与各直属企业领导签订了安全环保责任书。同时将安全生产指标纳入企业生产经营目标进行考核，与企业工资总额和企业负责人的承包奖金挂钩，并在干部任用、年终评比、绩效考核中实行安全环保一票否决制。各单位认真贯彻落实集团公司安全工作会议精神，逐级签订安全责任状，落实“一岗一责制”和安全承诺制，将安全生产责任制落实到每一个岗位、每一名员工。同时，严格执行事故处理“四不放过”的原则，落实安全事故责任追究制度。2005年，总部对发生典型事故企业的3名领导进行了行政问责；有关企业对事故中负有责任的122名中层干部进行了责任追究，对41名直接责任者给予了行政处分和经济处罚。部分企业建立实施了“安全隐患责任追究”、“事故苗头责任追究”等制度，进一步强化了各级安全环保责任的落实。

二、积极实施安全、健康、环境管理体系，落实危害识别与风险控制

石化集团公司的HSE体系于2001年发布实施。其核心就是贯彻党中央、国务院“坚持以人为本，树立全面、协调、可持续的发展观”的发展思路，采取有效的防范手段和控制措施，最大限度地减少和防止在生产经营过程中可能引起的人员伤害、财产损失和环境污染，努力促进经济、环境和社会的共同协调发展。2005年，继续在全系统进行多层次、多方位的HSE培训，认真开展生产经营环节的危害识别和风险评估，制定预防危险和控制风险的措施及应急计划，努力将风险控制到最低限度。截至2005年，所有工程建设企业、油田勘探开发队伍均通过了HSE体系审核认证，取得了参与市场竞争的“入门券”。

三、积极进行隐患治理，提高系统本质安全性

隐患是安全生产的“心腹之患”，“隐患不除，厂无宁日”。多年以来，石化集团公司投入了大量的人力、物力和资金进行隐患治理。“十五”期间，每年都安排10~12亿元的专项资金，对安全检查、隐患排查出来的重大事故隐患进行治理。2005年安排隐患治理项目628项，总投资13.89亿元，至2005年底，完成治理项目608项，完成投资13.36亿元，占2005年隐患治理计划项目数的96.8%，占计划投资总数的96.2%，其余20项需跨年度的项目将在2006年上半年全部完成。

为确保隐患治理项目的落实，我们制定了《隐患治理管理规定》，实行“总部监督、分级管理、企业负责”的管理原则，将影响全局、危害严重的重大安全隐患，列为总部领导重点监管项目，由王天普总裁亲自督办。对影响较大的安全隐患项目列为总部部门重点监管项目；其他在总部立项的项目，列为各企业“一把手”监管项目。在年终考核中将隐患治理情况作为一项主要内容进行考核。同时，我们实行了隐患治理进度月报制，并对重点企业、重点项目进行了现场调研督查，促进了隐患治理项目的完成。

四、严格执行安全生产“三同时”

抓安全生产必须重视源头治理。我们严格执行《生产性建设项目职业安全卫生监督管理规定》，聘请有资质的评价机构，对新建、改建、扩建项目进行安全、环保、职业卫生预评价，实现源头控制，严格坚持“三同时”审查，确保安全、环保、职业卫生等技术措施与主体工程同时设计、同时施工、同时投入使用。在重大项目投产前，由总部统一组织进行《开工前安全条件确认》，重点检查安全、环保、职业卫生预评价报告中各项措施落实情况，为项目安全投用提供了有力保证。2005年完成了天津石化炼油乙烯一体化、茂名乙烯改造、广州石化炼油改造项目以及甬沪宁、鲁皖、西南、珠江三角洲成品油管道、沿江原油管道等重点项目的环保、安全和职业病危害评价。

五、高度重视安全及消防装备的配置

现代化的安全装备是保安全的重要手段。我们注重安全技术投入，积极采用新型安全装备，提高装置本质安全度。在炼化企业的150套关键装置配置了带有智能化自诊断的紧急停车系统和故障安全控制系统。进一步完善了消防队伍建设，配备了先进大型化的消防装备。目前，全系统专职消防员1.2万人，拥有各类消防车、气防车1100多台，进口了大型消防干粉车、泡沫车、联用车和化学救援车。2005年安排8020万元资金，购置19台进口消防车。2005年在新疆塔河和四川达州建立了西部地区和川东北地区两个应急救援中心，提高了两个地区应对突发事件的能力。

六、坚持开展安全大检查、安全督查，促进了企业安全管理

总部每年组织两次全系统的安全环保大检查，对重点企业组织不定期的安全环保抽查。结合全国安全生产形势和行业特点，每年还要进行多次有针对性的专项、专业安全检查。2005年4月我们组织了全系统设备大检查，6月组织了油田企业井控专项检查，组织了3轮安全督查。

在设备检查、安全专项检查、督查的基础上，我们重点组织了年度安全大检查。2005年8月24日至9月25日，组织了153名同志，分成15个组，由总部部门负责同志带队，对78家企业进行了全面的安全大检查。共检查了516个二级单位、912个生产车间，347座油库（加油站），对2661名职工进行了应急知识考核，进行了50次大型消防、气防综合演习、89次事故预案演练，共查出各类问题5915项，促进了现场安全管理水平的提高。

在坚持安全大检查、安全督查、安全专项检查的同时，总部每季度召开一次全系统的安全生产电视电话会议。集团公司党组领导亲自参加会议，并就存在的突出问题进行通报，部署当前的安全生产工作，始终保持了安全生产的高压态势，推动了企业的安全生产工作。

七、高度重视安全教育培训工作，提高全员安全素质

石化集团公司坚持以人为本抓安全，要求从领导干部到基层员工都要接受安全教育培训，以全面提高员工的安全意识和安全技能。建立了燕山石化、青岛安工院、中原油田、河南油田教培中心等一批取得国家安全教育培训资质的培训基地。全系统分企业领导干部、安全生产管理人员、特殊作业人员和其他从业人员，一线生产作业人员4个层次，进行安全意识和安全知识技能两类安全教育培训，实行持证上岗制。近年来，针对企业重组改革、人员变动大的实际，重点加强了生产一线职工的转岗培训。针对重点工程施工项目多的特点，加强对外来承包商的安全监督管理，制定专门管理制度，对承包商和外来施工人员进行安全教育培训，经考核发放许可证后方可入厂作业。

2005年，我们按照国家有关部委的统一部署，积极开展“安全生产月”活动。结合石化集团公司安全生产特点，继续开展了以“夯基础、抓落实、保安全”为主题的冬季“百日安全无事故竞赛”活动。通过各种方式宣传安全环保方针政策，普及安全知识，提高广大干部职工的安全环保意识；举办了防硫化氢中毒知识培训、井控专业培训、安全环保管理干部高级研修班、清洁生产培训班、资产风险管理培训班，提高了安全环保专业人员的技术业务素质。在职工中广泛开展以本岗位危害识别、风险控制及应急预案演练为重点的班组安全教育活动，提高了职工应对突发事件的能力。

八、积极做好员工的职业健康保护工作

石化集团公司高度重视广大员工的健康保障，严格按照《职业病防治法》和《中国石化职业卫生管理规定》，指导企业开展职业卫生工作。严格新改扩建建设项目职业卫生“三同时”监督管理，按照《中国石化职业卫生技术规范》的要求，强化职业卫生现场管理，加大了有毒有害岗位检测和监管力度。以“抓四率，建四档”（职业健康体检率、职业病危害因素监测率、职业病危害因素点合格率、建设项目职业卫生审查率，职业卫生档案、职工健康监护档案、职业卫生教育培训档案和职工个人劳动保护用品发放登记档案）为切入点，夯实职业卫生基础工作。2005年有毒有害岗位检测覆盖率达98.1%，检测点合格率达95.8%，职业健康体检率达95.1%，建设项目职业卫生“三同时”审查验收率达到100%，在岗职工职业病发病率控制在0.1‰以下，杜绝了一次3人以上急性职业中毒事故的发生，保障了职工健康。

九、重视安全科技的研发和应用

我们坚持安全科技与生产经营相结合的原则，高度重视安全科技的研发和应用。石化集团公司设有安全工程研究院，根据生产经营实际，每年确定一批安全科研项目，在研究院和直属企业两个层面展开安全科技攻关，取得了一批新的安全科技成果。如“液化石油气泄漏扩散规律与泄漏监控”等4个项目获得国家安监总局第二届安全生产科技成果二等奖；“油田钻井、修井超限安全保护装置的开发与应用”等8个项目获得国家安监总局第二届安全生产科技成果三等奖；“化学品紧急救援系统”、“轻柴油闪点降低后的危险性研究”、“石油化工毒物分布与防护措施研究”等项目获得了中国石化集团公司科技进步奖。

中国海洋石油总公司健康安全环保工作

中国海洋石油总公司健康安全环保部

海洋石油总公司致力于树立全面、协调、可持续发展的科学发展观，遵循公司健康安全环保理念，以人为本，关爱员工，尽量使用清洁无害的材料，节约能源及资源，保护生态环境，在公司上下游业务高速发展中努力追求优异的健康安全环保业绩。不仅满足遵守法规，还致力于在提高行业水平方面发挥积极的作用，为造福子孙后代、建设和谐社会而不懈努力。

在2005年度里，结合总公司实现国际综合型能源公司的目标要求，健康安全环保管理按照2004年安全电视电话会议的精神和2005年度重点工作进行，以《中国海洋石油总公司生产经营型投资活动HSE管理规定》和《重大安全环境污染责任事故行政责任追究规定》为线索，落实各级管理人员责任，提高安全文化的认知度，促进环保工作在项目中的落实，增强危机应急能力，提高人员素质，为生产经营的顺利进行提供保障，实现了年度的健康安全环保工作目标。尽管在各项重点工作上有了部分进步和成绩，但安全生产形势仍然严峻。

在2005年里，中海油系统内从总公司领导到基层的操作员工对于HSE工作都给予了充分的关注，安全责任逐级分解、细化管理；安全文化气氛逐渐形成；各级安全管理都在强调执行文化建设；事故的管理与统计有本质的改善；员工职业健康意识得到普遍认同；各项重点环保治理项目逐一督办落实。

总的来说，在各方面的努力下，完成了总公司2005年度健康安全环保工作目标，保障了生产顺利进行，未发生重大恶性事故和重大伤亡责任事故。公司没有发生溢油等环境污染事故，持续推进全系统各单位的健康安全环保体系化建设和审核，有限公司的OSHA可记录事件率为0.317，处于国际油公司较好的水平。但在总公司管理统计范围内，各所属单位及其承包商作业过程中发生了142起事故，其中包括2起承包商死亡事故（共死亡2人）和86起人员伤害事故。事故（事件）的数目较2004年同期有所上升。

HSE重点工作执行情况如下。

一、管理制度建设

2005年1月1日，总公司以海油总安［2005］1号文件颁布了《海洋石油总公司重大安全、环境污染责任事故行政责任追究的规定（试行）》，根据“谁主管、谁负责”分级管理的原则规定了总公司各所属单位的主管领导在发生重大安全环境污染责任事故时行政责任追究的管理办法。随后各所属单位也分别以此为基础，制定了安全生产责任制度，使安全责任从总公司最高管理层到基层操作员工层层落实。

为加强健康安全环保管理，总公司制定了

《中国海洋石油总公司健康安全环保绩效考核管理办法》，结合各单位的工作风险与工作量，各单位的管理努力程度和年度内死亡责任事故采用定性与定量相结合的方式，考核所属单位的 HSE 绩效，促进各单位的管理积极性。

面对国际国内越来越高的环保要求，分别制定了《中国海洋石油总公司工业建设项目环境保护管理规定》和《中海石油（中国）有限公司海上油（气）田项目环境保护管理规定》，加强了海油各建设项目环保“三同时”的管理工作。

各单位也加强了机构与制度的完善，如基地集团自 2005 年组建之后，就积极组织各直属公司及时健全 HSE 管理机构，并要求各生产作业类分公司建立 HSE 专业部门，基层单位按总公司要求的人数比例（其中最高达到了 17∶1）配齐专职安全监督等安全管理人员。

配合总公司各项专项规章制度出台，各所属单位也分别制定了适合自身情况的相应制度和要求。如天津分公司的责任追究制明确了分公司机关 D 级以上干部和海上一级总监的安全环保管理责任；油气利用公司在对控股公司的管理中通过董事会决议等方式将总公司的健康安全环保管理理念写入了控股公司的章程，促进管理深入；海洋工程公司在《公司全员安全生产责任制》中分解了承包商管理职责，修订了《分承包商 QHSE 管理程序》，并自查了分包合同中的 HSE 条款。

为了更好地落实国家的法规和总公司的各项规定的要求，总公司还专门制定了文件执行情况评估表，细化各项规定的落实情况。

二、管理体系审核和持续改进

为落实贯彻公司安全管理理念和总公司领导要求，加强安全生产监督、检查工作，确保公司安全生产，在继续推进全系统的健康安全环保管理体系建立的基础上，总公司在 2005 年有计划地组织各种安全检查和 HSE 体系审核工作，总公司级别的审核检查约 27 次，促进各单位的持续改进，并参与了国家安全监督管理局海洋石油作业安全办公室组织的多次检查，都取得了较好效果。

安办海油分部管理范围内共进行了 90 项有关海上生产设施、钻井设施、作业船舶的作业许可备案检查工作。

各所属单位也分别组织了多种多样的常规检查和专项审查，持续改进各自的管理体系。

在安全检查方面，各所属单位年度内各项公司级的健康安全环保检查就累积在 400 次以上，并都结合实际生产做了科学的安排。

三、贯彻落实安全生产许可证制度

国家实施安全生产许可证制度后，总公司领导及所属各单位极为重视，傅成玉总经理、周守为副总经理以身作则，带头参加了企业负责人的安全生产许可证资格培训、考试。并强调公司各单位依法取证，相关工作迅速逐级展开。为按时、高效地办理安全生产许可证，部门指派专人配合许可证的申办工作。

2005 年度总公司在安办海油分部共举办安全生产许可证培训班 10 期，培训生产单位负责人和安全管理人员 579 人次。下游各单位的企业主要负责人和安全管理人员也积极参加了当地安全生产监督管理部门组织的培训。

各单位按要求及时提交了申请，并逐级接受审查。2005 年底前，申请率达到 100%；共取得 47 份非煤矿山安全生产许可证，取证率达到 100%；并取得 6 份危险化学品生产企业安全生产许可证，取证率超过 50%。总公司所属各大企业的申请率、取证率、申报材料的质量均得到国家安全生产监督管理总局有关司局的认可和鼓励。

四、协调政府部门管理要求

HSE 管理工作涉及国家政府部门有关规定的贯彻落实，并需要请政府部门来协助解决很多问题和工作。例如 2005 年多次配合国家安全生产监督管理总局协调《海洋石油安全管理办法》的起草；组织回复有关《海洋交通安全法》的意见；参与安办组织的各分部间安全互检工作；回复国家安监局、国家环保总局、交通部海事局等政府部门有关《执法文书》、《企业领导和安全管理人员安全资格培训大纲》、《海洋石油安全办公室事故调查处理管理规定》、《防止船舶污染海洋环境保护条例》、《海洋石油工业污染物排放标准》、《海洋溢油生态损害评估技术导则》、《海洋工程环保管理条例》等法律、标准的征求意见，充分将企业的意见反映到国家政府部门修订法规中。

与国务院法制办、交通部海事局多次协调，组织现场考察，努力解决 FPSO 不作为船舶管理的问题及 FPSO 原油外输是否按危险货物过驳作业事宜，尽量减少政府部门管理交叉给企业带来的困扰。

根据海上作业区域限制，与总参协调乐东钻探井的军方保护问题；与海事局进行曹妃甸油田通航安全协调事宜；多次与国家环境保护局、国家海洋局协调有关油气田环境影响评价过程中的环评问题、下游项目的设计变更、竣工验收的审查等问题。

五、推进职业健康活动

2005年1月31日，卫生部颁发了《深海石油作业职业卫生管理办法》，这是继卫生部以卫监督发［2004］110号文批准中国海洋石油总公司在海洋石油行业职业病防治中承担政府的监管职能后，通过法规形式，明确了中国海洋石油总公司设立的海洋石油作业职业卫生监督管理办公室对海洋石油上下游项目职业病防治监管的主体地位。

2005年推动渤海、湛江两大基地建立员工电子档案并运行，已经完成了天津分公司、湛江分公司、海工公司、油服公司员工基本信息及2004年健康体检资料的录入。目前基地集团油建分公司、采技服分公司以及海南化学公司正在着手开展此项工作。约为3000人建立了电子档案信息。

在公司的协调促进下，渤海医院已取得了卫生部认可的职业卫生评价、检测、职业体检的乙级资质，湛江医院在进一步的协助办理中。两家医院已与其他单位合作完成了3项海上建设工程的职业病危害预评价，并顺利通过了政府的审查。

为了及时应对海上各种突发性应急医疗事件，为员工提供更好的医疗保障，2005年上半年对现有的海上平台医疗设备、急救常备药品配置情况进行了调研。在此基础上总公司着手制定《海上医疗服务管理规定》（初稿），对于海上医疗、设备、人员资质、急救保障进行了规范。

2006年，渤海地区接连发生两起大规模的海上作业人员集体腹泻事件，一些作业现场也发生了数次涉及人员健康的事件。为此总公司下发了《关于加强食品卫生工作的紧急通知》，各单位接到通知后分别对员工食堂、餐厅、宾馆，各海上平台餐厅，配餐公司，学校、培训中心、幼儿园食堂进行了彻底检查，提出整改措施，完善公共卫生的管理程序。

化学公司完成了职业卫生示范企业申报工作，对各岗位员工可能接触到的有害因素逐项分析，确定了每名员工的职业健康体检项目，规范、统一体检表格式，而且还与省人民医院和市人民医院签订了应急救疗协议，为紧急救疗建立起了应急公共医疗急救网络。

六、增大宣传培训力度，加强队伍建设

2005年，总公司加大了HSE理念和安全文化的宣传力度，“HSE理念和安全文化”已经成为一门重点课程，在总公司组织的培训和会议上为各级管理人员讲解。在总公司系统外也得到广泛的宣传推广，中石油等单位多次派人员参加总公司的培训，政府部门也多次听取总公司的安全管理报告，总公司领导也向来海油单位考查、检查的国家领导同志介绍海油总的HSE管理理念。

为了加强现场安全监督的队伍建设，逐步提高其管理水平和素质，颁布了《中国海洋石油总公司安全监督资质管理办法》，明确了总公司对现场安全监督的配备比例要求和资质培训要求。对于安全管理人员将逐步执行资格认定和注册管理制度，并对各所属单位安全监督管理人员配备情况进行了摸底，初步调查情况表明：多数单位已经积极开展人员的配备和培训工作，人员比例已经达到了44∶1的配备。

组织安全管理人员参加国家安全监察员资格培训，全部获得国家安全监察员的执法资格。派人员参加了国家安全生产监督管理总局组织的重大危险源管理技术的培训，掌握国家管理重大危险源的新要求。

总公司高度重视内部培训机构的发展，召开了一次HSE培训管理研讨会，加强内部管理、提高培训质量和促进自身发展。渤海培训中心和南海西部培训中心在2005年通过了海洋石油作业安全办公室的培训资质换证审查。南海西部培训中心获得国家安全生产监督管理总局授予的国家二级培训机构资质。

健康安全环保部负责总公司系统内的注册安全工程师的注册申报和继续教育工作。初步建立起总公司注册安全工程师管理制度。

各单位对于培训工作也非常重视。2005年，各单位都在专项的HSE培训，如体系培训、特殊作业培训、安全生产许可证培训方面做了很多细致的安排。

七、继续鼓励信息交流

为了学习和借鉴国外经验，共享国际良好作业实践，努力将自身纳入世界先进管理行列，公司继续坚持与国际组织的交流。如及时收集国际油气生产论坛（OGP）及美国石油学会（API）等协会的信息，交流国际油公司分享的事故经验；还在2005年加入了国际石油工业环保协会（IPIECA），并在2005年10月参加了IPIECA在北京举办的全球大气变化应对研讨会；以OSHA的方式向API及OGP报告数据，并与同行业的公司进行BENCHMARK方式对比，根据公司信息披露要求，按时（季度、半年）向董事会、领导干部会议报告HSE管理情况。

公司从2005年10月起建立了各所属单位HSE月报制度，要求各单位按月将健康安全环保管理重点工作进展情况、事故情况、统计数据上报，并在内部单位予以分享，使公司和各单位能及时了解到公司各层面的工作情况。

根据工作专业不同，在公司内部网络上公开交流部分信息，如工作管理结构、重点工作会议情况、培训教材、气象信息等。其中，2005年共发布健康信息11期、安全警示35期、环保信息25期；并将公司出版发行的24期良好作业实践、知识手册的电子版放在网络中供内部员工参考了解。

年度内还编辑出版了6册《良好作业实践》丛书，在系统内部各单位发放。各所属单位为了加强对员工的普及教育，还根据各自的人员培训需要，补充印刷部分列入各自的信息交流与培训工作中。

随着网络和计算机的应用，各单位根据各自的网络情况，也采取不同的形式增加员工对安全环保等知识的了解。如深圳分公司健康安全环保的自用数据库汇集了大量的资料，包括体系文件、法规文本、管理手册、险情通报等内容，方便员工的需求。

八、建设项目HSE“三同时”执行良好

2005年，国家海洋局、国家环保总局对环境大纲和报告书的审查程序都做了相应的调整，并且审查越来越严格，要求也越来越高。为了不影响项目进度，与两个政府部门和相应的技术审查评估机构多次协调，并在开发生产部、研究中心及其他单位的密切配合下，2006年共组织了上下游16个项目的环评工作，其中审查大纲5个，审查报告书12个，共组织完成了3个项目的环保设施竣工验收工作。

2005年协助进行安全预评价报告审查、审核、备案上游建设项目共5项，中下游建设项目共4项。

根据卫生部的授权，总公司下发了职业病危害评价报告的审查程序，并组织审查了浙江LNG项目、CFD11－1项目、惠州炼油项目、锦州21－1项目、乐东项目职业病危害预评价报告，得到卫生部批准，保证了项目符合国家法律要求。

总公司积极参与工程项目设计施工中的健康安全环保检查和审查工作。2005年，从海上油气田到陆地的油气等下游项目，参与了40余次各种项目的基本设计审查、项目论证等工作，使HSE工作全程介入项目开发与生产过程中。

2005年度，健康安全环保部与工程部合作开展了油气田投产前环保设施预检查工作，共组织7个项目的预检查。为了及早发现问题，不影响项目按时投产，还共同对渤南油气田、春晓气田及番禺气田等在建项目进行HSE中间检查工作。通过中间检查，及时发现并解决环保问题，提前解决，保证项目投产。

九、加强事故统计与管理力度

2005年继续推动各单位的事故管理工作，取得了较大的成绩，体现在：事故上报工作不断加强；事故统计分类进一步细化，全面推行OSHA统计、HSE月报制度，对基地集团进行了专门的OSHA统计相关培训；建立起内部信息交流机制，安全警示和事故信息共享；与国际国内的合作机构进行不定期的信息交流。

总公司根据以人为本的精神，重视重大事故及人员死亡事故的调查处理，以总公司健康安全环保部或投资方代表身份参与了油服塘沽基地承包商死亡事故、CACT办公室承包商死亡事故等4起事故调查。在调查处理中，促进事故CLC分析法的使用，仔细分析事故的各种原因，查找管理制度的漏缺，根据“四不放过”的原则，加大对事故原因调查、处理的控制力度。

2005年度，召开了总公司第二次承包商案例分析会，在会上对于一年来的多起承包商事故进行了综合分析，各单位也对发生在生产经营活动中的

事故进行剖析，从多方面找原因，找措施，促使各方面管理改进。

总公司原来的事故调查上报程序在某些程度上已经不能全面反映目前海洋石油事故管理的水平和要求，在新的一年里，将建立事故分级调查机制，推行 CLC 和 WHY－TREE 事故分析方法，把事故调查由经验型向程序化系统化方向转变，努力形成具有海总特点又符合国际管理的事故调查方法。

十、危机管理及应急

危机管理是企业成功控制风险、尽可能减少事故损失的重要手段，总公司领导对此非常重视，同时要求各单位加强应急体系和应急中心的建设并做好应急演习。

2005 年 9 月 13 日，总公司在渤海地区和北京总部联合举行了针对海上油田重大事故的大型综合海上—陆地—总部应急演习。总公司和有限公司两级机关及有关单位近 300 人参与了演习方案编制讨论、演习培训和现场演习。这次综合演习在海洋石油系统是规模最大、演习内容最多、应急级别最高的一次。国家安全生产监督管理总局的应急中心和监管一司、国家海洋局和国家海事搜救中心等多个政府部门的相关领导和人员也应邀观摩了演习，对演习情况给予了肯定。总公司机关还专门演练了危机状态下的媒体应对。这也是总公司落实 2004 年颁布的《海洋石油总公司危机管理》的一大有效举措。

各单位也在危机与应急管理方面做了很多工作。据不完全统计，2005 年举办各类应急演习超过 3000 次。如深圳分公司保持每季度做一次公司级的应急演习；海上生产平台也是按倒班情况定期做专项演习；油气利用公司在大榭石化与当地消防、医院等模拟厂区发生油气泄漏并引发火灾及人员伤亡进行了联合应急演习，演习后还模拟了新闻发布会。演习中各单位都坚持与地方政府部门应急资源的配合与协作。

海洋石油勘探开发中对环境、生产影响较大的事故隐患集中在突发事件造成溢油污染海域和生态环境，海上油气田都配备了相应的溢油应急材料。同时，为了增强公司应对大型溢油污染事故的能力，总公司继续推动渤海环保服务公司的发展壮大，为溢油应急提供可靠的物质和专业技术保障。在珠海、涠洲岛和龙口设立了溢油应急响应基地。环保服务公司还在 2005 年底与韩国海洋污染响应公司签订了《合作谅解备忘录》，扩大了企业的知名度和国际合作的前景，目前仍是国内唯一有能力应对海上二级溢油事故发生的专业性机构。协助完成了对分公司应急值班人员溢油应急响应管理的培训，协助海南省清理西海岸沙滩油污，效果很好，既锻炼了队伍，也积累了清理海岸线油污的经验，提高事故突发时人员的应对能力和知识。

配合各单位的应急管理工作，总公司也在总部机关逐步筹建总公司的应急指挥中心，与各单位的应急中心共同构成一个完整的应急响应体系。

十一、科研促进及关键技术管理

总公司继续把直升机安全管理措施、潜水作业、吊装及高空作业、设备完整性、安全阀维护、挡风墙的改造及设计规范、无人平台、硫化氢防护、带压堵漏技术和专业环保项目作为 HSE 关键技术工作。

2005 年总公司也是根据这些关键技术工作，从事了多方面的研究，如完成直升机安全审核、平台挡风墙、带压堵漏的专项研究和培训；还组织协调国家海洋局北海分局监测中心与天津分公司合作完成《渤海油田石油指纹库建立的系统研究》。协助研究中心完成《废弃平台环境影响评估导则》（送审稿）。组织完成海洋石油勘探开发重大溢油应急响应能力、薄弱点和对策研究项目。配合湛江分公司对北部湾海域溢油污染预测软件的验收；推动环保服务公司编制中国全海域海洋石油开发溢油污染预测软件；组织相关单位对于员工的身体健康、心理健康进行研究的课题，海上工作人员心理生理健康状态调研及应对措施。

主要进行研究的项目还有：国外海洋石油 HSE 尽职调查的内容及海油对策研究；超期使用平台下部结构安全评估方法和检测手段研究；海上医生所需执业素质及平台医疗设备配备研究；海洋石油二氧化碳法规环境与应用研究；中国海洋石油总公司“十一五”规划环评实施计划；生产工艺中不可控点的潜在泄漏研究；海洋石油健康安全环保管理体系模式研究等内容。

配合国家安全监督管理总局的要求，总公司正在建设重大危险源监督管理系统。选定 B/S 结构的监管系统，进行二次开发以满足总公司对海上生产作业的重大危险源监管。

随着总公司安全监督资质要求的强化和培训工作的力度加大，总公司正在设计制作《总公司HSE培训和资质信息系统》，按照优化管理流程、加大管理力度的设计思路，在提高工作效率的同时，能够有效地解决人员的跨地域、分层次管理问题，将建立总公司范围内安全管理人员的资质管理体系。

十二、推动HSE标准化建设

总公司通过标准化建设加强HSE管理，制定了《海洋石油健康安全环保标准管理办法》，起草编制了含硫化氢油气田钻井推荐做法等材料。2005年对《海洋石油直升机检查规范》、《海洋石油直升起降培训要求》、《FSPO人员安全培训要求》等标准进行审查，还对《防硫化氢系列标准》、《海洋石油环境保护设计规范》、《可燃气体探测报警仪检验要求》等标准组织了各单位的培训，丰富各单位标准的培训与应用。

2005年，总公司按照国家安全监督管理总局的工作要求，参与制定了《海上石油天然气开采安全规程》，该规程已于2005年形成初稿，并交国家局审核。

2005年，还根据总公司企业标准体系大表修订的情况，按年度、按工作紧要程度制订了“五年制修订计划”，并加强对在用标准的有效性审核和复审工作，把国家标准、企业标准进行回顾性评价，在2006年作为一项重点工作执行。在科技发展部的支持下对各单位使用HSE标准的情况进行调研，增补疏漏，加强宣传工作。

各单位在2005年还认真组织了相应的标准培训。

十三、推动中下游单位体系建设和安全管理

根据中下游单位行业分布广，行业风险大，管理模式复杂，新建项目多等特点，2005年重点推动中下游单位体系化建设。目前各中下游单位已经逐步按照总公司的要求落实各投资企业HSE管理形式。例如气电公司在2005年明确了总部“协调、服务、指导、监督”和合营公司“组织、制订、贯彻、实施”的16字安全管理方针，明确气电公司和投资公司的职能定位和工作界面，加快合资公司完善本单位的安全管理系统，促使其对本单位的HSE管理运行全面负责。

十四、以人为本，重视工作外安全

总公司要求以人为本，不仅要保障工作中的安全，也要督促员工做好工作外安全和人身健康。

随着现代化办公设备的增多，办公室环境也成为危害员工身体健康的一部分因素。2005年度，总公司对新建办公大楼的室内环境进行了检测，减少因办公环境影响身体健康。

十五、提倡企业社会责任

企业在创造利润、对股东利益负责的同时，还要承担对员工、客户、供应商、金融机构、社区以及政府等其他利益相关方的相应责任。

中国海油从成立之初就在承担社会责任，公司总经理傅成玉同志要求，从2006年起中国海油要像编年报一样定期公布企业社会责任报告。社会责任的另一个方面是以人为本，保障职工健康安全。公司一直在通过各种实践及活动对社会、员工及环境担负责任，积极投身社会公益事业，致力成为有责任感的企业公民，帮助政府和当地居民解决问题。

2005年初，应海南省政府的邀请，总公司派出的溢油处理专家圆满地完成了海南海岸油污清理任务，援助地方政府清污组织和培训人员，为海南的环境保护作出了贡献。重庆发生沉船事故，也派出人员协助搜救工作。这些行动都受到当地政府的高度评价。

中海油近年来多次参与海上事故的紧急救助活动，多次受到当地海事部门的表彰，显示了较强的应急处理能力和强烈的社会责任心。如天津分公司2005年对海洋石油系统外的救助7次，成功救助67人次，渔船一条。

各大工程项目中也做了许多体现公司社会责任的事情，如对项目附近的居民合理搬迁，注意项目影响的生态恢复。为此，总公司起草《中国海洋石油总公司生产经营型投资项目社会责任管理指导意见》，明确社会影响评价的概念，社会影响评价的主要内容，社会影响管理方案，社会影响评价的方法与步骤，社会影响评价报告的编写要求，社会影响的监测评价等问题。

中国华电集团公司安全生产工作

中国华电集团公司安全生产部

2005年，是中国华电实施"358"战略计划第一阶段的关键一年。在集团公司党组的正确领导下，系统各单位认真贯彻落实党中央、国务院以及国家有关部委对安全生产工作的一系列指示和部署，以科学发展观为统领，坚持以人为本，坚持"安全第一，预防为主，综合治理"的方针，坚持"安全是第一责任，安全是第一工作，安全是第一效益"的企业安全理念，以高度的责任感、使命感和紧迫感，不断强化安全生产工作，全面落实各级安全生产责任制，大力推进安全生产管理创新和技术创新，积极构建安全生产长效机制，努力建设本质安全型企业，安全生产总体上保持了平稳的局面，有力地促进了生产经营目标的实现和发展战略的顺利实施。

一、坚持"三个第一"，加强安全生产管理工作

公司党组认真贯彻落实党中央、国务院以及各有关部委的指示精神，不断加强组织领导，强化措施落实，召开专题会议，研究和部署安全生产工作。贺恭总经理及集团公司班子成员始终把安全生产工作放在首位，深入一线调研、检查，掌握第一手资料，及时提出工作要求，极大地促进了安全生产工作的开展。

各单位认真实践"三个第一"的安全理念，及时布置、开展季节性安全生产大检查、防汛和大坝安全工作，制定、落实防汛方案和应急预案，发现、消除了大量设备缺陷和事故隐患。加强和完善月度安全经济分析例会制度，认真学习、落实安全运行快报和事故通报。坚持生产调度会议制度，分析问题，制定措施，加强对安全生产工作的指挥协调。加强事故分析和交流，突出事故防范和控制作用，及时跟踪事故情况、查清事故原因、发现事故特点、掌握事故规律、制定防范措施，进一步巩固了安全生产基础。

二、全面落实安全生产主体责任，巩固和加强安全生产保证和监督体系

一是落实安全生产责任制。2005年，在实施《中国华电集团公司企业领导人员经营业绩考核暂行办法》中，进一步细化安全考核指标，极大地调动了各级领导人员抓安全生产工作的积极性；围绕安全生产工作目标，强化"一级包一级、一级保一级"的安全生产包保体系以及"横向到边、纵向到底"的安全生产领导责任制和各级人员工作责任制，安全责任体系不断得以完善。

二是强化安全生产目标控制措施。在公司系统形成了集团公司、分支机构、企业三级安全网；在企业内部形成了部门安监人员、车间安全员、班组安全员组成的三级安全网。随着安全生产工作的不断深入，将发电企业的安全生产目标"三级控制"（企业控制重伤和事故，车间控制轻伤和障碍，班组控制异常和未遂）提升到安全生产的"四不发生"（企业不发生人身重伤和一般设备事故，车间不发生轻伤和障碍，班组不发生未遂和异常，员工不发生违章），实现"三不伤害"要求。

三是加强安全监督工作。发布实施《中国华电集团公司发电生产事故调查规程（试行）》，按照"四不放过"原则，加大安全生产责任追究力度。发布实施《中国华电集团公司反违章管理指导意见》，纠正安全生产工作中存在的作业性违章、装置性违章和指挥性违章现象，以"三铁"反"三违"，强化了"违章就是事故"的观念；各基层企业认真贯彻落实，加强教育培训，加大了对习惯性违章的检查和考核力度，将反违章工作不断引向深入，以"零违章"确保"零事故"。

四是采取积极措施，遏制重特大事故的发生。针对全国严峻的安全生产形势，按照国家各有关部委的工作部署，华电集团认真开展了安全专项检查和整改工作。加强在建项目的安全管理，确保基建

安全；规范重大危险源管理，开展重大事故隐患排查和整治工作；加强临时用工和对外发（承）包安全生产管理，严格“两票三制”，加大安全检查整改力度。集团公司加强抽查，分支机构进行区域互查，促进了基层企业安全检查的不断深入，形成了安全生产立体检查网络，提升了整体安全生产管理水平，防止了重大事故的发生。

三、努力构建安全生产长效机制，加快建设本质安全型企业步伐

中国华电以建设本质安全型企业为目标，以巩固安全生产机制建设、巩固安全生产标准化建设、巩固安全生产技术支撑、巩固安全生产文化支撑为主线，突出管理创新、机制创新和手段创新，努力构建安全生产长效机制。

一是完善安全生产规章制度。修订、发布了《中国华电集团公司电力生产安全工作规定（A版）》和《中国华电集团公司电力生产安全工作奖惩管理办法（A版）》等8个规定和办法，突出安全生产主体责任，强化应急救援管理，健全和加强安全监督管理机构和队伍，实现人员、设备、环境、信息各要素的和谐统一。进一步规范了安全生产工作，逐步形成了按程序组织安全生产、靠规章制度规范安全生产的管理体系，使安全生产工作实现了制度化、规范化、标准化，为建立安全生产长效机制奠定了基础。

二是安全质量标准化工作不断深入。编制出版了《火力发电企业生产安全设施配置标准》和《水力发电企业生产安全设施配置标准》，作为安全质量标准化工作的基础性、规范性要求，规范了安全生产。

三是加大安全投入，提高设备本质安全水平。将检修技改费用重点使用在防人身伤害措施和设备安全方面，保证了设备安全的可靠运行，有效地预防了人身事故的发生。

四是与专业院所合作，研究探索建立长效机制的途径和有效方式。在公司开展了安全质量标准化工作试点，不断积累经验，推动长效机制工作向纵深开展。

五是加强应急救援体系建设。加强应急救援制度建设，健全了集团公司、分支机构、基层企业、车间、岗位5个层次的应急救援体系。修订实施了《中国华电集团公司应急救援预案（汇总）》，落实应急事件领导人员第一时间到位制度，注重演练，提高了应对突发险情的处置能力。

六是以文化育人，“大安全”工作得到了进一步拓展。进一步强化境外中资企业以及基建、煤业、交通、卫生、财务、生活等安全管理工作。建立、健全安全监督体系和保证体系，落实人员责任，开展专项治理活动，定期分析员工思想动态，解决普遍关注的热点、难点问题，严格执行关键时期的领导值班制度，保证节日、会议和重大庆典活动期间的生产安全、治安稳定。工、团组织和宣传部门围绕安全生产，发挥各自优势，开展群众性安全活动，通过大力进行安全文化建设，向员工宣传先进的安全理念，培养正确的安全价值观，灌输科学的安全知识，努力为加强安全生产工作提供精神动力、智力支持和良好的舆论氛围。

四、发挥集团管理优势，加强防汛和大坝安全工作

防汛和大坝安全工作专业性、政策性强，责任重大，是关系到社会稳定的大事。中国华电是管理大坝最多的发电企业集团，肩负着防汛和大坝安全工作的重要责任。2005年是自然灾害多发的一年，中国华电深入贯彻落实电监会《水电站大坝运行安全管理规定》和国家防总《关于明确水库水电站防汛管理有关问题的通知》，全面规范了防汛和大坝的安全管理工作。

一是加强防汛和大坝安全的组织体系建设工作。与中国水利水电科学研究院联合成立“大坝安全协作网”，选举了大坝安全协作网委员会，讨论并通过了《大坝安全协作网章程》及华电集团第三轮大坝安全定检计划。

二是加大安全投入和技术改造。2004年和2005年共安排资金2700万元对大坝进行补强加固，大大提高了大坝的安全性。

三是汛前抓好组织落实工作。结合气候情况和防汛重点工作进行全面部署，对重点单位进行抽查，指导协助解决困难和问题。各分支机构、乌江水电公司及所属水电厂结合各自特点，按照《华电集团公司防汛管理办法（试行）》的要求健全防汛和大坝安全领导组织机构和组织体系，明确责任，制定预案，落实资金和物资。按照《防汛检查大纲》的要求开展防汛检查工作，做到了领导到位、组织到位、工作到位。

四是切实做好汛期的机组安全和防汛工作。各单位加大了设备治理力度，超前做好汛期事故预防和应急准备工作，认真落实保人身、保设备、保电网的各项措施，积极做好防大汛、抗大灾的准备。

五、以人为本，抓好安全教育培训，提高员工安全素质

中国华电主要开展了安全意识的养成教育和安全知识技能教育。实行持证上岗，提高全员的安全意识和安全技能，规范作业行为。

一是加强对安全生产主要管理人员的培训。为进一步提高各级人员安全生产的责任意识、法制意识、科学意识和安全生产管理水平，中国华电邀请国内知名专家、学者，借助视频会议系统举办安全生产决策者和管理人员专题培训。各分支机构，各发电企业的行政正职、分管副职，安全生产部门主要负责人共计500余人参加了培训并进行了考试，82家发电企业3200余人通过视频系统组织收看了培训讲座。各分支机构组织对所属发电企业的主要管理人员进行抽考，共计300余人次。

二是抓常规培训，带动企业安全生产水平的提高。首先，各单位组织广大干部职工开展“冬训”和日常安全培训工作，主要通过开展安全讲座、分析事故案例、安全知识竞赛等灵活多样的培训形式，对职工进行了安全教育。其次，充分利用“全国安全生产月”的大好时机，对各级安全生产人员分层次、分阶段组织开展安全生产有关法律法规、条例以及电力行业和集团公司各种管理规定、规章制度的学习、教育和培训。再次，积极培育“以人为本，安全第一”的安全文化，提高其知法、懂法、守法、护法的自觉性。

三是通过举办专题培训，提高员工安全生产水平。2005年，中国华电先后举办了6期安全性评价标准培训班。公司系统各单位选派技术骨干参加了培训，共计460余名参培人员全部取得了合格证，具备了安全性评价资格，成为华电集团安全性评价工作的主力军。

六、开展安全性评价，进一步夯实安全基础

中国华电在制定《火力发电企业安全性综合评价标准》和《查评依据》、《中国华电集团公司发电企业安全性评价工作管理规定（试行）》，开展“以点带面”试查评的基础上，把安全性评价作为发挥管理优势的重要手段，在公司系统全面开展安全性评价工作。由19名火电安全性评价专家和12名水电安全性评价组成的专家组，按照“区域查评、以老带新、新老结合”的模式，实行动态管理，完成了公司所属65家发电企业的专家查评，形成了一支460多人的安评专家队伍，为公司系统不断深化安评工作储备了人才。各发电企业积极配合专家组开展查评，认真整改查出的问题，主动选派精干力量加入到专家组队伍中来接受锻炼。

积极开展“三同时”工作，建立新建项目安全预评价内审制度。组织专家对淄博高清等4家新建电源项目开展安全预评价内审工作，从源头上把好安全关，提高了安全预评价对设计、运行的指导作用。

七、全力以赴，保障电力、热力供应

一是保证迎峰度夏电力供应。中国华电集团公司党组高度重视迎峰度夏工作。2005年6月10日召开公司系统迎峰度夏暨安全生产视频会议，安排部署迎峰度夏和安全生产工作。各单位讲政治、讲大局、讲奉献，加强领导，精心筹划，落实责任，全力以赴抓好“三电”、“三煤”工作，做到了“迎峰度夏工作与党员先进性教育活动相结合，做到迎峰度夏工作与构筑和谐企业相结合”，圆满实现了预期目标。

二是保障首都冬季供暖。中国华电高度重视首都供热工作，从讲政治、服务首都、奉献社会的高度，积极为首都供好热、发好电。华电（北京）热电有限公司承担着首都1300万平方米的供热面积，占首都集中供热面积的1/7。2005年2月，中央政治局委员、北京市市委书记刘淇，市长王岐山和北京市副市长张茅先后到华电（北京）热电有限公司视察，检查确保春节和“两会”期间的供热工作。在各级政府的关怀帮助下，该公司高度重视，精心组织，制定了保“两会”和春节等重要节假日供热的具体措施，确保了安全可靠供热。

第六部分

各省、自治区、直辖市及计划单列市安全生产工作

北京市安全生产工作综述

一、市委、市政府高度重视安全生产工作

刘淇书记、王岐山市长对安全生产工作高度重视，多次作出指示和批示。刘淇书记在市委九届十一次全会讲话中指出："市委常委会始终把维护安全稳定作为首都第一位的政治任务，要高度重视安全生产工作，进一步加强监管，推动生产经营单位落实主体责任，促进全市安全生产状况进一步好转。"王岐山市长强调指出："确保首都安全稳定，安全工作不能有一丝一毫的懈怠。"2005年，市政府常务会、市长办公会、市政府专题会议研究安全生产工作10余次，市领导同志率队检查安全生产工作达20余次。

二、坚持控制指标管理，逐级落实安全生产责任制

按照国务院安全生产委员会《关于下达2005年全国安全生产控制指标的通知》要求，我市认真分解落实控制指标，逐级落实安全生产责任制，建立、完善综合考核制度。部分区县还层层签订责任书，有力地保证了各项控制指标的落实。据统计，2005年全市共发生交通肇事、生产安全、火灾死亡事故1542起，死亡1740人，死亡事故和死亡人数同比减少143起、127人，事故率和死亡率分别下降8.5%和6.8%。其中：交通肇事死亡1354人，同比减少116人；生产安全死亡175人，同比减少2人；火灾死亡50人，同比减少9人。各类事故均控制在安全生产控制指标之内。

三、加强安全生产监管队伍建设，监管监察能力得到提高

2005年，市局成立了执法监察队，增设了煤矿监督管理处，加上煤矿分局，执法人员达到88名；昌平、顺义、通州、延庆、怀柔、密云、平谷、房山8个区县成立了执法监察队，有人员76名；全市大部分乡镇、街道明确了安全管理机构和人员，配备1068名安全生产检查员，监管监察力量明显增强。

为进一步强化执法人员业务培训，提高监管监察能力，组建了北京市安全生产教育培训基地，为持久开展专业培训打下坚实基础；举办市和区县安全生产监督局局长、副局长参加的短期培训班，讲授安全生产法律法规，进行科学发展观和提高依法行政能力教育，收到较好的效果；举办7期事故调查处理、危险化学品监管培训班，有510名安全生产监管监察人员参加了培训；规范执法标准程序，制定下发《安全生产执法工作程序》、《安全生产执法工作标准》等，安全生产执法工作逐步实现规范化、程序化和标准化。

四、严格行政许可，加强高危行业安全生产源头控制

依照《安全生产法》、《安全生产许可证条例》确立的安全生产准入制度，市、区（县）两级监管机构规范标准，严格程序，认真做好煤矿、非煤矿矿山、危险化学品、烟花爆竹安全许可工作。同时注重发挥专家和中介机构作用，深入企业进行现场审查，严把安全准入关。

全力做好煤矿停产整顿和关闭工作，关闭不具备安全生产条件煤矿的工作走在全国前列。市委、市政府高度重视煤矿整顿关闭工作，要求认真贯彻落实“特别规定”，“紧急通知”等文件精神，坚决关闭不具备安全生产条件和非法煤矿。刘淇书记主持召开市委常委会，听取煤矿整顿关闭工作汇报。王岐山市长对煤矿整顿关闭工作作出了“既要态度坚决，又要工作细致”的重要批示，并主持召开市长办公会，研究煤矿整顿关闭工作。截至2005年年底，全市共发放“煤矿安全生产许可证”75家，应关闭的83个煤矿全部完成关闭工作。其中，房山区关闭53个，门头沟区关闭30个。为做好关闭整顿工作，陆昊副市长多次召开市政府专题会议，进行具体部署；市财政划拨8000万元，专项用于煤矿整顿关闭工作；房山区、门头沟区成立煤矿关闭总指挥部，组建700余人的执法队伍，大力开展联合执法，有力地保障了煤矿整顿关闭工作的顺利开展。

严格行政许可，做好危险化学品和非煤矿山监管工作。全市649家非煤矿山企业中，截至2005年12月31日，有555家单位提出安全生产许可证申请，94家取得安全生产许可证，461家企业正在进行整改，有94家金属非金属矿山企业逾期未提出申请。全市305家危险化学品生产企业中，截至2005年12月31日，有260家提出申请，200家取得安全生产许可证，60家企业正在进行整改，有45家企业逾期未提出申请。依据有关法律法规，我市已经对未提出安全生产许可证申请的非煤矿山企业和危险化学品生产企业下达停产指令书，责令其立即停止生产。目前正在制定关闭的具体方案。

认真做好烟花爆竹“禁改限”后安全监管工作。截至2006年1月16日，全市共批准烟花爆竹销售单位和临时销售网点2127家，其中批发单位11家，五环路以内销售网点585家，五环路以外1531家。共有2256名销售单位主要负责人员和专职安全管理人员通过考核。

五、制定、发布安全管理规范，安全质量标准化工作全面启动

针对首都安全生产工作特点，市局会同有关行业部门，陆续制定、发布了商场超市、餐饮服务业、加油加气站等19项安全管理规范，其中，8项涉及高危行业，11项涉及人员密集场所。这19项安全管理规范的颁布实施，是2005年本市安全生产工作取得的重要成果，是建立安全生产长效机制的重要举措。通过检查，安全管理规范的宣传贯彻工作取得了初步成效。

六、强化安全生产监督执法，行政处罚和责任追究力度不断加大

按照国家总局和市委、市政府的统一部署，有针对性地加强对重点地区、重点行业、重点单位和重点部位的安全检查。在监督执法工作中，执法人员始终坚持严格执法、公正执法和廉洁执法，不断探索新的工作模式。在春节、“两会”、“五一”、“十一”等期间，组织开展全市安全生产大检查和专项督察；对区县开展集中检查执法，年内完成了8个区的集中检查，处罚金额75.8万元；在节假日和重要时期，进行全面的安全检查，共完成了“财富论坛”、“抗日战争胜利60周年纪念活动”、“法兰西之夜”等21项重大活动场所的安全检查工作，圆满完成安全保障任务。绝大部分区县坚持从严执法，触及违法违纪企业“核心利益”。

据统计，2005年全市各级安全监管部门共检查生产经营单位4.2万家，下达各类行政执法文书2.4万份，对生产经营单位及主要负责人罚款约858.13万元。在对事故处理过程中，有43人被司法机关依法追究刑事责任，有115人受到党纪和行政处分。

七、积极开展重大危险源普查，生产安全事故隐患治理取得重大进展

2005年，重大危险源普查工作被列为市政府“折子工程”。各地区、各部门认真开展普查登记和申报、辨识工作，全市共确定重大危险源9大类计2949项。

2005年，全市继续深入开展隐患排查整改工作。为推动重大事故隐患整改，市政府多次召开专题会议，进一步明确职责，研究整改方案，制定保障措施，每月汇总上报隐患整改情况，并划拨1.47亿元专项资金用于隐患整改。全年共消除生产安全事故隐患81项，5项重大事故隐患得到彻底消除。

另外，按照市政府部署，积极推动电力线、通信线、广播电视线交越和搭挂的“三线隐患”整治工作，制定整治工作方案，明确责任分工，到年底共消除隐患1116处。

八、大力开展日常应急演练，应对突发事件能力逐步提高

加强应急救援队伍日常管理。制定实施《北京市安全生产应急救援队伍管理办法》；在节假日和重大活动期间，组织召开备战动员会；协调划拨2815万元市财政专项资金，为应急抢险救援队伍补充配备必要的应急抢险救援设备。在重大事故抢险中，市安全生产应急救援队伍在第一时间赶到事故现场进行救援，为有效控制事故的扩大和减少人员伤亡发挥了重要作用。

加强值班备勤，定期组织开展实战演练，提高应急救援队伍应对突发事件的能力。据统计，2005年市级安全生产应急救援队伍共组织职工参加培训1000余人次，组织应急演练50余次，投入生产安全事故应急救援100余次。

另外，按照市政府应急指挥工作的统一部署，市局正在筹建安全生产应急指挥中心，建立高危行业企业视频图像监控、应急指挥调度、辅助决策等应急指挥系统。

九、加强安全生产法制建设，各项管理制度逐步完善

参与完成《北京市烟花爆竹安全管理规定》立法工作，制定实施《烟花爆竹专营管理办法》和《烟花爆竹销售许可管理办法》，为烟花爆竹"禁改限"做了充分准备。制定发布《举报生产安全事故隐患和违法行为奖励办法》，公布举报电话。起草了《北京市重大事故隐患治理办法》，并已经纳入市政府规章立法计划。

由市安全生产监督局负责、各部门积极参与，完成《北京市"十一五"安全生产规划》草案编写工作，提出了"十一五"期间全市安全生产的指导思想、奋斗目标、主要任务、保障措施和重大项目。目前，正在进行草案的专家论证和报审工作。

2005年5月至6月，市人大常委会受全国人大常委会委托，对本市贯彻实施《中华人民共和国安全生产法》情况进行了执法检查。市政府领导对这次检查高度重视，王岐山市长批示要求，以执法检查为契机，更深入全面地加强安全生产工作。市安全生产委员会办公室已对整改任务进行了细化和分解，落实到区县和部门抓紧整改。

十、广泛开展宣传教育活动，培训考核力度不断加大

2005年，本市充分利用和发挥媒体作用，广泛开展安全生产宣传教育活动。组织新闻媒体集中宣传安全生产工作情况，揭露事故隐患及各种违法行为，召开7次新闻发布会，对143家事故和隐患单位进行了曝光。组建了区县安全生产监督局新闻通讯员队伍，建立与主流媒体定期通报工作制度，刊播新闻稿件1192条。认真组织安全生产月活动，全市有200余万人参与活动并受到安全教育。海淀区建成并开放了"公共安全馆"，提高公众的灾害意识和自救、互救能力。积极筹备"首届全国安全生产及技术装备展览会"，获得最佳组织奖和优秀设计装修奖。

加强对高危行业主要负责人、安全管理人员和特种作业人员安全考核工作，共组织建筑施工、非煤矿山和危险物品生产经营单位主要负责人、安全生产管理人员安全生产知识和管理能力考试37期，共有75 744人通过了考试，制作特种作业操作证96 958个。

北京市煤矿安全生产工作综述

北京煤矿安全监察分局在国家安全生产监督管理总局、国家煤矿安全监察局的领导下，在北京市委、市政府的指导和市政府各有关部门的大力支持下，认真贯彻落实《国务院关于预防煤矿生产安全事故的特别规定》和《国务院办公厅关于坚决整顿关闭不具备安全生产条件和非法煤矿的紧急通知》精神，严格监察执法、推进煤矿安全生产许可等各项工作。通过全市煤矿企业的共同努力，2005年全市煤矿企业安全投入大幅度增加，安全状况进一步改善，安全意识进一步加强，全市煤矿伤亡事故呈明显下降趋势。

2005年年初，本市共有煤矿102个，其中，市属国有煤矿 4 个，小煤矿 98 个。

经过 2005 年开展煤矿整顿关闭工作，截至 2005 年年底，全市共有煤矿 56 个，其中，市属国有煤矿 4 个，小煤矿 52 个。

一、煤矿安全生产情况

全市 2005 年原煤产量 748.9 万吨，同比减少 561.1 万吨，下降 42.8%。其中原国有重点煤矿生产原煤 500.4 万吨，同比减少 39.6 万吨，下降 7.33%；小煤矿生产原煤 248.5 万吨，同比减少 521.5 万吨，减少 67.7%。

2005 年全市煤矿共发生死亡事故 11 起，死亡 13 人，百万吨死亡率为 1.736，事故起数同比减少 10 起，死亡人数减少 20 人，事故起数和死亡人数分别下降 47.6% 和 60.6%；百万吨死亡率同比降低 0.764，降幅为 30.6%。

2005 年国有煤矿共发生死亡事故 9 起，死亡 9 人，同比减少 3 起，死亡人数减少 15 人，分别下降 25% 和 62.5%；百万吨死亡率为 1.799，同比下降 2.601，降幅为 59.1%。小煤矿发生死亡事故 2 起，死亡 4 人，同比减少 7 起，死亡人数减少 5 人，分别下降 77.8% 和 55.5%；百万吨死亡率为 1.61，同比上升 0.41，升幅为 34.2%。

二、监察执法基本情况

2005 年共监察矿井 102 个，监察矿井 301 矿次，完成煤矿安全监察覆盖率 100%。

全年共制作各类执法文书 909 份，使用文书种类 10 种，其中，现场检查笔录 243 份，现场处理决定书 330 份，复查意见书 16 份，调查取证笔录 207 份，立案决定书 23 份，行政处罚决定书 37 份，加强和改善安全管理建议书 9 份，罚款 63.7 万元。

三、主要工作

1. 严格执行《安全生产许可证条例》，积极推进煤矿企业申办安全生产许可证

《安全生产许可证条例》和《煤矿企业安全生产许可证实施办法》颁布实施后，分局领导高度重视，围绕如何提高煤矿企业负责人对申领安全生产许可证的认识、如何解决本市煤矿申办安全生产许可证工作存在的突出问题等多次召开会议进行研究部署。

分局在开展日常的监察过程中，多次在区、乡镇组织有关安全监督、煤矿管理部门和煤矿矿长座谈会，对照《煤矿企业安全生产许可证实施办法》的有关规定，做进一步的讲解和辅导，同时把分局编印的《煤矿安全监察行政许可法律法规文件汇编》等书籍，免费发放到基层和煤矿。

与区有关部门先后组织 9 个乡镇的 100 多名管理人员和煤矿矿长到京煤集团所属煤矿学习采煤方法，取得了很好的效果。

为进一步推动煤矿企业积极申领安全生产许可证，2005 年 6 月 3 日，分局与市发展改革委、市国土局等部门组织召开了全市颁发小煤矿安全生产许可证暨申办工作经验交流大会，对全市小煤矿申办安全生产许可证工作进行了总结和经验交流，对今后小煤矿申办安全生产许可证工作提出了要求，对促进小煤矿加快申办进度起到了很好的推动作用。

在现场审核过程中，严格对照《实施办法》的要求，逐项对煤矿的安全生产条件进行审核，对不符合安全生产许可证条件的，详细讲明其存在的问题、不符合条件的原因以及整改办法，并对整个审核过程进行现场录像，作为永久资料保存。

针对煤矿整合工作中出现的新问题，组织市、区有关部门的负责人及部分整合工作任务重的乡、村、矿有关人员到山东省章丘市考察学习，找出了工作的切入点，为顺利开展小煤矿的整合奠定了基础。

为了把煤矿整合工作进一步做实、做细，我们多次组织乡镇、村及煤矿的有关人员召开座谈会，与评价机构多次进行沟通，明确了整合的具体工作。

2. 认真贯彻国务院第 81 次常务会议和“淮南会议”精神，积极开展煤矿安全与瓦斯专项整治工作

一是按照国家安全监管总局有关工作部署，北京市成立了以主管安全生产工作的副市长陆昊同志为组长的北京市煤矿安全和瓦斯整治领导小组，研究制定了《北京市煤矿安全和瓦斯整治工作方案》并认真组织实施。对全市的煤矿安全与瓦斯治理工作开展了专项监察。

市政府在 7 月 6 日召开了全市煤矿安全生产工作大会，全市所有煤矿的矿长、安全副矿长、总工程师或主管技术人员、投资人以及市、区、乡镇政府有关部门、产煤村负责人等共计 400 余人参加了

会议，陆昊副市长对煤矿安全生产工作提出了明确要求和具体部署。

二是对京煤集团所属煤矿通风系统改造工作进行专项督导和重点监察。北京煤矿安全监察分局和市发展改革委组成北京市瓦斯集中整治工作督导组，确定了以京煤集团所属煤矿“一通三防”和通风系统改造为定期、重点监察的主要内容，自2006年6月开始，每月对矿井通风系统改造工作进行一次督察。

三是加强对小煤矿整合的专项监察。根据本市煤炭行业发展的要求，部分乡镇小煤矿进行了整合。针对小煤矿整合问题，多次组织市有关单位沟通，研究制定了煤矿整合的标准，对整合煤矿提出了明确要求。整合的小煤矿积极投入资金，进行改造，添置了安全设备，改造了通风系统，关闭了存在重复开采等重大安全隐患的矿井。

为了规范小煤矿的整合工作，要求整合的小煤矿聘请有资质的机构编写了开采方案，聘请专家对开采方案进行了认真审查，并对照开采方案进行现场审查。

四是积极推进煤矿技术进步和安全监测监控系统建设及矿井通风能力核定工作。按照国家推广煤矿瓦斯数字化远程监控系统的有关工作要求，结合北京市煤矿全部为低瓦斯矿井的特点，在煤矿工作面全部装设风电闭锁、瓦斯电闭锁装置基础上，2005年年底前京煤集团公司所属煤矿全面建立了煤矿安全监测监控系统。两区煤矿安全监管部门对建立小煤矿瓦斯监控系统进行了调研和方案设计。

认真开展矿井通风能力核定工作。按照国家安全生产监督管理总局要求，与市发展改革委及时下发了通风能力核定的文件，两部门配合开展通风能力核定工作。2005年年底前全部完成了所有煤矿的通风能力核定工作。

积极引导煤矿采煤工艺改革。通过组织现场参加，推荐技术人员等，向小煤矿引进了壁式采煤等工艺，有条件的煤矿正在探索引进机械化采煤工艺。

为了贯彻国务院安全生产委员会办公室（安委办字［2005］6号）《关于推广“三个委派”经验，有效实施地方煤矿监管的通知》精神，强化地方政府对煤矿的安全监管职责，2005年6月份，以市安全生产委员会办公室名义下发了《关于建立向小煤矿派驻安全督导员工作的通知》，要求两区政府制定相关实施办法，自2005年11月起正式实施。

3. 落实国务院两个文件精神，全面推进煤矿整顿关闭工作

为了认真贯彻《国务院特别规定》，强化煤矿企业的主体责任，进一步提高乡镇煤矿管理人员的安全管理水平，2005年10月份，对全市产煤乡镇的主管乡镇长、乡镇煤炭管理部门的负责人员、小煤矿出资人、矿长、安全生产管理人员进行了集中的安全生产法规强化培训，近400人参加了学习。

结合北京市实际，制定下发了《关于建立煤矿企业重大事故隐患排查的通知》、《关于煤矿企业必须建立健全井下劳动定员制的通知》等文件。要求煤矿必须定期开展隐患排查和上报工作，严格核定下井人员，按核定人数安排下井人员。

为了认真贯彻落实国家安全监督管理总局等五部委下发的《关于严厉打击煤矿违法生产活动的通知》，我局（分局）召开专门会议，认真学习文件精神，研究煤矿整顿工作，提高了对打击煤矿违法生产活动的认识。多次组织市国土局、市发展改革委、市工商局、市公安局、市监察局等有关部门以及产煤区政府召开会议进行专题研究，学习文件精神，提高认识，统一思想。及时起草了《北京市严厉打击煤矿违法生产活动的工作方案》（征求意见稿），形成了初步的工作方案，并向市政府领导同志进行了报告。

北京煤矿安全监察分局对应停产整顿的煤矿分别下达了停产整顿的监察指令，将停产整顿煤矿名单报送国家安全生产监督管理总局、国家煤矿监察局和市政府，抄送区政府和市各有关部门，并分别于2005年7月23日，9月26日，在《北京日报》等媒体上向社会进行了公告，市政府有关颁发证照的部门及时暂扣了这部分煤矿的相关证照。

为了进一步规范煤矿的停产整顿工作，制定下发了《关于核定煤矿整改期限的通知》，要求区煤矿安全监管部门针对每个煤矿的整改情况，逐一核定整改期限，同时要制定停产整顿的验收标准，未取得安全生产许可证停产整顿的煤矿，整改结束后，要经区煤矿安全监管部门验收合格后，方可申请办理安全生产许可证。

为了规范煤矿在停产整顿期间的安全管理工作，我们和市国土资源局、市发展改革委、市工商

局、市公安局联合下发了《煤矿停产整顿期间安全管理办法》。规定由区煤矿安全监管部门对整顿煤矿下井人数、火工品使用量进行核定。公安部门按煤矿监管部门核定的火工品量核发火工品，并会同市国土局、市发展改革委、市工商局、市公安局、市监察局等部门对停产整顿煤矿依法开展了联合执法检查。

依法提请地方政府关闭了83个证照不全或不符合安全生产条件的煤矿，全面完成2005年煤矿整顿关闭工作任务。

4. 落实企业主体责任，严格煤矿领导干部下井跟班制度

分局制定下发了《关于煤矿建立和完善安全生产分析会制度的通知》和《北京市煤矿企业领导干部下井管理有关规定》。要求领导干部下井不能走过场，要实实在在地跟班下井。进一步强调煤矿是安全生产主体，煤矿的投资人、主要负责人是第一责任者。要求煤矿的主要领导每天都要主持召开安全生产分析会，认真分析煤矿在安全、生产、技术管理等方面存在的问题和隐患，制定出有针对性的整改和防范措施，并本着“定时间、定措施、定责任人”的原则，确定专人检查、验收，做好记录，进一步强化井下的现场管理。两区及京煤集团也都制定了相应的规定。

5. 强化全员安全教育培训工作，积极开展安全文化下基层活动

为了使煤矿企业员工提高安全意识，掌握采煤技术，我们利用多种形式对煤矿企业职工进行安全知识和采煤技术的培训。

一是针对北京地区煤矿事故70%以上为顶板事故这一特点，认真贯彻分局2004年提出的“规范支护，严禁空顶，杜绝进塘，检查到位”16字顶板管理方针，聘请专家有针对性地编写教材，录制顶板控制教学光盘，免费送到煤矿。

二是采取多种形式做好《安全生产法》、《煤矿安全监察条例》和《北京市安全生产条例》等法律法规的宣传贯彻工作。编制了《煤矿安全监察法律法规文件汇编》（2005年版）、《北京煤矿安全监察分局文件汇编》各1000本，《北京市煤矿事故案例汇编》1000本，《北京市煤矿安全生产知识参考题集》1500本，《国务院关于预防煤矿生产安全事故的特别规定等重要文件汇编》10000本，免费发放到各产煤区、乡（镇）、村及煤矿职工手中，努力营造本市煤矿安全生产的良好氛围。

三是为规范培训机构的工作，加强对培训机构的管理，制定下发了《北京市安全生产培训机构管理办法》及《关于加强煤矿企业安全生产培训考核工作的通知》，对培训、考核、颁证程序、教师管理等提出了具体要求，促进培训考核工作进一步程序化、规范化。

为了进一步推进本市煤矿安全培训机构建设，2005年9月份，组织了本市三级和四级煤矿安全培训机构负责人到黑龙江鸡西煤业集团进行了学习考察。

2005年10月份，组织了培训机构教师资格考试工作，共有96人取得了教师资格证书。

2005年，共培训考核煤矿主要负责人257人；考核煤矿安全管理及特种作业人员4964名。全市煤矿实现了主要负责人、安全生产管理人员和特种作业人员全部持证上岗。

天津市安全生产工作综述

2005年，在天津市委、市政府的领导和国家安全生产监督管理总局的具体指导下，通过全市上下的共同努力和拼搏，我市安全生产工作继续保持平稳的发展态势，各项安全指标控制在国家下达的范围之内，生产安全、道路交通安全和消防安全均未发生特大安全事故。2005年国家下达给我市各类死亡事故的控制数为1212人，实际死亡1146人，比国家下达的控制数少66人。其中：道路交通事故死亡970人，同比减少22人；消防事故死亡32人，同比减少1人；生产安全事故死亡95人，同比减少6人；铁路路外事故死亡49人，同比减少27人。

天津市委、市政府高度重视安全生产工作，始终将其摆在突出的位置。2005年市领导同志对安全生产工作的重要批示达126条，中共中央政治局委员、市委书记张立昌多次在市委常委会议中强调安全生产工作并多次作出重要批示。市委副书记、市长戴相龙多次召开市政府常务会听取安全生产工作汇报。副市长杨栋梁坚持每季度召开一次安委会扩大会议，研究和部署安全生产工作，并先后17次深入重点高危行业和企业现场指导检查安全生产工作。2005年12月9日，市政府召开了全市安全生产工作会议，贯彻落实国务院《通知》精神，戴相龙市长作了重要讲话，会后市政府下发了《关于做好今冬明春安全生产工作的通知》、《关于加强非公有制中小企业外来务工人员安全生产管理工作的通知》。市委八届九次全会和市人大四次会议把安全生产工作列入了重要会议内容，并把安全生产专项写入全市国民经济和社会发展第十一个五年规划。这些重要指示和重大举措有力地指导和推动了全市安全生产工作的开展。

全市上下认真贯彻落实中央和市委、市政府的指示精神，重点抓了以下工作。

一、进一步强化和完善安全生产责任体系

一是全面落实各项安全生产工作制度。各地区、各系统，各部门从构建社会主义和谐社会、树立和落实科学发展观的高度来认识和看待安全生产工作的重要性，进一步加大了对安全生产工作的领导力度，将其摆上了重要的工作日程，普遍建立、完善了安委会例会制度、各级领导安全生产工作“一岗双责”制度、安全生产重点工作督办制度、重大事故责任追究制度等，有力地促进了安全生产的各项工作内容落到实处。

二是进一步完善安全生产事故控制指标体系。在总结2005年我市较好地完成了国家安全生产事故控制指标的基础上，市安委会将2006年国家下达的事故控制指标层层分解到21个区县、303个镇街、809个大中型企业，实现安全生产责任目标量化，并对全年各级各单位控制指标的执行工作提出明确要求，各区县、各委局、集团总公司对安全目标进行层层分解，纳入经营业绩考核内容中，落实目标、责任，任务和标准，并从制度落实和现场管理入手，做到有岗必有责，上岗必守责，有力地确保了各项安全事故指标整体受控。

三是狠抓安全生产责任制的落实。全市上下层层签订了安全生产目标责任书、责任状，横向到边，纵向到底，把安全生产责任落实到各级、各个企业、各个工作岗位，层层覆盖、逐级负责的全市安全生产责任体系更加严密。许多单位还建立了对违反控制指标的单位和个人实行“一票否决”制度、企业负责人年薪与安全生产目标责任挂钩制度、安全生产风险抵押金制度等，奖优罚劣，有力地推动了安全生产责任制的全面落实，

二、不断巩固和发展安全生产专项整治成果

一是加大了对危化品从业单位的监管力度。市安监局完成了对生产、使用、储存危险化学品从业单位的年审工作，共取消90个危险化学品企业的从业资格；按照国家安监总局的要求，我们全力推进全市危险化学品和非煤矿山企业安全生产许可证的发放工作，制定了危险化学品生产企业的审核办法，培训了危化企业负责人，实行了临时安全生产许可证的具体措施。共组织安全监管审核人员2480人次，审核专家2620人次，对危化企业和非煤矿山进行了严格审核，共审核企业743家，发证548家，提出整改问题5656项，关停隐患严重的企业36家，实施整改企业499家。通过安全生产许可证的审核，督促企业加大了对治理隐患的安全生产投入，共投入整改资金1558万元，使企业安全生产的设备、装置和生产作业环境得到进一步改善。

二是切实加强建筑施工安全整治工作。建设系统进行了以防火、防高空坠落、防触电、防基坑坍塌、防机械伤害、防一氧化碳中毒为主要内容的专项治理；大力探索市场经济体制下加强建筑安全监管的新招法，将施工企业的安全情况与市场准入紧密衔接，规定凡发生死亡事故的企业停止投招标资格，实行了对施工企业法人安全劣迹考核制度、对存在安全隐患以及整改不力的施工企业给予黄牌警告制度。

三是坚持不懈地强化交通安全的监管力度。交委系统把专项治理的重点锁定在汽车站、火车站、机场、轮渡码头，不间断地进行安全执法检查，准确、细密地摸排隐患，及时进行整改；公路、水路、铁路、民航等客运部门对各类载客工具进行了全面检修，严格堵查易燃、易爆、危险品进站上车、上船、上飞机；公路运输部门采用指纹识别、中途抽查等方式加强对司机的监管，对长途客运汽

车、危险品运输车安装了卫星定位车载设备，严格控制车辆超速和脱离计划线路行驶。公安交管部门开展了春运期间交通秩序和危险化学品道路运输安全集中整顿，强化了对“双超”交通违法行为的惩治力度，并认真做好交通事故多发点段和安全隐患点段的排查、治理工作。

四是努力确保消防安全。公安机关和消防部门抓住党政首脑机关、供水供电供气供油系统、交通枢纽、新闻媒体单位、重点工程工地、商场市场和节庆活动等公共聚集场所，采取日查与夜查、抽查与互查、重点查与普遍查相结合的方法，开展了节日和重要政治活动和春季期间消防检查战役，排查督促整改了一大批火灾隐患。

三、进一步完善安全生产工作长效监管机制

一是立足基层，积极督促和指导基层不断规范和完善各项安全生产工作制度，落实基层企事业单位安全生产第一责任人的职责，进一步强化了企业安全生产责任主体意识。

二是进一步扩大安全质量标准化活动的范围。建筑、石油、机械等行业安全质量标准化活动在继续深化的同时，农业、轻工、电子等系统和行业也着力推进此项工作的开展。

三是推进安全生产法制化建设的步伐。各级安监工作机构注重提高依法实施安全监管的能力和水平，大力宣传贯彻《安全生产法》等法律、法规，进一步规范安全生产的执法检查程序和执法文书，建立了执法责任制，有效减少了行政执法的随意性。同时，按照“四不放过”的原则，对事故发生的成因和责任进行仔细调查，取证和分析，依法严肃追究了事故责任人的责任。

四是抓机构队伍建设，建立和完善安监体系。全市18个区县安监局已有15个实现了升格独立，增加了人员和编制。全市目前安监人员已增至550人，同比提高1.5倍，安监工作力量显著增强。75%区县在街道，乡镇设立了安全监管机构，落实了基层安全监察人员的执法资格，我市三级安全监管网络和格局全面加强.

四、积极开展重点时期和重点行业的安全生产大检查

全市各地区、各系统、各部门把大检查活动作为加强安全监管的一项常规性的工作，主要开展了两节、两会、五一黄金周、安全月、亚欧财长会议、暑期、十一等重点时期的安全生产大检查，全市共出动检查组4000多个，检查各类企业两万余家。各级主要领导亲自挂帅，深入基层、企业和生产一线，检查力度得到切实加强；大批专家、行家直接参加大检查，检查的科技含量较高；检查形式多样，重点时期检查与日常检查、重点行业区域检查与面上的普查紧密结合，检查针对性和广泛性更加突出；始终把大检查的重点放在事故隐患的整改上，做到查找出的隐患和问题与企业领导见面，督促其加大安全投入，限期落实整改措施，集中消除了一批事故隐患。

五、下大力搞好重大事故隐患排查工作

制定了开展重大事故隐患排查工作方案，明确了责任分工，并初步提出了重大隐患监管三级管理的工作机制。经过仔细摸排，各局、集团公司和区县共上报重大隐患195项。依据重大隐患的危害程度、隐患整治所涉及的范围、部门等要素，确定属于市级监管的A类重大隐患18项，属于区、县、局、集团公司监管的B类重大隐患106项，属于企业自行监管的C类重大隐患71项，依据危害程度，实施了ADC三类监管工作机制。

六、进一步营造安全文化建设氛围

围绕“遵章守法、关爱生命”的活动主题，开展了安全月活动。宣传月期间有14家新闻媒体宣传报道了30多条有关活动，《天津日报》专版分析了我市安全生产面临的形势和存在的问题，使安全生产工作得到了社会更广泛的认知；全市统一印制了安全标语、条幅、宣传画，在企业、学校、医院、社区、主干道路和1100个工地张贴和悬挂；组织开展了“安全生产月”社会宣传咨询日活动和街头万人签名等活动；利用广播、电视、文艺演出、报刊、宣传栏、宣传小册子等多种形式，大力宣传安全法律、法规、安全知识、事故案例等，有力地提高了广大职工群众遵章守法的自觉性；加大了安全生产培训工作力度。2005年全市累计举办特种作业、法人安技干部、危险化学品和非煤矿山等各种培训班820个，培训各种人员达80090人，使安全生产知识和技能得到广泛推广。

七、搞好安全生产“十一五”专项规划

我们认真编制了全市安全生产“十一五”专项规划，召开了天津市安全生产“十一五”专项规划论证会，市政府将安全生产列入全市“十一五”发展专项规划。

认真总结以往的工作成效和经验，对于我们坚定信心，进一步做好下一步的工作具有重要作用。同时，我市安全生产形势依然十分严峻，安全监管任务十分繁重。

第一，安全生产监管难度不断加大。改革开放以来，我市个体、私营等非公有制经济迅速发展，中小企业大量增加，逐步成为社会生产活动的主体，给安全生产工作提出了新的课题；从业人员素质结构参差不齐，直接影响安全状况，特别是外来务工人员已经成为事故高发的主要群体。

第二，安全生产工作压力不断加大。我市正处于体制转轨和经济快速增长时期，全市安全生产监管体系还不够适应，安全生产法律法规也有待进一步完善，在这种情况下，安全事故易频发高发，特别是三步走战略的实施及规划和开发、开放滨海新区宏伟目标的提出，给我市社会经济发展带来机遇的同时，也给安全生产工作提出了严峻的挑战，做好安全生产工作面临很大的压力。

第三，安全生产的任务十分艰巨。一是重特大安全事故尚未得到有效控制。2005 年我市共发生死亡 3 人以上的重大事故 7 起，死亡 31 人，死亡起数和人数同比增加 2 起、12 人，事故率和死亡率分别上升了 40% 和 63.2%。同时，还发生装载易燃易爆、剧毒、液氨等强刺激性气体运输车辆翻车、泄漏等重大险兆事故 23 起，虽然未造成重大人员伤亡，但是对人民群众生命安全构成严重威胁，充分暴露出我市安全生产工作薄弱环节很多、稳定形势十分脆弱的问题。二是大量重大事故隐患没有得到及时整改。据不完全统计，全市有重大事故隐患 195 处，还有许多重大危险源。这些重大隐患和重大危险源的存在，对安全生产构成严重威胁。三是全市安全生产基础还比较薄弱，安全欠账多。部分企业设备陈旧老化，特别是中小企业生产工艺落后，设备陈旧问题突出。有的企业仍然使用已经退役、淘汰的工艺、设备，而且缺少基本的安全防护措施。四是各级政府对安全生产工作的领导虽不断加强，但仍存在工作落实不下去，管理严不起来的问题。这些问题，不是短时间就能根本解决的，需要我们做出长期艰苦的努力。

上海市安全生产工作综述

2005 年，在市委、市政府的高度重视下，在国家安全生产监督管理总局的具体指导和市经济工作党委直接领导下，在各地区、各系统的积极配合下，通过系统全体干部群众的共同努力，保持了本市安全生产形势的平稳态势。

全年发生生产安全死亡事故 391 起、死亡 413 人，同比分别下降 4.87%、4.18%，其中，重大死亡事故 2 起、死亡 7 人，同比下降 46%，未发生特大死亡事故。与此同时，市、区县安全生产监管机构的地位和功能得到了进一步提高；危险化学品监管新举措取得了阶段性成效；小企业安全监管得到了整体推进；首次安全生产“十一五”规划制定获得圆满成功；闲置厂房租赁场所专项整治取得了预期效果等。这一系列工作成绩的取得来之不易，是全市上下共同努力的结果，也是对全体安监干部辛勤工作的回报。

一、强化危险化学品安全监管

一是加强总体谋划。在调查研究的基础上，提出了“关于加强本市危险化学品安全监管总体思路”，得到“9·19”市政府常务会议的肯定。

二是加快落实危险化学品安全生产许可证制度。严格标准，严格程序，严把审核、发证关，已完成安全评价 521 家，颁证 193 张。此外，颁发危险化学品经营许可证 1165 张（累计 4701 张），危险化学品包装物、容器定点证书 19 张。

三是市、区两级安监部门继续加大整治力度。在“关停转迁”生产、储存和使用企业 140 家（累计 265 家）的基础上，重点对不具备安全生产基本条件的企业采取强制措施，提出第一批责令停产整顿的 23 家企业名单并上报市政府，现正加紧实施。

四是筹备建立长三角危险化学品安全运输动态

监管联控机制。通过多次会商，已与本市公安、城交等部门以及江苏、浙江两省安委办达成共识，力争尽快形成有效的运作机制，进一步提高三地之间对这一领域的安全可控度。

五是加快推进零星危险化学品配送试点工作。在积极协调市城交局和交运集团的基础上，帮助国药化学试剂有限公司、好美家装潢建材有限公司和上海化运公司等单位完善方案、落实车辆，使零星、小批量危险化学品专业配送机制试点工作得以在2006年1月5日正式启动。

六是针对发生的危险化学品事故，除依法处理外，还多次召开专题大会，举一反三，吸取教训。如首次让外籍法人就事故责任在全市性事故教训汲取大会上作深刻检查。

七是会同市政府法制办等13个部门在全面分析本市危险化学品行业安全状况基础上，草拟了新的《上海市危险化学品安全管理办法》，即将报市政府常务会议审议。

八是针对“11·13”吉林石化爆炸事故的教训，及时召开会议，研究措施，完善方案，并部署安全检查。另外还连续3次与市经委、环保、水务等部门就完善沿江河化工企业排污系统及应急处理装置、确保抢险化工污水进入污水排放系统、建立应急救援防水体和大气污染预案等进行了专题研究。

二、加强小企业安全监管

开展安全生产信用评估和分类监管，既促进小企业提高自身本质安全度，又提升政府安全监管效能。这一做法得到国家安全生产监督管理总局的充分肯定。在充分调研的基础上，对生产型小企业逐个开展安全生产信用评估，并将其分成A、B、C、D几类。全年对2.8万户小企业进行了安全评估和分类，并重点对安全生产基础薄弱和事故隐患多的C类和D类小企业加大了监管力度，使小企业事故高发的势头得到了一定的遏制，死亡人数同比下降8.09%。

三、加强安全生产宣传培训工作

一是以《上海市安全生产条例》的颁布和实施为契机，加强安全生产法制教育。召开宣传大会，千余人参加；安排600多场现场宣讲，15万多人听讲；组织社会化知识竞赛，近7万人参与。

二是组织好“安全生产月”活动。以2005年6月份全国“安全生产月”为活动平台，通过文艺演出、公益广告、现场咨询、专家讲座、“市民与社会”直播对话、配合人大和政协视察等形式，提高市民安全生产意识。组织参加《生命之歌》安全歌曲大赛，获优秀组织奖。

三是组织参加全国安全生产展览会。历经3个月的精心筹备，参加“首届全国安全生产技术装备展览会”，以此展示和宣传本市安全生产管理等方面的成果。上海展区获得“最佳组织奖”和“最佳设计奖”。

四是建立安全与科普的联动机制。与市科协签署“加强安全科普宣传合作备忘录”，开展安全科普日活动，充分发挥科协系统2000多块报栏式画廊和500余个电子式画廊的辐射作用，将安全生产宣传教育深入到社会的各个方面。

五是加强安全生产新闻报道工作。提高《上海安全生产》杂志出版质量，增加发行数量（已达2.9万份），扩大了社会影响面。

六是加强对从业人员的安全培训考核工作。培训考核企业负责人17979人、安全管理人员30569人、特种作业人员238364人。采用英语或日语教学、考核方式，专门组织29位危险化学品生产企业外方负责人参加安全培训班，这一国内首创的安全培训方式，填补了外资企业外籍负责人安全培训的空白，得到了国家安全生产监督管理总局的高度赞赏。

七是加强培训师资、教材和考务等工作。培训师资640余人，编修教材或大纲14套，完成特种作业考培分离方案、实施细则和软件操作系统，对生产经营单位负责人和安全管理人员实行闭卷考试，进一步提高培训质量。

四、开展闲置厂房租赁场所的安全专项整治

针对“4·29”黄浦特大纵火案所暴露出的问题，市安委办组织公安、安监等16个部门，联合开展了闲置厂房租赁场所安全专项整治工作。此次专项整治以消除隐患为主要目标，同时注重闲置厂房资源的规范使用，建立长效机制。据统计，查清闲置厂房租赁场所13043处，面积2665万m^2，涉及承租人26432家；市、各区（县）、各系统共开展集中性检查11660次，发现隐患12419处，消除隐患12573处，停产、停业172家，依法取缔111家。鉴于各区县整治进度不一，为确保整治工作取得实效，原定2005年年底结束的专项整治工作延期至2006年1月25日。

五、组织编写上海市“十一五”安全生产规划

本市安全生产正式列入政府规划编写序列尚属首次。在国家“十一五”安全生产规划的大框架下，通过一年多来的深入调查研究、广泛听取意见、反复论证和15次易稿，完成本市“十一五”安全生产规划送审稿的编写工作。规划提出本市亿元GDP死亡率、万车死亡率、工商贸企业十万就业人员死亡率三大安全生产控制指标，以及安全生产工作的10项主要任务、9大重点工程和7项保障措施。国家安监总局建议本市将上述三大指标列入社会经济发展指标体系中。经专家论证后认为规划符合上海市安全生产发展的实际和特点，是一部宏观性、前瞻性、科学性较强的安全生产纲领性文件，并建议尽快报经市政府审核同意后，落实资金，抓紧启动。

六、整合各方资源，努力形成监管合力

组建协调处，充分发挥市安委会办公室的综合协调、综合监管功能，加强各安全监管部门间的联系，与市安委会35个成员单位进行有针对性的工作协商，从财政支持、机构设置、规划编制、危险化学品联控、专项整治和业务工作衔接等方面寻求各部门的大力支持，为本市安全生产监管职能部门间的大联合、大协作夯实基础。加强对区县和行业的业务指导和服务协调工作，制定《上海市安全生产违法行为行政处罚细则（试行）》，规范市、区县安监局的执法行为。编制包括危险化学品、码头装卸、修造船、冶炼和电力5方面内容的《上海市安全生产检查表》，指导和规范区县和行业台账和现场安全检查。

七、积极推进企业安全质量标准化工作

在机械制造、冶金、化工、船舶、电力等6个行业试点的基础上，总结推广经验，率先在机械行业全面开展安全质量标准化活动，并推动上海大众汽车、上海电机厂、上海锅炉厂、上海汽车齿轮总厂、上海汽轮机和上海通用汽车6家企业成为一级安全质量标准化机械制造企业，占全国首批33家一级安全质量标准化机械制造企业的18%。此外，还组织对上海三菱电梯、上海柴油机两家企业的二级安全质量标准化的复评，鼓励宝钢股份、上海纺织控股、华能上海石洞口二厂、上海吴泾化工厂和上海国际港务等企业积极承担相关行业安全质量标准及考核评级办法的起草，为推进安全质量标准化工作的深入作出贡献。

八、加强安全生产各类预防性检查

一是开展重大节日和特殊时段的安全大检查。狠抓隐患的整改，及时消除事故隐患，确保重大节日以及全国、本市“两会”期间的安全生产平稳有序。2005年年底，还组织了全市各级安监部门开展“零点”统一的突击大检查。

二是开展劳动防护用品专项检查，与市总工会一起抽查了5824家单位，发出责令改正通知书405份，复查单位7家，保护了相关从业人员的安全和健康。

三是加大行政执法力度。据统计，全市安全生产监察检查140306次，查处隐患75088处，查处重大危险源2108处，责令停产整顿生产经营单位27家，实施行政处罚610次，处罚金额1257.82万元。

四是加强各类信访举报的现场检查。全年受理来信来访共422件，除转其他部门处理外，全部落实到市局业务处室及区县局现场查处。仅危化处就现场核查处理事件103起，既及时消除了安全隐患，也妥善解决了部分社会矛盾。

九、严肃生产安全事故的查处

一是依法严格处理生产安全事故，2005年结案252起，结案率92%。291人受到事故责任追究，其中，182名领导干部受到行政处分，23人被追究刑事责任；行政处罚919.3万元。

二是加强事故的分析研究。通过会议研讨、案卷分析等手段，剖析典型案例，提出防范措施。如防触电通报、防硫化氢中毒对策等。

三是完善事故应急预案。完成《上海市安全生产事故灾难应急预案》的初稿编制，汇集救援设备、专家人员等信息资料；规范局应急处置工作程序，提高快速到场处置能力。据不完全统计，仅监管二处和危化处应急出动就有114人次，到场处置61起突发事故（事件）。

十、加快科技兴安步伐

一是加强实体性课题研究。总结、分析新中国成立以来生产安全事故基本情况和分类情况的《上海市生产安全事故统计年鉴》受到国家安全生产监督管理总局领导好评，其要素分配测算和趋势分析验证控制指标的研究成果使生产安全控制指标的下达更为科学合理。《重大危险源监控与应急救援信息管理系统》已完成前期调研和方案评审。《光气生产装置安全评价技术》、《聚氨酯的系列安全鞋》等一批技术含量高的科研项目通过专家鉴定或验收,《上海市重大危险源分布合理性研究》、《上海典型化工区的安全、环境、健康影响研究》等4项课题正加紧立项。

二是启动技术支撑中心建设。完成《上海市安全生产技术支撑中心》项目设计,特电站实验室通过国家实验室认可委的复评并完成多项财政专项项目,个体检验站通过监督评审和飞行检查并惩戒委托检验315批次。

三是强化信息化工作。配合"先教"活动,开辟网上"保持共产党员先进性教育活动"专栏;配合业务工作,研发"上海市企业安全生产管理与评估系统";配合督办工作,完善局OA系统;为更加体现公开和便民,优化、更新"上海安全生产信息网";为提高快速应急水平,建立市、区县手机信息群发网和对讲通讯系统。

重庆市安全生产工作综述

2005年是"十五"的最后一年,也是我市安监战线极不平凡的一年。一年来,在市委、市政府的坚强领导和国家安监总局的具体指导下,在全局广大干部职工的辛勤努力下,认真贯彻有关安全生产法律法规,以"双基三专"工作为重点,致力于构建乡镇安全监管体系,建立企业安全保障机制,实施了10个区县、100个社区、30户企业的"113"安全生产示范工程。切实采取有效措施,开展道路、水上和煤矿三个专项整治。实施道路、煤矿和消防安全"三个会战"以及"迎峰会促安全60天战役"活动,排查、建档、整治各类安全隐患,严防死守不间断,确保了亚太城市市长峰会期间安全万无一失,全面完成了安全生产目标任务,得到了市委、市政府的高度肯定。

一、全市安全生产工作基本情况

2005年,全市发生各类安全事故2117起,死亡2596人,同比分别下降5.4%和3.6%,超额完成下降2%的年度目标。其中:道路事故死亡1616人,同比下降5.3%;水运事故死亡41人,同比上升46.4%;煤矿事故死亡455人,同比上升8.6%;金属与非金属矿事故死亡90人,同比下降29.1%;火灾事故死亡57人,同比下降9.5%;工商贸企业事故死亡308人,同比上升10.4%;其他事故死亡29人,同比下降59.2%。

2005年,全市共发生一次死亡10人以上事故5起(其中,道路交通事故2起,煤矿事故3起),与2004年同比持平。杜绝了特别重大事故的发生。

二、主要工作

1. 构建三级安全监管体系,夯实基层安全监管基础

目前,市、区县、乡镇三级安全监管体系初步形成。市级安监部门已调整为市政府直属机构,全市40个区县均组建了安监局和安全生产监察执法大队,监管职能得到加强。所有乡镇(街道)已全部设立了安监办,配备安全监管人员5287人。

2. 推进"113"安全示范工程建设,"双基三专"初见成效

2004年,我市选择石柱县、合川市、万盛区作为"双基三专"超前示范点。2005年,市政府全面推广3个区县试点经验。石柱县在道路交通监管上,实行资源整合,打破"一车一牌一线"规定,增开学生班车和赶场班车,缓解了运力和运量的矛盾,得到公安部、国家安监总局、教育部的充分肯定。合川市探索出"六化一规范"水上安全管理模式。万盛区在煤矿安全专项整治中,在风险抵押金、安全费用和维简费提取管理、回收采矿权、设卡计量、保障机制等方面取得了重大突破。这些经验已在全市推广。

2005年,市政府实施了10个区县、100个社区、30户企业的"113"安全生产示范工程,把"113"安全生产示范工程列入了各区县政府、市级有关部门重要工作任务。示范区县突出了道路、

水上、煤矿、旅游、非煤矿山、非公有制企业、社区安全等特色。10个试点区县各类事故死亡人数有8个较上年同期大幅度下降。

3. 重点治乱，严防死守，有效遏制安全事故多发势头

2005年1~4月，我市安全生产事故出现反弹。黄菊副总理亲自批示，国务院安委会多次督察，要求切实加以整改。2005年4月29日，市政府召开二季度安全生产工作专题会议，制定了“前四个月欠账后八个月补”的工作目标，相继启动了以“排查、建档、整改”为主要内容的道路交通、煤矿和消防“三个大会战”；亚太城市市长峰会期间，启动了“迎峰会、促安全60天战役”行动，2005年10月1~20日，40个区县政府和21个市级部门抽调了4658人组成了1564个督导组，对1672个重大危险源开展现场督导整改，对重大危险源、重点隐患单位实行了24小时现场监管，确保了峰会安全。2005年12月12~30日，结合“去冬今春安全生产”工作实际，部署开展了安全生产大检查、督察和暗访活动。2005年春节、“五一”、“十一”和“两会”期间，由于采取了严防死守、强化督察检查等有效措施，事故处于可控状态。

4. 突出重点，落实措施，提高安全生产保障能力

一是贯彻落实国务院令第466号和国办发明电［2005］21号两个文件精神，坚决打好煤矿整顿关闭和瓦斯治理两个攻坚战。市政府出台了两个瓦斯预防“若干规定”，制发了8个专门文件，召开了5次大型会议和14次有2000多人参会的煤矿业主、乡镇负责人“面对面”宣传部署大会。联合开展整顿关闭执法行动，累计关闭炸毁非法煤矿3500多个（次），分解落实了关闭232个小煤矿任务。执行“拍卖”淘汰制度，对发生重特大事故的奉节苏龙寺、巫山大门坡等煤矿收回了采矿权。对全市机关工作人员和国有企业负责人投资入股煤矿问题进行了认真清理。完成了1344个生产矿井通风能力核定和228个高瓦斯矿井联网监控，81个矿井建立了瓦斯抽放系统，250个矿井实现壁式开采，0.6m以下煤层有50个工作面实现金属支护。

二是以“五整顿、三加强”为重点，推进道路交通安全整治。针对高速公路交通事故多发状况，对危险路段高挂警示标识，对运输车辆实行限速行驶，对重点车站和路段派出监管人员蹲点，从严查处超载超速违章行为。加大整顿、规范农村客运市场力度，从严查处客运车辆超载、农用车和摩托车违章载客现象。对驾乘人员的监管，对培训、考试和发证情况进行责任倒查。投资5000万元，完成了251km县道“生命工程”，整治事故多发路段28处，排查、整治桥梁安全隐患848处；“两客一危”车辆现已安装3515辆GPS安全监控终端；严厉整治校车安全，采取开设学生班车等办法、学校错时放假等措施解决农村运力与运量之间的矛盾。

三是实施水运安全治本工程。以“四客一危”船舶、景区游览船和乡镇客渡船为整治重点，严格船舶资质审查，实行定线制航行。开设学生渡船，落实专人负责，签字发航。完成了24个“渡改桥”工程、315处渡口安全条件改造工程和169艘渡船更新改造工程；基本完成“四客一危”船舶GPS安全监控系统，安装GPS监控终端1025艘。

四是深入火灾安全隐患排查整治。将15000多个社会单位纳入整治范围，排查隐患4700多处，督促整改率达到90%。深入开展火灾隐患“排查、建档、整改”工作，市级挂牌130处重大隐患整改率达100%。开展了冬季防火行动，对商场、医院、学校、宾馆等人口密集场所实施消防大检查，消除事故隐患。

五是深化非煤矿山安全专项整治。实施安全生产许可制度，加大非煤矿山关闭取缔力度，加强尾库矿、煤矸石山安全检查和监控。按照“合格一个、颁发一个”原则，已颁发非煤矿山安全生产许可证1006个。

六是加强危险化学品企业安全监管。全面部署了安全评价和安全生产许可证发放工作，已颁证89家。建立专家评审制度。落实了国务院安委会督察出的102条隐患整改措施，已完成98条。推行危险化学品包装物、容器生产企业定点证书制度。开展重大危险源分级申报登记，完成了600余家企业资料录入工作。在化医集团、燃气集团进行重大危险源监控管理试点。

七是加强烟花爆竹的安全监管。《重庆市燃放烟花爆竹管理条例》已颁布施行。市政府制发了

《关于贯彻实施重庆市燃放烟花爆竹管理条例的通知》，切实加强烟花爆竹生产、运输、储存和燃放监管。进一步明确了烟花爆竹安全监管职责，市安监局成立了烟花爆竹监督管理处。实行“四定”（定时间、定区域、定品种、定销售点）、“六统一”（市供销总社统一进货、统一配送、统一品种、统一价格、统一标识、统一管理）。建立了40户烟花爆竹生产企业的基础档案。严厉打击、取缔非法生产窝点、作坊和储存仓库及销售摊点，严把销售审批关。部署划定燃放区域，对党政机关、学校、医院、加油站等重点部位，设置了警示牌。

同时，加强了建筑施工、压力容器、石油、天然气、军工、机械、学校、旅游、林业、农机、渔业、铁路、民航和城市公共设施等行业的专项整治，消除了一大批安全隐患。

5. 加强安全生产法制建设，提高综合执法能力和水平

《重庆市安全生产监督管理条例》已于2005年6月1日起正式施行，理顺了安全生产综合监管和专项监管的关系，明确了委托乡镇安全执法规定，区县安监、交通、公安（交警、消防）、农机、渔政等部门已向乡镇安监办委托执法。同时，制定了《重庆市燃放烟花爆竹管理条例》、《重庆市消防安全责任制实施办法》等一批地方性法规、监管制度和规范性文件。全国人大委托市人大对安全生产法执行情况进行检查，对我市贯彻实施情况给予了充分肯定。

6. 积极探索改善安全生产状况的新机制、新举措

2005年，我市加大了安全生产调研力度，结合重庆实际，探索改善安全生产基础条件的新机制、新举措。

一是拓宽了安全生产投入渠道。明确规定市、区县、乡镇政府每年从财政预算中安排专项资金。市财政安排2500万元，解决乡镇协管员经费、安全装备、安全示范等费用；对高危行业采用提取安全生产费用，争取交通部农村公路畅通工程资金，出租车产权制度改革回收资金等渠道解决安全投入。

二是全面实施“1224”应急救援工程。理清了安全生产应急救援工作思路，确立在2007年年底前基本建成全市安全生产应急救援体系的工作目标；明确结合衔接和创新突破的两个基本思路；抓好源头控制和预防控制的两个关键环节；构建法规体系、预警体系、组织体系、队伍体系4个工作体系。

三是探索安全生产与保险业良性互动机制。按照政府推动、市场运作原则，针对高危、高风险行业点多面广的实际，推行雇主、承运人和火灾公众责任险，先期试点工作稳步推进。

四是制定安全生产“十一五”规划。市政府将安全生产“十一五”规划列入了全市“十一五”规划体系设置的26个重点专项规划之一，对下一个五年安全生产作出了科学规划，草案已多次征求社会各界意见，明确了主要任务、重点工程和保障措施。

五是开展了安全生产控制指标体系课题研究。市安监局、市统计局联合成立课题组，对安全生产的影响因素进行分析，利用统计学方法，建立了我市新的安全生产控制指标体系，此项工作得到了国家安监总局的充分肯定。

六是加快了城区危化企业迁建工作。完成了8户化工企业迁建。开展了城区危化企业调整迁建工作调查，对危化企业调整迁建目标、措施、政策等进行了重新调整，并正积极争取国家的支持。

7. 加强安全生产宣传和教育培训力度

积极开展“安全生产月”活动，围绕“遵章守法，关爱生命”活动主题，创造性地开展丰富多彩的“十个一”活动。组织了“6·12”万人安全生产月咨询活动，开展十万人安全知识大赛。推荐评选了“生命之歌”参加全国选拔，松藻煤电公司《平安朋友》获组委会优秀奖。组织参加了“首届全国安全生产及技术装备展览会”，编印了《建设和谐平安重庆》等宣传画册。重庆展区获最佳组织奖和优秀设计奖。全年共举办非煤矿山、危险化学品、烟花爆竹等单位负责人和管理人员培训班90期，培训人员10306人。

8. 深入开展先进性教育活动，加强安监队伍素质建设

在为期近半年的先进性教育活动中，全局参加市经委系统先进性教育活动动员部署会3次，局机关召开再动员部署会3次；组织党员集中学习时间45小时以上，自学时间20小时以上，学习规定的重点篇目55篇以上，党员参学率达100%；全体

共产党员和入党积极分子共撰写150余篇有较高质量的学习心得体会和大量的读书笔记；市政府和市安监局领导带头上党课3次；局领导带队到20多个区县（自治县、市）和10余个企业开展了安全督察；共设置意见箱2个，下发征求意见函300余份，召开征求意见座谈会1次，收集意见和建议40余条，研究制定整改措施15条；编发简报22期，局党组下发专题文件12个。圆满地完成了学习动员、分析评议、整改提高三个阶段的各项工作任务，取得了令人满意的效果。从测评结果看，群众满意率达100%，实现了“提高党员素质、加强基层组织、服务人民群众、促进各项工作”的目标要求。

9. 切实加强党风廉政建设和反腐败工作

进一步做好反腐倡廉工作，是保持党的先进性的必然要求。一年来，局党组高度重视党风廉政建设和反腐败工作，并取得了良好的效果。一是年初制定下发了全局2005年度党风廉政建设工作意见；二是组织局机关干部职工认真学习贯彻落实《建立健全惩治和预防腐败体系实施纲要》和廉洁自律有关规定；三是以先进性教育活动为契机，制定完善了局机关16项内部管理制度，促进了机关工作规范化。2005年市安监局机关没有违纪违规的情况发生，没有发现局机关干部在经济上违法违规。全年没有人民群众来信来访投诉局机关干部违法行政和违反安全监察纪律和腐败方面的问题。

三、全市安全生产面临的主要问题

1. 安全生产基础条件薄弱

一是基础条件差。“三大”经济区发展不平衡，农村基础设施薄弱，过去地处城郊的企业，现在已位于人口稠密区，潜藏着城市事故灾难突发隐患，比一般大城市安全生产形势更严峻。

二是道路险峻。区县大部分道路都在山上、河边险要地段，坡陡弯急，潜在危险性极大，加上公路等级低，给客运安全带来威胁。我市山区面积占78%，高山峻岭，且沙泥岩和喀斯特地貌分布广，容易引起滑坡和崩塌。三峡成库后，库区地质结构处在不稳定期，属于地质灾害高发期。全市现有公路10.81万km，四级以上仅2.26万km。有机动车75万辆。农村客运市场混乱，老百姓出行难，农用车、改装车非法载客久禁不绝。

三是河道滩多流急。全市通航河流117条，里程4222km，船舶12922艘（客运3166艘），渡船1000余艘。长江及其支流是世界最险河道之一，多雾气候对航运安全是一个严峻的挑战。

四是煤矿灾害严重。我市煤矿瓦斯、水、火、煤尘、顶板五大灾害俱全，特别是瓦斯灾害严重程度位居全国前列。2005年全国列入瓦斯重点治理的48个国有煤矿，重庆就有3个（南桐、松藻、天府）。全市1400多个煤矿中，生产能力1万吨左右的约900个，小煤矿已严重威胁我市的煤矿安全生产。

五是高危企业众多。全市有1.2万个高危企业，除1400多个煤矿外，我市还有2870个非煤矿山、4000家建筑企业、4074家危险化学品从业单位、6家民爆生产企业、40家烟花爆竹生产企业等高危企业，53万户非公有制经济单位，安全保障水平低。

2. 安全生产投入不足

据相关部门的统计分析，全市各行业安全生产基础设施欠账在72亿元以上。实施安全隐患整治、安全科技投入、煤矿事故预防和灾害治理等重点工程，需投资88.69亿元。

3. 安全生产意识淡薄

一些地方政府和企业对安全生产在实施可持续发展战略中的重要地位缺乏足够的认识；“安全第一、预防为主”的方针和“安全发展”的指导原则还没有充分体现到具体工作中去。同时，由于宣传、教育、培训工作严重滞后，全民安全意识淡薄，从业人员安全技术技能低。

4. 安全监管工作任务繁重

目前，我市安全生产形势较为严峻，安全监管任务十分繁重。而全市的安全监管体系仍较薄弱，各级安监部门编制普遍不足，执法装备落后，综合执法尚需规范。特别是我市乡镇安全监管体制刚建立，新手多，普遍缺乏技术管理人员。

重庆市煤矿安全生产工作综述

2005年，重庆市煤矿实际生产原煤3311万t，同比减少111万t，下降3.24%。发生各类煤矿事故349起、死亡455人，同比增加7起，死亡人数增加36人，分别上升2.05%和8.59%，死亡人数超年度控制指标45人；煤炭百万吨死亡率13.74，同比增加1.5，上升12.25%，超年度控制指标2.77。

2005年是重庆市近6年来煤矿安全监察任务最为繁重，监察执法力度最大，各项工作深入推进，并取得重大进展的一年。

一、立足于长效机制建立，完善安全监察工作机制

一是根据国办79号文件精神，市政府印发了《重庆市完善煤矿安全监察体制的实施意见》，重庆市煤矿安全监察局制定了《重庆市煤矿安全监察监管协调工作机制实施办法》等6个完善煤矿安全监察机制的配套办法。

二是从规范基础管理和安全执法行为入手，在行政执法、建设项目"三同时"、事故调查处理、安全评价机构管理、工作目标和安全控制目标责任、党风廉政建设等方面，建立、健全和完善了有关规定、办法40余个。在国家总局党组《关于进一步加强安全生产监管和煤矿安全监察队伍建设的若干意见》下发后，积极探索加强队伍建设的长效机制，陆续印发了8个相关配套制度性文件。

三是为把安全生产监察责任落到实处，建立安全生产控制指标体系和煤矿安全监察工作目标考核机制，实行了目标到单位（部门）、指标到片、任务到人的目标责任制和安全监察责任风险抵押金制度。

四是按国家安全生产监督管理总局的安排，3月中旬，原重庆、綦江、万州3个办事处分别更名为渝中、渝南、渝东监察分局的党组织设立、领导班子任命、内设机构重新明确和挂牌工作。根据国家安全生产监督管理总局关于我局主要职责内设机构和人员编制规定，对局机关、各监察分局有关内设机构、监察分局的煤矿安全监察行政区域进行了调整。按照市政府要求，由我局牵头，2005年11月份启动在全市煤矿企业推行团体人身意外伤害保险的试点工作，探索了保险业与煤矿安全生产良性互动发展的长效机制。

二、着力队伍建设，推进监察执法

一是与监察执法工作相结合，认真开展保持共产党员先进的教育活动。结合煤矿安全监察实际，开展形式多样的学习教育、增强执法能力活动，局领导率先垂范，作专题学习报告、形势报告12次，党员写读书心得142篇、党性分析材料102份，开展了面对面民主评议，党员受教育面达100%。

二是以"三个代表"重要思想为指导，加强各级领导班子和监察队伍建设。采取执法交流、座谈研讨、专家辅导报告、典型案例教育、党支部组织生活等多种方式和途径，在全局党内、煤矿安全监察工作中开展"创先争优"、"五好先进领导班子"创建活动和扶贫帮困活动，职工踊跃捐款捐物"献爱心"，共计捐款1.2万元、捐衣捐物800多件。根据工作需要，选拔任用、轮岗、交流调整了13名处级领导干部。

三是以贯彻《建立健全教育、制度、监督并重的预防和惩治腐败体系实施纲要》为主线，以落实"九条纪律"和"三个执法"为重点，加强党风廉政建设。针对煤矿整顿关闭工作，制定了5条铁的纪律，从纪律上保证这项工作的顺利进行。与此同时，通过开展"三个一"专题教育和"六廉"活动，加强监察人员理想信念、廉政教育；采取听、看、查、议、访等方式，对2000年以来监察执法工作和事故查处落实情况实施专项检查；从贯彻国务院第446号令、落实五项监察职能、执行"九条纪律"和"三个执法"等方面对监察分局（工作站）进行全面执法检查；对全局在职102名干部是否投资入股煤矿的问题进行清理，有力地促进了严格执法、公正执法、廉洁执法和"为民、务实、清廉"的执法队伍建设。据统计，全年有

67人（次）拒收礼金近10万元，有18人（次）主动上交礼金3.82万元。全局没有发现有投资入股煤矿等不廉洁的问题。

三、着力事故防范，强化“三项”监察

一年来，突出10个重点区县（自治县、市），50个重点乡镇，5个重点矿区，近300个高瓦斯、煤与瓦斯突出，42个事故多发矿井进行重点监察，组织开展了以瓦斯治理为重点的煤矿“一通三防”、“雨季三防”、矿用安全标志产品、作业场所职业卫生、煤矿安全“三类岗位人员”培训、安全生产许可证“回头看”、安全费用提取与使用、建设项目安全设施“三同时”等专项监察。为确保重大节假日和国家、重庆市重要会议期间的煤矿安全稳定，加强了元旦、春节和“五一”、“国庆”、全国“两会”、第四个“安全生产月”、重庆“亚太市长峰会”期间的安全监察。借贯彻国务院《特别规定》的东风，对安全生产违法行为进一步加大立案查处和行政处罚力度，有力地促进了煤矿安全生产，尤其是2005年下半年全市煤矿安全形势稳定好转。一年来，全局监察矿井1018处、1432矿次，完成计划监察数的117%，对全市高瓦斯矿井平均监察了2次，煤与瓦斯突出矿井平均监察了4次。审查煤矿建设项目安全设施设计132项，验收安全设施竣工项目39项，排查各类事故隐患7670条。制作和下达各类执法文书6849份。现场监察责令停产整顿矿井261处次。

四、着力安全源头管理，严格安全生产许可证颁发

2005年，进一步加大安全生产许可证制度实施宣传力度，强化对安全评价、申办工作缓慢地区的督促检查。截至2005年年底，全市应发安全生产许可证的煤矿企业和生产矿井1514个（其中：企业33个，矿井1481个），提出颁证申请的煤矿企业和矿井1465个（其中：企业33个，矿井1432个），并全部受理，占应颁证数的96.76%。有49个矿井未依法提出办证申请。已累计颁发煤矿安全生产许可证1121个（其中：企业33个，矿井1088个），全市应颁证的33个煤矿企业已全部颁证，已颁证矿井占应颁证矿井的73.46%。其中：市属矿井已颁证29个，占应颁证矿井（31个）的93.54%；区县属矿井已颁证14个，占应颁证矿井（25个）的56%；乡镇矿井1045个，占乡镇矿井总量（1425个）的73.33%。已颁证矿井的生产能力3599万t/a，占2005年核定年生产能力4110万t/a的87.56%，其中，市属煤矿1426万t/a，区县属地方煤矿83万t/a，乡镇煤矿2090万t/a。

2005年，继续开展煤矿安全程度评估工作。至2005年年底，全市有455个煤矿完成了评估，其中A类22个、B类421个、C类12个。

五、着力安全生产责任落实，狠抓煤矿事故及举报案件查处

按照国家监理总局关于加快特大事故调查进度的要求，对南川云华煤矿“1·16”、奉节苏龙寺煤矿“3·17”、天府三汇一矿“4·5”3起特大瓦斯事故，加大查处力度，并作为典型案例在全市煤矿安全整顿暨瓦斯集中整治工作会上进行了剖析，保证了按期结案。这3起特大事故共造成54人死亡，直接经济损失1100万元，经调查认定，都属重大责任事故。3起特大事故共处理73人，其中：移送司法机关处理17人；给予党纪、政纪处分61人；予以有关责任单位及责任人罚款127万元。2005年组织本年度调查事故349起，依法结案295起，结案率85%，其中：重大事故结案5起，结案率41.67%，按期（180天）结案率62.5%；特大事故结案和按期结案率均达100%。结案事故（包括以前年度发生，本年度结案）中，依法追究责任人1300人次，其中：移送司法机关32人，行政处分75人，党纪处分23人。在查处事故的同时，还积极协助和指导地方政府、煤矿企业进行抢险救灾，比较有效地防止了事故损失的扩大，减少了人员伤亡。

认真查处煤矿安全群众举报。2005年，共收到群众举报206起，其中依法受理了群众信访举报案件173件，不属职责按规定转出33起。受理群众举报量比2004年增加64%。在受理的173件群众举报中，办、结案170件，核查查办率达100%。对群众举报，各级领导高度重视，及时作出了批示，落实有关部门进行查实，做到了件件有着落，事事有结果，查证属实的，依法进行了严惩。如对綦江县万隆煤矿“3·12”、奉节县红河煤矿“6·25”事故隐瞒不报的违法行为依法实施了重处，对群众举报的存在重大安全隐患的永川市禹家寺煤矿，依法予以了18万元的行政处罚。

六、着力联合执法和安全督导，打好整顿关闭、瓦斯治理两个攻坚战

瓦斯治理方面：全市228个高瓦斯、煤与瓦斯突出矿井已于2005年6月30日前全部安装了瓦斯监控前端设备，并于年底前全部实现联网监控；全市80个煤与瓦斯突出矿井建立了抽放系统或移动式抽放泵站；国有大矿的抽放系统在国债资金的支持下，大部分实现了更新。重煤集团所属的矿井均按规定建立了瓦斯抽放系统。对全市煤矿矿井通风能力进行了核定，完成了矿井瓦斯等级鉴定工作。

整顿关闭方面：2005年，对2004年220个安全评估D类矿井、安全生产许可证颁发工作第一阶段经审查不合格及未提出办证申请的662个矿井依法实施了停产整顿、关闭，取缔私挖乱采、死灰复燃的矿点、窝点3562处（次）。截至2005年12月31日，全市共停产整顿矿井670个，已验收合格307个，占45.82%；全市已确定关闭或实施关闭不具备安全生产基本条件的煤矿187个；对未提出办证申请的49个矿井，全部提请地方人民政府予以关闭。

七、着力执法环境改善，加强安全文化建设

第一，加强与地方政府及有关部门的联系和协调。积极主动向市政府汇报工作、提建议，取得市政府及市领导的工作支持，并及时向市政府相关部门、煤矿企业进行通报，提出加强和改善安全监察管理的意见。统一制定并印发了重庆市煤矿安全监管执法文书样式，与市、区县煤矿安全监管部门建立了执法文书定期交流制度，会同市经委、市政府法制办对全市产煤区县216名煤矿安全监管人员进行了上岗执法培训，有力地促进了各级特别是区县煤矿安全监管工作的顺利进行，安全监察执法环境有了明显的改善。

第二，充分发挥对外门户网站、新闻媒体、自办刊物、各种工作文件、监察动态等的载体作用，利用各种会议、宣传咨询面对面话安全活动等多种形式，加大安全生产宣传力度。特别是国务院《特别规定》、《紧急通知》出台后，将《特别规定》、《紧急通知》逐级传达到了区县、乡镇和有关煤矿企业，发放到每一位监察人员手中，并结合重庆煤矿安全生产情况，组织开展一系列学习研讨活动。我局研究拟定了贯彻国务院《特别规定》、国家安全生产监督管理总局4个配套办法的“一个实施意见、四个实施办法”。

积极推进煤矿安全社会监督和舆论监督工作。对2004年安全评估为D类的220个矿井，对第一次未按规定提出安全生产许可证办证申请和经审查不予颁证的662个矿井，对已颁发安全生产许可证的矿井，以及重特大事故处理决定，及时在新闻媒体、网站上进行公示。协同市总工会已在全市煤矿企业聘请了1563名煤矿安全群众监督员。

2005年加大了安全培训工作力度。全年共举办煤矿企业负责人安全资格培训班19期，培训发证1531人，复训957人；安全生产管理人员培训班3期，培训170人；培训煤矿特种作业人员20148人，复训4438人，超额完成了全年目标工作任务。在2004年培训三级、四级煤矿安全培训中心教师188人的基础上，2005年又组织对81名教师进行了任职资格培训，为加强三、四级培训机构工作，提高培训质量和水平提供了师资保障。

重庆煤矿安全生产和安全监察工作还存在以下主要问题。

（1）煤矿数量多、规模小、百万吨死亡率高的矛盾十分突出。2005年，全市有各类生产矿井1481个。矿井生产平均单井规模不到3万t/a，乡镇小煤矿不足2万t/a，全市年生产能力在1~3万t的矿井约占总量的70%。“十五”期间，全市生产原煤134.5Mt，发生各类煤矿事故1570起、死亡2089人，年均发生314起、死亡418人。特别是2002年以来，每年事故次数在310起以上，死亡人数在410人以上。煤炭百万吨死亡率高达12~21，是全国的4~6倍。全市煤炭产量不到全国的2%，事故死亡人数却占了7%左右。

（2）一些地区和煤矿企业对煤矿安全生产的认识不到位，安全意识、法制意识淡薄。

在市场需求和经济利益驱动下，一些地方对贯彻执行安全生产方针政策、法律法规态度不坚决，安全监管工作不认真、不到位。一些矿主、企业负责人和煤矿职工“安全第一”思想不牢，无视法律法规，无视政府监管，无视职工生命安全，违法违规组织生产。一些煤矿违背安全生产规律，冒险蛮干，不顾抗灾能力，超强度、超能力、超定员开采。煤矿安全责任主体意识不强，矿井安全装备投入、安全管理、隐患整改不到位。对现场安全监督检查的力度不够，隐患排查走马观花、不严不细，事故隐患整改未得到及时有效的整改和消除，带着隐患生产的状况普遍存在。

（3）煤炭行业管理弱化和地方煤矿安全监管执法力量不足。

煤矿安全监管机构人员定编少，监管人员不足，监管人员素质不高，造成隐患失察，隐患得不到及时整改，不能正确履行地方煤矿安全监管执法职能。

（4）煤矿安全培训力度尚需进一步加大。

部分企业安全培训不落实，没有将培训制度化、经常化，全员培训工作没有全面开展起来。不具备全员自主培训能力的企业，有的未按规定送有资质的四级培训机构进行培训。在一些培训中心工作形式主义较严重，对培训人员的培训（复训）时间不够，培训质量不高。

（5）煤矿整顿关闭任务十分艰巨。

全市确定和落实了关闭矿井187个，到目前，又确定了14个关闭矿井，总计201个，占市政府下达的关井任务的87.39%，占国家下达给重庆市的220个关井目标的91.36%。但对确定关闭的201个煤矿中的绝大部分仅是落实了关闭煤矿的名称，关闭工作还停留在书面上，没有按照国家规定的时间、标准和程序具体实施。个别区县还出现了以整合、联合等方式代替关闭，借整合逃避关闭的苗头。同时，关闭矿井的相关配套政策、工作步骤、组织措施、安全措施及信访稳定工作预案等尚未到位。再加上关闭工作政策性强，关闭工作量大，涉及煤矿投资人和职工群众的切身利益，也涉及其他方方面面的问题，如不能妥善解决和处理好关闭矿井的后续问题，必然会影响社会稳定，所以应当引起高度重视。

（6）煤矿安全监察工作还存在一些问题和不足。

一是安全监察执法工作计划、协调、监督等机制，特别是监察执法制度还不够完善。

二是一些执法工作，如作业场所职业卫生、安全费用提取和使用的监督检查等尚未全面展开，严格执法、公正执法、廉洁执法、文明执法等方面还需进一步加强和改善。

三是个别同志存在思想上不思进取、工作上得过且过、作风上浮燥拖拉的现象，工作主动性差，纪律松懈。

四是安全生产信息统计、数字化办公、档案等内部管理工作还存在一些薄弱环节，基础工作还有待进一步改进和完善。

五是事业单位劳动用工、分配制度改革的力度不够，市场观念有待进一步转变，经营思想有待进一步解放，新的经济增长点有待进一步寻求和培育。

计划2006年，全市煤矿安全事故死亡人数和煤炭百万吨死亡率突破国家下达的煤矿安全控制指标；重大事故次数控制在10起以内，力争不发生特大事故；各类煤矿安全生产条件继续改善；计划监察执行率100%，行政处罚适用法律法规准确率100%，矿井安全程度评估率100%，煤矿安全举报核查率100%，事故按期结案率100%，行政罚款收缴率90%以上；煤矿企业主要负责人、安全生产管理人员、井下特种作业人员上岗资格培训率100%、按期复训率100%；党的建设、队伍建设、物质文明和精神文明建设等各项工作有新进展、取得新成效。

河北省安全生产工作综述

2005年，省委、省政府高度关注、大力支持安全生产工作，省委常委会专门听取工作汇报，省政府先后9次召开政府常务会、电视电话会和工作会听取汇报，研究部署工作。白克明书记、季允石省长、郭庚茂常务副省长、付双建副省长、柳宝全副省长等省领导多次对安全生产工作作出批示，亲自带队检查安全生产工作。在省委、省政府的正确领导下，全省各级、各部门和各单位坚持科学发展观，把安全生产摆在重要位置，加强领导，落实责任，做了大量艰苦细致的工作。

一、安全生产工作成效

1. 事故总量和死亡人数下降

全省共发生各类事故19471起，死亡5035人，同比减少4149起、402人，事故率和死亡率分别下降17.6%和7.4%，下降幅度高于全国平均水平。这是本省自2002年以来连续第4年事故起数和死亡人数双下降。

2. 大部分行业和领域安全生产形势好转

道路交通事故11187起，死亡4075人，同比减少3908起、490人，事故率和死亡率分别下降25.9%和10.7%；危险化学品事故11起，死亡19人，同比减少2起、3人，事故率和死亡率分别下降15.4%和13.6%；建筑施工事故39起，死亡51人，同比减少30起、16人，事故率和死亡率分别下降43.5%和23.9%。另外，非煤矿山事故60起，死亡115人，同比减少30起、65人，事故率和死亡率分别下降33.3%和36.1%。

3. 多数地区工矿商贸企业安全生产状况较为稳定

石家庄、秦皇岛、廊坊、保定、沧州、衡水、张家口、邯郸8市的工矿商贸企业事故死亡人数在控制指标之内。

二、安全生产工作具体突破

1. 抓考核，严格落实责任制

从2003年开始，季允石省长连续3年与各设区市和省直有关部门的主要负责同志签订《安全生产目标管理责任书》。各级各部门对省下达的责任目标层层分解，逐级签订安全生产责任状，形成了一级抓一级，一级保一级，逐级负责的安全生产目标责任体系。一些地方还采取了一些新做法，如保定市把安全生产工作纳入了政绩考核的重要内容，邯郸市出台了《煤矿生产安全事故责任追究暂行办法》。从年终考核结果看，大部分单位责任目标完成情况较好。

2. 抓法制，加快制定政策法规

颁布实施了《河北省安全生产条例》，省政府先后出台了《关于进一步加强地方煤矿安全生产工作的意见》、《关于进一步加强非煤矿山安全生产工作的意见》、《河北省安全生产风险抵押金管理暂行办法》和《关于切实加强全省安全生产应急救援体系建设的意见》4个政策性文件，省政府办公厅、省安委会制定出台政策性文件13个。安监、煤监、公安、交通、国土等部门也都制定了一大批文件。

3. 抓重点，深化专项整治

在煤矿专项整治方面，向高瓦斯煤矿派驻了瓦斯治理督导组，加大了瓦斯治理力度，所有高突矿井全部安装了瓦斯监测监控系统；加大整顿关闭力度，组织开展了打击非法生产联合执法，全省共关闭不具备安全生产条件矿井226处。

在非煤矿山专项整治方面，认真抓了安全标准化工作；加强了对重点地区、重点企业的督察监控；省国土资源厅等部门开展了严厉打击越层越界、非法开采活动，全省关闭不具备安全生产条件的非煤矿山1023处。

在道路交通专项整治方面，省公安厅、省交通厅等部门开展了治理“双超”、排查治理危险路段、创建平安畅通县区等工作，取得了显著成效。

在危险化学品专项整治方面，重点开展了危险化学品生产、储存、经营、使用、运输、废弃处置等环节的整治，对涉及易燃易爆品、剧毒品和有毒气体的单位进行了重点监控。

在烟花爆竹专项整治方面，加大了明察暗访力度，促使企业改善了生产条件，严格按照规定进行生产。建筑、民爆等行业的整治力度也进一步加大。

4. 抓源头，认真落实安全生产许可证制度

截至2005年年底，全省办理煤矿安全生产许可证的矿井330处，占矿井总数的47.7%；办理非煤矿山安全生产许可证1750家，占企业总数的55.5%；办理危险化学品安全生产许可证410家，占企业总数的34.1%；办理烟花爆竹安全生产许可证32家，占企业总数的41.0%；办理民用爆破器材安全生产许可证25家，占企业总数的100%；办理建筑安全生产许可证4106家，占企业总数的85.1%。

5. 抓基层，夯实管理基础

一是开展了全省安全生产示范乡镇活动。95家乡镇达到省示范乡镇标准，其中93家示范乡镇没有发生重特大事故。

二是积极推进安全标准化工作。20个煤矿达到国家一级标准，8个煤矿达到国家二级标准，4个煤矿达到国家三级标准，1690家非煤矿山企业达到了我省安全标准化要求。

三是进一步加强了宣传教育。认真组织开展了第四次“安全生产月”和“安全生产燕赵行”等

活动。各新闻单位加大了对安全生产的宣传力度，广泛地宣传了国家和省的安全生产方针政策。开展了大范围、多层次的安全教育培训，一大批企业负责人和安全生产管理人员受到了培训。

四是认真开展重大危险源普查登记工作。基本摸清了高危行业、重点企业的危险源点分布情况，进一步完善了防范措施。

6. 抓监管，强化监督执法力度

省政府和省安委办先后5次组织全省范围的安全生产大检查，查出较大隐患960处。省人大开展了安全生产执法检查，各有关部门开展了安全生产联合执法。省政府成立了省矿山安全生产监察总队，检查矿山企业738个，查出隐患592处。各市按照省政府办公厅要求，着手组建安全生产监察执法队伍，目前已有3个市组建了监察支队，其他市也在抓紧组建中。

三、重特大事故情况

1. 发生一次死亡3~9人重大事故情况

全省发生一次死亡3~9人的重大事故100起，死亡380人，同比事故起数减少2起、少死亡4人，事故率和死亡率分别下降2%和1%。其中：煤矿事故11起，死亡56人；非煤矿山事故4起，死亡14人；建筑业事故3起，死亡12人；危险化学品事故2起，死亡6人；烟花爆竹事故2起，死亡9人；其他工商贸企业事故2起，死亡8人；道路交通事故72起，死亡260人：火灾事故4起，死亡15人。

2. 发生一次死亡10人以上特大事故情况

全省共发生一次死亡10人以上特大事故8起，死亡270人，同比事故起数减少1起、多死亡94人。

这8起事分别是：2005年5月19日，承德暖儿河矿业有限公司瓦斯爆炸事故，死亡50人；2005年7月9日，保定市满城县交通事故，死亡13人；2005年8月3日，邯郸县桃顶山煤矿井下发生火灾，造成13人窒息死亡；2005年11月6日，邢台县康立石膏矿坍塌事故，死亡37人；2005年11月19日，邢台内丘县远大煤矿透水事故，死亡14人；2005年11月24日，河北省武安市高村煤矿透水事故，死亡18人；2005年12月7日，唐山恒源实业有限公司刘官屯煤矿井下发生瓦斯爆炸事故，死亡108人；2005年12月19日京石高速公路（保定望都段）交通事故，死亡17人。

3. 安全生产控制指标完成情况

2005年国务院安委会下达我省的事故死亡人数控制指标为5674人，实际死亡5035人，比指标少639人，占指标的88.7%。分行业情况看，非煤矿山、建筑、危险化学品、烟花爆竹、道路交通等行业和领域以及铁路路外死亡人数都在控制指标范围内。

个别行业和领域超出控制指标，其中：工矿商贸企业控制指标为593人，实际死亡653人，比指标多60人；煤矿行业控制指标为163人，实际死亡317人，比指标多154人；消防火灾控制指标为74人，实际死亡92人，比指标多18人。

尽管我们付出了很大努力，也取得了一定成绩，但仍存在一些问题和差距。全省安全生产形势依然十分严峻，特别是重特大事故没有得到有效遏制、安全生产长效机制还未真正建立起来。造成这些问题的原因是多方面的，除客观原因外，从主观上看，一是思想认识不到位。一些领导特别是一些基层领导对安全生产工作的极端重要性认识不到位，存在着重生产、轻安全的倾向，安全生产责任没有落到实处。二是抓落实不到位。已出台的一些措施不少还停留在口头上、会议上、文件上，没有真正落实到县、乡、煤矿、企业。三是主体责任落实不到位。一些企业履行主体责任不认真、不负责，相当一些企业对安全生产重视不够，管理混乱，甚至个别企业无视国法，无视监管，违法生产。四是执法不到位。对企业存在的一些重大隐患和问题，发现不及时，有的发现了没有认真处理，使一些违章行为没有得到纠正；一些隐患没有得到及时整改，导致一些重特大事故的发生。对这些问题，我们必须引起高度重视。

河北省煤矿安全生产工作综述

2005年，河北煤矿安全监察系统认真贯彻落实党中央、国务院和国家安监总局、省委省政府关于安全生产工作的决策部署，依法行政，严格监察，实施行政许可，落实执法责任，为推进河北煤矿安全生产工作作出了不懈努力。

一、进一步加大行政执法力度

按照国办发［2004］79号文件精神，进一步理清工作思路，明确监察职责，认真组织开展了监察执法活动。

一是开展了“一通三防”专项监察。对地方煤矿高瓦斯矿井和存在重大隐患的矿井实施了暂扣或吊销安全生产许可证、停产整顿和行政罚款等处罚；对开滦赵各庄矿、井陉临城矿等7个国有重点煤矿作出了停产整顿等行政处罚决定；对峰峰集团、邢矿集团等5个煤矿责令进行瓦斯突出性鉴定。

二是开展了“雨季三防”和防治水专项监察。下发了《关于做好煤矿汛期防治水工作和安全监察工作的通知》，加大了对“雨季三防”工作的监察。同时，对全省100余处受水害威胁的矿井进行了专项监察，督促煤炭企业完善了“有疑必探，先探后掘”的探放水措施。

三是对已取得煤矿安全生产许可证的矿井进行了全面监察。2005年4月上旬，由局领导带队，分4个组对全省已领取煤矿安全生产许可证的矿井实施专项监察，对其中不再具备安全生产条件的煤矿分别作出了责令停产整顿、暂扣、吊销安全生产许可证等行政处罚。2005年共吊（撤）销安全生产许可证31处，暂扣100多处。

四是对“五整顿”、“四关闭”矿井开展监察执法。按照国家安全生产监督管理总局的要求，对全省煤矿进行了清理核查，凡属于“五整顿”、“四关闭”范围的矿井，分别下达了责令停产整顿命令书和关闭矿井建议书。对在2005年7月31日前未取得煤矿安全生产许可证的矿井，全部下达了停产整顿通知书，并依法通报当地政府和有关部门。

五是组织开展了特种作业人员持证上岗、新型矿灯更换、矿用产品安全标志、职业危害及粉尘防治等专项监察，依法查处违法生产行为，消除了大量事故隐患。

六是积极参与全省安全生产大检查和矿山安全专项督察活动。在检查中共查处事故隐患1000余处。2005年，全局共监察各类矿井3595矿次，查处事故隐患15395处，制作现场检查笔录2597份，现场处理决定书4526份，行政处罚决定书509份，实施行政罚款963万元，向各级地方政府和有关部门提出加强和改善安全管理建议书158份。

二、落实煤矿安全生产许可制度，扎实推进颁证工作有序开展

按照《安全生产许可条例》和国家安全生产监督管理总局、河北省政府有关政策要求，把煤矿安全生产行政许可工作作为全局工作的重中之重来抓。一是为加快煤矿安全生产许可工作进度，主动与地方政府及有关部门进行沟通，协调解决有关问题，使符合条件的煤矿尽快进入运行程序。二是坚持标准，严格把关。增加了分局和处室主要负责同志签字环节，严把资料审查关。采取了异地检查的方式，确保了现场检查质量。三是主动服务，帮促结合。针对颁证过程中出现的一些共性问题，组织举办了申领煤矿安全生产许可证培训班，就资料审查范围、现场检查内容进行讲解，对煤矿企业进行指导，推进了煤矿安全生产许可工作步伐。四是完善制度，提高效率。先后建立、健全和完善了首问责任制、一次性告知制、限时办结制、服务承诺制等一系列制度，全力推进煤矿安全生产许可证的颁发工作。同时，设立了监督举报电话，严肃了工作纪律，加强了颁证过程中的监督。截至2005年12月31日，全省国有重点煤矿有47个生产矿井已经颁证；全省地方煤矿生产矿井723处，已颁证330处；139处不符合颁证条件的矿井，我局于2006年1月份已通报地方政府，建议予以关闭。2005

年累计关闭在册矿井176处。通过实施煤矿安全生产许可制度，领取煤矿安全生产许可证的矿井安全生产条件均有较大程度的改善。

三、加强源头治理，严格煤矿建设项目“三同时”制度

一是强化源头治理，加强督促检查。督促煤炭企业严格执行施工企业的市场准入制度，规范建设工程市场行为，建立、健全企业内部安全生产责任制，切实加强施工过程中的安全管理。二是牵头对全省煤矿建设项目进行了全面清理核查。对其中审批和核准手续不全或不规范的矿井，未编制安全专篇或安全专篇未通过审查的矿井进行了严肃查处。将全省煤矿建设项目清理核查结果和存在问题向省政府作了全面汇报，提出了加强和改善“三同时”工作的意见和建议。三是开展了煤矿建设项目“三同时”专项监察。对未经安全设施设计审查和竣工验收擅自开工或投入生产的矿井，依法责令停止施工、停止作业并给予罚款。在专项监察中，共查出安全隐患803处，下达执法文书105份，实施行政罚款80余万元。

四、加强安全教育培训，提高安全生产意识

一是进一步加强了煤矿安全技术培训机构的建设。按照国家局规定，结合河北省实际情况，对煤矿安全培训机构进行了认真的评估、审查、验收和认证，建立起了布局合理、设施完善、分工明确的煤矿安全培训网络。二是认真抓好“三项岗位人员”的培训工作。坚持“教考分离”的原则，以提高培训质量为着力点，对煤矿企业主要负责人、安全管理人员、特种作业人员的培训考核工作进行了规范。全年共培训煤矿主要负责人和安全管理人员3860人，发证3783个；培训特种作业人员34431人，发证32710个。三是认真开展煤矿安全宣传教育活动。在积极组织参与“安全生产月”和“安全咨询日”活动的基础上，先后参与了多次大型安全宣传教育活动。其中，省局与国家安监总局政策法规司、中国安全生产报社在邯矿集团云驾岭矿联合组织开展了河北省煤矿企业“安全生产到企业、进班组、入社区”公益宣传活动，积极营造“遵章守法，关爱生命”的舆论氛围，有力推动了安全宣传活动的深入开展。

五、安全技术支撑和保障体系建设出现良好局面

一是组建了河北煤矿矿用安全产品检验中心。按照国家局的有关要求，对省内现有的煤矿设备检测检验机构进行了整合，成立了河北煤矿矿用安全产品检验中心，并通过了国家局的资质认证。对煤矿大型设备进行了检测，为煤矿安全监察工作提供了技术支持。二是加快了综合防尘体系建设。督促指导企业制定综合防尘规划，加强防尘技术研究，完善综合防尘措施，煤矿作业环境得到改善，职业危害防护能力明显提高。三是加强应急救援体系建设，增强了应对重特大事故的能力。进一步加强了矿山救援指挥中心的工作，不断完善全省矿山救援指挥机制，及时组织救护队伍训练，认真开展比武竞赛活动，提高了全省矿山事故应急救援指挥水平和专业技能。2005年，完成了三起特别重大事故的抢险救灾任务，施救遇险人员318人，有效地防止了事故扩大和人员伤亡的增加。

六、严肃煤矿事故调查处理，加大责任追究力度

按照“四不放过”原则，认真查处各类煤矿事故。2005年，全省煤矿死亡事故应结案67起，实际结案65起，按期结案率为97%。在已结案事故中，依法追究事故责任人360人次，其中，行政处分289人、党纪处分5人、经济处罚20人、其他处理29人、建议追究刑事责任17人。严厉打击瞒报、谎报、迟报事故现象，不断加大事故举报核查和调查处理力度。全年共接到事故举报案件47件，查实8件，查否30件，正在核查9件，做到了举报必查，查必有果。

七、加强党的建设和队伍建设，努力打造高素质安全监察队伍

以加强政治思想建设为主线，认真开展保持共产党员先进性教育活动。在“先教”活动中，坚持以“提高党员素质，加强组织建设，增强宗旨意识，促进各项工作”为目标，广泛进行思想发动和学习教育，着力提高广大党员参与先进性教育活动的积极性和自觉性。认真组织开展党性分析和民主评议，努力提高党员的思想政治觉悟和党性观念。针对查找出的问题和不足，研究制定整改方案，认真落实整改措施。在局党组的领导下，经过各级党组织和广大党员的共同努力，我局先进性教育活动取得了明显的成效，广大党员的政治思想素质进一步提高，监察队伍的凝聚力和战斗力进一步增强，党群、干群关系更加密切，有效地促进了各项工作的开展。2005年，全系统认真学习和落实《建立健全教育、制度、监督并重的惩治和预防腐败体系实施纲要》，建立、健全了相关配套制度，不断加强内部监督管理。建立党风廉政“责任区”，抓好反腐倡廉任务落实。逐级签订责任状，层层建立责任区，形成了一级抓一级、一级保一级，横向到边、纵向到底的责任体系。严格执行“九条纪律”，加强队伍廉洁自律。围绕执行“九条纪律”，及时开展专题自查自纠活动，认真落实整改措施，不断深化廉洁自律工作。为了加强外部监督，聘请了40名行风监督员，授予他们提出建议、协助违纪查处的权力，促进了公正执法、严格执法、廉洁执法。积极推进廉政宣传教育，营造反腐倡廉的良好氛围。采取会议传达、座谈交流、教材辅导、警示教育等形式和方法，积极开展了学习促廉、教育倡廉、制度保廉、案例警廉活动，不断加大党风廉政建设工作力度。认真开展了以“提速、提质、保安全、促发展”为主要内容的机关效能建设活动。进一步转变了工作作风，提速了工作过程，提高了工作质量。为了对监察执法工作进行量化考核，奖优罚劣，逐步建立责任清晰、考核严格的激励约束机制，修订了行政执法责任制考核内容，按照“严格标准，一丝不苟”的原则，对邯郸，冀中、冀东和张家口4个分局进行了全面考核，有力地促进了监察执法工作的开展。

总之，2005年在各级、各部门和煤矿企业的共同努力下，通过全体煤矿安全监察人员的奋勇拼搏，全省国有煤矿安全状况趋于稳定，但乡镇煤矿安全生产形势仍然十分严峻。2005年，全省共发生煤矿死亡事故66起，死亡315人，同比减少13起、增加169人。其中，国有重点煤矿事故32起，死亡43人，同比减少5起、增加1人；国有地方煤矿事故11起，死亡26人，同比减少1起、17人；乡镇煤矿事故23起，死亡246人，同比减少7起、增加185人。2005年以来共发生重特大事故16起，死亡259人，同比增加8起、194人。全省煤矿百万吨死亡率为3.851，同比上升1.824，其中，国有重点煤矿百万吨死亡率为0.743，同比下降0.025。初步分析，乡镇煤矿事故多发的主要原因是，个别地区和煤炭企业摆不正安全生产与经济效益的关系，该停产整顿的没有停产整顿到位，该关闭的没有彻底关闭；特别是改制矿井违规生产现象严重，安全管理松懈，用工制度混乱，监管监察难度加大，是重特大事故的重灾区。

八、存在的主要问题

总的来看，我们面临的形势十分严峻，监察执法任务十分艰巨。

第一，虽然经过大家的共同努力，近年来煤矿安全生产基础有所提高，但煤矿安全生产工作的艰巨性、复杂性将长期存在。2005年，煤矿事故总量居高不下，百万吨死亡率高于全国平均水平，而且还发生了两起特别重大瓦斯爆炸事故，损失十分巨大，教训极其惨痛。有效遏制重特大事故的发生，尽快稳定全省煤矿安全生产形势的任务非常紧迫。

第二，制约全省煤矿安全状况好转的因素还没有从根本上解决。我省小煤矿矿点多，规模小，地质条件复杂，开采方式落后，职工素质低，安全管理差。各类煤矿包括国有大矿，随着开采深度的延伸，瓦斯治理、水害防治和顶板控制的难度越来越大。另外，矿井关闭过程中出现的新情况、新问题，将给煤矿安全监察工作带来新的考验。

第三，国民经济的快速发展和煤炭需求的持续增长，将给煤矿安全生产工作带来巨大压力。煤炭持续紧俏，价格高位运行，受利益驱使，一些煤矿企业存在突击生产、超能力生产现象，煤矿安全监察工作面临前所未有的压力。

第四，监察执法力度需要进一步加大。执法过程中仍有“理不直、腰不硬、刀不快”的现象。

山西省安全生产工作综述

2005年，在省委、省政府的正确领导下，各级、各部门和各单位认真贯彻党的十六届三中、四中、五中全会精神，按照党中央、国务院关于安全生产的一系列重要方针政策以及省委、省政府的部署要求，落实责任，深化整治，强化监管，做了大量工作，全省安全生产工作取得了一定成效。在全省国民经济快速发展的情况下，安全生产保持了总体平稳稳中有降的态势，全省4项安全主要指标均优于国家下达给我省的控制指标（各类事故总死亡人数、工矿企业死亡人数、煤矿企业死亡人数、煤矿百万吨死亡率）。

一、法制建设进一步加强

省委、省政府十分重视安全生产的法制建设，2005年，起草和出台了一批政府规章和规范性文件。

省人大常委会第20次会议通过了《关于修改〈山西省实施中华人民共和国矿山安全法办法〉的决定》，明确了县级以上人民政府安全生产监督管理部门对本行政区域的矿山安全工作实施统一监督管理。为加大对非法采矿行为的打击力度，省政府出台了《山西省非法违法煤矿行政处罚规定》（省政府183号令）、《山西省人民政府关于严厉打击非法违法煤矿有效遏制重特大事故的决定》（晋政发［2005］30号），从法律上规范了煤矿的采掘活动，为打击非法违法煤矿开采活动提供了法律依据。以省长令（184号）发布了《山西省危险化学品安全管理办法》，规范了危险化学品生产、经营、运输等各个环节的安全。这些规章、规范性文件的出台，为安全生产提供了法律保障。

二、安全生产控制指标体系进一步完善

根据国务院安委办下达的安全生产控制指标，结合我省实际，省政府下发了《关于2005年全省安全生产考核指标和奖励办法的通知》，使我省安全生产控制指标体系进一步趋于完善，并在以下几个方面有所突破：一是明确规定了乡（镇、街道办事处）设立安监站，村（居委会）设专职或兼职安监员；二是扩大了签订目标责任书的范围，把消防总队、交警总队、引黄管理局等单位纳入目标责任考核体系；三是细化、完善了全省目标责任制考核办法，增加了考核办法的可操作性；四是规范了中央驻晋企业的安全目标责任书的签订。省政府与11个市政府和24个单位签订了安全工作目标责任书。市政府和省直有关部门将安全工作指标层层分解责任落实到基层和每个人头上，形成横向到边、纵向到底的安全生产目标责任制体系。

三、打击非法违法煤矿工作成效显著

为贯彻国务院《关于坚决整顿关闭不具备安全生产条件和非法违法煤矿的紧急通知》和国家五部委《关于严厉打击煤矿违法生产活动的通知》精神，针对我省煤矿非法违法开采活动猖獗、重特大事故多发的实际，省委、省政府决定用4个月的时间，在全省开展打击非法违法煤矿的专项行动。2005年9月19日，省政府召开全省打击非法违法煤矿电视电话会议后，各级、各部门高度重视，周密部署，迅速采取措施，贯彻落实国务院和省政府的有关文件精神，开展了严厉打击非法违法煤矿专项行动。

截至2006年1月20日，全省共取缔关闭非法采矿窝点1593处，处理越层越界矿井56处，关闭的矿井342座（其中证照不全擅自生产的非法矿井26座，无视政府监管的违法矿井3座），累计没收非法所得矿产品4.1万t，采掘设备3025台，火药3400t，取缔非法储煤场285个，捣毁非法建筑5400余间，没收非法所得及罚款1102万元，拘捕拘留违法人员293人，乡镇领导开除公职7人、撤职4人、免职6人，18名有关县、乡工作人员给予警告、记过、书面检查等处分。责令停产整顿矿井（次）1390个，下达执法文书3178份，处罚矿井205座，罚款总额1320万元。杜绝了私采乱挖现象，打击非法违法煤矿的战役取得预期效果。

截至2005年年底，清理在煤矿投资入股的国家工作人员和国有企业领导干部涉及952人共

15610.71 万元，已有 947 人撤出资金 15601.71 万元。撤资人数和撤资金额都超过 99%。

累计受理和核查举报 663 件，结案 510 件，正在核查的 153 件。

四、安全大检查力度加大

为了把省政府安全生产的政策和措施落到实处，全省组织开展了 4 次安全生产大检查和 2 次安全专项督察。由厅局长带队的 11 个督察组，对 11 个市 172 个县进行了安全督察。重点抽查企业和基层单位 1188 家，查出事故隐患 1528 处，责令现场整改 1042 处，限期整改 458 处，责令停产整顿企业 16 家。全省煤矿安全监察机构排查矿井 9987 矿次，查处事故隐患 68987 处，要求定期整改 65954 处，已完成隐患整改 63348 处，整改率达到 96.05%，累计罚款 4512.59 万元，消除了一大批事故隐患。

五、安全生产专项整治不断深化

针对重点行业、重点领域在安全生产中的突出问题，我省连续三年进行了专项整治，年年有重点，年年有突破。

1. 煤矿安全专项整治

突出了“一通三防”这个重点，进行瓦斯治理和现场管理。全省所有合法矿井全部建立了瓦斯监测监控系统，实现了省、市、县、矿四级联网。对 2972 对矿井进行了瓦斯等级鉴定。继续开展了安全生产基本条件评价和核准工作，评价核准矿井 1758 对，其中 A 类矿井 145 对，B 类矿井 1613 对。落实了乡镇煤矿派驻驻矿安监员制度。

2. 消防专项整治

按照“整体推进，重点突出”的思路，集中开展了商场市场、危险化学品、学校消防安全专项治理，全省投入 1.4 亿元，146 处重大火灾隐患全部彻底整改。

3. 道路交通专项整治

继续深化“五整顿、三加强”。在全省开展了对报废、盗抢、走私、拼装四类车的大规模整治，出动警力 169 万余人次，查获无牌无证车 137933 辆，收缴假牌假证 11539 个，报废机动车 7060 辆，抓获走私拼装车 464 辆、盗抢机动车 324 辆。全省公安交警一次性新购置测速设备 218 台，设置查处值勤点 486 个，投入一线警力 114 万人次，出动警车 50 万台次，共查处超速、超员行为 15 万余起，查纠违法车辆及驾驶员 3200 辆次。

4. 非煤矿山安全专项整治

以打击非法开采矿点和实现正规生产为重点，督促非煤矿山企业投资 1.5 亿元，改善安全生产基本条件。评估验收非煤矿山企业 3100 户，发放安全整治合格证 2820 份。关闭不具备安全生产条件的矿山 800 户，有效遏制了非煤矿山无序开采的局面，非煤矿山安全生产条件得到明显改善。

5. 危险化学品安全专项整治

以“五个整顿、两个关闭”和“三项清理”为重点，关闭和取缔非法生产经营及不具备安全生产条件的危险化学品从业单位 125 户。评价危险化学品经营企业 3550 户，颁发危险化学品经营许可证 4315 个。

6. 烟花爆竹和民爆器材专项整治

从建立和完善管理制度入手，落实“人防、技防、设施防”等措施。全省民爆企业投资近千万元，对存在安全隐患的民爆器材库进行了整改和搬迁。开展了烟花爆竹安全“三下乡”活动。结合安全生产许可证的发放工作，积极推行烟花爆竹生产企业工业化改造，按照规模化、标准化要求，对烟花爆竹生产经营企业进行规范化管理。按照“严格条件、分级发证、属地管理”的原则，对批发和零售烟花爆竹企业加强管理。

六、安全生产许可工作进展顺利

各级、各部门认真贯彻国务院《安全生产许可条例》，坚持分类指导，严格审查，严格标准，保证了安全生产许可工作的顺利开展。截至 2005 年年底，全省已发放各类安全生产许可证 6265 个。其中，在全省 4694 个煤矿矿井中，已申请受理 5020 矿次，审查合格发证 3380 个，占矿井总数的 72%；在 3521 个非煤矿山企业中，已申请受理 1742 个，发证 1286 个，占企业总数的 36.52%；在 993 个危险化学品生产企业中，申请受理 635 个，发证 506 个，占企业总数的 50.96%；在 68 个烟花爆竹生产企业中，已申请受理 60 个，发证 55 个，占企业总数的 80.88%；在 1760 家建筑企业中，受理 1200 家，发证 1010 家，占企业总数的 57.39%；在 28 家民爆企业中，受理 28 家，发证 28 家。

七、安全生产质量标准化活动全面启动

在企业开展安全生产质量标准化活动是提升企

业安全生产水平的重要举措，按照国家的安排部署，我省做了大量的工作。煤矿安全质量标准化全面部署，有序推进。2005年6月28日，在潞安矿业集团召开了全省煤矿安全质量标准化工作经验交流会，对198个标准化矿井进行了命名，会上对晋城、长治、大同安监局和山西焦煤西山公司、潞安、晋城无烟煤、同煤等单位和个人进行了表彰。山西焦煤、阳泉煤业、潞安矿业、晋城煤业、大同煤业五大集团公司所属矿井全部达到了安全质量标准化矿井，全省130个地方煤矿达到安全质量标准化要求。非煤矿山、危险化学品、机械制造等行业安全质量标准化已经启动，制定了相关的标准，试点企业已取得经验，2006年将全面推广。

八、事故责任追究力度加大

在安全生产事故处理中，各级、各部门严格按照“四不放过”的原则进行处理，起到了处理一人、教育一片的作用。2005年以来，全省各类煤矿发生事故165起，查处责任人1437人。其中，追究刑事责任101人，行政处分633人，党纪处分162人（党纪并处113人），行政处罚854人（并处281人），处理副乡镇级以上的干部126人，副县级以上干部28人，副市级以上干部4人，国有重点煤矿副处级以上干部53人，罚款金额425.65万元。

九、“安全生产月活动”丰富多彩

在“安全生产月”活动中，全省紧扣“遵章守法、关爱生命”这个主题，开展了丰富多彩的宣传活动。

省、市都组织了“安全咨询日”活动，省、市领导也参加了咨询活动。太原市组织9支演唱队近1000人参加了全国百城同唱“生命之歌”活动，受到国家安监总局的表彰。

开展了“三晋安全行”活动。宣传报道各级政府及有关部门、生产企业贯彻《安全生产法》的情况，并开展了现场执法活动，对违法行为公开曝光。这项活动把监督检查、现场执法和新闻报道结合起来，在社会上引起很大反响。各市各有关部门和广大企业结合实际开展了丰富多彩的宣传活动，营造了良好的安全生产舆论氛围。

十、非公有制企业安全监管试点工作取得明显进展

根据国家局2004年4月在广东佛山召开的全国非公有制企业安全监管工作现场会的总体要求，省政府确定在太原、临汾两市开展非公有制企业安全监管试点工作。太原和临汾两市政府非常重视，精心策划，认真部署，积极工作，创新安全监管手段，经过一年多的试点工作，在摸索一套有利于加强非公有制企业安全生产监管新模式方面，进行了积极而有建设性的探索和实践，创造了不少新鲜经验。重点围绕非公有制企业安全监管工作“无人管、无力管”的问题，积极推进基层安全生产监管体系建设，基本实现了安全生产“有人管、管得住、管得好”的要求。

通过各级、各部门和广大企业的共同努力，全省安全生产形势基本平稳。2005年，各类伤亡事故共发生16914起，死亡4510人，与2004年相比，事故数量减少2595起，死亡人数减少354人，事故率和死亡率分别下降13.3%和7.28%；比国家下达的控制指标5102人减少592人、降低11.6%。其中：发生道路交通事故13342起，死亡3819人，比控制指标减少374人、降低8.92%；工矿商贸企业发生事故250起，死亡629人，比控制指标减少12人、降低1.87%；全年煤矿发生事故165起，死亡490人，比控制指标减少4人、降低0.81%；煤炭生产百万吨死亡率为0.902，比控制指标低0.056，连续两年控制在1以下，所有指标都控制在了国家下达的指标之内。

山西省煤矿安全生产工作综述

2005年是全省煤矿安全监察工作的落实年。一年来，各单位、各部门在省局党组领导下，认真贯彻落实国办79号文件，以煤矿安全许可为主线，按照“31231”的工作思路和“6103”的工作目标，突出“一通三防”，落实监察责任，加大执法力度，健全十项制度，完善支撑体系，做了大量卓有成效的工作。

一、监察执法职责进一步明确

山西煤矿安全监察局进一步明确了“三项监察”的内涵和要求，对各监察分局（局）执法计划的制定和实施进行指导。各监察分局（局）结合本辖区实际积极探索，大胆创新，摸索出了许多行之有效的“三项监察”方法，煤矿安全监察手段和内容不断丰富。晋城局制定了“重点突击监察、定期联合监察、专项专家监察”的办法，监察形式多样，执法绩效明显。大同分局对重点地区、重点矿井实施集中监察、阵地监察，不让一个隐患矿井漏网。忻州局发扬“蚂蚁啃骨头”的精神，按照每月监察一个重点、集中解决一个突出问题的工作思路，把煤矿普遍存在的问题逐个作为专项监察内容，积小胜为大胜。

二、监察执法制度进一步完善

根据新的“三定方案”，将各办事处、监察站更名为监察分局（局）。各监察分局（局）从计划执法、联合执法、责任考核等方面入手，建立、完善了十项基本制度。定期对地方政府和有关部门通报煤矿安全监察情况，加大了对地方煤矿安全监管工作的指导和协调力度，形成了煤矿安全生产齐抓共管的良好局面。太原分局与检察、公安、安监等部门联合制定了《行政执法与刑事工作衔接办法》，把行政手段和司法手段有机结合起来。临汾局与有关部门密切配合，协调行动，参与了市政府组织的打击非法违法煤矿专项行动，推动了煤矿安全专项整治工作的深入开展。长治分局组织有关部门和新闻媒体开展了“安全生产上党行”活动，安全发展的观念更加深入人心。

三、严格安全许可，源头监察进一步加强

为严把安全许可关，保证许可煤矿达到并持续符合安全许可条件，省局始终把安全许可工作作为全年监察工作的一条主线。采取了一系列得力措施，明确许可标准，规范许可程序，严格许可纪律。坚持“谁申报、谁评价、谁核查、谁审查、谁负责”的安全许可责任追究制。在各监察分局（局）之间采取了异地现场核查的方式，由两个分局（局）的监察员共同对核查煤矿的安全生产条件进行认定，有效克服了人情干扰的现象。省局政务大厅集中受理，朝进夕出：业务处室流水审查，切块把关。许可结果当日公告，接受社会监督，确保许可工作的公正透明。在许可工作中，积累了很多好的经验和做法。朔州局严把资料审查关、检查验收关、廉洁自律关，努力做到监察服务到位、现场核查到位、行政处罚到位。全省对 19 个隐瞒情况的煤矿实施经济处罚 148 万元，对 1 个提供虚假证明的煤矿作出了一年不予发证的处罚。加大对已许可煤矿的现场回查力度，先后 3 次组织对已取证煤矿进行回查，对 23 个降低标准组织生产的煤矿暂扣了安全生产许可证。

全年累计受理煤矿安全许可申请 3654 个，发证 3401 个。对到 2005 年年底经整顿达不到安全许可条件的 749 座煤矿下达了关闭指令。

四、加大执法力度，严肃查处煤矿事故

以“一通三防”为重点，把有效遏制重特大事故作为监察的目标，进一步加大行政执法力度。围绕制度是否健全，通风、防尘、防火、防治瓦斯设施是否完善，监控系统运行是否正常，开展监察执法。由省局领导带队对大同、潞安、阳泉 3 个煤矿集团公司的瓦斯集中治理工作进行了督导。在省局组织的监察执法活动中，对 3 个不具备基本安全生产条件的矿井提出实施关闭的建议，对 13 个煤矿、33 个采掘工作面责令停产整顿或停止作业，对 6 个基建矿井责令停止施工，对 110 座煤矿进行了经济处罚。各监察分局（局）把“三项监察”寓于安全许可之中，在进行矿井核查时，对存在重大安全隐患或违法行为的煤矿从重给予行政处罚。阳泉分局在高瓦斯区域集中组织开展了以“一通三防”为重点的执法监察，有效遏制了重特大事故的发生。晋中局根据煤矿水害事故较多的情况，制定了水害矿井专项监察办法，督促煤矿配齐了探放水设备。各监察分局（局）全年累计监察矿井 9987 矿次，责令停产整顿矿井 5036 矿次，行政罚款 4512.59 万元。

进一步加大对事故矿井和事故责任者的处理力度，特别是对忻州市宁武县贾家堡煤矿特大隐瞒事故进行了严查重处。为发挥事故处理的教育和威慑作用，省局先后两次组织召开新闻发布会，对吕梁市交城县香源沟煤矿特大瓦斯爆炸事故、朔州市平鲁区细水煤矿特大瓦斯爆炸事故、吕梁市中阳县枝柯镇煤矿瓦斯事故进行公开通报。吕梁分局对一起违法建设项目发生死亡 2 人的事故罚款 40 万元，移送有关部门吊销了采矿许可证。全省共查处煤矿伤亡事故165起，事故罚款6713.6万元，关闭事故矿井15处。处理事故责任者1461人，其中仅给予党纪处分、行政处分、建议追究刑事责任的就达910人。在被追究责任的干部中，包括乡科级干部108人，县处级干部19人，厅局级干部1人。

五、培训教育考核体系进一步加强

按照提高煤矿矿长素质的迫切要求，省局组织专家对培训教材和试题库进行了更新和充实，对考核软件进行了换代升级，增加了最新的法律法规知识，提高了对安全管理和生产技术方面的要求。升级后的考核软件被国家局专家鉴定为全国领先水平。结合安全许可的要求，进一步明确了不同井型、不同生产方式、不同瓦斯等级的煤矿矿长、安全管理人员、特种作业人员的数量配备要求。在巩固二、三级培训机构的同时，开展了四级培训机构的资质认证。组织对全省安全培训机构、煤矿企业负责人持证上岗情况进行了专项监察。全年累计培训、复训煤矿矿长4790人，安全管理人员28818人，特种作业人员87168人。

六、监察执法支撑体系建设进一步完善

督促煤矿企业安装使用了安全监测监控系统，并在各监察分局进行了联网，为监察执法工作安上了“千里眼”。为省局政务大厅开发了安全许可数据库，许可情况的统计、分析、汇总更加便捷。省局安装使用了视频会议系统，实现了与国家局的视频对接。起草了网络执法办法，确定了一市一局两县4个试点单位。加强对评价、检测等中介机构的建设，对28家评价机构的资质进行了上报国家局认证的初审或直接认证。组织对20家评价机构进行了专项检查。对评价不认真、把关不严的评价机构进行了行政处罚，其中撤销评价资质1家，停业整顿1家。

七、开展了保持共产党员先进性教育活动，廉政建设得到进一步加强

按照中央、国家安全监管总局党组和山西省委的统一部署，从2005年1月30日开始，用5个月时间，组织全系统各级党组织和广大党员开展了保持共产党员先进性教育活动。在整个活动中，省局党组高度重视，精心组织，周密部署。各单位对照意见找差距，对照标准查问题，对照目标定措施，做到了“两不误、两促进”。达到了提高党员素质，推进各项工作的目标。

省局把全年的党风廉政建设责任目标细化分解为28项，提出具体的考核办法，由局党组书记代表党组和各单位党政主要负责人签订了党风廉政建设责任状。坚持局党组书记或纪检组长对各单位党政“一把手”进行廉政谈话制度，坚持每半年进行一次述职述廉。采取了知识竞答、廉政宣誓、观看警示教育资料等形式开展党风廉政教育活动，使廉洁执政的观念深入人心。加强对人、财、物等关键环节和关键岗位的监督，采取了许多行之有效的好办法。加强对资金使用的监管，认真落实“收支两条线”等财经纪律和规定。每一位党员干部始终绷紧廉洁自律这根弦，做到了勤奋敬业，清廉自守，进一步巩固和维护了煤矿安全监察队伍的良好形象和声誉。尤其是在安全许可工作中，监察员面临着十分复杂的执法环境，承担着对不达标煤矿坚决不予许可的工作压力。在严峻的考验面前，经受住了诱惑和腐蚀的拉拢，表现出了应有的党性和素质。向局政务大厅派驻监督人员，进行明察暗访，加强对行政审批环节的监督。对职工住宅建设工程实施了招投标制度。组织开展了投资入股煤矿的专项检查。

回顾一年来的监察执法工作，有3个特点：

一是许可工作力度大。在全省煤矿数量多、安全许可成为社会广泛关注的热点和焦点的情况下，局党组高度重视，沉着应对各种复杂矛盾，适时把握和调整工作思路，果断决策。对达不到许可标准、不符合资源整合政策、建设项目未进行安全设施“三同时”的煤矿，一律不予许可。

二是行政处罚力度大。两次对未领取安全生产许可证的煤矿下达了停产整顿指令，总数达5036矿次。对749座不具备许可条件的煤矿下达了关闭指令。在全省大部分煤矿停产整顿的情况下，经济处罚的矿数和金额创历史新高，监察罚款和事故罚款总额突破了亿元，其中监察罚款4512.59万元，事故罚款6713.592万元。

三是执法监督力度大。面对复杂的监察环境和繁重的监察任务，始终把执法监督摆在重要位置，做到了监察工作走到哪里，执法监督就跟到哪里。在一起事故中，对执法不严格、许可核查不认真的2名监察员追究了责任。

实现了“三个下降”。2005年全省原煤产量达到5.43亿t，增幅为10.19%。由于经济持续高速发展，强劲拉动煤炭需求，安全与生产的矛盾十分突出。值得欣慰的是，在全系统的共同努力下，全省煤矿安全生产状况总体稳定，实现了事故起数、死亡人数、百万吨死亡率“三个下降”，达到历史较好水平。全年各类煤矿共发生死亡事故165起，同比减少19起，下降了10.33%；死亡490人，比国家下达的年度控制指标减少4人，下降了0.81%；百万吨死亡率为0.902，同比减少0.078，下降了7.96%，比全国平均值低1.909，比2000年监察机构成立时的1.85减少了0.948。

以上成绩的取得，凝聚了局机关处室、直属附属单位、监察分局（局）广大干部职工的辛勤工作和汗水。监察分局（局）人员长期处于超负荷工作状态，继续保持了高昂的精神状态和工作热情；局机关干部职工勤勤恳恳，任劳任怨，甘做老黄牛；各直属附属单位人员吃苦在前，享受在后，不计个人得失。其间涌现出一大批先进单位和先进工作者。阳泉分局、太原分局、临汾分局苦练内功，执法过硬；省局机关监察一处、监察二处、财务办、监察室脚踏实地，不辞辛苦；信息调度中心、测试中心、机关服务中心服从大局，勇于奉献；档案馆创造条件积极为安全许可设立许可档案专柜；其他各有关单位也敢于创新，提供良好的服务，工作各有特色。

回顾近几年的工作，我们深深感到，煤矿安全监察工作必须牢牢把握住以下几点：

第一，必须坚持垂直管理、双重领导的监察体制。国家建立并完善了煤矿安全监察制度，成立了专门的执法队伍，对煤矿安全实施国家监察。我们要在国家安全监管总局党组和省委、省政府的正确领导下，充分认识搞好煤矿安全的长期性、艰巨性和重要性，不辱使命，加倍努力，奋发有为。

第二，必须强化煤矿安全监察机构行政执法的主体地位。要充分发挥国家监察的优势，体现国家意志，树立执法权威，强化煤矿安全监察机构作为煤矿安全工作的主力军作用，因地制宜地开展好监察执法工作。

第三，必须关口前移，注重源头治本。严把煤矿安全准入关，是搞好煤矿安全工作的治本之策。必须依法实施安全许可，严格建设项目“三同时”，强化隐患排查治理的监察，加大煤矿安全培训考核的力度，实现源头治理。

第四，必须加大行政处罚力度，强化依法治安。从执法手段找主动，向执法效果要安全，靠执法力度树权威。继续加大罚款、停产、关井的工作力度，依法实施行政处罚。

第五，必须苦练内功，夯实基础。班子、队伍、作风的建设是永恒的主题。通过进一步提高队伍素质，完善执法机制，严格监督考核，做到公正执法、廉洁执法。

八、存在的问题和不足

过去的一年，我们付出了很多努力和辛苦，取得了一定成绩。但全省安全生产形势仍然十分严峻，重特大事故仍未得到有效遏制，还有许多问题和不足。

从执法对象来看，全省煤矿“多、小、散、乱”的局面未根本改变，监察执法的难度很大；小煤矿矿主安全意识不强，在强劲的市场需求中，处理不好生产与安全的关系，要钱不要命，超能力冒险组织生产的问题十分突出，主体责任不落实；煤矿现场管理松弛，违章指挥、违章作业和违反劳动纪律的现象十分普遍；已许可煤矿的安全基础仍然薄弱，安全投入、技术装备、人员素质亟待加强，持续符合许可条件的任务十分繁重。

从我们自身来看，执法的主体意识不强，监察的主动性、独立性差，“理不直、腰不硬、刀不快”的现象仍然存在：执法力量不足，执法能力和水平有待提高；执法创新不足，“三项监察”未有效实施和开展，计划执法没有很好落实，指导协调地方监管的职能作用没有很好地发挥：考核、奖惩、监督机制不完善，干部交流少，队伍的活力不足。

内蒙古自治区安全生产工作综述

2005年在自治区党委、政府的高度重视和坚强领导下，我区各地区、各部门认真贯彻落实党中央、国务院有关安全生产一系列重要指示，加快安全生产法制建设，落实安全生产责任制，加强安全防范和专项整治，加大安全监督监察工作力度，保证了全区安全生产形势的总体稳定。

一、安全生产基本情况

一是总体状况趋于好转。全区共发生各类事故14245起，死亡2624人，同比减少事故698起，少死亡73人，事故率和死亡率分别下降4.68%和3.74%，占国家下达给我区的各类事故死亡人数年度控制指标的95.07%。

二是工矿商贸企业安全状况比较平稳。全年工矿商贸企业共发生伤亡事故225起，死亡341人，同比事故起数下降18.84%，死亡人数上升2.71%。其中，煤矿发生事故56起，死亡131人，同比事故起数下降18.84%，死亡人数上升32.32%；原煤百万吨死亡率0.54，同比上升0.06；金属与非金属矿事故64起，死亡81人，同比事故起数下降9.86%，死亡人数上升1.25%；危险化学品事故4起，死亡5人（上年同期为1起、1人）；烟花爆竹事故1起，死亡3人（上年同期无事故）；建筑业事故29起，死亡32人，事故率和死亡率同比分别下降34.09%和31.48%；其他行业事故71起，死亡84人，事故率和死亡率分别下降21.11%和14.29%。

三是道路交通事故总量呈下降趋势。全年共发生道路交通事故8453起，死亡2134人，同比事故起数减少1460起，死亡人数减少108人，事故率和死亡率分别下降14.72%和6.07%。

四是消防火灾事故起数和死亡人数均有不同程度上升。全年发生消防火灾事故5422起，死亡37人，事故率和死亡率同比分别上升17.33%和42.31%。

五是重特大事故呈上升趋势。全区3~9人的重大事故82起，死亡305人，同比事故增加20起，死亡人数增加75人，事故率和死亡率分别上升32.25%和32.61%。10人以上特大事故5起，死亡82人，同比事故增加4起，死亡增加67人。煤矿行业发生3人以上重大事故9起，死亡40人，同比死亡人数增加60人；道路交通发生3~9人重大事故65起，死亡234人，事故率和死亡率同比分别上升12.06%和11.43%。

二、主要工作

（一）认真落实安全生产许可证制度，加强安全生产源头管理

按照《安全生产许可证条例》以及国家局对办证工作的具体要求，结合自治区实际，以各盟市为单位成立了12个安全生产许可证发放工作小组，印发了《内蒙古安全生产许可证颁发管理工作指导意见》，统一发证标准，明确职责任务，规范发证工作。为了广泛接受社会监督，将发证范围、受理审查程序、工作进度、举报方式等两次刊登在自治区级报刊进行公示。在办证过程中，多次派出工作组深入各盟市检查、指导办证工作，现场解决存在的问题。截至2005年12月底，在全区602户危险化学品生产企业中，已提交申请的590户，受理327户，发证208户，发证率达到35%；在全区169户烟花爆竹生产企业中，已提交申请122户，受理122户，发证99户（其他企业将依法关闭），发证率达到58.58%；在全区3204户非煤矿山企业中，已提交申请3080户，受理1978户，已发证1327户，发证率达到43.08%。

在煤矿安全生产许可证发放方面，内蒙古煤矿安全监察局制定了发放煤矿安全生产许可证方案和程序，并组织实施。全区应办理煤矿安全生产许可证的矿井558个，其中：国有重点煤矿58个，地方煤矿500个。已申请办理许可证的558个，内蒙古煤矿安全监察局已受理558个，实际颁发434个，吊销19个，发证率达到74%。

自治区建筑主管部门认真做好建筑施工企业安全生产许可证发放工作，截至2005年12月底，在

全区应申请建筑安全生产许可证的870家企业，已发放建筑安全生产许可证449家，占应发总数的51.61%。

（二）加强安全生产法制建设，推进我区地方立法进程

《内蒙古自治区安全生产条例》已于2005年5月27日经自治区十届人大常委会第十六次会议审议通过，自2005年7月1日起施行。《条例》适合地方特点，可操作性强。在对于有关人员责任的认定、建立安全生产专项基金、加大处罚力度等方面具有新意和突破。《条例》的出台，是我区安全生产工作在法制建设方面迈出的重要一步，对于我区安全生产工作具有重要的现实指导意义。

（三）认真落实安全生产责任制，量化分解年度控制指标

进一步修改和完善自治区政府对各盟市政府及有关部门的安全生产责任目标考核办法。根据国务院安委会下达的年度安全生产控制指标，逐级进行层层分解，直至最终落实到各乡镇和企业。在主要产煤旗县及年产煤炭30万t以上的矿区，设立事业性的煤矿安全监督管理站，安监站对所管矿区内的煤矿实行分片包干、包矿到人、责任到人的办法。自治区党委、政府将安全生产考核列入对各级政府综合考核内容，实行安全生产"一票否决制"，年终按《安全生产责任目标考核办法》实行百分制考核，兑现奖惩。2005年我区控制指标的覆盖面进一步扩大，控制指标考核体系的作用正在显现。

（四）配合国家各项执法检查，推进我区安全生产工作

2005年5月21～27日，全国人大常委会李铁映副委员长带领的全国人大常委会《安全生产法》执法检查工作组来我区检查，先后对我区赤峰、包头、鄂尔多斯、乌海、呼和浩特市的煤矿及非煤企业进行了执法检查。内蒙古自治区党委、政府对检查组的意见非常重视，自治区政府多次召开专门会议，研究落实检查组意见，提出了一系列针对性很强的政策措施，并逐步加以实施。

此外，我们先后6次接受了国务院、国家总局对我区进行的打击煤矿非法开采和违法生产、小煤矿"五整顿、四关闭"工作的开展情况，清理纠正入股情况、安全生产许可证发放情况以及煤矿、烟花爆竹和非煤矿山的专项检查情况。根据检查中所发现的问题，我们采取了切实有力的措施进行整改，有效地促进了安全生产工作的落实。

（五）深入开展专项整治，对重点行业实施重点治理

根据我区安全生产的实际情况，年内重点对煤矿、危化、非煤矿山、烟花爆竹、冶金、建筑施工、道路交通、消防火灾、公众集聚场所等重点行业和领域进行了安全生产专项整治。

1. 煤炭行业

一是坚决关闭破坏资源、污染环境、不具备安全生产条件的小煤矿，严厉打击非法开采、越界开采、滥采乱挖等违法违纪行为。按照《内蒙古自治区人民政府煤矿整顿关闭实施方案》的要求，自治区政府将3年整顿关闭小煤矿任务压缩到一年半完成。2005年，已公告关闭煤矿486处（国家下达关闭指标为400处），达到关闭标准的240处，其余246处正在实施关闭中，2006年第一季度前达到关闭标准。

二是切实做好煤矿瓦斯治理工作。根据国家发改委和安监总局文件要求，我区成立了以自治区政府赵双连副主席为组长、有关部门负责人为成员的自治区煤矿瓦斯集中整治工作领导小组，在重点矿区还设立了4个瓦斯治理督导组。2005年8月下旬自治区煤炭工业局、内蒙古煤矿安全监察局联合下发的《内蒙古自治区煤矿瓦斯综合治理工作实施方案》，对我区煤矿瓦斯综合治理工作提出了具体要求，并组织专家会诊，建立、健全瓦斯监测监控系统，制定出台了《地方煤矿瓦斯综合治理工作实施方案》，逐步加以实施。一年来，瓦斯督导组共检查煤矿203次，查处重大隐患32处，责令停产整顿矿井65矿次，责令停止作业工作面54矿次，督促煤矿企业提取安全费用2.6亿元。

2. 非煤矿山、危险化学品行业

自治区有关厅局印发了《内蒙古自治区深化非煤矿山安全生产专项整治方案》和《内蒙古自治区加强危险化学品专项整治工作方案》，加强了两大行业的专项整治工作力度，并结合国家总局的检查，进行了两次全区性的专项检查。发现隐患，及时处理。

3. 冶金行业

首次对全区冶金行业实施了安全生产专项检

查。按照国家总局的要求，依据《全区冶金行业安全生产专项检查实施方案》，重点对呼伦贝尔、兴安盟、通辽、赤峰、呼和浩特、包头、乌海、鄂尔多斯等8个盟市的14户冶炼加工企业高炉安全生产状况进行了全面检查，下达隐患整改通知9份，促进了冶金行业的安全监管工作，提高了企业的安全生产意识。

4. 其他有关行业

（1）建筑施工安全。针对我区发生的建筑安全事故，自治区人民政府下发了《关于开展工程建设项目屋面球型网部分质量安全检查的紧急通知》，由自治区安监局牵头，协同自治区建设厅、电力集团和石油公司组成联合督查组，对我区东、西部进行重点督查，共检查应用球型网架工程1015项，下达整改指令78份，指令相关建设单位限期整改。自治区建筑施工主管部门加强对建筑施工安全的管理，与各盟市建设行政主管部门签订了《安全生产责任状》，对建筑业企业负责人、项目经理和安全管理人“三类人员”进行安全培训，共发安全合格证书15200个。组织开展了全区建筑施工安全大检查，抽查施工现场335个，查出安全隐患和问题2700条，向42家施工的建筑施工企业下达了停工整改通知书，及时消除了一批安全隐患。

（2）道路交通。重点打击超速、超限、超载行为，采取“设置卸载点、没收拍卖非法运输煤炭”等措施，推动了治超工作，同时加大路面监控力度，规范路面行车秩序。我们不间断地开展专项行动，集中整治突出问题，深化“千名交警下社区”、“千堂交通安全课”等活动。此外，继续开展“平安大道”、“畅通工程”、“治理事故黑点”等安全生产综合治理工作，有效地遏制了道路交通事故多发的势头。

（3）消防火灾。重点整治人员密集场所，并对此提出了10项具体要求，对易燃易爆化学品生产储存运输提出了4项具体要求。要求各重点消防安全责任单位，填报《单位火灾隐患自查整改承诺书》，依法强化了单位主要负责人的法律责任。自治区消防总队下发了《关于集中开展火灾隐患排查整治工作的实施意见》，指导各盟市、呼铁局、民航总局和有关部门进行火灾预防和控制工作，查处重点火灾隐患建筑物46处，对全区340多户火灾隐患单位发出整改通知。

（六）落实责任追究制度，加大对重大安全生产事故的查处力度

2005年由自治区直接查处的3人以上重特大事故5起，目前已批复结案5起，按期结案率100%。在已查处的事故中，追究事故责任人31人，其中，移送追究刑事责任人的5人，给予党纪政纪处分的16人，行政处罚10人。

（七）加强安全培训工作，提高安全培训质量

一是推进生产经营单位主要负责人、安全管理人员和特种作业人员安全技术培训、考核与发证工作。2005年，培训生产经营单位主要负责人2078人，安全管理人员5160人，特种作业人员36512人；二是建立和完善安全培训规章制度。制定出台了《关于贯彻实施〈安全生产培训管理办法〉的通知》、《安全培训机构评估标准》、《内蒙古自治区三级、四级安全培训机构评估检查方案》等一系列规范性文件；三是不断加强培训基地建设，对已获得资格认证的培训单位进行评估验收，到2005年12月底为止，已评估验收26家，占培训机构总数的60%，促进了培训基础建设；四是加强安全培训师资队伍和教材建设。自治区举办了2期全区安全培训机构的教师岗位资格培训，共培训257人，基本满足了培训机构教师持证上岗的要求。在培训教材建设上，组织编印了《危险化学品安全管理教材》、《安全生产法律法规汇编》、《安全生产培训大纲汇编》和《安全培训机构教师培训讲义》等有针对性和实用性的教材。

（八）加大教育宣传力度，营造全社会关心支持安全生产的氛围

一是以宣传贯彻《安全生产法》为中心，把安全生产法律法规及国家相关政策宣传作为重点内容，通过发放宣传册、宣传单、播放光碟等在全社会从业人员、安全生产管理人员及相关人员中广泛普及法律知识和安全常识。特别是结合《内蒙古自治区安全生产条例》的出台，加大了宣传力度，编印了《安全生产监督管理实用手册》，安全监管和安全管理人员人手一册。

二是通过“安全生产月”活动，面向全社会开展形式多样的安全生产宣传教育活动，大张旗鼓地宣传安全生产政策法规，强化了全社会的安全意识。

三是积极参与国家总局组织的“生命之歌”

安全歌曲大赛活动，我区有2首歌、6个单位和27个人获奖。

四是利用大众新闻媒体和监管部门的简报、通报、定期信息等形式宣传和曝光典型案例，积极发挥舆论监督作用，努力营造全社会“关爱生命、关注安全”的社会氛围。

2005年以来，在自治区党委、政府的正确领导下，各级、各部门通过整章建制、加强管理、跟踪服务、规范运行等一系列行之有效的工作，保证了全区安全生产形势的总体稳定。但是，安全生产工作是一项非常复杂的系统工程，需要我们持之以恒，常抓不懈。我们将不断总结经验，吸取教育，制定措施，狠抓落实，使我区安全生产工作整体管理水平再上一个新台阶。

内蒙古自治区煤矿安全生产工作综述

2005年全区各级人民政府、各有关部门深入贯彻落实全国安全生产工作会议和国务院对安全生产工作的指示精神，坚持“以人为本”的科学发展观，从构建社会主义和谐社会的现实需要出发，围绕完善体制、强化主体、深化整治、夯实基础、健全控制指标监控体系、加强源头管理这一工作目标，按照国务院《特别规定》和《紧急通知》要求，狠抓“三个落实”，突出“四个推进”，促进了全区安全生产形势的总体稳定。全区共发生煤矿事故56起，同比减少13起，下降19%；死亡131人，增加32人，上升32%。

一、加强煤矿安全的日常监管

2005年，将国家下达我区的年度安全生产控制指标层层分解下达到盟市、旗县、乡镇和企业，逐级签订安全生产责任状。年终按照《自治区人民政府安全生产责任目标考核办法》，实行百分制考核。自治区党委、政府将安全生产工作作为考核各盟市政府和领导政绩的重要指标，实行安全生产“一票否决制”，形成了全面科学的安全控制指标体系和责任网络。

一是理顺煤矿安全监管体系，强化对停产整顿矿井的监管、监察职能。2005年我区恢复了内蒙古自治区煤炭工业局建制，加强了盟市、旗县煤炭工业的监管机构，增加编制，充实人员，赋予职能。基本形成了全区统一的煤炭行业安全监管体系，实现了生产与安全管理的一体化。全区12个盟市58个旗县区已有专职监管人员647人。

二是建立了安全监管到矿、责任到人的责任体系。我区还要求重点产煤旗县年产煤炭30万t以上的矿区（国家管理的国有重点和露天煤矿除外），设立事业性的煤矿安全监督管理站。煤矿安全监督管理站对所管矿区内的煤矿实行分片包干、包矿到人、责任到人、奖惩严明的办法。安监站负责煤矿安全生产制度的具体落实、安全隐患的排查和对停产整顿矿井的监管、监察、监督整改工作，杜绝只查不纠、整改不落实的问题。

三是加强对事故矿井的处罚力度。2005年，严格按照事故“四不放过”原则，加强对事故矿井的立案调查处理工作，全年共立案煤矿事故56起，事故立案率100%；结案事故50起，在规定时限内事故结案率100%；共对278名事故责任人进行了处理，其中：刑事处分12人，行政处分44人，党纪处分16人，行政处罚206人，处罚金额122万元，对事故单位罚款207.3万元，对事故单位提出防范措施187条。

四是加强了煤矿“三项岗位”人员安全生产技术培训工作。2005年，煤矿特种作业人员计划培训19000人，实际培训23997人，其中，初次培训23231人，复训766人，考核发证22175人；煤矿主要负责人培训582人，考核发证568人；煤矿安全管理人员培训1323人，考核发证1295人。

2005年，全区各级煤矿监管、监察部门对全区不具备安全生产条件的1047处煤矿全部下达了停产整顿指令书，明确了整改内容、期限和标准，各级政府、煤矿安全监管部门和煤矿安全监察机构现场检查督查、停产整顿煤矿共5304次，每矿检查达5~7次。检查中做到了“四查”，即查证照、查隐患、查安全管理、查劳动组织。并且监督矿井制定停产整顿方案，明确了整改内容、方法和安全技术措施。检查中，各级监管、监察部门共下达各类执法通知书5934份，查出各类事故隐患17414条，隐患整改率93%；行政处罚982次，处罚金额688万元，实际收缴492万元，罚款收缴率72%。

二、认真落实瓦斯综合治理方案，打好瓦斯治理攻坚战

根据国务院关于瓦斯治理工作的要求，以及国家和自治区瓦斯治理工作现场会精神，自治区煤炭工业局、内蒙古煤矿安全监察局联合下发了《内蒙古自治区煤矿瓦斯综合治理工作实施方案》，对我区煤矿瓦斯综合治理工作提出具体要求。要求各地区采取强有力的措施，认真落实瓦斯综合治理工作实施方案，打好瓦斯综合治理攻坚战。

一是认真组织专家会诊，建立、健全瓦斯监测监控系统。自治区煤矿监管部门和煤矿安全监察机构，组织专家对全区5处高瓦斯国有重点煤矿检查会诊；盟市煤矿监管部门和煤矿安全监察机构，组织专家完成对114处地方高瓦斯煤矿的检查会诊，并按照专家提出的整治意见，进行综合整改。

至2005年年底，全区所有矿井都要安装瓦斯监测监控系统，国有重点煤矿进一步健全、完善矿井内部、矿井至公司的瓦斯监测监控网络。乌海市、阿拉善盟、包头市、鄂尔多斯市的鄂托克旗等高瓦斯地区将建立瓦斯远程监控中心。

二是制定了配套实施方案，加大督促检查力度。至2005年9月底，自治区各盟市根据《内蒙古自治区煤矿瓦斯综合治理工作实施方案》，制定并上报了《地方煤矿瓦斯综合治理工作实施方案》，经自治区发改委、内蒙古煤矿安全监察局、自治区煤炭工业局等有关部门审批正在实施。自治区煤炭工业局和内蒙古煤矿安全监察局负责监控46处国有重点井工煤矿的瓦斯治理工作，重点督查这些煤矿的安全保障体系，并按照《煤矿安全规程》等有关规定，督查国有重点煤矿瓦斯监测监控、远程联网、防灭火、通风、瓦斯抽放、防尘、安全防护系统是否完善和补套工程是否按时限达标。自治区煤炭工业局和内蒙古煤矿安全监察局负责督查各盟市《地方煤矿瓦斯综合治理工作实施方案》的落实情况，并将督查情况通报有关盟市和旗县人民政府。

三、加大煤矿整顿关闭工作力度

1. 加强对煤矿整顿关闭工作的组织领导

2005年9月中旬，自治区成立了以自治区政府副主席为组长，自治区政府副秘书长、自治区工业办主任和内蒙古煤矿安全监察局局长为副组长，自治区工业办、煤炭工业局、内蒙古煤矿安全监察局、国土资源、工商、公安、行政监察、电力公司等单位为成员的整顿关闭工作领导小组，制定了《内蒙古自治区人民政府煤矿整顿关闭工作实施方案》，建立了工作机制，明确了工作职责、目标和要求，落实了工作责任制。各盟市也相应成立了煤矿整顿关闭工作领导小组。

一是划分了工作责任。2005年11月10日，自治区政府即将出台《内蒙古自治区人民政府煤矿整顿关闭工作实施方案》，提出了今后一个阶段我区煤矿整顿关闭工作的具体要求，明确划分了煤管、煤监、国土、工商、公安、电力等部门和机构的职责，并指定了责任人。进一步加强对整顿关闭煤矿的日常监管，坚决制止未取得采矿许可证的非法煤矿，严肃查处超层越界开采煤矿，对非法违法煤矿依法吊扣营业执照。对关闭煤矿注销爆炸物品使用许可证和储存证，停止供应火工用品，切断关闭矿井的电源；对停产整顿的矿井，按整改方案限量提供火工品和限量供电。各盟市、旗县电力部门及时会同煤炭行业、煤矿安全监管部门和煤矿安全监察机构，制定落实双回路供电系统实施方案。

二是明确了煤矿安全生产目标。到2010年，全区煤炭百万吨死亡率下降到0.3以下，其中：国有重点煤矿下降到0.1以下，地方煤矿下降到0.8以下；矿井全部实现正规回采，采煤机械化水平达到90%以上；单井生产规模达到30万t/a以上；矿井全部装备瓦斯监测监控系统，主要产煤盟市、旗县、乡镇全部建立瓦斯远程监控中心，实现瓦斯联网监控。

三是严格关闭标准。对决定关闭的486处矿井，自治区各盟市、旗县（市、区）人民政府严格按照国务院《特别规定》和《紧急通知》的要求组织实施关闭，并达到以下4条标准。

（1）煤矿安全监察机构、国土资源、煤炭行业管理、工商管理部门分别吊销安全生产许可证、采矿许可证、煤炭生产许可证、营业执照。

（2）停止供应火工品，剩余火工品由当地公

安部门按照国家有关规定进行清理和统一处理。

（3）矿井井筒完全毁闭、填实，井口场地平整。矿井生产设备和供电、通讯线路、供水管路全部拆除，遣散从业人员。

（4）在媒体上公告关闭矿井名单。

2. 积极开展联合执法检查

各地区、各部门按照国务院《特别规定》和国办《紧急通知》要求，深入开展瓦斯治理和整顿关闭两个攻坚战，组织开展对煤矿"五整顿、四关闭"矿井的联合执法。自治区政府多次组织有关部门进行了多层面、大范围的联合检查、督察，对检查中发现的问题跟踪落实整改情况确保停产整顿煤矿真正停产。对检查中发现的关闭矿井井筒毁闭不彻底、地面设施未全部拆除、井口场地未填平以及关闭工作进展缓慢等问题，都及时提出了整改要求和整改时限。针对关井工作中的细节问题认真组织"回头看"，对关闭不严不实的井口进一步采取措施，严格执行国务院《特别规定》要求，集中力量，加强巡查，严防死灰复燃，巩固煤矿整顿关闭成果。

3. 加快煤矿整顿关闭工作的进度

全国经济会议一结束，自治区党委、政府立即组织各级政府和部门认真传达学习中央经济工作会议精神，贯彻落实中央的工作部署，加强安全防范和专项整治，加大安全监管监察工作力度。2005年12月5日，自治区政府主席杨晶主持召开了安全生产办公会议，专门研究部署我区煤矿整顿关闭工作，要求各级政府和有关部门坚定不移地贯彻国务院《特别规定》和国家安监总局领导的指示精神，全面落实自治区煤矿整顿关闭工作实施方案，各地区要加快煤矿整顿关闭的进度，坚决关闭不具备安全生产条件的煤矿，按照2005年我区关闭煤矿名单和即将下达的关闭煤矿责任状要求，明确责任任务和进度，确保按期完成煤矿整顿关闭工作。

全国煤矿整顿关闭工作局长座谈会召开后，自治区工业办、煤炭工业局和内蒙古煤矿安全监察局及时向自治区政府分管主席汇报了会议情况。2005年12月8日，自治区煤炭工业局再一次召开了有关盟市煤炭主管部门和企业主要负责人工作会议，针对煤矿整顿工作过程所遇到的困难和问题，提出了具体的要求。为了完成国家安监总局下达的煤矿关闭任务，自治区各级政府和有关部门在做好关闭煤矿期间的社会稳定工作时，认真研究煤矿关闭实施方案，在充分调查摸底和技术论证的基础上，采取有力措施，将全区年底前无望达到安全生产条件的煤矿全部列入关闭对象。

为进一步加快煤矿关闭的工作力度和进度，自治区决定把小煤矿整合、淘汰关闭时间由3年压缩到1年半完成。按照《内蒙古自治区人民政府煤矿整顿关闭实施方案》要求，2005年至今，我区已公告关闭取缔小煤矿810处，其中，2005年关闭486处。各盟市、旗县政府对公告关闭的煤矿已停止供电、供水、供火工产品，拆除电源和地面生产设施，有关部门吊销其所有证照，已达到了关闭标准。

辽宁省安全生产工作综述

2005年，辽宁省安全生产工作在省委、省政府的正确领导下，各地区、各部门和各单位认真贯彻执行党中央、国务院关于加强安全生产工作的一系列重要指示，狠抓安全生产目标管理，落实安全生产责任制，加大安全投入，深化安全生产专项整治，开展各种形式的安全生产检查。2005年下半年扭转了阜新"2·14"矿难以来安全生产的被动局面，保持了全省安全生产形势总体上基本平稳，安全生产工作取得了显著成果，主要体现在以下5个方面。

一是事故总量有所下降。2005年，全省共发生各类事故37156起，同比减少4673起，下降11.2%；死亡（含失踪）4446人，同比减少387人，下降8.0%。

二是重特大事故起数下降，死亡人数上升。全省发生一次死亡3人以上重特大事故87起，同比下降 17.9%，死亡（含失踪）559 人，同比上升 25.1%。

三是多数行业和领域安全生产状况相对平稳。非煤企业发生事故 429 起，同比减少 61 起，下降 12.4%；死亡 457 人，同比减少 23 人，下降 4.8%。道路交通事故 10344 起，同比减少 2673 起，下降 20.6%；死亡 2919 人，同比减少 455 人，下降 13.5%。消防火灾事故 25478 起，死亡 161 人，事故起数、死亡人数同比分别下降 7.1% 和 6.9%。铁路交通事故 688 起，同比增加 15 起，上升 2.2%；死亡 454 人，同比减少 13 人，下降 2.8%。军工、民爆行业及民航系统没有发生死亡事故。

四是没有突破事故控制指标。国务院安委会下达给我省 2005 年 5 类事故年度控制指标总死亡人数为 4753 人，其中，煤矿事故死亡人数为 224 人，非煤企业事故死亡人数为 520 人，道路交通事故死亡人数 3363 人，消防火灾事故死亡人数 178 人，铁路交通事故死亡人数 468 人。我省这 5 类事故共死亡 4312 人，比控制指标减少 9.3%。

五是大多数地区安全生产状况相对平稳。从 2005 年年初省下达给各市的安全生产控制指标来看，全省除阜新、辽阳外，其他 12 个市的煤矿、非煤企业、道路事故死亡总人数均控制在指标以内。有 12 个市杜绝了一次死亡 10 人以上特大事故。

2005 年重点抓了以下 12 项工作：

一、建立安全生产目标管理考核体系，全面落实责任

一是落实各级政府及有关部门的责任。省政府将国务院安委会下达给我省的安全生产控制指标进行分解落实，与 14 个市政府和 12 个省直有关部门签订了安全生产目标责任书。各市政府和省直有关部门将安全生产控制指标层层分解到县区、乡镇政府及企业，逐级签订了目标责任书。

二是落实省属企业安全主体责任。省安全生产监管局与省国资委、辽宁煤矿安全监察局、省煤炭工业管理局联合开展了省属企业负责人安全生产目标管理考核，与 28 个省属企业签订了安全生产目标管理责任书，将安全生产工作情况与企业负责人的年薪挂钩，实行一票否决制。

三是加强对市政府、县区政府、省直签订安全生产目标责任书的部门、各市安全监管局安全生产目标管理考核。沈阳市等 6 个市政府被评为安全生产先进单位，大连市等 8 个市政府被评为达标单位，省政府对先进单位进行了表彰。

二、加强安全生产法制建设，建立、完善配套法规体系

省政府出台了《辽宁省安全生产监督管理规定》、《辽宁省人民政府关于进一步加强安全生产工作的决定》和《辽宁省道路交通事故行政责任调查追究规定》，下发了《辽宁省重特大事故报告暂行办法》。我局制定下发了《辽宁省企业安全费用提取和使用管理暂行办法》、《关于加快推进高危行业企业投保责任保险工作的指导意见》、《辽宁省安全评价机构管理办法》和《辽宁省安全生产监督管理行政执法实施办法》等 12 个规范性文件，指导全省各地开展安全生产工作。

三、进一步加强安全生产监管机构和队伍建设

省委、省政府将省安全生产监管局调整为政府直属机构，并增加编制 14 人，现有安全监管人员 47 人。我局积极督促市、县级政府抓紧建立、健全独立的安全监管机构，目前全省 14 个市、100 个建制县区的安全监管局均为同级政府的组成部门或直属机构，有安全监管人员 1297 人。131 个乡镇（街道）已建立安全监管所（站），基本形成了安全生产三级监管机构和四级监管网络。

四、严格行政许可制度

2005 年，全省发放危化品安全生产许可证 605 个，非煤矿山安全生产许可证 2974 个，烟花爆竹安全生产许可证 63 个，批发企业临时销售许可证 93 个。完成了危化品经营许可证的发放工作，共发证 8594 个。全年组织审查省管建设项目安全设施"三同时"预评价 9 项，竣工验收项目 14 项。通过严格实施行政许可制度，有效地规范了企业的安全生产行为，夯实了安全生产基础，提升了企业的安全管理水平。

五、认真做好规划和科技工作

《辽宁省安全生产"十一五"发展规划》已经通过专家论证，并上报省政府。积极组织参加"首届全国安全生产及技术装备展览会"，我省展室得到国家总局的肯定，获得最佳组织奖和优秀设计奖。同时，为加强安全生产中介机构监督管理，制定了《辽宁省安全评价机构管理办法》、《辽宁省安全评价收费指导意见》和《辽宁省安全评价行业自律公约》，完成了4家安全评价机构乙级资质的审批工作。

六、深化重点行业和领域安全生产专项整治，组织开展安全大检查和专项检查，及时排查治理事故隐患

一是深化非煤矿山专项整治。关闭136户经限期整改和停产整顿后仍达不到基本安全生产条件的矿山。二是深化危化品专项整治。对48家不具备基本安全生产条件的生产企业责令其停产整顿，对65家不具备安全经营条件的经营单位予以关闭。三是深化烟花爆竹安全专项整治，依法关闭8家不具备基本安全生产条件的企业。严厉打击非法运输、储存、销售烟花爆竹活动，保证了烟花爆竹生产、销售和燃放工作的正常进行。

2005年，省政府组织开展了4次全省安全大检查，共检查各类企业、生产经营场所72082个，查出各类隐患10.8万余项，下达整改指令书2.13万份，责令停产、停业整顿企业和场所1749个，取缔、关闭非法和不具备安全生产条件的企业和场所614个，罚款6810余万元，拘留119人次。

七、贯彻《国务院关于进一步加强安全生产工作决定》精神，落实企业安全生产主体责任

一是下发了《关于加强中央驻辽企业和省属企业安全生产工作的通知》（辽政办发［2005］48号），召开中央驻辽和省属企业安全生产工作会议，进一步明确了各级政府、安全监管部门及有关部门对中央驻辽企业和省属企业的安全生产监管职责，强化了企业的安全生产主体责任。

二是加强对非公有制企业的安全监管工作。组织开展了非公有制企业安全监管试点工作，下发了《辽宁省安全主任试行办法》，开展安全主任培训。召开了全省非公有制企业安全监管工作研讨会和全省非公有制企业安全监管工作现场会，介绍交流了典型经验与做法，全面推进非公有制企业安全监管试点工作。

三是开展全省机械行业安全生产标准化的试点工作，下发了《辽宁省机械制造业开展安全质量标准化活动实施方案》，选择40户企业进行安全生产标准化试点，积极开展培训工作，逐步完善安全生产标准化考核制度。

八、扎扎实实地开展安全宣传教育工作

组织开展了以“遵章守法、关爱生命”为主题的“安全生产月”活动。召开了新闻发布会，省政府领导同志在《辽宁日报》上发表署名文章，组织开展了安全咨询日等活动，广泛宣传安全生产法律法规及相关知识，倡导安全文化理念，提高全民安全生产意识，营造人人“关注安全、关爱生命”的舆论氛围。开展了安全生产培训工作，全年培训企业负责人9933人，安全生产管理人员10733人，特种作业人员85662人。同时，组织开展了注册安全工程师培训、考试、注册工作，有816人考试合格，198人正式注册。

九、加大重大危险源与重特大事故隐患的监控与整改工作

组织开展全省重特大事故隐患普查工作，下发文件要求各市政府督促企业抓紧治理，并将事故隐患进行分解，落实各有关部门的责任。通过全省上下的共同努力，对排查出的86项重特大事故隐患投入5.6亿元进行治理，已完成治理35项，正在治理35项。全省尚存的66项重大火灾隐患，已整改完毕和降低火险等级的47项，其余19项将于2006年全部整改完毕。

各市政府也将重特大事故隐患治理提到了重要议事日程，不断加大资金投入。沈阳和大连市政府从地方财政中列支5000万元专项资金，用于隐患治理。鞍山市投入6000万元资金，对海城西柳市场、鞍山大厦、第三人民医院等重大火灾隐患进行了彻底治理。

加大重大事故隐患治理力度。2005年中央财政下拨1600万元专项资金，用于我省原7家关闭破产有色矿山遗留的尾矿库和采矿沉陷区重大事故隐患的治理。在此基础上，我局主动与省发改委沟通协调，积极争取省政府配套资金。目前，省发改委已经下达了1500万元的专项配套资金计划，用于7家关闭破产有色矿山遗留尾矿库重大事故隐患的应急治理。

十、加强了铁路道口监管工作

全省14个市顺利完成铁路道口职能移交工作。调整了省铁路道口委和道口办人员，完善了道口管理制度。加强铁路道口建设工程管理工作，全年投入铁路道口工程建设资金260万元。多次组织开展铁路道口安全大检查，强化了铁路道口安全宣传工作。同时对各市道口办人员进行了业务培训。2005年全省铁路监护和无人看守道口共发生交通事故93

起，同比下降1.1%；死亡17人，同比下降22.7%。

十一、严格责任追究，依法查处事故

2005年，我省非煤矿企业发生一次死亡3人以上重大事故10起，死亡42人。对发生的每一起重大事故，我局都立即派员赶赴现场，协助当地政府开展抢救及善后处理，督促指导各市开展事故调查处理工作。我局牵头调查处理的辽阳恒威水泥厂扩建工地发生死亡6人的重大事故，已经批复结案。有4人追究刑事责任，5人受到经济处罚，6名企业管理人员受到纪律处分，9名机关干部受行政记过处分。

十二、充分发挥省安委会办公室的综合协调作用

在安全生产工作中，省局充分发挥了安委会的综合协调作用，做好省安委会办公室日常工作。一是为省政府当好参谋，提出安全生产年度工作目标，分析、预测全省安全生产形势，研究解决安全生产方面的重大问题。二是及时建议召开有关安全生产会议，研究部署全省安全生产工作，初步形成了工作联动机制。

辽宁省煤矿安全生产工作综述

2005年，在国家安全生产监督管理总局的正确领导下，辽宁煤监局通过开展深入扎实的保持共产党员先进性教育活动，认真学习贯彻邓小平理论和“三个代表”重要思想，坚持落实以人为本的科学发展观，积极落实国家总局提出的搞好安全生产的“五要素”，紧紧围绕辽宁煤矿安全实际，从提高监察人员政治水平和业务能力入手，以忠于国家、依法行政为己任，以贯彻落实“两个重要文件”精神为主线，以瓦斯整治为重点，以严格煤矿安全生产许可证现场审查标准为手段，以及时发现和消除事故隐患为措施，依法开展煤矿安全监察和行政执法工作。

一是有效地控制辖区煤矿各类伤亡事故的发生。截至2005年12月末，全省煤矿共发生事故81起，死亡321人，同比减少49起、多死亡100人。其中，国有重点煤矿发生事故23起，死亡244人，同比减少11起、多死亡179人；国有地方煤矿发生死亡事故15起、死亡7人，事故率和死亡率同比分别下降25%和29.1%；乡镇煤矿发生死亡事故43起、死亡60人，事故率和死亡率同比分别下降43.42%和55.38%。

二是以“三项监察”为重点，较好地做到了安全生产许可证现场审查和安全监察相结合。截至2005年年末，全局对辖区煤矿现场监察4219矿次，其中：国有重点煤矿监察672矿次；国有地方煤矿监察710矿次；乡镇煤矿监察2837矿次。共查出各类煤矿安全隐患和问题18005条，下达各类执法文书8841份，其中：现场检查笔录3025份，调查取证笔录121份，现场处理决定书2567份，撤出作业人员命令书14份，复查意见书170份，立案决定书567份，行政处罚告知书598份，行政处罚决定书671份，行政处罚回执656份。

三是依法加大行政执法力度。截至2005年年末，全局各类罚款额为1971.98万元，其中：事故罚款额为334.35万元，监察罚款额为1637.63万元。实际收缴1895.27万元，收缴率为96%。

四是严格煤矿伤亡事故查处，事故规定时间内结案率达100%。

五是较好地完成了煤矿安全生产许可证颁证现场审查工作。截至2005年年末，全省颁发安全生产许可证938处，国家下达关闭113处矿井任务已经完成。

六是巩固和发展了监察人员队伍建设和党风廉政建设工作成果。

回顾过去的一年，主要抓了以下几个方面工作。

一、精心研究，周密部署，做到安全监察工作目标明确、责任落实

2005年年初，将全年煤矿安全监察和行政执法工作的奋斗目标和工作重点，以及煤矿伤亡控制指标、行政罚款收缴率、矿井监察率和监察员下现场监察天数等主要考核指标分解落实到了分局和处室。2005年春节刚刚过去，阜矿集团就发生了特别重大瓦斯事故。这起事故，打乱了年初工作部署。面对突如其来的事故，辽宁煤监局在国家局和省委、省政府的领导下，沉着应对，一手抓事故处理，一手抓日常工作，保证了全局工作的基本稳定。

二、认真贯彻79号文件，推进“三项监察”

国办79号文件下发后，煤监局起草了《关于加强全省煤矿安全监管工作检查指导意见》和《关于建立全省煤矿安全监察、监管协调工作机制的意见》，明确了煤矿安全监察监管的范围及权限；明确了对煤矿事故隐患的监督整改和复查方式；提出了对全省煤矿安全监管工作检查指导的基本原则、主要方式和主要内容；建立了全省煤矿安全监察、监管协调工作机制。既使我省贯彻79号文件有了具体的措施，又为构建我省煤矿安全监管机制发挥了重要的作用。

2005年召开了两次全省煤矿安全监察监管联席会议，向监管部门通报了2006年安全监察的重点，提出了希望监管部门做好的几点工作，收到了较好的效果。

组织了对监管部门的检查。通过检查看到，79号文件推动了各市对煤矿安全监管工作的重视，各市普遍加强了煤矿安全监管部门的监管力量，为监管工作创造了有利条件。各市领导亲自研究部署煤矿安全工作，带队到煤矿进行安全检查。按照79号文件要求认真落实监管职责，开展监管工作。

煤监局把落实好新的监察职能作为落实79号文件的一个重点。明确了重点监察、专项监察和定期监察的内容，辽南分局以实施计划监察为龙头，带动监察执法工作的开展。他们每月月末由各监察科室组织讨论制定计划，由分局班子讨论通过后执行。保证了月份监察计划的可执行性，辽南分局全年计划兑现率达95%以上，隐患整改率达95%，同比上升近7个百分点。

辽东分局把国有重点煤矿作为监察重点，做到每个季度监察一次。在监察之前制定有针对性的监察计划，使重点监察达到了较好的效果。分局还重点开展了高、突矿井专用回风道的专项监察和技改井专项监察。

辽北分局每月及时对监察计划实施情况进行总结，不断改进方法。在计划监察的同时，按照国家局21号、22号令的要求，对国有煤矿的瓦斯治理工作进行了专项监察，收到了良好的效果。

辽西分局在“2·14”事故后，认真总结教训，制定完善了一系列加强队伍建设和监察执法工作的措施和办法。明确了监察执法责任，调整工作思路，突出瓦斯治理和整顿关闭工作，提高监察质量，制定监察计划、监察要点，实施计划监察，使监察执法工作具有针对性和实效性。实施办案负责人制度，将矿井的监察处罚责任落实到监察员身上，对工作突出的进行奖励，调动了监察员监察执法的积极性，扭转了辖区安全被动局面。

三、深入学习“两个重要文件”精神，加大监察执法工作力度

国务院446号令颁布后，煤监局加大了宣传力度，在机关组织召开了全体人员大会，由局领导亲自逐条宣讲。同时，还把文件精神传达到所有产煤县乡和所有煤矿，局领导参加监察时每到一地，都向当地政府的领导、监管部门的负责同志及煤矿宣传国务院《特别规定》和《紧急通知》两个重要文件。机关有关处室和各分局，将《特别规定》翻印，下发给各个煤矿。分局分别到煤矿相对集中的地区，把乡镇煤矿的矿主组织起来召开“片会”，向矿主宣讲两个重要文件。我局还召开会议，专题研究贯彻国务院两个重要文件精神，加大执法力度。

各分局结合辖区煤矿安全监察和行政执法工作实际，组织监察人员逐条研究“两个文件”在实际操作中可能出现的问题，统一认识。局制定了鼓励加大执法力度的政策，调动了监察人员的积极性。2005年9月份后，全局执法力度明显加大。2005年全局共罚款1971万元，比上年提高93%；其中2005年9~12月份罚款额达到983万元，占全年罚款额的54%，接近上年全年的罚款额。辽东、辽南、辽西、辽北4个监察分局，罚款额达到658万元、541万元、533万元和237万元，分别比上年提高13.4%、152%、257%和229%。

四、把住源头关，做好安全生产许可证发放工作

全局把发放安全生产许可证工作，当做一次提高煤矿安全生产基础和管理水平的机遇。无论是机关处室还是各分局，都把颁证作为一项重点工作对待。各专业处室克服人员紧张、任务量大的困难，在认真把好资料审查关的同时，注意加强对基层的指导，协调各方关系，不断解决颁证过程中出现的各种问题。

各监察分局在全面完成监察任务的同时，不辞辛苦，克服困难，认真按照标准对每一个提出申请的矿井进行现场审查，严格把关。辽东分局煤矿数量最多，为完成现场审查工作，他们合理调配力量，保证了颁证的进度。辽西分局克服"2·14"事故对颁证工作的影响，双休日、黄金周也不休息，保证了颁证审查任务的完成。

在做好新申请矿井颁证工作的同时，对已经发放许可证矿井的进行了"回头看"。对未取得安全生产许可证的矿井下达停产整顿通知。于2005年8月份对全省151家没有领到安全生产许可证的煤矿，下达了停产整顿通知，各监察分局对每个矿下达了停产整顿决定书。要求各监察分局跟踪检查，对该停不停，该关不关，假整顿、真出煤，明停暗干、日停夜干的非法生产现象和违法违规生产的行为，按国务院两个重要文件的规定实施处罚。

五、认真落实国务院81次常务会议及国家局指示精神，加大瓦斯治理监察力度

积极参加瓦斯治理督导组工作。抽调业务骨干长驻煤矿，对煤矿瓦斯治理情况进行检查督导，对查出问题要实施相应的行政处罚并落实整改规划，跟踪落实。对重点煤矿瓦斯治理项目规划的制定、工程进展、隐患整改等情况进行督导。

认真落实"五整顿"、"四关闭"要求。制定了超通风能力生产的监察办法，对超能力生产的矿井给予经济处罚。同时，对能力核定工作进行监察。对老虎台、大兴、红菱、三家子等8处突出矿井落实"四位一体"措施的情况进行监察。严格落实"三同时"的各项规定，规范了全省煤矿"三同时"工作，重点监察了海州立井的停产整顿工作，组织了对沈煤集团清水煤矿、抚矿集团的西露天平硐的安全设施的验收。对问题较多的59个矿井下达立即停产整顿通知。对4类应关闭的矿井，要求监察人员发现此类矿井，立即通知当地政府，要求予以关闭，并跟踪落实。

始终把工作的重点放在"一通三防"工作中，放在矿井通风系统、矿井瓦斯抽放系统、监控系统以及消防火系统的完善及使用上。到目前为止，全省各煤矿通风系统基本合理，所有高瓦斯及煤与瓦斯突出矿井全部上齐了瓦斯抽放系统。瓦斯抽放量全年预计可达2.7亿m^3。全省高瓦斯及煤与瓦斯突出矿井已全部装备监控系统，大部分运行状态良好。对全省国有重点煤矿各矿井采区专用回风巷情况进行调查，并与省煤管局沟通，逐月下达工程计划，各分局对矿井超存在能力生产问题、专用回风巷工程实施情况进行了监察。

加强了对国有重点矿落实"三同时"情况的监察工作。一是对改扩建矿井沈煤集团清水矿按规定进行了验收；二是协助国家局对阜矿集团五龙煤矿、海州立井初步设计安全专篇进行了审查；三是加强了对改扩建矿井工程项目的监察，包括红阳三矿、九道岭矿、清河门矿、五龙矿、海州立井、晓南矿、三家子矿苇子沟井等，针对存在的问题提出了整改意见并要求限期整改。

跟踪督促落实国有重点矿重大安全隐患问题的整改。对阜矿集团公司清河门矿瓦斯燃烧事故，及时进行了调查，并提出了防范措施；对五龙矿3321采区瓦斯超限作业问题，在全省进行了通报批评；对清河门区河西村八矿水患威胁清河门立井安全、海州立井改变通风系统、抚顺西露天矿平硐开采与边坡稳定问题，我们都一一进行督促落实。

六、按照"四不放过"的原则，客观公正地查处煤矿伤亡事故

2005年以来，全省煤矿共发生各类煤矿伤亡事故81起，死亡321人。按照事故处理权限，由我局牵头查处的80起事故，规定时间内结案率为100%。在事故处理过程中，各分局接到每起事故报案后，无论是周六还是周日，监察人员都能在最短时间内赶到事故单位，深入事故现场进行勘察，及时组织取证、调查和处理工作，较好地做到了"四不放过"。在事故调查处理过程中，监察人员在认真地分析事故原因、依法追究责任单位或责任者的责任、制订防范措施的同时，还较好地将事故处理和行政处罚相结合，对现场勘察中查出的违法行为依法进行行政处罚。事故处理后，还对事故防范措施和责任者行政处分或处罚的落实情况进行督促和检查，使事故矿井的防范措施得到了较好的落实，树立了煤矿安全监察机构的权威，维护了法律的尊严。

七、加大培训监察力度，努力提高从业人员业务素质

2005年共举办煤矿安全技术培训班42期，培训各类人员38169人，其中：煤矿主要负责人（矿长）1076人，安全生产管理人员1808人，特种作业人员34638人，培训机构教师、安全监控系统维护人员、煤与瓦斯突出防治人员647人。

狠抓教考分离，提高培训质量。在煤矿主要负责人和安全管理人员培训入学考试时有110多人被取消入学资格；在矿长和安全生产管理人员培训考试时，有40人参加补考，其中8人因不及格未拿到证书。在煤矿主要负责人、安全生产管理人员再培训考试中，有39人因考试不及格被责令重新参加培训。从2005年年初开始，对于特种作业人员考核工作，我们不仅要求考理论，而且要考实际操作，提高了特种作业人员的实际操作水平。加强了对全省煤矿安全培训机构的管理，组织开展煤矿安全培训机构培训资质再评审工作。按照国家局20号令要求，2005年5月份完成了对我省两家二级煤矿培训机构培训资质再评审工作。2005年9～10月间，对全省三级煤矿培训机构培训资质进行了再评审。经过严格审查，全省2家二级培训机构都通过了国家评审验收；在8家三级培训机构中，有6家通过了省局评审验收，对2家存在差距未获得通过的，提出了整改意见，要求限期达到标准。及时开展了有针对性的培训工作。组织开展了全省煤矿安全监控系统管理与维护人员培训班，对煤矿企业安全监控系统管理和维护人员、地区技术服务网点承担安全监控系统技术维护工作的人员及各级煤炭管理部门和各集团公司（矿务局）负责矿井安全监控系统管理工作的人员进行培训，共举办了9期培训班，培训了466人。2005年7月份举办了各集团公司（矿务局）的安监局长、总工程师、突出煤矿的矿长、总工程师和相关人员参加的防治煤与瓦斯突出培训班。同时，对省局机关和各监察分局的监察员进行了专题培训。严格执行了资格证书管理制度。我们制定了“三项岗位人员”资格证书管理办法，对“三项岗位人员”的培训、再培训、获得证书和变更证书的资格条件及程序作了明确规定。使全省的“三项岗位人员”培训、考核、发证工作更加规范化、法制化。

八、以开展保持共产党员先进性教育活动为主线，进一步加强和推进监察员队伍建设

按照中央的要求和省委的部署，全局开展了保持共产党员先进性教育活动。先进性教育刚刚开始，就发生了“2·14”事故，党组立即下发了《关于做好当前先进性教育活动的紧急通知》，要求各级党组织和全体党员充分发挥战斗堡垒和先锋模范作用，坚持一手抓煤矿安全监察，一手抓先进性教育，切实做到“两不误，两促进”。保持了学习培训阶段各项活动的正常进行，圆满地完成了先进性教育活动。

为加强基层班子建设，2005年年初对4个分局和机关有关处室的领导干部进行了调整交流，使基层分局领导力量得到加强，处室间工作更加协调，为搞好全省煤矿安全监察执法工作提供了组织保障。

进一步加大了廉政建设力度。认真贯彻了中纪委等上级党委反腐倡廉工作部署和中央《建立健全教育、制度、监督并重的惩治和预防腐败体系的实施纲要》，开展了“坚持‘六要’促进‘三个执法’建设一流队伍”的教育活动，加强了对监察人员行政行为实施过程的监督，开展了落实“九条纪律”的警示活动，下发了《就在于进一步加强辽宁煤矿安全监察队伍建设的实施意见》，认真调查了公务员投资入股煤矿的行为。

九、以建设节约型机关为载体，促进机关建设取得新成果

我局根据中央和国务院关于建设节约型社会的要求专门下发文件，把开展建立节能降耗型机关当做今后一个时期机关重要工作抓紧抓好。对进一步提高对节能降耗重要性的认识，搞好节约型机关建设，都提出了明确要求，并把加强用电管理、加强节水管理、节约通讯费用、节约办公材料、加强车辆管理、加强食堂管理、加强办公室房间管理等作为搞好节约型机关建设的具体措施，狠抓了落实，取得了明显效果。

2005年局机关被省政府、省直工委评为“文明机关”，获“突出贡献奖”；有两个处室被评为“文明处室”，老干部工作又取得了新成绩。

吉林省安全生产工作综述

2005年吉林省安全生产监督管理局认真履行职责，继续加强组织领导，坚持控制指标考核，狠抓各级安全生产责任制落实。坚持治理整顿，狠抓重点行业和领域的安全专项整治落实。坚持夯实基础，开创安全生产工作新局面。坚持法制建设，加大执法力度。坚持执行许可制度，狠抓中小企业的监管工作。坚持宣传教育，狠抓政策导向和培训工作。坚持安全监管体系建设，狠抓队伍建设。经全省各级安全生产监督管理部门的共同努力，各项主要措施得到落实，取得了明显成效。

一、进一步落实安全生产责任制，强化各级政府监管责任和企业主体责任

一是全面落实国家下达的控制指标，进一步落实各市州政府控制考核指标。2005年年初，省政府与各市州政府签订了2005年安全生产工作目标责任状，省安全生产监督管理局与23户中省属企业签订了目标责任书。各地、各部门结合各自实际，狠抓了目标责任制在各县（市、区）、各企业的逐级分解落实，进一步落实了各级政府的监管责任和企业安全生产主体责任。

二是完善和细化措施，保障控制指标落到实处。制定了《安全生产目标责任制考核暂行办法》、《2005年吉林省安全生产工作目标责任制考核细则》、《吉林省中省属企业安全生产目标责任制实施办法》。对全省境内企业按分级属地管理的原则做了分类，明确了具体负责安全监管的部门和综合监管部门的监管职责。同时，加强对各地的检查和督查工作，对各市州和22户中省属企业目标责任制落实和完成情况进行了严格考核。拨付专项经费奖励完成年度安全生产目标责任制的市州，表彰了一批安全生产先进集体和先进个人。各市州、各部门进一步完善和细化了考核措施，保障了各项控制指标落到实处。

三是加大责任追究力度，继续实行问责制。对2005年发生的扶余“5·25”、舒兰“8·19”等一批重大事故，进行了认真查处，依法追究了有关人员的责任。积极配合国务院调查组对蛟河“4·24”、中石油吉化分公司“11·13”爆炸事故和辽源市中心医院“12·15”特大火灾事故开展调查。针对事故多发、安全生产控制指标完成不好的地区和县（市）政府及时发出问责书，并跟踪落实整改措施。

四是会同省公安厅、省交通厅、省煤炭局，共同制定了《全省安全生产重要举措项目实施方案》。制定了煤矿安全、非煤矿山安全、道路交通安全、消防安全阶段性目标和任务，落实了各部门相关处室及人员的责任，并组织实施。

2005年全省各类事故总体下降。发生各类事故29693起，同比减少2528起，下降7.85%；死亡3197人，同比少死亡46人，下降1.42%，比控制指标少98人。其中：非煤企业发生伤亡事故122起，死亡134人，比控制指标少23人，事故率和死亡率同比分别下降8.96%和10.07%；煤矿发生伤亡事故136起，死亡212人，比控制指标多30人，事故率和死亡率同比分别上升9.68%和22.54%；道路交通伤亡事故9659起，死亡2428人，比控制指标少100人，事故率和死亡率同比分别下降2.97%和3.46%；消防火灾伤亡事故19326起，死亡135人，比控制指标少15人，事故率和死亡率同比分别下降10.42%和8.78%；铁路交通伤亡事故447起，死亡288人，比控制指标多10人，事故率和死亡率同比分别上升3.95%和11.63%。我省安全生产形势保持了基本稳定。

二、进一步巩固和深化重点行业和领域安全整治

一是集中开展了“消除事故隐患，强化安全专项整治”行动。为汲取蛟河腾达煤矿“4·24”特大透水事故教训，省政府决定，从2005年5月1日至6月30日分3个阶段在全省范围内集中开展“消除重大事故隐患，强化专项整治”行动。强化对煤矿、建筑施工、危险化学品、非煤矿山、交通、消防、民用爆破器材和烟花爆竹、大型游乐设施安全整治。依法打击非法、违法和越界开采行为，关闭不具备安全生产条件的厂、矿和经营场所；对存在重大安全隐患的生产经营单位进行停业、停产整顿；杜绝特种作业人员无证操作、民工未经培训上岗作业行为；严厉查处没有资质或不具备相应资质的建筑施工单位承包、转包工程；有效控制和防范危险化学品挥发泄漏事故；制止无证驾驶、酒后驾驶和车辆超载、超限行为；深入治理列入省级备案的重大火灾隐患；坚决查处安全生产事故背后的腐败行为，严格责任追究。我局代省政府起草了整治方案，由局领导带队，组成督查组，先后两次对全省各地整治行动落实情况进行了督查，加强了工作调度协调和检查监督指导。各地区、各部门结合实际，在全省整治重点的基础上，增加了放射源、旅游、燃气等整治重点。

专项整治行动期间，全省组成检查组近3000个，抽调人员7.3万人次，检查各类企业和场所3.2万个，查处各类事故隐患7.8万项，下发整改通知书7.4万份，已整改隐患6.7万项，责令停产停业企业512个。

二是进一步推进矿山、危险化学品、烟花爆竹、道路交通、公众聚集场所消防等重点行业和领域的专项整治。制定印发了《2005年危险化学品安全专项整治方案》、《2005年烟花爆竹安全专项整治方案》、《2005年非煤矿山安全专项整治方案》，详细规定和明确了整治目标、整治重点、进度安排、整治要求。针对企业检查，制定了《生产经营单位安全生产基本条件检查表》，细化了《危险化学品生产、使用、经营、储存和烟花爆竹生产、经营企业安全检查内容》。各市州根据当地实际，相应制定出切实可行的专项整治方案。各部门结合本系统、本部门、本行业的实际，开展了30多项安全专项整治。危险化学品安全专项整治，突出抓好“五整顿、两关闭”工作，狠抓了危险化学品运输安全专项治理工作。全省下达整改指令书1325份，关闭企业24户，取缔企业29户，整改重大事故隐患94处。开展了危化品危险源排查，对排查出的1521个重大危险源，落实了监控措施。烟花爆竹安全专项整治，开展了各项监督检查、明察暗访活动。对24户不具备安全生产条件的烟花爆竹生产企业进行了停产关闭工作，查处了非法生产和储存烟花爆竹行为，加强了烟花爆竹产销旺季的安全监管。非煤矿山安全专项整治，以小矿山、小采石场安全整治为重点，加强对季节性生产的企业开工前的逐户检查。监督指导企业狠抓隐患整改，完善安全管理制度。对不符合安全生产条件又不进行整改或不按期限申请申办许可证的企业依法进行了关闭或停产整顿。对全省尾矿库进行了普查登记。协调有关部门，先后筹资386万元，对通化铜镍公司头道阳岔尾矿库存在的重大安全隐患进行了专项治理。

三是进一步加强与煤炭、煤监、国土资源、公安等部门的综合协调和联合执法。开展了煤矿瓦斯治理和整顿关闭两个攻坚战，加大了对无证非法矿井的打击力度和乡镇煤矿的安全监管，对4个重点地区非法煤矿开采和违法生产问题较多的县（市、区）进行了联合执法督查。采取8项措施，对不具备安全生产条件的进行整顿治理，关闭85处煤矿。会同公安、交通等部门，开展了道路交通“五整顿、三加强”和治理“双超”活动。节假日期间，加强了对道路交通、客运安全各种隐患的排查和整治，确保了节日期间的安全生产。组织有关部门，专题研究了水上、公路、铁路、农机、空中交通等领域存在的主要问题，采取措施，进行整改。全省集中开展了“火灾隐患大排查、大整改，保安全”专项整治行动，制定了《吉林省集中开展火灾隐患排查整治工作方案》，加强了与省消防局联合办公的协调性，推动了省、市级备案的重大火灾隐患整改，全省各级政府挂牌督办的125个重大火灾隐患单位年末全部摘牌。

四是进一步加强源头管理，大力推进安全生产许可制度实施。危险化学品、建筑施工、非煤矿山、烟花爆竹等行业的颁证工作取得了较大进展。先后召开三次专题会议，全面细致地部署安全生产许可证发放工作。制定了安全生产许可证工作程序，重点抓了宣传发动、指导服务、审查把关、建立制度、定期通报等项措施，确保了许可证发放进度和质量。开展了对限期内未申请安全生产许可证及达不到安全生产许可证发证条件的企业实施关闭整顿工作。加强对安全评价中介机构的监督管理，制定了《安全评价中介机构管理规定实施办法》，进一步规范了安全评价行为。全省2980家非煤矿山企业，已提出领证申请的2788家，占93.6%；已取得安全生产许可证的1055户，发证率为

37.8%。危险化学品经营单位2794个，已取得经营许可证的2677户，发证率为96%。生产企业230户，已取得安全生产许可证的198户，发证率为86%。烟花爆竹生产企业1户，已取得安全生产许可证。

三、进一步推进安全生产标准化工作，夯实企业安全生产基础

认真贯彻落实《吉林省人民政府关于贯彻落实国务院进一步加强安全生产工作决定的实施意见》和国家总局《关于开展安全生产标准化活动的指导意见》，把开展安全生产标准化活动作为建立安全生产长效机制，纳入建设"平安吉林"的一项重要工作内容。进一步完善了非煤矿山、危险化学品、非公有制企业安全生产标准化活动的实施方案，制定了非煤矿山和危险化学品安全生产标准化升级达标的标准和考核办法。加强了对试点企业的工作指导，下发了《进一步做好推广非公有制企业安全监管试点经验的实施意见》。先后在吉林市、桦甸市召开了全省危险化学品和非煤矿山安全生产标准化现场会议。积极探索非公有制企业安全监管的方式和方法，推广了一批地区和企业的典型经验。组织了各市州安全监管局赴广东佛山等地学习考察外省市的经验，有力地推动了中小企业安全监管工作的深入开展。

四、进一步强化宣传和培训工作，加强安全生产法制建设

一是扎实有效地开展了"安全生产月"活动。围绕"遵章守法，关爱生命"这一主题，以宣传贯彻《吉林省安全生产条例》和《吉林省人民政府贯彻落实〈国务院关于进一步加强安全生产工作决定〉的实施意见》为主线，按照"完善形式，丰富内容，增强实效"的要求，着眼于构建社会主义和谐社会，树立和落实科学发展观，大力宣传贯彻党和国家安全生产方针、政策、法律法规和安全知识，宣传安全生产工作取得的重大进展和工作成效，全面推进安全文化建设。

二是进一步发挥舆论导向作用。省局网站、《中国安全生产报》驻吉林省记者站和吉林电视台安全生产记者站与各大新闻媒体建立互动平台，加大宣传力度，及时报道和反映了全省安全生产工作的最新动态。充分利用社会资源宣传安全生产法律法规和中心工作。在电视台播放公益广告和安全警示用语，在省广播电台开办专题新闻话题节目，对"白山松水行"开展新闻采访活动。在互联网上设立专题进行广泛的宣传报道，在中央、省级报刊、电台、电视台等媒体发表了一批有影响的新闻稿件，引起社会广泛关注。

三是进一步加强培训工作。召开了全省安全生产培训工作会议，认真组织开展了企业负责人、安全管理人员、特种作业人员培训。全年举办各类培训班73期，培训5114人；考核负责人、安全管理人员18977人，考核特种作业人员14226人。开展了职业健康培训，制定了《吉林省安全生产培训机构资格认定管理办法》、《吉林省安全生产培训管理办法》，建立了5个市州级培训中心。

四是认真贯彻《全面推进依法行政实施纲要》，全面贯彻执行《中华人民共和国安全生产法》，出台了《吉林省安全生产条例》、《吉林省企业安全费用提取和管理暂行办法》、《吉林省生产经营单位安全生产风险抵押金管理暂行办法》，制定了《吉林省安全生产监督管理局事故调查处理审核办法》等一批安全生产法规和规范性文件。长春市也出台了《长春市安全生产条例》，全省进一步加强了安全生产法制和制度建设，加大宣传贯彻力度，初步解决了依法行政的依据和效率问题。按照省人大常委会决定对全省贯彻执行《中华人民共和国安全生产法》情况进行一次检查的要求，对通化、辽源、吉林、延边4个市州，60多户企业进行了安全生产法执法检查，并对检查出的问题及时进行了整改。

五、进一步整顿和规范建设项目"三同时"工作

一是高度重视建设项目"三同时"工作，把"三同时"工作始终作为一项重点工作来抓。制定了《吉林省整顿规范建设项目"三同时"工作方案》。对全省新、改、扩建项目"三同时"工作，采取8项措施，进行重点部署、及时通报、全面检查考核。促进了建设项目"三同时"工作的实施和落实。

二是出台了《吉林省非煤矿山建设项目安全设施设计审查与竣工验收实施办法》、《吉林省生产、储存危险化学品建设项目安全审查办法》、《关于做好机械、轻工、纺织、烟草、电力和贸易等行业建设项目安全设施竣工验收工作的通知》等规范性文件，明确了分级管理范围和安全评价、设计审查、竣工验收工作程序。全省共对51个非煤矿山和危化品新建项目进行了安全设施设计审查，并及时组织专家对建成的项目进行了竣工验收。

三是对《安全生产法》实施以来的非煤矿山和危化品建设项目进行了全面调查，基本摸清了底数。对全省280个没有依法履行“三同时”手续的项目进行了整治规范工作。结合安全生产许可证发放审查，对建设项目“三同时”开展了监督检查。依法责令31个建设项目限期补办“三同时”手续，其中已有20个建设项目在期限内补办了手续，对逾期不办的违法建设项目实施了行政处罚。

六、进一步建立和完善应急救援体系，增强处理突发事件的能力

一是开展了应急救援资源普查，全面掌握了全省安全生产应急救援队伍专业、专家、设备等基本情况。依托中石油吉化分公司和省矿山救援中心成立了省危险化学品和非煤矿山应急救援基地，依托中石油吉化集团公司职工医院和吉林省职业病防治医院组建了省危险化学品医疗救援中心和省化学中毒救援基地。建立了通化、辽源两个省级矿山医疗救护分中心，整合完善了全省应急救援资源。各市州也全部建立了“危险化学品、非煤矿山应急救援中心”。

二是加强了各地区及各大型企业应急预案的编制、队伍培训和应急救援演练。在吉林和桦甸市分别举办了危险化学品和非煤矿山事故应急救援演练，进一步增强了应急救援特别是处理突发事件的能力。2005年在处理事故中，预案启动及时，反应迅速，指挥得力，在辽源市灯塔煤矿发生的“7·13”事故中，有4名被困矿工，经过148小时的救援全部获救。

三是进一步对重大隐患和重大危险源开展普查，掌握了全省重大隐患和重大危险源的基本情况和监控情况。制定了重大危险源和重大事故隐患的监控管理办法，建立了全省重大危险源管理信息系统。在加强监控管理的同时，实施了专家预警预报机制，及时向社会发布警示公告。

七、充分发挥安委会办公室综合协调作用，基本形成齐抓共管的工作格局

充分发挥省安委会办公室综合协调作用，针对不同时期的形势和特点，适时提出加强安全生产工作的意见和建议。紧紧围绕中心工作，创新工作思路，拓宽工作领域、改进工作方法。及时通报情况，研究落实具体工作措施，加强监督检查、综合协调和服务。全年发布重要文件71份，召开4次安委会全体会议、5次电视电话会议，并多次召开各相关部门参加的安全生产专题会议。组织了10余次安全生产大检查、专项督查和联合执法。按照《省政府工作部门安全监管（管理）职责》，协调专业监管和综合监管关系，支持和督促有关部门依法履行安全生产监督管理职责。积极帮助有关部门解决安全生产工作中存在的问题，努力形成齐抓共管的工作格局，为促进全省安全生产形势的基本稳定发挥了重要作用。

八、加强自身建设，依法监管能力和水平明显提高

一是进一步完善三级监管体系。经过一年的继续努力，全省60个县（市、区）全部组建为政府工作部门的安全生产监督管理局，省、市、县三级安全监管机构实有人数822人，监管机构人员比上年增加130人，经费和办公条件有所改善。18个市、县（区）建立了安全生产执法监察队伍。

二是全省安全监管系统开展了为期两个多月的“夯实基础，提升质量，开创安全监管工作新局面”大讨论活动，有力地推动了安全监管工作。各地、各单位把“大讨论”活动和促进安全生产监管工作紧密结合起来，使“大讨论”活动的效果体现到提升安全监管工作质量之中。延边州局出台了《关于建立安全生产协调机制的意见》。长春市局提出“明确五项任务、夯实五项工作、强化五项管理、实现五项提升、发挥五个作用、抓好五种学习”6个“五”工程。吉林市局提出10个方面的差距，实施“1234”工程，将安全监管工作细化为9个方面、26项，重点突出，措施具体。通化市局提出加大经济政策的运用。白城市局进一步修订了规章制度113条，建立了高危重点行业和企业档案，制作了危险化学品企业分布图和重大危险源监控图。全省安全监管系统在大讨论中统一认识，明确思路，提高了人员素质，改进了作风，夯实了基础，完善了安全监管工作机制，规范了安全执法行为。

三是加强党的组织和党风廉政建设。认真开展了共产党员先进性教育活动，加强了党风廉政建设和反腐倡廉工作，制定了贯彻中央关于《建立健全教育、制度、监督并重的惩治和预防腐败体系实施纲要》的实施意见，落实了机关工作人员“五不准”和反腐倡廉工作责任。认真接待处理群众来信来访，加强了纪检监察工作。在机关形成了一个团结向上、无私奉献、廉洁高效、文明执法的良好氛围。

四是进一步完善办公制度，规范行政审批行为。开展了创建“学习型、创新型、服务型机关”为目标的效能建设年活动，制定了《吉林省安全生产监督管理局关于加强队伍自身建设的意见》。制定了支持城区经济加快发展和支持非公有制经济发展具体政策意见。在办事程序、完成时限和工作质量方面更加科学化、制度化、规范化。坚持寓服务于监管之中，提高了工作效率，保证了机关各项工作的有序运转。

五是进一步加强安全生产支撑体系建设。制定了《吉林省安全生产“十一五”规划》，提出10项主要任务，制定了8项保障措施，确定了10大重点工程。进一步发挥安科院、宣传教育中心、安全技术评审鉴定中心、安全生产调度中心、机关服务中心、工程协会等直属单位在安全生产工作中的支撑和保障作用。

六是进一步完善科学民主决策制度。严格执行重大决策的规则和程序，充分发挥专家委员会、法律顾问委员会和工作督查委员会的作用。

七是进一步提高人员素质。结合开展共产党员先进性教育和大讨论活动，多次组织全局干部职工进行集中培训，全局干部职工的政治素质、业务素质和依法行政能力有了很大提高。

2005年，尽管做了大量艰苦细致的工作，安全生产工作取得了一定的成效，但由于基础、结构、体制诸多矛盾还很突出，许多问题还没有从根本上得到解决，我省安全生产形势仍然不容乐观。我们要进一步采取措施，继续大力强化全社会安全意识，强化企业主体责任，强化政府监管，狠抓各项工作措施的落实，坚决遏制重特大事故的发生，推动我省安全生产状况的稳定好转。

吉林省煤矿安全生产工作综述

一、煤矿安全生产基本情况

截至2005年年末，全省共有各类煤矿459个，全年共生产煤炭2658万吨，创吉林省煤炭产量历史最高纪录。其中：国有重点煤矿产量1196万吨；国有地方煤矿产量527.9万吨；乡镇煤矿产量934.1万吨。全省各类煤矿发生事故136起，死亡212人，同比增加12起，多死亡39人，事故率和死亡率同比分别上升9.7%和22.5%。其中：国有重点煤矿死亡23人，同比增加7人，增长43.8%；国有地方煤矿死亡39人，同比减少8人，下降17%；乡镇煤矿死亡150人，同比增加40人，增长36.4%。全省煤矿百万吨死亡率为7.9。

吉林省煤矿地质构造复杂，开采历史长，水、火、瓦斯、煤尘、顶板冒落等灾害严重。全省有高瓦斯矿井78个，受水害威胁矿井102个，其中，辽源和通化两个矿务局被国家列为瓦斯防治重点监控矿务局；白山市是国家18个重点监控地区之一。

二、煤矿安全生产工作概况

2005年，吉林煤矿安全监察局认真贯彻落实国务院有关文件精神，紧紧围绕国家安全生产监督管理总局的工作部署，从转变观念、完善机制入手，针对机构和职能调整后的新形势、新变化，研究措施，探索思路，各项工作取得了新的进展。

1. 贯彻落实79号文件精神，完善思路，明确职责

2004年国务院办公厅下发了《关于进一步完善煤矿安全监察体制的意见》（国办发［2004］79号）。为全面理解和准确把握国办发79号文件精神，吉林煤矿安全监察局多次召开党组扩大会议，深入进行学习讨论，不断统一思想认识，理清工作思路。在充分学习的基础上，局党组结合全省煤矿安全工作实际，研究制定了2005年煤矿安全监察工作的指导思想和工作目标：认真贯彻落实全国安全生产工作会议精神，继续按照以突出建立煤矿安

全生产长效机制为重点，坚持抓好监察执法工作和队伍建设为主线，以安全发展观统领全局，以有效控制瓦斯事故为基础，进一步巩固和发展煤矿安全生产的良好局面。同时，吉林局在全系统提出了更新观念、明确定位、努力实现“四个转变”的工作要求。即：从日常性监察向三项监察转变；从以“硬件”监察为主向“硬件”和“软件”全面监察转变；从追求监察数量向提高监察质量转变；从注重现场监察向高位监察转变。为此，全局上下积极进取，努力探索，开展了大量卓有成效的工作。

一是全面实施计划监察制度，增强了工作的计划性。认真做好计划监察是2005年吉林煤矿安全监察局监察执法工作的突出特点。2005年年初，根据全省煤矿安全生产状况、主要灾害、季节性和阶段性事故特点，制定下发了《2005年度煤矿安全监察执法工作计划》（吉煤安监办字［2005］24号），并按季度对监察执法任务和内容进行了详细分解，以文件形式将监察工作要点下发执行。各监察分局（站）按照省局的统一安排，结合辖区内煤矿灾害特点、矿井数量、分布情况、安全状况和监察力量等因素，合理确定监察周期，科学制定本辖区监察执法工作计划，进一步分解落实了月度、季度、年度监察执法工作的具体内容和范围，并报省局备案。同时，每个季度监察执法工作结束后，省局都要组织召开各分局（站）和机关有关处室负责人参加的监察执法工作会议，认真总结经验，分析解决计划执行过程中遇到的问题，根据全省煤矿安全生产形势和需要，适时地对计划进行改进和调整，不断完善监察计划的编制、执行程序，增强监察计划的周密性、适用性和可操作性。从省局到各分局（站）都严格按照计划组织开展监察执法工作，计划的执行率均超过100%，较好地完成了监察工作任务，监察计划得到了全面落实。2005年，全省计划重点监察矿井307矿（次），实际完成重点监察580矿（次），对国家重点监控的辽源、通化矿务局先后开展了14矿（次）重点监察；计划专项监察矿井335矿（次），实际完成专项监察矿井519矿（次）；各分局（站）计划定期监察矿井291矿（次），实际监察矿井499矿（次）。

二是不断完善协调工作机制，增强了工作的协调性。制定下发了《吉林省煤矿安全监察监管协调工作机制实施办法（试行）》，进一步明确了相互通报、信息交流、联席会议、联合执法等工作制度，落实了协调机制的主要内容、工作方式及相关事宜。各监察分局（站）主动与地方政府及有关部门协调配合，共同研究辖区内煤矿安全生产工作，开展联合执法行动，逐步建立了煤矿安全监察监管协调工作机制，不断推进全省煤矿安全监察监管工作的深入开展。2005年，与各级政府和有关部门召开联席会议38次，开展联合执法34次，相互通报工作情况59次，向地方各级政府提出加强和改善煤矿安全生产工作建议63次。

三是明确职责定位，认真开展“三项监察”。2005年，各级煤矿安全监察机构严格按照监察执法计划组织实施“三项监察”，对辖区内受瓦斯、水害和火灾等重要灾害威胁严重的矿井实施了跟踪监察，被确定为重点监察的矿井平均监察次数达到3次以上，个别矿井达到10余次。同时，吉林局还先后开展了瓦斯治理、水害防治、安全生产许可证、持证培训、通风能力核定、机电运输、“三同时”等专项监察。各监察分局（站）也结合地方监管部门日常性监督检查情况，认真组织开展了定期监察。“三项监察”工作收到了较好的效果。

2. *加强井下瓦斯治理，严格矿井监察*

一是煤矿瓦斯治理工作效果明显。为全面加强瓦斯治理监察工作，吉林煤矿安全监察局成立了专门机构，组织编制了《全省煤矿瓦斯治理总体方案》，按计划、分步骤对85个高瓦斯矿井逐个进行排查。全省共检查102个采煤工作面、189个掘进工作面、178个机电硐室，高瓦斯矿井的监察覆盖面达到了100%，下达各类监察执法文书416份，对9个隐患严重的煤矿暂扣安全生产许可证，2处矿井停止作业，撤出井下人员，7处矿井责令停产整顿。向省煤炭工业局、有关市（州）政府以及辽源、通化矿务局等煤矿企业提出加强和改善煤矿安全生产工作建议10次，并将瓦斯专项监察情况向省政府作了专题报告。

同时，对国家瓦斯专家组“会诊”中提出的问题进行重点监察，协调和督促有关部门认真开展煤矿通风能力核定工作，向国家重点监控的辽源、通化矿务局派驻安全监察员，跟踪监察“一通三防”特别是瓦斯治理各项规章制度贯彻落实情况。通过努力，全省瓦斯事故同比减少6起，少死亡19人，事故率和死亡率同比分别下降66.7%和73.1%。

二是扎实推进整顿关闭工作深入开展。与有关部门共同成立了全省煤矿整顿关闭工作领导机构，研究制定了《实施方案》，加强了对停产整顿矿井的监督检查。并结合煤矿安全生产许可证颁发管理工作，研究确定了全省整顿关闭矿井名单，先后对265处存在严重安全隐患的矿井作出停产整顿处理，在当地报纸上进行了公告。全省有85处达不到安全生产条件的煤矿被确定为关闭矿井，绝大部分矿井已经由各级政府组织实施关闭。

3. 煤矿安全生产许可制度顺利实施

2005年，全省共受理申办煤矿安全生产许可证材料428份，368个矿井通过现场审查获得了安全生产许可证。其中：国有重点煤矿发证29个，地方国有煤矿发证48个，发证率为90%；乡镇煤矿发证291个。在坚持发证标准，严把煤矿安全准入关的基础上，二季度开展了煤矿安全生产许可证专项监察，对取得安全生产许可证的矿井进行了全面复查，暂扣了69处管理滑坡、降低标准煤矿企业的安全生产许可证，并责令限期整改。

同时，吉林煤矿安全监察局还针对部分煤矿以新建或改扩建名义逃避整顿关闭的苗头，全面加强了新建、改扩建矿井“三同时”的监察执法工作，加大了在建矿井建设项目的审核力度，进一步明确了建设项目的内容、范围和时限，严格规范建设单位的安全行为，加强源头管理，堵塞安全漏洞。全省有91处新建和改扩建矿井的《安全专篇》经过审查批复，7处矿井通过了竣工验收。

4. 严格履行职责，加大隐患的查处力度

2005年，吉林煤矿安全监察局全体监察人员累计监察矿井1784矿（次），查处事故隐患9991条，下达行政处罚决定书736份，现场处理决定书1595份，撤出作业人员命令书88份，实际收缴罚款数额比2004年接近增长一倍。针对2005年汛期降雨量大、持续时间长和水灾事故损失严重等情况，我们从二季度开始，连续两个季度制定了水害防治专项监察计划，对全省102处受水害威胁矿井持续开展了防治水专项监察，并与省煤炭工业局联合召开了全省煤矿水害防治经验交流和事故案例分析会议，进一步提高了对煤矿企业水害防治工作的认识。

同时，吉林煤矿安全监察局积极开展工作，努力构建煤矿安全技术支撑体系。组织完成了我局2006～2008年安全专项装备计划的编制工作，并经国家发改委批准立项；对各监察分局（站）急需的专项装备进行了补充，保证了监察执法工作的正常开展。煤矿安全仪器检测检验中心经过紧张筹备，通过了国家安全生产监督管理总局的现场审查，被批准授予国家乙级资质的检测检验机构，具备独立承担煤矿在用设备安全性能的检测检验资格，可以为重大煤矿事故性质认定提供定量检测依据。

5. 认真查处煤矿伤亡事故，强化责任追究，完善救援体系建设

2005年全省共查处各类煤矿事故123起，160名事故责任人员受到党纪政纪处分。又会同省监察厅监督检查了2003年以来发生的11起重特大事故责任人员处分落实情况，通报了检查结果，对不按规定落实事故责任人员党纪政纪处分决定的单位提出了批评意见。

2005年9月份，首次与有关部门共同举办了全省煤矿救护技术比武活动，检验了矿山救护技术水平，提高了煤矿事故的救援能力。全国矿山医疗救护中心通化、辽源分中心也经批准正式挂牌成立，标志着我省矿山安全救援体系建设又向前迈进了一步。在2005年蛟河“4·24”特大事故中有39名井下遇险矿工成功获救，减少了事故损失。特别是2005年7月13日辽源市西安区灯塔煤矿冒顶事故的抢险过程中，由于煤矿安全监察机构和辽源市政府准确分析、预测井下灾情，果断作出正确决策，迅速调集救援力量，加快抢险进度，经过148小时的昼夜奋战，成功营救了井下4名被困矿工。

6. 完善煤矿安全教育培训体系，提高培训质量

按照完善体系、加强教学、规范管理、提高质量的总体思路，进一步加强煤矿安全教育培训工作。先后制定下发了《吉林煤矿安全培训工作细则》、《特种作业人员安全培训教考分离暂行规定》和《关于安全培训考试考核的相关规定》等6个规范培训工作的文件。全省3个二级培训机构顺利通过国家安全生产监督管理总局的复审检查，组织开展了4个三级培训机构的复审验收工作，批准成立了5个四级培训机构，初步建立了一个覆盖全

省，基本可以满足需要的煤矿安全培训网络体系。我们还以特种作业人员培训考核为试点，积极推进教考分离，建立了19个特殊工种的95套考试题库。进一步加强了教师队伍建设，先后组织32名教师参加国家安全生产监督管理总局举办的上岗培训，对25名四级培训机构教师进行了培训。

2005年是吉林省煤矿安全培训工作力度最大的一年。全省共培训各类人员13326人，其中：培训煤矿企业主要负责人296人、安全生产管理人员1305人、特种作业人员11725人，比2004年多培训5114人，培训量增长62%。我局培训中心转变观念，严格管理，不断充实安全培训内容，提高培训工作质量，共举办各类培训班15期，培训学员1400人，发挥了应有作用，收到了良好效果。

三、存在的主要问题

尽管做了大量工作，也取得了一定成绩，但是吉林省煤矿安全生产形势还相当严峻。

一是吉林省煤矿企业自然灾害严重，安全基础薄弱，生产力发展水平低，从业人员素质差。近几年煤炭工业长期负重爬坡，安全投入严重不足，国有煤矿安全欠账越来越大，多种矛盾和问题长期积累。随着国民经济快速增长，对能源的需求也不断增加，拉动煤炭产量超常增长，十分脆弱的安全基础条件无法满足经济增长的要求，必然导致事故多发。

二是煤矿安全监管工作还存在体制不顺、机构不健全等问题。2005年是煤矿安全工作体制和机制的重要调整时期，煤矿安全监察监管工作机构和职责都发生了重大变化。就吉林省而言，从调查了解的情况看，煤矿安全监管体系建设工作还没有全部到位，机构设置五花八门，专业人员配备严重不足，机构不统一、职责不确定、监管不到位、经费无来源等情况比较严重，这些问题一时还很难得到彻底解决。

三是绝大部分乡镇小煤矿急功近利，不计后果，冒险蛮干。乡镇煤矿业主法制观念淡薄，安全生产意识不强，置监察监管部门指令不顾，在利益的驱动下，只顾生产出煤，不顾职工安全，违法违规生产行为经常发生，超能力生产现象大量存在，安全生产形势异常严峻。

黑龙江省安全生产工作综述

2005年，在省委、省政府的正确领导下，在全省安全生产战线广大干部职工的共同努力下，完成了全省安全生产各项工作任务，保持了黑龙江省安全事故总量稳中有降，安全生产形势总体稳定的局面。

一、领导工作

2005年2月3日召开了全省安全生产工作会议，会上副省长刘海生与各市地、中省直有关单位负责人签订了安全生产责任状。七煤集团新富矿“3·14”瓦斯爆炸事故后，按照张左己省长的指示精神，2005年3月16日，刘海生副省长在七台河市召开全省安全生产现场会。2005年3月24日，张左己省长主持召开省政府第22次常务会议，讨论并通过了《黑龙江省人民政府关于进一步加强安全生产工作的决定》。2005年6月6～10日，全国人大常委会副委员长成思危率领全国人大常委会《安全生产法》执法检查组，对我省贯彻《安全生产法》情况进行了检查，10日上午，张左己省长参加了检查组与省政府交换意见会并讲话。2005年8月12日，召开了全省安全生产监管工作座谈会，各市地、县区安全监管部门责任人参加了会议，会议传达贯彻了国家安监总局安全生产工作座谈会会议精神，部署了近期工作。2005年10月10日，省政府组织召开了全省清理纠正国家机关工作人员和国有企业负责人投资入股煤矿工作电视电话会议，各市地、县分管行政监察的副专员、副市长、副县长和有关部门负责人参加了会议。龙煤集团七台河分公司东风煤矿“11·27”事故发生后，2005年11月28日，常务副省长栗战书主持召开了全省安全生产紧急电视电话会议。2005年12月3日，刘海生副省长主持召开了七台河现场会议。2005年12月5日，张左己省长主持召开了第57次省长办公会议，会议讨论通过了《黑龙江省人民政府关于进一步加强煤矿安全生产工作的决定》和《黑龙江省人民政府安全生产工作联系责任制》，在安全生产工作上，张左己省长强调了“八个坚决落实到位”。12 月 12 日，召开了全省高危行业重点企业安全生产工作会议。12 月 27 日，张左己省长参加了省政府第一次安全生产专题通报会议。

2005 年，省政府召开安全生产工作会议和电视电话会议 12 次，及时研究部署全省安全生产工作。实施了省政府领导安全生产工作联系责任制度，负责联系 13 个市地的省政府领导同志通过明察暗访、听取汇报、实地检查、现场办公等方式，狠抓了安全生产责任制的落实和重大隐患的排查整改。

二、煤矿安全生产工作

2005 年，全省煤矿安全生产工作以贯彻执行国务院《特别规定》和国务院办公厅《紧急通知》为重点，着力打好煤矿瓦斯治理和整顿关闭两个攻坚战。省政府成立了煤矿瓦斯整治领导小组，确定 2005 年为“瓦斯治理年”，组织专家进行了技术“会诊”，提出 10 项防治瓦斯的针对性措施，进一步完善了信息化远程监控网络系统。全省煤矿 2005 年以瓦斯治理为重点的各项安全投入达到 20 多亿元。通过制定实施《黑龙江省人民政府关于进一步加强煤矿安全生产工作的决定》，进一步加强了煤矿安全生产基础工作，加大了惩治力度，建立了激励机制，强化了煤矿安全监管职能。省经委积极推进整顿关闭工作的落实，各产煤市地和龙煤集团认真落实国务院和省政府的要求，加大了整顿关闭力度。截至 2005 年 12 月 31 日，省政府对证照不全、不具备安全生产条件的 227 处矿井予以公告关闭，是全国超额完成关闭矿井任务的 6 个省份之一。开展了国家工作人员和国有企业负责人投资入股煤矿的清理纠正工作。全省共有 198 名党政机关干部和企业负责人撤资退股，金额达 2446 万元。进一步理顺了煤矿安全监管体制。将省经委的煤炭安全生产日常监管等职能划转给省安全生产监管局，成立了煤矿安全监督管理处。

三、道路交通安全工作

以治理超限超载和预防群死群伤道路交通事故为重点，排查治理公路危险路段，开展预防特大交通事故百日竞赛活动，加大道路交通安全执法检查力度，使道路交通安全环境得到改善，死亡人数同比有较大幅度下降。2005 年，全省共发生一般以上道路交通事故 7506 起，死亡 2146 人，伤 7655 人，同比分别减少 1026 起、299 人、663 人，事故率、死亡率和伤人率同比分别下降 12.03%、12.14%、7.97%，是黑龙江省历史最好水平。2005 年全省深入开展了道路交通“五个专项整治活动”，在开展客车超员、机动车超速的“双超”专项整治活动方面，投资 320 万元购置了 31 台移动测速取证系统和 10 台机动车主动识别系统，全部投放主要国道，通过严厉打击交通违法行为，交通违法行为在高速公路下降 30%，在一、二级公路下降 20%，全年共查处交通违法行为 74 万件；在开展危险化学品运输安全专项整治活动方面，由省安全监管局、公安厅、发改委、交通厅、工商局和质检局组成联合执法机制，全省共检查危险化学品运输车辆 4742 台，查处违法行为 266 起，其中，超载 72 起、超速 66 起、无资质驾运 26 起、无证运输剧毒化学品 6 起、在禁行区域内不按指定时间、路线、速度行驶 46 起；在开展无牌无证、挪用号牌、假牌假证机动车违法行为专项整治活动方面，共查处报废车辆 3594 台，无牌无证、假牌假证 13067 台，收缴串挂挪用号牌 4359 副；在开展公路危险路段专项整治活动方面，全省在 27 条国、省道上启动和实施了公路安全保障工程，对急弯、陡坡、连续下坡、视距不良、路侧险要等危险进行综合整治，共排查处置隐患路段 48 处 33.72 公里，安装混凝土护栏 11.22 公里，整治视距不良路段 7 处，设立标志 62 个，标线 32 公里，治理山体滑坡 4 处，并对社会反映强烈的 301 国道代马沟至盘道沟段和 206 省道恒山段易发生事故路段进行了综合治理；在开展预防群死群伤特大道路交通事故专项整治活动方面，制定下发了《黑龙江省预防群死群伤特大道路交通事故工作意见》，同时开展了打击盗抢机动车专项整治活动。圆满完成了预防特大道路交通事故百日竞赛活动，并取得了明显成效，公安部刘金国副部长对我省开展的“百日竞赛”活动给予了很高评价。

四、消防安全工作

全省共对 198 家重大火灾隐患单位实施了政府挂牌督办，全省各级公安消防机构充分利用舆论、行政、法律、技术、教育等手段，强力推进重大火灾隐患整改工作，省总队与13个地市支队及农垦、森工两个系统支队签订了《政府挂牌督办重大火灾隐患销案工作推进书》。省政府安全生产委员会办公室对存在挂牌隐患的地市政府提出明确要求：有关地市政府主要领导是隐患整改第一责任人，年底前完不成销案任务的，省政府将对该地政府及领导通报批评，追究责任；年底未整改完成的，当地政府必须对其责令停产停业，对公共营业性场所，必须吊销工商执照和相关证照；严格重大火灾隐患销案制度，坚决防止已经摘牌单位发生人员伤亡和重特大火灾事故。通过开展重大火灾隐患排查和挂牌督办活动，全省198家重大火灾隐患单位全部完成整改摘牌。

五、非煤矿山安全生产工作

2005年按照国家安全监管总局的部署，从严把非煤矿山安全准入关入手，加强现场执法监察，推进安全标准化工作，全省累计关闭取缔各类非煤矿山1251户，非煤矿山企业基本安全生产条件得到改善。完成了全省第二轮非煤矿山安全评估工作，A、B、C、D类矿山分别为971个、1269个、332个、170个，分别占矿山总数的35.4%、46.3%、12.1%、6.2%。选定6个非煤矿山企业作为省级安全标准化试点，并在2005年4月份全省非煤矿山安全监管工作会上介绍经验。全省共确定市级试点非煤矿山企业38个。在符合条件并有办理安全条件合格证经验的11个地市和森工总局设立代办窗口，对采土、采沙、采水等危险性小的矿山代理发证，既调动了地市的积极性，又加快了发证速度。截至2005年12月31日，全省3144个非煤矿山提出了办理安全生产许可证申请，对602个非煤矿山发放了安全生产许可证。

加强大庆地区石油天然气管道占压清理工作。大庆地区油田占压管线问题是国务院和省委省政府领导关注的重点，省委省政府领导多次作出重要批示。大庆市制定了《大庆市占压油田管线隐患整治工作实施方案》。2005年7月我局对大庆整改情况进行了督查，针对47项一类隐患解决不力的问题，形成了督查意见。刘海生副省长对大庆地区输油气管道占压所需资金问题作出重要批示。2005年已投入整改资金近9000万元，一类47处隐患，完成整改43处，其余4处正在组织编制拆迁方案。

六、危险化学品和烟花爆竹安全生产工作

全省共有危险化学品从业单位7026个，其中生产单位314个，储存单位62个，经营单位5742个，使用单位895个，危险化学品包装物容器生产企业13个。其中涉及液氯、液氨、石油液化气、剧毒溶剂等产品生产共24家。全省共有烟花爆竹生产、批发经营企业139家，其中：生产企业19家，销售批发企业120家。

2005年3月31日以省政府安委会办公室名义下发了《2005年全省继续深化危险化学品安全专项整治工作实施方案》，在全省开展了危险化学品安全专项整治工作。截至2005年10月，全省安全监管部门有1000多人次，集中检查了规模相对较大的生产、销售企业651家，共查出安全隐患2万余项，责令关闭和停产企业32家，责令搬迁企业10家，其中2家已经异地搬迁。

全省已发安全生产许可证109家，占应发证危险化学品生产企业34.7%。已发危险化学品经营许可证5212家（其中：甲种证2387个，乙种证2825个），颁证率为90.8%。全省已发烟花爆竹安全生产许可证13家，颁证率为68.4%。全省已发烟花爆竹经营许可证110家，颁证率为91.6%。据了解，2005年，全省烟花爆竹合法销售渠道年销售额约1.5亿元，非法销售额约5000万元，占合法销售额的1/3。

2005年5月份成立了由安全监管、公安、质检、工商、经委、监察、供销、国防科工、民航、铁路、交通运输、邮政等12个职能部门组成的烟花爆竹专项整治工作领导小组，领导小组下设办公室，设在省政府安全生产委员会办公室（省安全监管局），负责日常综合、工作协调及具体组织烟花爆竹安全联合执法工作。2005年5月21日，在鹤岗市召开了全省危险化学品和烟花爆竹安全监管工作会议。2005年10月21日，在大庆市召开了烟花爆竹安全“三下乡”活动启动仪式，启动仪式由姜国钧副局长主持，国家总局危化司张广华司长、省政府副秘书长王大为、大庆市副市长沈宏宇在启动仪式上分别代表国家总局、省政府和大庆市作了重要讲话，部分专项整治领导成员单位、各地安全监管部门主管局长、烟花爆竹生产、经营销售单位负责人、有关新闻单位等200多人参加了启动仪式。

七、安全质量标准化工作

省安全监管局制定下发了《黑龙江省机械、轻工、纺织、烟草、电力、贸易企业及建筑行业企业安全质量标准化实施方案》和《全省机械制造企业安全质量标准化考核评级试点实施方案》。在全省机械、轻工、纺织、烟草、电力、贸易行业确定了6家省级安全质量标准化试点企业和3家机械制造企业考核评级试点企业。各市（地）安全监管局在机械、轻工、纺织、烟草、电力、贸易行业共确定市级安全质量标准化试点企业96户。为推动试点工作深入开展，省安全监管局分别在机械行业比较集中的哈尔滨和齐齐哈尔组织召开了4次相关企业主要负责人座谈会。组织了9家大型机械制造企业和3家复评机构共44人参加了国家安全监管总局、中国机械工业安全卫生协会举办的安全质量标准化培训班。2005年，哈尔滨锅炉厂有限公司在全国率先通过了中国机械工业安全卫生协会的复评和国家安全监管局的核准，为全国第一批通过一级安全质量标准化企业。齐齐哈尔车辆集团公司和阿城继电器股份有限公司已通过省机械联合会的复评和省安全监管局的核准，为全省第一批二级安全质量标准化企业。2005年11月上旬对哈、齐、牡、佳、大、鹤6个地市的机械、轻工、纺织、烟草、电力、贸易企业进行了安全生产检查，对检查中发现的76项问题，提出了整改意见。在危险化学品领域，制定了《黑龙江省危险化学品行业开展安全标准化活动试点工作实施方案》，确定了中国石油大庆炼化分公司和大庆油田精细化工厂2户国有重点危险化学品生产企业作为省级试点企业，各地也确定了15户试点企业。2005年11月28日在哈尔滨市召开全省安全标准化工作经验交流会议，试点企业在会议上介绍了先进经验。

八、中小企业安全监管试点工作

我省现有企业单位17万余家，个体工商户98万多户，100万元以下资产规模企业法人单位53184家。其中：非公有制企业法人24598家，占46.25%；国有、集体企业法人占53.75%。销售收入500万元以上非国有及国有工业企业2567家，其中大型企业49家，中小型企业2518家。由于我省属东北老工业基地，国有、集体中小企业数量多，中小企业占全省企业数的98.1%。2005年1～8月份中小企业事故起数占整体事故的81.7%。结合这一实际情况，我省以中小企业为切入点，在重点市和领域开展了中小企业安全监管试点工作。先后确定了哈尔滨市、齐齐哈尔市、大庆市、牡丹江市、绥化市、佳木斯市、七台河市、省农垦总局等8个试点市（系统），并在每个试点市召开现场会议，介绍典型，推广经验。

九、安全生产法制建设工作

2005年6月省人大牵头，我局和有关部门参加成立了《黑龙江省安全生产条例》联合起草小组，9月中下旬到江西、北京、上海进行了调研，11月下旬到省内齐齐哈尔、鸡西、七台河3个市召开了6个征求意见会议。《条例》已进行了23次修改，预计2007年4月份提交省人大常委会审议。《黑龙江省人民政府关于进一步加强安全生产工作的决定》于2006年3月24日省政府第22次常务会议讨论通过，4月22日正式下发实施。《决定》出台后，起草了《黑龙江省企业安全费用提取和使用管理暂行办法》、《黑龙江省企业安全生产风险抵押金管理暂行办法》和《黑龙江省工伤保险与事故预防暂行办法》，已完成初稿。起草了《关于进一步加强煤矿安全生产工作的决定》，并于2005年12月5日省政府第57次省长办公会议讨论通过，当日下发。制定了《黑龙江省煤矿重特大安全事故行政责任追究暂行规定》、《黑龙江省关于严禁党政机关、事业单位及国有企业领导干部参与小煤矿生产经营活动的紧急通知》、《黑龙江省人民政府安全生产工作联合责任制》、《关于推进全省安全生产依法行政工作的实施意见》、《黑龙江省安全生产评价机构管理办法》和《黑龙江省建设工程安全设施“三同时”管理暂行规定》等制度。为便于企业在当地申请、咨询非煤矿山、危险化学品、烟花爆竹生产许可证，省安全监管局在市（地）安全监管局设立了服务窗口承担初步受理工作。制作了行政许可公示板，将我局承担的各项行政许可和审批事项的程序、条件进行公示。全省安全生产行政执法工作不断加强，执法效果逐步明显。从统计报表看，2004年10月至2005年9月30日，全省处罚案件2785起，罚款总额588万元，处罚起数和罚款总额均比上年翻了一番。

十、宣传培训工作

2005年“安全生产月”活动突出了“遵章守法，关爱生命”的主题，刘海生副省长在2005年6

月2日的《黑龙江日报》上发表了的署名文章，并和省直有关部门参加了6月12日主题咨询活动。“安全生产月”期间全省直接参加活动数百万人次，散发宣传单120多万张，悬挂标语横幅5.3万条，制作宣传板4348块，插挂宣传旗2万多面，出动宣传车1547台，设咨询点3253个。经过近两个月的紧张工作，圆满地完成了全国安全生产及技术装备展览会展览任务，我省获得了两项荣誉（最佳设计奖和优秀组织奖）。年初，省安科中心在原有装修的基础上又投入30余万元新购置了一批厨房、餐厅及客房等设备、设施，现已建成一个拥有320平方米餐厅、450平方米会议厅、42间客房，可同时容纳160人集餐饮、住宿和培训一体化的培训基地，并于2006年5月末顺利通过了国家局对安全生产培训机构资质的复查和验收，为全省安全生产培训工作创造了条件。2005年全省依法培训生产经营单位主要负责人、安全管理人员和特种作业人员6.2万人。

十一、安全科技工作

2005年6月17日召开了全省安全生产规划科技工作会议，会上传达了全国安全生产规划科技工作会议精神，明确了以后的工作重点，部署了全省安全生产信息网络建设工程和机构装备调查工作，省安全监管局成立了领导小组，组织协调各地（市）网络建设工作，信息化建设一期工程基本完成。组织完成了《黑龙江省安全生产管理信息系统建设方案》的评估和论证工作，设计了“黑龙江省安监系统教育培训软件”，软件功能设计完善，操作性强，系统建成后可实现全省安全生产教育培训工作自动化网上办公。2005年10月完成了省安全监管局办公平台，完成了“非煤矿山管理软件”和“危险化学品管理软件”的设计。为配合安全生产许可证的发放工作，根据国家有关文件规定和我省实际情况，批准了29家危险化学品、非煤矿山和烟花爆竹生产企业安全评价临时资质。配合国家总局审核批准了黑龙江安龙安全环保评价有限公司等3家甲级安全评价机构资质，省安全监管局批准了黑龙江万泰隆安全技术开发有限公司等4家乙级安全评价机构资质。配合国家总局对2家安全生产二级培训机构进行了复审，批准了伊春、绥化、黑河3家安全生产三级培训机构，2005年10月，编制完成了《黑龙江省安全生产“十一五”发展规划》。

十二、安全监管机构和队伍建设工作

2005年强化了安全监管机构和监管队伍建设。2005年9月25日，省编委以黑编［2005］118号文件下发了《关于明确省煤矿安全监管机构和综合监督机构及其职责的通知》。2005年12月26日，省编委以黑编［2005］152号文件下发了《关于县（市、区）设置安全生产监督管理机构的通知》，对加强基层安全监管机构建设提出明确意见，全省已有121个县、区和农垦分局成立了安全生产监督管理局，其余21个县区也正在筹备组建中，佳木斯市建立了安全生产监察执法支队，哈尔滨，齐齐哈尔、大庆等市也正在筹建执法队伍。为加强全省安全生产应急救援体系建设，组建了安全生产应急救援指挥中心和应急救援办公室，编制了全省生产安全应急救援预案，组织各地、各单位制定生产安全应急救援预案，进行应急救援演练，增强了实战救援能力。

黑龙江省煤矿安全生产工作综述

2005年，全省煤矿共发生事故152起，死亡398人。煤炭生产百万吨死亡率为4.2，与上年相比，事故次数增加74起，上升94.9%；死亡人数增加220人，上升123.6%；百万吨死亡率增加2.3。其中，一次死亡3人以上的重特大事故7起，死亡231人，与上年相比，事故次数下降22.2%，但死亡人数却上升128.7%。按企业性质分类，国有重点煤矿共发生事故49起，死亡241人，与上年的29起54人相比，事故次数上升69%，人数上升346%，百万吨死亡率上升3.7；国有地方煤矿共发生事故5起，死亡6人，与上年相比分别下降50%和45.5%；乡镇集体煤矿共发生事故93

起，死亡140人，百万吨死亡率为4.7，与上年相比分别上升144.7%、35.9%和1.4；非法生产矿井发生事故5起，死亡11人，与上年相比分别上升400%和10%。按地区分类，事故多发生在七台河市区域内，该区域煤矿事故死亡人数共256人，占全省总数的64.32%。其中，七煤公司全年发生事故25起，死亡214人，比上年分别上升212.5%和970%；七台河市全年发生事故27起，死亡42人，比上年同比分别上升200%和147.1%。

一、煤矿瓦斯治理步伐加快

省政府成立了煤矿瓦斯治理领导小组及其办公室，把防治煤矿瓦斯作为预防煤矿事故、实现安全生产的重点工作来抓，监督煤矿企业落实瓦斯治理的“先抽后采、监测监控、以风定产”的十二字方针。安全监察、监管部门加强了对高瓦斯、瓦斯突出矿井等重点煤矿“一通三防”工作的监督检查。省内高瓦斯矿和瓦斯突出矿井建立了固定瓦斯抽放站和使用了移动抽放设施。对煤矿“超能力、超强度、超定员”生产现象进行处罚和纠正，加大了执法力度。建立了煤矿安全数字化远程监控系统，实现了省、市联网。严肃查处矿井瓦斯浓度超限及擅自停止主要通风机等违法违规行为。一年来，共发现和制止瓦斯超限3908次，制止随意停运主要通风机5264次。同时，加强了瓦斯、水害、粉尘、火灾等重大危害的治理，煤矿防灾能力显著增强。

二、整顿关闭矿井取得成效

国务院《关于预防煤矿生产安全事故的特别规定》和国务院办公厅《关于坚决整顿关闭不具备安全生产条件和非法煤矿的紧急通知》下发后，黑龙江煤矿安全监察局组织了宣讲团，到主要产煤地区和国有重点煤矿宣讲。先后有煤炭企业负责人和行业管理人员等5000多人听取了宣讲，对452处煤矿下达了停产整顿指令并报国家局公布矿井名单。在省政府的大力支持下，煤矿安全监察机构、国土资源、公安、工商管理、行政监察、环境保护等部门形成密切配合的联合执法机制，严厉打击非法盗采煤炭资源、无证开采、威胁煤矿安全生产等违法行为，关闭了101处非法矿井。据整顿期间统计，全省矿井总数为1790处，到2005年年底，实际颁发安全生产许可证的矿井1120处，受理申请安全生产许可证的矿井416处。对未申请领取安全生产许可证或虽申请但未受理的227处矿井，省政府责令全部予以关闭，并在媒体上予以公布。

三、煤矿安全监察执法力度加大

按照国务院办公厅［2004］79号文件的要求，煤矿安全监察机构主要抓好重点监察、定期监察和专项监察三项监察工作。省局及各分局（站）每月制定监察计划，按计划实施。在重点监察的内容上，突出瓦斯（煤尘）、火灾等矿井“一通三防”方面的重大隐患，在监察的对象上突出高瓦斯、自然发火严重、涌水量大的矿井和超能力生产等隐患严重的国有煤矿；定期监察重点突出停产整顿矿井和重要节假日及全国、全省性重要会议等敏感性时期，开展了新建和改扩建矿井安全设计、矿井防治水、矿井通风能力核定、从业人员持证上岗、煤矿专用设备、事故责任人处理以及安全费用提取和使用等专项监察。通过“三项监察”，使矿井监察覆盖面达到了92%，共发现事故隐患23354条，其中重大隐患1200条以上；下达各类执法文书13707份；监督企业隐患整改率达到98%；实施收缴行政罚款1200万元。定期进行执法分析，评估执法效果，提高执法效能。研究和改进行政执法的方法，减少执法工作的盲目性，推进执法工作创新，定期对监察执法情况进行检查考核，完善执法监督机制，严格依法行政，从整体上提高了执法水平。

四、煤矿安全培训又有新突破

一是坚持“适用”的原则，改革教学方法，制定了矿长、安全管理人员每年复训的制度。举办了“通风总工培训班”、“一通三防专题培训班”、“小煤矿通风矿长培训班”、“违章矿长培训班”等。利用较短的时间来提高矿长和安全管理人员的水平。

二是坚持“实际”的原则。针对大、小煤矿矿长学历、素质、水平相差悬殊的特点，改进了二级培训的内容和方式，深入矿区，深入一线，把国有重点煤矿矿长与小煤矿矿长分开办班培训。

三是坚持“求新”的原则，在4个矿区分别举办了“瓦斯与水灾防治”、“安全质量标准化”、“防灭火与瓦斯抽放”、“机电运输安全”等较高水平的专题培训班，聘请全国著名专家和学科带头人进行授课，取得了良好的培训效果。

四是坚持“统一”的原则，提高三、四级培训质量。按照“分级实施、教考分离”的原则，对煤矿的矿长、特种作业人员进行了考核发证，加强培训基地建设，主要产煤地区和国有重点煤矿完善了三级培训基地，二级培训的覆盖面达到了100%。

五、事故查处基本到位

全省煤矿发生重特大事故7起，除1起按规定已报国家煤监局待批外，其余6起已经全部及时结案。共处理事故责任者135人，其中：厅局级干部3人，处级干部32人，科级干部63人，其他人员37人。在被处理的135人中，移交司法机关处理的26人，给予撤职处分的38人，降级处分1人，记大过7人，记过15人，警告9人，开除2人。通过开展事故查处落实情况专项监察，目前对责任者的处理全部落实到位。

六、监察体制得到完善

一是完成了省局内设机构、领导分工和人员调整。省局“三定”方案经总局批准后，根据“三定”方案对领导班子成员的分工和处室的设置、职能的划分，进行了必要的调整，真正做到职责分明，各负其责。二是理顺了省局及业务处室与各监察分局的关系。三是理顺了省局和省政府主管部门及产煤市地政府的关系。不仅加强了沟通、协调，而且加强了对地方煤矿安全监管工作的检查指导，定期对地方煤矿安全监管工作进行专项监察。四是理顺了省局与直属企事业单位的关系。撤并不必要的机构，组建了企改办，对两个重点企业进行了清产核资。

七、加强监察队伍建设

一是加强了思想建设。按照“三个代表”重要思想和执政为民的要求，用邓小平理论、“三个代表”重要思想和国家局党组提出的“五种精神”、“四种作风”武装全体监察人员，建设一支特别能吃苦、特别能攻坚、特别讲奉献的监察队伍。

二是加强了作风建设。在全系统开展了“掀起学习风，执法上水平”活动。全体机关人员，特别是监察处室的同志，全年有2/3的时间在矿区监察，每人平均月下井10次以上。监察分局的人员平均月下井20次以上，多数人法定假日不休息，很多人放弃了休假，坚持监察在一线。

三是加强了组织建设。不断强化各分局（站）的领导班子，按岗位职数公开选拔监察专员等领导干部，使一批政治可靠、业务过硬的同志走上领导岗位，保证监察执法工作的有效开展。

江苏省安全生产工作综述

2005年是我省安全生产监管、监察体制逐步完善，基础工作逐步加强，依法行政能力逐步提高，安全生产形势总体稳定的一年。

一年来，在省委、省政府和国家总局的正确领导下，我们坚决贯彻党和政府一系列方针政策，坚持以科学发展观统揽全局，直面迎接安全生产诸多挑战，团结奋进，扎实工作，使全局各项工作取得了新的进步，圆满完成了2005年年初确定的目标任务。一是全年各类事故起数、死亡人数实现双下降，同比下降3.8%、7%，死亡人数低于国务院安委会下达的控制指标583人。二是多数行业的安全状况趋于好转，工矿商贸企业事故起数同比下降24.1%，死亡人数下降21.8%，占省下达考核控制指标的83.6%。其中：煤矿在灾变因素增加的情况下，死亡人数同比减少36.4%，原煤百万吨死亡率为0.28，同比下降0.142，继续走在全国的前列；综合监管的七大行业安全事故起数为“5降1升1平”，死亡人数为“6降1平”。三是杜绝了生产安全特大事故。回顾2005年，我们主要做了以下工作。

一、狠抓安全监管监察工作，破解难题取得实效

1. 初步理顺了全省安全生产监管机制

从2004年开始，省局从体制、机构、编制等根本性问题入手，向省政府提出市、县（市、区）综合监管体制改革建议，多次向省编办反映情况，争取支持，经省委、省政府批准，将市县安监局调整为同级政府的工作部门。2005年以来，督促协调各地全面推进市县安监机构改革，目前，13个市、106个县（市、区）两级安监机构全部到位，落实编制1491名。2005年，为了形成强有力的安全监管执法体制，我们在2005年12月3日省政府第58次常务会议上，全面汇报了安全生产工作，省政府领导高度重视，会议决定将省安监局的隶属关系由省安全生产委员会的常设办事机构调整为省政府直属机构，具有安全生产监督管理行政执法权力，解决了省局的行政执法主体地位问题。同时，我们还积极汇报，努力争取，使省政府在本次乡镇机构改革中，保证乡镇安监机构及人员配置。至此，我省安全生产监管体制整体框架已基本形成。

2. 健全安全生产指标考核体系

2005年是国家施行安全生产控制指标体系的第二年，为继续发挥控制指标体系在面上的调控作用，我们着力从3个方面入手：一是调整统计口径，通过测算数据，科学分解指标，推动省政府与各市签订安全生产目标责任书，层层落实各级安全生产责任；二是准确调度和全面掌握各地、各有关部门控制指标的完成情况，及时追踪通报，年底组织督查和考评；三是经5个厅局会签，以省安委会7号文下发关于江苏省安全生产年度目标考核和奖罚办法的通知，落实奖励资金500万元，建成了安全生产指标考核奖励体系。

3. 制定《江苏省安全生产“十一五”规划》

“十一五”规划是我省落实“安全发展观念”的行动纲领，为编制好、规划好我省安全生产在“十一五”期间的发展蓝图，成立了专门的编制工作领导小组，明确了人员组成和工作进度，定期召开专题会议。2005年我们不断努力，主动积极向省政府多次汇报，成功将《江苏省安全生产“十一五”规划》纳入《江苏省国民经济和社会发展第十一个五年规划纲要》，为全面推动安全生产工作、争取安全生产投入和科研项目建设支持提供了最基础性的保障。同时，我们还统一部署实施，督促各地编制好《“十一五”规划》，推动各地政府将之纳入区域经济和社会发展的总体规划中。

4. 树立安全监管监察部门的形象

2005年，我们及时准确调度了12起重特大事故信息，果断组织事故救援，控制和减少事故损失。我们注重树立监管监察执法权威，对一些企业贯彻执行安全生产方针政策和法律法规不认真、不负责，一些地方关闭不具备生产条件的生产经营单位态度不坚决，对一些安全监管监察机构和行业管理工作部门工作不落实、不到位而发生重特大伤亡事故的情况，按照“四不放过”的原则，强化事故调查处理，严格事故责任追究。一年来，由省局提出行政处分意见和建议的有15人，其中行政部门领导干部11人，徐州分局共对52人提出了处理意见和建议。

二、提高综合监管监察能力，推进专项整治和安全督查活动

2005年，我们从推动建立基本的工作协调机制和制度入手，主动协调、积极动员全面开展工作，初步形成了各方支持、齐抓共管的安全生产大格局。

1. 组织协调专项整治

2005年我们根据年初的工作部署，继续集中开展8个方面重点行业和领域的专项整治，有力地压降了各类隐患和事故。一是推动省政府建立安全生产协调会议制度，定期组织召开专项整治协调会，听取8家牵头单位和13家配合单位汇报，明确一段时期内专项整治的具体工作要求。二是及时编印下发2005年全省安全生产专项整治工作方案文件汇编，出台由我局牵头的4个行业专项整治方案，深化专项整治工作内容。三是采取有力措施，确保我局负责牵头的专项整治工作取得较好效果。煤矿方面，督促各有关地区、部门和煤矿企业认真贯彻省政府3月和9月全省煤矿工作会议精神，坚决落实《紧急通知》和《特别规定》。非煤矿山方面，重点对评估不达标、严重破坏环境的企业全部实行停产整顿和关闭，全年非煤矿山共依法关闭377个，取缔121个。作业场所职业危害方面，对职业危害整改不到位、严重污染环境、危害职工身体健康的16家企业实行了依法关闭。危险化学品方面，全年共查出符合“五个整顿、两个关闭”范围的从业单位724家，停产整顿523家，依法关闭生产经营单位589家，组织各地开展从业单位搬迁情况调查，建立、健全全省危险化学品安全管理基础台账。烟花爆竹方面，“严格条件，严厉打击”，全年共查处非法经营户100余户，取缔私产、私销、私储窝点80余处，收缴成品约4000

万发。

2. 加大安全生产监管监察力度

以省安委会名义及时下发重要节日、重大活动期间加强安全生产工作的通知，多次组织各有关部门对重点地区、重点领域、重点企业开展安全生产大检查，及时消除事故隐患，确保了全省安全生产形势的平稳。2005 年 1 月份、4 月份组织了全省范围的危险化学品专项检查，督促各地对查出的 17570 条事故隐患进行集中治理，整改率达到 96%；夏季汛期、十运会前和 2005 年年底，又组织了全面督查；煤矿安全监察系统以“一通三防”和顶板、机电运输管理为重点，先后组织了 10 次全省煤矿安全大检查，全年整改重大隐患 300 多条。徐州煤监分局全年共对辖区矿井现场监察 592 次，制作各类执法文书 1325 份，行政罚款 76.1 万元。

3. 借力推进专项工作

为寻求解决安全生产监管领域难点和复杂问题的新途径，从综合协调的角度出发，加强与相关厅（局）的沟通、交流，形成诸多方面的共识。2005 年 10 月份会同有关部门做了大量的前期准备工作，促成了省政协开展全省范围的安全生产督查，促进了政府有关部门落实安全生产监管责任制。积极探索联合执法机制，发挥公检法和纪检监察机关作用，依托公安部门建立的安监 110 联动体系有了很大进展。

三、加强安全生产法规制度建设，规范行政执法工作

加快出台实施地方性法规和规范性文件。2005 年上半年积极协调配合省政府法制办、省人大财经委和法工委等部门，多次组织调研并推动《江苏省安全生产条例》于 7 月 1 日正式施行。相继出台一系列与《江苏省安全生产条例》相配套的规章和制度，讨论确定的 13 个安全生产监督管理课题项目已取得阶段性成果。为进一步规范安全生产行政处罚工作，修订完善了《江苏省安全生产违法行为行政处罚实施程序规定》等 4 个文件。组织对煤矿企业安全费用提取使用和安排情况进行专项监察，积极推动我省高危行业人身意外伤害保险工作及煤矿企业安全风险抵押金工作。

依法加强重点行业源头监管。着重抓好行政许可前的审查和许可后的监管工作，全年发放危险化学品生产许可证 1014 家，危险化学品经营许可证 22460 家，容器定点证书 287 家；35 家烟花爆竹生产企业已全部完成安全评价，已完成发证 32 家；非煤矿山从业人员的安全教育、安全管理干部和特种作业人员持证上岗率接近 100%。

着力规范系统内执法工作机制。2005 年 11 月，组织对各地行政执法制度和队伍建设、查处违法案件等情况的检查，促进了各地进一步完善行政执法监督机制。对行政许可法贯彻执行情况进行专项清理检查，完成了省人大、政协委员 9 件提案的答复办理工作，上报了《江苏省安全生产地方性法规规章制定情况》等。为协助配合省人大做好全国人大委托开展的江苏省《安全生产法》执法监察工作，认真制定执法检查方案，全力配合执法检查。

四、夯实安全生产基础工作，提高本质安全水平

抓安全重在抓基础，重在治本，重在建设安全生产的长效机制。

1. 深化乡镇（街道）安全生产达标工作

召开了全省乡镇（街道）安全生产达标工作会议，对 115 个先进单位和 115 名先进个人进行了表彰。据统计，全省 1491 个乡镇（街道）中有 1433 个通过达标验收，平均达标率为 96%。

2. 认真组织试点工作

一是非煤矿山、危险化学品、机械制造行业质量标准化试点工作取得实在成果，国家安监总局对我省危化品安全质量标准化试点工作给予了充分肯定。督促煤矿企业进一步加大安全投入，突出瓦斯、煤尘专项治理，煤矿安全质量标准化工作向更高层次跃进。二是开展非公有制企业安全监管试点经验推广试点工作。根据江苏省实际情况，提出了试点目标、内容、进度要求，探索加强对中小企业安全监管的方法和途径。三是开展了重大危险源普查、建档、监控试点工作。目前，全省有 4 个市完成重大危险源普查登记工作，其中的 5 个县（市、区）已启动重大危险源的登记辨识和监控工作。

3. 加快建立健全应急救援体系

汇总编印有关部门和单位 30 个预案，推动形成全省安全生产应急救援体系。进一步明确规定事故报送和处理程序，督促各地巩固和加强安全生产监管的技术手段与基本保障。截至 2005 年年底，全省煤矿企业运用安全卫星系统已全部实现了井下在线监控。

4. 强化教育培训和中介机构监管

一是我省依法、分级、规范的安全生产培训工作格局已初步形成。2005 年指导各地全面完成年度培训任务，各类参培人员近 30 万人，其中煤矿人员近 5.5 万人。开展了注册安全工程师初始继续教育，培训 758 名学员。组织机关、监察分局 101 人次参加各类党训、政训、专业培训和学历教育。分两批组织 56 人赴德国进行危险化学品专题培训。对全省申报的 169 家安培机构、39 家煤矿安培机构进行评估审查，编写的安培教材已基本完成。二是力求培育服务于安全监管所需的社会服务机构，注重依照市场规则，逐步规划中介评价机构的功能，按照“控制数量、提高质量”的要求，研究下发指导性文件，整顿了 84 家安全评价中介机构。

5. 广泛开展安全生产宣传教育

继续会同有关部门积极开展 2005 年“安康杯”竞赛活动，及时制定下发开展“安全生产月”活动通知及方案，督促指导各地采取多种形式增强全民安全意识和安全素质。开展好学习宣传《江苏省安全生产条例》活动，召开新闻发布会，组织宣讲团，全省约 3 万余名各类干部和企业负责人受到了教育。

6. 理顺事业单位机构和职能

建设省安全生产科技支撑中心和宣传教育阵地是省局对下属两个事业单位的科学定位。一是理顺管理体系，推进职能调整，出台并实施事业单位“三定”方案，适应新形势，将安科所调整为安全生产科学研究院。二是谋划发展思路，明确主要任务，争取重大科研项目实施，开展“生命之歌”、“安全生产月”系列活动。三是吸纳新生力量，提高整体素质，向全国公开招聘了事业单位工作人员 15 名。机关服务中心在队伍建设、经营活动、管理水平以及服务质量方面有了很大的提高，整合了苏安大厦、花园路 9 号的资源，协调了辅助楼建设和花园路 9 号维修改造工程的前期工作。

五、开展保持共产党员先进性教育活动，提高干部队伍素质

1. 保证共产党员先进性教育活动达到预期目标

按照省委和国家总局的统一部署，2005 年上半年，精心组织，周密安排，认真抓好各阶段实施方案和工作计划的落实，组织省局和有关单位 1441 名党员干部参加先进性教育活动。在做好上级要求“规范动作”的同时，还利用党课、学习交流会、事迹报告会、革命先烈教育等形式，深化先进性教育活动成果和实效；借助《简报》、网站、主流报刊等媒体，积极营造先进性教育活动的良好氛围，先后组织编发《简报》43 期，在国家总局、省级机关党建、省委内部刊物、《新华日报》等刊物上登载文章 6 篇，得到了省委第十五督导组的高度肯定。

2. 继续深化机关作风建设

2005 年，按照省委、省政府机关作风大会的要求，以“三走进三服务”为重要内容，突出抓好三个方面的工作。一是进一步贯彻落实省局《关于机关作风建设若干措施》，全面启动“清纠”工作，全局未发现投资办矿问题。二是由局领导分组带队赴各地召开座谈会，广泛征求安监系统、各直属单位的意见和建议。三是组织机关部分党员同志，深入徐矿集团部分煤矿，下井体验矿工艰苦工作环境，进一步增强了我们做好安全生产监管监察执法工作的责任感和使命感。

3. 始终认真抓好理论学习

局党组严格中心组学习制度，认真制定并落实全年学习计划，切实加强和改进中心组学习方法，充分发挥领导干部的学习示范带动作用。在学习过程中，坚持集中研讨与个人自学相结合，研讨工作与学习理论相结合，不断拓展和延伸学习效果。同时，注重加强对直属和代管单位党委中心组理论学习的指导。

4. 展现机关干部职工积极向上的精神风貌

组织全局机关开展献爱心活动，有 6 名同志光荣献血，91 名机关干部职工无私伸出援手，向印度洋海啸灾区捐款 6500 元。对评选出的 9 名优秀公务员给予了表彰。组织全体机关干部开展了形式多样的活动，组织老干部参加各种有益身心健康的文体活动。

浙江省安全生产工作综述

2005年，在省委、省政府的高度重视和正确领导下，全省各地、各部门认真贯彻党中央、国务院关于安全生产工作的一系列重要指示，按照省委建设“平安浙江”的总体部署和省政府提出的实现安全生产3个“零增长”的总体目标，切实加强安全生产各项工作领导，通过建立完善责任体系、加强基层基础工作、深化专项整治、严格监督管理、加大安全投入、强化宣传教育、推进安全生产监管机构建设和事故应急机制建设等一系列卓有成效的工作，全省各类事故大幅下降，确保了全省安全生产形势基本稳定。

2005年，全省安全生产状况继续呈现良好的发展态势，事故总量、事故死亡人数和事故直接经济损失均有较大幅度的下降，特别是特大生产安全事故得到了有效遏制。全省共发生各类事故53928起，死亡8247人，受伤48509人，直接经济损失3.96亿元，同比分别下降17.5%、11.6%、5.3%和28.6%。其中，发生一次死亡3人以上的重大事故90起，死亡391人，同比减少28起、97人，事故率和死亡率分别下降了23.7%和19.9%，实现了省政府提出的事故总量、事故死亡人数和事故直接经济损失3个“零增长”的目标。

一、进一步落实各级安全生产责任

2005年，各地、各有关部门按照《浙江省人民政府关于切实加强安全生产工作的决定》（浙政发〔2004〕21号）及8个配套文件要求，把落实安全生产责任作为安全生产工作的首要环节来抓。各地、各有关部门将省安委会下达的控制指标层层分解落实到基层，并加强督促检查，加大考核力度。各地实行安全生产“一岗双责”、“一票否决”和“安全生产履职报告制”等制度，较好地解决了安全生产职责不清、工作不落实的问题。各地、各部门努力构筑“横向到边、纵向到底”的安全生产责任网络，有力地推动了“政府统一领导、部门依法监管、企业全面负责、社会参与监督”的安全生产格局的形成，促进了基层安全生产工作责任的落实。

二、加强监管机构和队伍建设

在省委、省政府的高度重视下，全省安监机构建设取得突破性进展。按照规范设置、提高权威、理顺关系和强化职能的要求，我局通过督查、检查以及发文督办等形式，狠抓基层监管机构和队伍建设。目前，全省的安监机构组建率已达到100%，46%的县（市、区）组建了安全生产监察队伍，强化了安全生产综合监管工作。杭州、宁波、温州、嘉兴、台州等地一些乡镇还建立了安全生产执法中队，安全监管触角不断延伸，机构不健全、力量不足、监管缺位的矛盾有所缓解，为全省安全生产目标实现奠定了基础。公安部门面对繁重的交通管理任务，坚持一手抓业务，一手抓队伍，狠抓典型教育，在全省交警系统积极开展争先创优活动。消防部门全面加强多种形式消防队伍建设，社会消防组织力量明显上升。

三、强化基层基础工作，突出企业主体责任

2005年，我省各地、各部门加大强化基层和基础“双基”工作力度，督促企业增加安全投入，加强内部管理，提高本质安全水平，建立全面、全员、全过程的安全质量管理体系。出台了相关的管理制度，进一步落实了企业责任主体，特别是把企业的法人推到安全责任主体的第一线。各企事业单位健全了以岗位责任制为核心的各项规章制度，加强安全技术培训和安全生产宣传教育，提高了员工的安全技能和安全意识。督促各企事业单位加快实施“科技兴安”战略，推进安全生产科技进步。及时淘汰严重危及安全的落后技术、工艺、设备和产品，引导企业加快设备更新改造，采用新技术、新工艺、新设备和新材料，提高本质安全水平。

四、加强安全生产宣传教育和培训

各级、各部门紧紧围绕构建和谐社会、建设“平安浙江”这一主题，加强安全生产宣传教育与培训工作，着力推进安全文化建设。省安监局经省委组织部同意，举办了1期县（市、区）领导干

部安全生产学习班，36名县级分管领导干部参加了培训学习。另外，还培训了安全生产监察员559名、中央在浙企业和省属企业主要负责人47名、培训机构教师490名、其他各类企业负责人和安全管理人员5150名。与此同时，各级安监部门按照分级管理的要求，认真抓好生产经营单位各类人员的安全培训和考核，普及安全知识，提高各类从业人员的素质。温州市开展了安全生产“千十百万”培训工程，将在3年内对全市所有从业人员进行一遍轮训；丽水市将创建“一千个平安示范企业”。省公安厅以《道路交通安全法》实施一周年为契机，不断把“五进”宣传工作引向深入。省教育厅以开展创建“平安校区”活动为载体，加强对学生的安全教育，并将安全教育作为素质教育的重要内容纳入到我省地方课程。

五、深入开展各类安全专项整治活动

全省各地、各有关部门加强领导，明确责任，齐抓共管，以整改隐患、严密管理为重点，先后部署开展道路交通、消防、危险化学品、烟花爆竹、矿山、建筑、船舶修造、渔业捕捞和运输等行业领域的安全生产专项整治。在有关地方政府的支持下，我省加大煤矿整顿关闭力度。全省10个煤矿关闭7个。关闭不符合安全条件的地下矿山85家，占地下矿山总量的36%；地下矿山整治投入整改资金11300万元，矿山安全条件得到改善。通过整治，烟花爆竹生产企业由原来的58家减少到37家。危险化学品行业没有发生一次死亡3人以上的重大事故。在专项整治工作中，各地步调一致、部门联动，专项整治有声有色，省级公布的第二批27家工矿企业重大安全隐患、第三批26家重大消防隐患和第四批100处道路交通事故多发点(段)，均基本完成整改，少数一时难以整改的也已采取了确保安全的严密措施。温州市针对部分区域企业安全隐患严重、事故多发的现状，部署开展了“铁网二号”行动；台州市根据本地区事故特点，深入开展了造船修船、海上运输及捕捞、矿山等专项整治，全市共检查各类生产经营单位38454家，查出安全隐患11572条，发出整改指令书和强制整改通知书400多份；衢州市通过安全专项整治，矿山总数从最多时1000多家缩减到232家，一证多点或不符合安全生产条件的矿山被停产整顿的有60多家，有效地防止了重特大事故的发生。

六、贯彻落实安全生产许可证制度

按照《安全生产许可证条例》以及实施细则的要求，全省开展了对矿山、危险化学品、烟花爆竹、建筑等高危企业的安全生产许可证发放工作。各有关安全生产监管部门认真把好生产准入关，通过安全评价、评估，督促企业建立、健全各项规章制度，加强安全投入和内部安全管理，把安全生产各项工作落实到车间、班组和岗位，强化企业的安全生产基础，提高本质安全水平。到2005年年底，全省已颁发矿山安全生产许可证464家，危险化学品生产经营企业安全生产许可证705家，经营许可证13561家，烟花爆竹安全生产许可证37家，批发经营和零售许可证23236家，建设企业安全生产许可证4380家。台州市为加强对企业安全生产监督检查，设计制定了20套安全生产检查表；温州市出台了《安全生产分类管理暂行办法》，对全市近4万家企业进行普查和分类评定，按照企业安全状况实行A、B、C、D四级分类管理。各地通过推广温岭等地加强非公有制经济及中小企业安全监管工作的经验，深入开展安全质量标准化活动，有效提高了企业自身安全保障能力。

七、加强安全生产法制建设，严肃查处各类安全事故

通过有关部门共同努力，《浙江省安全生产条例》已完成起草工作，进入审查批准阶段。《浙江省安全生产条例》的出台，将对我省安全监管工作起到积极的推动作用。在安全法制建设工作上，各地、各部门也都作了积极努力。宁波出台了《关于进一步加强安全生产工作的决定》、《宁波市重大安全事故行政责任追究规定（试行）》等一系列规范性文件，形成了宁波市安全生产法规、政策的基本框架。

各地、各有关部门按照有关规定和“四不放过”的原则，严肃查处各类事故，并追究有关人员的责任。杭州市对道路交通事故实行问责制和告诫制，向有关县（市、区）政府发出道路交通事故问责与告诫书。

八、加大对重大危险源的监控

为切实防止重特大事故，加强事故预警和应急处置工作，2005年，全省各级安监部门加快实施“科技兴安”战略，认真开展重大危险源调查和申报登记工作，并逐步建立重大危险源数据库。目前，全省已完成登记重大危险源2870个，并对各类重大危险源实行分级动态管理，按照有关要求建立了各项严密的管理措施。为提高应急处置能力，各有关部门加强对重点企业应急预案编制、管理、执行的检查督促力度，重点企业单位应急预案编制管理已纳入安全监管的重要内容。目前，省政府已出台了《浙江省特大生产安全事故应急救援预案》、《浙江省危险化学品重特大事故应急救援预案》等生产安全事故预案，作为省政府总体应急预案的一个重要组成部分。各级安监部门也积极制定当地生产安全事故应急预案，并会同有关部门和企业，开展了针对危险化学品泄漏、高层建筑消防等事故的应急救援演习。

九、创新机制，齐抓共管

各地安监部门在管好本职监管范围内工作的同时，主动配合公安、消防、建筑、交通、教育等部门，积极开展安全检查和专项整治，全力防范各类事故；各级有关部门尽职尽责，团结协作，齐抓共管，积极开展联合执法活动，加大对重点行业、重点领域的整治力度，切实维护了正常的安全生产秩序。各地进一步健全安全监管机制，避免出现有关部门之间各自为政的局面，充分发挥各部门的积极性，形成监管执法工作的“合力”。与此同时，各地党委、政府以及人大、政协也经常召开安全专题会议，听取汇报，研究解决不同时期、不同阶段安全生产重点、难点问题，落实责任单位，并加强过程、结果督办。目前已基本形成重大安全问题由安委办调研提出意见、安委会讨论决定、部门落实、政府督办、人大和政协监督的工作机制。

安徽省安全生产工作综述

2005年，安徽省安全生产工作认真贯彻落实省委、省政府工作部署和要求，以科学发展观为指导，以落实《关于进一步加强安全生产工作的决定》为主线，坚持以人为本抓安全，紧紧围绕全年的工作重点和目标任务，全面加强安全生产工作，实现全省安全生产形势总体稳定。全年发生各类安全生产事故18306起，同比减少748起，下降3.9%，事故造成死亡5165人，同比减少545人，下降9.5%。其中道路交通事故死亡4355人，同比减少439人，下降9.2%；工矿企业发生事故432起，死亡491人，事故率和死亡率同比下降7.7%和4.7%；煤矿事故58起，死亡77人，事故率和死亡率同比下降25.6%和9.4%。煤矿百万吨死亡率为0.98，低于全国平均2.81的水平。发生一次死亡3人以上重大事故101起，死亡382人，事故率和死亡率同比下降11.4%和16.2%。没有发生特大生产安全事故，是全国没有发生特大事故的4个省份之一。

一、继续落实和完善安全生产法制建设

2005年6月，由全国人大常委会副委员长许嘉璐带队，对我省贯彻实施《安全生产法》，特别是煤矿安全生产情况进行执法检查。各地各部门各单位密切配合检查活动，认真落实执法检查意见。政府有关部门积极采取措施，加强安全生产联合执法检查制度建设，推进联合执法监督检查活动的开展，有效打击违法行为。

组织起草《安徽省安全生产条例（草案）》，报送省政府、省人大分别列入立法计划。制定了《安徽省安全生产信息工作暂行规定》、《安徽省安全生产专家组管理暂行办法》、《安徽省重大安全生产事故隐患整治技改贴息项目审查及专项资金管理办法》、《安徽省煤矿停产整顿期间安全管理办法》等规范性文件。

合肥、宣城、马鞍山、淮南等市在安全费用提取、举报奖励、烟花爆竹和乡镇安全监管等方面制定落实了行之有效的措施，规范了安全生产检查、乡镇（街道）安全生产管理等方面的规章制度。

二、完善安全生产监管体制建设

截至2005年年底，安徽省17个省辖市先后设立了同级政府管理的安全监管机构，人员编制231人。其中，合肥、安庆、阜阳、淮北4个市设立了安全生产执法队伍，人员编制34人；105个县

（市、区），有89个设立了县级安全监管机构，人员编制523人，凤阳、岳西、繁昌、肥东等17个县（市、区）设立了安全生产执法队伍，人员编制100人。宣城市下辖的107个乡（镇），有97个乡（镇）设立了安全监管机构，配备了专职人员。

2005年9月，全省共有2600人参加了第二次国家注册安全工程师资格考试，有305人通过资格考试，并取得国家注册安全工程师资格证书。

三、推进和发挥安全生产科技规划作用

组织编制了《安徽省"十一五"安全生产规划》，明确了全省"十一五"安全生产工作指导思想、目标任务和措施，安排10个方面共290多项安全科研和建设工程项目。省十届人大四次会议审议通过的省"十一五"规划纲要已将安全生产规划列入其中。

同时将省、市两级安全生产应急救援中心和省级专业应急救援体系、尾矿库中的险库和危险性较大的病库的治理以及城市内安全距离不达标的危险化学品生产和储存企业搬迁等重大事故隐患，列为"十一五"省重点工程。蚌埠、芜湖、安庆、宿州等市结合实际编制了"十一五"安全生产规划。

全省有26个安全科技项目列入国家年度科技发展计划。"铁路无人道口自动监护预警设备"技术示范项目在北京、山西等地得到推广应用。合九铁路在我省境内54个无人道口监护设备通过验收，投入使用。此项目参加全国安全生产技术装备展，我省获"最佳组织奖"和"优秀设计奖"。

四、强化安全生产目标管理和考核

2005年年初，省政府安委会与17个市政府签订了安全生产目标管理责任书。各地、各有关部门层层分解，落实到基层部门和生产经营单位。省政府安委会办公室加强对安全生产指标控制进展情况的监督检查。

2005年年底，按照目标管理考核规定，通过自查自评、复评复核、综合考核和量化打分，经省政府安委会审议，2005年安全生产工作考核优秀的有宣城、黄山、阜阳、安庆、蚌埠5个市，先进的有芜湖、淮南、淮北、滁州、马鞍山、合肥、宿州7个市，合格的有亳州、铜陵、池州、巢湖、六安5个市。

五、扎实推进安全生产许可证制度

各地、各有关部门严格要求，加快审查发证进度，加快推进全省煤矿、危化品、烟花爆竹、非煤矿山、建筑和民爆器材6个高危行业企业安全生产许可证颁发工作，共颁发安全生产许可证4925个，发证率达51.5%，其中：煤矿发证284个，发证率达100%；非煤矿山发证1513个，发证率达26.26%；危险化学品发证188个，发证率达42.73%；烟花爆竹发证282个，发证率达84.68%；建筑施工发证2647个，发证率达88.27%；民爆器材9个企业，全部发证，发证率达100%。

六、认真开展安全生产检查与隐患整治工作

省政府安委会组织了5次全省性安全生产大检查，并多次开展专项检查和督查，先后组织14个检查组对各市督查。省安全监管局以实施安全生产行政许可为契机，深入开展非煤矿山、危化品和烟花爆竹专项治理，会同公安、国土、环保、工商等部门开展联合执法，加强对火工原料的源头管理，加强市场销售检查。围绕贯彻落实省政府《关于进一步加强安全生产工作的决定》，先后2次在全省组织落实情况的大检查，从机构建设、责任制落实、经济政策执行、行政许可、重大隐患整治、重大事故查处等8个方面28项内容进行检查，按照"缺什么补什么"的原则认真整改。

据统计，全省各级安全监管部门监督检查生产经营单位34360个，累计监督检查生产经营单位59327次，下达各类安全生产执法文书25221份，其中整改指令书4381份，行政处罚决定书328份，查处事故隐患39958条，90%以上的隐患得到整改。全年非煤矿山企业停产整顿807家，关闭628家；危化品企业停产整顿22家，关闭10家；烟花爆竹企业停产整顿35家，关闭31家。

全省对重大危险源建立监控管理台账，实施动态监控，对1772处重大危险源建立了监控管理台账。

七、扎实开展安全生产宣传和培训教育工作

以"遵章守法、关爱生命"为主题，组织开展安全生产警示教育和"安全生产月"活动，举办首届安全生产知识电视大赛，组织文艺团体赴有关市巡回演出。省有关部门将《煤矿工人安全知识50条》、《煤矿瓦斯治理50条经验》编印成册送到煤矿企业，编印《中小学自我保护安全常识》手册送到中小学校。通过新闻媒体及时向社会通报安全生产工作的重大举措，在安徽卫视开播《安全为天》警示教育片，强化全社会安全意识。

全省培训各类人员94058人，其中，生产经营单位主要负责人13268人，安全生产管理人员9458人，特种作业人员70824人。省级培训安全监管执法人员508人，培训省、市、县三级安全监管机构转岗人员200人。

八、进一步加大安全生产投入

省财政安排了29个省重大隐患整治贴息项目，总投资5.91亿元。其中省财政贴息1000万元，带动银行贷款4.32亿元，企业自筹1.58亿元。到2005年年底，有8个隐患整治项目完成整改任务。

各地分别列出一批重特大安全事故隐患，由各级政府重点督促整治。芜湖、合肥、滁州等市积极筹措隐患整治资金，落实隐患整治工作。同时，积极落实企业安全费用提取的有关规定。铜陵、淮北、淮南、宿州等市积极制定配套文件，实施安全生产风险抵押金制度。

2005年，省属四大煤矿矿业集团共提取安全生产费用17.8亿元，比上年增加近10亿元。全省非煤矿山、危化企业提取安全费用4亿多元。

九、积极推进企业安全生产标准化

2005年在机械电子行业、非煤矿山和危险化学品等行业推进安全生产标准化工作，重点在机械行业率先开展企业安全生产标准化活动，制定了鼓励企业开展安全生产标准化工作的具体措施，强化了企业主体责任，夯实了安全生产基础工作，企业安全生产标准化工作得到进一步推广。安徽叉车集团获一级安全生产标准化企业称号，安徽盈创石化检修安装有限责任公司、安徽叉车集团公司蚌埠液力机械厂、合肥ABB变压器有限公司等3家企业获二级安全生产标准化企业称号，并在全省安全生产工作会议上授牌。

十、加强行业综合安全监管

煤矿安全生产认真贯彻落实国务院关于加强煤矿安全生产的《特别规定》和《紧急通知》，对所有煤矿企业多次组织开展地毯式隐患排查和督察工作，对高瓦斯、瓦斯突出和水害严重的162对矿井实施重点监控，对重点煤矿派驻瓦斯治理督导组，对全部矿井进行通风能力核定。组织开展联合执法，严厉打击违法生产行为，责令89对矿井停产整顿，对18对验收不合格矿井予以关闭。开展机关工作人员和国企负责人投资入股煤矿专项清理，初步清理24人，撤出入股资金286万元。组织开展煤矿安全专家会诊，落实安全改造矿井15对，国债资金补助4.24亿元。

道路交通安全进一步加强预防道路交通新机制建设，组织开展了“五整顿、三加强”、治理车辆超载超限、预防群死群伤道路交通事故、创建平安畅通县区等工作。全年纠正各种严重交通违法行为386万起，处罚违法人员344万人次，查处超载车辆81389辆，更正“大吨小标”车辆117996辆。全年道路交通事故起数和死亡人数分别下降3%和9.2%，是“十五”期间下降幅度较大的一年。

消防和旅游安全分别结合旅游黄金周开展了人员密集场所专项治理、火灾隐患排查整治和游乐设施专项督查工作。在全省消防监督检查中，责令停产、停业、停止使用243家。其中，政府挂牌督办的38处重大火灾隐患有35处整改完毕。

水上交通安全和道路运输企业继续深化安全专项整治，对低质量船舶进行重点检查，清理出低质量船舶1171艘，取缔20家非法违规船厂，责令117家船厂限期整改。开展了以淮河、新安江、巢湖水域为重点的通航秩序和渡口、渡船的专项治理，投入1000多万元开展了“渡改桥”试点工作。加大对道路运输企业的监管力度，认真抓好“三关一监督”工作，整顿和规范道路运输安全秩序。

建筑施工安全狠抓项目安全管理，强化责任落实，开展施工现场安全生产达标创建和建筑安全生产专项治理活动。对高处坠落和施工坍塌等多发事故进行专项整治。全年高坠事故占建筑事故的比重下降了12.3个百分点。

特种设备安全以强化重要设备、重点场所、重点行业和重大事故隐患现场安全监察为重点，开展电梯、工业管道、起重机械和危化品容器等特种设备的安全检查和督查，取缔土制特种设备119台和非法制造窝点3家，完成重大隐患整改113个。

民爆行业安全扎实地开展了火工品安全生产专项整治工作，加大行业检查和督促隐患整治的力度，依法对军品风险储存库实行行政许可。民爆行业生产流通企业全面开展安全评价工作。对新、改、扩建工程项目，一律实行安全设施“三同时”，强化行业监管。·

矿产资源勘查开采把矿山安全生产和整顿矿产资源开发秩序工作有机结合，加大对无证勘查开采等违法行为的打击力度。全年查处无证采矿和越界开采违法违规事件343起，责令停产整顿矿山273家，关闭整顿不合格矿山121家，注销和吊销采矿许可证135个。

十一、严肃依法查处安全生产事故

安徽省进一步强化行政执法监督检查，严肃查处各类事故。对违法生产经营单位依法实施行政处罚1955次，对单位主要负责人实施行政处罚233次，收缴罚款524万元。全省重点查处各类安全生产事故462起，到年底结案378起，受行政处分385人，其中行政部门领导干部104人，生产经营单位主要负责人238人。省级查处或批复结案重大事故88起，处罚生产经营单位36个，移交司法机关52人，追究行政责任47人，罚款155.4万元。

十二、加强生产安全事故应急救援工作

组织编制了《安徽省安全生产事故灾难应急预案》和5个专项预案。同时，省公安、质监、建设、交通等部门和各市编制了专项预案和预案规划。整合现有资源，依托大企业，初步建立起安庆、铜陵、合肥、淮南、淮北5个救援基地，煤矿、危险化学品、非煤矿山6支救援队伍，逐步形成以省级基地为核心，各市救援中心为支撑辐射全省的应急救援体系。芜湖、黄山等市开展了生产安全事故应急救援演练，积累了较好的经验。

安徽省煤矿安全生产工作综述

一、概述

安徽省有煤矿314对，其中，国有重点煤矿淮南矿业集团、淮北矿业集团、皖北煤电集团、国投新集公司所属矿井52对（生产矿井38对，基建矿井14对）；小煤矿262对（生产矿井260对，基建矿井2对）。国有重点煤矿煤层赋存条件复杂，灾害严重，是全省煤矿安全工作的重点；小煤矿安全基础薄弱，技术素质低，是全省煤矿安全工作的难点。2005年，安徽煤矿安全监察局认真贯彻落实国家关于安全生产的方针政策、法律法规以及《国务院关于预防煤矿生产安全事故的特别规定》（国务院令第446号）和《国务院办公厅关于坚决整顿关闭不具备安全生产条件和非法煤矿的紧急通知》（国办发明电［2005］21号）等重要文件精神，按照国家安全生产监督管理总局关于安全生产工作的总体部署，以及安徽省省委、省政府关于安全生产工作的具体安排，围绕局党组2005年年初提出的工作目标和重点任务，一手抓监察执法，一手抓队伍建设，有力促进了全省煤矿安全形势的稳定好转，事故起数和死亡人数比2004年有较大幅度的下降，赢得了地方政府及有关部门和煤矿企业的一致好评。

2005年，安徽煤矿安全监察局监察矿井2218矿次，下井8592人次，下达各类执法文书5690份，责令100矿次停产整顿、414个采掘工作面停止作业，查处事故隐患19971条。全省原煤产量7839万吨（淮南矿业集团、淮北矿业集团、皖北煤电集团、国投新集公司产煤7230万吨；小煤矿产煤609万吨），全省煤矿企业发生死亡事故58起，死亡77人，百万吨死亡率约为0.995。死亡人数比省政府下达的控制指标（105人）减少28人，减幅为26.7%；百万吨死亡率比省政府下达的控制指标（1.096）下降0.096，降幅为8.76%。死亡人数比国务院安委会下达的控制指标（115人）减少38人，减幅为33%；百万吨死亡率比国务院安委会下达的控制指标（1.31）下降0.31，降幅为23.7%。与2004年（发生死亡事故78起、死亡85人、百万吨死亡率为1.112）相比，事故起数减少20起，死亡人数减少8人，百万吨死亡率降低0.117，分别下降25.6%、9.4%和10.5%。结案期限内的事故全部结案，处理事故责任人531人，其中1人被依法移送司法机关追究刑事责任。安全效果创近几年最好水平。

二、三项监察

根据国务院办公厅《关于完善煤矿安全监察体制的意见》（国办发［2004］79号）关于煤矿

安全监察机构职能规定和《国务院关于进一步加强安全生产工作的决定》（国发［2004］2号）精神，安徽煤矿安全监察局紧紧围绕国家赋予的“三项监察”职能，紧密结合安徽省煤矿安全生产的特点和实际情况，积极调整执法思路，在分析、研究、总结的基础上，确立了2005年度总体工作目标。总体工作目标为：“一个确保”（确保完成国家下达的煤矿安全生产控制指标）、“二个加大”（加大对国有重点煤矿瓦斯治理的监督力度，进一步推进瓦斯治理“十二字”方针的落实；加大对小煤矿深化安全整治的督察力度，进一步提高办矿水平和安全生产条件）、“三个实现”（实现全省生产矿井持安全生产许可证生产；实现国有重点煤矿安全质量标准化全部达标；实现不具备基本安全生产条件的小煤矿全部关闭）。

围绕年度工作目标的实现，根据自然灾害的严重程度和安全生产条件，制定了重点监察、专项监察、定期执法预案，明确监察执法的具体内容、方式方法和责任。执法预案紧紧抓住瓦斯治理、整顿关闭、防治水等重点工作，把全省淮南、淮北、宣城等7个地区列为重点监察地区，把52对高瓦斯矿井和33对煤与瓦斯突出矿井以及77对受水害威胁严重的矿井列为重点监察矿井，把煤矿企业主要负责人、安全生产管理人员、特种作业人员、外委施工队伍等列为重点监察人群，把通风、瓦斯抽放、防治水、供电等主要系统列为重点监察系统。据统计，2005年，全局组织开展重点监察820多次，组织开展“一通三防”、安全投入、安全监控系统、煤矿矿用安全设备等专项监察60多次，开展有规模、有影响的定期监察30多次，逐步完善了“三项监察”执法机制。

三、瓦斯治理

安徽省高瓦斯矿井以及煤与瓦斯突出矿井数量多、井型大、井下从业人员相对密集，瓦斯灾害严重威胁职工生命和国家财产安全，成为煤矿安全的重大隐患。工作中，安徽煤矿安全监察局在抓大防小、兼顾全面的同时，把煤矿“一通三防”工作，尤其是瓦斯治理“十二字”方针的落实情况放在安全监察工作重中之重的位置，紧紧盯住重点环节和重点部位，查隐患、查责任、促整改、抓落实，从不懈怠。一是加强源头监察，督促企业落实“应保尽保，应抽尽抽”，尤其加强对瓦斯抽排效果的检验监察。二是加强对瓦斯治理责任制、瓦斯治理机构和人员配备、防治瓦斯的管理制度和安全技术措施、瓦斯抽放系统、矿井通风系统、防治煤尘自燃措施落实的过程监察，坚决防止瓦斯超限。三是加强对周期来压期间、断层带、预抽钻孔结合部、上隅角、采掘工作面炮眼封堵及炮后瞬间瓦斯情况等薄弱环节和死角的监察，防止瓦斯超限或发生异常。四是加强对瓦斯治理投入及使用情况的监察。五是加强对防突措施的监察，督促企业严格落实“四位一体”防突措施。六是加强对矿井采、掘、机、运、通各系统各环节生产能力的监察，严禁超通风能力生产。七是加强对监测监控系统的监察，确保瓦斯监控设备状况完好，运行有效。全年全局开展瓦斯治理有关的重点监察达600余次，专项监察达30余次。

国务院第81次常务会议和淮南瓦斯防治现场会以后，安徽煤矿安全监察局又进一步明确将瓦斯治理工作作为攻坚克难的主要方向，多角度、全方位开展工作。抽调5名精干人员全年驻扎淮南矿业集团和淮北矿业集团，开展瓦斯督导工作，现场检查、解决问题；组织专门力量全过程参与国务院专家组开展的安全“会诊”，深挖问题和隐患，研究治理瓦斯的对策；向安徽省发改委等部门发出建议，要求及时纠正在通风能力核定工作中存在的问题；督促全省高瓦斯矿井和煤与瓦斯突出矿井全部安装了瓦斯监控系统，适时监测瓦斯活动情况等。通过社会各方的共同努力，瓦斯治理攻坚战取得了阶段性成效。淮南矿业集团2005年仅“一通三防”投入就达9.8亿多元，淮北矿业集团公司新掘专用回风巷达1.3万米以上。淮南矿业集团、淮北矿业集团、皖北煤电集团、国投新集公司年抽放瓦斯超过2.6亿立方米，占总涌出量的31.5%；整改突出矿井不符合规定的采区变电所等70多处。瓦斯超限次数大幅度下降，超能力生产行为得到了有效遏制。

四、整顿关闭

根据《国务院关于预防煤矿生产安全事故的特别规定》（国务院令第446号）、《关于坚决整顿关闭不具备安全生产条件和非法煤矿的紧急通知》（国办发明电［2005］21号）、《国务院关于全面整顿和规范矿产资源开发秩序的通知》（国发［2005］28号）等重要文件精神，安徽煤矿安全监察局按职责要求，认真组织开展整顿关闭工作，加强实施过程的监督检查。在要求全省煤矿企业深入查找隐患、加大整改力度、加快整改进度的同时，组织开展或会同有关部门联合开展安全检查，重点从三方面摸清排除全省煤矿企业存在的问题：一是国办发明电［2005］21号规定的须整顿的7类矿井和须关闭的4类矿井；二是国务院第446号令第八条规定的15项重大安全隐患情况；三是煤矿持有采矿许可证、安全生产许可证、煤炭生产许可证、营业执照以及煤矿矿长持有矿长资格证、矿长安全资格证情况。根据结果，将全省存在重大安全隐患、“六证”过期等89对煤矿列为停产整顿对象。

根据确定的停产整顿对象，安徽煤矿安全监察局以安徽省小煤矿关闭整顿工作领导小组办公室的名义，分别向其所在地方政府或矿业集团下达了监察意见，要求采取有效措施进行监督检查，按规定程序组织实施。同时，加大了监察频率和执法力度，督促89对停产整顿矿井深入检查证照，检查隐患，检查安全管理，检查劳动组织，并确定整改项目，制定整改方案及停产整顿期间保障安全措施。经过近5个月的整治，其中71对矿井在整治了1600余条隐患后，达到了安全生产条件，由地方政府组织验收后恢复生产。另18对因整治不力而不再具备基本的安全生产条件的矿井，安徽煤矿安全监察局分别向其所在地政府下达了关闭建议书，要求地方政府组织实施关闭。按照关闭建议书的要求，地方政府先后吊销了相关证照，拆除了生产设备，炸封了井筒，于2005年年底前全部按要求关闭彻底。

五、安全准入

以安全生产许可证颁发管理和煤矿建设项目“三同时”的监察执法为抓手，不断提高安全准入条件。为全面推动实施安全生产许可制度，安徽煤矿安全监察局成立了专门的煤矿安全生产许可证颁证领导小组，抽调专人负责，从宣传贯彻、监督企业隐患整改、指导企业开展安全评价、督促企业申请、正式受理、条件审查、颁证、日常监督管理八大环节入手，稳步开展煤矿安全生产许可证颁发管理工作。截至2005年年底，对全省符合条件的煤矿全部颁发了安全生产许可证，并分批先后在《安徽日报》、《安徽工人日报》等新闻媒体上进行了公告。为防止煤矿在领取安全生产许可证后放松安全管理，安徽煤矿安全监察局加强了对安全生产许可证的日常监督监察，凡是放松管理、安全滑坡的煤矿，立即暂扣安全生产许可证，实施行政处罚。对41对采矿许可证过期的小煤矿，责令全部停产整顿，直至整改完毕后才予恢复生产。通过实施煤矿安全生产许可证制度，进一步提高了煤矿企业依法办矿、管矿的意识和能力。

安徽省煤矿建设项目工程庞大，目前，全省有在建矿井16对，设计生产能力约4000万t/a；拟建矿井14对，设计生产能力2000万t/a；改扩建矿井8对，扩建后新增设计生产能力约1000万吨/年。建设项目的安全生产状况对全省煤矿企业安全生产整体状况的影响很大，夯实建设项目的初始安全基础至关重要。为做好源头预防，安徽煤矿安全监察局一边严格安全专篇设计审查，一边严格“三同时”现场监察，确保煤矿建设主体工程和安全设施做到同时设计、同时施工、同时投入生产和使用。先后组织专家对淮北矿业集团公司杨柳煤矿等22对基建、改扩建、技改矿井的安全专篇进行了严格审查，对3对国有煤矿因其项目未经国家发改委核准，未予批准安全专篇。组织对淮南矿业集团公司张北煤矿、淮北矿业集团公司孙疃煤矿等16对基建矿井进行了两次全面深入细致的专项监察，责令4对违反规定的国有重点基建矿井停止作业，实施整改。

六、联合执法

坚持开展安全情况通报、安全信息交流、安全联席会议等工作，及时掌握安全生产动态，做到有的放矢，提高安全监察的针对性，减少执法性，杜绝一事两罚。安徽煤矿安全监察局组织召开由各市县煤炭行业管理部门、煤矿安全监管等部门、淮南矿业集团、淮北矿业集团、皖北煤电集团、国投新集公司等参加的安全生产协调会、安全生产座谈会、安全例会等120余次；督促淮南矿业集团、淮北矿业集团、皖北煤电集团、国投新集公司领导班子专题汇报安全生产工作9次；向地方政府及其有关部门、煤矿企业下达执法情况通报、事故通报等46份；向地方政府下达《加强和改善煤矿安全管理建议书》70份。仅皖南监察分局就牵头召开了有分管市、县（区）长和监管部门负责人参加的座谈会、协调会26次，并协调督促监察行政区域内宣城市、宁国市、广德县等市（县、区）增加了煤矿安全监管编制，促使部分产煤市、县出台了煤矿安全风险抵押金制度。同时，热心指导县（区）、乡煤矿监管部门建立、健全安全管理基本制度和技术台账等工作。

在互通信息、增进理解的基础上，积极推动构建联合执法机制，调动各方力量，形成抓安全的合力。2005年8月中旬、8月下旬、11月上旬、11月下旬、12月上旬，安徽煤矿安全监察局会同省发改委、安全生产监督管理局、国土资源厅、工商行政管理、社会保障等部门开展了覆盖全省煤矿的联合安全检查5次；全年，淮南、淮北、皖南监察分局与所在地市有关部门开展联合执法24次。重点检查煤矿企业贯彻落实国家安全生产方针情况、国务院重要文件精神情况、安全责任制落实情况、重大隐患整改情况、整顿关闭进展情况、从业人员参保情况等，营造了全社会关注安全、关爱生命的浓厚氛围。

七、支撑体系

从健全培训网络体系、完善培训工作机制等入手，推动煤矿安全培训机构建设，加快煤矿安全培训机构认证工作，加强煤矿负责人员、安全管理人员、特种作业人员的资质管理，强化培训工作。安徽煤矿安全监察局在合肥成立了安徽省煤矿安全培训中心，全年举办矿长培训班9期、全省产煤乡镇长培训班1期、注册安全工程师培训班1期。建成并通过安徽煤矿安全监察局认证的二级煤矿安全培训机构4个、三级煤矿安全培训机构10个、四级煤矿安全培训机构39个，并全部投入使用。组织培训考核煤矿企业主要负责人员和安全生产管理人员4292人，科（区）长、队长2579人，特种作业人员25885人。全省煤矿矿长、特种作业人员均做到了持证上岗。

加强煤矿应急救援机构和队伍建设。安徽煤矿安全监察局组织专业人员对淮北矿业集团公司救护消防大队、皖北煤电集团公司救护大队、国投新集公司救护大队和皖南区域救护大队进行了检查和预验收；组织开展了矿山救护队标准化竞赛活动和达标互查活动；组织全省5个救护大队进行了循环检查活动；组织了淮南、淮北、皖北、新集四大矿业集团公司和皖南救护大队有关人员，前往参加华东区矿山救护协作网交流学习业务技术；组织了全省各救护大队指挥员（或中队长）和技术负责人参加国家安全生产监督管理总局矿山救援指挥中心开展的培训活动，全面提高煤矿救援队伍的应急救援能力。

加强矿用产品检测检验工作。根据国家安全生产监督管理总局的要求，安徽煤矿安全监察局组织成立了安徽省煤矿矿用安全产品检测检验中心，并正式投入运行。全年开展矿用设备生产厂家检查评审活动26次，检查评审厂家61厂次。检查调研国有重点煤矿36262台（套）设备和小煤矿1304台（套）设备的使用情况。检查井下各类机电设备1000台（套），开盖检查70台（套），对不符合要求的33台（套）设备，责令立即停止使用并限期整改。加强中介机构的管理工作，完成了对池州市正信安全技术咨询公司等2家中介机构的现场评审工作，并加强对评价机构的监督检查，对安全评价工作实施过程监督。

推动煤矿企业安全文化建设。以全国人大常委会《安全生产法》督察、全国安全生产月、安全生产万里行、安徽省安全生产警示日等活动为契机，组织指导煤矿安全监察及企业安全生产宣传教育工作。同时，大力推进煤矿安全文化建设，取得了阶段性成效。淮南矿业集团公司以瓦斯治理为核心，定位企业安全文化，培育并提炼出瓦斯治理理念20种；淮北矿业集团公司坚持走文化管理安全之路，形成了具有淮北矿区特色的安全人性化管理18法；皖北煤电集团公司突出安全精细化，深入推行15种安全管理方法，强化安全之本，奠定安全之基。各矿业集团公司逐渐形成了具有自身特色的安全文化。

八、队伍建设

扎实实践“三个代表”重要思想，保持共产党员先进性，召开座谈会80多次，648人次参加座谈；开展谈心706人次；发出征求意见函218份，征求意见和建议132条，顺利完成了学习动员、分析评议、整改提高3个阶段的规定动作，取得了预期效果。同时，继续在全局推广淮北监察分局提出的“710”素质工程建设，深入开展“大兴十风”和“广推十讲”活动，全面启动节约型机关的建设活动，持续开展精神文明创建活动，全面提高全体煤矿安全监察员的宗旨意识和政治素质，改进工作作风，提高办事效率。

加强执法能力建设，推进5个创新，培养创新意识。一是推进执法观念创新，树立依法行政、执法服务的观念。二是推进执法体系创新，树立“国家监察、地方监管、企业负责”的意识，确立煤矿安全监察代表国家意志和行为的行政执法地位和权威。三是推进执法形式创新，坚持规范系统的过程监察、效能监察，以及更具有针对性的专项监察。四是推进执法层次和对象创新，重点监察决策层、管理层、技术层、操作层各类人员安全生产行为及责任制落实情况。五是培养迎难而上、开拓进取、不计名利、甘于奉献的精神，树立公正执法的学习型、专家型、检察官型、公仆型执法主体新形象。

坚持教育、监督、惩处并重的原则，加强廉政建设。严格执行国家安全生产监督管理党组“九条纪律”和安徽煤矿安全监察局党组有关廉洁自律的各项规定。同时配合有关部门对国家机关工作人员和国有企业负责人投资入股煤矿问题进行专项清理，全年共清理查处23人，涉及资金386万元，2005年年底前已全部撤资。一年来，整个煤矿安全监察队伍没有发现一起违规违纪行为，也未发生一起执法错案，力求做到了严格执法、公正执法、廉洁执法、文明执法，树立了公道正派、清正廉洁的良好形象。

福建省安全生产工作综述

2005年，福建省各级、各部门认真贯彻党中央、国务院和省委、省政府关于安全生产工作的一系列部署计划，按照全面建设海峡两岸经济区的总体目标，围绕建立和完善安全生产长效机制，突出重点，狠抓落实，在严格安全责任、深化专项整治、加强源头治理、夯实基础、强化监督检查等方面做了大量工作，全省安全生产形势保持比较平稳的态势。全省共发生各类生产安全事故35249起，死亡4901人，受伤28024人，直接经济损失21644万元，事故起数和受伤人数分别比上年上升2.3%、8.0%，死亡人数和直接经济损失分别比上年下降8.4%和12.7%。全省共发生各类重特大事故95起，死亡384人，分别比上年下降1.0%和5.2%。国家下达福建省的消防火灾、道路交通、工矿企业、铁路交通4类事故控制指标4983人，实际死亡4721人，低于控制指标5.26%。

一、严格安全责任，完善目标体系

围绕全省控制指标和遏制重特大事故的要求，细化工作任务，强化工作要求，量化考核指标。

一是层层分解落实控制指标和工作任务。2005年年初，省政府向9个设区市和16个省单列考核单位下达了《2005年福建省安全生产目标管理责任书》，明确控制目标及工作任务，省委、省政府将安全生产工作情况纳入“平安福建”建设和绩效考核内容。各地按照“纵向到底、横向到边”的要求，对各类事故控制目标和工作任务进行细化、分解，层层下达到乡镇（街道）、村委会（居委会）、企业，逐级抓好落实。

二是坚持安全生产控制指标进度通报制度。省政府安委办坚持每季度在省政府防范重、特大事故工作会议上通报全省安全生产控制目标进度情况，每月在《福建省安全生产信息》上发布各类生产安全事故统计和分析，对事故多发行业和地区及时发出预警，督促有关部门和地区及时采取相应措施。

三是加强督察，完善考核奖惩机制。坚持半年督察、全年考核的做法，建立地方政府和部门领导安全生产履职报告制度，对各地各部门责任制执行情况进行督察、考核。各设区市和绝大部分省单列考核单位都完成了省政府下达的目标责任，省政府对福州、三明、厦门、漳州4个市政府落实安全生产责任制的情况给予了表彰。

四是加大事故查处和行政责任追究力度。各级安全生产监管部门严格按照国务院302号令和省政府66号令的规定和“四不放过”的原则，依法严肃查处各类生产安全事故。

二、突出重点，深化专项整治

在省政府的统一领导下，着力深化煤矿与非煤矿山、危险化学品、道路交通、水上交通、烟花爆竹、建筑施工、公众聚集场所消防、特种设备、科研机构和学校安全10个方面的安全专项整治工作。

煤矿安全整治方面，省政府印发了省安监局起草的《关于进一步加强煤矿安全工作的意见》、《福建省整顿关闭不具备安全生产条件和非法煤矿的工作方案》等文件，多次召开会议，部署落实煤矿企业颁证、整顿关闭等工作，组织开展了5次联合执法行动，对关闭无证非法煤矿工作进行明察暗访。全省对89个矿井实行了停产整顿，对31家不具备安全生产条件的煤矿企业予以关闭。煤矿投资入股的“清纠工作”，全省共有153名干部、职工登记投资入股煤矿，撤资金额达2485.85万元，对逾期没有如实登记撤资的两名干部进行了免职处理。非煤矿山整治方面，出台了《非煤矿山整治工作方案》，对非法开采和工艺落后、规模过小、破坏资源、污染环境，以及达不到基本安全生产条件的小矿山加大取缔力度，全省先后关闭近100家不具备安全生产条件的小矿山。危险化学品专项整治方面，加大了“五整顿、两关闭”工作力度，共停产整顿危险化学品从业单位211家，关闭369家，搬迁36家，先后组织有关部门和专家，协调了厦门市危险化学品仓库搬迁及选址、福州二化厂搬迁前的安全生产条件审定等问题。对个别多次取缔仍违法生产经营的“钉子户”，采取组织有关部门联合执法的办法，强制拆除有关设施，确保“五整顿、两关闭”措施落实到位。道路交通整治方面，以“五整顿、三加强”和治理车辆超限超载为重点，加大对事故多发点段的排查和整治力度，推进农村客运网络化工作，实行营业性车辆投保承运人责任险制度，采取责任倒查等措施，效果明显。2005年，全年道路交通事故死亡人数比上年减少461人。公众聚集场所消防安全整治方面，采取政府挂牌督办等形式，投入隐患整改资金9000多万元，全省确定的117家重大火灾隐患单位已整改完毕。水上交通和渔业生产安全整治方面，以落实船舶管理责任、改善船舶质量和救生、通讯、导航设施为重点，有效降低了海上事故的发生。建筑施工专项整治方面，从制度建设入手，把安全管理与资质管理挂钩，促进了工作开展。省科技厅牵头的科研单位安全专项整治，主要领导亲自抓，工作目标明确，措施有力，季度有汇报，半年有总结，取得一定成效。民爆器材和烟花爆竹以查处非法生产经营为重点，安全生产形势有所好转。电力设施安全整治以防盗窃、防破坏为重点，有效保护电力设施设备的安全。特种设备安全整治以整治土制起重机械设备为重点，全省共查封、拆毁各类不合格特种设备22187台。学校安全整治以建设平安校园为契机，着力治理学校及周边治安环境，校内事故明显减少。此外，省政府安委会加强专项整治工作的协调、指导，多次召开省直有关部门会议，理顺关系，明确职责，加强协调，落实措施，建立沟通联系制度，使各专项整治工作有效推进，促进了全省安全生产环境的改善。

三、强化源头管理，落实各项措施

一是认真实施安全生产许可证制度，严把高危企业市场准入关。研究制定了省《安全生产（经营）许可证颁证暂行办法》，确立了“企业申请，分级审查，依照法律法规规定受理、省级审核发证”的原则，与省财政厅联合下发《关于安全生产行政许可有关问题的通知》，明确安全生产行政许可经费采取划分项目、分级承担的办法解决。在此基础上，细化了煤矿、非煤矿山和危险化学品发证工作的有关规范要求，严格审核，确保发证质量。各级安监部门按照省局的要求，做了大量基础性工作，对企业办证过程中出现的困难和问题，本着既坚持原则又热情服务的原则，千方百计帮助企业解决难题，加快办证进度。在全省安监系统干部、职工的共同努力下，全省煤矿企业安全评价率达100%，颁发安全生产许可证375家，全面完成颁证任务；非煤矿山企业安全评价率达40%以上，已申办安全生产许可证的有4725家；颁发危险化学品经营许可证6677家、安全生产许可证110家。

二是认真做好建设项目安全设施“三同时”工作。省安监局共参与建设项目可研或初设审查24项，组织或参与《安全预评价报告》评审11项，受理《安全预评价报告》备案7项，组织安全单项验收3项，有效促进企业从源头上减少和消除事故隐患，促进企业本质安全。

四、强化基层，夯实基础工作

一是积极推进创安全生产合格乡镇（街道）活动。在全省范围内，全面推进创安全生产合格乡镇（街道）活动，各级安委办把这项工作作为抓基层、打基础、强监管的一项重要工作，切实加强指导、协调和检查、考核，采取了一系列行之有效的措施，使全省乡镇（街道）安全管理人员增加到2000多人。通过创建活动，达到了乡镇（街道）安全管理机构人员加强、制度标准完善、工作有效推进、事故明显下降的目的，涌现了一批先进单位和先进个人，得到了省政府的表彰。

二是加强危险源监督管理。首先在福州、厦门、泉州、龙岩等市开展重大危险源动态监控网络建设试点。目前，4个设区市已基本完成了普查登记工作。省安全隐患监控中心开发了重大危险源监控软件，通过国家安监总局审查，并在全国首届安全生产及技术装备展览会上展示，得到了广泛关注和好评。

三是加强非公有制企业管理。制定了《福建省推广非公有制企业安全监管经验实施方案》，提出了推广工作的具体要求，在全省推广广东佛山非公有制企业安全监管经验。

四是进一步完善安全生产应急救援预案。自海上搜救预案实施以来，福建省海上搜救中心共启动应急预案306次，成功救助遇险人员3463人、遇险船舶180艘。2005年，省安监局又牵头制定了《福建省危险化学品事故应急救援预案》、《福建省重特大道路交通事故应急处理暂行规定》，有效地规范了事故应急救援及处置工作。

五是开展安全质量试点工作。根据国家安监总局的部署，在全省确定了13家企业作为机械制造企业安全质量标准化工作试点企业，目前这些试点企业已成立了自评小组，着手开展工作。

五、加强监督检查，强化安全监管

2005年6月份，省安监部门积极配合省人大常委会组织的《安全生产法》、《矿山安全法》执法大检查，下发了《整改通知》，督促有关政府和部门抓好整改措施的落实，有力促进了“两法”的贯彻落实。对涉及安全生产的重大问题，省政府安委办加大了督察、协调力度，及时解决存在的问题，先后组织了10次全省性安全生产大检查、专项督察和责任制督察、考核，多次开展明察暗访，凡检查中发现的重大隐患和安全问题，都及时通报所在地政府和单位的主要领导，要求明确整改责任，落实整改措施，确保整改到位，有效地提高了安全生产监督检查的针对性、实效性和权威性。为强化社会舆论监督，省政府安委会制定了《福建省各类生产安全事故和安全生产违法行为举报暂行规定》，省财政厅、省安监局联合出台了《各类生产安全事故和安全生产违法行为举报奖励办法》，明确了举报范围、调查核实职责等事项，公布了接受举报的电话和电子邮箱，同时，省政府拨出50万元专项资金，用于举报奖励。

六、强化教育培训，提高安全意识

一是认真开展“安全生产月”宣传活动。紧紧围绕“遵章守法、关爱生命”的主题，组织开展安全生产咨询日、“安全生产八闽行”、安全生产行政执法督察等活动。首次组织的“安全生产八闽行”活动，组织新闻媒体和有关专家，深入福州、莆田、泉州、厦门、龙岩等地采访，集中报道安全生产的重点、热点和难点问题，曝光了一批存在重大隐患而未落实整改的生产经营单位。此外，组织编印了《安全知识读本》3万册，发送到省直有关部门和有关基层单位。各级安监部门也结合实际，组织了内容丰富、形式多样的活动，如福州市举办了《平安是福》安全宣传文艺晚会，演出的各类节目紧紧围绕“平安是福”这一主题，具有较强的艺术感染力和观赏性；厦门市在“安全生产月”期间，定期播放《安全你我他》专题栏目，集中宣传安全生产公益广告，并组织了有3万人参加的消防运动会，对增强全社会消防安全意识、提高自防自救能力起到了很好的作用。据统计，在“安全生产月”活动中，全省受教育人数达数百万人。

二是强化安全生产培训工作，全省共组织培训生产经营单位主要负责人、安全管理人员、特种作业人员10万多人次，有效地提高了安全生产技能。龙岩市切实加强煤矿职工安全培训，共培训入井工人17568人、班组长3097人、安全生产管理人员1202人，并编写了《龙岩市煤矿职工安全手册》发放到全市1万多名煤矿职工手中。

三是认真抓好安全生产信息工作。2005年，省局《福建安全生产信息》共编发47期、424条，许多市、县（区）安监局信息反映及时，大量信息被省局刊用。

四是组织参加首届全国安全生产及技术装备展览会，福建省参加的展览得到了国家有关领导人的好评，被评为首届全国安全生产及技术装备展览会优秀组织奖和优秀设计装修奖。

五是省总工会、省安监局组织开展了“安康杯”竞赛活动和推广“一法三卡”工作，全省有1.9万多家企业、270万职工参加了“安康杯”竞赛活动。

江西省安全生产工作综述

2005年，在省委、省政府的正确领导下，各级党委、政府及省安全生产委员会各成员单位认真履行职责，分兵把牢关口，坚定信心、扎实工作、形成合力，在保持全省国民经济持续快速发展强劲势头的同时，实现了全省安全生产总体态势平稳。

2005年，全省共发生各类事故15513起，死亡3321人，按可比口径计算，事故起数比上年减少2571起，下降14.22%；死亡人数减少422人，下降11.27%。其中，一次死亡3~9人的重大事故70起，死亡269人，同比减少8起，少死亡45人。全年死亡人数为国务院安委会下达我省年度控制指标的88.75%，即比指标少死亡421人。具体表现为“八个大幅下降，三个重大进展，一个严峻局面”。

“八个大幅下降”：一是工矿商贸企业事故下降，全省工矿商贸企业事故起数、死亡人数分别下降14.95%和23.48%；二是煤矿事故下降，全省煤矿企业事故起数、死亡人数分别下降18.28%和18.34%；三是非煤矿山事故下降，全省金属及非金属矿山事故起数、死亡人数分别下降2.38%和15.32%；四是建筑施工事故下降，全省建筑业事故起数、死亡人数分别下降41.67%和49.33%；五是烟花爆竹事故下降，全省烟花爆竹企业事故起数同比增加5起，死亡人数下降44.74%；六是其他工商贸企业事故下降，全省工商贸其他企业事故起数、死亡人数分别下降9.22%和11.39%；七是道路交通事故下降，全省道路交通事故起数、死亡人数分别下降18.48%和12.03%；八是铁路交通事故下降，全省铁路交通事故起数、死亡人数分别下降12.17%和3.78%。

“三个重大进展”：一是实施安全生产许可制度取得重大进展；二是组织煤矿两个攻坚战取得重大进展；三是整治道路交通客运企业取得重大进展。

“一个严峻局面”：上半年重特大事故频发的局面依然没有得到扭转。全年共发生一次死亡10人以上的特大事故6起，其中：“3·7”星子县特大道路交通事故死亡22人；“3·17”梨温高速上饶段特别重大道路交通事故死亡31人；“4·10”昌樟高速樟树段特大道路交通事故死亡10人；“5·16”婺源县特大道路交通事故死亡12人；“7·7”萍乡上栗县永胜煤矿特大透水事故死亡15人；“9·19”省地方煤炭公司昌丰煤矿特大瓦斯爆炸事故死亡10人。此外，还有抚州市临川区水库“10·24”特大意外沉船事故死亡10人。

2005年主要工作情况介绍如下。

一、加快安全生产法制建设步伐，出台了三项政府规章

2005年，省政府共出台了7项政府规章，其中就有3项是安全生产方面的规章，占全年出台规章总数的43%。这3项规章分别是：《江西省非煤矿山企业安全生产许可证办法》（省政府第138号令1月10日公布）、《江西省人民政府关于实施〈国务院关于预防煤矿生产安全事故的特别规定〉的办法》（省政府第141号令10月25日公布）、《江西省烟花爆竹安全管理办法修正案》（省政府第143号令11月9日公布）。此外，《江西省安全生产条例》列入省人大、省政府地方性法规调研论证项目，完成了省政府法制机构的调研论证工作，并已作为省人大、省政府地方性法规2006年立法重点项目。

二、认真实施《安全生产许可证条例》，高危行业安全许可工作取得进展

严格按照《安全生产许可证条例》及国家安全生产监督管理总局配套规章规定，省安监局和省政府有关颁证机关分别就推动6个高危行业安全生产许可证工作制定了具体的细则，对安全生产许可证的申请、审查、颁发等作出了具体规定。在颁证过程中，坚持质量第一，进度服从质量。对达不到颁证标准条件的企业，一律不予颁证。通过实施安全生产行政许可，强化企业安全生产的主体责任，督促各类企业依法从业，加快隐患整改进度，保证安全投入，改善安全条件，落实新建、改建、扩建项目安全生产设施“三同时”制度。按照国务院《安全生产许可证条例》的规定，在煤矿、非煤矿山、建筑施工企业和烟花爆竹、危险化学品、民爆器材生产企业实行安全生产许可制度。这6类企业应发证11951个，受理申请9810个，实际颁证4144个。其中：煤矿企业应颁证813个，受理申请777个，已颁证715个，颁证率达87.95%；非煤矿山企业应颁证6652个，受理申请4912个，已颁证1481个，颁证率达22.26%；建筑施工企业应颁证1727个，受理申请1364个，已颁证1229个，颁证率达71.16%；烟花爆竹生产企业应颁证2328个，受理申请2328个，已颁证1094个，颁证率达46.99%；危险化学品生产企业应颁证411个，受理申请411个，已颁证208个，颁证率达50.61%；民爆器材生产企业应颁证20个，受理申请18个，已颁证17个，颁证率达85%。一大批企业按照安全许可有关条件标准，认真进行整改，较好地改善了企业安全生产条件。

三、完善安全生产目标管理体系，严格落实安全生产责任制

2005年年初，省安委会向各设区市和省直各部门、各单位下达了年度安全生产控制目标，并通过电视电话会议、新闻发布会议、简报等形式定期公布各地、各部门完成落实情况。市、县安委会逐级向地方政府和有关部门以及各类生产经营单位下达安全生产控制目标。景德镇市对所属县市区及市直单位、鹰潭市余江县对所属乡镇及县直单位先后实行了党政主要领导同志安全生产述职制度。

由于建立了“纵向到底、横向到边”的安全生产目标管理体系，各级地方政府、部门和各类生产经营单位的安全生产责任制得到较好落实。

四、以贯彻国务院两个重要文件为主线，打好煤矿瓦斯治理和整顿关闭两大攻坚战

全省上下围绕加强煤矿瓦斯治理做了大量工作。省政府先后召开了全省煤矿安全改造和瓦斯治理工作会议、全省“学习淮南经验加强瓦斯防治”工作会议、省煤矿瓦斯集中整治领导小组工作会议和全省煤炭工业发展暨煤矿瓦斯防治工作现场观摩会；省政府办公厅印发了《关于贯彻全国煤矿瓦斯防治工作现场会议精神几个具体问题的意见》和《江西省深化煤矿瓦斯集中整治工作方案》；省发改委会同省煤炭行办、省煤炭集团公司制定了《江西省2005～2007年煤矿瓦斯综合治理规划》，省财政厅等五部门转发财政部等三部委《关于调整煤炭生产安全费用提取标准加强煤炭生产费用使用管理与监督的通知》，省国土资源厅、省煤炭行办制定了《江西省新办煤矿和煤矿扩大矿区范围审批暂行规定》。各地各有关单位落实情况总体较好。省政府出台了《关于实施〈国务院关于预防煤矿生产安全事故的特别规定〉的办法》（省政府第141号令）；煤矿瓦斯治理和整顿关闭两项工作正按照已制定的工作方案推进，建立了打击煤矿非法生产工作机制，全面开展了联合执法打击行动。江西煤矿安全监察局分两批对停产整顿煤矿进行了公告。各级地方政府和各类煤矿企业认真贯彻落实国务院两个重要文件，认真开展瓦斯治理和关闭整顿两个攻坚战，认真落实省政府和有关部门文件要求，严守“三条高压线”，严格煤矿安全程度评估。全年省政府5个督导组共进行427矿（次）督察，查出各类隐患496条，责令停产整顿矿井153处（次），停产作业采掘头面201个（次），6个重点产煤县（市、区）建成瓦斯数字化远程监控系统，305处煤与瓦斯突出和高瓦斯矿井全部装备了瓦斯监控系统；全省关闭不具备安全生产条件的煤矿80处。特别是丰城矿务局落实“先抽后采”，全年抽放瓦斯9300万立方米，抽放率达30%，除供应丰城矿区职工家庭炊用外，还准备兴建一座4×1500千瓦瓦斯发电厂，向丰城市每天送3万立方米混合瓦斯，可满足5000～10000户市民家用，在瓦斯治理上取得了很大成效。

五、深化安全专项整治，重点领域安全整治取得成效

全省深入开展了以煤矿、烟花爆竹、公众聚集场所消防安全、非煤矿山、道路交通和水上交通、危险化学品和民爆器材、建筑施工和燃气、锅容管特和“三线交越”为重点的安全生产专项整治。高危产业布局结构得到调整，非法生产得到有效遏制，企业生产条件得到明显改善。煤矿矿井总数由历史上最多时的5000余处减少到目前的873处，全省原煤产量、煤炭销售收入连年持续上升。共关闭或取缔非法和不具备基本安全生产条件的非煤矿山2375处。烟花爆竹生产地由10个设区市29个县，减少到5个设区市11个县，生产企业由

21532家减少到2619家。整治道路交通客运企业取得重大进展。认真汲取道路交通重特大事故频发的教训，在加强道路交通安全监管，实行“五个一律”的同时，对挂靠客车实行了与客运公司脱钩、实行车主责任强制保险、客运汽车全部安装GPS定位仪等措施，坚定不移、平稳操作、强行推进，2005年下半年全省道路交通安全状况有所好转。

六、加强安全生产监管，严肃安全生产事故查处和责任追究

2005年，先后在元旦、春节、全国“两会”、“五一”长假、“十一”黄金周开展了全省安全生产大检查，还进行了安全生产专项检查。在检查中，做到了有记录、有执法文书、有整改复查。通过检查，及时消除了一批事故隐患，实现了重要时期和节日长假的安全平稳。严格落实了安全生产事故责任追究制度。

一是迅速组织事故抢救。2005年，先后发生6起特大事故，省政府分管领导都亲自率领有关负责人和专家，以最快的速度赶赴现场，组织指挥事故抢救，落实善后事宜和事故调查工作。

二是按照国家和省政府关于认真查处各类安全生产事故的要求，以及事故调查结案的权限分工，各地、各有关部门及时组织开展事故调查，认真调查取证，分析原因，划分责任，做到了“四不放过”。即：事故原因没有查清不放过，事故责任没有落实不放过，有关人员没有受到教育不放过，没有制定落实防范措施不放过。

七、构建和完善应急救援体系，初步形成安全生产应急救援新机制

出台了《江西省安全生产事故灾难应急预案》和安全生产相关专项预案，即将出台《江西省矿山事故应急预案》、《江西省危险化学品事故灾难应急预案》；各项子预案以及各市、县、区的安全生产应急预案、高危企业安全生产应急预案正在抓紧制定和完善。一个指挥调度统一、上下衔接协调、反应灵敏、运转高效的安全生产应急救援体系正在形成。全省重大危险源普查登记工作已全面展开。省安全生产事故灾难应急救援指挥部已组建；经过省政府协调，已经解决了“江西省安全生产应急救援指挥中心”的用地问题，正在进行建设规划及具体方案设计，一经批准即可动工。根据我省事故灾难的特点和性质，重点对江西省非煤矿山救援基地、江西省煤矿救援基地、江西省危化品救援中心、江西省水上搜救中心、城市救援中心进行了规划和布局，正在抓紧建设。

八、加大安全投入，推动安全生产技术改造

在财政比较紧张的情况下，省政府继续安排了省级安全生产专项资金1000万元、省属煤矿安全技术改造资金3000万元，还安排了烟花爆竹、煤矿等产业结构调整补助资金。一些市县政府也安排了安全生产专项资金。在继续实行煤矿企业按实际产量提取吨煤10～15元的安全费用的基础上，经省政府批准，建立了非煤矿山、危险化学品和烟花爆竹生产企业提取安全费用制度。按照省安监局等部门印发的《江西省高危企业生产安全费用提取和管理试行办法》，全省非煤矿山企业每年可提取安全费用2.65亿元，危险化学品生产企业可提取安全费用3.03亿元，烟花爆竹生产企业可提取安全费用0.95亿元。

九、健全安全监管体制，加强安全生产监管队伍建设

全省11个设区市和99个县（市、区）全部成立了政府直属的安全生产监督管理机构，1548个乡镇和街道办事处中绝大多数建立了安全监管机构或者配备了专职安全监管人员。成立了省煤矿安全监督管理局，40个产煤县安监局加挂了煤矿安全监督管理局的牌子。目前，市、县两级安监局共有安全监管人员1021名，南昌、赣州、宜春等8个设区市和丰城、万载、上栗、浮梁等56个县（区）分别建立了安全生产监察执法队伍。实现了省安监局与设区市安监局安全生产信息网联网，2005年年底以前可以实现县（市、区）联网。目前，省、市、县、乡“三级机构、四级网络”的安全生产监管格局已经形成。

江西省煤矿安全生产工作综述

2005年，江西省煤矿安全监察机构紧紧围绕“消灭特大死亡事故，遏制重大死亡事故，减少一般死亡事故”的目标，狠抓工作落实，促进并实现了全省煤矿安全稳定好转。2005年，全省煤矿共发生死亡事故73起，死亡143人，同比减少20起，少死亡26人，全年总死亡人数为近30年来最少的一年。其中3~9人重大事故11起，死亡48人，同比减少3起，少死亡26人；全年百万吨死亡率为6.73，为近10年来最低的一年；与国家下达的控制指标相比，少死亡43人，与省政府下达的控制指标相比，少死亡22人。

一、率先推进“三个转变”

国办发［2004］79号文件下发后，江西煤矿安全监察局就开始思考如何进行煤矿安全监察职能定位问题，提出转变思想认识、转变工作重点、转变工作方式的目标；国家安全生产监督管理总局升格，尤其是李毅中局长明确提出“三个转变”（转变职能、转变工作重点，转变工作方式方法）后，全局上下把实现“三个转变”作为突出工作来抓，先后两次在局务会上专题学习，统一思想，并在2005年5月份召开的纪检监察会议上专门强调。

在转变职能方面，煤矿安全监察机构不代表市县人民政府，不代表煤矿安全监管部门，不代表出资人机构，更不代表企业，煤矿安全监察机构主要是行使国家监察的职能，开展重点监察、专项监察和定期监察，从国家监察的高度对煤矿安全监管工作进行检查指导。在转变工作方式方面，主要是实现“三个分开”，即：政企分开，政资分开，政事分开。在转变工作作风方面，就是树立扎实的工作作风，在抓落实上下功夫。

二、落实煤矿安全控制指标和责任体系初显成效

落实煤矿安全控制目标，将全省煤矿安全控制指标层层分解，落实到每个产煤市和重点煤矿，做到目标清晰、责任明确，并采取两项措施切实抓好落实。一是对事故矿井、事故多发的地区和省属国有煤矿实行停产整顿制度，落实地方监管和煤矿企业的责任。二是重点抓4个层面的责任建设，推进煤矿安全生产责任制的落实。企业层面，重点推进《安全生产法》规定的企业主要负责人的6项职责；地方监管层面，重点落实安全控制目标，推进市、县（区）政府建立、健全煤矿安全监管机构；煤矿安全监察层面，重点建立和推行行政执法责任制建设；中介服务层面，对中介服务机构依法执业进行有效监管。

三、煤矿安全生产许可工作成效显著

2005年共受理发证申请902矿次，经审核，共发放煤矿安全生产许可证755个，占全省煤矿总数873处的86.5%，基本完成了年度内许可证的发放工作。在发证审查过程中，对照标准严格把关，先后对龙南县大田煤矿等123处矿井作出不予发证的处理决定，并对上饶县田墩镇煤矿等153处矿井下达了停产整顿的监察指令，并抄送地方人民政府及其负责煤矿安全监管的部门。发证矿井和不予发证矿井均在《江西日报》进行了公告。

四、瓦斯治理攻坚战取得阶段性成果

一是认真履行煤矿瓦斯集中治理工作领导小组办公室的职责。制定并实施《江西省煤矿瓦斯集中整治工作方案》；两次承办省政府召开的全省瓦斯治理工作会议；指导协调全省瓦斯治理督导组工作，编制简报；推广学习两个“五十条”，免费发放《煤矿瓦斯治理经验50条》、《煤矿工人安全知识50条》4.6万本，编印发放《煤矿职工安全手册》8.4万本。

二是履行督导职责。派出4个督导组对丰矿等4个矿务局（公司）进行督导，共督导427矿（次），查出各类隐患496条，责令停产整顿矿井153处（次），停止作业采掘头面201个（次），督导工作取得成效。

三是全面落实省政府召开的3次瓦斯防治会议精神，督促煤矿履行瓦斯防治措施。实施安全费用制度，提高安全费用标准，积极争取国家资金，增

加煤矿安全投入；督促落实三条高压线，督促煤矿企业落实不超产、不超标、不超人；落实瓦斯防治"十二字"方针，全省305处煤与瓦斯突出和高瓦斯矿井全部装备了瓦斯监测监控系统，7处省属国有煤矿低瓦斯矿井也装备了监控系统，丰城、乐平、英岗岭矿务局和萍乡矿业集团公司建立了安全信息系统局域网，萍乡市属国有煤矿和芦溪、高安、上饶、信丰、渝水、分宜等县（市、区）也基本建成了远程安全监控系统；着力督促整改事故隐患，积极抓好国务院安全生产检查组和瓦斯会诊专家组查出问题的整改。从2006年起，全省每年将依法淘汰安全生产条件差、煤炭资源回收率低、抗灾能力弱的小煤矿30个。支持现有合法矿井按低瓦斯矿井不低于3万吨/年、高瓦斯矿井不低于6万吨/年的规模就地扩大采矿范围，整合提高。至2007年，有关管理部门在开展煤矿证照年检时，对全省低瓦斯矿井生产能力低于3万吨/年、高瓦斯矿井生产能力低于6万吨/年的各类矿井不得通过年检，未通过年检和淘汰矿井由所在地人民政府组织实施关闭。按低瓦斯矿井不低于9万吨/年，高瓦斯矿井不低15万吨/年的规模进行产业接替的矿井建设。

总之，通过瓦斯集中治理，减少了瓦斯事故，取得了近20年来的最好成绩。2005年，全省煤矿共发生瓦斯事故6起，死亡26人，同比少13起，少死亡37人，占全省总死亡人数的18.84%。

五、关闭整顿攻坚战成效显著

全省共有205处矿井进行了水患论证，制定了针对性措施；继续进行煤矿安全程度评估，共有53个C类矿井限期整改，13个D类矿井停产整顿；共对44处发生事故的矿井进行了降级处理，降为C类矿井31处，降为D类矿井13处，目前仍有6处D类矿井仍在停产整顿之中；全省事故矿井全部不同程度地进行了停产整顿，7个乡（镇）、1个县（市、区）的所有煤矿也进行了停产整顿。总之，2005年9月份之前，由于对发证前的煤矿安全评价、资源整合以及少数矿井因资源枯竭、资金困难而放弃整改等原因，全省共有60处矿井决定关闭处理。在安全许可证发放审查进程中，13处矿井因停产整顿验收不合格提请关闭，另外9处资源整合矿井按照国家安监总局要求先关闭后整合。至此，按照国家安监总局要求，全部提供了82处关闭矿井的名单。

六、监察执法工作扎实有效

2005年全省累计监察矿井6186次，人均下井监察87次，制作各类文书5059份，查处事故隐患13685条，隐患整改率为96.38%；责令停产整顿矿井216处（次），停止作业头面330个（次）；期限内事故结案率100%，查处各类责任人员254人，其中建议追究刑事责任14人。与往年相比，2005年监察执法工作有以下5个特色。

一是抓重点，计划性、针对性强。江西煤矿安全监察局制定下达了2005年监察工作计划，并以抄告单形式逐月抓落实。监察分局一月一安排，每月一小结。全局以国有大矿、事故多发地区、重大隐患矿井，煤与瓦斯突出矿井、高瓦斯矿井、容易自燃和自燃矿井、安全管理差的矿井为重点监察对象，省局在分局重点监察对象上确定13处省属国有煤矿矿井、8处市县国有煤矿、乡镇煤矿以6个县（市、区）为重点监察地区，其中对丰城、乐平两个重点监控矿井每月监察一次。按照"声势大、力度大、震动大、效果好"的要求，2005年继续组织了易地交叉监察活动。通过安全专篇审查和竣工验收预评价，审查批准安全专篇22个，目前仍有32处矿井在技术改造之中。

二是工作敢于碰硬，权威性强。对人为调低瓦斯报警断电值事件进行查处；对不理解、不支持省政府督导工作的曲江矿井矿长进行了通报批评；依据《特别规定》，首次对拒不执行安全监察指令的建新煤矿矿长处罚3万元；查实丰城矿务局建新煤矿下井人员超出规定人数10人后，对建新煤矿罚款10万元。这一系列做法，在全省引起震动。

三是实施检查指导，开展联合执法，监察效果好。明确分级指导原则，对县（市、区）煤矿安全监管工作的检查指导以分局为主，对设区市煤矿安全监管工作的检查指导由省局负责，并对全省所有产煤市、县（区）进行了检查指导；及时组织了市县煤矿安全监管部门执法人员的上岗培训工作，督促建立、健全地方煤矿安全监管部门，"三级机构、四级网络"的煤矿安全监管体系已初步形成；监察分局与设区市煤矿安全监管部门召开监察监管工作座谈会，研究制定了联合执法、安全联席会议、工作通报和信息交流，检查指导县级监管部门等制度，与设区市煤矿安全监管部门进行的联合执法工作取得较好成效。

四是完成援外监察工作，风格高。按照国家安监总局的工作部署，组织力量积极开展广东省梅州市兴宁市大兴煤矿“8·7”特大透水事故的抢险工作，只用了21个小时就顺利排水，比计划整整提前两天。此后，又先后抽调了7位监察员支援广东省的煤矿安全整治验收工作，连续工作两个多月，圆满完成国家安监总局交办的援外任务。

五是承办省政府交办的工作雷厉风行，成效显著。除了履行瓦斯治理领导小组办公室职能外，仅带队到萍乡市（上栗县除外）进行打击非法生产明察暗访活动和联合执法督察活动，就达5次之多，一次比一次力度大，督促萍乡市关闭了一批非法矿井和死灰复燃矿井，查处了有关责任人员。

七、煤矿安全支撑体系建设初具规模，效果进一步发挥

在宣传教育方面，按照“立足本职，注重实效”的原则，在搞好“安全生产月”活动的同时，牵头接待11家中央媒体和部分地方媒体参加的煤矿安全生产新闻调查采访活动，先后发表6万多字的深度报道，在全省产生了广泛影响；积极推动煤矿企业搞安全文化建设，丰城矿务局企业安全文化建设有特点、有效果；建立了媒体公告制度，安全程度评估D类矿井、停产整顿矿井、发证矿井等在《江西日报》和政府网站上公布；加强宣传报道工作，中国煤炭报（中国安全生产报）采用50篇新闻稿件，见报稿件数量居《中国煤炭报》驻各省（区）记者站上游，一批重点稿件见报后产生较大反响。

在安全培训方面，从健全培训机构、理顺培训关系、规范培训管理、提高培训质量等方面入手，积极开展煤矿安全培训工作，全年共培训矿长、副矿长、安全管理人员1395人（次），培训特种作业人员13785人（次），全员培训5万余人（次）。2005年11月，国家煤监局督察组对我省持证上岗情况进行督察后认为：江西煤矿安全培训工作领导重视、体系健全、责任落实、监察到位。国家安监总局已通知我局在即将召开的全国安全培训工作会议上介绍经验做法。

在中介服务方面，2005年新组建的江西煤矿矿用产品检验中心，与省内其他检验机构一起，共对全省539个煤矿企业的4800余台（件）仪器、仪表等进行了检验，并在全省建立9个技术服务站，建立了安全技术服务站工作制度，积极开展了工作；省局制定（修订）并实施了《煤矿安全评价管理办法》，备案了《江西省煤矿现状安全评价和重大危险源评估标准（修订）》、《江西省煤矿安全验收评价标准（修订）》、《煤矿安全预评价要求》等一系列办法和措施，全省评审799个评价报告，备案报告763个，中介机构查出1万余处事故隐患；对17个厂家的安全标志问题进行监督，暂扣一个厂家的安全标志。同时，受国土资源厅委托，对萍乡、浮梁等市县的非法采矿造成的经济损失进行了司法鉴定，人民法院采信率达100%。

在应急救援方面，以江西煤矿安全应急救援指挥中心为龙头，以现有的煤矿救护队伍为基础，按照“整合社会资源，发挥专业优势，提高装备水平，统一指挥协调”的思路，构建全省煤矿应急救护网络体系，救护队伍出动519队次，抽调2168人次对691处煤矿进行了安全检查，查出隐患1897条，协助整改976条，出动抢险救灾89队次，救出遇险遇难者119人，减少经济损失960余万元。

八、省政府领导高度重视，部门协作支持增添煤矿安全工作合力

在煤矿安全工作中，副省长凌成兴亲自担任省煤矿瓦斯整治领导小组组长，带领省发改委等部门的领导同志到北京专题汇报国债项目；率队到安徽淮南参加全国煤矿瓦斯治理现场工作会议；在一年之中组织召开了3次全省性煤矿瓦斯整治会议，并作了重要讲话，还5次到煤矿考察，4次深入井下第一线，解决安全难题。2006年，省长黄智权、副省长凌成兴在春节前专程到丰城矿务局建新煤矿、曲江公司视察调研，看望煤矿职工。省政府领导率先垂范，进一步激发了省直部门关心煤矿、支持煤矿的积极性。

山东省安全生产工作综述

2005年，山东省安监部门在省委、省政府的正确领导和各级各部门的大力支持配合下，以科学发展观统领全局，围绕建设“平安山东”、构建和谐社会，狠抓各项安全生产监管措施的落实，有效地减少了各类事故的发生。全年山东省共发生各类安全事故49335起，死亡7898人，事故率和死亡率同比分别下降10.6%和11.2%。事故起数减少5855起，死亡减少996人。发生一次死亡（失踪）3人及以上的重特大事故60起，死亡（失踪）295人，同比事故起数减少8起，死亡减少42人。其中：一次死亡10人以上的特大事故4起，死亡56人，同比事故起数减少2起，死亡减少22人。已连续两年多没有发生一次死亡30人以上的特别重大事故。全省安全生产形势持续稳定。

一、全省安全生产工作绩效评价体系基本建立

对各级各部门安全生产工作进行量化考核、绩效评价，是从机制上解决“严格不起来、落实不下去”的重要措施。按照省委“三个体系”建设要求，在安全生产领域建立了安全生产控制目标、落实责任、监督考核三个体系。

一是制定事故控制目标。根据国务院安委会下达的事故控制指标，结合山东省安全生产实际，省安委会提出了“减少死亡人数、防止特大事故、杜绝恶性事故”的工作目标和各类生产安全事故死亡人数比上年下降3.5%的事故控制指标，明确了各级各部门安全生产工作奋斗目标。

二是逐级落实责任。省安委会代表省政府将2005年度的工作目标和事故控制指标，纵向下达给17个市政府，横向下达给省公安、交通、建设、煤炭等22个省有关部门。再由各市政府、各有关部门细化、分解到各县（市、区）和乡镇政府、有关部门、村（居委会）和各生产经营单位，逐级落实责任，增强了各级各部门抓好安全生产工作的责任感和紧迫感。

三是加大监督考核力度。省委、省政府把安全生产工作作为考核各级领导班子和领导干部的重要指标之一，并把安全生产控制指标完成情况纳入“平安山东”建设的考核内容。省安监局与省综合治理委员会专门制定了《“平安山东”建设安全生产考核标准》，对各市的安全生产工作进行量化考核。在省政府制定的《山东省县域经济社会发展年度综合评价及考核办法》中明确规定，凡是发生重特大事故的一律取消县域经济社会发展参评资格。省政府坚持每月将各市安全生产控制指标的进展情况与经济指标一起公布。省安委会每季度召开一次省安委会全体成员会议，定期通报各市、各有关部门安全生产控制指标完成情况。各市、县（市、区）都把安全生产工作纳入平安市、平安县的考核内容，通过签订责任书、责任状，实行“一票否决”制度，确保安全生产任务目标的完成。滨州市在《滨州日报》定期公布各县（区）安全生产指标完成情况，并把安全生产作为考核乡镇工作的重要内容。

二、“双基”工作进一步深化

经验证明，安全生产工作重心在基层，基层工作靠基础，基础不牢，重特大事故就会不断发生。为此，我们一直坚持把“双基”工作作为安全生产工作的总抓手，并随着形势发展不断丰富和完善“双基”工作内涵。

一是推行安全标准化。为提高企业的本质安全水平，省安监局在黄金、冶金、化工、烟花爆竹、机械、电力等重点行业积极开展安全标准化工作。在济南、青岛两市选择了12家危险化学品生产经营单位进行安全标准化试点。在邹平县、招远市等城市先后召开了非煤矿山和机械行业安全标准化现场会。组织编写了《烟花爆竹安全生产管理培训教材》，规范了企业安全管理。潍坊市以“安全生产示范企业”为载体，以推行安全标准化管理为重点，培育了一大批安全管理样板企业。

二是加强培训教育。为提高从业人员的安全生产素质，各地利用培训机构对5万多名企业负责人、管理人员和10万多名特种作业人员进行了安全培训。烟台市实施“百万职工安全生产培训工程”，并开展了“金创杯”安全生产教育培训知识竞赛活动，全市85万名职工踊跃参赛。东营市坚持安全生产从娃娃抓起，在中小学设立了安全教育课，每年投入140万元用于学生安全知识教育。

三是帮助非公有制企业提高安全管理水平。为促进非公有制企业的健康发展，引导企业夯实基础工作，增强安全保障能力，省安监局选择了4个市、5个县（市、区）和50家非公有制企业作为试点单位，积极探索在非公有制企业落实“双基”工作的途径和办法。淄博市政府认真开展非公有制中小企业安全监管试点工作，成立了分管副市长任组长的试点工作领导小组，从市属大企业抽调66名专业安全管理人员，对试点单位进行对口帮扶。各级安监部门针对一些非公有制中小企业不懂安全技术、不会管理安全生产的实际，组织专家和中介机构进行安全技术服务，排查隐患，制定整改和监控方案，帮助企业完善规章制度和操作规程。

四是开展重大危险源普查和监控工作。按照国家安全生产监督管理总局的统一部署，省安监局制定了重大危险源普查方案，引导各地利用信息化技术加强安全生产监管工作。日照市安监局自主开发了重大危险源管理软件，并通过了国家安全生产监督管理总局的鉴定，为全省重大危险源普查工作提供了技术支持。青岛市排查确认了1985处重大危险源，并投入300万元完善了监控设施。淄博市狠抓安全生产信息平台建设，建立了重大危险源数据库和应急救援决策指挥信息系统。

五是总结推广“双基”经验，把“双基”工作引向深入。2005年4月2日，省政府在滕州市召开了全省安全生产“双基”工作现场会，系统总结了山东省近几年来的“双基”工作，从政府、部门、企业3个层面，总结推广了淄博市政府“舍得拿人、舍得拿钱”建安监机构和执法队伍的经验。潍坊市建立“准垂直”的乡镇安监所，形成“局、队、所”三位一体监管体系的经验。枣庄矿业集团田陈煤矿推广“精细化安全管理”的经验。招远市建设本质安全型矿井的经验和邹平县小型采石场“三化”（规范化、规模化、机械化）开采经验，促进了“双基”工作的深入开展。济南市深化“双基”工作，构建了“标本兼治、重在治本”的安全生产防范体系。烟台市的许多县（市、区）安监局长兼任政府副秘书长或政府党组成员，加大了安全生产综合监管力度。菏泽市政府专门召开“双基”工作现场会，最近市政府常务会议审议通过了《菏泽市安全生产工作“双基”考核办法》，把“双基”工作纳入规范化管理轨道。胶州市把“双基”工作延伸到村庄，在全市建立了“无缝隙、全覆盖”的安全生产管理网络体系。

三、安全生产法制建设有了很大进展

2005年6月1~9日，全国人大常委会副委员长司马义·艾买提率全国人大常委会执法检查组对山东省贯彻落实《安全生产法》情况进行了检查，对山东省的安全生产法制工作给予了充分肯定。为推进法制化进程，山东省政府颁布了《山东省重特大生产安全事故隐患排查治理办法》，并制定了多个加强矿山、危险化学品、道路和水上交通、消防、建筑等重点领域安全生产工作的规范性文件。2005年以来，省安监局积极配合省政府法制办、省人大财经委和法工委在前期大量调研和协调的基础上，起草了《山东省安全生产条例》，把山东省近几年来安全生产工作中好的经验和做法，结合安全生产工作出现的新情况、新问题，对国家有关法律法规的规定进行了补充和细化。该《条例》具有较强的可操作性和地方特色，2005年11月21日，在省人大常委会第十七次会议上进行了第一次审议，2006年经二审后将颁布实施。为提高广大干部职工和人民群众的安全法制意识，各地认真开展“安全生产月”活动。活动期间，全省有230万名职工参加了安全生产法律法规知识竞赛；组织有关部门在广场、街头开展安全生产咨询日活动，积极参与安全生产公益漫画大赛；并利用广播、电视、报纸等多种形式宣传安全生产工作，普及安全法律知识，营造浓厚的安全舆论氛围。

四、安全生产执法监察队伍建设取得重大突破

在各级党委、政府和组织、人事、编办等部门的大力支持下，经过两年的努力，山东省在全国率先组建了安全生产执法监察队伍。截至2005年年底，山东省及17个市、140个县（市、区）建立起了执法监察队伍，人员编制达到1310人，到位999人。为确保队伍健康成长和工作顺利开展，省安监局先后制定下发了《山东省安全生产行政执法监察工作指导意见》、《山东省安全生产行政执法程序暂行规定》、《山东省安全生产行政处罚程序规定》和《安全生产监督检查行政执法文书》，初步理顺了执法监察工作关系，规范了执法行为，明确了执法重点，并多次召开全省执法监察工作座谈会和经验交流会，总结推广了淄博市和济南市槐荫区执法监察工作经验，推进了全省执法监察工作。一年内，全省各级执法监察队伍依法下达整改指令13637次，行政警告314次，罚款447万元，责令停产停业整顿606处，吊销有关证照77个，提请关闭88家企业。济宁市安监局把安全生产大检查与专项执法监察有机地结合起来，增强检查效果。诸城市委、市政府整合安监部门局、队、所和司法机关的执法力量，严肃查处违法行为，市法院将市安监局查处的109起案件纳入强制执行程序。各级执法监察队伍通过严格执法、热情服务，切实解决了部分企业安全生产主体责任不落实、安全投入不到位、隐患整改不积极等问题，为稳定全省安全生产形势发挥了越来越重要的作用。

五、重点企业和重点领域的安全防范工作取得明显成效

抓重点、防重特大事故，是我们认真总结经验，把握安全生产规律而采取的一项重要措施。

一是抓重点企业的安全监控。各级安监部门在全省非煤矿山、危险化学品、烟花爆竹3个领域排查确定了1169家重点监控企业，按照“专家查隐患、政府搞督察、部门抓监管、企业抓整改”的检查要求，对每家重点企业不间断地进行监督检查。省安监局聘请了139名安全生产专家，对57家省级重点监控企业进行“诊断式”检查，发现和消除了企业难以发现的工艺和设备上的缺陷及隐患，深受企业的欢迎。烟台市安监局对重点监控企业采取建立监管档案、加强日常检查、派驻安全督导员、实行安全生产承诺制等措施，强化了对重点企业的安全监管。泰安市安监局向重点监控企业派驻安全监督员、特派员140余名，加强了动态监管和现场监控。

二是抓重点领域的安全整治。为了推进煤矿、非煤矿山、危险化学品、道路和水上交通、民用爆破器材和烟花爆竹、人员密集场所6项安全专项整治，省安监局积极协调省公安厅、交通厅、海洋与渔业厅、海事局、煤炭办、国防科工办等部门，制定下发了《全省2005—2007年安全生产专项整治方案》。2005年4月份，省安监局会同省公安、交通、质监、石化部门联合采取10项硬措施，对危险化学品运输环节进行了集中整治，并制定了《山东省危险化学品安全监管有关部门职责》，细化了11个部门的安全监管职责，形成了齐抓共管、综合治理的工作机制。青岛市政府为做好黄岛石油化工区域的安全生产工作，专门举办了“安全与发展论坛”。日照市安监局对岚山港进行了区域性的安全评价。德州市认真整治防护距离达不到要求的5家危险化学品生产企业，目前已有3家企业进行了搬迁。临沂市郯城县政府投入1000万元专项资金对恒通化工集团不符合安全距离要求的液氯、液氨储罐进行了搬迁。枣庄市以石膏矿山为整治重点，目前已成功处理了31万平方米的采空区。莱芜市安监、国土资源、公安、煤炭等部门联合执法，对私采滥挖的小煤井、小粘土矿进行集中治理。

三是抓重点时期的安全检查。针对冬季事故易发的特点，省安委会及时组织开展了“百日安全集中整治”和安全生产“大检查、严治理、严监控”活动，全省共检查单位3.5万家，整改事故隐患和不安全因素12.7万处，取缔关闭企业315家。针对重要节假日的特殊性以及夏季、汛期的安全生产特点，建立了早部署、早落实和安全自查、专业检查、包市督察、信息报送等一系列工作制度，为维护社会稳定发挥了重要作用。

六、落实安全生产市场准入制度

各级安全生产监管部门认真执行安全生产许可制度，严把市场准入安全生产条件关，杜绝不具备安全生产条件的企业进入市场。各级安监部门通过严格审核，督促企业开展安全评价、完善规章制度、改善安全条件。截至目前，全省有4373家非煤矿山、1463家危险化学品生产企业和56家烟花爆竹生产企业取得了安全生产许可证，16408个危险化学品经营单位取得了甲、乙种经营许可证。各级安监部门还将为2.6万多个烟花爆竹经营企业发放常年和临时销售许可证。按照落实科学发展观、转变经济增长方式的要求，各级安监部门将实施安全生产许可制度与落实产业政策相结合，对危险化学品的产业发展进行了统一规划，严格控制新建剧毒危险化学品生产储存项目。根据省政府领导的指示精神，省安监局、省发改委等部门共同确定，山东省原则上不再审批、核准或备案新建剧毒化学品生产、储存项目，从源头上控制重大危险源的增加。威海市在安全生产许可证发放工作中，严格安全生产条件，经过审查有24家企业被责令停产整顿，80家生产经营单位退出市场。

七、安全生产应急救援体系建设迈出了关键一步

加强应急救援体系建设，是政府履行管理社会、公共服务职能的重要体现。省安监局牵头制定了山东省公共突发事件总体预案，并按照全省应急管理工作会议的要求，制定完善了山东省15个安全生产专业应急救援预案。为增强预案的实用性和针对性，各级各部门认真组织开展各种形式的预案演练活动。根据2005年1月26日省长办公会的部署要求，省安监局会同省财政、公安、海洋与渔业、煤炭、煤监等有关部门，在反复调研、论证和协调的基础上，规划设计了依托大企业建设6个区域性省级非煤矿山、危险化学品、渔业安全生产应急救援中心的总体框架，并制定了便于操作的《山东省安全生产应急救援中心建设方案》（以下简称《方案》），明确了各个应急救援中心的建设原则、建设目标和管理体制、调用机制、建设资金保障机制、应急救援补偿机制、奖惩及责任追究制度等。省政府办公厅十分重视《方案》的制定工作，多次对《方案》进行了研究，2005年12月22日正式印发实施。

八、安监系统作风建设进一步加强

各级安监部门在开展党员先进性教育活动中，坚持一手抓先进性教育活动，一手抓安全生产，把解决安全生产工作中的突出问题、加强队伍作风建设与党员先进性教育有机地结合起来，真正把学习教育的过程变成解决实际问题和推动工作的过程。为抓好全省安监系统党风廉政建设和反腐败工作，省安监局专门召开了全省安监系统党风廉政建设会议，制定印发了《关于进一步加强全省安监系统作风建设意见》，并在全省安监系统开展了为期一个月的作风自查自纠活动。省安监局在临沂市成功举办了全省安监系统首届乒乓球比赛。济南市安监局开展争创“群众满意机关”活动。日照市安监局提出了“百姓平安我心安”的安全监管理念。威海市安监局建立了《深入基层工作制度》，要求各位局长及科室负责人联系帮扶1个重点企业和1个居委会。聊城市安监局制定了10条工作禁令，规范了工作人员行为，有效地促进了机关文明建设和队伍建设。

山东省煤矿安全工作综述

山东省共有11个产煤市，包括33个产煤县（市、区）和64个产煤乡镇；有各类煤矿353处，其中生产矿井327处，基建矿井26处，省属煤矿80处，市县属煤矿212处，乡镇煤矿61处。

2005年是全省煤矿安全生产工作成效十分突出的一年，在国家安全生产监督管理总局和省委、省政府的正确领导下，全省煤矿安全生产战线上的同志矢志不渝，务实创新，拼搏进取，推动煤矿安全生产工作步入新的历史发展阶段。

第一，安全生产形势稳定发展，呈现“两减、一降、一杜绝”的特点。一是事故起数和死亡人数大幅减少。全省生产原煤1.31亿t，发生原煤事故32起、死亡33人，同比分别减少9起、16人，事故率和死亡率降幅为22%和33%；事故死亡人数比国家下达的控制指标下降59%。二是百万吨死亡率大幅降低。全省原煤百万吨死亡率降至0.25（省属、市县属和乡镇煤矿分别为0.18、0.38和1.08），同比下降0.10，降幅29%，比国家下达的控制指标下降28.6%。三是杜绝了3人以上重特大事故。至2005年底，全省共有198处煤矿实现安全生产1000天以上，占煤矿总数的60.7%。其中新汶矿务集团鄂庄煤矿连续安全生产超过5000天。

第二，“双基”建设不断深化，整体水平明显提高。各地、各部门和煤矿企业着力在基层管理上做文章，在基础建设上下功夫，多措并举，标本兼治，全力打造安全生产长效机制。推进科技进步、大力创建安全精品工程、创新安全文化建设、推行准军事化管理、深化安全质量标准化、健全事故预警机制、加强现场管理等方面又有新的进步，安全管理水平全面提升。

第三，法制建设不断完善，依法治安得到加强。立足于政策治本、源头治理，颁布了《山东省安全生产条例》，将于2006年6月1日起施行；省政府在出台第156号令的基础上，又下发了《关于促进煤炭工业健康发展的意见》；淄博、枣庄、泰安、济宁等市政府制定实施了多项行业性政策措施；煤矿企业从责任落实到现场管理等先后建立了上百项工作制度，不断把安全生产纳入法制化、规范化的轨道。

一、政府重视，工作互动，煤矿安全生产工作扎实推进

煤矿安全生产工作长期以来得到了省委、省政府的高度重视，把加强煤矿安全作为构建和谐社会、建设“平安山东”的重点来抓，强化安全监管责任，从加快新型煤炭工业战略发展的角度，提出了煤矿安全工作的中长期发展目标，从行业监管、执法监察、关闭小煤矿、科技装备、安全培训、从业资格认证等方面出台了若干政策措施。《山东省安全生产条例》引入了引咎辞职制度，建立了安全助理制度、生产安全事故死亡赔偿金制度，确立了生产经营单位安全费用提取和安全风险抵押金存储制度，对生产经营单位安全管理机构和专职管理人员配备，以及安全生产设施“三同时”建设制度作了进一步规定。省政府办公厅下发了《关于加强煤矿安全监管工作的意见》。各地政府、监管部门和煤矿企业严格目标考核，普遍加大安全考核力度，实行经济、行政责任连带，重奖重罚，激励效应明显。各级政府和有关部门对监察工作也给予大力支持和密切配合。省政府连续三年对全省基层监察员进行了奖励。枣庄市政府给鲁南分局、分局长分别记集体和个人二等功。部门之间协调沟通，相继建立了联席会议制度、通报交流制度和联合执法制度，相互配合，拟订方案，制定措施，推进工作，有关解决煤矿安全深层次问题的政策性措施正在逐步实施。煤矿企业安全责任意识明显增强，管理水平明显提高，安全基础明显夯实。

二、突出重点，抓住关键，有效遏制重特大事故

全年排查了100余处“一通三防”和受水害威胁严重的重点监控矿井，突出重点专业、重点区域和重点环节，不断完善五大类、12项综合防治措施；落实了118项防排水重点工程。印发了监控意见，召开专项监察会议安排部署。认真贯彻瓦斯治理“十二字”方针，突出“技术装备、防范措施、现场落实”3个方面；强化受高承压水威胁严重矿井的应对措施，掌握分布在开采区域内的古井、古空、老窑和近几年关闭矿井的水文地质情况，坚持“有疑必探，先探后掘”，努力遏制重特大事故的发生。各地、各企业普遍建立了隐患排查制度，强化治理。加强安全培训，对特种作业人员全部实行“机考”，全年共组织各类培训8万余人次。深化应急救援保障体系建设，构建起组织严密、保障有力、协调一致的煤矿救护网络；开展了全省矿山救护技术大比武，提高作战技能。近3年来，实施救援技术服务13851队次，从事故中成功解救282人。

三、严格安全准入，深化安全评估，扎实推进科技兴安战略

严格安全准入，加强安全生产许可证监管，强化源头治理，安全生产许可证颁发全面完成。共颁证56个煤矿企业（集团、公司）、327处煤矿，建议整合重组22处，确定首批关闭不具备安全生产条件的煤矿71处。具体工作中，严把“四关”。一是严把安全生产许可证年审、暂扣、吊销关。按规定实施年检制，发现颁证后又不具备规定条件的煤矿，依法暂扣其安全生产许可证；经整顿后仍达不到标准和资源枯竭的煤矿，依法及时吊销，彻底关闭。二是严把变更、延续审查关。严格审查相关证照的有效性，针对符合条件的不同类型矿井，及时变更、延续相关手续。三是严把整合重组关。对于22处整合重组煤矿，坚持“先关闭再整合”的原则，及时注销了相关证照。对资源确有开采价值的，先提出整改整合方案，按程序报批；之后，经当地政府验收合格，再重新审核、发证；在规定期限内验收不合格的，予以关闭，防止以整合为名行假整顿、假关闭之实。四是严把隐患排除关。拟关闭煤矿多数位于国有大矿的浅部，必须先排除隐患再关闭，不能关了小井，给周边矿井留下隐患。安全程度评估扎实推进。共评估煤矿290处，其中，A级煤矿75处，B级煤矿201处，C级煤矿13处，1处D级煤矿被责令停产整顿；有24处煤矿连续3年、34处连续两年保持A级标准。

做到了“三个强化”：一是强化安全生产主体

责任落实，建立、健全从集团公司、煤矿、区队（班组）长的安全生产责任体系，逐级负责，层层落实；二是强化科学管理。深化安全质量标准化建设活动，打造安全精品工程，强化职工岗位自主保安，加强劳动组织管理，广泛吸纳技术人才，不断创新安全管理机制；三是强化支撑体系作用。按照与省卫生厅界定的职责范围，加快推进职业危害防治工作，保证职工身体健康；规范安全评价等中介机构管理，充分发挥作用。

科技兴安有了新发展。全年煤矿企业共按规定提取安全资金11.16亿元，实际使用13.58亿元；全省煤矿采掘机械化程度大幅度提高，省属煤矿达到93.7%和94%；小煤矿中，已有64个进行了支护改革、63个采煤工作面实现了单体液压支护，123个掘进头实现了锚喷支护。巨野厚表土层井筒施工、兖矿综放、龙矿海下采煤、枣矿薄煤层综采、肥矿大水矿区深部开采注浆帷幕截流，以及新矿冰制冷降温等安全生产技术均达到了国内或国际领先水平。

四、全面贯彻国务院“两个重要文件”，深入打好“两个攻坚战”

在编写宣传提纲、分辖区宣讲的基础上，扎实开展瓦斯治理攻坚战。重点强化15项监察内容，落实了8项工作措施。高瓦斯矿井和瓦斯异常区实行强制性抽放；煤与瓦斯突出矿井采取了“四位一体”综合防突措施，实行矿井数字化实时监控。淄矿等企业对高瓦斯矿井和瓦斯异常区实行强制性抽放。全省90%以上生产矿井装备了瓦斯监测监控系统，实行数字化实时监控。整顿关闭工作取得新进展。全省各级政府、有关部门和煤矿企业极为重视。党政主要负责人把煤矿整顿关闭工作作为“一号工程”亲自抓，分管负责人靠上抓，业务部门具体抓，精心筹划，落实责任，严密实施，扎实推进，确保了煤矿整顿关闭工作按照计划顺利进行。省长韩寓群亲自过问煤矿整顿关闭工作，副省长王仁元坚持每月一调度并多次作出重要批示；省安委会办公室、煤炭局、山东煤矿安监局协同作战，全方位、全过程监控整顿关闭进程；各相关市政府及时印发了通知，排出了计划，制定了措施，明确了落实的部门和责任人，并把各自区域内关闭煤矿名单、关闭期限、关闭标准等在主要媒体上进行了公示；区（市、县）或乡镇政府严格按照有关要求落实关闭措施，有的开展了联合执法；煤炭、工商、国土资源、公安、电力等相关部门通力合作，按照职责权限及时吊销了相关证照，停电停水，加强监管；肥城和淄博矿业集团召开专题会议研究措施，安排部署，落实工作责任。目前，全省小煤矿从最多时的近1000个降到有证矿井56个，百万吨死亡率5年间下降了9.42，降幅为89.7%。

五、创新工作机制，认真履行职责，执法监察不断深入

建立、健全了队伍建设、重点监控、安全评估、安全培训、应急救援、职业防治、整顿关闭、操作规程、基建矿井和煤矿企业安全生产责任制等10项监察机制，30多项监察办法。开展重点监察、专项监察和定期监察，采取公示执法结果、跟踪巡回监察、夜间突击监察、建立事故报告剖析制度等多种方式，提高执法效果。认真履行职责，着力在“五个从严”上下功夫：一是从严强化执法观念，牢记肩负的使命和责任，严格依法办事，不执“人情法”、“变通法”；二是从严查处重大事故隐患，督促、跟踪抓好重大事故隐患的排查治理，严格责任追究，防患于未然；三是从严查处事故，对迟报、谎报、漏报、瞒报，以及以各种方式隐瞒事故真相的行为，严格按照“四不放过”原则，对相关责任人依法给予党纪、政纪处分，直至追究刑事责任，对于死亡人数少，但造成了多人伤害，或虽无人员伤亡，但性质恶劣的事故，依法从严查处，对事故举报，每案必查；四是从严分析事故，做到一事故一分析、小事故当作大事故分析、侥幸未遂事故当作已发事故分析；五是从严进行经济处罚，对于重大违法行为、拒不执行停产整顿处理决定的，依法从重处罚，加大重大未遂事故经济处罚力度，对涉及多部门，影响安全生产的重大问题，积极开展联合执法，在对企业处罚的同时，依法处罚企业主要负责人和相关责任人。全年监察矿井1300次，覆盖率为324.3%，查处隐患8251条，停头、停面134个，责令停产整顿煤矿18对，调查核实30余起举报案件，提出50多条执法建议。按照“四不放过”原则，严格事故查处，共有257人受到不同程度的党纪、政纪处分，有3人移交司法机关处理。加强行政执法和廉政建设“双项考核”，强化严格执法、公正执法和廉洁执法。

河南省安全生产工作综述

2005年，河南省安全生产工作在国家安全生产监管总局和省委、省政府的正确领导下，以“三个代表”重要思想和科学发展观为指导，坚持“安全第一、预防为主、综合治理”方针，完成了一个又一个攻坚战，强力推进各项安全措施的落实，安全生产总体形势持续稳定好转。

一、安全生产工作成效

1. 事故总量下降，实现安全生产目标

2005年，河南省生产总值突破1万亿元，增长14%。在经济快速发展的同时，事故总量大幅度下降。全省共发生各类伤亡事故31520起，死亡5194人，同比减少7722起、1070人，事故率和死亡率分别下降19.68%和17.08%；万人死亡率0.53，同比下降18.46%；亿元产值死亡率0.52，同比下降33.33%。道路交通、工矿商贸、消防火灾事故全面下降。

2. 重特大事故死亡人数下降

2005年，全省一次死亡3～9人重大事故105起，死亡404人，同比减少41起、127人，事故率和死亡率分别下降28.1%和23.9%；一次死亡10人以上特大事故6起，死亡138人，同比增加1起，少死亡92人，事故起数上升20%，死亡人数下降40%。

3. 工矿商贸安全生产形势好转，煤矿百万吨死亡率下降

工矿商贸企业发生事故322起、死亡529人，事故率和死亡率同比分别下降22.6%和25.5%。在煤矿领域，2005年全省产煤1.8亿t，比上年增长16.7%；煤矿企业共发生伤亡事故69起，死亡210人，同比减少59起，少死亡170人，事故率和死亡率分别下降46.1%和44.7%。全省煤炭百万吨死亡率为1.16，同比减少1.3，下降52.85%；其中，国有重点煤矿百万吨死亡率为0.60，地方国有煤矿百万吨死亡率为0.72，乡镇煤矿百万吨死亡率为2.24。

4. 道路交通死亡人数大幅下降，没有发生特大事故

全省共发生道路交通事故23804起，死亡4604人，同比减少2736起，少死亡863人，事故率和死亡率分别下降10.3%和15.8%。未发生一次死亡10人以上特大事故。

5. 控制指标完成情况较好，安全生产状况相对稳定

2005年，河南省各类事故死亡人数5718人（含铁路交通），占国家下达的控制指标（6814人）的83.9%，为全国最低。在经济总量位居全国第5的情况下，事故总量由全国第5位降至第7位。全省18个省辖市事故死亡人数均在控制指标以内。南阳、鹤壁、周口、濮阳等市比控制指标减少30%以上。焦作、济源、鹤壁、漯河等市没有发生3人以上重特大生产安全事故。

二、主要工作情况

1. 加强组织领导，强化安全责任

省委、省政府高度重视安全生产工作，先后召开了20多次会议部署安全生产工作。各级党委、人大、政府对安全生产工作更加重视，在体制、政策、联合执法、投入、执法监督等方面大力支持安全生产工作。省政府组织了4次全省性安全生产大检查和各类督察活动。进一步强化了目标考核，实行一票否决，增强了各级、各部门的安全责任感。按照分级和属地管理相结合的原则，加强了对中央驻豫和省管企业的监管。在煤矿、非煤矿山、危险化学品、烟花爆竹、道路交通、铁路安全、事故调查、打击瞒报事故、安全投入经济政策、科技等多个方面省直各有关部门密切配合，开展联合执法，加强了综合治理，形成了监管合力。

2. 出台法规政策，推进政策治本

出台并认真贯彻了《河南省安全生产条例》、《河南省煤炭条例》、《河南省人民政府关于严厉打击非法和违法生产煤矿遏制重特大事故的决定》、《关于加强水上安全生产的意见》、《河南省农村消防工作规定》等政策法规，为依法规范安全生产

提供了有力支持。省有关部门联合下发了有关煤矿安全费用提取、风险抵押金提取使用、举报奖励等政策。各市注重完善安全生产政策措施，安阳、洛阳、焦作、郑州、三门峡等市在企业提取安全费用、安全生产风险抵押金征管、安全生产标准化建设等方面作出了积极的探索和尝试。

3. 强化源头管理，严格安全许可

认真搞好矿山、危险化学品领域“三同时”工作，并组织开展了电力行业“三同时”专项检查，督促58家没有开展“三同时”工作的在建电力项目搞好“三同时”工作。强力推动并严格安全生产许可，分别核发煤矿、非煤矿山、危险化学品、烟花爆竹、民爆器材、建筑施工安全生产许可证572个、5960个、516个、179个、16个和2789个。甲种危险化学品经营许可证5314个，烟花爆竹销售许可证145个。通过安全生产许可，调动了3000多名中介服务人员服务安全生产的积极性，企业依法生产、依法经营意识进一步增强，主动增加投入，改善装备，整改治理了大量隐患，本质安全水平上了一个新台阶，安全保障能力显著提高。同时，加强矿用产品安全标志管理，对劳动防护用品实行“安全标志准用证”制度，目前，已经对105家企业的292个产品发放了“安全标志准用证”，提高了企业设备设施的安全性能。

4. 创新监管方式，严格执法监管

各级安监机构认真贯彻执行《安全生产法》，依法打击违法生产、违法经营行为。我局采取行政执法和专家检查相结合的形式，组织开展了危险化学品和烟花爆竹安全大检查。其中，省专家抽查企业647家，查出隐患3675条，对存在重大隐患的单位，以安委会文件责令60家企业停产整顿，责令36家企业限期搬迁。河南煤矿安全监察机构按照抓大系统、查大隐患、防大事故的思路，开展重点监察、专项监察和定期监察，共监察矿井2911次，查处隐患12407条，目前已完成隐患整改9399条；下达各类执法文书9286份，现场处理决定书2647份，撤出作业人员命令书140份，进行行政处罚504次，罚款1226.3万元，责令停产整顿矿井440个。

5. 深化专项整治，关闭取缔不具备安全条件的单位

在煤矿安全领域打好瓦斯治理和整顿关闭两个攻坚战。国有重点煤矿投入安全资金12亿元整改隐患，矿井瓦斯远程监控系统实现了集团公司联网。按照以大并小、先关闭后整合、一矿一个生产系统的原则，削减、关闭小煤矿962个。目前被整合列入技术改造的矿井592处，独立保留矿井20多处，独立块段140处。被国有重点和国有地方煤矿整合的小煤矿生产能力将分别达到30万t和15万t及以上。河南省关闭整顿工作走在了全国前列，被国家安全生产监督管理总局在全国推广。

在非煤矿山领域，有5679家矿山企业通过了整治验收，合格率达88.4%；对6284家企业进行了安全评估，评估率达95%以上；关闭取缔了2775家非法和不具备安全生产条件的矿山，配合有关部门开展了石油天然气管道违章占压清理工作。

在危险化学品和烟花爆竹领域，重点开展了企业周边距离安全专项整治，在加油站推广HAN阻隔防爆技术，对69家周边安全不达标的工厂实施搬迁，关闭取缔不具备安全条件的单位1500多家。联合有关部门开展道路运输危险化学品安全专项整治，1800多辆运输车辆安装了卫星定位系统。安全生产监管、公安、供销等部门联合开展了烟花爆竹专项整治，在生产、运输、销售等各个环节严厉打击非法违法生产。

道路交通运输方面，开展了预防事故“百日安全竞赛”、治理公路超载超限超速、干线公路事故多发点段和“三小车辆”，整顿旧车市场、无牌证假牌证车辆等专项整治活动，95%以上的“大吨小标”车辆的标定吨位得到纠正。以治理“三无”船只、非法载人和超员超载为重点，开展了水上运输安全专项整治；以淮滨县为重点，开展了低质量船舶专项治理。

消防方面，开展冬季和节日期间消防安全大检查，对公共娱乐场所、“三合一”单位、商场市场开展专项治理，开展整治火险隐患“百日会战”活动。2005年，消防机关检查单位或场所10多万家次，整改隐患6万多处。还投资4亿多元，整改消除了政府挂牌督办的10处特大隐患和195处重大隐患。

6. 完善安全监管、培训、科技、应急救援体系建设

在监管体系建设方面，下发了县级安监局标准

化意见，全省18个省辖市、142个县成立了安监局，13个省辖市、66个县（市、区）成立了安全生产监管执法队伍。全省监管、监察人员2572名，执法队伍编制666人，合计3238人，安全生产监管监察队伍进一步壮大。济源等市进一步完善安全监管网络体系，成立安委会，选配安全员，健全管理制度，编印《村级安全员必读》和通讯录，将安全监管监控的“探头”装到村组。

在安全培训体系建设方面，全省获得认证的培训机构186家，其中煤矿企业81家，非煤企业105家。2005年，经煤矿培训机构培训及再培训合格发证75840人，其中，主要负责人和管理人员2891人，特种作业人员72949人。在非煤安全培训方面，培训合格发证102425人，其中，主要负责人10939人，安全生产管理人员8401人，特种作业人员83085人。组织编写《农民工务工安全指南》等培训教材，大力推广长垣县农民工安全培训试点经验，采用专家培训、到企业培训、结合劳务输出培训等方式，完成98万名以上农民工技能和安全培训。

在科技体系建设方面，编报了2005年度《河南省安全生产科技项目计划》，已列入国家指导性计划的有89项。完成了我省《2010年安全生产科技发展规划》编制工作。大力培育安全中介市场，2005年全省安全评价机构注册、聘用3800名评价人员和技术专家，在安全生产工作中发挥了重要作用，成为搞好安全生产的一支重要力量。大力推动矿用产品检测检验体系建设，全省获得资质的煤矿在用安全产品检测检验机构19家，取得计量认证和授权单位11家，联合省有关部门明确了有关检测标准、收费标准，推进了检测检验工作的开展。

在应急救援体系建设方面，组建了省安全生产应急救援指挥中心，督促各地完善预测、预报、预警机制，完善事故应急预案，不少地方和企业按规定进行了演练，提升了处置事故（事件）和险情的能力。组织开展了军事化救护队伍质量标准化竞赛活动，提高了矿山救护队的作战能力。

7. 加强企业基础工作，搞好重大危险源监控

有10029家企业、442万名职工报名参加“安康杯”竞赛，80%以上的工矿企业推行了安全生产“一法三卡”。工矿商贸企业普遍开展了安全质量标准化活动，推动了安全生产规范化、标准化管理。督促煤矿企业负责人落实下井带班制度，促使企业领导转变作风，深入一线抓好安全生产。

抓好重大隐患和危险源治理，努力做到防患于未然。对事故隐患整改情况登记建档，实行责任单位、责任人、整改期限和整改标准公示上墙，跟踪问访。排查评估重大隐患1302处、重大危险源2000处以上。在煤矿安全上，利用国债补助资金1.97亿元、地方财政配套资金7881万元、贴息贷款13.98亿元，督促企业投入自有资金12亿元，对6个省管煤业集团中的64处矿井和24处地方国有煤矿进行安全改造。年投资27.9亿元，改造中小学校D类危房596万平方米，改造中小学16666所。

8. 严格查处事故责任人，严厉打击隐瞒事故行为

按照“四不放过”的原则和安全生产责任制，严肃查处各类事故。2005年发生的32起重特大工矿事故已经全部批复结案，责任追究341人。开展了责任追究专项检查，确保将责任追究意见落到实处。

加大对隐瞒事故的查处力度，2005年省安全生产监管局受理各类事故举报170起，均依法进行了查处。其中，隐瞒煤矿事故案件108件，查实瞒报事故20起，查出隐瞒死亡人数28人，对隐瞒事故的责任单位和人员，依法给予了严肃惩处。

9. 推广安全生产先进经验，提高全民安全意识

积极发掘和树立先进典型，推广了安阳市实行三项经济政策、郑州市在乡镇建立安监所、焦作市完善目标考评机制、南阳市建立安全生产监管网络、长垣县开展农民工安全培训、正阳县建立隐患排查治理工作机制、省电力公司积极创建无违章企业等先进经验，推动安全生产管理水平不断提高。

进一步加强“河南安全生产信息网”等政府网站建设，丰富网站内容，提高利用效率，使之成为公众和政府沟通的重要桥梁和开展安全生产的重要平台。以“遵章守法，关爱生命”为主题，大力开展“安全生产月”活动。积极创建安全生产宣传阵地，成立了安全文化促进会，设立了《河南日报》安全专版、《今日安报》安全周刊，联合各新闻媒体将安全生产作为重点和热点问题，积极搞好舆论宣传工作。深入开展安全知识进农村、进社区、进学校、进机关、进家庭活动，进一步提高了全民安全意识，营造了良好的社会舆论氛围。

三、存在的问题及解决办法

虽然河南省安全生产情况稳定好转，但安全生产形势依然严峻。主要表现在：一是重特大事故尚未得到有效遏制，各类安全隐患仍然需要进一步采取有效措施彻底消除；二是安全工作基础仍然薄弱，安全欠账仍然较多，从业人员整体安全素质还比较差，违章作业、违章指挥、违法劳动纪律的"三违"现象还很严重；三是安全监管体制还需要进一步完善，安全生产经济政策、科技政策还需要进一步出台，长效机制还需要进一步建立。

河南省煤矿安全生产工作综述

2005年，在国家安全生产监管总局、国家煤矿安全监察局和省委、省政府的正确领导下，河南省认真执行《紧急通知》和《特别规定》，强力开展煤矿瓦斯治理和关闭整顿工作，按照"国家监察、地方监管、企业负责"的煤矿安全工作格局，搞好煤矿安全监管监察，推进各项措施在煤矿的落实，煤矿安全工作取得了较好的成绩。2005年，全省产煤1.8亿吨，比上年增长16.7%；共发生伤亡事故69起，死亡210人，同比减少59起，少死亡170人，事故率和死亡率分别下降46.1%和44.7%。其中，重大事故7起，死亡28人，同比减少11起，少死亡55人，事故率和死亡率分别下降61.1%和66.3%；10人以上特大事故5起，死亡126人，同比增加3起，少死亡71人，事故起数上升150%，死亡人数下降30.8%。全省煤炭百万吨死亡率为1.16（其中，国有重点煤矿0.60，地方国有煤矿0.72，乡镇煤矿2.24），同比减少1.3，下降52.85%。

一、加强领导，形成合力

1. 强化煤矿安全责任

省政府将煤矿安全指标列入省政府对各省辖市目标考核的一项重要内容，实行一票否决制度。明确要求：省直有关部门、产煤市政府和产煤县政府负责同志分别分工联系各省属、地方国有和乡镇煤矿安全生产工作。在煤矿关闭整顿工作上规定了严格的责任，如非法和违法生产煤矿造成死亡事故的，除对死亡职工给予赔偿外，每死亡1人处以100万元的罚款。关闭煤矿未达到关井标准要求的，对组织实施关闭的人民政府及其有关部门的负责人和直接责任人给予记过、记大过、降级、撤职或者开除的行政处分；构成犯罪的，依法追究刑事责任。

2. 出台煤矿安全生产法规政策

省人大出台了《河南省煤炭条例》，对地方煤矿安全监管机构、煤矿安全投入、落实企业主体责任、保障职工安全权益等做了明确规定。结合煤矿关闭整顿工作，省政府出台了《关于严厉打击非法和违法生产煤矿遏制重特大事故的决定》（豫政48号），并在《河南日报》全文刊登，为搞好关闭整顿工作提供了政策依据，被国家安全生产监管总局在全国推广。省政府办公厅、省政府安委会办公室先后出台了一系列整顿关闭方案；省有关部门先后出台了煤矿安全费用提取、煤矿事故举报奖励、煤矿风险抵押金提取和使用等经济政策。

3. 建立联合执法工作机制

在省政府的统一领导下，河南煤矿安全监察局、省煤炭、国土资源、工商、公安、环保、监察部门和电力公司开展了严厉打击煤矿违法生产活动联合执法行动，成立了"联打"机构。各市、县、乡和各省属煤矿企业也分别成立了相应的机构。实行了案件移送制度、联合执法工作报告制度、工作督察制度、工作例会制度、举报查处制度、领导包案制度5项工作制度。与此同时，河南煤矿安全监察局与省国土资源厅、煤炭工业局建立了联合打击超层越界开采的联合执法制度；与省监察厅、公安厅、煤炭局、总工会联合建立了查处煤矿隐瞒事故的制度。各煤矿安全监察分局与地方监管部门开展了联合执法工作。

4. 加强煤矿安全督导工作

按照国家派驻煤矿瓦斯治理督导组的要求，省政府从河南煤矿安全监察局和省煤炭工业局抽调30人组成河南省政府督导组，进驻省属6个煤炭企业，开展为期一年的督察工作。各督导组共督察矿井790余矿次，检查出问题5690余条，其中查处重大隐患266处，督促整改212处，责令停止作业工作面78个，督促企业将各项瓦斯治理措施落实到位。对国有地方煤矿和乡镇煤矿，凡生产煤矿每班下井30人以上的，由当地政府派专人24小时驻矿督察。在关闭整顿工作中，省政府抽调9名厅（局）级干部、35名处级干部，采用厅级干部包市、处级干部包县的办法，督促各地搞好关闭整顿工作。

5. 推行煤矿企业领导带班制度

省政府安委会办公室制定了《煤矿企业领导带班制度》，对煤矿企业领导下井带班做了明确规定。《特别规定》下发后，河南省有关部门又完善了下井制度。促使各类煤矿矿长转变作风，下井解决安全工作。其中，省属煤炭企业各集团公司副总以上领导平均每月下井6次左右，副矿处（级）以上领导平均每月下井13次左右，科（队）级干部平均每月下井20次左右。

二、突出重点，深入开展瓦斯治理工作

1. 开展瓦斯集中整治和科技攻关

省政府成立了瓦斯集中整治领导小组，各级政府、管理部门和煤炭企业全面排查瓦斯隐患，建立、健全防治瓦斯责任制，落实《煤矿安全规程》中有关瓦斯防治的各项规定。河南省安全生产监管局组织专家对瓦斯治理科技攻关进行研讨，明确了突破瓦斯灾害预测和预警、瓦斯灾害防治和灾害的应急救援为三大关键技术，并大力推广应用。

2. 对国有重点煤矿瓦斯防治严格监控和监察

以瓦斯灾害为重点，排查国有重点煤矿重大隐患。对超能力生产的4个矿井、瓦斯超限作业的9个矿井、未依照规定实施防突措施的6个矿井、瓦斯抽放监控措施不到位的19个矿井、通风系统不完善的37个矿井、没有双回路供电系统的9对矿井，河南煤矿安全监察局按照《特别规定》责令停止生产。

3. 加大对地方煤矿防治瓦斯事故的监管力度

重点抓了三项工作：一是抓大系统、防大事故，各煤矿企业从矿井开拓、开采布置等基础性工作入手，使通风系统合理、可靠，消灭重大事故隐患；二是完善煤矿防治瓦斯事故体系，认真落实国家发改委、国家安全生产监督管理总局提出的瓦斯治理50条规定，高标准，严要求，狠抓落实，使整个防治瓦斯工作体系严密正常运转；三是巩固乡镇煤矿强制推行壁式工作面工作，在安全生产审批中，将壁式工作面作为必要条件，严格审查，促使乡镇煤矿实现正规开采；四是加强对煤矿安全监控系统正常、正确使用的监察、监管力度，对不能正常、正确使用或监控系统失效的煤矿企业，及时下达停产整顿指令，确保监控系统发挥作用。

4. 搞好瓦斯治理投入和监控系统装备

用好煤矿安全改造国债补助资金，主要对6个省属煤炭企业中的64处矿井和24处地方国有煤矿进行安全改造；认真执行新的安全费用提取标准，6省属煤炭企业投入安全费用15亿元。通过颁发煤炭安全生产许可证，促使国有地方和乡镇煤矿安全提高安全投人，改善装备条件，提高安全保障能力。在煤矿强制推广使用了瓦斯监控系统。全省煤矿装备了瓦斯监控系统，国有重点煤矿和部分产煤市、县实现了区域联网。

三、突出难点，搞好关闭整顿工作

1. 排查确定关、停矿井

河南煤矿安全监察局结合安全生产许可证的办理，对2005年7月13日之前没有提出办理煤矿安全生产许可证申请的182处矿井，依法下达了责令停产整顿指令。对已提交办理安全生产许可证申请的矿井，按照《紧急通知》和《特别规定》的要求，经清理排查确定了271处停产整顿矿井（工作面），并将上述453处停产整顿矿井上网公告。与此同时，根据执法监察情况，确定关闭矿井145处，报当地政府审定并实施关闭。各地政府及有关部门也按照国家要求，排查和确定了关闭、整顿矿井名单。

2. 加大对停产整顿矿井的监管

严格要求所有被责令停产整顿的煤矿，必须依照安全技术规范制定整改方案，整改方案必须包括整改内容、目标、时限、作业范围、措施、工程量和作业人数。所有停产整顿煤矿，只给予一次停产整改机会。对验收不合格和逾期不提出整顿验收申请的煤矿，负责组织验收的煤矿安全监管部门提请同级人民政府依法予以关闭。全省各产煤市、县对停产整顿矿井实行专盯制度。其中，郑州市除了六证齐全的煤矿外，其余所有煤矿，一律由乡镇政府、安监部门、煤炭部门各上一把锁，全部锁井，同时，抽调1230人常驻煤矿，严盯死守。

3. 坚决搞好煤矿关闭工作

省政府规定必须关闭以下4类矿井：

（1）非法矿井。

（2）停产整顿矿井经整改仍达不到安全生产标准的矿井。

（3）无视政府监管，拒不执行停产整顿指令或者停而不整的矿井。

（4）资源整合中按照规定应该关闭的矿井。

省政府派出督察组到各产煤市、县督促关闭整顿工作。全省各地采取强有力的措施打好关闭整顿攻坚战。郑州新密市成立96个工作组，每组3人，进驻煤矿；从公安局、检察院、法院抽调90人，组成若干小组加强巡查，处理疑难问题和突发事件，确保关闭工作顺利推进。

4. 规范煤矿资源整合

坚持以关闭促整合，先关闭后整合。省政府规定：资源整合规划方案确定的以下5类矿井依法关闭：

（1）规划方案列入关闭的矿井。

（2）凡是整合后的煤矿只能保留一套生产系统，原则上不超过3个井筒（主井、副井、风井），其余井筒一律关闭。

（3）列入单独保留的矿井，没有取得安全生产许可证或转为技术改造未依法获得批准的，一律关闭。

（4）省属煤炭企业整合的乡镇煤矿，技术改造后生产能力达不到30万t/a及以上；国有地方煤矿整合的乡镇煤矿，技术改造后生产能力达不到15万t/a及以上。

（5）资源整合中转为技术改造的矿井，必须在规定的时间内完成，在改造期间不得生产；在规定的改造时间内没有完成的一律关闭。

通过资源整合，全省乡镇煤矿由1569个减少到620个。

5. 联合开展关闭整顿工作

在各级政府的统一领导下，各有关部门对停产整顿矿井分别暂扣了相关证照，省电力公司规定凡确定关闭的矿井，彻底断电。三门峡市对无证矿重拳出击。全省共组建联合执法检查组67个，执法检查50个市、县的1000多处煤矿；下达执法文书1000多份，责令停产整顿矿井440处，收缴证照1500多处；责令关闭矿井857处，吊销证照3000多处。截至2005年年底，河南省累计关闭各类矿井857处，超额完成了国家下达的关闭指标。

四、严格煤矿市场准入，依法搞好煤矿监察

1. 依法组织开展煤矿建设工程安全设施的设计审查和竣工验收

2005年，国有重点煤矿中23个建设项目通过审查和批复。同时，对义煤集团新义矿和孟津矿建设工程违法施工行为，责令停止施工，依法处罚。地方国有煤矿共有新建矿井6处，改扩建项目15处，安全专篇审查通过8处，正在审查3处，其余项目安全预评价已经审查通过，正在编制《安全专篇》。根据我省煤炭资源整合方案要求，全省地方国有和乡镇煤矿将有500余处煤矿进行技术改造。对基本建设矿井及煤矿技改扩建项目的安全工程和设施按照《煤矿安全监察条例》和6号令的有关规定，进行严格监察。确保煤矿建设工程安全设施严格按照“三同时”要求进行。

2. 严格煤矿安全生产许可证发放

对申请办证的矿井按照程序认真审查资料、依法受理，组织会同各监察分局进行现场核查，集体研究。对省属煤矿企业，及时通报未取得安全生产许可证的国有重点煤矿主要隐患，明确整改要求。对地方国有和乡镇煤矿，坚持发证与执法检查结合，审查1500多处矿井申报资料，提出补正问题15000多条；现场核查矿井470多对，查出安全隐患3000多条，并依法下达执法文书，督促矿井全部整改。至2005年底，共发放安全生产许可证571个，其中，国有重点煤矿申请、受理办证107个，已颁证99个，不予发证8处；国有地方煤矿申请办证73个，已发证71个；乡镇煤矿申请办证1429个，已发证401个，不予发证的204个，建议关闭140个。其余乡镇煤矿因涉及资源整合，转入基建矿井，待基建完成后申办安全生产许可证。

3. 严把矿用产品入井关

2005年7月26日至9月24日，河南煤矿安全监察局抽调了50名专业技术人员组织专项执法监察，共监察煤矿159个，抽查各类矿用设备25750台（件、套、批），其中无安标设备10434台（件、套、批），煤安标志综合执行率为59.5%。全省煤矿安全检测检验机构共检测检验1524台煤矿主要在用设备、41677台安全仪器仪表、1678根钢丝绳。通过整改消除了大量设备隐患。

4. 加强煤矿基础工作建设

一是搞好人员培训。2005年经煤矿培训机构培训及再培训合格发证75840人，其中，主要负责人和管理人员2891人，特种作业人员72949人。同时，对煤矿负责人实施学历教育，从地方煤矿和高中毕业生中选派了1440人到学校进行3年煤矿专业学历教育，毕业后充实到采掘一线，使煤矿“五职”矿长4年时间达到中专或大专以上文化水平。二是搞好煤矿评估管理工作。继续巩固煤矿安全评估的成果，实行动态管理，根据煤矿现状，调整评估等级。三是搞好煤矿安全质量标准化工作。

5. 依法搞好三项监察

河南煤矿安全监察机构按照抓大系统、查大隐患、防大事故的思路，制定了3项监察方案，开展重点监察、专项监察和定期监察。2005年监察煤矿2911矿次，查处事故隐患12407条，已复查整改9399条。共下达执法文书共9286份，其中现场检查笔录2448份，调查取证笔录1208份，现场处理决定书2647份，撤出作业人员命令书140份，复查意见书865份，立案决定书472份。行政处罚504次，其中生产经营单位498次，煤矿主要负责人6次，责令停产整顿矿井303个，罚款1226.3万元。与此同时，积极配合国家煤矿安全生产检查组开展检查，配合国家瓦斯治理专家组搞好会诊工作，并根据会诊结果对煤矿下达了执法文书，督促企业整改。

五、搞好矿山救护队建设，严肃处理事故责任

组织开展军事化救护队伍质量标准化竞赛活动，提高矿山救护队的作战能力。平煤集团获得了第五届国际矿山救援技术竞赛的承办资格。2005年全省矿山救护队新增254人，更新26人。共投入2247.99万元用于增加、更新装备和队舍建设。全省矿山救护队预防性安全检查共出动3130队次、21710人次。共抢救出人员638人，其中生还449人，遇难189人。

按照“四不放过”原则，依法严肃处理事故。2005年，共处理煤矿重大事故10起，追究责任141人。其中，刑事责任41人，政纪处分60人，党纪处分36人。加大对隐瞒事故的查处力度，2005年查处隐瞒煤矿事故案件108件，查实瞒报事故20起，查出隐瞒死亡人数28人，对隐瞒事故的责任单位和人员，依法给予了严肃惩处。

湖北省安全生产工作综述

一、工作情况

2005年，湖北省认真贯彻落实党中央、国务院和省委、省政府关于安全生产的一系列指示精神，坚持依法治安、科技兴安，按照“推进五个转变，完善五个体系，提高五种能力”的工作要求和各类事故死亡人数下降1.5%的工作目标，狠抓各项工作措施的落实，继续保持了全省安全生产形势的基本平稳。

1. 各类安全生产事故继续全面下降

2005年，全省共发生各类生产安全事故2.01万起（含增地方统计的铁路伤亡事故），死亡3575人，受伤人数10968人，直接经济损失1.41亿元，同比下降10.80%、5.22%、10.37%和2.77%。其中各类事故死亡人数比国务院安委会下达我省控制数的3751人减少176人，下降幅度比省政府提出的目标多下降3.61个百分点。

2. 主要行业和领域的安全生产状况较好

2005年，全省工矿企业伤亡事故起数和死亡人数同比分别下降4.78%和1.73%，其中煤矿分别下降5.26%和7.91%，非煤矿山死亡人数下降4.40%。道路交通伤亡事故起数和死亡人数分别下降29.88%和5.10%，其中，死亡人数减少130人，占全省减少量的66%；铁路交通事故死亡人数下降13.72%，下降幅度为各行业之首。

3. 重特大事故有所遏制

2005年，全省发生一次死亡3人以上重特大事故70起，死亡290人，同比事故起数和死亡人数分别下降6.71%和2.68%。17个市（州）中，有8个市重大事故比上年同期下降；鄂州、潜江、天门、林区4个市全年没有发生一次死亡3人以上重大事故。

4. “十五”时期的安全生产形势平稳好转

“十五”期间，全省各类事故总量逐年下降。2005年各类事故死亡人数比2000年减少1198人（不含铁路），平均每年减少死亡240人，年均下降5.55%。“十五”期间，各类事故累计死亡16814人，平均每年3363人，比“九五”共减少4294人，平均每年减少859人。

5. 部分安全生产控制指标好于全国平均水平

“十五”期间，全省各类事故死亡人数下降幅度多数年份高于全国平均水平。2005年，全省亿元GDP（普查调整数）死亡率为0.55，比全国平均水平低0.15；10万人口死亡率为5.91，比全国平均水平低3.87；万车死亡率为7.3，比全国平均水平低0.30。

二、主要工作

1. 不断强化安全生产控制指标的监控，努力推进安全生产责任落实

各级党委、政府把安全生产工作作为一项重要工作摆上党委、政府的重要议事日程。常务副省长、市长、县长亲任安委会主任，从组织上给予了坚强有力的保证。一是层层签订了安全生产责任状。2005年，省政府与17个市（州）、直管市、林区政府和省直各部门签订了安全生产责任状，各地、各部门逐级分解，层层落实，并延伸到了乡镇政府、有关部门和重点企业。特别是企业层面的安全生产责任制进一步加强，安全生产责任制落实到了车间、班组和岗位。二是突出了过程监控。各级政府对各类事故控制指标盯得紧、把得实，各级安监部门每月跟踪督察目标完成情况，做到了月分析、季通报，针对存在问题不断完善工作措施。三是强化了责任目标考核。省政府为保证责任目标考核的严肃性和权威性，专门制定了《考核办法》，省安委会制定了《考核细则》。大部分地区还将安全生产控制指标纳入干部政绩考核，实行“一岗双责”和“一票否决”，有力促进了控制指标的完成。

2. 切实加大安全监管力度，不断提升行政执法水平

一是加快了立法进程。《湖北省安全生产条例》已经省政府常务会议通过，省人大常委会18次会议进行了一审。同时出台了《湖北省安全生产监督管理行政执法暂行办法》、《湖北省安全生产风险抵押金管理暂行办法》等规范性文件。二是加大行政执法力度。在安监部门自查自改的基础上，各级人大对《安全生产法》执法情况进行了普遍检查。2005年8月份，省人大两位副主任又率队对部分地区《安全生产法》执法情况进行了重点检查，有力促进了安全行政执法工作健康有序展开。三是严格行政责任追究。各级政府严格按照国务院和省政府有关指示要求，采取联合执法的办法，对重特大事故的查处和责任追究进行了有力督察督办。省里每半年召开一次联合新闻发布会，对重大事故予以解说，自觉接受人民群众的监督。

3. 进一步深化安全专项整治，确保重点行业和领域生产安全

各地紧紧盯住煤矿、非煤矿山、危险化学品和烟花爆竹等重点行业和领域，紧密结合日常监管、阶段性的安全检查、行政审批和安全行政许可等，适时开展专项整治。

一是各级领导高度重视。各地党政主要领导深入安全专项整治一线，现场督察整改。各级安监部门结合本地实际进一步细化整治方案，完善整治措施。有9个市州和32个县成立了煤矿瓦斯治理或安全督导组，进驻高危矿区。省政府拨300万元专款建设煤矿数字化瓦斯远程监控系统。

二是加大源头治理力度。2006年，全省取缔、关闭了31家非法和不具备基本安全生产条件的煤矿57对；停产整顿煤矿358家。并在《湖北日报》予以公告。关闭了不符合安全生产条件和危险化学品生产经营单位388家，停业整顿516家。宜昌市针对高危行业，采取了“锁定名单、严密监控、重点督导、专家咨询、分片部署、风险抵押、加大投入、深化培训、严格制度、随机抽查”10项措施；荆门市东宝区对不按要求整治的小煤矿实行“笼子”监管和暗访巡查制度，取得了明显效果。

三是不断开展安全生产检查督察。全省组织了非煤矿山分区交叉检查、危化品整治工作检查和两次煤矿专项检查。各市（州）、县也突出重点企业、重点时段和重大事故隐患的整改和重大危险源的监控。省领导亲自带队深入黄石工矿集团袁仓煤矿井下进行督察；鄂州市汀祖镇每位领导挂点一个非煤矿山企业，同时向每个井口派驻一个安全员；

潜江市泽口开发区危化品企业建立了“1411”监管责任体系。

4. 夯实企业安全基础，落实企业主体责任

各地围绕全省总体部署，把安全生产工作重心放在基层，狠抓基层和基本功，从发放安全生产许可证入手，严把市场准入关。

一是全面开展创建“四个一”工程，打牢企业安全基础。各地按照省安委会下发的创建1000个安全基础工作达标企业、100个安全质量标准化企业、100个安全生产合格镇、100个安全生产先进社区的“四个一”活动的要求，广泛开展企业建章立制、完善基础设施、提升管理水平等工作，强化企业安全生产主体责任。各市（州）、直管市、林区在参观学习试点城市武汉、荆州、黄冈、荆门等市工作的基础上，制定和完善了“四个一”工程的创建标准和考核细则。

二是全面推进非公有制企业安全监管工作。经省政府批准，2004年11月，全省非公有制企业安全监管试点工作在仙桃市和荆门市东宝区正式启动。经过一年的努力，试点工作取得顺利进展。2005年10月，省安监局在仙桃市召开了全省非公有制企业安全监管现场会，总结推广仙桃市、荆门市东宝区非公有制企业安全监管试点工作的经验，交流各市州及扩权县市推行“四个一”活动的情况，分析探讨全省非公有制企业安全生产现状及其存在的主要问题，对下一步非公有制企业的安全监管和“四个一”活动进行了部署安排。

三是全面加快应急救援体系建设。省政府组织专班编修《湖北省突发公共事件应急预案》，并指导、协调、督办省直有关部门编修《专项应急预案》23项，《部门应急预案》90项。各企业也相应制定了突发事件应急预案5399份，组织演练1028次。全省有各类应急救援队伍1660支。

5. 加强安全监管机构建设，探索创新监管手段和方法

市（州）、县市安监部门由委管局全部变为政府组成部门或直属工作机构，有力地加强了对安全生产工作的监督管理，加强了安监队伍的建设。在实践中也做了一系列工作。也逐步暴露出监管区域和环节上的力量薄弱，各地采取措施，进行了有益探索。

一是健全安全监管体系。在监管任务较重的乡镇和社区设立安监机构，将监管的触角延伸。荆门市在钟祥、京山、东宝的20个乡镇设立了安委办，配备了工作人员和监察用车；荆州市在沙市区胜利街办事处建立了“社区安全文化”试点，并借助社区力量督促整改了8年未能整治到位的春来市场重大火灾隐患。各地还探索建立安全生产行政执法队伍，强化监管，加强查处力量。全省已有1个市和10个县（市）成立了安全生产行政执法大队。

二是发挥安全专家的作用。2005年，省安监局大力开展“安全专家会诊、安监部门督办、企业狠抓落实”的安全隐患整改活动。召开了不同形式的安全监管、安全释疑座谈会，利用安全专家的权威，督促企业加大安全投入，加强隐患整改。阳新县政府今年拨款150万元，聘请了8名安全专家和31名安全员到全县重点企业进行安全督察，专家负责查隐患，安全员负责督办整改，收到了较好效果。

三是规范安全中介机构管理。全省有安全评价机构32家，他们在建设项目预评价、验收评价和煤矿、非煤矿山、危险化学品、烟花爆竹的专项评价方面做了大量工作，但也暴露出行为不规范，甚至违法的问题。为规范管理，专门召开了中介机构会议，制定了评价机构管理意见和安全培训、考核、发证意见，有力配合了安全生产专项整治和安全生产许可证发证工作。

6. 深入开展安全生产法制宣传培训工作，切实提高队伍整体素质

一是认真开展安全生产月活动。各地大力开展安全生产法律法规进社区、进企业、进学校、进农村、进家庭的“五进”宣传活动；组织工矿商贸行业开展“反三违、促规范、保安全”专项活动；荆门市编写《生命无价，安全为天》连环画和VCD下发到企业；组织企业职工同唱《生命之歌》；编印安全生产法规知识读本、小学生安全常识必读等小册子送到领导干部、职工和学生手中。尤其是2005年6月份开展的“安全生产月”活动，规模大，形式多，效果好。同时，成功组织了“全国安全生产万里行”湖北段的活动，以及安全咨询日、安全生产楚天行和40万名职工参加的全民安全生产知识答题，在全社会营造了“遵章守法、关爱生命”的良好氛围。组织有关部门参加首届全国安全生产暨技术装备展览会，被组委会授予优秀组织奖和最佳设计奖。

二是扎实开展了安全教育培训。省安监局对全省 71 家安全培训机构进行了评估，建立了动态管理、优胜劣汰机制，保证了安全培训机构的健康发展。全省各级培训机构共培训生产经营负责人 7757 名、安全生产管理人员 9182 名、特种作业人员 8.1 万名以上。

三是加强队伍建设。通过以会代训，加强安监系统自身的教育培训。尤其是党员先进性教育，进一步加深了本系统工作人员对“执政为民”的执政理念和科学发展观的理解。各级安监部门按照“四大纪律”、“八项注意”和“五不许”的规定，严格执法、公正执法、文明执法，没有发生失职渎职和各类违法违规行为，树立了安监部门的良好形象。

湖南省安全生产工作综述

2005 年，湖南省各级安全生产监管监察部门围绕落实安全责任，严格行政执法，深化专项整治，加强宣传教育，一手抓日常安全监管监察，一手抓安全生产许可证发放，较好地确保了全省安全生产形势持续稳定好转。

一是事故总量有所减少。全年共发生各类生产安全事故 22672 起，死亡 5979 人，事故率和死亡率比上年分别下降 8.1%、7.7%。

二是特大事故明显下降。全年发生一次死亡 10 人以上的特大安全事故 5 起，死亡 83 人，比上年减少事故 4 起，少死亡 21 人，初步扭转了多年来特大事故多发的被动局面。

三是事故指标控制较好。2005 年国务院安委会下达我省道路交通、工矿商贸、火灾和铁路交通事故控制指标共 5916 人，实际死亡 5741 人，比控制指标少死亡 175 人。

一、积极配合开展《安全生产法》执法检查，努力营造良好的安全生产工作环境

根据全国人大的统一部署，省人大副主任周时昌亲自带队，深入娄底、湘潭、株洲等地开展《安全生产法》执法检查。在执法检查中，周时昌副主任提出了实施规划发展、加大安全投入、强化培训教育、严格责任落实等针对性很强的工作要求。通过开展执法检查，一方面宣传了安全生产法律法规，引起了社会各界对安全生产的高度关注与重视，另一方面促成了一系列安全生产重大政策措施的出台。省政府于 2005 年 12 月 13 日召开常务会议，决定将安全生产专项规划纳入全省“十一五”发展的总体规划，将亿元 GDP 死亡率、煤矿百万吨死亡率和万车死亡率列入全省经济社会发展的统计考核指标，从发展战略上落实了安全生产工作的重要地位。省财政厅将支持安全生产体系建设作为今后财政支出改革的重点，切实加大资金投入，有力地推动全省安全生产支撑体系建设。

二、组织开展集中联合执法，进一步加大安全生产执法力度

各级安全生产监管监察机构认真贯彻落实《湖南省安全生产条例》和国办发 79 号文件精神，以强化安全生产执法为主线，大力推动和切实加强安全生产工作。全年各级安全生产监管监察机构共监察生产经营单位 96335 次，督促整改隐患 92637 处，制作执法文书 76811 份，实施行政处罚 5714 次，罚款 2148 万元，执法力度比上年明显加大。针对部分地区煤矿、非煤矿山和烟花爆竹违法生产反弹、安全生产秩序混乱的严峻形势，省局党组审时度势，果断决策，积极组织开展集中执法和联合执法，有效解决了安全生产的突出矛盾和热点问题。全年先后对郴州、衡阳、长沙、益阳等地开展了 7 次煤矿集中执法、2 次非煤矿山和烟花爆竹集中执法。特别是 2005 年 4 月份开展的“春雷”行动，声势大、规模大、力度大、效果好，打击了违法生产的嚣张气焰，引起了各级各部门的思想震动，在全社会产生了强烈的社会反响，得到了省委、省政府和国家安全生产监督管理总局的高度评价。

三、加强安全生产宣传教育，不断增强全民安全意识

一是领导高度重视。安全生产月活动期间，省人大、省政府、省政协领导亲自参加，各部门密切配合，群众踊跃参与，新闻媒体集中报道，社会反响热烈。

二是宣传形式多样。许多报刊、电视台开辟专刊专栏，集中宣传报道安全生产工作；各地图文并茂地制作了大量宣传板报，广泛开展了“生命之歌”传唱三湘的活动。岳阳、常德、益阳、湘潭、衡阳、郴州等地举办了安全生产专题文艺晚会，营造了全社会“关爱生命、关注安全”的良好氛围。积极参加全国安全生产装备展览，充分展现了湖南安全生产工作的良好风貌。

三是加强宣传阵地建设。湖南省安全生产信息网、湖南《安全与防灾》杂志、湖南省职业安全健康协会等都在安全生产宣传教育工作中发挥了重要作用。特别是湖南省安全生产文工团正式组建并多次开展演出，唱响了安全生产的主旋律。

四是加强安全生产教育培训。全省特种作业人员培训持证达84452人，生产经营单位负责人培训持证达17441人。

四、突出重点行业和地区，深入开展安全专项整治

各级安全生产监管部门认真履行综合监管职责，充分发挥其他职能部门的作用，积极组织或参与开展了矿山、危险化学品、烟花爆竹、水上交通、道路交通、消防、学校和航空安全的专项整治。以整顿关闭和瓦斯集中整治两个攻坚战为重点，抓住郴州、衡阳、娄底、邵阳等煤炭主产区，深入开展煤矿安全生产专项整治。据统计，2005年全省累计停产整顿煤矿1497矿次，关闭不具备安全生产条件煤矿420处，取缔非法煤矿492矿次，关闭非法煤矿2939矿次，取缔非法烟花爆竹小作坊1417家、危险化学品从业单位330家，排查事故隐患82493处，整改74634处。

2005年安全生产存在的主要问题：

一是部分市县事故总量偏高，与国家和省委、省政府的要求不相适应。2005年，尽管14个市、州的事故指标都没有超标，但岳阳、湘潭、益阳、怀化4个市的事故死亡总人数同比增加，郴州、娄底、怀化、长沙、益阳5个市还发生了特大事故。

二是监管对象点多面广，与实现企业本质安全的要求不相适应。目前全省共有11767家高危生产企业，39348家危险化学品和烟花爆竹经营网点，经营网点多、规模小、标准低、灾害重的问题十分突出。

三是全社会的安全法制和责任意识不强，与安全发展、科学发展的要求不相适应。如部分企业拒不执行安全监管监察指令，以停代整、明停暗开，甚至无证违法组织生产，潜伏着严重的事故隐患。

四是安全监管监察执法不够规范，与严格执法、公正执法、廉洁执法的要求不相适应。少数安全监管监察机构仍然习惯于以管理和检查代替执法，执法不严、监管不力的问题比较突出，有的甚至把监管职能作为创收的手段，存在乱收费、乱罚款现象。

广东省安全生产工作综述

2005年，在广东省委、省政府的正确领导下，全省各级政府、各有关部门按照“打好基础，抓住重点，落实责任，依法监管”的基本思路，逐步健全安全生产法规体系，实施安全生产事故控制目标管理，深化安全生产专项整治，落实安全生产责任制，加强安全生产宣传教育工作，有力地推动了全省安全生产形势的平稳好转。

一、严格安全生产控制指标管理，安全生产责任制进一步落实

全省各级政府、各有关部门采取有效措施将2005年年初省政府下达的安全生产控制指标层层分解，认真抓好安全生产控制指标的监控，发现问题及时预警，并认真研究解决办法和应对措施。2005年，广东省共发生各类事故86523起、死亡11441人、受伤78652人、直接经济损失4.62亿元，事故起数同比上升0.37%，死亡人数、受伤人数和直接经济损失同比下降了6.54%、1.23%和8.98%。死亡人数比控制指标少614人（国务院安委会下达给广东省的控制指标为12055人）。其中有16个市完成了工矿企业安全控制指标，19个市完成了道路交通控制指标。在加强对安全生产控制指标监控的同时，广东省政府严格执行安全生产责任制考核制度，在各市对辖区政府、部门安全生产责任制考核基础上，广东省安委办对各地级以上市政府安全生产责任落实情况进行了全面考核，有力地推动了各级安全生产责任制的进一步落实。

二、加强安全生产法制建设，安全生产行政许可和联合执法机制有了新进展

2005年，我省制定和出台了《广东省建设项目安全设施“三同时”监督管理条例》、《广东省安全生产监督执法办法》和《广东省非公有制企业安全生产监督管理规定》等政府规章和政策性文件，煤矿、非煤矿山、危化品等行业安全生产行政许可也已全面启动。已颁发危险化学品经营许可证5471个，受理非煤矿山申请213份，颁证68个，高危行业安全源头管理得到有效加强；各方紧密配合、齐抓共管，安全生产专项整治稳步推进，安全生产联合执法工作机制逐步形成。

三、煤矿整顿关闭工作取得实效

各地各有关部门坚决贯彻落实中共中央政治局委员、省委书记张德江、省长黄华华的指示精神，认真吸取“8·7”矿难教训，坚决对全省煤矿实施停产整顿，以铁的手腕整治煤矿安全。广东省政府及时成立了以3位副省长任组长的煤矿安全生产督察组，分赴3个产煤市开展督察工作；各级政府和省有关职能部门积极配合，全省煤矿整顿关闭工作效果明显，得到了国家安全生产监督管理总局的充分肯定。截至2005年年底，广东省253个煤矿中绝大部分已经关闭炸封，目前只有梅州市还保留了10个煤矿，广东省煤矿安全生产基础条件有了根本好转。

四、突出重点，继续深化其他领域安全生产专项整治

全省各有关部门采取有力措施，在巩固整治成果的基础上，继续深化安全生产专项整治工作。在危险化学品方面，以“五整顿，两关闭”为工作重点，共下达整改指令书15000多份，责令停产整顿企业1500多家，责令停止经营活动1000多户，责令办理注销登记60多户，吊销执照6户，取缔无照经营695户，捣毁非法经营点500多户，淘汰了一批不具备安全生产条件的企业。在茂名市试点的基础上，大力推进危化品道路运输监管，促进了危化品安全管理水平的提高。在道路交通方面，以消除交通隐患和整治疲劳驾驶、超速、超载3项严重影响道路交通安全的违法行为为重点，全省完成了1000公里国道、省道中央防撞隔离设施的安装，完成了1000公里临山、临水、临崖路段的改造，共设置固定测速点111个、流动测速点217个，出动警车23万多辆次，投入警力76万人次，查处超速违法行为38多万起。通过整治，道路交通安全秩序明显好转。在水上交通方面，突出抓好渡口渡船、危险化学品船舶专项整治和琼州海峡水运安全，还重点开展了客船、客滚船等船员的适任资格专项检查行动，进一步规范了我省水域内水上交通秩序。在公众聚集场所消防方面，继续深入开展社区消防规划和公共消防基础设施建设。全省5097个社区已有4509个完成消防建设工作，达标率从上年的81.8%提高到88.5%。全省全年新增市政消防栓21850个，达标率从上年的82%提高到89.9%。全省共组织检查组4439个，检查单位198947家，发现火灾隐患102034处，各级公安消防机构共填发法律文书27255份，督促整改火灾隐患92893处，确认重大火灾隐患4366处，对550家单位依法作出责令停止施工、停止使用、停产停业的行政处罚，进一步促使消防安全责任制的落实，火灾持续上升的势头得到有效控制。除此之外，全省特种设备、建筑施工、民爆器材、旅游场所、水利设施、防雷减灾、中小学校、民用航空等行业和领域的安全专项整治进展顺利，收到预期效果。

五、推广非公有制企业安全监管试点经验，安全监管方式取得新突破

在全省大力推广佛山非公有制企业安全监管试点经验，广东省安全监管局制定了推广佛山市试点经验的《实施方案》，加强对各地推广工作的指导。同时，积极开展企业安全管理标准化活动，制定出台了机械、建材、冶金、危化品等行业企业安全管理标准，积极推广东宝安区企业安全管理标准化的经验，全省企业安全管理水平得到提高。各地还在努力探索安全监管新路子、着力构建安全生产长效机制上做了不少尝试。如佛山、深圳市建立属地管理、重心下移的安全生产监督管理机制；湛江市建立安全监督管理和安全保证制度，实行重大事故隐患整改汇报和关闭制度；惠州市坚持“科技兴安”，创立了区和街道属地生产经营单位安全生产状况数据库，实行了企业安全生产工作动态管理。

六、开展安全生产规划，安全生产应急预案编制与管理工作取得进展

制定了新中国成立以来第一部安全生产专项规划，并将其纳入“十一五”规划。全省各地也抓紧安全生产规划工作，部分地区已经完成规划方案，并纳入同级政府的“十一五”规划。广东省安全监管局还编制了广东省事故灾难应急预案和安全生产应急救援体系框架及建设方案，加强了对各市应急救援体系建设的指导，督促各市、区（县级市）、企业分别建立了危险化学品事故应急响应机制，全省事故应急救援体系建设开始启动。

七、大力推动机构建设，安全监管力量加强

在广东省委、省政府的高度重视下，全省地级以上市安监局已全部独立设置为同级政府工作部门，安全生产监管力量得到进一步增强。一些市根据本地区安全生产监管的实际，大力充实安全生产监管力量，通过设立派出机构、设立执法队伍等有效形式，强化了基层安全生产执法队伍建设，广东省安全生产监管体系得到改善，人员力量进一步得到了加强。东莞市32个镇都成立了独立的安全生产监督管理分局，作为市安全监管局派出机构。广州市花都狮岭镇还成立了安全生产执法大队。

八、安全生产宣传教育工作有声有色，安全生产氛围日益浓厚

广东省深入开展了“安全生产月”、“交通安全村、社区、学校”、“安康杯”劳动竞赛及“百日安全无事故”等活动；成功组织了首次在北京以外举行的“全国安全生产万里行”出发仪式，成功举办了第二届“粤港澳安全知识竞赛”。广东省公安、交通、消防等部门开展了多种形式的活动，宣传道路交通和消防安全法规和知识。有关地市也开展有特色的安全生产宣传活动，如广州市还开展了“安全生产大家谈”活动，珠海市开展“绿色关爱”行动，各社区、厂矿、广场、码头悬挂安全生产标语、口号以及开设安全生产专栏。通过一系列宣传教育活动，全社会的安全意识明显增强。

通过全省各级政府、各有关部门的共同努力，“十五”期间，广东省安全生产状况总体稳定并趋于好转。2002年事故总量达到峰值，2003年出现拐点，2004年全省事故总量呈下降趋势，2005年全省事故总量和死亡人数呈全面下降局面。

在过去的工作实践中，全省较好地完成了省政府提出的安全生产工作目标和各项任务，也摸索出一些安全生产工作的经验，总结起来主要有5个方面：一是始终坚持以“三个代表”重要思想为指导，认真落实科学发展观，贯彻好党中央、国务院和省委、省政府领导同志的批示和重要指示精神，以高度的政治责任感抓好安全生产工作；二是充分发挥各级政府、各个职能部门的作用，齐抓共管，不断完善“政府统一领导，部门依法监管，企业全面负责，群众参与监督，全社会广泛支持”的安全生产工作格局；三是坚持依法监管，强化法制观念，把安全生产和监管工作纳入法制化轨道；四是突出重点抓好专项整治，并把专项整治与强化日常监督、建立长效机制结合起来；五是重视做好基层和基础工作，坚持标本兼治，落实企业主体责任，促使各类企业建立自我约束、不断完善的安全生产机制。这5个方面的原则，今后仍将长期坚持下去，并在工作中不断加以完善。

九、存在的问题

2005年，广东省虽然各类事故死亡人数有较大幅度的下降，但安全生产形势仍然严峻。

第一，事故总量依然较大。由于广东省经济总量大，从业人员素质有待提高，安全生产事故起数和死亡人数数量依然很大，连续多年死亡人数超过万人。与全国几个经济大省相比，尽管近两年事故上升的势头得到控制，但2005年各类事故总的死亡人数仍有1.1万多人，比山东、江苏、浙江等省多2000～3000人，事故起数和死亡人数连续多年位居全国首位。

第二，重特大恶性事故仍未得到有效遏制。2005年，全省发生一次死亡10人以上的特大事故8起，死亡264人，尤其是发生了“8·7”梅州兴宁矿难，造成121人死亡，直接经济损失达4725万元，给国家和人民群众生命财产造成不可挽回的惨重损失，惊动了党中央国务院，在国内外造成了极坏的负面影响，教训极其深刻。从监管方面总结起来，主要有以下几个方面教训：

一是预防重特大事故工作不力。近年来，广东省虽然制定了许多预防重特大事故的措施，但很多工作并未得到落实，监管工作中漏洞不少，特别是广东省近年把煤矿安全监管的重点放在了煤矿高瓦斯和瓦斯突出的防治上，对煤矿水患有所忽视，对预防煤矿特大透水事故重视不够、措施不力。

二是作风不深入，监管不到位。“7·14”福胜煤矿发生特大煤矿透水事故后，广东省安全监管局提请广东省政府同意后要求兴宁市四望嶂矿区水淹区下包括大兴煤矿在内的6对矿井要立即停产整顿。但梅州、兴宁两级政府未能认真落实省政府要求，对四望嶂矿区水淹区下6对矿井未能坚决予以停产整顿。广东省政府有关部门未及时跟踪了解情况和督促检查，致使广东省政府停产整顿要求未得到真正落实，最终酿成了“8·7”矿难。

三是广东省有关监管部门和地方政府执法不严格，不依法行政。当地国土部门未向大兴煤矿颁发采矿许可证，却向其征收了有关资源税和资源补偿费等税费，任由其非法开采煤炭资源；在兴宁大兴煤矿未正式领取采矿许可证的情况下，广东省安全监管局变通给其颁发了安全生产许可证，未依法进行行政许可；广东省煤炭行业主管部门向大兴煤矿发放了煤炭生产许可证并进行了年检；大兴煤矿开采长达6年之久没有工商登记，工商部门发现后对其发出了停产关闭通知等行政处罚措施，但未跟踪落实。正是众多政府部门行政不作为甚至乱作为，使非法煤矿得以生存，并导致了矿难的发生。

四是企业安全生产主体责任不落实。大兴矿矿主及有关负责人无视安全生产，没有健全安全生产规章制度，仅存的几项制度也不落实，大部分下矿的矿工也没有经过煤矿安全知识培训；在该矿2006年3月份发生抽冒事故，尤其是冒落的煤已经出现潮湿现象后，该矿不仅没有查找原因进行整改，反而是变本加厉地进行挖掘，导致隔水煤层越来越薄，水下煤矿开采危险性越来越大。该矿虽然设计能力3万吨/年，但仅2006年上半年就采煤5万吨，严重超能力超强度开采；在事故发生后不及时报案，矿主和主要责任人逃匿。

五是“官商勾结”，少数政府官员和工作人员搞腐败。“8·7”矿难背后存在着严重的腐败问题，包括公职人员暗中在煤矿入股，牟取非法利益；收受矿主贿赂，滥用审批权，违法违规作出行政许可；为煤矿违法生产充当了“保护伞”等。

六是安全生产责任制落实不下去。近年来，虽然层层都签订安全生产责任书，市、县、镇也层层建立了相应的安全生产责任制，但有不少责任书只是写在纸上，并未真正落实到具体工作中，特别是没有真正落实到单位和个人，存在安全生产工作力度层层衰减现象。在某些基层和企业，存在着安全生产讲起来重要，做起来次要，与利益发生矛盾的时候就不要的现象。

“8·7”矿难的教训是惨痛的，充分暴露了安全生产工作上的漏洞和管理上的混乱，全省上下应认真从中深刻吸取教训，警钟长鸣，常抓不懈，用铁的手腕，切实加强安全生产工作，坚决遏制重特大事故频发的态势，维护人民群众生命和财产安全，维护社会稳定。

广西壮族自治区安全生产工作综述

2005年是广西壮族自治区安全生产工作取得重要进展的一年。一年来，全区各级党委、政府认真贯彻落实自治区党委、政府的部署要求，各级安监部门恪尽职守，严格监管，各部门、各单位共同努力，狠抓各项安全生产措施的落实，全区安全生产形势出现了稳定好转的态势，为全区经济发展提供了有力的安全保障。2005年，全区各类安全生产事故起数、死亡人数、受伤人数、直接经济损失同比分别下降18.63%、8.38%、13.76%和6.05%。全年同比少死亡405人，各类事故死亡人数均控制在国务院和自治区下达的年度控制指标以内。没有发生一次死亡30人以上的特别重大事故和一次死亡10人以上的工矿商贸企业特大事故。

一、各级党委、政府层层落实安全生产责任制

自治区党委、政府坚持以人为本的科学发展观，高度重视安全生产工作。将安全生产列入重要

议事日程，纳入建设“平安广西”的发展规划，作为广西“十强县”、“十佳县”评选一票否决的指标，并将其纳入“十一五”规划。自治区领导对安全生产多次作出重要指示和批示，在全区的重要会议上专门强调安全生产工作。自治区书记曹伯纯主持召开书记办公会议，听取全区安全生产工作汇报，主席陆兵主持召开第38次常务会议，听取全区安全生产工作汇报。自治区四大班子领导每年都亲自为全区“安全生产月”活动拉开序幕。自治区人大2005年初将制定的《广西安全生产条例》列为第1号提案，常委会及时进行研究，并将其纳入立法计划。自治区政协也将其列为一号议案。自治区人大常委会还专门听取了贯彻实施《安全生产法》情况的汇报，进行了执法大检查。自治区政府每年召开一次全区安全生产工作会议，每季度召开一次防范特大安全事故工作会议，部署安全生产工作，及时研究解决存在的重大问题，并在财力紧张的情况下，安排专项资金兑现2005年度责任状，奖励取得好成绩的市一级政府。

各级党委、政府和全社会对安全生产的认识高度一致。各市、县、乡党委、政府和自治区有关部门认真贯彻落实自治区党委、政府的工作部署，普遍重视和加强安全生产工作，针对薄弱环节和突出问题，落实责任，采取措施，强化监管，做了大量扎实有效的工作。

各级政府进一步建立完善安全生产目标控制指标体系，层层落实安全生产责任制。2005年自治区政府与各市签订的安全生产责任书中，明确实行“一票否决”制度。自治区安委会、安监局切实加强指标跟踪监控和预警预报，做到每月通报一次，每季督察一次，每半年考核一次。各市县区、各有关部门紧紧围绕责任制落实对安全生产工作常抓不懈。各地各部门逐级签订责任状，层层落实责任，基本形成了“横向到部门、纵向到企业”的安全生产责任体系。

二、集中开展瓦斯治理和整顿关闭两个攻坚战以及防治水工作

一是认真贯彻落实国务院《紧急通知》和《特别规定》两个重要文件精神以及国家安监总局7项断然措施，进一步建立和完善煤矿事故隐患防范工作体系。结合《广西壮族自治区煤矿安全生产管理与监督暂行规定》，全年组织开展了两次全区性煤矿安全大检查和多次不定期的安全专项督察。制定了《广西煤矿企业领导干部下井带班管理规定》，增强煤矿企业领导安全生产主体责任意识，强化煤矿现场安全管理。

二是加强煤矿安全改造和瓦斯集中整治工作，提高矿井装备水平。自治区成立了广西煤矿安全集中整治工作领导小组，制定下发了《广西煤矿安全督查及瓦斯集中整治工作方案》及《广西煤矿瓦斯治理规定》。出台了推广数字化瓦斯远程监控系统的实施意见，督促11对矿井按设计方案安装瓦斯监测监控系统，并开展了煤矿通风能力核定和瓦斯等级鉴定工作。

三是全面推进煤矿安全生产许可证制度的实施和煤矿安全质量标准化建设，进一步夯实煤矿安全基础。

四是认真做好煤矿整顿关闭和打击煤矿非法开采活动。制定了《广西煤矿整顿关闭工作方案》和《打击煤矿非法开采工作方案》，开展联合执法行动，通过督促检查，对298对矿井给予了停产整顿的处罚，并对其中183对整改无望的矿井提请当地政府予以关闭。

五是认真开展矿井防治水工作。制定出台了《广西煤矿矿井防治水规定》，在全区范围内推广应用PROTEM探测水、高效水泵等新技术，重点加强了对水害较严重的合山矿区、东罗矿区的督察。通过强化煤矿安全监管监察工作，实现了煤矿安全生产的持续稳定好转，全区煤矿百万吨死亡率为3.93，扣除盗采死亡人数，百万吨死亡率为2.29。杜绝一次死亡10人以上事故，有效遏制了一次死亡3人以上事故，煤矿安全工作取得了历史最好成绩。

三、着重在重特大事故预防和隐患排查整改上下功夫，努力把大事故消灭在萌芽状态

建立并实施了区、市、县、乡、村5级隐患整治监督管理制度。2005年自治区级重点监督整改重大安全隐患16项，地级市级143项，县（市、区）级705项，都分别落实了整改的具体内容、时间、措施、责任单位和人员。为预防事故，及时消除隐患，对事故隐患实行“六不放过”：一是对发生事故和未遂事故的企业、市县（区）吸取教训不放过；二是对列入的重点隐患的整改监督不放过，对安全生产问题比较严重和有可能发生特大以上事故的企业，市县（区）的主要领导和分管领导、自治区安监局领导和相关处室负责人定期、不定期或随时打电话警示、提醒、到现场检查；三是在别的省市区发生特大以上事故后，对我区同类型的企业进行督促提醒不放过；四是对接到举报的事故隐患督办整改不放过；五是对新闻媒体曝光的隐患和违反安全生产的情况不放过，一追到底，绝不含糊；六是对倾向性、苗头性问题不放过，及早发现，果断采取措施，努力把重特大事故消灭在萌芽状态。通过努力，2005 年自治区重点监督整改的 16 项重大安全隐患已有 13 项完成了整改，特别是几个多年来一直列为全区重点，但一直没有治理的隐患，如吴圩机场放飞气球的问题得到了彻底根治。各市县重点监督整改的隐患大部分也得到了整改，一大批重特大事故隐患及时得到防治，杜绝了事故的发生。

四、深入开展经常性的安全检查和专项整治，着力解决事故多发行业和领域的突出问题

自治区每季度至少组织一次全区性的安全生产大检查，各市县（区）每月组织一次大检查。同时定期不定期开展专项整治活动，集中力量解决矿山、道路交通、危险化学品、烟花爆竹、消防火灾等领域的突出问题。在煤矿安全上，重点监管合山、右江、百色、钦州几个大矿和河池、百色、来宾几个非法开采比较严重的地方；在非煤矿山安全上，重点监控、整治大厂、铜坑、北山、大新、靖西、龙头山、木圭、八一、全州等地；在道路交通安全上，重点放在山区道路和客货运输车辆及农机车上；在危险化学品安全上，重点放在"五整顿"、"两关闭"工作和重点督促监控柳州东化等几个重大隐患点上；在烟花爆竹安全上，重点放在打击私炮和规范合法企业安全监管上；在消防火灾安全上，着重放在人员密集场所的专项整治上。据不完全统计，一年来，用铁的手腕，采取坚决措施，依法炸毁非法开采和死灰复燃的小煤井 900 多处，取缔非法开采矿山和关闭不符合安全生产条件的矿山 2600 多个；取缔不符合安全条件的危险化学品公路运输企业 435 家，水路运输企业 16 家；关闭非法从事或经停产整顿后仍不具备安全生产条件的危险化学品生产企业 13 家、储存单位 2 家、经营单位 70 家；取缔不具备消防安全条件的场所 70 个，责令 218 个消防安全条件不合格的单位停产停业；查处违反爆炸物品管理规定案件 1417 起，涉案 1874 人，收缴炸药 28100kg，雷管 77083 枚，导火索 32694m。

五、严格实施安全生产许可证制度，强化源头管理

根据《安全生产许可证条例》，自治区安监局出台了《安全生产行政审批会议制度》等一系列规范性文件，从申报到发证各个环节进行了明确规范。要求所有评价机构严肃认真，独立负责。规定所有的地采矿山、烟花爆竹、危险化学品企业必须由自治区安监局亲自组织现场核查，参加核查的专家、领导都要签字按手印，以示负责。在办证全过程中，严格要求，规范程序，公开透明。截至年底，已有 8 家煤矿企业 37 对矿井、1164 家非煤矿山、8 家危险化学品生产企业及 1158 家建筑施工企业、8 家民用爆破器材企业通过审查并获得了安全生产许可证，4680 家加油站及其他危险化学品经营单位获得了危险化学品经营许可证。

六、狠抓应急救援体系建设，提高突发事故应对能力

自治区制定了《广西壮族自治区重特大事故应急救援工作制度》，编制了矿山、危险化学品、烟花爆竹等高危行业的应急救援预案。完成了自治区安全生产应急救援指挥中心信息监控系统一期工程建设并投入使用。依托企业相继组建了国家级的华锡矿山救援大队、广西矿山救援大队及 10 个中队、广西烟花爆竹事故救援大队及 3 个中队、广西危险化学品应急救援大队及 3 个中队等 17 支区域性的专业应急救援队伍，应急救援队员 500 多人，自治区政府通过预算为 12 支专业应急队伍配发了 12 部应急救援救护车辆，初步形成了具有我区特色的地方应急救援体系。2005 年年底，自治区安监局组织各个救援队伍进行大演练、大比武，努力将他们训练成招之即来、来之能战、战之能胜，能够在事故发生后最大限度降低人员伤亡和损失的专业队伍。

七、完善安全监管机制，创新安全监管方法，提高安全监管效能

一是提高认识，创新理念，严格管理。在全区安监系统全面推行半军事化管理，用铁的制度、铁的纪律、统一的意志要求和规范全体安监人员，用铁的手腕抓好安全生产各项工作。把"预防事故，拯救生命，减少伤亡和损失”作为安监部门天大的责任，树立“安全生产责任重于泰山，从事安监工作责任比泰山还要重”的观念，要求所有安监人员都必须具备一颗红心、一副黑脸、一张快嘴、一双铁手、一对勤腿，敢于得罪人，不怕得罪人。要宁做“恶人”，不做罪人。在保持共产党员先进性教育活动中，要求全区所有安监人员积极投身先进性教育活动，争做“平安广西的忠诚卫士”，为各级党委、政府和全区人民生命财产安全站好岗、放好哨。

二是实行安全生产约见警示、黄牌警告制度。出台了《安全生产约见警示、黄牌警告暂行办法》，自治区安委办、安监局先后给予十几家企业、5个市安监局以及7个县市区政府一把手和分管副职安全生产约见警示，责成他们消除重特大事故隐患。

三是建立部门联合执法机制，实施多部门联合执法。一年来安监、公安、国土、工商、经委等部门多次在打击非法开采、打击私炮生产和非法煤矿和非煤矿山等方面联合执法。

四是实施“科技兴安”，提高企业本质安全。自治区安委办组织召开了HAN阻隔防爆技术现场演示会、PROTEM探测水演示会，自治区安委会成员单位、各市、县安监局领导、各有关企业及新闻媒体参加会议，取得了较好的效果。目前，全区已有32家加油站采用了HAN阻隔防爆技术。

五是狠抓县乡两级政府主要领导的安全培训。针对煤矿和烟花爆竹事故多发、非法生产比较严重的现状，自治区安监局把产煤县乡、有煤县乡和烟花爆竹产区的县乡一把手、分管副职和安监局长请过来，分别举办县长班和乡长班，强化他们的安全生产责任意识和法律意识。

八、加强安全生产宣传教育和培训，认真组织开展“安全生产月”活动

2005年“全区安全生产月”活动声势大、效果好。全区各地、各部门和各单位紧紧围绕“遵章守法、关爱生命”这一主题，采取多种形式，加大安全生产宣传教育力度。

（1）2005年6月4日，在南宁市民族广场举行隆重的安全生产月启动仪式。自治区四大班子领导应邀出席启动仪式，自治区各新闻媒体进行了现场采访报道，来自社会各界的1300多人参加了启动仪式。

（2）组织全区公众安全生产知识大赛。全区共有35万人参加，有力推动了安全生产普法工作的开展。

（3）组织全区安全生产基层服务队活动。安全月期间，组成14支安全生产基层服务队，深入全区14个地级市开展安全生产基层服务，共为33个乡镇、78家企业开展安全知识讲座、事故隐患排查等服务，受到了地方政府和企业的普遍好评。

（4）组织全区安全生产新闻采访团活动。新闻采访团共安排采访百色、南宁、来宾、河池、柳州、桂林6个地级市，行程5000公里以上，历时12天，在报刊、电视、广播、网站上发稿40多篇，起到了较好的宣传和促进作用。

（5）组织企业开展读一本安全生产的书、看一部安全教育片、出一期安全橱窗或宣传专栏、对职工进行一次遵章守纪教育、组织一次事故隐患排查“五个一”活动。

（6）组织编写出版安全教育文化读本。组织编写了职工安全通给读物《安全警诫》，摄制反“三违”安全教育片《安危一线间》（上下集），绘制了安全挂图《遵章守法，关爱生命》。通过积极努力，共发出《安全警诫》13万套，《安危一线间》3000多套，安全挂图7000多套，增强了全社会安全生产法制观念，促进了各地安全生产状况的好转。

安全生产培训方面也取得了较好的进展。2005年，共组织举办了2期煤矿县乡长培训班、2期烟花爆竹县乡长培训班、3期安全生产监察员执法培训班、6期煤矿安全管理培训班、9期非煤矿山安全管理培训班、9期加油站负责人和安全管理人员培训班、13期危险化学品安全管理培训班。

2005年，广西安全生产形势虽然稳定好转，但由于种种原因，安全生产基础差、隐患多的现状并没有从根本上改变，加上经济社会高速发展，新的重大隐患也在不断增加，安全生产形势依然严峻。一是企业安全主体责任未全面落实，安全生产投入严重不足；二是基层安全监管机构不健全，安全生产监管基础非常脆弱；三是一些地方非法生产、滥采乱挖现象严重抬头；四是在重点领域还存在薄弱环节和监管死角，重特大事故还时有发生。

广西壮族自治区煤矿安全生产工作综述

2005年，自治区煤矿安全生产工作按照国家安监总局和自治区党委、政府的部署，坚持"以人为本，安全第一"的思想，开展了瓦斯集中整治和整顿关闭两个攻坚战以及防治水工作，不断深化煤矿安全专项整治，强化安全监察、监管工作，进一步落实企业安全主体责任，实现了煤矿安全生产的持续稳定好转，杜绝一次死亡10人以上事故，有效遏制了一次死亡3人以上事故。全区累计发生死亡事故19起，死亡24人（其中盗采7起，死亡10人），比上年同期分别下降了48.6%和48.9%。全区煤矿百万吨死亡率为3.93，扣除盗采死亡人数，百万吨死亡率为2.29。煤矿安全工作取得了历史最好成绩。

一、认真贯彻落实国务院《紧急通知》和《特别规定》两个重要文件精神

一是在全区范围内学习《国务院关于预防煤矿安全生产事故的特别规定》及4个配套文件和《国务院办公厅关于坚决整顿关闭不具备安全生产条件和非法煤矿的紧急通知》，举办了3期培训研讨班，分别对自治区安监局全体干部职工、产煤县（市、区）长和主管副县（市、区）长、产煤乡（镇）长和主管副乡（镇）及煤矿主要负责人进行培训，共培训210人次以上。

二是按照国务院《紧急通知》和《特别规定》及其配套办法的要求，对照7项断然措施，认真组织开展了全区煤矿安全隐患排查及督促整改落实工作。结合《广西壮族自治区煤矿安全生产管理与监督暂行规定》，全年组织开展了两次全区性煤矿安全大检查和多次不定期的安全专项督察，检查的内容主要是针对煤矿企业安全生产规章制度的落实和职工培训、干部下井、"一通三防"、防治水以及机电设备和顶板控制等几个重点及薄弱环节。

三是制定《广西煤矿企业领导干部下井带班管理规定》，增强煤矿企业领导安全生产主体责任意识，强化煤矿现场安全管理，及时发现和处理安全隐患。

四是按照《广西壮族自治区安全生产约见警示黄牌警告暂行规定》，对发生死亡事故的矿井及存在重大安全隐患矿井先后进行了4次约见警示，对在通风安全仪器仪表管理方面存在重大安全隐患的煤矿企业也给予了约见警示，促进煤矿加强安全生产工作。

二、加强煤矿安全改造和瓦斯集中整治工作，提高矿井装备水平

一是为了加强煤矿瓦斯治理工作，自治区成立了广西煤矿安全集中整治工作领导小组，制定下发《广西煤矿安全督查及瓦斯集中整治工作方案》。在工作方案中，有针对性地提出了指导思想、工作目标和任务，明确了时间安排和具体的工作措施。

二是认真落实国家安监总局和煤矿安全监察局第21、22号令，加强对煤矿瓦斯治理工作的监察，结合广西实际制定了《广西煤矿瓦斯治理规定》，督促煤矿企业进一步建立和完善瓦斯防治工作制度。

三是做好煤矿安全改造工作，提高矿井装备水平。监督企业做好2004年煤矿安全改造项目实施工作，编制2005年度煤矿安全改造项目计划。同时，还加强对煤矿企业提取安全费用情况的监察，促使企业按规定标准提取安全费用，并保证所提取的费用得到合理正确的使用，以保证安全改造项目的顺利实施。

四是制定了推广数字化瓦斯远程监控系统的实施意见，督促11对矿井按设计方案安装瓦斯监测监控系统。同时，协助自治区煤炭行业主管部门做好煤矿通风能力核定和瓦斯等级鉴定工作。

三、全面推进煤矿安全生产许可证制度的实施和煤矿安全质量标准化建设

一是全面推进煤矿安全生产许可证制度的实施。在颁发煤矿安全生产许可证过程中，按照进度服从质量的原则，严格发证程序和标准，确保发证质量。通过煤矿安全生产许可证的审核颁发，促使煤矿企业进一步建立、完善有关安全生产管理的规章制度，提高安全装备和管理水平，改善安全生产基本条件，提高矿井的防灾抗灾能力。做好安全生产许可证颁证后的跟踪监察的工作，强化行政监察执法，对各种违反《安全生产许可证条例》和《煤矿安全生产许可证实施办法》的行为，及时给予依法查处。

二是加强煤矿安全生产质量标准化建设。将安全质量标准化建设情况纳入了安全检查和督察的范围，按照《广西煤矿安全质量标准化标准及考核评级办法实施细则》的要求，加强对煤矿企业安全质量标准化工作的检查和指导，及时发现工作中存在的问题，指导和帮助企业实现达标任务。目前，全区煤矿安全质量标准化工作已全面启动，并做到了“四个落实”，即组织机构落实、计划方案落实、目标任务落实和工作责任落实。

三是继续深化煤矿安全专项整治，促进企业安全管理水平的提高。

（1）积极推进矿井的整合，实行煤矿的合理集中生产。继续加大部分矿区矿井整合力度，按照就近及扶优的原则，继续鼓励优势骨干煤矿对安全技术管理力量薄弱的乡镇小煤矿采取收购、兼并、联合等方式，实施对乡镇小煤矿的安全管理，解决大多数乡镇小煤矿缺乏管理技术和管理能力的问题，全面提高乡镇煤矿安全管理水平，实行煤矿生产的合理集中。

（2）认真做好煤矿整顿关闭和打击煤矿非法开采活动。首先是制定了《广西煤矿整顿关闭工作方案》和《打击煤矿非法开采工作方案》，开展联合执法行动，通过督促检查，煤矿非法开采和违法生产的行为得到有效遏制；其次是对298对矿井给予停产整顿的处罚，并对其中183对整改无望的矿井提请当地政府予以关闭；再次是将容易发生非法小煤矿死灰复燃的来宾市兴宾区和百色市田阳县列入自治区重点整治的16大安全隐患，督促当地政府加大整治力度；最后是采取了不定期明察暗访、鼓励群众举报等各种措施及时掌握各种无证非法开采、死灰复燃小煤矿的情况，及时通报当地政府及自治区国土部门，并配合当地政府及有关部门开展联合执法，给予严厉打击。

（3）开展矿井防治水工作。制定出台了《广西煤矿矿井防治水规定》，在全区范围内推广应用PROTEM探测水、高效水泵等新技术，加强了对水害较严重的合山矿区、东罗矿区的督查。

四、加强对煤矿建设项目“三同时”监察，把好煤矿安全设计审查和竣工验收关

为了从源头上把好煤矿项目的准入关，加强了对煤矿企业建设项目安全设施“三同时”的监察，要求煤矿企业按照国家法律法规有关规定，做好“三同时”工作。

五、加强煤矿安全培训工作，提高从业人员素质

为了提高从业人员素质，我们把煤矿企业主要负责人、安全管理人员和特种作业人员的持证上岗情况以及新入矿工人、变更工种工人的培训情况都纳入安全检查和监察的内容，促使企业进一步加强煤矿安全培训工作。全年共举办矿长安全资格培训班3期，培训158人；举办煤矿安全管理人员资格培训班4期，培训193人。

六、认真开展事故调查处理工作，加大事故责任追究力度

按事故调查处理“四不放过”的原则，对来宾市2004年“12·19”非法小煤矿特大透水事故的调查处理结案工作，共有8名事故责任人受到党纪或政纪处分，2人被移送政法机关追究刑事责任。

七、加强煤矿安全监管监察体制建设，落实地方煤矿安全监管工作责任

一是按照《国务院关于进一步完善煤矿安全监察体制的意见》要求，全力配合国家安监总局筹备成立广西煤矿安全监察局，使广西煤矿安全监察局在2005年11月22日得以正式成立。

二是按照《广西壮族自治区煤矿安全生产管理与监督暂行规定》，认真落实各产煤市县安监部门对辖区内煤矿进行安全检查的职责，使煤矿安全监管工作得到进一步的加强。

三是督促各级政府煤炭行业管理部门依法认真履行煤炭安全生产的行业管理职能，建议凡是当地煤炭行业管理部门不明确或无法依法履行煤炭行业管理职能的地区要退出煤炭生产领域。

八、存在问题

在充分肯定广西煤矿安全生产取得成绩的同时，应当清醒地看到煤矿安全生产工作基础还很薄弱，安全生产的成果只是初步的、阶段性的，煤矿安全生产还存在很多问题。一是从煤矿的生产条件看，开采比较困难，受五大灾害威胁，工作条件恶劣。二是从生产的集中程度看，集中化程度低，给监管增加难度。三是煤矿安全装备标准低。广西煤矿矿井的通风、排水、供电、防火、防瓦斯、应急救援、通讯、防尘、矿井支护等生产系统及辅助系统装备标准低，设备老化，与国家和行业标准仍有一定差距。四是煤矿安全投入不足。一方面，广西经济发展水平相对落后，政府无力筹措煤矿安全资金；另一方面，长期以来煤矿效益差，亏损严重，自我积累能力差，自身也很难筹措安全资金，导致煤矿安全投入少，安全欠账多，还存在不少安全隐患。五是从管理方面看，煤矿安全、生产、技术管理落后，安全管理的基础比较薄弱。特别是国有煤矿生产规模扩大后，由于技术、管理人员缺乏，基础管理、现场管理滑坡。六是从人员素质看，煤矿从业人员素质有待提高。七是从科技兴安的角度看，煤矿安全科研比较薄弱。煤矿安全科研投入少，机构不健全，职工教育流于形式，煤矿推广应用新技术、新材料、新工艺、新设备的能力差。八是非法煤矿仍屡禁不止。由于受经济利益的驱动，加上执法监察工作不到位，个别产煤地区对非法生产小煤矿打击不力，部分产煤地区非法开采煤矿的活动仍时有发生。

海南省安全生产工作综述

2005 年，在省委、省政府的正确领导下，在国家安全生产监督管理总局的有力指导下，全省各市县、各部门、各单位认真贯彻落实党中央、国务院和省委、省政府关于安全生产工作的一系列重要指示和重大部署，坚持科学发展观，以贯彻落实国务院和省政府《关于进一步加强安全生产工作的决定》为中心，围绕全省经济建设的大局，狠抓安全生产各项工作的落实，实现了我省安全生产形势的稳定好转。

一、全省伤亡事故情况

2005 年全省共发生各类伤亡事故 3255 起，死亡（失踪）651 人，受伤 2006 人，直接经济损失 3013.64 万元。与 2004 年同期相比，事故起数增加 10 起，上升 0.31%；死亡人数增加 8 人，上升 1.24%；受伤人数减少 298 人，下降 12.93%；直接经济损失减少 306.33 万元，下降 9.23%。

1. 行业事故情况

道路交通方面，2005 年全省共发生道路交通事故 1479 起，死亡 497 人，受伤 1964 人，直接经济损失 638.182 万元。与 2004 年同期相比，事故起数减少 558 起，下降 27.39%；死亡人数减少 22 人，下降 4.24%；受伤人数减少 300 人，下降 13.25%；直接经济损失减少 153.86 万元，下降 19.43%。

工矿商贸企业方面，2005 年全省工矿商贸企业共发生伤亡事故 80 起，死亡 86 人，受伤 9 人，直接经济损失 946.3 万元。与 2004 年同期相比，事故起数减少 18 起，下降 18.37%；死亡人数减少 9 人，下降 9.47%；受伤人数减少 15 人，下降 62.50%；直接经济损失减少 80.83 万元，下降 7.87%。

城乡火灾方面，2005 年全省共发生城乡火灾事故 1666 起，死亡 15 人，受伤 21 人，直接经济损失 749.97 万元，与 2004 年同期相比，事故起数增加 574 起，上升 52.56%；死亡人数增加 8 人，上升 114.29%；受伤人数增加 8 人，上升 61.54%；直接经济损失增加 337.11 万元，上升 81.65%。

水上交通方面，2005 年全省共发生水上交通事故 6 起，死亡 7 人，受伤 5 人，直接经济损失 378.4 万元。与 2004 年同期相比，事故起数增加 3 起，上升 100%；死亡人数减少 2 人，下降 22.22%；受伤人数增加 5 人；直接经济损失减少 481.6 万元，下降 64.30%。

渔业船舶方面，2005 年全省渔业船舶共发生事故 7 起，死亡（失踪）34 人，受伤 0 人，直接经济损失 297 万元。与 2004 年同期相比，事故起数增加 3 起，上升 75%；死亡（失踪）人数增加 28 人，上升 4.67 倍；受伤人数持平；直接经济损失增加 274 万元，上升 11.91 倍。

铁路运输方面，2005 年全省共发生铁路运输事故 15 起，死亡 10 人，受伤 7 人，直接经济损失 3.74 万元。与 2004 年同期相比，事故起数增加 6 起，上升 66.67%；死亡人数增加 5 人，上升 100%；受伤人数增加 4 人，上升 133.33%；直接经济损失减少 1.20 万元，下降 24.29%。

农业机械方面，2005 年全省共发生农业机械伤亡事故 2 起，死亡 2 人，受伤 0 人，直接经济损失 0.05 万元。与 2004 年同期相比，事故起数、死亡人数和受伤人数均持平；直接经济损失增加 0.05 万元。

民航飞行方面，2005 年全省民航实现全年安全飞行。

2. 重特大事故情况

重大事故方面，2005 年全省共发生一次死亡 3～9 人的重大事故 19 起，死亡 74 人，受伤 49 人，直接经济损失 252.60 万元。与 2004 年同期相比，事故起数增加 3 起，上升 18.75%；死亡人数增加 9 人，上升 13.85%；受伤人数下降 9 人，下降 15.52%；直接经济损失减少 3.06 万元，下降 1.20%。

特大事故方面，2005 年全省共发生一次死亡 10 人以上的特大事故 2 起（均系渔业船舶事故），死亡（失踪）21 人，直接经济损失 75 万元。与 2004 年同期相比，事故起数增加 2 起，死亡（失踪）人数净增加 21 人，直接经济损失净增加 75 万元。

3. 安全生产控制指标情况

2005 年全省工矿商贸企业、道路交通、铁路交通和消防火灾事故 4 项合计共死亡 608 人，低于国务院安委会下达的控制指标 17 人。其中工矿商贸企业死亡 86 人，低于控制指标 7 人；道路交通事故死亡 497 人，低于控制指标 25 人；火灾事故死亡 15 人，超出控制指标 8 人；铁路交通事故死亡 10 人，超出全年控制指标 8 人。

二、主要工作

1. 认真贯彻落实省政府《关于进一步加强安全生产工作的决定》，强化安全生产目标责任管理

全省各部门紧密围绕《海南省人民政府关于进一步加强安全生产工作的决定》（以下简称《决定》），认真将《决定》提出的各项安全生产工作措施和要求真正落到实处，全面明确和规范了各级政府和企业的安全生产职责。按照《决定》的要求，我省还将安全生产工作纳入了省政府行政首长问责制，对不能正确履行安全生产工作职责，以及对事故隐患不及时整治等情况实行问责。为抓好安全生产目标管理，我省制定了《海南省安全生产工作责任目标考核办法》，并将国务院安委会下达的 2005 年安全生产控制指标分解到市县，并由省政府与各市县政府签订了 2005 年安全生产工作目标责任书。同时，为进一步明确和强化省政府各有关部门的安全生产工作职责落实，经省政府同意，省安全生产委员会印发了《省政府有关部门安全生产工作职责的规定》。《海南省人民政府关于进一步加强安全生产工作的决定》、《海南省安全生产工作责任目标考核办法》和《省政府有关部门安全生产工作职责的规定》等文件的颁布和实施，对于进一步加强我省安全生产监管，强化安全生产责任，切实保护人民生命和国家财产安全，积极推进依法行政工作都提供了强有力的法制和制度保障。我省编制完成了《海南省安全生产“十一五”规划》和《2005～2007 年安全生产专项整治规划》，为我省安全生产工作发展制定了中长期的规划和思路。

2. 深入开展安全生产专项整治，隐患整改工作取得重大进展

2005 年，继续在全省开展了道路交通、水上交通运输、危险化学品、公众聚集场所消防安全、民爆物品和烟花爆竹、建筑施工、非煤矿山 7 个方面的安全生产专项整治工作。省安委会制定了《2005 年全省安全生产专项整治工作总体方案》，省公安厅、省建设厅、省交通厅、省安监局、海南海事局等有关部门制定了相应的工作方案。针对上述 7 个行业的事故多发隐患及安全管理薄弱环节，公安、交通、建设、环境资源、海事等部门与市、县及乡镇政府在条块两个管理层上密切配合，联合行动，加大执法监督力度，花大力气查找和治理事故隐患，促使一些长期难以治理的重大隐患得到彻底根根，隐患整改工作取得了重大进展。一年来，共查出道路交通、危险化学品等事故隐患 1028 项，有 623 项已经整改消除，其余的 405 项正在落实措施予以整改。

（1）道路交通安全专项整治。一是开展全省道路交通秩序整治工作，遏制了重大交通事故频发

的势头。全省共查纠各类交通违法行为101055起，扣留机动车18419辆次，暂扣驾驶证4180本，行政拘留44人。二是开展治理“双超”工作，杜绝了超过规定时速50%的和超过额定乘员20%的违法行为。开展整治工作以来，“双超”违法行为引发的道路交通事故起数比2004年明显减少，下降了37.1%。三是认真开展危险化学品运输交通安全整治工作，对全省278辆危险运输车辆进行排查，共检查危险化学品运输车辆341辆次，处罚驾驶员23人，并建立危险化学品运输车辆台账。四是开展高速公路交通专项整治工作，解决了影响高速公路交通安全的行人、摩托车、农用车进入高速公路，客运车辆随意上下客以及道路设施遭人为破坏3个突出问题，有效地保障了高速公路交通安全、畅通、有序。

（2）水上交通安全专项整治。在整治期间，共对船舶安全检查1580艘次，滞留不适航船舶43艘次，取缔非法营运船舶15艘次；开展通航环境治理15次，海区巡航26次，清理碍航渔网152张；共检查危险品作业码头11个次。

（3）危险化学品安全管理专项整治。全省共纳入专项整治单位1718家，整治期间，全省共派出检查组45个，检查危险化学品单位645家，发现存在事故隐患单位367家，事故隐患967处。通过专项整治，211家单位对存在的事故隐患进行整改并经复查合格，消除事故隐患686处，现正在整改的单位有120家，未整改或者整改不合格的单位还有36家。整治期间，全省共发出《现场检查记录》222份、《整改指令书》155份、《整改情况复查意见书》78份、《行政处罚决定书》13份，共罚款单位32家，计9.46万元，责令停产停业19家，关闭34家，吊销工商营业执照4家，取缔非法经营11家。

（4）公众聚集场所消防安全整治。一是开展春季防火消防安全检查，对5922家会场、宾馆、商场、日杂品和服装集贸市场、旅游景区（点）、歌舞游艺娱乐、健身休闲等公众聚集场所和危险化学品场所开展了检查，共发现火灾隐患4328处，下发《责令限期改正通知书》590份、《复查意见书》265份、《公安行政处罚决定书》60份，责令37家单位和场所停产停业整改火灾隐患，消除火灾隐患2237处。二是开展商场市场消防安全专项治理。据统计，全省纳入专项治理范围的单位共有642家（其中商场、超市381家，集贸市场248家），共发出《消防安全检查意见书》26份，《责令限期改正通知书》273份、《重大火灾隐患限期整改通知书》1份、《同意/不同意延期整改通知书》41份、《复查意见书》214份、《公安行政处罚决定书》20份，罚款8.2万元，吊销工商营业执照6家，责令15家单位“三停”，共发现火灾隐患1363处，整改消除火灾隐患1178处。三是开展家庭旅馆消防安全专项治理。消除火灾隐患620处，《处罚决定书》7份，处罚金额1.8万元，责令停产停业1家，举办消防培训班23期，培训人员904人次。

（5）民爆物品和烟花爆竹的安全专项整治。认真开展对民爆物品从业单位的安全大检查，及时发现并消除各种安全隐患，采取措施强化民爆器材流向监控管理。共检查民爆器材生产、经营、使用、储存单位351家，发现安全隐患337处，共发出限期整改通知书155份，发出勒令停业整顿通知书26份，吊销许可证1份，取缔非法生产、经营、储存、使用点31个，目前已落实整改措施324处。

（6）建筑施工现场及建筑企业的安全专项整治。全省共检查工程施工现场186个，建筑面积约136.9万m^2，发出限期整治通知81份、停工通知书2份；张贴安全标语650张，安全标志牌287块，悬挂横幅223条，出动宣传车28辆次。

（7）非煤矿山安全专项整治。2005年专项整治的主要工作是在近3年来整治工作的基础上，把专项整治与安全生产许可证发放工作有机结合起来，以非煤矿山安全生产许可证的发放工作为重点，在发放许可证的同时加大对非煤矿山的整治力度。还积极指导、帮助各市县做好非煤矿山安全生产许可证的发放工作，帮助小采石厂、小锆钛矿等矿山企业建立各种安全生产管理规章制度，完善制定应急求援预案，解决工伤保险等问题，并加强对矿山负责人及管理人员的安全培训工作，共培训了227人。整治期间，全省共限期整改矿山150家，停产整顿矿山40家。目前，全省非煤矿山企业证照齐全的有200家，有80家非煤矿山企业正在申办非煤矿山安全生产许可证，受理38家，审核发证22家。

3. 安全生产监管体系建设迈出新的步伐，三

级管理网络初步建立

一是加强了组织领导机构。根据人员变动情况，及时调整了省安全生产委员会成员单位组成人员，并根据工作需要增加到了38个成员；各市县政府也相应加强了安委会工作，集中解决好本地区的突出问题。

二是加强了市县安全生产监督管理机构建设。全省18个市县和洋浦管理局均设立了安全生产监督管理局，全省安全监管系统人员从86人增加到124人（专职人员113人，兼职人员11人），其中省局编制人员35人，市县编制人员96人。目前，部门市县乡镇、街道还明确了安全生产监督管理部门，共配备了132名专职管理人员。

4. 安全生产应急救援工作取得新的进展

一是制定了《海南省特大生产安全事故应急救援预案》、《海南省危险化学品事故应急救援预案》和《海南省工矿事故应急救援预案》。

二是完成全省工业事故应急救援资源调查工作。初步建立起全省工业事故应急技术专家系统、技术支持单位和应急资源数据库。

三是组织、协调省安委会的相关单位，编写了交通、电力等30个专项安全事故应急救援预案。

5. 加强安全生产大检查，积极做好安全生产保障工作

据统计，全省各级安全生产监管部门共派出检查组241个，出动检查人员1000多人次，检查各类生产经营单位1万多家。在检查和执法过程中，共现场查出和整改各类事故隐患及问题2000多个，下达安全生产执法文书1108份，进行行政处罚241次，处罚生产经营单位161家、主要负责人45人，罚款76.76万元。

加强了大型公众活动的安全监督管理，完成了博鳌亚洲论坛2005年年会、三亚“两节一赛”活动等4次大型公众活动的安全生产保障工作，确保了各项活动“无差错、零事故”。

6. 组织事故调查处理工作，严肃查处事故责任人员

2005年，省安全生产监督管理局牵头或指导有关部门和市县对“5·16”海口市椰旺食品加工有限公司中毒死亡事故、“8·22”保亭县重大道路交通事故等17起重大事故进行了调查处理和结案批复工作；组织人员做好了“达维”台风的防范检查及救援准备工作；参加国家电监会组织的“9·26”全省大面积停电事故的调查工作。坚持“四不放过”的原则，按照国务院第302号令以及《海南省重大安全事故行政责任追究的规定》的有关规定，责成市、县政府和有关部门严肃追究相关单位及有关人员的行政责任或作出其他处分，2005年，全省共有14人受到党纪和行政处分，移送司法机关追究刑事责任2人。

7. 切实抓好“安全生产月”活动，加强安全生产的宣传教育工作

按照国家的部署，省安监局与省委宣传部、省文体厅、省总工会、共青团省委等部门研究制定了《海南省2005年“安全生产月”活动总体方案》，对活动的各项工作做了具体部署。安全生产月期间，我局与省公安厅交警总队、省气象局等7部门共同组织开展了安全生产图片展和“6·12”安全生产月主题咨询日活动；在海南电视台公共频道《直播海南》栏目连续一个多月播出了安全生产系列报道及《安全为天》宣传片；组织了安全生产普法知识竞赛和安全生产创新管理征文；在海口、三亚、文昌、昌江、东方、澄迈、洋浦7市县举行“生命之歌”大型歌舞巡回演出，把“安全就是生命，安全才有幸福”的安全理念传播到了学校、厂矿、社区和广大农村，传播到了千家万户。

省安监局继续加强安全培训工作，认真组织市县安全监察人员和企业经营者安全培训，目前，全省安全生产监管干部培训率达到90%以上，生产经营单位主要负责人和安全生产管理人员持证上岗率达到70%以上。一年来，共举办危险化学品生产经营储存单位及非煤矿山企业的安全资格培训班9期，培训企业主要负责人273人，安全管理人员457人。继续开展了特种作业人员培训考核，一年来共有3889人通过培训考核取得特种作业操作证，复审3812人。同时组织做好注册安全工程师职业资格报名考试工作，全省共有335人参加考试，47人通过。

8. 严格管理“三同时”安全审查和安全评价评估工作

2005年以来，省安监局加大了对新建、改建、扩建项目工程的安全评价工作的监管力度，对中介机构编制的安全评价报告书组织有关专家进行严格的评审。目前，已指导、协调对洋浦港二期工程、

海南华盛昌江水泥有限公司2个采矿项目、海南省宁远河大隆水利枢纽工程、东方—洋埔—海口天然气输气管道工程、三亚—东方天然气输气管道工程、三亚国际客运港码头、清澜电厂油改气项目、花场—海口天然气输送项目等12个建设项目安全评价报告进行了严格评审；组织有关专家对文昌新建锆钛矿、大广坝水利水电工程竣工进行了安全专项验收工作；组织有关专家对东方市2家金矿进行再次评估定级，从源头上加强了项目建设的安全管理。

省安监部门一直把危险化学品从业单位“三同时”安全审查工作作为对危险化学品安全监管的重要手段，要求企业按照国家技术标准设计，开展安全评价工作和加强施工现场安全管理，不断加大“三同时”监管的力度，从源头上避免或减少企业的事故隐患。2005年共对海然高新能源LNG项目、海南炼化、东方化工城干冰等48个危化品大型建设项目进行了“三同时”安全审查，并提出或修改设计意见211条，取得很好的效果。

从2005年起，我局联合省旅游局开展对全省旅游景区安全星级评估工作，并制定了《海南省旅游景区安全星级评估工作方案》和《旅游区（点）安全评估标准》。目前，已完成了三亚市南山旅游区等5家旅游景区的安全评估工作。

9. 严格安全生产许可证发放工作，把好危化品市场准入关

依据《安全生产许可证条例》的规定，我局把发放危险化学品生产许可证、经营许可证作为发证工作的重点之一。我们从提高发证质量和效率两方面入手，认真做好受理、审查、现场核查、审批等各个环节的工作，并设立了海南省危险化学品登记办公室，实行窗口服务，集中受理和发放安全生产许可证，方便了群众办事。截至2005年11月，共受理危险化学品经营许可证申请497家、生产许可证5家，发放危险化学品安全经营许可证461家、生产许可证2家，发证率分别为92.8%和40%。另外，还办理了杀鼠剂临时经营许可证328份。

三、存在的主要问题

1. 市县安全生产监管力量薄弱

目前，全省18个市县的安全生产监管机构，除海口和三亚两市单独设立外，其余都挂靠在人事劳动部门，造成安全生产监督管理部门的经费、人员被挤占的情况较为严重。由于很多市县未能做到“职能、编制、人员、经费”一同划转，削弱了安全生产监管力量，目前仍有相当一部分市县仅有1～2名安全生产监督管理人员，客观上使市县安全生产监督管理工作在不同程度上受到影响。

2. 我省事故应急处置能力严重不足

由于我省在地理位置上的特殊性，在重特大事故发生时主要依靠本省的应急处置能力，省外支援短时间内难以到达。特别是我省西部地区是石油重化工产业集聚区，目前危险化学品安全监管技术和装备相对滞后。因此，尽快解决好我省对西部石油重化工聚集地区危险化学品事故应急处置能力严重不足问题尤为紧迫。

四川省安全生产工作综述

2005年，在国家安全生产监督管理总局、国家煤矿安全监察局和四川省省委、省政府的领导下，通过全省安全生产监管监察系统、相关部门和单位共同努力下，实现了全省安全生产形势稳定好转。

一是事故总量有一定幅度下降。2005年全省发生各类伤亡事故42738起，死亡6267人，受伤31854人，直接经济损失25885万元，事故起数和死亡人数同比减少466起、571人，事故率和死亡率分别下降1.07%和8.35%；事故死亡人数分别占国务院安委会（同口径比较）和省政府下达全年控制指标的93.60%和89.15%。

二是重特大事故上升的势头得到遏止。全年共发生特大事故4起，死亡119人，同比减少8起115人，事故率和死亡率分别下降66.67%和48.94%；重大事故143起，死亡568人，同比减少5起35人，事故率和死亡率分别下降3.38%和5.80%。

三是多数行业安全生产情况有所好转。全年发

生道路交通事故29748起，死亡4426人，事故率和死亡率同比下降6.29%和9.71%。其中，高速公路事故率和死亡率同比下降15.75%和2.67%；水上交通事故率和死亡率同比下降38.88%和64.81%；矿山企业事故率和死亡率同比下降8.43%和1.45%，其中煤矿发生事故423起，死亡532人，同比减少28起30人，事故率和死亡率分别下降6.21%和5.34%，煤炭生产百万吨死亡率为6.079，同比下降8.28%，创历史最好水平；农用机械事故39起，死亡30人，事故率和死亡率同比分别下降68.03%和60.53%。

四是各地安全生产情况相对稳定。21个市、州各类伤亡事故死亡人数均在省政府下达控制指标以内，其中，遂宁在省控制指标70%以内；雅安、阿坝、达州3个市（州）在省控制指标70%～80%以内；巴中、内江、成都、广元、广安5个市在省控制指标80%～90%以内。

一、安全生产事故情况

1. 总体情况

死亡人数：2005年全省各类事故死亡人数为6267人，2004年为6838人，同比少死亡571人，下降8.35%。2005年国务院安委会下达我省工矿商贸、道路交通、铁路运输、火灾4项事故控制指标6623人，我省4项事故实际死亡6199人，比控制指标少死亡424人。2005年我省下达各类死亡事故控制指标7030人，实际死亡6267人，比指标数少死亡763人。

事故起数：2005年全省共发生事故42738起，2004年为43204起，减少466起，下降1.07%。

受伤人数：2005年全省各类事故受伤人数为31854人，2004年为29829人，增加2025人，上升6.78%。主要反映在道路交通方面，2005年全省道路交通受伤人数为30906人，2004年为28683人，增加2223人，上升7.75%。

直接经济损失：2005年全省各类事故直接经济损失25885.81万元，2004年为22678.77万元，增加3207万元，上升14.14%。其中工矿商贸增加2832万元，火灾增加1876万元。

2. 重特大事故情况

2005年全省发生特大事故4起，死亡119人，2004年全省发生特大事故12起，死亡234人。事故起数同比减少8起，下降67%；死亡人数同比减少115人，下降49%。全面实现下降20%的省控制指标。

2005年全省发生重大事故143起，死亡568人，2004年全省发生重大事故148起，死亡603人。事故起数同比下降5起，下降3.38%；死亡人数同比减少35人，下降5.8%。

3. 全省煤矿安全生产情况

2005年，全省煤矿死亡人数532人，同比减少30人，下降5.3%，比国务院安委会下达的控制指标546人少死亡14人，比省控制指标546人少死亡14人；发生特大事故2起，死亡人数同比增加16人；发生重大事故9起，死亡41人，与上年相比，事故率和死亡率分别下降47%和36%。

4. 各市（州）完成省控制指标情况

全省各市（州）完成省控制指标情况较好，均在省控制指标之内。控制指标在70%以内的有1个单位：遂宁市65.38%；控制指标在70%～80%的有3个单位：达州市77.74%、雅安市70.98%、阿坝州74.43%；控制指标在80%～90%的单位有5个：成都市86.73%、广元市87.67%、内江市83.48%、广安市89.50%、巴中市81.87%；控制指标在90%以上的有13个单位：自贡市90.41%、攀枝花市95.98%、泸州市96.67%、德阳市92.81%、宜宾市95.25%、南充市98.60%、绵阳市94.98%、乐山市90.12%、眉山市97.63%、资阳市99.07%、凉山州97.88%、甘孜州90.30%、高速公路95.79%。

5. 各行业情况

道路交通发生事故29748起，死亡4426人，受伤30906人，直接经济损失10185.76万元。与上年同期相比，事故起数下降6.29%，死亡人数下降9.71%，受伤人数上升7.75%，直接经济损失下降11.13%。其中：高速公路发生事故1829起，死亡182人，受伤1018人，直接经济损失2533.52万元，与上年同期相比，事故起数下降15.75%，死亡人数下降2.67%，受伤人数下降2.67%，直接经济损失下降13.01%。

水上交通发生事故31起，死亡38人，与上年同期相比，事故起数下降38.88%，死亡人数下降64.81%。

工矿商贸企业发生事故1082起，死亡1095人，受伤376人，直接经济损失10314.19万元。

与上年同期相比，事故起数上升0.27%，死亡人数上升2.24%，受伤人数下降10.70%，直接经济损失上升37.86%。其中：矿山企业发生事故586起，（煤矿发生事故423起），死亡677人（煤矿死亡532人），受伤129人，直接经济损失6557.38万元，与上年同期相比，事故起数下降8.43%，死亡人数下降1.45%，受伤人数下降23.95%，直接经济损失上升28.56%。非煤矿山企业发生事故496起，死亡418人，受伤243人，直接经济损失3756.81万元，与上年同期相比，事故起数上升2.98%，死亡人数上升8.85%，受伤人数上升12.50%，直接经济损失上升57.79%。

农用机械发生事故39起，死亡30人，受伤4人，直接经济损失70.50万元。上年同期发生伤亡事故122起，死亡76人，受伤121人，直接经济损失65.07万元。

发生火灾事故10848起，死亡106人，受伤111人，直接经济损失4905.07万元（其中：发生生产性火灾事故1824起，死亡26人）。上年同期死亡119人，事故起数同比上升18.05%，死亡人数下降10.92%，受伤人数下降0.90%，直接经济损失上升61.90%。

铁路交通发生事故1040起，死亡572人，受伤491人，直接经济损失316.27万元，上年同期死亡555人，事故起数同比下降0.95%，死亡人数上升3.06%，受伤人数下降7.70%，直接经济损失下降43.88%。

二、主要工作

1. 把煤矿安全作为全省安全工作的重中之重，狠抓各项工作的落实

一是在全省煤矿安全生产工作现场会确定的“两整顿一确保”为核心内容的煤矿安全整顿活动基础上，省政府和17个产煤市（州）向分别向24对重点煤矿和年生产能力在9万吨以上的63家重点骨干企业派驻督导组，开展煤矿瓦斯集中治理督导工作。

二是煤矿数字化瓦斯远程监控系统建设取得了积极进展。国有重点煤矿和25个重点产煤县煤矿瓦斯监测监控系统实现联网。

三是通过煤矿安全评价和实施安全生产行政许可制度，促进煤矿企业特别是小煤矿加大投入，进一步提升了安全生产水平。

四是按照国务院《关于坚决整顿关闭不具备安全生产条件和非法煤矿的紧急通知》和《关于预防煤矿生产安全事故的特别规定》的要求，全面开展整顿关闭工作和清理纠正投资入股煤矿工作，全年关闭不具备安全生产条件矿井403处，取缔非法矿井和采矿点1352处。213名国家机关工作人员和国有企业负责人主动登记从煤矿撤资8400万元。

2. 不断深化重点行业和领域的安全生产专项整治

重点开展了以反“双超”为重点的道路交通安全专项整治；以乡镇船舶整治为主要内容的水上交通安全专项整治；以贯彻省委、省政府“四个清查”为主要内容的非煤矿山矿业秩序专项整治；以夏季高温时节危险化学品重大危险源监控为重点的危险品专项整治活动。据不完全统计，道路和水上交通、非煤矿山、危险化学品、烟花爆竹5个重点行业和领域全年共投入隐患整治资金6.5亿元。同时加大对重点地区安全生产的监控和指导力度，对30个安全生产重点监控县、15个煤矿事故多发县进行督察和重点跟踪，促进了重点监控县和煤矿事故多发县安全生产状况的稳定好转。

3. 加强基础建设，构建安全生产长效机制

一是“安全生产示范乡镇”活动进一步深化。2005年4月份，省政府在德阳召开了全省深化“安全生产示范乡镇”暨中小企业监管现场会议，进一步推动示范乡镇活动与加强非公有制企业安全监管的有机结合，深化安全生产示范乡镇活动，为示范乡镇活动注入新的内容。各市、州结合实际，扩大示范面，特别是南充、广元等市把示范活动向县区扩展，向社区发展，巴中市还在示范乡镇设立安监站，代表县区安监部门在乡镇行使部分权利，赋予了示范活动新的内涵。

二是积极探索安全生产联合执法机制。通过整合道路交通GPS监控系统资源，实现交通、公安等部门资源共享，有效降低了执法成本，提高了行政效率。

三是建立了重大安全生产隐患排查、公告、整治制度。按照“12·7”全省安全生产工作会议精神和省委书记张学忠的指示，全省各地、各部门迅速行动，广泛开展“百日安全生产活动”，把隐患排查整治作为安全生产的治本之策。省安委会公布

全省首批25项重大安全（环境）隐患后，省级责任考核部门及时下发整改法律文书，量化落实责任和措施，指导、帮助做好整改工作，督促责任单位切实做到责任、时间、资金、措施“四落实”。多数市、县也相继排查、公告了一批重大安全隐患，一些重大隐患及时得到整治。

4. 完善监管机制，构建安全生产监管监察工作新格局

按照省政府对全省安全生产监管系统机构编制工作的统一要求，各地政府及时对安全生产监管部门进行了调整和加强。目前21个市、州安监局均已列为政府组成部门或直属部门，183个县（市、区）中，181个成立了安监局，1个设安委办，1个和环保部门合在一起。其中94个为政府组成部门，67个为政府直属部门，20个为事业单位或在安委办基础上加挂安监局牌子。按照国办发〔2004〕79号文件要求，省政府出台了《关于进一步完善煤矿安全监管监察体制的意见》，各产煤市、县陆续对煤矿安全监管职能进行了调整。16个产煤市（州）中14个调整到安监部门，1个成立煤矿安全监管局，1个在经委；67个产煤县（市、区）中，47个职能调整到安监部门，14个成立独立煤矿安全管理部门，另有3个在经委、2个在乡企局、1个在国土局。各级安监机构的进一步健全和完善，为全省安全生产形势的稳定好转起到了重要的组织保障作用。

5. 加快法制建设，依法规范安全生产监管工作

开展了《四川省安全生产条例》、《四川省石油天然气管道保护条例》立法调研。出台了《四川省安全生产风险准备金管理办法》、《四川省生产经营单位安全生产费用提取使用管理办法》、《四川省煤矿井下作业人员死亡事故赔偿办法》等涉及煤矿、危险化学品、烟花爆竹安全生产和应急救援建设的一批规范性文件，规范了安全生产许可项目清理、收费等有关工作。积极配合省人大开展《安全生产法》和《矿山安全法》执法检查活动，重点对广安、泸州、宜宾、乐山4个市贯彻实施“两法”和煤矿安全生产情况进行了执法检查。为解决基层安全监管手段缺失的问题，从2005年10月开始，在全省部分地区推行委托乡镇政府行使部分安全生产综合监管行政执法权。

6. 强化源头管理，严格安全生产许可证发放

通过加大宣传力度，采取有效措施，加快安全评价和现场审核，安全生产许可证的审核颁发取得新进展。截至2005年年底，全省2205个煤矿企业，除135个矿井已关闭外，审核发证1355个；6118个非煤矿山中，受理2400家，审核发证2002家；754个危险化学品生产企业中，受理652家，审核发证456家；139家烟花爆竹生产企业中，受理136家，审核发证136个；6400余个建筑企业中，受理3700家，审核发证3500家；25家民爆企业全部申请并审核发证。

7. 加快应急救援体系建设，完善安全生产支撑体系

组建了省安全生产应急救援办公室，完成了《四川省安全生产应急救援指挥平台建设项目可行性研究报告》，协助省政协完成了《四川省矿山应急救援体系调研》课题。重新组建了省矿山救护支队，对全省矿山区域救护大队的机构、人员和职能进行了调整，加强了矿山救护队伍培训。成都、泸州、德阳等市还依托本地矿山救护、消防等力量，整合救援资源，建立起了危险化学品应急救援队伍。在完成《四川省安全生产应急救援预案》编制的基础上，21个市、州也按要求编制了安全生产应急救援预案，一些地方还结合实际制定了专项预案，强化预案演练，积极开展事故救护工作。

8. 严格事故查处，严肃追究安全生产责任

全省安全生产监管监察机构依法组织开展事故调查处理工作，严肃追究了有关人员的责任。2005年，四川煤矿安全监察机构直接组织调查处理事故423起。已结案的348起事故中，行政处罚1845万元，行政处分49人，党纪处分3人，移送追究刑事责任40人。

9. 强化安全生产培训宣传教育，深化安全文化建设

强化安全生产各类人员培训。重点对县、乡政府领导，企业负责人和安全生产管理人员以及特种作业人员3个层次5类人员的安全培训，全年省级共培训各类人员33740人次。

积极开展安全生产宣传教育活动。在“安全生产月”活动期间，全省上下共同参与，紧密配合，采取多种形式开展安全生产宣传教育活动，取

得了较好效果。省局还向部分市、县、乡镇赠送了一批办公用品，免费向全省煤矿发放了70多万册安全生产宣传资料，并组织参加了首届全国安全生产及技术装备展览活动。同时针对全省安全生产特点，组织开展“百日安全生产活动”，确保了冬春两季、“两节”期间的安全生产。

积极深化全省安全生产文化建设。在培育安全生产培训机构和安全生产教育方面，协助四川师范大学成立安全工程学院，正在筹建省煤矿职业中专学校。积极开展安全生产学术交流，开展了安全生产学术交流、“安全生产形势与对策”征文以及安全文化论坛等活动。

云南省安全生产工作综述

2005年，云南省坚持以“三个代表”重要思想为指导，以科学发展观统领全局，以指标控制为中心，以责任制落实为主线，围绕“紧扣一个目标，强化两个基础，突出四个重点，健全四个体系”的工作思路，加强监管，强化主体，夯实基础，深化整治，各类死亡人数控制在国务院安委会下达的安全生产控制指标以内，全省安全生产形势总体平稳。

一、指标控制情况

全省发生工矿商贸、煤矿、道路交通、火灾、水上交通、渔业船舶、农业机械、铁路路外事故共死亡4207人，比上年减少112人。全年各类事故死亡总人数比国务院安委会下达的控制指标少102人，首次实现了16个州市事故死亡人数全部低于控制指标，无一次死亡30人以上的特别重大事故，各类死亡人数连续两年在国务院安委会下达的控制指标以内。

全省工矿商贸事故391起，死亡491人；煤矿事故165起，死亡265人；道路交通事故82716起，死亡2901人；火灾事故69起，死亡90人；水上交通事故1起，死亡8人；渔业船舶事故2起，死亡1人；农业机械事故30起，死亡39人；铁路路外事故101起，死亡102人。

全省发生一次死亡3～9人重大事故135起，死亡501人。其中：除煤矿以外的工矿商贸事故13起，死亡45人；煤矿事故17起，死亡71人；道路交通事故100起，死亡362人；火灾事故4起，死亡15人；水上交通事故1起，死亡8人。

全省发生一次死亡10～29人特大事故5起，死亡75人。其中：除煤矿以外的工矿商贸事故1起，死亡14人；煤矿事故1起，死亡27人；道路交通事故3起，死亡34人。

与2004年相比，除煤矿以外的工矿商贸事故死亡人数减少18人，下降3.5%；煤矿事故死亡人数减少45人，下降14.5%；道路交通事故死亡人数减少309人，下降9.6%；火灾事故死亡人数增加22人，上升32.4%。水上交通事故死亡人数增加2人，上升33.3%；渔业船舶事故死亡人数增加1人；农业机械事故死亡人数同比减少53人，下降57.6%；铁路路外事故死亡人数同比减少22人，下降17.7%。

二、安全生产工作特点

1. 狠抓安全生产责任制的落实

在总结2004年工作经验的基础上，充分征求有关职能部门意见，进一步修改制定了2005年度安全生产目标责任状及考核实施细则，分解下达了安全生产控制指标。为加强对责任制落实的督促，省安委办每半年组织州、市政府和大型企业对责任制落实情况进行动态考核；定期召开州、市政府和省安委会成员单位参加的安全生产形势分析会；每季度对道路交通事故多发的州、市、县进行黄牌警示；对发生重大事故的州、市进行问责；发生了10人以上特大事故的州、市，向省政府作出书面检查。

2. 全面开展非煤矿山等重点行业的专项整治

全面开展非煤矿山、危险化学品、道路交通等重点行业的专项整治，取得了较好的成效。

（1）2004年以来，全省召开非煤矿山安全专项整治会议300余次；各级安全监管部门单独或会同相关部门对非煤矿山安全检查1800余次，出动人员17000余人次，取缔和关闭非煤矿山1590个，查出主要矿山事故隐患9000余处，下发执法文书4000余份；对安全生产事故和安全生产违法行为的处罚力度加大，全年追究相关责任人336人，实施经济处罚278.325万元。

（2）危险化学品专项整治工作取得进展。省安全监管局、公安厅、交通厅、国防工办等部门开展了硝酸铵、剧毒化学品、放射源、烟花爆竹、民爆器材以及危险化学品道路运输专项整治，依法打击非法从事危险化学品生产、储存、运输、销售、使用的行为。全省危险化学品生产储存企业的安全评估率达到90%以上；累计督促8172个危险化学品从业单位进行整改，停产整顿53个，关闭或吊销营业执照16个，查处非法从业单位78个。

（3）交通部门开展了道路运输企业安全生产、道路危险品运输、低质量船舶、长江干线船舶与渡口安全、公路建设工程等专项整治；交警部门开展了一系列交通安全专项整治、危险货物运输专项整治；铁路、机场等部门也各自开展了安全检查和整治。

（4）建设部门不断深化建筑5大伤害的专项整治，开展市政公用运营安全生产的检查、检测；消防部门以遏制重特大火灾为目标，持续开展了以人员密集场所、易燃易爆单位为重点的火灾隐患排查等5个专项整治；质监系统在全省广泛开展了压力管道、危化品容器、起重机械等特种设备专项普查整治和日常安全检查与技术检验。

3. 贯彻落实国务院两个文件精神和全面开展煤矿“清纠撤资”工作

《国务院关于预防煤矿生产安全事故的特别规定》和《国务院办公厅关于整顿关闭不具备安全生产条件和非法煤矿的紧急通知》下发后，云南省出台了《云南省整顿关闭不具备安全生产条件和非法煤矿工作方案》，明确了省级各有关部门的工作职责和停产整顿、关闭取缔对象。全省公告停产整顿矿井847对，依法下达了停产整顿或停止施工的监察指令，责令限期整改；累计关闭、取缔、封停和炸毁非法矿井（矿点）3454处。在煤矿瓦斯治理方面，全省已装备安全监控系统407套，对1584对矿井完成了瓦斯等级鉴定。在矿井生产能力核定方面，已审核矿井（坑）1836对，制发能力核定证书1836对。

中纪委、监察部、国资委、国家安全监管总局四部委《关于清理纠正国家机关工作人员和国有企业负责人投资入股煤矿问题的通知》下发后，云南省开展了全面的清理纠正工作，共清理登记国家机关和国有企业负责人投资入股煤矿人数52人，涉及金额309万余元。在“清纠撤资”中，省监察厅、省安全监管局按照徐荣凯省长的批示，对群众举报反映的问题进行了逐一调查核实。

4. 组织实施安全生产大检查

省人大常委会受全国人大委托，于2005年5月份在全省组织开展了《安全生产法》执法检查。2005年1～10月，省安委会组织了3次全省性的安全大检查，省安委办组织了4次专题检查，共查出26716处事故隐患，督促整改23072处。2005年12月份，按照国务院办公厅和省政府办公厅关于认真抓好安全生产工作的通知，各州市、各有关部门、各大型企业（集团）在全省开展了针对重点领域和重点部位的安全生产检查和治理，省安委办于2005年12月中旬开始，对各地、各单位的检查和整治情况进行为期30天的督查。各级政府和安全监管、公安、交通、卫生、建设、农业、煤监、煤炭、质监、旅游、国防科工办、民航、铁路、农机等部门在全省开展的专项安全检查连续不断，对加强全省安全生产监管和执法，促进事故隐患整改和企业安全管理水平的提高，遏制各类重特大生产安全事故的发生，起到了巨大的作用。

5. 开展宣传教育活动

通过各级政府领导亲自参加各种宣传教育活动，各类媒体扩大舆论宣传，举办企业安全生产法制教育专题讲座，开展“安全生产月”等多种形式的群众性安全文化活动，营造全社会安全文化氛围，提高人民群众安全意识，产生了较好的社会影响。“安全生产月”期间，云南省和昆明市安委会在昆明市东风广场联合举办“咨询日”活动；安全监管局领导做客云南人民广播电台《百姓与社会》栏目，到昆明钢铁集团有限公司作主题讲座；与《劳动保护》杂志社联合制作了云南安全行专栏（第5期）；与省政府新闻办共同编写了《泰山重责》——云南省安全生产警示录。

6. 加强安全监管行政规制建设

一是建章立制，出台了《云南省煤矿安全事故伤亡赔偿暂行规定》、《云南省安全生产事故调查暂行规定》、《云南省安全生产责任状考核工作实施细则（暂行）》等一系列规范性文件，实行了安全生产责任制和黄牌警示、告诫、事故信息调度、现场安全检查、事故隐患整改、安全形势分析和公告、安全评价中介机构管理、安全生产许可证审批、安全生产培训管理等制度，进一步推动了安全生产监督管理的制度化、规范化建设。

二是实行了行政许可证制度。2005年全省共受理煤矿、非煤矿山、危险化学品等各类安全生产许可证申请2781份，发出2020个。

三是在安全监管系统初步建立了安全生产统计调度和教育培训体系，在应急救援、事故隐患管理、安全评价等方面取得了一定的进展。

7. 加大事故查处力度

全年共发生一次死亡10人以上特大生产安全事故5起，造成63人死亡、44人受伤。经查处，有28名相关责任人受到了相应的处理，其中5人追究刑事责任，15人给予党纪、政纪处分，8人给予行政处罚。事故处理结案率达100%，3人以上重大事故都在法律规定的时限内结案处理。

三、存在的主要问题

1. 安全生产基础薄弱

云南省处于工业化发展初期，资源产出型结构特征突出，生产经营方式粗放状况还未得到根本转变，产业集中度低，企业规模小、数量多、分布广，设施设备落后，安全投入不足，安全保障能力低，这是云南省安全生产所面临的客观制约环境。在工业生产中，一批大型企业安全生产基础管理较好，发生特大事故的概率低，而大量小冶炼、小建材、小矿山、小造纸、小化工等小企业，作业人员安全素质低、设备设施简陋、管理粗放，一般事故频发，从而形成了全省特大事故少、一般事故不断的特点；危险化学品生产、储存、管道输送等环节存在大量危险源，但全省的普查和监控工作还远没有到位，今后的工作任务十分艰巨；在道路交通上，一方面是道路通车里程长（达16.7万公里），公路等级低，通行条件差，一些危险路段改造进展缓慢，另一方面是个体运输发展迅猛，驾驶员素质参差不齐，交通管理盲区多，违章现象普遍，交通事故频发；在煤矿和非煤矿山生产上，多年积累下矿业秩序混乱的问题，情况十分复杂。以上情况表明，全省安全生产基础建设欠账多、底子薄的现状与经济社会快速发展对安全生产的要求构成了突出矛盾，事故预防难度大。

2. 认识不到位

一是一些地方、部门和企业对安全生产重要地位、作用的认识还存在较大差距。少数领导对安全生产工作说的多、做的少，说起来重要、干起来次要、忙起来不要。

二是近几年来，市场对资源能源的需求日益旺盛，部分企业一味追逐效益，只讲生产不讲安全，只求效益不管安全投入，个别地区急功近利，只讲经济发展不注重安全生产，导致掠夺式开发、超能力生产、违法违规操作现象突出。

三是社会安全意识淡薄。近年来，虽然云南省加大了安全生产宣传教育的力度，但是难度依然很大，安全教育未能普遍渗透到社会各个层面，特别是农村剩余劳动力大量进城务工且流动性大，安全生产教育培训覆盖面小，许多人未经培训就进入高危环境作业。营造全社会安全文化，提高全民安全素质还将是一个长期的过程。

3. 安全监管监察机制还不够完善

一是法制建设滞后，《安全生产条例》尚未纳入地方立法程序；多个行业的政府规章不完善，配套制度建设跟不上，安全生产的行业管理薄弱，专项整治仍存在不少漏洞和薄弱环节。

二是省安全生产综合监管机构建设时间短，监管装备缺乏，行政执法队伍缺位，执法力度不够，特别是多部门联合执法机制尚未形成。

三是事故应急救援、风险抵押金管理、重大危险源监控管理、宣传教育培训等一系列工作体系的建设处于起步阶段，还不足以发挥安全生产综合治理的支撑作用。这些状况难以适应现代安全管理、严格执法的要求。

因此，从根本上改善云南省安全生产条件，全面提高全省安全监管水平和人民群众的安全素质，仍将是一个长期、艰巨的过程。

云南省煤矿安全生产工作综述

2005年，云南煤矿安全监察局认真贯彻落实党中央、国务院关于煤矿安全生产工作的一系列重要指示精神，贯彻落实国务院第81次常务会议、《国务院关于预防煤矿生产安全事故的特别规定》和《国务院办公厅关于坚决整顿关闭不具备安全生产条件和非法煤矿的紧急通知》等重要会议及文件精神，狠抓煤矿安全生产中的薄弱环节，突出抓好煤矿瓦斯治理和整顿关闭这两个重点，打好两个攻坚战，强化监察执法，在煤炭产量同比大幅度增长的情况下，全省煤矿安全生产保持了稳定好转的发展态势。

一是安全效能控制指标实现一增三降。一增，即煤炭产量增加。2005年，全省各类煤矿生产原煤6475.3万t，比2004年增加1261.37万t，增长24.19%。三降，即煤矿事故起数、死亡人数和百万吨死亡率下降。2005年，全省煤矿发生死亡事故165起，死亡265人，比2004年减少63起、45人，事故率和死亡率分别下降27.63%和14.52%，比国家局下达的控制指标少死亡55人，比省政府下达的控制指标少死亡35人；煤矿百万吨死亡率为4.09，比2004年减少1.74，下降29.84%，比国家局下达的百万吨死亡率控制目标下降1.69。

二是煤矿安全监察执法目标完成较好。2005年，全局共监察矿井1573处，监察覆盖率84.16%；查出各类事故隐患10260条，已整改隐患8819条，隐患整改率91%；下达各类行政执法文书8825份。

三是煤矿事故查处目标全面完成。2005年发生的165起死亡事故，由煤矿安全监察机构牵头调查165起，牵头调查率100%；已按期结案163起，事故结案率98.79%。

四是煤矿安全评价目标取得一定进展。2005年，全省共完成安全评价矿井（坑）1725个，其中，A类矿井31个，B类矿井1661个，C类矿井1个，D类矿井32个。

一、工作及早安排，狠抓责任落实

2005年，省局把国家局和省政府下达的煤矿安全控制指标进行了层层分解，签订责任状，进一步完善了目标责任考核制度。同时，继续实行机关处室与分局（站）挂钩考核制度。各监察分局采取不同的方式将安全效能控制目标层层分解到了各科室、各监察小组及州（市）和县（市、区），并实行安全监察分片包干责任制，做到各项工作有安排、有部署、有检查、有结果。

二、建立协调机制，推动联合执法

省局与省煤炭工业局联合协商建立了煤矿安全监察、监管工作通报与信息交流制度、联席会议制度和监察与监管联合执法制度3个协调工作制度；先后召开了两次联席会议，统一思想，加大监察、监管工作力度。组织了联合执法督查组先后4次对重点产煤地区开展联合执法活动。各监察分局重视加强与地方政府及有关部门之间的联系和协调工作，与州市政府及有关部门研究煤矿安全工作重点，提出具体措施，并督促其落实监管责任。

三、认真履行职责，强化安全监察

一是转变监察职责，实施重点监察、专项监察和定期监察。2005年，省局先后组织开展了9次全省性的煤矿安全重点监察和专项监察活动，共出动31个督查组，参加督查人员260余人次，先后督查了16个州（市）、66个县（市、区）的201对矿井，共查出各类安全隐患1745条，下达行政执法文书446份。每次督查工作结束后，均及时向有关州、市、县人民政府和煤矿安全监管部门通报了监察中查出的问题和安全隐患，提出了加强和改善煤矿安全管理的意见和建议。

二是依法查处各种违法生产行为，加大行政处罚力度。2005年，全局累计监察矿井1573处，下达行政处罚决定书1239份，实施行政处罚罚款1179.75万元，实际收缴1140.66万元，罚款收缴率96.69%。行政处罚罚款额比2004年增加385.25万元，实际收缴率同比提高36%。

三是加大事故查处力度，严格责任追究。2005

年发生的165起事故，均依据国家规定的事故调查程序和处理办法，进行了严肃认真的查处，共建议司法机关依法追究8名责任人员的责任，建议给予18名责任人员党纪处分、86名政纪处分，给予事故责任单位或事故责任人员行政处罚罚款617.94万元。省政府颁布了《云南省煤矿事故伤亡赔偿暂行规定》（省政府第131号令）后，省局及各分局（站）将各地贯彻执行省政府131号令的情况作为一项重点监察内容，加强督促检查。

四、采取有效措施，落实瓦斯治理工作

2005年，省局和各分局（站）采取一系列措施，认真落实瓦斯治理工作。对煤矿瓦斯治理和“四类矿井”关闭取缔、“五类矿井”停产整顿等工作进行了重点监察和专项监察。认真开展矿井通风系统审查。向羊场、田坝两个煤矿派驻督导组，监督检查瓦斯集中整治工作。推选抽调了25名专家组成省煤矿安全改造和瓦斯集中整治专家组，对瓦斯灾害严重的重点煤矿和区域进行安全技术“会诊”。督促煤炭管理部门和煤矿企业推广煤矿数字化瓦斯远程监控系统联网工作。全省已装备安全监控系统407套，组织督促开展了煤矿瓦斯等级鉴定工作，完成了1584对矿井的瓦斯等级鉴定，完成了1558对矿井的生产能力核定。

五、狠抓停产整顿，遏制事故多发势头

一是学习并宣传贯彻国务院《紧急通知》和《特别规定》。

二是及时向社会公布停产整顿矿井名单，接受社会舆论监督。省局分两批下达了全省847对停产整顿矿井名单，并在《云南日报》上进行了公告。各监察分局（站）逐一下达了停产整顿或停止施工的监察指令，责令限期整改，并实施跟踪监察，明确企业主体责任，制定整改方案。

三是加强监察，推进整顿关闭工作进度。省局先后4次组织联合执法督查组，对曲靖、红河、昭通、大理、丽江、文山、玉溪、思茅、临沧等州（市）整顿关闭工作进行了督查，并就监察中发现的新情况、新问题，及时向相关州（市）、县（市、区）政府及有关部门下达执法文书。按照国家局的要求，省局与省煤炭工业局共同研究上报了我省不具备安全生产条件的305对矿井名单。国家煤矿安全监察局在《人民日报》上进行了公布。

六、认真实施安全许可制度，加强源头管理

一是加强对煤矿安全评价工作的指导。2005年，省局重新修改、制定了新的煤矿安全评价标准，督促安全评价中心完善了相关制度，对参加评价人员进行了培训考核。全省共完成安全评价矿井（坑）1725个。

二是严格办证程序和标准，规范安全许可证制度。2005年年末，全省共颁发煤矿安全生产许可证1408个，其中矿井1343个、企业65个。

三是严格煤矿建设项目安全设施“三同时”审查和验收。2005年，全省共评审了19个煤矿建设项目安全预评价；组织审查了116个煤矿建设项目的《安全专篇》设计；组织完成了23个煤矿建设项目的安全设施竣工验收工作。

四是深入开展煤矿矿用安全产品检验工作。2005年，共检测矿井1429对，检测设备20685台（件），整改前合格12118台（件），整改后合格17715台（件），整改合格率85.6%。

七、抓培训体系建设，提高从业人员素质

我省共有41个具有资质的培训机构，2005年共培训各类人员63527人。其中，培训、复训矿长1414人；培训煤矿安全管理人员4769人；培训、复训特种作业人员24004人；培训煤矿新工人33340人。

八、加强队伍建设，提高执法能力

一是开展先进性教育，促进队伍思想建设。2005年，全局上下按照中共云南省委的统一部署，开展了保持共产党员先进性教育活动。做到了先进性教育与安全监察工作“两不误、两促进”。在先进性教育活动中，省局就组织了4次较大规模的煤矿安全监察执法活动，共出动监察、督查组16个100余人次，督查了32个县（市、区）的96对矿井。

二是切实转变工作作风，加强现场监察。2005年，省局根据国家局的有关规定，就领导干部深入基层、深入煤矿生产现场天数作出规定，并严格执行。同时，建立和完善执法责任追究相关制度，建立了严密的执法责任追究体系，制定相应的措施，加强监督检查，促进公正执法、严格执法、廉洁执法。

三是严肃法纪，清理纠正投资入股煤矿问题。省局按照中纪委、监察部、国资委、国家总局四部委《关于清理纠正国家机关工作人员和国有企业负责人投资入股煤矿问题的通知》成立了清理纠正工作领导小组，在全系统范围内开展清理纠正工作。经过清理，全局填报登记表的364人均没有投资入股煤矿的问题。

四是监察分局标准化建设取得明显成效。2005年，省局确定以红河监察分局为试点，开展煤矿安全监察分局标准化建设工作。红河监察分局采取边干边探索、边总结边实践的方法，先后建立了“分局标准化标准及考核评分暂行办法”、“分局标准化科（组）考核办法”，并细划为5个大项42个小项，强化了内部管理，夯实了工作基础。在行政执法工作方式上，遵循“丰富监察手段、创新监察方法、注重监察实效、加大执法力度”的原则，实现了监察工作系统化、监察程序规范化、监察内容标准化、监察方法多元化、监察手段数字化。在规范监察程序方面，具体细化为监察执法的10个步骤、事故调查处理的10个步骤、煤矿建设项目设计审查和竣工验收的5个程序、煤矿整顿关闭的4个步骤等工作步骤。在监察内容方面，具体细划为6个方面、66个大项进行检查。在联合执法方面，明确了联合执法的4个重点和检查县（市）政府及有关部门、各类煤矿的10个方面的内容。通过监察内容表格化，规范了执法行为和工作程序。

九、存在的主要问题

一是重特大事故尚未有效遏制，中小事故仍居高不下。二是非法开采现象仍屡禁不止，非法矿井事故仍占较大比重。全省非法矿井事故起数和死亡人数分别占全省煤矿事故总起数和死亡人数的8.5%和21.9%。三是安全评价把关不严、质量不高、督促检查不力。在评价工作中存在不严、不细，甚至走过场的现象。四是停产整顿和关闭矿井监管不力，工作不到位，监察工作难度大，导致全省整顿关闭工作滞后。部分地区以增加矿井数量来提高煤炭产量，以矿井扩建、改建和技术改造为名，在批准的采矿权范围内建设新的矿井，致使全省煤矿边关边建，数量不断增加。部分基建矿井无正规设计、无安全专篇、审批手续不全和无相关证照就开工建设，给安全工作带来了新的重大危险源，也增加了监察工作的难度。五是煤矿基础薄弱，企业责任主体的落实不到位。企业安全投入不足，生产安全设施落后，基础工作薄弱，管理混乱等局面没有得到根本改变。有的企业无视法律法规，为了追求利润，不顾职工生命安全，违法违规生产。六是行业管理弱化，安全监管还没有真正发挥作用。全省煤矿安全执法部门单一，联合执法机制尚未完全建立，执法力度不够，执法权威不高。七是监察执法工作不到位。部分监察人员对政策界限的把握不准，业务素质有待提高。

贵州省安全生产工作综述

2005年，贵州省安全生产继2004年后，再次实现了省委、省政府提出的生产安全事故起数和死亡人数“双下降”的目标。全省安全生产工作以邓小平理论和“三个代表”重要思想为指导，坚持“以人为本”的科学发展观，按照安全发展的要求，紧紧围绕党中央、国务院、国家安监总局、国家煤监局和省委、省政府确定的全年安全生产中心任务，突出煤矿和道路交通安全重点，进一步强化安全生产各项措施，继续在深化安全生产各项专项整治、全面落实企业安全生产主体责任、狠抓基层各项安全措施的落实等方面，取得了一定成效。

全年共发生各类生产安全事故6981起，死亡3239人，比2004年减少22起，少死亡74人，事故率和死亡率分别下降0.31%和2.23%。其中：重、特大事故有所下降，全年发生重大事故130起，死亡546人，同比减少19起，少死亡36人；发生特大事故13起，死亡184人，同比减少2起，少死亡61人。

一、建章立制，把安全生产纳入法制化、规范化轨道

省委、省政府始终把安全生产工作列入重要议事日程，先后下发了《关于加强中央在黔及省属企业安全生产工作的通知》、《关于贯彻落实国务院办公厅进一步加强煤矿安全生产工作紧急通知的意见》和《中共贵州省委办公厅贵州省政府办公厅关于进一步抓好安全生产工作的通知》等20多个加强安全生产的规范性文件。针对贵州安全实际，制定抓好煤矿安全生产的5项制度，要求各级安监、煤监和煤矿生产企业必须认真抓好落实。一是必须落实煤矿矿级管理人员下井带班制度；二是必须落实煤矿重大安全隐患排查制度；三是必须落实煤矿安全保障制度；四是必须落实煤矿安全监管职责；五是必须落实煤矿停产整顿规定。各级党委、政府和有关部门认真贯彻落实，细化配套措施，把安全生产放在极端重要的位置。

省人民政府将安全生产主要指标纳入“十一五”规划，明确提出到“十一五”期末，全省安全生产状况进一步好转，全社会亿元生产总值死亡率下降到1人以下，工矿商贸从业人员10万人死亡率下降到10以下，万车死亡率下降到12以下，煤炭百万吨死亡率下降到3左右。

为贯彻《安全生产法》，省人大常委会正在组织制定《贵州省安全生产条例》，并已纳入2006年地方立法计划。

二、量化各项安全生产控制指标，实行安全生产目标考核管理

省安委会对国务院安委会下达我省的2005年安全生产控制指标进行了分解，与各市（州）政府、地区行署和省直有关部门签订了安全生产工作目标责任书，制定目标管理考核办法。各市（州）政府、地区行署及相关部门也对控制指标进行了逐级分解，层层签订安全生产责任状，真正使之横到边、纵到底。对涉及几个相关部门的安全问题，实行双向或多向考核，形成有关部门齐抓共管，并根据各地工矿企业数量、道路交通公里数、煤矿产量科学合理量化考核指标。年终通过考核兑现奖罚，对完成或超额完成指标的给予奖励，最高达10万元以上，对完不成目标的进行了通报批评和经济处罚。

三、健全安全生产机构，切实保障人员、装备、工作经费到位

省委、省政府已正式明确将省安监局调整为省政府直属机构，并赋予了统一行使全省煤矿安全监管的职责。全省9个市（州、地）、88个县（市、区、特区）设立了安监局，大部分地区还在乡镇、街道办事处设立了安全生产监管机构，全省省、市、县三级安全监管机构现已有专职安监工作人员1340人。各工作人员编制、经费和装备正逐步落实到位。如贵阳市市、县两级财政出资200多万元，为11个县（市、区）安监局配备了工作用车；省质量技术监督局为各地区局配备了微机等办公设备，对特种设备安全监察实行了电脑网络化管理；省总工会积极推广在乡镇煤矿设立企业基层工会组织，切实维护矿工的合法权益。

四、组织开展安全生产大检查，查找隐患，督促整改

省安委会、省直各有关部门多次开展了煤矿、非煤矿山、道路交通、危险化学品、消防、建筑等重点行业和领域的安全生产大检查和专项督查，仅省安委会组织开展的全省安全生产综合大检查就达13次。2005年5月份，省安监局配合全国人大常委会李铁映副委员长、司马义·艾买提副委员长亲率的全国人大常委会安全生产法执法检查组对贵州省贯彻实施《安全生产法》以及安全生产的情况，进行了为期9天的执法检查。2005年下半年，又配合国务院安委会打击煤矿违法生产联合执法第六督查组、国家安全生产监督管理总局整顿关闭不具备安全生产条件和非法煤矿工作第二督察组、国务院安委办安全生产第四督察组对贵州省进行了安全生产督察。通过检查，整改消除了一大批事故隐患，促进了全省安全生产的稳定好转。

五、深入开展煤矿瓦斯治理和整顿关闭两个攻坚战

各地把煤矿安全作为安全生产工作的重中之重，采取有力措施并狠抓落实。一是建立了各级政府负责同志分工联系本地区重点煤矿安全生产工作制度。省级由分管工交生产的副省长联系国有重点煤矿，由分管基本建设的副省长负责联系大型煤炭建设项目。二是成立了由省政府分管领导任组长的省煤矿瓦斯集中整治工作领导小组，负责领导全省煤矿瓦斯集中整治工作，制定了全省煤矿瓦斯集中整治工作方案和规划。三是由省煤管局和贵州煤监局组成5个省属重点煤矿瓦斯治理督导组，进驻国有重点煤矿开展督导工作，各产煤市（州、地）、县（市、区、特区）也建立了向煤矿派驻安全监督员制度。四是理顺和完善了煤矿安全投入保障机制。对煤矿维简费、安全费用及安全生产风险抵押金的提取和管理使用出台了具体的实施办法。五是明确了煤矿伤亡事故赔付标准，规定对煤矿事故遇难者赔付不低于20万元/人。六是成立了由分管省领导任组长的煤矿整顿关闭工作领导小组，对到2005年12月31日前，经审查验收仍达不到要求的停产整顿矿井，或者未受理申办安全生产许可证的矿井，坚决依法予以关闭。对验收确定为不合格的220对矿井，已提请地方政府按规定依法实施关闭。根据国家安监总局和国家煤监局关闭不符合安全生产条件矿井要求，我省关闭任务为342对矿井，截至2005年12月31日，已实施关闭105对矿井，剩余237对矿井，将在2006年3月底前全部关闭到位。七是制定了煤矿安全“五项必须落实”的制度。八是加大煤矿安全监察执法力度。2005年，贵州煤监系统共监察各类煤矿3233处（次），其中：国有重点煤矿129处（次），地方国有煤矿98处（次），乡镇煤矿3006处（次）。查处各类事故隐患27726条，共制作和下达各类执法文书13720份，罚款2708万元。九是严肃查处各类煤矿事故。2005年，全省煤矿事故共处理事故责任者613人，其中追究刑事责任151人，行政处分390人，党纪处分29人。十是认真组织开展了国家机关工作人员和国有企业负责人参与投资入股煤矿的清理纠正工作。全省登记投资入股煤矿的人员共371名，撤资金额1.28亿元。

通过整治，进一步促进了全省煤矿安全生产形势的好转。2005年煤矿共发生生产安全事故521起，死亡837人，比上年减少57起，少死亡93人，事故率和死亡率分别下降9.86%和10%。

六、深化道路交通等重点行业和领域的安全专项整治

开展了预防重特大交通事故“百日竞赛”和“大战50天实现全省交通事故双降目标”活动以及预防群死群伤特大交通事故专项整治行动，以机动车超速、客运车辆超员、货运车辆违法超载、酒后驾驶、疲劳驾驶、无牌无证和报废车辆上路行驶为查处重点，加大处罚力度。在省际站口和市（州、地）交界处设立了交通安全检查服务站，实行24小时勤务制度，对客运车辆逐车登记、检查。共查处超速行驶机动车10.1万辆，查处超员客运车辆2万多辆。深入开展危险化学品道路运输专项整治活动，共检查危险化学品运输车辆939辆，查获违法车辆154辆。加强源头管理，督促客运企业把好站门关，对车况进行全面安全自查，落实各项检验制度，杜绝车辆超载和“带病”上路。对全省1万余辆大中型长途客运车辆安装了行车记录仪，正在完善行车安全数据处理系统平台建设；对一些危险路段、事故多发点进行了排查和治理。使道路交通安全状况取得了明显成效，2005年共发生道路交通生产安全事故3315起，死亡1647人，比2004年减少80起，少死亡184人，事故率和死亡率分别下降2.36%和10.05%。

同时，积极开展非煤矿山、水上交通、危险化学品、烟花爆竹、人员密集场所消防安全、特种设备以及建筑、教育、旅游、民航、铁路等各项安全生产专项整治，为全省安全生产形势总体平稳，奠定了良好的基础。

七、加强源头管理，严把准入门槛，做好安全生产许可证核发工作

进一步规范安全生产许可证的申办程序，严格审查和颁证。截至2005年12月31日，颁发煤矿安全生产许可证1344个，颁证率为63%；颁发非煤矿山安全生产许可证612个，颁证率14%；颁发危险化学品安全生产许可证80个，颁证率16.8%；颁发危险化学品经营许可证797个，颁证率49%；颁发烟花爆竹安全生产许可证52个，颁证率40%；已颁发建筑施工企业安全生产许可证623个，颁证率78%；已完成了全部7家民爆器材生产企业安全生产许可证的颁证工作。

八、进一步加大投入，夯实安全生产基础

2005年，省政府安排了3000万元煤矿安全技改资金，其中580万元煤矿安全专项技改资金用于7个市（州、地）、24个产煤县的煤矿瓦斯联网工程建设，各市（州、地）及产煤县（市、区、特区）政府也相继投入1.02亿元用于联网工程建设。截至2005年12月31日，省属煤矿已有盘江煤电（集团）公司、水城矿业（集团）公司和六枝工矿（集团）公司建成了矿与公司瓦斯远程监控系统联网工程；贵阳市4个县（市、区）的132个煤矿完成了联网工程，实现了矿与县（市、区）的实时在线监管。省交通厅建设部门投入近1亿元资金整治公路危险路段。此外，启动了贵州煤矿矿用安全产品检验中心技术改造、省煤矿安全监督管理人员培训、省煤矿应急救援体系改造和省煤矿应急救援物资战略储备等项目；贵州省煤层气开发利用、煤与瓦斯突出机理与防治措施等科研项目的前期工作也在抓紧进行。

九、强化安全生产宣传、教育和培训工作

以"遵章守法，关爱生命"为主题，认真组织开展了2005年"安全生产月"活动。张群山副省长在《贵州日报》上发表了《认真开展"全国安全生产月"活动提高全民安全生产意识》的署名文章；通过"安全生产咨询日"、"2005年国酒茅台全省安全生产法律法规知识竞赛"和"安全生产贵州行"和安全生产电视专访，广播电台开辟了《安全生产进行时》栏目等多种形式，进一步营造"以人为本、关注安全"的社会氛围，提高了全民的安全意识，起到了"以月促年"，抓安全促生产、促发展的作用。

2005年，全年通过验收并取得资质的安全技术培训中心50个，共培训复训煤矿、非煤矿山、危险化学品、烟花爆竹生产经营单位主要负责人和安全管理人员12200人，培训和复训各类特种作业人员63205人。省安监局还与省委组织部共同举办了两期全省县（市、区、特区）分管安全生产的领导干部安全培训班，培训县（市、区）长89人。

十、建立、健全安全生产应急救援体系，提高应急救援能力

一是成立了贵州省生产安全应急救援指挥中心。贵阳市、毕节地区等地也成立了地区级生产安全应急救援指挥中心。二是制定了《贵州省矿山救援工作暂行规定》，规范了应急救援有关问题。三是开展了对全省矿山救援队伍的状况进行调研，进一步摸清了底数和问题。有针对性地对现有救援资源进行整合，通过加强检查、培训，补充人员、装备，组织开展矿山救护队资质认证、技术交流和救护比武等活动，有效地提高了贵州省矿山应急救援整体作战能力和应急救援水平，为我省参加2006年国家在平顶山组织的矿山救援技术竞赛做好了前期的准备工作。

西藏自治区安全生产工作综述

2005年我区安全生产工作在自治区党委、政府的正确领导下，在国家安全生产监督管理总局的指导下，在各级党委、政府以及有关部门的重视下，坚持以邓小平理论、"三个代表"重要思想和科学发展观为指导，以贯彻落实《国务院关于进一步加强安全生产工作的决定》（以下简称《决定》）为主线，从我区实际出发，根据全国安全生产工作会议精神，按照区党委六届六次全委（扩大）会议提出的总体要求，坚持"以人为本"的执政理念，认真落实安全生产责任制，强化政府领导，强化监管力度，强化大局意识，积极推进安全文化建设、安全法制建设、安全队伍建设和廉政建设，全区安全生产形势继续保持稳定好转。

一、安全生产工作基本情况

1. 安全生产各项指标执行情况

2005年全区共发生各类安全生产事故1132起，与2004年同期相比，减少204起，下降15.25%；事故死亡590人，与2004年同期相比，减少62人，下降9.51%。其中，发生一次死亡3～9人重大事故33起，同比下降15.38%；特大安全生产事故2起，同比持平。

道路交通方面，2005年全区共发生事故844起，与2004年同期相比减少254起，下降23.13%；事故死亡538人，与2004年同期相比减少56人，下降9.43%。道路交通事故起数占全区事故总数的75.76%，死亡人数占全区事故总死亡人数的91.19%。

火灾事故方面，2005年全区共发生火灾事故251起，与2004年同期相比增长24.26%；死亡9人，与2004年同期相比下降35.71%。

工矿商贸方面，2005年全区工矿商贸发生39起伤亡事故，与2004年同期相比增长2.63%；死亡43人，与2004年同期相比下降2.27%。

其他事故方面，全区共发生事故12起，死亡12人，同比分别增长300%和500%。

全区安全生产控制指标完成情况较好，全区安全生产事故共死亡590人，未超过国务院安委会下达的控制指标（656人）。

2. 全区安全生产形势主要特点

（1）安全生产事故总体平稳，稳中有降。2004年安全生产事故死亡人数比2003年下降3.8%，2005年安全生产事故死亡人数比2004年下降11%。

（2）道路交通事故率下降，但特大事故率上升。全区共发生道路交通事故844起，与2004年同期相比，减少254起，下降23.13%；事故死亡538人，与2004年同期相比，减少56人，下降9.43%；特大安全生产事故2起，与2004年同期相比增加2起。货运机动车非法载客发生特大道路交通事故难以防范。

（3）安全生产事故发生的领域和行业有所变化，事故发生范围扩大。煤矿安全生产事故方面，2005年发生一起重大安全生产事故，造成3人死亡；特种行业在内的其他类安全生产事故大幅增加，共发生安全生产事故9起，死亡9人，与2004年相比分别增长125%和200%。

（4）国有企业安全生产事故有所增加。高争集团所属企业发生安全生产事故造成5人死亡，自治区电力公司发生触电事故造成2人死亡，分别比同期增加5人和2人，安全生产形势严峻。

（5）火灾事故起数有所增加。全区共发生火灾事故251起，与2004年同期相比上升24.26%。

二、主要工作

1. 落实《决定》精神，明确安全生产责任

一是明确政府责任。各级政府行政一把手是本地区安全生产第一责任人，对安全生产负有重大责任；分管领导对安全生产负有主要责任；部门领导（企业领导）对安全生产负有直接责任。

二是实行分级负责。自治区政府与七地（市）行署、政府签订了安全生产目标管理责任书，各地（市）行署、政府又与县政府签订了责任书，县政府又与乡政府签订了责任书，部门与企业签订了责任书，做到了层层落实。

三是明确部门和行业安全生产工作的责任。自治区电力部门包括电力局、电力公司对本行业的安全生产监管负责。自治区国资委对所属监管的17户国有企业安全生产管理工作负责。自治区建设厅负责建筑施工单位的安全生产监管工作。自治区农牧厅负责做好农用拖拉机、农用机械监管工作。自治区质量技术监督管理局负责特种设备的检测和安全监管工作。自治区工商联合会对会员民营企业的安全生产监管工作负责。

四是控制指标与安全生产责任挂钩。对控制指标监管不力的地区先后发出4份安全预警，对超过控制指标的地区按照《西藏自治区安全生产奖罚办法》予以处罚，对完成控制指标好的地区和部门给予奖励。

2. 加强监管力度，落实指标分解任务

根据国务院安委会下达的控制指标，自治区安委会进行了分解。为了加强指标监控与安全生产责任的有机结合，自治区人民政府将安全生产控制指标纳入地（市）政府政绩考核范畴，并与七地（市）行署政府签订了安全生产责任目标管理书。交警部门在警力有限的情况下，加大执法力度，采取有力措施，使道路交通事故明显下降。自治区消防总队为了确保指标在控制范围内，加大工作力度，建立了重大火灾隐患督改工作机制、重大火灾隐患公示机制和火灾隐患整改责任机制，成立了自治区火灾隐患排查整治工作领导小组。

3. 积极推进法制建设，加快依法治安步伐

一是出台了《西藏自治区安全生产奖罚办法》；二是自治区安全生产监督管理局、自治区监察厅、自治区人民检察院制定了《西藏自治区重特大安全生产事故行政责任追究暂行办法》，并已报送自治区人民政府审定；三是结合我区实际，自治区安委会办公室制定了《关于加强非煤矿山安全生产监督管理工作的意见》和《关于加强危险化学品安全监督管理工作意见》，并以自治区人民政府办公厅转发全区；四是为了规范我区劳动保护用品市场，保障劳动者的生命和健康，结合我区实际，由自治区安监局牵头与自治区质监局、自治区工商局联合下发了《关于加强我区劳动保护用品监督管理的通知》；五是编辑出版了《西藏自治区安全生产法律、法规及政策汇编》第二辑；六是开展了《西藏自治区安全生产条例》前期准备工作。

4. 突出重点，深化安全生产专项整治

一是集中治理道路交通安全。预防道路交通事故工作是我区安全生产工作的重中之重。为此，自治区人民政府确定2005年为“货运机动车非法载

客专项治理年”。政府办公厅下发了《关于切实加强道路交通安全治理工作严厉打击货运机动车非法载客行为的通知》，为贯彻通知精神，自治区预防道路交通事故工作领导小组下发了《自治区2005年货运机动车非法载客专项治理任务分解表的通知》。要求各级政府和公安、交通、农牧、教育、广电、国资委、工商联等部门按照分解的任务，抓好落实。自治区公安、交通部门加大力度，相互配合，严格运输企业准入，严格驾驶员考核，坚决取缔不具备安全要求的运输企业和个体运输户。加强对农用车辆的管理，严防农用车超载和违章载客行为。通过专项治理，我区道路交通事故得到有效遏制，事故起数和死亡人数均有所下降，道路交通安全形势平稳。

二是集中对建筑施工企业治理。各级安监部门主动与建设部门沟通和配合，加大对建筑施工企业的治理力度，对不具备施工安全条件或安全措施不到位的施工企业进行整治，对达不到要求的，坚决予以停工，确保施工安全。对个体、民营施工企业，各级安监部门强化监管，不定时地开展检查或抽查，发现问题及时处理。

三是加强对危险化学品、烟花爆竹生产经营企业安全准入集中治理。重点治理了剧毒化学品、液化气、成品油经营、运输、储存单位和烟花爆竹批发、经营单位，对不具备基本安全生产和经营条件以及不符合有关资质要求的危险化学品和烟花爆竹从业单位、存在重大隐患的从业单位进行严厉查处。

四是开展对非煤矿山边勘边采和无设计方案的集中治理。对边探边采的矿山企业坚决予以取缔或停产。对应关未关和名停暗开的小矿，坚决依法关闭。对已关闭又擅自非法恢复生产的，没收非法所得，并严肃追究当事人的法律责任和相关人员的行政责任。

五是对城镇公众聚集场所、文物保护单位消防安全进行集中治理。重点对消防通道、消防设施开展排查。对各单位制度不健全，责任不落实，防范措施不力，没有应急救援预案的从严处罚。全区消防部队共制定防火监督检查方案51份，检查单位5101家（次），发现火灾隐患3672处，已经整改3315处，发出《责令限期改正通知书》520份，依法处罚128家单位和380名违法个人，责令41家单位“三停”，罚款总额27.4万元。

5. 积极开展安全生产大检查和执法检查

一是按照自治区安委会的部署，自治区交通、消防、交警等有关部门各司其职开展了安全大检查。二是按照国务院安委会的通知，开展了贯彻《安全生产法》执法检查。检查组先后到部分地区深入施工场地、采石场、加油站进行执法检查，对在检查中发现的问题及时提出。共提出整改意见16条。三是根据国家安监总局和全国总工会的通知，对我区劳动保护用品开展了专项检查。对在我区经营假冒伪劣劳动保护用品业主进行依法查处。四是对非煤矿山、危险化学品安全检查。遵照“五个整顿、两个关闭”的要求，对矿山企业、液化气站、加油站、烟花爆竹经营点、民爆仓库等经营企业和生产企业进行检查。五是为落实自治区安委会第二次全体成员会议精神，确保自治区四十大庆期间安全生产，自治区安委会办公室组织三个工作组分别对拉萨、林芝、山南地区开展了为期半个月的安全生产大检查。工作组深入生产第一线，查责任、查制度、查隐患、查措施，从而保证了在大庆期间没有发生一起安全生产事故。

6. 大力开展安全生产宣传和安全培训，进一步提高全民安全生产意识

一是根据全国“安全生产月”活动领导小组的部署，在全区开展了“安全生产月”活动。在此期间，进行了“自治区领导电视讲话”、“安全生产咨询”、“安全生产宣传图片展”、“货运机动车非法载客专项治理”宣传六进（进农牧区、进企业、进学校、进社区、进家庭、进工地）等活动。二是采取多种形式，广泛开展以宣传《安全生产法》为主题的活动。日喀则组织安全生产文艺演出，阿里组织企业进行安全知识培训，那曲通过移动公司向客户发送安全知识短信，山南组织人员到生产第一线开展《安全生产法》宣传。三是充分利用广播电视、报刊杂志宣传安全生产法律和知识。四是积极开展安全培训。自治区建设部门、交通部门和地（市）安监部门以及企业采取多种方式开展安全培训，先后有3000多人参加了培训。

7. 组织对重特大安全生产事故的调查，制定安全生产应急救援预案和部门预案

根据自治区人民政府指示，牵头组织了“3·21”特大道路交通事故、“5·16”特大道路交通

事故和“8·20”重大煤矿安全生产事故的调查。形成事故调查报告，对事故责任、事故原因、整改措施等提出了意见。按照《安全生产法》要求和政府总体部署，制定了《西藏自治区安全生产事故灾难应急预案》。同时，根据安排，目前正在制定《矿山事故灾难应急预案》和《危险化学品事故灾难应急预案》两个部门预案。

8. 加强队伍建设，提高依法监管能力和水平

2005年我区三级安全监管机构形成，人员到位。为了尽快提高安监人员素质，适应工作的需要，对我区三级安监人员进行了培训。一是在国家安监总局的支持下，采取“走出去、请进来”的办法，对全区安全生产监察员执法人员和安监工作人员进行了培训。共培训执法人员155人，其中区局25人，地（市）局37人，县局93人。区局培训面达到100%，地（市）局培训面达到100%，县局培训面达到63%。二是根据国家安监总局和人事部的安排，组织地（市）行署、政府负责安全生产工作的领导到国家行政学院培训，林芝地区、那曲地区、日喀则地区、阿里地区、昌都地区、拉萨市的领导以及自治区安监局领导共7人参加了培训。

9. 加强廉政建设，提高防腐拒变和抵御风险能力

2005年，我区安监系统参加了第一批在全区开展以实践“三个代表”重要思想为主要内容的保持共产党员先进性教育活动。一是通过活动，加强了党组织建设，完善了组织制度。二是安监系统普遍制定了中心组学习制度和机关支部学习制度。三是为转变机关工作作风，求真务实，制定了加强调查研究工作的规定。四是制定了安全生产执法人员廉洁自律的9条规定。

三、存在的问题

（1）全区县级安全生产监管体制不顺。目前，我区县级安全生产监管机构基本上属县政府办公室管理的单位，不属于县政府的直属机构。根据《安全生产法》和国务院《决定》规定，各级安全生产监管部门是政府的直属机构，是独立的执法主体。

（2）安监部门基本条件差。没有自己固定的办公场所，没有必备的专业装备，无职工宿舍。尤其是县级安监机构无工作专项经费，无办公设施，有些无行政编制。

（3）安全生产企业主体责任不落实，安全生产意识不强，安全生产投入不足，安全生产宣传力度不够。

（4）安全生产执法不严，处罚不力。一是安监执法人员素质普遍较低；二是执法不能有效制止违法行为；三是安全生产执法统计工作滞后，不能有效反映执法结果。

（5）一些部门和行业安全监管缺位。一是煤矿安全监管没有明确；二是对国有企业安全监管没有很好履行职责；三是对有的部门安全监管失控。

（6）安全生产监管难度大。一是我区农牧民出行普遍是客货混装，因此，重特大道路交通事故难以预防；二是非煤矿山、建筑施工单位和电力企业聘请大量临时工，无证上岗，安全意识差；三是农民工、外来工安全意识低。

陕西省安全生产工作综述

一、安全生产形势

2005年，是我省安全生产工作得到切实加强的一年。各市（区）、各部门、各单位在省委、省政府的正确领导下，坚持依法行政，强化监管，在全面落实安全生产责任制、不断加强基层基础工作、认真开展安全标准化活动、加强法规建设和应急救援体系建设等方面做了大量工作，有效地遏制了2004年第四季度出现的重特大事故多发势头，使全省安全生产的总体形势稳定好转，实现了2005年年初确定的工作目标。

一是全省生产事故起数和死亡人数全面下降，完成了国务院安委会下达我省的安全生产控制指标。全年共发生各类事故20240起，同比减少1027起，下降4.83%；死亡3504人，同比减少

469人，下降11.80%。

二是煤矿事故起数有所增加，死亡人数下降，原煤生产百万吨死亡率低于全国同期水平。2005年全省生产煤炭15341.23万t，同比增长17.9%，百万吨死亡率为1.382，比上年降低了0.916，低于国务院安委会下达的控制指标（2.216）。

三是部分行业和领域安全生产工作取得实效。道路交通事故起数和死亡人数同比分别下降10.02%和8.51%；铁路运输事故起数和死亡人数同比分别下降31.57%和26.14%；水上交通、农业机械事故死亡人数分别比上年下降90%和79.03%。

四是多数市区和部门实现控制目标。西安、汉中、咸阳、商洛、安康、宝鸡市较好地完成了省下达的主要控制指标，延安、榆林、铜川、渭南市和杨凌示范区基本完成了省下达的控制指标；省交通厅、省公安厅、省工业交通办公室、省司法厅、省教育厅、省水利厅、省国土资源厅、省国防科工委较好地完成了省下达的安全生产目标，省质监局、省建设厅、省安全监管局、省农业厅、省煤炭局、陕西煤监局基本完成了省下达的安全生产目标。

二、安全生产责任制

2005年年初，针对全省安全生产形势异常严峻的局面，省委、省政府连续下发通知，采取断然措施，对高危行业和领域的事故隐患和问题全面实施整改和治理，使重特大生产安全事故得到了初步遏制。随后，省政府及时与11个市（区）政府和省级14个行业主管部门签订了安全生产目标责任书，各市（区）政府和省级相关部门层层分解细化控制指标和重点任务。国务院安委会下达我省安全生产总体控制指标后，省政府进一步明确了具体目标和工作要求。全省形成了比较完善的安全生产责任网络。宝鸡市与22户中央驻宝企业签订了安全生产责任书，商洛市委、市政府建立了安全生产主要指标执行情况通报制度，汉中市实行人大代表、政协委员不定期视察安全生产工作制度。

在严格夯实各级政府和部门安全生产责任制的基础上，不断完善安全生产工作机制，调整充实了省安委会成员单位及其办事机构，研究制定了安委会的工作规则，进一步改进安全生产监督管理方式，把主要精力放在法规建设、重大危险源普查、隐患治理和治本决策上。省委十届七次、八次全会都对安全生产工作提出明确要求，省政府先后召开安全生产工作会议、省政府常务会议和省安委会全体会议、煤矿安全生产专题会议9次，对全省安全生产工作进行安排部署。《国务院关于预防煤矿生产安全事故的特别规定》（国务院令第446号）公布实施后，省政府先后召开了第25次常务会议和煤矿安全生产专题会议，要求不折不扣地贯彻落实国务院规定，切实吸取黑龙江龙煤集团"11·27"特大瓦斯爆炸事故的沉痛教训，全力抓好煤矿安全生产工作。中央经济工作会议结束后，李建国书记主持召开了省委常委扩大会议，就加强安全生产工作进行了认真研究；陈德铭省长主持召开了省政府第30次常务会议，专题听取了全省安全生产形势和今后工作意见的汇报，对全省安全生产工作作了安排和部署。2005年全省组织开展了6次安全生产大检查，通过全面排查和整治重大事故隐患，落实企业安全生产各项保障制度和措施，促进了安全生产重要任务的全面落实。2005年12月，国务院安委会第8督察组对陕西安全生产工作督察后，充分肯定了我省安全生产工作取得的成效。针对国务院督察组反馈意见中提到的问题和建议，省政府办公厅迅速以明传电报紧急通知相关市政府及省级有关工作部门、直属机构举一反三，认真整改，确保了各项工作措施的落实。

三、安全生产法制建设

为了深入贯彻实施《安全生产法》，全面加强我省安全生产监督管理工作，2005年9月，省人大常委会颁布了《陕西省安全生产条例》。《陕西省安全生产条例》在政府安全监管责任、行业监督管理、企业主体责任、安全设施"三同时"、高危行业企业市场准入、应急救援、事故调查处理、职业危害等方面作出了明确规定。为了遏制我省道路交通事故多发的状况，省人大常委会还颁布了《陕西省实施〈中华人民共和国道路交通安全法〉办法》，并于2005年10月1日起实施。

2005年4月，省政府出台了《关于进一步加强煤矿安全生产工作的决定》，对煤矿安全责任体系、安全管理机构设置、安全管理人员配备、瓦斯治理目标、安全费用提取使用、建立风险抵押金制度和专业人才培养等作出了明确规定。实施了《陕西省人民政府贯彻落实国务院关于促进煤炭工业健康发展的若干意见的实施意见》、《陕西省高瓦斯和煤与瓦斯突出矿井治理工作规定》，有效促进了煤矿安全依法监管。同时，省建设厅全面推行建筑施工人身意外伤害保险；省司法厅劳教局在所属企业实行风险抵押金制度；铜川市出台了《安全生产检查暂行办法》。继商洛市组建市县安全生产监察执法支队、大队后，汉中、渭南等市和部分区县也成立了监察执法队伍。咸阳市针对各区县安全生产的重大隐患和突出问题出台了《市长督办令》强制整改。

四、安全生产专项整治

2005年，由省级主管部门牵头，相关部门配合，在全省继续深入开展了以煤矿、非煤矿山、道路交通、危险化学品、烟花爆竹和人员密集场所消防安全为重点的安全专项整治，治理成效进一步显现。

煤矿安全方面，深刻吸取陈家山煤矿“11·28”特大瓦斯爆炸事故教训，深入开展瓦斯集中整治，严厉打击煤矿超层越界非法开采行为。全省共投入7亿元，用于煤矿安全设施、设备和技术改造，省属高瓦斯矿井全部安装了瓦斯抽放系统，瓦斯灾害严重的矿井实现了先抽后采。特别是2005年8月下旬以来，认真贯彻《国务院关于预防煤矿生产安全事故的特别规定》和《国务院办公厅关于坚决整顿关闭不具备安全生产条件和非法煤矿的紧急通知》，进一步加大煤矿安全整治工作力度，省政府组织相关部门开展了联合执法检查，全省停产整顿矿井584处，先后对关闭不到位和有恢复迹象的34处矿井进行了填埋关闭。国务院安委会下达我省2005年关闭50处矿井的指令性计划，相关市县政府已全面落实。同时，全省清理纠正国家机关工作人员和国有企业负责人投资入股煤矿的官员89名，撤资1144万元。

非煤矿山安全方面，通过联合执法，突出对不具备安全生产条件、非法开采的企业实施关闭，并对资源重叠、隐患严重的企业，实施兼并重组。全年关闭非法开采企业66家，累计关闭1554家。整合高消耗、高污染、低效率的矿山企业34家，提高了市场门槛。为加强石油天然气开采及长输送管道安全监管工作，省政府先后在榆林市靖边县和西安市召开了全省石油天然气长输送管道安全监管工作会议，主管省长与8个设区市主管市长签订了责任书，以此强化管道沿线市、县政府安全监管责任。省安全监管局也与5个管道运输企业签订了责任书，严格落实企业安全生产主体责任。同时，建立了省级石油天然气管道安全监管联席会议制度。2005年4~6月，对省内7条输油气管线存在的62处重大事故隐患进行整治，整改合格率达85%以上。

危险化学品和烟花爆竹安全方面，分别建立了负有安全监管职能部门之间的联席会议制度，形成了齐抓共管的工作局面。依法对危险化学品运输企业实施专业化公司管理，取缔了个体运输户。对全省3000多家加油站进行整顿，取缔了一批违法违规加油站点。在全省筛选了西安热电化工股份公司等25户重点监控企业，实行省、市、县三级属地监管和分级监控。建立了全省危险化学品生产、储存企业的审批制度，规定未经政府批准任何单位和个人不得生产、储存危险化学品。逐步在危险化学品储存运输企业推广使用HAN阻隔防爆技术。2005年10月，在富平县召开全省烟花爆竹安全监管工作现场会，对蒲城、富平、凤翔3个传统产区的公司化改造提出明确要求。省安全监管局会同省财政厅制定下发了全省烟花爆竹企业安全费用提取使用管理办法。宝鸡市进一步细化专项整治方案，落实具体工作措施，有效地打击烟花爆竹非法生产经营活动。

道路交通安全方面，进一步强化对全省危险和事故多发路段的整治工作，省公安厅、省交通厅、省安全监管局联合对全省2004年以来重、特大交通事故的集中发生地进行了调查摸底，确定事故多发路段204处。其中，列入国家督办的2处、省级督办的8处整治任务已全部完成；市级整治的45处，完成67%；县级整治的149处，完成81%。省交通厅投资3300万元实施公路安全保障工程，对439处隐患进行治理；投入4200万元对全省国省干线公路上的54座危桥进行整治。

消防安全方面，全省公安消防部门以宾馆、商场、市场、医院、学校等单位为重点，深入开展了人员密集场所安全专项治理活动，共组成检查组1500多个，对3400多个单位的火灾隐患进行集中排查，对查出的重大火灾隐患跟踪整改，明确了具体的整改责任、整改措施和整改期限，并对火灾预防知识进行了广泛宣传，营造了良好的消防舆论氛围。

此外，建设、质监、农机、旅游、军工、民航、铁路、电力等行业和领域，也从各自实际出发，开展了安全生产专项整治，保持了全行业的安全稳定。

五、安全生产标准化建设

在全省矿山、危险化学品和机械制造行业开展了安全标准化工作，按照“一年打好基础，两年基本完善，三年初步规范”的目标稳步推进。分别在汉中市、咸阳市和富平县组织召开了非煤矿山、危险化学品和烟花爆竹安全生产3个现场会，促进全省企业安全管理向源头管理、过程控制和本质安全转变。

六、应急救援体系建设

制定下发了《陕西省重大危险源监督管理工作实施方案》，确定了全省重大危险源监控治理的三年规划，分批分期举办了全省重大危险源普查建档管理信息系统培训。西安、延安、榆林等市已将本辖区重大危险源绘制成监控示意图，加强了重点监督防控工作。组建成立了全省危险化学品应急救援指挥部，先后在中石油长庆石化公司、中石化西安分公司和核工业794矿组织开展了液化气泄漏、硫化氢泄漏事故和非煤矿山炮烟中毒事故的应急救援演练活动，多数市（区）和省级重点行业也结合本地、本行业实际，组织开展了相关应急救援演练，提高了处置生产安全事故灾难的能力水平。

在加强事故预防工作的同时，修订完善了《陕西省安全生产事故灾难应急预案》，经省安委会全体会议审议通过，省政府研究同意，已由省政府办公厅颁布执行。目前，全省11个市（区）中已有8个市（区）完成了市级安全生产事故应急救援预案，省安委会绝大多数成员单位也制定了安全生产事故应急处置预案。

七、安全生产许可证发放

按照国务院《安全生产许可证条例》规定，陕西煤监局、省建设厅、省国防科工委和省安全监管局集中精力抓好安全生产许可证的颁发管理工作。截至2005年年底，全省煤矿企业发放安全生产许可证739家，占应发总数824家的89.68%；建筑施工企业发放安全生产许可证1110家，占应发总数2400家的46.25%；非煤矿山企业发放安全生产许可证294家，占应发总数1161家的25.32%；危险化学品生产企业发放安全生产许可证157家，占应发总数308家的50.97%；烟花爆竹生产企业发放安全生产许可证33家，占应发总数47家的70.21%。

八、安全生产宣传教育

各市（区）、各部门、各单位开展了一系列安全生产宣传教育活动，大力普及安全知识，发挥新闻媒体作用，强化社会监督。据不完全统计，全省在市级以上各类报刊发表安全生产新闻稿件748篇，在陕西省安全生产公众信息网上发布信息864条。2005年6月份，全省开展的第四个“安全生产月”活动，上下积极响应，举行了大型安全生产咨询日、开展了同唱“生命之歌”、安全生产理念用语征集、安全生产理论研讨、新技术演示推介等一系列活动，进一步增强了人民群众安全生产意识。2005年7月份，我省参加了首届全国安全生产及技术装备展览，获最佳组织奖和优秀设计奖。《陕西省安全生产条例》颁布实施前夕，各市（区）和省安委会成员单位都开展了宣传教育活动，咸阳市开展了大规模宣传，汉中市还在电视台黄金时段广泛进行了宣传，安康市组织安全监管系统和安委会成员单位进行了认真学习讨论，并组织了安全生产知识竞赛活动。在安全生产培训教育方面，全省培训考核2.6万多名特种作业人员、生产经营单位主要负责人和安全生产管理人员。西安市坚持每季度召开一次安全生产事故警示会，不仅对事故单位和责任人起到了很好的警示教育作用，同时也引起了政府部门领导和相关管理人员的高度重视。

陕西省煤矿安全生产工作综述

2005年，在国家安监总局、国家煤监局，以及省委、省政府的正确领导下，陕西煤监局及各监察分局认真贯彻上级关于煤矿安全生产的一系列方针政策及工作部署，坚持“以人为本”和“安全第一、预防为主”的方针，全面实施《安全生产法》和国务院两个重要文件，认真吸取铜川陈家山煤矿“11·28”特别重大瓦斯爆炸事故教训，强化煤矿安全监察，打好两个攻坚战，严肃查处事故，注重队伍建设，做了大量富有成效的工作。在各地区、各部门和各单位的共同努力下，全省煤矿安全生产状况保持了总体稳定的发展态势。但是由于煤炭需求旺盛，自然灾害严重，全省安全生产形势依然严峻。

一、煤矿安全生产情况

全省共生产煤炭15341.23万t，同比增加2331.55万t，增长17.9%。产量跃居全国第四，再创历史新高。其中：国有重点煤矿生产煤炭7235.78万t，同比增长14.2%；地方国有煤矿生产煤炭1552.03万t，同比增长7.4%；乡镇煤矿生产煤炭6553.42万t，同比增长27.6%。

全省共发生各类事故132起，死亡212人，超全年控制指标46人，同比事故起数增加33起，死亡人数减少87人，百万吨死亡率1.382，比全年控制指标低0.814，同比下降0.916。其中：国有重点煤矿发生事故16起，死亡17人，同比事故起数减少7起，死亡人数减少194人，百万吨死亡率0.235，同比下降3.096；地方国有煤矿发生事故26起，死亡32人，同比事故起数增加12起，死亡人数增加15人，百万吨死亡率2.062，同比上升0.959；乡镇煤矿发生事故90起，死亡163人，同比事故起数增加28起，死亡人数增加92人，百万吨死亡率2.487，同比上升1.104。3~9人事故4起，死亡17人，同比事故起数增加4起，死亡人数增加17人；10人以上事故3起，死亡60人，同比事故起数增加1起，死亡人数减少129人。

二、煤矿安全监察工作情况

1. 认真贯彻落实全国安全生产工作会议精神，明确工作思路，确定工作目标，制定工作措施

全国安全生产工作会议召开以后，陕西煤监局及时召开了全省煤矿安全监察工作会议，传达了会议精神，明确了“以科学发展观统领全局，继续以贯彻落实国务院《决定》为主线，以安全生产的法律法规为武器，以防止和减少事故为目标，落实控制指标，坚持依法行政，加大执法力度，加强队伍建设，立足防范，突出重点，强化主体，夯实基础，开创陕西省煤矿安全生产工作的新局面”的工作思路；确立了“全省煤矿安全事故死亡人数实现国务院安委会下达的166人，百万吨死亡率2.216的控制目标，减少一般事故，控制10人以上事故，消灭30人以上事故”的工作目标，制定了7条工作措施。同时，制定了《2005年度安全目标考核奖罚办法》，局长与各监察分局主要负责同志签订了工作目标责任状，把工作目标层层分解落实到每一个监察人员肩上，确保安全生产工作落到实处。2005年8月8日，在《公务员法》培训班上，根据工作进展情况，对上半年工作进行了总结，对下半年工作进行了再强调和再部署，进一步增强了信心，落实了责任。

2. 突出重点，强化监察，瓦斯治理攻坚战取得阶段性成效

在思想上和工作中，各级煤矿安全监察机构始终把瓦斯防治作为预防煤矿重特大事故发生的头等监察大事来抓，认真贯彻了瓦斯治理“七项措施”，制定了瓦斯治理监察方案，明确了监察内容，落实了时间、人员、措施、责任，增强了监察工作的针对性和有效性。

一是对高瓦斯区域和矿井实施重点监察。各监察分局针对辖区高瓦斯矿井情况，认真制定监察计划，加强日常监察，落实监察责任，对重大安全隐患盯住不放，跟踪监察，确保整改到位。省局领导也多次带队，组成监察组，深入铜川、韩城矿区开展以“高瓦斯矿井、煤与瓦斯突出矿井”为重点

的监察活动，有效防范了国有大矿重特大瓦斯事故的发生。

二是按照国务院第81次常务会议精神及国家局、省政府要求，抽调2名监察人员参加省政府督导组，进驻国家重点监控的铜川、韩城矿务局，督促指导煤矿制定防范措施，促进了企业安全责任的落实。

三是选派人员参加省政府调研组，赴淮南、平顶山和阳泉学习瓦斯治理经验，进一步提高了对煤矿企业瓦斯隐患的监察执法水平。

四是认真贯彻瓦斯治理“十二字方针”，对全省煤矿开展了超通风能力生产专项监察，加大处罚力度，严厉打击了煤矿超通风能力生产现象。

五是积极协助国家局专家组对铜川、韩城矿务局进行技术“会诊”，督促铜川矿务局玉华、下石节煤矿采取变高位巷抽放为埋管封堵抽放，变架间放炮为超前预裂放炮的整改措施，使两矿瓦斯重大安全隐患得到有效治理。

六是认真督促高瓦斯矿井安装瓦斯抽放和监测系统，提高科技含量。目前，省属高瓦斯矿井全部安装了瓦斯抽放系统，206处矿井安装了瓦斯监测系统，铜川、韩城矿务局实现了矿务局内集中联网监测，并与陕西煤监局联网实现实时监测。

3. 坚持标准，督查推进，煤矿整顿关闭攻坚战成效明显

陕西小煤矿安全基础薄弱，整顿关闭工作量大，任务艰巨。国务院《特别规定》、《紧急通知》两个重要文件和国家五部委《关于严厉打击煤矿违法生产活动的通知》下发后，省政府制定了《关于开展联合执法严厉打击煤矿违法生产活动的紧急通知》，对落实“五整顿、四关闭”作出了全面安排，成立了联合执法检查组，划分了各成员单位的工作职责，明确了打击煤矿违法生产活动的工作要求和工作步骤。陕西煤监局积极会同省煤炭工业局对全省煤矿的分布、数量、产量、井型、开采方式、技术装备以及安全生产状况，进行了扎实细致的摸底排查，在此基础上提出了全省第一批584处停产整顿煤矿名单，2005年9月29日，省政府对停产整顿煤矿在《陕西日报》上予以了公告。这是陕西省历史上最大规模的煤矿停产整顿，社会反响十分强烈。此后，陕西煤监局积极采取措施，进行了贯彻落实。

4. 严格执法，落实责任，严肃查处重大安全隐患

按照国办79号文赋予国家监察的5项职能，逐月制定监察计划，明确监察内容，落实监察责任，开展了重点监察、专项监察、定期监察。同时，对重大安全隐患进行了登记建档，把存在重大安全隐患的重点区域和重点矿井作为监察的重中之重，提高监察覆盖率，全力督促煤矿企业积极整改，确保煤矿安全生产。一年来，在节日和重大政治活动期间相继开展了对矿井超能力生产、超层越界开采和在建矿井执行“三同时”的检查，实行领导干部带班下井制度，加强对安全投入、劳动组织和矿用设备等情况的安全监察，进一步落实了企业主体责任，有效地遏制煤矿重特大事故多发的势头。省局及各监察分局全年累计监察2991矿次，查出事故隐患26071条，应完成事故隐患整改24642条，实际整改23707条，整改率为96.2%；制作各类执法文书7961份，其中现场检查笔录2763份，下达现场处理决定书2585份，下达行政处罚决定书521份，送达加强和改善安全管理建议书138份，罚款939.41万元，实际收缴919.83万元。

5. 加强煤矿事故应急救援，严肃查处煤矿事故

组建了全省矿山应急救援指挥中心，完善全省煤矿应急救援体系；组织了第六届全省矿山救援技术比武大赛，提高应急救援能力和水平；制定了煤矿重大事故应急救援预案，每当事故发生，及时启动救援预案，有关领导和监察人员都在接到报告后第一时间赶赴事故现场组织救援，最大限度地减少了人民群众生命和财产损失。

重点开展了韩城“4·28”、铜川“7·19”、黄陵“9·15”特大瓦斯爆炸事故的调查处理工作。目前，韩城“4·28”、铜川“7·19”两起事故国家煤监局已批复结案。制定了《煤矿重大安全生产隐瞒和违法行为举报受理及处置工作的暂行办法》，认真查处群众举报的隐瞒事故案件，做到了件件有着落，事事有结果，查证属实的，都依法对有关责任人进行了严惩。全年累计查处隐瞒事故21起，查出隐瞒死亡33人。特别是2005年9月18日，陕西煤监局接到媒体举报黄陵县仓村乡七丰沟西煤矿发生一起蓄意隐瞒的特大事故的信息

后，立即派出调查组，赶赴事故现场，经过认真核查，最终揭开瞒报事故真相。同时，按照“四不放过”的原则，依法查处各类事故，严肃责任追究。全年132起事故全部立案，立案率100%；达到结案期限的123起，实际结案120起，结案率97.6%。依法追究责任人611人次，其中，移送司法机关4人，行政处分431人，党纪处分15人，行政罚款161人。

6. 强化源头管理，煤矿企业安全生产主体责任得到进一步夯实

在督促煤矿企业加大安全投入、开展安全质量标准化活动、落实煤矿安全规程规定的同时，重点抓了以下3个环节。

一是提高煤矿安全准入门槛，严格安全生产许可证的发放。进一步加大安全生产许可证制度实施宣传力度，强化对申办工作缓慢地区的督促检查。局领导、颁证办公室以及各监察分局负责人多次带队深入榆林、延安、铜川、渭南等重点地区，对颁证工作中存在的重大问题及时组织协调、解决；对铜川北区、韩城矿区高瓦斯区域的煤矿安全生产许可证申办矿井进行重点督察，有力推进了安全生产许可证工作的开展。与此同时，在颁证工作中，坚持不降低标准、不简化程序，严格审查申请材料和现场核实，严格颁证工作纪律。通过颁证，促进煤矿企业加大安全投入，整改事故隐患，进一步改善和提升了煤矿安全生产条件。截至2005年12月31日，全省煤矿885处，已提交申请842处，占煤矿总数的95.1%；受理申请842处。颁发安全生产许可证739处，占全省煤矿总数的83.5%，占全省煤矿总能力的96.6%。其中：国有重点煤矿已发证26处，占该类煤矿总数的96.3%，占该类煤矿总能力的97.2%；地方国有煤矿已发证79处，占该类煤矿总数的96.4%，占该类煤矿总能力的96.3%；乡镇煤矿已发证634处，占该类煤矿总数的81.7%，占该类煤矿总能力的90.4%。

二是加强煤矿安全培训工作，促使煤矿企业不断提高从业人员素质。目前，全省建立了40处安全培训机构，金字塔式的培训体系已基本形成；设立了陕西煤矿安全培训中心，建立了陕西煤矿安全培训试题库，全面推行了“教考分离”；开发了《陕西煤矿安全培训信息管理系统》，所有从业人员的安全培训信息全部入库管理。同时，不断创新安全培训方式，通过典型引路，以点带面，收效明显。2005年9月份，在西安、临潼集中举办了2期矿长安全资格培训班，调整教学内容，采用电化教学，改变考试方式，提高了学习效果，增强了从业人员素质，煤矿企业主要负责人、安全管理人员和特种作业人员全部做到持证上岗。全年累计培训各类人员11222人，其中特种作业人员9246人，矿长539人，管理人员1437人。

三是积极推进煤矿在用安全产品的检测检验工作。针对目前陕西省煤矿在用安全产品的检测，国有煤矿仅20%，地方及乡镇煤矿几乎是空白的实际，筹备成立了陕西煤矿安全装备检测中心。近一年来，检测中心坚持深入煤矿生产现场进行检测检验，运作良好，检测主提升机32台，主通风机35台，水泵23台，对7处煤矿进行了通风阻力测定，为确保煤矿在用安全产品性能符合安全要求提供了强有力的技术保证，在一定程度上促进了本安型煤矿企业的建设工作。

7. 以保持共产党员先进性教育活动为契机，强化队伍自身建设

一是扎实有效地开展了保持共产党员先进性教育活动。从2005年2月2日至6月24日，局党组认真按照省委和督导组的各项工作要求，积极扎实地推进各个阶段的工作，既完成了“规定”动作，又有许多创新活动，切实做到“两不误、两促进”。

二是注重预防，标本兼治，牢固构筑了反腐倡廉思想防线。按照《建立健全教育、制度、监督并重的惩治和预防腐败体系实施纲要》和国家局“九条纪律”的要求，出台了《关于2005年党风廉政建设和反腐败工作的主要任务及分工的通知》，从15个方面对党组班子成员的主要职责、机关各处室及各分局的主要任务和要求都作了详细规定。2005年5月26日，召开了局纪检监察工作会议，安排部署了纪检监察工作，局党组书记与各监察分局、机关各部门的主要负责人签订了责任书，进一步夯实了反腐倡廉责任。同时，积极配合陕西省纪委开展了“国家机关工作人员和国有企业负责人投资入股煤矿”的清理纠正工作，全省清查出89名“涉煤”官员，撤资1144万元。2005年11月份，在煤监系统内部开展了“公正执法、严格执法、廉洁执法”专项检查，消除一些苗头性、倾向性问题，确保执法队伍的纯洁性，加强了腐败案件

的核实和查处工作。全年共收到群众举报腐败案件10件，初核5件，结案1件。对信息调度中心原主任的经济问题进行了认真核实和严肃处理。

三是开展了“安全生产月”活动。制作了宣传牌板，参加了大雁塔北广场的安全咨询日活动，组织了监察人员到陈家山煤矿“11·28”遇难职工公墓接受警示教育，增强做好煤矿监察工作的责任意识。

四是积极开展了创建节约型机关活动。围绕建设节约型社会，制定印发了《关于开展建设节约型机关活动的通知》，采取了一些措施，降低了消耗和管理费用；加强机关、分局和事业单位的财务管理工作，保证了工作的正常运转。

五是后勤服务工作取得了进展，基本完成监察分局的办公和家属用房建设，机关清房调房工作进展顺利，机关在职人员中午就餐难问题得到解决。同时，老干部管理和信息调度工作也得到了加强。

三、煤矿安全生产存在的主要问题

在总结肯定过去一年工作所取得成绩的同时，也要清醒地认识和看到所面临的煤矿安全生产形势仍然十分严峻，不容乐观。主要表现在以下几个方面：

一是瓦斯灾害严重，控制重特大事故没有绝对把握。渭北地区所属国有重点煤矿水灾、火灾、瓦斯、煤尘、顶板等灾害并存。铜川焦坪矿区矿井地质条件复杂，煤、油、气共存的开采条件全国独有，且矿井自然发火严重，最短发火期只有24天，矿井绝对瓦斯涌出量达70立方米/分钟。韩城矿区桑树坪、下峪口矿煤与瓦斯突出频繁发生，由于煤层透气性差，瓦斯抽放效果不佳，瓦斯综合治理工作难度大。随着矿井开采逐渐进入深部，自然灾害的问题就更加突出，在防范瓦斯重特大事故方面仍然缺乏把握。

二是陕北榆神矿区担负全省产量2/3的小煤矿的非正规采煤方法引发大面积冒顶的隐患不断加剧，防范顶板塌陷的零星事故缺乏有效手段。

三是煤矿安全基础薄弱，安全欠账多。经国家组织专家组“会诊”后确认，铜川、韩城两个矿务局6对高瓦斯矿井的安全欠账达17亿元。乡镇煤矿经过安全整治后，仍然存在建设标准低、开采方法落后、抗灾能力脆弱的问题。

四是煤矿超层越界开采和超能力生产现象严重，一些资源枯竭煤矿，疯狂开采保安煤柱，超层越界违法开采，执法到位难度大。

五是专业人员严重不足，职工素质低。全省近800处小煤矿，中专以上工程技术人员只有60多人。煤矿一线职工大多数是农民协议工和季节工，自主保安能力差。

六是一些地区和煤矿企业对煤矿安全生产的认识不到位，安全意识、法制意识淡薄。在市场需求和经济利益驱动下，一些地方对贯彻执行煤矿安全生产方针政策、法律法规态度不坚决，工作不认真、不到位，一些矿主和煤矿企业负责人，“安全第一”思想不牢，无视法律法规，无视政府监管，无视职工生命安全，违法违规组织生产。

因此，必须认清严峻形势，进一步振奋精神，坚定信心，增强紧迫感、危机感和责任感，真抓实干，有针对性地开展工作，不断促进全省煤矿安全生产状况的稳定好转。

甘肃省安全生产工作综述

2005年，在省委、省政府的正确领导下，在国家安监总局指导下，全省各级政府、安全生产监督管理部门及公安、监察、工会、交通、建设、煤管、煤监、质监、国防工办等部门，全面贯彻落实党和国家关于安全生产的方针政策、法律法规，用科学发展观统领安全生产工作，围绕经济发展这个中心，坚持依法行政，强化目标管理，狠抓责任落实，加强队伍建设，使全省安全生产工作有了长足进步，全省安全生产形势总体稳定，趋于好转。

一、强化目标管理，落实安全生产责任

2005年，各级政府把安全生产纳入政府工作目标管理体系，各市、州层层分解安全生产工作任务，逐级签订责任书，公安交警、消防等部门也根据工作的特点逐级签订责任书。各级政府及安监、公安、交通、煤管、煤监、建设、国防工办等部门明确责任，进一步加强对生产经营单位的安全监管，积极引导和督促生产经营单位建立、健全各项安全生产管理制度，强化安全管理，杜绝“三违”行为，加大安全生产投入，改善安全生产条件，整改事故隐患，着力落实生产经营单位安全生产主体责任。同时按照“四不放过”的原则，严肃查处各类安全生产事故。

二、加大法制建设力度，完善地方安全管理法规体系

2005 年，研究起草了《甘肃省安全生产条例（草案）》通过了省人大常委会的一审。在有关部门的支持配合下，安监部门牵头制定了《甘肃省安全生产“十一五”规划》，并已初步纳入全省国民经济和社会发展总体规划之中。公安、交通、建设、煤管、煤监、质监、国防工办等部门，结合行业安全生产特点，出台了一系列政策，初步形成了我省安全管理的法规体系。

三、坚持预防为主，强化源头管理

一是安全生产行政许可工作全面展开。安监、建设、煤管、煤监、国防工办等部门结合行业的实际情况，制定具体实施办法，采取有效措施，确保了安全生产许可制度的顺利实施。截至目前，全省申报安全生产许可证生产经营单位达 3012 家，已发证 1890 家。其中，发放非煤矿山许可证 345 家，危险化学品许可证 128 家，建筑施工许可证 1042 家，煤矿许可证 356 家，民用爆破企业许可证 9 家。二是建设项目“三同时”工作进一步加强。2005 年先后组织协调有关部门，对中油兰州石化分公司年产 1000 万吨炼油改造工程及其配套项目等 21 个重点建设项目进行了安全预评价、初步设计和竣工验收的审查，煤管、煤监、公安、交通、建设、国防工办等部门严把建设项目安全审查关，不断强化源头管理。三是重大危险源的普查和监控工作有了新进展。各级安监部门牵头对全省重大危险源进行了全面普查登记，已查明全省重大危险源 1705 个，初步形成了省、市、县三级管理和监控网络。

四、深化专项整治，夯实安全基础

2005 年，我们立足省情，以煤矿、非煤矿山、道路和水上交通、消防、危险化学品、建筑施工、民用爆破物品和烟花爆竹等行业为重点，继续深化安全生产专项整治。各级政府及有关部门，针对工作中存在的薄弱环节，确定具体目标，分解落实任务，把任务分解到基层，落实到企业。全省累计自查整改的危险化学品从业单位 2256 户，停产整顿 137 户，关闭或吊扣营业执照 156 户，查处非法从业单位 57 户，对 1432 户危险化学品生产、储存企业进行了安全评估，对 1590 户危险化学品经营单位和生产装置进行了安全评价。累计取缔关闭非法和不具备安全生产条件的各类非煤矿山 2095 个，煤矿 1281 个。消防部门对全省消防设施落实责任进行重点投入和改造，大力推动全省的消防设施建设，对全省 65 个重大火灾隐患进行挂牌治理，已有 64 个得到整改，效果显著。共查处道路交通违法行为 29274 起，检查危险物品、爆炸物品从业单位 1880 个；开展了道路交通运输企业安全质量标准化评级验收工作，把不达标的 D 级企业淘汰出运输市场，取缔不符合危险货物运输要求的运输企业 8 户、车辆 300 余辆；对存在隐患的 23 个工程下发了隐患整改通知书。国防科工办、铁路等部门从行业实际出发，进一步深化安全整治，安全生产状况逐步好转。

五、加强支撑体系建设，提升安全监管水平

在应急救援体系建设方面，制定了甘肃省重特大事故应急救援预案，并积极协调有关部门、行业和企业，整合现有应急救援资源，初步形成了以大型骨干企业应急救援力量为主、全社会广泛参与的应急救援体系。目前，全省有国家级应急救援中心一个，各类应急救援专业队伍 83 个，专（兼）职应急救援人员 3600 多人，并在多起事故中进行了成功救援。在中介机构监管方面，制定了《甘肃省安全评价机构管理办法》，强化了对安全评价机构的监管，规范了安全评价行为，使安全评价机构在安全监管技术服务方面发挥越来越重要的作用。同时，组建了省安全生产管理协会，积极筹建省安全生产专家组，对安全执法事故调查、事故隐患治理、安全预警预报和“三同时”等工作，提供了技术支持。

六、突出重点，强化日常监管

各级政府及有关部门在不断加大日常监管力度的基础上，重点开展了节假日安全检查和有针对性的专项安全检查。2005 年先后开展了 4 次规模较大的节前安全生产大检查，各市州政府及安监、煤管、煤监、公安、交通、铁路、民航、水运、旅游、农机、建设、质监等部门深入基层，对重点企业、重点路段、重点监控对象进行认真检查，并结合实际，制定了节假日期间的专项应急救援预案，确保节假日期间的生产安全。为吸取吉林双苯厂“11·13”爆炸事故的教训，按照陆浩省长批示，组织有关市县（区）政府及专家，深入兰州石化公司和805厂等危险物品生产经营单位，对重点环节进行检查，排查事故隐患，力求做到防患于未然。

七、加强安全生产监管机构和队伍建设，充分行使安全监管职能

各级党委和政府高度重视监管队伍建设，全省86个县（区）都建立了安全监管机构，全省安监系统现有工作人员895名，大部分县区把安监机构延伸到乡镇和街道，初步形成了“三级机构，四级监管”的安全监管网络。省安监局和一些市、县（区）组建成立了执法机构。同时，公安、交通、煤管、煤监、建设、质监、国防工办等部门充分行使专项监督管理职能，在省政府的领导下，综合监督管理与专项监督管理有机结合起来，各部门密切配合，充分发挥联合执法的优越性，形成监管合力，初步构建了“政府统一领导，部门依法监管，企业全面负责，群众监督参与，社会广泛支持”的安全生产格局。

八、加大宣传教育力度，营造安全文化氛围

一是积极开展安全生产宣传活动，全省连续组织了四届“安全生产月”和“安全生产陇原行”活动：组织参加了全国安全生产与技术装备展览会，集中展示了我省贯彻落实党和国家安全生产方针政策、法律法规的有关措施和典型经验，受到了国务院领导的表扬和兄弟省市的好评。

二是进一步加大培训工作力度，先后配合省委组织部，选调我省部分市州、县区政府的主管安全生产领导参加国家举办的安全生产培训班。2005年，全省共培训安监人员202人，企业负责人、安全管理人员7072人，特种作业人员43643人；组织了全省注册安全工程师执业资格的报名、考试和注册前培训，全省共有360人通过全国统考，152人已取得了执业资格。

三是充分利用新闻媒体，采用多种形式，加大宣传教育力度，切实提高全社会的安全生产意识，为搞好我省安全生产工作营造了良好的舆论氛围。

回顾2005年，在省委、省政府的正确领导下，在国家安监总局指导下，各市州、有关部门、有关行业，全面推进安全生产各项工作，全省安全生产工作取得较大成绩，安全生产形势总体稳定。2005年，全省共发生各类伤亡事故8371起，死亡2176人，受伤5564人，直接经济损失6746万元。与2004年同期相比，事故起数、死亡人数、受伤人数分别下降14.95%、11.58%、3.07%，直接经济损失上升2.72%。

道路交通事故5414起，死亡1799人，受伤5406人，直接经济损失2252.7万元。与2004年同期相比，分别下降14.27%、9.96%、2.72%、11.31%。

火灾事故2553起，死亡30人，受伤41人，直接经济损失2252.7万元。与2004年同期相比，事故起数下降16.21%，死亡人数、受伤人数、直接经济损失分别上升25%、36.67%、7.91%。

工矿商贸企业事故172起，死亡194人，受伤30人，直接经济损失2108.3万元。与2004年同期相比，事故起数、死亡人数、受伤人数分别下降27.73%、32.4%、14.29%，直接经济损失上升13.24%。

铁路路外事故208起，死亡140人，受伤70人，直接经济损失173万元。与2004年同期相比，事故起数、死亡人数、直接经济损失分别上升5%、25%、54.8%，受伤人数下降16.67%。

农机事故22起，死亡8人，与2004年同期相比，事故减少23起，少死亡32人。民航事故1起，死亡1人。水上交通事故1起，死亡4人。

2005年，全省安全生产指标控制情况较好。按国务院安委会下达的控制指标，全省各类生产安全事故共死亡2163人，比控制指标少死亡282人，低于控制指标11.5%。

全省共发生一次死亡3人以上各类重特大生产安全事故62起，死亡244人。与2004年相比，事故起数减少6起，下降8.8%，死亡人数减少49人，下降16.7%。

从总体上看，全省安全生产形势基本稳定，趋于好转。但重特大事故时有发生，重特大事故隐患突出，安全生产基础薄弱的状况仍然没有得到根本改善，形势依然严峻。我们必须坚定不移地贯彻党中央、国务院和省委、省政府关于安全生产工作的方针政策，坚持用科学发展观统领安全生产工作，坚持预防为主、标本兼治，落实企业主体责任，重视安全投入，着力改善生产经营单位的安全生产条件，做好基础性工作，同时，突出重点行业、重点领域的安全监管，针对薄弱环节和突出问题，深入开展专项整治和隐患治理，严防重特大事故发生，为全省经济建设和社会发展服务。

甘肃省煤矿安全生产工作综述

2005年，是甘肃煤炭工业发展史上极不平凡、难以忘怀的一年，是煤矿安全生产工作攻坚克难、取得成效的一年。全省煤矿数量减少、规模提升，产量增加、效益提高，尤其是安全生产状况呈现出总体平稳、趋于好转的发展态势。

2005年，甘肃省煤矿共生产原煤3600.64万吨，同比产量净增98.48万吨，提高2.6%，其中省属煤矿2871.66万吨，净增98.48万吨，提高12.3%。各类煤矿发生伤亡事故35起，死亡48人（其中原煤34起、死亡47人），同比事故起数减少26起，死亡人数减少61人，事故率和死亡率分别下降42.62%和55.96%；与国家下达的控制指标108人相比，少死亡60人，降低55%以上。发生重大伤亡事故3起、死亡11人，同比减少3起、11人，事故率和死亡率分别下降66.67%和76.09%，没有发生10人以上的特大和特别重大事故。全省煤矿原煤生产百万吨死亡率为1.31，与2004年同期的2.97相比减少1.66，下降55.89%；比国家下达的控制指标3.05相比减少1.74，下降57.05%，此项指标还低于全国平均水平。

总之，2005年甘肃省煤矿安全生产实现了事故起数、死亡人数、百万吨死亡率和重特大事故起数、死亡人数的“五个下降”，呈现出总体平稳、趋于好转的良好态势，创出历史最好水平，受到国家安全生产监督管理总局、国家煤矿安全监察局的肯定与表扬，得到广大煤矿干部职工和社会各界的赞许与公认。

一、省委、省政府高度重视，全省上下对煤矿安全生产的认识进一步提高，工作的力度进一步加大

省委、省政府对煤矿安全生产工作十分重视，主要领导同志曾多次听取煤矿安全生产工作汇报，深入重点矿区视察并多次作出有针对性的批示、提出具体要求。省人民政府召开第68次常务会议专题研究煤矿安全生产工作，制定出台了《关于进一步加强全省煤矿安全生产工作的意见》（20条），确立了今后的发展目标、主要任务和保障措施。省人大常委会受全国人大常委会的委托，在全省范围内组织开展了以煤矿安全为主的《安全生产法》执法检查，有力地促进了安全生产法律法规在煤矿企业的贯彻落实。省安委会办公室和甘肃煤矿安全监察局、省煤炭安全生产监督管理局共同牵头，抽调省直8个厅局的干部组成4个联合执法检查组，对全省所有重点产煤市进行了打击煤矿违法生产联合执法检查活动。有关市州和重点产煤县区也结合本地实际开展了联合执法，查处了非法生产矿井，取缔了违法采煤窝点，进一步清除了煤矿安全隐患和事故源。

二、全省煤矿安全监管、监察体制进一步理顺，职能职责落实

省级煤矿安全监管机构甘肃省煤炭安全生产监督管理局正式挂牌成立，责任已明确，各产煤市州、县区地方政府煤矿安全监管部门及职责全部明确到位。按照中编办和国家安全生产监管总局的要求，甘肃煤矿安全监察局完成了所属兰州、陇东两个监察分局的更名和内设新“三定”方案的实施工作，煤矿安全监察的职能定位、职责划分和人员配备更趋合理。同时，全省煤矿安全监管、监察工作协调机制初步建立，甘肃煤矿安全监察局制定了开展联合执法和建立协调工作机制的具体办法，定期在省属窑街、靖远和华亭三大煤业公司召开安全生产情况汇报会，在各产煤市州、县区分层次召开监管监察联席会议，经常与地方政府、煤矿安全监管部门和煤矿企业沟通协调，共同分析存在的问题，研究改进的措施，既加强了联系，又促进了工作。

三、认真落实国务院、省政府会议精神，强力推进煤矿瓦斯集中整治

省、市（州）、县（区）三级政府均成立了煤矿安全改造和瓦斯集中治理工作领导小组和办事机构。省政府向瓦斯监控重点企业窑街、靖远两个煤业公司派出督导组，每月检查不少于2次。各市（州）、县（区）政府和省属煤矿企业也向高瓦斯和瓦斯突出矿井派驻督导组，做到了矿矿督导、月月检查。在制定全省煤矿安全改造和瓦斯治理方案、工程项目计划、争取国家资金补助的同时，及时召开了全省煤矿瓦斯治理工作现场会，总结交流各地、各单位在瓦斯防治工作中的经验，全面部署煤矿安全改造和瓦斯治理工作任务。甘肃煤矿安全监察局积极配合国家第8专家组，对窑街、靖远两个煤业公司的高瓦斯煤矿进行了全面的安全技术“会诊”，并分别发出监察意见，提出隐患治理整改要求。同时抽调省内专家对华亭煤业集团公司所属煤矿进行安全技术“会诊”，还与省经委一道对全省煤矿生产能力、通风能力进行了重新核定。在有关产煤地区和企业的共同努力下，全省煤矿安全监控网络建设取得重大进展，所有高瓦斯和瓦斯（二氧化碳）突出矿井全部安装了监控系统，低瓦斯矿井中6万吨以上的也已全部安装了监控系统，矿井内部实现全面监控。全省煤矿瓦斯治理攻坚战取得阶段性成效。

四、坚决贯彻国务院两个重要文件精神，煤矿整顿关闭攻坚战取得明显成效

国务院《特别规定》和《紧急通知》下发后，按照国家的部署，在省政府的统一领导下，全省范围内开展了一场声势浩大的整顿关闭不具备安全生产条件和非法煤矿的攻坚战，通过联合执法、重大隐患排查和治理整改、“七项断然措施”的落实等，整顿关闭力度不断加大，攻坚战取得明显成效。至2005年12月底，共炸毁非法黑窝点598处，关闭非法矿井55处，关闭不具备安全生产条件的煤矿50处，圆满完成了国家安全监管总局下达的关闭任务。

五、依法实施安全许可，强化源头管理，把好煤矿安全生产入口关

甘肃煤矿安全监察局积极贯彻执行国家安监总局和国家煤监局关于煤矿安全生产许可证申办工作的要求，坚持标准、严格程序、加大力度、加快进度办理煤矿安全生产许可证。2005年年初，全省在册煤矿489个（含基建矿井20个、已关闭矿井50个），应办证矿井419个。截至2005年12月31日实际申报419个，申报率为100%；已受理376个，占总数的89.73%；已颁发安全生产许可证356个，颁证率为84.96%，高于全国颁证的平均比率；验收审查合格待发证的20个，还有43个矿井仍在停产整顿。同时，认真落实煤矿建设项目安全设施“三同时”工作，积极组织开展了建设项目安全设施设计的审查、竣工的验收和专项监察，严防一些建设项目借“整合”、“技改”之名行非法生产之实，逃避整顿关闭。加强安全培训工作，进一步理顺了全省煤矿各级安全培训体系。组织开展了安全培训工作专项监察，检查督促各地、各煤矿企业有计划地进行强制性全员安全培训，全面提高煤矿安全技术素质和职工队伍素质。全省累计举办煤矿企业主要负责人培训班12期、培训269人，煤矿安全生产管理人员培训班17期、培训566人，特殊工种人员培训班28期、培训5420人（其中复训1681人），指导全省煤矿救护队员的培训并办证192人。

六、开展“三个监察”，实施重点监控，保障煤矿安全生产

按照“国家监察、地方监管、企业负责”的煤矿安全工作格局和责任体系，甘肃煤矿安全监察局认真、严格、公正地履行代表国家监察的神圣职责，扎实深入地开展以“重点监察、专项监察、定期监察”为主的“三个监察”和“三个执法”。先后组织开展了元旦、春节、“五一”、国庆等节日和“两会”期间和以落实国家和省有关工作部署为主要内容的8次重点监察，对存在非法办矿行为的重点地区、高瓦斯重点矿区等适时和定期派出监察组进行重点督察与监察，有效地遏制了瓦斯事故发生和非法办矿行为。各级煤矿监管部门积极配合，认真抓好问题和隐患的整改，促进了安全生产。组织开展了以“一通三防”和瓦斯治理、小煤矿关闭整顿、煤矿建设项目安全设施“三同时”、防治水、机电运输管理和矿用安全标志、安全培训等为主要内容的6次专项监察，所属各区域性监察分局根据辖区内煤矿安全生产状况，组织开展持续不断的定期监察，突出要害点，提高覆盖面。一年来累计监察矿井485处、1190矿次，监察覆盖率100%；查出事故隐患6152条，下达执法文书2783份，隐患整改率83.58%；全年35起事故已结案34起，时限结案率100%，行政处分51人，移送司法机关处理1人。

实施重点监控责任制，加强对三大重点矿区、18对重点瓦斯监控矿井的重点监控。根据全省煤矿瓦斯灾害的实际，将全省矿区划分为5个瓦斯重点监控责任区，每个责任区确定一名处级干部负责，明确安全监察责任人，落实监察责任，强化专项和重点监察，重点监控矿井每月监察不少于一次，发现问题随时整改，确保安全。推行主管监察员制度，将全省煤矿按布局和安全生产特点，以及两个监察分局的实际情况，划分为6个责任区，落实责任分工，矿井安全监察责任到人。省局主要领导每季度至少对重点监控矿井下井检查一次，督促落实有关工作。通过落实责任制，排查事故隐患，有效遏制和降低了重、特大事故的发生。

此外，还积极配合并全程陪同国务院安委会第18检查组对三大煤业公司进行了全面检查；认真组织开展了"春季百日安全"、"安全生产月"和"百日安全监察"、"集中监察执法"等形式多样、内容丰富的安全生产活动；精心编制了《甘肃省煤矿安全生产"十一五"科技发展计划》和《国有重点煤矿瓦斯治理三年计划》；协助省纪委、省监察厅开展了清理纠正国家机关工作人员和国有企业负责人入股办煤矿问题；组织进行了2004年度甘肃省科学技术奖的推荐评选工作，举办了全省煤矿救护技术比武活动等。

青海省安全生产工作综述

2005年，青海省认真贯彻落实有关安全生产的法律法规、方针政策和党中央、国务院以及国家安全监管总局关于安全生产工作的一系列重要部署，从改革、发展、稳定大局出发，以建立安全生产长效机制为重点，紧紧围绕全省经济发展这个中心，坚持"以人为本"的科学发展观，始终把安全生产摆在突出位置，加强领导，落实责任，做了大量细致有效的工作，在全省经济社会快速发展的前提下，推动了安全生产与区域经济、产业结构调整优化、企业改革发展等的同步进行，实现了事故总量、死亡人数、经济损失和重大事故死亡人数的"四个下降"，安全生产形势继续保持了总体稳定、趋于好转的发展态势。

一、安全生产总体情况

2005年，青海省的安全生产工作在省委、省政府的正确领导下，依靠各地区、各部门和各单位的共同努力，取得了一定成效。一是事故总量有一定幅度的下降。各类事故与2004年相比减少285起，下降12.6%。二是工矿商贸安全生产较为稳定，取得一定成效。工矿商贸企业发生事故70起、死亡78人，比2004年下降18.6%和15.22%。其中，煤矿事故12起，下降14.29%；死亡12人，下降42.85%。三是多数地区和行业安全生产状况相对稳定，指标控制状况良好。全省除海西、果洛、玉树地区和个别行业突破控制指标外，其他地区和行业事故死亡人数均在控制指标以内。四是有效遏制了特大事故的发生。除道路交通外，其他行业未发生一次死亡10人以上的特大事故。

2005年青海省共发生各类事故1976起，死亡868人，重伤543人。与2004年相比，事故起数减少285起，下降12.61%；死亡人数减少27人，下降3.02%；重伤人数减少156人，下降22.32%。其中，重大事故41起，死亡148人，与2004年相比，事故起数增加2起，上升5.13%，死亡人数减少2人，下降1.33%；特大事故2起，死亡67人，重伤29人。

工矿商贸发生事故70起，死亡78人，重伤17人，同比事故起数减少16起，下降18.60%；死亡人数减少14人，下降15.22%；重伤人数增加4人，上升30.77%。

道路交通发生事故952起，死亡736人，重伤477人。事故起数同比减少260起，死亡减少6人和重伤减少121人，事故率、死亡率、重伤率分别下降21%、1%和20%。

火灾发生事故（不含森林、草原等火灾）900起，死亡14人，重伤25人。事故同比增加20起，上升2.27%；死亡增加4人，上升40%；重伤减少22人，下降46.80%。

铁路路外发生事故49起，死亡28人，重伤17人，事故和死亡人数同比减少18起、9人，分别下降26.86%和24.32%；重伤人数增加5人，上升41.67%。

农机发生事故4起，死亡11人，重伤7人。事故、死亡人数、重伤人数同比减少13起、4人和22人，分别下降76.47%、26.67%和75.86%。

特种设备发生事故1起，死亡1人。民航、旅游业未发生事故。

2005年国务院安委会下达青海省的安全生产控制指标为9项。各类事故死亡人数（含火灾、道路交通、铁路交通、工矿商贸4项）为绝对指标，煤矿百万吨死亡率、亿元GDP死亡率、10万人死亡率、万车死亡率为相对指标。从执行情况看，指标控制状况良好。各类事故共死亡868人（国务院安委会下达的指标为879人），占年度控制指标的99%。其中，火灾事故死亡14人（10人），占140%；道路交通死亡736人（746人），占99%；铁路交通死亡28人（33人），占85%；工矿商贸企业死亡78人（90人），占87%。煤矿百万吨死亡率为2.22（国务院安委会指标为4.371），占年度控制指标的51%；亿元GDP死亡率为1.6（2.23），占72%；10万人死亡率为16（16.33），占98%；道路交通万车死亡率为18.6（36.94），占50.35%。

二、主要工作

1. 进一步完善安全生产控制指标体系，强化安全生产责任

根据国务院安委会下达的控制指标，结合我省实际，兼顾地区差异和部门特点，坚持总量控制的原则，省政府与各州（地、市）政府签订了安全生产责任书，落实了安全生产控制考核指标，向省政府14个部门（行业）、18户中央驻青企业、15户省管企业下达了年度安全生产管理目标和工作任务。同时，建立激励约束机制，把指标考核结果作为评价政绩、业绩的重要标准进行奖惩，并采取定期公布、年中抽查的办法，加强对控制指标落实情况的督察。通过实行控制指标考核，极大地调动了各级政府、部门和单位搞好安全生产工作的积极性和主动性，促进了安全生产责任制的落实，强化了企业的主体责任，形成了有效的制约机制，进一步加强了全社会对安全生产工作的监督。

2. 整顿关闭非法和不具备安全生产条件的煤矿，深入开展煤矿瓦斯治理工作

2005年以来，根据国务院第81次常务会议精神和省政府要求，我们会同相关部门组成多个联合执法检查组，分赴重点产煤地区，对煤炭企业非法开采、违法生产情况以及瓦斯集中整治等工作情况开展了联合执法检查和隐患排查工作，严厉打击了非法生产和非法基建行为，全年共关闭非法煤矿5个，停产整顿不具备安全生产条件和未取得安全生产许可证的煤矿11个。同时，深入开展了煤矿安全改造和瓦斯集中治理工作，选择4家省属重点煤炭企业开展了数字化瓦斯集中监控系统的安装试点工作，并对全省80%以上的煤矿企业按规定完成了瓦斯等级鉴定、煤层自燃倾向和煤尘爆炸系数测定工作。另外，还制定实施了全省煤矿企业安全生产风险抵押金及安全费用提取制度。通过以上工作，促进了煤炭资源的统筹规划、合理布局、规模开采和可持续发展，提高了全省煤矿的安全技术装备水平，从而使煤矿安全生产状况趋于好转，全省煤矿企业连续6年未发生特大生产安全事故，煤矿生产矿井从专项整治前的209处减至目前的39处，矿井年生产能力从整治前的220万吨提高到目前的530万吨。

3. 深化安全生产专项整治，组织开展专项督察

安全监管、公安、交通、建设、铁道、民航、教育、国土资源、国有资产监管以及总工会、纪检监察等部门密切配合，联合执法，开展了重点行业的安全专项整治。

一是加强了对非煤矿山行业的整顿。对存在重大事故隐患和不具备安全生产条件的小矿（场）以及事故多发地区，进行了重点排查。全年共检查各类金属矿山和采石场、采砂场、砖瓦粘土矿等非金属矿山企业125家，查出安全隐患483条，责成地方政府进行了整治；全年共关闭、取缔露天小型矿山12个，并对危及铁路运输安全的4个采石场依法予以关闭。同时，组织开展了涩宁兰石油天然气管道占压调查摸底工作，共检查出占压问题123

处，制定了整改方案。

二是加强了对危险化学品和烟花爆竹行业的整顿。对全省的危险化学品从业单位重新进行了复核，摸清了各生产、经营、储存和运输单位的基本情况；开展了重点化工企业的监控工作，共排查各类事故隐患567条，责令限期整改55家，停业整顿1家；开展了道路运输危险化学品和危险化学品气瓶充装的安全专项整治工作；重点对西宁、海东地区相对集中的28家烟花爆竹储存、销售网点进行了安全大检查，成立了青海省烟花爆竹协会。

三是加强了对交通运输行业的整顿。公安、交通、农机等部门开展了"预防特大交通事故百日竞赛活动"等一系列专项行动，采取督促落实安全防范责任制、严格路面执法、治理道路黑点、加强交通安全宣传、加大道路安保工程投资、增设和维护标志标线、安装行车记录仪、治理车辆超限超载、查处低质量运输船舶等一系列行之有效的措施，加强了对重点时段、季节、事故易发地段及薄弱环节的安全防范。通过努力，全省道路和水上交通安全事故起数、死亡和受伤人数、直接经济损失全面下降。铁路、民航部门强化安全监管工作，加大隐患整治力度，确保了铁路运输、民航运输的安全。

四是加大了公众聚集和人员密集场所的整顿。各级政府和公安消防部门组织开展了火灾隐患"大排查、大整改、保安全"专项治理活动。省政府挂牌督办的50家和各州（地、市）、县政府挂牌督办的80家存在重大火灾隐患的单位，除西宁市水井巷、乐都瞿坛寺外，已全部按规定期限整改完毕。

五是加强了特种设备行业的整顿。开展了取缔"土锅炉"和危险化学品气瓶、道路运输危险化学品承压罐车的全面检查和整治，并对发生事故易造成群死群伤的重点场所、重点设备实施了重点监察。

六是加强了建筑施工行业的专项治理。建设行政管理部门开展了以防范高处坠落、坍塌、触电、机具伤害、物体打击等为重点的安全专项活动，促进了施工企业的安全生产工作。

七是教育、文化、水利、商务、工商、环保、食品药品、气象、旅游、林业、地震、邮政、通信、电力等部门也从各自职能和工作实际出发，采取切实有效措施开展了专项整治。通过专项整治，解决了事故多发行业和领域的一些突出问题，及时淘汰了一批危及安全的落后技术、工艺和产品，提高了企业的安全生产保障能力，进一步完善了安全生产监管机制，规范了全省市场经济秩序，促进了经济发展，维护了社会稳定。

4. 加强安全生产法制建设，逐步完善安全生产法规体系

2005年，以省政府第46号、48号、50号令分别颁布了《青海省水上交通安全管理办法》、《青海省电力设施保护办法》、《青海省安全生产监督管理规定》，《青海省职工伤亡事故报告处理办法》也已列入省政府2006年立法修订项目。同时，还制定出台了《煤矿企业安全生产风险抵押金及安全费用提取制度》等一系列规范性文件。各州、地、市也结合各自实际，加大了安全生产法规建设力度。如西宁市政府结合省会城市实际，出台了《西宁市商场、超市安全管理规范》、《西宁市娱乐场所安全管理规范》等6个规章。通过一年来的努力，全省安全生产法规体系正在逐步完善，为安全监管提供了可靠保障。

5. 认真实施安全许可制度，加强源头管理

2005年，按照国家安全监管总局的统一部署，在全省范围内全面实施了高危行业安全生产行政许可制度，全年共核发安全生产许可证413个。其中，煤矿企业发证36个，颁证率92.3%；非煤矿山企业发证53个，颁证率8.73%；危化品生产企业发证41个，颁证率62.12%；建筑施工企业发证281个，颁证率60.56%；民爆器材生产企业发证2个，颁证率100%。通过实施安全许可制度，推动了安全生产工作从事后查处向源头管理转变，促使高危行业生产企业增加安全投入，达到准入条件，提高本质安全水平，从源头上防止和减少了生产安全事故。

6. 加大宣传教育培训力度，强化全民安全意识

一是全省上下深入开展了"安全生产月"、"安全歌曲大家唱"、"安康杯"竞赛等形式多样的安全生产宣传教育活动，强化了社会公众的安全意识和安全生产法制观念，进一步营造了"关爱生命，关注安全"的浓厚社会氛围，取得了良好的社会效果，为加强安全生产工作提供了舆论支持和

思想保证。

二是安全培训工作得到进一步加强。省安全监管局共培训考核生产经营单位主要负责人、安全管理人员和特种作业人员7489人，复审6200人；省建设厅、省交通厅、省公安厅、省质监局等部门也结合各自实际，先后共组织培训班80余期，培训人员达1万余人。

通过安全培训，提高了生产经营单位各级、各类从业人员的安全管理和技术素质，把住了从业人员的安全操作技能准入关，从一定程度上消除了生产过程中人的不安全因素。

7. 加强安全生产综合监督管理，加大综合协调力度

2005年，我省继续发挥省安委会办公室的综合协调职能，指导、协调各地区、各部门的安全生产工作，组织相关部门多次开展了安全生产大检查、专项督察和重特大事故的调查处理工作；对省政府挂牌督办的存在重大火灾隐患单位进行了督办，督促省级各有关部门及相关生产经营单位相继制定了专项（专业）应急救援预案，初步构成了我省生产安全应急救援工作的预案体系。部分地区和企业还结合各自实际，开展了有特色、具有实战性的应急预案演练，使预案、队伍、装备、指挥、信息等各方面得到了进一步的检验，为处置突发事故应急救援积累了经验。对涩宁兰天然气管道占压、铁路平交道口安全、释放气球影响航空安全、防雷电灾害等安全生产工作中存在的重大问题及时进行了协调，消除了一些重大隐患。同时，协调各相关地区、部门做好应对突发事件和生产安全事故的各项应急救援准备工作，确保了重大节日和活动期间全省的安全生产，维护了社会稳定。

三、存在的主要问题

一是在体制转轨和经济快速增长时期，能源、原材料需求大幅度增加，而粗放型经济增长方式尚未根本转变，部分行业和领域仍然处于高投入、高消耗、低效益、不安全的状态，工业生产、电力和煤炭供应以及交通运输满负荷甚至超负荷运行。受利益驱动，生产经营单位的超能力生产、超能力运营，设备带病运转、违章指挥、违章操作和违章作业等现象比较突出，各类事故隐患增多，安全生产事故处于易发和高发期，给安全生产工作带来很大压力。

二是全省科学技术和生产力发展水平仍然较低，安全生产技术基础比较薄弱，先进的安全科学技术成果和适用技术得不到充分及时的运用，加之生产技术相对落后，20世纪五六十年代投产的军工、冶金、煤炭、机械制造等工业企业中陈旧设备、落后技术工艺还在普遍使用，大量安全隐患长期存在，企业的本质安全度还比较低。

三是安全生产监管体系还不适应经济、社会的快速发展，配套的法律法规也有待进一步完善。由于我省地域辽阔、自然环境恶劣、交通不便，安全监管机构不健全，监管力量薄弱，大多安全监管机构有待进一步确立行政法人和执法主体资格，不能满足安全监管工作需要，导致工作中存在大量的盲区、死角和薄弱环节。

四是安全监管工作进展不平衡。从安全监管工作来看，经济发达地区好于落后地区；从企业自身安全管理水平来看，中央企业好于省管企业，省管企业好于地方企业，地方企业又好于民营、私营企业。

五是安全形势不稳定。由于我省安全生产工作基础仍然很脆弱，一些地方、部门和行业的工作虽然取得了较好成绩，但并不巩固，极易出现反复甚至倒退。

六是安全生产现状与人民群众安全预期之间存在较大差距。近几年来，随着“以人为本”和建设和谐社会理念的广泛深入，全社会对安全生产工作的关注度和期望值越来越高，但安全生产的基层和基础条件还很薄弱，国有改制企业安全管理滑坡，部分企业“三违”现象普遍，安全生产形势尚未得到根本稳定好转，安全生产工作面临的压力越来越大。

七是相当一部分生产经营单位安全投入严重不足，欠账较多，在短时期内难以得到弥补。

八是随着农村劳动力的大量转移，安全技术教育培训工作相对滞后，从业人员安全素质不高，自我防护能力差，致使安全事故的几率大幅上升。

2006年，青海省将从实际出发，立足当前，坚定信心，紧紧抓住影响安全生产稳定好转的主要矛盾和突出问题，把安全生产工作摆在更加突出的位置，坚持“安全第一、预防为主、综合治理”的方针，以安全发展观为指导原则，进一步转变观念，探索新形势下安全监管监察的新途径，增强紧迫感和责任感，采取有力措施，强化全社会安全意

识、企业主体责任和政府监管职责，严格管理，严格执法，严格责任追究，在遏制煤矿、道路交通运输等重特大事故、深化专项整治、加强企业安全基础工作等方面实现新的突破，为“十一五”安全生产工作起好步、开好头，从而推动全省安全生产工作的健康稳定发展。

宁夏回族自治区安全生产工作综述

2005年，全区安全生产工作在自治区党委、政府的正确领导下，在国家安全生产监督管理总局的具体指导下，各市、县（区）政府、各有关部门和各单位牢牢坚持以人为本的科学发展观和“安全第一，预防为主”的方针，紧紧围绕贯彻实施《安全生产法》和《国务院关于进一步加强安全生产工作决定》这一主线，从安全生产基层和基础工作入手，全面落实长效机制、队伍建设、监督检查、隐患整改、事故处理、宣传教育培训等关键措施，形成了共同努力，齐抓共管做好安全生产工作的良好局面，较好地完成了各项安全生产目标任务，保持了安全生产状况总体平稳的势头，为全区经济社会快速、健康发展奠定了坚实基础。

一、安全生产情况

2005年，全区累计发生各类事故8194起，死亡956人，受伤3999人，直接经济损失3390.04万元。与2004年相比，事故减少468起，下降5.4%%、死亡人数减少26人，下降2.65%；受伤人员增加272人，上升7.3%；直接经济损失增加326.34万元，上升10.65%。在各类事故中：道路交通事故3803起，死亡796人，直接经济损失1055.78万元，分别下降9.8%、7.87%和19.53%；受伤3922人，上升了3.16%。发生一次死亡3人以上重大事故30起，死亡117人，事故起数和死亡人数分别上升了30%和46%。火灾事故4221起，死亡7人，受伤12人，直接经济损失650.82万元，同比分别下降5.0%、上升75%、下降50%和0.2%。重大火灾事故2起，直接经济损失136.46万元。铁路运输事故61起，死亡41人，受伤26人，直接经济损失72.5万元，同比分别下降3.17%、上升5.13%、73.33%和278.2%，发生一起死亡5人的重大事故。农业机械事故3起，死亡1人，受伤3人，直接经济损失1.14万元，同比分别下降25%、87.5%、25%和12.31%。煤矿事故42起，死亡29人，受伤21人，直接经济损失786.6万元，同比分别下降5.13%，9.38%，上升5.88%和20.82%，发生一起死亡3人的重大事故。工矿商贸企业事故61起，死亡82人，受伤15人，直接经济损失823.2万元，事故数同比持平，死亡人数、受伤人数、直接经济损失分别上升24.24%、7.14%和57.85%。发生6起重大事故，死亡23人。

二、主要工作

1. 抓控制指标落实，安全生产工作得到了进一步强化

各市、县（区）政府都明确了各市市长、县（区）长、乡长、厂长和经理是安全生产的第一责任人，对安全生产负全面责任。全区各级政府与生产经营单位和有关部门签订安全生产责任书7.8万份。各市、县（区）都多次召开安全生产工作会议或电话会议，主要领导和主管领导亲自到会讲话，亲自部署，制定了一系列安全生产责任制和规章制度，调整和充实了市、县（区）安全生产委员会，成立了安全生产专项整治领导小组，有的还成立了安全生产专家组，在安全经费上各级财政部门给予了支持。如银川市政府2005年拿出35万元资金同自治区奖励的30万元安全生产奖金捆在一起，对2004年度安全生产先进单位、先进个人进行表彰奖励；还筹措215万元资金，重新修建了套门沟民爆仓库。目前，5个地级市安全生产监督管理机构相对独立，职责明确。20个县（区）绝大多数安监机构逐步健全，人员得到了充实，基本做到了“机构、人员、经费、办公场所”四落实。尤其是吴忠市政府率先在12个乡镇府中明确一名领导主管安全生产，聘请一名乡镇干部作为乡镇兼职安全员；石嘴山市、中卫市还率先建立行政执法队伍。

2. 抓安全专项整治，各有关部门发挥了主力军作用

公安厅交警总队在道路交通安全专项整治中，紧密地配合有关部门，联合开展了以“三整顿、五加强”和“双超一违”为重点的道路交通安全整治，全区共出动警力14.8万人次，查获客车超速14.2万余起，查获客车超员4400余起，卸客转运1.23万人次，暂扣证件5428本，行政拘留317人。2005年共排查11个自治区级、34个市、县（区）级事故多发点段，先后投入98万元改造了18个市、县（区）级事故“黑点”。自治区各级公安消防机构，重点开展了火灾隐患排查工作和专项整治，共检查各类社会单位（场所）10113个（次），发出各类法律文书5709份，督促整改火灾隐患6030处，对506处消防违法行为实施了处罚，关停各类单位场所240个，全区确定的64家政府挂牌督办重大火灾隐患单位全部按期整改合格。2005年各级消防机构筹措经费5000多万元，新增特种和大吨位消防车49台，特勤器材、地震、水上救援特种装备器材198个品种12039件套，增幅达58%，改变了宁夏特种车辆短缺的现状。宁夏煤矿安全监察局和宁夏煤业集团认真贯彻落实国务院第81次常务会议确定的各项措施和国家安监总局提出预防煤矿重特大事故的7项断然措施，集中力量开展煤矿瓦斯治理和整顿关闭两个攻坚战，有效地提高了“一通三防”监测、监控水平；配合国家煤矿安全监察局专家组对宁夏煤业集团14对瓦斯灾害严重的矿井进行安全技术“会诊”，提出了各矿存在的重大安全隐患和深层次问题；还筹措资金4252万元，建立了24户国有重点煤矿，54户市、县、乡镇煤矿的瓦斯监控系统。自治区建设厅加强建筑施工企业施工现场安全监管，重点检查了建筑施工企业无资质施工、层层转包、以包代管等问题。自治区质量技术监督局对全区游乐场所的安全设施和特种设备的安全状况进行了专项整治，保证了节日期间游客的人身安全。自治区交通厅会同有关部门对水上旅游、渡口船舶超载航行、低质量船舶航行和违章驾驶等行为开展了集中整治，取得了全年未发生水上安全事故的好成绩。自治区农牧厅在农用机械安全整治中，重点查处了无证驾驶、无牌无证行驶、违章载客、人货混装等违章行为，共出动农机执法人员75353人次，检查各种拖拉机15万台次，纠正违章行为3.6万起。自治区供销社在烟花爆竹安全专项整治中，会同有关部门对全区3200多个烟花爆竹销售网点进行了清理，查获非法销售烟花爆竹2056件，集中销毁非法劣质烟花爆竹2056件，有效地打击了非法购销商贩的违法行为。自治区教育厅组织开展了中小学、幼儿园的安全治理工作。自治区劳动和社会保障厅会同安监部门对进城务工农民工的特种作业人员进行安全技术培训，为就业人员拓宽了就业渠道。与此同时，国防科工委开展的民用爆破器材安全专项整治以及自治区安监局开展的危险化学品、非煤矿山的安全整治工作也都取得了良好的效果。通过上述各部门的共同协作，密切配合，已形成了全区联合执法机制。

3. 抓法制建设，地方安全生产法规加快出台步伐

按照《安全生产法》等有关安全生产的法律、法规，结合实际，自治区安监局起草了《宁夏回族自治区人民政府关于进一步加强安全生产工作的决定》和《安全生产行政问责制度》，以自治区政府文件印发全区有关单位；还组织人员起草了《宁夏回族自治区烟花爆竹安全管理条例》，已经自治区人大常委会议审议通过，于2005年7月份颁布，自2005年9月1日施行。还起草了《宁夏回族自治区安全生产条例》、《安全生产风险抵押的规定》、《安全生产经费管理办法》，现已提交自治区政府审议，争取2006年出台。各市、县（区）安监机构也结合本地实际，制定和修改了安全生产监督管理方面的规定和工作制度。石嘴山市安监局共修订和起草各类规定和制度26种，固原市安监局还指导150多家企业建立和完善了各项安全生产管理制度和操作规程。

4. 抓宣传教育和培训，进一步强化了全民安全意识

组织开展了以“遵章守法，关爱生命”为主题的全国第四个“安全生产月”活动。为了扩大安全生产教育的覆盖面，自治区安委会办公室与宁夏能源报社联合创办了《宁夏安全生产》杂志，积极参加了首届全国安全生产展览会，并被国家组委会授予优秀组织奖和优秀设计奖。吴忠市在《吴忠日报》开辟了“关注安全，共建和谐社会”专栏，自治区消防总队还在全区28个社区、42个

学校、127个企业和13个乡镇建立了消防宣传教育阵地，累计接待社会群众10万余人次，使安全宣传教育深入到社会的各个层面。

在安全技术培训方面，各级安全监管、监察机构通过狠抓培训机构资质认证、教师队伍建设和考核管理工作，有效地提高了安全管理人员的管理水平和特种作业人员的自我保护能力。2005年，全区各类培训机构共培训各类人员近2万人。

5. 实施安全生产许可制度，加强了安全生产源头管理

各级安全监管机构、建设行政主管部门和煤矿安全监察机构，主动工作，深入企业，督促、指导企业改进安全生产条件，落实整改意见，使多数企业及时申领了安全生产许可证。2005年，累计颁发安全生产许可证819个。其中：煤矿应持证单位122个，申请121个，申报率为99%，已发证117个，颁证率96%；非煤矿山应持证单位847个，申请661个，申报率23.9%，已发证202个，颁证率31%；危险化学品生产应持证单位162个，申报132个，申报率81%，已发证112个，颁证率69%；危险化学品经营应持证单位863个，申报736个，申报率85.28%，已发证724个，颁证率84%；烟花爆竹生产应持证单位2个，申报1个，申报率50%，已发证1个，颁证率50%；建筑施工应持证单位567个，申报414个，申报率73.15%，已颁证403个，颁证率71.08%。

6. 抓事故查处，进一步强化了行政执法力度

各级安全生产监督、监察机构和公安交警、消防、农机监理机构，在自治区有关部门的紧密配合下，深入事故现场，调查了解情况，指导抢救和善后工作，严格按照“查明事实，分清责任，实事求是，依法处理”和“四不放过”的原则，秉公执法，不徇私情，对全区发生的各类伤亡事故进行了严肃查处。2005年，全区共查处工矿商贸企业事故58起，追究有关责任人员76人。与此同时，各级安全生产监管、监察机构主动深入生产一线，重点对煤矿、非煤矿山、危险化学品、建筑、道路交通等行业和领域进行了行政执法检查，及时排查了一批事故隐患。仅中卫市安监系统发现事故隐患629个，当场责令整改206处，下发隐患整改通知书186份，责令停产整顿11家。宁夏煤矿安全监察局在行政执法中，依法对各类煤矿实施监察2986个矿次，覆盖率为100%，共查处事故隐患6437个，共下达各类执法文书1019份，行政罚款186.16万元，共查处煤矿事故24起，事故按规定时间结案率为100%。

三、存在的问题和原因

一是重经济、轻安全的思想有所抬头。有些市、县（区）和企业对安全生产法律法规、各项安全措施没有真正落实，还停留在文件上、会议上和口头上，在贯彻落实“安全第一，预防为主”方针上有差距，安全生产工作还没有成为企业的自觉行动。

二是安全投入欠账，安全保障基础薄弱。一些企业由于长期安全资金投入不足，导致在安全生产方面累积欠账严重。目前，全区还有22对高瓦斯矿井、32对煤与瓦斯突出矿井、17对透水矿井的重大隐患还没有从根本上治理。特别是一些老企业和中小企业，安全资金长期投入不足，导致生产工艺技术落后，设备老化陈旧，安全管理水平低，尚未建立起重大事故预防控制体系，重大事故隐患未得到有效治理，随时都有可能酿成重大事故的发生。

三是行业安全管理弱化，企业安全管理滑坡。随着经济体制改革和政府机构变化，原有的行业主管部门撤销，行业安全管理职能弱化，管理松弛，违章指挥、违章作业和违反劳动纪律的问题严重。企业为了追求经济利益最大化，往往忽视安全生产方面的投入，安全隐患大量存在，有的甚至冒着职工伤亡和职业危害的风险强行生产。

四是职工培训教育不够，自我保护技能差。一些企业对新招收的工人不经过培训就上岗，尤其是农村劳动力大量转移，安全技术培训教育相对滞后，导致安全规章制度和措施不落实，违规作业、违反劳动纪律冒险生产现象时有发生。

五是监管手段落后，执法力度不够。目前，我区5个地级市、20个县（区）大部分都成立了安监机构，但机构不健全，监管力量不足，安全执法不到位，安全法治秩序没有建立起来，安全生产监管权威性不够，惩处不力，难以形成合力。

六是从职业卫生现状来看，我区的职业危害也令人担忧。全区现有接触职业危害因素的用人单位1492家，接触职业危害因素的工人近73万人。全区职业病患者累计5572例。

七是社会安全意识和安全生产法制观念仍然比较淡漠，从业人员的安全技术和文化素质仍然较低，尤其是农民工进城务工人员结构复杂，活动性大，缺乏安全意识和自我保护的能力。

对此，我们应充分认识到安全生产工作的长期性、艰巨性、复杂性和紧迫性，振奋精神，努力工作，采取有力措施，为全区国民经济持续快速发展创造一个基本稳定的安全生产环境。

宁夏回族自治区煤矿安全生产工作综述

一、把握煤矿安全生产形势，增强责任感和紧迫感

2005年，针对全国煤矿重特大矿难频发的严峻形势，党和国家领导人多次作出重要批示，国务院先后6次召开常务会议研究煤矿安全工作，出台了《特别规定》和《紧急通知》两个重要文件，国家总局出台了一系列配套措施。在国家总局党组和宁夏回族自治区党委、政府的正确领导下，我们认真贯彻落实国务院两个重要文件，组织开展瓦斯集中专项整治和小煤矿整顿关闭两个攻坚战，依法加大煤矿安全监察执法力度，促进了全区煤矿安全生产形势的稳定发展。

2005年，国务院安委会下达给我区的煤矿安全控制指标是：死亡人数控制在38人以内，百万吨死亡率控制在1.52以内。2005年全区累计生产原煤2654.29万t，同比增长5.78%。全区煤矿共发生死亡事故24起，死亡29人，工业百万吨死亡率1.09，原煤百万吨死亡率0.79，控制在国务院安委会下达的指标以内，实现了我局2005年年初确定的奋斗目标。

几年来，宁夏煤矿安全形势虽然总体稳定，但零敲碎打事故不断，重大未遂事故多发。银北矿区瓦斯灾害依然严重，瓦斯抽放率较低，掘、抽、采比例失调，防灭火措施不落实，综采放顶煤工艺安全技术保障不足，不能满足安全生产的需要。2005年银北地区国有煤矿发生的“四把火”，以及在建的任家庄煤矿发生的瓦斯动力现象，都向我们敲响了警钟。矿井安全投入不足，欠账较多，防灾抗灾能力脆弱。国有重点煤矿对国家安全生产监督管理总局专家组技术会诊提出的重大隐患整改进展缓慢，整改工作不落实。在建矿井的“三同时”工作不符合规定。中卫市境内部分探井以采代探，汝箕沟矿区灭火工程安全管理不规范，事故多发。小煤矿虽经整顿取得了一定成果，但安全基础薄弱的状况未得到根本改观，从业人员安全意识不强，安全保障水平较低。一些地方和企业在贯彻“安全第一、预防为主、综合治理”的方针上还有差距。在煤炭市场需求旺盛、价格上扬的情况下，受利益驱动，存在超能力、超强度、超定员生产的问题。与国家总局的要求相比，我们煤矿安全监察执法工作还存在一定的差距和不足。行政处罚较少，尤其对国有大矿的监察执法行政处罚更少，监察方式方法和手段缺乏创新，存在执法不严、工作不实的问题。

我们要充分认识煤矿安全监察工作面临的形势和任务，不断增强责任感和紧迫感，牢固树立大局意识和忧患意识，自觉从践行“三个代表”重要思想的高度出发，充分认识煤矿安全工作的极端重要性，严格监察执法，坚决遏制重特大事故，保持全区煤矿安全生产形势的总体稳定，推动煤炭工业的持续健康发展。

二、认真履行煤矿安全国家监察职责，努力促进全区煤矿安全生产形势的稳定发展

1. 深化煤矿瓦斯治理和整顿关闭两个攻坚战，巩固成果，提高煤矿安全保障能力

一是要继续抓好瓦斯集中专项整治工作。按照总局和自治区政府要求，继续对高瓦斯、双突矿井实行驻矿督导。各驻矿督导组要把国家局专家组提出的问题作为督导工作重点，督促企业认真制定整改方案，落实整改措施，加快整改步伐。要按照瓦斯治理的“十二字方针”，狠抓各项瓦斯专项整治措施的落实。在瓦斯抽放方面，我区煤矿的差距较大，难以满足安全生产的要求。要督促煤矿企业下决心改变掘、抽、采比例失调的现状，通过科技攻

关和技术改造，提高抽放水平，达到国家规定的抽放比例。监测监控方面，2006年要全面完成全区煤矿数字化远程监控网络建设，发挥区级、市级及企业监控中心的作用，确保实现实时监控目标，要督促企业建立、完善实时监控工作制度，开展对监控人员的上岗培训，加强设备的维护和使用，确保发挥监控作用。以风定产方面，要按照批复的通风能力和生产能力，进一步核定煤矿劳动组织和井下定员，防止超能力、超强度、超定员生产。

二是要继续深化对市县乡镇煤矿的整顿关闭工作。要本着以大并小，以优并差的原则，积极推动对小煤矿的资源整合工作，进一步优化资源、管理、装备及人力资源配置，促进市县乡镇煤矿统一布局、统一规划。要督促市、县、乡镇煤矿按照规程要求，进一步完善图纸、资料、证照等基础工作，加强技术管理，提高管理水平。要督促小煤矿切实加大安全投入，足额提取安全费用，进一步完善装备，改进采煤工艺和支护方式，提高装备水平。要严格落实煤矿安全生产许可证年审制度，加强对许可证的动态检查，发现存在重大安全隐患的，要及时吊扣证照，责令停产整顿。要加强对已关闭小煤矿的监督检查，督促地方政府严厉打击非法生产行为。对已经确定关闭的3处矿井，要及时吊扣证照，督促地方人民政府按照小煤矿的关闭标准关实、关死。

2. 严格“三项监察”，进一步强化煤矿安全监察执法

要有针对性地制定年度、季度、月度监察计划，按计划组织开展三项监察工作。在重点监察方面，要进一步加强对重点煤矿的安全监察，特别是对确定的6对国有重点煤矿的重点监察，进一步明确监察要求，通过驻矿监察、动态监察、解剖监察、突击检查等方式，查处存在的重大安全隐患。要督促煤矿企业按照国务院《特别规定》要求，全面排查安全隐患，实行重大隐患排查责任制，落实整改内容、资金、期限，明确整改责任人，对于重大隐患整改不力的要坚决责令停产整顿。在专项监察方面，要不断深化“一通三防”、矿井防治水、建设项目“三同时”等专项监察。要切实加强对煤矿建设项目的监察，认真吸取2005年兄弟省区在建煤矿发生的2起特大事故教训，举一反三，认真贯彻执行国家发改委关于加强煤炭基本建设管理有关问题的通知，督促建设和施工单位落实安全生产责任制，健全安全生产管理机构，严防在建设施工中非法生产。要督促对银北矿井进行通风系统改造，督促煤矿企业积极研究综采放顶煤开采过程中的安全保障措施，提高抗灾能力。要加强对煤矿安全费用提取制度的监察，督促企业按规定提足用好安全费用，用好国家对国有重点煤矿治理隐患的扶持资金，发现挪作他用的要限期纠正。要加强对矿用设备的安全监察，淘汰不符合要求的电器设备，确保在用设备的安全可靠。在定期监察方面，要按照计划定期对辖区煤矿进行监察，复查重点监察、专项监察问题的整改落实情况。要定期对灭火工程等非生产企业实行安全监察，督促施工单位建立、健全安全生产责任制，强化现场管理和技术管理，消灭事故源。

3. 进一步建立健全煤矿安全责任体系，完善联合执法工作机制

要进一步加强与自治区有关部门、各市县煤矿安全监管部门的协调与配合，进一步完善联席会议和信息交流制度，完善联合执法的工作机制。要探索建立地方政府统一领导，部门联合执法机制，发挥政府各有关部门、公检法和纪检监察机关的作用，提高执法的权威性。要切实加强对各市、县煤矿安全监管工作的检查指导，针对存在的重大问题，及时提出监察建议，督促落实整改。要进一步落实企业安全主体责任，指导督促各类企业建立、健全以第一责任人为中枢的安全责任体系。要加强对煤矿企业负责人、经营管理人员带班下井的监察，督促企业加强用工管理和劳动组织管理，控制下井人数，认真落实登记、考勤、检身等制度。要进一步督促煤矿企业广泛开展安全质量标准化活动，实施“科技兴安”战略，加大科技投入，推广应用安全生产科技成果，推动本质安全型矿井建设。

4. 加大责任追究力度，严厉查处各类事故责任人

要按照“四不放过”的原则，严肃查处各类伤亡事故。要进一步规范事故调查处理工作，综合运用经济处罚、行政处罚和法律手段，依法严惩事故责任人，严厉打击煤矿生产过程中无视法律、无视监管、无视生命安全的非法违法行为。严肃查处失职渎职，官商勾结、权钱交易等腐败现象，构成

犯罪的，要移送司法机关，追究刑事责任。要充分运用好经济手段，提高伤亡赔偿标准，加大经济处罚力度。要依法对煤矿非人身伤亡事故和重大隐患开展调查处理，增强执法工作的针对性。

5. 切实加强煤矿从业人员安全技能培训，提高安全素质

要把矿长的安全任职资格纳入监察的重点内容。各类煤矿的矿长，必须具备煤矿主体专业学历和相应的从业经历，必须依法取得任职资格证书。对于达不到要求的要建议有关主管部门及企业予以调整。要加强对煤矿主要负责人、安全管理人员和特种作业人员安全培训工作，创新培训思路，改进培训方式，提高培训水平。主要工种必须持证上岗，新招工人必须先经过安全技术培训，达到应知应会的要求后才能上岗。

6. 唱响“安全发展”，加强安全文化建设，增强全社会安全意识

要以“安全发展、国泰民安”为主题，组织开展第五个“安全生产月”和“安全咨询日”活动，动员全社会广泛参与和积极监督煤矿安全生产工作。要大力弘扬安全文化，普及安全法律法规和安全知识，强化各级干部和全体社会成员的责任意识。要发挥新闻媒体的宣传教育和监督作用，保持正确的舆论导向，要发挥群众监督和社会监督的作用，及时公布事故查处情况，鼓励群众举报违法、违纪和违规行为。

7. 加强党的建设，努力建设一支高素质的监察执法队伍

一是要深入开展学习贯彻党章活动。胡锦涛总书记在中央纪委第六次全体会议上强调，要在全党深入开展学习贯彻党章活动。中纪委、中组部、中宣部联合下发了深入学习贯彻党章的通知。局党组近期要对学习党章活动作出具体部署。要充分认识在新的历史条件下学习贯彻党章的重大意义，把学习贯彻党章与做好煤矿安全监察工作结合起来，为推进全区煤矿安全形势稳定好转提供思想保证。

二是要进一步加强领导班子建设。要认真贯彻国家局党组《关于加强各级领导班子思想政治建设的意见》，坚持民主集中制，认真执行局党组议事规则和工作规则，严格执行政治纪律和工作纪律。要严格执行《党政干部选拔任用条例》，继续加强对后备干部的培养和选拔，加强对干部的监督和管理。按照政治坚定、求真务实、开拓创新、勤政廉政、团结协调的要求，努力把各级领导班子建设成为坚强的领导集体。

三是要切实抓好党的思想建设。加强党员干部的政治理论学习，发挥党组中心组学习的表率作用，精心组织，抓好落实。要创新改进学习方式方法，强化学习效果。

四是要抓好党的基层组织建设，认真落实党建目标责任制，扎实开展“党建工作先进单位”、“五好党支部”、优秀党员、优秀煤矿安全监察员等争先创优活动，提高创建水平，增强创建效果。

五是要抓好作风建设。切实转变作风，深入一线，深入现场，不做不执法的监察，不做不作为的监察，切实做到关口前移、重心下移。要严格执行有法必依、执法必严的法制工作要求，牢固树立“不作为、乱作为就是违法”的理念。局机关煤矿监察人员要确保全年 1/3 以上的时间在煤矿现场；分局煤矿监察人员要确保全年有 1/2 以上的时间在煤矿现场，确保执法到位。

六是要加强业务建设，不断提高队伍的执法能力。要强化业务培训，建立、健全监察员初任资格培训、任职培训、业务培训、知识更新培训等制度。认真总结监察工作经验，开展两个分局之间、分局与业务处室之间的业务交流。

七是加强精神文明建设。要坚持以人为本，突出提高人的综合素质，培养监察人员良好的职业道德，以培育“四有新人”为目标，以文明机关建设和“三个一流”的创建活动为载体，积极倡导煤矿安全监察人员的“五种精神”、“四种作风”。大力开展干部职工便于参与、乐于参与、喜闻乐见的文体活动，满足多层次、多方位、多样性的精神文化需求，促进全局精神文明建设的持续健康发展。

八是要切实加强党风廉政建设，筑牢反腐倡廉思想防线。认真贯彻落实中纪委六次全会和国家安全生产监督管理总局党风廉政工作会议精神，明确反腐倡廉任务和分工。要坚持不懈地抓好各种形式的廉政教育，逐步建立思想教育的长效机制，防范腐败的制度体系和权力运行的监督机制。要通过签订《党风廉政建设责任书》，将责任层层分解，落实到人，确保党风廉政各项责任的落实。坚持每半年对党风廉政建设责任制的落实情况进行一次检

查，年底进行检查考核。严格执行领导干部述职述廉、任职谈话、廉政谈话、提醒谈话、诫勉谈话等制度。建立领导干部和监察员个人廉政档案，记录廉政事项，作出廉政承诺。加强党内监督，建立、健全监督机制，引导全体安全监察人员严格遵守“九条纪律”，促进公正执法、严格执法、廉洁执法。

新疆维吾尔自治区安全生产工作综述

2005年，全区的安全生产工作在自治区党委、自治区人民政府的领导下，各地、各部门和各单位紧紧围绕自治区的中心工作和安全生产工作目标，在落实安全生产责任制、深化安全生产专项整治、治理重特大事故隐患、加强安全生产宣传教育培训、强化行政执法、依法严肃查处各类责任事故等方面做了大量工作。特别是“7·11”神龙煤矿特别重大瓦斯爆炸事故发生后，在各种不确定因素和诸多困难并存，各方压力较大，改革、发展和社会稳定任务十分繁重的情况下，自治区党委、自治区人民政府审时度势，采取断然措施，加强机构建设，加大安全投入，加强制度建设，集中力量对重点领域全面整治。全区上下按照自治区党委、自治区人民政府的统一部署，狠抓隐患治理，加强基础工作，初步遏制住了重特大事故频发的势头，基本保持了全区安全生产形势的稳定。

一、各类事故情况

2005年，全区发生各类伤亡事故14787起，死亡3755人，受伤10568人，直接经济损失7880.92万元；同比分别上升11.75%、9.80%、16.50%和9.11%。其中，一次死亡3～9人事故94起，死亡349人，同比分别下降20.34%和19.59%；一次死亡10人以上特大事故3起，死亡113人。

统计表明，新疆超过了国务院安委会下达的控制指标。

1. 事故分类情况

道路交通事故方面，发生事故9527起，死亡3110人，受伤10436人，直接经济损失2834.48万元；同比分别上升13.77%、7.54%、17.02%和下降4.70%。其中，一次死亡3～9人事故79起，死亡295人，同比分别下降21.78%、18.73%，占各类一次死亡3～9人事故起数和死亡人数的81.44%和63.85%。道路交通事故起数和死亡人数分别占全区各类事故的64.43%和82.82%。

煤矿事故方面，生产事故109起，死亡238人，同比分别下降1.80%和上升65.28%。其中，兵团发生煤矿事故11起，死亡13人。全区煤矿发生一次死亡3人事故9起，死亡133人，同比上升50%和329.03%，其中，兵团发生1起，死亡3人。煤矿事故起数和死亡人数分别占全区各类事故的0.74%和6.34%。

火灾事故方面，发生事故4743起，死亡61人，受伤73人，直接经济损失2072.60万元；事故数和死亡人数同比分别上升9.34%、117.86%，受伤人数和直接经济损失同比下降23.16%和14.75%。其中，一次死亡3～9人重大事故3起，死亡14人，同比分别上升200%和366.67%。火灾事故起数和死亡人数分别占全区各类事故的32.08%和1.62%。

工矿企业职工伤亡事故方面，发生事故350起，死亡486人，重伤38人，直接经济损失2905.01万元；同比分别上升2.94%、29.95%、11.76%、66.40%。

铁路路外事故方面，发生事故100起，死亡48人，同比分别下降12.28%和22.58%。

农机事故方面，发生农机事故67起，死亡50人，受伤21人，直接经济损失68.83万元；事故数同比上升1.52%，死亡人数、受伤人数、直接经济损失同比下降21.88%，12.50%和4.47%。

公路路外事故方面，发生事故271起，死亡270人。

民航实现安全运行和空防安全51年无事故。

2. 特大事故情况（10人以上事故）

发生特大事故3起，死亡113人。分别为：2005年7月11日，阜康市神龙煤矿发生特别重大瓦斯爆炸事故，83人遇难；2005年10月4日，拜城县亚吐尔乡煤矿发生特大瓦斯爆炸事故，14 人遇难；2005 年 10 月 27 日，乌苏市中兴煤矿发生特大瓦斯爆炸事故，16 人遇难。

3. 重大事故情况

2005 年，全区发生一次死亡 3～9 人事故 94 起，死亡 349 人，同比分别下降 20.34%、15.59%。其中：道路交通事故 79 起，死亡 295 人，同比减少 22 起和 68 人，事故率和死亡率分别下降 21.78% 和 18.73%；火灾事故 3 起，死亡 14 人，同比增加 2 起和 11 人；煤矿事故 6 起，死亡 20 人，事故同比持平，死亡减少 11 人；电力行业事故 1 起，死亡 5 人；建筑业事故 1 起，死亡 3 人；地质勘察业、水利事故 1 起，死亡 3 人；非煤矿山企业事故 3 起，死亡 11 人。

4. 各地、州、市事故情况

2005 年，各类事故死亡人数与 2004 年相比下降的有 6 个地、州、市，分别为：塔城地区下降 27.90%，和田地区下降 22.73%，哈密地区下降 14.11%，乌鲁木齐市下降 5.16%，喀什地区下降 1.38%，克州地区下降 1.18%。

上升的有 9 个地、州、市，分别为：昌吉州上升 44.07%，阿勒泰地区上升 36%，博州地区上升 33.88%，巴州地区上升 26.71%，石河子市上升 25.77%，伊犁州上升 22.87%，阿克苏地区上升 20.33%，克拉玛依市上升 7.62%，吐鲁番地区上升 5%。兵团和直辖单位各类事故死亡人数分别上升 28.57% 和 11.11%。

5. 事故控制指标完成情况

2005 年，自治区各类事故控制死亡人数 3370 人，实际死亡 3645 人。其中，道路交通事故突破控制指标 7.43%；煤矿事故突破控制指标 52.03%；火灾事故突破控制指标 12.5%；工矿企业事故突破控制指标的 6.05%；铁路路外事故控制在指标的 80%，未突破控制指标；农机事故控制在指标的 43.75%，未突破控制指标。

事故指标控制比较好的有：塔城地区、乌鲁木齐市、和田地区、吐鲁番地区、哈密地区、克拉玛依市、阿勒泰地区、区直属企业和中央企业。

超控制指标的地州市有：巴州、伊犁州、博州、石河子市、昌吉州、阿克苏地区、喀什地区、克州。

二、安全生产事故主要特点

（1）主要指标全面上升，部分行业稳中有降。1996～2000 年，全区各类事故起数、死亡人数和受伤人数平均每年分别上升 14.98%、4.53% 和 23.24%。2001～2005 年，全区各类事故起数、死亡人数和受伤人数平均每年分别上升 0.51%、3% 和 1.24%。

（2）每年 3～10 月是各类事故高发期。但 2005 年，各类事故在 1～3 月期间比较平稳，3 月份开始各类事故死亡人数急剧上升，从 3 月份的死亡 218 人上升到 10 月份的死亡 431 人，达到单月死亡人数的最高点，11、12 月份增幅回落。

（3）道路交通事故比重大。2005 年，道路交通事故占各类事故死亡人数的 83%，工矿企业占 7%，煤炭占 6%，火灾占 2%，铁路路外和农机事故分别占 1%。非煤企业事故中，采掘业、建筑业、制造业分别占非煤企业事故死亡人数的 27.42%、24.1 9% 和 19.76%。

（4）事故分布地域相对集中。事故死亡人数比重较大的地、州、市有：巴州占 11.52%、昌吉州占 11.46%、喀什地区占 11.46%、伊犁州占 11.30%。

三、主要措施及取得的成效

1. 狠抓了目标管理，进一步落实安全生产责任制

2005 年，自治区人民政府与 15 个地州市、12 个部门和 44 个大中型企业签订了安全生产目标管理责任书，并将安全生产控制指标层层分解到基层单位和生产经营的每个环节，逐级签订了责任书。经考核，有 27 个单位取得优秀。各地、州、市初步建立了安全生产“一岗双责”制，加大了事故指标控制力度。乌鲁木齐市、塔城地区明显控制了各类事故，克拉玛依市乌尔禾区全年未发生一起死亡事故。吐鲁番地区、阿克苏地区在年度考核、干部提拔使用过程中，推行安全生产“一票否决”制，进一步增强了各级干部抓安全生产工作的责任意识，推动了安全生产责任制的进一步落实。

2. 深入开展安全生产检查，及时消除事故隐患

认真组织开展安全生产检查，发现和治理了一大批事故隐患。全年共出动检查 24255 人次，查出

事故隐患 45856 处，下达整改指令书 12088 份，关闭不具备安全生产条件的经营单位 652 家，用于安全投入的资金为 7.2 亿元。组织有关部门对自治区 50 周年大庆期间全区 140 项活动场地进行了安全检查和现场监护，保证了各项活动的顺利开展。

3. 结合实际，狠抓安全生产法制建设

组织力量起草了《自治区安全生产条例》、《自治区安全生产“十一五”规划》、《自治区重特大生产安全事故隐患排查治理监督办法》、《自治区实施〈道路交通安全法〉办法》。落实了煤矿企业风险抵押金和安全生产费用提取制度，实行了安全生产重特大事故情况报告制度，建立了安全生产联合执法工作制度和特大道路交通事故红黄牌通报制度。积极配合在疆全国人大代表对自治区安全生产工作进行调研，积极配合自治区人大开展《安全生产法》执法检查，有力地推动了《安全生产法》的深入贯彻。

4. 突出重点，深化安全生产专项整治

煤矿方面，按照煤矿瓦斯治理和关闭整顿的要求，自治区在经费十分紧张的情况下，拿出 1700 万元用于建立高瓦斯矿井瓦斯监控系统。依法关闭了 65 处矿井，停产整顿了 129 处矿井。

道路交通方面，查处交通违法违章行为 376 万起，超限超载车 185870 辆次，对 7 条国道、1 条省道和 2 条旅游专线等特大交通事故多发路段进行排查和治理，补充完善了标志标线，铺设了减速带，增设了防护栏。

非煤矿山方面，查出事故隐患 9360 个，整改 8303 个。其中，重大事故隐患 33 个，整改 22 个，下达整改指令书 6944 份，关闭不具备基本安全生产条件的矿山企业 67 个，取缔非法开采矿点 4 个，对 2255 家非煤矿山企业进行了安全生产条件审查和安全评估。

危险化学品方面，查出事故隐患 4026 个，当场下达整改指令书 662 份，下达限期整改指令书 4255 份，停产整顿生产经营单位 67 家，关闭 33 家。对 4788 家危险化学品生产经营单位进行了安全生产条件审查和安全评估。审查了危险化学品建设项目 92 个，涉及项目建设金额累计达 69 亿元。

人员密集场所消防安全方面，检查单位 11000 余家，发现火灾隐患 9510 处，督促整改 8130 处，依法责令停产停业 194 家。在 45 家由各级政府挂牌督办的重大火灾隐患单位中，已有 41 家销案摘牌，1 家停产停业，3 家局部停业。

与此同时，建筑施工、石油天然气管道占压、民用爆破器材和烟花爆竹安全专项整治工作也取得了明显成效。

5. 加强安全生产宣传教育，努力提高全社会安全生产意识

认真组织开展了“安全生产月”、“安康杯”竞赛、“青年安全生产示范岗”、交通安全宣传周和“11·9”消防宣传日活动等。编辑出版了《新疆安全生产宣传画册》，参加了首届全国安全生产及技术装备展览会，荣获“最佳组织奖”和“最佳展位设计奖”。司马义·铁力瓦尔地主席号召全社会“遵章守法，关爱生命”。在《新疆日报》、《新疆经济报》开辟安全生产专版和固定栏目，大力宣传安全生产法律法规和科学知识。组织开展了生产经营单位主要负责人、安全生产管理人员、特种作业人员的安全培训及考核发证工作，核发各类证书（含复审）105651 个，加强了安全生产教育培训工作。

6. 依法行政，进一步落实安全生产许可制度

截至目前，向 122 家危险化学品生产企业发放安全生产许可证，向 6500 家经营企业发放经营许可证，颁证率分别为 64.89% 和 100%；向 1929 家非煤矿山企业、5 家烟花爆竹生产企业、594 家建筑施工企业、4 家民用爆破器材生产企业发放了安全生产许可证，颁证率分别为 81.87%、83.33%、42.22% 和 80%；向 449 处煤矿矿井发放了安全生产许可证。

7. 严格执法，加大了责任事故查处力度

共查处工矿企业责任事故 634 起，处理事故责任人 1127 人，有 20 人受到党纪处分，有 38 人被移交司法机关追究刑事责任。国务院新闻办公室专门召开新闻发布会，通报了“7·11”特别重大瓦斯爆炸事故调查处理结果。自治区人民政府分别召开会议，通报了华电红雁池第二发电厂“5·13”油罐爆炸事故、拜城县“10·4”和乌苏市“10·27”煤矿特大瓦斯爆炸事故调查处理结果，起到了很好的警示作用，社会反响强烈。认真清理国家机关工作人员和国有企业负责人投资入股煤矿，有 62 人撤资退股，金额达 267 万元。

8. 组织开展应急救援演练，努力提高应急救援能力

全区各地、有关部门和大型企业都建立了应急救援预案，积极开展事故应急救援演练。自治区人民政府在乌鲁木齐石化分公司组织了特大生产安全事故应急救援演练；克拉玛依市举行了大型消防演习和预防硫化氢中毒事故演习；新疆机场集团专门投入200多万元配备应急救援器材、设备和物资，分别在喀什、伊宁、阿勒泰、阿克苏、和田、塔城、库车7个机场进行了应急救援演练；中国石化总公司在塔河油田公司成立了中石化西北地区应急救援中心，举行了首次演练。通过开展一系列 应急救援演练，完善了预案，锻炼了应急救援队伍，提高了应急救援能力。

四、存在的问题

一是安全生产形势比较严峻。2005 年 1 ~ 12 月，全区各类事故四项指标与上年同期相比均有不同程度上升。

二是工矿商贸企业特别是非煤矿山、危险化学品和烟花爆竹从业单位点多面广，监管难度大。

三是道路交通事故居高不下，事故控制难度较大。

四是从业人员安全素质不高，“三违”现象普遍。

五是一些地方政府领导和一些企业负责人和对安全生产认识不足，责任制落实不到位。

六是安全监管力量薄弱，安全监管手段落后。

新疆维吾尔自治区煤矿安全生产工作综述

一、工作基本情况

一是全区煤矿安全形势严重滑坡。2005 年全区各类煤矿共发生伤亡事故 98 起（其中，国有重点煤矿 3 起，国有地方煤矿 17 起，乡镇煤矿 78 起），死亡 225 人。与 2004 年同期相比，事故起数减少 3 起，死亡人数增加 94 人。全区各类煤矿百万吨死亡率 6.2，同比上升 3.0，其中，国有重点煤矿百万吨死亡率为 0.08，同比下降 0.95；国有地方煤矿百万吨死亡率为 4.8，同比上升 1.6；乡镇煤矿百万吨死亡率为 10.0，同比上升 5.7。

二是瓦斯治理取得较大进展。全区 17 处高瓦斯矿井装备安全监测监控系统，并完成区域联网系统设计，目前正在实施。对 22 处瓦斯较高矿井实施重点监控。开展了瓦斯集中整治活动，制定了《自治区煤矿瓦斯治理若干规定》。

三是煤矿关闭整顿工作取得显著成效，对截至 2005 年 7 月 13 日未取得煤矿安全生产许可证的 129 处矿井全部停产整顿，关闭矿井 145 处。

四是全面完成自治区煤炭工业“十五”结构调整规划中所有矿井的立项、设计审查、安全专篇审查等工作。全区矿井总数由 2000 年的 914 处减少到目前的 456 处，2005 年验收投产矿井 6 处，形成生产能力 102 万吨。

五是煤炭产量满足了需求，2005 年全区生产原煤 3938.4 万吨（调度快报数），其中，国有重点煤矿 1202.05 万吨，占 30.5%；国有地方煤矿 720.55 万吨，乡镇集体煤矿 2015.8 万吨。全区原煤产量比 2004 年的 3749.4 万吨，增加 189 万吨，增长 5%。满足了自治区国民经济发展和人民生活对煤炭的需求，基本实现了产需平衡。

六是加强煤炭行业管理队伍建设。全区重点产煤地区和重点产煤县设置煤炭工业管理局，增加编制近 300 人。

七是煤田地质勘探工作取得重大进展，矿业权和地质成果转让成效显著。煤田灭火工作进展顺利，全国最大的昌吉硫磺沟火区灭火工程顺利通过国家验收。

八是矿山应急救援工作在 2005 年几起大事故抢险救灾中得到检验，矿山救援队伍建设逐步规范。

二、工作内容

1. 认真贯彻国务院两个重要文件精神，打好煤矿整顿关闭和瓦斯治理两个攻坚战

认真贯彻《国务院关于预防煤矿生产安全事

故的特别规定》(国务院令第446号)、《国务院办公厅关于坚决整顿关闭不具备安全生产条件和非法煤矿的紧急通知》(国办发明电[2005] 21号),重点狠抓了煤矿事故预防的3个基本环节,即排查隐患、停产整顿和关闭取缔工作的落实。对没有取得煤矿安全生产许可证的129处矿井全部实行了停产整顿,对没有申请煤矿安全生产许可证145处矿井实施了关闭,并向全社会进行了公告。制定下发了《新疆维吾尔自治区煤矿停产整顿期间安全管理办法》,会同国土资源、工商、监察、环保等有关部门组成4个检查组,对全区煤矿关闭整顿、煤矿提取安全费用和维简费用等情况进行了督察和检查。

加强煤矿瓦斯防治工作,认真贯彻《国务院办公厅关于进一步加强煤矿安全生产工作的紧急通知》(国办发明电[2005] 6号)、国务院第81次常务会议、2005年3月22日全国煤矿安全改造和瓦斯治理工作电视电话会议精神以及全国煤矿瓦斯防治淮南现场会精神。自治区拨出专款1700万元装备了全区高瓦斯矿井安全监控系统,为加大高瓦斯矿井的监管力度,对17处高瓦斯矿井和22处瓦斯较高的矿井实施重点监控。

为抓好瓦斯防治工作,采取了以下措施:一是贯彻国务院6号明电精神,制定瓦斯集中整治方案。二是派驻瓦斯整治督导组。向新疆乌鲁木齐矿业集团公司、哈密煤业集团公司、新疆焦煤集团公司派驻瓦斯治理督导组,对国有重点煤矿的整治工作进行督察、指导。先后8次深入3大国有重点煤矿企业集团检查、督导,共查出各类安全隐患472条,并督促煤矿企业整改落实。三是狠抓各地瓦斯集中整治措施的贯彻落实。对主要产煤地州伊犁州、塔城地区、昌吉州、巴州、阿克苏地区等地州瓦斯整治工作进行了督导检查,检查督导矿井234矿次。四是加强瓦斯防治的制度建设,制定了《自治区煤矿瓦斯治理若干规定》。五是严格瓦斯等级鉴定审批。2005年共评审286处矿井,评审通过182处,通过率63.6%。

2. 贯彻落实国务院办公厅关于完善煤矿安全监察体制的意见,加强煤矿安全监管力量

贯彻《国务院办公厅关于完善煤矿安全监察体制的意见》(国办法[2004] 79号),明确由自治区煤炭工业管理局承担自治区地方煤矿安全监管职责,地(州、市)、县(市、区)煤炭管理部门履行煤矿安全监管职责。为完善煤矿安全监管职责分工,对自治区主要产煤地(州)煤矿安全监管职责落实情况进行了调研,自治区党委、自治区人民政府十分重视煤矿安全监管工作,给自治区煤炭工业管理局增加10名编制,给各重点产煤地市增加煤炭工业管理和煤矿安全监管人员近300人,加强了煤矿安全监管及行业管理力量。

3. 突出重点,强化煤矿安全监察力度

一是突出瓦斯防治这个重点。年初煤炭工作会议确定,2005年的煤矿安全监察重点是突出瓦斯防治这个重点。在全年工作中,认真贯彻国务院、国家安全生产监督管理总局、国家煤矿安全监察局关于瓦斯防治的一系列重要指示精神,把瓦斯作为煤矿安全工作最关键的环节来抓,狠抓“十二字方针”的贯彻落实。如对哈密煤业集团公司的硫磺沟矿因存在瓦斯隐患实行了强制性停产。2005年3月,国务院安委会煤矿安全检查组对我区国有重点三大集团公司进行了安全检查,查出“一通三防”、采煤方法、矿井水害和安全欠账等问题。

二是开展了有针对性的专项监察。在节假日前后、“两会”期间调动全局力量对煤矿进行拉网式的安全大检查,对事故多发地区和矿井进行经常性监察,对“一通三防”隐患严重、水文地质情况不清和采空区积水情况不明、水害威胁严重的矿井进行跟踪监察。针对季节性变化,对矿井系统存在的薄弱环节进行专项监察。严把建设项目“三同时”关,加大对新建、技改矿井的专项监察,对没有合法手续的基建矿井作出了责令停止作业的处罚决定。

三是加大监察执法力度。为强化对煤矿的警示作用和更好地接受群众监督,对下达停止采掘作业的矿井实行“挂牌制”。在加强对隐患严重矿井监察的同时,强化监察的责任落实,对重大隐患实行了“谁检查、谁签字、谁落实”的责任制,确保事故隐患得到彻底消除。对于隐瞒事故举报,及时安排人员进行现场调查核实,对隐瞒事故的煤矿进行了严厉查处。

四是加大事故调查处理力度,严格事故责任追究。提高事故结案率,在保证质量的基础上进一步加快了事故调查处理的速度。全年查处各类煤矿事故98起,应结案78起,实际结案86起,结案率

110%；批复86起事故中，共处理各类人员409人。

4. “十五”结构调整规划稳步推进，制定“十一五”发展规划

加快淘汰浪费资源、污染环境、不具备基本安全生产条件的矿井，全区煤矿已由1998年的1798处减少到目前的456处，而年产量由1998年的2927万吨增加到2005年的3938万吨，平均单井规模由1.6万吨提高到8万吨。为加快“十五”规划的实施，会同自治区发改委、国土资源厅、经贸委出台了《关于加强煤矿“十五”规划建设项目监督管理的办法》。加强宏观调控，保持市场供需平衡，深入伊犁地区、塔城地区、乌昌地区、阿勒泰地区、阿克苏地区、巴州、国有重点煤矿企业等地（州）和企业，对“十五”规划改扩建矿井的建设进度进行调研。在确保关闭矿井顺利进行的同时，多方采取措施保障2005年冬和2006年煤炭供应，保证了自治区用煤需求和社会稳定。

抽调精兵强将组成专门工作班子，经过辛勤努力的工作，编制完成自治区煤炭工业“十一五”发展规划。规划已通过国家发改委和自治区发改委组织的有关部门和专家的审查。

5. 加强行业管理，提高行业监管水平

一是完成全区煤矿生产能力核定及通风能力复核工作。共对全区451个矿井进行了生产能力核定。通过生产能力核定和通风能力复核工作，促使矿井严格按持证能力组织生产，并对煤矿的实际生产情况实行有效监督，使超能力生产的问题得到有效的控制。

二是加强煤矿安全基层、基础工作。为建立煤矿安全生产长效机制，制定了《自治区推进煤矿安全质量标准化工作意见》，将2005年煤矿安全质量标准化达标矿井、达标等级、达标目标分解落实到各地（州、市）和煤矿企业。但是，2005年煤矿安全质量标准化工作没有完成年初的目标，主要原因是2005年安全形势严峻，各地进行停产整顿，达标工作受到一定影响；各地煤炭管理部门专业技术人员不足，对标准化工作检查、指导不够。

三是加强对煤炭生产许可证的日常监管，完成了煤炭生产许可证的正常延续及变更等工作。制定《新疆维吾尔自治区煤炭生产许可证审查工作管理办法》（暂行），规范了审查工作。

四是加强瓦斯等级鉴定和二氧化碳测定工作。2005年共评审矿井286处，评审通过182处；对全区各级煤炭管理部门和煤矿企业527名管理和技术人员进行了培训；制定了《矿井瓦斯等级鉴定和二氧化碳测定办法》。

6. 实施煤矿企业安全生产许可证制度

按照国家安全生产监督管理总局的总体部署，严格执行《安全生产许可证条例》、《煤矿企业安全生产许可证实施办法》，发证工作进行得较为顺利。截至2005年年底，申请办理煤矿安全生产许可证的矿井495处，向449处煤矿企业颁发安全生产许可证，对没有取得煤矿安全生产许可证的矿井按规定予以关闭。

7. 煤矿安全培训工作得到加强

2005年，全区共培训煤矿主要负责人、安全生产管理人员和特种作业人员15127人，举办1期全区重点产煤县市长培训班，举办2期三级培训机构师资培训班，举办2期事故煤矿负责人培训班。为做好煤矿安全培训工作，重点抓了以下几项工作：

一是加强制度建设，进一步规范培训工作。根据国家局20号令的精神，制定了《新疆煤矿安全培训机构管理办法》，下发了2005年全区煤矿安全培训工作要点。

二是加强培训机构的管理。二级培训中心顺利通过国家局的评估验收工作。对全区三级培训机构进行了评估检查，对存在的问题提出了整改意见，推动了三级培训机构的建设。2005年年底，全区共有二级培训机构1个，三级培训机构15个，四级培训机构11个，全区煤矿安全培训网络体系基本形成。

三是加大培训力度，确保培训质量。结合颁发煤矿企业安全生产许可证工作，督促各级培训机构和煤矿企业加大培训力度，提高持证率。

8. 加强煤炭资源勘探和保护，为煤炭优势资源转换打好基础

围绕自治区优势资源转换战略，煤田地质勘探工作力度不断加大，2005年新疆煤田地质局的钻探工作量达79217米，比上年增长60%，创历史新高。提交地质报告78件，探明资源量40.99亿吨。充分利用矿业权和地质成果的转让，积极与国内外投资者合作开发新疆煤炭资源。目前，已有多

家国内外公司签订煤炭开发协议，吸引投资近50亿元，为新疆优势资源转换战略的实施，做大做强煤炭产业开了好头，吹响了新疆煤炭大开发的号角。在抓好煤炭勘探开发的同时，重视资源保护，加快煤田灭火进度。经过煤田灭火工程处的努力，全国燃烧面积最大、燃烧最剧烈的昌吉硫磺沟火区灭火工程竣工，并以优良工程通过国家发改委验收。在各地（州）、市（县）的积极配合和大力支持下，拜城铁列克、托克逊克尔碱两大重点火区灭火工程进展顺利。2005 年是完成煤田灭火工程量最大的一年。

三、存在的一些问题

2005 年是完成煤炭“十五”结构调整规划的关键年，是承前启后的一年，虽然取得一定成绩，但是，存在的问题和不足绝不容忽视。

一是全区煤矿安全形势滑坡。事故死亡人数比2004 年大幅上升。2005 年全区发生 3 起 10 人以上特大瓦斯爆炸事故，特别是阜康神龙“7·11”瓦斯爆炸事故，死亡 83 人，在全区甚至全国影响很大。

二是瓦斯防治工作存在薄弱环节。2005 年年初成立了瓦斯集中整治领导机构，制定了整治方案，各地州市也制定了方案，但是，在抓落实上不够。煤矿企业瓦斯等级鉴定主体意识不强，鉴定报告通过率低，鉴定工作中存在弄虚作假现象，煤矿企业对瓦斯危害认识程度也不够。

三是全区煤炭工业基础还很薄弱，煤炭工业技术水平落后，产业分散，集约化生产程度低。2005年虽然超额完成国家下达的关井目标，但是，全区以小煤矿生产为主的格局没有根本改变，煤矿安全的基础仍然较为脆弱，安全保障能力差。

四是煤矿安全监察、监管执法力度仍需进一步加强。对查出的隐患跟踪检查不够，一定程度上仍存在严不起来，落实不下去的问题。

五是煤矿从业人员低素质、少培训。煤矿用工管理和安全教育与培训工作滞后。现场管理混乱，“三违”现象严重，各地煤炭管理部门和煤矿企业专业技术人员严重短缺，这些问题将在今后的工作中努力加以解决。

新疆生产建设兵团安全生产工作综述

2005 年，兵团的安全生产工作在兵团党委、兵团的正确领导下，认真贯彻全国安全生产工作会议精神和《国务院关于进一步加强安全生产工作的决定》及兵团安全生产暨消防安全工作会议精神，按照“安全第一，预防为主”的基本方针，认真落实国家、自治区安全生产政策、法规，在各师、各部门的共同努力下，加大安全生产综合管理力度，履行安全生产的监督检查和管理职能，较好地完成了安全生产工作。在国务院召开的全国安全生产工作会议上受到了表扬，得到了国家安全生产监督管理总局的好评。

一、事故基本情况

2005 年，兵团企业共发生职工伤亡事故 29 起，死亡 31 人。与 2004 年同期相比，事故起数增加了 3 起，上升 11.54%；死亡人数增加了 4 人，上升 14.81%。与 2005 年国务院安委会下达的控制指标相比，企业职工死亡人数未突破控制指标，占控制指标的 88.57%，死亡人数比控制指标少 4 人。

兵团独立核算运输企业共发生责任事故 4 起，责任死亡 3.5 人，责任受伤 4.5 人，直接经济损失 43.5 万元。责任事故率 0.03 次/百万车公里，与 2004 年同期相比下降 71.4%；责任死亡率 0.03 人/百万车公里，与 2004 年同期相比下降 76.9%；责任受伤率 0.047 人/百万车公里，与 2004 年同期相比下降 72.4%；经济损失率 0.456 万元/百万车公里，与 2004 年同期相比下降 66.5%；运输安全 4 项指标均未超过控制范围。

兵团农机行业共发生事故 25 起，死亡 22 人，重伤 8 人，直接经济损失约 65 万元。与 2004 年同期相比，事故起数下降 7.4%，死亡人数下降 26.7%，重伤人数下降 30.8%，直接经济损失下降 35 万元。

兵团火灾事故共发生 520 起，死亡 5 人，受伤 9 人，直接财产损失 246.7 万元。与 2004 年同期相比，事故起数下降1.8%，死亡人数下降50%，受伤人数下降40%，直接财产损失下降11.8%。

二、主要工作

1. 加强领导，落实责任，进一步推动安全生产工作

兵团党委、兵团对安全生产工作历来非常重视，始终把安全生产工作作为一项重要工作摆在突出位置来抓。兵团政委聂卫国、司令员华士飞一上任，就到部门调研工作，对兵团安全生产工作中存在的问题给予了解决。2005年年初，在兵团安全生产委员会第一次全体委员会议上，对兵团2004年的安全生产工作进行了总结，对2005年的安全生产工作进行了安排。专题研究做好安全生产工作具体措施，部署安全生产工作，制定了安全生产目标责任书，对重大事故的处理进行了研究。召开了兵团安全生产暨消防安全工作会议，对2004年度兵团安全生产先进师、先进单位、先进个人进行了表彰，对考核不达标的单位进行了处罚。兵团同各师签订了2005年度安全生产责任书，兵团各级层层落实，指标到人、责任到人，实行了安全生产一票否决。兵团安全生产监督管理局还召开了局长座谈会，传达了全国安全生产监督管理局长座谈会的精神；总结了2005年1~7月份兵团安全生产工作情况，分析了安全形势，安排部署了下一阶段的安全生产工作；邀请国家安全生产监督管理总局法规司领导到会讲授了安全生产监督管理的有关法规政策；各师对下一步如何做好安全生产工作进行了交流，有效地推动了下半年的安全生产工作。

兵团建设局制定了《兵团建设工程安全生产管理目标考核办法》、《兵团建设工程安全生产巡查管理办法》、《兵团建筑施工安全生产专项整治实施方案》等，进一步强化建设工程安全生产的监督管理，及时了解和掌握安全生产动态，确保安全生产的法律、法规得到贯彻执行。兵团农业局制定了《兵团农机安全生产监督管理考核办法》，对各师、团的农机安全工作实行了目标管理。

2. 坚持预防为主，加大监督检查力度，及时开展全兵团范围的安全生产大检查

元旦、春节期间及“两会”期间，兵团安委会针对节日多、会议多，又是事故多发期，及时组织有关部门对重点行业、重点师、重点单位进行了检查。刘新齐副司令员还亲自带队到南北疆煤矿井下进行安全检查，重点检查了各师安全生产监督管理的职能是否到位、事故的调查处理和行政责任追究是否落实、安全生产责任制和各项规章制度是否建立、特种作业人员的培训和安全专项整治是否落实和开展。春季和“五一”、“十一”黄金周期间，按照国家和兵团的部署，各师及安全、监察、工会、建设、交通、公安、技术监督、农机、商务、旅游等部门对全兵团煤矿、非煤矿山、建筑、危险化学品、加油站点、交通运输、消防、农机、旅游等行业进行了专项检查。兵团煤监分局组织了产煤师互检活动，9个产煤师的安全生产监督管理局及主干矿井的负责人本着实事求是的精神，帮助被检查师的煤矿查隐患、提措施，取长补短。建设局在检查后分别对每个师的检查情况进行了通报，对检查出的隐患逐个下达了整改通知，使安全检查工作落到实处。交通局在开展的交通管理年活动中，将安全生产管理作为一项重要内容，在各项检查中始终把安全管理检查摆在首位。

3. 继续深化专项整治，结合实际，开展各类专项整治工作

2005年，为巩固安全专项整治已取得的成果，继续开展了对煤矿、交通运输、建筑、农机、危险化学品、旅游、人员聚集场所、消防安全等行业安全生产专项整治工作。按照兵团“明确时限，内容具体，目标明确，落实责任，考核验收”的要求，兵团各有关部门精心组织，落实整治措施，全面部署安全生产专项整治工作。做到全面整治与重点整治相结合，系统整治与专项整治相结合，治本与治标相结合，确保安全专项整治工作取得明显效果。建设局在专项整治中，坚持做到“三个结合”：一是把专项整治与落实安全生产保障制度结合起来，督促企业建立预防为主、持续改进的安全生产保证体系和自我约束机制；二是把专项整治与日常监督管理结合起来，不断完善安全生产监督机制；三是把专项整治与各项安全生产检查结合起来，致力于建立安全生产的长效机制。农机局在春耕春播和秋收大忙季节，开展了农用车准运证发放工作和农机安全团、连活动；公安消防部门始终把棉花加工厂和公共娱乐场所作为防火重点，定期组织检查整改；交通局将“五整顿，三加强”和治理超载超限工作作为专项整治的重点；旅游局针对旅游旺季，及时开会部署专项检查。所有这些活

动，有效地遏制了重点领域和行业事故的发生。

4. 认真开展“全国安全生产月”活动，努力提高安全意识，营造安全文化氛围

兵团安委会紧紧围绕2005年“全国安全生产月”活动的主题，提前制定了“全国安全生产月”活动方案。要求各师、各生产经营单位认真开展“全国安全生产月”活动，创造良好的“全国安全生产月”活动气氛，扩大“安全生产月”活动的社会影响，提高全民的安全意识。在“全国安全生产月”活动期间，各师分管领导和部分团场领导在电视上发表了讲话，对兵团和各师开展“安全生产月”活动起到了积极的推动作用。兵团安监局在“安全生产月”活动期间，在《兵团日报》上开辟了安全生产专栏，宣传了兵团安全生产先进单位的事迹，通报了发生的重大事故情况，并在乌市开展了“安全生产月”咨询日活动。兵团安监局组织电视台和报社对部分师安全生产进行了专题报道，对先进典型大力宣传，对违章的行为曝光，收到了很好的效果。兵团工会组织开展安全生产板报竞赛活动，创造了良好的“全国安全生产月”活动氛围。

5. 加大瓦斯治理力度，确保各项措施落到实处

为贯彻落实国务院第81次常务会议精神和国家安全生产监督管理总局的安排部署，兵团将瓦斯治理工作列入了安全生产工作的重中之重。兵团司令员办公会专门听取了国家在淮南召开的瓦斯治理现场会的情况汇报，成立了煤矿瓦斯治理领导小组，制定了瓦斯治理工作的6条措施，对煤矿瓦斯等级进行了排查，组织专家对煤矿瓦斯进行会诊，完善了瓦斯治理的各项规章制度。兵团瓦斯治理重点煤矿大黄山煤矿实现了瓦斯集中抽放，安装了瓦斯报警和监测监控系统，其他高瓦斯煤矿也都安装了瓦斯报警和监测监控系统。兵团煤监分局实行了分片监察责任制和定期巡回监察制。各产煤师都建立了煤矿瓦斯治理督导制。2005年按照国家的要求，认真打好瓦斯治理、停产整顿不具备安全生产条件矿井和关闭非法生产煤矿的两个攻坚战，关闭了9处矿井，在全国和自治区煤矿特大事故不断的情况下，杜绝了兵团煤矿特大事故的发生。

6. 认真贯彻实施《安全生产许可证条例》，做好安全生产许可证发放工作

为了认真负责、高效优质地完成好安全生产许可证的发放工作，各有关部门积极开展工作，对各类企业进行摸底调查统计，对安全评价单位进行严格要求，对评价结果认真组织审核，确保评价质量。现在兵团已对大部分煤矿、非煤矿山、危险化学品、烟花爆竹生产企业进行了安全评价，并对新建、改建和扩建的项目进行了安全预评价。截至目前，兵团煤矿已全部申报“安全生产许可证”，发证率已达到了90%。已核发“非煤矿山安全生产许可证”13家，“危险化学品经营许可证”490余家，大部分企业的“安全生产许可证”正在申请和审查中。

7. 加强培训、宣传工作，认真做好各类企业的评估、评价工作

兵团的安全培训机构及兵团各师的安全培训机构按照国家的要求认真对生产经营单位负责人、安全生产管理人员、特种作业人员进行培训。兵团安监局举办了3期安全监察员培训班，培训224人；举办了2期煤矿矿长安全资格培训班，1期煤矿安全质量标准化学习班及1期团、厂长干部培训班。

兵团工会连续8年开展了“安康杯”竞赛活动，与安监局联合下发了《兵团“安康杯”竞赛活动实施办法》，有60万人参加竞赛活动，极大地普及了安全生产知识。

为加强兵团非公有制企业安全生产监督管理，兵团安监局组织有关师安全生产监督管理人员到广东、海南学习考察，深入了解内地先进省对非公有制企业的安全生产管理经验，提高了认识，增长了见识。

8. 加大事故查处力度，严格责任追究制

在事故查处工作中，各级领导和各级安全监管机构严格按照“四不放过”的原则，对全年发生的企业职工死亡事故进行了科学、客观、公正的调查和处理，事故责任人依照有关法律法规受到了应有的处罚。2005年发生的各类事故均已结案，结案率达到100%。兵团监察局还对兵团发生的重大事故进行跟踪检查，落实处理决定。

大连市安全生产工作综述

2005年，全市安全生产工作坚持“安全第一、预防为主、综合治理”的方针，认真落实科学发展观，紧紧围绕“着眼于安全生产长效机制的建立和安全监管体系的完善、着手于安全生产双基工作的落实、着力于事故隐患的排查治理和重大危险源的监控”，在安全生产建章立制、隐患排查治理、执法监督检查、宣传培训教育等方面取得了较大的成绩。

2005年全市共发生各类事故4072起，死亡737人，同比下降40.3%和0.14%，全市安全生产形势保持了总体稳定。

一、加强安全生产法规建设

依据《安全生产法》和国务院2号文件精神，制定了《大连市政府关于进一步加强安全生产工作的决定》、《大连市有关部门安全生产职责》、《大连市安全生产专项资金管理暂行办法》等指导性文件，更加明确了各级政府、部门和企业的责任，确定了加大安全投入的经济政策。

二、加强安全生产监管机构建设

市政府决定增加市安全生产监管局的内部机构设置，人员编制由2004年的36人增加到46人，各区市县安监部门独立设置，成为区市县政府直属机构。

三、严格落实安全生产责任制

2005年初市政府召开了全市安全生产工作会议，以责任状的形式，将安全生产控制指标分解到区市县、部门和企事业单位，对安全生产实行目标管理。

四、引导鼓励企业加大资金投入，弥补安全欠账

依据《大连市政府关于进一步加强安全生产工作的决定》，安排5000万元专项资金，用于企业安全生产投入补贴和公共安全项目整治，有效地调动了企业安全投入的积极性。

五、加大事故隐患整改力度

坚持以防控重特大事故为重点，开展全市性安全生产大检查4次，专项检查9次。2005年3月份开展的“排查整治事故隐患百日会战”活动取得显著效果，共排查整改事故隐患12930项，到目前为止已整改完10427项，整改率80.6%。其中较大隐患270项，已整改194项，整改率71.9%。

六、进一步提高高危行业安全水平

通过严把安全生产许可证发证关，促使企业加强管理，完善各项安全规章制度和安全操作规程，加大安全投入，提高了企业安全水平。

在危险化学品监管方面，全市133家危险化学品生产企业发证77家。951家危险化学品经营企业发证902家。责令停产整顿40家，依法关闭8家。

在烟花爆竹监管方面，建立了“五级监管、九级责任”的监管责任体系。全市25家烟花爆竹生产企业发证24家，依法关闭1家。全市烟花爆竹销售网点由2004年的3500余个减少到3000个。

在非煤矿山监管方面，全市425家非煤矿山，依法关闭57家，非煤矿山的整体安全生产状况趋于好转。

七、加强培训，提高安全意识

安全生产培训考核工作成果显著，全年共举办厂长经理、安全管理人员、特种作业人员安全培训班464期，培训了37173人（次）。新增设安全培训机构6家。

2005年6月份开展的安全月活动，宣传安全生产法律法规，传播安全知识、倡导安全生活方式。副市长祁玉民发表了题为“遵章守法、关爱生命”的广播、电视讲话，邀请国务院参事、国务院应急救援领导小组副组长闪淳昌来大连做了专题报告。

八、从严执法，依法处理各类伤亡事故

坚持“四不放过”原则，快速和高质量地处理了各类伤亡事故，无结案纠纷。全年生产企业共发生死亡事故68起，死亡81人，结案59起，结案率为87%，其他9起正在调查处理中，未超过法定结案时间。共处罚事故责任人175人，其中经济处罚161人，罚款人民币141.5万元，行政处分14人。

青岛市安全生产工作综述

一、概况

2005年，全市坚持“以人为本”的理念和“安全第一，预防为主”的方针，积极开展创建“平安青岛”和保持共产党员先进性教育活动，健全安全生产目标责任考核体系，推进安全生产监管队伍建设。“双基”建设和安全文化建设，加大专项整治、重大危险源监控和安全隐患整改工作力度，顺利实现市委、市政府年初提出的事故下降到万起以下，死亡人数下降到千人以下的工作目标。全年全市累计发生各类事故9058起，死亡838人，伤6652人，直接经济损失3837.85万元。与2004年相比，4项指标分别下降21.93%、19.88%、4.18%和9.76%，圆满完成了省政府下达给我市的安全生产事故死亡人数下降3.0%的控制指标。其中，全年发生道路交通事故7051起（占事故总数的77.84%），死亡776人，伤6639人，同比分别下降24.51%、20.24%、4.03%万车事故率为61.3，万车死亡率6.7，同比下降24.3和2.2；发生火灾事故1948起（占事故总数的21.51%），同比下降11.45%。

2005年事故起数和死亡人数比2001年（“十五”期间第一年）分别下降了65%和54%，安全生产指标创历史最好水平，在全省十七地市中，本市各类事故起数同比下降21.9%，列全省第一位，累计死亡人数同比下降19.8%，列全省第一位。《国家安全生产报》、《青岛日报》等多家新闻媒体对我市安全生产管理的经验和做法进行了宣传报道和经验介绍。

二、组织领导

2005年，省委副书记、市委书记杜世成，市委副书记、市长夏耕对安全生产多次提出重要批示，夏耕市长向全体市民发出的《关爱生命关注安全—给全市市民一封信》，引起社会广泛关注。市政府多次召开市长办公会研究防范和解决重特大有关安全生产问题，副市长吴经建亲自主持召开安全生产会议部署安全生产工作，经常带队到企业进行检查指导，并于2005年初向各区、市长发出了关于加强安全生产监管工作的信，收到良好效果。市政府组织召开15次安全生产工作会议，研究有关重大问题，推动工作开展。

2004年8月，市安监局由市经委内设局升格为市政府的组成部门（正局级）（编制35人，设6个处室），并成立青岛市安全生产监察支队（编制20人）。2005年，通过进一步充实人员力量，健全互动网络，延伸工作触角，扩大工作覆盖面，安全生产监管体系基本建成。目前，12个区市和保税区的安监局和监察大队全部成立。明确了市一级28个行业和主管部门的安全职责，102个安全责任单位与市政府签订了安全生产目标责任书，国有改制为民营的企业和各种成分的中小企业全部纳入了属地化管理，安全生产主体责任得到了进一步落实。

三、“双基”管理工作

加强安全生产基础和基层管理工作，坚持抓好127个“双基”试点企业的典型推广，组织编写了《安全生产“双基”工作典型经验材料汇编》，推行了企业标准化管理。下发了《企业安全费用提取办法》，进一步落实了企业的安全生产主体责任。深入60户非公有制企业进行调研，形成《非公有制企业安全监管调研报告》，为下一步工作开展提供了第一手材料。组织开展了“安全社区”创建活动，参照世界卫生组织的标准，选择市内4区8个街道办事处作为试点。目前黄岛区和市南区创建“安全社区”活动效果明显。

四、检查督查和专项整治

2005年，先后组织开展了“百日安全集中整治”、“大检查、严治理、严监控”、危险化学品、非煤矿山、烟花爆竹、液化石油气经营市场、冬季安全生产集中整治等10余项活动。重大隐患实现了排查一批，公布一批，整改一批，验收一批的滚动机制。先后下达了3批共55项重大安全隐患和8项专项整治，其中有51项重大隐患整改完毕，到期整改率为96.3%，专项整治到期完成率达到

100%。组织由市领导带队的各种安全生产大检查40余次，保证了全年及重大节日和特殊时期全市安全生产形势的基本稳定。

针对我市公共安全现状，提出了黄岛石化工业区、胶州湾团岛口通航、胶州湾高速公路、消防、危房、外来务工人员的培训等6大问题，并形成了具有前瞻性的调研报告，杜书记、夏市长等市领导作了重要批示，按照市领导的批示确定了6大安全问题的责任部门，按照职责分工，采取监管措施。目前，6项长远隐患的研究已进入逐项细化阶段。

五、群众监督促进隐患查处

全面构建“政府统一领导，部门依法监管，企业全面负责、群众参与监督、全社会广泛关注”的安全生产工作格局，建立了安全生产事故隐患有奖举报制度，出台了《青岛市安全隐患举报查处奖励试行办法》，向社会公布了举报电话和电子信箱。对群众举报的安全事故隐患和违法行为，按照工作规则，督促有关部门认真查处，并分别给予举报人100~10000元不等的奖励。共收到举报和安全咨询2862件，下发督办通知书195件，组织查实和整改安全隐患132件，全年发放隐患整改奖励资金15.91万元。

建立了市民网络媒体对话制度。局领导多次在青岛电视台、广播电台等网络媒体听取群众的意见，解答群众反映的问题，化解了大量热点、难点问题。利用《行风在线》专题广播节目，与市民群众对话安全生产难题。市安监局局长王宇礼同志先后3次亲自上线，对群众反映的安全问题，及时组织调查解决，赢得群众称赞和市主管部门、媒体的充分肯定。

六、法制建设和行政责任追究

贯彻实施《安全生产法》、《行政处罚法》等法律法规，加快配套法规规章的制定，切实做到严格执法。调研起草《青岛市安全生产条例》以及4个配套规章。完成《青岛市重大安全事故行政责任追究规定（草案）》、《青岛市重大危险源管理规定（草案）》、《青岛市安全生产隐患举报查处奖励试行办法》（市政府182号令）等规章的上报工作，其中《安全生产隐患有奖办法》以市长令下发。起草下发了《安全生产违法行为行政处罚工作程序》、《安全生产行政许可工作程序》、《安全生产行政执法应诉工作程序》、《安全生产行政执法听证程序》、《安全生产行政执法复议程序》、《关于安全生产行政执法质量考核工作的通知》等规范性文件，严格执法层面，促进安全生产工作的制度化、规范化。

全年检查工矿商贸企业近1000家，查出各类事故隐患2300余项，下达了隐患整改通知书1600余份，罚款近百万元，责令停产关闭企业120余家，有力地震慑了安全生产违法行为。

七、严格市场准入制度

企业项目建设“三同时”申报审查率、安全评价率均达96%以上，较好地改善了企业安全生产条件，提高了企业管理水平。

组织专家对5家新建地下铁矿建设项目安全设施的预评价报告进行了评审，非煤矿山项目建设“三同时”申报审查率、安全评价率达100%。在危化品生产企业安全评价工作中，共为34个建设项目进行了定点审查，对42个项目的安全预评价和安全验收评价报告进行了审查，安全评价率达到96%以上，对不符合安全生产条件的企业实施停产整改、搬迁和关闭。按期完成了烟花爆竹生产企业安全生产许可证（2个）和批发销售许可证（11个）的审核、上报工作，组织、指导全市安监部门完成了1000个临时销售许可证的发放工作。烟花爆竹生产企业安全评价率达到100%。

八、应急救援工作

2005年组织专家排查出全市1985处重大危险源（包括712个加油站、80个危化品生产储存单位、250个液化气充装站、103台大型锅炉和840台危化品运输车辆），针对不同特点，分13大类分别制定了监控方案，审定监控方案14个，在17个重大危险源监控试点单位，投入了300万元监控资金，取得了阶段性的成果。

市安监局牵头汇总编写了第一部《青岛市19项重特大事故应急救援预案汇编》（试行）。年内，各类演练工作全面启动，危险化学品、烟花爆竹、城市燃气、建筑施工、非煤矿山等高危行业普遍演练一遍。地震次生灾害等三项演练规模较大、组织严密、效果明显，得到了国家和省有关部门领导的高度评价。2005年市一级制定的19项应急预案全部演练了一遍。针对我市港口发展和渔业生产的实际情况，2005年6月成立了青岛市海上搜救中心，全年累计救助海上遇险10余起，成功救助近百人。

九、安全培训和宣传教育

组织开展了“安全生产岛城行”、“安全生产月”、“安全与发展”论坛等20项活动，新闻媒体更加主动地参与了各种宣传活动。研究并起草《关于进一步规范和加强安全培训工作的意见》，起草了《关于对农民工进行培训工作的通知》，明确了对农民工的培训意见，各级各部门的安全培训工作创历史最好水平。年累计培训复审特种作业人员5553人；培训生产经营单位主要负责人509人，发证411个。其中，非煤矿山主要负责人发证127人；危险化学品企业主要负责人发证181个；安全生产管理人员共培训发证964人；积极做好科技兴安工作，做好向国家局申报和推荐有关安全生产科技计划项目工作。参加2005年7月份在北京举办的“首届全国安全生产与技术装备展览会”获得国家局授予的最佳组织奖和最佳设计奖。

深圳市安全生产工作综述

2005年，深圳市安全生产监督管理局以“三个代表”重要思想为指导，全面落实科学发展观和安全发展观，紧紧围绕市委、市政府领导“安全生产工作要够威、够硬、够严、够细”，“安全生产工作要永不言胜、警钟长鸣、常抓不懈”的指示要求，以“防范重特大事故，减少一般伤亡事故，全面完成省政府下达的事故控制指标”为目标，落实安全生产责任制，大力推进安全生产法制建设，强化安全生产专项整治，严把安全生产市场准入关，全面推进安全生产各项工作，确保全市安全生产形势平稳发展。2005年，全市累计发生道路交通、工矿商贸企业、火灾等安全事故10434起，死亡1114人，受伤8940人，直接经济损失4932.47万元，比上年分别下降8.48%、11.24%、21%和15.3%，安全生产形势总体平稳。

一、明确安全管理职责

2005年，经深圳市政府常务会议审议通过，《市政府工作部门安全监督管理职责规定》正式出台，进一步明确了深圳市政府各有关部门的安全监督管理职责，强化了政府各部门的安全生产约束机制。各区、各部门高度重视，各区政府结合市政府的职责规定，认真制订辖区的安全管理职责规定，层层落实、责任到人，各相关单位也采取了相应的政策和措施。在实施过程中，市安监局主动协调解决出现的困难和问题，督促各部门认真履行各自安全管理职责。

二、完善事故指标控制体系

2005年，深圳市安监局在总结以往年度事故控制指标目标管理经验的基础上，根据广东省政府下达的年度事故控制指标要求，按照属地管理为主、条块结合的方针，对全市事故指标控制体系进行了改进，将事故指标的控制任务与监管权限职责紧密结合起来，进一步增强了目标管理的可操作性。各区政府、各部门均结合各自实际，进一步细化了目标管理，确保完成事故控制指标任务。6区政府与辖区各单位分别签订了安全管理和道路交通安全管理工作目标责任书，将事故控制指标体系制度化、规范化。

三、强化安全监管职责考核

《市政府工作部门安全监督管理职责规定》出台后，为强化安全综合监管力度，在充分征求各区、各部门意见的基础上，深圳市安监局（安委办）拟定了《深圳市安全生产责任制考核办法》，对市安委会全体成员单位的安全生产第一责任人和直接责任人进行述职考核，积极推动安全监管职责和责任目标的有效实施。

四、健全安全生产法规体系

2005年，深圳市安监局进一步健全全市安全生产法规体系。一是成立领导小组，落实专门人员，对《深圳经济特区安全管理条例》进行修改，结合特区经济发展和安全生产形势的实际需要，将1997年以来全市在安全生产管理方面的创新举措通过立法予以明确，使之具有法定性、权威性。二是印发了《深圳市安全生产监督管理局行政许可实施办法》，明确局5项行政许可事项的法律依据、许可程序、许可时限、法律效力等14项行政许可内容，规范安全生产行政许可工作。三是组织编制了《深圳市工业烤炉安全操作维修保养标准》、《深圳市工业烤炉安全检查评估标准》和《深圳市中小企业安全生产档案管理标准》三个地方性专业安全规范，加强对工业烤炉使用企业的分类指导和重点监察。

五、拟定全市安全生产发展规划

按照“安全第一，预防为主”的方针，深圳市安监局紧紧围绕全面建设小康社会和建设和谐深圳、效益深圳的目标，组织编制了全市第一部安全生产专项规划——《深圳市安全生产发展规划（2006—2010）》，作为“十一五”期间指导全市实施安全生产工作的纲领性文件。同时，在全市落实科学发展观宏观控制指标体系中，纳入了“亿元GDP安全事故死亡率”，安全生产工作已成为一项重要考核指标。

六、加强安全监管信息化建设

2005年，深圳市安监局重点加强了全市安监系统的信息化建设。一是确立了全市安全生产信息化建设的基本模式，初步建立了统一的安全生产信息数据库，实现了资源共享；二是整合资源，改版局外网网站，完善全市安监信息平台；三是按照全市统一要求，组织完成内网网站建设，并对全局人员进行内网使用的培训及考试；四是根据工作需要，继续组织开发业务应用系统，组织完成了全市安全事故综合统计分析系统、重大危险源普查系统、局行政许可业务办理系统等，实现数据共享，政务公开，大大提高了工作效率。

七、开展全市安全隐患排查整治

从2005年5月份开始，深圳市统一部署开展了为期两个月的安全隐患排查整治工作，消除了一大批各类安全隐患。为检验隐患排查的落实情况和实际效果，督促各区、各部门全面落实对排查出的安全隐患的整治，全市组织了13个督查工作组，对各区政府和市政府有关部门的安全隐患排查整治工作情况进行了全面的督查。各区政府、各相关单位高度重视此次安全隐患排查整治工作，积极组织人员，落实经费，采取措施，加大隐患整治力度，整治工作取得了明显成效。

八、全面推进危险化学品审批工作

2005年，深圳市安监局除了继续坚持联合审查、专家审查、市区现场核查等制度，还印发了《深圳市〈危险化学品经营许可证（乙种）〉审批工作规范》，进一步明确和规范了危险化学品行政审批的条件和程序。同时，加快审批工作步伐，采取超常规措施开展危险化学品审批工作，从各区抽调人员、聘请专家组成市区联合审查组，实行统一受理、统一审查，较好地完成了全市危险化学品的审查工作。全市现有661家危险化学品生产经营储存企业都已全部受理和审查。危险化学品乙种经营企业214家，符合条件已发证125家，占总数的58%；新设立的危险化学品生产企业生产批准书申请10家，符合条件已发证5家，占总数的50%。

九、开展安全生产宣传培训教育

宣传教育方面，充分利用新闻媒体资源，深入开展安全宣传工作。一是全年在深圳广播电台新闻频率和交通频率制播安全生产公益广告和专题节目；二是在《深圳特区报》、《深圳商报》、《深圳晚报》开辟专栏；三是利用各区、街道有线电视播放安全生产公益广告；四是每月定期通过各媒体通报全市安全生产形势。尤其在“全国安全生产月”活动期间，通过“安全生产宣传咨询日”、安全知识竞赛，安全生产主题文艺巡回演出等群众喜闻乐见的形式，通过“全国安全生产万里行”中央媒体采访团的参与报道，掀起了全社会关注安全，关爱生命的舆论热潮。

培训考核方面，2005年，共培训各类安全生产业务人员近6万人，发证4.8万人。其中培训特种作业人员36371人，安全主任13114人，生产经营单位主要经营管理者8463人，危险化学品生产、经营、储存、使用单位主要负责人、安全管理人员1235人。此外，充分借鉴香港在建筑业实施“Green Card”（绿卡）制度的先进经验，在全市高危行业企业及事故多发企业中实行持“安全卡”上岗制度，以推动全市企业员工的安全知识普及教育。2005年在建筑业和采石场企业中开展试点，共培训建筑业企业85家，员工17500人，经考核合格取得“安全卡”16500人；培训采石场企业4家，员工343人，经考核合格取得“安全卡”314人。

十、参加全国安全生产及技术装备展览会

2005年7月14日，在北京召开全国首届“安全生产及技术装备展览会”，深圳展团以“和谐深圳、效益深圳、平安发展”为主题参加展会。深圳展团内容涵盖“深圳概况、领导重视、依法严管、组织保障、制度创新、重点整治、强化教育、科技兴安”等8个方面，全面展示了深圳市安全生产管理、安全技术创新、安全装备保障和安全文化发展水平等各方面成就，得到高度评价。深圳展团在此次参展中荣获展览会“优秀组织奖”和“优秀设计奖”。

十一、加快现代安全实景模拟教育基地建设

2005年，深圳市现代安全实景模拟教育基地建设取得了实质性进展。一是完成了基地选址任务。二是完成了可行性研究报告编制。可行性研究报告分16章，从项目背景、建设规模、功能设计、设备投入、工程造价、运行保障、组织机构和人员配备、财务及社会效益等各方面进行了描述，已顺利通过专家评审。

十二、深入基层开展调研

为充分把握全市安全生产状况和基层安全监管机构的工作情况，深圳市安监局专门印发了调研方案，由局领导班子成员分头带队，组织对全市51个街道的安全生产监管工作情况进行了一次普查式的调研，并形成了调研报告。该项工作得到深圳市委市政府的充分肯定，并在全市各区、各部门推广，为市政府理顺当前安监体制提供了有力的决策依据。

宁波市安全生产工作综述

2005年，我市安全生产工作按照党中央、国务院和省委、省 政府的部署，在市委，市政府的正确领导下，以“三个代表”重要思想为指导，认真贯彻落实《安全生产法》和市政府《关于进一步加强安全生产工作的决定》等有关法律、法规和政策规定，始终坚持“安全第一、预防为主、综合治理”方针，突出重点，狠抓落实，着力推进安全生产从事后查处向事前防范的转变。在建立、完善安全生产责任体系、应急救援体系和监管组织体系，加强地方性政策法规体系建设、重大危险源监控、重点事故隐患整改等方面做了大量工作，确保了安全生产形势的持续稳定好转，为全市经济社会发展创造了良好的安全环境。

2005年，全市共发生各类事故8283起，死亡1073人，受伤6063人，直接经济损失5435.7万元，同比分别下降13.9%、11.6%、23.3%和9.4%。其中，共发生一次死亡3人以上事故6起，死亡20人，同比分别减少5起、26人，分别下降45.5%和56.5%。全年实现了浙江省政府提出的“三个零增长”目标。

一、安全生产地方性政策规范建设取得突破性进展

2005年，我市在安全生产地方性政策规范建设方面下了很大的工夫，取得了突破性进展。市政府出台了《关于进一步加强安全生产工作的决定》，全面提出了当前和今后一个较长时期内不断加强我市安全生产工作的目标任务和政策措施。与之配套的《宁波市安全生产事故报告和调查处理暂行规定》和《关于切实加强全市生产安全应急救援体系建设的意见》以及加强工矿商贸、道路交通、特种设备、建筑施工、交通运输，消防安全的意见等8个系列文件（简称安全生产“1+8”文件）也相继出台，进一步完善了全市安全生产地方性政策法规体系，为我市安全生产工作走向制度化、规范化和法制化打下了良好基础。2005年7月中旬，市安委会召开全体（扩大）会议，对上列“1+8”文件逐个进行了解读。2005年11月份，市政府组织多个督查组，对各县（市）区贯彻落实情况进行了第一次督查，取得了初步效果。

二、安全监管组织体系和责任体系逐步完善

为便于工作协调，提高安全生产工作力度和成效，市政府除设立安全生产委员会外，还根据工作需要，成立了道路交通事故预防领导小组、防火安全委员会、海上搜救中心、森林防火指挥部等4个协调小组，市政府有关领导任主任或组长。全市安全监管机构设置和人员配备在2005年上半年就已基本到位。到2005年底，市、县两级安监机构共编制246人（含事业编制102人），已到位237人。

乡镇（街道）安监站（所）建设也很快，全市145个乡镇（街道）已全部建立了安监站（所），有9个县（市）区已建立了人数不等的执法大队，年底已到编77人。

按照"谁主管、谁负责"和"属地管理"原则，全市各级、各方面层层签订安全生产责任书，明确了各级政府、政府有关部门、乡镇（街道）和企业等安全生产责任，建立起了四级安全生产责任体系。据统计，当年全市共签订各级各类安全生产责任书80000余份，基本做到了纵向到底、横向到边。其中市政府与市级25个部门（单位）和15个县（市）区签订了责任书。2005年12月底，市安委会组织考核组对签订责任书的地区、部门和单位逐个进行考核。

三、重点领域安全专项整治成效明显

按照全市安全生产工作会议的总体部署，市政府统筹协调，各有关部门形成合力，狠抓了道路交通、消防、危险化学品等重点领域的安全专项整治。此后，针对我市安全生产工作中出现的新问题，又增加了矿山、机械冲压等行业的专项整治。专项整治取得了明显效果：全年实现了道路交通事故4项指标全面下降；消防安全除火灾事故次数同比下降不大外，死伤人数和直接经济损失同比均有大幅度下降。全年共发生各类危险化学品安全事故10起，死亡2人，受伤1人，与2004年同期相比均有明显下降。特别是连续两年被国务院安委办列入重大隐患的宁波港镇海液体化工码头储罐区，虽然由于历史的原因情况非常复杂，但市委、市政府领导高度重视，多次召开会议进行研究协调，为加快整治进度，这一历史遗留问题最终得到解决。此外，矿山和冲压行业的安全生产专项整治也取得了明显成效，遏制了往年事故频发的态势。

四、重点时段安全生产大检查不断加强

在开展专项整治的同时，还组织了多次全市性的安全生产大检查。重大节日和高温、台风季节等特殊时段，市政府或市安委会都组织了全市性的安全生产大检查，市政府和有关部门领导分头带队，深入有关重点行业、重点部位，对检查中发现的事故隐患责令限时整改，并事后询查结果。特别是2005年8月份，省人民政府下发了《关于进一步做好当前安全生产工作的通知》后，市政府及时按照通知精神下发了《关于切实做好当前安全生产工作的通知》，并于随后就各县（市）区贯彻落实《通知》精神情况进行了全面检查，检查发现各地排查出的3841条各类隐患，其中95%以上已整改。

五、重大危险源监控得到高度重视

我市是华东地区重化工基地，重大危险源众多，安全设施比较薄弱，部分危险源的形成有复杂的历史原因，依法处置的难度较大。市政府有关部门从实际情况出发，切实加大对重大危险源的监控力度。市安监部门已对全市各类重大危险源进行了全面排摸，据初步统计，目前全市共有各种重大危险源513个，仅镇海、北仑两地就有153个。2005年已初步建立全市重大危险源数据库，下一步将运用现代科技手段对其实施动态监控。各地、各有关部门对重大危险源的监控比较到位，监控责任落实到具体单位和人员，基本保证了重大危险源的安全。

六、应急救援体系构架初步搭建

应急救援体系建设是安全生产长效机制的重要基础工作。2005年，市本级先后编制出台了《宁波市重特大生产安全事故应急救援预案》以及《宁波市重特大危险化学品安全事故应急救援预案》等11个专项预案。各县（市）区及政府有关部门也按要求制定了各类应急救援预案102个，基本涵盖了危险化学品、矿山、道路交通、水上交通、建筑施工、燃气、火灾、旅游、渔业等易发生事故的各个领域。全市范围内初步形成了主次分明、衔接合理、专业较全、科学规范的应急救援体系。全年市、县（市）区两级共组织预案演练36次（不含企业自行组织的演练），并针对演练过程中出现的问题修订完善预案，使预案逐步接近于实际可能发生的情形，充分体现预案的有效性。

七、存在的主要问题

一是企业的安全生产主体责任还不够落实。政府这一头"热"、企业特别是大量中小企业那一头还较"冷"的现象依然存在，不少企业负责人安全生产主体责任意识淡薄。二是基层、基础工作尚显薄弱，安全生产法律法规和政策措施在基层没有得到认真贯彻落实，安全生产基础设施仍有欠账，从业人员安全素质亟待提高。全市中小企业数量众多，家庭加工类的生产方式大量存在，构成事实上的"三合一"作业场所。危险化学品从业单位数量较大，许多企业安全生产条件欠缺。三是全社会齐抓共管的工作格局尚未形成，个别单位领导对安全生产监管工作的认识有偏差，工作未到位，导致安全生产综合监管力度不够，影响了工作效果。四是重特大安全事故仍未得到根本遏制。五是乡镇（街道）安全生产监管站（所）虽然大多数已经建立，但人员流动性大，兼职现象普遍，削弱了安全生产监管的实际力量。

厦门市安全生产工作综述

2005年，我市安全生产工作在市委、市政府的坚强领导下，坚持"安全第一、预防为主"方针，认真贯彻落实党中央、国务院领导的指示和《国务院关于进一步加强安全生产工作的决定》及全国、全省安全生产工作会议精神，突出重点，落实责任。全年共发生各类事故4295起（同比上升47.09%），死亡303人（下降19.20%），受伤3206人（上升77.62%），直接经济损失2308.4万元（下降11.04%）。其中，道路交通事故3630起（上升57.14%，占事故总数的84.52%），死亡247人（下降21.84%，占事故总数的81.52%），受伤3163人（上升79.72%，占事故总数的98.66%），直接经济损失1087.5万元（下降13.26%，占事故总数的47.1%）；火灾事故608起（上升11.76%），死亡9人（上升350%），受伤28人（下降12%），直接经济损失337.1万元（下降8%）；工伤事故48起（下降21.31%），死亡44人（下降20%），受伤13人（下降31.58%），直接经济损失714万元（下降19.14%）；渔业事故5起，死亡1人，受伤2人，直接经济损失9.2万元。

一、主要工作情况

1. 市委、市政府高度重视，主要领导亲自抓

一是市委、市政府领导莅临2005年10月8日全市安全生产工作紧急会议，何立峰书记、张昌平市长就我市的安全生产工作做了重要指示。市委召开常委扩大会议，传达贯彻国务院领导和省领导关于加强安全生产工作的重要批示。市长张昌平主持召开市政府常务会议、市政府安全生产专题会议，听取安全生产工作情况汇报，研究解决安全生产热点难点问题的措施和对策。

二是原分管全市安全生产工作的副市长徐模、洪获生主持召开前三个季度的市安委会成员例会，分析安全生产形势，针对道路交通事故多发的现状，专题研究防范事故的具体措施；叶重耕副市长于2005年10月初分管安全生产工作后，10月8日上午就到安监局调研，听取安全生产情况汇报，及时提出加强安全生产工作要求，10月19日主持召开市政府专题会议，研究贯彻10月8日全市安全生产工作紧急会议精神，抓好第四季度各项安全生产工作的落实，11月30日又到安监调研，研究如何吸取兄弟省市事故教训，抓好我市的安全生产工作。

三是市政府十分重视事故隐患整改，张市长、各位副市长等市领导亲自到事故隐患单位和道路"黑点"现场办公，听取情况汇报，落实整改措施，整改资金。

四是我市各级政府和部门认真贯彻落实国家、省有关安全生产工作的指示、文件、会议精神，层层抓落实，有效地推动安全生产工作扎实深入开展。

五是主要领导亲自带队检查安全。在元旦、春节、"五一"、"十一"、国际马拉松比赛、"九八"投洽会及"两会"等重大节日和活动期间，市领导亲自带领有关部门，对道路、铁路、航空和水上交通、人员密集场所、易燃易爆生产经营单位、旅游景区（点）、国际会展中心等重点单位、重点部位进行安全检查，重点检查各项安全防范措施、应急预案的落实情况，协调解决安全问题，消除安全隐患，确保节假日和重大活动期间全市安全稳定。

2. 组织开展道路交通安全综合整治

（1）协调组织开展春运道路交通安全工作。2005年春运从1月25日至3月5日，为期40天。我们把春运道路交通安全作为工作重点，会同交

警、运管、公路等部门组成春运道路安全领导机构，联合召开动员部署大会。检查25家重点客运单位，督促车站、维修厂家、车辆单位整改安全隐患。成立5个春运检查服务站，对参与春运的客运车辆进行严格检查，严厉查处道路交通违法行为。采取多种形式广泛宣传，营造春运道路交通安全氛围。在各级各部门的努力下，春运期间道路交通安全事故得到有效控制，与2004年同期比，除受伤人数上升14.53%外，事故起数、死亡人数、直接经济损失分别下降41.61%、27.78%、17.35%，实现春运道路交通安全、有序、畅通。安监部门协调督促同安区加强农村道路交通安全监管。同安区各镇（街、场）与区安监局、区交警大队签订了《安全责任书》，从春运第一天开始，为期一年。

（2）开展“百日大会战”活动。市安委会制定了活动实施方案，专门成立领导小组，自2005年3月6日至6月15日，在全市范围内开展以反违法、压事故为主要内容的道路交通“百日大会战”活动。“百日大会战”期间，全市道路交通安全“指数”与2004年同期比，事故起数下降49.4%，死亡人数下降43.2%，道路交通安全状况有所好转。

（3）会同共青团厦门市委、厦门市委文明办、厦门市公安交通管理局联合开展了“文明同行——青年志愿者文明督导统一行动”。2005年3月5日正式启动督导活动，组织部分高校在校青年团员，利用周六、日及节假日，在岛内道路交通情况较为复杂的20个路口进行文明交通督导、文明习惯监督、文明新风倡导。我局给予2万元的费用并协调市公交总公司提供100张免费乘车卡支持志愿者督导活动。制作三期“百日大会战”系列报道在《安全你我他》电视专栏播出进行宣传。

3. 继续深化非煤矿山专项整治

按照市领导“强化责任，加强整改，规范有序，逐步压缩”的指示强化非矿领域安全监管工作。一是依据《关于开展非煤矿山安全现状综合评价有关事项的通知》要求，全面部署非煤矿山企业安全评价工作，要求非煤矿山企业按时申办《安全生产许可证》，要求各区安监局以非煤矿山企业安全评价为契机，进一步加强对辖区内非煤矿山企业的安全生产监督管理。二是为进一步推动安全评价和安全生产许可证申办工作，举办了矿长、安全员任职资格培训班，共有250人参加培训，获得任职资格。三是责成区安监部门对发生生产安全事故的非煤矿山企业，责令停产整顿，并按照市安监局《关于非煤矿山建设项目安全设施设计审查和竣工验收工作意见的通知》要求，委托具备资质的单位设计开采方案。四是深入开展专项整治督查。在各区自查的基础上，我局组织相关部门人员、市安全生产专家组专家，对近年来发生事故和隐患较多的16个采矿企业进行督查，对查出的问题立即责成整改，问题严重的限期整改，推动非煤矿山企业提升安全生产水平，确保安全生产。五是认真贯彻国家和省局召开的非煤矿山安全生产工作会议精神，及时部署并落实相关工作，对我市非煤矿山企业安全许可证的申办工作，提出了明确的时间表和具体要求。六是严肃查处非煤矿山生产安全事故。2005年，我市非煤矿山共发生6起生产安全事故，死亡6人，市局在接到报告后，均督促区安监部门依法进行调查，并上报事故调查报告，有4起事故经审查后已给予批复结案。七是组织非煤矿山矿长、安全管理人员参加国家安全生产监督管理总局2005年10月份在厦门举办的矿山安全生产标准化企业考评办法及标准宣贯培训班，贯彻实施安全质量标准，提高非煤矿山安全生产水平。

4. 继续深入开展危险化学品专项整治

根据“整体规划，重点监控，分工协作，严格发证”方针，切实抓好危险化学品安全监管工作。市安委会从2004年7月到2005年12月开展的危险化学品专项整治工作取得了重要的效果。一是联系、协助、参与危险化学品仓库规划。针对机场高速路建设，需要东坪山危险化学品仓库搬迁问题，我局主动与漳州联系，了解漳州在厦门附近的危险化学品仓库情况，配合省经贸委协调漳州市在靠近厦门方向建立一个危险化学品仓库服务厦门企业。二是经过半年的细致摸底调查，建立了厦门市重大危险源数据库，为加强厦门重大危险源的安全监控管理提供依据。着手拟制了《厦门市重大危险源安全监督管理暂行规定》以及重大危险源监测预警应急指挥系统建设的工作方案。三是协调指导相关部门开展毒鼠强、“黑气”、烟花爆竹、人员密集场所等领域安全专项整治。认真开展全市春节、元宵禁放烟花爆竹检查。对经营、运输“黑气”的单位（个人）予以坚决打击，通过检查储灌站和燃气企业供应点、“黑气”存储点及在路上设卡查堵“黑气”，取得了较好的效果。销毁毒鼠强500公斤。2005年3月份，我局被表彰为“全市毒鼠强专项整治工作先进单位”。四是继续认真做好危险化学品经营许可证的发证工作。结合发证工作到现场核查企业安全经营条件，对于发现的隐患，及时督促企业抓紧时间整改，对基本达到了安全经营条件的发危险化学品经营许可证（乙种）或由省安全监管局审批发放危险化学品经营许可证（甲种）。五是认真做好危险化学品安全生产许可证的发证初审工作。按照要求公开申请办证的依据、程序，组织专家对申办企业进行现场核查。截至2005年12月底，已有7家企业获得了省安全监管局颁发的安全生产许可证。对18家尚未申办许可证的企业送达告知书，告知其必须于国家规定的时间内申请并办理安全生产许可证，逾期不申请或无法取得安全生产许可证的企业，将依法给予关闭。六是认真抓好危险化学品“五整顿、两关闭”，依法开展企业的转产、停产、搬迁、关闭工作。重点对生产工艺、设备和储存方式不符合国家规定标准的，特别是危险化学品生产企业与周边安全距离不足的，责令限期整改，整改后仍达不到规定的，坚决责令停产、停业，经停产整顿后仍不具备安全生产条件的予以关闭。七是认真开展道路运输危险化学品安全专项整治。根据省政府要求，会同公安、交通管理等部门部署道路运输危险化学品安全专项整治工作，组织有关部门开展道路运输危险化学品专项检查，督促企业建立、完善发货和装载的查验、登记、核准等制度，检查企业是否将危化品交由具有危货品运输资质的车辆运输，对使用不具备危险化学品运输资质的车辆运输危险化学品的新大华工贸公司等企业进行查处。

5. 继续开展消防、水上、建筑施工等安全整治

一是配合公安消防部门开展春季防火和商场，市场消防安全专项治理等工作。对居民区尤其是老城区开展拉网式消防隐患排查，把民办学校、私房出租户、“三合一”企业一并纳入火灾隐患排查整治范围，对检查出的问题，发出整改通知书责令责任单位限期整改，对整改情况进行跟踪、复查。二是配合海事、交通等部门开展水上交通安全整治，重点对客滚船、旅游船、“液货船”、危险货物集装箱、通航水域、“四客一危”等项进行整治。三是会同市建设与管理局开展建筑施工安全整治，着力加强对全市重点建设工程的安全监管。根据2005年10月12日张市长在市重点工程建设工作会议上的指示，我局拟制《关于加强重点工程施工安全监管工作的意见》，上报市政府办公厅转发，明确建设单位、施工单位、监理部门、主管部门等各相关单位的职责，落实安全生产法律、法规和安全生产责任制，各负其责，确保安全施工，确保工程质量。在全市重点在建项目中推出2个安全管理制度健全、责任落实的工程作为典型，组织各重点工程的主要负责人、安全管理人员、监理人员召开现场会，以会代训的形式，学习典型工程安全生产管理的经验作法，以带动全市重点工程的安全生产。我局制定了《重点工程施工安全检查表》，组织市监察局、市总工会、市建设与管理局、市交通委等部门及安全生产专家采取联合检查和突击检查相结合的方法，对工程施工安全生产情况进行检查。四是配合教育部门开展校园消防安全和校车安全管理专项整治活动。为加强对校车特别是民办学校校车的安全监管，我局牵头拟制了校车安全管理办法，并与有关部门联合印发该办法。组成2个检查组，对校车管理和使用的情况进行抽查和督查。五是会同市气象局、航空管理站加强对气球、风筝等升空物体和机场周边饲养鸽子影响飞行的安全管理工作。

6. 加大隐患查处、整改力度

一是牵头协调整改道路交通隐患。督促公路部门在春运期间对6个道路交通事故隐患点进行整改；协调督促翔安区、海沧区整治道路交通隐患10处，设置减速带和标志标线。协调交警部门排查出道路交通隐患58处，其中8处隐患提出整改措施建议，提交市长办公会研究后，积极协调督促有关部门抓落实。协调有关部门就集美公铁立交桥及延伸道路交通安全隐患等16个问题进行研究，采取措施加以解决。

二是认真开展危险化学品从业单位安全检查。2005年共检查、复查、复核企业1494次，查出或督促整改隐患4200多处，对13家企业开出整改指令书，对27家进行立案查处，对23家违法违规的企业罚款17.86万元。

三是认真受理举报，及时核实查处。2006年以来我局共受理涉及生产安全事故隐患举报案件

240起，每一起均能做到及时登记立案、立马到场核实、严肃督促整改、及时消除隐患。同时，根据《厦门市举报生产安全事故隐患奖励办法》及其实施细则规定，组织事故隐患评估专家对群众举报的事故隐患逐一评估，予以奖励。

7. 加强应急救援体系建设和演练，增强快速反应能力

为确保事故发生后能得到快速、有序、高效救援，将人员伤亡和财产损失减少到最低限度。我局2005年6月10日下午会同公安消防、贸发、环保、卫生等部门按《厦门市危险化学品事故应急救援预案》及火灾事故应急救援预案，在厦门储量最大危化品仓库——同安区盛商物流公司危险化学品仓库，联合举办危险化学品仓库事故演习。2005年“119”消防运动会闭幕式进行模拟运载剧毒气体的车辆在道路交通事故中发生泄漏等演练；2005年11月16日在莲坂水厂模拟液氯泄漏事故演练。各项演练均取得了良好的预期效果，演练中启动了应急预案，检验了应急救援队伍的应变能力，为危险化学品事故的应急救援积累了经验。

8. 开展宣传教育培训，强化全民安全生产意识

一是充分发挥各种媒体的强大推介力、感染力。在电视台、电台定期播放《安全你我他》专题栏目和安全生产公益广告，节目内容丰富。2006年在电视台共播出《安全生产你我他》53期，在电台播出3000多分钟。二是以“全国安全生产月”和“安康杯”竞赛活动为契机，按照国家和省的部署，精心组织，周密策划，开展安全生产宣传活动。三是与市劳动局共同编印《企业员工安全教育读本》10万册，赠发企业从业人员，特别是发给进城务工人员，使从业人员通过学习提高安全意识和安全生产技能，防范不安全行为导致伤亡事故的发生。四是开展安全教育培训活动，组织非煤矿山、危险化学品生产经营单位负责人、安全生产管理人员550人参加岗位安全资格培训班；举办事故单位负责人和安全管理人员培训班，组织2004年6月以来发生工伤事故单位的负责人和安全管理人员参加培训，有68人参加学习。全市有5903人次参加特种作业人员初审培训，有5648人次参加复审培训。

9. 认真做好事故调查和批复工作

一是牵头组织有关部门对“4·10”腾龙特种树脂公司氮气窒息、“4·12”海沧新阳公司排污工程中毒窒息、“5·20”石鼓山立交桥重大交通事故、“10·6”原电化厂遗址工地氯气泄漏事故等进行严肃查处。适时组织召开事故分析会，由生产经营单位的领导及安全生产管理人员参会，进一步强化生产经营单位尤其是非公有制中小企业安全生产主体意识，教育从业单位举一反三，吸取事故教训，认真落实安全生产责任制，抓好安全生产，防范事故发生。

二是对110联动通报的生产安全事故，及时通知辖区安监部门组织调查，确保依法及时调查处理事故。

三是对各区上报的“事故调查报告”，认真审核、批复，安全监管机构对经办查处的39起工伤事故和1起重大交通事故均做到事故定性准确，原因分析清楚，预防措施到位，责任者处罚恰当，职工群众受教育深刻。

10. 抓好区、镇（街）安全监管队伍建设

为适应安全生产工作发展的需要，市安监局进一步加强对区局安全监管工作的指导，结合日常工作，以多种形式对区局监管人员进行业务培训，提高履行职责的能力，共同发挥好市、区两级安监机构各自的职能，搞好全市安全生产工作。为了使安全生产责任制真正落实到位，实现安全生产监管工作“关口前移、重心下移”，认真抓好创安全生产合格镇（街）工作，进一步建立和完善镇（街）安全监管机构和队伍，增强安全监管力量，各镇（街）设立安全监管机构，配备了2～3名专职安全监管员，各社区（村）配备1～2名专职或兼职安全监管员，使安全监管触角延伸到基层，确保安全监管工作纵向到底，消除安全监管工作死角。我局根据张市长在2005年10月8日全市安全生产紧急会议上关于“强化安全生产基础性工作，抓好镇（街）安全监管机构队伍建设”的指示，于2005年11月对各区所属镇（街）安全监管机构、队伍建设情况和社区（村）安全监管员配备情况做了检查，检查的情况形成报告上报市政府，并向各区政府通报。市、区安监局加强对基层安全监管队伍的业务指导和培训，分5批组织镇（街）、村（社区）基层安全监管员参加培训，有623人参加学习，提高基层安全监管队伍的整体素质和监管能力。

二、存在的主要问题

全市的安全生产工作在市委、市政府的高度重视下，通过各级、各部门、各单位的共同努力，有效地遏制了各类事故的发生，安全生产形势总体平稳。但一些领域和地区，还存在许多薄弱环节。一是道路交通“百日大会战”取得阶段性成效，交通事故 4 项指标同比 2004 年呈现“两升两降”，死亡人数、经济损失有所下降，但事故起数、受伤人数增幅较大。二是私房出租问题经过整顿，取得阶段性进展。但由于历史原因，仍未彻底根治，思明中山路等老市区住房火灾隐患依然存在。三是一些企业违章存放易燃易爆危险化学品，有的生产、经营场所不符合安全要求，隐患仍未得到彻底消除。四是安全生产监管机构建设尚待加强。部分镇（街）领导对机构建设未足够重视，组织领导不够到位，有些工作落实不下去或流于形式。有的镇（街道）安全监管机构虽然建立，但只是在某部门里挂块牌子，专职监管员“专而不专”，身兼数职。有的监管机构经费不够落实，装备不足。五是道路交通硬件设施难以满足现实需要，一些道路“黑点”整治仍有难度，同时存在超速、超载、违章超车以及城乡结合部摩托车、“面的”非法载客屡经整治仍难以根除等。六是一些采石场在采矿证过期或无证的情况下仍然生产，存在不少隐患。

第七部分

安全生产宣传与培训工作

全国安全生产宣传工作

一、安全生产宣传工作要点

2005年2月1日，国家安全生产监督管理总局下发了安监管政法字〔2005〕18号文，提出安全生产宣传教育工作要点。文件要求按照全国安全生产工作会议的要求和对2005年的总体部署，深入学习邓小平理论和“三个代表”重要思想，宣传贯彻党的十六大和十六届三中、四中全会精神，宣传以科学发展观统领安全生产工作的重要意义，宣传贯彻党中央、国务院关于安全生产工作的方针政策和各项部署，宣传安全生产工作取得的重大进展和工作成效，宣传全面实施《安全生产法》，继续以贯彻落实《国务院关于进一步加强安全生产工作的决定》（以下简称《决定》）为主线，努力为全面建设小康社会，营造全社会“关爱生命、关注安全”的良好氛围，促进安全生产形势的进一步好转，提供强有力的舆论支持和精神动力。

1. 深入学习宣传贯彻党中央国务院关于安全生产的一系列重大举措

一是要从实践“三个代表”重要思想、落实科学发展观的高度，提高思想认识，在全社会形成“以人为本，关注安全，人人防范事故”的安全氛围。

二是要深入学习宣传贯彻党的十六届四中全会精神、中央经济工作会议精神和国务院关于加强安全生产工作的一系列政策措施，进一步统一思想，增强责任感、使命感和紧迫感。

三是要继续深入宣传学习贯彻《决定》。将党中央、国务院这些非常有效的政策措施落到实处。

2. 紧密围绕安全生产中心工作搞好宣传教育

2005年安全生产工作总的指导思想是以“三个代表”重要思想为指导，以科学发展观统领全局，树立安全发展的思想观念，继续以贯彻落实国务院《决定》为主线，健全控制指标体系，加大监管监察执法力度，强化主体，夯实基础，深化整治，完善体制，持之以恒地抓好“三项建设”，推动“五项创新”和“五个转变”，开创安全生产工作的新局面。

3. 大力普及安全常识，广泛开展群众性宣传活动

切实落实国务院领导同志的有关指示，与新闻媒体密切联系和协作，创办安全常识专栏，制作专题，进行安全常识教育，强化全民的安全观念，提高安全意识，规范安全行为。精心组织开展了安全生产宣传教育活动，在各项活动中贯彻科学发展观和以人为本的理念，着眼于普及安全知识，提高全民安全素质。

4. 切实发挥新闻媒体的作用，进一步提高舆论引导水平

加强安全生产新闻宣传工作，把握正确舆论导向。广泛宣传党和政府深切关注人民群众的生命安全，重视安全生产工作。建立和完善了新闻发布制度，定期召开新闻发布会，发布本地区安全生产信息，建立和完善了特大生产安全事故快速报道机制，向社会公布事故处理结果。

5. 倡导安全文化，加快安全文化建设步伐

大力推动企业安全文化建设和城市社区安全文化建设，推动优秀安全文化产品的创作和传播，推出一批安全文化产品，唱响安全文化主旋律。

6. 搞好宣传教育阵地建设，办好安全生产类报刊

各安全生产类报刊坚持正确舆论导向，宣传安全生产工作深化改革的新进展、新经验。及时揭露安全生产工作中存在的突出问题和重大隐患，对特大事故的查处情况及时予以公布，对安全生产工作中的热点问题展开讨论，提高了报刊质量。

7. 重视对外宣传，增强对外宣传的影响力

全面客观地向世界介绍中国，宣传我国的安全生产政策措施，宣传安全生产状况逐年好转的进程，树立我国在国际上的良好形象，营造有利的国际舆论环境。

8. 加强领导，把安全生产宣传教育各项工作落到实处

宣传教育工作是安全生产工作的重要组成部分，各级安全监管部门一定要从讲政治的高度，把宣传教育工作放在重要位置抓紧、抓好。

二、安全生产宣传活动

1. 大型安全生产电视系列片《安全为天》在全国陆续播出

由国家安全生产监督管理总局和北京巨头传媒文化发展有限公司策划、制作的365集大型安全生产电视系列片《安全为天》，春季在全国一些地方电视台陆续播出。该系列片以珍贵的现场资料和事故亲历者、灾难幸存者的讲述和经历为主，邀请著名专家进行科学解读。突出故事性、真实性、知识性、实用性和权威性，彰显“以人为本，安全第一”的主题。该系列片在全国播出后，在普通群众中引起了很大的反响，是安全生产宣传教育的一次有益尝试。

2. “4·28”世界安全生产与健康日——为奥运建设者送安全活动

4月28日是世界安全生产与健康日。国家安全生产监督管理总局宣教中心、中国建筑业协会建筑安全分会与国际劳工组织北京局，共同举办了“4.28”世界安全生产与健康日——为奥运建设者送安全活动。国家安全生产监督管理总局国际合作司副司长林一胜、建设部质量安全与行业发展司副司长尚春明与国际劳工组织北京局局长康妮等有关领导，分别介绍了我国和世界建筑行业的安全生产形势，指出建筑业在世界上为许多国家和地区带来大量的就业机会，同时又指出它是一个与工作相关的事故发生比例较高的行业。三部门领导又专程来到奥运三大标志性建筑物之一的国家游泳中心——“水立方”的建设现场，为奥运建设者们送去《全民安全知识读本》、《图说安全法》等图书。

3. 全国安全生产月活动

2005年6月，由中共中央宣传部、国家安全生产监督管理总局、国家广播电影电视总局、中华全国总工会、共青团中央共同组织的全国安全生产月活动继续举办。2005年的活动主题是“遵章守法，关爱生命”。2005年6月12日，全国各地开展了多种形式的活动。当天，活动主会场在北京市朝阳公园门前举行。国家煤矿监察局局长赵铁锤、国家安全监管总局副局长王德学、中宣部副部长李东生、国家广电总局副局长张海涛、全国总工会书记处书记陈荣书、共青团中央书记处书记王晓、北京市副市长陆昊等领导出席了会议。王德学代表国家安全生产监管总局致辞时强调，要通过全国安全生产月宣传咨询日活动，进一步掀起各地区、各部门、各单位活动的高潮，大力营造全社会安全舆论氛围，促进全国安全生产状况的稳定好转。全国各地不同省、市、县、乡的不同行业、部门，都大力开展了各种宣传教育活动，全国各地共发放各种宣传资料几百万份，营造了良好的安全文化氛围，使“遵章守法，关爱生命”的理念更加深入人心。

4. 安全生产万里行活动

2005年，中共中央宣传部、国家安全生产监督管理总局、国家广播电影电视总局、中华全国总工会、共青团中央共同组织了安全生产万里行采访活动。2005年6月12日，万里行采访团出发仪式在广州举行，国家安全生产监督管理总局局长李毅中、广东省省长黄华、中华全国总工会书记处书记张鸣起等领导到会并分别致辞。李毅中希望通过万里行记者们的采访活动，把党和政府对安全生产的高度重视和对人民群众生命财产安全关怀的精神，带到基层群众中去，让广大工人更了解安全知识，保护生命健康。万里行采访团历行18天，分别在广州、深圳、佛山、郴州、株洲、长沙、宜昌、武汉等地进行了实地采访。

5. 举办安全生产监管法制化建设高层论坛

2005年6月25～26日，安全生产监管法制化建设高层论坛在北京人民大会堂举行。论坛以"遵章守法、关爱生命"为主题，由国家安全生产监督管理总局和法制日报社联合举办。国家安全生产监督管理总局局长李毅中、国家煤矿安全监察局局长赵铁锤、司法部副部长范方平、全国人大预算工作委员会主任刘积斌、全国人大常委会法工委副主任安建、全国总工会书记处书记张鸣起等领导同志出席论坛。论坛从体制、机制、法制、政策等方面探讨了安全生产监督管理法制化建设的必要性和紧迫性，从理论和实践两方面深化对安全生产重大现实问题的认识，推进安全生产的规范化、法制化、制度化建设，提高企业负责人及劳动者的安全意识，促进安全文化发展和安全生产长效机制的建立，为安全生产工作的决策提供参考。

6. 首届全国安全生产及技术装备展览会在北京举行

2005年7月14～17日，首届全国安全生产及技术装备展览会在北京举行。展览会由中共中央宣传部、国家安全生产监督管理总局、国务院国有资产监督管理委员会、国家质量监督检验检疫总局、中华全国总工会、中国工业经济联合会、北京市人民政府共同主办，主题是"以人为本，构建社会主义和谐社会"。国家主要领导和各部委、各省、各大企业都对此次展览会十分重视。公安部、各省以及交通部、铁道部、农业部、建设部、民航总局七个国务院有关部门，中石油、中石化、神华集团公司等16家中央管理企业，大同煤业集团等13家煤炭骨干企业，以及35个代表我国安全生产新技术、新产品、新装备的厂商、科研院所参加了此次展览。展览会开幕当天，全国人大副委员长成思危出席了会议，并宣布开幕。国家安全生产监督管理总局、国务院国有资产监督管理委员会、国家质量监督检验检疫总局、中华全国总工会、中国工业经济联合会、北京市人民政府，以及各省分管安全生产工作的主要领导出席了开幕式。

2005年7月14日晚，中共中央政治局委员、中央书记处书记、国务委员周永康，国务委员兼国务院秘书长华建敏，全国人大常委会副委员长蒋正华、顾秀莲，全国政协副主席张梅颖，国务院副秘书长尤权，在国家安全生产监督管理总局领导李毅中、王显政、赵铁锤、王德学、孙华山、梁嘉琨、赵岸青的陪同下，参观了展览会。

7. 安全生产宣传工作会议在昆明召开

2005年10月21～22日，安全生产宣传工作会议在昆明召开。会上，国家安全生产监督管理总局局长李毅中、云南省副省长刘平分别致辞。国家安全生产监督管理总局副局长王显政做了题为《认真贯彻党的十六届五中全会精神，开创安全生产宣传工作的新局面》的报告。22日上午，代表们讨论并通过了《"十一五"安全文化建设实施纲要》。来自全国各省级安全监管部门、煤矿安全监察机构分管宣传工作的负责人，省级安全生产宣教中心负责人，以及部分安全生产类报刊负责人，部分国有重要骨干企业宣传部门负责人参加了会议。中央和国务院有关部门和部分新闻媒体记者也应邀出席了会议。

8.《安全与法》电视系列节目在央视开播

由国家安全生产监督管理总局、中央电视台和北京龙安康华安全生产研究中心联合摄制的大型电视系列节目《安全与法》，于2005年年底在中央电视台第12套节目《社会与法》频道的黄金时段播出。2005年12月26日，该节目在北京举行了开播仪式并举行了新闻发布会。国家煤矿安全监察局局长赵铁锤、中华全国总工会书记处书记张鸣起，国家安全生产监督管理总局政策法规司司长、新闻发言人黄毅等出席了会议并致辞。

全国安全生产培训工作

2005年，全国安全培训工作以邓小平理论和"三个代表"重要思想为指导，认真贯彻国家安全生产监督管理总局党组对安全培训工作的指示和要求，落实科学发展观，以完善安全培训体系为目标，以推进安全生产“五要素”到位为目的，围绕国家安全生产监督管理总局党组的整体工作部署，有效地开展了各项安全培训教育工作，取得了重大成效。

一、加快安全培训配套法规、标准建设

2005年，针对煤矿事故多发，人员素质低下的现状，制定下发了《关于加强煤矿安全培训指导意见》，对农民工安全培训的要求、内容、方式、时间以及管理等方面提出了明确规定；为加强高危行业（企业）全员培训，强化落实企业主体责任，制定了《生产经营单位安全培训规定》，于2005年12月28日在局长办公会议上审议通过，自2006年3月1日起施行，以国家安全生产监督管理总局第3号令颁发。对生产经营单位的主要负责人、安全生产管理人员、特种作业人员和其他从业人员的安全培训内容、时间等方面做了明确规定；为强化和规范特种作业培训、考核，制定了《特种作用人员培训考核管理办法》；针对国家安全生产监督管理总局机关人员培训教育，制定了《总局机关公务员培训暂行办法》；为了加强对全国安全培训工作的指导，明确“十一五”安全培训工作的基本思路、总体框架，制定了《安全生产培训“十一五”规划纲要》、《安全人才培养规划》；修订了《煤矿、非煤矿山主要负责人、安全生产管理人员培训大纲及考核标准》等。

二、突出重点，落实责任，认真开展各项安全培训工作

1. 举办了中央企业主要负责人、安全生产管理人员安全资格培训班

为贯彻落实《安全生产许可条例》以及《国务院办公厅关于加强中央企业安全生产工作的通知》（国办发［2004］52号）精神，举办了第二期中央企业主要负责人（36人）和安全生产管理人员的资格培训班（97人）；举办了中海油、中石油、中石化3个分部安全生产监察员及安全生产管理人员安全资格培训班（28人）。学员普遍反应培训班质量高，管理规范，收获较大 。

2. 举办了全国部分市（地）领导干部安全生产专题研讨班

根据2005年中央和国家机关有关部委抽调党政领导干部参加专题研究班计划（组通字［2005］10号），分别于2005年8月24日至9月2日、9月21日至9月29日在国家行政学院举办了两期全国部分市（地）领导干部专题研讨班。来自全国31个省（自治区、直辖市）101个市（地）的101名分管安全生产的领导干部，19个省级安全生产监管部门的19名负责人参加了培训。

3. 完成了对西藏全区安全生产监察员的执法培训

2005年7月24日至30日，组织专家教授为西藏自治区7个地（市）73个县安监局的149名安全生产监察员举办了执法资格培训。

4. 完成了安全培训机构教师的培训

为加强师资队伍建设，提高培训质量，委托中国矿业大学（北京校区）、总局培训中心在中国矿业大学（北京校区）、北京科技大学，分别举办了3期、7期安全培训机构师资培训班，分别培训了365人、716人，总计培训1081人。

5. 举办了监管监察人员执法培训班

为提高安全监管监察人员的业务素质和执法能力，随着各地监管监察机构的不断完善和人员的充实，及时在福建省、安徽省举办了两期安全生产监察员执法培训班，对全国30个省（自治区、直辖市）的183名监察人员进行了培训；在华北科技学院举办了两期煤矿安全监察员执法培训班，对20个省级煤矿安全监察局的151名监管监察人员进行了培训。

6. 积极开展国际培训与交流

积极配合外事部门，认真落实中日培训项目，在国内由日本专家授课，共有80多名监察人员参加了培训。组织了安全监管、监察人员分别到加拿大、澳大利亚、德国进行了专题培训，学习借鉴发达国家安全培训理念和经验。与杜邦公司就安全培训工作多次进行协商，达成有关协议，积极促进外事中心与杜邦公司的国际合作。

7. 完成了中美安全培训机构教师培训项目

按照中美矿山合作项目的要求，协助国际交流合作中心组织了来自全国31个一、二级煤矿安全培训机构的负责人、教师和教学管理人员共计48人参加的培训，覆盖面达到煤矿安全培训机构的75%以上。

三、对一、二级安全培训机构质量进行复审、评估检查及资质认定

按照《行政许可法》和《安全生产培训管理

办法》的要求，为促进安全培训机构培训质量和管理水平的提高，不断提升安全培训工作的整体水平，自2005年4月中旬至5月底，组织6个专家评估检查组，对全国30个省（区、市）的146家原国家局已认定的一、二级安全培训机构进行了复审和质量评估检查。

经认真研究，严格对照20号令、质量评估检查工作方案和一、二级评估检查细则，公布了第一批保留原有安全培训资质单位名单。

按照20号令的要求，对5家申报一级和29家申报二级安全生产培训资质单位进行了评估检查。

四、推进安全工程学科建设

按照《教育部、国家发展改革委关于编报2005年普通高等教育分学校分专业招生计划的通知》要求，向国家发展改革委社会发展司上报了华北科技学院2005年普通高等教育分校招生计划；办理了华北科技学院向河北省上报高等学校设置普通高职高专专业调整的情况。向教育部报送了2004年资助高校贫困家庭学生工作情况统计，办理了总局所属院校2004年教育基本建设统计年报；向教育部高等教育司报送了华北科技学院2006年增设本科专业工作；向教育部科技司报送了2005年年度新世纪优秀人才支持计划等工作。

积极向国务院学位委员会办公室推荐湖南科技大学为新增博士授予单位。向全国高等教育自学考试指导委员建议在天津理工大学开展安全工程及安全工程管理专业自学考试试点，以缓解安全技术人才紧张的局面，促进安全人才队伍健康发展。向教育部学生司建议华北科技学院实行对口单招，为煤炭企业培养安全科技人才。

积极落实国阅［2005］29号《纪要》精神。国家安全生产监督管理局副局长孙华山与教育部副部长吴启迪就以下问题初步达成共识：一是积极争取将安全工程列为国家一级学科，课题研究成果已经进行了初步论证，并在进一步论证的基础上，制定安全工程学科申报方案，积极协调教育部（国务院学位办），力争把安全科学与工程在教育部颁布2006年修订的《授予博士、硕士学位和培训研究生的学科、专业目录》中设立为一级学科。二是加强矿业（煤炭）主体专业人才的培养，在2003年批准中国矿业大学（徐州）部分专业单独招收“三校生”和煤炭企业优秀青年的基础上，2005年又扩大三所原煤炭高校（辽宁工程技术大学、西安科技大学、太原理工大学），增加对口单位招收本科生600人、高职90人。同时，在国家奖学金和助学贷款方面积极争取倾斜政策，解决煤炭人才培养的资金问题。教育部近期将启动煤炭高技能人才培养工程，把采矿技术与安全列入国家紧缺人才培养计划。三是积极推动安全知识进中小学课堂。教育部正在研究对禁毒中毒、国防教育、交通安全、消防知识等内容进行整合，统一大纲和教材，以必选课形式列入中小学教育课程。

积极配合高等学校安全工程学科教学指导委员会秘书处开展有关课题研究。2005年开展了《安全工程学科专业发展战略研究》、《安全工程学科专业规范》、《基于现代文明的生命平台支撑体系构件的研究》等课题的研究。

正在进一步修改《关于加强矿业专业技术人才培训的意见》。矿山专业职业教育工作已经启动，教育部将煤炭行业列入技能型紧缺人才培养工程，首批全国有16个省（区、市）21所煤炭高职、中专学校申报，专家已经进行了评估。

与教育部组成联合调研组，就黑龙江省政府如何培养矿业人才问题进行了专题调研。国家安全生产监督管理总局与教育部联合下发了《关于共建中国矿业大学的意见》，积极支持中国矿业大学发挥矿业学科建设的特色。

五、召开全国安全培训工作座谈会

2005年9月，国家安全生产监督管理总局在杭州组织召开了全国安全培训工作座谈会。各省级安全监管局、煤矿安全监察机构分管培训的负责人和业务处长，部分中央企业分管培训工作的负责人，部分安全培训机构负责人以及国家安全生产监督管理总局部分直属事业单位的有关同志共200多人参加了会议。会议总结了“十五”期间安全培训工作，部分单位介绍了安全培训工作的成功经验。会议部署了“十一五”期间的安全培训工作。

六、全国安全培训统计情况

1. 安全生产监管监察人员培训情况

全国培训各级安全生产监管监察人员共计22519人次。按培训对象划分，安全生产监管人员培训21492人次，煤矿安全监察人员培训1027人次。按类别划分，安全执法资格培训16521人次，占培训总人数的73.4%；各种专业（煤矿、非煤矿山、危险化学品、烟花爆竹等）培训5998人次，占培训总人数的26.6%。

2. 市（地）领导干部安全生产专题研讨班情况

举办市（地）领导干部安全生产专题研讨班2期，培训分管安全生产的市（地）领导干部101人次，省级安全监管部门负责人19人次。

3. 生产经营单位主要负责人和安全生产管理人员培训情况

培训生产经营单位主要负责人和安全生产管理人员共832040人次。其中：主要负责人357671人次，比2004年多培训107671人次，增加30.1%；安全生产管理人员474369人次，比2004年多培训74369人次，增加15.7%。

4. 特种作业人员培训及核发IC卡情况

全国培训特种作业人员共311万人次（核发IC卡239万个），比2004年增加48万人次，增加18.3%。其中：煤矿特种作业人员培训69万人次（核发IC卡50万个），其他行业特种作业人员培训共242万人次（核发IC卡189万个）。

5. 安全培训机构和师资队伍建设情况

（1）培训机构有关情况。据统计，截至2005年12月，全国共有各级安全培训机构2464家（安全生产培训机构1249家，煤矿安全培训机构1215家）。其中：一级28家（安全生产培训机构20家，煤矿安全培训机构8家），二级150家（安全生产培训机构98家，煤矿安全培训机构52家），三、四级共2286家（安全生产培训机构1131家，煤矿安全培训机构1155家）。

（2）安全培训机构师资培训。共举办一、二级安全培训机构师资培训班13期，培训1400人次。其中：安全生产培训机构师资培训班9期，培训946人次；煤矿安全培训机构师资培训班4期，培训454人次。

6. 国际合作培训情况

（1）中日培训项目。组织煤矿安全监察人员和煤矿企业有关人员赴日本参加培训，共培训373人次，邀请日本专家在国内培训3160人次。

（2）中美安全培训机构教师培训项目。邀请美国专家在国内对31家一、二级煤矿安全培训机构的负责人、教师和管理人员进行了培训，共培训48人次。

第八部分

安全科学技术与信息研究工作

安全科技与信息研究

2005年，我国安全科学技术工作围绕安全生产领域的一些重大问题开展了前瞻性、战略性研究，为国家安全监管决策提供了科学依据，在安全生产领域中一些关键技术方面取得了重要成果，科技成果转化率有所提高。在科学研究过程中，科研队伍积累了大量科研经验和技术知识，锻炼出了一批公共安全科技领域的技术骨干和学术带头人，为我国安全科技水平的提升奠定了人才基础。

一、安全生产规划的编制

2005年，国家发改委《关于印发2005年专项规划编制计划的通知》(发改规划[2005]537号)将国家安全生产监督管理总局《安全生产“十一五”规划》(以下简称《规划》)纳入《2005年专项规划编制计划》目录。国家安全生产监督管理总局领导对《规划》的编制工作十分重视，明确提出编制安全生产规划是2005年的一项重点工作。为高效、有序地组织《规划》的编制工作，提高《规划》质量，国家安全生产监督管理总局调整了安全生产“十一五”规划编制工作领导小组，并提出了《规划》编制工作方案。《规划》编制范围包括安全生产规划目标、主要任务、重点项目（工程）、保障措施等。《规划》编制工作组多次组织专家对《规划》进行论证，广泛征求各部委、各省（自治区、直辖市）、各行业协会的意见，进行补充修改完善。国家安全生产监督管理总局积极与国家发展改革委员会汇报与沟通，将《规划》涉及的相关内容及重大建设项目（工程）争取纳入国家发展改革委员会编制的《国民经济和社会发展总体规划》。

二、安全生产技术支撑体系专业中心建设

安全生产技术支撑体系专业中心项目建设是安全生产保障体系建设的重要组成部分，是推动安全科技进步，提高依法行政能力，提升安全生产监管科技含量的重要途径。

2004年国家安全生产监督管理总局提出了《安全生产技术支撑体系专业中心建设项目建议书》，2005年5月，国家发改委组织对该项目立项论证工作，12月正式批复了该项目建议书。

目前国家安全生产监督管理总局已按照国家发改委的批复意见和总局关于建设安全生产技术支撑体系专业中心总体部署，组织开展项目的可行性研究工作。

三、安全科学研究

1. *煤矿生产安全科技行动专项*

为贯彻落实国务院关于进一步加强煤矿安全生产工作的精神，针对我国煤矿安全科技基础比较薄弱、煤矿重特大事故多发的状况，2005年年初，科技部紧急启动了“煤矿生产安全科技行动专项”行动。

专项的主要内容是：加强技术筛选和综合集成，强化科技成果推广应用，建立煤矿生产安全技术示范区；以预防为重点，突破瓦斯灾害的实时监测和预警、瓦斯灾害治理、煤矿瓦斯灾害的应急救

援等三大关键技术，形成准确、快速、实时的煤矿生产安全技术体系；加强基础理论研究，为控制与减少瓦斯灾害提供科学基础。

专项将分两个阶段组织实施：第一阶段：2005年，启动基础研究，并将安排专项资金，重点开展技术筛选和综合集成示范，尽快推广应用一批先进适用技术。第二阶段：2006～2010年，将“煤矿瓦斯治理关键技术研究”列入国家科技计划，力求在煤矿瓦斯灾害的基础理论研究和三大关键技术方面取得重要成果。

专项中的“煤矿瓦斯治理技术集成与示范”科技攻关项目，已经科技部的批复。2005年9月23日，国家安全生产监督管理总局在京召开了“煤矿瓦斯治理技术集成与示范”项目启动工作会议，确定重庆松藻打通一矿等5个矿井作为示范单位，开展瓦斯灾害治理技术示范工作，以提高我国煤矿瓦斯治理工作的实效。

专项中的“预防煤矿瓦斯动力灾害的基础研究”项目已经获得2005年度“国家重点基础研究发展计划（973计划）”的资金支持，现已正式启动。

2. “十五”国家科技攻关延续课题获得资助

“十五”国家科技攻关计划“重大工业事故与大城市火灾防范及应急技术”项目通过3年的攻关，取得的成果已经得到较好的推广与应用。在此研究基础上，国家安全生产监督管理总局继续组织了“十五”国家科技攻关延续课题的论证并获得了科技部的滚动资金支持。延续项目有5个课题，分别是：矿山重大瓦斯煤尘爆炸事故预防及监控技术；城市燃气管道安全保障关键技术研究；大型公共建筑火灾防治关键技术研究；地铁消防安全技术研究；城市突发重大事故风险控制与应急技术研究及试点。

3. “公益与行业共性技术转化平台建设”项目

“国家科技基础条件平台”建设项目是继863计划、973计划和科技攻关计划后，科技部实施的第四大类国家科技计划。2005年，在科技部的指导下，国家安全生产监督管理总局作为牵头部门，会同国家环保总局和农业部，组织中国安全生产科学研究院、中国环境科学研究院和农业科学研究院共同编写了“公益与行业共性技术转化平台建设”项目可行性研究报告。该项目经过专家论证，已列入“十一五”国家科技基础条件平台的43个建设项目之一。

项目的主要目标是通过集成我国现有公共安全、环境保护和农业等领域公益与行业共性技术开发、中间试验、产品测试的基础条件资源，提高公益技术和行业共性技术的集成、配套能力和工程化技术服务水平。

项目下设3个子项目，其中子项目“安全生产劳动防护公益与行业共性技术转化平台建设”由中国安全生产科学研究院承担。

4. 国家安全生产监督管理总局2005年安全生产科技发展计划

国家安全生产监督管理总局编制了2005年安全生产科技发展计划，鼓励和引导企业技术进步工作。对企业和其他单位自筹资金开发的安全生产领域高水平的科研项目，通过专家评审，均列入总局指导性计划项目，并对这些项目取得的优秀成果，重点予以推广。列入2005年度国家安全生产监督管理总局安全生产科技发展计划项目的共有638项，比上年增长42%。其中：“十五”国家科技攻关计划项目26项，国家其他计划项目15项，列入国家安全生产监督管理总局指导性计划项目449项。

5. 国家自然科学基金2005年度资助安全科学领域的部分项目（见下表）

国家自然科学基金2005年度资助安全科学领域的部分项目

项目编号	题目
50577068	煤矿环境静电安全性的研究
70501035	高风险企业生产事故的发生机制——行为科学的研究
70571081	基于工业工程的煤矿安全事故机理与预防研究
70533050	煤矿生产重大瓦斯事故的形成机理及其管理方法研究
50574088	煤矿采动区大变形条件下桥梁及地基的加固方式研究
50504015	爆炸性环境电路本质安全性能判据及非爆炸检测研究

续表

项目编号	题　　目
50536030	多参数耦合的火灾动力学演化与突变研究
60574047	复杂工业系统运行品质在线评价的若干关键技术研究
50509021	深埋长隧洞地质灾害超前预报及其广义反演理论研究
50575189	疲劳与维修交互作用下结构的安全性理论
50575187	随机环境复杂系统结构多微损伤检测与安全保障
50579100	雅砻江流域水电开发与利用安全管理模式研究
50506021	汽油机多环芳香烃生成机理及环境安全性评价模型的研究
70501019	故障树分析中二元决策图底事件排序方法研究
70572007	建筑企业安全文化与工人安全行为及其相互关系的研究
70503017	灾害环境下人员疏散行为和模型研究
50578077	基于危害模拟分析的供水网络易损特性及安全防范研究
70572072	煤矿安全事故与矿工工作倦怠问题研究
50579010	碾压混凝土坝安全监控反问题研究
50538020	重大工程结构健康监测及其集成系统
40572163	非饱和裂隙粘土工程安全性的关键因素研究
70503003	基于社会性规制的中小企业健康与安全管理研究——以私营企业中农民工为重点的分析
70572017	激励机制与安全生产：探索保障中国煤矿工人生命和健康的组织理论和人力资源管理体系

四、科技成果与成果推广应用

2005年国家安全生产监督管理总局组织了科技成果鉴定（评审）。其中有些项目成果鉴定为国际先进水平。

1. 城市安全规划数据库及其网络管理技术研究

“城市安全规划数据库及其网络管理技术研究”是“十五”国家科技攻关专题（专题编号：2001BA803B01－03）。该专题采用新奥尔良方法进行数据库总体设计，开发了由13个基础数据库、7个安全信息数据库、10个地理信息数据库组成的城市安全规划数据库，采集了必要的基础数据、安全信息数据和城市地理数据。通过“网络操作系统 & 网络数据库系统 & 网络技术”模式，实现了城市重大危险源的网络化管理。按照对重大危险源、安全规划、应急救援信息的管理权限，将用户分为系统管理员、应急救援、安全规划和危险源管理等用户，通过安全体系结构、安全认证、数据库完整性控制、数据库并发控制和恢复机制等实现了数据库的安全管理。实现了地图编辑、安全规划和应急救援基本对象、事故模拟分析的可视化。提出了城市安全规划地理信息分类与代码，并与其他信息编码体系相适应，为城市安全规划信息标准化奠定了基础。集成了事故后果模型库，编制了事故后果模型库管理及其事故后果评价软件。建立了城市安全相关空间特征分析、风险评价与预测分析的地理信息方法、城市安全规划与应急救援辅助决策信息系统设计方法，开发了该系统模块化的信息平台。研究成果已经在南宁市、青岛市及广西南丹高峰矿应用，取得了较好的社会效益和经济效益。该专题在城市安全规划数据库结构和可视化、城市安全规划与应急救援基本控件、城市安全规划地理信息编码、城市安全规划与应急辅助决策支持系统等方面有重要技术创新，达到同类技术国际先进水平。

2. 城市公共安全规划技术方法与程序研究

“十五”国家科技攻关计划“城市公共安全规划技术、方法与程序研究”专题引入了物质事故易发性、工艺事故易发性和安全补偿系数等事故概率修正因子，建立了事故概率修正模型。在此基础上，在国内外首次提出了适合我国实际需要的城市区域性定量风险评价（QARA）技术方法，开发了城市区域性定量风险评价软件。研究提出了城市重大危险源整体（综合）安全规划程序和方法，新建、改建、扩建重大危险源及现有重大危险源周边的土地利用规划程序和方法。在国内外首次提出了基于风险水平的城市安全功能区概念、安全功能区划分的指标及安全规划指标量化方法、四类安全功能区的分类依据和可接受风险基准，并给出了基于风险的安全功能区划分方法，完成了《城市公共安全规划编制指南》，为进行系统化的城市公共安全规划提供了技术指导文件。该专题在城市公共安全规划、城市区域性定量风险评价、城市重大危险源安全规划等研究方面填补了国内空白。其研究成果总体上达到了该领域国际先进水平，在城市区域性定量风险评价技术和城市重大危险源安全规划技术方面具有国际领先水平。

3. 重大危险源安全管理信息系统

“重大危险源安全管理信息系统”集成了自“八五”以来在重大危险源辨识、评价和监控技术方面的科技成果，系统地提出了9类重大危险源的评价分级方法，开发了相应的评价分级模块；提出了企业重大危险源安全管理及政府重大危险源安全监管的信息系统设计原则、信息标准化体系、信息基本结构、信息编码方案、信息安全保障等关键性技术。研发的《重大危险源安全管理信息系统》，采用了模块化设计思想和数据传输加密技术，首次实现了国家、省、市、县4级重大危险源数据的逐级上报与信息同步。该系统已被应用于全国重大危险源的普查登记。目前正在进行国家、省（自治区）、市、县（区）、企业4级监控预警中心建设、4级动态监管及监测预警系统建设和重点行业或地区重大危险源监控示范工程等重点工程或项目。

4. 数字化瓦斯远程监控系统

数字化瓦斯远程监控系统是防止煤矿瓦斯事故的重要科技手段，是煤矿安全生产的“电子警察”，对强化煤矿安全生产的多级监管具有重要作用。为此，国家安全生产监督管理总局在2005年发出了《关于推广应用煤矿数字化瓦斯远程监控系统的通知》。煤矿推广数字化瓦斯远程监控系统工作目标是：高瓦斯、煤与瓦斯突出矿井要全部建立并完善安全监测监控系统；原国有重点煤矿企业要实现各矿井的联网，国有地方煤矿、乡镇煤矿要实现县（区）范围内联网。截至2005年12月底，全国高瓦斯、煤与瓦斯突出矿井全部装备了监测监控系统，67户瓦斯灾害严重的国有重点煤矿已有66户实现内部联网，95个重点产煤县已有69个实现县域联网。山西省高瓦斯、煤与瓦斯突出矿井实现了省市县矿4级联网。

2005年组织了“危险品道路运输车辆运行安全监控管理应用系统”、“iHPM重大危险源远程监控管理系统”、“安全生产监督管理综合信息系统”、“KJ8SM/ZL40过滤式自救器矿灯”等的研发并列入2005年国家科技成果重点推广计划目录。

5. 安全生产与经济社会发展研究

2005年7月13日国家安全生产监督管理总局规划科技司在西郊宾馆组织召开课题成果论证会，国家安全生产监督管理总局王显政副局长、王德学副局长出席会议并讲话。中国煤炭工业协会会长，中国工程院院士范维唐、国家煤矿安全监察局副局长付建华，中国社会保险学会会长原劳动保障部副部长王建伦，国务院发展研究中心副主任鲁志强，国家自然科学基金会主任、中科院原副院长、中科院院士陈宜瑜，中国科协副主席左铁镛院士，中国科学院院士宋振琪，中国工程院院士钟群鹏、陈清如、洪伯潜、高金吉、范维澄、顾心怿、张铁岗、陈蕴博，以及来自国家发改委、科技部、中国社科院、中企联可持续发展工商委员会、煤炭科学研究院、中国矿业大学的专家学者，安全监管总局各司局负责人等参加了会议。

课题负责人信息院黄盛初院长向论证委员会汇报了课题研究成果。与会专家对课题成果进行了热烈的讨论和论证，论证委员会一致认为：①课题揭示了安全生产与经济社会发展之间的内在规律，构建了安全生产与经济社会和谐发展关系的理论基础，是安全生产理论的重大创新。②首次提出了安全生产阶段发展理论，揭示了安全生产状况与经济社会发展水平间呈现非对称抛物线函数关系；③利用多元回归主因素分析法，开创性地建立了经济社会发展多因素对安全生产影响的数学模型，为今后制定国家宏观经济政策和经济社会发展规划奠定了理论基础；④对我国安全生产形势与趋势进行了科学预测，从理论上证实了，充分发挥我国的制度优势、政治优势和科技后发优势，完全可以有效遏制事故多发的势头，缩短事故易发的过程；⑤提出必须将安全生产指标纳入国家经济统计指标，必须把安全生产规划纳入国民经济发展规划中，促进我国安全生产与经济社会的协调发展；⑥课题对不同类型国家的安全生产法规、安全监管等体系的深入研究，为我国制定有效的防控措施与政策提供了可靠的理论支持与借鉴。总之，课题研究样本数量多、时域跨度大，为安全生产阶段发展理论研究提供了可靠的信息支持，是安全生产理论的一项重大创新，为更好的把握安全生产发展规律奠定了理论基础，对贯彻落实科学发展观，构建和谐社会具有重要现实意义，研究成果达到了国际先进水平。

本课题研究成果为我国制定科学合理的安全生产控制指标奠定了理论基础，不仅得到国家总局领导和相关专家的高度评价，也得到中央领导的高度重视。目前，该项研究成果被评为全国安全生产科技进步一等奖。

6. 我国矿山主要职业病预防体系研究

在工业化进程中，职业危害严重长期困扰我国工业和经济发展，各类职业病普遍高发对工人的安全与健康造成了严重的威胁，特别是在我国矿山企业，生产性粉尘造成的尘肺病是我国主要职业病。为了预防、控制和消除职业病危害，必须建立一套完整的超前的、能动的、标本兼治的矿山职业病预防体系，才能有效地控制尘肺病的发生。为此，信息研究院会同煤炭工业职业医学研究所，在国家安全生产监督管理总局的指导下，申请科技部立项开展“我国矿山主要职业病预防体系研究”项目。

项目的主要目标是客观系统分析我国目前矿山主要职业病的预防现状，与国外先进国家对比，寻找差距，分析不足，对矿山主要职业病预防的法规、监督管理、实施策略进行研究，最终建立较为完善的矿山职业病预防体系，从而降低煤炭行业职业病发病率，为我国矿山职业病预防提供可靠保障。

7. 煤矿事故数据库及应急救援支撑系统

2005 年 6 月 3 日，科技部支持信息研究院承担的“煤矿事故数据库及应急救援支撑系统”完成专家评审，国家煤矿安全监察局局长赵铁锤出席，国家安监总局规划科技司、生产安全应急救援办公室、煤监局综合司、安全监察司、事故调查司、矿山应急救援指挥中心等部门的负责人和专家等参加了评审。

建立矿山数据库和应急救援支撑系统的核心目的就是指导政府和企业进行预防和救援，缩短应急反应时间，促进救援资源快速到位，制定科学合理的救援方案。该系统包括 8 个子系统：煤矿事故数据库管理子系统，事故救援预案管理子系统，事故救援知识管理子系统，矿山救护队管理子系统，救援专家管理子系统，地理信息子系统，地图编辑管理子系统，安全法规数据库管理子系统。

五、“十一五”期间安全生产领域重点科技工作

“十一五”期间，公共安全科技行动包括国家公共安全应急平台技术和重点领域关键、共性技术研究。其中生产安全领域将主要围绕煤矿重大瓦斯煤尘爆炸事故预测、预防，危险化学品事故监控与应急救援，非煤矿山典型灾害预测、预警与控制，高危职业危害预防控制，安全生产检测检验与物证分析，安全生产监管机制及关键技术标准等重大科技问题和技术装备开展科技研发，力争全面提高生产安全保障水平。

第九部分

重大事故案例选编

矿山事故

辽宁省阜新矿业（集团）有限责任公司孙家湾煤矿海州立井“2·14”特别重大瓦斯爆炸事故

2005年2月14日15时01分，辽宁省阜新矿业（集团）有限责任公司（以下简称阜矿集团公司）孙家湾煤矿海州立井发生一起特别重大瓦斯爆炸事故，造成214人死亡，30人受伤，直接经济损失4968.9万元。

一、事故经过

2005年2月14日15时03分，孙家湾煤矿调度室接到海州立井调度室汇报：“井下可能出事了！”矿调度立即向矿总工程师等领导报告，并按照程序逐级进行了上报。当时判断可能在井下331采区发生了瓦斯爆炸事故。

15时25分，矿调度室向局调度室汇报，请求救护队救援，同时向井下另一个采区即242采区发出紧急撤离人员的通知，并组织各区队做好抢险救灾准备，派人到井下调度室设置警戒，防止撤离人员误入灾区。接到事故报告，阜矿集团公司立即启动了重特大事故应急救援预案。15时50分，阜矿集团公司救护大队接到事故通知后，立即调动5个救护小队赶赴事故矿井，随即又组织了3个备班小队相继到达事故矿井。辽宁煤矿安全监察局矿山救援指挥中心共调动省内10个救护小队，先后在灾区救出伤员16名，发现遇难者197人，设置临时风墙4处。截至21日23时55分，事故抢险救护人员在3316回风道冒顶处发现最后一名遇难矿工，抢险救灾工作基本结束，共发现214名遇难矿工。

事故当班下井人员分布及伤亡情况：242采区入井人员66人，受伤2人；3315工作面入井156人，死亡104人，受伤14人；3316工作面入井73人，死亡73人；331采区东部区域入井119人，死亡35人，受伤10人；斜井区域入井59人，无人员伤亡；其他区域入井101人，死亡2人，受伤4人。

二、事故原因分析

经调查认定，此次事故是一起责任事故。

1. 直接原因

（1）冲击地压造成3316风道外段大量瓦斯异常涌出，3316风道里段掘进工作面局部停风造成瓦斯积聚，浓度达到爆炸界限。

（2）工人违章带电检修临时配电点照明信号综合保护装置，产生电火花引起瓦斯爆炸。

2. 间接原因

（1）改扩建工程和生产技术管理混乱，超能力组织生产，采掘接替严重失调。

（2）“一通三防”、机电管理混乱，外包工队特殊工种长期违规无证上岗，违章带电检修电气设备。

（3）劳动组织管理混乱，缺乏统一、有效的安全管理制度，以包代管。

（4）安全管理混乱，基本无人携带自救器和便携甲烷监测仪，生产值班人员擅离工作岗位、瓦斯监控值班人员及有关负责人在瓦斯监控系统报警后长达11分钟时间内没有按规定实施停电撤人措施，没有严格执行有关定期做好冲击地压的预测预报工作，对重大事故隐患监督管理不严。

（5）重生产、轻安全，片面追求经济效益，忽视安全生产管理，2005年阜矿集团公司在孙家湾煤矿改扩建工程尚未竣工的情况下向该矿下达超能力生产计划，但却没有及时组织落实有关部门下达的限期整改指令。

（6）辽宁省煤炭工业局未认真落实党的安全生产方针，未能正确履行工作职责，对阜矿集团公司的安全生产工作管理不力，对孙家湾煤矿海州立井改扩建工程疏于管理，对海州立井2005年超能力组织生产行为监管不力，没有认真落实辽宁省政府领导2003年5月对辽宁煤矿安全监察局《关于阜新矿业集团公司安全情况的报告》所作出的批示，对阜新集团公司存在的重大事故隐患未能有效组织检查整改。

（7）辽宁煤矿安全监察局辽西分局（原阜新办事处）对孙家湾煤矿监察执法不到位，对海州立井331采区无设计、没有采区专用回风巷、采区未形成完整的通风系统和该矿擅自修改设计增加3315输送机道和3316风道之间的联络巷、未形成独立的通风系统等事故隐患督促整改不到位。

三、事故处理结果

（1）孙家湾煤矿工资科科长，负责与铁法、温州外包工队签订合同、核定外包工队人员工资。在未认真审核的情况下，便与外包工队签订了劳务合同；2003年1月至2005年2月，收受两个外包工队的贿赂款共计8.64万元人民币。现已移交检察机关处理，给予开除公职处分，并建议给予开除党籍处分。

（2）孙家湾煤矿铁法外包工队队长。在没有施工资质和相关手续的情况下，为了承揽孙家湾煤矿井下作业工程，伪造公章和委托代理书，与该矿签订了劳务合同；对本队下井作业人员长期违规作业、无证上岗等问题管理不力。因涉嫌伪造公司、单位印章罪，公安机关已作出取保候审处理。

（3）孙家湾煤矿矿长，全矿安全生产第一责任人。未认真贯彻落实安全第一、预防为主的方针；重生产、轻安全，安全生产管理混乱；在331采区无设计的情况下，违规组织生产，擅自决定开掘联络巷；在未认真审核外包工队手续的情况下与外包工队签订了劳务合同，长期使用外包工队进行井下施工作业，劳动组织管理混乱。2004年4月1日后，在与外包工队没有续签合同的情况下，非法使用外包工队；对“一通三防”、机电管理中存在的安全隐患未能有效组织整改，工作严重失职。对事故的发生负有主要责任。建议移交司法机关处理。

（4）孙家湾煤矿安监处安检科科长，负责安检科全面工作。对矿井存在的诸多安全隐患问题监督检查不力，工作严重失职；对下井人员长期不携带自救器和便携仪的问题不制止、不处罚；发现井下无证电工违章进行作业的情况后，没有进行制止。2005年2月14日，作为当日生产值班领导，擅离职守，带领本科室当班人员外出喝酒，直至事故发生后才回到工作岗位。对事故的发生负有主要责任。建议移交司法机关处理。

对上述（1）～（4）相关人员待司法机关作出处理后，由当地纪检监察机关及企业及时给予相应的党纪和行政处分。

（5）孙家湾煤矿通风区副区长，负责瓦斯监测工作。对孙家湾煤矿瓦斯监控系统维护工作监管不力；对地面瓦斯监控系统检修、维护不及时，在其声音报警功能出现故障长达4个月的时间内没有督促解决，工作失职。对事故的发生负有主要责任。给予行政撤职处分，并建议给予党内严重警告处分。

（6）孙家湾煤矿通风区区长，负责通风区全面工作。事故发生前在瓦斯监控中心，在瓦斯超限的情况下，指挥、处置不当，没有按规程要求及时向矿调度室报告，并采取必要的措施，贻误了处置时机，工作严重失职。对事故的发生负有主要责任。给予行政撤职处分，并建议给予撤销党内职务处分。

（7）孙家湾煤矿安监处安检科科长，负责海州立井的安全生产监督检查工作。没有认真履行监管职责，工作失职，对海州立井的安全监督检查不力；对下井人员长期不携带自救器和便携仪的问题没有制止和处罚；对井下作业人员违规从事电工作业的问题监管不力，对作业人员持证情况监察不力。对事故的发生负有主要责任。给予行政撤职处分，并建议给予党内严重警告处分。

(8) 孙家湾煤矿机电科科长，负责对全矿机电设备、设施安全检查等工作，分管矿机电区、机电队。对铁法外包工队井下机电管理混乱监管不力；未对铁法外包工队工人经常违规从事井下电工作业的问题进行管理，工作失职。对事故的发生负有主要责任。给予行政撤职处分，并建议给予党内严重警告处分。

(9) 孙家湾煤矿防治冲击地压办公室主任，负责矿井冲击地压防治工作。对冲击地压的危险性认识不足，没有严格落实《331 采区综合防治措施》中的有关规定，未能认真做好预测预报工作。对事故的发生负有主要责任。给予行政降级处分。

(10) 孙家湾煤矿安全监察处处长，负责全矿地面安全监督检查和安全培训工作。对该矿安全培训工作管理不力；对外包工队井下从业人员、特种作业人员的岗前培训和持证情况不掌握。对事故的发生负有重要领导责任。给予行政降级处分，并建议给予党内严重警告处分。

(11) 孙家湾煤矿安全监察处处长（由于矿井合并等背景，孙家湾煤矿总工程师、安全监察处处长等职位实行“一岗双职”)，负责全矿井下安全监督检查工作。没有认真履行监管职责，对井下安全监管不力，工作失职；对该矿擅自修改设计、增加 3315 输送机道与 3316 风道之间联络巷的问题，没有提出整改意见；未能发现井下作业人员无证从事电工作业和 331 采区劳动组织不合理的问题；对下井人员长期不携带自救器和便携仪的问题没有制止和处罚。对事故的发生负有主要领导责任。给予行政撤职处分，并建议给予撤销党内职务处分。

(12) 孙家湾煤矿副矿长，负责生产准备工作。对铁法外包工队的井下掘进施工管理不力，对工人长期违规、无证从事井下电工作业的问题不检查。对事故的发生负有重要领导责任。给予行政降级处分，并建议给予党内严重警告处分。

(13) 孙家湾煤矿副矿长，负责“一通三防”工作。没有认真履行职责，对孙家湾煤矿“一通三防”工作管理不力，工作失职；对瓦斯监控系统的使用、维护监管不力；未能有效解决通风和瓦斯治理方面存在的安全隐患；对下井人员长期不携带自救器和特殊工种人员不携带便携仪的问题失察；对该矿斜井长期将自救器发放到个人自行管理的问题没有采取有效措施进行纠正。对事故的发生负有主要领导责任。给予行政撤职处分，并建议给予党内严重警告处分。

(14) 孙家湾煤矿副矿长，负责全矿的生产指挥、调度和管理工作。对该矿井下劳动组织不合理、多工种交叉作业的问题管理不力，工作失职；对调度管理工作监管不到位；对井下矿工长期不携带自救器、特殊工种人员不携带便携仪的问题没有采取措施予以纠正。对事故的发生负有主要领导责任。给予行政撤职处分，并建议给予撤销党内职务处分。

(15) 孙家湾煤矿副矿长，负责全矿机电安全管理工作。工作失职，对外包工队在机电管理方面以包代管；对该矿机电部门未能认真履行职责的问题督促检查不力；对外包工队特殊工种无证上岗、问题失察。对事故的发生负有主要领导责任。给予行政撤职处分，并建议给予党内严重警告处分。

(16) 孙家湾煤矿总工程师，负责全矿“一通三防”、防冲击地压、防排水等方面的技术工作。工作失职，在负责采掘施工设计中，对该矿 331 采区进、回风巷的设计未贯穿整个采区，延伸不到位；在组织修改孙家湾煤矿海州立井改扩建施工中，没有按设计要求组织 331 采区专用回风道的施工项目；对冲击地压危险性重视不够，防治冲击地压工作存在漏洞，在接到该矿 3316 外风道 2005 年 2 月 4 日至 7 日钻屑值超限报告后，没有安排再次打钻取屑及对冲击地压的危险进行检测。对事故的发生负有主要领导责任。给予行政撤职处分，并建议给予党内严重警告处分。

(17) 孙家湾煤矿总工程师，负责生产计划、采掘设计等工作。工作失职，在 3315 采煤工作面和 3316 准备工作面风道之间联络巷的开掘过程中，参与研究并组织安排生产技术科进行修改设计，但未按规定报批便组织施工；对 331 采区没有专用回风巷、进回风巷未贯穿整个采区、延伸不到位等问题没有提出整改意见；明知集团公司下达的 2005 年生产计划（145 万吨）会造成采掘关系严重失调，未提出调整意见，仍然超能力组织生产，致使采掘关系严重失调、多工种交叉作业。对事故的发生负有主要领导责任。给予行政撤职处分，并建议给予党内严重警告处分。

（18）孙家湾煤矿党委书记，没有认真履行职责，对本单位贯彻执行安全第一的方针监督检查不力；对所属部门和人员履行职责情况监督不力；对干部职工安全思想教育工作不到位，存在薄弱环节。对事故的发生负有主要领导责任。建议给予撤销党内职务处分。

（19）阜矿集团公司物资分公司采购部业务员，负责综合保护装置的采购。在为孙家湾煤矿购买照明信号综合保护装置过程中，未按规定进行验收，便直接发往孙家湾煤矿使用（该综合保护装置是导致本次事故发生的火源点）。对事故的发生负有主要责任。给予留用察看1年处分。

（20）阜矿集团公司通风处处长，对孙家湾煤矿在“一通三防”工作方面存在安全隐患的问题监督检查不力；在2004年12月份到该矿检查时，发现3315和3316两个工作面之间的联络巷影响形成独立通风系统的问题，没有提出整改意见；明知在改扩建施工中没有按设计要求组织331采区专用回风道的施工项目，未采取任何措施；对瓦斯监控系统管理使用中存在的问题失察。对事故的发生负有重要领导责任。给予行政降级处分。

（21）阜矿集团公司生产技术部副主任兼生产技术处处长，负责生产计划、采掘进度的制定和审查等工作。明知孙家湾煤矿海州立井2003年核定生产能力为90万吨/年，在改扩建工程尚未竣工和矿井开拓准备进尺欠账严重的情况下，2005年为矿井拟定年度生产计划145万吨，由于超能力组织生产，造成采掘关系严重失调。对事故的发生负有重要领导责任。给予行政记大过处分，并建议给予党内警告处分。

（22）阜矿集团公司安全监察局副局长兼监察处处长，负责集团公司下属矿井安全监督检查工作。工作失职，对孙家湾煤矿的安全监察不力；没有组织过对井下作业人员携带自救器、甲烷便携仪情况的检查；对矿机电、通风管理混乱和通过3315输送机巷与3316风道之间的联络巷开口掘进3316风道、331采区多工种交叉作业等问题监督检查不到位。对事故的发生负有主要领导责任。给予行政撤职处分，并建议给予撤销党内职务处分。

（23）阜矿集团公司安全监察局局长，负责集团公司安全监察全面工作。对孙家湾煤矿的安全监察不力，履行职责不认真；对矿机电、通风管理混乱和通过3315输送机巷与3316风道之间的联络巷开口掘进3316风道、331采区多工种交叉作业等问题监督管理不到位；对孙家湾煤矿安监部门业务指导不力。对事故的发生负有重要领导责任。给予行政降级处分，并建议给予党内严重警告处分。

（24）阜矿集团公司副总工程师，负责通风技术管理工作。对孙家湾煤矿在通风和瓦斯治理方面存在的安全隐患和集团公司通风处在技术管理方面存在的问题监督管理不力；对矿井采区没有形成完整通风系统、3315和3316两个工作面没有形成独立通风系统问题以及瓦斯监控系统管理使用中存在的问题监督检查不到位。对事故的发生负有重要领导责任。给予行政降级处分，并建议给予党内严重警告处分。

（25）阜矿集团公司副总工程师，负责准备、设计和防冲击地压等工作。生产技术管理工作不力；在明知孙家湾煤矿海州立井331采区无设计的情况下，对采煤工作面设计进行了审批。对事故的发生负有重要领导责任。给予行政降级处分，并建议给予党内严重警告处分。

（26）阜矿集团公司总工程师（2004年6月任职），负责技术、准备和改扩建等工作。在组织修改孙家湾煤矿海州立井改扩建施工方案中，没有按设计要求组织331采区专用回风道的施工项目；明知孙家湾煤矿海州立井改扩建工程尚未竣工、矿井开拓准备进尺欠账严重、采掘关系严重失调，但对集团公司下达的超能力生产计划未提出调整意见。对事故的发生负有重要领导责任。给予行政降级处分，并建议给予党内严重警告处分。

（27）阜矿集团公司副总经理，负责生产和机电管理等工作。在孙家湾煤矿海州立井改扩建工程尚未竣工和矿井开拓准备进尺欠账严重的情况下，重采轻掘，超能力组织生产，造成采掘关系严重失调，致使331采区采掘巷道布置不合理和劳动组织混乱；对机电管理部门在孙家湾煤矿井下机电管理方面没有认真履行职责的问题失察。对事故的发生负有重要领导责任。给予行政降级处分，并建议给予党内严重警告处分。

（28）阜矿集团公司董事长、总经理，作为集团公司安全生产第一责任人，未认真贯彻落实安全第一、预防为主的方针，重生产，轻安全，安全管理不力；在采掘关系严重失调的情况下，超能力下达生产任务；对存在的严重安全隐患监督管理不力；对有关职能部门没有认真履行职责的问题失察，工作严重失职。对事故的发生负有主要领导责任。给予行政撤职处分，并建议给予撤销党内职务处分，按程序免去其董事长职务。

（29）阜矿集团公司副董事长，集团公司安全思想教育第一责任人。没有认真贯彻落实安全第一、预防为主的方针，安全思想教育工作不力，对外包工队的安全思想教育存在死角；特别是对孙家湾煤矿干部不认真履行职责和管理混乱的问题监督管理不力；对矿合并后长期一岗双人、职责不清的问题没有及时督促解决。对事故的发生负有重要领导责任。建议给予党内严重警告处分。

（30）辽宁省煤炭工业局副局长，负责全省煤炭生产、煤矿技术、安全信息管理等工作，分管安全技术处。对阜矿集团公司的安全生产管理工作不到位；对孙家湾煤矿海州立井2005年超能力组织生产的问题不了解。对事故的发生负有重要领导责任。给予行政记大过处分，并建议给予党内警告处分。

（31）辽宁省煤炭工业局局长，煤炭行业管理部门第一责任人。未认真落实安全第一、预防为主的方针；对省管企业阜矿集团公司安全生产管理不力；没有认真落实辽宁省政府领导2003年5月在《关于阜新矿业集团公司安全情况的报告》上作出的批示要求；对阜矿集团公司重生产、轻安全的问题失察。对事故的发生负有重要领导责任。给予行政记大过处分，并建议给予党内警告处分。

（32）辽宁煤矿安全监察局辽南分局局长，2005年2月前任原辽宁煤矿安全监察局阜新办事处主任。在任阜新办事处主任期间，对孙家湾煤矿的安全监察不到位；对海州立井331采区无设计、没有专用回风巷、没有形成完整通风系统及采区进、回风巷未贯穿整个采区等问题督促整改不到位；虽然对海州立井通过3315输送巷与3316风道之间的联络巷开口掘进3316风道的问题和该矿要落实防冲措施的情况向矿、集团公司有关领导提出过要求，但没有继续跟踪整改，监察不力。对事故的发生负有重要领导责任。给予行政记大过处分，并建议给予党内警告处分。

（33）辽宁省人民政府副省长，分管工业、国有资产管理、安全生产、质量技术监督等工作。鉴于阜矿集团公司孙家湾煤矿海州立井“2·14”特别重大瓦斯爆炸事故给国家财产和人民群众的生命安全造成重大损失，在社会上造成很大影响。作为分管工业、安全生产等工作的副省长，对事故的发生负有领导责任。国务院决定给予其行政记大过处分。

（34）责成辽宁省人民政府向国务院作出书面检查。

（35）责成辽宁煤矿安全监察局按照国家有关法律、法规及辽宁省有关地方法规，对阜矿集团公司作出经济处罚。

山西省朔州市平鲁区白堂乡细水煤矿“3·19”特别重大瓦斯爆炸事故

2005年3月19日12时13分，山西省朔州市平鲁区白堂乡细水煤矿发生一起特别重大瓦斯爆炸事故，爆炸波及相邻的康家窑煤矿，造成72人死亡（细水煤矿52人，康家窑煤矿20人），直接经济损失2021.5万元。

一、事故经过

2005年3月19日7时，细水煤矿调度室主任在井口调度室召开班前会，参加班前会的只有井下二线工人15人，检身后从副井入井。采掘一线工人未参加班前会，也未经检身从主井入井。当班入井人数为56人，事故发生前有4人提前出井。12时13分，井下发生瓦斯爆炸，爆炸波及相邻的康家窑煤矿，造成细水煤矿52人和康家窑煤矿21人被困。地面人员听到“轰”的一声巨响，并看到主、副井都冒出一股黑烟，主井井口房、输送机架全部坍塌，知道发生了事故。细水煤矿常务副矿长立即向平鲁区有关部门报告了事故情况。

朔州市委、市政府和平鲁区委、区政府接到事故报告后，主要负责人都在第一时间赶赴现场组织抢救。13 时 15 分，救护队员开始入井侦察。在整个抢险过程中共有 9 个小队 115 名救护队指战员参加抢险，先后进入细水、康家窑煤矿井下进行搜救。经过全体救护队员的奋力抢救，截至 3 月 27 日 10 时，除康家窑煤矿 1 名矿工获救外，72 名遇难矿工遗体全部找到，并搬运出井，抢救工作结束。

二、事故原因分析

经调查认定，此次事故是一起责任事故。

1. 直接原因

（1）矿井有效风量不足。

（2）302 东翼采区工作面 1 号切眼风流短路，造成 302 东翼采区工作面长期处于无风或微风状态，导致 4 号和 5 号回采工作面瓦斯大量积聚并达到爆炸条件，工人违章放炮引起瓦斯爆炸。

2. 间接原因

（1）细水煤矿在停产整顿期间，无视国家法律法规和政府监管，私自购买炸药，超能力组织生产，采掘布置混乱，取得托管经营权后层层转包，以包代管，“一通三防” 管理混乱。

（2）康家窑煤矿越界开采，与细水煤矿贯通后，两矿均未按规定要求构筑永久密闭，造成事故扩大。

（3）在细水煤矿停产整顿期间，虽有多个检查组到矿检查，但多次检查均未发现违法生产问题，驻矿安监员未采取有效措施制止违法生产。

（4）白堂乡、平鲁区和朔州市人民政府煤炭主管部门未采取措施制止细水煤矿违法生产和超能力生产，国土资源部门未制止康家窑煤矿越界开采，公安机关对细水煤矿私自购买炸药的违法行为失察。

（5）白堂乡、平鲁区和朔州市人民政府没有采取有效措施制止煤矿违法生产和超能力生产，对所属职能部门履行职责情况督促检查不到位。

三、事故处理结果

（1）细水煤矿包工队井下安全生产负责人，违反《煤矿安全规程》的规定，参与决定增加回采工作面，导致 302 东翼采区通风系统紊乱；忽视安全管理，对工人放炮不检查瓦斯和明火放炮等违章作业现象不予制止。对事故的发生负有主要责任。因其已在事故中死亡，不再追究责任。

（2）细水煤矿包工队负责人，忽视现场安全管理，承包细水煤矿后，又层层转包，以包代管，致使井下安全管理混乱，安排无证的瓦检员和放炮员上岗，放炮不检查瓦斯，明火放炮，工人在井下随意吸烟，事故发生后逃逸。对事故的发生负有主要责任。移交司法机关处理。

（3）细水煤矿副矿长，分管生产工作。违反《煤矿安全规程》的规定，参与决定增加回采工作面，导致 302 东翼采区通风系统紊乱；在矿井存在工作面微风甚至无风作业、工人放炮不检查瓦斯和明火放炮等重大事故隐患的情况下，违章指挥工人作业。对事故的发生负有主要责任。移交司法机关处理，并吊销其安全资格证。

（4）细水煤矿副矿长，分管技术工作，主要负责采掘计划和作业规程的编制。该矿采掘工作面布置混乱，造成 302 东翼采区工作面通风系统短路，一些工作面微风甚至无风作业。对事故的发生负有主要责任。移交司法机关处理，并吊销其安全资格证。

（5）细水煤矿常务副矿长，分管安全、生产工作。违反《煤矿安全规程》的规定，擅自决定增加回采工作面，导致 302 东翼采区通风系统紊乱；放松安全生产管理，矿井“一通三防” 管理混乱，工作面微风甚至无风作业，安排无证的放炮员和瓦检员上岗，指使工人随意停开主要通风机；对工人放炮不检查瓦斯和明火放炮等违章作业现象不予制止；在细水煤矿与康家窑煤矿贯通后，未按规定构筑永久密闭。对事故的发生和扩大负有主要责任。移交司法机关处理，并吊销其安全资格证。

（6）细水煤矿矿长，矿井安全生产第一责任者。无视国家法律法规，拒不执行政府及有关部门的停产指令，在矿井未经验收合格的情况下，私自购买炸药组织生产；违反规定超能力生产，超强度开采，导致 302 东翼采区一些工作面微风甚至无风；煤矿生产层层转包，以包代管，井下安全管理混乱；在细水煤矿与康家窑煤矿贯通后，未按规定构筑永久密闭。对事故的发生和扩大负有主要责任。移交司法机关处理，吊销其矿长资格证和安全资格证，5 年内不得再担任任何煤矿的法定代表人或者矿长，并建议给予开除党籍处分。

(7) 平鲁区煤炭工业局（安全生产监督管理局）安全生产监督管理三所驻细水煤矿安监员，在细水煤矿停产整顿期间，发现该矿违法生产，但没有采取有效措施予以制止，也没有向领导报告。对事故的发生负有主要责任。移交司法机关处理。

(8) 平鲁区白堂乡安全生产委员会主任兼乡安监站站长，分管全乡煤矿（包括细水煤矿）安全生产的监督管理工作。2005 年 1 ~ 3 月，4 次带队去细水煤矿进行安全检查，检查中曾发现该矿在停产整顿期间擅自组织生产，但没有采取有效措施进行制止，未能吸取“11 · 5”特大瓦斯爆炸事故的教训，对煤矿安全生产监管不力；对全区煤矿采掘计划落实情况监管不到位；对细水煤矿违法生产问题失察，工作失职。对事故的发生负有主要领导责任。给予行政撤职处分，并建议给予党内严重警告处分。

(9) 平鲁区煤炭工业局（安全生产监督管理局）局长（聘用制干部），未认真履行职责，未认真吸取区内石崖湾煤矿 2004 年“11 · 5”特大瓦斯爆炸事故的教训，对全区煤矿安全生产和“一通三防”工作监管不力；对煤矿超设计能力生产和违规生产未能采取有效措施予以制止，对细水煤矿违法生产问题失察；对煤矿生产所需民爆器材核准把关不严。对事故的发生负有主要领导责任。给予行政撤职处分，并建议给予撤销党内职务处分。

(10) 朔州市国土资源局平鲁分局矿管股股长，对辖区内煤矿开采监管不力，未及时制止康家窑煤矿越界开采行为。对事故伤亡的扩大负有主要责任。给予行政降级处分，并建议给予党内严重警告处分。

(11) 朔州市国土资源局平鲁分局副局长，分管矿产管理股、测绘站的工作。对康家窑煤矿越界开采问题失察。对事故伤亡的扩大负有重要领导责任。给予行政记大过处分，并建议给予党内警告处分。

(12) 朔州市国土资源局平鲁分局局长，对本单位工作人员履行职责情况监管不力，对康家窑煤矿越界开采等问题失察。对事故伤亡的扩大负有重要领导责任。给予行政记过处分。

(13) 朔州市国土资源局副局长，分管矿产管理工作。对矿产管理部门履行职责情况监管不力，对康家窑煤矿越界开采等问题失察。对事故伤亡的扩大负有重要领导责任。给予行政警告处分。

(14) 平鲁区公安分局治安股股长，对细水煤矿违法生产、私购民爆器材的违法行为失察。对事故的发生负有主要责任。给予行政记大过处分，并建议给予党内警告处分。

(15) 平鲁区公安分局副局长，分管治安股等工作。对分管民警履行职责情况监管不力，对细水煤矿违法生产、私购民爆器材的违法行为监管不力。对事故的发生负有重要领导责任。给予行政记过处分。

(16) 平鲁区副区长，分管煤炭安全生产工作。贯彻上级关于煤炭安全生产管理的有关规定不力，未能认真吸取区内石崖湾煤矿 2004 年“11 · 5”特大瓦斯爆炸事故的教训，没有采取措施制止超能力生产、违法生产问题，对细水煤矿停产整顿期间违规生产问题失察，工作失职。对事故的发生负有主要领导责任。给予行政撤职处分，并建议给予撤销党内职务处分。

(17) 平鲁区区长，2005 年 1 月任职（2004 年 9 月调入任代区长）。对煤矿安全生产管理的有关规定贯彻落实不力，对政府有关职能部门履行职责情况监督不力，对细水煤矿停产整顿期间违法生产问题失察。对事故的发生负有重要领导责任。给予行政记大过处分，并建议给予党内警告处分。

(18) 平鲁区委书记，贯彻执行国家关于“安全第一，预防为主”的方针政策不力，对辖区内煤矿存在的违法生产和超能力生产问题未能督促政府有关职能部门采取有效措施予以制止，对政府有关职能部门履行职责情况监督检查不力。对事故的发生负有重要领导责任。建议给予党内警告处分。

(19) 朔州市煤炭工业局代理总工程师（2005 年 1 月任职，包片管理平鲁区煤矿安全生产工作），对细水煤矿违法生产问题失察；2005 年 1 月带队到康家窑煤矿进行复产验收，未能发现该矿越界开采、与细水煤矿贯通后未构筑永久性密闭的问题。对事故的发生和伤亡扩大负有重要领导责任。给予行政记大过处分，并建议给予党内警告处分。

(20) 朔州市煤炭工业局党组成员、煤炭安全纠察大队大队长，未能认真履行职责，对辖区内煤矿违法生产和超能力生产监管不力，对细水煤矿违规生产问题失察。对事故的发生负有重要领导责任。

给予行政记大过处分，并建议给予党内警告处分。

（21）朔州市煤炭工业局局长（2004年9月任职），对全市煤矿安全整顿工作组织不力，对细水煤矿违法生产问题失察，对市煤炭安全纠察大队履行职责情况督促检查不到位。对事故的发生负有重要领导责任。给予行政记大过处分，并建议给予党内警告处分。

（22）朔州市常务副市长，分管煤炭安全生产管理等工作（2004年7月任职）。贯彻执行国家关于"安全第一，预防为主"的方针政策不力，没有采取有效措施解决辖区内煤矿违法生产和超能力生产问题，对有关职能部门履行职责情况监督检查不到位。对事故的发生负有重要领导责任。给予行政记过处分。

河北省承德县承德暖儿河矿业有限公司"5·19"特别重大瓦斯爆炸事故

2005年5月19日3时22分，河北省承德县承德暖儿河矿业有限公司（以下简称暖矿公司）发生一起特别重大瓦斯爆炸事故，造成49人死亡，1人下落不明，17人受伤（其中重伤6人），直接经济损失4458万元。

一、事故经过

2005年5月19日零点班1时58分，暖矿公司当班值班调度员发现瓦斯监测系统显示513工作面回风巷瓦斯超限，瓦斯浓度逐步增高，立即向513采煤工作面现场安全员核实瓦斯超限情况。3时22分，调度员发现南二采区所有瓦斯监测中断。3时35分，装煤工由井下五车场打电话向调度员报告发生了瓦斯爆炸，调度员随即向矿领导进行了汇报。矿长接到报告后立即组织该矿救护队进行抢救，并向有关上级部门报告了事故情况。4时左右，在井下作业的工人有34名陆续升井，其余51名被困井下。

接到事故报告后，有关领导迅速赶到事故现场，成立事故抢险救灾指挥部，全力组织抢救。3时46分救护队入井，抢险救援工作全面展开。先后有6支救护队、161名队员参加抢险救灾工作。5月21日，成功救出1名井下被困矿工。5月23日，找到45名遇难矿工遗体。至6月6日，又找到4名遇难矿工遗体，1名遇难矿工下落不明。6月7日以后，井下灾区瓦斯浓度开始升高，一氧化碳浓度也超过规定指标，鉴于井下已不具备搜救条件，经过耐心细致的工作，取得了死难者家属的理解。6月22日，抢险指挥部决定抢险工作结束。

二、事故原因分析

经调查认定，此次事故是一起责任事故。

1. 直接原因

暖矿公司513采煤工作面通风系统混乱，风量严重不足，513采煤工作面下采面溜煤道被大块煤矸堵塞，造成瓦斯积聚达到爆炸界限，工人违章放炮产生明火，引起瓦斯爆炸。

2. 间接原因

（1）暖矿公司无视政府监管，拒不执行有关部门和机构下达的停产指令，违规、超能力组织生产，采掘布置和"一通三防"管理混乱，违章指挥、违章作业现象严重。

（2）兴隆县东发煤矿1号井违法越界开采。

（3）承德县矿山冶金管理办公室对暖矿公司下达停产指令后未采取措施制止该矿生产，承德县安全监管部门未能发现该矿存在的超能力组织生产、瓦斯经常超限等重大事故隐患。

（4）兴隆县有关职能部门未发现东发煤矿1号井越界开采问题。

（5）承德市有关职能部门对下级职能部门履行职责情况检查、指导不力。

（6）承德市、承德县和兴隆县政府对有关职能部门未认真履行职责的问题失察，承德县政府对有关职能部门工作协调不到位，没有认真抓好安全措施的落实，兴隆县政府对东发煤矿1号井长期越界开采的问题失察。

(7) 河北煤矿安全监察局冀东监察分局承德监察二站主要负责人对执法人员监察不到位的问题失察，对在监察中发现的问题，虽然下达了执法文书，但没有跟踪落实。

三、事故处理结果

(1) 暖矿公司当班放炮员，在事故当班处理大块煤矸时，违章放炮，对事故的发生负有直接责任。鉴于其已在事故中死亡，不再追究责任。

(2) 暖矿公司当班瓦斯检查员兼安全员，在事故当班处理大块煤矸时，未严格执行"一炮三检"制度，瓦斯检查不到位，对事故的发生负有直接责任。鉴于其已在事故中死亡，不再追究责任。

(3) 暖矿公司事故当班调度员，5 月 19 日零点班值班时，发现 513 工作面瓦斯超限后，在瓦斯超限 1 小时 24 分钟的时间内，未及时将井下工人撤至安全地点，也没有向公司领导和值班领导报告。对事故的发生负有主要责任。移交司法机关处理。

(4) 暖矿公司总工程师，分管"一通三防"、生产技术工作。主持研究 513 工作面作业规程时，在有关人员提出通风系统不合理、风量不足的情况下，擅自决定通过了 513 回采工作面作业规程，导致 513 工作面采掘布置混乱；明知矿井风量严重不足、513 工作面瓦斯多次超限，没有及时采取有效措施消除事故隐患。对事故的发生负有主要责任。移交司法机关处理，吊销其矿长安全资格证，5 年内不得担任任何煤矿的法定代表人或者矿长。

(5) 暖矿公司总经理，拒不执行河北煤矿安全监察局冀东监察分局承德监察二站和承德县矿山冶金管理办公室下达的停产指令；明知矿井风量不足，仍然超能力组织生产；擅自决定 513 工作面布置上、下两个回采工作面，导致 513 工作面采掘布置混乱；对公司有关人员提出的矿井风量不足、513 工作面通风系统不合理的问题置之不理，且在 513 工作面瓦斯经常超限的情况下，继续组织生产。对事故的发生负有主要责任。依法罢免县人大代表资格，移交司法机关处理，吊销其矿长资格证、矿长安全资格证，5 年内不得再担任任何煤矿的法定代表人或者矿长。

(6) 兴隆县东发煤矿 1 号井投资人（生产经营决策人），2004 年 4 月至 2005 年 1 月底，3 次擅自打开密闭进行井下作业，越界开采 155 米，造成东发煤矿 1 号井越界巷道与暖矿公司 513 采煤工作面采空区存在漏风通道。对事故的发生负有主要责任。移交司法机关处理。

上述人员待司法机关作出处理后，由当地纪检监察机关及时给予相应的党纪处分。

(7) 马家沟矿业有限公司董事长兼暖矿公司董事长（2005 年 3 月任职），对暖矿公司安全工作管理不力，任职以来只到该公司进行过两次检查；虽发现 513 工作面采掘布局不合理，也要求立即进行整改，但没有督促落实。对事故的发生负有主要责任。建议给予党内严重警告处分。

(8) 承德县安全生产监督管理局矿山监察股负责人，负责矿山监察股全面工作。没有认真履行工作职责，只到暖矿公司检查过一次，且没有下井进行检查；没有及时发现暖矿公司 513 工作面存在的采掘布局不合理、瓦斯经常超限等重大事故隐患。对事故的发生负有主要责任。免去其承德县安全生产监督管理局矿山监察股负责人职务，给予行政降级处分。

(9) 承德县矿山冶金管理办公室煤炭股负责人，负责煤炭股全面工作。2005 年 4 月 27 日和 5 月 12 日，两次带队到暖矿公司进行检查时，发现 513 工作面风量不足等问题，下达了《矿山企业安全检查复查通知单》，要求该公司"立即停止 513 工作面一切活动"，但没有采取措施督促落实。对事故的发生负有主要责任。免去其承德县矿山冶金管理办公室煤炭股负责人职务，给予行政降级处分，并建议给予党内严重警告处分。

(10) 承德县矿山冶金管理办公室主任，对暖矿公司监督检查不力，未及时发现公司超能力组织生产、超强度开采等问题；没有采取有效措施督促该公司对井下存在的瓦斯经常超限、风量严重不足等重大事故隐患进行整改，工作失职。对事故的发生负有主要领导责任。给予行政撤职处分，并建议给予党内严重警告处分。

(11) 承德县安全生产监督管理局副局长，分管矿山监察股。对暖矿公司安全生产监管不力，未及时发现该公司 513 工作面存在的采掘布局不合理、瓦斯经常超限等重大事故隐患，工作失职。对事故的发生负有主要领导责任。给予行政撤职处分，并建议给予撤销党内职务处分。

（12）承德县安全生产监督管理局局长，对暖矿公司安全生产监管不力，对513工作面存在的采掘布局不合理、瓦斯经常超限等问题失察。对事故的发生负有重要领导责任。给予行政降级处分，并建议给予党内严重警告处分。

（13）承德县人民政府副县长，分管工业、安全生产、国土资源等工作。没有认真抓好安全措施的落实，对政府有关职能部门管理不力，对有关部门没有认真履行职责的问题失察。对事故的发生负有重要领导责任。给予行政降级处分，并建议给予党内严重警告处分。

（14）承德县人民政府县长，全县安全生产第一责任人。对安全生产工作领导不力，对有关职能部门没有认真履行职责的问题失察。对事故的发生负有重要领导责任。给予行政记大过处分，并建议给予党内警告处分。

（15）兴隆县国土资源局矿产开发管理股股长，负责矿政管理、超层越界行为查处等工作。对所负责工作管理不到位，对兴隆县东发煤矿1号矿井越界开采问题失察；2004年12月26日对东发煤矿1号井下达《处罚告知书》“责令退回原来矿界，在越界处打上永久性密闭”后，未安排人员下井检查落实情况。对事故的发生负有重要领导责任。给予行政记大过处分，并建议给予党内警告处分。

（16）兴隆县国土资源局局长，对矿山资源开发管理不力，对兴隆县东发煤矿1号井越界开采的问题失察。对事故的发生负有重要领导责任。给予行政记大过处分，并建议给予党内警告处分。

（17）兴隆县煤炭行业改制管理办公室主任，没有认真履行职责，对东发煤矿1号井未按要求打上永久性密闭和3次擅自打开密闭进行井下作业的问题失察。对事故的发生负有重要领导责任。给予行政记大过处分，并建议给予党内警告处分。

（18）兴隆县人民政府副县长、县委委员，分管煤炭、安全生产、国土资源等工作。对政府有关职能部门管理不力，对有关部门未能认真履行职责的问题失察。对事故的发生负有重要领导责任。给予行政记大过处分，并建议给予党内警告处分。

（19）承德市安全生产监督管理局调研员，分管全市煤矿安全生产监督管理工作。未认真履行职责，对承德县的安全生产监督管理工作指导不力；要求兴隆县东发煤矿1号井打永久性密闭后，未能督促落实到位。对事故的发生负有重要领导责任。给予行政记大过处分，并建议给予党内警告处分。

（20）承德市安全生产监督管理局煤矿安全监督管理办公室主任，履行职责不到位，未能有效指导承德县煤矿主管部门对暖矿公司开展安全生产监管工作；要求兴隆县东发煤矿1号井打永久性密闭后，未能督促兴隆县煤矿主管部门落实到位。对事故的发生负有重要领导责任。给予行政记大过处分。

（21）承德市国土资源局副局长，分管矿产开发管理等工作。对矿产资源开发监管不到位，对东发煤矿1号井越界开采的问题失察。对事故的发生负有重要领导责任。给予行政记大过处分，并建议给予党内警告处分。

（22）承德市人民政府副市长，分管工业、安全生产等工作。未能认真贯彻落实国务院关于煤矿安全生产的一系列通知精神，对有关职能部门未能认真履行职责的问题失察。对事故的发生负有重要领导责任。给予行政记过处分。

（23）河北省煤矿安全监督管理办公室副主任，分管煤炭生产许可证发放工作。在原河北省煤炭工业办公室工作期间核发东发煤矿1号井煤炭生产许可证的过程中，没有认真审查上报材料，没有发现该井借用东发煤矿采矿许可证复印件的问题，违规给该井颁发了煤炭生产许可证。对事故的发生负有重要领导责任。给予行政记大过处分。

（24）河北煤矿安全监察局冀东监察分局承德监察二站站长，对承德监察二站工作管理不到位，对执法人员执法不严格、监察不到位的问题失察；对监察中发现的暖矿公司矿井超能力生产、采区多处多次串联通风、越界开采等问题，虽然现场下达了执法文书，但跟踪整改不力，存在的问题一直未能有效解决。对事故的发生负有重要领导责任。给予行政记过处分。

（25）依据《安全生产法》第八十条的规定，建议由河北省人民政府责成有关部门对暖矿公司投资人罚款20万元。

（26）2005年4月13日，河北煤矿安全监察局冀东监察分局承德监察二站对暖矿公司下达了“立即停止一切生产活动”的现场处理决定书，但该矿拒不执行，违法进行生产。建议由河北省人民政府责成有关部门没收其违法所得697万元，并处以3倍罚款2091万元。

新疆维吾尔自治区昌吉回族自治州阜康市神龙有限责任公司煤矿"7·11"特别重大瓦斯爆炸事故

2005年7月11日2时33分，新疆维吾尔自治区（以下简称自治区）昌吉回族自治州（以下简称昌吉州）阜康市神龙有限责任公司煤矿（以下简称神龙煤矿）发生一起特别重大瓦斯爆炸事故，造成83人死亡，4人受伤，直接经济损失3517万元。

一、事故发生经过

2005年7月11日事故当班，煤矿井下共布置12个作业场所（综放工作面1个，掘进工作面3个，开拓工作面2个，停工的掘进工作面2个，打钻作业地点3个，清理井底水仓临时作业点1个），共87人在井下作业。

2时25分，矿调度室值班调度员接到副井六水平车场开拓工作面电话，汇报瓦斯超限。8分钟后，他先听到一声巨响，接着发现副井冒出浓烟，同时发现风井防爆盖被掀起。他立即打电话向董事长和矿长汇报情况。矿长到调度室后，与井下各作业地点通电话，发现通讯系统中断，井下供电系统瘫痪，主要通风机停止运转，证实井下发生了爆炸事故。

自治区煤炭工业局、新疆煤矿安全监察局于4时20分接到事故报告后，立即向国家安全生产监督管理总局和自治区党委、政府报告了事故简况，同时启动煤矿重特大事故应急救援预案，向新疆矿山救护基地、昌吉州救护队、吐鲁番地区救护队、新矿集团救护队、塔城铁煤煤业集团救护队、乌苏四棵树煤业公司救护队、兵团农六师大黄山煤矿救护队、新疆矿山应急医疗救护分中心等单位发出紧急出动指令。自治区先后调集8支救护队、15个救护小队的181名救护指战员、185名公安干警、100多名医护人员、40多辆救护车参加了救灾工作。

国家安全生产监督管理总局、国家煤矿安全监察局领导亲自带领国务院工作组，于事故发生当日14时赶到事故现场后，立即开展事故抢险救灾指导和事故调查工作。当地各级领导迅速赶到事故矿井，指挥救灾。截至7月25日，共救出受伤矿工4名，遇难的83名矿工遗体全部找到，抢险救灾及善后工作相继结束。

二、事故原因分析

经调查认定，此次事故是一起责任事故。

1. 直接原因

（1）神龙煤矿2106工作面上顺槽西钻探巷局部通风机停风，导致该巷瓦斯积聚并达到爆炸界限。

（2）由于该巷没有风电、瓦斯电闭锁，钻机开关接线腔失爆，恢复送电后，钻机开关接线腔产生电火花，引起积聚的瓦斯爆炸。

2. 间接原因

（1）神龙煤矿对有关部门多次下达的监管、监察指令拒不执行，在改扩建工程尚未验收、未办理煤炭生产许可证变更手续的情况下，擅自投入生产，超能力组织生产，在打开六水平上顺槽西钻探巷密闭时未制定安全措施，未安排专人管理局部通风机，组织工人冒险作业，井下电器设备失爆现象严重。

（2）阜康市经贸委能源科、煤监大队、煤炭管理办公室等职能部门对该矿长期严重超能力生产而造成的重大事故隐患监督检查不力，没有跟踪整改、验收，对煤矿特种作业人员的培训、考核和发证管理不严，对民用爆炸物品管理失控。

（3）昌吉州经贸委能源科、煤炭工业局等职能部门对神龙煤矿改扩建工程未按规定程序报批，采取默认态度，对在神龙煤矿安全检查中发现的隐患，没有实施有效的监督整改和验收，对神龙煤矿存在的大量事故隐患没能及时查出或采取相应措施。

（4）昌吉州、阜康市人民政府对有关职能部门管理不力，对职能部门未认真履行职责的问题失察。

（5）自治区煤炭工业局对区内小矿井普遍存在的超能力生产问题督促整改不力，抓煤矿安全生产措施不得力。

（6）新疆煤矿安全监察局北疆分局、乌昌监察工作站对神龙煤矿长期存在违规严重、超能力生产和其他事故隐患跟踪督促整改不力，对矿长、特种作业人员持证情况检查不到位。

三、事故处理结果

（1）神龙煤矿事故当班瓦斯检查员，负责六水平上顺槽西钻探巷等区域瓦斯检查，未及时发现六水平上顺槽通风机停开，也未认真检查瓦斯，没能发现该巷道瓦斯超限。对事故的发生负有直接责任。鉴于其已在事故中死亡，不再追究责任。

（2）神龙煤矿生产副矿长，负责该矿生产进度及开采量等工作。在明知该矿开采能力有限的情况下，组织严重超能力生产，且采掘布局混乱。因涉嫌重大劳动安全事故罪于2005年7月21日被阜康市公安局刑事拘留，7月26日被取保候审。

（3）神龙煤矿瓦斯监测负责人，未能及时发现该矿瓦斯浓度超标情况，且该矿瓦斯监测系统从安装至配套电缆、传感器等均不符合规定，监测中心站值班人员脱岗，瓦检记录作假。因涉嫌重大劳动安全事故罪于2005年7月21日被阜康市公安局刑事拘留，7月26日被取保候审。

（4）神龙煤矿井下机电队队长，负责井下机电设备维修、安装。其不具备机电知识，无电工上岗证，严重违反规章制度作业。因涉嫌重大劳动安全事故罪于2005年7月21日被阜康市公安局刑事拘留，7月26日被取保候审。

（5）神龙煤矿总工程师，负责该矿“一通三防”等技术审核工作。虽对其负责工作中的隐患向矿负责人汇报过，但没有积极督促整改，也未能在技术上严格把关。因涉嫌重大劳动安全事故罪于2005年7月21日被阜康市公安局刑事拘留，8月3日被取保候审。

（6）神龙煤矿机电部副部长，负责井下机电设备的安装、检修及日常管理。未认真履行职责，未能发现机电设备存在的事故隐患，致使钻机开关接线腔失爆。因涉嫌重大劳动安全事故罪于2005年7月21日被阜康市公安局刑事拘留，8月3日被取保候审。

（7）神龙煤矿井下电工，负责井下机电设备的安装与维修。未按照规章制度安装钻机开关，且未安装配套防爆挡板。因涉嫌重大劳动安全事故罪于2005年7月26日被阜康市公安局刑事拘留，8月3日被取保候审。

（8）神龙煤矿董事长，安全生产第一责任人。无视政府监管，拒不执行政府有关部门的监管、监察指令，矿井边改造边生产，违法、违规严重超能力组织生产；安全生产管理混乱；在瓦斯经常超限的情况下，违章指挥工人冒险作业；安全投入不足，矿井无专用回风巷，局部通风机未实现“三专两闭锁”；指使瓦斯检查员弄虚作假，采用真假两册瓦斯记录本，逃避检查。因涉嫌重大劳动安全事故罪于2005年7月15日被阜康市公安局刑事拘留，7月22日经阜康市检察院批准依法逮捕。

（9）神龙煤矿副矿长兼调度室主任，负责安全等工作。对该矿存在的通风系统不合理，随意停开局部通风机、井下电器设备严重失爆、瓦斯超限时继续违章作业等重大事故隐患，没有及时采取有效措施予以制止，没有制定有效的调度值班应急处理办法。因涉嫌重大劳动安全事故罪于2005年7月15日被阜康市公安局刑事拘留，7月22日经阜康市检察院批准依法逮捕。

（10）神龙煤矿实际矿长，无矿长资格证。随意变动安全管理机构，造成管理人员职责不清，矿井安全管理混乱；矿井安全设施未经验收，边改造边生产，并在瓦斯经常超限的情况下严重超能力组织生产；未制定安全技术措施，擅自决定打开六水平上顺槽西钻探巷密闭；不顾有关人员的反对，在无作业规程的情况下违规布置采掘工作面，擅自改变矿井通风系统，导致此矿井通风系统混乱。因涉嫌重大劳动安全事故罪于2005年7月15日被阜康市公安局刑事拘留，7月22日经阜康市检察院批准依法逮捕。

（11）神龙煤矿安通部、技术部部长，负责煤矿“一通三防”、采掘设计和技术措施制定等工作。打开六水平上顺槽西钻探巷密闭时，未制定安全措施；矿井“一通三防”管理混乱，通风系统不合理，井下瓦斯经常超限，矿井监测监控系统使用管理混乱，起不到监控作用；在没有采区设计、没有编制作业规程和安全技术措施的情况下，随意布置采掘工作面；2005年7月11日，作为矿当日值班领导，擅离职守，事故发生后才回到工作岗位。因涉嫌重大劳动安全事故罪于2005年7月15日被阜康市公安局刑事拘留，7月22日经阜康市检察院批准依法逮捕。

(12) 神龙煤矿事故当班调度员，2005年7月10日17时在调度室值班。7月11日凌晨2时25分，该调度员接到井下六水平打来的通风机因停电而停机要求调派电工的电话后，既未向矿负责人汇报，也未采取果断措施。因涉嫌重大劳动安全事故罪于2005年7月15日被阜康市公安局刑事拘留，7月22日经阜康市检察院批准依法逮捕。

(13) 神龙煤矿井下机电班班长，负责井下电器设备的安装、维护和修理。2005年7月9日，在负责六水平上顺槽西钻探巷钻机和局部通风机开关及在接液压钻机电机负荷电缆时，使用不匹配的密封圈，又未安装挡板将开关接线腔与外部的通道隔断，导致通风机开关接线腔失爆，虽安排有关人员进行处理，但未能跟踪落实。因涉嫌重大劳动安全事故罪于2005年7月21日被阜康市公安局刑事拘留。8月3日经阜康市检察院批准依法逮捕。

(14) 阜康市经贸委主任，分管煤炭管理办公室、能源科、煤监大队和安全生产监督管理局。对神龙煤矿严重超能力生产、煤炭安全监管中长期存在的问题，以及经贸委内部管理存在的问题未能发现和采取有效措施；作为民用爆炸物品的审批单位负责人，对民用爆炸物品进行违规审批，致使民用爆炸物品发放失控。因涉嫌玩忽职守罪和受贿罪（受贿金额20000元人民币），于2005年8月19日被昌吉州检察院刑事拘留，9月2日因病被取保候审。

(15) 阜康市副市长、市安全生产委员会副主任，分管市经贸委、市安全生产监督管理局等部门，负责全市煤矿安全生产工作。对职能部门管理不力，对煤矿安全生产重视不够，到煤矿进行安全检查时不深入；对市经贸委未认真履行职责的问题失察，对神龙煤矿存在的事故隐患督促整改不力；新疆煤矿安全监察局北疆分局给阜康市政府下达执法文书后未采取措施落实该矿的停产整改，对神龙煤矿严重超能力生产的事故隐患失察，工作失职，对事故的发生负有主要领导责任。经查实，受贿和收受礼金13万余元，以他人名义购买一辆卡车用于运输煤炭进行营利活动获利159920元。8月19日，昌吉州检察院以涉嫌玩忽职守、受贿罪对其立案侦查，8月24日被刑事拘留，9月6日被阜康市检察院依法批准逮捕。

上述（1）~（15）人员待司法机关作出处理后，由当地纪检监察机关或企业及时给予相应的党纪，行政处分。

(16) 阜康市经贸委煤监大队副队长，负责煤矿安全生产监管工作。履行职责不认真，对神龙煤矿严重超能力生产的问题没有采取有效措施，监督整改不力，工作失职；对该矿特种作业人员人证不符问题失察；作为民用爆炸物品的审批单位负责人之一，对民用爆炸物品进行违规审批，致使民用爆炸物品发放失控。对事故的发生负有主要责任。给予行政撤职处分，并建议给予党内严重警告处分。

(17) 阜康市经贸委煤监大队队长，2005年度负责神龙煤矿的安全监管工作。工作失职，对神龙煤矿严重超能力生产的问题未采取有效措施，也未向上级领导和上级部门报告；对该矿特种作业人员人证不符的情况未能查证；作为民用爆炸物品的审批单位负责人之一，对民用爆炸物品进行违规审批，致使民用爆炸物品发放失控，为该矿严重超能力生产提供了条件；对该矿存在的重大事故隐患没有发现，对发现的问题监督整改不力。对事故的发生负有主要责任。给予行政撤职处分，并建议给予党内严重警告处分。

(18) 阜康市经贸委能源科科长，负责能源科全面工作。对神龙煤矿严重超能力生产的问题没有作为一项重大事故隐患向上级提出，也未采取有效措施；对该矿特种作业人员存在人证不符的问题监管不力，工作失职；作为民用爆炸物品的审批单位负责人之一，对民用爆炸物品进行违规审批，致使民用爆炸物品发放失控，为该矿严重超能力生产提供了条件。对事故的发生负有主要领导责任。给予行政撤职处分，并建议给予党内严重警告处分。

(19) 阜康市煤炭管理办公室主任，对神龙煤矿严重超能力生产没有作为一项重大事故隐患向上级报告，也未采取有效措施；作为民用爆炸物品的审批单位负责人之一，对民用爆炸物品进行违规审批，致使民用爆炸物品发放失控，为该矿严重超能力生产提供了条件。对事故的发生负有主要领导责任。给予行政撤职处分，并建议给予撤销党内职务处分。

（20）阜康市安全生产监督管理局局长、市安全生产委员会办公室主任，负责全市安全生产综合监督管理。对煤炭行业的安全生产和神龙煤矿因违法、违规组织生产而产生的重大事故隐患监督检查不力。对事故的发生负有重要领导责任。给予行政记大过处分，并建议给予党内警告处分。

（21）自治区经贸委副主任，2002 年 11 月至 2005 年 4 月先后任阜康市代市长、市长。在其任市长期间，对阜康市经贸委能源科、煤监大队、煤炭管理办公室等职能部门履行职责情况监管不力；对神龙煤矿长期存在违法、违规严重超能力组织生产等问题失察。对事故的发生负有重要领导责任。给予行政记过处分。

（22）阜康市委书记。在 2005 年 4 月原市长调离阜康市市长工作岗位后，至事故发生前负责该市党政全面工作。对安全生产工作重视不够，督促检查不到位；对有关职能部门履行职责情况监督检查不到位。对事故的发生负有重要领导责任。建议给予党内警告处分。

（23）昌吉州经贸委能源科科长，负责州煤炭安全生产检查和日常监管工作。履行职责不认真，对阜康市经贸委能源科业务指导不力，对市经贸委能源科未认真履行职责的问题失察，工作失职；对神龙煤矿存在的违法、违规及严重超能力组织生产问题没有向有关领导提出过整改建议。对事故的发生负有主要责任。给予行政撤职处分，并建议给予撤销党内职务处分。

（24）昌吉州经贸委副主任、煤炭局局长，主管能源科。对阜康市煤炭行业管理不力、严重超能力生产、民用爆炸物品管理等方面存在的问题和市经贸委未能认真履行职责的问题失察；对发现神龙煤矿存在的事故隐患未采取有效措施督促整改和跟踪检查。对事故的发生负有主要领导责任。给予行政降级处分，并建议给予党内严重警告处分。

（25）昌吉州经贸委副主任，协助主任负责煤炭行业管理工作。对阜康市煤炭行业管理不力、严重超能力生产、民用爆炸物品管理失控等方面存在的问题失察；对职能部门履行职责情况监管不到位。对事故的发生负有重要领导责任。给予行政记大过处分，并建议给予党内警告处分。

（26）昌吉州经贸委主任，对阜康市煤炭行业管理不力、严重超能力生产、民用爆炸物品管理失控等方面的问题失察；对神龙煤矿安全检查中发现的重大安全隐患没有督促分管副职和下属科室实施有效的监督整改和验收。对事故的发生负有重要领导责任。给予行政记大过处分，并建议给予党内警告处分。

（27）昌吉州人民政府州长，对“安全第一，预防为主”的方针贯彻落实不到位，对有关职能部门管理不到位；对有关职能部门执法不严、未能正确履行职责的问题失察。对事故的发生负有重要领导责任。给予行政警告处分。

（28）新疆煤矿安全监察局北疆监察分局乌昌监察工作站站长，对神龙煤矿长期存在违法、违规严重超能力组织生产而造成的事故隐患，没有在执法文书上写明，没有进行行政处罚，没有采取有效措施制止，没有按规定向当地政府及有关部门通报，且跟踪督促整改不力；对该矿实际矿长刘君波无矿长资格证和特种作业人员人证不符的问题监督检查不到位。对事故的发生负有主要责任。给予行政记大过处分，并建议给予党内警告处分。

（29）新疆煤矿安全监察局北疆监察分局副局长，分管北疆分局业务工作和乌昌地区安全监察工作。履行职责不认真，对乌昌地区的煤矿安全监察不到位，对乌昌监察工作站履行职责情况监管不力；2005 年 4 月，在带队对神龙煤矿检查时发现的严重超能力生产问题，没有采取有效措施予以制止，也未跟踪督促整改。对事故的发生负有重要领导责任。给予行政警告处分。

（30）自治区煤炭工业管理局副局长（兼新疆煤矿安全监察局副局长）分管煤炭行业管理工作。对自治区小矿井普遍存在的严重超能力生产问题长期得不到解决没有采取有效措施；抓煤矿安全生产措施不得力。对事故的发生负有重要领导责任。给予行政警告处分。

（31）对调查过程中发现的阜康市副市长涉嫌经济问题、哈密煤业集团董事长等 42 名处级以上干部违规在神龙煤矿入股问题、新疆煤矿安全监察局北疆监察分局在召开座谈会期间收受多家企业礼金和物品及该局副局长调任前在神龙煤矿入股、转股等问题，分别转由自治区纪委监察厅和监察部驻国家安全监管总局监察局另案调查处理，结果报监察部。

（32）吊销神龙煤矿采矿许可证、煤炭生产许可证、营业执照，由阜康市政府依法对该矿实施关闭；吊销所有司法机关已采取措施人员从事煤矿生产作业的有关资格证照。

（33）神龙煤矿改扩建工程未经验收、未办理煤炭生产许可证变更手续，擅自投产，违反了《新疆维吾尔自治区实施 < 煤炭生产许可证管理办法 > 若干规定》第九条第二款"改扩建矿井的竣工验收须有煤炭生产许可证颁发机关参加，投产前必须办理煤炭生产许可证变更登记手续"之规定。根据该规定第九条第三款"未按规定办理变更登记手续从事煤炭生产的，视为无证生产"之规定，属无证生产。依据《煤炭法》第六十七条之规定，没收其自2004年5月11日以来违法生产销售36万吨原煤所得净收入747万元，建议并处违法所得5倍罚款3735万元。另对其安全方面的10项违法行为，处罚款39万元，共计处罚4521万元。

广东省梅州市大兴煤矿"8·7"特别重大透水事故

2005年8月7日13时13分，广东省梅州市兴宁市大兴煤矿发生特别重大透水事故，造成121人死亡，直接经济损失4725万元。

一、事故经过

2005年8月7日13时13分，大兴煤矿主井发生透水，13时15分主井停电，主、副井井筒均有雾气冒出，出现反风现象。13时30分，水位已到 -281米。14时，水位已涨至离主井口斜长80米，此时水位为 +245米。经专家估算，矿井总透水量约为25万立方米，造成121名矿工被困井下。8月9日19时20分主井水泵排水，8月15日3时40分副井、风井相继排水，全力抢救被困矿工，并聘请专业队伍对透水点进行物探。截至8月27日24时，累计排出积水71万立方米，主、副、风井水位与8月9日相比，分别下降41～47米，老采空区两个观测点水位分别下降2.9米和4.2米，发现6具遇难矿工尸体。对透水点的物探工作已完成总工程量的一半，探测了552个测点。

二、事故原因分析

经调查认定，此次事故是一起责任事故。

1. 直接原因

由于该矿煤层倾角大(75°左右)、厚度大(3～4米)，小断层发育，煤质松散易塌落，-290米水平以下在生产过程中煤层均发生过严重抽冒（即在浅部厚煤层、急倾斜煤层及断层破碎带和基岩风化带附近采煤或掘巷时，顶板岩层或煤层本身在较小范围内垮落超过正常高度的现象），在此抽冒严重的情况下，大量出煤，超强度开采，致使 -290米水平至 -180米水平防水安全煤柱抽冒导通了 -180米水平至 +262米水平的水淹区，造成上部水淹区的积水大量溃入大兴煤矿，导致事故的发生。

2. 间接原因

（1）大兴煤矿在证照不全的情况下，自建矿以来一直违法组织生产，严重超能力超强度开采，主要管理人员长期不下井，井下安全管理混乱，在防水煤柱托梁和采煤工作面发生大规模抽冒后不及时采取措施处理，仍然违章组织工人冒险作业。

（2）兴宁市煤炭局没有依法查处该矿无证生产问题，多次签署意见同意该矿复产，使该矿通过整顿验收，在该矿未取得采矿许可证的情况下，兴宁市煤炭局、梅州市经贸局同意其办理煤炭生产许可证，原广东省经贸委经办人员擅自向该矿发放煤炭生产许可证。

（3）兴宁市、梅州市安全监管局、国土资源局没有依法查处该矿违法开采和无证生产问题，兴宁市国土资源局在该矿办理安全生产许可证过程中，越权为其出具证明材料。

（4）兴宁市公安局违反有关程序规定向该矿发放爆炸物品使用许可证和爆炸物品储存许可证，并违规、超用量批准该矿购买爆炸物品，梅州市公安局对下级公安机关爆炸物品管理混乱问题监管不力。

（5）兴宁市工商局未依法有效查处该矿无照经营问题；广东省安全监管局和国土资源厅违反国家法律法规规定，联合下发《关于矿山安全生产许可证审核颁发工作有关采矿许可证问题的通知》，为大兴等非法煤矿办理安全生产许可证提供依据，广东省安全监管局违规向该矿发放安全生产许可证。

（6）黄槐镇政府未能发现和制止该矿擅自组织生产的问题，兴宁市和梅州市政府不仅没有督促有关部门对大兴等非法煤矿依法取缔，而且放宽验收标准，致使该矿应关闭而未关闭。

三、事故处理结果

（1）兴宁市公安局黄槐镇派出所民警，兴宁市大径里煤炭有限公司董事长。因涉嫌重大责任事故罪和非法采矿罪于9月12日被检察机关批准逮捕。

（2）兴宁市公安局黄槐镇派出所民警，大径里煤炭有限公司副董事长、大兴煤矿董事长。因涉嫌重大责任事故罪和非法采矿罪于9月12日被检察机关批准逮捕。

（3）大径里煤炭有限公司副董事长，因涉嫌重大责任事故罪和非法采矿罪于9月12日被检察机关批准逮捕。

（4）大径里煤炭有限公司董事，因涉嫌重大责任事故罪和非法采矿罪于9月12日被检察机关批准逮捕。

（5）大兴煤矿法定代表人，因涉嫌重大责任事故罪和非法采矿罪于9月12日被检察机关批准逮捕。

（6）大兴煤矿矿长，因涉嫌重大责任事故罪和非法采矿罪于9月12日被检察机关批准逮捕。

（7）大径里煤矿矿长，因涉嫌非法采矿罪于9月12日被检察机关批准逮捕。

（8）大径里煤炭有限公司工程师、大兴煤矿技术总监，因涉嫌重大责任事故罪于9月12日被检察机关批准逮捕。

（9）大兴煤矿主井负责人，因涉嫌重大责任事故罪于9月12日被检察机关批准逮捕。

（10）大兴煤矿风井负责人，因涉嫌重大责任事故罪于9月12日被检察机关批准逮捕。

（11）大兴煤矿安全副矿长，因涉嫌重大责任事故罪于9月12日被检察机关批准逮捕。

（12）大兴煤矿主井副矿长，因涉嫌重大责任事故罪于9月12日被检察机关批准逮捕。

（13）大兴煤矿生产副矿长，因涉嫌重大责任事故罪于9月12日被检察机关批准逮捕。

（14）大兴煤矿机电副矿长，因涉嫌重大责任事故罪于9月12日被检察机关批准逮捕。

（15）大兴煤矿风井安全副矿长，因涉嫌重大责任事故罪于9月12日被检察机关批准逮捕。

（16）大兴煤矿风井主管井长，因涉嫌重大责任事故罪于9月12日被检察机关批准逮捕。

（17）大径里煤炭有限公司会计，因涉嫌故意销毁会计凭证、会计账簿、财务会计报告罪于9月12日被检察机关批准逮捕。

（18）兴宁市煤炭局局长，因涉嫌玩忽职守罪于9月16日被检察机关批准逮捕。

（19）兴宁市煤炭局副局长，因涉嫌玩忽职守罪于9月20日被检察机关批准逮捕。

（20）兴宁市煤炭局副局长，因涉嫌玩忽职守罪于9月13日被检察机关批准逮捕。

（21）兴宁市安全监管局局长，因涉嫌玩忽职守罪于9月16日被检察机关批准逮捕。

（22）兴宁市安全监管局副局长，因涉嫌玩忽职守罪于9月20日被检察机关批准逮捕。

（23）梅州市安全监管局局长，因涉嫌玩忽职守罪于9月29日被检察机关批准逮捕。

（24）梅州市安全监管局副局长，因涉嫌玩忽职守罪于9月29日被检察机关批准逮捕。

（25）广东省安全监管局副局长，因涉嫌玩忽职守罪于9月29日被检察机关立案查处。

（26）广东省安全监管局一处处长，因涉嫌滥用职权罪于8月31日被检察机关批准逮捕。

（27）广东省安全监管局一处副处长，因涉嫌玩忽职守罪于9月29日被检察机关立案查处。

（28）广东省安全监管局一处助理调研员，检察机关拟以涉嫌滥用职权罪对其立案查处。

（29）兴宁市国土资源局局长，因涉嫌玩忽职守罪于9月19日被检察机关批准逮捕。

（30）兴宁市国土资源局主任科员，因涉嫌玩忽职守罪于9月13日被检察机关批准逮捕。

（31）兴宁市国土资源局党委副书记，因涉嫌玩忽职守罪于9月25日被检察机关批准逮捕。

（32）兴宁市公安局副局长，因涉嫌玩忽职守罪于9月15日被检察机关批准逮捕。

(33)兴宁市公安局巡警大队副大队长，因涉嫌玩忽职守罪于9月28日被检察机关批准逮捕。

(34)原兴宁市公安局治安股民警，因涉嫌玩忽职守罪于9月20日被检察机关立案查处（取保候审)。

(35)兴宁市副市长，因涉嫌玩忽职守罪于9月29日被检察机关批准逮捕。

(36)兴宁市黄槐镇党委书记，因涉嫌玩忽职守罪于10月9日被检察机关立案查处。

(37)兴宁市黄槐镇副镇长，因涉嫌玩忽职守罪于10月9日被检察机关立案查处。

(38)兴宁市黄槐镇原镇党委书记，因涉嫌受贿罪于9月18日被检察机关立案查处（取保候审)。

对(1)~(38)人员的党纪、行政处分，待司法机关作出处理后，按有关规定办理。

(39)兴宁市煤炭局安全生产技术股股长，没有按法律法规的规定查处大兴煤矿无证生产问题；对大兴煤矿申办煤炭生产许可证、安全生产许可证的材料审核把关不严；对煤矿停产整顿工作落实不力；对大兴煤矿安全生产管理不力。对事故的发生应负主要领导责任。鉴于其还对兴宁市罗岗镇福胜煤矿“7·14”特大透水事故负有主要领导责任，给予行政撤职处分，并建议给予留党察看一年处分。

(40)兴宁市安全监管局安全股股长，没有按法律法规的规定查处大兴煤矿无证生产问题；对大兴煤矿申办煤炭生产许可证、安全生产许可证的材料审核把关不严；对煤矿停产整顿工作落实不力；对大兴煤矿安全生产监管不力。对事故的发生应负主要领导责任。给予行政撤职处分，并建议给予党内严重警告处分。

(41)梅州市安全监管局副局长，分管矿山安全生产监督工作。未按法律法规的规定组织和督促查处大兴煤矿无证生产问题；对大兴煤矿申办煤炭生产许可证、安全生产许可证的材料审核把关不严；对煤矿停产整顿工作检查和督促落实不力；对大兴煤矿安全生产监管不力。对事故的发生应负重要领导责任。给予行政记大过处分，并建议给予党内警告处分。

(42)广东省安全监管局局长，对省安全监管局违法违规向大兴等煤矿发放煤炭生产许可证和安全生产许可证失察；对省安全监管局会同省国土资源厅印发违反国家法律法规有关规定的《关于矿山安全生产许可证审核颁发工作有关采矿许可证问题的通知》失察；对领导班子和干部队伍疏于管理。对事故的发生应负重要领导责任。给予行政记大过处分，并建议给予党内警告处分。

(43)兴宁市国土资源局矿产资源管理股股长，没有按法律法规的规定查处大兴煤矿非法开采国家矿产资源问题，也没有提出依法查处的建议。对事故的发生应负主要领导责任。给予行政撤职处分，并建议给予党内严重警告处分。

(44)兴宁市国土资源局副局长，2005年2月起分管矿产资源管理等工作。没有按法律法规的规定查处大兴煤矿非法开采国家矿产资源问题。对事故的发生应负主要领导责任。给予行政撤职处分，并建议给予党内严重警告处分。

(45)梅州市国土资源局副局长，分管矿产资源开发等工作。对大兴等煤矿长期非法开采国家矿产资源问题督促查处不力。对事故的发生应负重要领导责任。给予行政记大过处分，并建议给予党内警告处分。

(46)广东省国土资源厅副厅长，分管矿产资源管理等工作。与省安全监管局会签违反国家法律法规有关规定的《关于矿山安全生产许可证审核颁发工作有关采矿许可证问题的通知》。对事故的发生应负重要领导责任。给予行政记大过处分，并建议给予党内警告处分。

(47)兴宁市公安局黄槐镇派出所所长，收受大兴煤矿的礼金，在兴宁市公安局负责人授意下为曾云高、曾繁金伪造出勤和年度考核情况等；且对大兴煤矿购买爆炸物品审核把关不严，监管不力。对事故的发生应负主要领导责任。给予行政撤职处分，并建议给予留党察看1年处分。

(48)兴宁市公安局治安管理股股长，对大兴煤矿购买爆炸物品审核把关不严，监管不力。对事故的发生应负重要领导责任。给予行政记大过处分，并建议给予党内警告处分。

(49)兴宁市公安局副局长，在曾云高开办的企业中入股分红，保护曾云高、曾繁金从事非法经营煤矿活动。且在2002年6月至2003年3月分管治安等工作期间，对违规审批大兴煤矿购买爆炸物品失察。对事故的发生应负重要领导责任。给予行政撤职处分，并建议给予留党察看1年处分。

（50）梅州市公安局党委委员，1995年至2004年10月任兴宁市公安局副局长、党委副书记。在其分管治安等工作期间，对大兴煤矿申办爆炸物品使用许可证和爆炸物品储存许可证时把关不严，监管不力；同意曾云高、曾繁金从事非法经营煤矿活动。对事故的发生应负重要领导责任。给予行政记大过处分，并建议给予党内警告处分。

（51）梅州市公安局副处级侦查员，在事故调查组调查期间，参与组织就违规发放爆炸物品使用许可证和爆炸物品储存许可证问题提供伪证；2004年10月至2005年8月任兴宁市委常委、市公安局局长期间，对爆炸物品管理混乱失察。对事故的发生应负重要领导责任。给予行政降级处分，并建议给予党内严重警告处分。

（52）梅州市公安局党委副书记，在事故调查组调查期间，组织兴宁市公安局有关人员，就违规发放爆炸物品使用许可证和爆炸物品储存许可证问题提供伪证；1999年12月至2005年5月任梅州市公安局副局长、分管治安工作期间，对下级公安机关爆炸物品管理混乱失察。对事故的发生应负重要领导责任。建议给予撤销党内职务处分。

（53）梅州市政法委副书记，2004年10月前任梅州市公安局副局长兼兴宁市公安局局长期间，保护曾云高、曾繁金从事非法经营煤矿活动；对兴宁市公安局违规向大兴煤矿发放爆炸物品使用许可证和爆炸物品储存许可证失察；对违规审批大兴煤矿购买爆炸物品失察。对事故的发生应负重要领导责任。建议给予撤销党内职务处分。

（54）黄槐镇工商所副所长，2002年1月至2004年4月任黄槐镇工商所代理副所长，2004年4月起任副所长，具体负责黄槐镇工商所全面工作。没有按法律法规的规定查处大兴煤矿无照经营问题。对事故的发生应负主要领导责任。给予行政降级处分，并建议给予党内严重警告处分。

（55）兴宁市工商局副局长，分管企业登记注册和监督管理等工作。对大兴煤矿无照经营问题查处不力。对事故的发生应负重要领导责任。给予行政记大过处分，并建议给予党内警告处分。

（56）兴宁市黄槐镇副镇长，分管安全生产和国土资源管理等工作。对大兴煤矿停产整顿情况监管不力。对事故的发生应负重要领导责任。给予行政撤职处分。

（57）兴宁市黄槐镇镇长、党委副书记，落实安全生产责任制不力；对大兴煤矿停产整顿情况监管不力。对事故的发生应负主要领导责任。给予行政撤职处分，并建议给予撤销党内职务处分。

（58）梅州市人大常委会秘书长，2002年9月至2003年12月任兴宁市委书记期间，违反组织程序，将公职人员长期借调给大径里煤炭有限公司等非法企业。对事故的发生应负领导责任。建议给予党内警告处分。

（59）兴宁市市长，没有要求有关部门对大兴等非法煤矿依法取缔；落实安全生产责任制不到位；贯彻落实煤矿停产整顿工作不力；对市政府及有关职能部门放宽大兴等煤矿复产验收标准失察。对事故的发生应负主要领导责任。鉴于兴宁市因监管不力连续发生"7·14"特大透水事故和"8·7"特别重大透水事故，造成了恶劣的政治和社会影响，给予行政撤职处分，并建议给予撤销党内职务处分。

（60）兴宁市市委书记、市人大常委会主任，没有要求政府及有关部门对大兴等非法煤矿依法取缔；督促政府及相关部门落实煤矿停产整顿要求不力。对事故的发生应负重要领导责任。鉴于兴宁市因监管不力连续发生"7·14"特大透水事故和"8·7"特别重大透水事故，造成了恶劣的政治和社会影响，建议给予其党内严重警告处分。

（61）梅州市常务副市长（分管经贸〈煤炭〉、安全生产等工作）、市安全生产委员会主任，落实安全生产责任制不到位；组织、督促安全专项检查工作不力；落实煤矿停产整顿要求不力；签发《关于继续做好煤矿停产整顿验收复产工作的通知》，放宽煤矿企业停产整顿验收标准。对事故的发生应负重要领导责任。鉴于兴宁市因监管不力连续发生"7·14"特大透水事故和"8·7"特别重大透水事故，造成了恶劣的政治和社会影响，给予其行政撤职处分，并建议给予撤销党内职务处分。

（62）梅州市市长，落实安全生产责任制不到位；对煤矿停产整顿工作督促检查不力；对市政府下发《关于继续做好煤矿停产整顿验收复产工作的通知》，放宽煤矿企业停产整顿验收标准失察。对事故的发生应负重要领导责任。鉴于兴宁市因监管不力连续发生"7·14"特大透水事故和"8·7"

特别重大透水事故，造成了恶劣的政治和社会影响，给予其行政降级处分，并建议给予党内严重警告处分。

（63）广东省副省长，对煤矿安全生产工作领导不力，对煤矿整治工作要求不严；对省安全监管局会同省国土资源厅印发违反国家法律法规有关规定的《关于矿山安全生产许可证审核颁发工作有关采矿许可证问题的通知》失察。对事故的发生应负领导责任。国务院决定给予其行政记大过处分。

（64）责成广东省人民政府向国务院作出书面检查。

交通事故

青海省玉树州“1·3”特别重大道路交通事故

2005年1月3日11时许，四川省甘孜县来马乡马达村驾驶员驾驶大货车，违章载客104人，从西藏拉萨市返回四川甘孜州，行至308省道338公里加400米连续弯道处（青海省玉树县隆宝镇境内），右转弯时侧翻于1.7米高路坎下，造成一起死亡56人、伤39人的特别重大道路交通事故。

一、事故经过

12月31日晚7时许，司机在核载8.2吨的东风牌货车（车号为藏AB0244）货厢上架设篷杆、篷布后，载乘在拉萨朝圣返乡的农牧民共100人及4.5吨的随身物品，由拉萨市出发，驶往四川省甘孜州。车辆行至西藏自治区堆龙德庆县境内后，拆除了车厢上的篷布。途经西藏当雄、那曲县，在经过隶属于那曲地区公安处的那曲镇城北、城南两处检查站时，司机为躲避检查，让所有乘车人员下车步行约20分钟。避过检查后，车辆经西藏安多县，于2005年1月1日晚到达青海省国道109线五道梁夜宿（其道路交通、路政、运政由西藏自治区管辖）。2日早晨又搭乘4名乘客（共计104名），驶往青海省国道109线不冻泉（其道路交通、路政、运政由西藏自治区管辖），穿越可可西里无人区，于当日晚9时左右到达青海省玉树州曲麻莱县城夜宿。3日上午7时出发，沿青海308省道，途经治多县，欲向四川方向行驶。当车辆行至玉树县境内哈秀山连续下坡转弯处（308省道338公里加400米），翻入道路北侧1.7米深凹坑内，由于事故地点海拔高、缺氧严重，通讯困难，当地政府部门不能及时获取事故信息实施救援，造成50人当场死亡、32人重伤（其中6人经医院抢救无效死亡）、13人轻伤的特别重大道路交通事故。

接到事故报告后，青海省人民政府迅速启动了青海省道路交通事故应急预案，省有关部门人员及医疗组赶赴事发现场。四川省接到事故报告后，由副省长率领四川省有关部门负责人及甘孜、阿坝州有关人员赶往现场。到达玉树后，四川省事故处理小组分头行动，对事故死难者家属进行安抚工作，对受伤者加强看护，并承担了事故所有费用。

西藏自治区接到事故报告后，自治区人民政府迅速召开会议，研究紧急措施。自治区有关部门负责人连夜赶往事故现场。

由于各方行动迅速，措施得力，群众情绪稳定，社会秩序良好。

二、事故原因分析

1. 直接原因

（1）驾驶员驾驶藏AB0244号载货货车，行至308省道338公里加400米转弯处，因车速过快（鉴定时速为58公里至60公里），导致汽车惯性冲出路外翻覆，违反了《中华人民共和国道路交通安全法实施条例》第四十六条关于机动车掉头、转弯、下陡坡时最高行驶速度不得超过每小时30公里之规定。

（2）驾驶员驾驶藏AB0244号载货货车，从哈秀山下长坡，连续制动，汽车变速器未挂上挡，处于空挡滑行状态，导致汽车制动贮气筒气压不足，汽车制动失效，违反《中华人民共和国道路交通安全法》第二十二条第一款“机动车驾驶人应当遵守道路交通安全法律、法规的规定，按照操作规范安全驾驶、文明驾驶”之规定。

（3）驾驶员驾驶藏AB0244号载货货车，驾驶室违法乘载11人，超员8人，严重影响了驾驶人的驾驶操作，违反了《中华人民共和国道路交通安全法》第四十九条“机动车载人不得超过核定的人数”的规定。同时车厢内客货混载、严重超载，违反了《中华人民共和国道路交通安全法》第五十条第一款“禁止货运机动车载客”、第四十八条第一款“机动车载物应当符合核定的载质量，严禁超载”和《中华人民共和国道路交通安全法实施条例》第五十五条第二项“载货汽车车厢不得载客”之规定。

2. 间接原因

（1）拉萨市运输管理处对道路交通安全工作重视不够，安全责任制不落实，对货车驾驶员在大昭寺广场等人流密集地非法揽客行为没有制定具体的管理对策，也没有及时查处，监管不力。

（2）拉萨市曲水县人民政府安全生产责任制贯彻落实不力，对辖区内从事个体运输的驾驶人员教育不力，监管不到位。

（3）西藏自治区拉萨市、那曲地区公安交通管理部门贯彻落实有关道路交通安全行政法规、规章不力，对辖区内道路交通安全未能实施有效的监督管理，针对道路交通安全专项检查中发现的问题，未能研究制定有效措施治理货车非法载客问题；2004年12月31日至2005年1月1日未能妥善安排警力对道路实施监管，导致辖区道路交通监督缺岗。

（4）青海省玉树州公安交通管理部门贯彻落实有关道路交通安全行政法规、规章不力，对辖区内道路交通安全未能实施有效的监督管理，针对道路交通安全专项检查中发现的问题，未能研究制定有效措施治理货车非法载客问题。

（5）1994年，四川省甘孜州交警支队车管部门管理不严，安全责任制不落实，源头把关不力，对个别干警违规为不满18周岁人员办理学习驾驶证的情况失察；虽对辖区内部分货车违法载客的相关人员进行过教育，但没有有效杜绝。

（6）青海、四川、西藏三省（区）安全宣传教育不够，举报制度不健全。道路交通安全宣传教育力度不够，没有在全社会形成广泛共识。对非法揽客、非法挂靠、货车非法载客行为，发挥全社会的监督作用不够。

经调查认定，青海省玉树州“1·3”特别重大道路交通事故是一起责任事故。

三、事故处理结果

（1）肇事车辆驾驶员，对事故的发生负有直接责任，已被依法逮捕。

（2）四川省甘孜州交警支队办公室副主任，1994年为甘孜州交警支队车管所干警，负责驾驶证的办理工作。在1994年12月为未满18周岁的人员办理了学习驾驶证。对事故的发生负有一定责任，建议给予行政警告处分。

（3）青藏线拉萨段交通治安巡逻大队大队长，负责大队全面工作。贯彻落实有关道路交通安全行政法规、规章不力，对辖区内道路交通安全未能实施有效的监督管理；2004年12月31日至2005年1月1日未安排警力对道路实施监管，导致辖区道路交通监督缺岗。对事故的发生负有主要领导责任。建议给予行政撤职、党内严重警告处分。

（4）青海省曲麻莱县公安局局长，负责局全面工作。督促落实有关道路交通安全行政法规、规章不力，针对道路交通安全专项检查中发现的问题，未能研究制定有效措施治理货车非法载客问题。对事故的发生负有重要领导责任。建议给予行政警告处分。

（5）西藏自治区拉萨市交警支队副支队长，负责事故查处工作。督促落实有关道路交通安全行政法规、规章不力，针对道路交通安全专项检查中发现的问题，未能研究制定有效措施治理货车非法载客问题。对2004年12月31日至2005年1月1日间青藏线拉萨段未能妥善安排警力对道路实施监管，对导致辖区道路交通监督缺岗的状况失察。对事故的发生负有重要领导责任，建议给予行政记过处分。

（6）西藏自治区那曲地区交警支队副支队长，负责城镇内交通管理工作。其督促落实有关道路交通安全行政法规、规章不力，针对道路交通安全专项检查中发现的问题，未能研究制定有效措施治理货车非法载客问题。2004年12月31日至2005年1月1日，那曲段交通治安巡逻大队未安排警力对道路实施监管，对导致辖区道路交通监督缺岗的状况失察。对事故的发生负有重要领导责任。建议给予行政记过处分。

(7) 西藏自治区那曲地区交警支队副支队长，事故发生期间负责那曲段交通治安巡逻大队日常工作。其贯彻落实有关道路交通安全行政法规、规章不力，对辖区内道路交通安全未能实施有效的监督管理。2004 年 12 月 31 日至 2005 年 1 月 1 日，未安排警力对道路实施监管，导致辖区道路交通监督缺岗。对事故的发生负有主要领导责任。建议给予行政撤职、党内严重警告处分。

(8) 拉萨市运输管理处副处长，负责运输管理处稽查工作。对货车驾驶员在拉萨市大昭寺广场等人流密集地非法揽客行为，没有制定具体的管理措施，监管不力。对事故的发生负有主要领导责任。建议给予行政撤职、党内严重警告处分。

(9) 拉萨市运输管理处处长，负责运输管理处全面工作。对货车驾驶员在拉萨市大昭寺广场等人流密集地非法揽客行为，既没有明确有关部门负责查处，也没有制定具体的管理措施，监管不力。对事故的发生负有重要领导责任。建议给予行政记大过、党内警告处分。

(10) 西藏自治区拉萨市曲水县人民政府副县长，分管安全生产监管工作。对其辖区内的个体运输户的安全生产负有监督管理责任，要求不严、监管不力。对事故的发生负有重要领导责任。建议给予行政记过处分。

广东省开阳市“1·23”高速公路道路交通事故

2005 年 1 月 23 日，开阳高速公路大槐路段发生一起特大道路交通事故，造成 24 人死亡，6 人重伤，23 人轻伤，13 辆车辆损毁，经济损失 906 元。

一、事故经过

2005 年 1 月 23 日 18 时 20 分左右，一辆牌号为“粤 Q37637”的面包车行至开阳高速公路开平往阳江方向 60 千米 + 580 米处时左前轮爆胎，车辆向右侧翻滚，最后转正，前轮在路肩上，右后轮掉入路沟中，事故并没有造成人员伤亡。江门市公安交管局高速公路交警三大队、开阳高速公路路政等单位接警后，立即到现场处理。在按规定采用简易程序对事故进行了勘查处理后，由于拯救车拖拽“粤 Q37637”号面包车需占用超车道才可安全进行作业，交警在距事故现场后方 200 米处，用反光锥实施了约 4 分钟短暂性的封路。此时，现场超车道、主车道共有约 20 辆车依次等候。约 19 时 47 分，“粤 Q37637”号面包车被从事故现场拖出。

就在“粤 Q37637”号面包车刚被拖离现场，现场交警正准备对等候的车辆放行时，19 时 48 分，一辆车牌号为粤 KN1990 的大客车（化州—广州专线）载客 14 人（核载 32 人）从等候车辆的后方驶来，猛烈碰撞碾压粤 K13511 号 12 座小客车后，再碰撞粤 GW0348 号大客车，巨大的惯性使粤 GW0348 号大客车冲前，造成前方 10 辆车辆互相碰撞碾压。事故造成 24 人死亡（其中当场死亡 21 人、送医院抢救无效死亡 3 人）、29 人受伤（其中 6 人重伤、23 人轻伤），13 辆汽车不同程度损坏，经济损失 906 万元。

二、事故原因分析

1. 直接原因

(1) 肇事驾驶员驾车时思想麻痹，对前方停放的车辆注意不足，遇事没有采取措施，没有按操作规范安全驾驶。

(2) 肇事驾驶员驾车超速行驶。据乘客反映和对现场碰撞痕迹、所有事故车辆损坏程度及碰撞后多辆车辆停定后的位置分析，肇事车碰撞时的速度在 120 公里/小时以上。

2. 间接原因

(1) 化州市汽车运输公司从总经理、副总经理到安全科长，都未能认真履行其安全生产职责，对安全制度的落实不重视，抓得不够，尤其是对驾驶员的安全管理相当松懈，驾驶员安全意识淡薄、违法行车的现象相当普遍，公司对这一问题没有引起足够的重视，没有采取过硬措施进行整改和纠正，粤 KN1990 大客车没有取得客运线路标志牌违规上路营运。

（2）广州海珠客运站为粤KN1990大客车办理新增班车进站开班手续的工作中，没有认真审查把关，为粤KN1990大客车违规营运创造了条件。

（3）化州市交通局对化州市汽车运输公司安全生产责任不够落实、安全运输管理措施不够到位等严重问题失察。

（4）茂名市交通局为化州市汽车运输公司关于粤KN1990大客车变更粤交运管K5－A1010客运线路标志牌车号，请沿途有关单位放行的“证明”办理签署意见的工作中，没有严格执行有关规定，导致粤KN1990大客车在没有取得正式客运线路标志牌的情况下违规营运。

“1·23”特大道路交通事故是一起重大责任事故。

三、事故处理结果

（1）肇事大客车（粤KN1990）驾驶员，建议由司法机关追究其刑事责任。

（2）化州市汽车运输公司经理，建议给予其行政降级和党内严重警告处分，并处以3万元人民币的罚款。

（3）化州市汽车运输公司分管客运、货运经营管理工作的副经理，建议给予其行政记大过和党内严重警告处分，并处以2万元人民币的罚款。

（4）化州市汽车运输公司分管车队和安全生产工作的副经理，建议给予其行政记大过和党内严重警告处分，并处以2万元人民币的罚款。

（5）化州市汽车运输公司安全科科长、车队长，建议给予其行政撤职和党内严重警告处分。

（6）广州海珠客运站营销部业务主管，建议给予其行政记大过处分。

（7）广州海珠客运站营销部经理，负责进站班车手续的受理、审核、班车发班班次。建议给予行政记过处分。

（8）广州海珠客运站副总经理，负责营销部、客运部、安保部工作。建议给予行政警告处分。

（9）化州市交通局副局长，分管运管、安全工作，建议给予其行政警告处分。

（10）茂名市交通局运管科主办科员，负责运管业务，建议给予其党内警告和行政记大过处分。

（11）茂名市交通局运管科科长，建议给予其行政记过处分。

（12）茂名市交通局副局长，分管运营工作。建议给予其行政警告处分。

（13）建议责成化州市人民政府向茂名市人民政府作出深刻的书面检查。

江西省星子县“3·7”特大道路交通事故

一、事故经过

2005年3月7日13时20分，江西省星子县公交汽车有限公司驾驶员驾驶车牌号为“赣G/25665”的牡丹牌中型普通客车（核载15人）载运中国人寿保险公司星子县支公司参加自行组织登山活动的员工42名（连同驾驶员本人及售票员共44人），由太乙村下山沿周（家畈村）太（乙村）线往观音桥方向行驶，行至周太线12公里＋700米处白水漕路段时，撞破路边防护墩，坠入其行驶方向左侧悬崖下，造成22人死亡、1人重伤、21人轻伤、“赣G/25665”客车报废的特大道路交通事故。

二、事故原因分析

1. 直接原因

肇事车驾驶员驾驶机动车严重超员，在下陡坡时连续采取制动措施，致使机动车制动效能下降，加之在下陡坡急弯时采取紧急措施不当，导致机动车冲出路外坠于山下。

2. 间接原因

（1）中国人寿保险公司星子县支公司违法、不负责任地组织“3·7”登山活动的行为，是造成“3·7”特大道路交通事故的诱发原因。

（2）星子县公交汽车有限公司严重违法，管理混乱，不负责任地承揽登山员工的接送业务，是造成“3·7”特大道路交通事故的主要原因。

（3）中国人寿保险公司九江市分公司作为星子县支公司的直接上级管理部门，对下级单位的安全工作指导不力，对下级县公司举办全员参加的危险程度较高的群体活动失察，不实施指导，不严格要求，是“3·7”事故发生的重要原因之一。

（4）星子县交通局作为行业主管部门，对同楼办公的县公交汽车有限公司安全监管不力，对该公司经常超载、运序混乱的现象没有及时督促帮助整改；同时，在已经改制的情况下，未督促该公司及时办理企业变更手续，是“3·7”事故发生的重要原因之一。

（5）星子县交警大队在全国“两会”期间对道路交通安全巡查不到位，对县内普遍存在的超载现象制止不力，是“3·7”事故发生的重要原因之一。

（6）星子县政府对群体性活动的安全监管工作虽有文件部署，但抓落实不够；对县内普遍存在的超载现象没有研究有效的解决办法，是“3·7”事故发生的重要原因。

三、事故处理结果

经省政府同意，对星子县公交汽车有限公司肇事车驾驶员等14名事故责任人员作出了处理。其中：建议司法机关追究刑事责任5人，行政拘留3人，给予行政处分6人（撤职2人），并对有关责任人员给予了经济处罚。

江西省昌樟高速公路“4·10”特大道路交通事故

一、事故经过

2005年4月5日，江西省建工集团公司人事劳动处根据本集团公司老干部党支部的要求，经请示集团公司同意后，组织部分老干部前往湖南学习。与南昌市亚细亚旅行社签订合同，由亚细亚旅行社租用南昌旅游有限公司的赣A/13935号大客车。4月10日上午11时35分，参观学习活动结束后，按计划从长沙出发返回南昌。16时17分，当车行至昌樟高速公路96公里+979米处时，车辆失控，撞击护栏后，翻至公路护坡下，造成9人当场死亡、1人在医院抢救无效死亡、24人不同程度受伤、高速公路附属设施及车辆严重受损的特大道路交通事故。

二、事故原因分析

《事故调查报告》认定，“4·10”特大道路交通事故是一起严重违反《中华人民共和国安全生产法》和《中华人民共和国道路交通安全法》等法律法规造成的重大责任事故。

1. 直接原因

驾驶员身患感冒，长时间驾车未休息且雨天驾车未减速行驶，所驾车辆轮胎不符合技术标准，连续驾驶机动车超过4小时未停车休息，导致车辆与公路右侧护栏相撞后，翻至公路护坡下。

2. 间接原因

（1）南昌旅游有限公司对安全工作重视不够，安全管理不到位，安全责任制不落实，特别是对“公车责任经营”的车辆安全管理基本处于失控状态，责任经营业主私自承接营运业务，外出营运车辆不经例检；司机对事发路段虽然熟悉，但在雨天未减速行驶，说明对司机的安全教育不到位；车辆轮胎磨损严重，未例行检查；大客车行驶记录仪使用到3月27日，之后没有任何记录，安全管理失控；大客车法定核载30人，经非法改装为35座，实际载客34人，超载行为具有很大的隐蔽性。

（2）南昌市亚细亚旅行社偏重经济效益，不重视安全生产工作，安全制度不健全，忽视了对职工进行交通安全和安全生产方面的教育，租用载客车辆违反规定直接与实际车主联系，签订合同时未制定安全措施。

（3）南昌市旅游局作为行业主管部门，对旅行社安全生产监管不力。

（4）江西长运股份有限公司作为南昌旅游有限公司的控股股东（占有84.967%的股份），对旅游公司的安全工作指导不力。

三、事故处理结果

经省政府同意，对肇事车驾驶员等9名事故责任人员作出了处理。其中：建议司法机关追究刑事责任2人；给予行政处分5人（撤职3人），建议给予党纪处分1人；依据相关规定对南昌市亚细亚旅行社股东给予了经济处罚。

四川省卧龙特区“4·12”特大道路交通事故

一、事故经过

2005年4月12日早，岷江运业公司驾驶员驾驶车牌号为川U08378的客车（准载38人）在小金县汽车站载客11人（其中1人没有买票）正常临检出站，开往成都。在小金县汽车站外到四姑娘山客运站之间沿途先后上客26人，四姑娘山客运站前下车1人，经四姑娘山客运站确定，川U08378的客车出四姑娘山客运站时载客36人，其中1人没有补票。客车行驶经过巴郎山垭口后，因路面有积雪，汽车安装了防滑链条，在巴郎山卧龙段唐坊道班附近又上了2名乘客，此时川U08378号客车实际载人39人。客车在巴郎山卧龙段下山过程中，由于天降大雪，路面积雪较厚，气温低，车内很冷，车窗结霜，客车的行驶速度不是很快，驾驶员侧的挡风玻璃由乘客帮忙擦拭，先用抹布，后用CD盘的包装纸壳刮。10时35分左右，当客车行至省道303线映秀至小金的92公里+77米处时，遇对方车道有一轿车（川C18129号广州本田轿车）因故障抛锚，后面堵住两辆货车（川U12247、川U10197）等候让行，在已方车道向外倾斜11%的情况下，驾驶员未按公司规定让乘客下车，空车通过危险路段，而是冒险通过，驶出路肩，翻于170多米高的山崖下，造成当场死亡23人、在送往医院抢救途中死亡3人、13人受伤、车辆报废的特大道路交通事故。

二、事故原因分析

1. 直接原因

驾驶人在挡风玻璃结雾、视线不良的雪天气候条件下会车时，忽视安全，冒险通过冰雪、倾斜、破损路段，是造成此事故的直接原因。

2. 间接原因

（1）阿坝州岷江运业有限责任公司对所属各分公司具有领导、管理、监督职责。公司内部管理不到位，对驾驶员的安全管理不落实，造成驾驶员安全意识淡薄，不守法纪。

（2）阿坝州岷江运业有限责任公司制定了安全生产规章制度，但没有完全落实到车头、人头，每周五虽安排有安全活动，但没有注重学习效果；平时对驾驶人员违章处理不够严格，造成驾驶员单车营运过程中有章不循的状况。

经过对事故原因的调查分析，认定此次事故是一起责任事故。

三、事故处理结果

（1）肇事车驾驶员，安全意识淡薄，思想麻痹大意，违反公司关于严禁客运车辆营运中超载、在引擎盖上坐人以及危险路段必须下客空车驶过、严禁开冒险车的规定，在挡风玻璃结雾、视线不良的雪天气候条件下遇危险路段会车时，忽视安全，冒险载客通过冰雪、倾斜、破损路段，造成此次事故的发生，其行为涉嫌触犯了《刑法》第133条，依法应追究刑事责任。鉴于其已在事故中死亡，不再追究。

（2）阿坝州岷江运业有限责任公司小金分公司经理，负责小金分公司全面工作，是分公司安全生产第一责任人，直接负责对岷江公司小金车站应班驾驶员安全管理和培训及职业道德教育工作，负责落实“周五”安全学习制度，肇事车驾驶员忽视安全、有章不循的行为，与其管理工作不落实有因果联系，应对“4·12”特大道路交通事故负有直接管理责任。建议给予3000元的经济处罚。

（3）阿坝州岷江运业有限责任公司安监部部长，负责对全公司的安全生产管理进行全过程、全方位的管理、监督和检查。对小金分公司安全教育监管不到位，在“4·12”特大道路交通事故中负直接监管责任。建议给予2000元的经济处罚。

（4）阿坝州岷江运业有限责任公司副总经理，是安全生产第二责任人。对此次事故负重要管理责任。建议给予4000元的经济处罚，并责令写出深刻的书面检查。

（5）阿坝州岷江运业有限责任公司法定代表人、董事长，是安全生产第一责任人。对“4·12”特大道路交通事故负领导责任。建议给予4000元的经济处罚，并责令写出深刻的书面检查。

（6）阿坝州岷江运业有限责任公司，对安全生产工作重视不够，公司安全管理制度落实不力，对从业人员的安全教育培训不到位，建议给予100000元的经济处罚，并向阿坝州交通局写出深刻的书面检查。

重庆市黔江区“4·19”特大道路交通事故

一、事故经过

2005年4月18日晚20时20分左右，重庆市忠县新立镇驾驶员驾驶重庆市汽车运输集团黔江运输有限公司渝H00182号三湘牌大型卧铺客车（核载35人），从朝天门车站载客34人（含驾驶员2人）开往黔江。19日凌晨2时55分，当车行至国道319线黔彭二级路段香山隧道时，在隧道内超越渝B34436号大货车，出隧道后驶上沙湾特大桥，驾驶员踩刹车，由于道路路面湿滑，引起车辆侧滑失控，滑向大桥左侧，冲上人行道，撞坏32.58米的桥栏后，侧翻坠于89米高的桥下，造成27人死亡（当场死亡25人，送医院途中死亡1人，抢救无效死亡1人）、轻重伤4人、车辆严重损坏的特大道路交通事故。

二、事故原因分析

1. 直接原因

（1）驾驶员在隧道内超过中心黄实线违法超车，违反了《中华人民共和国道路交通安全法》第四十三条第一款之规定。

（2）驾驶员驾车驶出隧道后，采取措施不当，引起车辆侧滑失控，发生事故，违反了《中华人民共和国道路交通安全法》第二十二条第一款的规定，加大了此次事故的损害后果。

2. 间接原因

（1）重庆市汽车运输集团黔江运输有限公司对驾驶员管理不严，安全教育不够。

（2）有关部门安全监督检查力度不够。相关管理部门和单位未认真履行安全生产管理职责，安全监督检查不到位。

三、事故处理结果

（1）肇事车驾驶员，对本次事故有直接责任。鉴于其已死亡，建议不再追究其责任。

（2）重庆市汽车运输集团黔江运输有限公司董事长兼总经理，法人代表，安全生产第一责任人，对事故负重要领导责任。建议给予其党内严重警告处分；给予其15万元罚款的行政处罚。

（3）重庆市汽车运输集团黔江运输有限公司副总经理，分管安全工作，对事故负主要领导责任。建议给予其党内严重警告处分，并建议公司按规定给予其政纪处分。

（4）重庆市汽车运输集团黔江运输有限公司安全科副科长，协助原科长负责公司安全工作，对事故负主要责任。建议给予其留党察看1年处分，并建议公司按规定给予其政纪处分。

（5）黔江区交通局副局长兼区运管处长，2005年1月分管水陆运输安全，对事故负重要领导责任。建议给予其行政记过处分。

（6）重庆渝运集团安全保卫处处长，对事故负重要领导责任。建议给予其行政记过处分。

（7）重庆渝运集团副总经理，分管安全保卫工作，对事故负重要领导责任。建议给予其行政警告处分。

（8）黔江区政府副区长，分管交通工作，对事故负重要领导责任。建议给予其行政警告处分。

（9）重庆渝运集团董事长，法人代表，安全生产第一责任人，对其子公司安全生产指导、监督、检查不力，安全教育不够。建议责成其向市交委写出书面检查。

（10）黔江区交通局局长，安全生产第一责任人，对重庆市汽车运输集团黔江公司安全监督检查不力，安全教育不到位。建议责成其向黔江区政府写出书面检查。

（11）黔江区交警支队支队长，代表黔江区交警支队与重庆市汽车运输集团黔江运输有限公司签订了客运道路交通安全工作目标责任书，对该公司客运道路交通安全教育监督检查不力。建议责成其向黔江区政府写出书面检查。

云南省楚雄州“5·2”特大道路交通事故

一、事故经过

2005年5月1日，肇事车驾驶员驾驶云南省大理交通运输集团公司车牌为“云L·07843”的大客车，载客42人（核定载客29人），从昆明市南窑汽车客运站驶往大理。5月2日3时52分，行至楚大高速公路K15+380米处时，该路段限速40公里/小时，该车时速达84.8公里/小时，在与载有20.5吨（该车核载4.695吨）西瓜的车牌号为“陕E·18031”的货车会车过程中，两车相撞，造成11人当场死亡、23名乘客受伤、两车严重受损的特大交通事故。

二、事故原因分析

1. 直接原因

（1）“陕E·18031”货车在限速40公里/小时的道路上以62.99公里/小时的车速超速行驶，且在两车相会时未靠右（占道1.3米）行驶，是造成此次事故的主要原因。

（2）“陕E·18031”货车核定载质量4.695吨，事故发生时实载20.5吨，是加大此次事故后果的重要原因。

（3）“云L·07843”大客车在限速40公里/小时的路段以84.8公里/小时的车速超速行驶，以致在事故发生时未能采取有效措施，是造成此次事故的一方面原因。

（4）“云L·07843”大客车核定载客29人，实载42人，属于严重超员，是加大此次事故后果的重要原因。

2. 间接原因

（1）昆瑞公司于2005年1月10日至2005年6月30日对楚大高速公路K0至K80及K147至K179+122米路段进行路面并道施工，过往车辆在并道路段实行双向行驶。

（2）公路管理部门对高速公路长距离并道施工可能带来的交通安全形势估计不足。楚雄高速公路交警大队于2005年3月16日向昆瑞公司楚大高速公路路面工程项目经营部提出关于“五一黄金周”期间并道路段实行单向通行的书面报告，但没有得到答复。

（3）大理交通运输集团公司对车辆管理不到位。对出站的客运车辆管理失控，未按规定参加途中例保检验，未执行“未参加例保检验不得发班的”制度；不按规定到指定站点发班；不按规定班次营运；未按规定安装安全行驶记录仪，对擅自改变车内结构失去监管。

（4）客运车辆站点管理不到位。对擅自改变发车站点组客发班，对长期未在昆明长途汽车客运站发班监管不力。昆明汽车客运站没有严格出站管理，制度执行不严，导致该车超员载客出站上路行驶。

（5）公安交警、交通部门管理不到位。上述两车均存在超载现象，但均没有受到交通超载、超限查处。

三、事故处理结果

（1）“陕E·18031”货车驾驶员，对此次事故负主要责任。鉴于其已在事故中死亡，故不再追究其行政、刑事责任，对其所持机动车驾驶证按规定予以注销。

（2）“云L·07843”大客车驾驶员，对此次事故负次要责任，处以4000元罚款，并吊销其机动车驾驶证。

（3）陕西省大荔县西马汽车贸易有限责任公司，是“陕E·18031”货车的挂靠单位，事故发生后，在企业十分困难的情况下，积极筹集资金，支持事故善后处理，免予行政处罚。

（4）云南省大理交通运输集团公司在事故发生后，积极配合并协助有关单位尽力做好伤员的救治及遇难人员的善后处理工作，加之该公司负事故次要责任，免予行政处罚。

广东省河源市东源县“5·12”道路交通事故

一、事故经过

2005年5月12日6时30分，河源市东源县叶潭镇车田村人驾驶车牌号“粤K·P3476”小客车（核载11人，实载15人，其中儿童1人），从东源县叶潭镇往河源市区方向行驶，目的地为深圳市宝安区。6时55分，途经县道155线18公里+100米处（东源县蓝口镇乐村路段），在连续转弯下坡的情况下，因车况不良、速度过快、临危措施不当，致使车辆驶出右侧路外，翻入距路面16米深的山沟并起火燃烧，造成车上人员11人当场死亡、4人受伤、小客车报废的特大交通事故。

二、事故原因分析

1. 直接原因

（1）车况不良。注册车主及实际使用人（已死亡），未按规定对车辆定期进行安全技术检验，违反了《中华人民共和国道路交通安全法》第十三条第一款规定，造成车况不良。

（2）车速过快，临危措施不当。驾驶员驾车途经下坡连续转弯路段时车速过快。根据单边拖印推算，制动前初速度不小于50公里/小时，违反了“机动车在转弯、下陡坡路段时速不得超过30公里”的规定。此外，驾驶员驾龄不足2年，经验少，发现刹车失效时，未采取“拖挡”或靠山体滑行减慢速度等措施，致使车辆失控翻入右侧山沟，酿成恶劣后果。

2. 间接原因

（1）车辆限载11人，实载15人（含小孩1人）。该车刹车失控时，因超载而增加了操控的难度，同时也加重了事故的后果。

（2）东源县公安交警大队曾田中队对县乡道路监管不到位，对从外地流入辖区运行的车辆管理不够有力。

（3）事发路段属“三临”路段。东源县公安交警部门已于2004年3月在排查事故黑点时将该路段列入“三临”危险路段。县公路部门也已经将该路段列入改造计划，但由于该路段不属于“十五”计划的安全保障工程路段，因此在事发前未得到有效整治。

（4）茂名市公安交警部门对车辆的安全管理存在疏漏。该车年检合格期至2004年6月1日前有效。年检合格有效期满后，茂名市车管所未采取有效措施督促车主办理车辆年检，对车辆安全状况缺乏有效监管。

（5）东源县叶潭镇政府对安全生产工作重视不够，分管领导未依法全面履行安全生产管理职责，对辖区内的安全隐患了解掌握得不够全面。

综上所述，“5·12”特大交通事故是一起重大责任事故。

三、事故处理结果

（1）肇事车驾驶员，因其已在事故中死亡，建议不再追究其刑事责任，并注销其机动车驾驶证。

（2）车辆实际支配人，对事故的发生负有重要责任。鉴于其已在事故中死亡，不再追究其刑事责任。

（3）注册登记车主，对事故的发生负有重要责任。建议追究其民事赔偿责任。

（4）东源县公安交警大队曾田中队主要负责人（中队长），给予党内严重警告、行政记大过处分。

（5）东源县公安交警大队副教导员，给予党内警告、行政记过处分。

（6）东源县叶潭镇副镇长，给予党内警告、行政记过处分。

（7）东源县交通局，对辖区内非客运经营车辆的违法经营行为未实施有效监管，对事故的发生负有一定责任。建议其给予其通报批评。

（8）茂名市公安交警部门，对车辆的安全管理不到位，建议给予其通报批评。

江西省婺源县“5·16”特大道路交通事故

一、事故经过

2005年5月16日，江西省婺源县古坦乡水岚村驾驶员（车主）驾驶赣E/59296号长沙产“大富豪”牌中巴客车乘载12人（包括驾驶员、售票员），中午12时从婺源县城北站出发驶往古坦乡，车行至古坦乡政府所在地时又上车5人，至古坦乡黄田村时再上车2人，此时车上乘载19人。13时30分左右，当车行至古坦乡通源观村村口桥头时，坠入桥下湖中（桥面至水面3.9米，水深2.5米），造成10人当场死亡、1人送往医院抢救无效死亡、1人失踪（于5月17日17时在事发湖中打捞到尸体）、1人受伤的特大道路交通事故。

二、事故原因分析

《事故调查报告》认定，“5·16”事故是一起严重违反《中华人民共和国道路交通安全法》、《中华人民共和国安全生产法》等有关法律、法规造成的重大责任事故。

1. 直接原因

驾驶员雨天驾驶擅自改装增加座位、超员的中型客车，行至花岗岩铺设路面的肇事路段右转弯时，思想麻痹，在路面附着系数低、雨天山区能见度低等不利于行驶的条件下，未注意减速慢行，遇情况后，采取措施失当，导致机动车翻至桥下湖中，是引发事故的直接原因。

2. 间接原因

（1）婺源灵岩洞旅游开发有限公司安全制度和安全责任制不落实，在开发建设中只顾景区美观要求，忽视交通安全，修筑事故发生处的公路和桥梁时，未按规定报请县级以上地方人民政府交通主管部门批准，擅自铺设45米不符合公路工程技术标准的花岗岩路面和建设通源桥；桥的主体工程已于2004年底建成，但一直未装防护栏，留下重大安全隐患，是导致“5·16”特大道路交通事故发生的主要间接原因。

（2）婺源县公路运输管理所，作为旅客运输行业管理机构，未认真履行管理职责，对肇事车一年多擅自超越审批线路运营监管失察，是导致“5·16”特大道路交通事故发生的重要间接原因。

（3）婺源县灵岩洞国家森林公园管理局，对婺源灵岩洞旅游开发有限公司安全监管不力，是导致“5·16”特大道路交通事故发生的重要间接原因。

（4）婺源县公安局交警大队对有安全隐患的路段、桥梁交通安全监督检查和安全巡查不到位，也是导致“5·16”特大道路交通事故发生的间接原因。

三、事故处理结果

经省政府同意，对驾驶员等5名事故责任人员作出了处理。其中：建议司法机关追究刑事责任1人，给予行政处分2人，撤职1人，建议给予党纪处分1人，依据规定对事故相关责任人员给予了经济处罚。

云南省大理州“5·19”特大交通事故

一、事故经过

2005年5月19日14时10分，大理州巍山县永建乡小五茂林驾驶员驾驶车牌号为云L·15210东风普通货车，沿楚大公路大修路段，由大理往昆明方向行驶，与大理州剑川县沙溪乡南江尾村驾驶员驾驶的车牌号为云L·12858依维柯大型普通客车（由楚雄往剑川方向行驶）发生相撞，造成11人当场死亡、2人受伤、两车严重损坏的特大道路交通事故。

二、事故原因分析

1. 直接原因

（1）货车驾驶员驾驶车辆严重超速行驶，因车辆制动系统不合格，在连续下坡路段行驶过程中，致使车辆不能正常有效减速，在慌乱过程中，驾驶员操作不当，使货车冲入对向车道，撞向在本车道正常行驶的依维柯大客车，是造成事故的直接原因。

（2）货车驾驶员违反装载规定（核载10吨，实载11.95吨），致使制动效能下降，也是造成事故的原因之一。

2. 间接原因

（1）云南楚大公路路面工程项目经理部在楚大公路并道路段（K146+600米至K156+600米）维修施工过程中，对通行车辆的安全工作估计不足，重视不够，工作措施不到位。

（2）云南路桥股份有限公司楚大高速公路路面工程第三合同段项目经理部，在楚大公路并道路段维修过程中，未严格执行《公路养护安全作业规程》在并道路段中央设置锥形交通路标。

（3）驾驶员安全意识不强，法制观念淡薄，重生产轻安全，在限速禁超施工路段超载、超速。

三、事故处理结果

（1）货车驾驶员，驾驶制动不符合安全要求的车辆，严重超速行驶，驶入对向车道与大客车相撞，且载货超过核定质量，在此次事故中负全部责任。鉴于其已在事故中死亡，免予追究刑事责任。

（2）客车驾驶员，驾驶车辆在并道路段超速行驶。鉴于其在事故中死亡，不再给予行政处罚。

（3）云南楚大公路路面工程项目经理部、云南路桥股份有限公司楚大高速公路路面工程第三合同段项目经理部，由其上级部门对相关责任人给予相应的处理。

吉林省扶余县“5·25”路外特大交通事故

2005年5月25日，吉林省扶余县境内发生一起路外特大交通事故，12人死亡，7人受伤，直接经济损失约50万元。

一、事故经过

2005年5月25日上午，扶余县新城局乡东大七号村小八号屯村民无驾驶证驾驶自家小四轮拖拉机，满载21位村民外出旅游。中午，在珠尔山野餐，酒足饭饱后，返程回乡。途中，车主将拖拉机交给另一无驾驶证村民驾驶，此村民此时已经达到醉酒程度。小四轮拖拉机的挂车没有制动装置。行驶到下坡路时，由于挂车严重超载，加大了惯性，对主车产生推力。坡上，路面坎坷，车辆颠簸。加上车上的村民都是取站立姿势，人员随车辆颠簸，摇摆加剧，拖拉机呈画龙曲线行驶，致使驾驶员无法控制车辆的速度和方向。14时7分，在珠尔山村东边的取土场，拖拉机坠入9米深的坑里，10人当场死亡，9人重伤，在医院抢救过程中，又有2人经抢救无效死亡，另外2人在拖拉机坠坑前跳车幸免于难。

二、事故原因分析

1. 直接原因

（1）拖拉机驾驶人，违反《中华人民共和国道路交通安全法》，无证驾驶，醉酒后驾车，违规载人。

（2）违法取土施工，进一步改变地形地貌，形成重大事故隐患。拖拉机所坠入的深坑是铁路部门使用的荒废土地。2005年1月，公主岭市森龙土石方运输队和长春铁路实业发展有限责任公司公主岭绿化分公司违法签约、违法开采、违章作业。双方的协议中没有明确安全生产的内容，取土施工过程中没有按照有关规定设计“边坡”取土。取土后，进一步改变了地形地貌，形成了陡峭悬崖状的深坑，宽约30米，长约100米，深平均10米，成为有“较大危险因素的生产经营场所”。施工单位公主岭市森龙土石方运输队没有设置安全警示标志，也没有采取任何安全防范措施，导致事故发生。

2. 间接原因

（1）扶余县有关部门工作失职。一是农机主管部门和农机监理机构未认真履行工作职责，农用拖拉机和驾驶员安全管理上有重大疏漏。二是扶余县国土资源局工作失职。当发现公主岭市森龙土石方运输队违法开采国土资源后，仅仅向这个运输队下发了“停工通知单”和行政处罚“告知书”，在公主岭市森龙土石方运输队没有表示任何疑义的情况下，事过4个多月，直到事故发生时，县国土资源局一直没有发出行政处罚“决定书”，公主岭市森龙土石方运输队继续违法取土，国土局视而不见，放任不管。

（2）扶余县及其有关部门对村民的安全教育不够，村民安全意识淡薄。

三、事故处理结果

（1）扶余县新城局乡东大七号村小八号屯村民，事发时驾驶人醉酒后无证驾驶拖拉机，违章载人，对事故发生负有直接责任，应当追究刑事责任。鉴于其在此次事故中已经死亡，免予追究刑事责任。

（2）扶余县新城局乡东大七号村小八号屯村民，肇事车主。在事发当天下午，先行无证驾车，之后又将车交给无驾驶资格人员驾驶，对事故发生负有重要责任。给予治安行政处罚，并处罚款。

（3）扶余县农机监理所所长，没有认真履行农机安全监督管理职责，工作有重大疏漏，严重失职，造成严重后果，对事故发生负有主要管理责任。给予行政降级处分。

（4）扶余县农机局主管农机监理和培训工作副局长，没有认真履行职责，工作有重大疏漏，管理不到位，对事故发生负有重要领导责任。给予行政记过处分。

（5）扶余县国土资源局局长，工作严重失职，对事故发生负有重要领导责任。给予行政记过处分。

（6）扶余县农机局局长，作为全县农业机械行政主管部门的主要负责人，对农机安全工作疏于管理，对事故发生负有重要领导责任。给予行政警告处分。

（7）分别对公主岭市森龙土石方运输队、长春铁路实业发展有限责任公司公主岭绿化分公司主要负责人处以罚款。

黑龙江省黑河市爱辉区“6·22”重大水上沉船事故

一、事故经过

2005年6月22日5时30分，黑龙江省黑河市金矿退休人员驾驶04—农033号机动船，从市区过江到鳇鱼通岛。当时船上有农民工33人。该机动船右侧船舷处并排捆绑了一条报废无动力装置的玻璃纤维增强塑料船。当船行至距岸边50米时，他发现由于江水湍急，风力较大，船只乘载人员又过多，导致船体晃动，机动船船尾进水，有翻船的危险，便调转船头返回岸边。行至距岸边15米处时，由于船舱内进水过多，导致翻船，船上34人全部落水，其中17人生还，17人失踪。

5时48分，黑河市“110”指挥中心接到事故报警后，立即向黑河市主要领导作了汇报。市领导接到事故报告后，立即指示市、区有关领导赶到事故现场指挥搜救工作，同时立即向省委、省政府报告了情况，并迅速赶赴事故现场指挥搜救。当日晚6时许，省有关领导率领有关部门人员立即赶赴事故现场指挥搜救工作，抽调黑龙江航运救捞站5名潜水员于6月24日赶赴事故现场，参加搜救工作。在搜救工作中共投入人员500余人，船艇30艘，救捞工具1200余具，失踪的17人尸体全部打捞上岸。

二、事故原因分析

这是一起由于船主无证驾驶不具备载客、载货条件的不合格船舶，严重超员超载，违章操作，导致船舶沉没的重大水上沉船责任事故。

三、事故处理结果

（1）黑河金矿退休人员，无证驾驶不合格船舶，严重超员超载，违章操作，导致船舶沉没，对这起事故负有直接责任。建议移交司法机关处理。

（2）四嘉子乡小乌斯力村村委会主任，对外来人员审查不细致，对安全宣传教育和管理不到位，致使辖区内发生重大沉船事故，对这起事故的发生负有直接领导责任。建议按程序罢免村委会主任职务，党内留党察看一年。

（3）四嘉子乡小乌斯力村党支部书记，对外来人员审查不细致，对安全工作监督管理不到位，致使辖区内发生重大沉船事故，对这起事故的发生负有直接领导责任。建议给予撤销党内职务处分。

（4）四嘉子乡武装部部长，对外来人员审查不细致，安全管理工作有漏洞，安全检查不细，与相关部门协调不力，水上安全工作存在死角死面，致使辖区内发生重大沉船事故，对这起事故的发生负有直接领导责任。建议给予行政撤职、撤销党内职务处分。

（5）四嘉子乡乡长，乡边防委主任，四嘉子乡安全工作第一责任人，对外来人员管理重视不够，安全监管上有死角，致使辖区内发生重大沉船事故，对这起事故的发生负有主要领导责任。建议给予行政撤职、撤销党内职务处分。

（6）四嘉子乡边防派出所所长，对边境船只和下江作业人员检查不到位，安全管理存在疏漏，致使辖区内发生重大沉船事故，对这起事故的发生负有主要领导责任。建议移交边防总队追究责任。

（7）黑河市爱辉区副区长兼区边防委副主任，对督促边防委成员单位落实各自职责工作不细，对界江安全生产工作监管不到位，对这起事故负重要领导责任。建议给予行政警告处分。

河南省济源市小浪底水库“6·22”特别重大沉船事故

2004年6月22日19时54分，河南省济源市小浪底明珠岛旅行社有限公司所属、由济源市交通航运中心经营的“明珠岛二号”客船在黄河小浪底库区距济源张岭码头5.3公里（概位：34°57′205″N，112°16′482″E）处倾覆，船上69人全部落水，其中27人生还，42人死亡或失踪（其中20人死亡，22人失踪），6月28日在搜救打捞过程中又有1人溺水死亡。事故造成直接经济损失约2000万元。

一、事故经过

2004年6月22日，开封市兴化精细化工厂129名职工，由明珠岛旅行社有限公司组织到黄河小浪底景区游览。当日16时10分左右，129名职工到达小浪底北岸的济源桐树岭码头，当时“明珠岛二号”客船已在桐树岭码头附近的岸坡船首抵岸等待迎客，第一批65名职工、3名导游登上该船后即离开岸边。随后，“明珠岛一号”客船在相同的位置抵岸，其余64名职工、2名导游及1名散客登上该船。约16时45分，“明珠岛一号”离开码头。此时天气晴好，微风。

约17时30分，“明珠岛二号”客船到达黄河三峡，船舶开始返航。18时左右，该船经过万山湖时与“明珠岛一号”右舷对遇驶过。约19时，该船驶过明珠岛，水面开始起风，风力约3~4级，风向东南。稍后，负责两艘船舶的管理，也是“明珠岛二号”的轮机员打电话给“明珠岛二号”客船驾驶员，让“明珠岛二号”慢下来等“明珠岛一号”，使两船同时返回桐树岭码头。“明珠岛二号”驾驶员将船速减到最低，保持怠速航行（约5公里/小时）。

约19时52分，在距离桐树岭码头约7公里处，“明珠岛一号”客船追上来（时速约15公里/小时），并从“明珠岛二号”右正横约300米超过该船，两船游客相互挥手致意。此时，在东南方向有一强对流云团从东南向西北方向移动，伴有电闪雷鸣，所经水面的降雨界限分明，两船驾驶员都要求游客进入船舱，关闭窗户，“明珠岛二号”上的游客大部分进入一层舱，其中13人进入二层贵宾舱。约19时54分，“明珠岛一号”超过“明珠岛二号”约500米时，强对流云团经过两船水域，“明珠岛二号”驾驶员为使船舶迎风，向右打舵15度左右，同时将两船加到全速，船舶稍向右开始转向（船首向由正东转向东偏南）时，强风夹带大雨瞬间吹打船舶右舷，船舶在短暂左倾（不到10秒）后瞬间向左倾覆。此时，“明珠岛一号”同样操右舵向右转向准备迎风，由于船舶产生左倾，驾驶员迅速减速回舵，并向左转向，想使船舶顺风航行，但很快进入水上养殖网箱，螺旋桨被网箱缠住失去动力，船位为34°57′203″N，112°17′067″E，距离“明珠岛二号”倾覆位置约1000米。

二、事故原因分析

1. 直接原因

经现场勘查分析认定，违规出航、载客超员、船舶配员不足、管理混乱、操作不当是导致事故发生的直接原因。

2. 间接原因

（1）小浪底明珠岛旅行社有限公司有关人员安全意识淡薄，安全生产责任制不落实，安全管理混乱，在小浪底水库调水调沙禁航期间，未执行有关禁航规定，组团到库区水上旅游。

（2）济源市交通航运中心在小浪底水库调水调沙禁航期间对经营船舶忽视安全管理，对船舶配员不足、违规出航行为未能实施有效监督检查。济源市小浪底风景管理局安全管理制度落实不力，没有严格执行在小浪底水库调水调沙期间“全面停止水上旅游活动”的通知要求。济源市交通、港航管理部门水上交通安全责任制落实不到位，没有认真履行港航监督管理职责，特别是济源市港航管理局主要负责人在小浪底水库调水调沙期间执行禁航要求方面失职，致使禁航要求未能得到落实。济源市旅游局没有认真履行行业管理职责，在接到河南省小浪底管委会办公室关于小浪底水库调水调沙期间全面停止水上旅游活动的通知后，未就全面停止水上旅游活动作出相应的安排和部署。

（3）济源市人民政府对水上交通安全专项整治工作组织不力，对水上交通安全监管部门管理不到位，对有关部门在小浪底水库调水调沙禁航期间没有认真履行职责的问题失察。

经调查认定，这是一起责任事故。

三、事故处理结果

（1）济源市小浪底明珠岛旅行社有限公司董事长、法定代表人，因涉嫌重大责任事故罪，已被依法逮捕。

（2）济源市小浪底明珠岛旅行社有限公司总经理，因涉嫌重大责任事故罪，已被依法逮捕。

（3）济源市小浪底明珠岛旅行社有限公司“明珠岛二号”客船轮机员，因涉嫌重大责任事故罪，已被依法逮捕。

（4）济源市小浪底明珠岛旅行社有限公司“明珠岛二号”客船驾驶员，因涉嫌重大责任事故罪，已被依法逮捕。

（5）济源市小浪底明珠岛旅行社有限公司副总经理，因涉嫌重大责任事故罪，已被依法逮捕。

（6）济源市交通局副局长、市港航管理局党支部书记（主持港航管理局工作）、市小浪底风景管理局局长，没有正确履行港航监督管理职责，在执行禁航要求方面失职，致使禁航要求未能得到落实。因涉嫌渎职罪，已经由检察机关立案。

对上述（1）~（6）项人员建议待司法机关作出处理后，由有关部门给予相应的党纪、行政处分。

（7）济源市交通航运中心桐树岭航运站站长，在小浪底水库调水调沙禁航期间未能对挂靠船舶实施有效管理，放任船舶违规出航，工作失职。对事故的发生负有主要责任。建议给予留用察看处分。

（8）济源市交通航运中心经理助理，分管该中心所属航运站船舶经营、安全管理等工作。在小浪底水库调水调沙禁航期间未能对所分管桐树岭航运站船舶安全管理进行有效的监督和检查，对该站有关人员放任船舶违规出航的行为不予制止，工作失职。对事故的发生负有主要责任。建议给予留用察看处分。

（9）济源市港航管理局副局长兼济源市交通航运中心经理，在小浪底水库调水调沙禁航期间未能采取有效措施加强船舶安全管理，对船舶配员不足、违规出航行为未能实施有效监督检查，工作失职。对事故的发生负有主要领导责任。建议给予行政撤职处分。

（10）济源市港航管理局小浪底港航管理处桐树岭站负责人，没有认真履行职责，在禁航期间，对所负责的桐树岭站码头仍有船只多次出航（6月18～22日有记录的出航达32班次）熟视无睹，工作失职。对事故的发生负有主要责任。事故发生后，在接受调查时不如实提供情况。建议给予留用察看处分。

（11）济源市港航管理局小浪底港航管理处处长，负责水上安全监督管理、巡航巡查、船舶签证、抢险救援、现场监督等工作。在接到小浪底水库调水调沙期间禁航的通知后，没有落实禁航通知，对船舶违规出航行为监管不力，工作失职。对事故的发生负有主要领导责任。建议给予行政撤职处分，并依照《中国共产党纪律处分条例》取消其预备党员资格。

（12）济源市港航管理局副局长，分管水上安全工作。对水上交通安全工作监管不力，未能有效贯彻执行小浪底水库调水调沙期间禁航的通知。对事故的发生负有主要领导责任。建议给予行政撤职处分，并依照《中国共产党纪律处分条例》取消其预备党员资格。

（13）济源市交通局局长，交通安全第一责任人（含水上交通安全工作）。在小浪底水库调水调沙禁航期间，对水上交通安全管理工作落实不到位；对有关港航监管人员没有认真履行工作职责的问题失察。对事故的发生负有主要领导责任。建议给予行政降级、党内严重警告处分。

（14）济源市旅游局局长，对水上旅游安全工作重视不够，在接到河南省小浪底管委会办公室关于小浪底水库调水调沙期间全面停止水上旅游活动的通知后，未对全面停止水上旅游活动作出相应的安排和部署，对未将禁航通知精神传达给有关旅行社的问题负有重要领导责任。建议给予行政记大过、党内警告处分。

（15）济源市人民政府副市长，分管交通、旅游等工作。对水上交通安全专项整治组织指导不力，对水上交通安全监管部门管理不到位，对有关部门在小浪底水库调水调沙禁航期间没有认真履行职责的问题失察。对事故的发生负有重要领导责任。建议给予行政记大过、党内警告处分。

（16）建议责成济源市人民政府市长向河南省人民政府作出深刻检查，并通报全省。

重庆市巫山县“7·17”特大道路交通事故

一、事故经过

2005年7月17日凌晨4时30分左右，驾驶员驾驶渝B47288轻型货车由巫山县建坪乡春晓村某村民门口搭载11人驶往巫山县城，行至春晓村某村民屋后时又搭载3人，共载15人（含驾驶员），其中驾驶室内12人、货厢内3人，货厢内装有蔬菜1300斤左右。凌晨5时30分左右，当车行至巫庙路3公里处，该车驶离路面翻至150米深的悬崖下，造成当场死亡10人、伤5人的特大道路交通事故。

二、事故原因分析

1. 直接原因

货运机动车非法载客，核定载客6人，实际载客15人，严重超载，且客货混装，临危操作不当，其行为违反了《中华人民共和国道路交通安全法》第四十九条“机动车载人不得超过核定人数”、第五十条第一款“禁止货运机动车载客”和第二十二条第一款“机动车驾驶人应当遵守道路交通安全法律、法规的规定，按照操作规范安全驾驶、文明驾驶”的规定。

2. 间接原因

（1）浅水龙公司安全监管严重失职。浅水龙公司未定期召开安全工作会和组织安全学习；未开展专项安全检查，对催欠队和各办事处的安全管理职责不明确，安全督促检查不力；巫山办事处只有一名聘用的女员工，除应付日常事务外，未开展任何安全管理或安全检查工作。

（2）巫山县交通、运政部门履职不力。一是擅自变更设计，留下安全隐患；二是对辖区非法营运车辆打击不力。

（3）巫山县公安交警部门履职不力。巫山县交警大队路检路查存在疏漏，对事故路段存在的安全隐患排查不力；对肇事车辆事故当天客货混装、超载乘客的行为失察。

三、事故处理结果

（1）肇事车驾驶员，非法载客，严重超载，且客货混装，操作不当。鉴于其已在该事故中死亡，建议免予追究。

（2）浅水龙公司董事长，未把安全生产工作纳入重要议事日程，组织研究和督促安全生产制度的建立健全不够，董事会关于安全生产的决议不全，安全检查不力，应负主要的领导责任。按照《安全生产违法行为处罚办法》第三十六条规定，建议对其处以15万元罚款。

（3）浅水龙公司总经理，按照《安全生产违法行为处罚办法》第三十七条规定，建议对其处以1万元罚款。

（4）浅水龙公司副总经理，按照《安全生产违法行为处罚办法》第三十七条规定，建议对其处以1万元罚款。

（5）浅水龙公司技安科长，按照《安全生产违法行为处罚办法》第三十七条规定，建议对其处以8000元罚款。

（6）交警大队办公室主任，建议给予其行政降级和党内严重警告处分。

（7）交警大队副队长，建议给予其行政记过处分。

（8）交警大队大队长，建议给予其行政警告处分。

（9）交通局质监站站长，建议给予其行政降级和党内严重警告处分。

（10）运管所稽查队队长，建议给予其行政记过处分。

（11）公路运输管理所所长，建议给予其行政警告处分。

（12）交通局副局长，建议给予其行政警告处分。

（13）县委委员、县政法委书记、县公安局党委书记、局长，建议责成其向巫山县人民政府写出书面检查。

（14）巫山县人民政府，对县公安局、交通局履职情况督促检查不力。对事故的发生负有一定责任。建议责成其向重庆市人民政府写出书面检查。

广西壮族自治区梧州市“7·23”特大道路交通事故

一、事故经过

2005年7月23日23时20分，梧州金晖公司驾驶员驾驶核载37人的桂D04551中通牌大客车，从梧州金晖公司河西客运站载14人（含司乘人员各3人）开往南宁，23时26分左右，当车辆由南向北行驶至梧州市竹湾路西江大桥叉河桥时，梧州三威公司员工下班回家骑自行车从南向北逆行并从大客车行驶方向的左侧横穿道路右侧，大客车为避让自行车即往右打方向，致使大客车左侧第二行李箱的外侧部与自行车右手把发生刮擦，大客车失控冲上桥面人行道，撞倒一根路灯柱后，再撞断大桥栏杆从距江面约25.5米的桥上坠入西江河中，造成车上人员12人死亡、2人失踪、大客车严重损坏、直接经济损失为321534元的特大道路交通事故。

二、事故原因分析

1. 直接原因

（1）驾驶员驾驶桂D04551大客车肇事时车速为72公里/小时（在西江大桥桥头立有40公里/小时的限速标志牌，该大客车超出限速32公里/小时），为超速行驶，其行为违反了《中华人民共和国道路交通安全法》第四十二条“机动车上道路行驶，不得超过限速标志标明的最高时速，在没有限速标志的路段，应当保持安全车速”的规定。

（2）驾驶员驾驶桂D04551大客车遇自行车穿越道路时，采取措施不当，操作失误，导致车辆偏离车道，违反了《中华人民共和国道路交通安全法》第二十二条“机动车驾驶人应当遵守道路交通安全法律、法规的规定，按照操作规范安全驾驶、文明驾驶”的规定。

(3) 驾驶车况不良的自行车在道路上行驶，驾车者行为违反了《中华人民共和国道路交通安全法》第五十七条“驾驶非机动车在道路上行驶应当遵守有关交通安全的规定”。

(4) 骑自行车从道路左边横穿到道路右边，不下车推行，观察来往车辆，致使自行车手把与大客车车身碰擦，驾车者的行为违反了《中华人民共和国道路交通安全法》第七十条“驾驶自行车、电动自行车、三轮车在路段上横过机动车道，应当下车推行，有人行横道或者行人过街设施的，应当从人行横道或者行人过街设施通过；没有人行横道、没有行人过街设施或者不便使用行人过街设施的，在确认安全后直行通过”的规定。

2. 间接原因

梧州金晖公司及其下属单位梧州金晖公司客车分公司未能认真落实上级关于道路交通安全整治的要求，未能有效地对所属驾驶员进行针对性的安全教育；梧州市公路运输管理部门未能有效督促运输企业抓好安全生产管理工作；梧州市公安交通管理部门对事故发生路段的监控力量不足，是造成这起事故的间接原因。

三、事故处理结果

(1) 桂 D04551 号大客车驾驶员，违反《中华人民共和国道路交通安全法》的有关规定，驾驶客运车辆严重超速行驶，对造成这起特大道路交通事故负有直接责任，鉴于其已经在事故中死亡，免予追究其刑事责任。

(2) 自行车驾驶人，违反《中华人民共和国道路交通安全法》的有关规定，骑自行车横穿道路，对造成这起事故负有直接责任，建议司法机关追究其刑事责任。

(3) 梧州金晖公司客车分公司安全机务科科长，负责分公司具体的安全机务管理工作，建议给予其党内严重警告处分。

(4) 梧州金晖公司客车分公司副经理，建议给予其党内严重警告处分。

(5) 梧州金晖公司客车分公司经理，建议给予其党内严重警告处分。

(6) 梧州金晖公司董事、总工程师兼安全机务部经理，建议给予其党内警告处分。

(7) 梧州金晖公司董事、副总经理，建议给予其党内警告处分。

(8) 梧州金晖公司董事长、总经理，建议给予其党内警告处分。

(9) 建议责成梧州金晖公司向梧州市人民政府作出深刻检查，并在全市范围内通报批评。

(10) 建议责成梧州市公路运输管理处向梧州市交通局作出深刻检查。

(11) 建议责成梧州市公安局交警支队长向梧州市公安局交警支队作出深刻检查。

(12) 建议责成梧州市公安局交警支队碟山大队向梧州市公安局交警支队作出深刻检查。

(13) 建议责成梧州市人民政府督促梧州坤泰交通发展有限公司对西江大桥采取防范措施，防止类似事故的再次发生。

(14) 建议责成梧州市人民政府向自治区人民政府作出深刻检查。

(15) 建议由安全生产监督管理部门按照《中华人民共和国安全生产法》的有关规定对梧州金晖公司进行行政处罚。

广东省深圳市宝安区“8·23”道路交通事故

2005 年 8 月 23 日 20 时 30 分，深圳宝安区龙华街道辖区发生一起特大交通事故，造成 19 人死亡、19 人受伤。

一、事故经过

2005 年 8 月 23 日晚，深圳市宝安区龙华街道辖区锦绣花园锦绣幼儿园驾驶员因对次日需接送的新生住址不明确，所以驾驶车辆熟悉道路和地点。当晚 8 时左右，驾驶员驾驶深圳市南山区冠天五金机械配件门市部的粤 B58307 号大型客车（事实上该车一直作为锦绣幼儿园接送学生使用，核载 29

人），在同事陪同下，前往新生住址旭日花园。驾驶员驾车从龙华中环路锦绣花园锦绣幼儿园出发，经二横路、人民北路、八一路后到达东环一路，在东环一路路旁“小羔羊”餐厅斜对面与新生及其家长见面，而后沿原路返回。20时25分，当车辆行驶至东环一路与民清路十字交叉路口时，路口信号灯为绿灯信号，驾驶员没有采取减速措施，以每小时约60公里的时速沿机动车道中间车道驶入路口。当车辆驶过路口南端的斑马线后，驾驶员突然发现路口北端的斑马线附近有一男子推自行车由东往西通过路口，此时，该男子推车已行至道路中央约中间车道位置。驾驶员发现情况后立即向右打方向避让，车辆未与自行车发生碰撞，但因大客车车速过快，向右避让时方向过大，车辆冲过道路右侧直行车道与民清路驶入东环一路的右转弯专用道之间的安全岛，冲上道路右侧人行道和油松桥桥面并继续前行79.5米，先后与人行道及桥面上行人和摆摊人员共38人发生碰撞，后碰撞人行道上一绿化树后停留在人行道与机动车道之间的隔离绿化带上。事故共造成9人当场死亡、10人经送医院抢救无效死亡、19人受伤。

二、事故原因分析

1. 直接原因

经过现场勘查和调查分析认定，驾驶员穿拖鞋驾驶、驾车车速过快，经路口时没有减速慢行，避让行人时采取措施不当，使车辆冲向人行道，是导致这起特大道路交通事故发生的直接原因。

2. 间接原因

（1）深圳市南山区冠天五金机械配件门市部违反规定提供非营运车辆给龙华锦绣幼儿园用作园车接送幼儿；龙华锦绣幼儿园无证非法办园达3年2个月之久，各项规章制度流于形式，安全主体责任不落实，违反规定使用不符合规定车辆接送幼儿；用车及管理混乱，车辆不按时进行“大三小六”例检，对驾驶员缺乏严格管理。

（2）宝安区龙华街道办事处在办学管理、城市管理、交通安全管理等方面没有履行应尽的职责，领导不力，管理上存在严重漏洞，对辖区内无证办学、乱摆卖、交通安全问题重视不够，没有及时分析研究并采取有效的措施加以解决，无证办学、乱摆乱卖、车辆非法营运问题严重突出。

（3）宝安区教育局作为幼儿园管理主管部门，对辖区内长期存在的无证幼儿园查处、监管不力；在幼儿园申办和审批发证方面，存在严重把关不严问题；在开展校车整治工作中，存在工作作风不实、组织领导不力问题，对各街道教育办没有将辖区内无证幼儿园的幼儿接送车列入排查整治范围登记、整治问题，没有及时发现和责令纠正。据调查了解，2005年6月，宝安区共有73所无证幼儿园，其中龙华街道20所。

（4）龙华街道教育办未能履行对辖区幼儿园的监管职责，对幼儿园办园条件初审和管理失之于宽、失之于松，安全管理责任制不落实，监管不力。对幼儿园接送车辆安全管理没有列入议事日程。

（5）龙华交警中队对辖区内学生、幼儿接送车辆日益突出的交通安全管理问题认识不足，对辖区内学校、幼儿园的接送车辆监管不到位。

（6）龙华街道城管执法队对人流、人群比较集中、乱摆卖问题比较突出的新建设区域地段的巡查执法重视不够，对这些重点地段的违法乱摆乱卖行为打击取缔不力，监管不到位。

三、事故处理结果

（1）肇事客车司机，涉嫌交通肇事罪，建议将其移交司法机关追究其刑事责任。

（2）肇事车车主单位深圳市南山区冠天五金机械配件门市部和龙华锦绣幼儿园负责人（同为一法人代表），建议依法追究连带民事赔偿责任，教育主管部门依法吊销其办学许可证。

（3）宝安区龙华街道党工委委员、宣传文化办主任，建议给予行政警告处分。

（4）宝安区教育局副局长、纪委书记，建议给予行政警告处分。

（5）宝安区教育局群团办主任，建议给予行政记过、党内警告处分。

（6）宝安区龙华街道教育办主任，建议给予行政记过处分。

（7）宝安区龙华街道教育办副主任，建议给予行政记过处分。

（8）宝安区龙华街道城管办副主任、城管执法队副队长，建议给予行政记过、党内警告处分。

（9）建议责成龙华交警中队向其上级部门作出深刻书面检查。

（10）建议责成龙华街道办事处向宝安区人民政府作出深刻书面检讨。

湖北省利川市“8·24”特大道路交通事故

一、事故经过

2005年8月21日15时，云南省昆明交通运输集团有限公司的一辆牌号为云A44111的大型普通客车，从浙江温岭南站始发，载客17人驶往四川泸州（沿途陆续增载旅客达到50人）。8月24日6时49分，客车行至湖北省恩施州利川市境内318国道1675.5公里下坡转弯处，因车辆制动失灵，驾驶员采取抢挡、靠山等措施无效，车辆失控，撞毁行驶方向公路右侧墙式护栏并向墙体前方刮擦17米后，车辆失去重心，车身向右侧倾斜翻坠于104米的山坡下，15人死亡，33人受伤，直接经济损失367.19万元。

二、事故原因分析

1. 直接原因

肇事车驾驶员不认真检查车辆安全技术性能，未及时排除机件隐患，违法驾驶，是造成此次事故的直接原因，应负事故的全部责任。驾驶员在明知所驾车辆的安全技术性能不良，车辆的离合器、制动等部位多次出现故障的情况下，仅简单修理，违法驾车继续行驶，直至该车两后轮制动蹄片超限使用，完全磨损、失效后，临危采取靠山、减挡等措施无效，导致了这起特大道路交通事故。

2. 间接原因

肇事车车主不依法履行维护车辆的义务，拒绝、逃避运输公司及有关部门的监督和管理，伪造证件、私刻公章，非法从事客车运营活动；浙江温岭及四川泸州长途汽车站对进出站点的长途客运车辆审查不严。肇事车车主陈兴明事后交代曾与上述站点签订有协议，肇事车辆自行组织乘客和售票后，可在上述站点自由进出。因此，其长期从事非法营运的行为无人制止。云南省昆明交通运输集团有限公司对车辆及驾驶员的管理工作不到位，致使肇事车辆长期失管。这些，是造成事故的重要原因。

三、事故处理结果

（1）由司法机关依法追究驾驶员的刑事责任。

（2）国家安全生产监督管理总局责成浙江、四川等省政府有关部门对肇事车辆进出上述两站点的相关情况进行调查核实，并依法追究有关责任单位及责任人的责任。

（3）国家安全生产监督管理总局责成云南省政府有关部门调查核实，并严肃追究有关责任单位及责任人的责任。

山西省临猗县“9·23”特别重大沉船事故

2004年9月23日7时左右，山西省临猗县角杯乡黄河段水域发生一起特别重大沉船事故。经施救和自救，共有22人生还。此次事故中32人死亡，17人失踪，直接经济损失99.5万元。

一、事故经过

2004年9月23日6时30分，事故船舶从临猗县角杯乡张郭村张郭电灌站附近一非法登船地开船，共搭载去滩涂地摘棉花的村民70人，并载乘3辆摩托车和1台平板车。

6时35分左右，肇事船舶行驶100余米后，发动机因没有燃油而熄火，船舶失去控制，在船舶余速和流速的作用下，船舶向下游岸边漂移。

6时40分左右，当船舶漂至距滩涂岸边约3米时，驾驶员便叫站在船头的人赶快向河里抛锚，因水流急，河底松软，抛下的锚无法抓底。由于拖锚作用，船首转向迎流，并继续顺流下滑约30米。

同时，驾驶员问村民谁有油，在船首的村民将自带的燃油传递给驾驶员并迅速加油。

6时45分左右，加油完毕并重新发动机器、加速，此时船首上水，将未挂住的锚拉起，在行驶至滩涂岸边约2米时，有3～4人一起将锚抛到了滩涂地上，同时一村民跳上岸用自己的身体用力压锚，由于湾头水流急，滩涂地松软，锚又被船舶拖入水中，并在水底产生抓力，船上村民纷纷涌向船尾，致使船尾也严重下沉进水，机器熄火，并使锚失去抓力，船舶继续向下游漂移。

6时50分左右，船上人员慌乱，船舶左右剧烈摇摆，导致船舶大量进水失去浮力，至7时许，船舶沉没于河槽中。船上村民除1人上岸外，其余村民全部落水。

二、事故原因分析

1. 直接原因

驾驶人驾驶未经登记的乡镇船舶非法搭载70名人员，在非通航水域航行时操纵不当，加上载运人员和物品的方式不当，最终导致船舶进水沉没。

2. 间接原因

（1）临猗县角杯乡船舶管理员对本乡船舶的管理不认真、履行职责不到位，对本乡长期存在未经登记的乡镇船舶和非法登船地问题失察，工作失职。

（2）临猗县角杯乡政府对船舶管理员管理不到位，对本乡的船舶登记、检查工作不认真，工作不细，对未经登记的乡镇船舶和非法登船地长期存在的问题监管不力。

（3）临猗县地方海事部门履行职责不认真，工作作风不实，对辖区内长期存在未经登记的乡镇船舶和非法登船地问题失察，对乡镇船舶管理员管理不到位。

（4）临猗县交通部门对下属的海事部门履行工作职责督促检查不到位，对辖区内存在未经登记的乡镇船舶和非法登船地问题失察。

（5）临猗县人民政府对水上交通安全重视不够，对交通海事部门管理不力，对长期存在未经登记的乡镇船舶和非法登船地及交通海事部门没有认真履行职责的问题失察。

（6）运城市交通、海事部门未能认真履行职责，对临猗县交通、海事部门管理不到位，业务指导不力，对临猗县交通、海事部门未认真履行职责的问题失察。

三、事故处理结果

（1）肇事船舶驾驶、实际使用人，对事故的发生负有直接责任，因涉嫌交通肇事罪已被依法逮捕。待司法机关作出处理后，由当地纪检机关及时给予相应的党纪处分。

（2）临猗县角杯乡船管员（县交通局聘任），建议给予党内留党察看两年处分，建议解除聘用。

（3）临猗县角杯乡人民政府副乡长，建议给予行政撤职、党内严重警告处分。

（4）临猗县角杯乡党委书记，建议给予党内严重警告处分。

（5）临猗县交通局地方海事处负责人，建议给予行政降级、党内严重警告处分。

（6）临猗县交通局副局长、党总支副书记，建议给予行政降级、党内严重警告处分。

（7）临猗县交通局局长、党总支书记，建议给予行政记大过、党内警告处分。

（8）临猗县人民政府副县长，建议给予行政记大过、党内警告处分。

（9）临猗县县委书记、县长，建议给予党内警告处分。

（10）山西省运城市地方海事局副局长，建议给予行政记大过、党内警告处分。

（11）山西省运城市交通局副局长，建议给予行政记过处分。

重庆市石柱县“9·25”特别重大道路交通事故

2004年9月25日，重庆市石柱县汽车运输公司一辆中型客车，核载9人，实载52人，行经该县下路镇牛栏口桥，驾驶员冒险通过漫水桥时翻入龙河，车上52人全部落水，其中2人生还，49人死亡，1人下落不明，直接经济损失700余万元。

一、事故经过

2004年9月25日12时20分，重庆市石柱县汽车运输公司一辆车牌号为AX1086的中型客车由石柱县城南车站至石柱县下路镇三树村。发车时车上乘客7人，途经下路镇、下路中学、金彰村、育英中学、周家嘴转盘等地时，不断有乘客（包括周末放假回家的学生）上下。13时15分许，当车辆行驶至牛栏口桥北引桥时，驾驶员发现洪水已漫过桥面，就停车拆下空气滤清器进气管，以防止空气滤清器进水导致发动机熄火。此时又有3名学生上车。经查实，此时车上包括驾驶员、售票员在内共有52人。13时25分，客车上桥过河，当车行驶至桥南岸主桥与引桥的接合部时，车辆于桥面右侧翻入龙河中，车上人员全部落水，除2名乘客获救生还外，死亡49人，1人下落不明，其中有学生33人。

事故发生后，重庆市及石柱县人民政府立即组织300多名公安民警、260多名武警官兵进行搜救打捞、维护现场秩序，成立搜救打捞工作领导小组，组建由民兵应急分队队员、党员干部群众共228人组成的搜救打捞队伍，分5个小组，动用了大量的设备、工具，及时联系丰都县协助搜救并保持信息畅通。通过昼夜奋战，于2004年9月27日19时15分，在距牛栏口桥下游150米处的龙河中将翻落客车打捞出水，车上没有遇难人员。经全力搜救，截至2004年10月2日，共打捞出49具尸体，仍有1人下落不明。

二、事故原因分析

1. 直接原因

(1) 该车驾驶员在行经漫水桥前没有履行停车观察水情、确认安全后通过的法定义务，冒险驾车过桥，由于桥面右侧路面有损毁，该车紧靠桥右侧行驶，在行至南桥头与引桥结合部时，致使客车驶出桥面向右侧翻入河中。

(2) 驾驶员驾驶车辆违法严重超载（核定载客9人，实际载客52人），加大了此次事故的损害后果。

(3) 雨后河水猛涨，形成漫水桥，桥面破损、无桥栏，无警示标志，没有防洪预警措施。

2. 间接原因

(1) 运营企业安全生产管理混乱。石柱县运输公司安全管理混乱，安全生产制度流于形式，对渝AX1086车辆监管失控，对城南车站未经任何部门批准非法从事客运没有及时采取措施，企业内部安全责任制没有落到实处，制度不健全，责任不明确，安全管理机构形同虚设。特别是对挂靠车辆缺乏管理，在车辆运营手续不全的情况下允许联合经营，在管理上没有认真履行责任。

(2) 交通部门履行安全生产责任制不到位。石柱县交通局对非法成立和经营的城南车站没有采取有效措施予以取缔，对县运管所"三关一监督"（即运输市场准入关、营运车辆技术关、从业人员资格关和汽车客运站的监督）的落实缺乏监督检查，对县运输公司的安全生产工作缺乏监督管理，对牛栏口桥的安全隐患失察。石柱县运管所对非法经营持续3年多时间的城南车站没有按规定查处，放任渝AX1086车辆非法营运。

(3) 公安交警部门履行道路交通安全监管职责不到位。石柱县公安局对道路交通安全工作重视不够，对2004年9月23~25日全县民警参加普法考试将导致全县所有道路交通监督缺岗的问题，未向上级部门提出妥善安排警力对道路实施监管的建议；对交警大队未经许可擅自开办驾训班情况失察；对道路交通的危险路段（如牛栏口桥）没有督促有关部门设立警示标志和制定恶劣气候预防交通事故的工作预案。下路派出所对辖区内的牛栏口桥道路交通安全隐患失察，对肇事车辆多次超载等违规行为没有采取果断措施严肃处理，也未向有关部门及时报告，放任了该车的违规行为。

(4) 工商行政管理部门对本辖区的注册登记管理失职。石柱县工商行政管理部门对企业法人登记和营业登记监管失职，城南车站非法从事经营活动3年之久，工商行政管理部门对此没有作出任何处理。

(5) 石柱县、乡（镇）两级党委、政府履行安全生产职责不到位。石柱县、乡两级党委、政府对属地道路交通安全工作监督检查不力，对相关部门及分管领导履行职责的情况督促检查不力，安全生产责任制和措施不落实，对牛栏口桥的安全隐患失察。

(6) 重庆市龙泰电力公司在牛栏口桥建设中的违规行为为事故发生埋下隐患。重庆市龙泰电力公司对牛栏口桥的工程监管失职，未经设计部门同意就参与研究并擅自同意施工单位改变设计方案，取消牛栏口桥的护栏建设；江津方正建筑工程公司对牛栏口桥出现的严重缺损未予修复，也未设立相关警示标志。

经调查认定，此次事故是一起责任事故。

三、事故处理结果

(1) 肇事车驾驶员，石柱县三星乡五斗村村民，无驾驶客车的从业资格，违法严重超载，冒险驾车过桥，致使客车驶出桥面向右侧翻入河中。对事故发生负有直接责任。鉴于其已在事故中死亡，建议不再追究责任。

(2) 肇事车售票员，石柱县三星乡五斗村村民，违法严重超载，怂恿驾驶员冒险驾车过桥，当乘客察觉险情而要求下车时遭其拒绝。对事故发生负有直接责任。鉴于其已在事故中死亡，建议不再追究责任。

(3) 肇事车车主，聘请无从业资格的驾驶员，无线路牌长期非法从事客运业务。对事故发生负有主要责任。因涉嫌交通肇事罪，已被检察机关批准逮捕。

(4) 城南车站负责人，非法成立客运站经营客运业务；非法套用作废公章；违反“五不出站”的有关规定，明知驾驶员无从业资格，渝 AX1086 车无线路牌，仍允许驾车出站营运。对事故发生负有主要责任。因涉嫌交通肇事罪，已被检察机关批准逮捕。

(5) 石柱县运输公司经理，对运输公司的安全生产工作混乱、安全制度流于形式、安全管理措施不落实负有责任；未按联合经营合同的规定对肇事车辆进行管理；对下属工作人员的安全工作督促不力，严重失职，对事故发生负有主要责任。因涉嫌交通肇事罪，已被检察机关批准逮捕。待司法机关作出处理后，由当地纪检机关、企业给予相应的党纪和行政处分。

(6) 原石柱县农具厂厂长，非法隐藏原石柱县城南客运站作废公章，并提供给城南车站负责人使用，建议公安机关按照有关规定处理。

(7) 石柱县汽车运输公司安全科长，未认真履行安全科长职责，对肇事车辆监管不力。对事故发生负有主要责任。建议给予行政记大过处分。

(8) 石柱县运输公司副经理，分管安全工作。对公司安全制度不落实，对肇事车监管不力负有责任；未按规定对司机的从业资格进行审查，允许无线路牌的车辆以公司名义从事客运经营。对事故发生负有主要领导责任。建议给予行政撤职、党内严重警告处分。

(9) 石柱县运管所驻站办负责人，客运站及客运市场安全管理的主要责任人。对长期从事非法经营的城南车站没有依法查处，客观上默许了城南车站的非法经营；对肇事驾驶员长期未取得从业资格证予以放任。对事故发生负有主要责任。建议给予行政降级、党内严重警告处分。

(10) 石柱县运管所副所长，主管安全和稽查工作。对非法经营持续 3 年多时间的城南车站没有依法查处，默许了城南车站的非法经营；对城南车站落实“五不出站”制度缺乏有效监督，安全监督职责没有落实；对肇事驾驶员未取得从业资格证情况失察；对肇事车辆长期非法从事旅客运输业务监管不力，工作失职。对事故发生负有主要领导责任。建议给予行政撤职处分。

(11) 石柱县交通局运管所党支部书记、所长，对事故发生负有主要领导责任。建议给予行政撤职、撤销党内职务处分。

(12) 石柱县交通局党委副书记，分管安全工作，对事故发生负有重要领导责任。建议给予党内严重警告处分。

(13) 石柱县交通局局长，对事故发生负有重要领导责任。建议给予行政降级、党内严重警告处分。

(14) 石柱县下路镇派出所所长，对事故发生负有重要领导责任。建议给予行政降级、党内警告处分。

(15) 石柱县交警大队民警，车管室负责人，负责原下路辖区内的交通秩序管理工作，对事故发生负有主要责任。建议给予行政降级、党内警告处分。

(16) 石柱县交警大队大队长、党支部委员，负责大队全面工作，对事故发生负有重要领导责任。建议给予其行政降级、党内严重警告处分。

(17) 石柱县交警大队教导员、党支部书记，对事故发生负有重要领导责任。建议给予行政降级、党内严重警告处分。

(18) 石柱县公安局副局长，分管县交警大队工作，对事故发生负有重要领导责任。建议给予行政降级、党内严重警告处分。

（19）县公安局局长，负责全面工作，对事故发生负有重要领导责任。建议给予行政降级、党内严重警告处分。

（20）石柱县南宾工商所副所长，分管市场巡查、个体企业监管等工作，对事故发生负有主要领导责任。建议给予行政撤职、党内严重警告处分。

（21）石柱县南宾工商所所长，对事故发生负有重要领导责任。建议给予行政记大过、党内警告处分。

（22）石柱县下路镇政府副镇长，分管交通、安全、城建城管等工作。对事故发生负有主要领导责任。建议给予行政记大过、党内警告处分。

（23）石柱县下路镇政府镇长，对事故发生负有重要领导责任。建议给予行政记大过、党内警告处分。

（24）石柱县政府副县长，县道路交通管理协调领导小组组长，分管交通建设、交通安全工作。建议给予行政撤职、党内严重警告处分。

（25）石柱县政府副县长，分管安全生产工作，对事故发生负有重要领导责任。建议给予行政降级、党内严重警告处分。

（26）石柱县政府县长，对事故发生负有重要领导责任。建议给予行政降级、党内严重警告处分。

（27）石柱县县委书记，对事故发生负有领导责任。建议给予党内警告处分。

（28）重庆市龙泰电力公司合同部主任、龙河牛栏口水电站工程负责人，对事故发生负有主要责任。建议给予行政降级、党内严重警告处分。

（29）重庆市龙泰电力公司董事长、重庆电力公司总经济师，对事故发生负有重要领导责任。建议给予行政记过处分。

（2005年1月31日批复）

甘肃省陇南市成县“10·4”特大道路交通事故

一、事故经过

2005年10月4日14时30分，甘肃省陇南市成县鸡峰镇化垭行政村驾驶员驾驶陇南客运集团第六分公司K04883号汉龙牌客车，载客42人（核载29人，含司助人员各1人），15时50分，车行至X501线成县至康县线道3公里下坡右转弯处时，车辆向左侧翻与路面后，滑出路外，翻下53.5米的山坡农田，造成车上乘客15人死亡（8人当场死亡，7人送医院抢救无效先后死亡）、重伤10人、轻伤15人、车辆报废的特大交通事故。

二、事故原因分析

1. 直接原因

驾驶员无视交通安全管理法律法规，持A2（原B型）驾驶证驾驶大型客车，车辆带病行驶，制动效能差，严重超载，违规操作，临危处置不当，是造成这起特大道路交通事故的直接原因。

2. 间接原因

（1）陇南客运集团第六分公司不认真执行《中华人民共和国道路运输条例》和《道路旅客运输及客运站管理规定》的有关规定，对肇事车辆没有实施客运站点的安全管理，安全管理责任不落实，对驾乘人员安全教育培训不够，致使肇事车辆长期站外运营，安全管理处于失控状态。

（2）陇南客运集团作为第六分公司的直接上级主管单位，是安全管理的责任主体，对第六分公司不认真履行安全管理职责，对所存在的安全隐患失察，安全责任不落实。

（3）成县运管局对站外发车问题整改措施落实不到位，致使成县迎宾饭店、西关路口两处长期存在站外发车现象；对从业人员的资格审查把关不严，致使肇事车聘用驾驶员在没有取得从业资格证的情况下长期驾驶客车；违反陇南市关于道路运输方面的有关规定。

（4）成县交警大队在“十一”黄金周期间，勤务重点布置在国、省道路，对途经鸡峰山旅游区路面没有安排警力实施重点监控和巡查；对存在的非法驾驶、违规违章和严重超载行为未能及时发现。

（5）成县交通局是县运管局的主管部门，没有认真履行安全管理职责，对成县客运安全管理中存在的问题没有采取有效措施进行整改。

(6) 成县县政府对辖区内道理交通安全管理工作中存在的客车超载和站外营运等问题，虽然进行了专题研究但整治措施不力。

(7) 陇南市运管局对成县运管局在安全监管工作中存在的超员超载、站外营运和车辆安检等问题，监督检查不到位，整改措施落实不力。

三、事故处理结果

(1) 驾驶员，移交司法部门处理。

(2) 陇南客运第六分公司副经理，给予行政留用察看一年处分。

(3) 陇南客运集团第六分公司经理，给予行政撤职处分。

(4) 陇南客运第六分公司，依照《安全生产违法行为行政处罚办法》给予停产停业整顿处罚。

(5) 陇南客运集团公司副经理，给予行政记大过处分。

(6) 陇南客运集团公司第一副经理，给予行政记大过处分。

(7) 陇南客运集团公司，依照《安全生产违法行为行政处罚办法》给予限期整改处罚。

(8) 成县运管局副局长，移交司法部门依法处理。

(9) 成县运管局局长，移交司法部门依法处理。

(10) 成县交通局副局长，给予行政警告处分。

(11) 成县交警大队副大队长，给予行政警告处分。

(12) 成县县政府向陇南市政府作出深刻书面检查。

(13) 陇南市运管局副局长，给予行政警告处分。

广西壮族自治区百色市田林县“10·4”特大道路交通事故

2005年10月4日13时20分许，广西驰程汽车运输有限责任公司乐业汽车总站桂LB0293号中型普通客车从乐业驶往田林途中，在田林县境内县道794线29公里加100米处驶出路右边缘缺口处后翻下公路右侧95米深的山谷中，造成12人死亡、28人受伤、车辆报废、直接经济损失为49237元的特大道路交通事故。

一、事故经过

2005年10月4日上午10时10分，驾驶员驾驶桂LB0293号中型普通客车载12人（其中含经济责任人、驾驶员）由乐业汽车总站客运站发班驶往田林县。途经凌云县境内的泗合头屯、田林县境内的夹洞口屯、浪平街、天皇庙、田逢屯等地上下乘客，车辆在浪平街上客后，车载人数开始超过核载人数，肇事前车上实载有40人（含司乘人员2人，超载21人）。13时20分许，车辆行驶至县道794线29公里加100米处，在驶过路基由宽变窄不规则的路段时，由于驾驶员操作不当，过于靠右行驶，致使车辆驶出路右边缘缺口处后翻下公路右侧95米深的山谷中，造成9人当场死亡、1人在送往医院途中死亡、2人经田林县人民医院抢救无效死亡（分别于10月5日和10月8日死亡）、28人受伤（其中1人重伤、10人轻伤、17人轻微伤）、车辆报废的特大道路交通事故。

二、事故原因分析

1. 直接原因

田林县公安局交通警察大队经过调查取证，认定驾驶员驾驶车辆未能确保安全，过于靠右行驶，致使车辆驶出路外造成翻车，违反了《中华人民共和国道路交通安全法》第三十八条之规定，是此起事故发生的直接原因；驾驶公路载客汽车违反《中华人民共和国道路交通安全法实施条例》第五十五条第（一）项之规定，严重超载，加重了此事故的损害后果。根据《交通事故处理程序规定》

第四十五条第一款第（一）项之规定，驾驶员应承担此起事故的全部责任。

2. 间接原因

广西驰程汽车运输有限责任公司及其下属单位乐业汽车总站未能认真履行安全生产职责，未能有效地对所属驾驶员进行针对性的安全教育；田林县公安局交通警察大队第三警区对事故发生路段的监控措施落实还不到位。

三、事故处理结果

（1）桂LB0293号大客车驾驶员，鉴于已经在事故中死亡，免于追究其刑事责任。

（2）桂LB0293号大客车经济责任人，鉴于已经在事故中死亡，免于追究其刑事责任。

（3）广西驰程汽车运输有限责任公司乐业汽车总站副总站长，建议按照有关程序解聘其副总站长职务，并给予经济处罚。

（4）广西驰程汽车运输有限责任公司乐业汽车总站保安科科长，建议按照有关程序解聘其保安科长职务，并给予经济处罚。

（5）乐业汽车总站总站长，对其进行行政处罚，并按有关程序给予降职处理。

（6）广西驰程汽车运输有限责任公司保安部经理，建议按照有关程序给予其降职处理，并给予经济处罚。

（7）广西驰程汽车运输有限责任公司副总经理，对其进行行政处罚。

（8）广西驰程汽车运输有限责任公司董事长兼总经理，对其进行行政处罚。

（9）田林县公安局交通警察大队副大队长、第三警区负责人，建议给予其行政警告处分。

（10）田林县公安局交通警察大队大队长，建议责成其向百色市公安局交警支队作出深刻检查，并在全市范围内通报批评。

（11）田林县人民政府副县长，建议责成其向百色市人民政府作深刻检查。

（12）乐业县人民政府副县长，建议责成其向百色市人民政府作出深刻检查。

（13）建议责成广西驰程汽车运输有限责任公司向百色市人民政府作出深刻检查，并在全市范围内通报批评。

（14）建议责成田林县公安局交通警察大队向百色市公安局交通警察支队作出深刻检查，并在全市范围内通报批评。

（15）建议责成乐业县公路运输管理所向百色市公路运输管理处作出深刻检查，并在全市范围内通报批评。

（16）建议责成田林县人民政府向百色市人民政府作出深刻检查。

（17）建议责成乐业县人民政府向百色市人民政府作出深刻检查。

（18）建议责成百色市人民政府向自治区人民政府作出深刻检查。

云南省保山市“10·19”特大交通事故

2005年10月19日16时50分，云南省保山市隆阳区车牌号为云M23751的中型普通客车在国道320线K3421+960米处翻下右路边的山坡，造成死亡12人、受伤6人、车辆报废的特大交通事故。

一、事故经过

2005年10月19日15时30分，驾驶员驾驶云M23751中型普通客车，载客13名，从保山客运南站发车，驶往隆阳区潞江乡新城，在行驶途中，又搭载4名乘客。当日16时50分许，行至国道320线K3421+960米处时，车辆驶离右路边，撞毁右路边的两个防护墩，随即翻下右路边的山坡，车辆一直滚至县道X192线下的山坡上，深达150余米，造成当场死亡12人、受伤6人、车辆报废的特大交通事故，直接经济损失70余万元。

二、事故原因分析

1. 直接原因

驾驶员驾驶车辆在直线路段行驶中注意力不集中，导致车辆靠右过多，且在车辆与右侧护墩发生碰擦后也未采取任何紧急避险措施（未采取过制动及方向措施），致使车辆失控翻滚下山坡。

2. 间接原因

隆阳区潞江汽车服务中心缺乏安全生产管理机构和安全管理奖惩制度，未进行必要的安全投入，没有任何奖惩手段和措施，安全教育培训工作得不到有效落实。未配备专兼职安全员，主要负责人未认真履行安全生产管理职责，不具备相应的安全管理知识和能力。

三、事故处理结果

（1）肇事车辆驾驶员，对事故负全部责任，涉嫌交通肇事罪。鉴于其在事故中已死亡，不再追究其刑事责任，由保山市交警支队车管所注销其机动车驾驶证。

（2）隆阳区潞江汽车服务中心，对事故负有重要管理责任，处以6万元罚款。

四川省泸州市大方县“10·28”特大道路交通事故

2005年10月28日23时55分，四川省泸州市一辆双层卧铺大客车在毕节地区大方县翻坠于斜高25.7米、垂高14米的路坎下，造成死亡12人、轻重伤40人、直接经济损失241万元的特大道路交通事故。

一、事故经过

2005年10月28日11时30分，四川省泸州市川泸运业有限公司车牌号为川E10099双层卧铺大客车经过发车前的例检、报班、验证等手续，实载46人（含3名免票儿童），由四川省泸州市发往广东省中山市，出站登记驾驶员为2人，但其中1人当时并未在车上（直到事故发生另一个驾驶员都不在车上）。

客车驶出站后，在四川省泸州市、纳溪县富贵镇、叙永县黄角坪镇、叙永车站等地多次违规搭客，一直超载行驶。21时32分，在叙永县白沙镇罗飞饭店吃完饭后，客车换为由该车经营者擅自找来的驾驶员驾驶。行驶临近贵州境时，为逃避贵州运政和交警在贵州入境处的检查，该车的经营者用手机联系了一辆由非法营运者驾驶的车牌号为贵F14072的长安之星小客车，将川E10099大客车上的8名超载乘客转运到贵州境内，待川E10099大客车经贵州大河口联合检查站检查放行后，再将8名超载乘客转送到川E10099大客车上，大客车继续超载行驶。

23时55分，客车行驶至大方县核桃乡境内321国道1522千米+750米处时，驾驶员在有限速30公里标示和有弯道标示的下坡处，违法超速行驶（根据四川运管部门提供的GPS系统记录，该车肇事前2分钟平均速度为42千米/小时，而从路面制动拖印计算，该车制动前瞬间速度不低于82千米/小时），导致客车驶出公路，撞倒公路右侧的警示墩，翻坠于斜高25.7米、垂高14米的路坎下，造成了12人死亡、5人重伤、35人轻伤（含轻微伤）的特大道路交通事故。该车经营者在事故发生后逃逸。

二、事故原因分析

1. 直接原因

驾驶员安全意识淡薄，驾驶超载客车在限速30公里/小时的弯道下坡处违法超速行驶，是导致本次事故发生的直接原因。

客车经营者违反公司规定，擅自临时替换驾驶员，并沿途违规超载搭客，是导致本次事故发生的又一直接原因。

2. 间接原因

（1）川泸运业一分公司驾驶员协助客车经营者在沿途违法超载搭客。

（2）川泸运业一分公司对挂靠该公司的客车经营者疏于管理，对客车在经营过程中的违法违规行为失察，对驾驶员安全教育管理和落实安全责任制不力，各项安全保障措施落实不到位。10月28日，川E10099客车的出站报班登记记录上注明该车由2名驾驶员驾驶，而其中1名驾驶员当日并未上车。

（3）四川泸州运业有限公司对下属单位安全管理督促指导不够，监督检查不力。公司的超长线车辆驾驶员明细表上川E10099号客车的驾驶员与公司的安全生产责任书及聘驾合同上川E10099号客车的驾驶员登记不符。

三、处理结果

（1）川E10099客车驾驶员，鉴于其已在事故中死亡，免予追究责任。

（2）川E10099客车承包经营人，建议移送司法机关追究其刑事责任并承担相应民事责任。

（3）川泸运业一分公司驾驶员，建议取消其客运从业资格。

（4）贵F14072面包车驾驶员，没收其非法所得，并进行经济处罚。

（5）川泸运业一分公司安全科科长，给予行政记大过处分。

（6）川泸运业一分公司经理，给予撤职处分。

（7）川泸运业公司安全保险部部长，给予行政警告处分。

（8）川泸运业公司总经理、法人代表，给予行政警告处分。

（9）川泸运业一分公司，由其上级主管部门对该公司超长线客车运输车辆停业整顿。

（10）川泸运业公司，处以20000元人民币罚款。

（11）毕节地区和泸州市的运管、交警部门，建议两地市运管、交警部门提出整改措施，报上级主管部门。

贵州省威宁县“11·18”特大道路交通事故

2005年11月15日16时15分，毕节地区威宁县境内326国道852千米+760米处发生一起特大道路交通事故，死亡17人（其中儿童2名、婴儿1名），轻、重伤3人，直接经济损失98.5万元。

一、事故经过

2005年11月15日16时15分，贵州省毕节地区威宁县黑石头镇驾驶员驾驶贵F71136号星王牌小型客车（核载19人，实载20人，含驾驶员，其中儿童2名、婴儿1名）从威宁县哲觉镇返回黑石头镇，行至威宁县境内326国道852千米+760米时，因下坡左转弯未保持安全行车速度行驶，未采取转向、制动等安全措施，致使贵F71136号星王牌小型客车冲出公路右侧，坠入斜高30米、垂高26米的沟谷中，造成死亡17人（其中儿童2名、婴儿1名）、轻重伤3人的特大道路交通事故。

二、事故原区分析

1. 直接原因

驾驶员驾驶车辆连续下坡约3.2公里至出事的下坡急弯路段时，未保持安全行车速度、减速慢行，未采取转向、制动等安全措施，致使车辆冲出路外，坠入沟中，导致事故发生。

2. 间接原因

（1）威宁县交通运管部门执行规章制度不严，管理不到位，对非法营运车辆查处打击不力。2003年，贵F71136号车申办了道路运输证，在车主没有领证，也没有来办理线路牌，道路运输证过期失效后，交通运管部门没有及时吊销其道路运输证，也没有告知交警部门，对非法营运查处不力。

（2）威宁县公安交警部门监督检查不到位，执法把关不严，对贵F71136号车违停罚款时，没有对该车检验过期进行查处。

（3）黑石头镇安监站，安全生产综合监管不到位，与非法营运贵F711367号车驾驶员签订安全生产责任书。

（4）毕节地区运管处办证把关不严，给不符合办证条件的贵F71136号车办理了道路运输证。

三、事故处理结果

（1）贵F71136号车驾驶员，鉴于其在事故中已死亡，不再追究其刑事责任。

（2）黑石头镇安监站负责人，建议给予行政记过处分。

（3）黑石头镇政府副镇长，建议给予行政警告处分。

（4）威宁县交警大队三中队中队长，建议给予行政警告处分。

（5）威宁县运管所所长，建议给予撤职处分；副所长，建议给予行政记大过处分。

（6）威宁县交通局局长，建议给予行政记过处分。

（7）威宁县副县长，建议责成其向毕节地区行署写出书面检查。

（8）毕节地区运管处副处长，建议给予行政警告处分。

浙江省“12·7”浙象渔运079轮渔业海损事故

2005年12月7日，浙象渔运079轮在东经120°45′、北纬27°20′海域沉没，船上20名作业人员全部落水，经多方全力搜救，4名落水者被救起，3人遇难，另13人下落不明。

一、事故经过

12月7日上午约8时30分，浙象渔运079轮从象山石浦台胞码头起航，前往目的港福建青山港，船上共20人。当日晚10时45分左右，该船航行至东经120°45′、北纬27°20′处（温州苍南附近海域），值班驾驶员操作不当，造成船舶翻沉。经全力搜救，救回4人，找到3具遇难者尸体，其他13人下落不明。

二、事故原因分析

1. 直接原因

（1）船舶超载：该船设计排水量为669.06吨，实际船舶排水量约为722.40吨（其中装载重量约416吨、空船重量306.4吨），约超载53.34吨，直接后果造成船舶干舷减小，船舶储备浮力减小，船舶稳性复原力臂减小。

（2）鱼货严重装载不当：按事后保守的校核计算，浙象渔运079轮露天甲板装载鱼货和冰至少为62.37吨，加上冷冻舱装载的鱼货和冰35.91吨，在主甲板以上装载的鱼货和冰达到98.28吨，直接后果造成船舶重心位置大幅升高，使该船的实际重心高度至少高于极限重心高度0.185米，致使船舶完全丧失了必须具有的最低抗倾覆能力。

（3）船上大部分人员不习水性，又未穿救生衣，救生筏又未能有效发挥作用（一个救生筏未打开，另一个救生筏又出现破损漏气情况），船上人员全部落入水温约为10度的海中。

（4）船上有关人员未使用相应的船岸通讯联络装置，报告不及时，延缓搜救，扩大了事态。

2. 间接原因

（1）船主配备船员超出船的核定人数，未经许可在船上超员安排8名作业人员，出海作业又未按规定进行签证；安全生产管理制度不落实，对有关人员未进行海上作业安全培训。

（2）有关职能机构和石浦镇政府对该船的安全监管不落实，在渔船签证、边防报关和执法检查方面存在疏漏，渔业安全监管尚未形成合力。

（3）面对渔运船的专门渔运及船上实际存在分拣加工作业的情况，象山县石浦镇政府、县海洋与渔业局、象山县政府和宁波市海洋与渔业局对渔运船安全管理工作尚未引起足够的重视，未完全纳入日常的重点监管。

三、事故处理结果

（1）船主对事故的发生负有主要责任，建议依法追究其刑事责任。鉴于其中2人已在事故中落水失踪，不再追究责任。

（2）副镇长和渔业办公室主任，给予行政处分。

（3）象山县渔业执法大队大队长，给予行政处分。

（4）象山县渔政渔港监督管理站站长，给予行政处分。

（5）象山县海洋与渔业局副局长，给予行政处分。

（6）建议责成象山县政府分管副县长和宁波市海洋与渔业局分管副局长向上级作出深刻检查，并责成象山县政府就本事故向宁波市政府作出书面检查。

火灾爆炸事故

山东省临沂市"3·8"特大车辆火灾事故

2005年3月8日17时10分，临沂市经济开发区小神童幼儿园一辆接送儿童的金杯面包车，在临沂市经济开发区芝麻墩街道徐村村东发生火灾，造成12名儿童死亡，6人受伤。

一、事故经过

2005年3月8日下午，临沂经济开发区小神童幼儿园驾驶员驾驶一辆金杯面包车，送小神童幼儿园的儿童回家。发车时车上共载27人，其中儿童25名、教师1名、驾驶员1名，沿途先后有4名儿童下车回家。17时10分左右，当事故车辆行至临沂经济开发区芝麻墩街道徐村通往205国道的乡村路段（土质路面），距205国道约100米处时，突然熄火，驾驶员打开发动机盖，对折并捏住汽油泵的回油管进行多次启动，当最后一次启动发动机时，从发动机安装分电器的一侧蹿出火焰，并迅速蔓延，引起车辆起火，造成5名儿童当场死亡、13人受伤（儿童11人，教师1人，驾驶员1人），其中7名重伤儿童经医院抢救无效相继死亡。该事故共造成12名儿童死亡。

二、事故原因分析

1. 直接原因

根据现场勘查、调查取证和技术分析鉴定，车辆熄火后，驾驶员用手将汽油泵上的回油管对折后捏住，增加流向化油器的汽油量，汽油泵回油管因油压过高导致脱落发生漏油，在启动过程中，碰掉车辆发动机3缸高压线，产生高压跳火，引燃漏油，导致车辆火灾。

2. 间接原因

（1）小神童幼儿园对接送儿童的车辆安全重视不够，车辆安全投入严重不足，购置并使用安全技术状况差、存在严重事故隐患和报废、无合法手续的车辆接送儿童；对车辆座椅进行私自改装，副驾驶车门封死；日常接送儿童严重超员；明知车辆在接送儿童过程中经常发生故障而继续使用；对各级、各有关部门提出的车辆没有灭火器等事故隐患整改不彻底。

（2）河东交警大队负责临沂经济开发区道路交通安全管理、纠正车辆违章和肇事处理工作，对辖区内存在的用报废、改装车辆接送幼儿园儿童和接送车辆超员等问题整治不力，对小神童幼儿园接送儿童车辆存在的超员、车内座椅私自改装、副驾驶车门封死、车内私自加装车窗护栏、没有灭火器等问题未及时发现和纠正。

（3）芝麻墩街道办事处安全管理工作力度不够，安全生产责任制落实不到位，重特大安全事故防范措施不力，对辖区内存在的用报废、改装车辆接送幼儿园儿童和接送车辆超员等问题集中整治措施未落实，整治存在死角；对小神童幼儿园接送儿童车辆存在的事故隐患未采取有效措施彻底整改，也未报公安交警部门查处。

（4）临沂经济开发区管委会社会保障发展局、临沂经济开发区芝麻墩街道中心小学负责辖区内小学、幼儿园的安全管理工作，对小神童幼儿园安全管理、指导和责任制落实不到位，对查出的事故隐患督促整改不力。

（5）临沂经济开发区管委会对安全管理工作重视不够，对辖区内幼儿园安全管理不到位，重特大安全事故防范措施不力，对幼儿园安全工作中存在的问题未及时协调解决。

三、事故处理结果

（1）肇事驾驶员，涉嫌构成重大责任事故罪，移交司法机关处理。

（2）小神童幼儿园园长，涉嫌构成重大责任事故罪，移交司法机关处理。

（3）兰山交警大队副大队长、原河东交警大队芝麻墩中队中队长，涉嫌构成玩忽职守罪，移交司法机关处理。

（4）给予河东交警大队副大队长行政记过处分。

（5）给予临沂经济开发区芝麻墩街道中心小学副校长、学前教育办公室主任行政记大过处分。

（6）给予芝麻墩街道办事处主任行政警告处分。

（7）给予芝麻墩街道办事处副主任行政记过处分。

（8）芝麻墩街道办事处、临沂经济开发区社会保障服务局向临沂经济开发区管委会写出书面检查，临沂经济开发区管委会向市政府写出书面检查。

（9）对芝麻墩街道办事处、临沂经济开发区社会保障服务局和临沂经济开发区管委会实行安全生产“一票否决”。

广东省汕头市“6·10”特别重大火灾事故

2005年6月10日，广东省汕头市华南宾馆发生特别重大火灾事故，31人死亡，28人受伤，直接经济损失849万元。

一、事故发生经过

2005年6月10日11时45分左右，华南宾馆二楼吧台服务员闻到电线烧焦的味道，同时该宾馆二楼当班服务员、收银员等发现二楼金陵包厢门口通道吊顶上向下冒烟，服务员随即拉闸断电并报告了经营者。经营者只让宾馆员工用灭火器灭火，不让员工报警，也未组织疏散人员。由于施救不力，火势迅速向四周蔓延。12时15分，潮南区公安消防大队消防中队副指导员接到路人报警后，潮南区公安消防大队立即出动1辆指挥车、3辆消防车和18名消防官兵，于12时20分赶到火场扑救，同时通过潮南区公安局110指挥中心调动4个专职消防队、5辆消防车和38名专职消防员前往增援。汕头市公安消防支队12时24分接到报告后，立即调派7个公安消防中队、16辆消防车和119人前往增援。汕头市委、市政府和潮南区委、区政府有关领导接到报告后陆续赶到现场组织指挥扑救，并调动200多名公安民警和500多名干部、民兵以及11辆救护车、46名医务人员参加灭火和抢救工作。经过各方全力奋战，大火于14时35分被基本扑灭，共救出被困人员67人。

二、事故原因分析

1. 直接原因

华南宾馆二层金陵包厢门前吊顶上电气线路短路故障引燃周围可燃物，造成该起火灾事故。

2. 间接原因

（1）华南宾馆在建设和装修时未办理消防审核手续；宾馆二层两次装修均使用大量易燃材料；电气线路安装和敷设不规范；消防安全制度不落实，没有制定事故应急处理预案，只对保安人员进行过简单的消防安全知识培训，消防安全知识培训不到位；消防安全设施和器材不符合要求；发生火灾后，宾馆经营者不让报警，也未组织人员疏散。

（2）潮南区公安消防大队对华南宾馆消防安全监督检查执法不严，发现火灾隐患后督促其整改不力。2003年10月，峡山街道办事处将华南宾馆申报为消防安全重点单位，未被消防部门批准。2004年6月，潮南区公安消防大队检查发现该宾馆存在“未设置消防自动喷水灭火系统”等9项严重火灾隐患，发出《责令限期整改通知书》，要求在同年9月10日前整改。同年12月21日对该宾馆进行复查时，再次发出《责令限期整改通知书》，但只列出原9项火灾隐患中的3项，并于同年12月30日发出《复查意见书》，认可这3项火灾隐患整改合格，导致其余6项严重火灾隐患未予整改。

（3）汕头市潮南区公安分局和峡山派出所以及潮南区工商、文化等有关职能部门，没有认真履行职责，对华南宾馆存在的消防安全、外来人员管理等问题监管不力，检查及督促落实不到位，对该宾馆长期无文化经营许可证、超范围经营问题失察失管。

（4）潮南区政府和峡山街道办事处有关负责

人对消防安全抓落实不到位，对消防安全工作落实情况监督检查不力。

三、事故处理结果

(1) 华南宾馆法定代表人，因涉嫌消防责任事故罪，于2005年6月20日被依法逮捕。

(2) 华南宾馆经营承包者，因涉嫌消防责任事故罪，于2005年6月20日被依法逮捕。

(3) 华南宾馆经营者两人，因涉嫌消防责任事故罪，2005年6月20日被依法逮捕。

(4) 华南宾馆保安队副队长兼消防责任人，因涉嫌消防责任事故罪，于2005年7月6日被依法逮捕。

(5) 私营企业业主两人，因涉嫌窝藏罪，于2005年6月20日被依法逮捕。

(6) 歌舞厅陪侍人员，因涉嫌窝藏罪，于2005年6月20日被依法逮捕。

(7) 汕头市潮南区公安消防大队参谋，给予行政记大过处分，建议给予党内警告处分。

(8) 汕头市公安消防支队防火监督处参谋，给予记大过处分，建议给予党内警告处分。

(9) 汕头市公安消防支队龙湖区公安消防大队政治教导员、党总支副书记，给予撤职处分，建议给予撤销党内职务处分。

(10) 汕头市公安消防支队防火监督处副处长、机关党总支委员，给予撤职处分，建议给予撤销党内职务处分。

(11) 汕头市公安消防支队副支队长，给予警告处分。

(12) 汕头市潮南区峡山派出所第三警务区负责人，给予行政降级处分，建议给予党内严重警告处分。

(13) 汕头市潮南区峡山派出所教导员，给予行政降级处分，建议给予党内严重警告处分。

(14) 汕头市潮南区峡山派出所所长，给予行政降级处分，建议给予党内严重警告处分。

(15) 汕头市潮南区公安分局副局长，给予行政记大过处分，建议给予党内警告处分。

(16) 现任汕头市濠江区副区长兼公安分局局长，给予行政记大过处分。

(17) 汕头市潮南区工商局峡山工商所市场巡查监管组组长，给予行政降级处分，建议给予党内严重警告处分。

(18) 汕头市潮南区工商局峡山工商所副所长，给予行政记大过处分，建议给予党内警告处分。

(19) 汕头市潮南区工商局峡山工商所所长，给予行政记大过处分。

(20) 汕头市潮南区工商局副局长，给予行政记过处分。

(21) 汕头市潮南区文化局文化稽查队队长，给予行政记大过处分，建议给予党内警告处分。

(22) 汕头市潮南区文化局社会文化艺术股负责人、文化市场管理股负责人，给予行政记大过处分，建议给予党内警告处分。

(23) 汕头市潮南区文化局副局长，给予行政记过处分。

(24) 汕头市潮南区峡山街道办事处副主任、街道安全工作领导小组组长，给予行政降级处分，建议给予党内严重警告处分。

(25) 汕头市潮南区峡山街道办事处主任、党委副书记，给予行政记大过处分，建议给予党内警告处分。

(26) 汕头市潮南区副区长，给予行政记大过处分，建议给予党内警告处分。

(27) 2005年1月任汕头市潮南区副区长、区公安分局局长，给予行政警告处分。

(28) 汕头市潮南区区长，给予行政记过处分。

益阳市安化县"9·15"特大烟花爆竹爆炸事故

2005年9月15日17时10分，益阳市安化县江南镇花炮厂发生一起特大烟花爆竹爆炸事故，死亡13人，伤4人，直接经济损失113万元。

一、事故经过

9月15日，天气晴好，早晨7时左右，17个工人相继到达溪坪厂区，照常进行配药、装药、敷球和晒球作业。11时左右，停止了配药和装药，4名装药工分散到C级生产区工房内与敷球工一道敷球，12时至15时，在厂外洽谈业务的厂长感到气温较高，两次打电话至厂内要求停产，其父随即发出了广播通知。17时，配药工在告知管理员后，通知装药工返回A级生产区进行装药，自己亦进入工房作业。（当时气温为33.3℃）。17时10分，溪坪厂区西北角传出猛烈爆炸声响，升起白烟，砖、瓦、檩木四处飞散，接着又连续发生爆炸，浓烟迅速弥漫整个厂区。发生爆炸后，13名作业人员当场死亡，4人受伤；1栋配（和）药工房（包括旁边搭建的1间凉药工棚）、3栋装药和5栋敷球工房彻底炸毁，与之相邻的2栋插引工房部分倒塌，损毁建筑物面积约100平方米。另有10栋插引工房屋面不同程度受损，约70米围墙倒塌，厂外130米处的一栋民宅部分玻璃震破。

二、事故原因分析

1. 直接原因

（1）烟火药的爆炸危险性高：该厂使用了国家明令禁止的氯酸钾作烟花原料；氯酸钾与硫磺、铝粉按1.0：0.7：0.4的比例配制的组合烟花中的爆炸音剂，其摩擦感度为94%，高于国家标准60%的规定，具有较高的爆炸危险性。

（2）气温较高，作业场地狭窄：发生爆炸事故当天14时至17时的气温在33.3～35.8度，超过国家标准规定允许危险工序作业的最高温度32度；配药工房面积仅为9.9平方米，其内既放了工具、配药原料，又在地面凉药3处，还要进行称药、配料、和药、和药中转等多道操作工序，增大了不安全因素。

（3）人员操作不当：配药工在撮药过程中操作不当，摩擦引起燃烧，继而引发爆炸。

2. 间接原因

（1）A级、C级工房的内部安全距离严重偏小，加之安全防护设施缺失，导致爆炸冲击火焰直接传播引起周边工房爆炸，飞散物直接冲击周边建筑物引发爆炸。

溪坪厂区A级工房之间的距离为5～9米、C级工房之间的距离为6～9米，A、C级工房的内部安全距离均不符合国家标准规定，最小处只有国家标准的1/3。未按国家标准规定设置安全防护屏障，将危险场所相互隔离。擅自改变工房用途，将原设计作隔爆用的3号工房改为装药工房。未在厂区四周设置人员紧急疏散通道。

（2）未按规定设置与生产相适应的中转库，工房内药物停滞量超标，参与爆炸的药量大。

（3）未设置专用晒球场地，违规将敷球工房间的空地作为晒球场，导致晒球场成为中继传爆点，增大了爆炸区域。

（4）企业严重违反《烟花爆竹劳动安全技术规程》。一是有药工序不遵守“少量、多次，勤运走”的原则，工房普遍存在停滞药量超标。二是装填高感度烟火药时，不按规定在有防护墙（堤）的工房内进行，而且3号工房还安排2人作业。三是未按要求组织对从业人员进行安全教育和培训，管理人员、特殊工种作业人员未经培训无证上岗。四是高感度药物工房温度超过32℃时仍组织生产。

（5）企业安全管理混乱。一是未按《安全生产法》等法律法规的要求履行职责；未建立健全安全生产责任制、安全生产规章制度、危险工序操作规程；未按规定设置安全管理机构或配备专职安全员。二是擅自改变部分工房用途。三是未执行市县要求7月、8月、9月停止生产的规定，违规组织生产。四是不执行监管部门下达的安全隐患整改指令。

（6）有关部门监管不力。监管人员业务不熟，在执法检查中对该厂长期存在使用禁用原料、有药工序的工房间未建安全防护屏障、未设与生产相适应的中转库等安全隐患没有发现和纠正；对发现的安全距离不够、停滞药量超标等事故隐患只是多次下达整改指令要求企业整改，缺乏强制措施和手段，致使该厂的重大安全隐患得不到及时治理；对该厂在7月、8月、9月违规组织生产的行为没有及时发现和查处。

（7）江南镇人民政府未能依法组织有关部门按照职责分工对辖区内重大安全隐患进行严格检查和有效监管；没有执行县政府的规定对江南镇花炮厂派驻专职安监员；没有督促江南镇花炮厂整改好县安委会在安全大检查中发现的安全隐患；对镇安监站的工作重视、检查、督促不够。

（8）安化县人民政府虽然对烟花鞭炮安全生产出台了一系列的政策和办法，但没有完全落实到位；对乡镇的安全生产工作检查督促不够；对乡镇和有关部门安全责任制督促落实不力。

(9) 中介机构在安全评价中，对检查出的15项主要隐患未按要求督促企业整改好；出具了与现状不符的安全评价报告，对该厂作出的“基本符合安全要求”的安全评价结论，误导了企业和有关部门，使该厂的重大事故隐患未得到及时整治。

三、事故处理结果

(1) 江南镇花炮厂配药工，鉴于其在事故中死亡，不再追究责任。

(2) 江南镇花炮厂管理员，对此次事故负主要责任，移送公安机关处理。

(3) 江南镇花炮厂法人代表、厂长，县政协委员，对此次事故负主要责任，移送公安机关追究刑事责任，并通告安化县政协按政协章程处理。

(4) 2005年5月起任江南镇安监站站长，对此次事故负主要责任，给予行政降级处分。

(5) 2005年3月调任江南镇党委委员、武装部长，分管安全工作，对此次事故负重要领导责任，给予行政记大过处分。

(6) 2005年3月选举为江南镇镇长，全镇安全生产第一责任人，对此次事故负主要领导责任，给予行政记大过处分。

(7) 江南镇党委书记，对此次事故负领导责任，给予党内警告处分。

(8) 县安监局副局长，2005年3月起分管烟花爆竹安全监管工作，对此次事故负主要领导责任，给予行政记大过处分。

(9) 2005年2月调任县安监局局长，对此次事故负重要领导责任，给予行政警告处分。

(10) 2005年6月1日起任安化县人民政府副县长，分管全县安全生产工作，对此次事故负领导责任，给予行政警告处分。

(11) 安化县人民政府县长，全县安全生产第一责任人，责成其向益阳市人民政府写出深刻检讨。

(12) 江南镇花炮厂，由安化县安全生产监督管理局依法合并给予行政处罚。

(13) 安化县规划设计院，由益阳市安全生产监督管理局商建设行政主管部门依法给予行政处罚。

(14) 益阳市安全评价事务所有限公司，由湖南省安全生产监督管理局委托益阳市安全生产监督管理局依法给予行政处罚，并撤销其烟花爆竹生产企业安全评价机构资质（证书编号：XAP－YB－2004007）。

(15) 益阳市安全评价事务所有限公司法人代表、经理，由湖南省安全生产监督管理局委托益阳市安全生产监督管理局依法给予行政处罚，并撤销其烟花爆竹企业安全评价人员资格（证书编号：XAPR－YB－2004022）。

(16) 益阳市安全评价事务所有限公司副经理，由湖南省安全生产监督管理局委托益阳市安全生产监督管理局依法给予行政处罚，并撤销其烟花爆竹企业安全评价人员资格。

广西壮族自治区钦州市浦北县“10·4”特别重大烟花爆竹爆炸事故

2004年10月4日15时25分左右，广西壮族自治区浦北县长岭爆竹厂发生特别重大烟花爆竹爆炸事故，37人死亡，52人受伤，直接经济损失560万元。

一、事故经过

2004年10月4日15时25分左右，长岭爆竹厂装药操作工在挤压纸片时，摩擦引起燃爆，瞬间引爆了该工房存放的药物及半成品，相继引爆了其他工房及中转库的药物和半成品。爆炸发生后，该厂900余平方米的生产工房、库房被炸毁，另有部分工房受冲击倒塌，厂区东、西两侧山坡也被引燃，过火面积约130亩。爆炸当日在岗人员138人。

二、事故原因分析

1. 直接原因

生产过程中，南6号东间工房（原半成品中转库）操作工在挤压纸片时，摩擦引起燃爆，瞬间引爆了该栋工房存放的药物及半成品，相继引爆了5号工房（原无药材料库）、南10号工房（组装车间）的药物及半成品，从而导致了特别重大事故的发生。

2. 间接原因

（1）长岭爆竹厂严重违反国家有关安全规定。安全生产管理混乱，业主无视国家法律、法规，无视烟花爆竹生产安全标准和技术要求，擅自改变工房用途，将无药材料库、半成品中转库改为有药工序作业工房；超人员超药量生产，将南6号半成品中转库改为多人装药作业的操作工房，并在该工房内存有大量半成品及药物；将5号材料库擅自改为厂外加工收发、中转、试验室；将南10号组装工房改为装球（合弹）、敷球、礼花弹中转等有药作业的操作工房；各生产工序滞留药量过大并超药量生产，在南6号工房西间存有大量半成品药，其计算药量多达379.3千克；南10号工房也存有大量药物及半成品药，其计算药量多达152.2千克。违反规定超人员操作，其中南6号东间工房有8人同时作业，南10号中间工房有6人同时作业。

（2）钦州市、浦北县、白石水镇的乡镇企业管理部门对长岭爆竹厂违反规定擅自改变工房用途、各生产工序超药量生产、滞留药量过大、违反规定超员生产等安全生产隐患问题监管不力；公安部门对长岭爆竹厂生产、储存爆炸物品中存在的不安全隐患，虽多次检查，但对隐患未能有效整改监管不力；安全监管部门对长岭爆竹厂多次检查并发现存在的严重安全生产隐患问题，未采取得力措施，落实整改意见不力。

（3）广西壮族自治区有关部门、钦州市、浦北县、白石水镇的乡镇企业管理部门和公安部门未认真履行职责，致使该厂违反规定，未经设计、审批即开工扩建，且审核批准了边扩建边送审的仅有描绘人员签字的《长岭爆竹厂平面布置图》，对扩建竣工后，未按有关规定进行验收和核发《爆炸物品安全生产许可证》就投入生产问题失察。

（4）钦州市、浦北县、白石水镇人民政府有关领导未能有效督促有关部门和人员认真履行职责，做好对长岭爆竹厂安全生产监管工作；对有关部门和人员不依法办事，致使该厂违反规定，未经设计、审批即开工扩建，且审核批准了边扩建边送审仅有描绘人员签字的《长岭爆竹厂平面布置图》以及扩建竣工后，未按有关规定申报验收和核发《爆炸物品安全生产许可证》就投入生产问题失察。

三、事故处理结果

（1）长岭爆竹厂法定代表人（厂长）、副厂长、第6车间主任，浦北县人民检察院已以涉嫌危险物品肇事罪对其提起公诉。

上述人员待司法机关作出处理后，由当地纪检监察机关或企业及时给予相应的党纪和行政处分。

（2）浦北县白石水镇副镇长、党委委员，拟给予行政撤职处分，建议给予留党察看一年处分。

（3）浦北县白石水镇镇长、党委副书记，拟给予行政撤职处分，建议给予撤销党内职务处分。

（4）浦北县乡镇企业管理局副局长、县烟花爆竹安全生产管理委员会办公室副主任，拟给予行政撤职处分，建议给予党内严重警告处分。

（5）浦北县对外经贸投资办公室副主任（原任浦北县乡镇企业管理局副局长），拟给予行政撤职处分，建议给予党内严重警告处分。

（6）浦北县乡镇企业管理局局长、党支部书记，浦北县烟花爆竹安全生产管理委员会副主任兼烟花爆竹安全生产管理委员会办公室主任，浦北县政协委员，拟给予行政撤职处分，建议给予撤销党内职务处分。

（7）浦北县公安局刑警大队民警（原任浦北县白石水镇派出所副所长，主持全面工作），拟给予行政降级处分，建议给予党内严重警告处分。

（8）浦北县公安局治安大队副队长，拟给予行政撤职处分，建议给予党内严重警告处分。

（9）浦北县公安局局长、党委书记，拟给予行政记大过处分，建议给予党内警告处分。

（10）浦北县安全监管局局长、县安全生产委员会副主任兼安全生产委员会办公室主任，拟给予行政记大过处分，建议给予党内警告处分。

（11）浦北县人民政府副县长、党组成员，县安全生产委员会常务副主任，拟给予行政撤职处分，建议给予党内严重警告处分。

（12）浦北县委书记、县人大党组书记，钦州市委委员，建议给予党内警告处分。

（13）钦州市戒毒所政委（原任钦州市公安局治安大队政委），拟给予行政记大过处分，建议给予党内警告处分。

（14）钦州市公安局副局长，拟给予行政记过处分。

（15）钦州市安全监管局局长（原任钦州市乡镇企业管理局局长），拟给予行政记过处分。

（2005年9月批复）

河北省邢台市"11·20"铁矿特别重大火灾事故

2004年11月20日8时10分左右，河北省邢台市沙河市白塔镇章村李生文联办一矿（以下简称李生文矿）井下发生火灾，灾害波及相互连通的另外4处铁矿，造成70人死亡，直接经济损失604.75万元。

一、事故经过

2004年11月20日凌晨4时许，李生文矿一平巷盲竖井的罐笼在提升矿石时发生卡罐故障，罐底被撞开，罐笼内约1吨的矿石掉落井底，罐笼被卡在离井口2~3米的位置不能上下移动。

当班的绞车工随即上井向值班矿长和维修工报告，维修工和值班矿长先后下井进行检查和修理工作，其间，维修工在没有采取任何防护措施的情况下，3次使用电焊对罐笼角、井筒护架进行切割和焊接作业，至8时左右结束，值班矿长和维修工先后上井返回地面。

当日上午8时10分左右，绞车工在绞车房发现提升罐笼的钢丝绳晃动，前往井口观察，发现盲竖井内起火，随即关掉绞车房内向下送电的闸刀开关并上井向值班矿长和维修工汇报，并与维修工一起下井。到达一平巷时烟雾已经很大，他们只能前行几十米，此处离事故盲竖井还有500多米，能见度不足1米。他们遂返回地面向值班矿长汇报。

9时30分左右，值班矿长给生产矿长打电话报告，9时50分左右生产矿长到达井口，打119报警，沙河市消防中队10时30分左右到达井口，但没有条件对井下火灾实施扑灭，建议打110报警请矿山救护队。110于10时37分接警，通知沙河市安全监管局。沙河市安全监管局已于10时35分接到岭南矿的电话报告，随即派副局长赶赴现场并报告了沙河市领导。

沙河市政府接到事故报告后，组织公安、安全监管、国土资源、冶金、卫生、财政等部门组成抢险处理指挥部，紧急调集附近几个国营大矿和沙河市煤矿救护队、医疗卫生队伍和风机、电缆等抢险物资，全力抢救井下被困矿工；同时，调集省内8名矿山通风专家，共同制定抢险救灾实施方案。邢台市、河北省人民政府和原国家安全监管局有关领导相继赶到事故现场组织抢救工作。截至2004年11月27日10时，事故抢险指挥部共调集河北、河南、山西3省11个单位22个救护队的241名救护队员参加井下被困矿工的搜救工作，共抢救出52人，死亡70人。

事故当班下井人员分布及伤亡情况：李生文矿入井人员10人，9人死亡；岭南矿入井9人，2人死亡；白塔二矿入井18人，16人死亡；李生文联办矿入井14人，3人死亡；西郝庄矿入井231人，其中主井160人、副井71人，死亡40人。

二、事故原因分析

1. 直接原因

李生文矿维修工在盲1井的井筒内违章使用电焊，焊割下的高温金属残块渣掉落在井壁充填护帮的荆笆上，造成长时间阴燃，最后引燃井筒周围的荆笆及木支护等可燃物，引发井下火灾。由于此矿非法越界开采，井下没有安全出口和独立完善的矿井通风系统，矿工采取的自救措失不当，最终导致事故事态扩大。

2. 间接原因

（1）企业安全生产管理混乱，违法违规开采。5个矿山安全生产责任不明确，安全管理制度不健全，安全管理混乱。李生文矿、李生文联办矿、岭南矿都将矿井承包给他人生产经营，西郝庄矿将矿井违法租赁给邢台金鼎矿业有限公司，使第一责任人的安全生产责任形同虚设。矿主以包代管，只注重经济利益而忽视安全生产，加剧了企业安全生产管理状况的恶化。李生文矿未通过沙河市有关部门组织的2004年非煤矿山复工验收擅自恢复生产；无证电焊工违章操作引发火灾。5个矿山都长期违法越界开采，造成各矿井巷道贯通，风流紊乱，导致李生文矿起火后波及相邻矿井。5个矿山都没有按要求设置安全出口，没有制定事故应急救援预案，缺乏必要的应急救援措施。

（2）沙河市有关部门没有认真履行监管职责。沙河市冶金行业办公室对冶金矿山安全生产日常监管不力，在非煤矿山安全生产专项整治工作中没有认真履行职责。2002年沙河市冶金行业办公室同意李生文矿、白塔二矿、岭南矿通过联合检查组整改验收；在2004年初沙河市非煤矿山复工验收中把关不严，同意李生文矿、李生文联办矿、白塔二矿、岭南矿通过冶金办初验；发现了李生文矿未通过2004年复工验收却擅自恢复生产的问题，但没有制止；对事故矿的井下测绘图反映出的违法越界开采问题，既没有采取有效整治措施，也没有按规定向有关部门反映。

沙河市国土资源局没有认真履行对矿产资源开发的监管职责，对辖区内非煤矿山开采秩序混乱问题失察，对事故矿违法租赁和长期违法越界开采问题查处不力，未有效制止和纠正事故矿长期存在的违法越界开采等问题。在非煤矿山安全生产专项整治工作中没有认真履行职责。

沙河市安全监管局对沙河市有关部门非煤矿山安全生产监管工作督促指导不力，对非煤矿山安全生产专项整治工作组织协调不力。在其牵头组织的2004年非煤矿山企业复工验收中把关不严，同意李生文联办矿、白塔二矿、岭南矿通过复工验收；发现了李生文矿未通过2004年复工验收却擅自恢复生产的问题，但没有制止。

沙河市人事劳动和社会保障局对事故矿的劳动用工监督检查不力，对事故矿违法雇用女工、童工问题失察。在事故中李生文联办矿、岭南矿、西郝庄矿各有1名女工在井下死亡，西郝庄矿有1名童工在井下受伤。

（3）白塔镇、沙河市两级人民政府对非煤矿山安全生产工作重视不够，对有关部门的非煤矿山安全生产监管工作领导不力、辖区内非煤矿山开采秩序混乱问题失察，对非煤矿山安全生产专项整治工作组织领导不力。白塔镇、沙河市两级党委对当地政府的安全生产监管工作和国家部署的非煤矿山安全生产专项整治工作督促领导不到位，对干部中存在的工作作风不深入等问题教育、监督、管理不到位。

（4）邢台市国土资源局、安全监管局对沙河市国土资源局、安全监管局履行职责情况检查指导不力；邢台市国土资源局对沙河市非煤矿山开采秩序混乱问题失察，邢台市安全监管局对沙河市非煤矿山安全生产专项整治工作的落实情况督促检查不力。邢台市政府对非煤矿山安全生产监管和矿产资源开发利用监管工作领导不到位，对辖区内非煤矿山开采秩序混乱问题失察，对国家部署的非煤矿山安全生产专项整治工作落实不力。

三、事故处理结果

（1）沙河市安全监管局安监一股股长，2004年12月11日被刑事拘留，12月24日被取保候审。目前此案正在进一步侦查中。

（2）沙河市冶金行业办公室安监一科科长，2004年12月12日被刑事拘留，12月24日被取保候审。目前此案正在进一步侦查中。

（3）沙河市国土资源局执法监察大队副队长，2004年12月13日被刑事拘留，12月24日被取保候审。目前此案正在进一步侦查中。

（4）李生文矿和李生文联办矿的法定代表人，2004年11月24日涉嫌重大责任事故罪和非法采矿罪被刑事拘留，12月21日被逮捕，目前已被移送诉到沙河市人民法院。

（5）李生文矿承包人之一，2004年11月30日涉嫌重大责任事故罪和非法采矿罪被刑事拘留，12月21日被逮捕，目前已被移送起诉到沙河市人民法院。

（6）李生文矿矿长，李生文矿承包人之一，2004年11月23日涉嫌重大责任事故罪和非法采矿罪被刑事拘留，12月21日被逮捕，目前已被移送起诉到沙河市人民法院。

（7）李生文矿主井生产矿长，2004年11月21日涉嫌重大责任事故罪和非法采矿罪被刑事拘留，12月21日被逮捕，目前已被移送起诉到沙河市人民法院。

（8）李生文矿电焊工，2004年11月23日涉嫌重大责任事故罪被刑事拘留，12月21日被逮捕，目前已被移送起诉到沙河市人民法院。

（9）李生文矿副井生产矿长，2004年11月21日涉嫌重大责任事故罪和非法采矿罪被刑事拘留，12月21日被逮捕，目前已被移送起诉到沙河市人民法院。

另河北邢台“11·20”铁矿特别重大火灾事故矿李生文矿和事故波及到的岭南矿、白塔二矿、李生文联办矿的18人涉嫌非法采矿罪，公安机关已作另案处理。

(10) 沙河市白塔镇经委安检员（聘用），建议给予开除党籍处分，解除聘用。

(11) 沙河市白塔镇经委主任、镇党委副书记，建议给予行政撤职、留党察看一年处分。

(12) 沙河市白塔镇镇长、镇党委副书记，建议给予行政撤职、撤销党内职务处分。

(13) 沙河市白塔镇党委书记，建议给予撤销党内职务处分。

(14) 沙河市冶金行业办公室副主任、党委委员，建议给予行政撤职、留党察看一年处分。

(15) 沙河市冶金行业办公室主任、党委书记，建议给予行政撤职、撤销党内职务处分。

(16) 沙河市安全监管局局长、副局长，安委办主任、副主任，建议给予行政撤职、撤销党内职务处分。

(17) 沙河市国土资源局执法监察股股长兼执法监察大队队长，建议给予行政撤职、留党察看一年处分。

(18) 沙河市国土资源局局长（党组成员）、副局长（党组成员），建议给予行政撤职、撤销党内职务处分。

(19) 沙河市人事劳动和社会保障局劳动监察大队队长，建议给予行政记大过处分。

(20) 沙河市人事劳动和社会保障局党组副书记，建议给予行政记过处分。

(21) 沙河市副市长、政府党组副书记，建议给予行政撤职、撤销党内职务处分。

(22) 沙河市常务副市长、政府党组副书记、沙河市委常委，建议给予行政降级、党内严重警告处分。

(23) 沙河市市长、沙河市委副书记，建议给予行政降级、党内严重警告处分。

(24) 沙河市委书记，建议给予党内严重警告处分。

(25) 邢台市安全监管局副局长、党组成员，建议给予行政记大过、党内警告处分。

(26) 邢台市安全监管局局长、党组书记，兼煤炭工业办公室主任，建议给予行政记大过处分。

(27) 邢台市国土资源局副局长、党组书记，建议给予行政记大过、党内警告处分。

(28) 邢台市国土资源局局长，党组副书记，建议给予行政记过处分。

(29) 邢台市副市长、政府党组成员，建议给予行政记过处分。

(30) 2002年5月至2004年11月任河北金山矿业有限公司董事长、法定代表人，建议给予党内严重警告处分。

(2005年7月批复)

建筑事故

中国水利水电第八工程局谷拉施工局“8·1”特大事故

2005年8月1日15时0分左右，在中国水利水电第八工程局中标承建的云南省文山州富宁县谷拉天生桥电站大坝341.5米高程平台发生一起座式超重机倾覆特大事故，造成14人死亡、4人受伤。

一、事故经过

2005年7月27日，谷拉施工局局长带领分管机电设备的副局长、分管安全的副局长和党工委书记等人在检查中，发现其位于3号坝段341.5米高程平台、用作施工吊装的DMQ540/30型座式起重机（以下简称“门机”）的变幅钢丝绳损坏，当场安排专管机电设备的副局长负责尽快组织修复。8月1日8时，副局长、门机班班长兼门机长组织有关人员20余人开始更换门机变幅钢丝绳，10时因停电，检修工作暂停，12时来电后，检修工作继续进行，13时30分，发现更换的变幅钢丝绳长度不能满足门机起重臂在平放状态下进行更换的需要。为此，副局长、门机班长决定改变已经实施的检修方法，采取将平放状态下的门机起重臂升机，斜靠在2号坝段顶端，缩短所需变幅钢丝绳长度的办法解决这一问题。负责安全的副局长等人认为这种方法不安全，双方发生争执，但由于副局长、门机班长坚持己见，没有能够得到制止。至14时左右，门机班长指挥将原来平放的门机起重臂升起，左旋90度转向2号坝段并将起重臂斜靠在2号坝段顶端355米高程处后，开始将前期已经穿好的8道变幅钢丝绳从隧道回撤，就在回撤的过程中，因变幅钢丝绳在起重臂顶端的滑轮处发生跳槽故障，门机班长立即爬上起重臂欲去处理，当他爬到接近起重臂顶端滑轮处时，门机整机开始后倾，从3号坝段341.5米高程平台翻入4号坝段的331.8米高程平台，造成在门机上作业的10人当场死亡、1人在送往医院途中死亡、3人在医院抢救中死亡和4人受伤的特大事故。

二、事故原因分析

1. 直接原因

（1）由于门机起重臂重心以下部位斜靠在2号坝段顶端，导致起重臂自重形成的“稳定力矩”通过“支点”转变成了“倾翻力矩”。

（2）因起重臂完全斜靠在2号坝段顶端上，使门机的“倾翻力矩”增加了23.8吨·米，导致门机整机的“倾翻力矩”增加了307.1吨·米，超过了303.2吨·米的“稳定力矩”，使门机处于失稳状态。

（3）当门机班长爬到起重臂顶端滑轮处时，进一步加大了门机的“倾翻力矩”，使已经处于失稳状态的门机开始倾翻。

2. 间接原因

（1）违法安装和使用特种设备。谷拉施工局不仅违法安装和使用门机特种设备，而且一直不按要求向当地特种设备安全监察部门申报。

（2）轻率决定，盲目实施检修。谷拉施工局在对该门机进行检修前，既没有专题研究部署检修工作，也没有制定检修方案和相关的安全措施，导致检修工作组织随意，无据可依，无证可查。

（3）冒险蛮干，制止不力。当现场组织检修面临变幅钢丝绳长度不够的问题时，在没有安全保障的前提下，就随意决定改变原来已经实施的检修方法；在对这种检修方法的安全性发生意见分歧时，也没有采取果断措施予以制止。

（4）安全管理制度不落实。中国水利水电第八工程局尽管建立了较为完善的安全管理规章制度，谷拉施工局也进行过较多的安全检查。但在实际过程中，抓落实不够。该门机属“报废在用设备”，且技术档案资料不健全，但仍然在调拨使用。

三、事故处理结果

（1）谷拉施工局门机班班长兼门机长，是此次检修组织者之一，且直接指挥门机操作工将门机起重臂调转到2号坝段，是导致此次事故的直接责任人，涉嫌犯罪。鉴于其已在事故中死亡，不再追究刑事责任。

（2）谷拉施工局分管设备副局长，是此次检修的指挥者，没有组织制定检修方案和安全措施，不听劝阻，擅自决定改变检修方法，指挥作业人员冒险作业，是导致此次事故的主要责任人，涉嫌犯罪，交司法机关依法追究其刑事责任。

（3）谷拉施工局局长，负责全面工作，是安全生产第一责任人，未向有关部门申报违法组织安装使用的门机，没有组织专题会议研究门机检修工作，没有对检修工作提出具体的安全要求，严重失职，应负主要领导责任，给予2万元罚款，并建议撤销其行政职务。

（4）谷拉施工局分管安全副局长，没有有效制止检修工作的蛮干行为，未履行好安全监督职责，应负重要监督责任，给予警告，并处1万元罚款。

（5）谷拉施工局党工委书记，参与了检修的组织协调工作，对现场冒险蛮干的行为制止不力，负有重要领导责任，建议给予党内严重警告处分。

（6）中国水利水电第八工程局分管机电设备物资工作副局长，未及时掌握谷拉施工局违法安装使用特种设备的情况，对特种设备管理工作的领导不力，对此次事故负有领导责任。给予警告，并处2000元罚款。

（7）中国水利水电第八工程局分管安全生产工作副局长，对谷拉施工局特种设备安全监督工作不力，对此次事故负有一定的监管工作领导责任，给予警告，并处2000元罚款。

（8）中国水利水电第八工程局局长，负责全局工作，是安全生产的第一责任人，对安全生产工作领导不力，对此次事故负有领导责任。给予警告，并处5000元罚款，责令向中国水利水电建设集团公司写出深刻检查。

（9）对中国水利水电第八工程局二分局及谷拉施工局有关部门责任人的责任追究，责成第八工程局作出处理，并将处理结果报云南省安全生产监督管理局备案。

（10）中国水利水电第八工程局谷拉施工局所使用的特种设备，没有报经专门机构检测、检验，给予5万元罚款。

（11）中国水利水电第八工程局谷拉施工局在门机检修作业中，没有进行专门研究部署，没有制定检修方案，无安全防范措施，给予10万元罚款。

（12）责成中国水利水电第八工程局认真做好伤亡人员的善后处理工作。

第十部分

全国事故统计资料

2005年全国安全生产各类伤亡事故情况统计表

	总计						一次死亡3~9人					
	本期		同期对比				本期		同期对比			
			事故起数		死亡人数				事故起数		死亡人数	
	事故起数	死亡人数	增(+)减(-)	增(+)减(-)%	增(+)减(-)	增(+)减(-)%	事故起数	死亡人数	增(+)减(-)	增(+)减(-)%	增(+)减(-)	增(+)减(-)%
合　计	717938	127089	-85635	-10.7	-9666	-7.1	2604	9902	-175	-6.3	-552	-5.3
一、工矿商贸合计	13142	15868	-1562	-10.6	-629	-3.8	496	2020	-45	-8.3	-144	-6.7
1. 煤　矿	3306	5938	-335	-9.2	-89	-1.5	208	877	-39	-15.8	-208	-19.2
2. 金属与非金属矿	1928	2342	-320	-14.2	-357	-13.2	72	293	-13	-15.3	-7	-2.3
3. 建筑业	2288	2607	-294	-11.4	-182	-6.5	85	338	19	28.8	96	39.7
4. 危险化学品	142	229	-51	-26.4	-62	-21.3	21	92			7	8.2
5. 烟花爆竹	126	222	-12	-8.7	-100	-31.1	16	65	-9	-36.0	-33	-33.7
6. 工商贸其他	5352	4530	-550	-9.3	161	3.7	94	355	-3	-3.1	1	0.3
二、火　灾	235941	2496	-16760	-6.6	-61	-2.4	91	341	-10	-9.9	-46	-11.9
三、道路交通	450254	98738	-67635	-13.1	-8339	-7.8	1885	6987	-143	-7.1	-442	-6.0
四、水上交通	532	479	-30	-5.3	-10	-2.0	47	219	13	38.2	73	50.0
五、铁路交通	11220	7380	-701	-5.9	-612	-7.7	18	75	4	28.6	33	78.6
六、民航飞行	2	3	-2	-50.0	-58	-95.1	1	3			-1	-25.0
七、渔业船舶	728	609	46	6.7	39	6.8	62	245	11	21.6	32	15.0
八、农业机械	6116	1473	-733	-10.7	-396	-21.2	4	12	-5	-55.6	-57	-82.6
九、其　他	3	43	-60	-95.2	-38	-46.9						

	一次死亡10人以上						一次死亡30人以上					
	本期		同期对比				本期		同期对比			
			事故起数		死亡人数				事故起数	死亡人数		
	事故起数	死亡人数	增(+)减(-)	增(+)减(-)%	增(+)减(-)	增(+)减(-)%	事故起数	死亡人数	增(+)减(-)	增(+)减(-)%	增(+)减(-)	增(+)减(-)%
合　计	134	3046	3	2.3	440	16.9	17	1197	1	6.3	261	27.9
一、工矿商贸合计	68	1942	8	13.3	595	44.2	13	1042	3	30.0	412	65.4
1. 煤　矿	58	1739	15	34.9	695	66.6	11	961	3	37.5	438	83.8
2. 金属与非金属矿	1	37	-3	-75.0	-69	-65.1	1	37			-33	-47.1
3. 建筑业	3	74	2	200.0	53	252.4	1	44	1		44	
4. 危险化学品			-1	-100.0	-11	-100.0						
5. 烟花爆竹	2	39	-5	-71.4	-73	-65.2			-1	-100.0	-37	-100.0
6. 工商贸其他	4	53										
二、火　灾	5	118	1	25.0	-5	-4.1	2	68			-26	-27.7
三、道路交通	45	773	-10	-18.2	-79	-9.3	2	87	1	100.0	38	77.6
四、水上交通	5	70	1	25.0	-58	-45.3			-2	-100.0	-108	-100.0
五、铁路交通												
六、民航飞行			-1	-100.0	-55	-100.0		-1	-100.0	-55	-100.0	
七、渔业船舶	8	100	4	100.0	57	132.6						
八、农业机械												
九、其　他	3	43			-15	-25.9						

2005年全国工矿商贸企业伤亡事故情况统计表（按行业分类）

	总计						一次死亡3~9人						一次死亡10人以上					
	本期		同期对比				本期		同期对比				本期		同期对比			
			事故起数		死亡人数				事故起数		死亡人数				事故起数		死亡人数	
	事故起数	死亡人数	增(+)减(-)	增(+)减(-)%	增(+)减(-)	增(+)减(-)%	事故起数	死亡人数	增(+)减(-)	增(+)减(-)%	增(+)减(-)	增(+)减(-)%	事故起数	死亡人数	增(+)减(-)	增(+)减(-)%	增(+)减(-)	增(+)减(-)%
合　　计	13142	15868	-1562	-10.6	-629	-3.8	496	2020	-45	-8.3	-144	-6.7	68	1942	8	13.3	595	44.2
A 农、林、牧、渔业	178	183	33	22.8	51	38.6	6	19	1	20.0	3	18.8						
B 采矿业	5234	8280	-656	-11.1	-199	-2.4	280	1170	-52	-15.7	-215	-15.5	59	1776	12	25.5	626	54.4
C 制造业	3821	3059	-689	-15.3	-321	-9.5	80	329	-8	-9.1	-5	-1.5	3	49	-8	-72.7	-112	-69.6
D 电力、燃气及水的生产和供应业	337	398	-31	-8.4	2	0.5	14	53	1	7.7	7	15.2						
E 建筑业	2288	2607	-282	-11.0	-153	-5.5	85	338	19	28.8	96	39.7	3	74	2	200.0	53	252.4
F 交通运输、仓储和邮政业	244	221	13	5.6	13	6.3	6	23	1	20.0	6	35.3			-1	-100.0	-15	-100.0
S 公共管理和社会组织	7	5	1	16.7	-1	-16.7												
G 信息传输、计算机服务和软件业	34	35	-18	-34.6	-16	-31.4												
H 批发和零售业	129	120	-6	-4.4	-12	-9.1	4	14			-2	-12.5						
I 住宿和餐饮业	59	62	4	7.3	8	14.8	1	7	-2	-66.7	-3	-30.0						
J 金融业	2	2																
K 房地产业	45	48	1	2.3	1	2.1	1	3										
L 租赁和商务服务业	181	208	42	30.2	69	49.6	3	11	-4	-57.1	-17	-60.7	2	24	2		24	
M 科学研究、技术服务和地质勘察业	38	42	-23	-37.7	-23	-35.4	2	6	-1	-33.3	-3	-33.3						
N 水利、环境和公共设施管理业	29	38	-5	-14.7	-3	-7.3	3	11	1	50.0	2	22.2						
O 居民服务和其他服务业	222	257	15	7.3	48	23.0	6	20	2	50.0	4	25.0	1	19	1		19	
P 教育	30	33	11	57.9	7	26.9			-2	-100.0	-10	-100.0						
Q 卫生、社会保障和社会福利业	8	7	1	14.3	3	75.0												
R 文化、体育和娱乐业	21	19	8	61.5	6	46.2												
其他行业	235	244	32	15.8	28	13.01	5	16	-1	-16.7	-7	-30.4						

2005年全国工矿商贸企业伤亡事故情况统计表（按经济类型分类）

	总计						一次死亡3～9人						一次死亡10人以上					
	本期		同期对比				本期		同期对比				本期		同期对比			
			事故起数		死亡人数				事故起数		死亡人数				事故起数		死亡人数	
	事故起数	死亡人数	增(+)减(-)	增(+)减(-)%	增(+)减(-)	增(+)减(-)%	事故起数	死亡人数	增(+)减(-)	增(+)减(-)%	增(+)减(-)	增(+)减(-)%	事故起数	死亡人数	增(+)减(-)	增(+)减(-)%	增(+)减(-)	增(+)减(-)%
合　计	13142	15868	-1562	-10.6	-629	-3.8	496	2020	-45	-8.3	-144	-6.7	68	1942	8	13.3	595	44.2
国有经济	2580	3210	-827	-24.3	-369	-10.3	111	468	8	7.8	38	8.8	14	626	1	7.7	120	23.7
集体经济	923	1147	-503	-35.3	-513	-30.9	36	140	-15	-29.4	-68	-32.7	5	123			14	12.8
股份合作	882	902	-237	-21.2	-212	-19.0	24	94	1	4.4	11	13.3			-1	-100.0	-13	-100.0
联营经济	132	151	-23	-14.8	-12	-7.4	4	18	-2	-33.3	-4	-18.2	1	13	1		13	
有限责任公司	1794	1859	553	44.6	624	50.5	47	183	17	56.7	75	69.4			-1	-100.0	-13	-100.0
股份有限公司	518	535	21	4.2	61	12.9	16	59	2	14.3	10	20.4	1	10			-1	-9.1
私营经济	5346	7337	-545	-9.3	-172	-2.3	229	933	-68	-22.9	-268	-22.3	45	1146	7	18.4	464	68.0
港澳台投资	324	129	18	5.9	42	48.3	4	15	3	300.0	12	400.0						
外商投资	264	146	1	0.4	20	15.9	3	15	1	50.0	9	150.0						
其他经济	379	4	-7	-1.8	39	9.4	22	95	8	57.1	41	75.9	2	24	1	100.0	11	84.6

2005 年全国工矿商贸企业伤亡事故情况统计表（按事故类别分类）

	总计						一次死亡 3～9 人						一次死亡 10 人以上					
	本期		同期对比				本期		同期对比				本期		同期对比			
			事故起数		死亡人数				事故起数		死亡人数				事故起数		死亡人数	
	事故起数	死亡人数	增(+)减(-)	增(+)减(-)%	增(+)减(-)	增(+)减(-)%	事故起数	死亡人数	增(+)减(-)	增(+)减(-)%	增(+)减(-)	增(+)减(-)%	事故起数	死亡人数	增(+)减(-)	增(+)减(-)%	增(+)减(-)	增(+)减(-)%
合计	13142	15868	-1562	-10.6	-629	-3.8	496	2020	-45	-8.3	-144	-6.7	68	1942	8	13.3	595	44.2
物体打击	1528	1359	-178	-10.4	-128	-8.6	11	37	-2	-15.4	-8	-17.8						
车辆伤害	812	804	-94	-10.4	-85	-9.6	12	46	3	33.3	13	39.4						
机械伤害	1653	982	-253	-13.3	-15	-1.5	4	16	2	100.0	7	77.8						
起重伤害	517	517	-1	-0.2	58	12.6	16	61	6	60.0	25	69.4	1	14	1		14	
触电	1043	1076	-59	-5.4	-44	-3.9	11	39	2	22.2	10	34.5			-1	-100.0	-12	-100.0
淹溺	129	159	14	12.2	37	30.3	7	33	5	250.0	26	371.4						
灼烫	167	151	-42	-20.1	30	24.8	7	28	2	40.0	11	64.7	1	10	1		10	
火灾	61	126	-14	-18.7	-35	-21.7	9	43	-4	-30.8	-20	-31.8	3	40	-1	-25.0	-10	-20.0
高处坠落	2142	2051	-389	-15.4	-312	-13.2	13	41	-1	-7.1	-6	-12.8						
坍塌	866	1278	-91	-9.5	-98	-7.1	77	317	-19	-19.8	-31	-8.9	3	64	-1	-25.0	4	6.7
冒顶片帮	2089	2412	-203	-8.9	-289	-10.7	42	143	-21	-33.3	-100	-41.2	1	11			1	10.0
透水	107	606	-12	-10.1	203	50.4	35	167	-3	-7.9	-12	-6.7	13	357	7	116.7	239	202.5
放炮	298	363	-61	-17.0	-56	-13.4	11	35	3	37.5	4	12.9						
火药爆炸	194	349	3	1.6	-35	-9.1	29	124	1	3.6	14	12.7	2	39	-4	-66.7	-63	-61.8
瓦斯爆炸	141	1583	-23	-14.0	528	50.1	59	287	-14	-19.2	-51	-15.1	35	1232	11	45.8	605	96.5
锅炉爆炸	8	9	-9	-52.9	-8	-47.1	1	3	1		3							
容器爆炸	98	137	-16	-14.0	-19	-12.2	11	40	1	10.0	-1	-2.4			-1	-100.0	-11	100.0
其他爆炸	170	253	-10	-5.6	-47	-15.7	12	63	-10	-45.5	-22	-25.9	2	32	-1	-33.3	-4	-11.1
中毒和窒息	698	1320	-25	-3.5	-216	-14.1	118	452	-1	-0.8	-24	-5.0	7	143	-3	-30.0	-178	-55.5
环境污染	1		1															
其他伤害	344	258	-102	-22.9	25	10.7	10	42	6	150.0	25	147.1						

2005 年全国工矿商贸企业伤亡事故情况统计表（按事故地区分类）

	总计						一次死亡 3~9 人						一次死亡 10 人以上					
	本期		同期对比				本期		同期对比				本期		同期对比			
			事故起数		死亡人数				事故起数		死亡人数				事故起数		死亡人数	
	事故起数	死亡人数	增(+)减(-)	增(+)减(-)%	增(+)减(-)	增(+)减(-)%	事故起数	死亡人数	增(+)减(-)	增(+)减(-)%	增(+)减(-)	增(+)减(-)%	事故起数	死亡人数	增(+)减(-)	增(+)减(-)%	增(+)减(-)	增(+)减(-)%
合　计	13142	15868	-1562	-10.6	-629	-3.8	496	2020	-45	-8.3	-144	-6.7	68	1942	8	13.3	595	44.2
北京市	145	175	-5	-3.3	-2	-1.1	3	20	-2	-40.0	3	17.7			-1	-100.0	-10	-100.0
天津市	92	101	-73	-44.2			6	24	3	100.0	13	118.2						
河北省	303	651	-79	-20.7	62	10.5	24	105	3	14.3	29	38.2	6	240	1	20.0	101	72.7
山西省	251	657	-10	-3.8	19	3.0	30	127	-9	-23.1	-38	-23.0	12	286	2	20.0	71	33.0
内蒙古自治区	225	341	-50	-18.2	9	2.7	16	68	12	300.0	50	277.8	3	40	2	200.0	25	166.7
辽宁省	520	797	-100	-16.1	96	13.7	21	92	-11	-34.4	-32	-25.8	1	214			199	1326.7
吉林省	258	346			24	7.5	8	41	-5	-38.5	-14	-25.5	2	46	1	100.0	35	318.2
黑龙江省	335	601	63	23.2	202	50.6	8	39	-1	-11.1	-17	-30.4	3	204			145	245.8
上海市	997	413	-244	-19.7	-18	-4.2	3	11	-2	-40.0	-5	-31.3						
江苏省	490	494	-172	-26.0	-130	-20.8	9	38	-7	-43.8	-16	-29.6						
浙江省	775	814	-142	-15.5	-137	-14.4	20	63			-7	-10.0						
安徽省	433	492	-33	-7.1	-12	-2.4	15	62	11	275.0	49	376.9						
福建省	382	397	-21	-5.2	-14	-3.4	7	25			4	19.1	1	10			-1	-9.1
江西省	267	365	-54	-16.8	-112	-23.5	13	54	-13	-50.0	-71	-56.8	2	25	1	100.0	9	56.3
山东省	314	398	-99	-24.0	-96	-19.4	15	67	-1	-6.3	1	1.5			-3	-100.0	-36	-100.0
河南省	322	529	-94	-22.6	-181	-25.5	27	106	-3	-10.0	-19	-15.2	5	126	1	25.0	-92	-42.2

	总计						一次死亡3~9人						一次死亡10人以上					
	本期		同期对比				本期		同期对比				本期		同期对比			
			事故起数		死亡人数				事故起数		死亡人数				事故起数		死亡人数	
	事故起数	死亡人数	增(+)减(-)	增(+)减(-)%	增(+)减(-)	增(+)减(-)%	事故起数	死亡人数	增(+)减(-)	增(+)减(-)%	增(+)减(-)	增(+)减(-)%	事故起数	死亡人数	增(+)减(-)	增(+)减(-)%	增(+)减(-)	增(+)减(-)%
湖北省	565	637	-21	-3.6	1	0.2	18	62	5	38.5	21	51.2			-1	-100.0	-11	-100.0
湖南省	786	958	-117	-13.0	-95	-9.0	45	189	-3	-6.3	-10	-5.0	3	55	-6	-66.7	-55	-50.0
广东省	1111	851	-123	-10.0	-8	-0.9	20	76	-8	-28.6	-31	-29.0	2	137	1	100.0	125	1041.7
广西壮族自治区	445	419	-31	-6.5	-62	-12.9	7	23	-3	-30.0	-13	-36.1			-1	-100.0	-37	-100.0
海南省	81	86	-17	-17.4	-9	-9.5			-3	-100.0	-11	-100.0						
四川省	920	1139	13	1.4	10	0.9	20	100	-23	-53.5	-66	-39.8	3	93			46	97.9
贵州省	809	1192	-18	-2.2	-26	-2.1	51	216	-12	-19.1	-32	-12.9	11	155	2	22.2	-1	-0.6
云南省	555	756	-104	-15.8	-63	-7.7	35	138	10	40.0	33	31.4	4	65	3	300.0	55	550.0
西藏自治区	39	43	2	5.4	-1	-2.3	2	6	-1	-33.3	-5	-45.5						
重庆市	695	867	-1	-0.1	42	5.1	19	73	-1	-5.0	-12	-14.1	4	73	3	300.0	60	461.5
陕西省	314	431	41	15.0	-61	-12.4	12	47	4	50.0	14	42.4	3	60	1	50.0	-129	-68.3
甘肃省	191	244	-55	-22.4	-41	-14.4	20	67	10	100.0	27	67.5			-1	-100.0	-17	-100.0
青海省	70	78	-16	-18.6	-14	-15.2	3	15	-1	-25.0								
宁夏回族自治区	103	111	1	1.0	13	13.3	7	26	6	600.0	22	550.0						
新疆维吾尔自治区	320	454	7	2.2	108	31.2	11	37			-8	-17.8	3	113	3		113	
新疆生产建设兵团	29	31	3	11.5	4	14.8	1	3			-3	-50.0						

2005年全国分地区火灾事故情况统计表

	事故起数	死亡人数	受伤人数	直接损失/万元	特大火灾				重大火灾			
					事故起数	死亡人数	受伤人数	直接损失/万元	事故起数	死亡人数	受伤人数	直接损失/万元
合　计	235941	2500	2508	136580.2	33	164	169	8083.6	250	341	115	10866.4
北京市	9781	50	114	1671.0								
天津市	4728	40	30	2040.5	1	1	2	111.6	2	7	1	71.5
河北省	7041	92	65	4605.1	3			632.7	10	15	1	451.0
山西省	3319	55	75	2424.8					14	12		754.8
内蒙古自治区	5351	37	60	1956.6					2		1	82.4
辽宁省	22889	161	128	9394.6	2			270.0	5	10		155.0
吉林省	18852	135	147	4928.1	1	37	95	821.9	6	3	1	316.2
黑龙江省	13488	71	58	4750.9	1	13	3	210.8	4	7	10	172.2
上海市	5869	54	88	2704.2					7	3	13	344.4
江苏省	15196	166	115	7429.2					11	18	4	504.8
浙江省	6755	112	82	7778.0					16	16		726.7
安徽省	7621	93	98	4956.1	1			361.5	6		3	370.9
福建省	6579	97	87	6003.0	1			238.7	12	18	7	537.5
江西省	6674	60	60	5388.2					11	40	3	272.7
山东省	16932	48	52	6540.1	2	22	4	2.2	3	8	4	85.3
河南省	7390	61	38	3611.6	1	12			1	3		2.6
湖北省	9250	56	47	5510.5					5	6	8	253.2
湖南省	5195	121	123	5768.9	2	5	19	640.5	12	26		469.7
广东省	13266	298	350	12418.4	4	58	40	1150.3	35	63	20	1117.2
广西壮族自治区	2678	118	116	5320.4	6	1	3	1338.1	24	16	10	1129.9
海南省	1335	15	21	1229.2	1	1	1	245.2	3	7		175.7
重庆市	7904	57	67	3724.9					4		1	237.5
四川省	10676	114	111	7688.2	2	6	1	636.9	11	3	6	660.7
贵州省	2299	97	62	2427.1	1	3		68.0	6	13	3	191.1
云南省	4112	107	83	4456.7					10	15		329.0
西藏自治区	254	9	19	535.3					4	3	4	160.4
陕西省	7489	64	64	4682.8	1			192.7	8	6	11	450.6
甘肃省	2526	30	41	2468.5	2			733.8	7	11	4	354.1
青海省	936	14	22	442.6					2	3		81.2
宁夏回族自治区	3347	7	12	913.6					2			136.5
新疆维吾尔自治区	6209	61	73	2810.7	1	5	1	428.8	7	9		271.5

注：不含港航、交通火灾。

2005 年特种设备严重以上事故统计对比表

对比＼种类		事故合计	特别重大事故	特大事故	重大事故	严重事故	死亡人数	受伤人数	直接经济损失/万元
锅炉	2005 年	25				25	12	30	263.00
	2004 年	35		1	2	32	37	41	949.20
	增减/%	-29		-100	-100	-22	-68	-27	-72
土锅炉	2005 年	18				18	30	34	144.41
	2004 年	26				26	14	47	68.95
	增减/%	-31				-31	114	-28	109
压力容器	2005 年	43			5	38	45	81	2725.15
	2004 年	35			4	31	44	60	1207.73
	增减/%	23			25	23	2	35	126
气瓶	2005 年	34			1	33	21	43	252.08
	2004 年	46			1	45	35	104	488.29
	增减/%	-26			0	-27	-40	-59	-48
压力管道	2005 年	13			2	11	9	23	681.00
	2004 年	16			3	13	23	63	207.60
	增减/%	-19			-33	-15	-61	-63	228
电梯	2005 年	42				42	32	16	266.10
	2004 年	22				22	18	9	206.05
	增减/%	91				91	78	78	29
起重机械	2005 年	74		1	6	67	96	49	2264.20
	2004 年	84			3	81	91	62	1086.82
	增减/%	-12			100	-17	5	-21	108
房屋起重机械	2005 年	15			4	11	47	16	209.60
	2004 年	18			3	15	30	28	209.50
	增减/%	-17			33	-27	57	-43	0
场（厂）内机动车辆	2005 年	5				5	5		83.00
	2004 年	7				7	7		47.00
	增减/%	-29				-29	-29		77
客运索道	2005 年	0							
	2004 年	2				2		7	80.80
	增减/%	-100				-100		-100	-100
大型游乐设施	2005 年	5				5	4	1	76.15
	2004 年	4				4		5	1.00
	增减/%	25				25		-80	7515
总对比	2005 年	274	0	1	18	255	301	293	6964.69
	2004 年	295	0	1	16	278	299	426	4552.94
	增减/%	-7		0	13	-8	1	-31	53

2005 年全国职业病统计资料

1. 2005 卫生部共收到全国 30 个省、自治区、直辖市（不包括西藏、港、澳、台）各类职业病报告 12212 例。其中：尘肺病病例报告 9173 例，占 75.11%；尘肺病例死亡 966 例，尘肺晋期病例 963 例。截至 2005 年，尘肺累积病例 607570 例，其中存活病人为 470089 例。

2. 矽肺和煤工尘肺仍是最主要的尘肺病，分别为 4358 例和 3967 例，两者共占尘肺病例总数的 90.8%；其次是水泥尘肺 177 例、石棉肺 170 例和电焊工尘肺 148 例。尘肺新病例主要来自煤炭行业 4477 例，占 48.80%；其次是冶金行业 905 例，占 9.87%。

尘肺病例数据分析表明，尘肺病发病工龄在缩短。21 个省共报告了接尘工龄在 2 年以下的尘肺病例 211 例，最短接尘时间不足 3 个月，平均发病年龄 40.9 岁，最小发病年龄 20 岁。1971 例实际接尘工龄在 10 年以下，占 21.49%。急性尘肺病集中发生在金矿采挖、石英砂粉碎和坑道工程建设等行业，地区分布主要在浙江、广西、青海、安徽、湖南、贵州和甘肃等地。

3. 各类急性职业中毒 326 起 613 例，死亡 28 例，病死率 4.57%。引起急性职业中毒的化学毒物主要是硫化氢 94 例和一氧化碳 72 例，分别占 15.33% 和 11.75%；其次是砷化氢 44 例、苯 44 例、氨 27 例、磷化物 26 例、汞及其化合物 19 例、苯的硝基氨基化合物 17 例、铅及其化合物 16 例和氯气 14 例等。急性职业中毒主要发生在化工、煤炭和冶金行业。

4. 慢性职业中毒报告 1379 例，居前 3 位的分别是铅及其化合物中毒 589 例、苯中毒 253 例、砷及其化合物中毒 119 例，分别占 42.72%、18.35% 和 8.63%；其他是正己烷 77 例、三硝基甲苯 71 例、锰及其化合物 59 例、汞及其化合物 52 例等。慢性职业中毒主要发生在有色金属、化工、电子和冶金行业；化学性眼部灼伤和皮肤灼伤主要发生在化工行业；职业性白内障主要发生在兵器行业；慢性砷及其化合物中毒主要发生在以锡冶炼为主的有色金属冶炼行业。

5. 其他职业病。职业性耳鼻喉口腔疾病 236 例；职业性眼病 256 例；生物因素所致职业病 116 例；职业性皮肤病 128 例；物理因素所致职业病 75 例；其他 236 例。分别以噪声聋 221 例、职业性白内障 177、化学性眼部灼伤 79 例、布氏杆菌病 108 例以及化学性皮肤灼伤 186 例等职业病为主。

第十一部分

重要法规和文件

安全生产法规及重要文件

中华人民共和国国务院令

第 445 号

《易制毒化学品管理条例》已经 2005 年 8 月 17 日国务院第 102 次常务会议通过，现予公布，自 2005 年 11 月 1 日起施行。

总理　**温家宝**

二〇〇五年八月二十六日

易制毒化学品管理条例

第一章　总　　则

第一条　为了加强易制毒化学品管理，规范易制毒化学品的生产、经营、购买、运输和进口、出口行为，防止易制毒化学品被用于制造毒品，维护经济和社会秩序，制定本条例。

第二条　国家对易制毒化学品的生产、经营、购买、运输和进口、出口实行分类管理和许可制度。

易制毒化学品分为三类。第一类是可以用于制毒的主要原料，第二类、第三类是可以用于制毒的化学配剂。易制毒化学品的具体分类和品种，由本条例附表列示。

易制毒化学品的分类和品种需要调整的，由国务院公安部门会同国务院食品药品监督管理部门、安全生产监督管理部门、商务主管部门、卫生主管部门和海关总署提出方案，报国务院批准。

省、自治区、直辖市人民政府认为有必要在本行政区域内调整分类或者增加本条例规定以外的品种的，应当向国务院公安部门提出，由国务院公安部门会同国务院有关行政主管部门提出方案，报国务院批准。

第三条　国务院公安部门、食品药品监督管理部门、安全生产监督管理部门、商务主管部门、卫生主管部门、海关总署、价格主管部门、铁路主管部门、交通主管部门、工商行政管理部门、环境保护主管部门在各自的职责范围内，负责全国的易制毒化学品有关管理工作；县级以上地方各级人民政府有关行政主管部门在各自的职责范围内，负责本行政区域内的易制毒化学品有关管理工作。

县级以上地方各级人民政府应当加强对易制毒化学品管理工作的领导，及时协调解决易制毒化学品管理工作中的问题。

第四条 易制毒化学品的产品包装和使用说明书，应当标明产品的名称（含学名和通用名）、化学分子式和成分。

第五条 易制毒化学品的生产、经营、购买、运输和进口、出口，除应当遵守本条例的规定外，属于药品和危险化学品的，还应当遵守法律、其他行政法规对药品和危险化学品的有关规定。

禁止走私或者非法生产、经营、购买、转让、运输易制毒化学品。

禁止使用现金或者实物进行易制毒化学品交易。但是，个人合法购买第一类中的药品类易制毒化学品药品制剂和第三类易制毒化学品的除外。

生产、经营、购买、运输和进口、出口易制毒化学品的单位，应当建立单位内部易制毒化学品管理制度。

第六条 国家鼓励向公安机关等有关行政主管部门举报涉及易制毒化学品的违法行为。接到举报的部门应当为举报者保密。对举报属实的，县级以上人民政府及有关行政主管部门应当给予奖励。

第二章 生产、经营管理

第七条 申请生产第一类易制毒化学品，应当具备下列条件，并经本条例第八条规定的行政主管部门审批，取得生产许可证后，方可进行生产：

（一）属依法登记的化工产品生产企业或者药品生产企业；

（二）有符合国家标准的生产设备、仓储设施和污染物处理设施；

（三）有严格的安全生产管理制度和环境突发事件应急预案；

（四）企业法定代表人和技术、管理人员具有安全生产和易制毒化学品的有关知识，无毒品犯罪记录；

（五）法律、法规、规章规定的其他条件。

申请生产第一类中的药品类易制毒化学品，还应当在仓储场所等重点区域设置电视监控设施以及与公安机关联网的报警装置。

第八条 申请生产第一类中的药品类易制毒化学品的，由国务院食品药品监督管理部门审批；申请生产第一类中的非药品类易制毒化学品的，由省、自治区、直辖市人民政府安全生产监督管理部门审批。

前款规定的行政主管部门应当自收到申请之日起60日内，对申请人提交的申请材料进行审查。对符合规定的，发给生产许可证，或者在企业已经取得的有关生产许可证件上标注；不予许可的，应当书面说明理由。

审查第一类易制毒化学品生产许可申请材料时，根据需要，可以进行实地核查和专家评审。

第九条 申请经营第一类易制毒化学品，应当具备下列条件，并经本条例第十条规定的行政主管部门审批，取得经营许可证后，方可进行经营：

（一）属依法登记的化工产品经营企业或者药品经营企业；

（二）有符合国家规定的经营场所，需要储存、保管易制毒化学品的，还应当有符合国家技术标准的仓储设施；

（三）有易制毒化学品的经营管理制度和健全的销售网络；

（四）企业法定代表人和销售、管理人员具有易制毒化学品的有关知识，无毒品犯罪记录；

（五）法律、法规、规章规定的其他条件。

第十条 申请经营第一类中的药品类易制毒化学品的，由国务院食品药品监督管理部门审批；申请经营第一类中的非药品类易制毒化学品的，由省、自治区、直辖市人民政府安全生产监督管理部门审批。

前款规定的行政主管部门应当自收到申请之日起30日内，对申请人提交的申请材料进行审查。对符合规定的，发给经营许可证，或者在企业已经取得的有关经营许可证件上标注；不予许可的，应当书面说明理由。

审查第一类易制毒化学品经营许可申请材料时，根据需要，可以进行实地核查。

第十一条 取得第一类易制毒化学品生产许可

或者依照本条例第十三条第一款规定已经履行第二类、第三类易制毒化学品备案手续的生产企业，可以经销自产的易制毒化学品。但是，在厂外设立销售网点经销第一类易制毒化学品的，应当依照本条例的规定取得经营许可。

第一类中的药品类易制毒化学品药品单方制剂，由麻醉药品定点经营企业经销，且不得零售。

第十二条 取得第一类易制毒化学品生产、经营许可的企业，应当凭生产、经营许可证到工商行政管理部门办理经营范围变更登记。未经变更登记，不得进行第一类易制毒化学品的生产、经营。

第一类易制毒化学品生产、经营许可证被依法吊销的，行政主管部门应当自作出吊销决定之日起5日内通知工商行政管理部门；被吊销许可证的企业，应当及时到工商行政管理部门办理经营范围变更或者企业注销登记。

第十三条 生产第二类、第三类易制毒化学品的，应当自生产之日起30日内，将生产的品种、数量等情况，向所在地的设区的市级人民政府安全生产监督管理部门备案。

经营第二类易制毒化学品的，应当自经营之日起30日内，将经营的品种、数量、主要流向等情况，向所在地的设区的市级人民政府安全生产监督管理部门备案；经营第三类易制毒化学品的，应当自经营之日起30日内，将经营的品种、数量、主要流向等情况，向所在地的县级人民政府安全生产监督管理部门备案。

前两款规定的行政主管部门应当于收到备案材料的当日发给备案证明。

第三章 购买管理

第十四条 申请购买第一类易制毒化学品，应当提交下列证件，经本条例第十五条规定的行政主管部门审批，取得购买许可证：

（一）经营企业提交企业营业执照和合法使用需要证明；

（二）其他组织提交登记证书（成立批准文件）和合法使用需要证明。

第十五条 申请购买第一类中的药品类易制毒化学品的，由所在地的省、自治区、直辖市人民政府食品药品监督管理部门审批；申请购买第一类中的非药品类易制毒化学品的，由所在地的省、自治区、直辖市人民政府公安机关审批。

前款规定的行政主管部门应当自收到申请之日起10日内，对申请人提交的申请材料和证件进行审查。对符合规定的，发给购买许可证；不予许可的，应当书面说明理由。

审查第一类易制毒化学品购买许可申请材料时，根据需要，可以进行实地核查。

第十六条 持有麻醉药品、第一类精神药品购买印鉴卡的医疗机构购买第一类中的药品类易制毒化学品的，无须申请第一类易制毒化学品购买许可证。

个人不得购买第一类、第二类易制毒化学品。

第十七条 购买第二类、第三类易制毒化学品的，应当在购买前将所需购买的品种、数量，向所在地的县级人民政府公安机关备案。个人自用购买少量高锰酸钾的，无须备案。

第十八条 经营单位销售第一类易制毒化学品时，应当查验购买许可证和经办人的身份证明。对委托代购的，还应当查验购买人持有的委托文书。

经营单位在查验无误、留存上述证明材料的复印件后，方可出售第一类易制毒化学品；发现可疑情况的，应当立即向当地公安机关报告。

第十九条 经营单位应当建立易制毒化学品销售台账，如实记录销售的品种、数量、日期、购买方等情况。销售台账和证明材料复印件应当保存2年备查。

第一类易制毒化学品的销售情况，应当自销售之日起5日内报当地公安机关备案；第一类易制毒化学品的使用单位，应当建立使用台账，并保存2年备查。

第二类、第三类易制毒化学品的销售情况，应当自销售之日起30日内报当地公安机关备案。

第四章 运输管理

第二十条 跨设区的市级行政区域（直辖市为跨市界）或者在国务院公安部门确定的禁毒形势严峻的重点地区跨县级行政区域运输第一类易制毒化学品的，由运出地的设区的市级人民政府公安机关审批；运输第二类易制毒化学品的，由运出地的县级人民政府公安机关审批。经审批取得易制毒化学品运输许可证后，方可运输。

运输第三类易制毒化学品的，应当在运输前向运出地的县级人民政府公安机关备案。公安机关应当于收到备案材料的当日发给备案证明。

第二十一条 申请易制毒化学品运输许可，应当提交易制毒化学品的购销合同，货主是企业的，应当提交营业执照；货主是其他组织的，应当提交登记证书（成立批准文件）；货主是个人的，应当提交其个人身份证明。经办人还应当提交本人的身份证明。

公安机关应当自收到第一类易制毒化学品运输许可申请之日起10日内，收到第二类易制毒化学品运输许可申请之日起3日内，对申请人提交的申请材料进行审查。对符合规定的，发给运输许可证；不予许可的，应当书面说明理由。

审查第一类易制毒化学品运输许可申请材料时，根据需要，可以进行实地核查。

第二十二条 对许可运输第一类易制毒化学品的，发给一次有效的运输许可证。

对许可运输第二类易制毒化学品的，发给3个月有效的运输许可证；6个月内运输安全状况良好的，发给12个月有效的运输许可证。

易制毒化学品运输许可证应当载明拟运输的易制毒化学品的品种、数量、运人地、货主及收货人、承运人情况以及运输许可证种类。

第二十三条 运输供教学、科研使用的100克以下的麻黄素样品和供医疗机构制剂配方使用的小包装麻黄素以及医疗机构或者麻醉药品经营企业购买麻黄素片剂6万片以下、注射剂1.5万支以下，货主或者承运人持有依法取得的购买许可证明或者麻醉药品调拨单的，无须申请易制毒化学品运输许可。

第二十四条 接受货主委托运输的，承运人应当查验货主提供的运输许可证或者备案证明，并查验所运货物与运输许可证或者备案证明载明的易制毒化学品品种等情况是否相符；不相符的，不得承运。

运输易制毒化学品，运输人员应当自启运起全程携带运输许可证或者备案证明。公安机关应当在易制毒化学品的运输过程中进行检查。

运输易制毒化学品，应当遵守国家有关货物运输的规定。

第二十五条 因治疗疾病需要，患者、患者近亲属或者患者委托的人凭医疗机构出具的医疗诊断书和本人的身份证明，可以随身携带第一类中的药品类易制毒化学品药品制剂，但是不得超过医用单张处方的最大剂量。

医用单张处方最大剂量，由国务院卫生主管部门规定、公布。

第五章　进口、出口管理

第二十六条 申请进口或者出口易制毒化学品，应当提交下列材料，经国务院商务主管部门或者其委托的省、自治区、直辖市人民政府商务主管部门审批，取得进口或者出口许可证后，方可从事进口、出口活动：

（一）对外贸易经营者备案登记证明（外商投资企业联合年检合格证书）复印件；

（二）营业执照副本；

（三）易制毒化学品生产、经营、购买许可证或者备案证明；

（四）进口或者出口合同（协议）副本；

（五）经办人的身份证明。

申请易制毒化学品出口许可的，还应当提交进口方政府主管部门出具的合法使用易制毒化学品的证明或者进口方合法使用的保证文件。

第二十七条 受理易制毒化学品进口、出口申请的商务主管部门应当自收到申请材料之日起20日内，对申请材料进行审查，必要时可以进行实地核查。对符合规定的，发给进口或者出口许可证；不予许可的，应当书面说明理由。

对进口第一类中的药品类易制毒化学品的，有关的商务主管部门在作出许可决定前，应当征得国务院食品药品监督管理部门的同意。

第二十八条 麻黄素等属于重点监控物品范围的易制毒化学品，由国务院商务主管部门会同国务院有关部门核定的企业进口、出口。

第二十九条 国家对易制毒化学品的进口、出口实行国际核查制度。易制毒化学品国际核查目录及核查的具体办法，由国务院商务主管部门会同国务院公安部门规定、公布。

国际核查所用时间不计算在许可期限之内。

对向毒品制造、贩运情形严重的国家或者地区出口易制毒化学品以及本条例规定品种以外的化学品的，可以在国际核查措施以外实施其他管制措施，具体办法由国务院商务主管部门会同国务院公安部门、海关总署等有关部门规定、公布。

第三十条 进口、出口或者过境、转运、通运易制毒化学品的，应当如实向海关申报，并提交进口或者出口许可证。海关凭许可证办理通关手续。

易制毒化学品在境外与保税区、出口加工区等海关特殊监管区域、保税场所之间进出的，适用前款规定。

易制毒化学品在境内与保税区、出口加工区等海关特殊监管区域、保税场所之间进出的，或者在上述海关特殊监管区域、保税场所之间进出的，无须申请易制毒化学品进口或者出口许可证。

进口第一类中的药品类易制毒化学品，还应当提交食品药品监督管理部门出具的进口药品通关单。

第三十一条 进出境人员随身携带第一类中的药品类易制毒化学品药品制剂和高锰酸钾，应当以自用且数量合理为限，并接受海关监管。

进出境人员不得随身携带前款规定以外的易制毒化学品。

第六章 监督检查

第三十二条 县级以上人民政府公安机关、食品药品监督管理部门、安全生产监督管理部门、商务主管部门、卫生主管部门、价格主管部门、铁路主管部门、交通主管部门、工商行政管理部门、环境保护主管部门和海关，应当依照本条例和有关法律、行政法规的规定，在各自的职责范围内，加强对易制毒化学品生产、经营、购买、运输、价格以及进口、出口的监督检查；对非法生产、经营、购买、运输易制毒化学品，或者走私易制毒化学品的行为，依法予以查处。

前款规定的行政主管部门在进行易制毒化学品监督检查时，可以依法查看现场、查阅和复制有关资料、记录有关情况、扣押相关的证据材料和违法物品；必要时，可以临时查封有关场所。

被检查的单位或者个人应当如实提供有关情况和材料、物品，不得拒绝或者隐匿。

第三十三条 对依法收缴、查获的易制毒化学品，应当在省、自治区、直辖市或者设区的市级人民政府公安机关、海关或者环境保护主管部门的监督下，区别易制毒化学品的不同情况进行保管、回收，或者依照环境保护法律、行政法规的有关规定，由有资质的单位在环境保护主管部门的监督下销毁。其中，对收缴、查获的第一类中的药品类易制毒化学品，一律销毁。

易制毒化学品违法单位或者个人无力提供保管、回收或者销毁费用的，保管、回收或者销毁的费用在回收所得中开支，或者在有关行政主管部门的禁毒经费中列支。

第三十四条 易制毒化学品丢失、被盗、被抢的，发案单位应当立即向当地公安机关报告，并同时报告当地的县级人民政府食品药品监督管理部门、安全生产监督管理部门、商务主管部门或者卫生主管部门。接到报案的公安机关应当及时立案查处，并向上级公安机关报告；有关行政主管部门应当逐级上报并配合公安机关的查处。

第三十五条 有关行政主管部门应当将易制毒化学品许可以及依法吊销许可的情况通报有关公安机关和工商行政管理部门；工商行政管理部门应当将生产、经营易制毒化学品企业依法变更或者注销登记的情况通报有关公安机关和行政主管部门。

第三十六条 生产、经营、购买、运输或者进口、出口易制毒化学品的单位，应当于每年 3 月 31 日前向许可或者备案的行政主管部门和公安机关报告本单位上年度易制毒化学品的生产、经营、购买、运输或者进口、出口情况；有条件的生产、经营、购买、运输或者进口、出口单位，可以与有关行政主管部门建立计算机联网，及时通报有关经营情况。

第三十七条 县级以上人民政府有关行政主管部门应当加强协调合作，建立易制毒化学品管理情况、监督检查情况以及案件处理情况的通报、交流机制。

第七章 法律责任

第三十八条 违反本条例规定，未经许可或者备案擅自生产、经营、购买、运输易制毒化学品，伪造申请材料骗取易制毒化学品生产、经营、购买或者运输许可证，使用他人的或者伪造、变造、失效的许可证生产、经营、购买、运输易制毒化学品的，由公安机关没收非法生产、经营、购买或者运输的易制毒化学品、用于非法生产易制毒化学品的原料发及非法生产、经营、购买或者运输易制毒化学品的设备、工具，处非法生产、经营、购买或者运输的易制毒化学品货值10倍以上20倍以下的罚款，货值的20倍不足1万元的，按1万元罚款；有违法所得的，没收违法所得；有营业执照的，由工商行政管理部门吊销营业执照；构成犯罪的，依法追究刑事责任。

对有前款规定违法行为的单位或者个人，有关行政主管部门可以自作出行政处罚决定之日起3年内，停止受理其易制毒化学品生产、经营、购买、运输或者进口、出口许可申请。

第三十九条 违反本条例规定，走私易制毒化学品的，由海关没收走私的易制毒化学品；有违法所得的，没收违法所得，并依照海关法律、行政法规给予行政处罚；构成犯罪的，依法追究刑事责任。

第四十条 违反本条例规定，有下列行为之一的，由负有监督管理职责的行政主管部门给予警告，责令限期改正，处1万元以上5万元以下的罚款；对违反规定生产、经营、购买的易制毒化学品可以予以没收；逾期不改正的，责令限期停产停业整顿；逾期整顿不合格的，吊销相应的许可证：

（一）易制毒化学品生产、经营、购买、运输或者进口、出口单位未按规定建立安全管理制度的；

（二）将许可证或者备案证明转借他人使用的；

（三）超出许可的品种、数量生产、经营、购买易制毒化学品的；

（四）生产、经营、购买单位不记录或者不如实记录交易情况、不按规定保存交易记录或者不如实、不及时向公安机关和有关行政主管部门备案销售情况的；

（五）易制毒化学品丢失、被盗、被抢后未及时报告，造成严重后果的；

（六）除个人合法购买第一类中的药品类易制毒化学品药品制剂以及第三类易制毒化学品外，使用现金或者实物进行易制毒化学品交易的；

（七）易制毒化学品的产品包装和使用说明书不符合本条例规定要求的；

（八）生产、经营易制毒化学品的单位不如实或者不按时向有关行政主管部门和公安机关报告年度生产、经销和库存等情况的。

企业的易制毒化学品生产经营许可被依法吊销后，未及时到工商行政管理部门办理经营范围变更或者企业注销登记的，依照前款规定，对易制毒化学品予以没收，并处罚款。

第四十一条 运输的易制毒化学品与易制毒化学品运输许可证或者备案证明载明的品种、数量、运入地、货主及收货人、承运人等情况不符，运输许可证种类不当，或者运输人员未全程携带运输许可证或者备案证明的，由公安机关责令停运整改，处5000元以上5万元以下的罚款；有危险物品运输资质的，运输主管部门可以依法吊销其运输资质。

个人携带易制毒化学品不符合品种、数量规定的，没收易制毒化学品，处1000元以上5000元以下的罚款。

第四十二条 生产、经营、购买、运输或者进口、出口易制毒化学品的单位或者个人拒不接受有关行政主管部门监督检查的，由负有监督管理职责的行政主管部门责令改正，对直接负责的主管人员以及其他直接责任人员给予警告；情节严重的，对单位处1万元以上5万元以下的罚款，对直接负责的主管人员以及其他直接责任人员处1000元以上5000元以下的罚款；有违反治安管理行为的，依法给予治安管理处罚；构成犯罪的，依法追究刑事责任。

第四十三条 易制毒化学品行政主管部门工作人员在管理工作中有应当许可而不许可、不应当许可而滥许可，不依法受理备案，以及其他滥用职权、玩忽职守、徇私舞弊行为的，依法给予行政处分；构成犯罪的，依法追究刑事责任。

第八章　附　　则

第四十四条 易制毒化学品生产、经营、购买、运输和进口、出口许可证，由国务院有关行政主管部门根据各自的职责规定式样并监制。

第四十五条 本条例自2005年11月1日起施行。

本条例施行前已经从事易制毒化学品生产、经营、购买、运输或者进口、出口业务的，应当自本条例施行之日起6个月内，依照本条例的规定重新申请许可。

附表：

易制毒化学品的分类和品种目录

第一类

1. 1-苯基-2-丙酮

2. 3，4-亚甲基二氧苯基-2-丙酮

3. 胡椒醛

4. 黄樟素

5. 黄樟油

6. 异黄樟素

7. N-乙酰邻氨基苯酸

8. 邻氨基苯甲酸

9. 麦角酸*

10. 麦角胺*

11. 麦角新碱*

12. 麻黄素、伪麻黄素、消旋麻黄素、去甲麻黄素、甲基麻黄素、麻黄浸膏、麻黄浸膏粉等麻黄素类物质*

第二类

1. 苯乙酸

2. 醋酸酐

3. 三氯甲烷

4. 乙醚

5. 哌啶

第三类

1. 甲苯

2. 丙酮

3. 甲基乙基酮

4. 高锰酸钾

5. 硫酸

6. 盐酸

说明：

一、第一类、第二类所列物质可能存在的盐类，也纳入管制。

二、带有*标记的品种为第一类中的药品类易制毒化学品，第一类中的药品类易制毒化学品包括原料药及其单方制剂。

中华人民共和国国务院令

第446号

《国务院关于预防煤矿生产安全事故的特别规定》已经2005年8月31日国务院第104次常务会议通过，现予公布，自公布之日起施行。

总理　温家宝

二〇〇五年九月三日

国务院关于预防煤矿生产安全事故的特别规定

第一条　为了及时发现并排除煤矿安全生产隐患，落实煤矿安全生产责任，预防煤矿生产安全事故发生，保障职工的生命安全和煤矿安全生产，制定本规定。

第二条　煤矿企业是预防煤矿生产安全事故的责任主体。煤矿企业负责人（包括一些煤矿企业的实际控制人，下同）对预防煤矿生产安全事故负主要责任。

第三条 国务院有关部门和地方各级人民政府应当建立并落实预防煤矿生产安全事故的责任制，监督检查煤矿企业预防煤矿生产安全事故的情况，及时解决煤矿生产安全事故预防工作中的重大问题。

第四条 县级以上地方人民政府负责煤矿安全生产监督管理的部门、国家煤矿安全监察机构设在省、自治区、直辖市的煤矿安全监察机构（以下简称煤矿安全监察机构），对所辖区域的煤矿重大安全生产隐患和违法行为负有检查和依法查处的职责。

县级以上地方人民政府负责煤矿安全生产监督管理的部门、煤矿安全监察机构不依法履行职责，不及时查处所辖区域的煤矿重大安全生产隐患和违法行为的，对直接责任人和主要负责人，根据情节轻重，给予记过、记大过、降级、撤职或者开除的行政处分；构成犯罪的，依法追究刑事责任。

第五条 煤矿未依法取得采矿许可证、安全生产许可证、煤炭生产许可证、营业执照和矿长未依法取得矿长资格证、矿长安全资格证的，煤矿不得从事生产。擅自从事生产的，属非法煤矿。

负责颁发前款规定证照的部门，一经发现煤矿无证照或者证照不全从事生产的，应当责令该煤矿立即停止生产，没收违法所得和开采出的煤炭以及采掘设备，并处违法所得1倍以上5倍以下的罚款；构成犯罪的，依法追究刑事责任；同时于2日内提请当地县级以上地方人民政府予以关闭，并可以向上一级地方人民政府报告。

第六条 负责颁发采矿许可证、安全生产许可证、煤炭生产许可证、营业执照和矿长资格证、矿长安全资格证的部门，向不符合法定条件的煤矿或者矿长颁发有关证照的，对直接责任人，根据情节轻重，给予降级、撤职或者开除的行政处分；对主要负责人，根据情节轻重，给予记大过、降级、撤职或者开除的行政处分；构成犯罪的，依法追究刑事责任。

前款规定颁发证照的部门，应当加强对取得证照煤矿的日常监督管理，促使煤矿持续符合取得证照应当具备的条件。不依法履行日常监督管理职责的，对主要负责人，根据情节轻重，给予记过、记大过、降级、撤职或者开除的行政处分；构成犯罪的，依法追究刑事责任。

第七条 在乡、镇人民政府所辖区域内发现有非法煤矿并且没有采取有效制止措施的，对乡、镇人民政府的主要负责人以及负有责任的相关负责人，根据情节轻重，给予降级、撤职或者开除的行政处分；在县级人民政府所辖区域内1个月内发现有2处或者2处以上非法煤矿并且没有采取有效制止措施的，对县级人民政府的主要负责人以及负有责任的相关负责人，根据情节轻重，给予降级、撤职或者开除的行政处分；构成犯罪的，依法追究刑事责任。

其他有关机关和部门对存在非法煤矿负有责任的，对主要负责人，属于行政机关工作人员的，根据情节轻重，给予记过、记大过、降级或者撤职的行政处分；不属于行政机关工作人员的，建议有关机关和部门给予相应的处分。

第八条 煤矿的通风、防瓦斯、防水、防火、防煤尘、防冒顶等安全设备、设施和条件应当符合国家标准、行业标准，并有防范生产安全事故发生的措施和完善的应急处理预案。

煤矿有下列重大安全生产隐患和行为的，应当立即停止生产，排除隐患：

（一）超能力、超强度或者超定员组织生产的；

（二）瓦斯超限作业的；

（三）煤与瓦斯突出矿井，未依照规定实施防突出措施的；

（四）高瓦斯矿井未建立瓦斯抽放系统和监控系统，或者瓦斯监控系统不能正常运行的；

（五）通风系统不完善、不可靠的；

（六）有严重水患，未采取有效措施的；

（七）超层越界开采的；

（八）有冲击地压危险，未采取有效措施的；

（九）自然发火严重，未采取有效措施的；

（十）使用明令禁止使用或者淘汰的设备、工艺的；

（十一）年产6万吨以上的煤矿没有双回路供电系统的；

（十二）新建煤矿边建设边生产，煤矿改扩建期间，在改扩建的区域生产，或者在其他区域的生产超出安全设计规定的范围和规模的；

（十三）煤矿实行整体承包生产经营后，未重新取得安全生产许可证和煤炭生产许可证，从事生产的，或者承包方再次转包的，以及煤矿将井下采掘工作面和井巷维修作业进行劳务承包的；

（十四）煤矿改制期间，未明确安全生产责任人和安全管理机构的，或者在完成改制后，未重新取得或者变更采矿许可证、安全生产许可证、煤炭生产许可证和营业执照的；

（十五）有其他重大安全生产隐患的。

第九条 煤矿企业应当建立健全安全生产隐患排查、治理和报告制度。煤矿企业应当对本规定第八条第二款所列情形定期组织排查，并将排查情况每季度向县级以上地方人民政府负责煤矿安全生产监督管理的部门、煤矿安全监察机构写出书面报告。报告应当经煤矿企业负责人签字。

煤矿企业未依照前款规定排查和报告的，由县级以上地方人民政府负责煤矿安全生产监督管理的部门或者煤矿安全监察机构责令限期改正；逾期未改正的，责令停产整顿，并对煤矿企业负责人处3万元以上15万元以下的罚款。

第十条 煤矿有本规定第八条第二款所列情形之一，仍然进行生产的，由县级以上地方人民政府负责煤矿安全生产监督管理的部门或者煤矿安全监察机构责令停产整顿，提出整顿的内容、时间等具体要求，处50万元以上200万元以下的罚款；对煤矿企业负责人处3万元以上15万元以下的罚款。

对3个月内2次或者2次以上发现有重大安全生产隐患，仍然进行生产的煤矿，县级以上地方人民政府负责煤矿安全生产监督管理的部门、煤矿安全监察机构应当提请有关地方人民政府关闭该煤矿，并由颁发证照的部门立即吊销矿长资格证和矿长安全资格证，该煤矿的法定代表人和矿长5年内不得再担任任何煤矿的法定代表人或者矿长。

第十一条 对被责令停产整顿的煤矿，颁发证照的部门应当暂扣采矿许可证、安全生产许可证、煤炭生产许可证、营业执照和矿长资格证、矿长安全资格证。

被责令停产整顿的煤矿应当制定整改方案，落实整改措施和安全技术规定；整改结束后要求恢复生产的，应当由县级以上地方人民政府负责煤矿安全生产监督管理的部门自收到恢复生产申请之日起60日内组织验收完毕；验收合格的，经组织验收的地方人民政府负责煤矿安全生产监督管理的部门的主要负责人签字，并经有关煤矿安全监察机构审核同意，报请有关地方人民政府主要负责人签字批准，颁发证照的部门发还证照，煤矿方可恢复生产；验收不合格的，由有关地方人民政府予以关闭。

被责令停产整顿的煤矿擅自从事生产的，县级以上地方人民政府负责煤矿安全生产监督管理的部门、煤矿安全监察机构应当提请有关地方人民政府予以关闭，没收违法所得，并处违法所得1倍以上5倍以下的罚款；构成犯罪的，依法追究刑事责任。

第十二条 对被责令停产整顿的煤矿，在停产整顿期间，由有关地方人民政府采取有效措施进行监督检查。因监督检查不力，煤矿在停产整顿期间继续生产的，对直接责任人，根据情节轻重，给予降级、撤职或者开除的行政处分；对有关负责人，根据情节轻重，给予记大过、降级、撤职或者开除的行政处分；构成犯罪的，依法追究刑事责任。

第十三条 对提请关闭的煤矿，县级以上地方人民政府负责煤矿安全生产监督管理的部门或者煤矿安全监察机构应当责令立即停止生产；有关地方人民政府应当在7日内作出关闭或者不予关闭的决定，并由其主要负责人签字存档。对决定关闭的，有关地方人民政府应当立即组织实施。

关闭煤矿应当达到下列要求：

（一）吊销相关证照；

（二）停止供应并处理火工用品；

（三）停止供电，拆除矿井生产设备、供电、通信线路；

（四）封闭、填实矿井井筒，平整井口场地，恢复地貌；

（五）妥善遣散从业人员。

关闭煤矿未达到前款规定要求的，对组织实施关闭的地方人民政府及其有关部门的负责人和直接责任人给予记过、记大过、降级、撤职或者开除的行政处分；构成犯罪的，依法追究刑事责任。

依照本条第一款规定决定关闭的煤矿，仍有开采价值的，经依法批准可以进行拍卖。

关闭的煤矿擅自恢复生产的，依照本规定第五条第二款规定予以处罚；构成犯罪的，依法追究刑事责任。

第十四条 县级以上地方人民政府负责煤矿安全生产监督管理的部门或者煤矿安全监察机构，发现煤矿有本规定第八条第二款所列情形之一的，应当将情况报送有关地方人民政府。

第十五条 煤矿存在瓦斯突出、自然发火、冲击地压、水害威胁等重大安全生产隐患，该煤矿在现有技术条件下难以有效防治的，县级以上地方人民政府负责煤矿安全生产监督管理的部门、煤矿安全监察机构应当责令其立即停止生产，并提请有关地方人民政府组织专家进行论证。专家论证应当客观、公正、科学。有关地方人民政府应当根据论证结论，作出是否关闭煤矿的决定，并组织实施。

第十六条 煤矿企业应当依照国家有关规定对井下作业人员进行安全生产教育和培训，保证井下作业人员具有必要的安全生产知识，熟悉有关安全生产规章制度和安全操作规程，掌握本岗位的安全操作技能，并建立培训档案。未进行安全生产教育和培训或者经教育和培训不合格的人员不得下井作业。

县级以上地方人民政府负责煤矿安全生产监督管理的部门应当对煤矿井下作业人员的安全生产教育和培训情况进行监督检查；煤矿安全监察机构应当对煤矿特种作业人员持证上岗情况进行监督检查。发现煤矿企业未依照国家有关规定对井下作业人员进行安全生产教育和培训或者特种作业人员无证上岗的，应当责令限期改正，处10万元以上50万元以下的罚款；逾期未改正的，责令停产整顿。

县级以上地方人民政府负责煤矿安全生产监督管理的部门、煤矿安全监察机构未履行前款规定的监督检查职责的，对主要负责人，根据情节轻重，给予警告、记过或者记大过的行政处分。

第十七条 县级以上地方人民政府负责煤矿安全生产监督管理的部门、煤矿安全监察机构在监督检查中，1个月内3次或者3次以上发现煤矿企业未依照国家有关规定对井下作业人员进行安全生产教育和培训或者特种作业人员无证上岗的，应当提请有关地方人民政府对该煤矿予以关闭。

第十八条 煤矿拒不执行县级以上地方人民政府负责煤矿安全生产监督管理的部门或者煤矿安全监察机构依法下达的执法指令的，由颁发证照的部门吊销矿长资格证和矿长安全资格证；构成违反治安管理行为的，由公安机关依照治安管理的法律、行政法规的规定处罚；构成犯罪的，依法追究刑事责任。

第十九条 县级以上地方人民政府负责煤矿安全生产监督管理的部门、煤矿安全监察机构对被责令停产整顿或者关闭的煤矿，应当自煤矿被责令停产整顿或者关闭之日起3日内在当地主要媒体公告。

被责令停产整顿的煤矿经验收合格恢复生产的，县级以上地方人民政府负责煤矿安全生产监督管理的部门、煤矿安全监察机构应当自煤矿验收合格恢复生产之日起3日内在同一媒体公告。

县级以上地方人民政府负责煤矿安全生产监督管理的部门、煤矿安全监察机构未依照本条第一款、第二款规定进行公告的，对有关负责人，根据情节轻重，给予警告、记过、记大过或者降级的行政处分。

公告所需费用由同级财政列支。

第二十条 国家机关工作人员和国有企业负责人不得违反国家规定投资入股煤矿（依法取得上市公司股票的除外），不得对煤矿的违法行为予以纵容、包庇。

国家行政机关工作人员和国有企业负责人违反前款规定的，根据情节轻重，给予降级、撤职或者开除的处分；构成犯罪的，依法追究刑事责任。

第二十一条 煤矿企业负责人和生产经营管理人员应当按照国家规定轮流带班下井，并建立下井登记档案。

县级以上地方人民政府负责煤矿安全生产监督管理的部门或者煤矿安全监察机构发现煤矿企业在生产过程中，1周内其负责人或者生产经营管理人员没有按照国家规定带班下井，或者下井登记档案虚假的，责令改正，并对该煤矿企业处3万元以上15万元以下的罚款。

第二十二条 煤矿企业应当免费为每位职工发放煤矿职工安全手册。

煤矿职工安全手册应当载明职工的权利、义务，煤矿重大安全生产隐患的情形和应急保护措施、方法以及安全生产隐患和违法行为的举报电话、受理部门。

煤矿企业没有为每位职工发放符合要求的职工安全手册的，由县级以上地方人民政府负责煤矿安全生产监督管理的部门或者煤矿安全监察机构责令限期改正；逾期未改正的，处5万元以下的罚款。

第二十三条 任何单位和个人发现煤矿有本规定第五条第一款和第八条第二款所列情形之一的，都有权向县级以上地方人民政府负责煤矿安全生产监督管理的部门或者煤矿安全监察机构举报。

受理的举报经调查属实的，受理举报的部门或者机构应当给予最先举报人1000元至1万元的奖励，所需费用由同级财政列支。

县级以上地方人民政府负责煤矿安全生产监督管理的部门或者煤矿安全监察机构接到举报后，应当及时调查处理；不及时调查处理的，对有关责任人，根据情节轻重，给予警告、记过、记大过或者降级的行政处分。

第二十四条 煤矿有违反本规定的违法行为，法律规定由有关部门查处的，有关部门应当依法进行查处。但是，对同一违法行为不得给予两次以上罚款的行政处罚。

第二十五条 国家行政机关工作人员、国有企业负责人有违反本规定的行为，依照本规定应当给予处分的，由监察机关或者任免机关依法作出处分决定。

国家行政机关工作人员、国有企业负责人对处分决定不服的，可以依法提出申诉。

第二十六条 当事人对行政处罚决定不服的，可以依法申请行政复议，或者依法直接向人民法院提起行政诉讼。

第二十七条 省、自治区、直辖市人民政府可以依据本规定制定具体实施办法。

第二十八条 本规定自公布之日起施行。

国务院关于国家安全生产监督管理局（国家煤矿安全监察局）机构调整的通知

（国发［2005］4号）

为适应完善社会主义市场经济体制的要求，进一步加强安全生产监管和煤矿安全监察工作，强化监督执法，促进安全生产形势的稳定好转，国务院决定：

一、国家安全生产监督管理局调整为国家安全生产监督管理总局，规格为正部级，为国务院直属机构。

二、国家煤矿安全监察局单设，为副部级机构，作为国家安全生产监督管理总局管理的国家局。

上述两个机构的主要职责、内设机构和人员编制规定另行印发。

二〇〇五年二月二十六日

国务院关于促进煤炭工业健康发展的若干意见

（国发［2005］18号）

煤炭是我国重要的基础能源和原料，在国民经济中具有重要的战略地位。在我国一次能源结构中，煤炭将长期是我国的主要能源。改革开放以来，煤炭工业取得了长足发展，煤炭产量持续增长，生产技术水平逐步提高，煤矿安全生产条件有所改善，对国民经济和社会发展发挥了重要的作用。但煤炭工业发展过程中还存在结构不合理、增长方式粗放、科技水平低、安全事故多发、资源浪费严重、环境治理滞后、历史遗留问题较多等突出问题。随着国民经济的发展，煤炭需求总量不断增加，资源、环境和安全压力进一步加大。为促进煤炭工业持续稳定健康发展，保障国民经济发展需要，提出以下意见：

一、指导思想、发展目标和基本原则

（一）指导思想。以邓小平理论和“三个代表”重要思想为指导，全面落实科学发展观，坚持依靠科技进步，走资源利用率高、安全有保障、经济效益好、环境污染少和可持续的煤炭工业发展道路。把煤矿安全生产始终放在各项工作的首位，以建设大型煤炭基地、培育大型煤炭企业和企业集团为主线，按照统筹煤炭工业与相关产业协调发展，统筹煤炭开发与生态环境协调发展，统筹矿山经济与区域经济协调发展的要求，构建与社会主义市场经济体制相适应的新型煤炭工业体系，实现煤炭工业持续稳定健康发展，加快建设资源节约型社会，为全面建设小康社会提供可靠的能源保障。

（二）发展目标。从2005年起，用3～5年时间，建立规范的煤炭资源开发秩序，大型煤炭基地建设初见成效，形成若干个亿吨级生产能力的大型煤炭企业和企业集团，煤矿安全基础条件有较大改善，煤矿瓦斯得到有效治理，重特大事故多发的势头得到有效遏制，煤矿安全生产形势明显好转，矿区生态环境恶化的趋势初步得到控制，煤炭法规政策体系逐步完善。再用5年左右时间，形成以合理保护、强化节约为重点的资源开发监管体系，以大型煤炭基地和大型煤炭企业集团为主体的煤炭供给体系，以强化管理和投入为重点、先进技术为支撑的安全生产保障体系，以煤炭加工转化、资源综合利用和矿山环境治理为核心的循环经济体系，以《中华人民共和国煤炭法》和《中华人民共和国矿产资源法》为基础的法规政策调控体系。

（三）基本原则。坚持发展先进生产能力和淘汰落后生产能力相结合的原则，一方面加快现代化大型煤炭基地建设，培育大型煤炭企业和企业集团，促进中小型煤矿重组联合改造，另一方面继续依法关闭布局不合理、不具备安全生产条件、浪费资源、破坏生态环境的小煤矿。坚持治标与治本相结合的原则，着力解决影响煤炭工业健康发展的突出问题，同时抓紧完善法规政策调控体系，提高煤炭资源勘查、开发准入条件。坚持“安全第一、预防为主”的方针和综合治理的原则，促使煤矿安全文化、安全法制、安全责任、安全科技、安全投入等各项要素到位。坚持国家引导、扶持和企业自主发展相结合的原则，既要帮助企业解决历史遗留问题，为企业发展创造公平竞争的市场环境，又要尊重企业的自主发展权。坚持体制改革与机制创新相结合的原则，推进煤炭企业建立规范的现代企业制度，建立保障安全生产和促进健康发展的激励约束机制，提高企业的活力和竞争力。坚持煤炭开发与地方经济和社会发展相结合的原则，合理开发利用煤炭资源，促进煤炭、电力、冶金、化工等相关产业的联合和煤炭就地转化，带动地方经济和社会协调发展。

二、强化规划和管理，完善煤炭资源开发监管体系

（四）加强对煤炭资源的规划管理。煤炭资源是重要的战略资源，要改进管理方式，实现由粗放开发型管理向科学合理开发、保护节约型管理的转变。依法科学合理划定煤炭资源国家规划矿区和对国民经济具有重要价值的矿区，严格按国家规划有序开发。国家规划矿区、对国民经济具有重要价值矿区的划定，由国土资源部研究提出，会同发展改革委共同审定并公布。建立煤炭资源战略储备制度，对特殊和稀缺煤种实行保护性开发。

（五）完善煤炭资源管理与生产开发的管理制度。各级发展改革（煤炭行业）主管部门要综合运用煤炭发展规划、产业政策、法律法规等手段，加强对煤矿开发建设和煤炭生产的监督管理。各级国土资源主管部门要按照《中华人民共和国矿产资源法》和国务院行政法规，规范煤炭资源勘查、开采登记管理工作，纠正、制止一切越权审批和以招商引资为由越权配置煤炭资源的行为。煤炭开发规划和资源管理工作要相互衔接，紧密配合。发展改革（煤炭行业）主管部门编制煤炭生产开发规划、矿区总体规划时，必须征求同级国土资源主管部门的意见，并作为批准规划的重要依据。国土资源主管部门在编制煤炭资源勘查规划、矿业权设置方案时，必须征求同级发展改革（煤炭行业）主管部门的意见，并作为批准煤炭资源勘查规划和矿业权设置方案的重要依据。产煤地区地方各级人民政府要落实煤炭行业管理职能部门，并充实和加强煤炭管理力量，健全和完善管理制度，强化煤炭资源和生产开发管理。

（六）加大煤炭资源勘探力度。加大煤炭资源勘探资金支持力度，研究建立煤炭地质勘探周转资金，增强煤炭资源保障能力。由国家投资完成煤炭资源的找煤、普查和必要的详查，统一管理煤炭资源一级探矿权市场，在此基础上编制矿区总体开发规划和矿业权设置方案；依据矿区总体开发规划和矿业权设置方案，实行煤炭资源二级探矿权和采矿权市场化转让，转让收入要按规定实行“收支两条线”管理，并用于煤炭资源勘探投入，实现滚动发展。健全煤炭地质勘察市场准入制度，培育精干高效、装备精良的煤田地质勘探队伍。严格执行勘察技术规程，进一步完善储量评估制度，依靠科技进步，提高地质勘探精度，保障地质勘察质量，为合理规划和开发煤炭资源奠定基础。

（七）合理有序开发煤炭资源。进一步完善矿业权有偿取得制度，规范煤炭矿业权价款评估办法，逐步形成矿业权价款市场发现机制，实现矿业权资产化管理。煤炭矿业权资产化要与科学的生产规划相结合，按照“统一规划、集中开发、一次置权、分期付款”的原则有序进行。严格矿业权审批，对国家规划矿区内的煤炭资源，凡未经国家批准开发规划和矿业权设置方案的，一律不得办理矿业权的设置。保障矿区井田的科学划分和合理开发，形成有利于保护和节约资源的煤炭开发秩序。加快修订煤矿设计规范，严格开采顺序、开采方法和开发强度管理，禁止越层越界和私挖乱采。鼓励采用先进技术，开采难采煤层和极薄煤层。煤矿新建和改扩建项目必须按照隶属关系，依法取得同级安全生产监管部门的审查批准，并认真执行安全生产设施“三同时”制度（同时设计、施工和投入使用）。

（八）保护节约和合理利用煤炭资源。修订煤炭生产矿井资源回采率标准和管理办法，凡设计回采率达不到国家规定标准的煤炭开发建设项目，一律不予核准，不予颁发采矿许可证。建立严格的煤炭资源利用监管制度，对煤炭资源回采率实行年度核查、动态监管，达不到回采率标准的煤矿，要责令限期整改；逾期仍达不到回采率标准的，依法予以处罚，直至吊销采矿许可证和煤炭生产许可证。加快完善煤炭资源税费计征办法，研究将煤炭资源税费以产量和销售收入为基数计征，改为以资源储量为基数计征的方案，并在条件成熟时实施；同时，要积极探索多种激励约束机制，促使煤炭生产企业节约煤炭资源。健全煤炭生产企业资源储量管理机构，落实储量管理责任，完善煤炭储量管理档案和制度，严格执行生产技术和管理规程。

三、加快结构调整，加强煤炭供应体系

（九）加快大型煤炭基地建设。按照煤炭发展规划和开发布局，选择资源条件好、具有发展潜力的矿区，以国有大型煤炭企业为依托，加快神东、陕北、晋中等 13 个大型煤炭基地建设，形成稳定可靠的商品煤供应基地、煤炭深加工基地和出口煤基地。国家继续从中央预算内基建投资（或国债资金）中安排资金，以资本金注入等方式，重点支持大型煤炭基地建设。政策性银行、国有商业银行和股份制商业银行应积极改进金融服务，加大金融产品创新力度，切实支持符合国家产业政策和市场准入条件的煤炭开发建设。支持有条件的煤炭企业上市融资，按照国家规定发行企业债券，筹集建设资金，加快建设和发展。

（十）促进煤炭与相关产业协调发展。大型煤炭基地建设要与煤炭外运和水资源等条件相衔接，与相关产业和地方经济发展相协调。要加大投资力度，改革铁路和港口投资体制，鼓励企业法人、非公有资本参股建设和管理，抓紧建设和改造山西、陕西、内蒙古西部出煤通道和北方煤炭下水港口，提高煤炭运输能力，从根本上缓解交通运输对煤炭供给的制约。按照政府引导和企业自愿的原则，鼓励煤电一体化发展，加快大型坑口电站建设，缓解煤炭运输压力。鼓励大型煤炭企业与冶金、化工、建材、交通运输企业联营。火力发电、煤焦化工、建材等产业发展布局，要优先安排依托煤炭矿区的项目，促进能源及相关产业布局的优化和煤炭产业与下游产业协调发展。

（十一）培育大型煤炭企业集团。打破地域、行业和所有制界限，加快培育和发展若干个亿吨级大型煤炭骨干企业和企业集团，使之成为优化煤炭工业结构、建设大型煤炭基地、平衡国内煤炭市场供需关系和“走出去”开发国外煤炭、参与国际市场竞争的主体。煤炭企业要进一步完善法人治理结构，按照现代企业制度要求积极推进股份制改造，转换经营机制，提高管理水平。国家规划矿区、对国民经济具有重要价值矿区的资源开发由国有资本控股。鼓励发展煤炭、电力、铁路、港口等一体化经营的具有国际竞争力的大型企业集团。鼓励大型煤炭企业到境外投资办矿，带动煤炭机械产品出口和技术、劳务输出，提高我国煤炭工业的国际竞争力。

（十二）进一步改造整顿和规范小煤矿。各产煤地区要充分发挥市场机制的作用，加快中小型煤矿的整顿、改造和提高，整合煤炭资源，实行集约化开发经营。鼓励大型煤炭企业兼并改造中小型煤矿，鼓励资源储量可靠的中小型煤矿，通过资产重组实行联合改造。积极推进中小型煤矿采煤工艺改革和技术改造，规模以上煤矿必须尽快做到壁式正规化开采。继续淘汰布局不合理、不符合安全标准、不符合环保要求和浪费资源的小煤矿，坚决取缔违法经营的小煤矿。

（十三）加快提升煤炭生产和设备制造技术水平。采用高新技术和先进适用技术，加快高产高效矿井建设，提高煤矿装备现代化、系统自动化、管理信息化水平，淘汰落后的技术装备与工艺，推动煤炭工业科技进步。大力推进中小型煤矿机械化，加快培育和发展面向小型煤矿的综合服务机构，形成完善的技术服务体系。通过关键技术引进、技贸结合、合作制造、市场换技术等多种方式，提高煤炭重大技术装备研发和制造能力，促进重大装备制造国产化。加强企业、科研机构和各类院校的联合，推进技术创新体系建设。

（十四）规范煤炭市场秩序。深化煤炭流通体制改革，改革电煤价格形成机制，运用经济手段和必要的行政法规，合理调整煤炭企业与发电企业的利益关系。继续推进煤炭订货方式改革，鼓励供需双方自主衔接、签订长期供货合同。加快建立以全国煤炭交易中心为主体，以区域市场为补充，以网络技术为平台，有利于政府宏观调控、市场主体自由交易的现代化煤炭交易体系。严格煤炭经营企业资格审查，取缔无证非法经营活动，清理煤炭运销环节乱收费、乱罚款，依法打击掺杂使假和偷骗税款等不法行为。

四、坚持综合治理，强化煤矿安全生产保障体系

（十五）进一步落实安全生产责任。加强“国家监察、地方监管、企业负责”的煤矿安全工作体系建设，进一步落实安全生产责任制。完善煤矿安全监察体制，提高监察的权威性和有效性，强化煤矿安全执法检查。落实地方人民政府煤矿安全监督管理职责，建立地方人民政府领导分工联系本地区煤矿安全生产工作制度。认真实行煤矿安全生产许可证制度，强化煤炭企业安全生产责任主体，落实企业法定代表人作为安全生产第一责任人的责任；精简企业管理机构，加强一线管理力量；坚持煤炭企业内部安全生产机构派驻制度，严格执行煤矿领导干部下井带班作业制度。严格外包工程队伍资质管理和现场管理。建立煤矿安全生产风险抵押金制度。

（十六）加大煤矿安全投入。按照企业负责、政府支持的原则，完善中央、地方和企业共同增加煤矿安全投入的机制。各类煤矿要按有关规定提取生产安全费用。国家继续从预算内基建投资（国债资金）中安排资金支持煤矿安全技术改造。对国家支持的煤矿安全改造项目，地方财政要积极安排配套资金，专项列支，并与中央资金同时到位。各级财政、审计和煤炭行业管理、煤矿安全监察部门要加强监督，确保煤矿安全资金专款专用，安全改造项目顺利实施并发挥效用。

（十七）提高瓦斯防治技术水平。成立煤矿瓦斯防治部际协调领导小组，加强煤矿瓦斯防治工作的领导和协调。设立国家瓦斯治理和利用（煤层气）工程研究中心，加强瓦斯防治科技攻关，立足于推动煤矿安全生产科技进步，从根本上扭转瓦斯事故多发的现状，加快瓦斯灾害监测预警、应急救援、瓦斯煤尘防爆、瓦斯抽采利用技术的研究。抓紧制定和实施全国煤矿瓦斯治理总体方案，尽快使煤矿瓦斯治理取得明显成效。财政、税务部门要尽快制定实施办法，对瓦斯（煤层气）抽采和利用实行税收优惠。煤炭企业要严格高瓦斯和瓦斯突出矿井的管理，建立健全危险源辨识技术体系、瓦斯抽采和监测监控体系、灾害预警救援体系，切实防范重特大瓦斯事故的发生。

（十八）提高煤矿职工队伍素质。建立和完善企业职工培训制度，组织和引导企业开展多层次、全方位的职工安全、技术培训和继续教育，全面提高煤矿职工队伍特别是采掘工人的素质和安全生产技能。对煤矿负责人和主要工种依法实行强制性安全培训，杜绝违章指挥、违章作业、违反纪律等现象。实行国家职业资格证书制度，对煤矿采煤等专业技术岗位人员和特殊工种人员实行职业准入，持证上岗，严格技术岗位人员配备标准。教育部门要加强与煤炭行业的合作，将煤炭行业有关专业纳入技能型紧缺人才培养、培训计划；要与大型煤炭企业合作，尽快恢复或设立一批煤炭职业技术学校。要引导有关大专院校和中等职业学校按照煤炭行业市场需求培养懂安全、有技术、会管理的煤炭专业人才。要通过设立煤炭专业奖学金、减免学费等措施，鼓励学生报考煤炭专业。

五、加强综合利用与环境治理，构建煤炭循环经济体系

（十九）推进洁净煤技术产业化发展。发展改革委要制定规划，完善政策，组织建设示范工程，并给予一定资金支持，推动洁净煤技术和产业化发展。大力发展洗煤、配煤和型煤技术，提高煤炭洗选加工程度。积极开展液化、气化等用煤的资源评价，稳步实施煤炭液化、气化工程。加快低品位、难采矿的地下气化等示范工程建设，带动以煤炭为基础的新型能源化工产业发展。采用先进的燃煤和环保技术，提高煤炭利用效率，减少污染物排放。

（二十）推进资源综合利用。按照高效、清洁、充分利用的原则，开展煤矸石、煤泥、煤层气、矿井排放水以及与煤共伴生资源的综合开发与利用。鼓励瓦斯抽采利用，变害为利，促进煤层气产业化发展。按照就近利用的原则，发展与资源总量相匹配的低热值煤发电、建材等产品的生产。修改制定配套法规、标准和管理办法，落实和完善财税优惠政策，鼓励对废弃物进行资源化利用，无害化处理。在煤炭生产开发规划和建设项目申报中，必须提出资源综合利用方案，并将其作为核准项目的条件之一。

（二十一）保护和治理矿区环境。煤炭资源的开发利用必须依法开展环境影响评价，环保设施与主体工程要严格实行建设项目“三同时”制度。按照“谁开发、谁保护，谁污染、谁治理，谁破坏、谁恢复”的原则，加强矿区生态环境和水资源保护、废弃物和采煤沉陷区治理。研究建立矿区生态环境恢复补偿机制，明确企业和政府的治理责任，加大生态环境治理投入，逐步使矿区环境治理步入良性循环。对原中央国有重点煤矿历史形成的采煤沉陷等环境治理欠账，要制订专项规划，继续实施综合治理，中央政府给予必要的资金和政策支持，地方各级人民政府和煤炭企业按规定安排配套资金。

（二十二）大力开展煤炭节约和有效利用。积极引导合理用煤、节约用煤和有效用煤，努力缓解当前煤炭供求紧张状况，解决煤炭产需长期矛盾。大力调整经济结构，切实转变增长方式，抓紧完善产业政策和产品能耗标准，限制高耗能工业的发展。优化能源生产和消费结构，鼓励发展新能源，努力减少和替代煤炭使用。依靠科技进步和创新，推广先进的节煤设备、工艺和技术。强化科学管理，减少煤炭生产、流通、消费等环节的损失和浪费。制定有利于节约用煤的经济政策、技术标准和法规，利用经济、法律和必要的行政手段，实行全面、严格的节煤措施，在全社会形成节约用煤和合理用煤的良好环境。

六、制定和完善有关法律规章制度，健全煤炭工业法规政策调控体系

（二十三）加强煤炭法制建设。抓紧修订《中华人民共和国煤炭法》和《中华人民共和国矿产资源法》，完善配套法规，建立健全与社会主义市场经济体制相适应的煤炭法规体系。尽快修订煤炭产业政策，完善办矿审核制度，严格准入标准。制订严格的煤炭资源消耗、污染物排放等标准，促进新技术、新工艺、新材料的应用，推动煤炭产业升级。加强煤炭执法队伍建设，依法规范煤炭市场秩序，为各类煤炭企业发展创造良好的市场环境。煤炭企业要认真贯彻执行国家关于资源、环境、安全生产等方面的技术政策和行业标准、规范，建立健全企业内部技术管理规章制度，规范矿井设计、施工、技术改造、生产和加工利用等方面的行为，深入开展安全质量标准化活动。

（二十四）切实减轻煤炭企业负担。各地要根据国家关于分离企业办社会职能的有关政策，加快分离煤炭企业办社会职能。严格按照1998年国务院关于改革国有重点煤矿管理体制的规定，切实落实原中央财政对国有重点煤矿增值税定额返还和所得税返还政策。加快增值税改革步伐，落实对已公布取消的各类基金和收费项目的清理、整顿措施，减轻煤炭企业负担。

（二十五）促进煤炭企业接续发展。落实《中华人民共和国煤炭法》有关规定，研究建立煤炭产业积累煤矿衰老期转产资金制度，筹集资金专项用于发展接续产业和替代产业。完善煤炭成本核算制度，保障煤炭企业增加接续资源，开展资源勘查，保护和治理环境，发展接续产业。重视煤炭合理开发与矿区经济社会的协调发展，在基础设施建

命财产造成严重损失，其中，8月7日，广东省梅州市兴宁市大兴煤矿发生的特别重大透水事故，造成123名矿工涉难。为坚决整顿关闭不具备安全生产条件和非法煤矿，遏制煤矿事故频发多发的势头，现就有关事项紧急通知如下：

一、立即停产整顿不具备安全生产条件的煤矿

凡属逾期没有提出办理煤矿安全生产许可证申请、煤矿安全监管监察机构已责令停产整顿的矿井，已提交申请、但经审查认定不具备安全生产条件、责令限期整顿的矿井，证照不全矿井，超能力生产矿井，没有按规定建立瓦斯监测和瓦斯抽放系统的矿井，没有采取防突措施的矿井，没有经过安全生产“三同时”竣工验收而投产的基建和改扩建井等，必须立即停止煤矿生产，认真进行整改。

对应当停产整顿的矿井，国家煤矿安全监察机构和地方政府煤矿安全监管部门要下达停产整顿指令，并分别抄送同级地方人民政府和国土资源、工商、煤炭行业管理等部门，依法暂扣其采矿许可证、煤炭生产许可证、矿长资格证、工商营业执照和安全生产许可证。

地方各级人民政府要制订煤矿停产整顿工作方案。对列入整顿名单的煤矿，要依据其安全生产状况和整顿工作难易程度，分批次规定整顿期限。鼓励有条件的煤矿早整顿、早达标，尽快恢复正常生产。所有不合格的煤矿，只能给予一次停产整顿的机会，届时达不到安全生产许可证颁证标准的，一律依法予以关闭。停产整顿最后期限不得超过今年年底。有关地方人民政府要向停产整顿煤矿派出监督员，坚决防止明停暗开，日停夜开，假整顿真生产。

停产整顿的煤矿要认真按照有关规定查证照，查隐患，查安全管理，查劳动组织，确定整改项目，制订整改方案及停产整顿期间保障安全的有关措施，报当地政府煤矿安全监管部门和煤矿安全监察机构。

二、坚决关闭取缔“停而不整”、经整顿仍不达标以及非法生产的矿井

凡属于证照不全拒不停产或无证生产的矿井，已被关闭又非法生产的矿井，明停暗开或“停而不整”的矿井，经整顿仍然达不到安全生产条件的矿井，必须立即依法予以关闭取缔。关闭取缔工作由地方人民政府组织实施。对确定关闭取缔的矿井，地方人民政府要发布关闭矿井公告并采取有效措施，相关部门要吊销其所有证照，停止供电、供水、供火工品，拆除电源和地面设施，炸毁井筒，填平场地，恢复地貌，遣散从业人员。

三、实行联合执法，依法查处违法违规单位和人员

各地区要认真贯彻安全监管总局等五部门联合下发的《关于严厉打击煤矿违法生产活动的通知》，在地方人民政府统一领导下，落实联合执法牵头部门，组织煤矿安全监管监察、国土资源管理、煤炭行业管理、工商行政管理、公安、环保、电力等部门和单位，开展联合执法。地方各级行政监察、司法等部门，也要积极做好配合工作。

对拒不执行停产整顿指令、非法生产的，按妨碍执行公务处理。要依法没收其非法所得，按规定处以罚款，并严格查处直接责任者和有关人员的责任。触犯刑律的，要移送司法机关依法追究刑事责任。严格安全生产行政问责制，认真查处煤矿安全生产和煤矿事故背后的失职渎职，官商勾结和腐败现象。国家机关工作人员、国有企业负责人参与投资入股办矿、接受贿赂、公开或暗中包庇袒护，致使煤矿未能停产整顿或关闭取缔，甚至酿成事故的，要一查到底，依法严肃处理；凡已经投资入股煤矿（依法购买上市公司股票的除外）的国家机关工作人员、国有企业负责人，自本通知下达之日起1个月内撤出投资，逾期不撤出投资的，依照有关规定给予处罚。

四、加强领导，建立和落实煤矿整顿关闭工作责任制

整顿关闭不具备安全生产条件和非法煤矿工作，由省级人民政府统一负责。各省、自治区、直辖市人民政府要从实践“三个代表”重要思想、落实科学发展观、构建社会主义和谐社会的高度，充分认识安全生产工作的重要性，牢固树立“安全第一、预防为主”和“以人为本”的理念，把整顿关闭不具备安全生产条件和非法煤矿工作摆上重要日程，切实加强领导，把责任层层落实到市（地）、县、乡人民政府。对列为停产整顿和关闭对象的煤矿，要严整关死，并加强督促检查，不留后患。要把整顿关闭工作和强化地方政府煤矿安全监管结合起来，健全完善煤矿安全监管各项规章制度。各省、自治区、直辖市人民政府要将本地区煤矿整顿关闭工作方案报国家安全监管总局，并接受监督监察。

各级煤矿安全监察机构要坚持从严执法，落实监察执法责任制，通过重点监察、定期监察和专项监察，切实加强对煤矿整顿关闭工作的监督。发现该停不停、该关不关或明停暗开的，要立即采取有力的监察执法措施。要严格煤矿安全生产许可证的审核发放，建立许可证年审制度，经审核不再具备安全生产许可证标准的，要依法进行停产整顿或关闭。

煤矿企业要全面落实安全生产主体责任，深刻吸取事故教训，深入开展隐患排查。企业负责人要全面掌握本单位的安全隐患，积极组织采取整改措施，并报当地人民政府及煤矿安全监管部门、煤矿安全监察机构。凡属被责令停产整顿、关闭取缔的煤矿，必须严格自觉执行地方政府和煤矿安全监管监察机构的指令。

五、加强对整顿关闭工作的社会监督和舆论监督

地方各级人民政府和煤矿安全监管部门、煤矿安全监察机构对停产整顿和关闭取缔的矿井，要及时向社会公布。对已被责令停产整顿而明停暗开、非法生产造成重特大事故的案例，要公开查处情况，接受社会和舆论的监督。建立举报奖励制度，公开举报电话、举报信箱，鼓励广大职工和人民群众积极举报非法生产和存在重大安全隐患的煤矿。各新闻单位要积极配合，做好舆论监督工作。

二○○五年八月二十二日

中共中央纪委、监察部、国务院国有资产监督管理委员会、国家安全生产监督管理总局关于清理纠正国家机关工作人员和国有企业负责人投资入股煤矿问题的通知

中纪发〔2005〕12号

为贯彻落实《国务院办公厅关于坚决整顿关闭不具备安全生产条件和非法煤矿的紧急通知》（国办发明电〔2005〕21号），现将清理纠正国家机关工作人员和国有企业负责人投资入股煤矿问题作如下通知。

一、分认识清理纠正工作的重要性、紧迫性

近来，全国煤矿安全生产形势严峻。一些地方相继发生停产整顿煤矿和不具备安全生产条件煤矿非法生产造成的特大、特别重大事故，给人民群众生命财产造成严重损失。煤矿安全生产事故频发的原因是多方面的，其中一个重要原因是有少数国家机关工作人员和国有企业负责人在煤矿投资入股，公开或暗中包庇袒护非法矿主，使一些不具备安全生产条件和非法煤矿未能停产整顿或关闭〔BF〕取缔。《国务院办公厅关于坚决整顿关闭不具备安全生产条件和非法煤矿的紧急通知》明确要求："凡已经投资入股煤矿（依法购买上市公司股票的除外）的国家机关工作人员、国有企业负责人，自本通知下达之日起1个月内撤出投资，逾期不撤出投资的，依照有关规定给予处罚。"清理纠正国家机关工作人员和国有企业负责人投资入股煤矿问题，既是遏制当前煤矿事故多发的重大举措，也是从源头上预防和治理腐败的重要内容。各地区各部门各单位要坚决贯彻落实《国务院办公厅关于坚决整顿关闭不具备安全生产条件和非法煤矿的紧急通知》，认真做好清理纠正国家机关工作人员和国有企业负责人投资入股煤矿工作。

二、加强领导，狠抓落实，确保清理纠正工作

取得实效

清理纠正工作要在地方各级党委、政府统一领导下，成立由纪检监察机关牵头，国有资产监督管理部门、安全生产监督管理部门、煤矿安全监管部门、煤矿安全监察机构组成的清理纠正工作小组，负责本地区的清理纠正工作。在地方的中央垂直管理的机关和企业事业单位的清理纠正工作，按照属地管理原则，由当地清理纠正工作小组统一组织。

这次清理纠正的范围是：各级党的机关、国家机关、人民团体、事业单位的工作人员和国有企业负责人（包括国有大型、特大型企业中层以上领导干部；国有中小型企业负责人；国有资产占控股地位或主导地位的公司中由政府主管部门委派或者招聘的领导干部、企业职工代表大会选举产生并报政府主管部门批准的领导干部、企业党组织的领导干部）投资入股煤矿的人员。凡本人或以他人名义已经投资入股煤矿（依法购买上市公司股票的除外）的上述人员，要在2005年9月22日之前撤出投资，并向本单位纪检监察或人事部门报告并登记，注明投资单位、投资时间和数额、资金来源以及撤出资金的证明等。各单位纪检监察或人事部门要于9月25日前将本单位清理纠正情况报当地清理纠正工作小组。清理纠正工作小组对个人登记的内容要进行核实。

三、加强对清理纠正工作的社会监督和舆论监督

各地在清理纠正工作中，要充分发挥社会监督和舆论监督的作用，公开举报电话、设立举报信箱，鼓励煤矿职工和人民群众举报国家机关工作人员和国有企业负责人投资入股煤矿问题。对逾期没有如实登记撤出投资或者隐瞒事实真相、采取其他手段继续投资入股办矿的人员，一经查出，一律就地免职，然后依照有关规定严肃处理。各地清理纠正工作于10月15日结束。各省级清理纠正工作小组要于10月20日之前将清理纠正工作情况报中央纪委、监察部、国务院国有资产监督管理委员会、国家安全生产监督管理总局。

二〇〇五年八月三十日

国务院办公厅转发发展改革委安全监管总局关于煤矿负责人和生产经营管理人员下井带班指导意见的通知

国办发［2005］53号

发展改革委、安全监管总局《关于煤矿负责人和生产经营管理人员下井带班的指导意见》已经国务院同意，现转发给你们，请认真贯彻执行。

二〇〇五年十月三十一日

关于煤矿负责人和生产经营管理人员下井带班的指导意见

煤矿负责人和生产经营管理人员下井带班，可以深入了解煤矿安全生产状况，及时发现和消除事故隐患，有效制止违章违纪现象，是加强煤矿安全生产的重要措施。为进一步提高煤矿安全管理水平，推动煤矿安全生产形势的稳定好转，根据《国务院关于预防煤矿生产安全事故的特别规定》（国务院令第446号）和《国务院关于促进煤炭工业健康发展的若干意见》（国发［2005］18号）有关要求，现就煤矿负责人和生产经营管理人员下井带班提出以下意见：

一、煤矿负责人和生产经营管理人员要坚持下井带班

（一）各类煤矿企业必须安排负责人和生产经营管理人员下井带班，确保每个班次至少有1名负责人或生产经营管理人员在现场带班作业，与工人同上同下。

（二）国有煤矿采煤、掘进、通风、维修、井下机电和运输作业，一律由区队负责人带班进行。

（三）国有煤矿副总工程师以上的管理人员，每月在完成规定下井次数的同时，熟悉生产的，要保证1至2次下井带班。

（四）国有煤矿集团公司管理人员，要经常下井了解安全生产情况，研究解决井下存在的问题。煤矿在贯通、初次放顶、排瓦斯、揭露煤层、处理火区、探放水、过断层等关键阶段，集团公司的负责人要按规定到现场指导，确保安全生产。

（五）乡镇煤矿、其他民营煤矿的各类作业，必须由矿长、副矿长和生产经营管理人员在现场带班进行。

二、建立和完善下井带班制度

（六）煤矿企业要建立健全煤矿负责人和生产经营管理人员下井带班制度，明确下井带班的作业种类、下井带班人员范围、每月下井带班的次数、在井下工作时间、下井带班的任务和职责权限、日班与夜班比例，以及考核奖惩办法等。

（七）国有煤矿集团公司管理人员，以及集团公司机关处室负责人，所属各矿的负责人和生产经营管理人员的下井带班办法，由集团公司制订，报省煤炭行业管理部门批准，并报同级安全监管部门、煤矿安全监察机构和国有资产监管部门备案。基层区队负责人、矿机关科室负责人下井带班的具体办法，由煤矿根据实际情况制订。

（八）乡镇煤矿、其他民营煤矿负责人和生产经营管理人员以及出资人下井带班的具体办法，由煤矿所在县（市）煤炭行业管理部门制订并负责监督考核，报同级煤矿安全监管部门和煤矿安全监察机构备案。

三、明确下井带班人员的职责

（九）下井带班人员要把保证安全生产作为第一位的责任，切实掌握当班井下的安全生产状况，加强对重点部位、关键环节的检查巡视，及时发现和组织消除事故隐患，及时制止违章违纪行为，严禁违章指挥、严禁超能力组织生产。

（十）煤矿矿长、区队长是矿、区队安全生产第一责任人，下井带班人员协助矿长、区队长对当班安全生产负责。煤矿发生危及职工生命安全的重大隐患和严重问题时，带班人员必须立即组织采取停产、撤人、排除隐患等紧急处置措施，并及时向矿长、区队长报告。煤矿发生生产安全责任事故，要在追究矿长、区队长责任的同时，追究当班带班人员相应的责任。

四、严格企业内部管理和考核

（十一）实行井下交接班制度。上一班的带班人员要在井下向接班的带班人员详细说明井下安全状况、存在的问题及原因、需要注意的事项等，并认真填记交接班记录簿。

（十二）建立下井带班档案。下井带班的煤矿负责人和生产经营管理人员升井后，要将下井的时间、地点、经过路线、发现的问题及处理意见等有关情况进行详细登记，并存档备查。

（十三）加强企业内部监督考核。要把煤矿负责人和生产经营管理人员下井带班情况与矿长资格证、矿长安全生产资格证及经济收入等挂钩，严格考核。要建立奖惩制度，对认真履行职责、防止事故有功人员要给予奖励；对弄虚作假的，一经发现，要严肃处理。

五、加大监管监察力度

（十四）各级煤炭行业管理部门是落实煤矿负责人和生产经营管理人员下井带班制度的主管部门，要认真履行职责，抓好有关制度的建设和落实。

（十五）各级煤矿安全监管部门和煤矿安全监察机构要按照职责分工加强监督检查，把煤矿负责人和生产经营管理人员下井带班制度的建立和执行情况作为监管监察的重要内容，加强检查监督。

（十六）煤炭行业管理部门、煤矿安全监管部门和煤矿安全监察机构要把煤矿负责人和生产经营管理人员下井带班的主要情况，及时向组织人事部门或国有资产监管部门通报，作为干部考核的重要内容。

（十七）对不执行煤矿负责人和生产经营管理人员下井带班制度的，要按照《国务院关于预防煤矿生产安全事故的特别规定》等有关法律法规予以处罚。

六、加强群众监督和舆论监督

（十八）各煤矿企业要把煤矿负责人和生产经营管理人员下井带班制度的落实情况定期向全体职工及其家属和社会公开，接受职工群众监督。

（十九）各级煤炭行业管理部门、煤矿安全监管部门和煤矿安全监察机构，要将有关监督检查情况，以一定方式向社会公布。有关部门和煤矿企业要设立举报电话和举报信箱，对群众举报的问题要及时核查处理。

（二十）新闻媒体要加强舆论监督，对作风扎实、经常深入井下解决安全生产实际问题、表现突出的下井带班人员要大力宣传；对不负责任、甚至弄虚作假的，要予以公开曝光。

国务院办公厅、国务院安委会等安全生产工作文件（目录）

1. 国务院办公厅文件

国务院办公厅关于印发国家安全生产监督管理总局主要职责、内设机构和人员编制规定的通知（国办发［2005］11号）

国务院办公厅关于印发国家煤矿安全监察局主要职责、内设机构和人员编制规定的通知（国办发［2005］12号）

国务院办公厅转发发展改革委、安全监管总局关于煤矿负责人和生产经营管理人员下井带班指导意见的通知（国办发［2005］53号）

国务院办公厅关于进一步加强煤矿安全生产工作的紧急通知（国办发明电［2005］6号）

国务院办公厅关于切实做好“五一”黄金周期间安全生产工作的通知（国办发明电［2005］12号）

国务院办公厅关于坚决整顿关闭不具备安全生产条件和非法煤矿的紧急通知（国办发明电［2005］21号）

国务院办公厅关于认真抓好今冬明春安全生产工作的通知（国办发明电［2005］32号）

国务院办公厅关于加强烟花爆竹安全生产工作的通知（国办发明电［2005］37号）

2. 国务院安全生产委员会文件

关于下达2005年全国安全生产控制指标的通知（安委字［2005］1号）

国务院安全生产委员会关于吸取内蒙古乌海“11·11”煤矿事故教训进一步做好煤矿整顿关闭工作的通报（安委字［2005］2号）

国务院安全生产委员会关于黑龙江省龙煤集团七台河分公司东风煤矿“11·27”特别重大爆炸事故的通报（安委字［2005］3号）

3. 中央编委、中央编办文件

中央机构编制委员会关于印发《国家安全生产应急救援指挥中心主要职责、内设机构和人员编制规定》的通知（中编发［2005］3号）

关于组建福建、湖北、广东、广西、青海煤矿安全监察局有关事项的通知（中央编办发［2005］3号）

关于煤矿安全监察办事处更名为监察分局的通知（中央编办发［2005］4号）

关于国家安全生产监督管理总局所属部分事业单位更名的批复（中央编办复字［2005］91号）

关于国家安全生产监督管理总局安全生产应急救援办公室加挂调度统计司牌子的批复（中央编办复字［2005］164号）

国家安全生产综合监管、煤矿安全监察工作文件（目录）

1. 部门规章

国有煤矿瓦斯治理规定（国家安全生产监督管理局　国家煤矿安全监察局令　第21号）

国有煤矿瓦斯治理安全监察规定（国家安全生产监督管理局　国家煤矿安全监察局令　第22号）

劳动防护用品监督管理规定（国家安全生产监督管理总局令　第1号）

矿山救护队资质认定管理规定（国家安全生产监督管理总局令　第2号）

向特定国家（地区）出口易制毒化学品暂行管理规定（商务部　公安部　海关总署　国家安全生产监督管理总局　国家食品药品监督管理局令　第12号）

2. 综合管理

关于印发《国家安全生产监督管理总局党组工作规则》的通知（安监总党字［2005］27号）

关于印发《国家安全生产监督管理总局工作规则》的通知（安监总办字［2005］197号）

关于印发《国家安全生产监督管理总局党组成员工作分工》的通知（安监总党字［2005］3号）

关于印发《国家安全生产监督管理总局与国家煤矿安全监察局工作关系暂行规则》的通知（安监总办字［2005］13号）

关于印发《国家煤矿安全监察局工作规则》的通知（煤安监综合字［2005］37号）

关于印发《国家煤矿安全监察局领导工作分工》的通知（煤安监综合字［2005］27号）

国家安全生产监督管理总局、财政部关于印发《举报煤矿重大安全生产隐患和违法行为的奖励办法（试行）》的通知（安监总办字［2005］139号）

关于进一步规范生产安全事故和事故隐患举报受理及处置工作的通知（安监总办字［2005］154号）

关于精简文件提高公文质量办文效率的暂行规定（安监总厅字［2005］60号）

关于进一步精简会议的通知（安监总厅字［2005］61号）

关于印发《安全生产监管监察系统政务信息工作暂行办法》的通知（安监总厅字［2005］179号）

财政部、国家发展改革委、国家安全生产监督管理总局、国家煤矿安全监察局关于调整煤炭生产安全费用提取标准加强煤炭生产安全费用使用管理与监督的通知（财建［2005］168号）

财政部、国家安全生产监督管理总局关于印发《煤矿企业安全生产风险抵押金管理暂行办法》的通知（财建［2005］918号）

关于学习贯彻《信访条例》做好安全生产信访工作的通知（安监总厅字［2005］37号）

关于切实做好“两会”期间安全生产工作的通知（安委办字［2005］2号）

关于做好生产安全事故调查处理及有关工作的通知（安监总协调字［2005］32号）

关于做好重特大生产安全事故现场督导工作的通知（安监总协调字［2005］201号）

关于特大事故（含未遂事故）调查处理等有关工作职责分工的通知（安监总厅字［2005］82号）

关于认真做好重大危险源监督管理工作的通知（安监总协调字［2005］62号）

关于规范重大危险源监督与管理工作的通知（安监总协调字［2005］125号）

关于加强境外中资企业安全生产监督管理工作的通知（安监总协调字［2005］113号）

关于进一步做好推广非公有制企业安全监管经验工作的通知（安监总办字［2005］7号）

关于中央企业贯彻落实国办《通知》和中央企业安全生产工作会议精神的情况通报（安监总协调字［2005］14号）

关于立即在国有重点企业中开展重大事故隐患排查整改工作的通知（安监总协调字［2005］192号）

关于加强安全生产事故应急预案监督管理工作的通知（安委办字［2005］48号）

关于印发《安全生产调度统计业务规范》的通知（安监总厅字［2005］56号）

关于表彰张铁岗等91名煤矿安全技术“会诊”专家的决定（安监总煤矿字［2005］77号）

关于印发《煤矿安全监察档案整理规范》（修订）的通知（安监总办字［2005］152号）

3. 煤矿安全监察

（1）工作部署

关于清理纠正国家机关工作人员和国有企业负责人投资入股煤矿问题的通知（中纪发［2005］12号）

关于加强煤矿瓦斯治理督导工作的通知（安委办字［2005］4号）

关于推广“三个委派”经验，有效实施地方煤矿监管的通知（安委办字［2005］6号）

关于落实地方煤矿安全监管工作的通知（安委办字［2005］7号）

转发《黑龙江省关于严禁党政机关、事业单位及国有企业领导干部参与小煤矿生产经营活动的紧急通知》的通知（安委办字［2005］9号）

关于推广山西省大同煤矿集团公司“井下班组群防群治党政工团齐抓共管筑牢安全防线”经验的通知（安委办字［2005］12号）

关于推广辽宁省阜新矿业集团公司“安全专盯”经验的通知（安委办字［2005］13号）

关于煤矿整顿关闭和安全生产许可证颁发工作有关问题的通知（安委办字［2005］55号）

关于山西省交城县岭底乡香源沟煤矿特大瓦斯爆炸事故的通报（安监总办字［2005］2号）

关于近期几起煤矿特大事故的通报（安监总办字［2005］3号）

关于山西省近期两起煤矿瓦斯事故处理情况的通报（安监总办字［2005］24号）

关于对重点监控国有煤矿企业进行安全技术“会诊”的通知（安监总办字［2005］26号）

关于推广应用煤矿数字化瓦斯远程监控系统的通知（安监总煤矿字［2005］37号）

关于煤矿安全生产许可证发放工作进展情况的通报（安监总煤矿字［2005］38号）

关于辽宁省阜新矿业（集团）有限责任公司孙家湾煤矿海州立井“2·14”特别重大瓦斯爆炸事故调查处理情况的通报（安监总政法字［2005］39号）

关于印发《煤矿通风能力核定办法（试行）》的通知（安监总煤矿字［2005］42号）

关于河南省平顶山煤业（集团）有限责任公司四矿矸石山爆炸事故的通报（安监总煤矿字［2005］45号）

关于近期三起煤矿水害事故的通报（安监总煤矿字［2005］52号）

关于严厉打击煤矿违法生产活动的通知（安监总煤矿字［2005］54号）

关于黑龙江省七台河精煤（集团）公司新富矿三区一采“3·14”特大瓦斯爆炸事故调查处理情况的通报（安监总煤矿字［2005］58号）

关于新疆阜康市神龙煤矿“7·11”特别重大瓦斯爆炸事故的通报（安监总煤矿字［2005］75号）

关于广东省梅州市兴宁市大兴煤矿“8·7”透水事故的通报（安监总办字［2005］88号）

关于辽宁、安徽两省煤矿通风能力核定工作情况的通报（安监总煤矿字［2005］89号）

关于学习贯彻国务院两个重要文件坚决打好两个攻坚战的通知（安监总政法字［2005］112号）

关于印发《煤矿重大安全生产隐患认定办法（试行）》的通知（安监总煤矿字［2005］133号）

关于印发《煤矿隐患排查和整顿关闭实施办法（试行）》的通知（安监总煤矿字［2005］134号）

关于印发《广东省开展煤矿整顿关闭工作的主要做法》的通知（安监总煤矿字［2005］143号）

关于煤矿停产整顿关闭工作中存在问题的通报（安监总煤矿字［2005］144号）

关于办理煤矿安全生产许可证有关问题的通知（安监总煤矿字［2005］171号）

关于贵州省六盘水市沙沟煤矿“11·18”特大瓦斯爆炸事故和河北省邢台市远大煤矿“11·19”特大透水事故的通报(安监总煤矿字[2005]184号)

关于迅速扭转煤矿重特大事故多发势头的紧急通知

（安监总煤矿字［2005］195号）

关于贵州省盘南煤炭开发有限责任公司响水煤矿"12·24"特大事故的通报（安监总煤矿字［2005］216号）

关于印发《矿山救护队资质认定管理规定实施细则》的通知（安监总办字［2005］211号）

关于对平顶山等国家矿山救援基地、研究中心、培训中心考核验收结果的通知（安监总办字［2005］107号）

关于做好矿山救援队资质认定管理工作的通知（安监总办字［2005］210号）

关于全国小型煤矿建设项目安全设施"三同时"工作进展情况的通报（煤安监监二字［2005］5号）

关于近期几起煤矿生产安全事故的通报（煤安监监一字［2005］7号）

关于贯彻落实国办发79号文件精神完善煤矿安全监察体制的指导意见（煤安监办字［2005］9号）

关于加强煤与瓦斯突出矿井鉴定工作的通知（煤安监办字［2005］11号）

关于2004年国有煤矿安全程度评估工作情况的通报（煤安监监一字［2005］18号）

关于国有煤矿企业安全生产许可证发证情况的通报（煤安监综合字［2005］21号）

关于印发《煤矿工人安全知识五十条》的通知（煤安监监察字［2005］29号）

关于加强煤矿矿灯安全监察工作的通知（煤安监监察字［2005］30号）

关于加强煤矿矿灯安全监察工作的补充通知（煤安监监察字［2005］41号）

关于做好煤矿作业场所职业卫生监察工作的指导意见（煤安监调查字［2005］49号）

关于规范煤矿特大事故报告和调查处理工作的通知（煤安监调查字［2005］56号）

关于明确煤矿企业主要负责人、安全生产管理人员及特种作业人员范围的通知（煤安监调查字［2005］66号）

关于向违反"三同时"规定违法开工建设煤矿（第一批）下达停止施工指令的通知（煤安监函字［2005］6号）

关于向已发生瓦斯动力现象尚未进行鉴定的矿井下达停产整顿指令的通知（煤安监函字［2005］7号）

关于进行煤矿通风能力实地核算的通知（煤安监函字［2005］11号）

关于转发山西省煤炭企业领导干部深入井下管理规定的通知（安监总厅字［2005］8号）

关于转发黑龙江省坚决遏制重特大煤矿事故五项措施的通知（安监总厅字［2005］14号）

关于转发《广东省煤矿停产整顿期间安全管理办法》的通知（安监总厅函字［2005］98号）

关于严格执行煤矿整顿关闭工作信息报送和重大事项报告制度的通知（煤安监司综合字［2005］15号）

（2）事故处理

关于河南省郑州煤炭工业集团有限责任公司大平煤矿"10·20"煤与瓦斯突出引发特别重大瓦斯爆炸事故的处理决定（煤安监监一字［2005］17号）

关于辽宁省阜新矿业（集团）有限责任公司孙家湾煤矿海州立井"2·14"特别重大瓦斯爆炸事故的处理决定（煤安监调查字［2005］36号）

关于河南省平顶山市新生煤矿南店非法矿井"11·11"特别重大瓦斯煤尘爆炸事故的处理决定（煤安监调查字［2005］39号）

关于山西省阳泉市盂县大贤煤矿三坑"12·9"特别重大瓦斯爆炸事故的处理决定（煤安监调查字［2005］54号）

关于山西省朔州市平鲁区白堂乡细水煤矿"3·19"特别重大瓦斯爆炸事故的处理决定（煤安监调查字［2005］61号）

关于陕西省铜川矿务局陈家山煤矿"11·28"特别重大瓦斯爆炸事故的处理决定（煤安监调查字［2005］73号）

关于河北省承德县承德暖儿河矿业有限公司"5·19"特别重大瓦斯爆炸事故的处理决定（煤安监调查字［2005］74号）

关于新疆维吾尔自治区昌吉回族自治州阜康市神龙有限责任公司煤矿"7·11"特别重大瓦斯爆炸事故的处理决定（煤安监调查字［2005］75号）

关于广东省梅州市大兴煤矿"8·7"特别重大透水事故的处理决定（煤安监调查字［2005］76号）

煤矿特大生产安全事故批复目录

4. 安全生产监管

（1）工作部署

关于印发《进一步做好2005年非煤矿山安全生产

专项整治工作意见》的通知（安监管管一字［2005］21号）

关于加强金属非金属矿山尾矿库安全生产监管工作的通知（安监总管一字［2005］8号）

关于印发《海洋石油事故报告和调查处理指导意见》的通知（安监总海油字［2005］56号）

关于加强非煤矿矿山及石油、冶金、有色、建材等相关行业建设项目安全设施“三同时”工作的通知（安监总管一字［2005］67号）

关于金属与非金属矿山实施矿用产品安全标志管理的通知（安监总规划字［2005］83号）

关于河北省邢台县“11·6”石膏矿特别重大坍塌事故的通报（安监总管一字［2005］170号）

关于印发进一步加强冶金行业安全生产工作的指导意见的通知（安监总管一字［2005］172号）

关于积极参与整顿和规范矿产资源开发秩序工作的通知（安监总管一字［2005］174号）

关于公布海洋石油天然气安全中介机构资质发（换）证审查结果的通知（安监总海油字［2005］82号）

关于石油天然气井喷失控事故备案的通知（安监总厅字［2005］77号）

关于加强汛期安全生产工作的通知（安委办字［2005］8号）

关于云南省红河州“7·30”事故的通报（安委办字［2005］14号）

关于近期两起非法营运车、船特大伤亡事故的通报（安委办字［2005］46号）

关于近期两起特大道路交通事故情况的通报（安委办字［2005］56号）

关于进一步做好预防机械伤害事故加强安全监督执法工作的通知（安监总管二字［2005］96号）

关于加强隧道施工安全管理工作的紧急通知（安监总管二字［2005］206号）

关于核准安徽叉车集团公司等33家单位为一级安全质量标准化机械制造企业的通知（安监总管二字［2005］187号）

关于内蒙古自治区鄂尔多斯市“12·24”特大事故的紧急通报（安监总明电［2005］11号）

关于进一步加强渔业安全生产监督管理工作的紧急通知（农渔发［2005］40号）

关于开展渡口渡船专项整治规范渡口渡船安全管理的意见（交海发［2005］324号）

关于落实国务院领导同志重要批示认真做好烟花爆竹安全生产工作的紧急通知（安委办字［2005］1号）

关于深化危险化学品运输安全专项治理工作的通知（安委办字［2005］5号）

关于切实做好夏季烟花爆竹安全生产工作的通知（安委办字［2005］10号）

关于做好产销旺季烟花爆竹安全生产工作的通知（安委办字［2005］42号）

关于近期连续发生非法生产烟花爆竹重大事故的通报（安委办字［2005］47号）

关于河北省山西省贵州省一个月内连续发生多起特大生产安全事故的通报（安委办字［2005］49号）

关于危险化学品经营许可工作情况的通报（安监总危化字［2005］6号）

关于做好道路运输危险化学品安全专项整治工作的通知（安监总危化字［2005］51号）

关于推进危险化学品生产企业安全生产许可证颁发管理工作的通知（安监总危化字［2005］61号）

关于近期道路运输危险化学品泄漏事故的通报（安监总危化字［2005］93号）

关于推广应用HAN阻隔防爆技术的通知（安监总危化字［2005］101号）

关于全面开展危险化学品登记工作的通知（安监总危化字［2005］155号）

关于近期发生的重大危险化学品事故的通报（安监总危化字［2005］182号）

关于将依法取得营业执照的危险化学品生产企业纳入颁发安全生产许可证范畴的通知（安监总厅字［2005］175号）

（2）事故处理

关于四川南充“9·27”特别重大沉船事故结案的通知（安监总办字［2005］9号）

关于河南省济源市小浪底水库“6·22”特别重大沉船事故结案的通知（安监总管二字［2005］22号）

关于重庆石柱“9·25”特别重大道路交通事故结案的通知（安监总管二字［2005］66号）

关于河北邢台“11·20”铁矿特别重大火灾事故结案的通知（安监总管一字［2005］110号）

关于青海省玉树州“1·3”特别重大道路交通事故结案的通知（安监总管二字［2005］132号）

关于山西省临猗县“9·23”特别重大沉船事故结案的通知（安监总管二字［2005］150号）

关于广西壮族自治区钦州市浦北县“10·4”特别重大烟花爆竹爆炸事故结案的通知（安监总危化字［2005］179号）

关于广东汕头“6·10”特别重大火灾事故结案的通知（安监总管二字［2005］209号）

5. 安全培训和宣传教育

（1）安全培训

关于加强煤矿安全培训工作的若干意见（安监总培训字［2005］91号）

关于印发《煤矿安全培训监督检查办法（试行）》的通知（安监总煤矿字［2005］135号）

关于印发《国家安全生产监督管理总局机关公务员培训暂行办法》的通知（安监总人字［2005］145号）

关于印发《安全评价人员考试管理办法（试行）》和《安全评价人员考试要点（试行）》的通知（安监管规划字［2005］4号）

关于印发海洋石油天然气开采单位主要负责人、安全管理人员安全资格培训大纲及考核标准（试行）的通知（安监总海油字［2005］44号）

关于印发《矿山救护培训管理暂行规定》的通知（安监总办字［2005］111号）

关于公布安全培训机构复审及培训质量评估检查结果的通知（安监总培训字［2005］124号）

关于开展煤矿安全培训专项监察的通知（煤安监调查字［2005］58号）

关于全国煤矿安全培训情况的通报（煤安监调查字［2005］71号）

关于特种作业人员操作证（IC卡）工本费取消后管理问题的通知（安监总厅字［2005］3号）

关于做好注册安全工程师注册管理工作有关事项的通知（安监总厅字［2005］18号）

关于企业内机动车辆驾驶人员安全技术培训考核问题的复函（安监总厅函字［2005］7号）

（2）宣传教育

关于印发《2005年安全生产宣传教育工作要点》的通知（安监管政法字［2005］18号）

关于开展2005年“全国安全生产月”活动的通知（安监总政法字［2005］4号）

关于印发《安全生产新闻工作管理规定》的通知（安监总政法字［2005］94号）

关于成立国家安全生产监督管理总局宣传工作领导小组的通知（安监总厅字［2005］165号）

6. 规划科技、中介机构管理

关于印发2005年度安全生产科技发展计划的通知（安监总科技字［2005］69号）

关于进一步做好安全生产“十一五”规划工作的通知（安监总规划字［2005］131号）

关于印发《国家安全生产专家组工作规则》的通知（安监总规划字［2005］168号）

关于加强各级安全生产监督管理机构装备配置工作的通知（安监总规划字［2005］194号）

关于印发加强对安全生产中介活动监督管理的若干规定的通知（安监总办字［2005］98号）

关于印发《安全评价机构考核管理规则》的通知（安监总规划字［2005］65号）

关于印发《特种劳动防护用品安全标志实施细则》的通知（安监总规划字［2005］149号）

关于授予国家安全生产长沙矿山机电检测检验中心等28家单位安全生产检测检验资质的通知（安监管规划字［2005］2号）

关于撤销北京桑莱咨询中心安全评价资质的通知（安监管规划字［2005］26号）

关于印发《安全评价人员资格登记管理规则》的通知（安监总规划字［2005］108号）

关于授予国家安全生产武汉劳动防护用品检测检验中心等13家安全生产检测检验机构资质的通知（安监总规划字［2005］163号）

关于批准北京市劳动保护科学研究所等单位安全评价甲级资质的通知（安监总规划字［2005］200号）

关于授予中国矿业大学矿山开采与安全教育部重点实验室等7个单位安全生产检测检验资质的通知（安监总规划字［2005］218号）

7. 机构编制管理

关于印发国家安全生产监督管理总局内设机构、主要职责、处室设置和人员编制规定的通知（安

监总办字［2005］11号）
关于印发国家煤矿安全监察局内设机构、主要职责、处室设置和人员编制规定的通知（安监总办字［2005］12号）
关于印发煤炭信息研究院（安全生产信息研究院）职责范围、内设机构和人员编制方案的通知（安监管司办字［2005］2号）
关于印发煤炭工业档案馆（局档案馆）职责范围、内设机构和人员编制方案的通知（安监管司办字［2005］13号）

国务院行业主管和相关部门有关安全生产的规章及文件（目录）

公安部

剧毒化学品购买和公路运输许可证件管理办法（公安部令第77号　2005年发布）

卫生部

关于疾病预防控制体系建设的若干规定（中华人民共和国卫生部令第40号　2005年1月5日发布）
卫生部关于发布《深海石油作业职业卫生管理办法》的通知（卫监督发［2005］40号　2005年1月31日发布）
卫生部关于印发《化学品毒性鉴定技术规范》的通知（卫监督发［2005］272号　2005年7月11日发布）

国家质检总局

特种设备行政许可鉴定评审监督与管理规则（2005年发布）

全国总工会

工会劳动保护责任制（试行）（2005年发布）
关于印发《中华全国总工会国家煤矿安全监察局特聘煤矿安全群众监督员实施办法》的通知（2005年发布）
特聘煤矿安全群众监督员实施办法（2005年发布）

铁道部

合资铁路和地方铁路开行旅客列车安全评估办法（暂行）（铁安监［2005］8号）
铁路运输安全行政执法人员管理办法（暂行）（铁安监［2005］228号）
关于实施铁路突发公共事件应急预案的决定（铁办［2005］115号）
印发《铁路营业线施工及安全管理办法》的通知（铁办［2005］133号）
铁道部推行行政执法责任制的意见（铁政法［2005］192号）
进一步完善和强化铁路局安全检查监督体系指导意见（铁安监函［2005］532号）
关于完善铁道部行政许可工作程序的实施意见（铁政法函［2005］452号）
企业自备货车经国家铁路过轨运输许可办法（铁道部令第9号）
铁路机车车辆设计生产维修进口许可管理办法（铁道部令第14号）
铁路运输安全设备生产企业认定办法（铁道部令第15号）
铁路超限超长超重集重货物承运人资质许可办法（铁道部令第16号）
铁路危险货物承运人资质许可办法（铁道部令第17号）
铁路危险货物托运人资质许可办法（铁道部令第18号）
铁路机车和自轮运转车辆驾驶员资格许可办法（铁道部令第19号）
设置或者拓宽铁路道口人行过道审批办法（铁道部令第20号）
铁路专用线与国铁接轨审批办法（铁道部令第21号）
铁路专用计量器具新产品技术认证管理办法（铁道部令第22号）

《铁路运输安全保护条例》确定的铁路管理机构职责规定（铁道部令第23号）

违反《铁路运输安全保护条例》行政处罚实施办法（铁道部令第27号）

交通部

中华人民共和国内河船舶船员适任考试发证规则（交通部令2005年第1号　2005年3月20日发布，2005年6月1日实施）

港口工程竣工验收办法（交通部令2005年第2号　2005年3月21日发布，2005年6月1日实施）

国际道路运输管理规定（交通部令2005年第3号　2005年4月6日发布，2005年6月1日实施）

公路工程质量监督规定（交通部令2005年第4号　2005年5月8日发布，2005年6月1日实施）

公路工程设计变更管理办法（交通部令2005年第5号　2005年5月9日发布，2005年7月1日实施）

货物运输及站场管理规定（交通部令2005年第6号　2005年6月16日发布，2005年8月1日实施）

机动车维修管理规定（交通部令2005年第7号　2005年6月24日发布，2005年8月1日实施）

中华人民共和国港口收费规则（内贸部分）（交通部令2005年第8号　2005年7月12日发布，2005年8月1日实施）

道路危险货物运输管理规定（交通部令　2005年第9号　2005年7月12日发布，2005年8月1日实施）

道路旅客运输及客运站管理规定（交通部令　2005年第10号　2005年7月13日发布，2005年8月1日实施）

中华人民共和国防治船舶污染内河水域环境管理规定（交通部令　2005年第11号　2005年8月20日发布，2006年1月1日实施）

公路水运工程试验检测管理办法（交通部令　2005年第12号　2005年9月6日发布，2005年12月1日实施）

中国民航总局

大型飞机公共航空运输承运人运行合格审定规则（CCAR－121）（民用航空总局局长令　第140号　2005年2月5日通过，2005年2月25日发布，2005年6月1日实施）

飞行模拟设备的鉴定和使用规则（CCAR－60）（民用航空总局局长令　第141号　2005年2月5日通过，2005年3月7日发布，2005年9月1日实施）

民用航空安全信息管理规定（CCAR－397）（民用航空总局局长令　第143号　2005年2月5日通过，2005年3月7日发布，2005年4月7日实施）

中国民用航空监察员规定（CCAR－18R1）（民用航空总局局长令　第144号　2005年2月5日通过，2005年3月3日发布，2005年5月3日实施）

民用航空油料适航管理规定（CCAR－55）（民用航空总局局长令　第145号　2005年4月5日通过，2005年4月29日发布，2005年10月1日实施）

中国民用航空气象工作规则（CCAR－117R1）（民用航空总局局长令　第146号　2005年6月8日通过，2005年6月27日发布，2005年7月27日实施）

民用机场专用设备使用管理规定（CCAR－137CAR2）（民用航空总局局长令　第150号　2005年7月18日通过，2005年8月14日发布，2005年9月14日实施）

小型航空器商业运输运营人运行合格审定规则（CCAR－135）（民用航空总局局长令　第151号　2005年8月31日通过，2005年9月20日发布，2006年1月1日实施）

民用航空器维修单位合格审定规定（CCAR－145R3）（民用航空总局局长令　第152号　2005年8月22日通过，2005年9月27日发布，2005年12月31日实施）

民用航空器维修人员执照管理规则（CCAR－66R1）（民用航空总局局长令　第153号　2005年8月22日通过，2005年9月27日发布，2005年12月31日实施）

民用航空器维修培训机构合格审定规定（CCAR－147）（民用航空总局局长令　第154号　2005年8月22日通过，2005年9月27日发布，2005年12月31日实施）

民用航空器飞行事故应急反应和家属援助规定（CCAR－399）（民用航空总局局长令　第155号　2005年8月13日通过，2005年10月7日发布，2006年1月1日实施）

民用机场使用许可规定（CCAR－139CA－R1）（民用航空总局局长令　第156号　2005年8月31日通过，2005年10月7日发布，2005年11月7日实施）

民用航空气象探测环境管理办法（CCAR－116）（民用航空总局局长令　第158号　2005年12月13日通过，2005年12月29日发布，2006年1月29日实施）

水利部

水利工程建设安全生产管理规定（中华人民共和国水利部令 第26号 2005年7月22日发布，2005年9月1日实施）

农业部

中华人民共和国畜牧法（2005年12月29日 第十届全国人民代表大会常务委员会第十九次会议通过）

高致病性动物病原微生物实验室生物安全管理审批办法（中华人民共和国农业部令 第52号）

农业机械试验鉴定办法（中华人民共和国农业部令 第54号）

关于进一步明确渔业船舶安全监管职责的通知（国渔船［2005］73号）

关于印发《专属经济区渔政巡航管理规定》的通知（国渔指［2005］83号）

国家林业局

国家林业局关于切实做好“五一”黄金周期间安全生产工作的通知（林发明电［2005］18号）

国家林业局关于切实做好“十一”期间安全和社会稳定工作的通知（林发明电［2005］32号）

林业机械 便携式油锯和割灌机 易引起火险的排放标准（GB 19724—2005）

林业机械 便携式割灌机和割草机 安全要求（GB 19725—2005）

林业机械 油锯 安全要求和试验（GB 19726.1—2005）

林业机械 割灌机、割草机、杆式修枝锯和类似机具的背负式动力装置 安全要求和试验（GB 19727—2005）

林业机械 背负式割灌机和割草机 安全要求和试验（GB 19728—2005）

建设部

关于印发《建筑工程安全防护、文明施工措施费用及使用管理规定》的通知（建办［2005］89号 2005年6月7日发布）

建设部、国家安全监管总局关于加强建设工程安全生产工作的紧急通知（建质［2005］135号 2005年8月9日发布）

关于印发《建筑工程安全生产监督管理工作导则》的通知（建质［2005］184号 2005年10月13日发布）

关于开展建筑施工安全质量标准化工作的指导意见（建质［2005］232号 2005年12月22日发布）

关于进一步加强建筑工地食堂卫生管理工作的通知（卫监督发［2005］94号 2005年3月15日发布）

关于加强隧道施工安全管理工作的紧急通知（安监总管二字［2005］206号 2005年12月25日发布）

关于严格实施建筑施工企业安全生产许可制度的通知（建质电［2005］46号 2005年6月24日发布）

关于北京市西西工程4号地项目模板支撑系统坍塌事故的通报（建质电［2005］67号 2005年9月7日发布）

关于建筑施工企业三类人员安全生产考核和安全生产许可证核发管理工作有关事项的通知（建办质［2005］20号 2005年3月23日发布）

关于加强春季和“两会”期间建筑施工安全生产的通知（建办质电［2005］12号 2005年2月28日发布）

建设部关于加强国庆节期间安全生产工作的通知（建办质电［2005］71号 2005年9月15日发布）

关于报送建筑施工企业安全生产许可证颁发管理情况的函（建办质函［2005］212号 2005年4月20日发布）

关于做好防暑降温工作保证一线施工人员安全健康的紧急通知（建安办［2005］01号 2005年6月22日发布）

关于进一步切实加强汛期施工安全生产工作的紧急通知（建安办［2005］7号 2005年8月3日发布）

关于遏制市政工程、人工挖孔桩施工（维护）中毒事故的通知（建安办［2005］10号 2005年10月14日发布）

建筑施工临时用电安全技术规范（JGJ46—2005）（2005年4月15日发布）

信息产业部

电子信息产业安全生产管理规定（2005年发布）

国防科工委

民用爆破器材企业安全管理规程（WJ 9049—2005）（2005年4月11日发布）

民用爆破器材安全评价导则（WJ 9048—2005）（2005年4月11日发布）

国防科工委关于印发《工业炸药生产线电子监控系统设置安全技术条件（试行）》的通知（科

工爆［2005］742号 2005年7月15日发布）

中国核工业建设集团公司

中国核工业建设集团公司在沪施工项目重大危险源工程安全监控管理规定（核建安发［2005］12号 2005年9月2日发布，2005年9月2日实施）

中国核工业建设集团公司境外安全生产重（特）大事故与突发事件应急预案（核建发［2006］44号 2006年3月23日发布，2006年3月23日实施）

中国核工业建设集团公司安全生产责任制（核建发［2005］181号 2005年9月7日发布，2005年9月7日实施）

中国核工业建设集团公司安全生产管理规定（核建发［2005］182号 2005年9月7日发布，2005年9月7日实施）

中国船舶工业集团公司

关于认真做好春节期间安全生产工作的通知（船经［2005］01号）

关于2005年集团公司生产安全事故控制指标的通知（2005年发布）

阶段性安全评审程序（2005年发布）

消防及危险化学品标准化检查程序（2005年发布）

道路交通安全标准化检查程序（2005年发布）

防汛防台标准化检查程序（2005年发布）

特种设备标准化检查程序（2005年发布）

船舶生产安全标准化检查程序（2005年发布）

环境保护、职业卫生标准化检查程序（2005年发布）

中国兵器工业集团公司

兵器行业机械制造企业安全质量标准化考核评级标准（2005年发布）

兵器行业弹箭企业安全质量标准化考评标准（2005年发布）

兵器行业引信企业安全质量标准化考评标准（2005年发布）

兵器行业火工品企业安全质量标准化考评标准（2005年发布）

兵器行业火炸药企业安全质量标准化考评标准（2005年发布）

中国兵器装备集团公司

集团公司关于进一步加强安全生产工作的决定（2005年发布实施）

中国兵器装备集团公司安全生产管理办法（试行）（2005年发布实施）

集团公司重大危险源和重大事故隐患档案建档要求（试行）（2005年发布实施）

电监会

水电站大坝运行安全管理规定（电监会3号令 2004年12月1日发布，2005年1月1日实施）

电力生产事故调查暂行规定（电监会4号令 2004年12月28日发布，2005年3月1日实施）

电力二次系统安全防护规定（电监会5号令 2004年12月20日发布，2005年2月1日实施）

中国石油天然气集团公司

关于印发《中国石油天然气集团公司安全事故行政责任追究暂行规定》等七项制度的通知（中油质安字［2005］406号 2005年8月26日发布）

附件：

《中国石油天然气集团公司安全事故行政责任追究暂行规定》

《中国石油天然气集团公司危险化学品安全管理办法》

《中国石油天然气集团公司民用爆炸物品安全管理办法》

《中国石油天然气集团公司承包租赁安全管理办法》

《中国石油天然气集团公司安全监督站管理规则》

《中国石油天然气集团公司安全监督工作规则》

《中国石油天然气集团公司应急预案编制通则》

关于印发《中国石油天然气集团公司安全生产考核评比办法》的通知（中油质安字［2005］648号 2005年12月31日发布）

中国石油化工集团公司

关于印发《中国石化集团公司安全生产重大事故行政责任追究规定（试行）》的通知（中国石化人［2005］198号）

关于印发《中国石化特重大事件应急预案》的通知（中国石化安［2005］651号）

关于印发《中国石油化工集团公司境外企业安全生产管理规定（试行）》的通知（中国石化安［2005］652号）

中国海洋石油总公司

《中国海洋石油总公司重大安全环境污染责任事故行政责任追究的规定（试行）》的通知（海油总安［2005］1号）

中国海洋石油总公司安全监督资质管理办法（海油总安［2005］391号）

中国海洋石油总公司健康安全环保绩效考核管理办法（海油总安［2005］456号）

省、自治区、直辖市有关安全生产的地方性法规、规章及文件（目录）

北京

北京市商场、超市安全管理规范（试行）（京商办字［2005］4号）

北京市餐饮业安全管理规范（试行）（京商办字［2005］4号）

北京市娱乐场所安全管理规范（试行）（京文市［2005］62号）

北京市营业性演出场所安全管理规范（试行）（京文市［2005］64号）

北京市电影放映单位安全管理规范（试行）（京文市［2005］63号）

北京市互联网上网服务营业场所安全管理规范（试行）（京文市［2005］61号）

北京市公园风景名胜区安全管理规范（试行）（京园保发［2005］27号）

北京市汽车加油加气站安全管理规范（试行）（京安监危化字［2005］18号）

北京市烟花爆竹经营单位安全管理规范（试行）（京安监危化字［2005］19号）

北京市旅游星级饭店安全管理规范（试行）（京旅发［2005］80号）

北京市洗浴经营企业安全管理规范（试行）（京商办字［2005］12号）

北京市健身房安全管理规范（试行）（京体办字［2005］89号）

北京市滑雪场所安全管理规范（试行）（京体办字［2005］90号）

北京市非煤矿山安全管理规范（试行）（京安监管一字［2005］40号）

北京市危险化学品生产企业安全管理规范（试行）（京安监危化字［2005］58号）

北京市石油库安全管理规范（试行）（京安监危化字［2005］59号）

北京市瓶装工业气体经营单位安全管理规范（试行）（京安监危化字［2005］60号）

北京市烟花爆竹销售单位储存仓库安全管理规范（试行）（京安监危化字［2005］88号）

北京市烟花爆竹零售单位和临时销售网点安全管理规范（试行）（京安监危化字［2005］89号）

北京市烟花爆竹安全管理规定（2005年9月9日北京市第十二届人民代表大会常务委员会第二十二次会议通过）

天津

关于做好今冬明春安全生产工作的通知（2005年发布）

关于加强非公有制中小企业外来务工人员安全生产管理工作的通知（2005年发布）

上海

上海市安全生产条例（2005年1月6日发布，2005年3月1日实施）

上海市实施《安全生产培训管理办法》若干意见（沪安监管法规［2005］114号　2005年8月26日发布，2005年8月26日实施）

上海市安全生产警示实施暂行办法（沪安监管法规［2005］147号　2005年11月7日发布，2005年12月1日实施）

上海市安全生产监督管理局安全生产新闻工作管理规定（沪安监管法规［2005］189号　2005年12月31日发布，2005年12月31日实施）

上海市安全评价机构监督管理规定（沪安监管发科［2005］187号 2005年12月29日发布，2005年12月29日实施）

河北省

河北省安全生产条例（2005年3月25日通过，2005年9月1日实施）

山西省

山西省人民代表大会常务委员会《关于修改山西省实施〈中华人民共和国矿山安全法〉办法的决定》(2005年9月29日山西省第十届人民代表大会常务委员会第二十次会议通过，2005年实施)

山西省非法违法煤矿行政处罚规定（2005年10月28日省人民政府第58次常务会议通过，省政府183号令发布，2005年12月1日实施）

山西省危险化学品安全管理办法（2005年12月27日省人民政府第64次常务会议通过，2006年1月8日省政府184号令发布，2006年2月1日实施）

内蒙古自治区

内蒙古自治区安全生产条例（2005年5月27日发布，2005年7月1日实施）

内蒙古自治区人民政府关于加快煤炭产业结构调整的指导意见（内政字［2005］37号 2005年2月23日发布）

内蒙古自治区人民政府关于促进煤炭工业健康发展的意见（内政字［2005］209号 2005年8月20日发布）

关于印发自治区煤矿瓦斯综合治理工作实施方案的通知（内工办煤炭字［2005］246号 2005年8月20日发布）

内蒙古自治区人民政府关于印发煤矿整顿关闭工作实施方案的通知（内政字［2005］280号 2005年11月10日发布）

辽宁省

辽宁省安全生产监督管理规定（辽宁省人民政府令第178号 2005年3月1日发布，2005年3月10日实施）

辽宁省道路交通事故行政责任调查追究规定（辽宁省人民政府令第191号 2005年12月20日发布，2006年2月1日实施）

辽宁省人民政府关于进一步加强安全生产工作的决定（辽政发［2005］4号 2005年2月25日发布，2005年2月25日实施）

辽宁省重特大事故报告暂行办法（辽政办发［2005］5号 2005年1月18日发布，2005年1月18日实施）

辽宁省安全评价机构管理办法（辽安监发［2005］99号 2005年11月16日发布，2005年11月16日实施）

辽宁省安全生产监督管理行政执法实施办法（辽安监发［2005］103号 2005年11月24日发布，2005年12月1日实施）

吉林省

吉林省安全生产条例（吉林省第十届人民代表大会常务委员会公告第35号 2005年3月31日发布，2005年6月1日实施）

关于印发吉林省安全生产监管系统信息化建设实施意见的通知（吉安监管办字［2005］1号 2005年1月4日发布，2005年1月4日实施）

关于确定省安全监管局及相关部门监管中央驻吉企业和省属企业名单的通知（吉安委办字［2005］3号 2005年1月14日发布，2005年1月14日实施）

关于印发《吉林省中省属企业安全生产目标责任制实施办法》的通知（吉安监管管二字［2005］46号 2005年3月25日发布，2005年3月25日实施）

关于印发《吉林省贯彻安全评价机构管理规定实施办法》的通知（吉安监管规划字［2005］67号 2005年4月20日发布，2005年4月20日实施）

关于吉林省非煤矿矿山建设项目安全设施的设计审查和竣工验收分级管理的通知（吉安监管管一字［2005］72号 2005年4月22日发布，2005年4月22日实施）

关于印发《吉林省采砂企业安全生产管理暂行办法》（试行）、《吉林省砖瓦生产企业采土场安全生产管理暂行办法》（试行）的通知（吉安监管管一字［2005］81号 2005年5月9日发布，2005年5月9日实施）

关于印发开展整顿规范建设项目安全设施“三同时”工作方案的通知（吉安委办字［2005］12号 2005年4月22日发布，2005年4月22日实施）

印发《关于进一步完善全省安全生产检查工作的意见》的通知（吉安监管监察字［2005］68号 2005年4月21日发布，2005年4月21日实施）

关于进一步加强烟花爆竹安全经营管理工作的通知（吉安监管危化字［2005］95号　2005年5月20日发布，2005年5月20日实施）

关于印发《吉林省安全生产监督管理局关于加强队伍自身建设的意见（试行）》的通知（吉安监管党组字［2005］15号　2005年7月11日发布，2005年7月11日实施）

关于省安全生产监督管理局对中央驻吉企业和省属企业安全监管的补充通知（吉安监管危化字［2005］144号　2005年7月18日发布，2005年7月18日实施）

关于印发《吉林省危险化学品经营许可证工作程序》的通知（吉安监管危化字［2005］158号　2005年7月28日发布，2005年7月28日实施）

关于印发《吉林省安全生产监督管理局事故调查处理审核办法》的通知（吉安监管办字［2005］163号　2005年8月2日发布，2005年8月2日实施）

关于印发《吉林省安全生产培训管理办法（暂行）》的通知（吉安监管人字［2005］168号　2005年8月3日发布，2005年8月3日实施）

吉林省安全生产监督管理局关于精简文件提高公文质量和办文效率的意见（吉安监管办字［2005］180号　2005年8月9日发布，2005年8月9日实施）

关于印发《吉林省生产经营单位主要负责人、安全生产管理人员培训大纲》的通知（吉安监管人字［2005］191号　2005年8月29日发布，2005年8月29日实施）

关于印发《吉林省危险化学品生产、储存建设项目安全审查办法》的通知（吉安监管危化字［2005］206号　2005年9月12日发布，2005年9月12日实施）

关于进一步加强我省非煤矿山企业安全生产监督管理工作的通知（吉安监管管一字［2005］205号　2005年9月9日发布，2005年9月9日实施）

关于印发《吉林省企业安全费用提取和管理暂行办法》的通知（吉安监管政法字［2005］224号　2005年10月21日发布，2005年10月21日实施）

关于印发《吉林省生产经营单位安全生产风险抵押金管理暂行办法》的通知（吉安监管政法字［2005］236号　2005年10月27日发布，2005年10月27日实施）

关于印发《吉林省安全生产行政执法质量考核评议暂行办法》的通知（吉安监管政法字［2005］242号　2005年11月9日发布，2005年11月9日实施）

关于印发《吉林省非煤矿山建设项目安全设施设计审查与竣工验收实施办法》的通知（吉安监管管一字［2005］247号　2005年11月11日发布，2005年11月11日实施）

关于实行规范性文件审核备案制度的通知（吉安监管政法字［2005］250号　2005年11月18日发布，2005年11月18日实施）

黑龙江省

关于推进全省安全生产依法行政工作的实施意见（黑安监发［2005］123号　2005年11月6日发布）

关于印发《黑龙江省安全评价机构管理办法》的通知（黑安监发［2005］128号　2005年12月29日发布）

关于印发《黑龙江省建设项目安全设施“三同时”监督管理暂行办法》的通知（黑安监发［2005］129号　2005年12月29日发布）

黑龙江省人民政府关于印发安全生产工作联系责任制的通知（黑政发［2005］90号　2005年12月5日发布）

黑龙江省消防安全责任制规定（黑龙江省人民政府令第5号　2005年12月30日发布，2005年12月30日实施）

黑龙江省建设工程安全生产管理办法（黑龙江省人民政府令　第2号　2005年3月28日发布，2005年5月1日实施）

黑龙江省人民政府关于进一步加强安全生产工作的决定（黑政发［2005］27号）

黑龙江省人民政府关于印发黑龙江省煤矿重特大安全事故行政责任追究暂行规定的通知（黑政发［2005］7号　2005年2月6日发布）

黑龙江省人民政府关于进一步加强煤矿安全生产的决定（2005年发布）

江苏省

江苏省安全生产条例（2005年3月31日江苏省第十届人民代表大会常务委员会第十五次会议通过）

关于实行《江苏省安全评价行业收费指导价》的通知（苏安协［2005］2号）

关于下发《江苏省烟花爆竹经营单位销售许可证实施意见》（暂行）的通知（苏安监［2005］88

号）

关于下发《江苏省烟花爆竹安全管理办法》（试行）的通知（苏安监［2005］38号）

关于下发《江苏省安全评价违规行为处罚办法（暂行）》的通知（苏安监［2005］35号）

关于下发《江苏省危险化学品生产、储存企业建设项目安全审查管理办法》（试行）的通知（苏安监［2005］174号）

关于印发《江苏省煤炭企业领导干部深井下管理规定》的通知（苏煤安［2005］45号）

关于印发《江苏煤矿职业卫生安全监察实施细则》的通知（苏煤安［2005］48号）

关于执行《江苏煤矿斜巷窄轨运输管理规定》的通知（苏煤安［2005］54号）

关于下发《2005年江苏煤矿安全评估工作实施意见》的通知（苏煤安［2005］57号）

浙江省

浙江省特大（特别重大）生产安全事故应急救援预案（浙政办发［2005］57号　2005年7月7日发布，2005年7月7日实施）

浙江省人民政府关于修改《浙江省渡口安全管理办法》的决定（浙江省政府令　第209号　2005年12月27日发布，2005年12月27日实施）

浙江省人民政府关于修改《浙江省公共安全技术防范管理办法》的决定（浙江省政府令　第211号　2005年12月27日发布，2005年12月27日实施）

浙江省人民政府关于加强应急机制建设提高政府保障公共安全和处置突发公共事件能力的意见（浙政发［2005］14号　2005年2月6日发布，2005年2月6日实施）

浙江省人民政府关于印发浙江省突发公共事件总体应急预案的通知（浙政发［2005］12号　2005年2月6日发布，2005年2月6日实施）

安徽省

安徽省人民政府安全生产委员会关于下达2005年全省安全生产控制指标和考核办法及标准的通知（皖安［2005］1号　2005年3月2日印发）

安徽省安全生产监督管理局关于推广非公有制企业安全监管试点经验的实施意见（皖安监二［2005］60号　2005年4月17日印发）

安徽省安全生产监督管理局关于进一步做好生产企业安全生产许可证审核颁发工作的意见（皖安监办［2005］144号　2005年9月9日印发）

安徽省安全生产监督管理局、政府安全生产委员会办公室关于印发《安徽省安全生产信息工作暂行规定》的通知（皖安监办［2005］6号　2005年1月14日印发）

安徽省安全生产监督管理局关于印发《安徽省安全生产专家组管理暂行办法》的通知（皖安监规［2005］17号　2005年1月27日印发）

安徽省安全生产监督管理局关于印发《安徽省重大安全生产事故隐患整治技改贴息项目审查及专项资金管理办法》的通知（皖安监规函［2005］24号　2005年3月1日印发）

安徽省安全生产监督管理局关于贯彻实施《安全生产培训管理办法》的意见（皖安监人［2005］69号　2005年4月30日印发）

关于印发《安徽省安全生产监督管理局档案管理暂行办法》的通知（皖安监办［2005］112号　2005年7月15日印发）

安徽省安全生产监督管理局关于进一步改进机关作风加强效能建设的实施意见（皖安监办［2005］126号　2005年7月22日印发）

安徽省安全生产监督管理局关于进一步精简会议文件和领导干部事务性活动的意见（皖安监办［2005］128号　2005年8月2日印发）

安徽省安全生产监督管理局关于印发《省安监局信访和举报事项领导干部接待日管理暂行办法》的通知（皖安监办［2005］141号　2005年8月14日印发）

安徽省安全生产监督管理局关于印发《安徽省煤矿停产整顿期间安全管理办法》的通知（皖安监一［2005］145号　2005年9月14日印发）

安徽省安全生产监督管理局关于组织我省开展全国职工安全生产知识电视培训工作的实施意见（皖安监人［2005］155号　2005年9月26日印发）

安徽省安全生产监督管理局关于开展安全评价机构乙级资质认定工作的通知（皖安监规［2005］174号　2005年11月8日印发）

安徽省安全生产监督管理局关于安全培训机构三级和四级资质认定管理工作的通知（皖安监规［2005］198号　2005年12月12日印发）

福建省

关于印发《福建省安全评价机构管理办法》的通知（闽安监管三［2005］216号 2005年9月30日发布）

关于印发《福建省各类生产安全事故隐患和安全生产违法行为举报暂行规定》的通知（闽安委［2005］15号 2005年10月14日发布）

福建省人民政府办公厅印发福建省重特大道路交通事故应急救援、善后处理和事故调查工作暂行规定的通知（闽政办［2005］188号 2005年11月7日发布）

江西省

江西省非煤矿矿山企业安全生产许可证办法（江西省人民政府令 第138号 2005年1月10日发布，2005年1月10日实施）

江西省人民政府关于实施《国务院关于预防煤矿生产安全事故的特别规定》的办法（江西省人民政府令 第141号 2005年10月25日发布，2005年10月25日实施）

江西省烟花爆竹安全管理办法修正案（江西省人民政府令 第143号 2005年11月9日发布，2005年11月9日实施）

山东省

山东省重特大生产安全事故隐患排查治理办法（山东省人民政府令 第177号 2005年2月4日发布，2005年4月1日实施）

山东省安全生产培训管理实施细则（鲁安监发［2005］43号 2005年4月19日发布，2005年4月19日实施）

山东省承包非煤矿矿山工程施工安全监督管理暂行办法（鲁安监发［2005］57号 2005年5月31日发布，2005年5月31日实施）

山东省烟花爆竹销售许可证管理暂行办法（鲁安监发［2005］58号 2005年6月1日发布，2005年6月1日实施）

山东省安全生产行政处罚程序规定（鲁安监发［2005］59号 2005年6月2日发布，2005年6月2日实施）

河南省

河南省农村消防工作规定（河南省人民政府令 第87号 2004年12月10日发布，2005年2月1日实施）

湖北省

湖北省安全生产监督管理行政执法暂行办法（鄂安监管法规［2005］73号）

湖北省安全生产风险抵押金管理暂行办法（鄂安监管法规［2005］214号）

广东省

印发广东省属企业及中央企业驻粤分支机构安全生产监管办法的通知（粤府办［2005］7号 2005年1月17日发布，2005年1月17日实施）

关于印发广东省安全生产责任制考核办法的通知（粤府办［2005］10号 2005年2月1日发布，2005年2月1日实施）

关于印发广东省危险化学品安全监督管理部门职责的通知（粤府办［2005］14号 2005年2月18日发布，2005年2月18日实施）

广西壮族自治区

广西壮族自治区安全生产监督管理局关于印发《广西壮族自治区安全生产约见警示、黄牌警诫暂行办法》的通知（桂安监管字［2005］9号 2005年6月7日发布）

关于印发《安全生产行政审批会议制度》的通知（桂安监管法规字［2005］7号 2005年3月23日发布）

四川省

关于进一步完善煤矿安全监管监察体制的意见（2005年发布）

四川省安全生产风险准备金管理办法（2005年发布）

四川省生产经营单位安全生产费用提取使用管理办法（2005年发布）

四川省煤矿井下作业人员死亡事故赔偿办法（2005年发布）

云南省

云南省整顿关闭不具备安全生产条件和非法煤矿工作方案（2005年发布）

云南省煤矿安全事故伤亡赔偿暂行规定（2005年发布）

云南省安全生产事故调查暂行规定（2005年发布）

云南省安全生产责任状考核工作实施细则（暂行）（2005年发布）

贵州省

关于加强中央在黔及省属企业安全生产工作的通知（2005 年发布）

关于贯彻落实国务院办公厅进一步加强煤矿安全生产工作紧急通知的意见（2005 年发布）

中共贵州省委办公厅贵州省政府办公厅关于进一步抓好安全生产工作的通知（2005 年发布）

西藏自治区

西藏自治区安全生产奖惩办法（2005 年发布）

关于加强非煤矿山安全生产监督管理工作的意见（2005 年发布）

关于加强危险化学品安全监督管理工作意见（2005 年发布）

关于加强我区劳动保护用品监督管理的通知（2005 年发布）

陕西省

陕西省安全生产条例（2005 年发布）

陕西省实施《中华人民共和国道路交通安全法》办法（2005 年 10 月 1 日实施）

关于进一步加强煤矿安全生产工作的决定（2005 年 4 月发布）

陕西省重大危险源监督管理工作实施方案（2005 年发布）

青海省

青海省安全生产监督管理规定（青海省人民政府令第 50 号　2005 年 9 月 1 日发布，2005 年 11 月 1 日实施）

宁夏回族自治区

宁夏回族自治区烟花爆竹安全管理条例（宁人常［2005］20 号　2005 年 7 月 22 日发布，2005 年 9 月 1 日实施）

新疆生产建设兵团

兵团建设工程安全生产管理目标考核办法（2005 年发布）

兵团建设工程安全生产巡查管理办法（2005 年发布）

兵团建筑施工安全生产专项整治实施方案（2005 年发布）

兵团农机安全生产监督管理考核办法（2005 年发布）

海南省

海南省人民政府办公厅关于印发《海南省安全生产工作责任目标考核办法》的通知（琼府办［2005］32 号　2005 年 3 月 25 日发布，2005 年 3 月 25 日实施）

海南省安全生产委员会关于印发《海南省人民政府有关部门安全生产工作职责规定》的通知（琼安委［2005］8 号　2005 年 12 月 8 日发布，2005 年 12 月 8 日实施）

重庆市

重庆市安全生产监督管理条例（重庆市人民代表大会常务委员会公告　第 4 号　2005 年 3 月 25 日发布，2005 年 6 月 1 日实施）

重庆市烟花爆竹批发单位安全评价导则（试行）（渝法备［2005］第 56 号　2005 年 12 月 6 日发布，2005 年 12 月 6 日实施）

宁波市

关于进一步加强安全生产工作的决定（2005 年发布）

宁波市安全生产事故报告和调查处理暂行规定（2005 年发布）

关于切实加强全市生产安全应急救援体系建设的意见（2005 年发布）

关于切实做好当前安全生产工作的通知（2005 年发布）

宁波市重特大生产安全事故应急救援预案（2005 年发布）

宁波市重特大危险化学品安全事故应急救援预案（2005 年发布）

青岛市

安全生产违法行为行政处罚工作程序（2005 年发布）

安全生产行政许可工作程序（2005 年发布）

安全生产行政执法应诉工作程序（2005 年发布）

安全生产行政执法听证程序（2005 年发布）

安全生产行政执法复议程序（2005 年发布）

关于安全生产行政执法质量考核工作的通知（2005 年发布）

深圳市

深圳市学校安全管理条例（2005 年发布）

大连市

大连市政府关于进一步加强安全生产工作的决定（2005 年发布）

大连市有关部门安全生产职责（2005 年发布）

大连市安全生产专项资金管理暂行办法（2005 年发布）

第十二部分

安全生产大事记

2005年安全生产大事记

1　月

△1日　中共中央政治局常委、国务院总理温家宝专程来到陕西铜川矿务局，看望2004年"11·28"矿难遇难者家属，并下井慰问一线矿工，询问安全生产情况，强调"要爱惜每一位矿工的生命"、"不能再让这样的悲剧发生"。

△6日　《国有煤矿瓦斯治理规定》（国家安全生产监督管理局、国家煤矿安全监察局令第21号）发布实施。

△同日　《国有煤矿瓦斯治理安全监察规定》（国家安全生产监督管理局、国家煤矿安全监察局令第22号）发布实施。

△18日　国家安监局安全科学技术研究中心正式更名为中国安全生产科学研究院。

△26日　在国务院常务会议上，审议《国家突发公共事件总体应急预案》，并原则通过。

2　月

△1日　国家安全生产监督管理局（煤矿安全监察局）印发了《2005年安全生产宣传教育工作要点》，要求各有关部门结合实际，认真贯彻落实。

△14日　辽宁阜新孙家湾煤矿发生特大瓦斯爆炸事故，214人死亡。

△20日　国务院办公厅下发《国务院办公厅关于进一步加强煤矿安全生产工作的紧急通知》（国办发明电［2005］6号）。

△23日　国务院召开第81次常务会议，研究部署进一步加强煤矿安全生产工作，确定采取"对瓦斯灾害严重的45户重点煤矿派驻安全督导组，进行跟踪监察"等7项措施。

△24日　国务院安全生产委员会第六次联络员会议在京召开。

△26日　国务院下发《国务院关于国家安全生产监督管理局（国家煤矿安全监察局）机构调整的通知》（国发［2005］4号）。

△28日　中组部宣布了党中央、国务院关于将国家安全生产监督管理局调整为国家安全生产监督管理总局，升格为正部级的决定；同时，宣布了总局及其管理的国家煤矿安全监察局领导班子名单，任命李毅中为总局局长。

3　月

△5日　国务院总理温家宝在十届全国人大三次会议上作政府工作报告时提出，必须采取更加有力的措施加强安全生产工作。

△7日　国家安全生产监督管理总局召开总局成立后第一次视频调度会议。国家安全生产监督管理总局副局长王德学介绍了近期安全生产形势和下一步工作的要求。

△ 16 日　国务院办公厅下发《国务院办公厅关于印发国家安全生产监督管理总局主要职责内设机构和人员编制规定的通知》（国办发［2005］11 号）。

△ 同日　国务院办公厅下发《国务院办公厅关于印发国家煤矿安全监察局主要职责内设机构和人员编制规定的通知》（国办发［2005］12 号）。

△ 19 日　山西朔州市平鲁区白堂镇细水煤矿井下发生瓦斯爆炸，波及邻近的康家窑煤矿，两处小煤矿共 72 人死亡。

△ 29 日　国务院安全生产委员会发出《关于下达 2005 年全国安全生产控制指标的通知》（安委字［2005］1 号）。

4　月

△ 5 日　国家安全生产监督管理总局局长李毅中出席国务院新闻办举行的新闻发布会。李毅中在发布会上向中外记者介绍总局成立以来的主要工作，一是贯彻国务院第 81 次常务会议精神，狠抓煤矿各项安全治理措施的落实；二是结合落实国家安监总局的“三定”方案，进一步转变职能、转变工作方式、转变作风；三是推动安全生产“五要素”到位，着力建立安全生产长效机制；四是公正、严格执法，加大事故查处力度。

△ 6 日　中国职业安全健康协会在北京召开“安全社区建设经验交流会”，会议在北京市朝阳区望京街道办事处等 4 个单位介绍了建设安全社区经验的基础上，呼吁全国各地搞好社区安全建设。

△ 12 日　国务院安委会联络员第七次会议在京召开，这是国家安全生产监督管理总局成立以后国务院安委会联络员的第一次会议。会议传达了国务院领导同志的讲话精神，通报和分析了 2005 年第一季度全国安全生产形式和国家安全生产监督管理总局“三定”情况及近期工作思路；听取了公安、铁道、交通、建设、民航、旅游等部门一季度安全生产情况的介绍和对《关于生产安全事故及未遂事故调查处理及有关问题的规定》的意见。

△ 16 日　国务院办公厅发出《国务院办公厅关于切实做好“五一”黄金周期间安全生产工作的通知》（国办发明电［2005］12 号）。

△ 19 日　第 10 届职业性呼吸系统疾病国际会议在京召开。会议披露，目前我国有毒有害企业超过 1600 万家，受到职业病危害的人数超过 2 亿。

△ 24 日　国家职业安全卫生规划研讨会在京召开。国际劳工组织、世界卫生组织、国家安全生产监督管理总局、卫生部、全国总工会等部门的代表就有关我国正在制定的国家职业安全规划和职业卫生规划进行了讨论。

△ 同日　吉林省蛟河市腾达煤矿（乡镇有证）井下发生透水事故，有 69 人被困井下，经抢救，其中 39 人生还，30 名死亡。

△ 28 日　国家安全生产监督管理总局宣教中心、中国建筑业协会建筑安全分会与国际劳工组织北京局在京共同举办“建设和谐社会，关注建筑施工安全”高层研讨会暨“4·28 世界安全生产与健康日——为奥运建设者送安全”活动。

5　月

△ 15 日　全国人大常委会副委员长李铁映、司马义·艾买提、成思危、许嘉璐、韩启德分别率 5 个执法检查组，开始分赴全国 10 个省（自治区）进行《安全生产法》执法检查，同时委托 11 个省人大常委会对本地贯彻实施《安全生产法》情况进行检查。

△ 19 日　河北承德市暖儿河矿业有限公司（民营矿，原国有地方，评估等级 B 类）井下发生瓦斯爆炸事故，50 人死亡。

△ 28～30 日　中国职业安全健康协会第 4 届理事会第 2 次全体会议暨 2005 年学术年会在湖北宜昌召开。

6　月

△ 6 日　国务院安全生产委员会办公室转发了《黑龙江省关于严禁党政机关、事业单位及国有企业领导干部参与小煤矿生产经营活动的紧急通知》（安委办字［2005］9 号）。

△ 7 日　国务院下发《国务院关于促进煤炭工业健康发展的若干意见》（国发［2005］18 号）

△ 8 日　由国家安全生产监督管理总局、国家广播电影电视总局、中华全国总工会、共青团中央、中国音乐家协会等单位共同成立的“生命之

歌”全国安全歌曲大赛活动组委会主办的首届“安全·责任·文化·传播”论坛在京召开。

△10日 广东汕头市潮南区峡山街道华南宾馆发生火灾，31人死亡，3人重伤，23人轻伤。

△6月12日上午 2005年“安全生产万里行”活动出发仪式在广州市天河宏城广场举行。进入6月份以来，以“遵章守法，关爱生命”为主题的“安全生产月”活动在全国各地轰轰烈烈地开展起来，作为安全月期间的一个重要内容，“万里行”中南行将全国安全生产月活动推向了一个新高潮。

△25日 由国家安全生产监督管理总局和法制日报社联合举办主题为“遵章守法、关爱生命”的安全生产监管法制化建设高层论坛在北京人民大会堂举行。

7 月

△2日 山西忻州地区宁武县阳方口镇贾家堡煤矿（乡镇有证）井下发生瓦斯爆炸事故，36人死亡，11人受伤。

△11日 新疆阜康神龙煤矿发生瓦斯爆炸事故，83人死亡，4人受伤。

△14日 首届全国安全生产及技术装备展览会在京举办。

△20日 国务院安委会第8次联络员会议在京召开。会上，国务院安委办副主任、国家安全生产监管总局副局长王德学介绍了今年上半年我国安全生产的基本情况。

△22日 《劳动防护用品监督管理规定》（国家安全生产监督管理总局令第1号）发布，9月1日起实施。

△7月25～28日 在中国煤矿工人北戴河疗养院召开国家安全生产监督管理总局党组理论学习中心组（扩大）学习培训班暨安全生产工作座谈会。

8 月

△1日 《向特定国家（地区）出口易制毒化学品暂行管理规定》（中华人民共和国商务部、中华人民共和国公安部、中华人民共和国海关总署、国家安全生产监督管理总局、国家食品药品监督管理局令第12号）发布，9月1日起实施。

△7日 广东省梅州市兴宁黄槐镇大兴煤矿发生特大透水事故，123名矿工遇难。

△18日 国务院发出《国务院关于全面整顿和规范矿产资源开发秩序的通知》（国发［2005］28号）。

△22日 国务院办公厅发出《国务院办公厅关于坚决整顿关闭不具备安全生产条件和非法煤矿的紧急通知》（国办发明电［2005］21号）。

△23日 国家安监总局局长李毅中签发了《劳动防护用品监督管理规定》第一号局长令，规定要求做好劳动防护用品的监督管理，劳防用品的发放不许货币化。

△同日 《矿山救护队资质认定管理规定》（国家安全生产监督管理总局令第2号）发布，9月1日起实施。

△25日 李铁映在十届人大常委会第十七次会议上报告《安全生产法》执法检查情况时指出，贯彻实施《安全生产法》存在“有法不依、执法不严”等问题。

△26日 《易制毒化学品管理条例》（中华人民共和国国务院令 第445号）发布，11月1日起实施。

△28日 国家安全生产监督管理总局副局长孙华山为首都经济贸易大学安全与环境工程学院成立揭牌。

△30日 中纪委、监察部、国资委、安监总局联合发出《关于清理纠正国家机关工作人员和国有企业负责人投资入股煤矿问题的紧急通知》，要求已经投资入股煤矿的国家机关工作人员和国有企业负责人在9月22日前撤出投资，逾期没有如实登记撤资的，一经查出，一律就地免职。

△31日 国务院总理温家宝主持召开国务院常务会议，研究落实全国人大常委会安全生产执法检查意见的整改措施，审议并原则通过《国务院关于预防煤矿生产安全事故的特别规定》。

9 月

△3日 《国务院关于预防煤矿生产安全事故的特别规定》（中华人民共和国国务院令第446

号）发布实施。

△9日　国务院安委会第9次联络员会议在京召开。

△17日　从2004年7月开始启动的“生命之歌”全国安全歌曲大赛，由终评委员会以集中评议方式评选出“生命之歌”金、银、铜奖歌曲。本次活动由国家安全生产监督管理总局和国家广播电影电视总局等部门共同主办。

10　月

△3日　河南鹤壁煤业集团二矿38煤柱工作面采空区发生瓦斯爆炸事故。当时井下有55人作业，其中21人升井（1人重伤，18人轻伤，2人无事）、34人死亡。

△8~11日　党的十六届五中全会通过了《中共中央关于制定国民经济和社会发展第十一个五年规划的建议》，提出要坚持“安全发展”。

△13日　国家安全生产监督管理总局下发《特种劳动防护用品安全标志实施细则》，要求各地认真实施特种劳动防护用品安全标志管理，保障从业人员的职业安全与健康。

△31日　国务院办公厅发出《国务院办公厅转发发展改革委安全监管总局关于煤矿负责人和生产经营管理人员下井带班指导意见的通知》（国办发［2005］53号）。

11　月

△13日　中石油吉林石化分公司双苯厂发生爆炸事故，6人死亡，1人重伤，60人受伤，数万人疏散。爆炸中泄漏的苯类污染物导致松花江水体污染。

△11月14日　山西省长治市沁源县境内，长治市黎城县东阳关镇长宁村的李孝波（男，持河北邯郸A2型驾驶证），驾驶黎城白龙汽车运输有限公司的一辆车号为晋D13513的带挂东风大货车（挂车号为晋DC817），行至省道汾（阳）屯（留）线119公里处时，驶入正在公路上跑早操的沁源县郭道镇中学学生队伍中，造成21人死亡，16人轻伤。

△11月18日下午　教育部、国家安全生产监督管理总局在京联合召开全国中小学安全和管理工作电视电话会议，要求各地教育行政部门、各级政府安全监管部门和中小学校要认真贯彻落实国务院领导关于加强中小学安全管理工作的批示精神，全力以赴，狠抓落实，尽最大的努力，确保广大中小学生的生命安全。国家安全生产监督管理总局局长李毅中、教育部部长周济出席会议并讲话，对当前加强中小学安全和管理工作作出紧急部署。国家安全生产监督管理总局副局长王德学参加会议并在主席台上就座。教育部副部长陈小娅主持会议。

△19日　国务院安全生产委员会发出《国务院安全生产委员会关于吸取内蒙古乌海“11·11”煤矿事故教训进一步做好煤矿整顿关闭工作的通报》（安委字［2005］2号）。

△27日　黑龙江省龙煤集团七台河分公司东风煤矿发生井下爆炸事故，遇难人数171名。

12　月

△1日　国务院办公厅发出《国务院办公厅关于认真抓好今冬明春安全生产工作的通知》（国办发明电［2005］32号）。

△2日　河南省新安县石寺镇寺沟煤矿发生透水事故，42人遇难。

△5日　国务院安全生产委员会发出《国务院安全生产委员会关于黑龙江省龙煤集团七台河分公司东风煤矿“11·27”特别重大爆炸事故的通报》（安委字［2005］3号）。

△12月7日15时15分，河北省唐山市开平区刘官屯煤矿发生瓦斯爆炸事故，108人死亡。

△15日　吉林省辽源市中心医院发生特别重大火灾事故，37人死亡，95人受伤，直接财产损失821.9万元。

△19日　国务院办公厅发出《国务院办公厅关于加强烟花爆竹安全生产工作的通知》（国办发明电［2005］37号）。

△21日　国务院第116次常务会议提出了要抓紧研究“制定安全发展规划，建立和完善安全生产指标和控制体系”等12项安全生产治本之策。

△22日　陕西省西安市雁塔区中铁一局四公司负责施工的四川成都市都江堰市都汶高速公路董家山隧道工程发生瓦斯爆炸事故，44人死亡，11人轻伤。

图书在版编目（CIP）数据

中国安全生产年鉴．2005/国家安全生产监督管理总局组织编写．—北京：煤炭工业出版社，2006
ISBN 7－5020－2980－X

Ⅰ．中… Ⅱ．国… Ⅲ．安全生产－中国－2005－年鉴 Ⅳ．X93－54

中国版本图书馆 CIP 数据核字(2006)第 127623 号

煤炭工业出版社 出版
（北京市朝阳区芍药居 35 号 100029）
网址：www. cciph. com. cn
北京盛兰兄弟印刷装订有限公司 印刷
新华书店北京发行所 发行
*
开本 889mm × 1194mm $^{1}/_{16}$ 印张 $28^{1}/_{2}$ 插页 100
字数 854 千字 印数 1—1,200
2006 年 12 月第 1 版 2006 年 12 月第 1 次印刷
社内编号 5779 定价 168.00 元

中国黄金集团公司

总经理、党委书记 成辅民

中国黄金集团公司（以下简称“集团公司”）是在原中央所属黄金企事业单位基础上组建的大型国有企业，其前身是中国黄金总公司。

集团公司下属企事业单位共50余户，遍布全国各主要产金地区，总资产102亿元，是国内较早从事黄金开发的企业之一，具有丰富的管理经验和雄厚的技术、资金实力，建立了完整的研发体系，取得了一批有自主知识产权的黄金科技成果，在难处理金矿资源开发利用、精炼等方面达到了国际先进水平。年产黄金约占全国黄金总产量的20%，控制的黄金储量占全国黄金总储量的30%以上，极具发展潜力。除黄金主业以外，集团公司还积极开展多元化经营，在贸易、辐照、传媒、广告、仓储等领域均取得了很大的成绩。

集团公司在发展壮大的同时，始终把安全生产、环境保护和职业病预防工作作为头等大事来抓。目前，集团公司已按照国家有关法律法规规定，成立了安全生产委员会和安全环保部，并配备了专职安全管理人员，所属子公司也相应成立了安全管理专职机构。2005年，集团公司顺利取得安全生产许可证，第一责任人、主要责任人全部接受了生产经营单位安全负责人安全资质培训、并取得了国家有关部门颁发的资质证书。截至2005年底，集团公司共有注册安全工程师17名，专职安全管理人员378人，各子公司安全生产第一责任人、主要责任人和安全管理人员都经过了当地省市安全监管机构组织的安全资质培训，取得了相应的任职资质。

集团公司秉承“以人为本”的安全理念，提倡“安全就是政治，安全就是法律，安全就是效益，安全就是市场”的安全价值观，处处保护员工在企业发展中的安全状况，维护员工在生产过程中的合法权益。迄今为止，集团公司已经形成了完整的安全管理规定和安全监管制度，使安全生产工作有章可循，有据可依，体现了集团公司安全、健康、文明的安全文化。

今后，集团公司将一如既往地做好安全生产工作，规划集团公司安全发展的蓝图，创造更安全、更健康、更文明的生产环境。第一，集团公司将进一步加大安全文化建设力度，加快建设步伐。拟引入美国杜邦安全文化，计划通过3～5年的努力，使集团公司的安全管理达到国内先进企业水平。第二，集团公司将进一步完善安全生产基础工作。2006年，集团公司的安全目标是重（特）大伤亡事故、设备事故和环保事故为零，一般安全事故起数和伤亡人数较上年同口径相比下降25%以上。为完成这一目标，集团公司将重新修改制定企业经营人员安全生产业绩考核办法，促进安全生产责任制落实到人，落实到岗，使集团公司安全生产管理水平再上新台阶。第三，集团公司将构建初步的安全生产培训体系，使安全培训一级抓一级，逐级落实，逐级负责。第四，加大安全科技创新，逐步淘汰落后的工艺和设备，逐步引入先进的技术，通过科技创新、科技投入来实现本质安全，避免由工艺缺陷而造成安全伤亡事故。第五，在今后两年内，集团公司将大力推广安全质量标准化建设工作，到2007年末，集团公司所有企业都达到国家安全质量标准化合格标准。

企业不消灭事故，事故将消灭企业。集团公司将大胆探索，周密部署，信守诺言，为中国的安全生产事业贡献力量。

亚美大陆煤炭有限公司

Asian American Coal, Inc.

高河煤矿项目

自1998年以来，亚美大陆煤炭公司与潞安矿业集团就高河煤矿项目和开发进行了大量的前期准备工作；从2002年底起，亚美大陆与潞安矿业集团就高河项目进行了详细的考察。高河煤矿项目产品为优质动力煤及冶金喷吹煤，在国内及国际市场上拥有很强的竞争力，目前，亚美大陆公司与山西潞安矿业集团在联合完成井田地质勘探工作及项目和可行性研究后，成立合营公司高河煤矿，并将“安全第一”作为矿井建设的首要任务，预计2009年投入生产，年产量600万吨。亚美大陆公司希望通过高河项目的开发，充分发挥煤矿开采及管理的优势，为国内和国际的电力、冶金及化肥用户提供满意的产品和服务。

大宁煤矿项目

山西亚美大宁能源有限公司是一家由美国亚美大陆煤炭有限公司、山西兰花科创股份有限公司、山西省煤炭运销总公司晋城分公司共同出资成立的中外合营企业，也是一家中外合营的井工煤炭企业。公司旨在开发、经营年产400万吨的大型现代化煤矿——大宁煤矿。矿井在开采初期向国内市场提供低硫、低灰和高发热量无烟煤，最终将实现向国际市场提供优质商品煤的远期目标。

Corporate Office:
Geneva Place, 2nd Floor
333 Waterfront Drive
Road Town, Tortola
British Virgin Islands

Beijing Office:
5/F Tower A1, Wan Da Plaza
Suite 501, No. 93 Jianguo Road
Chaoyang District, Beijing
100022, P.R. China
Tel: (86 10) 5820-3663
Fax: (86 10) 5820-6970

Shanxi Office:
10/F West Tower, Suite 1001
Shanxi World Trade Center
No.69 Fuxi Street, Taiyuan
Shanxi 030002, P.R. China
Tel: (86 351) 868-9080 /1/2/3
Fax: (86 351) 868-9070

贵州轮胎股份有限公司

贵州轮胎股份有限公司是一家始建于1958年的国家大型企业，前身为贵州轮胎厂，1996年改制为上市公司。现有总资产25亿元，从业人员近7000人。主要生产“前进牌”汽车斜交轮胎、全钢载重子午线轮胎、半钢子午线轮胎、工程机械轮胎、农业机械轮胎、工业车辆轮胎、实心轮胎和橡胶空气弹簧，规格品种高达1000余个，是国内工程轮胎、大型农业轮胎配套和出口基地之一。“前进”牌系列轮胎连续多次被评定为“贵州名牌”产品，其中“前进”牌载重子午线轮胎2004年9月被评定“中国名牌”产品，实现了贵阳市“中国名牌”零的突破。

2005年完成轮胎产量371.66万套，完成轮胎现价产值27.52亿元，实现现价销售收入29.98亿元，实现利税2.59亿元，实现利润6,740万元，在世界轮胎厂商75强中排名第38位，在国内轮胎行业中排名第8位。

贵轮人本着“诚实为用户，信誉生效益”的经营理念，在48年的生产历程中倾注于发展变化更新，打造优质产品，并成为国内知名轮胎企业。曾先后荣获全国“五一”劳动奖状、全国职工教育先进单位、贵州省红旗文明单位、贵州省优秀企业、贵州省最具影响力企业、全国石油和化学工业百强企业等称号，2003年在全国“安康杯”竞赛活动中获“优胜企业”称号。

一、树立“安全第一”的管理思想，健全完善公司安全生产管理网络体系。

二、推行科学严谨的安全生产管理：

1、按ISO9000系列管理标准规范公司安全管理工作；

2、逐级签订《安全生产责任书》；

3、加强设备的安全生产运行保养、检查；

4、开展安全生产日常巡检和月大检；

5、严格实行新员工入厂“安全三级教育”制度和各种安全培训制度；

6、认真做好“事故伤害”调查、分析和处理。

三、制定严谨完善的企业消防安全管理制度，科学规范企业消防安全工作：

1、消防硬件设施建设；

2、健全完善安全消防制度；

3、开展好消防安全的教育培训；

4、做好消防安全管理的日常工作。

四、在管理活动中逐渐形成企业的安全文化：

1、长年坚持开展“安康杯”竞赛活动；

2、宣传、培训、教育、演讲、征文，营造了浓烈的安全文化氛围；

3、各具特色的分厂安全意识教育活动有了文化的意识；

4、在“争创”活动中出现“亲情式”安全管理。

肥城矿业集团白庄煤矿

白庄煤矿
BAIZHUANG COLLIERY

矿长　赵树华

矿级领导班子

现代化监测监控系统

肥城矿业集团白庄煤矿位于五岳之首泰山西麓的肥城市境内，于1979年建成投产，后经过矿井改扩建，成为年产130万吨、洗选能力90万吨的大型现代化矿井，现在册职工4848人。

近年来，该矿始终把安全放在一切工作的首位，坚持依法办矿，深入开展"双基"建设、安全质量标准化建设和安全评估等活动，推行精细化管理、安全检查闭合管理、安全质量程序化检查和安全质量差异管理，不断加大安全生产投入，尤其是在坚持安全质量标准化建设上不停步，着力使人的行为规范化，保证矿井的质量标准化，构建起了全员、全方位、全动态、全过程的大安全格局，创出了精品加实效"一化变十化"的安全质量标准化建设新局面，形成了自主创新的安全质量标准化管理体系。截止到2005年12月31日，实现连续安全生产1284天。该矿先后被评为全国煤炭系统"文明煤矿"、"科技创新示范矿"、"高产高效矿井"、"一级安全质量标准化矿井"、"安全宣传教育先进单位"和省级"文明单位"、"先进基层党组织"、"省管企业先进基层党组织"、"十佳煤矿"、"省管企业文化建设示范单位"、"双基建设先进单位"、"安全程度评估A级矿井"等称号。

现代化的综采工作面

现代化洗煤厂

高标准井下等候室

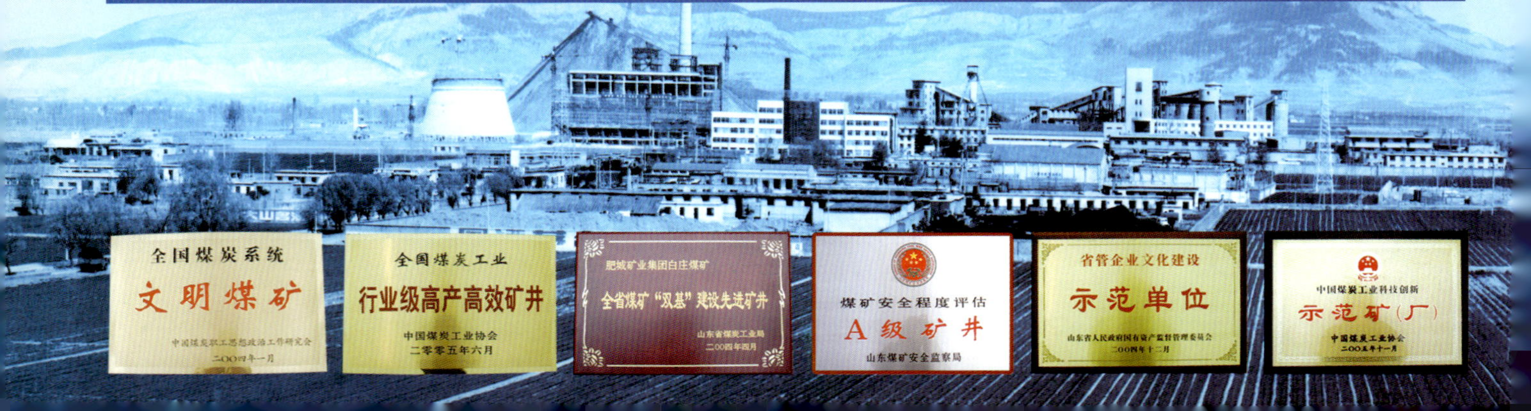

贵州海尔电器有限公司

贵州海尔电器有限公司是青岛海尔集团响应党中央、国务院关于青岛、大连、深圳、宁波四个城市对口帮扶贵州的号召于1997年底与中国航天科工集团061基地风华机器厂合资组建成立的西南海尔冰箱生产基地。

公司成立8年多来，按照本土化设计、本土化制造、本土化营销的原则，以创新为核心，坚持走创名牌战略之路，在管理机制、市场开拓、技术创新等方面打造战略平台。8年多来，公司累计产销量达300多万台，实现产值60多亿元，企业以年均50%以上的发展速度实现跨越式发展，销售遍布长江以南的九省一市。2005年，贵州海尔产销量突破80万台，产值、销售收入、利税较组建第一年增长了9倍多，是成立前的180倍，预计2006年度公司产销量将达到100万台。8年来，公司累计纳税近两亿元，成为当地纳税大户，为地方经济建设的发展作出了积极的贡献，被誉为东西部合作成功的典范、西部大开发的先行者、贵州省的样板企业。

贵州海尔依托海尔集团雄厚的技术力量和丰富的管理资源，大力推进信息化管理，始终坚持以市场为导向，以提供用户满意的服务为己任的经营策略，不断推出领先市场、满足用户潜在需求的产品。随着家电市场竞争的日趋激励，贵州海尔将继续发扬“创新资源　美誉全球”的海尔精神和“人单合一、速决速胜”的海尔作风，全员、全面、全流程推行“人单合一”模式，不断创新资源，创造用户需求，把贵州海尔打造成为具有竞争力的世界级精益工厂。

公司自2000年调迁遵义以来，在有关部门的关心和指导下，企业得到了很大的发展。我们积极参与市、区举办的各类消防、安全方面的专题培训，同时请安全专家来公司进行安全生产专题培训，使公司的安全生产和安全消防工作得到了较快的提升。在安全生产管理中，我们坚持以人为本，重教育，辅处罚，通过教育加强员工自我保护意识。对管理人员提倡深入现场做示范；对于新设备和新工艺，先研究安全操作规程再培训操作工，使操作工在安全有保障的前提下，操作新设备。企业发展离不开安全管理工作，今后我们将充分利用集团的管理资源进一步完善安全管理体系，使安全生产工作与企业的发展同步提升。

峰峰集团羊渠河矿

安全生产创佳绩37年无重特大事故

矿长　谢德喻

党委书记　王志成

安全大签名

定期开展安全咨询

事故案例宣讲

井下安全文化长廊

河北省峰峰集团有限责任公司羊渠河矿位于太行山支脉——鼓山的东麓，京广铁路、京深高速公路马头站西15公里处，现有职工5200人，由羊一、羊二两个坑口两对矿井组成。该矿于1959年建成投产，近几年产量一直保持在120万吨左右。

羊渠河矿始终坚持“以人为本”的安全理念，牢固树立“安全责任重于泰山”的思想，创新安全管理，推进精细化管理，促进了安全工作。到目前为止，该矿已实现37年无重特大事故发生。

加强领导，健全机制，强化安全生产责任制的落实，对安全生产进行全员、全过程、全方位、全时段的监督、检查管理。强化矿和区科的安全责任，矿与井下各生产单位和职能科室签订了《安全生产责任状》，各单位与班组签订了《安全责任书》，职工向班组和区科写出了安全保证书，把安全责任制落实到人。坚持矿、区两级每周安全办公会、安全例会不动摇，使安全各项工作得到全面开展。建立健全安全生产责任体系，明确了各区科党政主要领导是安全生产的第一责任者，对本单位的安全工作负总责；各分管领导对所属业务范围的安全工作负具体责任；各业务保安部门对安全工作负业务保安责任；职工对本岗位的安全工作负责。形成了自上而下逐级落实责任、自下而上逐级倒挂钩考核的闭合管理系统，促进了安全工作的持续稳定发展。

中国地质大学（北京）

中国地质大学（北京）2000年开始招收安全工程本科专业学生，本专业以“重基础、宽口径”为办学理念，构建满足石油、化工、矿山、建筑、交通等行业要求的课程设置，培养能够从事工程施工的安全监督、监察，技术检测，灾害控制，安全保险管理以及安全科研工作通用性高级工程技术人才。近3年毕业生就业率均超过95%。

中国地质大学（北京）从1993年开始招收硕士研究生，2005年获得安全技术及工程博士点，同时安全技术及工程被评为重点学科。

安全工程专业隶属于中国地质大学（北京）工程技术学院，本专业现有教授2名，副教授2名，讲师及其相关的技术人员3名。主要研究方向有安全管理、工业灾害控制技术、安全信息技术、安全经济学、安全评价技术等。本专业有安全信息和安全技术检测两个实验室。目前已形成安全管理技术为特色、研究领域较为广泛的学术梯队。

近3年，来本专业教师在各种期刊杂志发表论文80余篇，出版著作和教材20余部，其中有代表性著作包括《现代安全管理理论》（中国工人出版社，2003年，罗云主编）；《安全经济学》（化工出版社，2004年，罗云主编）；《现代安全管理》（化工出版社，2004年，罗云主编，程五一副主编）；《注册安全工程师手册》（2004年，罗云主编，樊运晓副主编）；《注册安全工程师执业资格考试应试技巧及知识点解析》（化工出版社，2005，罗云主编，程五一副主编）；《煤与瓦斯突出区域预测理论及技术》（煤炭工业出版社，2005，程五一编著 ）；安全工程专业英语，（化工出版社，2005，樊运晓主编）。

通风系统测试试验

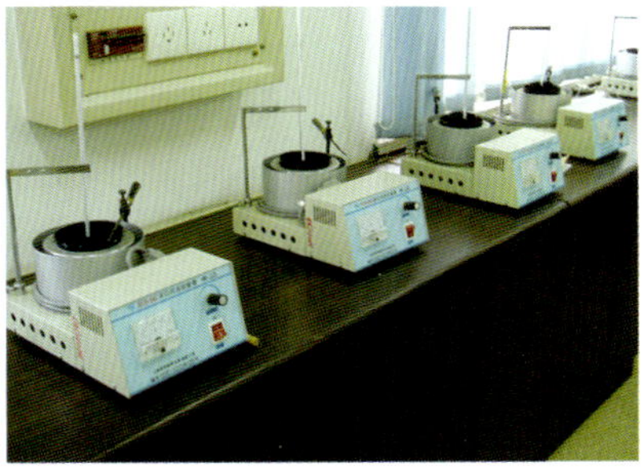

闪燃、闪点实验

MD-1型煤矿监测短信报警系统

近3年完成的课题有：安全生产与社会经济发展关系研究；安全小康社会发展战略目标研究；首都机场安全风险管理关键技术研究；石油勘探开发安全生产管理系统；工业危险源辨识及应急信息系统；危险源预控及应急信息系统；核电风险分析与管理研究；突出危险煤层中使用综掘机技术的研究；红岭煤矿安全生产信息管理系统；红菱煤层突出危险性区划技术；特种设备安全状况评价体系研究；石油钻井HSE管理优化技术研究；海洋石油勘探开发安全文化创新研究。

有关著作和多媒体光盘

枣庄通晟实业有限公司

zaozhuangtongshengshiyeyouxiangongsi

董事长、党委书记　渠继富

枣庄通晟实业有限公司成立于2004年4月，是在原枣庄矿业集团公司山家林矿基础上破产改制成立的企业。两年来，强调以安全生产凝聚企业发展之力，在平稳操作破产改制工作的基础上，不断深化企业改革，强化内部管理，实现了企业历史上的新跨越。2005年，一举实现盈利3100万元，扭转了企业历史上连续13年来的亏损局面，并实现了安全生产。

两年来，通晟公司紧紧抓住安全管理工作的重点，在人的不安全因素和物的不安全状态上做文章，积极营造安全软环境，加强企业文化建设，强化安全基础提升。以实施“精细化”和质量标准化管理为载体，深化“三基”（基层、基础、基本技能）建设，强化职工的安全技术培训和安全宣传教育，以安全宣教“十三法”为载体，建成并使用了安全展室、安全文化长廊、安全文化一条街和安全文化大巷，定期开展安全文化广场和安全宣传月活动，初步形成了以“五个四”、“六闭合”为主要形式的安全文化再造工程和安全管理模式。生成了以文化力带动生产力的安全文化土壤，以潜移默化的形式，提高了全员搞好安全工作的自觉性。

上级领导下井检查工作

努力强化安全网络建设、班子建设和队伍建设，健全安全检查体系、安全制度管理体系、安全责任风险体系，形成了安全管理的层次化、规范化、效能化。同时用活激励和约束政策，做到安全政策宣传到位，待遇兑现到位，考核激励到位，形成了多层次、广覆盖、实效性强的动力机制。严格执行副总以上领导干部带班下井、安监员现场专盯、业务科室包保区队、安全隐患排查、重大隐患集体会诊、职工代表安全巡视、综合绩效考核办法等制度，消除安全检查盲区。

优美的矿山环境

坚持严格制定技术标准，加强安全管理制度建设，制定了质量标准化检查制度和生产过程中的相关标准，实行了隐患排查分级制度、“四位一体”现场评估制度、质量标准化评估验收制、岗位标准现场考核制以及安全管理制度24小时复命制，切实提高制度的执行力和员工的服从力，做到严考核、真兑现，以点带面，持续推进。坚持科技兴安，确保有效投入，两年共投入“安、技、措”资金达1000余万元，提高了工程质量和工作质量，为安全工作奠定了坚实的基础。

北京交运安全卫生技术咨询中心

北京交运安全卫生技术咨询中心是交通部水运科学研究院（简称水运院）所属的具有独立法人资格的咨询机构，在水运院安全环保工程部的基础上组建而成，于1993年在北京市进行了工商登记注册。2006年获得安全评价机构资质证书（甲级）。证书编号：APJ-（国）-0004-2006；业务范围：水上运输业，铁路、城市轨道交通运输业，道路运输业，航空运输业，等等。

本中心现有44人，其中具有资格证书的安全评价人员23人，研究员5人，副研究员和高级工程师14人，国家注册安全工程师13人。多年来，在全国范围内的港口以及部分石油化工、铁路轮渡等建设项目或工程开展并完成了安全预评价、验收评价、现状安全评价、危险化学品专项安全评价、危险货物港口作业安全评价项目共500余项。

水运院开展安全评价工作具有较长的历史。1988年，根据交通管理部门的有关要求，在各个港口陆续开展港口建设项目职业（劳动）安全卫生评价，同时开展了长输石油管道、石油化工装置、油气储运工程等的安全评价工作。1996年获得职业安全卫生评价资格证书，1999年获得A类安全评价资质证书，2003年获得安全评价机构资质证书，资质类别包括：安全预评价、专项安全评价、安全验收评价。

此外，依托本中心成立了北京港口工程劳动安全卫生试验检测中心，获得了交通管理部门颁发的甲级水运工程试验检测资质证书以及国家质量技术监督部门颁发的计量认证合格证书，配备了较完备的噪声、粉尘、温度、体力劳动强度、有毒气体浓度等检测、分析设备。

主要研究成果：

1、 港口安全管理评估系统研究
2、 港口重大危险源控制研究
3、 水运安全管理长效机制研究
4、 石油化工码头及库区灾害事故应急反应系统研究
5、 水运突发公共事件应急预案研究
6、 油品储罐火灾爆炸事故模型研究
7、 港口散粮筒仓防爆技术综合研究
8、 客滚船和精选矿粉船舶安全运输技术研究
9、 港口台风灾害风险评价模型研究
10、 油轮、油码头防油气中毒工程技术措施综合研究
11、 有毒作业场所空气净化装置研制与应用
12、 原油油气毒理研究

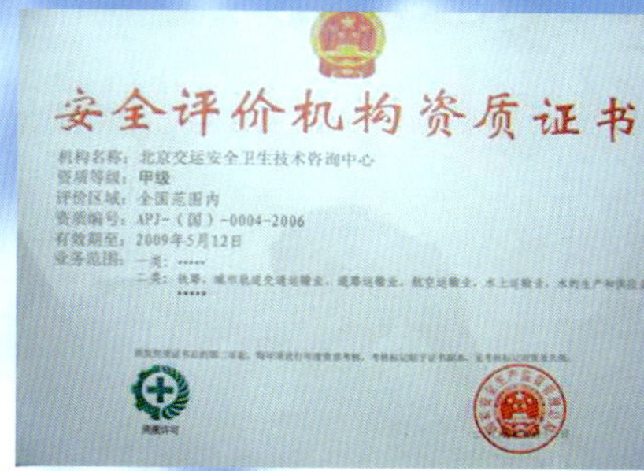

安全评价资质证书

被评为安全评价信得过机构

港口建设项目安全评价报告评审会（1）

港口建设项目安全评价报告评审会（2）

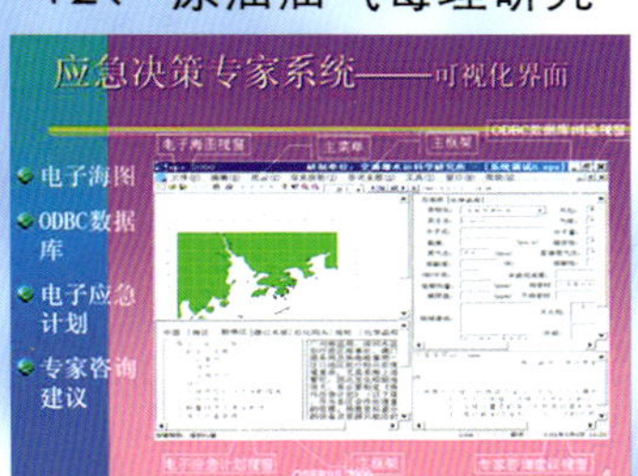

海上石油和化学品事故应急强化型专家系统（XPS）

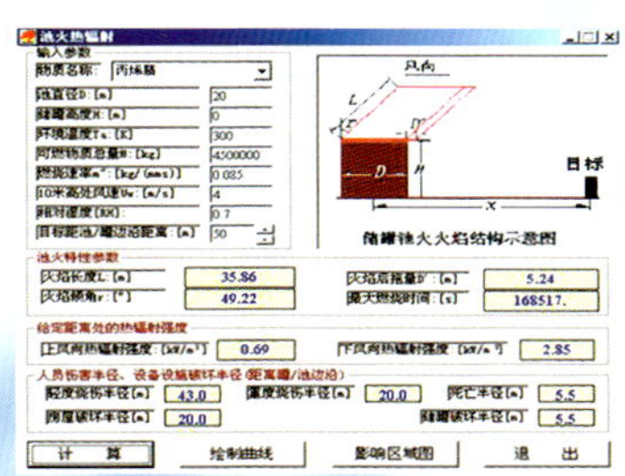

港口重大危险源评估软件
可燃液体池火热辐射模型界面

码头工程现场调查测试

山东新汶煤业集

矿长　邢茂俭

党委书记　张廷生

山东新汶矿业集团公司良庄煤矿于1957年建成投产，初设产能30万吨／年，历经改扩建，生产能力稳定在120万吨／年以上。2004年，良庄煤矿面对生产战线长、接续紧张、现场条件差、管理难度大的实际，牢固树立“安全第一、生产第二”的思想，以“双基”建设、准军事化管理、精细化管理为载体，以安全生产责任制的落实为核心，以现场管理为重点，以职工正规操作为根本，不断强化安全管理力度，实现了安全生产工作的稳定健康发展。大力实施硬化、绿化、美化、亮化“四化”工程，矿井上下环境面貌焕然一新；以质量标准化为基础，大力培育和创建精品采区、精品巷道、精品硐室，夯实安全生产的基础；导入准军事化管理模式，强化全员军训，培养职工干练、高效的行为风格，规范了职工行为；强化现场安全监督监察管理，实行安全市场化管理机制，通过花钱买隐患，形成了隐患排查－落实整改－复查验收的闭合管理。以顶板、机电、运输、“一通三防”、防治水等薄弱环节管理为重点，强化现场管理，杜绝了重大安全事故的发生；强化目标管理，先后开展了“精细管理、规范操作，确保首季开门红”、“深化综合治理，建设平安矿井，确保二季度安全生产”、“战高温、斗雨季，实现百日安全竞赛目标”、“鼓干劲，争上游，誓夺四季度安全生产”等活动，特别是“安全生产月”期间，良庄矿结合矿井实际，组织开展了以十二个“一”为主题的宣传教育活动，组织了一次“遵章守法”、“安全第一、生产第二”万人签名活动，开展了一次安全宣传教育双进家活动，构筑了一条安全宣传通道，开展了一次安全生产法规和煤矿安全规程再学习活动，组织了一次安全法律法规执行情况检查，开展了一次家庭安全知识竞赛活动，组织了一场安全警示教育展览，开展了一次安全生产宣传咨询活动，举办了一次大型安全生产日活动，开展了一次以本工种，本岗位业务知识为主要内容的安全有奖问答活动，开展了一次职工安全自救技能演练活动，组织举办了一次安全生产公益漫画大赛，均取得了良好的效果。结合以上活动营造的浓厚氛围，良庄矿积极开展瓦斯治理会战、机电事故向零进军、顶板专项治理、防治水等工作，实现了安全工作的稳定健康发展，同时为矿井生产、经营等工作的开展创造了良好的安全环境保证。2004年，该矿生产原煤138万吨，继续保持了“行业级高产高效矿井”称号。

团公司良庄煤矿

综采工作面

煤泥电厂

现代化的选煤重介洗煤厂

良达科技工业园

标准化大巷

安全幸福通道

安全漫画展览

中国工程物理研究院安全培训中心

中心主任 姚向东

中国工程物理研究院安全培训中心简称中物院安培中心，成立于2004年4月,2004年11月被四川省安全生产监督管理部门批准为特种作业人员安全技术培训单位。中心主要承担具有电工作业、制冷作业、压力容器作业、金属焊接与切割作业、厂内机动车辆驾驶、起重机械（含电梯）作业、锅炉作业（含水质化验）、危险物品等特种作业培训资质的培训、考核、复审和办证；中国工程物理研究院各单位主要负责人、安全生产管理人员安全资格证的培训、考核、发证工作；同时向社会培训各类安全生产管理人员。

中心主要针对中国工程物理研究院各单位在安全方面的培训需求并按照国家安全法律规定，组织国内外相关领域的专家、教授或具有多年实际工作经验的高级工程师进行授课。中心始终坚持“推动企业安全文化建设，营造安全生产环境”的宗旨，提供包括安全知识、安全技术、安全技能培训、管理咨询与咨询增值等服务，并开展各类培训工作。从2004年5月起，先后为中物院培训学员3000余人。

中心建有焊接、压力容器、厂内机动车、起重、电梯、维修电工、电工安全作业、危险化学品等特种作业培训操作、考核基地。

中心为适应不同层次的培训要求，建立了安全培训专家库，拥有国内外安全领域著名专家学者近百人。专职教师大多来自生产第一线的工程技术人员、工人技师、高级技师，其中两人取得了国家二级安全培训教师资格证。兼职教师是中心针对中物院事业特点特别聘请的国内外权威的领导、专家和学者，他们将不同文化与不同背景的经验转化成强大的专业服务优势，为企业提供优质的培训服务。

安培中心

特种作业培训考核单位

职业技能鉴定所

电工实习实验室

数控实习车间

分析化学实验室

山东枣庄矿业集团公司田陈煤矿

矿长、党委书记　张文胜

绿色现代化矿区

山东枣庄矿业集团公司田陈煤矿是一座年产180万吨的现代化矿井。近年来，安全生产工作健康稳定发展。实现了安全生产两周年，产煤四百万吨死亡率为零。

田陈煤矿以提升全员安全思想境界为着眼点，致力于打造持续安全的环境，培育共同的安全理念和企业文化氛围，用思想达标带动安全达标，形成了一整套具有本矿特色的安全新理念，通过强有力的安全理念灌输，找到了煤矿安全管理的治本之策，有力地激发了安全管理的内在活力。

田陈煤矿积极构建新机制，实施了RMO(Refined Management Overall)全方位精细化管理模式，使安全管理精在流程细在环节，这个模式分为岗位价值流程控制、信息流程控制、物流控制三大部分。运用RMO全方位精细化管理模式使安全管理达到了“五精五细” 五精即精心、精髓、精确、精致、精品。精心：要求管理各项工作都要全身心的投入，敬业爱岗，有责任心、事业心、良心；精髓：要以文化引领，形成完备的企业精神、安全理念、质量理念等。精确：管理要到位，每名员工、每项工作、每一班、每一岗位都要有精确的准则和标准；精致：工作无遗漏、零缺陷、无盲区；精品：工作质量、工程质量、产品质量、服务质量要创出行业或全国一流水平。五细即细在流程、细在环节、细在考核、细在监督、细在规范。细在流程就是使企业管理的大小决策，全部生产和工作计划都要周密、正确、准确无误，各级管理人员和员工知道工作如何正确的做；细在环节：就是以科学管理为基础，使精、严、细、准落实在管理过程的各个环节；细在考核就是严格控制考核过程的偏差，一丝不苟，降低成本提高效率；细在监督就是通过严格细致的监督，提高工作单元之间的协作能力，提高环节链接的质量，进而提高企业整体的结构性效率；细在规范：解决目前普遍存在的执行力薄弱，执行不到位的问题，是精细化管理的主攻任务，通过运用刚性手段和综合措施，克服管理中惰性、马虎、粗放组织的侵害，从而提高执行力和效率。走出了关口前移、利益驱动、源头控制和严格管理的新路子，有效解决了“严不起来，落实不下去”的问题。

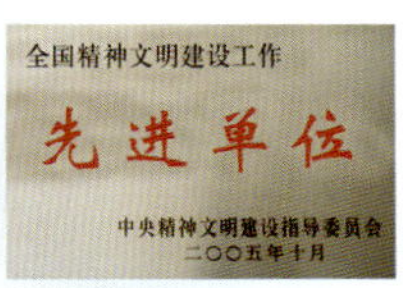

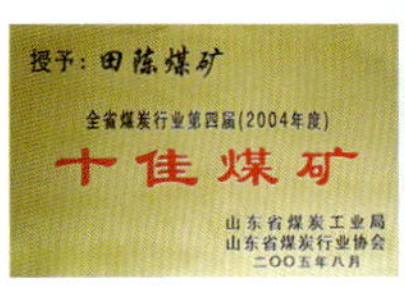

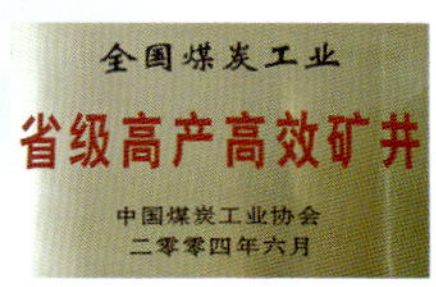

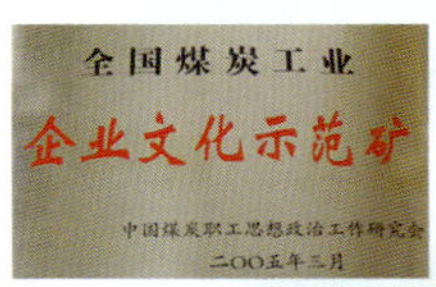

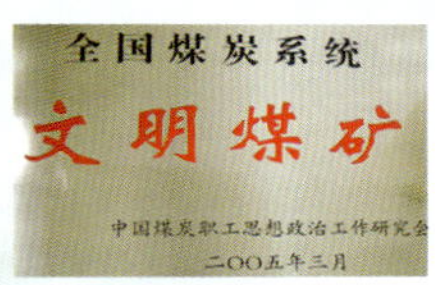

济宁矿业集

矿长　张延金

济宁矿业集团鹿洼煤矿地处"孔孟之乡"山东省济宁市境内，井田面积20.52平方公里，地质储量1.48亿吨，可采储量6000万吨，为独立井田，主采水平在−450米，煤层赋存平稳。

矿井于1995年元月破土动工，2000年4月正式投产。2005年销售原煤138.5万吨，实现销售收入5.59亿元，实现利税3.1亿元，实现利润2.33亿元。矿井投产至2005年年底，累计生产原煤686.5万吨，实现销售收入17.09亿元，上缴税金6.15亿元，为发展地方经济做出了突出贡献。

济宁矿业集团鹿洼煤矿始终坚持党的"安全第一、预防为主"的方针不动摇，把"以人为本，生命至上"作为安全核心理念，以安全生产"双基"建设、安全生产质量标准化、安全评估为重点，增强主动性，把握规律性，坚定不移地抓好落实工作，为实现安全生产夯实了基础。

一、狠抓现场管理，提高工程质量，确保安全生产

以开展多种形式的安全专项整治活动为手段，以提高现场管理水平为目的，做了大量扎实有效的工作。先后开展了"冬春百日安全竞赛"、"一通三防"、"防治水管理月"、"六月安全月"、"雨季三防管理季"、"顶板管理月""火工品管理月"等活动。在现场管理方面，强化工程质量和临时支护，抓好顶板管理；上齐各类安全设施和保护并确保正常使用，抓好机电提运管理；完善通风设施，优化通风系统，加强对有毒有害气体和风量的监测，抓好一通三防管理；严格坚持"有疑必探，先探后掘（采）"原则，抓好矿井防治水管理。通过大量深严细实的工作，现场管理水平切实迈上了一个新台阶，杜绝了零星事故和重大事故的发生。

二、加大安全投入，注重安全培训，提高安全素质

按照年度安全费用安排计划，做到安全资金专款专用。成立了四级安全培训中心，配备了专兼职教师，按期开展安全教育培训。同时，定期安排特殊工种及管理干部外出培训，使干部、职工的安全技术素质得到了极大的提高，持证上岗率达100%。

三、加强安全信息管理，严格隐患排查治理

坚持不安全不生产，隐患不排除不生产的原则，对所有存在的安全隐患都制定了切实可行的安全技术措施和防范措施，实现了"隐患的提出—筛选、整理—隐患的整改处理—隐患的反馈—隐患的复查验收"的闭合管理，使现场每条隐患及时得到彻底的整改，隐患排查整改率100%。

四、加大反"三违"力度，促进安全生产

针对生产现场出现的各类人身事故和不安全行为，本着"事故原因分析不明不放过，责任人没受到处理不放过，防范措施没落实不放过，职工没有受到教育不放过"的原则，进行了严肃的查处。

五、大力实施《煤矿安全程度评估办法》，提高矿井安全程度

按照新版《煤矿安全程度评估办法》要求，以现场和内业资料两方面进行全面彻底的完善和整改。几年来，鹿洼煤矿在山东省组织的年度安全评估（评价）中，均取得了较好成绩，2003年取得了94.90分，2004年取得96.20分，2005年取得了94.55分，获得山东省煤矿安全部门颁发的"AAA"矿井称号。

团鹿洼煤矿

六、积极开展“双基建设”，做好安全生产基础和基层工作

根据《山东省煤矿安全双基建设工作及考核评级暂行办法》的规定，全面深入细致地落实了“双基建设”的各项要求。出台制度60项，并装订印制了《双基建设制度汇编》及《安全生产岗位责任制汇编》精装本。建立健全了群监员、青安岗员、女工协管员等群监群管机构，营造了矿井安全生产浓厚氛围，确立了党政工团齐抓共管的格局，形成了独具特色的安全文化。

七、大力实施科技兴安战略，积极开展技术创新

牢固树立了“科学技术是第一生产力”的思想，积极推行技术创新，成功举办了两次科技大会，并将科技成果运用到生产实践，提高了产量，确保了安全，增加了效益。自行研究设计的翻罐笼系统，实现了工程煤皮带运输，缩短了车皮的循环时间，缓解了副井的提升压力；−450猴车的运行，大大节省了劳动力资源；采煤工作面运输顺槽采取沿空掘巷施工法，减少掘进量和煤柱损失，增加了煤炭回收率；与山东科技大学合作完成微机制图系统，提高了工作效率和准确程度；通过改造提升系统和卸载液压系统，大大提高了劳动效率。

八、坚持以人为本，大力构筑安全生产长效机制，努力创建本质安全型矿井

吸取借鉴新汶矿业集团鄂庄煤矿安全管理先进经验，围绕实现“操作行为、作业环境、管理责任、灾害防治”四个方面的本质安全，在安全思想和提高素质上，努力做到全员参与、不留隐患；在责任落实上，努力做到纵横包保，不留余地；在时间管理上，努力做到环环相扣，不留空档；在空间管理上，努力做到检查细密、不留死角；在事故处罚上，努力做到大刀阔斧、不留情面。

一是开展争创“零违章、零隐患、零事故”优秀单位活动，各级干部及管理人员深入现场，狠反“三违”；二是坚持以人为本，实施人体生物钟监控工程，超前预防，消除隐患。三是严格落实安全生产责任制，不断完善安全生产责任体系，加强对基层区队和班组的管理和考核，特别加强对外委施工单位的管理；四是加强安全文化建设，积极营造浓厚的安全文化氛围，形成独具特色的安全教育一条街、一广场、一走廊、一窗口、一阵地、一中心，充分发挥各种宣传阵地和舆论工具的作用，使安全理念深入人心，成为广大职工共同的行为准则。

截至2006年7月16日，鹿洼煤矿已经连续实现安全生产6周年。

举办科技大会

防煤尘爆炸事故演习

举办安全从我做起签名活动

江西慰诺集团

金霤峰教授
中国管理科学研究院研究员
专利发明人
江西慰诺集团总裁

江西慰诺集团（原上饶慰诺集团）成立于1988年，集团由江西慰诺实业集团有限公司、上海销售公司、婺源慰诺文化旅游有限公司、婺源砚山砚石矿有限公司、中国龙尾砚厂等企业组成，集团注册资金6845万元，总部位于风景优美的江西省上饶市，生产储运基地设于经济发达的江、浙、沪三省市。

本集团是一家高新技术企业集团，大专以上学历的专业技术人员占74.7%，集团有着一支由一批研究员、高级工程师率领的高素质研究、设计队伍，开发生产了多种高新技术产品。

现有产品包括：

BF-ZT型粘贴式准无火花堵漏器材；
BF-CY型磁压式（电磁式）准无火花堵漏器材；
BF-ZR型注入式准无火花堵漏器材；
BF-HF型准无火花金属套管堵漏器材；
BF-KR型木楔堵漏器材；
BF-ZTF型无火花阀门堵漏工具。

该系列产品获得了中国专利技术博览会金奖、世界发明博览会金奖，并被列入国家级火炬计划项目。多年来该系列产品在抢险救援的实战中立下了不朽的功勋，并已陆续被全国公安消防部队及各化危企业使用。

一、BF-ZT型粘贴式准无火花堵漏器材

本工具采用进口无火花材料制作，可确保堵漏抢险的安全。它由一系列工具组合而成，适应性广，堵漏时可按泄漏口的部位及形状选择相应的工具，并配合涂有胶的仿形钢板迅速压到泄漏口上，数分钟后待胶固化即可拆除工具。本工具可堵介质温度为-70～+250℃、压力为-1.0～+2.5MPa的泄漏。

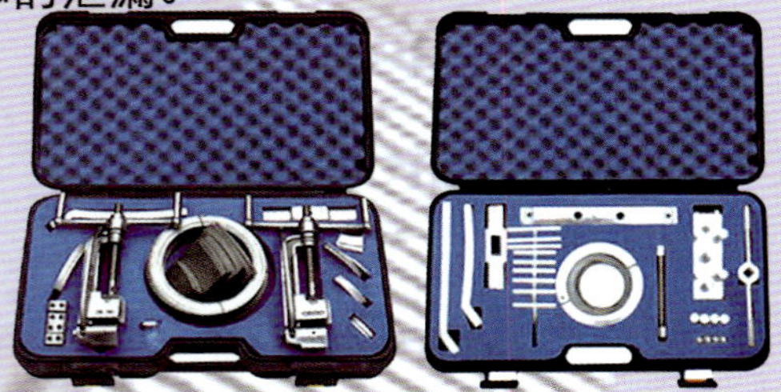

二、BF-CY型磁压式(磁电式)准无火花堵漏器材

本产品采用进口超强永磁体构成，通过操纵手柄控制工作面上的磁通量，达到工具和泄漏本体之间的压合和释放，选择合适的仿铁靴安装在工具本体上，快速堵漏胶调匀后堆于铁靴中央，迅速将本工具压向泄漏口，同时扳动通磁手柄，数分钟内胶固化后，堵漏即告完成。

三、BF-ZR型注入式准无火花堵漏器材

本工具采用进口无火花材料制作，由手动高压泵、注胶枪及一组注胶接头构成。堵漏时须先设制一个包容泄漏口的型腔，用本工具将堵漏胶棒注入型腔，型腔注满泄漏即被制止。本工具适用介质压力大于30MPa，温度使用范围-200～+600℃，根据所选堵漏胶棒确定。手动高压泵最高压力为76MPa。

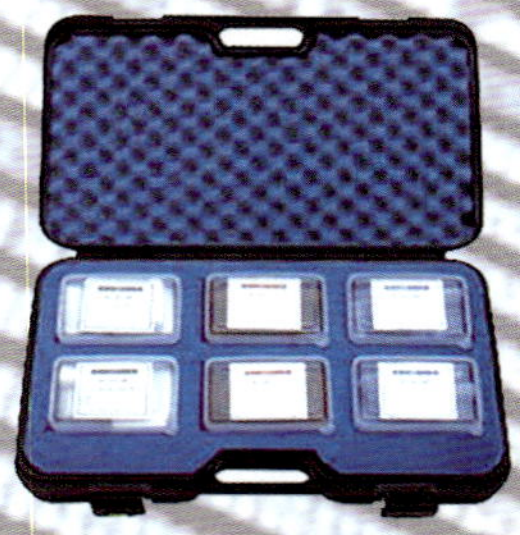

BF-JBT 高温高压堵漏胶棒

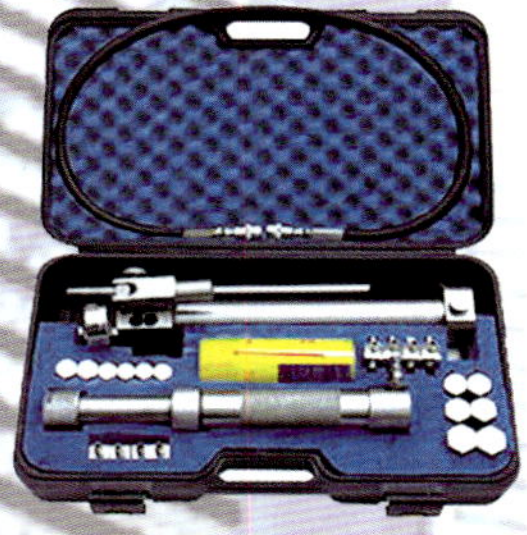

BF-ZR 注入式准无火花堵漏器材

四、BF-HF型准无火花金属套管堵漏器材

本工具用于各种管道孔、洞、裂纹泄漏，选用于对介质温度在-70～+150℃、压力在-1.0~+2.5MPa的堵漏。

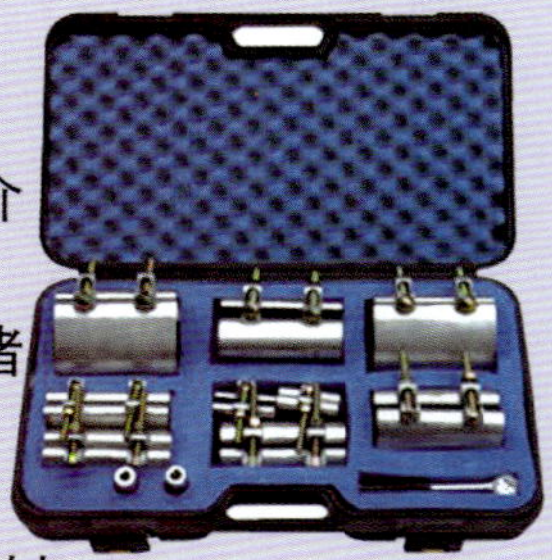

五、BF-KR型木楔堵漏器材

本工具采用进口红松经蒸馏、防腐、干燥等处理，用于各种容器的点、线、裂纹产生泄漏的临时堵漏，选用于对介质温度在-70～+100℃、压力在-1.0~+0.8MPa的堵漏。

厂长　王勇

厂党委书记　张国明

厂领导集体

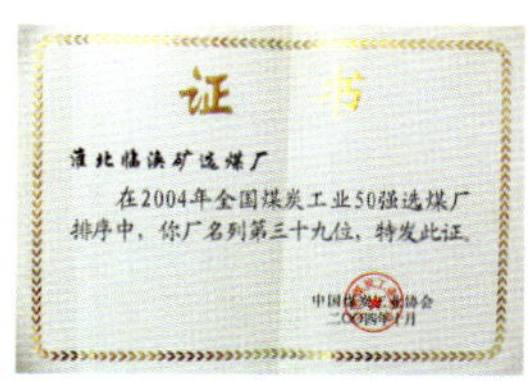

淮北矿业集团临涣选煤厂，位于安徽省淮北市。生产能力达 450万吨，是国家特大型炼焦煤选煤厂。主要洗选设备分别从日本、美国、德国和澳大利亚引进，自动化程度较高。三条生产线，全部采用三产品重介旋流器精选和煤泥浮选、尾煤压滤等联合工艺，具有国际先进水平。在生产、财务、设备物资、技术和文明创建等方面管理均实行计算机联网，实现网上安全生产管理。

自1990年6月建成投产以来，该厂始终坚持“安全第一”的方针，以经济效益为中心，以质量求生存，以科技促发展，以精神文明建设作保障，实现安全生产16年，多次受到国家、省、市有关部门的嘉奖。

近年来，该厂全力推行并实施“安全质量标准化”工作，并在1999年通过ISO9001质量管理体系认证，2005年3月全省率先通过（OHSMS）GB/T28001–2001职业健康安全管理体系认证。目前，全力推进GB/T24001 – 2004环境管理认证，以实现“三标合一”。

该厂坚持科学的发展观，不断扩大企业规模，到2008年，将扩建成年入洗原煤1250万吨的大型炼焦煤生产基地。同时，产生的副产品矸石、煤泥用于发电，真正实现对煤炭资源的高效能的综合利用和可持续发展。

职业健康安全管理方针

- ★ 遵守法律法规
- ★ 提高健安素质
- ★ 控制选煤风险
- ★ 实现持续改进

厂长王勇在现场

厂长王勇给安全先进发奖

党委书记张国明在现场检查

环境保护体系贯标培训班

安全培训班

安全体系监督审核

煤炭科学研究总院

煤炭科学研究总院是具有国家安全生产监督管理部门颁发的甲级安全评价资质单位，业务范围主要为煤炭开采和洗选业，金属、非金属矿及其他矿采选业。

院长　王金华

煤炭科学研究总院成立于1957年，是煤炭行业大型的综合性研究开发机构，是中央管理的国有重要骨干企业。煤炭科学研究总院拥有底蕴厚重的人力资源，现有职工5200多名，专业技术人员占66.4%，其中中国工程院院士3名,高级专业技术人员1500余名。煤炭科学研究总院拥有雄厚的科技实力，7个国家、6个行业产品检验中心和国家矿山安全计量站设在总院，具有国际先进水平的实验、检验手段。建院40多年来，取得科研成果4000余项，获国家和省部奖励930余项、专利500多项，有3个博士、8个硕士学位授权点，成为推动煤炭工业技术进步的主导力量。

安全评价机构资质证书

机构名称：煤炭科学研究总院
资质等级：甲级
评价区域：全国范围内
资质编号：APJ-（国）-0087-2006
有效期至：2009年5月12日

煤炭科学研究总院的重点研究领域和产业方向包括地质勘探与矿山测量、矿井建设及地下特殊施工技术、煤炭开采成套技术与装备、煤矿机械化成套技术与装备、煤矿安全综合防治技术、洁净煤技术、矿区环境保护技术、煤炭经济研究和信息技术应用等。

煤炭科学研究总院安全评价机构是隶属于煤炭科学研究总院的专门从事安全评价工作的独立部门，现有员工25人，16人具有安全评价人员资格证书,有国家安全生产监督管理部门专家3人，注册安全工程师3人,外聘技术专家18人,专家均为高级以上职称。该机构以煤炭科学研究总院为依托，利用广泛的人力资源、雄厚的技术实力、完备的仪器设备和健全的质量保证体系，以《中华人民共和国安全生产法》及其他相关法律、法规为依据，为煤炭行业及其他相关行业提供高水准的安全预评价服务。

煤炭科学研究总院安全评价机构成立3年来，先后在开滦矿务局、峰峰矿务局、晋城矿务局、阳泉矿务局、神华集团完成了100多个大中型煤矿的安全综合现状评价及安全预评价，得到了委托方的好评。

工作不忘党的先进性教育

工作人员办公室一角

我们的安全评价方针是：严格管理、规范程序、实事求是、确保质量、服务安全、服从监管。

我们的工作宗旨是：始终把煤矿的安全放在第一位，一切都要为煤矿安全负责。

煤炭科学研究总院期待您的来访，竭诚希望与煤矿企业合作,与同行进行交流，共同致力于煤矿安全工作，为保障煤矿安全奉献一份力量。

河南集诚化工工程有限公司

河南集诚化工工程有限公司是从事化工、医药等行业工程技术咨询、技术服务的公司，安全评价是公司的主要业务之一。

公司的前身是河南省化工工程技术中心、河南省化工工程技术中心有限公司，成立于1990年，隶属于河南省化工设计院，2003年1月开始进行安全评价工作。由于勘察设计行业体制改革的需要,按照主管部门的要求，对河南省化工工程技术中心有限公司进行整合，于2004年3月组建、注册了具有独立法人资格的河南集诚化工工程有限公司，于2006年获得国家安全生产监督管理部门颁发的安全评价机构资质证书(甲级)。证书编号：APJ-(国)-0489-2006；业务范围：石油加工业，化学原料、化学品及医药制造业，燃气制造及供应业，炼焦业，等等。

公司的主要技术人员大多都是长期从事工程设计、咨询、监理、施工的化工行业各专业工程技术人员，也有来自化工科研、教育系统和化工生产一线的工程技术人员。公司现有35人，32人具有中级以上专业技术职称，其中具有国家安全评价资格证书的人员23人，注册安全工程师13人，享受政府特殊津贴专家1人。技术人员专业门类配备完善，有化工工艺、设备、建筑、结构、电气、自控、工业分析、工业企业防火工程、暖通、给排水等多个专业，具有注册安全工程师、注册化工工程师、注册监理工程师、注册造价工程师、注册咨询工程师、压力容器和压力管道审核人等多种资格。自开展安全评价工作以来，完成的化工建设项目和生产装置的安全预评价、验收评价、现状安全评价共400余项。

河南集诚化工工程有限公司依托所拥有的一批长期从事重点化工项目建设、技术咨询和运行管理等工作的专业人才，坚持为企业服务、为安全生产事业服务的宗旨，在大、中型化工建设项目和生产装置的各类安全评价方面，技术实力雄厚。

近期主要工作业绩:

1.平顶山煤业（集团）有限责任公司30万吨/年聚氯乙烯树脂配套25万吨/年离子膜烧碱项目安全预评价

2.昊华宇航化工有限责任公司年产20万吨离子膜烧碱和20万吨PVC专用树脂工程项目安全预评价

3.河南省煤气（集团）有限责任公司义马气化厂危险化学品生产装置（全厂）安全现状评价工作

4.河南省骏马化工集团有限公司30万吨/年合成氨原料路线改造项目安全预评价

5.平煤集团开封东大化工有限责任公司15万吨/年离子膜烧碱、2万吨/年液氯、2万吨/年ADC发泡剂、2万吨/年氯乙酸、2万吨/年氯化亚砜、2万吨/年固体光气、1万吨/年芳磺酰氯改扩建项目的安全预评价

6.南阳市新旺氯碱化工有限责任公司20万吨/年离子膜及20万吨/年聚氯乙烯树脂安全预评价

7.河南蓝天集团有限公司年产30万吨甲醇项目安全预评价、安全验收评价

8.洛阳新安电力集团金属钠有限公司1万吨/年金属钠生产装置安全现状评价和金属钠1.25万吨/年生产装置安全验收评价

9.安阳化学工业集团有限责任公司6万吨／年甲胺、DMF项目安全预评价

10.中金黄金股份有限公司中原黄金冶炼厂危险化学品使用安全评价

11.黎明化工研究院1000吨/年六氟化硫项目安全预评价

12.河南开普化工股份有限公司危险化学品生产装置安全现状评价

13.开封晋开化工有限责任公司18万吨/年合成氨扩能工程安全预评价

发展规划:

突出主业，加强重点专业建设，增强创新能力及综合实力，使河南集诚化工工程有限公司逐步发展成国内高标准的化工技术咨询、技术服务企业。

阳城县润城镇

矿长　　徐来元

团结奋进的领导班子

地址：山西省阳城县润城镇上庄村
邮编：048103
电话：0356—4819371
传真：0356—4819384

阳城县润城镇上庄联办煤矿是由上庄、中庄和下庄集体联合经营的企业，始建于1977年8月，1979年8月投入生产。1981年转为正式生产矿井。属沁水煤田，矿区面积0.922平方公里，现有干部职工200余人。其中职能管理40人，设有七科四室，即：安监科、生产科、机电科、通风科、质检科、财务科、销售科和办公室、调度室、监控室、安教室。

矿井开拓为斜井，有主井、副井（行人）和主要回风井三个井口。开采无烟煤，垂深55米。煤层厚度6米；采煤方法为壁式开采。

该矿的《采矿许可证》、《煤炭生产许可证》、《安全生产许可证》、《营业执照》、《矿长资格证》、《安全资格证》等证件，经山西省煤矿主管部门核准领取。

为认真落实上级主管部门的文件精神，严格执行“三大规程”，确保安全生产无事故，保证正常生产，加强了双回路供电建设，共投资100万元，增容投资30万余元。2005年，实行了壁式采煤方法，投资300万元购置了ZHZ140/15122型整体组合顶梁支架，购置两台乳化泵，投资20万元，采用木料充填方法，投资380余万元保证了过空的平衡顺利进行。

2005年，上庄联办煤矿在上级主管部门的正确领导下，全矿干部职工团结一心，奋力拼搏，与时俱进，勇于创新。以“安全第一、预防为主”和“安全责任重于泰山”为指针，加大力度对职工进行安全知识培训，不断增强职工的自身保护能力和整体素质。从而进一步增强了职工的安全意识、人人抓安全、人人管安全。在安全的前提下狠抓了安全生

上庄联办煤矿

产，全年安全生产无事故，完成了上级下达的各项经济指标，达到了“安全无事故”的目标。全年生产原煤4.46万吨。销售收入达到2034万元，上交国家、集体740万元，实现利润446万元。

矿长，法人代表徐末元同志带领全矿职工与时俱进，顽强拼搏，完成了上级下达的各项经济指标，实现了安全生产无事故。我矿干部职工团结一心，众志成诚，抓安全，促生产，向管理要效益，向安全要效益，努力实现安全生产无事故，再上新台阶，再创新辉煌！

安全第一
预防为主
安全责任重于泰山

矿区办公场景

山西省中阳

总经理　刘殿亮

土河煤矿位于中阳县金罗镇土河村，1993年建矿，2000年投产，现有职工300多人，拥有固定资产5000万元，井田面积3.68平方公里，年生产能力30万吨，主营低硫低灰4号主焦煤和60万吨洗精煤，是一个实力较强、标准化程度较高的综合型民营企业。

土河煤矿建成投产以来，累计上缴国家税费近3000多万元，用于煤矿所在地和家乡社会公益事业资金累计400多万元，为中阳县社会稳定和经济繁荣做出了重要贡献。

建矿14年来，在总经理刘殿亮同志的带领下，全矿上下团结协作，合力同心，聚精会神搞建设，一心一意谋发展，本着"宁可少出万吨煤，不能损伤一个人"的安全理念，在安全设施上投资1000余万元，先后安装了瓦斯电脑监控系统、更换了风机、配备了800千瓦大功率发电机、架设了双回路电源，实施了高压下井，安装井下瓦斯抽放系统，冬季热风下井，并把工作面支护全部更换成单体液压支柱，洒水防尘高度规范，还加宽、加高了整个巷道，重新维修和改装了两个安全出口。

矿区在"矿井标准化、装备现代化、管理军事化、安全责任化、环境园林化"的要求下，到处鲜花绽放、绿树成行、路灯耸立、亭台秀美，矿区地面全部硬化，办公、调度楼上下遥望，工人住宅区宽敞整洁，浴室、餐厅、俱乐部、篮球场一应俱全，黑板报、警示牌、高音喇叭、巨幅语录，处处呈现出一种浓厚的文化气息，主副井口检查严格，各工种在职在位，时时给人一种"以人为本，安全为天"的安全文化氛围。

目前，在激烈竞争的市场经济大潮中，土河煤矿正向着既定目标迈进，将以全新的面貌迎接新的挑战，创造土河煤矿辉煌的明天。

县土河煤矿

在治矿理念上，土河煤矿把人才是第一资源放在首位，积极发现人才、广聘人才，人才得到了合理配置，人尽其岗，极大地发挥了每个人的优势。

在创建文明矿区的工作中，土河煤矿对所有员工的日常行为制定了严格的规范标准，要求员工们必须养成早睡早起按时作息的习惯，养成勤讲个人卫生、积极参与环境卫生的习惯。该矿还加强对矿工的安全生产和文明礼貌教育，不允许工人们说脏话、留长发、穿短裤；在公共场合不准坦胸露怀；严禁赌博，严惩打架斗殴。要求员工说话办事干脆利索，雷厉风行，令行禁止。工作不到半年，他就将一个拥有来自不同省籍、不同身份、不同文化层次的300名员工的煤矿治理得井井有条。

生活区一角

在生产上，严格要求所有矿领导深入一线，带班领导必须8小时盯在现场，保证了生产每天三班制、班班有领导。为了保证矿工的安全，土河煤矿还特别成立了安全纠查队，走一路、查一路，及时消除事故隐患，有效遏制了重大事故的发生。几年来，累计投入1000余万元购置硬件设施，使煤矿的安全设施装备水平得到了很大的提高。

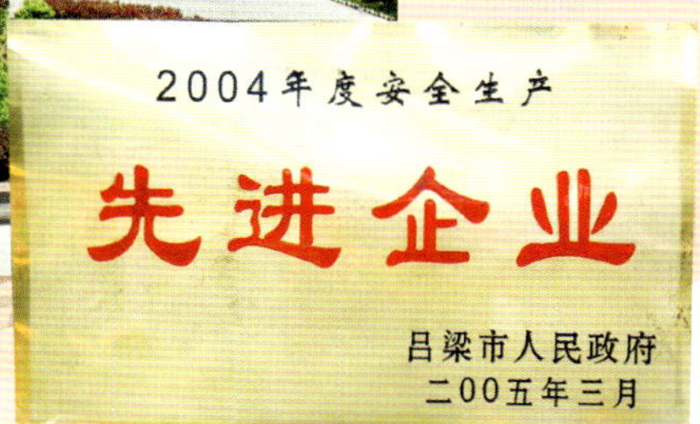

矿区园林一角

地址：山西省中阳县金罗镇土河村
邮编：033400
电话：0358-5075085
传真：0358-5075186

东莞市民安企业管理咨询服务有限公司

总经理　汪国强

安全评价机构资质证书

机构名称：东莞市民安企业管理咨询服务有限公司

资质等级：乙级

资质编号：APJ-(粤)-020-2005

评价区域：全省

有效期至：2007 年 12 月 31 日

业务范围：危险化学品包装物容器安全评价；危险化学品安全评价；非煤矿山安全评价**

资质许可

东莞市民安企业管理咨询服务有限公司是经广东省安全生产监督管理部门批准，并在东莞市工商行政管理部门注册登记的从事安全生产中介服务的组织。公司获得了广东省安全生产监督管理部门授予的危险化学品包装物容器安全评价乙级资质、危险化学品类安全评价乙级资质、非煤矿山安全评价乙级资质（批准文件：粤安监[2005]80号文，证书编号：APJ-（粤）-020-2005）。

公司拥有高级工程师6人，中级工程师8人，经国家有关部门认可的安全评价人员16名，资质专业配备齐全，包括多年从事安全工程、化工、非煤矿山、铁路运输、建材、陶瓷制品、建筑工程、机械、机电等行业安全管理的专家10多人。

作为高度专业化的安全生产技术服务商，东莞市民安企业管理咨询服务有限公司秉承公正性、科学性、时效性、准确性的原则，充分发挥安全生产中介组织的作用，为企业提供安全预评价、安全验收评价、专项安全评价、安全现状评价、投资及保险项目安全事故风险评价、危险和有害因素辩识、重大事故隐患诊断、事故隐患整改计划制定、事故应急和防范预案制定、安全技术咨询等各类技术服务。

海湾评审会

安全理念：

公司秉承公正性、科学性、时效性、准确性的原则，以科学的方法、严谨的作风、客观的态度、规范的管理全方位为客户提供安全评价优质服务，为安全生产综合管理部门审批、监督、管理提供依据。

宏石评审会

安全文化建设成果：

安全评价是做好企业安全生产工作的技术手段之一，可为企业及政府部门进行安全生产监督管理提供决策依据。公司本着“质量第一、服务至上”的服务宗旨，建立了完善的适合于公司运作的质量管理模式，形成了评价报告“一校二审一批准”的四级质量保障体系，严格按要求进行安全评价过程控制，使公司的评价报告质量及服务质量得到了市级、省级安全生产管理部门的认可。

公司走出了一条请资深专家到公司讲学、公司员工走出去培训的（请进来，走出去）的自我充实完善之路。

水东港区

公司将强化安全管理的评价，通过安全管理评价及安全管理评价方法在企业中的应用，将人的不安全行为控制在最低限度内，减少事故的发生，为创建以人为本的和谐社会尽一份力量。

百色中林安全科技有限公司

总经理　凌晟

百色中林安全科技有限公司（英文缩写BSZL）于2005年3月经百色市工商行政管理部门核准注册登记，公司注册资本为人民币105万元，有员工51人，其中高级工程师6名，工程师42名。有12人取得安全评价资格证书，有7人取得危险化学品专项安全评价的培训证书。大多数工程技术人员现场工作经验丰富，具有较高的理论水平，有长期从事安全方面工作的技术人员和技术专家。公司拥有自己的实验室，检验、检测手段较完备，工程技术人员专业分布较合理，能完成不同类型、不同系列的安全评价工作。

公司为适应安全评价服务的需要，按照ISO9001标准建立了安全评价保证体系，并已通过了ISO9001标准认证，以国家法律、法令和法规作为准则，坚持以“政策性、科学性、公平性、针对性”为原则，开展安全评价工作，为客户提供科学、权威、规范和优质的服务。

公司的经营理念是：以诚信为本，以客户为上，扎扎实实地工作，努力创造优质的服务、优质的业绩，做到让客户满意，让政府放心。

安评资质证书

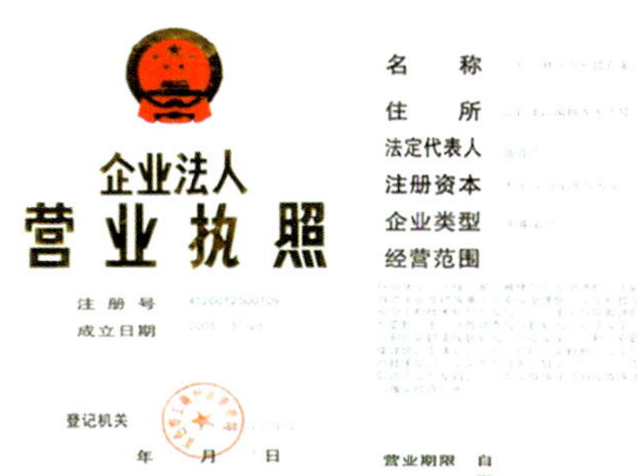

营业执照

资质编号:APJ-（桂）-015-2006

地　址:百色市江滨路A-82号

邮　编:533000

联系人:凌晟

电　话:0776-2890396

传　真:0776-2890591

网　址:www.bszlsafety.com

E-mail:bsjch4452@sina.com

国标认证证书中文版

国标认证证书英文版

香港职业安全健康局

香港职业安全健康局于1988年成立，作为一个法定机构，职安局透过各项服务，致力改善工作环境，提高企业安全管理水平，从而保障宝贵的人力资源。

宣传推广

职安局的其中一项首要工作，是在社区广泛宣传职业安全健康，培养大众的安全文化。职安局针对不同主题举办大型的推广项目，包括香港职安健大奖、职业健康日、建造业安全日、良好工场整理日等等。另外，本局作为世界卫生组织的安全社区支援中心，致力在社区层面推动安全社区计划。为加强青少年推广，我们在香港科学馆设立『职安健展览廊』，通过互动展品，将安全文化从小灌输予青少年。

训 练

职安局致力提供多元化及高质素的训练课程，我们亦会因应机构的需求度身订造内部训练课程；另外，我们亦制作多套自学训练套件，免费给予公司进行员工培训。

顾问服务

职安局为公营及私营机构提供优质的顾问服务。职安局亦获工务局及香港房屋委员会委托，管理一个独立的安全审核计划，专责发展及监察安全审核系统，以改善香港的工地安全。职安局并推出『持续进步安全管理确认计划』，协助企业达至世界级的安全管理水平。

研 究

职安局针对重要课题进行探讨，这些研究有助本局掌握各行业的职安健现状以及时代转变带来的职安健问题，并作为本局制定策略，厘订方针的基础，有效提升香港的工作安全健康标准。

资讯服务

职安局的职安健资讯中心，收藏数以千计的书刊、录影带、唯读光碟、视像光碟及教材套件，欢迎公众免费借阅。此外，职安局亦制作期刊、小册子、海报及定期通讯等，免费派发。市民亦可浏览职安局网址 www.oshc.org.hk ，取得最新资讯。

建立国际网络

职安局与各地职安健组织保持紧密联系，以确保香港在预防及控制职业意外及疾病上紧随世界步伐。本局为国际社会保障协会(ISSA)及亚太职业安全健康组织(APOSHO)的成员，并与海内外的有关组织结盟，促进各地职安健知识的交流。

中国香港北角马宝道28号华汇中心19楼

电话：(852) 2739 9377　传真：(852) 2739 9779　电子邮件：oshc@oshc.org.hk　网址：www.oshc.org.hk

沈阳华宁鞋业有限公司

沈阳华宁鞋业有限公司的前身是沈阳橡胶厂，始建于1950年，是生产胶靴（鞋）的专业公司，是具有50多年历史的国有大型企业。在中国全胶靴（鞋）制造行业具有重要地位，规模居前列。企业拥有行业领先的生产工艺和强大的技术开发能力，拥有优质的质量检测设备和合理的规范管理模式。近10年来,全胶靴年产值达1亿余元。企业生产的主要产品为胶面胶靴，品种繁多、规格齐全、款式新颖、性能优良、品质卓越，产品结构设计合理，生产工艺稳定，质量可靠，具有外型美观、穿着舒适轻便、做工精细、靴面耐屈挠和耐老化、防水性能强等特点，产品技术、工艺、结构、性能居国内、国际先进水平。

公司产品主要销往全国20余个省市以及日本、欧洲等世界10多个国家，具有很高的市场占有率。“东北牌”系列胶靴和特种劳动防护胶靴是本企业的主导内销品牌产品；胶面防砸、防刺穿安全胶靴系列,电绝缘系列,耐酸碱系列,防滑、防寒系列,水冰靴系列,钓鱼休闲系列,妇人女士系列,彩色贴花女靴及童靴系列是公司外销的主打产品。

公司拥有一个出口胶面胶靴的专业生产厂，具备年产500万双胶靴的生产能力。工厂引进国内先进的复合压延胶靴生产线，拥有国内领先的生产工艺和技术研发中心。公司多次荣获新产品开发、科技进步及现代化管理奖。公司生产设备齐全，技术力量雄厚，检测手段完备，生产能力强，现有3条自动化程度较高的胶靴（鞋）生产线,并采用国内最先进复合压延新工艺，达到国际先进水平。

公司的宗旨是把质量和信誉放在首位，企业多次被评为“重合同、守信誉”单位，连续十年被沈阳市评为名牌产品。在1995年沈阳工业50强中排序第36位，公司于1999年通过了中国质量认证中心(CQC)的ISO9001标准质量体系审核。

保护劳动者在生产中的安全与健康，是国家的一项重要政策，研制出特殊场合能穿用的安全防护用靴，一直是我公司的一项重要科技目标。特种劳动防护用品作为一种特殊产品，是保障劳动者安全与健康的最后一道防线。先进的特种劳动防护用品，可以有效地防止、减少生产过程中出现的事故伤害和职业危害。通过对市场进行调研，加大了对科研的投资力度，投入了大量的资金、人力、物力，本着“以人为本”的安全理念，坚持“安全第一,预防为主”的安全方针，研制出适用于特殊行业的劳动者穿用的劳动保护用靴。

大底

正面　6KV 绝缘靴　侧面

本公司作为“全国特种劳动防护用品安全标志首批获证企业”，意味着本企业的产品优先合法进入国内外市场，同时在市场上树立了“东北牌”劳保胶靴良好的企业形象和“东北牌”沈阳名牌商标的信誉。

悠久的历史造就了底蕴深厚的企业文化，改革开放的春风铸就了雄厚稳健的企业实力。本公司将继续对市场进行调研，加大投资力度，开发出更加适合穿用的劳动保护用靴，以保护劳动者的人身安全，为国家安全建设贡献自己的一份力量。

大底

正面　耐酸碱靴　侧面

国家安全生产常州矿用通讯监控设备检测检验中心

国家安全生产常州矿用通讯监控设备检测检验中心（煤炭工业常州通讯监控产品质量监督检验中心）是于1990年1月10日通过国家技术监督部门的计量认证、具有第三方公正地位的质检机构。1996年6月、2001年6月通过国家技术监督部门计量复查认证[（96）量认（国）字（T0370）号、（2001）量认（国）字（T0370）号]，是国家煤矿安全监察部门2004年5月授权的煤矿通讯、信号装置、监测监控系统及配套设备产品的甲级检测检验机构。

检验业务范围：

◆ **承检主要产品：** 煤矿载波调度通信装置；煤矿本质安全型共电、自动电话机；煤矿通信、控制装置；煤矿生产调度通信系统；煤矿生产调度人工交换电话总机；煤矿生产调度电话用安全耦合器；煤矿漏泄通信设备及系统；煤矿无线电通信设备及系统；煤矿信号设备及灯铃信号装置；煤矿用提升信号装置；煤矿监控系统及控制装置；煤矿用风电甲烷闭锁装置；煤矿用信息传输装置；煤矿用固定式甲烷断电仪；煤矿用移动式甲烷断电仪；矿用数据传输光端机；矿用图像传输光端机；矿用摄像仪；矿用电力监测系统；煤矿地面立井提升机综合后备保护装置；煤矿用带式输送机电控装置；煤矿用带式输送机电控系统；煤矿用带式输送机保护装置；煤矿用直流稳压电源；煤矿用直流电源变换器；煤矿用速度传感器；煤矿用设备开停传感器及馈电状态传感器；煤矿井下紧急闭锁开关；矿用温度传感器；煤矿用胶带跑偏传感器、煤矿用煤位传感器；矿用差压传感器；矿用风门开闭状态传感器；矿用接近开关、行程开关；远动开关；矿用本质安全型压接式电缆接、分线盒；煤矿用低浓度载体催式甲烷传感器；矿用水位传感器。

◆ **承检电工电子产品例行（型式）试验主要项目：** 湿热、高温、低温、振动、冲击、碰撞、运输、跌落、外壳防护性能、电气绝缘性能、温升等试验项目。

工作职责：

- 承担国家和行业指定范围的产品质量监督、抽样检验、优质产品的检验和鉴定；
- 接受上级委托，对重要产品进行投产鉴定；
- 接受产品质量的分等、分级、仲裁；
- 承担国家标准、行业标准的制定、修改和有关标准的试验验证工作；
- 接受企业、事业、乡镇企业委托，进行产品的型式试验或单项性能试验。

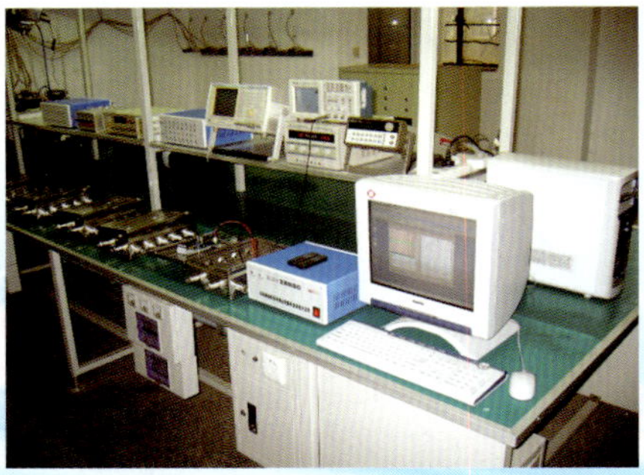

地址：江苏省常州市木梳路1号　　邮编：213015

电话：0519-6998925　6998928　　传真：0519-6985992

中心常务副主任：沙凤华　　E-mail：sfh@cari.com.cn　qc@cari.com.cn

南京理工科技化工有限责任公司

上级领导检查工作

南京理工大学是国家“211”重点高校，经过几十年的发展、壮大，已成为集理、工、文、法等众多学科专业的综合性研究型大学。南京理工大学化工学院是学校的主要分院之一，目前有博士点11个，硕士点18个，本科专业8个。

自2002年起，南京理工大学化工学院安全工程系与国家民用爆破器材质量检测中心一同开展了安全评价工作，经过几年的探索和实践，机构依托南京理工大学科技咨询开发公司，已完成了危险化学品、民用爆破器材、烟花爆竹等行业的安全评价数百项，积累了大量的经验，培养了一批从事安全评价工作的专门人才。现依托南京理工科技化工有限责任公司成立了安全评价与咨询中心。

技术研讨会

南京理工科技化工有限责任公司始建于1986年，2004年初由南京理工大学和南京理工大学产业总公司共同出资组建有限责任公司。公司系国家民用器材定点生产企业，主要产品为塑料导爆管和导爆管雷管，年生产能力为塑料导爆管1亿米和导爆管雷管1000万发。

公司现有职工100多人，其中具有高级、中级或技师职称的15人，公司技术力量雄厚，设备先进，管理机制健全，具有较强的产品研发和生产能力。

办公区一角

安全评价与咨询中心现有安全评价与咨询人员20余人，其中13人获得注册安全评价师资质，10人获国家危险化学品专项安全评价资质。中心大多数人员具有硕士以上学历，依托南京理工大学化工学院的科研、教学条件，具备很强的安全评价、科研、安全培训实力。

中心与国家民用爆破器材行业协会共同申请了国家二级安全培训机构资质并于2005年经过了国家的复审。目前已在全国二十余个省份进行了安全培训工作，培训人员超过千人，取得了很好的社会效益。

公司将本着诚信、公正的原则竭诚为各企业服务，以科学、严肃的态度面对各项工作，以积极、创新的面貌开拓服务范围和市场，与各企业共同发展和壮大，为民爆行业的安全生产尽一份力。

腾飞中的中煤第三建设（集团）有限责任公司

总经理　赵士兵

中煤第三建设集团是一家以矿山建设为主业，同时具备土建、安装、制造加工、铁路、公路、市政建设等各类工程项目综合施工能力的跨行业、多元经营的大型企业集团。原直属国家煤炭工业管理部门，曾用名“淮北煤矿基本建设局”、“淮北煤炭基地建设指挥部”，“中煤第三建设公司”。1998 年 8 月归属安徽省，省属国有企业，2000年进行公司改制，更名为“中煤第三建设（集团）有限责任公司”。

集团公司具有矿山工程建设施工总承包特级资质，拥有进出口经营权。集团成员单位已全部通过 ISO9001 质量体系认证，2003 年换版为 ISO9001/2000 标准认证，2005 年通过“三标一体”整合。集团资产总额 16.3 亿元，拥有各类工程机械及大中型装备 6000 余台套和各类实验室及其装备。集团所属主要经营单位为五处一厂，即 29 工程处、30 工程处、33 工程处、71 工程公司、机电安装工程公司和总机厂；另有安厦房地产公司、路桥公司、物资供销公司、地测公司、设计监理公司、机电公司、淮海农场、职工总医院、中学等经营性单位和企业办社会机构。在册职工 15000 人，其中各类管理人员 2525 人，各类中高级职称专业技术人员 2300 人。

数十年来集团先后参加了 20 多个省、自治区的煤炭基地和其他工程建设以及蒙古、土耳其等国外工程，业绩突出、质量优良。共建成大中型矿井 100 多对，总设计生产能力超亿吨，建成选煤厂 35 座，总设计入选能力 5700 万吨，建成铁路 350 多公里，公路及高速公路 400 多公里，输油管路 200 多公里，建成各类大中型工业项目数地下座及大批民用建筑工程。其中 50 余项工程被评为省部优质工程，并创造了多项国家和行业施工纪录，获国家、省（部）、市科技进步奖 300 余项，其中 50 余项获国家和省部科技成果奖。目前在建的国家及地方重点工程 200 余项，2005 年 8 月，集团安装处承建的井架——高 76.8 米、重 1234 吨的山西屯留煤矿主井井架，代表了全国井架制作安装的先进水平，全国 150 余家新闻媒体进行了报道。

2005 年，集团在认真分析研究国内外市场的基础上，编制了“十一五”期间的发展规划，制定了企业中长期发展战略，规划描绘了今后五年乃至更长时期集团发展的宏伟蓝图．已通过了省国资委专家组的评审。“十一五”期间集团将围绕构建和谐三建、效益三建、安全三建，不断深化企业改革。到 2010 年底，企业发展实现“三个大飞跃”，即：企业经营规模大飞跃，结算收入超过 26 亿元；经济效益大飞跃，利润突破 2 亿元；职工生活水平大飞跃，在岗职工人均年收入超过 2.6 万元。到 2020 年力争把集团建设成竞争力强、主业突出、经营多元、结算收入超过 50 亿的大集团！

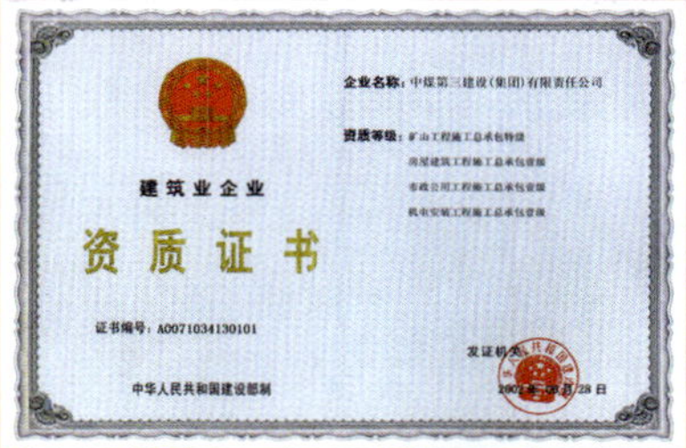

地址：安徽省宿州市汴河中路 181 号　电话：0557-3023035　传真：0557-3024095　邮箱：zmsj@cctcg.com

2000年安装在神华集团的№38风机

2005年安装在贵州五轮山煤矿的№38风机

中国印钞造币总公司
南京造币厂

厂长　史仲敏

南京造币厂位于江苏省南京市江宁科学园内，隶属于中国人民银行印钞造币总公司，系国家大型企业。主要从事印钞造币专用设备研制、流通硬币生产、增值税专用发票及防伪票证印制。工厂拥有职工1980人，下设造币分厂、造机分厂、证券分厂、机动分厂和19个管理部门，安全环保处负责工厂日常安全环保管理工作。

作为特殊国有印制企业，南京造币厂恪守“安全优质保发行、科学管理增效益”的行业宗旨，为央行履行职责服好务。近年来，南京造币厂以“科技领先、管理卓越，建设具有国际竞争力的印制企业”愿景目标为引领，针对行业要求和自身实际，加快推进现代化管理进程，先后通过ISO9001、ISO14000和OHSAS18000三项管理体系认证，为企业构筑了坚实的安全、环境、质量管理平台，企业经济效益也呈现快速增长态势。在安全管理上突出抓好安全标准化管理，推行“大安全”、“平安南币”、“和谐南币”等安全理念，工厂于2005年成为国家、江苏省和印制行业早批“国家安全质量标准化一级企业”，并荣获“江苏省剧毒品安全管理示范单位”殊荣。企业建立了完善、科学、严格的安全管理运行机制，创造了安全、舒适、优美的工作环境，实现了优质、高效、低耗、安全、文明生产，连续多年无各类安全事故。

南京造币厂职业健康安全方针

- 以人为本，培育特色文化
- 以法为准，倾心职工健康
- 预防为主，控制毒害危险
- 持续改进，提高本质安全

地　址：江苏省南京市江宁区　　邮　编：211100
电　话：025－52282820　　传　真：025－52281511
E－mail：njzb@cbpmc.com.cn

安全生产的守护神

——河北大自然中宇安全评价有限公司

学习安评工作会议精神

评价人员现场勘测

河北大自然中宇安全评价有限公司是经河北省安全生产监督管理部门批准的具有国家乙级资质的安全评价机构，专业从事非煤矿山、危险化学品、燃气制造及供应业等领域的安全预评价、安全现状评价、安全验收评价、安全专项评价等安全评价工作。

本公司由原唐山大自然安全评价事务有限公司和秦皇岛中宇安全评价有限公司于2005年10月联合重新组建而成。公司现有员工36人，其中具有高级专业技术职称的10人，具有中级专业职称的9人。19名从事安全评价的人员全部获得国家安监部门核发的《安全评价人员资格证书》，10人已取得注册安全工程师执业资格，并组建了由21名教授、研究员、高级工程师等资深人士参加的技术专家委员会，已经形成了阵容齐整、涉及领域广泛、配置合理的具有较高水准的安全评价队伍。重组前，公司已先后为开滦集团、唐山钢铁集团、冀东油田、山海关桥梁集团公司、中国石油、中国石化等1500多家企业提供了安全评价服务。组建后，公司为河北华安天泰防爆科技公司、唐山贝氏体钢铁（集团）公司、唐山滦河实业、唐山天柱钢铁公司、国丰钢铁集团、唐山风帆宏文蓄电池有限公司、秦皇岛骊骅淀粉股份有限公司、秦皇岛港务集团有限公司等70多家大中型企业提供了安全评价服务。

本公司坚持“为客户提供安全服务，与客户共享安全”的经营理念，严格遵循“科学、严谨、真实、公正”的质量方针，全体员工将同心同德，开拓进取，努力为广大客户竭诚服务，为社会主义现代化建设保驾护航，在安全评价事业中做出我们应有的贡献。

经营理念：为客户提供安全服务，与客户共享安全

质量方针：科学、严谨、真实、公正

经营范围：

一类：金属、非金属矿及其他矿采选业，石油加工业，
化学原料、化学品及医药制造业，燃气生产及供应业，炼焦业。

二类：黑色、有色金属冶炼及压延加工业，公众聚集场所，通用设备、
专业设备及交通设备制造业，电气机械及器材制造业，
仪器仪表及文化、办公用机械制造业，通信设备、
计算机及其他电子设备制造业，邮政、电信和其他信息传输服务业。

秦皇岛事业部：
河北省秦皇岛燕山大街玉峰国际公寓3-903　邮编：066000
电话：0335-7917778/9　传真：0335-3636667

唐山事业部：
河北省唐山市华岩路17号（五环饭店四层）　邮编：063000
电话：0315-3881810　2817918　传真：0315-2858028
电子信箱：Dzrzy@sohu.com

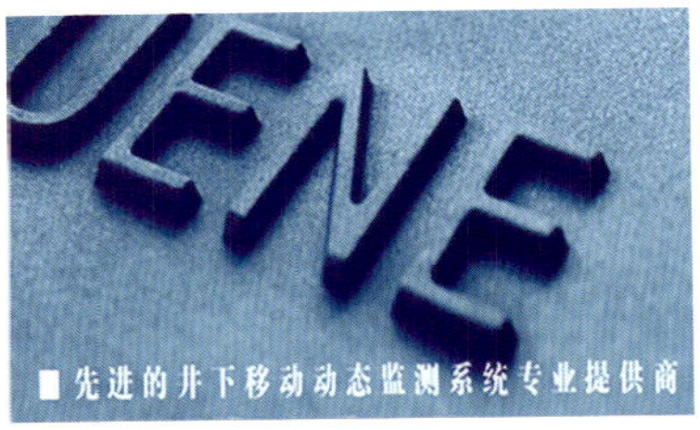

北京永能科技发展有限责任公司（BeiJing UENE Seci&Tech Development Co.,LTD）是一家专注于高性能工业控制产品的研究、开发、应用的高科技公司。公司以其雄厚的科研实力和丰富的科技人才，秉承“为生命服务”的企业理念，以“价值、效能、创新、简单”为技术宗旨，致力于矿用高、新技术工业控制系统的研发与制造，经过不断的技术实践，公司在无线传感器网络、工业以太网等方面均取 得长足的进步，具有相应的核心技术，并拥有了一支具有极强研发和实施能力的科技研发队伍，并具备有先进的制造能力，公司申报的专利技术以每年20%的幅度增长。

先进可靠的第三代人员管理系统 -- KJ212 井下人员管理系统

KJ212 井下人员管理系统应用先进的无线传感器网络技术 （自有 U-WSN 技术），紧密结合煤炭工业的实际需要，与工业以太网技术和自动控制技术有机结合，解决了应用于煤矿井下设备安全运行、数据的远距离快速传输、信号转换和信息处理等方面的技术难题，并具备有超强的扩展性，不仅为煤矿井下人员监测、控制和跟踪管理、抢险救灾、安全救护的高效运作以及生产统计、管理等方面提供了有效的科技支撑，而且为扩展至覆盖全矿井井下的动态监测搭建了一个平台，有力地推动了煤矿企业的发展，是第三代井下人员定位系统。

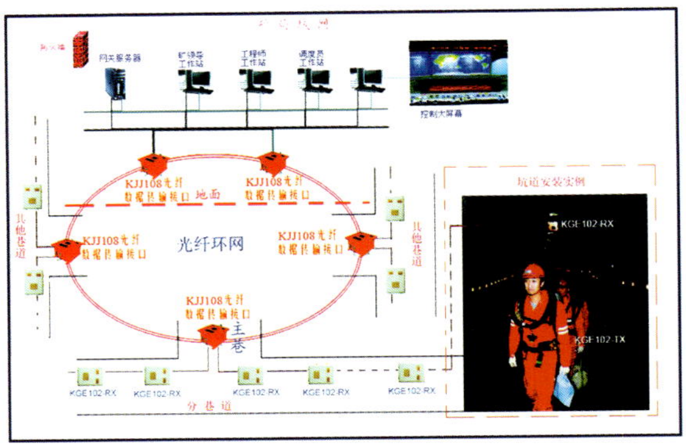

以人为本，严格管理，消除隐患

KJ212 井下人员管理系统通过对矿山井下作业人员实时、精确的定位，建立了一个完整而实时的井下管理信息系统，可对井下作业人员的工作岗位、计划安排、进出巷道的权限、人员分布、安全物资流动等要素进行严格管理，以达到落实责任、提高安全生产的技术水平、保证安全生产的目的。

实现可视管理，提高管理水平

为井上的调度控制中心提供准确、实时的井下作业人员身份信息、工作位置、工作轨迹、安全物资流动等相关管理数据，实现了对井下工作人员的可视化管理，提高煤矿开采生产管理的水平。

实行有效监督，保证制度落实

通过对瓦斯巡检、通风巡检、设备巡检、安全巡检等安全生产岗位人员的精确定位，确保其按规定线路、时间、地点以及次数检查到位，增强了工作责任心，杜绝瓦斯检查、安全检查的脱岗、空班、漏检情况，及时发现和处理危险情况，防止瓦斯爆炸、顶板坍塌等各类事故，促进安全生产。

工业以太网的基石
KJJ108 光纤传输接口

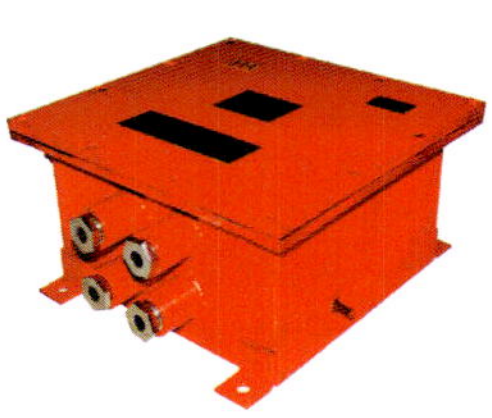

动态监测的节点
KGE102-RX 无线数据采集器

小巧免维护的个人标识
KGE102-TX 标识卡

咨询热线：010-51292801
传　　真：010-51292802
维护热线：010-51292806

北京永能科技发展有限责任公司
BEIJING UENE SECI&TECH DEVELOPMENT CO.,LTD
http://www.uene.com

重庆飞尔达机械有限责任公司

CHONGQING FIND MACHINERY CO.,LTD.

重庆飞尔达机械有限责任公司是一家集设计、制造、销售煤矿安全防爆装备、高分子工程材料配件产品的专业公司。

该公司在成立之日即确立了“用户至上、质量第一”的经营方针，制定了以“优质的产品、优秀的服务”奉献顾客为宗旨的奋斗目标。以经济性、安全性为设计理念，运用先进的设计思想，成功开发出深受用户欢迎的通风机、钻机钻具、矿灯、电控柜、高分子工程材料配件等系列产品。

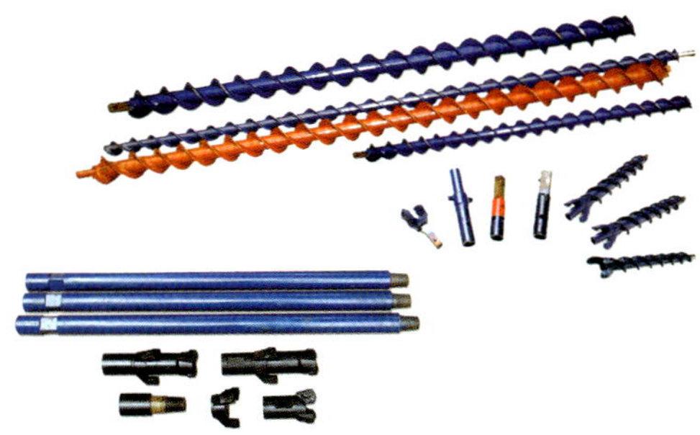

钻具系列

电控柜系列

钻机系列

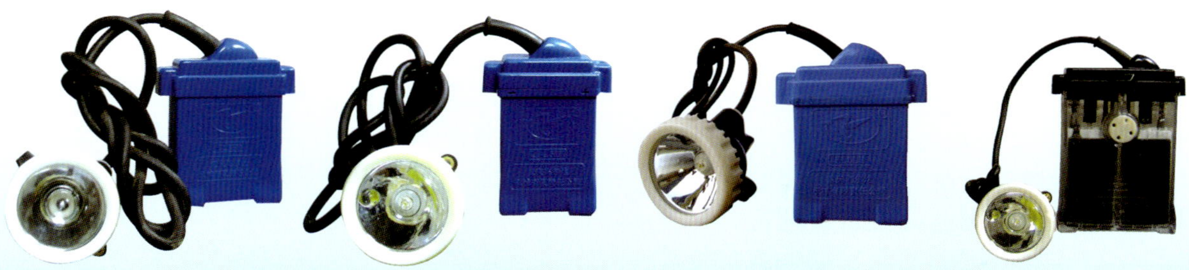

矿用帽灯系列

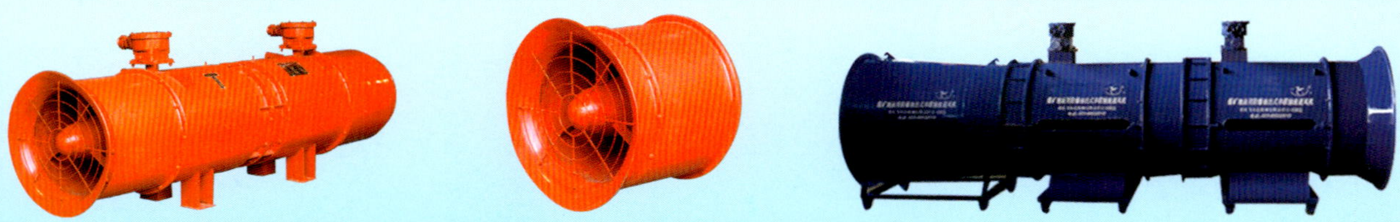

通风机系列

高分子材料配件系列

地址：重庆市九龙坡区净龙工业园　　邮编：401327

电话：023-65532015　65533290　　传真：023-65531150　65534064　　邮箱：find1995@sohu.com

广州市番禺胜海船舶修造有限公司

广州市番禺胜海船舶修造有限公司成立于2000年，主要建造船长120米以内的民用钢质船舶，公司厂区面积5.2万平方米，厂房面积6 000平方米，海岸线500米，拥有可建造5000-10000吨级船舶的24×145米船台3个，可建造3000吨级船舶的20×（60-80）米船台5个。目前，有专业技术人员50多名，作业人员400名，是广州地区较大型的民营造船企业。

2006年3月，公司被广州市安全生产管理部门纳入落实企业安全生产主体责任试点单位。公司在广州市有关部门的指导下，把握机会,采取了一系列有效措施，取得了明显效果。

落实企业安全生产主体责任的具体做法：

一是构建“纵向到底、横向到边”的管理网络。公司健全了安全生产管理机构，配备了若干名专职安全管理人员，并以落实安全生产责任制为核心，明确各部门、各层级员工的安全生产责任制，用建立激励、约束的机制来保障安全生产责任制的落实。确保安全生产工作“有人管”。

二是着眼于制度建设，立足于现场检查。公司通过抓根本、抓基础、抓源头、抓保证，努力实现对安全生产过程的有效管理。公司采取健全管理制度，规范管理行为；严格教育培训，提高安全素质；加大安全生产投入，提高设施设备安全保障水平；加强现场监管，杜绝“三违”行为等措施，确保安全生产工作“管得住”。

三是运用经济手段，实施要素管理。公司通过综合运用行政、经济、科技、文化等手段，积极探索适合本企业的安全管理办法和途径，对外包队实行严格管理，对安全工作管理建立完善档案，加强安全隐患和危险源监管，建立完善应急救援预案和推广标准化活动，确保安全生产工作“管得好”。

公司通过强化落实企业安全生产主体责任工作，取得了安全生产状况稳定好转的成效，得到了广州市安全生产监督管理部门的肯定。安全工作只有起点，没有终点，公司将以继续强化企业安全生产主体责任、实现安全生产状况好转为突破口，切实加强安全管理，从组织领导、工作机制和安全投入等方面入手，继续探索行之有效的管理措施，确保安全生产健康、和谐发展。

公司法人：林作明
地　　址：广州市番禺区石楼镇莲花山浮莲岗
电　　话：020-84841889，84841853
传　　真：020-84841899
邮　　编：511440

服务中煤亿吨级煤炭基地建设

打造专业化综机设备维修中心

总经理　海春庆

中国煤矿工程机械装备集团公司平朔矿区维修中心（简称平朔矿区维修中心）是中国煤矿工程机械装备集团公司直属企业，同时也肩负着中煤装备集团公司驻平朔办事处的职能。平朔矿区维修中心成立于2005年11月7日，位于山西省朔州市开发区招远路，注册资金1000万元，下设五个职能管理部门和三个生产车间，99名员工，拥有大型维修设备23台（套），专业技术人员60人。该企业是国内井工矿综采工作面大、中型成套设备的专业维修服务提供商，拥有先进的维修设备和经验丰富的专业维修队伍，建立有先进的质量保证和完善的售后服务体系，能够承接普采、综采工作面，包括液压支架、刮板输送机、采煤机、转载机、破碎机等三机配套设备的维修服务和技术改造。主要经营服务范围有：矿用设备维修及技术改造；备品配件的生产、销售；矿业工程行业配套用的矿用、控制、通讯电缆的经销。

平朔矿区维修中心的建立是服从服务于中国中煤能源集团公司建设"亿吨级"煤炭大集团的大局，服务平朔矿区井工矿建设，确保井工综机设备正常和高效运转。同时也为保证平朔矿区乃至整个晋北地区综机设备正常和高效运转发挥积极作用。更为搞好装备公司对平朔矿区的服务，在信息沟通、售后服务方面，发挥桥梁和纽带作用。

中国煤矿工程机械装备集团公司平朔矿区维修中心总经理海春庆携中心全体员工，向关心与支持平朔矿区维修中心发展的各界朋友致敬，欢迎广大客户前来考察、洽谈业务，愿与广大客户一起为煤炭工业的繁荣发展做出积极的贡献。

地址：山西省朔州市经济技术开发区招远路（原平朔物资供应公司院内）
邮编：036006
电话：0349-2050690　2059449
传真：0349-2050396
E-mail:pingweizhongxin@sohu.com

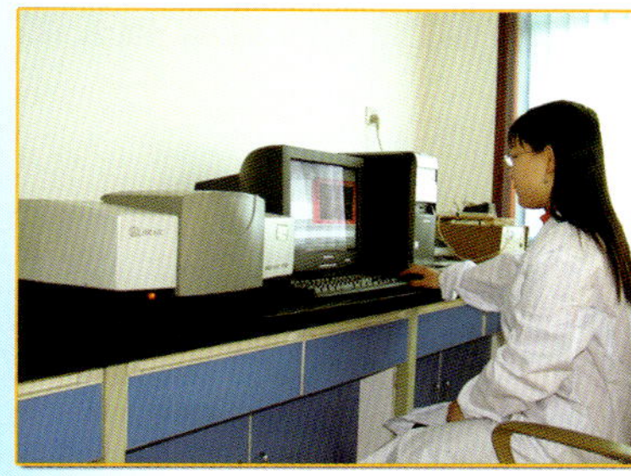

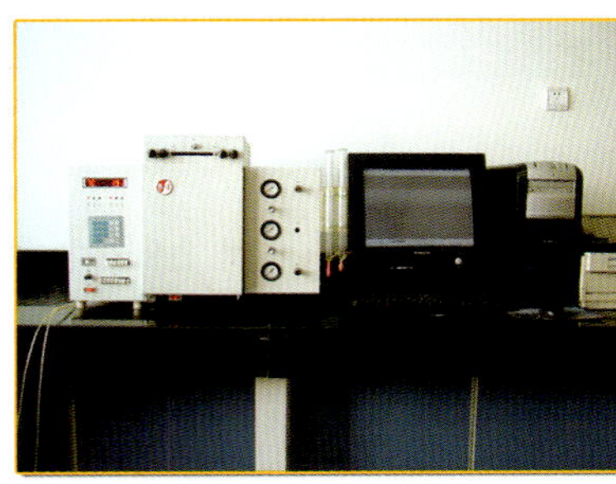

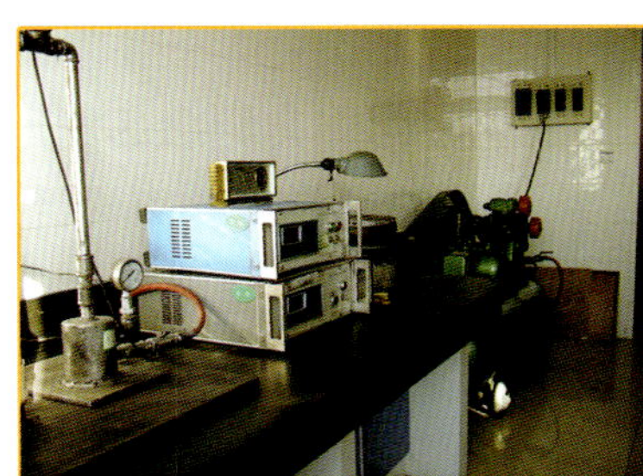

云南明仁煤矿检测技术有限公司

总 经 理:胡仁义（中）
总工程师:余克明（右）
办公室主任:刘树云（左）

华北科技学院正式授权开展煤矿专业技术培训

云南明仁煤矿检测技术有限公司于2005年4月14日在昆明市工商管理部门注册，4月6日，公司与煤炭科学研究总院重庆分院签订合作协议，建立“煤炭科学研究总院重庆分院云南技术服务代理处”；5月11日，云南煤矿安全监察部门以云煤安安监函字[2005]5号文正式对该公司有关业务备案；9月12日，与华北科技学院（中国煤矿安全技术培训中心）签订协议，由其授权该公司在云南省开展煤矿专业技术培训项目；9月30日，与成都“大地工程开发有限公司”签订合作协议，并与昆明煤矿设计研究院合作，正式开展煤矿设计项目；2006年取得煤矿生产能力核定资质。公司是一个集教学、科研、设计为一体的技术中介服务机构。目前，公司集中了云南省有关机关、事业单位和省属煤矿退休离职专业技术人员42名，其中采煤专业22人，机电专业10人，地测专业10人；其中高级工程师21人，工程师13人，助理工程师3人，技术员2人，技师3人。

公司成立以来，在各级煤炭管理部门和煤矿安全监察机构的协调支持下，先后为云南省850对矿井（坑）完成了煤尘爆炸性和煤层自燃倾向性鉴定任务；为300对矿井进行了矿井瓦斯等级鉴定培训和实际鉴定工作；为200余对矿井完成了通风能力核定工作；为3对矿井进行了矿井技改方案设计和现场技改指导工作；协助昭通市煤炭工业部门成功地召开了全市推广先进采煤工艺现场会；先后在昭通市和红河州举办了采煤通风、机电和地质测量专业技术培训班，培训乡镇煤矿专业技术人员412人，由华北科技学院（中国煤矿安全技术培训中心）考核发证；完成了省煤炭工业管理部门下达的128对矿井的生产能力复核任务。

相关证书

上述服务为煤矿企业通过安全评价、申报安全生产许可证、生产许可证年检以及加强煤矿生产技术管理基础工作起到了积极作用，得到了煤矿企业和主管部门的好评。

公司坚持贯彻“诚信、实在、高效、科学”的企业理念，继续在煤矿人才培养、技术改造、安全生产各方面竭诚为煤矿服务，为促进煤矿安全生产、推进煤矿持续稳定健康发展作出应有的贡献。

参加2006年矿井生产能力复核工作

地 址：云南省昆明市园博路中段　　邮 编：650216　　电 话：0871-5637107

部分员工到罗平矿区考察

帮助煤矿改革采煤方法

制作设计报告

秦皇岛港务集团有限公司

秦皇岛港是我国重要的对外贸易口岸，是目前世界大型煤炭输出港之一，始建于1898年。

港口自然条件优良，港阔水深，风平浪小，一年四季不冻不淤。港口共有11.7公里海岸线，水域面积222平方公里。

港口有着便利的集疏港条件。京山、沈山、京秦、大秦四条铁路干线直达港口，京沈高速公路、102和205国道、秦承公路与疏港路相连。港口建有170多公里的自有铁路，有国内较先进的机车和编组场。先后修建了3座立交桥，改建扩建了港区公路，形成铁路、公路、管道、船载、空运等循环合理的港口集疏运网络。港口有10万吨级航道和先进的通信导航系统，利用GPRS技术，保证超大型船舶在狭长航道安全通行。

港口经济腹地辽阔，是我国华东、华南经济发达地区主要能源供给港，也是东北、华北两大经济区域的大型商贸港。港口进出口货类主要为煤炭、石油、矿石、化肥、粮食、水泥、饲料等。

港口目前拥有大型的自动化煤炭装卸码头和设备较为先进的原油、杂货与集装箱码头，共有生产泊位46个，港口设计年通过能力2.19亿吨，其中，煤炭设计年通过能力1.87亿吨。下水煤炭、出口煤炭均占全国沿海港口下水总量的40%以上，是我国北煤南运的主要通道。2005年完成吞吐量1.69亿吨。

2003年至2005年间，秦港集团公司安全生产工作在上级有关部门的正确领导下，狠抓规章制度等安全基础建设，强化现场安全检查和事故隐患整改，实行党政工团齐抓共管综合治理，安全生产工作取得了较好的成效，连续三年实现了公司提出的安全生产奋斗目标。

一、健全安全管理组织机构，实行安全工作目标管理

二、完善规章制度，规范安全生产管理

三、加强生产作业过程中的安全管理，减少事故的发生

四、实施重大危险源（点）控制，确保安全生产

五、进一步加强对危险货物港口作业的安全管理

六、坚持开展安全教育，不断提高职工安全素质

秦港集团公司始终坚持将安全教育、培训工作列入年度工作的重点，从增强职工安全质量意识、提高安全质量技能入手，通过“安全生产月”、“职工安全生产技术技能比武”活动和举办各类培训班、邀请专家学者授课等形式，广泛宣传国家有关安全生产政策、法规和集团安全生产规章制度。港报、电视台等新闻媒体积极配合开展安全生产宣传教育，港报有安全生产专版、电视台有安全生产专题节目，有效地提高了职工的安全意识。在做好日常宣传教育的同时，秦港集团公司重点对电工、厂内机动车驾驶等特种作业人员进行复审，近几年举办特种作业人员培训班200余期，受训人数达9000余人；此外，还培训安全管理人员及车间厂队领导干部1500余人。通过培训，进一步提高了职工安全生产技术技能，增强了各级领导干部搞好安全生产工作的意识。

地址：秦皇岛市海港区海滨路35号　　电话：0335—3092222　　网址：www.portqhd.com

国家选煤机械质量监督检验中心
国家安全生产唐山矿用泵检测检验中心

国家选煤机械质量监督检验中心是通过中国实验室国家认可部门认可，国家质量技术监督检验检疫部门计量认证并正式授权的国家产品质量监督检验机构，并于2004年由国家煤矿安全监察部门正式授权成立国家矿用安全生产唐山矿用泵检测检验中心。煤炭工业唐山煤矿专用产品质量检测检验中心设在该中心，同时该中心是原国家科技管理部门、原国家技术监督部门授权的国家科技成果检测鉴定机构。

矿用离心泵检验室

该中心现有选煤机械检验室、离心泵检验室、潜水电泵检验室等三个检验室，承担着选煤机械及其辅助设备、金属丝网、试验筛的国家监督抽查检验，隔爆型潜污水电泵、离心泵、渣浆泵、泥浆泵、注水泵等煤安标志管理产品的检验，以及上述所有产品的检测鉴定检验、质量认证检验、仲裁检验、委托检验。此外，还从事检验技术咨询，标准制修订及专业技术人员的培训等项业务。

该中心筹建于20世纪80年代，是我国率先开展选煤机械及其辅助设备产品检验的质检机构，现有建筑面积1237.58平方米，固定资产原值278万元，配有主要检测仪器设备52台套。2005年，承担矿用泵现场评审任务、检测任务50项，技术审查任务60余项，抽检样品679台，为保证我国选煤机械质量、煤矿安全生产做出了积极贡献。中心拥有一支熟悉业务、秉公执法、科学严明的高素质检验队伍。始终坚持“质量第一，服务至上、保守秘密，诚实公正”的质量方针，奉行“公正、科学、廉洁、高效”的宗旨，竭诚为客户提供优质服务，为国家煤矿安全生产，产品质量提供可靠的安全保障。

离心泵检验室

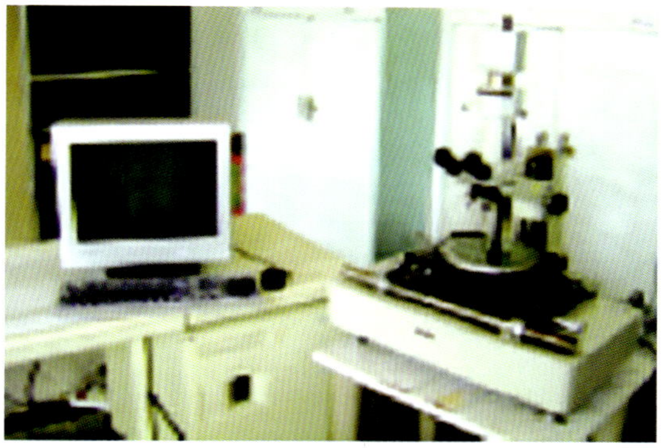

自动丝网检测仪

地址：河北省唐山市新华西道21号　邮编：063012
电话：0315-7759312　7759313　传真：0315-7759313

山西煤矿设备安全技术检测中心

Shanxi Safety Test Center for Coal Mine Equipments

方法科学　行为公正

结果准确　工作高效　客户满意

中心主任　王爱明

山西煤矿设备安全技术检测中心是取得国家安全生产监督管理部门资质认证和省质量技术监督部门计量认证的安全生产检测检验机构，具有独立法人资格。中心现有员工60人，有安全、通风、机电等各类专业人员48名，其中：中、高级职称28人，同时长期聘请10余名技术专家。中心下设综合部、技术质监部、固定设备检测站、钢丝绳检验站（万能机实验室）、煤质试验室（粉尘检测站）、煤安仪表计量站六个职能部门。有总资产1000余万元，其中固定资产365万元，拥有检测仪器设备、检测车辆、计算机等各类设施200多台（套、件），服务领域涉及矿山企业、坑口电厂、选煤厂等诸多领域。

2002～2003年度在党风廉政建设工作中被山西省授予"党风廉政建设先进集体"称号，2004～2006年度在"争先创优"活动中被省煤炭工业部门直属机关党委授予"先进基层党组织"称号。2004年取得了省卫生部门颁发的《职业卫生技术服务资质证书》；1999年、2005年取得了省质量技术监督部门颁发的《计量认证合格证书》；2005年取得国家安全生产监督管理部门（国家煤矿安全监察部门）的"国家安全生产检测检验乙级资质"。

检测范围：矿山大型设备（通风机、提升机、排水泵、空气压缩机、皮带、锅炉）等安全技术性能测试、杂散电流、无损探伤、钢丝绳检验、连接器检验、矿井通风阻力测定、矿井通风系统优化、电机车制动距离测定、矿山粉尘检测、煤尘爆炸性测试、煤自燃倾向性测试、煤安仪表（矿用风速表、甲烷断电仪、一氧化碳、氧气报警仪、甲烷测定器及传感器鉴定）检测等。

中心愿以良好的形象、严格的管理、先进的技术、诚实的态度和科学、公正的检测数据为用户提供高水平、高效率、高质量的技术服务。

地　址：山西省太原市朝阳街70号
邮　编：030045
电　话：0351-4375837　4371104　4370015　4372026
传　真：0351-4375837　4371104
网　址：www.sxmkjc.com
邮　箱：sxmkjc@sxmkjc.com　　xieqidong@sxmkjc.com

钢丝绳检测站

煤质试验室

中心煤安仪表计量站

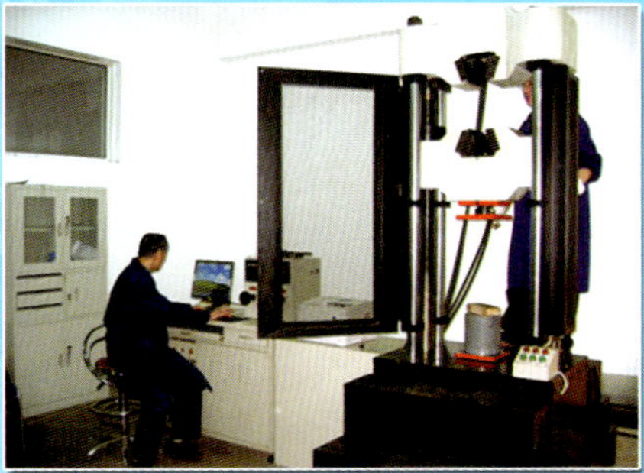

万能机试验室

山东滨化集团有限责任公司

追求的目标——蓝天、碧水、零事故、零污染

山东滨化集团有限责任公司地处黄河三角洲腹地，东临渤海湾，位于环渤海经济区和黄河经济带的交汇处，始建于1968年，1970年投产，是一家以石油化工为中心，精细化工、氯碱、炼油、热电相配套的综合性的大型化工企业，企业占地面积112.17万平方公里，总资产41亿元，在岗员工2298人，拥有油品系列、化工产品系列、油田化学品及工业助剂四大产品系列，截止目前氯碱产量位居全国前列，环氧丙烷商品市场供应量居全国前列，并成为全国较大三家环氧丙烷商品量厂家之一，并被授予“中国先进生产力示范研究基地”。已通过GB/T19001、GB/T24001和GB/T28001质量、环境和职业健康安全管理体系认证。2005年，实现产品销售收入103亿元，实现利润7.6亿元，实现利税17.6亿元，荣列2006年度中国制造业企业500强第145位，2006年度中国大型工业企业第217位，山东省企业百强第31位，按原化工部管理行业范围排序，荣列2006年中国化工企业500强第3位，企业继续保持了稳定、持续、健康发展的良好势头。

董事长 党委书记张忠正

多年来，滨化集团把安全作为企业最宝贵的财富，始终坚持“安全第一，预防为主”的安全生产工作方针，认真落实安全生产责任制，每年由集团公司领导与各二级单位签订“年度安全生产目标管理责任书”，逐级签订，层层落实，定期进行安全目标管理考核，做到奖惩分明；成立安全生产委员会和职业健康委员会，职能管理机构有安全保卫部等，下属二级单位设有安全生产委员会或安全生产领导小组，职能管理机构有安保科等，拥有“专管成线、群管成网”的先进安全管理体系和紧密有序的安全管理网络，形成了独具滨化特色的安全文化氛围，大大提高了企业安全管理水平，保障了员工的职业健康安全。积极参加2005年6月开展的“全国安全生产月”活动，10月积极开展“滨化安全生产月”活动，列有1000余万元的年度安全生产专项基金，2005年总投资2.5亿元进行内部技改，彻底消除了液氯液化、储存、充装、运输等环节存在的重大安全风险，从根本上消除了液氯重大危险源，2006年5月，又投资近100万元建设了生产和生活区的图像监控系统，对生产区各个重大危险源实现了动态监控，将现场视频监控、可燃和有毒有害气体报警数据以及通讯报警系统和应急救援系统整合后纳入滨化办公局域网络。2006年8月，通过山东省安全标准化二级企业验收，并获得“山东省危险化学品安全标准化样板企业”称号，2006年11月，被国家安监部门批准为全国安全标准化一级企业。

作为滨州市的利税大户和龙头企业，多年来，山东滨化集团公司为滨州经济的腾飞和发展做出了巨大贡献，累计利税总额52亿元，累计上缴利税达37亿元，其中“十五”期间实现利税总额达44.7亿元，上交利税31亿元。预计2006年全年可实现销售收入138亿元，实现利润10亿元，实现利税总额25亿元。目前，先进的安全管理理念，合理的生产装置，完善的产品格局，一流的人才队伍，已成为滨化飞速发展的源泉所在，为滨化的后续发展开拓出了广阔的发展空间，也将为推动滨州经济社会超常规、跨越式发展，为我国的石油化工事业做出更大贡献。

滨化集团办公楼

内部技改，彻底消除了液氯液化、储存、充装、运输等环节存在的重大安全风险，从根本上消除了液氯重大危险源，2006年5月，又投资近100万元建设了生产和生活区的图像监控系统，对生产区各个重大危险源实现了动态监控，将现场视频监控、可燃和有毒有害气体报警数据以及通讯报警系统和应急救援系统整合后纳入滨化办公局域网络。2006年8月，通过山东省安全标准化二级企业验收，并获得“山东省危险化学品安全标准化样板企业”称号，2006年11月，被国家安监部门批准为全国安全标准化一级企业。

环境优美的厂区一角

作为滨州市的利税大户和龙头企业，多年来，山东滨化集团公司为滨州经济的腾飞和发展做出了巨大贡献，累计利税总额52亿元，累计上缴利税达37亿元，其中“十五”期间实现利税总额达44.7亿元，上交利税31亿元。预计2006年全年可实现销售收入138亿元，实现利润10亿元，实现利税总额25亿元。目前，先进的安全管理理念，合理的生产装置，完善的产品格局，一流的人才队伍，已成为滨化飞速发展的源泉所在，为滨化的后续发展开拓出了广阔的发展空间，也将为推动滨州经济社会超常规、跨越式发展，为我国的石油化工事业做出更大贡献。

安全生产方针：安全第一、预防为主、全员参与、综合治理、规范管理、科学发展

安全生产目标：围绕“三合一”体系运行，以“安康杯”活动为主线，实施安全标准化规范管理，全面落实各级安全生产责任制，杜绝因公死亡事故，杜绝重大职业健康安全和社会灾害性事故，杜绝职业病，月职工伤害低于千分之三，实现安全生产。

一线员工在精心操作

安康杯现场经验交流会

员工消防技能比武

江苏丹化醋酐有限公司

上级领导来公司视察

危险化学品从业单位安全标准化

证书

CERTIFICATE

江苏丹化醋酐有限公司

安全标准化一级企业

Jiangsu Danhua Acetic Anhydride Co., Ltd

has been approved as the first-grade enterprise of safety standardization

● 证书编号：AQBW 100022

● 有效期至：2009年11月

国家安全生产监督管理总局监制

Supervised By State Administration of Work Safety

江苏丹化醋酐有限公司是一家专门从事醋酐生产经营的专业化工厂，享有国内先进的羰基化醋酐生产专有技术。本公司拥有的这项液相羰基化法制醋酐的新工艺是继欧美少数国家拥有该项技术并实行全面技术封锁的情况下，自行研发的享有自主知识产权的高科技产品使企业核心竞争力得到提高。

公司完全具备与国外品牌竞争的能力。生产技术填补了国内空白，打破了国外的技术封锁与垄断，提升了我国醋酐行业的整体技术层面，实现了我国醋酐行业历史性的创新转变。

福建物化所领导来公司视察

羰基合成醋酐新工艺的研发自2002年实施以来，买断中科院催化剂技术，利用北京大学吸附剂技术，先后通过小试、中试、工业化试验装置的不断发展，走出了一条科学技术转化为生产力、产学研相结合的成功之路。目前，试验装置已形成年产3万吨醋酐的生产能力。2005年实现销售收入29708万元，实现利税8308万元，上缴税金1906万元。

DCS控制室

江苏丹化醋酐有限公司现有员工250余人，其中大专以上专业技术人员107人（其中高级工程师9人、工程师29人），主要管理人员68人，技术开发人员40人，分别占总人数的比例为42.8%、27.2%和16%。

本公司“双凤”牌醋酐产品荣获2004年、2005年江苏省名牌产品称号；2002年羰基化合成醋酐被江苏省科学技术部门批准为江苏省火炬计划项目；2004年被江苏省科技部门、财政部门批准为省重大科技成果转化项目，获1500万元科技专项资金支持；2005年公司被江苏省科学技术部门评为高新技术企业，醋酐产品被评为高新技术产品；2006年公司被江苏省科学技术部门评为“知识密集、技术密集”型企业。公司于2006年11月被国家安全生产监督管理部门核准为国家安全标准化一级企业。

公司坚持以“三个代表”重要思想为指导，围绕“安全第一、预防为主、综合治理”的方针，确立“警钟长鸣、安全第一”的企业安全方针，树立“以人为本”的理念，建立安全标准化管理体系，全面持续地识别、评估和控制与运行过程相关的安全方面的风险，定期制定切实可行的安全目标，通过全体员工的努力来持续改进我们的安全业绩，确保人身、企业财产的安全及对环境的保护。

醋酐羰基化装置

醋酐变压吸附装置

灌装现场

华新水泥（宜昌）有限公司

碎石输送、储存

矿山部维修车间

石灰石开采现场

华新水泥（宜昌）有限公司成立于2002年4月，石灰石矿山位于宜都市松木坪镇南2公里，距华新宜昌公司总部27公里。矿区南北长800米，宽500米，矿山占地面积1700亩。石灰石矿山为露天矿山，属中高山区，矿体厚度220米，石灰石储量23430万吨，设计开采年限为50年。

安全生产的具体做法：

1. 领导重视，安全生产管理常抓不懈

华新水泥（宜昌）有限公司石灰石矿山自建矿以来，各级领导高度重视，始终坚持“以人为本、安全第一”的指导思想，实行严格、科学的制度化管理，将安全管理工作作为矿山的头等大事。自从2002年筹建至今，没有发生过一起工伤、工亡事故。

2. 建立健全管理机构，完善安全监督管理保障体系

根据《安全生产法》和《矿山安全法》的规定，公司设置了安全技术科，配置了专职安全管理人员，负责管理矿山的安全管理工作，并在矿内建立了部长、专职安全员、各车间主任以及班组长兼职安全员为主体的安全管理网络，形成了公司、部门、车间、班组四级安全监督管理保障体系。

3. 提高安全意识，加强培训学习

公司多次外派矿山员工参加省、市、华新总部举办的各种安全培训班、矿山安全经验交流会。同时，严格执行班前会、安全周例会、事故分析会和员工安全培训制度。

4. 确保安全投入，推进工艺技术革新，保障安全生产

建矿以来，公司多次聘请矿山安全顾问机构、环境地质机构专家和大学教授来矿山进行现场工作指导，提供安全生产参考方案，推进工艺技术革新，为安全生产保驾护航。

5. 高危作业点，进行重点防范

公司严格按照民用爆破物品管理规程规定，对涉爆人员的聘用严格把关，对爆炸物品的领退、运输、存放、使用过程实行安全员全程监控，确保爆破作业安全、有序进行。建矿4年来，作为宜昌地区最大的民爆物品使用单位，没有流失过雷管和炸药，确保了一方的平安。

6. 人性化管理，促进安全生产

为了让员工在矿山安心工作，公司制定了优惠的探亲和福利制度，并为职工提供了优越的生活条件，极大地提高了职工安全工作的积极性，促进了企业生产的安全和稳定。

7. 精心协调，确保邻里平安

矿山周边住户和企业较多，公司管理人员经常走访周边住户，向他们发放《安全明白卡》；与当地学校联系，与学校一起对学生进行安全教育；同时，与当地政府部门一起，与周边的小采场、水泥小矿山一起协商统一爆破时间。从建矿至今，石灰石矿没有发生过一起矿山涉外生产安全事故。

安全质量标准化建设：

2005年8月，华新宜昌公司遵照湖北省安全生产监督管理部门《关于贯彻实施（金属非金属矿山安全质量标准化企业考评办法及标准）的通知》的要求，成立了以公司执行总经理杨宏兵为组长的矿山安全质量标准化工作组。2005年10月，宜昌公司矿山部通过了湖北省安全监督管理部门组织的专家考评小组的审核，专家组支持公司申报安全质量标准化一级矿山。

2005年底，公司安全管理委员会为了加强矿山的安全管理工作，对2006年矿山安全管理工作做了详细部署，实行严格的制度化管理，将矿山安全质量标准化工作作为矿山安全管理的长效机制来抓，以高标准、严要求来搞好安全管理工作，确保矿山安全生产。

中海沥青股份有限公司

总经理　程士全

公司大门

中海沥青股份有限公司由中海油气开发利用公司、山东滨化集团、北京京胜工贸有限公司等5家单位共同出资组建。公司地处黄河三角洲腹地，东临渤海湾，位于环渤海经济区和黄河经济带的交汇处，是一家集资源、技术优势为一体，以加工销售高等级重交沥青为主的法人实体。公司占地面积40万平方米，拥有总资产13.30亿元，员工723人。

公司始终贯彻“员工是企业第一，而且是不可再生的财富”的健康安全环保理念，严格落实“以人为本”的安全发展观，坚持“安全第一、预防为主、综合治理”的方针，强化安全生产“双基”工作，标本兼治，重在治本，实现本质安全，并真正由“要我安全”向“我要安全，我会安全”发展。公司将安全标准化与QHSE体系建设相融合，取长补短，不断完善公司的健康安全环保管理，使公司整体管理水平得到了提升。2006年7月公司通过了山东省“危险化学品安全标准化样板企业”的验收，2006年10月通过了“危险化学品安全标准化国家一级”的验收。

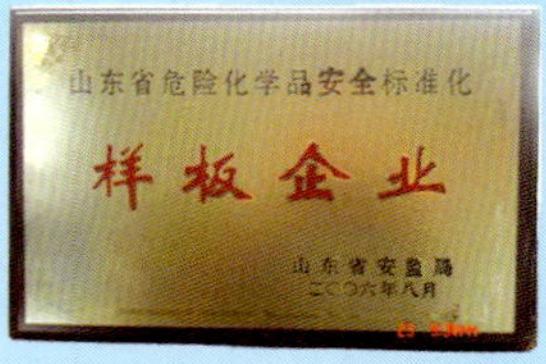

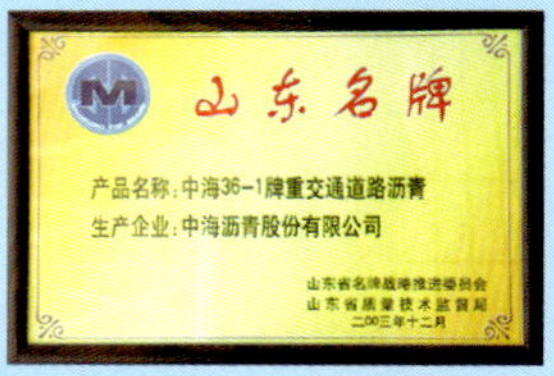

2005年，公司共加工原油234万吨，实现销售收入62.31亿元，实现利润总额3.59亿元，实现税金9.11亿元。2006年1～11月共加工原油255万吨，实现销售收入84亿元，实现利润总额5.46亿元，实现税金13.72亿元。

公司主要生产装置能力为：常减压装置4套，原油一次加工能力320万吨／年，可年产高等级道路沥青120万吨；年产低硫环保型燃料油、焦化原料130万吨；20万吨／年催化裂化装置；5万吨／年气体分离装置；1万吨/年MTBE装置；20万吨／年溶剂脱沥青装置；6万吨/年改性沥青装置。公司投资9988万元的30万吨/年润滑油装置，目前已开始动工，预计2007年上半年投产。目前公司主要产品有“中海36-1”重交道路沥青、低硫环保型燃料油、焦化原料、汽油、轻柴油、丙烯、液化石油气、石脑油、润滑油基础油等。其中“中海36-1”重交沥青具有低含蜡、低温延伸度大、低温抗裂性好及水稳定性好等特点，有利于提高路面质量，延长路面寿命，减少养护费用，产品质量达到国际同类产品先进水平，畅销全国22个省、市、自治区，广泛用于高等级公路的建设，2002年作为国产沥青在北京机场跑道北段投入使用，实现了国产沥青在机场跑道使用上零的突破后，2004年又作为国内唯一品牌大量使用于北京机场连接跑道的滑行道上，实现了公司的又一大突破；2004年“中海36-1”重交沥青在国内同类产品中率先出口，以其优异的性能获得市场的广泛认可，实现了我国重交沥青国际贸易上零的突破、质的飞跃。“中海36-1”重交沥青先后荣获“山东名牌”、“全国沥青质量过硬十大品牌”、“中国道路建设有影响力的沥青品牌”、“2005年中国十大影响力品牌”等称号。

中海沥青股份有限公司愿与国内外同行和公路施工部门携手合作，用优质的产品为您铺垫成功之路！

地址：山东省滨州市黄河七路817号
邮编：256601
电话：0543-2116001　2116200
传真：0543-2116666　2116266
Http://www.zhonghaibitumen.com

中国石化股份有限公司
齐鲁分公司储运厂

年收、储液体化工产品170多万吨的化工罐区

厂长 巴社

中国石化股份有限公司齐鲁分公司储运厂是国内较大的危险化学品专业储存运输企业之一。地处山东省淄博市临淄区，固定资产6.8亿元，现有职工1300名。每年收储苯类、醇类、碱类等易燃易爆、有毒有害、强腐蚀危险化学品21种170余万吨，年运输总量500多万吨。

安全环保文化体系：

企业精神：团结 奉献 严细 高效。

理念：安全环保“零”理念。即：安全生产各类事故为零；安全环保工作零起点；执行制度零距离；其他工作再好，出了事故一切等于零

模式：以人为本，物质固本，制度立道，文化铸魂，构建安全环保长效机制。

安全文化建设成果：

(1)国家危化品安全标准一级企业。

(2)山东省劳动保护先进单位。

(3)山东省“安康杯竞赛优胜”先进单位。

(4)齐鲁石化公司2003年、2004年、2005年安全生产先进单位。

年吞吐量500多万吨的大型编组站

设备先进的槽（罐）车洗车栈台

液体化工产品火车装车栈台

正在作业的大马力机车

设备先进的原料卸车栈台

"集聚基地"节电器

"GATHERS CENTER" Digital Energy Saver

节电率：33.33%

中国实验室国家认可委员会认证
电子工业电力设备及仪表质量检验测试中心认证
中国节电系列产品推荐品牌
建议"安全节电方案"制定单位
"绿色生产"跟踪服务单位

NO.L 1592
编号：2006082

一、"集聚基地"系列节电产品简介

由深圳市国安科技开发有限公司自主研发的系列节电产品"集聚基地"节电器，经中国实验室国家认可机构与电力工业电力设备及仪表质量检验测试中心，依据GB、CCEC及我单位提供的企业标准等检验合格，节电率达33.33%。

该系列节电产品采用高度智能化的集成控制系统，基于自适应优化算法，将变频调节技术、软起动与高智能控制系统相结合，调节循环流量，稳压、平流，保证设备在不同负荷条件下处于最佳状态，提高能源利用率，实现整体节能。

先进的智能控制系统具有操作维护简单，使用方便，安全稳定、可靠性强，减少设备运行噪音，减少动力系统振动与磨损，延长设备使用寿命，节电率高，真正降低生产成本等特点。

二、"集聚基地"系列节电产品构成

- 煤矿专用节电系列，如电机、风机、水泵等
- 空调节电系列
- 照明节电系列 （路灯及室内照明）
- 计算机节电系列

三、"集聚基地"节电系列产品的功能与特点

- 智能控制，技术先进
- 操作维护简单，使用方便
- 安全、稳定、可靠
- 节电率高，真正降低生产成本
- 减少设备运行噪音，科学环保
- 减少动力系统振动与磨损，延长设备使用寿命
- 保护电网

四、国安科技节电特色服务

《"集聚基地"安全节电方案》

本《方案》由两部分构成：
一、"集聚基地"节电装置
二、"安全节能"服务具体化体系

"安全节能"服务具体化体系是国安科技特别为不同企业量身定做的"安全节能"服务方案。包括使用节电系统前的节电具体化分析，系统安装、监测，电力人员专业指导，使用效果跟进，系统终身维护与保养等。根据单个企业的用电状况优化设计节电系统，较大限度的实现节电、安全一体化。

五、《"集聚基地"安全节电方案》的应用程序

洽谈意向 → 现场洽谈；电话洽谈（0755-88827177）；E-mail洽谈（jddypp@yahoo.com.cn）；传真洽谈（0755-88827176）等。

↓

用户填写用电情况调查表 → E-mail至jddypp@yahoo.com.cn或传真至0755-88827176。

↓

向用户提交改造方案建议书 → 我们会在接到您填写好的《用电情况调查表》后的五个工作日内，将《改造方案建议书》E-mail或传真到您的指定位置。

↓

制作改造工程的投资回报分析

↓

施工方案确定及现场安装调试

↓

节电效果检测

↓

出具检测报告

欢迎有意向购买或代理"安全节电系列产品"的人士，索取《"集聚基地"安全节电方案》的人士联系我们

深圳市国安科技开发有限公司
电话：0755-8882 7177　　传真：0755-8882 7176
E-mail：jddypp@yahoo.com.cn　　http:// www.gathers.cn

中北大学安全工程专业

中北大学（原华北工学院）安全工程专业创办于1983年，是全国较早开设本专业的高校，现为国家安全工程本科专业教学指导委员会成员单位。本专业始终坚持“以人为本”的教育理念，以培养德、智、体全面发展，基础理论扎实、适应性强、思想开阔、具有创新精神和创造能力、从事系统安全理论、安全技术、安全管理与评价的复合型管理与技术人才为目标。

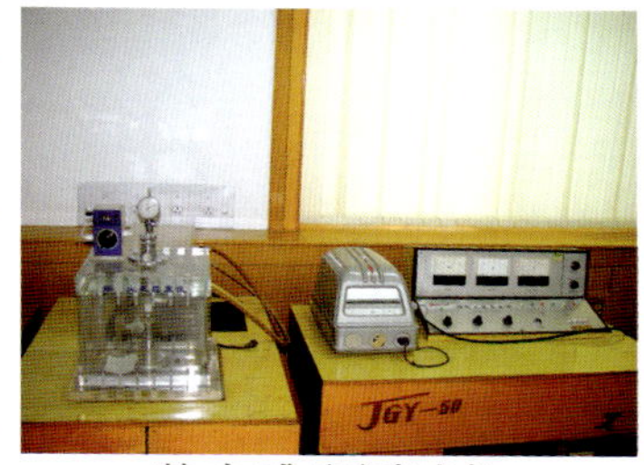

静电感度测试仪

中北大学安全工程专业2003年被批准为国防科工委重点建设专业，2005年被评为山西省普通高校本科品牌专业。经过多年的发展和完善，构建了以安全学原理、安全系统工程、防火防爆技术、安全人机工程、安全管理学为主干的课程体系，形成了武器安全工程、武器防护工程、建筑安全工程3个稳定的专业培养方向，并成为国防和地方经济建设安全技术与管理高级人才的主要培养基地。自安全工程专业开办以来，已为国家兵器、民爆、航空航天、船舶、核工业、军队、建筑、公安消防、保险、高等院校、科研院所等培养了各类优秀人才1000余名，许多毕业生已成为生产、教学、科研、管理、经营等部门的业务骨干。

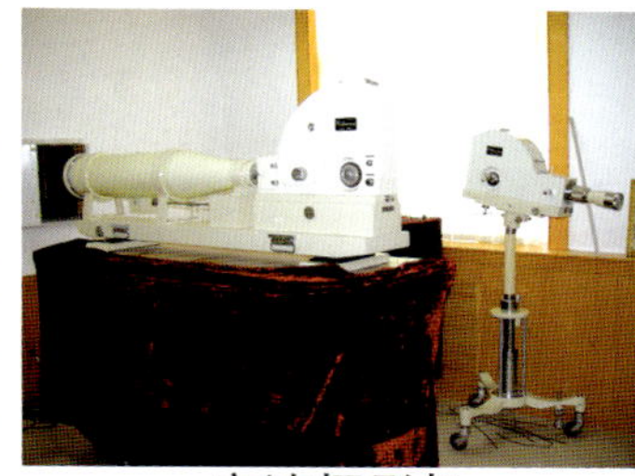

高速摄影机

本专业对应的学科点兵器安全技术于1991年获得了硕士学位授予权，后经学科调整，兵器安全技术并入武器系统与运用工程学科。该学科是山西省重点学科。为了使学科进一步拓展并为地方经济服务，2000年申报安全技术及工程硕士点并获成功，同年，武器系统与运用工程学科获博士学位授予权,2003年获得兵器科学与技术一级学科博士授予权，已招收博士研究生30余名，培养硕士研究生100多名。

本专业师资力量雄厚，现有专职教师26名，其中教授4名（博士生导师3名）、副教授8名、讲师1名，具有博士学位者7名，具有硕士学位者13名，在读博士10名。现有专业实验室面积1000多平方米，各类仪器设备 200多台套，资料室藏书4000余册，可满足多层次人才培养的要求。

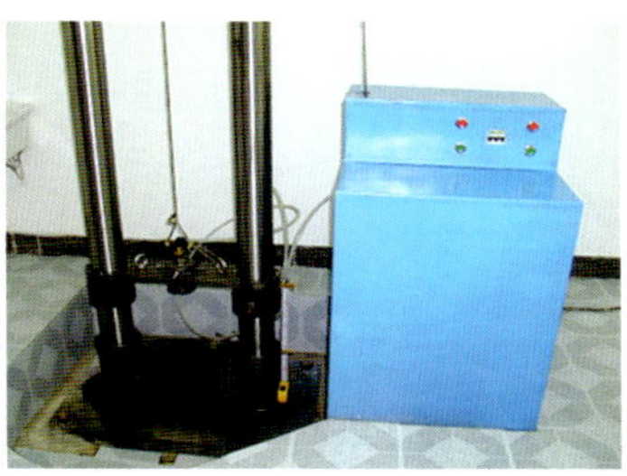

传爆药机械感度测试仪

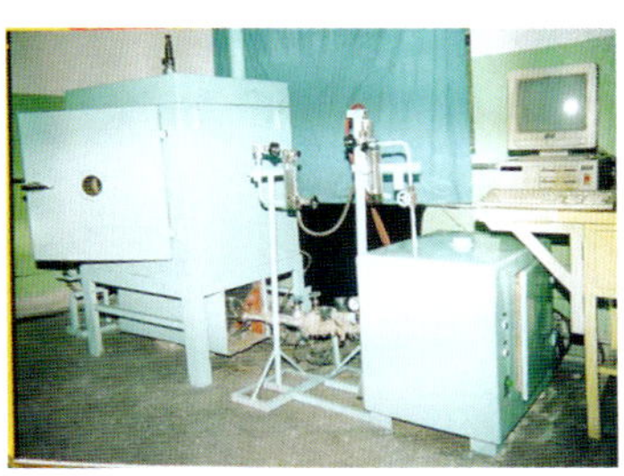

可燃气体及可燃液体蒸汽爆炸测试系统

在科学研究方面，本专业在安全钝感含能材料研究、纳米粉体技术、易燃易爆危险品性能测试、防火防爆技术、起爆传爆技术、武器防护工程等研究领域取得了一批重要研究成果，获国家、省部级科技成果奖励30余项，其中国家发明三等奖1项、国防科学技术一等奖1项、国防科学技术二等奖多项，获国家发明专利3项，出版专著和教材5部。在可燃气体、液体、粉尘爆炸及其防护技术研究方面，对火炸药悬浮粉尘爆炸特性的研究在国内属开创性工作，研究成果填补了国内空白。对可燃气体及可燃液体蒸汽爆炸的研究，解决了难挥发液体爆炸危险性测定的技术难题。由于测试技术方面的突破和创新，1999年获国家发明三等奖。在化学危险物质工程热爆炸研究中，测定了绝热条件下化学物热爆炸的动态过程和参数，自行设计研制的试样温度自动跟踪绝热测试系统及测试技术达到国际先进水平。在可燃气体、粉尘泄爆抑爆技术研究中，得到不同泄爆面积的压力变化曲线和爆炸抑制过程的压力变化，为泄爆、抑爆装置的设计提供了理论基础。

本专业将本着科研服务于教学、教学促进科研的宗旨，使多项科研成果转化为教学服务，如本科生开展的气体爆炸试验（获国家发明三等奖）、粉尘爆炸试验、静电感度试验、撞击感度试验等都是科研项目转化来的，并且收到了良好的效果。而且还将基础研究和工程应用紧密结合，多项科研成果填补了国内空白。

本专业所培养的学生，踏实肯干、责任心强、知识面宽、基础扎实、实践能力和适应性强，用人单位对毕业生的评价为“进得来、留得住、用得上、干得好”，获得了较高的社会声誉。多年来，本专业毕业生一次性就业率均保持在90%以上，并不断地拓宽研究领域和毕业生就业范围。目前，“中北安全人”正秉承太行精神，放眼未来，师生员工通力合作，同舟共济，投身建设，在教育教学、师资建设、科学研究、人才培养、环境建设等方面，以高速度、高水准的发展态势向着更高的目标前行。

中山大学安全工程研究中心

中山大学安全工程研究中心依托于中山大学工学院，于2005年3月成立，坐落于美丽的广州大学城小谷围珠江河畔，拥有面积达600平方米的设施一流的实验室和各类安全工程相关领域专业科研团队。本中心以国家及地方安全工程领域的科技需求为导向，以服务社会经济发展为目标，开展安全工程平台性关键技术研究和产业化研究；同时将社会需求与前沿科技紧密结合起来，开展知识创新和技术创新，积极推动与市场接轨并符合我院优势集成的结构调整，通过学科交叉和新学科生长点建设、人才引进及创新体制建设等手段，逐步建成华南地区重要的科研基地、技术创新基地和人才培养基地。

中心主任　梁栋

中心科研团队

中心科研团队由安全技术及工程、工程力学、物理化学、计算机等学科的博士、教授、博士生导师和讲师、研究人员组成，多年来从事矿山安全、工业安全、生产安全的计算机管理等方面的科学研究工作，发挥多学科交叉优势开展课题研究。

中心主要成员已完成和参与完成国家“七五”科技攻关项目“采空区瓦斯抽放技术研究”、国家“八五”重点项目“掘进巷道自控排瓦斯装置研制”、国家“十五”科技攻关项目“福建省龙岩市防震减灾辅助决策系统”、“青岛市地震应急指挥技术系统”、煤炭科学基金项目“采掘过程瓦斯运动理论和数值预测”、国家煤炭部门重点项目“综放无煤柱注氮防灭火工艺研究”等20多项课题研究。

地 址：广州市广州大学城外环东路132号　　邮 编：510006

电 话：020-39332230　　主 页：http://src.sysu.edu.cn

西南科技大学安全工程专业

西南科技大学安全工程专业隶属于矿业工程学科。该校于2003年开始面向全国招收本科生，2004年招收安全技术及工程专业硕士，2006年招收工程硕士并开展网络教育（专升本，高起专）。

师资力量：安全工程教研室现有教师19人，其中教授5人、副教授（高级工程师）3人、博士后、博士2人、在读博士研究生2人、硕士研究生7人。近两年来，安全工程专业获得省教育厅项目2项，国家自然科学基金3项。

专业定位：本专业及其所属学科主要为建筑、交通、水电、矿业等行业培养多层次的高级工程技术人才。

培养目标：本专业是以安全学原理、安全系统工程、危险源辨识与控制、人机工程、职业卫生为基础，兼有安全研究和管理的一门新型学科，主要培养从事建设工程、矿山与职业健康等领域的安全生产、研究、监测与管理方面的复合型高级工程技术人才。本专业侧重于建设工程安全，开设的相关课程有工程安全监测、工程安全管理、建设工程施工安全技术和建设工程安全控制等。

就业方向：政府机关、工矿企业、交通、水电与市政建设等安全监察与管理部门，科研院所及大专院校从事建设工程、矿山、环境安全与健康、安全处置等方面的研究、设计、开发、教学、安全管理、安全监察。

实践教学条件：现有采矿实验室、通风实验室、土工实验室、室内环境实验室、岩石力学实验室、地质资源与地质工程重点实验室、爆破实验室、燃烧爆破实验室、ANSYS实验室等9处基础科研实验室和建设工程安全监测校内准现场实训基地。

专业方向:建设工程安全;矿山安全技术;环境安全与健康管理。

河北煤矿矿用安全产品检验中心

法人代表：冯广长

河北煤矿矿用安全产品检验中心经国家煤矿安全监察部门批准于2004年成立，它是国家建设的河北省矿山实验室，是煤矿安全监察技术支撑体系的依托单位，也是河北煤矿安全产品检测检验体系的重要机构。2005年取得了国家矿用安全产品检测检验乙级资质，下设10个分站（安监总规划字[2005]218号），业务范围主要有矿用提升机、矿用主通风机系统、矿用主排水系统、矿用空气压缩机的检测检验，电气预防性试验及继电保护试验，作业场所粉尘检测，通风瓦斯仪器仪表的检测检定，钢丝绳检验，煤尘爆炸性及煤的自燃倾向性鉴定，矿井有害气体分析，井下生产用水测定等。同时受托承担煤矿安全监察中必要的技术抽查与技术验证及煤矿安全事故的技术鉴定与分析工作。

地址：石家庄市华安街80号　　邮编：050051
电话：0311-87212158　　传真：0311-87212166
E-mail：fgc@hebmaj.gov.cn

甘肃聚源矿业有限责任公司

甘肃聚源矿业有限责任公司是由原崇信县新寨煤矿改制后重新组建的，是一家民营煤炭企业。自1985年2月建矿以来，企业坚持自力更生、艰苦奋斗，依靠科技进步，不断创新，自筹资金滚动发展，生产能力由建矿初的3万吨／年，提升为现在的15万吨／年，矿井安全程度被评为“A”类。近年来，在上级主管部门的正确领导下，认真践行“三个代表”重要思想，以深化安全专项整顿为核心，以抓技改项目建设、提高矿井安全水平和生产能力为重点，为经济发展、社会稳定做出了突出的贡献。为适应现代企业管理机制的需要，2005年6月，依据崇政发[2004]60号文件精神，经矿职代会决议，对企业进行改制，改制后企业经济性质属民营企业，全部产权归属个人（股东）所有，拥有资产860万元，各类生产设备86台（件）现有职工280人，其中各类专业技术人员9名，管理人员11名，公司依法取得了《采矿许可证》、《煤炭生产许可证》、《工商营业执照》和《矿长资格证》。具备了依法办矿、合格经营的条件。

建矿至今累计生产原煤68万吨，完成工业总产值3280万元，实现利税661万元，1998年被省乡镇企业部门评为“质量效益A级乡镇企业”，1999年被地区乡镇企业处评为“乡镇矿山企业安全综合治理优秀企业”，2000年被地区煤炭工业管理部门评为“安全生产先进单位”，2002年被地区评为“安全生产先进单位”，2003年被市煤炭部门和市乡镇企业部门分别评为“安全生产先进单位”，被聚源县评为“煤矿技术改造先进典型”和“全县非典防治捐款先进单位”，被县命名为“重合同守信用企业”。2004年被国家工会部门、国家安全生产监督管理部门授予“全国‘安康杯’竞赛优胜企业”称号，被市煤炭工业管理部门评为“煤矿安全监测监控系统建设先进单位”和“安全质量标准化矿井”。

2005年生产原煤6.3万吨，完成销售收入938万元，上缴税金112万元，安全形势保持了良好的局面。

院长 魏光宁

国家安全生产监督管理部门直属事业单位中国煤矿工人昆明疗养院（总局培训中心昆明中心）地处四季如春、风景如画的滇池国家旅游度假区内，距昆明机场15分钟的车程，距昆明火车站19分钟的车程，有多路公交车可到达。院区占地120余亩，环境景观布局合理、独特优美，拥有高档独立花园别墅式疗（休）养楼8幢，400多个床位；有可容纳25~350人不等的专业会议室23个和与之配套的水上餐厅、医疗中心、健身游戏中心、桑拿水疗中心、棋牌室、网球馆、羽毛球馆、乒乓球室、斯诺克、歌舞厅等为一体的科学健身娱乐中心，是您举办会议、疗（休）养、旅游度假、健康体检、休闲娱乐的理想之地。

多功能会议室

20年来，我院接待了全国煤炭、民航、电信、航运等系统的职工疗养近10万人次，并成功接待了全国部分县（市）领导干部安全生产研讨班、培训班。同时，我院还利用现有设施、设备，充分发挥多年积累的医疗保健、餐饮（疗养膳食）方面的强大优势，以自身高中级专业技术人员为基础，积极联合省内外疗养界专家，开设了康复医学科、职业病科及理疗科、健康教育、心理咨询等项目，引进了布康超倍生物显微系统（亚健康检查）及全自动生化分析仪、B超、X光机、德国（普美康）多功能理疗机、日本“紧张放松训练器”等高科技产品，可进行多种体检和理疗、针灸、专业推拿按摩及科学健身运动。目前我院专业化的健康管理中心已经成立，正在朝着专业化健康管理的方向不断迈进。

报告厅

地　　址：云南省昆明滇池国家旅游度假区怡景路3号　　邮　　编：650228

服务热线：0871-4311123　　传　　真：0871－4313761

网　　址：http // www.kmlyy.com（正在改版建设中）

客 房

灯火辉煌的接待大厅

清澈见底的游泳池

院区一角

克拉玛依技师培训学院

克拉玛依技师培训学院是新疆维吾尔自治区重点建设示范性职业院校。经过20多年的发展，学院已跻身国家高技能人才培训工程行列。学院下属克拉玛依技术工人培训中心、克拉玛依职业中等专业学校、克拉玛依就业和再就业培训学校、中国石油新疆职业技能鉴定中心考核基地等单位。学院占地面积72.5万平方米，建筑面积16.8万平方米，固定资产7900万元，办学规模为3500人，年培训量达10000多人次，师资力量雄厚，办学设施完善，形成集学历教育、职业技能培训和技能鉴定三大功能于一体的办学模式，成为新疆油田的综合性职业技能教育培训基地。学院坚持“培养人才、突出技能、服务油田、面向社会”的办学方针，累计培养学历制毕业生3万余人，完成职业技能培训6万余人，就业率 98%以上，是自治区重点职业院校，学院先后获得克拉玛依市职业培训先进集体、新疆维吾尔自治区职业培训先进集体荣誉称号，2005年被国家安全生产监督管理部门批准为国家二级安全培训（资质）机构。随着安全培训资质的升格，学院安全培训工作由克拉玛依油田已向全疆各地渗透。

学院坚持“以人为本、安全第一”的安全生产方针，加强安全生产制度管理，坚持不懈地抓全体员工的安全教育，提高员工的安全意识，坚持安全检查制度，实行领导承包制度，狠抓违章指挥、违章操作，重视安全事故管理，加强安全基础管理工作。

2005年，学院在上级有关部门的领导下，认真落实安全生产责任，贯彻执行安全生产法律法规和有关规定，狠抓安全基础建设工作。坚持“以人为本、安全第一”的安全管理方针，以“三个代表”重要思想为指导，努力创造教学、生产安全良好氛围，在构筑安全、和谐的校园环境中取得了一定的成绩，全年未发生重大伤亡事故，完成了上级管理部门下达的安全生产责任目标，年终被评为安全生产达标单位。学院将进一步加强安全生产管理工作，认真落实集团公司和新疆石油管理部门有关安全管理的规定，使学院安全管理工作再上新台阶。

云南安益安全评价有限公司

云南安益安全评价有限公司（简称安益公司）成立于2003年，是由云南煤化工集团有限公司出资组建的一个有限责任公司，是云南省较早取得国家安全评价资质的评价机构，也是云南省率先取得职业病危害评价资质的评价机构。安益公司是集安全评价、职业病危害评价及职业安全健康管理体系咨询于一体的综合技术服务机构。

安益公司现有国家注册安全评价师33人，其中有高级工程师9人,注册安全工程师8人,工程师19人，注册职业病危害评价员13人，国家注册职业安全健康管理体系审核员3人，公司聘请了一批享受政府特殊津贴及专业素质高的技术专家，拥有一支技术力量雄厚、专业齐全的评价队伍和专家队伍。

安益公司按照安全评价相关法规要求,建立健全了安全评价过程控制管理体系，安全评价过程控制管理体系手册明确规定了公司的安全评价过程控制方针、目标、组织机构、各岗位工作人员的职责、权限及安全评价过程控制的程序和要求，推动了安全评价工作科学规范地向前发展。

服务项目：安全预评价、安全验收评价、安全现状评价、危险化学品专项评价、职业病危害预评价、职业病危害控制效果评价、职业安全健康管理体系咨询资质（OSHMS 18000）及安全工程、安全技术服务等。

几年来，安益公司以严谨的工作态度，规范的评价准则，诚实守信的服务，高质量的评价报告，赢得了广大生产经营单位及相关管理部门的一致好评，同时在云南的评价市场上创立了一块品牌——“安益”。

资质证书：APJ-(国)-0279-2006

地　　址：云南省昆明市东风东路118号　　邮　　编：650041

电　　话：0871-3376002 3371505　　传　　真：0871-3329364

山东中济安全评价有限公司

董事长 戴良发

安全评价资质证书

山东中济安全评价有限公司,原名“中济安全技术研究所”，成立于2003年10月，注册资金300万元。2004年6月更名为“山东中济安全评价有限公司”，主要承担煤炭开采和洗选业的安全评价工作。2006年5月经国家安全生产监督管理部门重新批准，取得了煤炭开采和洗选业安全评价资质，证书编号APJ-（国）-0364-2006。公司2005年1月通过北京中安质环认证中心审核、确认，质量管理体系符合GB/T19001-2000-ISO9001:2000标准,获质量管理体系认证证书。

公司现拥有职员36人，其中董事长1人、总经理（兼技术负责人）1人、过程控制负责人1人（1名副总经理兼）、副总经理2人，下设综合办公室、技术开发室和评价室。安全评价人员中有21人取得了国家安全生产监督管理部门颁发的安全评价人员资格证书（其中工程研究员4人、高级工程师12人、工程师5人,含2名国家注册安全工程师）；其他11名工程技术人员中有工程研究员2人、高级工程师7人、工程师2人，其中国家注册安全工程师3人；另有管理人员4人其中有工程研究员1人、高级工程师1人、质量工程师1人、会计师1人。评价人员技术能力强专业配套，具有多年从事煤矿工程设计、工程咨询以及煤矿安全评价的能力和经验。

中济安全评价有限公司建立了技术咨询专家库，并长设专家办公室聘请专业技术专家34人,其中国家工程设计大师1人、工程研究员17人、高级工程师15人、主治医师1人。他们长期从事煤炭行业的生产、科研、设计等工作，具有丰富的煤矿安全知识和实践经验，为本公司开展煤矿安全评价提供了强有力的技术支持。

公司分别与济南设计研究院、山东煤矿机电装备安全检测检验中心签订有技术合作协议,为高质量地完成安全评价任务提供了可靠保障。

公司注重团队精神和企业文化建设，建立了完善的安全评价过程控制。公司坚持“精心评价、安全为先、科学公正、持续改进”的宗旨，竭诚为广大用户提供科学、规范、符合实际的安全评价技术咨询服务。

地　址：济南市堤口路141号　　邮　编：250031

电　话：0531-85697316　　传　真：0531-85697319

北票北煤矿山安全检测检验有限公司

北票北煤矿山安全检测检验有限公司是由原北票矿务部门机电检测试验中心站、通风检验室、煤炭工业北票矿区建设工程质量检测中心等经资源整合、组成的安全生产检测检验机构。

本公司成立于2004年11月25日。公司成立后按照国家标准和国家对安全生产检测检验机构的特殊要求继续做进一步的规范和改进。加强了公司的质量管理体系。2005年6月21日取得国家安全生产监督管理部门颁发的国家安全生产检测检验乙级资质证书。是北票煤业有限责任公司下属的具有独立法人资格的子公司。

公司现有各类专业检测、检定室多个，除具有《国家安全生产检测检验乙级资质》外还取得辽宁省质量技术监督局《强制检定》授权两个，《非强制检定》授权一个，获煤炭工业建设工程质量监督总站《建设工程质量检测》授权一个。可依法对国家规定范围内的煤矿（矿山）在用、维修产品中的固定设备、矿车连接组件、钢丝绳、无损检测、电三表、保安器具、地面变配电系统、变配电设施设备、甲烷测定器、甲烷检测报警仪、气相色谱分析、建设工程材料等领域进行检测检验。公司有各类专业人员多人，其中具有高中级职称的专业人员占40%以上，其他检测检验人员均经过相关专业的技术培训并全部取得上岗资格。是辽西地区较早拥有国家级安全生产检测检验资质的中介机构。

本公司遵守“公平、公正、信誉第一”的原则。严格按照《北票北煤矿山安全检测检验有限公司质量管理体系》进行管理和运作。遵循“科学、公正、准确、满意”的质量方针。依据国家相关法律、法规、标准，采用精良的仪器、设备和科学、先进的校准、检测方法为煤矿（矿山）和相关行业的安全生产提供技术支持和优质服务。

地址：辽宁省北票市冠山街4号　　邮编：122100
电话：0421-5354995　　传真：0421-5822427
E-mail：LYR8888@online.ln.cn

白银兴安矿用产品检测检验有限公司

白银兴安矿用产品检测检验有限公司成立于2003年，是在靖远煤业有限责任公司测试中心基础上组建的，是专业从事煤矿矿用产品检测检验的企业，隶属于靖远煤业有限责任公司，具有独立法人资格。公司现有6个职能科室（质控室、安全技术管理室、校准室、检测室、办公室、财务室），在职职工12人，其中高级工程师2名，工程师6名。2名内审员经中国标准出版社国家标准秦皇岛培训中心培训并取得资质，6名检测、校准人员经国家矿山安全计量站培训并取得资质。

公司占地面积1000多平方米，拥有各种仪器设备112台套，总资产达160万元。现从事的检验项目类别主要有：光干涉甲烷测定器、便携式热催化甲烷检测报警仪、矿用风速表、煤矿主要通风机、钢丝绳。2005年1月通过国家安全生产监督管理部门（国家煤矿安全监察部门）认证，获国家安全生产检测检验乙级资质；并于同年10月经甘肃省质量技术监督部门现场评审考核，获得了计量认证合格证书。

公司目前主要从事煤矿井下无线电波坑道透视勘探技术、矿压观测、煤样的综合参数分析及瓦斯放散初速度（△P）、坚固性系数f值、瓦斯吸附常数a、b值、井下粉尘中游离二氧化硅（SiO_2）含量的测定等工作。近期内拟开展压风机、水泵、绞车、锚杆钻机、电动机、电开关及电缆等项目的检测检验工作。

公司为了扩大发展，将瞄准矿用产品检测检验这一宠大的市场，要以发展求市场，以市场促发展，本着严细、规范、准确、公正的宗旨，不断提高检测能力、检测手段和检测技术，以适应检测市场的激烈竞争，在取得社会相关方认可和信任的前提下，努力拓展省内外市场，进而把公司打造成同行业中的品牌企业。

地址：甘肃省白银市平川区天桥路1号　　邮编：730913
电话：0943-6657014　6658711　　传真：0943-6657014

国家安全生产监督管理总局 信息研究院（煤炭信息研究院）

黄盛初 院长

窦庆峰 书记

院长致辞

信息研究院是国家安全生产监督管理总局直属国家级科研事业单位。自1959年煤炭信息研究院创建以来，几代信息人辛勤耕耘四十六载，在煤炭和安全两大领域，励精图治，信息研究和出版事业不断发展。2004年初，经中央编办批准，加挂"安全生产信息研究院"牌子，为信息院的发展创造了新的历史性机遇，全院上下欢欣鼓舞，精神振奋，必将在安全生产领域写下新的发展篇章。

信息研究院拥有一只高素质的研究队伍，有一批国家级专家、教授、研究员、博士和出国留学回国人员等高层次研究人员，全院职工总数600多人，总资产达2.35亿元，年营业收入超过1亿元，具有较强的基础和发展实力。

信息研究院集信息研究、图书音像出版、印刷、物业开发四大产业于一体，体系完整，具有很强实力，在国内、国际相关领域居于领先地位。信息研究院始终把信息研究放在首位，为全国安全生产和煤炭行业发展提供重要的信息支撑和决策咨询服务，涉及安全生产、煤炭、能源、环境、信息技术和法律等领域。与美国、英国、德国及澳大利亚等二十多个国家的政府部门、公司及联合国开发计划署、世界银行、亚洲开发银行等国际组织建立了合作关系，并出色地完成了一批国际合作项目。

信息研究院致力于安全生产和煤炭技术推广和科学普及，出版《中国安全生产》、《中国煤炭》、《当代矿工》、《中国煤层气》等刊物。建成了面向全行业的"中煤信息网"、"中国安全生产数字图书馆"和"中国煤炭数字图书馆"，是全国安全生产和煤炭工业文献中心。

信息研究院所属煤炭工业出版社和音像出版社都是国家一级出版社，每年出版图书360余种，音像制品30余种，还出版《中国安全生产年鉴》、《中国煤炭工业年鉴》等，为传播安全生产和煤炭科技知识不断奉献新的高质量产品。

2004年，信息研究院新一届领导班子提出新的发展思路，实施人才强院战略和创新发展战略，加强核心竞争力建设，做强、做大四大产业，全面提升经营规模和经济效益，为把我院建设成为具有强大竞争力、凝聚力、综合发展实力的信息出版产业集团而奋斗，为实现全国安全生产状况的根本改善，为加快我国煤炭行业的发展做新贡献。

借此机会，热诚期望各级领导、同行和社会各界一如既往地给予信息研究院支持和帮助，在此谨致以衷心感谢！

黄盛初 院长 研究员

2005年11月

组织结构

国家安全生产监督管理总局信息研究院（煤炭信息研究院）

- 综合部门
  - 综合办公室
  - 人事处
  - 科技管理处
  - 经营管理处
  - 基建房产处
  - 财务处
- 二级单位
  - 能源安全研究所 / 安全生产法律研究所
  - 安全评价与咨询中心
  - 新闻中心
  - 信息资源部
  - 煤炭工业出版社
  - 煤炭音像出版社
  - 物业开发部
  - 盈东公司
  - 煤炭工业出版社印刷厂

团结务实的新一届领导班子

院　　长：黄盛初　　党委书记：窦庆峰　　副院长：张文山　伊　烈　何国家

综合部门：

办公室	孔　亮	84612550
人事处	魏　琴	84657886
财务处	张晓萍	84657990
经营管理处	张大孟	84657941
科技管理处	徐启敏	84657827
基建房产处	李世强	84613288

地址：北京市朝阳区芍药居35号中煤信息大厦
邮编：100029
电话：(010) 84657848
传真：(010) 84612550
Email: CCII@coalinfo.cn
网址：www.coalinfo.net.cn

能源安全研究所

主要领域：能源、安全、环境、信息技术

主要业务

- 技术、经济、法律、政策研究与咨询
- 市场调查
- 国际咨询
- 国际会议
- 信息工程技术

能源安全研究所

负责人	刘文革	84657806	经济中心	84657850
采矿与安全技术中心		84657939	法律研究所	84657872
洁净能源与环境中心		84657850	网络中心	84657792
煤层气中心		84657948	国际会议中心	84657948

国家安全生产监督管理总局 信息研究院（煤炭信息研究院）

安全评价与咨询中心

主要业务

- 安全评价和信息咨询
- 安全生产和煤炭技术培训
- 安全和煤矿新技术推广
- 图文设计制作中心
- 国际信息交流中心

安全评价机构资质证书

中煤信息开发公司

资质类别：专项安全评价

证书编号：APJ－0363－ZX－2004

业务范围：见证书副本

有效期至：2005年6月30日

中华人民共和国进出口企业

资格证书

CERTIFICATE OF APPROVAL

安全评价

具有国家安全监管总局批准的安全评价资质，拥有专业评价专家，已经在全国相关地区开展了业务。

安全评价与咨询中心

负责人	孙洪灵	84657860
安全评价中心		84657931
图文设计制作中心		84657865

中国安全生

China Academy of S

院长　刘铁民

中国安全生产科学研究院（以下简称安科院）是面向全国安全生产领域综合性和社会公益型科研事业单位，直属于国家安全生产监督管理管理部门，是国家安全生产监管的主要科技支撑。

以开展安全生产领域基础性、综合性、前瞻性科学研究和解决重大事故预防、监控、预警与应急响应重大技术关键为主要方向。主要工作任务是：承担国家下达的各类重大科研任务；以科研为先导，为总局宏观决策提供技术支持，承担与监管工作密切相关的技术服务性工作；在研发基础上，完善科技成果转化机制，整合优秀科技成果，促进安全科技产业化；引领安全科学技术学科建设，成为联系和协调我国安全生产领域中行业或地方科研单位的桥梁与纽带。安科院现有科研人员170余名，硕士以上学位获得者51%，其中博士、博士后45名，高级研究人员60余名。

党和国家高度重视和切实抓好安全生产工作，是坚持立党为公、执政为民的必然要求，是贯彻落实科学发展观的必然要求，是实现好、维护好、发展好最广大人民的根本利益的必然要求，也是构建社会主义和谐社会的必然要求。国家安全生产监管总局十分关心安全科技事业的发展，做出了加强安全生产科学研究和技术开发，实施科技兴安战略等一系列重要决定，为安全科技与安科院的发展带来了前所未有的机遇与挑战。

近十年来，安科院先后承担并完成了大量安全生产领域国家重点科技项目的研究与开发。这些项目的完成，对于推动安全生产领域的立法、政府安全生产监管及企业安全生产管理，提供了重要技术支持。近年来，取得科研成果100余项，其中30余项获得国家和省部级科技进步奖，多项技术获得国家专利。

受有关部门委托，组织和参与了《安全生产十五科技发展规划》、《安全工程十五科技攻关计划》、《国家安全生产规划纲要（2004—2010）》、《国家安全生产科技发展规划》、《国家重大技术装备研制和重大产业技术开发专项规划——安全生产关键技术》和《国家中长期科学和技术发展规划战略研究——公共安全科技问题研究》等大型科技发展战略与规划研究编制工作。

目前在研的主要项目有——国家"十五"科技攻关课题（滚动）《城市突发重大事故风险控制与应急技术研究及试点》；国家自然科学基金资助项目《城市重大事故应急能力评估指标及评估方法研究》、《雅砻江流域水电开发与利用安全管理模式研究》；社会公益项目《危险品道路运输路径优化及事故预警技术研究》；技术基础项目《重大工业事故预防基础技术标准研究》；国家发改委项目《应急响应体系建设规划保障机制研究》；国家科技基础条件平台建设项目《公益技术与行业共性技术转化平台建设项目——安全生产劳动防护公益与行业共性技术转化平台建设项目》；安全监管部门项目《高风险油气田安全生产监管机制研究》、《矿山风险控制与安全规划技术研究》等等。

安科院利用取得的科研成果为地方政府、国有大型企业、大型建设项目提供安全生产工作的技术支持，积极实现成果产业化。近年来，广泛开展安全评价、职业危害评价、检测检验、职业安全健康认证、安全规划、应急体系建设与预案编制和企业安全管理咨询、培训等工作。例如应急救援体系建设的研究成果，在柳州、南宁、青岛和宁波等城市的应急救援体系建设中发挥了重要的作用；指导帮助鲁中矿业、烟台万华、惠州大亚湾开发区等企业建立了应急预案；完成了深圳清水河油气库区、宁波化工区、广州地铁、秦山核电站等单位或项目的安全评价和安全规划；为南水北调，长江三峡等国家重大工程在安全管理机制和制度方面提供了技术支持；利用取得的重大危险源研究成果，协助北京、江苏、河北、辽宁、甘肃等10多个省市安全监管部门建立了重大危险源安全管理信息系统。

国家安全生产监督管理部门领导听取工作汇报

安科院组织召开课题评审会

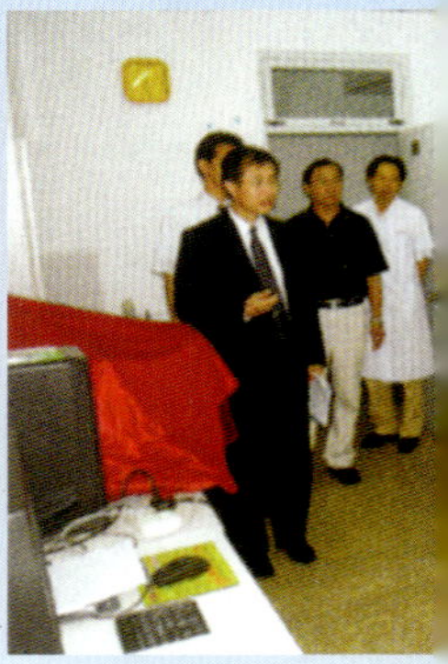

有关研究机构学

产科学研究院

afety Science and Technology

科研项目与成果

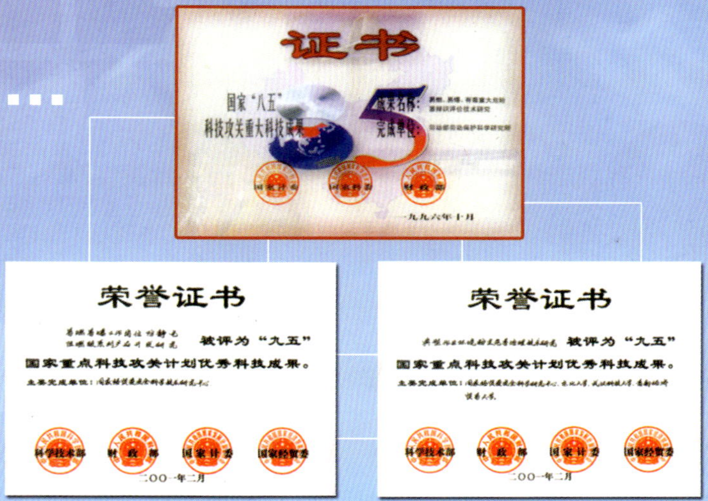

"八五"国家科技攻关课题

★ 易燃、易爆、有毒重大危险源辨识评价技术研究

"九五"国家科技攻关课题

★ 重大工业火灾、爆炸、毒物泄漏事故预防技术

★ 典型作业环境粉尘危害治理与预防技术研究

★ 工业危险品公路运输安全管理系统技术研究

★ 我国中小企业危险作业人机工程技术应用指南

★ 企业职业伤害危险分级及其分级监察技术系统研究

"十五"国家科技攻关课题

★ 城市公共安全规划与应急预案编制及其关键技术研究

★ 城市突发重大事故风险控制与应急技术研究及试点。

科技部、国家发改委等部委下达的研究项目

★ 非矿山重大事故调查分析及模拟验证技术

★ 城市工业安全规划关键技术

★ 国际核心劳工标准对我国经济社会发展影响

★ 城市工业重大危险源数据库一期开发研究

★ 粉尘职业危害预防和控制技术研究

°TM°TM∫‡õ∏..Ωõ≠øû...ó≤ø¡ôæÆ≥″≥ææªªØœµõ≥

国家安全监管总局设立的主要研究项目

★ 中国安全生产监管体制研究

★ 职业安全健康管理体系国家指南及系列实施规范研究

★ 国家生产安全应急救援体系研究

★ 完善工伤保险及事故预防机制的研究

★ 面向21世纪的中国劳动安全卫生

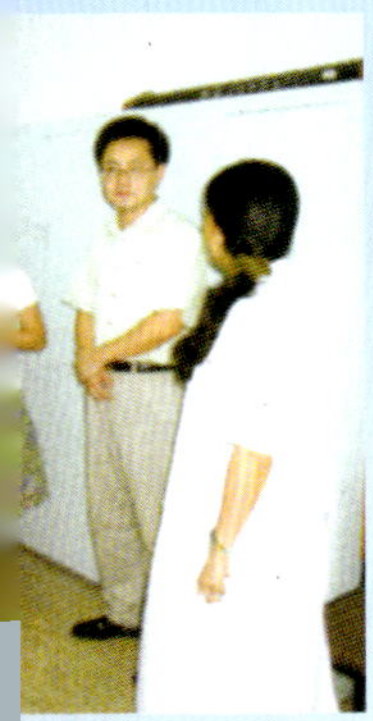

安科院实验室

详情浏览 www.chinasafety.ac.cn

煤炭工业出版社

煤炭工业出版社，成立于1951年，出版宗旨是立足安全生产、煤炭工业，面向社会市场。煤炭工业出版社注重社会效益，狠抓图书质量，赢得了广大社会读者的广泛信赖和好评，自1995年以来连续被国家新闻出版总署评为良好出版社。

煤炭工业出版社设有总编室、第一、二、三编辑室、发行部等部门，拥有高、中级业务技术人员60余人。

煤炭工业出版社的出版范围包括安全生产、煤炭矿井地质、建井、采煤、机电、洗选加工、企业管理、环境保护、各种教材、规程规范以及工具书等中外文各类图书，同时每年还出版《中国煤炭工业年鉴》、《中国安全生产年鉴》。

自1982年以来，煤炭工业出版社获国家图书提名奖2种，荣誉奖1种，中国图书奖2种。获全国优秀科技图书一等奖1种，二等奖10种，纪念奖1种。获国家优秀教材特等奖1种，一等奖3种，二等奖3种，三等奖2种，优秀奖1种；另外获行业各种奖项的图书23种，为全国安全生产和煤炭工业的发展做出了巨大的贡献。

王捷帆代总编走访美国出版界同仁

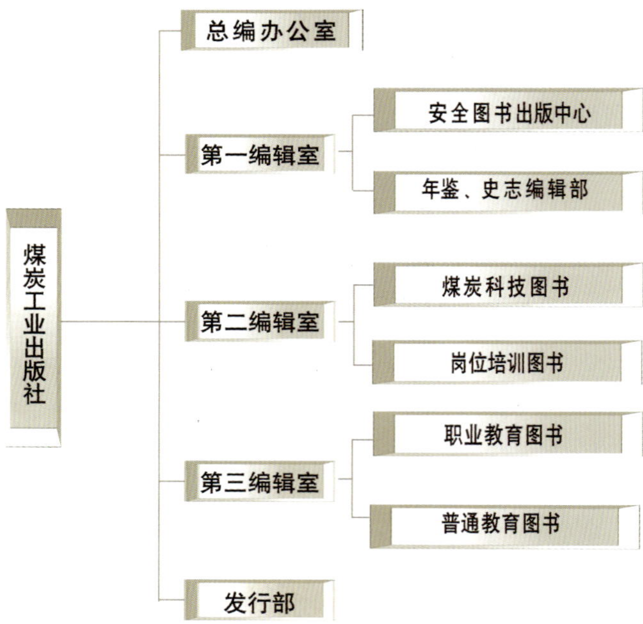

总编室

负责执行社选题论证委员会的选题计划；管理组织和实施全社的选题计划；负责项目合作和合作管理；负责版权管理、书号管理、日常业务管理和图书流程、质量管理。

第一编辑室

负责史志鉴类图书、经营管理类图书、安全类图书以及其他社会类图书的选题策划工作。

第二编辑室

负责煤炭科技图书、岗位培训图书的选题策划工作。出书方向为煤炭行业的规程规范及专业技术图书，理论专著，技术和管理手册类工具书等、煤炭职工岗位培训类图书等。

第三编辑室

负责内外版高校、中专、中职、高职、高专(含大专)教材、教参、课件的选题的研究、开发、出版工作。

发行部

负责我社图书销售工作，做好图书的宣传策划、市场营销，组织出版社全国图书定货会工作。

煤炭工业出版社

负责人	王捷帆	84657938	
总编室	姜庆乐	84657898	84657830（传真）
第一编辑室	黄　勤	84657831	
第二编辑室	向云霞	84657932	
第三编辑室	李振祥	84657837	
发行部	刘新建	64018321	64076495（传真）